DIE ÄTHERISCHEN ÖLE

NACH IHREN CHEMISCHEN BESTANDTEILEN

UNTER BERÜCKSICHTIGUNG
DER GESCHICHTLICHEN ENTWICKLUNG

VON

DR. F. W. SEMMLER
ORD. HONORARPROFESSOR
AN DER UNIVERSITÄT GREIFSWALD

ZWEITER BAND

HYDRIERT-CYKLISCHE VERBINDUNGEN — KOHLENWASSERSTOFFE

LEIPZIG
VERLAG VON VEIT & COMP.
1906

Druck von Metzger & Wittig in Leipzig.

Inhalt.

II. Hydriert-cyklische Verbindungen.
Kohlenwasserstoffe.

Literaturnachweis und Abkürzungen.

Für das vorliegende Werk sind fast ausschließlich die Originalabhandlungen benutzt worden, die in den verschiedenen Fachzeitschriften niedergelegt sind; ferner Monographien, Dissertationen usw. In bezug auf die Abkürzungen habe ich mich der in BEILSTEINS Handbuch der organischen Chemie üblichen angeschlossen, um die Übersicht in der organischen Chemie nicht unnötig zu erschweren.

A. = LIEBIGS Annalen der Chemie (und Pharmacie). Band 1—4 (1832), 49—52 (1844), 97—100 (1856), 149—152 (1869), 200—205 (1880).

Spl. = Supplementband 1 (1861/62), 2 (1862/63), 3 (1864/65), 4 (1864/65), 5 (1867), 6 (1868), 7 (1870), 8 (1872). Jährlich 4—6 Bände.

A. ch. = Annales de chimie et de physique. 1. série (96 Bände) 1789—1815. — 2. série (75 Bände) 1816—1840. — 3. série (69 Bände) 1841—1863. — 4. série (30 Bände) 1864—1873. — 5. série (30 Bände) 1874—1883. — 6. série. Seit 1884. Jährlich 3 Bände.

Am. = American chemical journal. Vol. I. (1879/80).

Am. Soc. = Journal of the American chemical society.

Ar. = Archiv der Pharmazie.

B. = Berichte der deutschen chemischen Gesellschaft. Band 1 (1868).

Bl. = Bulletin de la société chimique de Paris. Band 1—5 (1858/59—63) unter dem Titel: Répertoire de chimie pure et appliquée. Seit 1864 unter dem Titel: Bulletin de la société chimique. Band 1—2 (1864). Jährlich 2 Bände.

Chem. N. = Chemical News. Band 1—2 (1860). Jährlich 2 Bände.

C. = Central-Blatt.

C. r. = Comptes rendus des séances de l'académie des sciences. Band 1 (1835), 2—3 (1836). Jährlich 2 Bände.

G. = Gazzetta chimica italiana. Band 1 (1871).

J. = Jahresbericht über die Fortschritte der Chemie (Gießen, Ricker). Band 1 (1847/48), 2 (1849). Erscheint seit dem Jahrgange 1886 bei Vieweg in Braunschweig.

J. pr. = Journal für praktische Chemie. Band 1—3 (1834), 49—51 (1850), 106—108 (1869). Jährlich 3 Bände. Neue Folge Band 1—2 (1870). Jährlich 2 Bände.

M. = Monatshefte für Chemie. Band 1 (1880). Jährlich 1 Band.

P. = POGGENDORFFS Annalen der Physik und Chemie. 160 Bände (1824—1877). Band 1—3 (1824). Neue Folge (P [2] herausgegeben von G. WIEDEMANN). Band 1—2 (1877), 3—5 (1878). Jährlich 3 Bände.
Dazu: Beibl. = Beiblätter. Band 1 (1877). Jährlich 1 Band.

Ph. Ch. = Zeitschrift für physikalische Chemie. Band 1 (1877).

R. = Recueil des travaux chimiques des Pays-Bas. T. 1 (1882).

Soc. = Journal of the chemical society. Band 1—28 (1848—1875). Jährlich 1 Band. Seit 1876 (Band 29—30) jährlich 2 Bände.

Z. = Zeitschrift für Chemie, herausgegeben von BEILSTEIN, FITTIG und HÜBNER. Band 1—7 (1865—1871).
Gm. = L. GMELINS Handbuch der organischen Chemie. 4. Auflage. Band 1—4 (1848—1870) und Supplementband 1—7 (1867—1868).
Grh. = GERHARDT, Traité de chimie organique. 4 Bände (1853—1856).
Ж. = Journal der russischen physiko-chemischen Gesellschaft. Band 1 (1869). Jährlich 1 Band.
G. u. H. = Die ätherischen Öle von E. GILDEMEISTER und FR. HOFFMANN.
Sch. = SCHIMMEL u. Co. Semestral-Berichte April (I) und Oktober (II).
kor. = korrigiert. — i. D. = im Dampfe. — as = unsymmetrisch. — s = symmetrisch. — v = benachbart. — o = ortho. — m = meta. — p = para.

Bei der Benutzung weiterer Quellen sind die letzteren jedesmal deutlich angeführt worden, um unnötiges Nachschlagen zu verhindern.

II

HYDRIERT-CYKLISCHE VERBINDUNGEN

KOHLENWASSERSTOFFE

Die Anordnung der Kohlenstoffatome im Molekül kann eine derartige sein, daß diese wie die Glieder einer Kette aneinander gebunden sind, sie können also im Raume derartig gelagert sein, daß zwei endständige Kohlenstoffatome einer Kette zu unterscheiden sind. Es läßt sich aber auch die Lagerung der Kohlenstoffatome in einem Molekül so angeordnet denken, daß sie als die Glieder eines Ringes erscheinen. Diese ringförmigen Moleküle können, wenn sie 6 Kohlenstoffatome aufweisen, abwechselnd eine doppelte oder einfache Bindung, wie wir uns ausdrücken, enthalten; Moleküle derartiger Konstitution trennen wir von den hydriert-cyklischen ab und besprechen sie besonders: es sind dies die Benzolderivate; diese Abtrennung erfolgt demnach nur aus Gründen der Zweckmäßigkeit, um das ganze Gebiet übersichtlicher zu machen; außerdem kommt hinzu, daß die Benzolderivate eine größere Stabilität besitzen, daß sie im Durchschnitt besser kristallisieren usw., so daß ihnen zweifellos Merkmale zukommen, die sie als zusammengehörig erscheinen lassen.

Wenn wir uns daran erinnern, daß die Pflanze aus anorganischen Bestandteilen das organische Material zum Aufbau der Zellen herstellt, wenn wir uns ferner daran erinnern, daß, wenn die einzelnen Zellen ihren Lebenszweck, soweit Schaffung neuer Zellen in Betracht kommt, erfüllt haben, alsdann vielfach Zerfall der einzelnen chemischen Verbindungen in der Zelle zu beobachten ist, so möchte man von Hause aus nicht annehmen, daß alle diese Verbindungen, denen wir während des Lebens der Pflanze begegnen, aus den anorganischen Bestandteilen, welche ja aliphatische Struktur besitzen, aufgebaut sind. Und doch muß dem so sein.

Alsdann müssen wir den nächsten, richtigen Schluß ziehen, daß die Pflanze imstande ist aus aliphatischen Verbindungen cyklische herzustellen, denn groß ist die Anzahl dieser Moleküle in der Pflanze. Allerdings haben die Kohlehydrate und Fette aliphatische Struktur; aber auch in den Eiweißstoffen, wenn sie auch bei ihrem Zerfall Amidosäuren der Fettreihe liefern, finden sich cyklische Verbindungen, welche einen Teil des Moleküls ausmachen; ich erinnere an das Tyrosin.

Zweifellos scheint es demnach, als ob die cyklischen Verbindungen, sowohl hydriert-cyklische, als auch Benzolderivate prozentisch verschwindend in der Pflanze vorkommen. Hauptsächlich erscheinen sie angehäuft in Alkaloïden, ätherischen Ölen und in allen jenen Gruppen, welche mit diesen häufig in Beziehung treten, so in den Glukosiden. Da die cyklischen Verbindungen grade in den ätherischen Ölen und Alkaloïden vorkommen, liegt der Gedanke nahe, anzunehmen, daß sie für das weitere Leben der Pflanze, namentlich für den Aufbau neuer Zellen, nicht gut verwertbar sind. Und in der Tat zeichnen sich die cyklischen Verbindungen dadurch aus, daß sie nicht leicht wieder in aliphatische zerfallen, daß sie also für die Herstellung von Kohlehydraten, Fetten und wahrscheinlich auch für Erzeugung eines großen Teiles der Eiweißstoffe nicht mehr verwendbar sind. Man kann auch so sagen, daß die cyklischen Verbindungen für den Chemismus der Pflanze ein sehr schwierig zu verarbeitendes Material sind, und daß sie, einmal in der Pflanzenzelle erzeugt, im großen und ganzen für das weitere Leben der Pflanze, für die Erzeugung neuer Materie direkt weniger in Betracht kommen.

Schon aus diesen Erwägungen heraus können wir nunmehr schließen, daß die Bestandteile der ätherischen Öle hauptsächlich cyklische Anordnung der Kohlenstoffatome besitzen, was in der Tat der Fall ist. Über die chemische Bildung der cyklischen Verbindungen in der Pflanze können wir nur Vermutungen aufstellen; zweifellos müssen sie aus aliphatischen entstehen. Es erscheint mir aber ebenso zweifellos, daß sie nicht aus Molekülen mit einer geringeren Anzahl von Kohlenstoffatomen entstehen, sondern daß es sich im großen und ganzen nur zunächst um Umlagerungen, Invertierungen aliphatischer Moleküle, handeln wird. Derartige Umwandlungen aliphatischer Verbindungen in cyklische, und zwar hydriert-cyklische, als auch Benzolderivate, sind uns bereits im Laboratorium gelungen: Linalool und Geraniol lassen sich zu Terpineol invertieren, Citronellal geht in das cyklische Isopulegol über, Citral läßt sich unter gleichzeitigem Wasseraustritt in Cymol umwandeln. Sicherlich werden auch in der Pflanze derartige Prozesse vor sich gehen. Schwieriger ist es schon, kompliziertere Moleküle der Benzolreihe, wie das Apiol usw., zu erklären; jedoch kommen wir auf diesen Punkt später zurück. Andererseits ist es durchaus nicht ausgeschlossen, daß cyklische Moleküle primär aus Kohlensäure, Wasser usw. in der Pflanze gebildet werden.

Sehen wir demnach, wie die Bildung cyklischer Verbindungen in der Pflanze vor sich gehen kann, so scheinen derartige Prozesse im ganzen Pflanzenreich verbreitet zu sein, denn nur wenige ätherische Öle finden sich, in denen keine cyklischen Moleküle vorkommen; in den meisten Ölen überwiegen sogar diese Moleküle; sowohl ätherische Öle aus Gymnospermen, als auch aus Angiospermen fügen sich dieser Regel. Ist doch die größte Anzahl der Terpene, Terpenalkohole, Sesquiterpene und Sesquiterpenalkohole cyklischer Natur; ihnen schließen sich die zugehörigen Ketone usw. an.

Die Isolierung der hydriert-cyklischen Verbindungen muß sich danach richten, ob ein Kohlenwasserstoff, Alkohol, Keton usw. vorliegt. Es gelten hier im allgemeinen jene Regeln, die wir in der aliphatischen Reihe kennen lernten und wie wir sie bei den einzelnen Gruppen ausführlich besprechen werden.

Die Synthese der hydriert-cyklischen Verbindungen ist am wenigsten ausgebildet, besonders wenn wir von einer Totalsynthese sprechen. Synthetisch können wir z. B. Terpene aus olefinischen Alkoholen, wie Linalool und Geraniol, gewinnen.

Die cyklischen Terpenalkohole können wir synthetisieren, wenn wir an das Terpineol denken, welches von Tiemann über das Geraniol zu erhalten ist, oder welches von Perkin jun. durch eine andere Totalsynthese gewonnen wurde. Von der Tiemannschen Synthese des Citronellals aus lassen sich Isopulegol, Isopulegon, Pulegon und Menthol aufbauen; auch die Totalsynthese des Kampfers von Komppa muß hier erwähnt werden. Aber alle diese Fälle sind doch immerhin nur Ausnahmen, gerade auf dem Gebiet der Synthese der hydriert-cyklischen Verbindungen ist noch viel zu leisten und aufzuklären.

Den Übergang von der hydriert-cyklischen Reihe zur aliphatischen lehrte uns besonders Wallach kennen, indem er vom Menthon aus auf verschiedene Weise zu aliphatischen Verbindungen gelangte, die denen der Citronellalreihe nahe verwandt sind. Zu diesen Ringaufspaltungen eignen sich namentlich die Oxime cyklischer Ketone. Leichter können wir die Kohlenstoffatome eines Ringes voneinander durch Oxydation trennen und zu aliphatischen Verbindungen gelangen, schwerer durch Reduktion.

Die physikalischen Eigenschaften der hydriert-cyklischen Verbindungen haben wir wiederholt erwähnt. Wollen wir Regelmäßigkeiten konstatieren, so müssen wir besonders von isomeren und zusammengehörigen Verbindungen ausgehen. Es hat sich hierbei herausgestellt, daß sich die cyklischen Verbindungen im großen und ganzen durch einen niedrigeren Siedepunkt, durch ein höheres Volumgewicht und natürlich alsdann durch einen relativ niedrigeren Brechungsexponenten auszeichnen. Die Zersetzlichkeit bei der Destillation unter gewöhnlichem Druck tritt ebenso zutage, wie bei den aliphatischen Verbindungen. Demnach müssen wir die Destillationen auch hier im Vakuum vornehmen. Die Kristallisationsfähigkeit ist in vielen Fällen bei den cyklischen Verbindungen größer als bei den aliphatischen. Mit der Anhäufung der Ringe scheint der feste Aggregatzustand bei gewöhnlicher Temperatur eher vorhanden zu sein als im entgegengesetzten Fall. So sind die bicyklischen Kampfer- und Fenchonderivate bei gewöhnlicher Temperatur vielfach fest, während die monocyklischen und aliphatischen in den meisten Fällen flüssig sind; natürlich gibt es auch Ausnahmen. Von den physikalischen Eigenschaften ist für die hydriert-cyklischen Verbindungen die optische Aktivität besonders wichtig, weil in ihnen Asymmetrie bedeutend häufiger auftritt als in der aliphatischen und Benzolreihe. Ferner ist hervorzuheben, daß die in einzelnen Ölen sich findenden blau oder grün gefärbten Anteile Molekülen zukommen, die hydriert-cyklisch sind.

Die chemischen Eigenschaften der hydroaromatischen Verbindungen richten sich ebenfalls ganz nach den jeweilig vorliegenden Molekülen, ob Kohlenwasserstoffe, Alkohole, Ketone usw. vorhanden sind. — Auch bei den erhaltenen Derivaten gilt es, daß vielfach mit Anhäufung der Ringe der feste Aggregatzustand vorherrscht und größere Kristallisationsfähigkeit vorhanden ist.

Über die geschichtliche Entwicklung der hydriert-cyklischen Verbindungen soll hier im großen und ganzen nur erwähnt werden, daß zu dieser Reihe Bestandteile ätherischer Öle gehören, welche wir dem Äußeren nach schon seit Jahrhunderten kennen; ich erinnere an den Kampfer, das Menthol usw. Anderseits aber muß hervorgehoben werden, daß dies nur Ausnahmen sind, daß wir die meisten Glieder dieser Gruppe, da sie bei gewöhnlicher Temperatur flüssig sind, erst in der jüngsten Zeit durch Derivate hindurch isolieren konnten. Besonders wichtige Dienste haben auch hier das Hydroxylamin, das Semicarbazon usw. geleistet. Die Erforschung der physikalischen und chemischen Eigenschaften gehört erst recht den letzten 15 Jahren an; wenn wir bis zum Jahre 1890 auch vielfach die Bruttoformel der einzelnen Bestandteile kannten, so waren doch bis zu diesem Zeitpunkt sämtliche Terpene, sowie sämtliche Alkohole und Ketone der cyklischen Reihe ihrer Konstitution nach bis zu diesem Jahre unbekannt: erst in den letzten 15 Jahren ist hierin Wandel geschaffen und Großes geleistet worden. Infolge der Erkenntnis der Konstitution konnte alsdann das Vorkommen einzelner hierher gehöriger Bestandteile in den ätherischen Ölen häufiger festgestellt werden. — Auch die Synthese auf diesem Gebiet gehört natürlich der allerletzten Zeit an.

Für die Identifizierung der einzelnen hier in Frage kommenden Moleküle konnten in den letzten 20 Jahren besonders die Oxime und Semicarbazone herangezogen werden, ebenso die Abbauprodukte, welche mit Kaliumpermanganat erhalten wurden.

Weitere ausführlichere Mitteilungen über alle diese Punkte bleiben den einzelnen Gruppen der hydriert-cyklischen Reihe vorbehalten.

a) Kohlenwasserstoffe.

Um die Natur einer hydriert-cyklischen Verbindung zu erkennen, schlagen wir denselben Weg ein wie bei den Verbindungen der aliphatischen Reihe. Die Analyse gibt alsbald darüber Auskunft, ob ein Kohlenwasserstoff vorliegt oder nicht; die fraktionierte Destillation läßt sodann in der Regel keinen Augenblick darüber im Zweifel, ob wir es mit einem einheitlichen Kohlenwasserstoff zu tun haben. Ist die Einheitlichkeit konstatiert und steht durch die Analyse die Bruttoformel fest, so gibt uns die Molekularrefraktion die Gewißheit, ob eine hydriert-cyklische Verbindung vorliegt. Haben wir es z. B. mit einem Kohlenwasserstoff $C_{10}H_{18}$ zu tun, so kann der Bruttoformel nach eine aliphatische Verbindung mit zwei doppelten Bindungen, eine cyklische mit einer doppelten Bindung oder schließlich eine bicyklische ohne eine solche vorliegen. Die für diese einzelnen Möglichkeiten berechneten Molekularrefraktionen werden mit der gefundenen verglichen, so daß ein Zweifel nicht bestehen kann.

Die Kohlenwasserstoffe der hydriert-cyklischen Reihe haben zum allergrößten Teil entweder die Formel C_nH_{2n-4} und sind alsdann Terpene $C_{10}H_{16}$, oder aber sie haben die Bruttoformel C_nH_{2n-6} und sind alsdann Sesquiterpene $C_{15}H_{24}$. Verschwindend sind die hydriert-cyklischen Kohlenwasserstoffe, welche sich sonst noch in ätherischen Ölen finden.

Die Kohlenwasserstoffe dieser Reihe, Terpene und Sesquiterpene, gehören zu den verbreitetsten Verbindungen in den ätherischen Ölen, ja man kann wohl sagen, daß die Terpene überhaupt diejenigen Bestandteile der ätherischen Öle sind, denen wir am häufigsten in ihnen begegnen. Nur wenige ätherische Öle gibt es, die ganz frei von Kohlenwasserstoffen und besonders Terpenen sind. Das Studium der Terpene ist deshalb auch vom physiologischen Standpunkt aus von der größten Wichtigkeit. Wie haben wir uns die Entstehung dieser teilweise massenhaft auftretenden Verbindungen in der Pflanze zu erklären? Es kann kein Zufall sein, daß wir Verbindungen mit 10 oder 15 Kohlenstoffatomen gerade unter den Bestandteilen der ätherischen Öle so häufig begegnen. Nichtsdestoweniger ist es schwer, auf diese Frage eine Antwort zu geben. Sollen wir uns diese Moleküle aus einfachen mit 5 Kohlenstoffatomen entstanden denken, oder sollen wir annehmen, daß ein Zerfall eines komplizierteren Moleküls eintritt, oder können wir schließlich die Möglichkeit in Betracht ziehen, daß aus der Kohlensäure primär in der Zelle, dadurch daß 5, 10 oder 15 Moleküle derselben in Reaktion treten, Moleküle mit solcher Anzahl von Kohlenstoffatomen entstehen oder nicht? Ich halte letztere Möglichkeit für sehr unwahrscheinlich. Nach meiner Meinung hängt die Bildung aller dieser Moleküle, deren Kohlenstoffzahl ein Multiplum von 5 ist, eng zusammen mit jenen Kohlehydraten, die ebenfalls 5 Kohlenstoffatome oder ein Multiplum davon im Molekül aufweisen. Durch Wasserabspaltung und durch Reduktion könnten alsdann aus derartigen Verbindungen Terpene, Terpenalkohole, Sesquiterpene usw. entstehen. Auch aus Kohlehydraten mit einer anderen Anzahl von Kohlenstoffatomen läßt sich unter Umständen die Bildung aller dieser Moleküle erklären.

Die Isolierung der Kohlenwasserstoffe, namentlich der Terpene und Sesquiterpene, begegnet großen Schwierigkeiten. Die leichte Umlagerungsfähigkeit des Moleküls bewirkt, daß man niemals, wenn man mit Säuren Derivate herzustellen sucht, um aus diesen hinwiederum die Kohlenwasserstoffe zu regenerieren, sicher ist, zum Ausgangsmaterial zurückzukehren. Diese Verhältnisse werden bei den Terpenen besprochen werden. Von den sauerstoffhaltigen Verbindungen, Alkoholen, Ketonen, Aldehyden usw. werden die Kohlenwasserstoffe der hydriert-cyklischen Reihe genau so getrennt, wie jene der aliphatischen. Die Säuren und Phenole trennt man durch Alkalien ab, die Aldehyde und Ketone lassen sich häufig quantitativ als Semicarbazone abscheiden. Die Ester werden durch Verseifen entfernt. Von den Oxyden kommt das Cineol allein in Betracht; es kann durch Bromwasserstoff in bekannter Weise isoliert werden. Kommt es nicht auf die Gewinnung dieser sauerstoffhaltigen

Körper an, so kann man die Kohlenwasserstoffe von geringen Beimengungen der letzteren, mit Ausnahme vom Cineol, durch Destillation im Vakuum über metallischem Natrium ganz rein gewinnen, nur muß man darauf achten, daß es Kohlenwasserstoffe, Terpene, gibt, auf welche die Metalle der Alkalien ebenfalls einwirken; es dürften dies acetylenartige Kohlenwasserstoffe sein oder aber solche, welche zwei konjugierte doppelte Bindungen enthalten.

Die Trennung der Kohlenwasserstoffe voneinander geschieht am besten zunächst durch fraktionierte Destillation im Vakuum, wodurch es gelingt sämtliche Sesquiterpene von den Terpenen und Kohlenwasserstoffen $C_{10}H_{18}$ abzutrennen. Schwieriger ist es, diese letzteren Kohlenwasserstoffe von den Terpenen abzuscheiden, da die Siedepunkte nahe zusammenfallen. Jedoch in den wenigen Fällen, wo bisher Kohlenwasserstoffe, die nicht Terpene sind, konstatiert wurden, konnte immerhin noch eine Trennung durch fraktionierte Destillation vorgenommen werden. Allen cyklischen Kohlenwasserstoffen scheinen Sechsringe zugrunde zu liegen; Fünfringe sind bisher mit Sicherheit nicht nachgewiesen worden, d. h. so lange es sich um monocyklische Verbindungen handelt. Treten dagegen bicyklische Systeme auf, so haben wir es auch mit Drei-, Vier- und Fünfringen zu tun.

α) Hydriert-cyklische Kohlenwasserstoffe C_nH_{2n}.

---

187. Spilanthen $C_{15}H_{30}$.

Vorkommen, Isolierung usw. GERBER (Ar. **241** [1903], 270) extrahierte die Parakresse (*Spilanthes oleracea* Jaquin) mit Äther und destillierte den ätherischen Auszug mit Wasserdampf; er erhielt ein ätherisches Öl in einer Ausbeute von 0,27 %, $d = 0{,}847$, $\alpha_D = +1{,}85^0$. Das Öl besaß scharfen Geschmack, der Siedepunkt liegt hauptsächlich unter 35 mm Druck bei 135—190°. Die Hauptfraktion sott unter vermindertem Druck zwischen 145 und 155° und besteht aus einem Kohlenwasserstoff $C_{15}H_{30}$, dem Spilanthen, der durch Oxydation mittels Kaliumpermanganat bei Wasserbadtemperatur gereinigt werden kann.

Physik. und chem. Eig. des Spilanthens. Sdp.$_{25}$ = 135—138° oder 220—225° bei gewöhnlichem Druck, $d = 0{,}845$. Brom in Chloroformlösung wird von dem Kohlenwasserstoff unter Blaufärbung aufgenommen, die später in eine Braunfärbung umschlägt; es resultiert ein gelbes, dickliches Öl von der Zusammensetzung $C_{15}H_{30}Br_2$. Wird der Kohlenwasserstoff oxydiert, so erhält man eine Säure vom Smp. 180°, welche mit Silbernitrat und Kupfersulfat kristallinische Niederschläge gibt; das Baryumsalz ist amorph.

Identifizierung und Konstitution des Spilanthens. Durch fraktionierte Destillation dürfte sich der Kohlenwasserstoff zunächst am besten abscheiden lassen. Analyse, Siedepunkt und Volumgewicht sind für ihn charakteristisch, da bisher kein Kohlenwasserstoff bekannt ist, der ähnliche Eigenschaften besitzt. Das Volumgewicht spricht für eine cyklische Verbindung; läge eine aliphatische mit einer doppelten Bindung vor, so müßte das Volumgewicht bedeutend niedriger sein. Nicht im Einklang mit dieser Auffassung als cyklisches Molekül steht die Aufnahmefähigkeit von Brom, jedoch ist nicht ausgeschlossen, daß Substitution eintritt. Auch müssen weitere Versuche angestellt werden, ob eine wirklich reine Verbindung vorliegt, ehe mit voller Sicherheit entschieden werden kann, zu welcher Gruppe dieser Kohlenwasserstoff gehört.

Anthemen $C_{18}H_{36}$.

Vorkommen, Isolierung usw. NAUDIN (Bl. II, **41** [1884], 483) extrahierte Römisch-Kamillenblüten (*Anthemis nobilis* L.) mit Petroläther und erhielt dabei das Anthemen, Smp. 63—64°. Seiner Bruttoformel $C_{18}H_{36}$ nach muß dieser Kohlenwasserstoff aliphatisch ungesättigt oder cyklisch gesättigt sein. Auch mit Wasserdämpfen muß dieser Kohlenwasserstoff flüchtig sein. Es ist nicht ausgeschlossen, daß er zu den Methanderivaten gehört (vgl. Bd. I, S. 347).

β) Hydriert-cyklische Kohlenwasserstoffe C_nH_{2n-2}.

Hydroaromatische Moleküle von der Bruttoformel C_nH_{2n-2} können entweder bicyklisch gesättigt oder monocyklisch ungesättigt sein.

Bicyklisch gesättigte Kohlenwasserstoffe C_nH_{2n-2}.

Nach den Erfahrungen, welche bei den Terpenen vorliegen, können wir in den ätherischen Ölen Kohlenwasserstoffe $C_{10}H_{18}$ antreffen, welche bicyklisch sind und zum Kampfoceantypus gehören, also zwei Fünfringe aufweisen, oder aber solche, welche analog dem Pinen den Tetroceantypus zeigen, also durch einen Vierring charakterisiert sind, oder schließlich Kohlenwasserstoffe, welche analog der Tanacetonreihe, also dem Trioceantypus, konstituiert sind. Es ist sehr wahrscheinlich, daß derartige Kohlenwasserstoffe $C_{10}H_{18}$ unter den Bestandteilen ätherischer Öle vorkommen, genau so wie das Menthon hydriertes Pulegon ist.

188. Salven $C_{10}H_{18}$ (Dihydrotanaceten [?]).

Vorkommen, Isolierung usw. Das Salbeiöl (*Salvia offic.* L.) wird zuerst in den Taxen der Städte Worms vom Jahre 1582 und Frankfurt vom Jahre 1587 erwähnt. — Die ersten chemischen Untersuchungen dürften von HERBERGER (BUCHN. Repert. f. d. Pharm. **34** [1830], 131) sowie von ROCHLEDER (A. **44** [1842], 4) herrühren. TILDEN (Soc. **1877**, I, 554) konstatiert im Salbeiöl ein Terpen, von welchem MUIR und SUGIURA (J. **1877**, 957 und **1878**, 980) ein Nitrosochlorid darstellen. WALLACH (A. **227**, 289) spricht diesen Kohlenwasserstoff als Pinen an. Cineol $C_{10}H_{18}O$ wird in dem Salbeiöl von WALLACH (A. **252**, 104) nachgewiesen. SUGIURA (a. a. O.) isoliert ferner einen Körper $C_{10}H_{16}O$, welchen er Salviol nennt und welcher von 198—203° siedet. SEMMLER (B. **25**, 3350) beweist im Jahre 1892, daß das Salviol chemisch identisch mit dem Tanaceton ist, sich aber physikalisch wahrscheinlich in der Hauptmenge isomer verhält (weiteres hierüber s. beim Tanaceton). SCH. u. Co. (SCH. **1895**, II, 40) wiesen Borneol nach. SEYLER (B. **35**, 550) gewann aus dem deutschen Salbeiöl durch fraktionierte Destillation einen Vorlauf; er vermutete darin einen neuen Kohlenwasserstoff, den er mit dem Namen Salven belegte.

Physik. und chem. Eig. des Salvens. Nach wiederholter Fraktionierung wurde ein Anteil erhalten mit Sdp. 142—145°, $d_{20} = 0{,}80$, $n_D = 1{,}4438$, Pol. $= +1^{0}40'$, M.R. gef. 45,9, während sich für $C_{10}H_{18}$, womit auch die Analyse übereinstimmt, 45,63 berechnet. Durch Kaliumpermanganat läßt sich das Salven allmählich oxydieren; es resultiert eine Ketosäure $C_{10}H_{16}O_3$, welche ein Semicarbazon $C_{11}H_{19}O_3N_3$ vom Smp. 204° liefert. SEYLER ist der Ansicht, daß diese Ketosäure ev. identisch ist mit der β-Tanacetoketosäure, und daß dem Salven ev. die Konstitution eines Dihydrotanacetens

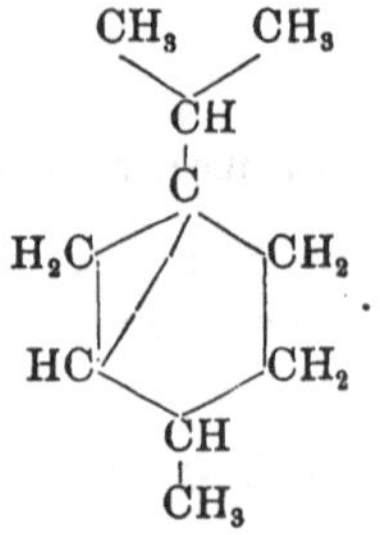

zukomme. Weitere Untersuchungen müssen diese Frage entscheiden.

Monocyklisch ungesättigte Kohlenwasserstoffe C_nH_{2n-2}.

189. Tetrahydrosesquithujen $C_{15}H_{28}$.

Vorkommen, Isolierung usw. Durch Wasserdampfdestillation der Blätter und Zweigspitzen des Lebensbaumes (*Thuja occidentalis* L.) wird zu 0,4—0,65% ein ätherisches Öl erhalten. SCHWEIZER (J. pr. I, **30** [1843], 376 und A. **52** [1844], 398) beschäftigte sich mit wenig Erfolg mit der Untersuchung dieses Öles. JAHNS (Ar. **221** [1883], 748) erhielt im Vorlauf etwas Ameisensäure, hauptsächlich aber Essigsäure, ferner eine Terpenfraktion, schließlich ein l- und d-Thujol $C_{10}H_{16}O$. WALLACH (A. **272** [1892], 99) stellt fest, daß diese Körper d-Pinen, l-Fenchon und d-Thujon sind, ferner erhält er eine Verbindung $C_{10}H_{16}O$, die Carvotanaceton ist, wie später nachgewiesen wurde.

Semmler (noch nicht veröffentlicht) gewinnt aus den hochsiedenden Anteilen einen Kohlenwasserstoff, über den an dieser Stelle nur erwähnt werden soll, daß ihm wahrscheinlich die Bruttoformel $C_{15}H_{28}$ zukommt, daß er hydriert-cyklisch ist und eine doppelte Bindung aufweist; dieser Kohlenwasserstoff soll Tetrahydrosesquithujen genannt werden.

190. Menthen $C_{10}H_{18}$.

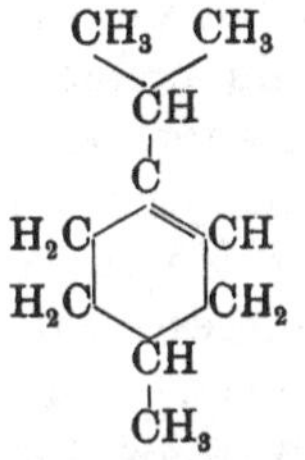

Δ^3-p-Menthen

und

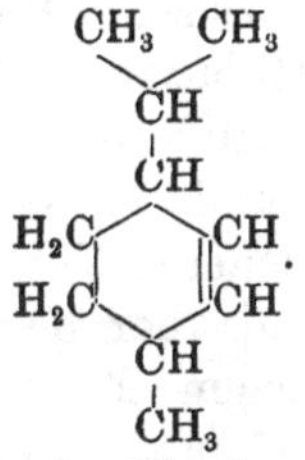

Δ^2-p-Menthen

Vorkommen, Isolierung und Synthese. Überall, wo in den ätherischen Ölen Menthol $C_{10}H_{20}O$ vorkommt, haben wir die begründete Aussicht auch ev. dem Menthen $C_{10}H_{18}$ zu begegnen, da letzteres aus ersterem durch Wasserabspaltung entsteht und in den Pflanzen Säuren vorkommen, welche sie bewirken können; wenn auch zugegeben werden muß, daß die Wasserabspaltung aus dem Menthol nicht so leicht vor sich geht, so könnte in der Pflanze doch dieser Vorgang erfolgen, wenn man erwägt, daß eine derartige Wasserabspaltung in statu nascendi der Bildung des Menthols leichter erfolgen würde. Menthol ist ein sekundärer Alkohol, alle sekundären Alkohole, wie z. B. Dihydrocarveol, spalten bedeutend schwerer Wasser ab als die tertiären. Es ist demnach zweifellos, daß, wenn der dem Menthen entsprechende tertiäre Alkohol in den Pflanzen vorkäme, wir auch dem Menthen viel häufiger begegnen würden, genau so wie Terpineol und Limonen häufig zusammen vorkommen. Hinzugefügt mag werden, daß man vom Menthol aus zu zwei Menthenen gelangen kann, und zwar Δ^2-Menthen und Δ^3-Menthen. Wir wollen in Zukunft das ganz hydrierte p-Cymol als Menthan mit folgender Numerierung der Kohlenstoffatome bezeichnen:

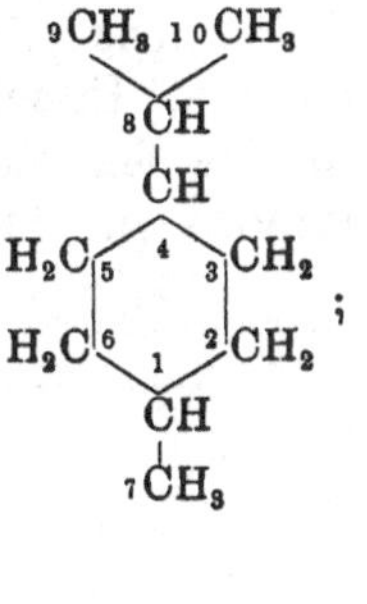

unter Δ^2 verstehen wir eine doppelte Bindung zwischen C_2 und C_3, unter Δ^4 eine solche zwischen C_4 und C_5, unter $\Delta^{4(8)}$ eine solche zwischen C_4 und C_8 usw. Über die Nomenklatur von BAEYERS vgl. B. **27**, 436; über weitere Bezeichnungen, die in diesem Werke Anwendung finden, vgl. weiter unten Terpene.

Das ätherische Öl aus *Mentha piperita* L. wechselt in seiner Zusammensetzung je nach dem Standort der Pflanze, aus welcher das Öl gewonnen ist. Wir unterscheiden hauptsächlich deutsches, amerikanisches, japanisches, und englisches. Alle Pfefferminzöle enthalten mehr oder weniger Menthol und Menthon, außerdem vielfach Terpene usw. POWER und KLEBER (Ar. **232** [1894], 639) konnten im amerikanischen Pfefferminzöl 17 Bestandteile nachweisen. ANDRES und ANDREEF (B. **25**, 609) untersuchten im Jahre 1892 das russische Pfefferminzöl, indem sie es der wiederholten fraktionierten Destillation unterwarfen und die ersten Anteile mehrmals über Natrium destillierten. Schließlich erhielten sie Fraktionen vom Sdp. 158—160° und 160—165°, deren Analysen auf die Gegenwart einer wasserstoffreicheren Verbindung, ev. eines Menthens, hinwiesen. Die Forscher selbst sind aber der Ansicht, daß dieses Menthen sich von dem synthetisch erhaltenen Menthen in wesentlichen Punkten unterscheidet und daß es den Dekanaphtylenen von MARKOWNIKOW und OGLOBLIN näher steht. Nach diesen wenigen Angaben ist das Vorkommen des Menthens im russischen Pfefferminzöl noch sehr problematisch; im amerikanischen Öl konnte es nicht nachgewiesen werden. Aus diesem Grunde werden die weiteren Eigenschaften und zahlreichen Derivate des Menthens auch nicht an dieser Stelle, sondern unter Menthol abgehandelt werden.

LABBÉ (Bl. III, **19** [1898], 1009) untersuchte das Thymianöl (*Thymus vulg.* L.). Es waren bis zu seiner Untersuchung in diesem Öl nachgewiesen worden Pinen, Cymol, Thymol, Carvacrol, Borneol und wahrscheinlich auch Linalool. LABBÉ will in der Fraktion 165—169° Menthen konstatiert haben, indem er dessen Anwesenheit aus einem bei 113—113,5° schmelzenden Nitrosochlorid und aus der Oxydation dieser Fraktion zu Cymol schließt. Es ist jedoch hierzu zu bemerken, daß die Nitrosochloride alle einen ähnlichen Schmelzpunkt haben, und daß das Cymol bereits als solches vorhanden gewesen sein kann, da es sehr unwahrscheinlich ist, daß aus Menthen durch Oxydation mit Kaliumpermanganat Cymol entsteht, vielmehr sollte hierbei die doppelte Bindung zuerst angegriffen und Ringsprengung bewirkt werden. Demnach erscheint das Vorkommen des Menthens auch im Thymianöl noch sehr zweifelhaft.

Über die Behandlung des Menthens mit Kobalticyankaliumlösung und starker Salzsäure, wobei sich feste, Eisschollen ähnliche Verbindungen bilden, die wie viele Oxoniumsalze der Kobalticyanwasserstoffsäure aussehen, vgl. v. BAEYER und VILLIGER (B. **34** [1901], 2686).

γ) Hydriert-cyklische Kohlenwasserstoffe C_nH_{2n-4}.

191. α-Santen C_9H_{14}.

Vorkommen, Isolierung usw. Die hydriert-cyklischen Kohlenwasserstoffe von der Bruttoformel C_nH_{2n-4} sind mit ganz geringen Ausnahmen Terpene $C_{10}H_{16}$. Ein Kohlenwasserstoff, welcher nicht diese Formel besitzt, wurde von MÜLLER (Ar. **238** [1900], 366) im ostindischen Sandelholzöl (*Santalum album* L.) aufgefunden. Es ist dieses Öl verschiedentlich Gegenstand der Untersuchung gewesen; zum größten Teil (ca. 95%) siedet das Öl bei 14 mm Druck zwischen 155—170° (SCH. **1893**, II, 37). Nach CHAPOTEAUT (Bl. II, **37** [1882], 303) besteht das Öl aus zwei Körpern $C_{15}H_{24}O$ und $C_{15}H_{26}O$, von denen der erstere ein Aldehyd, der letztere der zugehörige Alkohol sein soll. CHAPMAN und BURGESS (Proceed. **168** [1896], 140) oxydieren das Öl (vgl. über Weiteres Santalol). Nach PARRY (Pharm. Journ. London, **55** [1895], 118) sind im Sandelöl auch Ester vorhanden. Vgl. ferner SCH. u. Co. (SCH. **1899**, I, 43 sowie **1900**, I, 44). Weitere Abhandlungen liegen von GUERBET (Bl. III, **23**, 540 und 542), von v. SODEN (Ar. **238** [1900], 353) und von CHAPMAN (Soc. **79** [1901], 134) vor und von CHAPMANN und BURGESS (Proceed. **168** [1896], 140).

MÜLLER (a. a. O.) gelingt es in den nichtalkoholischen Bestandteilen einen Kohlenwasserstoff C_9H_{14}, das Santen, aufzufinden, ferner zwei Ketone, darunter das Santalon, ein Keton von der Bruttoformel $C_{11}H_{16}O$, schließlich die Teresantalsäure $C_{10}H_{14}O_2$; außer der von GUERBET gefundenen Santalsäure $C_{15}H_{24}O_2$ dürfte noch eine dritte Säure vorhanden sein.

Das Santen wird durch fraktionierte Destillation abgeschieden.

Physik. und chem. Eig. des α-Santens. Sdp. 139—140°, $d_{15} = 0,8710$. Es bildet ein α-Santennitrosochlorid vom Smp. 108°, welches blau gefärbt ist und nach kurzer Zeit in eine weiße Modifikation übergeht. Wird letztere auf 90° erhitzt, so färbt sie sich intensiv blau, indem wiederum die bei 108° schmelzende Modifikation entsteht. Hierzu ist zu bemerken, daß in der blauen Verbindung vielleicht eine monomolekulare wahre Nitrosoverbindung vorliegt, welche sich in die farblose bimolekulare Bisnitrosoverbindung umlagert. — Das Santennitrosit bildet einen blauen, kristallinischen Körper von wahrscheinlich nicht einheitlicher Natur. — Durch Einleiten von trockner Salzsäure in die absolut ätherische Lösung des Kohlenwasserstoffs erhält man das Santenchlorhydrat $C_9H_{14}HCl$ vom Smp. 80°. — Das Santentribromid $C_9H_{13}Br_3$ resultiert, wenn man 2 Mol. Brom in eine trockne Chloroformlösung des Santens eintropfen läßt; Smp. 62—63°.

Identifizierung und Konstitution des α-Santens. Durch fraktionierte Destillation läßt sich das Santen abscheiden, indem man die Anteile bis 150° herausfraktioniert, diese alsdann über Natrium destilliert und die physikalischen Daten bestimmt. Zur weiteren Identifizierung dürfte sich am besten das bei 62—63° schmelzende Tribromid eignen. — Zur Konstitution ist zu bemerken, daß der Bruttoformel nach ein aliphatischer dreifach ungesättigter, ein monocyklisch zweifach ungesättigter, ein bicyklisch einfach ungesättigter oder aber ein tricyklisch gesättigter Kohlenwasserstoff vorliegen kann. Dem Volumgewicht nach zu urteilen ist eine aliphatische Verbindung ausgeschlossen, ebenso wahrscheinlich auch ein monocyklisch zweifach ungesättigtes Molekül. Da wir einen tricyklisch gesättigten Kohlenwasserstoff bisher noch nicht in den ätherischen Ölen aufgefunden haben, so können wir als sehr wahrscheinlich annehmen, daß ein bicyklisches Molekül mit einer doppelten Bindung ähnlich wie im Kampfen vorliegt. Mit dieser Auffassung stimmen das Volumgewicht, der niedrige Siedepunkt, sowie die chemischen Reaktionen (Tribromid) überein. Die Entstehung des blauen Nitrosochlorids spricht für eine tertiär-tertiäre Doppelbindung. Weitere Untersuchungen sind nötig, ehe ein endgültiges Urteil gefällt werden kann; vgl. außerdem die Originalarbeit.

Das Santen ist erst in den letzten Jahren und zwar 1900 von Müller aufgefunden worden; die vervollkommnete Technik und das Arbeiten mit größeren Mengen hat es ermöglicht, daß eine Verbindung, die nur in ganz geringen Mengen im ostindischen Sandelholzöl vorkommt, überhaupt nachgewiesen werden konnte. Es ist fraglich, ob das Santen mit dem Santalol chemisch nahe verwandt ist.

Terpene $C_{10}H_{16}$.

Mit dem Namen Terpen bezeichnen wir einen Kohlenwasserstoff von der Bruttoformel $C_{10}H_{16}$, unbekümmert darum, welche Konstitution ihm zukommt, ob er olefinisch oder hydriert-cyklisch ist. In der aliphatischen Reihe lernten wir demnach schon Terpene kennen; wir sahen daselbst, daß das Vorkommen dieser olefinischer Terpene in den ätherischen Ölen ein nur geringes ist, wir sahen ferner, daß es äußerst schwer ist, kristallisierte Derivate von ihnen zu erhalten, wir konnten schließlich konstatieren, daß es erst in den letzten 20 Jahren gelang, olefinische Terpene teils künstlich zu erhalten, teils in der Natur nachzuweisen. Anders liegen die Verhältnisse bei den cyklischen Terpenen.

Einzelne Repräsentanten der hydriert-cyklischen Terpene, welche in den ätherischen Ölen vorkommen, sind seit den ältesten Zeiten bekannt; ja man kann sagen, daß unter den schwer rein zu beschaffenden, flüssigen Verbindungen der hydriert-cyklischen Reihe einige Terpene zu denjenigen Verbindungen gehören, welche man bereits zu Beginn des vergangenen Jahrhunderts als reine Körper in den Händen gehabt hat; es ist dies durch den Umstand bewirkt worden, daß einzelne ätherische Öle vielfach aus einem Terpen allein bestehen; ich denke dabei besonders an die Terpentinöle. So kam es denn auch, daß Houtton-Labilliardière bereits im Jahre 1817 die richtige Analyse für das Terpentinöl vorlegen konnte, wenn es auch noch lange dauerte, ehe man in der Erkenntnis dieses Moleküls weiter kam. Vielmehr lenkten die sogenannten Kampfer der ätherischen Öle, welche sich als feste Verbindungen aus ihnen abschieden, die Aufmerksamkeit der Chemiker auf sich, so der Laurineen- und Menthakampfer, das Borneol usw. Mit flüssigen Kampfern dagegen konnte man nichts anfangen, kaum daß man ihre Bruttoformel zu erschließen imstande war.

Nicht anders stand es mit der Einsicht in die chemische Struktur, sowohl bei den Kampferarten, als auch bei den Terpenen. Wie wir später sehen werden, trat eine festere Vorstellung über die Konstitution auch dieser Körperklassen hervor, als in den sechziger Jahren der Benzolring, also eine cyklische Anordnung der Kohlenstoffatome, in vielen Molekülen angenommen wurde, als es ferner gelang, das Cymol als einen Benzolabkömmling nachzuweisen, und als man schließlich Terpene und Terpenalkohole bzw. -ketone in Cymol überführen konnte. Da endlich glaubte man einen Beweis dafür in Händen zu haben, daß die Terpene hydrierte Cymole sind. Auf wie schwachen Füßen dieser Beweis steht, wird bei der Besprechung der einzelnen Repräsentanten erkannt werden.

Für die Zugehörigkeit einer Verbindung zu der aliphatischen oder cyklischen Reihe hatte man bis dahin mit Recht den Nachweis der doppelten Bindungen herangezogen, indem man die Anlagerungsfähigkeit von einen oder zwei Molekülen Halogenwasserstoff als entscheidend für die Anwesenheit doppelter Bindungen ansah. Man mußte danach annehmen, daß auch im Pinen zwei doppelte Bindungen vorliegen. Erst die Entwicklung physikalischer Untersuchungsmethoden, sowie die Heranziehung der Molekularrefraktion machten im Verein mit den chemischen Reaktionen diesen Zweifeln ein Ende. Man war um das Jahr 1891 imstande, die olefinischen Terpene mit offener Kette von den cyklischen abzutrennen. Alsbald gelang es auch, olefinische Terpene, wenn auch auf Umwegen, in cyklische überzuführen.

Vorkommen, Isolierung und Synthese der cyklischen Terpene. Die hydriert-cyklischen Terpene finden sich über das ganze Pflanzenreich verbreitet. Unter den gymnospermen Pflanzen sind die Gattungen *Pinus*, *Picea*, *Abies*, *Larix* usw. reich an diesen Terpenen, sei es, daß wir sie aus dem Harz, das diese Pflanzen ausscheiden, gewinnen, oder sei es, daß wir ihre Nadeln, jungen Zweigspitzen usw. mit Wasserdampf destillieren (vgl. auch Kienöle). Man kann wohl sagen, daß der größte Gehalt an diesen Terpenen in den ätherischen Ölen steckt, welche aus gymnospermen Pflanzen gewonnen werden.

Die zur Klasse der Angiospermen gehörigen monokotylen Gewächse liefern weniger ätherische Öle, welche sich durch großen Reichtum an Terpenen auszeichnen. Die hierher gehörigen *Andropogonöle* enthalten besonders aliphatische Terpenalkohole bzw. Aldehyde. Viele Öle der Zingiberaceen weisen Sesquiterpene und Sesquiterpenalkohole auf, indem auch hier die Terpene zurücktreten. In den *Allium*arten der Liliaceen begegnen wir besonders Disulfiden, keinem Terpen. In den ätherischen

Ölen der Piperaceen finden sich, wie im Pfefferöl, hingegen fast nur Terpene, das Cubeben-, Matiko-, Betelöl usw. enthalten besonders Sesquiterpene und Sesquiterpenalkohole bzw. Körper der Benzolklasse. Auch in den Myricaceen, Santalaceen, Aristolochiaceen, Magnoliaceen, Anonaceen usw. treten die Terpene zurück. Die Familie der Lauraceen ist mit wenigen Ausnahmen durch keinen großen Reichtum an Terpenen ausgezeichnet. In den Cruciferen fehlen sie fast ganz. In den Rosaceen treffen wir vielfach aliphatische Alkohole oder Verbindungen der Benzolklasse. Dagegen zeichnen sich viele Rutaceen (Genus *Citrus*) durch einen Gehalt an Terpenen aus. Typisch für dieses Genus ist das Limonen, und zwar das d-Limonen. Einzelne Burseraceen liefern Harze, welche Terpene enthalten, so findet sich das Phellandren im Elemiharz. In den Meliaceen und Polygalaceen zeigen sich die Terpene weniger häufig, dafür in den Cedrelaholzölen Sesquiterpene. Die Euphorbiaceen liefern das an Terpen reiche Cascarillöl; auch das Mastixöl und der Chiosterpentin aus Anacardiaceen, sowie das Schinusöl enthalten Terpene. In der wichtigen Familie der Myrtaceen finden sich in den Ölen, welche aus ihr zugehörigen Pflanzen gewonnen werden, zerstreut Terpene, wie namentlich Pinen, jedoch auch Phellandren. Ähnliches gilt von den Umbelliferen, unter denen sich Öle finden, die sehr reich an Terpenen, besonders Limonen sind; ich verweise auf das Kümmelöl usw. In den Labiaten ist vielfach das Pinen vertreten, während sich in den Ölen der Valerianaceen Kampfen finden dürfte. Schließlich liefern die Kompositen zahlreiche Öle, in denen verschiedene Terpene aufgefunden wurden.

Bei dieser Aufzählung sind nur allgemeine Verhältnisse im Auge behalten; um unnütze Wiederholungen zu vermeiden, wird bei den einzelnen Terpenen das charakteristische Vorkommen in den verschiedenen Familien, sowie eine gewisse Gesetzmäßigkeit hervorgehoben werden. An dieser Stelle sollte nur auf die außerordentliche Verbreitung der Terpene in den ätherischen Ölen aufmerksam gemacht werden.

Als Kohlenwasserstoffe erscheinen die Terpene in den Pflanzen als diejenigen Produkte des Stoffwechsels, bei denen die Reduktion am weitesten vor sich gegangen ist. Es dürfte wohl anzunehmen sein, daß die Terpene nicht primär direkt aus Kohlensäure und Wasser durch die sofortige Wegnahme des ganzen Sauerstoffs entstanden sind, sondern daß ihre Bildung durch die Kohlehydrate und Eiweißstoffe hindurchgeht. Es ist ferner leicht verständlich, daß aus diesen beiden Gruppen unter Wasserabspaltung und bei den vielen Reduktionsprozessen, die in der Pflanze statthaben, derartige Kohlenwasserstoffe entstehen. Nur eine Frage soll hier näher gestreift werden, das ist die Beziehung der Terpene zu den anderen Bestandteilen der ätherischen Öle, besonders zu den Terpenalkoholen — Estern — Ketonen usw. Haben wir uns die Terpene z. B. aus den Alkoholen bzw. Estern in der Pflanze entstanden zu denken oder umgekehrt? Nach den interessanten Untersuchungen CHARABOTS (C. r. **130** [1900], 923 und Bl. III, **23** [1900], 474) geht in der ersten Phase die Bildung der Terpenalkohole und derjenigen ihrer Umwandlungsprodukte, die unter Wasserabspaltung aus den Alkoholen entstehen, vor sich, also entweder der Ester allein, oder, falls die Alkokole sehr leicht Wasser verlieren, auch der Terpene. In der zweiten Periode findet starke Sauerstoffaufnahme statt: die Alkohole werden zu Aldehyden bzw. Ketonen oxydiert. Nach dieser Auffassung sind die Alkohole das primäre Produkt, aus denen je nach den Umständen durch Einwirkung von Säuren Ester oder Terpene, durch Oxydation Ketone oder Aldehyde entstehen können.

Es erscheint mir jedoch nicht ausgeschlossen, daß unter Umständen auch in der Pflanze aus den Terpenen Alkohole und Ester entstehen können, und zwar sowohl unter Ringsprengung aus bicyklischen Terpenen, als auch durch Anlagerung der Elemente der Säure an doppelte Bindungen, genau so wie wir diese Reaktion im Laboratorium ausführen können. Aus Pinen sowohl, als auch aus Limonen entsteht auf diese Weise z. B. Terpinylacetat.

Eine zweite Frage berührt die Entstehung der Terpene in der Pflanze insofern, als die Umwandlung des einen Terpens in das andere statthaben kann. Säuren invertieren die Terpene mit sehr großer Leichtigkeit, so daß es gelungen ist, das Limonen durch das Terpinolen hindurch in Terpinen überzuführen, das Pinen ebenfalls über das Limonen bzw. Terpinolen in Terpinen; auch das Phellandren geht in letzteres Terpen über. Ja, auch das Kampfen können wir eventuell durch das Bornylacetat hindurch in Terpinen überführen. Kurzum, alle p-Methylisopropylterpene bzw. solche, welche leicht in diese übergehen können, liefern als letztes Glied der Invertierung Terpinen. Eine zweite Reihe scheint parallel zu gehen: so kann man das Fenchen durch das Fenchylchlorid usw. ev. in Carvestren, ebenso vielleicht das aktive Sylvestren in das inaktive Carvestren überführen, vorausgesetzt, daß Sylvestren aktives Carvestren ist. Vollziehen sich nun derartige Übergänge auch in der Pflanze oder nicht? d. h. geht das Pinen in der Pflanze ev. in Limonen und Terpinen und umgekehrt das Limonen bzw. Terpinen in Pinen über? Das Terpinolen sowohl wie Carvestren sind bisher nicht in der Natur aufgefunden worden, dagegen das Sylvestren und ev. das Terpinen. Das Sylvestren scheidet bei dieser Frage aus, weil es ein m-Cymolabkömmling ist.

Jedoch findet sich auch das Terpinen nur äußerst selten, so daß im wesentlichen die gegenseitigen Übergänge von Pinen und Limonen in Frage kommen. Durch Einwirkung von Säuren können wir das Pinen in Limonen überführen, so daß wir wohl ohne Bedenken annehmen können, daß auch in der Pflanze durch Einwirkung von organischen Säuren dieser Übergang stattfindet. Umgekehrt war es uns aber bisher nicht möglich, künstlich das Limonen in Pinen überzuführen, indem wir überhaupt mit wenigen Ausnahmen bicyklische Systeme nicht synthetisiert haben: v. Baeyer ist es gelungen, das monocyklische Dihydrocarvon in das bicyklische Caron umzulagern. Zweifellos kann aber in der Pflanze ein bicyklisches System nur aus einem monocyklischen entstehen, also wird sich auch das Limonen in Pinen umwandeln lassen, oder ev. entsteht letzteres auch aus anderen monocyklischen Molekülen, wie z. B. aus dem Terpineol; nur sind unsere Reagentien wahrscheinlich zu stark, so daß auch das ev. gebildete bicyklische System sofort wieder zerstört wird, indem also die Pflanze, um mich so auszudrücken, über mildere Reaktionsmittel verfügt.

Etwas anders liegen die Verhältnisse beim Kampfen und Fenchen. Auch diese bicyklischen Terpene müssen in der Pflanze aus monocyklischen Molekülen entstanden sein; jedenfalls sind in allen diesen Fällen monocyklische Glykole oder aliphatische Glycerine vorhanden, welche unter Wasserabspaltung in gesättigte bicyklische Alkohole übergehen können, indem hierbei die restierende Hydroxylgruppe bewirkt, daß ein z. B. an benachbarten Kohlenstoff gebundenes Wasserstoffatom mit ihr unter Wasserabspaltung und Ringschluß austritt.

Der Übergang von Kampfen in ein monocyklisches Terpen, ebenso jener von Fenchen in ein solches dürften in der Pflanze schwerer vor sich gehen, da diese Ringsysteme sehr feste Bindungen aufweisen. Auch der umgekehrte Übergang eines monocyklischen Moleküls in eines dieser beiden bicyklischen dürfte in der Pflanze schwerer stattfinden.

Im großen und ganzen scheint demnach die Bildung der Terpene in der Pflanze so vor sich zu gehen, daß sie aus ein- oder mehrwertigen Alkoholen entstehen; hierbei können direkt monocyklisch-ungesättigte Terpene auftreten, wenn das Hydroxyl und der Wasserstoff, welche austreten, an benachbarte Kohlenstoffatome gebunden sind, oder aber es treten bicyklische gesättigte Terpene auf, wenn der Wasserstoff entfernter vom Hydroxyl steht. Aus den bicyklischen Terpenen können alsdann unter Ringsprengung monocyklische ungesättigte entstehen; in seltenen Fällen dürften sich aus letzteren erstere bilden, da die Hydroxylgruppe fehlt, welche die Verkupplung entfernter stehender Kohlenstoffatome orientierend bewirken könnte, und da, selbst wenn unter Wasseranlagerung an eine doppelte Bindung die Hydroxylgruppe geschaffen wird, gewöhnlich unter Bildung einer doppelten Bindung der Wasserstoff vom benachbarten Kohlenstoff hergenommen wird.

Mag nun die Bildung der Terpene in der einen oder anderen Weise vor sich gehen, immer sind sie Reduktionsprodukte im Stoffwechsel der Pflanze, welche wenig zur weiteren Verarbeitung geeignet sein dürften; deshalb finden wir die Terpene vielfach aus der Pflanze ausgeschieden z. B. in den Harzen.

Zur Isolierung der Terpene ist zu erwähnen, daß sie in vielen Fällen durch fraktionierte Destillation erfolgen kann. Der Siedepunkt der in den ätherischen Ölen sich findenden Terpene liegt bei ca. 155—180°, indem von 155—165° die bicyklischen (Fenchen, Kampfen, Pinen, Nopinen, Sabinen), von 170—180° die monocyklischen ungesättigten (Phellandren, Terpinen, Limonen, Sylvestren) sieden. Nur wenige andere Bestandteile der ätherischen Öle haben einen gleich niedrigen Siedepunkt; es könnte sich um die niedrigen Glieder der Alkohole, Aldehyde, Ketone usw. handeln; jedoch lassen sich alle diese Verbindungen durch Destillation über metallischem Kalium, am besten im Vakuum, zerstören und entfernen. Schwieriger ist es, wenn andere Kohlenwasserstoffe, namentlich das Cymol, sowie das Oxyd Cineol zugegen sind. Letzteres läßt sich entfernen, indem man es als Bromwaserstoff-Cineol ausfällt, wobei aber die Gefahr besteht, daß Invertierung der Terpene eintritt. Dagegen haben wir bisher kein direktes Mittel in der Hand, das Cymol so abzutrennen, daß das Terpen übrig bleibt, sondern wir müssen das Terpen in unlöslicher Form ausfällen und, wenn angängig, aus letzterer regenerieren. Umgekehrt können wir das Terpen durch verd. Kaliumpermanganatlösung zerstören, so daß Cymol übrig bleibt, das durch die Oxyisopropylbenzoesäure identifiziert werden kann.

Die Trennung der Terpene voneinander ist noch schwieriger; allerdings lassen sich die bicyklischen von den monocyklischen einigermaßen durch fraktionierte Destillation scheiden, und da der Fall selten eintritt, daß mehrere bicyklische oder monocyklische zugleich vorkommen, so genügt diese Art der Trennung. Kommen mehrere bicyklische Terpene nebeneinander vor, also z. B. das Fenchen, Kampfen, Pinen und Sabinen, so fällt die quantitative Trennung durch fraktionierte Destillation fort; dasselbe gilt, wenn sich von den monocyklischen Terpenen Limonen, Phellandren, Terpinen und Sylvestren mehrere zusammen in einem ätherischen Öl finden. Die weitere Trennung der einzelnen Terpene s. bei diesen.

Synthetisch sind die Terpene bisher nur in sehr geringer Anzahl erhalten worden. Zur Synthese des i-Limonens kann man nach Tiemann vom synthetischen Terpineol ausgehen und aus diesem Wasser abspalten; das Terpineol erhält man aus dem Linalool bzw. Geraniol, welche sich aus der Geraniumsäure gewinnen lassen; auch geht Linalool direkt in Limonen bzw. Terpinolen und Terpinen über. Also man kann diese drei Terpene vom synthetischen Methylheptenon aus über die Geraniumsäure, über das Citral, Geraniol, Linalool usw. synthetisieren. Das gleiche gilt von der Synthese des Terpineols von seiten Perkins. Wir haben also für diese drei Terpene Totalsynthesen.

Auch die Synthese des α-Phellandrens ist Harries in letzter Zeit gelungen, indem er vom Carvon ausgeht; Carvon selbst ist aber wieder aus dem Limonen aufzubauen, demnach ist auch für das Phellandren die Synthese eine vollständige. — Dasselbe ist auch beim Terpinolen der Fall, welches nach v. Baeyer aus dem Terpineol erhalten werden kann, oder welches sich aus dem Limonen synthetisieren läßt.

Das Kampfen ist aus den Elementen vollständig aufzubauen, indem wir von der Totalsynthese Komppas für die Kampfersäure ausgehen; letztere läßt sich in Kampfer überführen, dieser in Borneol, Borneol in Isobornylchlorid, und letzteres in Kampfen. Dagegen können wir das Sabinen, Pinen, Fenchen und Sylvestren bisher nicht durch eine Totalsynthese gewinnen. Ersteres läßt sich vielleicht aus dem Tanacetylalkohol erhalten.

Wenn wir auch sehen, daß sich die komplizierten Moleküle der Terpene zum Teil aus den Elementen aufbauen lassen, so sind die bisherigen Wege doch noch recht weitläufige und umständliche; es ist eine Hauptaufgabe, diese Synthesen zu vereinfachen.

Dagegen haben wir bei vielen Terpenen, wie wir im speziellen sehen werden, recht gute Partialsynthesen, wodurch wir imstande sind, die einzelnen Terpene rein zu gewinnen; aber auch hier sind Verbesserungen der Verfahren sehr am Platze.

Haben wir die Terpene so weit wie möglich durch fraktionierte Destillation getrennt und ev. durch Rektifikation über Kalium gereinigt, so stehen für die weitere Identifizierung verschiedene Wege offen. Zunächst ist es unter allen Umständen nötig, die physikalischen Konstanten zu bestimmen, sowohl Siedepunkt, als auch Volumgewicht, Brechungsexponent und vor allem auch das Drehungsvermögen. Der Siedepunkt zeigt uns in den allermeisten Fällen schon an, ob wir es mit einem bicyklisch einfach ungesättigten oder monocyklisch doppelt ungesättigten Terpen zu tun haben, da die erstere Gruppe ungefähr bei 155—165°, die andere bei 170—180° siedet; ebenso ist das Volumgewicht, wenn Kampfen, Fenchen und Pinen vorliegen, höher (ca. 0,855—0,87) als bei den monocyklischen Terpenen (ca. 0,845—0,852). Nur das bicyklische Sabinen zeigt, da bei ihm die Isopropylgruppe am Ringschluß nicht beteiligt und es ein Bicyklohexan ist, ein niedrigeres Volumgewicht (0,84). Demnach ist auch bei den bicyklischen Terpenen der Brechungsexponent kleiner als bei den monocyklischen, so daß uns die Molekularrefraktion keinen Augenblick im Zweifel läßt, ob wir es mit einem monocyklischen oder bicyklischen Terpen zu tun haben. Bedingung ist natürlich, daß das Terpen in reinem Zustande vorliegt oder doch nur geringe Beimengungen enthält. Auch die Polarisation gibt uns zuweilen Fingerzeige, da die aktiven Limonene in der Regel sehr stark drehen, während das Polarisationsvermögen z. B. des Pinens geringer ist. Terpinen ist optisch inaktiv.

Mit Ausnahme des Kampfens, welches bei ca. 50° schmilzt, sind sämtliche Terpene flüssig. Auf die Verbrennungswärme usw. ist bereits im allgemeinen Teil hingewiesen. Weitere Mitteilungen über die **physik. Eig.** finden sich bei den einzelnen Terpenen.

Chem. Eig. der Terpene. Die Wasserstoffadditionsprodukte der Terpene sind bisher nur für das Phellandren charakteristisch, da eine einfache doppelte Bindung sich durch Reduktion mittels Natrium und Alkohol nicht reduzieren läßt und bei den Terpenen mit zwei doppelten Bindungen eine Reduktion nur dann eintritt, wenn ein konjugiertes System von doppelten Bindungen vorliegt. Ein solches ist aber unter den cyklischen Terpenen bisher nur beim Phellandren nachgewiesen; und in der Tat konnte SEMMLER das Phellandren mit Natrium und Amylalkohol zum Dihydrophellandren reduzieren.

Die freien Halogene ließ man natürlich schon frühzeitig auf die Terpene einwirken. Chlor, Brom und Jod wurden von den französischen Forschern von LABILLIARDIÈRE an von DUMAS, GERHARDT, BERTHELOT, RIBAN usw. an die Terpene addiert, um charakteristische Derivate zu erhalten, ebenso bemühten sich GLADSTONE, TILDEN, FLAWITZKI, OPPENHEIM, kurzum alle Forscher, die auf diesem Gebiete gearbeitet haben, vergeblich, kristallinische Derivate zu erhalten. Nur SCHMIDL (J. **1860**, 482) und RENARD

(A. ch. VI, 1, 223) konnten die ersten kristallisierten Bromide gewinnen. Aber erst in den achtziger Jahren des vergangenen Jahrhunderts gelang es WALLACH, aus dem Limonen, und zwar sowohl aus dem aktiven, als auch aus dem inaktiven, in den zugehörigen Tetrabromiden vom Smp. 105 und 125° kristallisierte Derivate abzuscheiden, welche sich zur Identifizierung dieser Terpene sehr gut eignen. Pinen liefert ein Dibromid, aber dieses gehört nicht mehr dem Pinentypus an, sondern ist, wie SEMMLER zeigte, ein Abkömmling des Kampfertypus. Kampfen liefert ebenfalls ein Dibromid, aber auch dieses dürfte eventuell nicht dem Kampfen-, sondern ebenfalls dem Kampfertypus entsprechen, da es bei der Reduktion Kampfan ergibt. Von den monocyklischen Terpenen nimmt das Phellandren glatt nur zwei Atome Brom auf, indem es diese wahrscheinlich endständig an die konjugierten doppelten Bindungen addiert und die neu entstandene doppelte Bindung dagegen wegen sterischer Behinderung kein Brom mehr aufnimmt. Auch Terpinen liefert kein charakteristisches festes Tetrabromid, obwohl in ihm zweifellos zwei doppelte Bindungen vorhanden sind; der Grund dürfte ev. in den vielen möglichen stereoisomeren Formen, die hierbei entstehen und sich gegenseitig am Kristallisieren hindern, zu suchen sein. Dagegen liefert das Terpinolen sowohl ein gut kristallisierendes Dibromid vom Smp. 69—70°, als auch ein Tetrabromid vom Smp. 116°. Auch aus dem Sylvestren kann ein charakteristisches Tetrabromid vom Smp. 135 bis 136° erhalten werden.

Diese kristallisierten Bromide eignen sich nicht nur zu Identifizierungen, sondern man kann aus ihnen unter Umständen die Kohlenwasserstoffe regenerieren, indem das Brom abgespalten wird, wobei die beiden benachbarten Kohlenstoffatome, an welche das Brom gebunden war, sich durch eine doppelte Bindung verketten. So erhält man z. B. aus dem Terpinolendibromid nach v. BAEYER das Terpinolen, aus dem Limonentetrabromid nach GODLEWSKI und ROSHANOWITSCH (Ж. **31**, 209; C. **1899**, I, 1241) durch Zinkstaub in alkoholischer Lösung optisch aktives bzw. inaktives Limonen.

Bei weitem nicht so wichtig wie die Bromide haben sich die Chlor- und Jodadditionsprodukte erwiesen.

Auch die Halogenwasserstoffsäuren lagern sich an die cyklischen Terpene an, um mehr oder weniger charakteristische Verbindungen zu bilden. Man muß jedoch hierbei im Auge behalten, daß durch die Einwirkung dieser Säuren Umlagerungen bewirkt werden können, so daß das entstehende kristallisierte Additionsprodukt nicht ohne weiteres noch das Kohlenstoffskelett des Ausgangsmaterials zu haben braucht. Auf diese Weise kann es also kommen, daß wir ein gleiches kristallisiertes Anlagerungsprodukt der Halogenwasserstoffsäuren aus zwei verschiedenen Terpenen erhalten, wenn hierbei eine Invertierung stattfinden kann. Daß derartige Umlagerungen auch bei der Einwirkung der freien Halogene Platz greifen können, ist bereits erwähnt worden.

Genau so, wie es doppelte Bindungen gibt, welche z. B. freies Brom schwer addieren und viel eher Substitution und dann Addition von Bromwasserstoff eintreten lassen, so gibt es auch doppelte Bindungen, welche schwerer oder leichter Halogenwasserstoff anlagern. Aus diesem Grunde kann man aus der Aufnahmefähigkeit eines Terpens Halogenwasserstoff gegenüber nicht ohne weiteres auf die Anzahl der doppelten Bindungen schließen. Und umgekehrt kann es sich ereignen, daß mehr Halogenwasserstoff addiert wird, als doppelte Bindungen vorhanden sind, z. B. von einem bicyklischen System.

Die bicyklischen Terpene Kampfen und Fenchen addieren leicht nur ein Molekül Halogenwasserstoff, indem sie teilweise in kristallisierte Verbindungen übergehen, die teilweise das Halogen an tertiärer Stelle zu stehen haben. Im allgemeinen entsprechen die letzteren den Einwirkungsprodukten von Salzsäure oder PCl_5 auf die entsprechenden Alkohole. Das semicyklische Sabinen absorbiert ebenfalls Halogenwasserstoff, aber der Dreiring scheint hierbei aufgespalten zu werden, so daß mit diesem Reagens bisher keine charakteristischen Derivate erhalten werden konnten. Pinen absorbiert in der Kälte ein Molekül Halogenwasserstoff, wobei z. B. der künstliche Kampfer gebildet wird; aber letzterer ist kein Derivat des Pinens mehr, sondern des Kampfers. Mit wäßrigen Halogenwasserstoffsäuren entsteht aus dem Pinen bei längerer Einwirkung das monocyklische inaktive Limonendihalogenhydrat.

Unter den monocyklischen Terpenen geben das aktive und inaktive Limonen, sowie das Terpinolen z. B. das bei 50° schmelzende i-Limonendichlorhydrat, während Terpinen und Phellandren keine kristallisierten Verbindungen zu liefern scheinen. Dagegen erhalten wir aus dem Terpen des m-Cymoltypus, aus dem Sylvestren, das aktive, bei 72—73° schmelzende Sylvestrendichlorhydrat; auch das Carvestren liefert z. B. das Carvestrendihydrochlorid vom Smp. 52,5°. — Hiernach scheint es fast so, als ob die Terpene, welche die beiden doppelten Bindungen im Kern haben, schwer kristallisierte Halogenwasserstoffanlagerungsprodukte liefern.

Auch müssen wir im Auge behalten, daß die Halogenwasserstoffanlagerung in trocknen Lösungsmitteln anders verläuft, als in feuchten. So erhält man aus dem Limonen in trocknen Lösungsmitteln ein Monochlorhydrat, welches das HCl in der Seitenkette addiert hat, während die doppelte Bindung im Kern erst unter besonderen Bedingungen, besonders bei Gegenwart von Wasser, das zweite Molekül HCl addiert. Aus diesem Grunde geschieht es auch, daß man aus dem Pinen das wahre Additionsprodukt an die doppelte Bindung, z. B. $C_{10}H_{16}HCl$, nicht erhalten hat, sondern daß eher Ringsprengung eintritt.

Chlorwasserstoff, Bromwasserstoff und Jodwasserstoff geben also in gleicher Weise bei den einzelnen Terpenen bald mehr oder weniger charakteristische Verbindungen, die sich zur Identifizierung eignen.

Wasseranlagerungsprodukte der Terpene können ebenfalls für die Identifizierung Verwendung finden, wenn auch nur in untergeordneter Weise. Kampfen läßt sich nach dem Bertramschen Verfahren in Isoborneol vom Smp. 212° überführen; jedoch ist hierbei nicht ausgeschlossen daß auch andere Terpene, so z. B. das Nopinen (Pseudopinen), ebenfalls

Isoborneol nach diesem Verfahren liefern. Das Kampfen findet sich nämlich sehr selten in ätherischen Ölen; durch seine Kristallisationsfähigkeit kann es aus Gemengen abgeschieden werden, aber es scheint so, als ob das Kristallisieren vielfach verhindert wird. Man suchte deshalb das Kampfen auf chemischem Wege, durch Überführung in Isoborneol, nachzuweisen, so z. B. im Citronellöl. Da wir jedoch mit sauren Lösungsmitteln arbeiten, so ist die Annahme nicht von der Hand zu weisen, daß eine Invertierung statthaben kann, und daß ein anderes Terpen vorliegt. — Auch das Fenchen liefert einen schön kristallisierten Isofenchylalkohol vom Smp. 61,5—62°. Pinen läßt sich in Terpineol vom Smp. 35° überführen, während beim Sabinen bisher kein derartiger Alkohol erhalten werden konnte.

Die monocyklischen Terpene lagern ebenfalls Wasser an: Limonen liefert Terpineol, dagegen konnte aus Terpinolen, Terpinen und Phellandren kein kristallisierter Alkohol gewonnen werden, ebensowenig auf diesem Wege aus Sylvestren bzw. Carvestren. — Aber auch Glykole entstehen aus Terpenen, indem sich Wasser teils an zwei doppelte Bindungen, teils an eine doppelte Bindung und an einen gesprengten Ring anlagert; so entsteht aus dem Limonen Terpin, ebenso aus dem Pinen. Nicht jedoch konnte durch Ringsprengung aus dem Kampfen, Fenchen und Sabinen ein kristallisiertes Glykol erhalten werden, ebensowenig aus Terpinen, Phellandren und Sylvestren.

Die Oxydationsprodukte der cyklischen Terpene sind unter Umständen zur Identifizierung des einen oder anderen Terpens verwendbar. So liefern die semicyklischen Terpene, das Nopinen, das Kampfen, die Fenchene und das Sabinen Ketone von der Bruttoformel $C_9H_{14}O$, welche gut kristallisierte Semicarbazone ergeben. Auf diese Weise läßt sich mit großer Schärfe ein monocyklisches Pseudoterpen nachweisen. Für Pinen ist die Pinonsäure, welche gut kristallisierte Derivate liefert, charakteristisch. Die Oxydationsprodukte der monocyklischen Terpene eignen sich weniger zu Identifizierungen.

Wir kommen nunmehr zu den Produkten der Anlagerung von Säuren bzw. deren Anhydriden an Terpene. Die Sauerstoffsäuren der Halogene, die unterchlorige Säure usw., geben charakteristische Derivate z. B. mit dem Pinen. Schweflige, Schwefel-, Phosphor-, Arsen-, salpetrige und Salpetersäure lagern sich an Terpene an, spalten sich aber in der Regel sehr schnell unter Regenerierung oder Invertierung des Terpens oder aber unter Verseifung ab, indem ein Alkohol entsteht. Nur selten sind diese Anlagerungsprodukte gefaßt worden; so konnte z. B. Bouveault (Bl. III, **23**, 537) ein Anlagerungsprodukt $C_{10}H_{16} \cdot HNO_3$ des Kampfens gewinnen.

Anders verhält es sich mit den Anhydriden dieser Säuren; es kommen besonders die salpetrige, Salpeter-, Salzsäure und Bromwasserstoffsäure in Betracht. Ihre Anhydride N_2O_3, N_2O_5, sowie die gemischten Anhydride N_2O_4, NOCl und NOBr sind imstande sich an doppelte Bindungen anzulagern; ganz besonders sind die Verhältnisse in bezug auf N_2O_3 und NOCl studiert worden.

Diese beiden letzteren Moleküle zerfallen bei der Reaktion in $N{<}^{O}_{O-}$ und $N{<}^{O}$ bzw. Cl– und $N{<}^{O}$; analogen Zerfall erleiden die anderen eben erwähnten Anhydride. Es entstehen bei ihrer Einwirkung auf Terpene Bisnitrosite und Bisnitrosochloride, jedoch können auch monomolekulare Verbindungen auftreten (vgl. den allgem. Teil, Bd. I, S. 110). Geben nun alle cyklischen Terpene diese Anlagerungsprodukte oder nicht? Cahours entdeckte die Anlagerungsfähigkeit der salpetrigen Säure an Phellandren im Jahre 1842. Tilden besonders erkannte 1874, daß das Limonen eine Verbindung mit Nitrosylchlorid eingeht. Seit diesen Entdeckungen sind die Reaktionen in mannigfaltiger Weise auf die Terpene und solche Moleküle, die analoge doppelte Bindungen aufweisen, wiederholt ausgedehnt worden. Betrachten wir zunächst die Nitrosite.

Durch die Aufspaltung von N_2O_3 in $N{<}^{O}_{O-}$ und $N{<}^{O}$ sollte unter Anlagerung an die beiden Kohlenstoffatome einer doppelten Bindung ein Nitroso-Nitrit oder abgekürzt Nitrosit entstehen. Dies geschieht, wie wir bei den einzelnen Terpenen sehen werden, jedoch selten, vielmehr es tritt eine Umlagerung ein, z. B. beim Phellandren in folgendem Sinne:

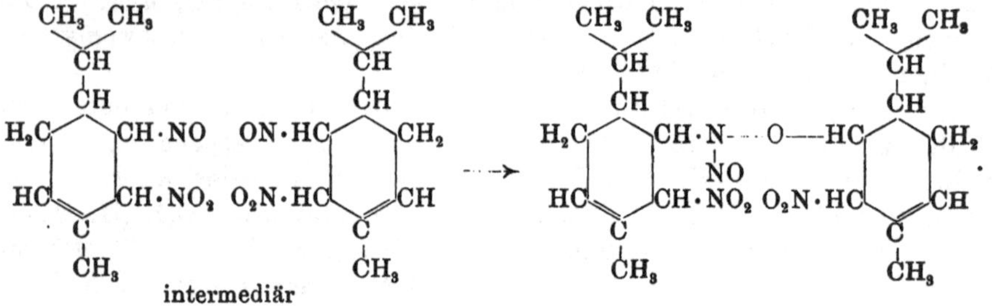

intermediär

Alles Nähere muß bei den einzelnen Terpenen erörtert werden. Genau dasselbe, was von den Nitrosonitriten gilt, hat auch bei den Nitrosonitraten, Nitrosochloriden, -bromiden usw. Giltigkeit. Allen diesen Anhydriden ist ein Radikal gemeinsam, nämlich NO, während das zweite sein kann ONO, ONO_2, Cl, Br usw. (Vgl. auch Pseudonitrosite.)

Demnach ist es die NO-Gruppe, welche die Veranlassung zur Bildung der Doppelmoleküle gibt. Es fragt sich nun, ob es gleichgültig ist, welche doppelte Bindung vorliegt, ob das NO sich an ein tertiäres oder sekundäres C-Atom lagert. Am besten scheint die Bildung der Doppelmoleküle vor sich zu gehen, wenn an das Kohlenstoffatom, an welches sich das NO anlagert, noch ein Wasserstoffatom gebunden ist, aber auch in anderen Fällen erfolgt diese Verdoppelung des Moleküls, so daß der Ester einer eigentümlich gestalteten Nitrosylsäure vorliegt.

Von den bicyklischen Terpenen ist durch Anlagerung von N_2O_3 kein kristallisiertes Produkt bisher erhalten worden beim Pinen, Nopinen, Sabinen und Fenchen, obwohl zweifellos alle diese Terpene mit salpetriger Säure reagieren. Dagegen liefert das Kampfen ein Kampfennitrosit

$C_{10}H_{16} \cdot N_2O_3$ (Jagelki, B. **32**, 1502). Von den monocyklischen Terpenen geben das Phellandren und Terpinen gut kristallisierende Verbindungen mit der salpetrigen Säure, während Limonen, Terpinolen und Sylvestren bisher keine kristallisierenden Produkte lieferten.

Zur weiteren Identifizierung können wir die Bisnitrosochloride verwenden. Tilden ist derjenige, der diese Verbindungen zuerst studierte, v. Baeyer zeigte, daß sie bimolekular sind. Von den bicyklischen Terpenen gibt das Pinen eine sehr gut kristallisierende Nitrosochloridverbindung, während eine solche vom Kampfen, Fenchen und Sabinen bisher nicht erhalten worden ist. Es soll vorausgeschickt werden, daß, wenn im folgenden von Kampfen, Fenchen und Sabinen die Rede ist, hierunter die Pseudoform verstanden ist, welche die semicyklische Bindung aufweist. Selbstverständlich werden die n- und andere Formen beigemengt sein, jedoch dann nur in untergeordneter Menge. Daß die genannten Terpene bisher keine Bisnitrosochloridverbindungen geliefert haben, dürfte in dem Bau ihres Moleküls begründet sein, und zwar in der Art der doppelten Bindung. Während Pinen eine doppelte Bindung 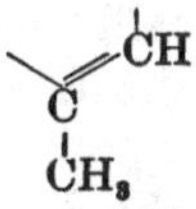 im Kern aufweist, haben Kampfen, Fenchen und Sabinen die semicyklische Bindung 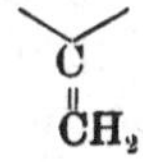. Es hat sich nun herausgestellt, daß Bisnitrosochloride besonders von solchen Verbindungen erhalten werden, die erstere doppelte Bindung aufweisen. Deshalb bekommen wir von den monocyklischen Terpenen auch beim Limonen ein Bisnitrosochlorid, ebenso beim Sylvestren; dagegen scheinen das Phellandren und Terpinen diese Verbindungen schwer zu geben, obwohl in ihnen eine analoge doppelte Bindung wie im Limonen vorhanden ist. Dies hat aber seinen Grund in der Gegenwart der zweiten doppelten Bindung im Kern; zweifellos reagiert das Nitrosylchlorid mit der ersten doppelten Bindung dieser Terpene, aber wahrscheinlich auch mit der anderen, so daß hierbei verschiedene Produkte entstehen, die sich gegenseitig am Kristallisieren hindern. Die Bisnitrosochloride selbst eignen sich wegen der meistenteils bei ähnlichen Temperaturen liegenden Schmelzpunkte weniger zur Identifizierung als die von Wallach durch Einwirkung von Basen aus ihnen hergestellten Nitrolamine, die namentlich beim Pinen, Limonen und Sylvestren charakteristische Schmelzpunkte zeigen. Analoges gilt auch von Terpenalkoholen usw., die ebenfalls Bisnitrosochloride, aus denen die Nitrolamine entstehen, liefern, wenn sie eine analoge doppelte Bindung im Kern aufweisen, wie z. B. das Terpineol. Die Konstitution dieser Bisnitrosochloride und ihre Reaktionen vgl. im allgemeinen Teil und bei den einzelnen Terpenen.

Genau so wie Nitrosylchlorid lagert sich Nitrosylbromid an.

Als gemischtes Anhydrid können wir auch das Chromylchlorid ansehen, welches mit einigen Terpenen, namentlich mit solchen mit semicyklischer doppelter Bindung in Reaktion tritt, indem es sich zunächst anlagert und alsdann unter Bildung von Aldehyden abspaltet (vgl. Kampfen und auch Pinen).

Zur Identifizierung eignet sich demnach zunächst die Bestimmung der physikalischen Konstanten; liegt aber kein einigermaßen reines Terpen vor, so ist man gezwungen, zu chemischen Reaktionen zu greifen, die aber auch sonst unter allen Umständen zur weiteren Charakterisierung herangezogen werden müssen. Besonders wichtig sind Di- und Tetrabromide, ferner die durch Oxydation erhaltenen Spaltungsprodukte $C_9H_{14}O$, die Bisnitrosite bzw. Bisnitrosochloride und die aus diesen dargestellten Nitrolamine und schließlich die durch Wasseranlagerung entstehenden Alkohole.

Die Konstitution der Terpene ergibt sich und ist in den meisten Fällen erschlossen worden durch Aboxydation mit Kaliumpermanganat bzw. durch die Konstitutionsaufklärung solcher Moleküle, zu denen die Terpene in naher verwandtschaftlicher Beziehung stehen. Zunächst muß die Anzahl der doppelten Bindungen festgelegt werden; dies erfolgt am besten durch Bestimmung der Molekularrefraktion. Denn sobald wir Halogene oder Halogenwasserstoff anlagern, können bereits Invertierungen eintreten. Auch die übrigen physikalischen Daten geben uns wichtige Aufschlüsse über die Anzahl der doppelten Bindungen. Auf welchem Wege schließlich die Konstitution jedes einzelnen Terpens erschlossen ist vgl. bei diesem selbst.

Ebenso können sich die Bemerkungen über die Eigenschaften der Terpene in geschichtlicher Hinsicht an dieser Stelle nur in großen Umrissen bewegen. Daß Kohlenwasserstoffe in den ätherischen Ölen vorkommen, wurde sofort nach Ausarbeitung der Elementaranalyse im ersten Viertel des vergangenen Jahrhunderts festgestellt. Daß Kohlenwasserstoffe von der Bruttoformel $(C_5H_8)_x$ vorliegen, wies LABILLIARDIÈRE durch Analyse des Terpentinöls nach. Aber erst durch Ausarbeitung der Dampfdichtebestimmungen konnte besonders von DUMAS festgestellt werden, daß die Anzahl der Verbindungen $C_{10}H_{16}$ in den ätherischen Ölen eine recht verbreitete ist. Es ist ganz selbstverständlich, daß man sich schon damals die Frage nach der Identität und Nichtidentität der einzelnen Moleküle $C_{10}H_{16}$ vorlegte. Hinzukam, daß man auch auf synthetischem Wege diese Kohlenwasserstoffe $C_{10}H_{16}$ erhielt, so aus dem künstlichen Kampfer $C_{10}H_{16} \cdot HCl$, indem OPPERMANN in Straßburg (P. **22**, 199) diesen über Kalk destillierte. Aber gering waren die Erkennungszeichen einer Verbindung in der damaligen Zeit; für kristallisierte Verbindungen hatte man den Schmelzpunkt und den Vergleich der Kristallform, aber flüssige Verbindungen ließen sich schwer identifizieren. Erst allmählich legte man größeres Gewicht auf Volumgewicht und Siedepunkt, die auf chemischem Wege erhaltenen Derivate waren ja in der Terpenreihe verschwindend wenige. Man ließ Halogen und Halogenwasserstoffsäuren einwirken, aber zunächst nur beim Terpentin- und Citronenöl erhielt man kristallisierte „künstliche Kampfer“.

Erst BERTHELOT gelang es durch die Entdeckung des Kampfens ein festes Terpen zu isolieren. CAHOURS konnte durch Darstellung des Nitrosits im Jahre 1842 auch für das Phellandren ein kristallisiertes Derivat angeben. Für das Limonen hatte THÉNARD bereits im Jahre 1807 das feste Limonendichlorhydrat hergestellt. Recht groß wurde nun die Verwirrung, als man auch aus dem Terpentinöl (Pinen) dieselbe Verbindung erhielt. Mit der Auffindung dieser Tatsache schwankte der Boden vollständig. Schon damals zogen BERTHELOT und GLADSTONE aus diesem Grunde in den fünfziger bzw. sechziger Jahren das physikalische Verhalten der Terpene mit zu ihrer Einteilung heran.

Einen großen Fortschritt haben wir in der Erkenntnis und Klassifizierung der Terpene durch die Ausarbeitung der Nitrosochloride von seiten TILDENS zu konstatieren. Aber trotzdem hielt man an der großen Mannigfaltigkeit und Verschiedenheit der einzelnen Terpene fest, und zwar besonders veranlaßt durch die verschieden starke Polarisation, indem geringe Unterschiede in derselben häufig zur Aufstellung eines neuen Terpens die Ursache waren.

Hinzukommt, daß man über die Konstitution der Terpene durchaus im unklaren war. Wie wir später sehen werden, brachte man sie Ende der sechziger Jahre in Beziehung zum Cymol und faßte sie als hydrierte Cymole auf. Anfangs der siebziger Jahre kam man auf den Gedanken, daß im Kampfer ein bicyklisches System vorliegen könnte, eine Auffassung, welche durch KANONNIKOW im Jahre 1883 bewiesen wurde. Nunmehr war von selbst die Möglichkeit einer ähnlichen Konstitution auch für die Terpene gegeben. Die chemischen Reaktionen ließen, wie allgemein anerkannt wurde, im Stich, da sich viele Ringe durch Anlagerung von Halogenwasserstoff aufsprengen lassen und dieses Molekül demnach ähnlich wie doppelte Bindungen anlagern. Daß in der Tat mono- und bicyklische Terpene existieren, wurde besonders durch die Arbeiten BRÜHLS erhärtet, der in den achtziger Jahren die Molekularrefraktion heranzog.

Gleichzeitig gelang es WALLACH von der Mitte der achtziger Jahre ab durch Entdeckung der Tetrabromide des aktiven und inaktiven Limonens Verbindungen zu erhalten, welche in der Folgezeit gestatteten, dieses Terpen zu erkennen. Auf diese Weise konnten eine ganze Anzahl Terpene als chemisch identisch angesehen werden, denen man bis dahin besondere Namen beigelegt hatte. WEBER entdeckte die Doppelverbindung des Terpinens mit N_2O_3, so daß auch dieses Terpen, namentlich als Umwandlungsprodukt des Limonens und Phellandrens, nachgewiesen werden konnte. Durch Herstellung des Terpinolentetrabromids vom Smp. 117° war WALLACH imstande, ein neues Umwandlungsprodukt des Limonens zu konstatieren. ATTERBERG gelang es bereits 1878, das Sylvestren durch das Dichlorhydrat vom Smp. 72—73° zu charakterisieren. Im Jahre 1887 kannte man demnach das Pinen, Kampfen, Limonen, Terpinen, Terpinolen, Phellandren und Sylvestren, unbekannt dagegen waren das Nopinen, die Fenchene und das Sabinen. Die Konstitution war jedoch in diesem Jahre noch von keinem Terpen aufgeklärt. Erst die neunziger Jahre schufen hierin Wandel. Nachdem durch BREDT im Jahre 1893 nachgewiesen war, daß die Isopropylgruppe an der Ringbildung beteiligt ist, war es WAGNER, der im Jahre 1894 (B. **27**, 1651) die heute angenommene Formel für das Pinen aufstellte. Die gleichfalls von WAGNER aufgestellte Limonenformel wird von TIEMANN und SEMMLER 1895 bewiesen. Vorher war es v. BAEYER gelungen im Jahre 1894 die Formel für das Terpinolen aufzuklären. v. BAEYER brachte alsdann 1895—1896 den vollen Beweis für WAGNERS Pinenformel.

Das Fenchen war im Jahre 1890 von WALLACH erhalten worden, es stellte sich jedoch später heraus, daß kein einheitliches Terpen vorliegt, sondern daß mindestens drei vorhanden sind. Nichtsdestoweniger gelang es WALLACH und KONDAKOW nachzuweisen, daß die Hauptmenge dieses Terpens aus semicyklischen Verbindungen besteht; beide Forscher konnten für letztere die Konstitution aufklären.

Das Kampfen ist vielfach bearbeitet worden, seine Konstitution ist soweit geklärt, daß wir heute wissen, daß das gewöhnliche Handelskampfen der Hauptsache nach aus einem semicyklischen Terpen besteht. Auch im Rohpinen konnte ein semicyklisches Terpen, das Nopinen, aufgefunden und von v. BAEYER und WAGNER in seiner Konstitution aufgeklärt werden.

Das Sabinen wurde von SEMMLER 1902 entdeckt und seiner Konstitution nach als semicyklisches Terpen erwiesen.

Vom Sylvestren und Carvestren konnte v. BAEYER dartun, daß beide hydrierte m-Cymole sind.

Oben wurde mitgeteilt, daß wir die Kohlenwasserstoffe $C_{10}H_{16}$ mit dem Collektivnamen „Terpene" bezeichnen, ein Name, welcher eng zusammenhängt mit den Ausdrücken „Tereben", „Terebenthen" und „Terpentin". Über die Konstitution dieser Kohlenwasserstoffe sagt dieser Name gar nichts aus. Wir haben früher gesehen, daß es auch in der olefinischen Reihe Terpene gibt. Letztere wurden von SEMMLER von den cyklischen abgetrennt, nachdem auch unter den Kampferarten olefinische Repräsentanten von ihm aufgefunden worden waren. Ein Kohlenwasserstoff nun, welcher zur monocyklischen Reihe gehört und 10 Kohlenstoffatome aufweist, müßte, wenn er ganz gesättigt ist, 20 Wasserstoffatome haben. Bei einer Bruttoformel $C_{10}H_{16}$ müssen demnach entweder 1. zwei Brückenbindungen und keine doppelte Bindung (tricyklische Terpene) oder 2. eine doppelte Bindung und eine Brückenbindung (bicyklische Terpene) oder 3. zwei doppelte Bindungen (monocyklische Terpene) vorhanden sein. Für diese drei Typen seien folgende Beispiele angeführt, wobei es unentschieden gelassen werden soll, ob die für das Cyklokampfen (Tricyklen) angegebene Formel der Wirklichkeit entspricht:

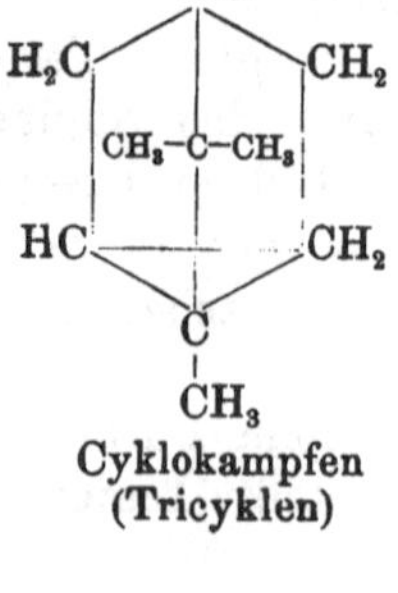
Cyklokampfen (Tricyklen)

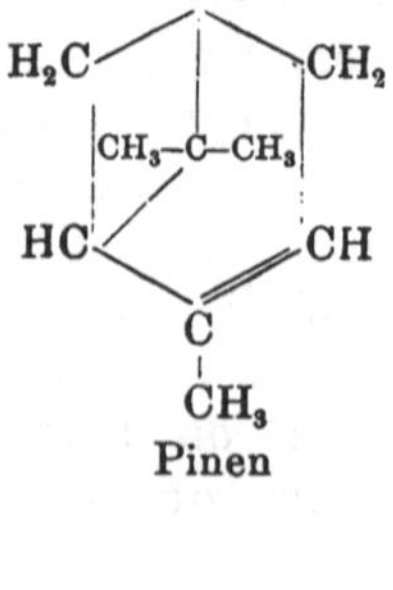
Pinen

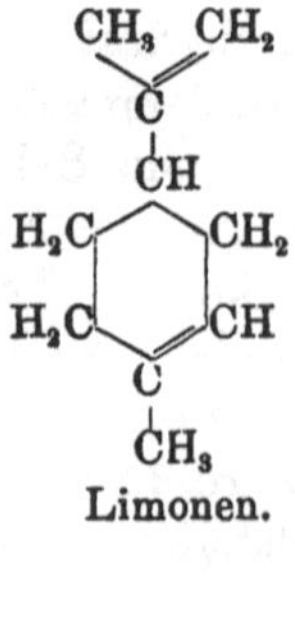
Limonen.

Man bezeichnet als Brückenbindung eine Bindung, welche von einem Kohlenstoffatom eines Ringes zu einem anderen des Ringes übergeht, das dem ersteren nicht benachbart steht. —

Zur Reindarstellung der Terpene ist noch zu bemerken, daß man unter allen Umständen vermeiden muß, bei gewöhnlichem Luftdruck zu destillieren; ich erinnere nur an das Terpinolen, welches bei gewöhnlichem Luftdruck destilliert allmählich vollständig verharzt. Viele Terpene kommen sehr rein in der Natur vor, so z. B. das d-Limonen im Pomeranzenöl, welches durch fraktionierte Destillation, schließlich über Kalium, aus letzterem gewonnen werden kann. —

Zur Identifizierung ist noch zu bemerken, daß man auch versucht hat, die bei den Alkaloiden so beliebten Farbenreaktionen auf das Terpengebiet auszudehnen. Es ist dies jedoch bisher nur in sehr wenigen Fällen gelungen. Besonders charakteristisch verhält sich hierbei das Sylvestren. Seine Lösung in Essigsäureanhydrid färbt sich auf Zusatz eines Tropfens Vitriolöl (oder rauchender Salpetersäure) intensiv blau; fremde Körper beeinträchtigen diese Reaktion. Ob diese Reaktion jedoch immer in so rein blauer Farbe erscheint, muß von neuem geprüft werden, nachdem Kondakow gezeigt hat, daß bei der analogen Farbreaktion des Carvestrens andere Farbentöne auftreten. —

Zur Einteilung der Terpene ist zu bemerken, daß sie bei den monocyklischen Terpenen in Derivate des p- und m-Cymols usw. keinen Schwierigkeiten begegnen würde; anders liegen jedoch die Verhältnisse bei den polycyklischen Terpenen, da man von diesen bald zu m-, bald zu p-Derivaten gelangen kann, da z. B. bei den bicyklischen intermediär Dreiringe geschaffen werden, so daß man von einem p-Cymolderivat zu einem m-Cymolderivat gelangen kann.

Nomenklatur der cyklischen Terpene und der sich von diesen ableitenden sauerstoffhaltigen Verbindungen.

Es handelt sich um passende, kurze und allgemein verständliche Bezeichnungen dieser Verbindungen, welche einen Teil der cyklischen Verbindungen der organischen Chemie überhaupt darstellen. Zur Systematik aller hierher gehörigen Moleküle sei vorausgeschickt, daß sie sich in mono-, bi-, tri- usw., polycyklische einteilen lassen; in einem ähnlichen Verhältnis, wie die monocyklischen Verbindungen zu den aliphatischen stehen, befinden sich auch die bicyklischen den monocyklischen gegenüber. Genau so, wie nämlich z. B. aus dem Geraniol durch Wasserabspaltung das Limonen sich bilden kann, dürfte auch aus dem monocyklischen Terpineol das bicyklische Pinen unter Umständen resultieren; ebenso verhalten sich die tricyklischen Moleküle zu den bicyklischen usw. Aus diesem Grunde würde es sich also z. B. empfehlen, die Terpene $C_{10}H_{16}$, indem wir natürlich die aliphatischen bereits herausgenommen haben, in mono-, bi-, tri- usw. cyklische einzuteilen.

Die Nomenklatur sämtlicher monocyklischen Gebilde begegnet keinen Schwierigkeiten, indem wir z. B. die gesättigten Kohlenwasserstoffe in Tri-, Tetra-, Penta-, Hexa- usw. -Methylene gruppieren können; analog verhält es sich mit den ungesättigten. Diese cyklischen Methylene bezeichnet man als Cyklotri-, Cyklotetra-, Cyklopenta-, Cyklohexa-Methylene oder als Cyklopropane, Cyklobutane, Cyklopentane, Cyklohexane, Cykloheptane usw. Auch die Bezeichnung der ungesättigten hierher gehörigen Kohlenwasserstoffe begegnet keinen Schwierigkeiten, wenn man z. B. in der Cyklohexanreihe die einfach ungesättigten als Cyklohexene, die zweifach ungesättigten als Cyklohexadiëne usw. benennt, indem man sich also an die Genfer Nomenklatur anschließt.

Genau dasselbe, was von den Kohlenwasserstoffen gilt, ist auch auf die Alkohole, Ketone, Aldehyde usw. übertragbar; bei den Alkoholen spricht man z. B. von Pentanolen, Hexanolen, bei den Ketonen von Propanonen, Butanonen usw. (Cyklo-).

Aus diesem Grunde haben wir auch bei der Bezeichnung der hierher gehörigen monocyklischen Terpene $C_{10}H_{16}$ keine Schwierigkeiten. Es hat sich nämlich durch die Untersuchungen herausgestellt, daß sämtliche cyklischen Terpene, die in Frage kommen und als Bestandteile ätherischer Öle auftreten, eingereiht werden müssen in die Kohlenwasserstoffe der Cyklohexamethylenreihe, die auch Cyklohexane genannt werden. Es sind demnach bisher Terpene z. B. der einfachen Cyklopropan-, Cyklobutan-, Cyklopentan- usw. Reihe nicht aufgefunden worden. Es vereinfacht sich aber die Systematik der monocyklischen Terpene noch weiter, indem festgestellt wurde, daß die monocyklischen Terpene Methyl-isopropyl-Cyklohexan-Abkömmlinge sind. Da es drei Unterabteilungen dieser Gruppe gibt, und zwar der o-, m- und p-Verbindungen, so müßten wir auch theoretisch die monocyklischen Terpene in diese drei Untergruppen einteilen. Es hat sich aber gezeigt, daß nur Terpene in der Natur bisher aufgefunden wurden, die entweder p- oder m-Methyl-isopropyl-Cyklohexan-Abkömmlinge sind; die o-Klasse ist bisher nicht angetroffen worden. Aus diesem Grunde könnten wir die Terpene folgenden zwei Klassen der allgemeinen organischen Chemie unterordnen 1. der Klasse der p-Methyl-isopropyl-Hexadiëne und 2. der m-Methyl-isopropyl-Hexadiëne, die auch als p- und m-Dihydrocymole bezeichnet werden können.

Nur aus Gründen der Einfachheit und kürzeren Bezeichnung hat man diese längeren Ausdrücke fallen lassen und für das Methyl-isopropyl-Cyklohexan den Trivialnamen „Menthan" eingeführt (Wagner, B. **27** [1894], 1636 Anm.); der Ausdruck Menthan ist hergenommen vom Menthol, welches ein p-Methyl-isopropyl-Hexanol ist. v. Baeyer (B. **27** [1894], 436) hatte für das Methyl-isopropyl-Hexan $C_{10}H_{20}$ den Ausdruck „Terpan" in Vorschlag gebracht, jedoch müßten wir alsdann die Kohlenwasserstoffe $C_{10}H_{18}$ als „Terpene" bezeichnen, ein Umstand, der natürlich zu Verwechselungen führen würde, weshalb ich den Ausdruck Menthan vorziehe.

Aus diesem Grunde sind sämtliche monocyklischen Terpene in zwei Hauptklassen einzuteilen: 1. in die p-Menthadiëne und 2. in die m-Menthadiëne. Die nähere Bezeichnung der Lage der doppelten Bindungen gestaltet sich einfach, indem wir die einzelnen Kohlenstoffatome des Menthans mit Zahlen folgendermaßen bezeichnen:

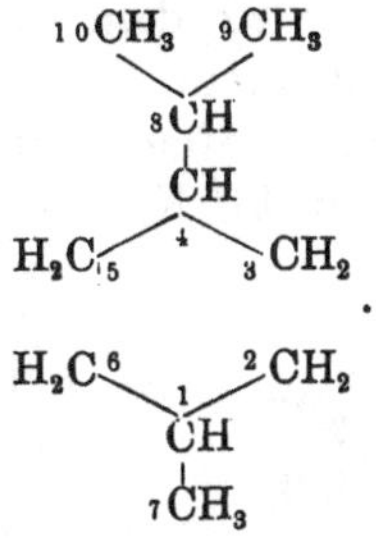

Wie auch sonst üblich, wird die doppelte Bindung mit Δ bezeichnet und die Lage einer doppelten Bindung zwischen zwei Kohlenstoffatomen nach demjenigen Kohlenstoffatom, welches nach der eingeführten Numerierung die niedrigste Zahl trägt, nur die Bindung zwischen Kohlenstoffatom 6 und 1 wird nach ersterem Kohlenstoffatom benannt. Befindet sich die doppelte Bindung in der Seitenkette, so setzen wir das zweite Kohlenstoffatom mit seiner Zahl in Klammern hinzu. Für das n-(α-)Phellandren haben wir demnach z. B. folgende Bezeichnung:

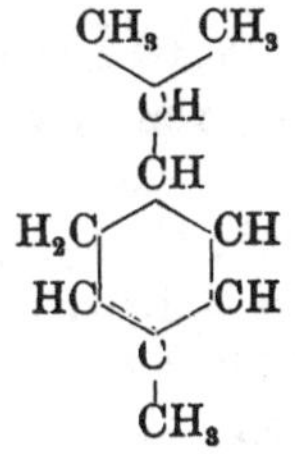

$= \Delta^{2,6}$-p-Menthadiën;

n-(α-)Phellandren

für das Limonen:

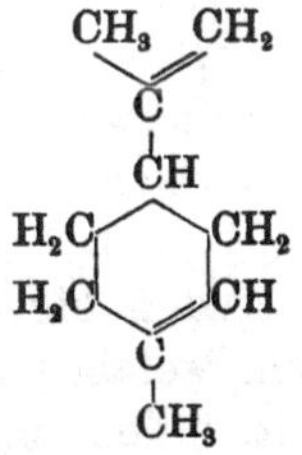

$= \Delta^{1,8(9)}$-p-Menthadiën;

für das Sylvestren:

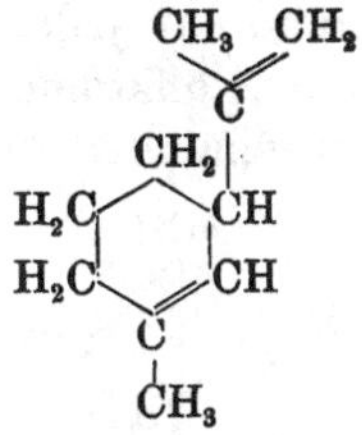

$= \Delta^{1,8(9)}$-m-Menthadiën.

Über die weitere Nomenklatur der monocyklischen Terpene vgl. letztere selbst.

Es hat sich bei dem Studium der in der Natur vorkommenden Terpene herausgestellt, daß sich auch bi-, ev. auch tricyklische Terpene finden, jedenfalls ist letztere Klasse synthetisch erhalten worden. Das Verhältnis des höheren Systems zu dem nächst niederen wurde bereits oben gestreift. Sind zwei oder mehr Ringe miteinander verbunden, so kann diese Verbindung der Ringe eine derartige sein, daß sie entweder keins, eins, zwei, drei oder mehr Kohlenstoffatome gemeinsam haben, z. B. haben wir folgende Systeme:

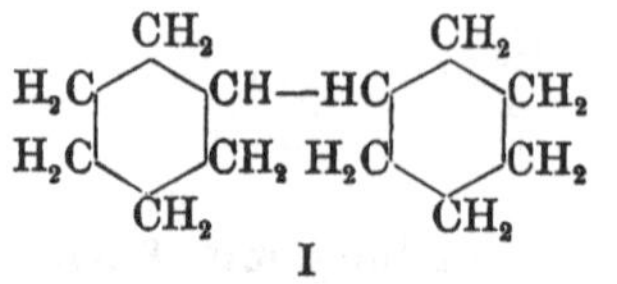
I

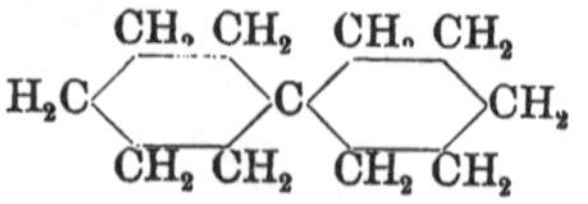
II

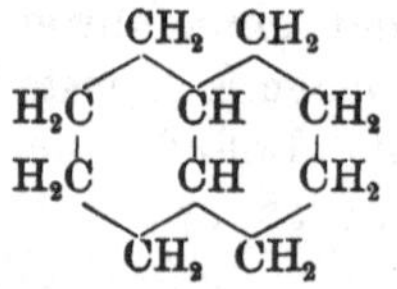
III

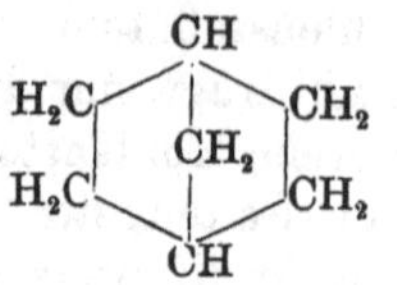
IV

usw.

Verschiedentlich ist eine Nomenklatur dieser polycyklischen Systeme versucht worden. Die Nomenklatur von Vertretern der Gruppe I und II gestaltet sich einfach, indem man die ersteren nach v. Baeyer (B. **33** [1900], 3771) als Biscyklane bezeichnen kann, die Verbindungen der Klasse II als Spirocyklane (spira = Brezel). Alle beide Klassen haben in vorliegendem Falle kein praktisches Interesse, da es Terpene usw. nicht gibt, die zu ihnen gehören. Diejenigen Zweiringsysteme, welche zwei und mehr Kohlenstoffatome gemeinsam haben, heißen Bicyklane. Auch können wir ohne weiteres die tricyklischen Moleküle an dieser Stelle ausschließen, da wir an späterer Stelle darauf zurückkommen werden. Es handelt sich demnach im wesentlichen um die bicyklischen Verbindungen, also um Verbindungen der Klasse III und IV und ähnlicher Systeme.

Zur weiteren Bezeichnung werden bicyklische Kohlenwasserstoffe als Derivate eines Systems angesehen, welches in dem vorliegenden Falle alle cyklischen Kohlenstoffatome zählt, indem man die Silbe Bi- davorsetzt, so daß Kohlenwasserstoff III ein Bicyklodekan und Kohlenwasserstoff IV ein Bicycloheptan wäre usw. Es muß nun jeder gesättigte bicyklische Kohlenwasserstoff zwei tertiäre Kohlenstoffatome enthalten, welche entweder direkt oder indirekt dreimal miteinander verbunden sind, z. B.

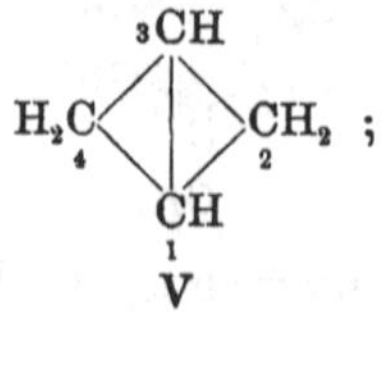
V

dies ist ein Bicyklotetran (-butan), in welchem C_1 und C_3, die beiden tertiären Kohlenstoffatome, einmal direkt miteinander verbunden sind, das andere Mal indirekt durch C_2 bzw. C_4. Derartige Kohlenstoffatome aber, welche zwei Kohlenstoffatome (C_1 und C_3) in dieser Weise indirekt miteinander verkuppeln, bezeichnen wir als Brückenkohlenstoffatome oder auch als Brücke. In folgendem Molekül

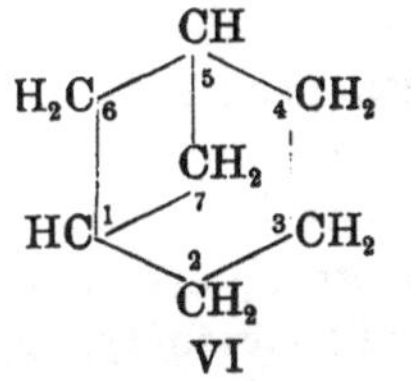

VI

haben wir ein Bicyklo-heptan; in ihm sind die beiden tertiären Kohlenstoffatome, welche beiden Ringen gemeinsam sind, C_1 und C_5; sie sind beide direkt nicht miteinander verbunden, sondern es führen drei Brücken von dem einen zu dem anderen Kohlenstoffatom. An der einen Brücke sind drei Kohlenstoffatome, und zwar C_2, C_3 und C_4 beteiligt, an der zweiten und dritten nur je ein Kohlenstoffatom, und zwar C_7 bzw. C_6. Es kann nun die Konstitution eines jeden bicyklischen Kohlenwasserstoffs durch drei Zahlen, welche die Anzahl der Kohlenstoffatome der einzelnen Brücken angeben, klar ausgedrückt werden: wir bezeichnen demnach System III, in welchem die beiden tertiären Kohlenstoffatome direkt und durch zwei Brücken von je vier Kohlenstoffatomen verbunden sind, als ein Bicyklo-(0, 4, 4)-dekan, wobei die direkte Verbindung mit 0 bezeichnet wird, da sie kein Brückenkohlenstoffatom enthält; diese Zahlen, die also die Brückenkohlenstoffatome in einem Bicyklan angeben, nennt man die Charakteristik des letzteren. System IV würden wir bezeichnen als: Bicyklo-(1, 2, 2)-heptan, System V als Bicyklo-(0, 1, 1)-tetran, System VI als Bicyklo-(1, 1, 3)-heptan. Die Numerierung der einzelnen Kohlenstoffatome geschieht am besten so, daß man eins von den beiden tertiären Kohlenstoffatomen mit C_1 bezeichnet, alsdann von C_1 aus die längste, dann die mittlere und schließlich die kürzeste Brücke unter Überspringung des Anfangspunktes durchläuft.

In der allgemeinen organischen Chemie verfährt man nun so, daß man zuerst die bicyklischen Verbindungen abhandelt, welche diejenigen Ringe enthalten, die die geringste Anzahl von Kohlenstoffatomen aufweisen, so daß man zuerst die Bicyklobutane beschreibt usw. Man kann bei den bicyklischen Systemen auch sagen, daß der eine Ring mit dem anderen verkuppelt ist; so z. B. ist in dem oben angeführten Bicyklobutan ein Cyklopropan(-trian)-Ring mit einem zweiten Cyklopropan-Kern verbunden. Terpene nun, welche einen Cyklopropan-Ring mit einem Cyklopropan- oder Cyklobutan-Ring verbunden haben, sind bisher nicht aufgefunden worden, dagegen ist das nächst niedrige Ringsystem, die Verbindung eines Cyklopropan-Kerns mit einem Cyklopentan-Ring, also folgendes System:

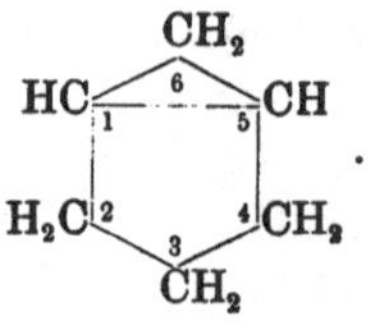

als Bestandteil der ätherischen Öle angetroffen worden. Diesem Ringsystem gehören das Sabinen, ev. Salven und die mit diesen Molekülen in naher Beziehung stehenden sauerstoffhaltigen Verbindungen an. Man kann ein derartiges System, indem man für ein solches den niedrigsten Ring immer als besonders charakteristisch ansieht, als Triocean-System bezeichnen; auf diese Weise gruppiert man die einzelnen Typen vorteilhaft. Es ist aber auch der Tanacetontypus das einzige hierher gehörige Bicyklohexan; andere Typen des Bicyklohexansystems, auch nicht sauerstoffhaltige, sind bisher nicht bekannt. Das Caron enthält ebenfalls einen Dreiring, es gehört aber nicht zum Trioceansystem des Bicyklohexans, sondern zu jenem des Bicykloheptans.

Denken wir uns nämlich einen Dreiring mit einem Sechsring verbunden, so entsteht ein Bicykloheptan folgender Konstitution:

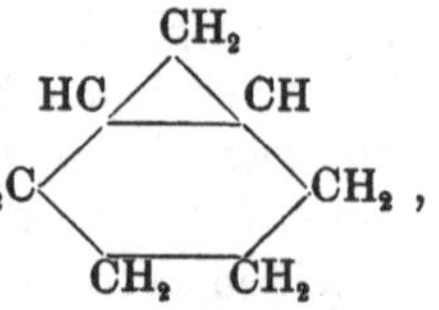

und zwar ist dies ein Bicyklo-(0, 1, 4)-heptan. Diesem System, welches wir ebenfalls als ein Trioceansystem bezeichnen, gehört der Carontypus an, von dem wir jedoch bisher kein Terpen kennen. Scharf muß dieser Trioceantypus des Carons unterschieden werden von jenem des Tanacetons, da letzteres, wie eben erwähnt, ein Bicyklohexan, das Caron jedoch ein Bicykloheptan ist. Besonders tritt der Unterschied in den physikalischen Konstanten hervor, indem sich die Tanacetonreihe wegen des Fünfrings durch ein niedriges Volumgewicht von der Caronreihe unterscheidet. Letztere nähert sich in ihren physikalischen Konstanten den beiden anderen Bicykloheptanderivaten, die nunmehr Erwähnung finden.

Unter den Terpenen gibt es fernerhin vom nächsten System der allgemeinen organischen Chemie ebenfalls Repräsentanten. Das nächste System ist eine Verbindung eines Vierrings mit einem Sechsring, während ein bicyklisches System, wo ein Vierring mit einem Fünfring verbunden ist, nicht angetroffen wird. Die allgemeine Formel des eben erwähnten Systems, in dem ein Vierring mit einem Sechsring verbunden ist, ist folgende:

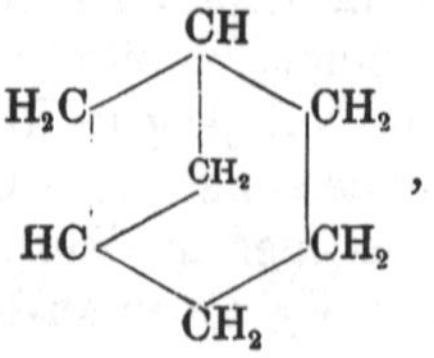

das oben als System VI bereits Erwähnung fand; es ist dies ein Bicykloheptan, und zwar ein Bicyklo-(1, 1, 3)-heptan. Diesem System gehören das Pinen, das Nopinen und zahlreiche Derivate dieser beiden Terpene an. Da in ihm ein Vierring mit einem Sechsring verbunden ist, so werden wir ein derartiges System als ein Tetroceansystem bezeichnen.

Kombinieren wir zwei Fünfringe miteinander, so erhalten wir ebenfalls ein Bicykloheptan, aber von folgender Konstitution:

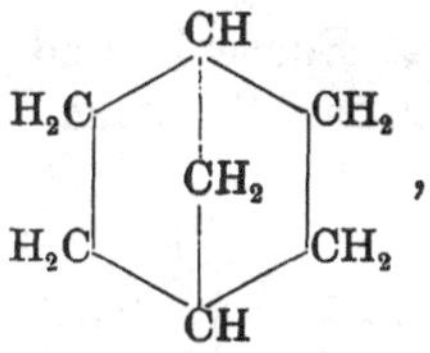

welches oben als System IV bezeichnet wurde. Da als niedrigster Ring ein Fünfring vorhanden ist, so werden wir dieses System als ein Pentoceansystem bezeichnen, welches demnach ebenfalls ein Bicyklo-(1, 2, 2)-heptan ist. Zu diesem Pentoceansystem gehören von den Terpenen das Bornylen, das Kampfen, die Fenchene und die zahlreichen sauerstoffhaltigen Derivate dieser einzelnen Typen.

Andere Kombinationen, wie die erwähnten, können wir nach Methoden der allgemeinen organischen Chemie wohl herstellen und begegnen ihnen auch als Derivaten von in der Natur vorkommenden eben erwähnten bicyklischen Systemen, aber als Bestandteile ätherischer Öle sind diese Kombinationen bisher nicht angetroffen worden. —

Wir haben demnach folgende Einteilung der Terpene, wenn wir aus den verschiedensten Gründen, die später Erwähnung finden werden, die bicyklischen vor den monocyklischen abhandeln: A. Bicyklische, B. Monocyklische Terpene. Die Klasse der tricyklischen Terpene wird, da wir gut charakterisiert von ihr nur ein künstlich hergestelltes Terpen, das Tricyklen, kennen, als Derivat des Pinendibromids usw. Erwähnung finden.

A. Die bicyklischen Terpene und ihre sauerstoffhaltigen Derivate sind nun weiter einzuteilen nach obigen Prinzipien, indem wir auch hier der historischen Entwicklung folgen und die Kombinationen des Fünfrings, alsdann des Vierrings, ferner des Dreirings besprechen. Wir teilen demnach die bicyklischen Terpene und ihre Derivate ein in:

I. Bicyklo-(1, 2, 2)-heptane (Pentoceansystem); in diesem System haben wir verschiedene Typen zu unterscheiden, je nachdem die Substitution durch die Methyl- bzw. Dimethylgruppen statthat. Man kann dieses ganze System auch mit dem Trivialnamen Kampfansystem bezeichnen, so daß sich die Begriffe Pentocean- und Kampfansystem decken, wobei man aber im Auge haben muß, daß auch die Fenchonderivate zum Kampfansystem gehören. Um Verwechslungen zu vermeiden, wird deshalb im folgenden an dem Ausdruck Pentoceansystem festgehalten werden; wir unterscheiden in ihm 1. den Kampfertypus, zu welchem der Kampfer:

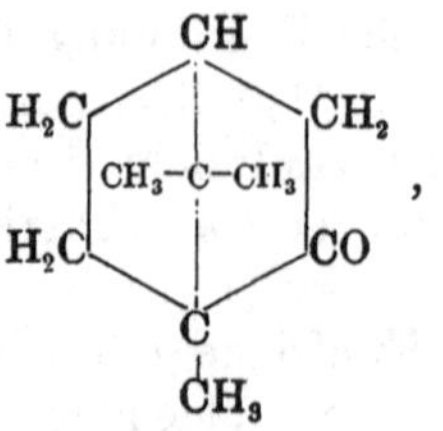

der zugehörige Alkohol, das Borneol, und ev. als zweite stereoisomere Form das Isoborneol, ferner das Bornylen:

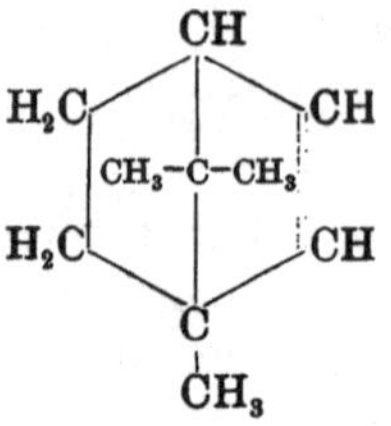

und schließlich das eine der Fenchokamphorone von folgender Konstitution:

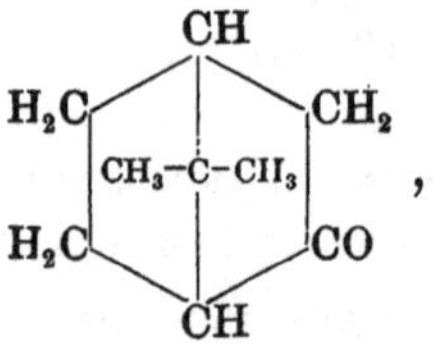

ebenso das zugehörige Fenchen:

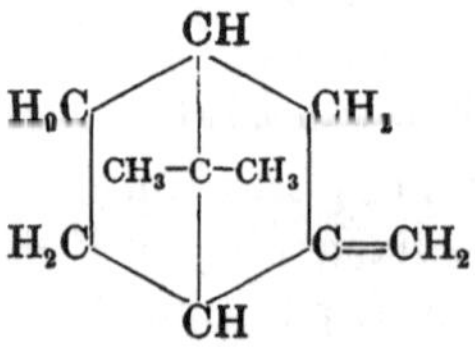

gehören. 2. Den Kampfentypus, in welchem die kürzeste Brücke nicht von einem dimethylierten Kohlenstoffatom gebunden wird, sondern von einer CH_2-Gruppe. Zu diesem Typus gehört z. B. das Kampfen:

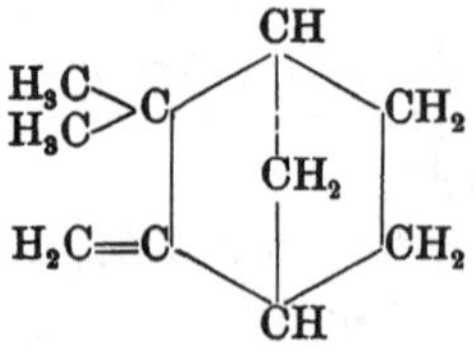

, das Kampfenilon:

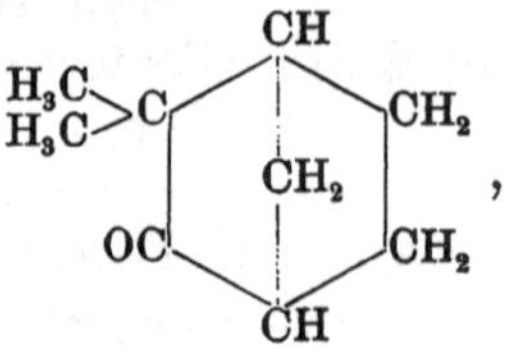

das Fenchon:

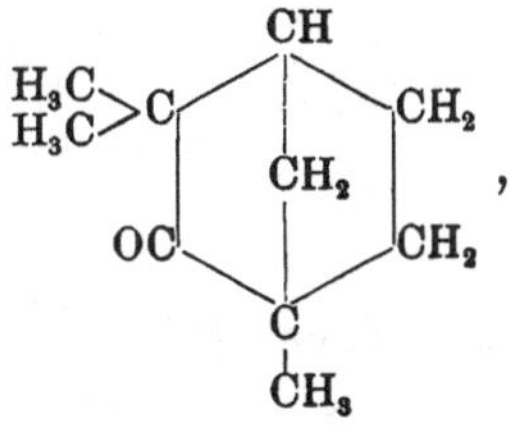

wahrscheinlich auch das zweite semicyklische Fenchen und das zugehörige Fenchokamphoron:

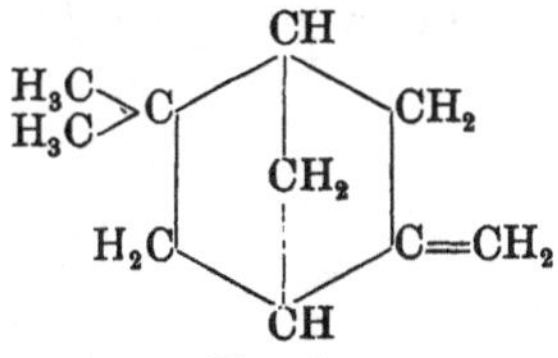

Fenchen

und

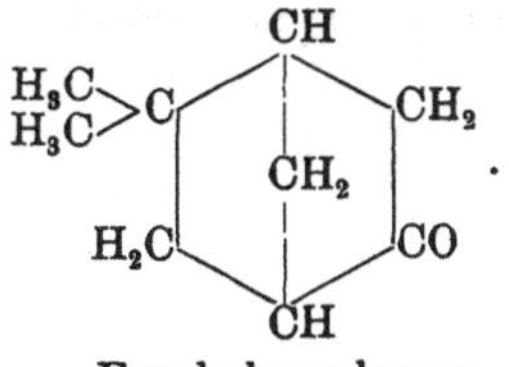

Fenchokamphoron

II. Bicyklo-(1, 1, 3)-heptan (Tetrocean- oder Pinansystem); von diesem System kennen wir nur einen Typus, d. i. der Pinentypus, zu dem auch das Nopinen gehört, indem letzteres zum Pinen in dem Verhältnis eines Pseudoterpens zu einem n-Terpen steht:

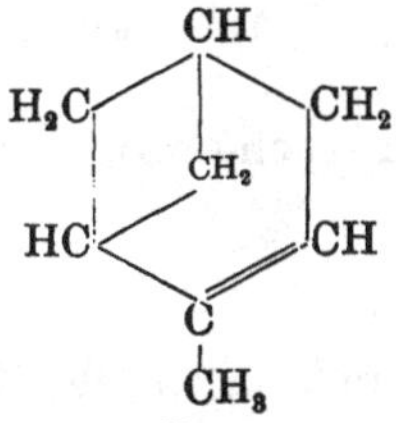

Pinen

und

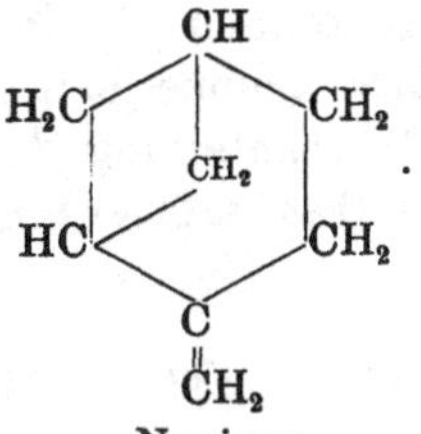

Nopinen

III. Bicyklo-(0, 1, 3)-hexan (Trioceansystem); es sei nochmals betont, daß wir das Trioceansystem des Bicykloheptans unter den Terpenen bisher nicht kennen, sondern nur seine sauerstoffhaltigen Vertreter, die sind das Caron und dessen bicyklische Derivate. Vom ersteren Trioceansystem finden wir bisher auch nur einen einzigen Typus, d. i. der Sabinentypus; zu ihm gehört das Sabinen:

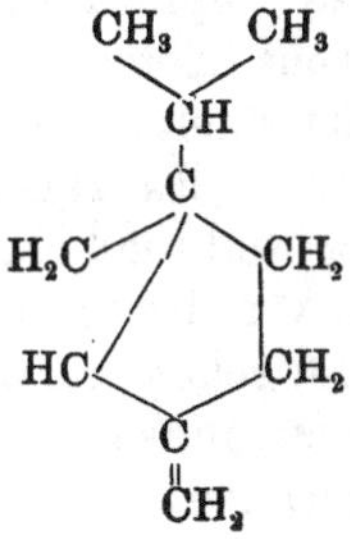

, das Sabinol:

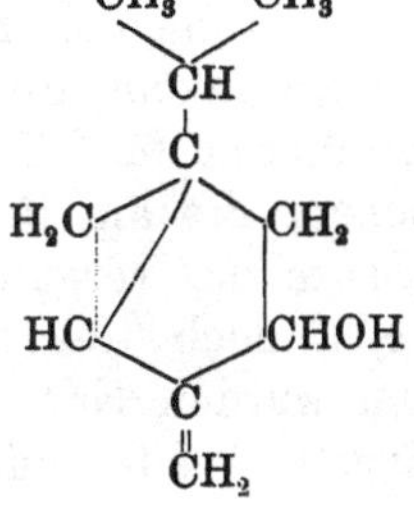

,

die Tanacetene, z. B.:

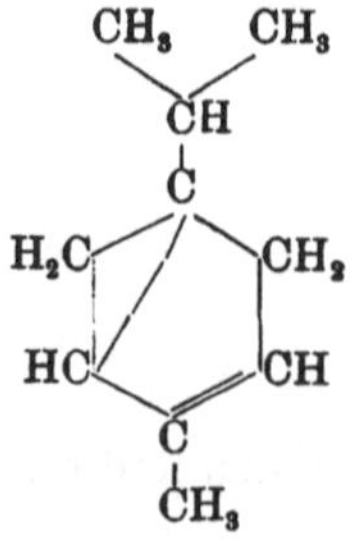

, das Tanaceton:

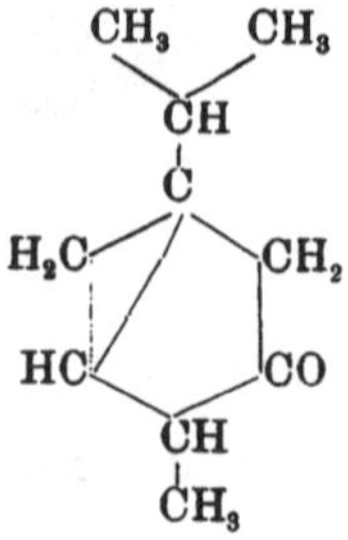

usw.

Dem Caron dagegen kommt folgende Konstitution zu:

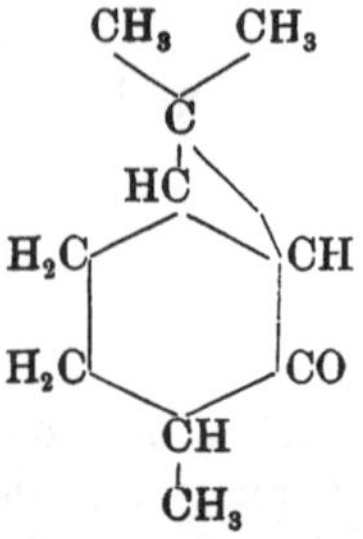

Das Trioceansystem können wir demnach auch in zwei Unterabteilungen teilen: 1. in jene des Bicyklo-(0, 1, 3)-hexans, die wir als Sabinantypus bezeichnen können, 2. in jene des Bicyklo-(0, 1, 4)-heptans, der wir den Namen Carangruppe beilegen können.

B. Die Einteilung der monocyklischen Terpene wird ausführlich bei letzteren selbst Erörterung finden.

A. Bicyklische in ätherischen Ölen vorkommende Terpene.

Hierher gehören das Kampfen, Fenchen, Pinen, Nopinen und Sabinen; das erstere ist fest, alle anderen sind flüssig, so daß das Kampfen unter Umständen durch Abkühlung zum Auskristallisieren gebracht werden kann. Für das Kampfen, Fenchen und Pinen besitzen wir charakteristische kristallisierte Verbindungen in ziemlicher Anzahl, dagegen nicht für das Nopinen und Sabinen. Bei diesen beiden letzteren sind wir für Identifizierungszwecke auf Aboxydationsprodukte angewiesen, die allerdings ebenfalls sehr charakteristisch sind; so liefert das Nopinen das Nopinon, das Sabinen das Sabinenketon, beide sind cyklische Ketone $C_9H_{14}O$, die durch ihre Semicarbazone hinreichend charakterisiert sind. Am weitesten verbreitet von diesen fünf Terpenen ist das Pinen. Es gehört zu denjenigen Terpenen, die am längsten bekannt sind, während das Kampfen erst um die Mitte des vergangenen Jahrhunderts von Berthelot synthetisch dargestellt, noch viel später aber aus ätherischen Ölen gewonnen wurde; alsdann wurden Nopinen und Sabinen aufgefunden. Das Fenchen ist noch weniger verbreitet oder gar nicht in ätherischen Ölen vorhanden.

I. Bicyklo-(1, 2, 2)-heptane (Pentoceansystem).

1. Das Terpen des Kampfertypus, das Bornylen, wird als Derivat des Pinenjodhydrats abgehandelt werden.

2. Kampfentypus.

192. Kampfen

$C_{10}H_{16}$ =

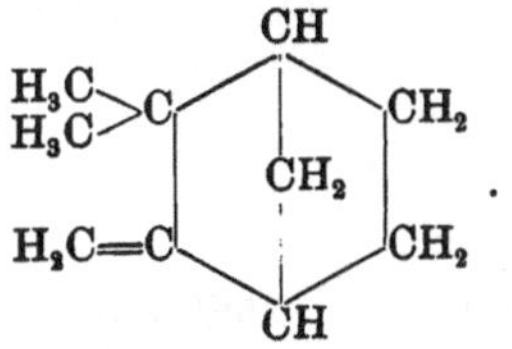

Vorkommen, Isolierung und Synthese. Die Darstellung des Kampfens, seine Isolierung, sowie sein Vorkommen gehen Hand in Hand mit der Aufklärung der Konstitution seines Moleküls. Es ist anzunehmen, daß das Kampfen noch öfter in der Natur aufgefunden werden wird als es bisher geschehen ist, da es in sehr naher verwandtschaftlicher Beziehung zu dem häufig in der Natur vorkommenden Kampfer und Borneol steht. Die Konstitution des Kampfens erscheint uns, wenn wir das Molekül betrachten, von Hause aus kompliziert, es drängt sich hierbei die Frage auf, welche bicyklischen Terpene wir überhaupt in ätherischen Ölen zu erwarten haben, ob die Konstitution des Kampfens eine alleindastehende ist oder ob verwandte Terpene vorhanden sind. Zweifellos muß die Konstitution des Kampfens eine solche sein, daß sie in nahe Beziehung zum Cymol und den hydrierten Cymolen gebracht werden kann. Wir werden weiter unten sehen, daß die eigentümliche Anordnung der Bindungen in diesem Molekül dies in der Tat gestattet.

Das Kampfen ist merkwürdigerweise, obwohl man es nach seinem Namen annehmen sollte, zuerst nicht direkt aus dem Kampfer dargestellt worden, ja es ist nach dem heutigen Stande unserer Anschauung gar nicht einmal ein Derivat des Kampfers, d. h. es besitzt nicht dasselbe Kohlenstoffskelett wie der Kampfer, sondern es hat mit ihm nur dieselbe Anordnung der Kohlenstoffatome zu zwei Fünfringen gemeinsam, nämlich folgende:

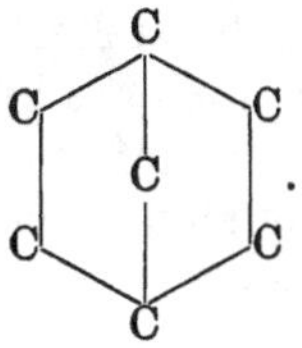

Im Kampfer und in dem zugehörigen Alkohol, dem Borneol, ferner im Kampfen nehmen wir folgende Anordnung der Atome an:

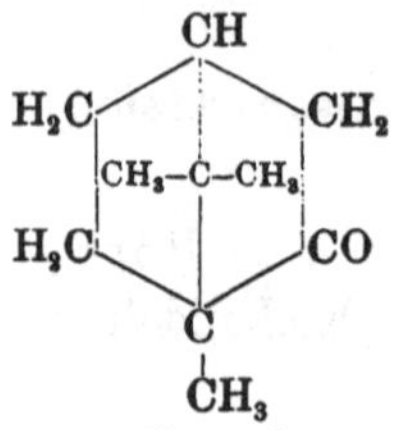

Kampfer

und

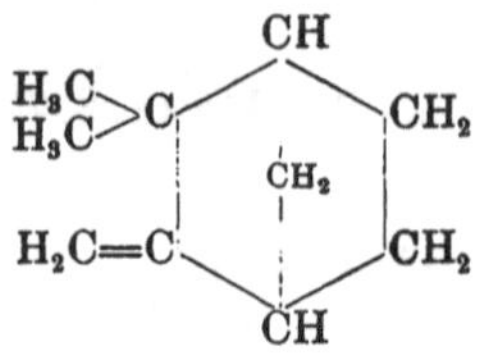

Kampfen.

Dem Kampfer liegt daher folgender gesättigter Kohlenwasserstoff zugrunde:

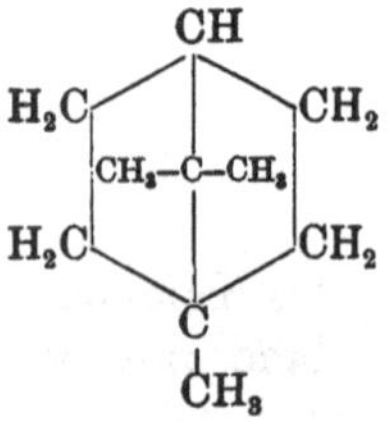

Kampfan $C_{10}H_{18}$

; dem Kampfen dagegen folgender:

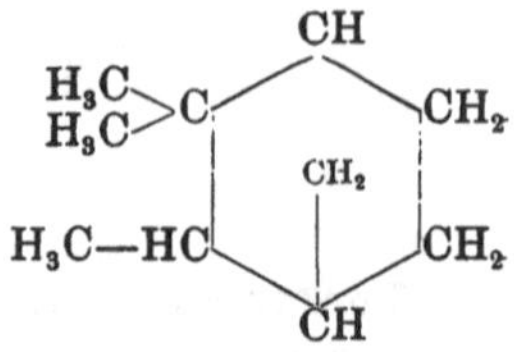

Isokampfan $C_{10}H_{18}$.

Das Kampfan muß optisch inaktiv, das Isokampfan dagegen optisch aktiv sein (vgl. SEMMLER, B. **33** [1900], 774).

Auch dem Fenchon und seinen Derivaten kommen ähnliche Ringsysteme zu; allen diesen Systemen, die ich als Pentoceansysteme bezeichnen will, ist also das gemeinsam, daß sie zwei Fünfringe enthalten. Das Pentoceansystem besitzt eine wichtige Eigenschaft in bezug auf den Aggregatzustand, nämlich daß die Schmelzpunkte seiner Derivate in der Regel höher liegen als jene sonstiger bicyklischer und monocyklischer Verbindungen. So ist z. B. auch das Kampfen als solches fest im Gegensatz zu anderen Ringsystemen, ebenso das Bornylen und Tricyklen, während allerdings die Fenchene bisher ev. wegen der gleichzeitig anwesenden Isomeren nur im flüssigen Zustande bekannt sind.

Die Anzahl der Terpene, welche sich von einem derartigen Pentoceansystem ableiten können, ist natürlich eine sehr große, so daß man von Hause aus viele derartige Terpene erwarten könnte. Durch die verschiedene Anordnung der Methylgruppen am Ringsystem kann man sich die verschiedenen Kombinationen herstellen, nichtsdestoweniger ist sowohl das Vorkommen in der Natur, als auch die künstliche Herstellung derartiger Terpene eine sehr beschränkte, so daß es den Anschein gewinnt, als ob nicht alle Möglichkeiten beständig sind, wodurch sich auch die Verhältnisse auf diese Weise sehr vereinfachen.

Für die Gewinnung des Kampfens haben wir verschiedene Wege. Wir können 1. vom Pinen ausgehen und dieses in Kampfen umlagern; diese Umlagerung kann geschehen, indem wir durch trockne Salzsäure den sog. künstlichen Kampfer $C_{10}H_{16} \cdot HCl$, ein Kampferderivat, herstellen und diesem Salzsäure entziehen, oder aber wir können, wenn auch in schlechter Ausbeute, vom Pinen direkt durch Einwirkung starker Säuren, auch organischer, zu Estern des Borneols oder Isoborneols gelangen und aus diesen das Kampfen herstellen. Oder 2. wir gehen vom Kampfenhydrochlorid aus und spalten Salzsäure ab, oder 3. wir verwandeln Borneol oder Isoborneol in das Chlorid $C_{10}H_{17}Cl$ und trennen nunmehr Salzsäure ab. Ev. sind die soeben unter 2. und 3. angegebenen Chloride $C_{10}H_{17}Cl$ identisch. Die verschiedenen Kampfene, die man hierbei erhält, dürften chemisch identisch sein, physikalisch unterscheiden sie sich jedoch vor allen Dingen durch die Polarisation; je nach dem Ausgangsmaterial und je nach dem Reaktionsverlauf erhalten wir d-, l- oder i-Kampfen.

Die Herstellung des Kampfens aus dem künstlichen Kampfer ist die älteste. Wenn man Pinen mit trockner Salzsäure behandelt, so erhält man den künstlichen Kampfer $C_{10}H_{16} \cdot HCl$, zuerst von Kindt in Eutin im Jahre 1802 gewonnen (Trommsd. Journ. d. Pharm. **11**, II [1803], 132). Mit dieser festen Verbindung stellte man alsbald Versuche an, nachdem man ihren Chlorgehalt erkannt hatte, um ev. die Salzsäure wieder abzuspalten und das Pinen zu regenerieren. Oppermann (P. **22** [1831], 193) wendet Kalk und andere Basen an; er erhält „ein wasserhelles, etwas dickflüssiges Öl, welches bei + 10—12° zu einer federartigen, durchsichtigen Masse erstarrte,“ die Analyse ergab ihm $C_{10}H_{16}$. Nehmen wir nun an, daß er nicht noch unzersetzten künstlichen Kampfer beigemengt erhielt, so dürfte hier das erste Mal Kampfen vorgelegen haben. Dumas (A. **6**, 245) destilliert im Jahre 1833 wie Oppermann den künstlichen Kampfer über Kalk; er nennt den entstandenen Kohlenwasserstoff Kampfogen. Kurz darauf wird von Dumas der Name Kampfen (Kampfogen) für einen Kohlenwasserstoff (Cymol) eingeführt, welchen man durch Destillation von Kampfer mit wasserfreier Phosphorsäure erhalten hatte (Gerhardt und Cahours, A. **37**, 103), wobei er also annahm, daß dieser Kohlenwasserstoff dem Kampfer zugrunde liegt.

Gerhardt (A. **37**, 69, Anm.) ist im Jahre 1841 anderer Ansicht, indem er sagt: „Der Kohlenwasserstoff des Baldrianöls ist das wahre Kampfogen $C_{10}H_{16}$, seine Umwandlung geht so rasch vor sich, daß man ihn nicht ohne Veränderung aufbewahren kann;“ vgl. auch (A. ch. T. **I**, 62). In der nächsten Abhandlung (A. **45**, 34) ist Gerhardt im Jahre 1843 über das Borneen, wie er den Kohlenwasserstoff des Baldrianöls nennt, etwas anderer Ansicht geworden. Es sei vorausgeschickt, daß dieser Kohlenwasserstoff, wie heute feststeht, ein Gemenge von l-Kampfen und l-Pinen ist (Oliviero, Bl. III, **11** [1894], 150 und **13** [1895], 917). Zunächst hatte Gerhardt geglaubt, durch Oxydation seines Borneens Kampfer erhalten zu haben; er ist jedoch nunmehr der Ansicht, daß seinem Kohlenwasserstoff wahrscheinlich noch Borneol beigemengt gewesen sei. Wir wissen in der Tat heute, daß durch Oxydation des Kampfens Kampfer entsteht, so daß die erstere Ansicht Gerhardts unter Umständen die richtige gewesen ist. Soviel ist sicher, daß Gerhardt in seinem Kohlenwasserstoff vom Sdp. 160° ein Gemenge von Kampfen und Pinen in Händen gehabt hat.

Es muß nochmals betont werden, daß dem von Dumas und Oppermann (A. **9**, 59) durch Destillation des künstlichen Kampfers über Kalk gewonnenen Kohlenwasserstoff zum Teil Kampfen beigemengt gewesen sein muß: im Jahre 1834 (a. a. O., S. 64) gebrauchen sie den Ausdruck Kampfen.

Soubeiran und Capitaine (A. **34**, 311) legen ihre Ansichten im Jahre 1840 dar in der Arbeit „Über die Kampfene". „Kampfen ist für uns der generische Name aller Arten von C_5H_8. Die Endung ‚en' gebrauchen wir für alle öligen Kohlenwasserstoffe, welche mit Salzsäure eine feste Verbindung bilden, die Endung ‚ilen' dagegen für diejenigen, welche einen flüssigen Kampfer erzeugen." Noch war man sich damals nicht klar über die „Sättigungskapazität des Terpentin- und Citronenöls". Nach Dumas nahm man an, daß dem ersteren die Formel $C_{10}H_{16}$, letzterem die Formel C_5H_8 zukommt. — S. und C. bringen Mitteilungen über das Terpentinöl. Nach Dumas wird das Terpentinöl durch Salzsäure ganz in den festen künstlichen Kampfer umgewandelt, nach Blanchet und Sell (A. **6**, 259 und 259) entsteht ein fester und ein flüssiger Kampfer. Dumas sieht das einen Bestandteil des festen Kampfers ausmachende Öl als das ursprüngliche Öl selbst an, während nach Blanchet und Sell dies nicht der Fall ist, also eine Invertierung stattgehabt hat.

S. und C. gewinnen nun ebenfalls neben dem festen künstlichen Kampfer den flüssigen, sie analysieren ihn und finden dieselbe Bruttoformel $C_{10}H_{17}Cl$ und sind der Ansicht, daß beiden Kampfern eine Basis zukomme, welche verschiedene Molekularkonstitutionen besitze. S. und C. wollen die Frage zur Entscheidung bringen, welche Basis dem festen künstlichen Kampfer zugrunde liege; sie destillieren letzteren ebenfalls über Kalk und nennen den entstehenden Kohlenwasserstoff „Tereben" (das „Kampfen" von Dumas und das „Dadyl" von Blanchet und Sell), dieses „Tereben" ist inaktiv. Das Wichtige ist, daß sie aus ihrem „Tereben" mit Salzsäure eine feste Verbindung erhalten, welche aber im Gegensatz zum künstlichen Kampfer optisch inaktiv ist. Sie sagen S. 315 (a. a. O.): „Das Tereben verbindet sich also mit Salzsäure, ohne das primitive Öl zu reproduzieren. Zur besseren Unterscheidung beider Körper behalten wir den Namen Kampfen für das Öl bei, welches in dem festen gewöhnlichen Kampfer des Terpentinöls enthalten, und welches vielleicht nichts anderes ist, als Terpentinöl selbst; unter Tereben verstehen wir das aus diesem festen Kampfer abgeschiedene und in der zweiten, kein Rotationsvermögen besitzenden, Verbindung enthaltene Öl."

Man erkennt hieraus, wie verschieden die Ansichten darüber waren, ob im künstlichen Kampfer noch das ursprüngliche Terpentinöl (Pinen) vorhanden ist, ob ferner bei der Abspaltung der Salzsäure aus dem künstlichen Kampfer wiederum das Terpentinöl zurückgebildet wird oder nicht.

Seitdem 1802 Kindt den künstlichen Kampfer entdeckt hatte, war man bis zum Jahre 1850 noch nicht über den Zusammenhang zwischen dem

Terpentinöl, dem künstlichen Kampfer und dem daraus durch Destillation über Kalk abgespaltenen Kohlenwasserstoff in Klarheit. Es waren sogar noch die Meinungen darüber geteilt, ob bei der Behandlung des Pinens mit Salzsäure nur ein oder ob mehrere Additionsprodukte entstehen. Heute wissen wir, daß sich hierbei eine ganze Anzahl von Verbindungen außer dem festen bei 125° schmelzenden künstlichen Kampfer bildet. Zunächst gelang es BERTHELOT (C. r. **35**, 736 und A. **84**, 350) im Jahre 1852 aus dem Terpentinöl eine zweite Verbindung in festem Zustande zu isolieren, es war dies die aus dem Citronenöl erhaltene Verbindung $C_{10}H_{16} \cdot 2HCl$, das Dipentendichlorhydrat vom Smp. 50°. BERTHELOT hatte die Bedingungen richtig getroffen, indem er nicht Chlorwasserstoff, sondern Salzsäure usw., kurzum wasserhaltige Reagentien anwandte.

Im Jahre 1859 (A. **110**, 367 und C. r. **47**, 266) gelang es BERTHELOT, das Kampfen in reinem Zustande zu gewinnen, indem er (Institut **1858**, 52) den künstlichen Kampfer mit dem 8—10fachen Gewichte getrockneter Seife oder dem zweifachen Gewichte benzoesauren Natriums in zugeschmolzenen Röhren 30—40 Stunden lang auf 240—250° erhitzte, dann den gallertartigen Inhalt der Röhren in einem Destillationsgefäße erwärmte, bis sich weiße Dämpfe zeigten, das Übergegangene nochmals destillierte und das zwischen 160—180° Übergehende auffing. B. gibt den Smp. 46° und Sdp. 160° an. Diesen Kohlenwasserstoff bezeichnet er als das eigentliche Kampfen. Mit Chlorwasserstoff entsteht eine kristallinische Verbindung, durch Oxydation mit Platinschwarz gewöhnlicher Kampfer.

Wenn auch vielleicht der eine oder andere Forscher, wie vorhin auseinandergesetzt, das Kampfen in unreinem Zustande in Händen gehabt hat, so ist BERTHELOT doch der Entdecker und das Jahr 1858 das Jahr, in dem das Kampfen zum erstenmal in fast reinem Zustande erhalten wurde.

Man war zunächst der Ansicht, daß Kampfen zum Kampfer gehört, und daß letzterer das Oxydationsprodukt des ersteren ist; über die Beziehung des Kampfens zum Pinen war man sich zunächst auch noch nicht einig. BERTHELOT studierte diese Verhältnisse weiter; im Anschluß an seine früheren Untersuchungen (J. **1852**, 621; **1853**, 519; **1855**, 648; **1858**, 441 und **1861**, 681) kommt er zu neuen wichtigen Beziehungen in diesen Reihen (C. r. **55**, 496, 544; Institut **1862**, 334, 352; Rép. chim. pure **IV**, 435; Spl. **II** [1862], 226; C. **1863**, 51; J. pr. I, **89**, 353). Er unterscheidet für das Kampfen das Terekampfen, welches aus Terebenten (l-Pinen) erhalten wird, ferner das Austrakampfen aus Australen (d-Pinen) und das i-Kampfen; für das Terekampfen findet er Smp. 45°, Sdp. 160°, Pol. $\alpha_g = -63°$, für das Austrakampfen $\alpha_g = +22°$. Diese Kampfene stimmen im übrigen überein, aus keinem entsteht das Dichlorhydrat $C_{10}H_{16} \cdot 2HCl$, sondern es bildet sich ein einheitliches Additionsprodukt $C_{10}H_{16} \cdot HCl$ von bestimmten charakteristischen Eigenschaften. Dieses Chlorhydrat, welches BERTHELOT aus dem Terekampfen gewann, war nun rechtsdrehend. Er war vom Terebenthen (l-Pinen) ausgegangen, woraus er linksdrehenden künstlichen Kampfer $C_{10}H_{16} \cdot HCl$ erhielt; aus diesem linksdrehenden Kampfer erhielt er linksdrehendes Terekampfen. Aus diesem linksdrehenden Terekampfen ergab sich durch Salzsäureanlagerung nun nicht wieder der linksdrehende künstliche Kampfer, sondern rechtsdrehendes Chlorhydrat; wurde dieses rechtsdrehende Chlorhydrat zersetzt, so resultierte wiederum das linksdrehende Terekampfen.

Ähnliche Beziehungen konstatierte Berthelot 1. zwischen dem Australen (d-Pinen) ($\alpha_g = + 21,5^0$) und seinem kristallisierten Monochlorhydrat ($\alpha_g = + 12^0$), dem Austrakampfen ($\alpha_g = + 22^0$) und dem Chlorhydrat des Austrakampfens ($\alpha_g = - 5^0$), und 2. zwischen dem kristallisierten i-Kampfen und seinem gleichfalls inaktiven Monochlorhydrat.

Hiermit hatte Berthelot den Schlüssel zu den Umsetzungen in der Hand, in äußerst genialer Weise zog er die richtigen Schlüsse: er erkennt, daß der Molekularzustand des Pinens sich ändert, wenn es in den künstlichen Kampfer übergeht, er sagt ferner (a. a. O., S. 233): „diese Tatsachen beweisen, daß der Molekularzustand des in dem Monochlorhydrat des Terebenthens enthaltenen Kohlenwasserstoffs sich noch ein zweites Mal ändert, im Augenblicke, wo derselbe von der Wasserstoffsäure abgeschieden wird, da das Terekampfen nicht das Chlorhydrat, aus welchem es stammt, wieder hervorbringt.“ Deutlich tritt uns die Überzeugung Berthelots entgegen, daß das Terebenthen (Pinen) sich bei der Umwandlung in künstlichen Kampfer isomerisiert, und daß diese Isomerisation ein zweites Mal eintritt beim Übergang vom künstlichen Kampfer in Kampfen. Wie wir heute wissen, haben wir folgende Umlagerungen:

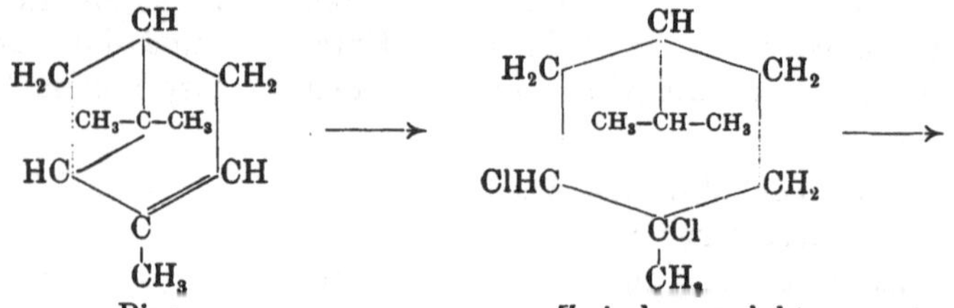

Pinen — Zwischenprodukt

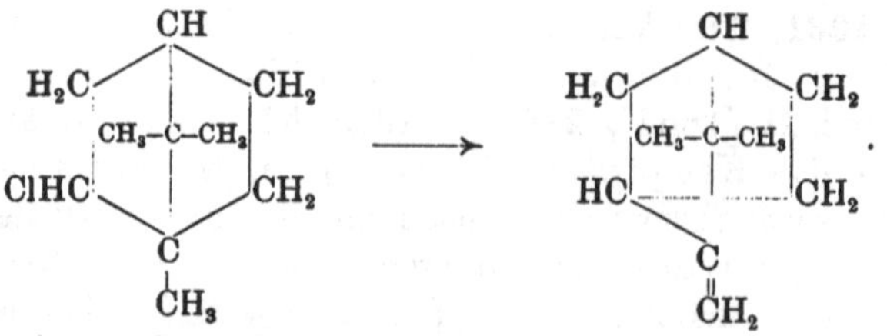

künstl. Kampfer — Kampfen

Wie lange hat es gedauert, ehe diese Umlagerungen, wie sie Berthelot annahm, allgemein anerkannt wurden. Noch vor 18 Jahren (A. **239**, 4) konnte man lesen, daß fast als das einzige kristallinische Produkt, welches dem Pinen zukommt und welches noch seine Struktur besitzt, der künstliche Kampfer anzusehen ist. — BERTHELOT erkennt ferner richtig, daß das erste Produkt bei der Abscheidung der Salzsäure aus dem künstlichen Kampfer immer das Kampfen ist, daß das letztere aber bei höherer Temperatur sich in isomere Kohlenwasserstoffe umlagert, so auch großenteils bei der Destillation über Kalk (vgl. S. 231 a. a. O.).

Über ein Dezennium ruhen alsdann die Arbeiten über Kampfen. Es ist ganz klar, daß BERTHELOT diese Umsetzungen nicht erkannt haben kann, wie wir sie heute auffassen; viele Lücken sind vorhanden, die erst allmählich ausgefüllt wurden. Nicht erkannt hatte er die verhältnismäßig leichte Abspaltung der Salzsäure aus dem Kampfenchlorhydrat gegenüber jener aus dem künstlichen Kampfer. In Parenthese soll ein Versuch von BUTLEROW aus dem Jahre 1856 (C. **1856**, 406 und J. **1856**, 604) erwähnt werden, welcher den künstlichen Kampfer in wäßrigem Weingeist löste und in zugeschmolzenen Röhren auf 150—160° erhitzte; hierbei spaltet sich Chlorwasserstoff ab und ein Öl von geringerem Volumgewicht als Wasser bildet sich. BUTLEROW erkannte nicht die Tragweite dieser Reaktion.

Vom Jahre 1873 ab trägt RIBAN wesentlich zur Kenntnis der Terpene bei. Zunächst beschäftigt er sich mit dem „Tereben" (C. r. **76**, 1547 und **77**, 483; Bl. II, **20**, 100 und 244; J. **1873**, 370), indem er diesen Kohlenwasserstoff aus dem Terpentinöl mit $^1/_{20}$ Schwefelsäure herstellt. Wir wissen heute, daß dieses „Tereben" ein Gemenge ist und auch Kampfen enthält. Ferner bestätigte RIBAN, daß mit Salzsäure aus dem Kampfen ein festes Chlorhydrat entsteht, an dem er aber den Smp. 125° beobachtete; er hat zweifellos Kampfenchlorhydrat vom Smp. 157° in Händen gehabt, indem er dessen leichte Zersetzung in Kampfen und Salzsäure zuerst beobachtet. — Die nächsten Abhandlungen RIBANS (C. r. **79**, 223; Bl. II, **21**, 4 und **22**, 245; C. r. **79**, 389; Bl. II, **22**, 253 und J. **1874**, 396, 397, 451) befassen sich weniger mit dem Kampfen, als mit dem „Isoterebenthen" (i-Limonen). — Im Jahre 1875 jedoch (A. ch. V, **6**, 5, 215 und 353 und C. r. **80**, 1307, sowie Bl. II, **24**, 8) erfolgen alsdann ausführliche Angaben über das Kampfen. Ergänzend zu den BERTHELOTschen Versuchen wird konstatiert, daß sich der künstliche Kampfer $C_{10}H_{16}HCl$ durch Erhitzen während 75 Stunden mit dem gleichen Gewicht Kali und dem 3—4 fachen Gewicht Alkohol (94 %ig) in einem geschlossenen Gefäß in Kampfen umwandelt; aus dem l-Pinen erhält er l-Kampfen, Smp. 45 bis 47°, Sdp. 156—157° usw. Das inaktive α-Kampfen entstand nach BERTHELOT (J. **1862**, 457 und 458) neben aktivem Kampfen beim Erhitzen von l-Pinenmonochlorhydrat mit benzoesaurem Natrium Um vollständig inaktives Kampfen zu erhalten, erhitzte RIBAN Pinenmonochlorhydrat 80 Stunden lang mit dem zweifachen Gewicht essigsauren Natriums oder Kalium auf 170°; es hatte Smp. 47°, Sdp. 157°, und besaß alle Eigenschaften des aktiven Kampfens. Das inaktive β-Kampfen (J. **1873**, 372) wird durch dreißigstündiges Erhitzen von Terebenchlorhydrat mit dem fünffachen Gewicht stearinsauren Natriums auf 180° erhalten. Auch das inaktive β-Kampfen schmilzt bei 45° und siedet bei 157°. RIBAN fand damals, daß die Chlorhydrate sämtlicher erwähnten Kampfene in einer Chlorwasserstoffatmosphäre bei 147° schmelzen.

Sehr wichtig ist also die Entdeckung RIBANS, daß, wie BERTHELOT noch nicht wahrgenommen hatte, die Kampfenchlorhydrate im Gegensatz zu dem künstlichen Kampfer ihre Salzsäure leicht abgeben und Kampfen regenerieren. — Die verschiedenen Bezeichnungen der Kampfene von seiten BERTHELOTS und RIBANS als α-, β-, verschiedene l-, d- und i-Kampfene dürfen uns nicht stören. BERTHELOT und RIBAN geben selbst wiederholt an, daß sie bis auf die optische Verschiedenheit und bis auf das Ausgangsmaterial, aus dem sie den künstlichen Kampfer einerseits und das Kampfenhydrochlorid anderseits darstellten, keinen Unterschied zwischen den einzelnen erhaltenen Kampfenen wahrnehmen konnten. Es lag eben im Bestreben jener Zeit, diese, wenn auch nur unbedeutenden Verschiedenheiten in der Polarisation und in dem Ausgangsmaterial, in dem Namen zum Ausdruck zu bringen.

WALLACH gewinnt aus dem künstlichen Kampfer das Kampfen A. **239**, 6), indem er 1 Teil Pinenhydrochlorid mit 1 Teil wasserfreiem Natriumacetat und 2 Teilen Eisessig 3—4 Stunden lang auf 200° erhitzt, das Produkt mit Wasserdampf destilliert und die ersten Anteile getrennt auffängt. Über die Gewinnung des Kampfens aus Pinenhydrochlorid oder Pinenhydrobromid vgl. auch WALLACH (A. **264**, 6 Anm.), sowie MARSH und STOCKDALE (Soc. **57** [1890], 964).

Bereits 1867 wollen LAUTH und OPPENHEIM (Bl. II, **8**, 6) aus Pinenhydrochlorid durch Erhitzen mit Anilin Terekampfen dargestellt haben, vgl. dagegen BRÜHL (B. **25**, 146), welcher dabei kein Kampfen erhielt.

Über die weitere Gewinnung des Kampfens aus dem künstlichen Kampfer sei erwähnt, daß MONTGOLFIER (A. ch. V, **19** [1880], 152) diesen Kohlenwasserstoff beim Destillieren des künstlichen Kampfers über Quecksilberoxyd erhielt. BRÜHL (B. **25**, 147) isoliert sehr reines Kampfen, indem er 17,3 g künstlichen Kampfer mit 14 Teilen kristallisiertem Natriumacetat, 5 g NaOH und 40 ccm Alkohol (96 %) 7 Stunden lang auf 190° erhitzt. Es wird durch Destillation über Natrium, ferner durch wiederholtes Lösen in wäßrigem Alkohol und Ausfrieren der Lösung gereinigt.

REYCHLER (Bl. III, **15**, 371) stellt im Jahre 1896 ebenfalls aus dem künstlichen Kampfer Kampfen her, indem er 25 g KOH in 65 g heißem Phenol löst, durch Erhitzen auf 170° sämtliches Wasser entfernt, alsdann sofort 35 g Pinenhydrochlorid hinzufügt und 20 Minuten lang auf 165° erhitzt. Vgl. hierzu die Darstellung des Kampfens nach WAGNER und BRICKNER, B. **33** [1900], 2122), welche aus Pinenjodhydrat und Kaliumphenolat Kampfen herstellen; Sdp. 158—159°, Smp. 48—48,5°, Pol. (10 % alkoh. Lösung) = —5°,50.

BOUCHARDAT und LAFONT (Bl. II, **47** [1887], 489) gewinnen Kampfen, indem sie Pinenchlorhydrat mit einer alkoholischen Lösung von Kaliumacetat auf 150° erhitzen.

Indirekt erhält man aus Pinenchlorhydrat Kampfen, wenn man ersteres nach MARSH und GARDNER (Soc. **59**, 730) in Kampfenhydrochlorid umlagert, welches bekanntlich seine Salzsäure leichter abgibt. Ferner stellen MARSH und STOCKDALE (Soc. **57**, 961) Kampfen aus künstlichem Kampfer her, indem sie letzteren über mäßig heißen Natronkalk destillieren. Wir erkennen hieraus, daß schon OPPERMANN (P. **22**, 191) bei der Destillation über Kalk Kampfen in den Händen gehabt haben muß. — MARSH und GARDNER (Soc. **59**, 648) gewinnen Kampfen, indem sie Pinenchlorhydrat mit Kaliumacetat und Essigsäure in kupfernen Autoklaven erhitzen.

Aus diesen Darstellungsweisen des Kampfens, zu denen Pinenhydrochlorid Verwendung findet, erfolgt die Salzsäureabspaltung bei höherer Temperatur; jedoch muß letztere so geregelt werden, daß sie nicht zu hoch liegt, da sonst das Kampfen weiter verändert wird.

Aus Pinenhydrochlorid stellt die chemische Fabrik auf Akt. vorm. E. SCHERING, Berlin, chlorfreies festes Kampfen her, indem sie alkoholisches Ammoniak bei höherer Temperatur längere Zeit auf Pinenchlorhydrat, -bromhydrat oder -jodhydrat reagieren läßt (D. R. P. 149 791; C. **1904**, I, 1042). Oder sie läßt Alkalien oder Ammoniak in wäßriger Lösung einwirken unter Anwendung von Alkalisalzen höherer Fettsäuren, insbesondere von Seifen jeglicher Art als Lösungsmittel (D. R. P. 153 924; C. **1904**, II, 678). Oder schließlich, sie verwendet zur Abspaltung der Salzsäure aus Pinenchlorhydrat Basen der aliphatischen Reihe, insbesondere sekundäre Basen oder cyklische Alkylenimide (D. R. P. 154 107; C. **1904**, II, 965). — Es sei ferner auf eine Herstellung des Kampfens aus dem Pinenhydrochlorid aufmerksam gemacht, bei der Natrium Verwendung findet (MONTGOLFIER, B. **12**, 375; C. **1879**, 52; ferner LETTS, B. **13**, 793); bei dieser Reaktion haben wir es sichtlich mit einer der Einwirkung des Natriums auf Kampferdichlorid analogen Reaktion zu tun. Es ist zweifelhaft, ob dabei ein reines Kampfen gewonnen wird, wahrscheinlich ist ihm Dihydrokampfen oder Bornylen beigemengt; außerdem entsteht viel Dihydrodikampfen $C_{20}H_{34}$ (ÉTARD und MEKER, C. r. **126**, 526).

Herstellung des Kampfens aus salzsaurem Kampfen. Schon BERTHELOT (A. **110**, 367 und Spl. **II** [1862], 226) gewann aus dem Kampfen ein kristallisiertes Chlorhydrat; auch SOUBEIRAN und CAPITAINE (A. **34**, 315) stellten bereits im Jahre 1840 aus ihrem „Tereben“ (Kampfen + andere Kohlenwasserstoffe) mit Salzsäure ein kristallisiertes Derivat her. Jedoch kann diese Verbindung erst BERTHELOT in reinem Zustande in Händen gehabt haben. Alle anderen Forscher, die wir gelegentlich der Herstellung des Kampfens aus künstlichem Kampfer erwähnt haben, erhalten durch Einwirkung von Salzsäure auf das Kampfen dieses Kampfenhydrochlorid $C_{10}H_{16} \cdot HCl$ (ausführliche Beschreibung dieser Verbindung vgl. später unter den Derivaten des Kampfens). Der Schmelzpunkt wird zunächst zu niedrig angegeben. BERTHELOT erkannte das Kampfenchlorhydrat als isomer, jedoch nicht identisch mit dem künstlichen Kampfer, also seine Isomerie und Nichtidentität mit dem künstlichen Kampfer. RIBAN A. ch. V, **6**, 363 und J. **1875**, 393) gibt den Smp. zu 147° an, indem er gleichzeitig den Grund der früheren niedrigen Schmelzpunkte angibt, der darin liegt, daß das Kampfenhydrochlorid sehr leicht dissoziiert. REYCHLER (Bl. III, **15**, 373) gibt den Smp. 149—151° an, JÜNGER und KLAGES (B. **29**, 544) zu 157°. — Die Umsetzung des Kampfenhydrochlorids in Kampfen erfolgt folgendermaßen:

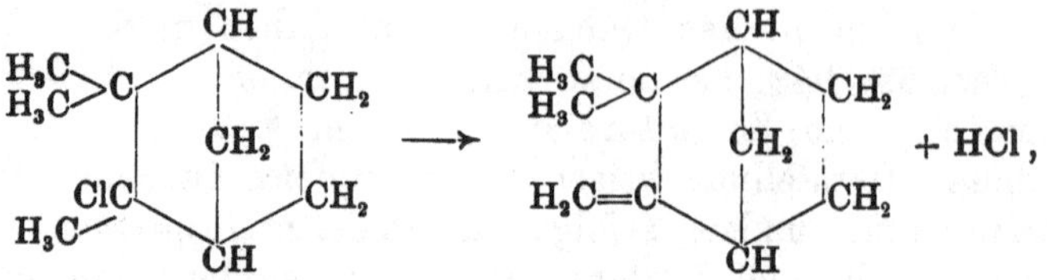

Kampfenhydrochlorid Kampfen

d. h. wenn es überhaupt ein tertiäres Chlorid ist und nicht vielmehr zum ev. sekundären Isoborneol gehört (s. später).

RIBAN (a. a. O.) erkannte im Gegensatz zu BERTHELOT, daß sich das Kampfenhydrochlorid beim Erhitzen mit Wasser im Rohr auf 100° völlig in HCl und Kampfen spalten läßt; ebenso wird es von alkoholischem Kali rasch in HCl und Kampfen zerlegt.

Das auf diese Weise aus dem Kampfenhydrochlorid erhaltene Kampfen ist chemisch vollkommen identisch mit jenem aus dem künstlichen Kampfer dargestellten; es unterscheidet sich nur in physikalischer Hinsicht durch das Drehungsvermögen, das natürlich verschieden gefunden wird, je nach dem Ausgangsmaterial und der Zeitdauer und Temperatur der Einwirkung der Reagentien.

Auch KACHLER und SPITZER (A. **200**, 344) stellen aus ihrem Borneokampfenhydrochlorid Kampfen dar.

Darstellung des Kampfens aus dem Bornyl- bzw. Isobornylchlorid. Vorausgeschickt sei, daß diese beiden Chloride im wesentlichen mit dem Kampfenhydrochlorid identisch sind, daß wir also bei der Salzsäureabspaltung zu einem bis auf die Polarisation identischen Kampfen gelangen müssen. Zum geschichtlichen Verständnis der Reaktion soll aber folgendes Erwähnung finden.

Das Borneol wurde zuerst in der Natur als der Hauptbestandteil des Borneokampfers aufgefunden (vgl. Borneol). VIREY (A. **5**, 316) gibt 1834 seinen Ursprung richtig an. BERTHELOT (A. **110**, 368 und A. **112**, 363) reduziert den Kampfer zu Borneol; das gleiche geschieht von seiten BAUBIGNYS (A. ch. IV, **19**, 221); vgl. ferner MONTGOLFIER (A. ch. V, **14**, 13). Bei dieser Reduktion entsteht neben Borneol das Isoborneol. Letzteres wurde von BERTRAM und WALBAUM bequemer (J. pr. II, **49**, 15) aus Kampfen, Eisessig und Schwefelsäure erhalten. Wir lassen die Frage über die sekundäre und tertiäre Natur des Isoborneols an dieser Stelle ganz unentschieden und führen die Reaktionen zunächst durch, indem wir das Isoborneol als den zum Kampfen gehörigen tertiären Alkohol annehmen, so daß bei der Reduktion des Kampfers zum Isoborneol eine Umlagerung stattgefunden haben muß.

Eigentümlich ist es, daß hier, obwohl BERTHELOT (a. a. O.) wegen der Entstehung des Borneols aus Kampfer durch Reduktion ersteren als den zum Kampfer gehörigen Alkohol erkannte, keine weiteren Angaben über die Wasserabspaltung aus dem Borneol erfolgen. Jedenfalls war man bei den Versuchen zu keinen Resultaten gelangt; man nahm aber mit BERTHELOT an, daß das Kampfen in naher Beziehung zum Kampfer stehen müsse, da durch Oxydation aus dem ersteren der letztere entstehe. Hierin beging man jedoch einen Fehlschluß, denn wir wissen jetzt, daß bei der Bildung des Kampfers aus dem Kampfen eine Umlagerung statthaben muß. BERTHELOT erkannte demnach sehr wohl die Umlagerung von Pinenhydrochlorid (dem eigentlichen Bornylchlorid) bei dem Übergang in Kampfen, aber nicht umgekehrt die Umlagerung des letzteren, wenn es zum Kampfer oxydiert wird.

Um vom Borneol zum Kampfen zu gelangen, schlug man einen Umweg ein. RIBAN (A. ch. V, **6**, 378; C. r. **80**, 1381; Bl. II, **24**, 17; Pharm. J. Trans. III, **5**, 64 und J. **1875**, 394) gewinnt durch Reduktion des Kampfers nach BAUBIGNY (J. **1868**, 497 und **1870**, 625) das Borneol; letzteres wurde durch Erhitzen mit rauchender Salzsäure auf 100° in das Chlorhydrat $C_{10}H_{16} \cdot HCl$ übergeführt; es „ist optisch inaktiv, gleicht in seinen Eigenschaften dem Kampfenchlorhydrat, schmilzt in einer Atmosphäre von Chlorwasserstoff bei 145°, wird durch Wasser bei gewöhnlicher Temperatur langsam wieder zersetzt, rascher beim Erhitzen mit Wasser auf 100° unter Bildung von Borneokampfen usw." Am besten nimmt man alkoholische Kalilauge, die Ausbeute beträgt dabei 50 %, Smp. 47°, Sdp. 157°, chemisch identisch mit den anderen Kampfenen. Vgl. BERTHELOT (A. **112**, 366), der bereits Bornylchlorid aus Borneol und Salzsäure gewinnt.

Zur Darstellung des Bornylchlorids aus Borneol verwendet KACHLER (A. **197**, 92) im Jahre 1879 Phosphorpentachlorid; er findet den Smp. 157°; vgl. auch B. **11**, 460, wo der Smp. 147° angegeben wird. Beim Erwärmen mit Wasser in zugeschmolzenen Röhren auf 90—95° wird Kampfen erhalten, Sdp. 161—163°, Smp. 51°. — Auch Salzsäure läßt KACHLER auf Borneol einwirken (vgl. auch BERTHELOT, A. ch. III, **56**, 78); er erhält dasselbe Chlorid wie bei der Einwirkung von PCl_5.

KACHLER und SPITZER (A. **200**, 340) bringen alsdann im Jahre 1879 über das Kampfen aus Bornylchlorid neue Mitteilungen.

WALLACH (A. **230** [1885], 233) gewinnt Kampfen aus Bornylchlorid, indem er letzteres im Kolben mit der gleichen Gewichtsmenge Anilin bis zum Kochpunkt des letzteren erwärmt. Man schüttelt mit verdünnter Salzsäure durch und destilliert mit Wasserdämpfen ab; Sdp. 160—161°, Smp. 48—49°.

BRÜHL (B. **25**, 148) gewinnt das Borneokampfen ebenfalls nach dieser Methode, findet jedoch, daß die Umsetzung erst nach vierstündigem Kochen vollständig erfolgt ist, schließlich wurde es noch über metallischem Natrium destilliert; Smp. 53,5—54° und Erstarrungsp. 53—52,5°.

Über die Konstitution des Bornylchlorids glaubte man keinen Zweifel haben zu dürfen, daß es wirklich dem Borneol entspricht. Über die Kenntnisse betreffend das Verhältnis des Pinenmonochlorhydrats zu dem Kampfenhydrochlorid war man seit BERTHELOT Ende der fünfziger Jahre nicht hinausgekommen. — Man stellte auch aus dem Isoborneol das Chlorid her (JÜNGER und KLAGES, B. **29**, 544, sowie REYCHLER, B. **29**, 697); man fand zwischen diesem Isobornylchlorid und dem Kampfenchlorhydrat keinen Unterschied; es ergaben sich Unterschiede zwischen dem Pinenhydrochlorid, welches schwer HCl abspaltet und dem Kampfenhydrochlorid (Isobornylchlorid), welches leicht HCl abgibt. Die Stellung des Bornylchlorids war nicht klar. JÜNGER und KLAGES erklärten sich für die Stereoisomerie des Bornylchlorids und Isobornylchlorids. WAGNER und BRICKNER (B. **32**, 2302) beschäftigen sich ebenfalls mit dieser Frage; sie kommen zu der Überzeugung, daß das Pinenhydrochlorid dasjenige Chlorid ist, welches dem Borneol entspricht, daß dagegen bei der Behandlung von Borneol mit Salzsäure oder Phosphorpentachlorid eine Isomerisation statthaben muß, daß sich der Kampfertypus in den Kampfentypus umlagert, so daß das entstehende Chlorid $C_{10}H_{17}Cl$ identisch ist mit dem Kampfenchlorhydrat. Auf diese Weise existieren nur zwei Chloride, welche dem sekundären Alkohol Borneol und dem tertiären Alkohol Isoborneol entsprechen würden. Bei der Darstellung des Kampfens gehen wir demnach ev. von folgenden beiden Chloriden aus:

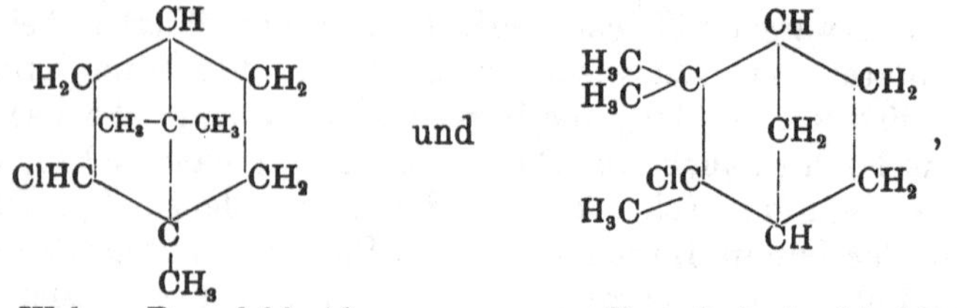

Wahres Bornylchlorid (Pinenhydrochlorid oder künstl. Kampfer) — Kampfenhydrochlorid (Isobornylchlorid u. fälschlich Bornylchlorid)

d. h. wiederum, wenn überhaupt das wahre Kampfenchlorhydrat bisher bekannt und das bisher dafür angesehene nicht vielmehr ev. sekundäres Isobornylchlorid ist. Es ist jedoch nicht zu bezweifeln, daß dem sog. Bornylchlorid aus dem Borneol immerhin etwas sekundäres Bornylchlorid anhaftet. In allen Fällen, in denen das Kampfen aus diesen beiden Quellen hergestellt wurde, hat es sich bisher chemisch als identisch erwiesen, nur geringe Mengen anderer Körper sind beigemengt; die Kampfene unterscheiden sich im wesentlichen nur durch ihre optische Aktivität.

Darstellung des Kampfens aus dem Borneol. Wie oben erwähnt, versuchte man frühzeitig aus dem Borneol durch Wasserentziehung zu einem Kohlenwasserstoff zu gelangen, noch bevor man Kampfen kannte. PELOUZE (A. **40**, 327 und C. r. **11**, 365) ließ auf das Borneol Phosphorsäureanhydrid einwirken und erhielt einen flüssigen Kohlenwasserstoff. KACHLER (A. **164**, 78) kam zu denselben Resultaten, indem er ein Terpen vom Sdp. 176—180° erhielt. OPPENHEIM und PFAFF (B. **7**, 626) erhitzen

Borneol mit P_2O_5 und erhalten das Borneen $C_{10}H_{16}$, welches mit Jod behandelt Cymol liefert. — WALLACH (A. **230**, 237) unterwirft Borneol im Jahre 1885 derselben Einwirkung; es gelingt ihm nachzuweisen, daß bei dieser Reaktion in der Tat Kampfen entsteht, daß aber bei weiterer Einwirkung das Kampfen isomerisiert wird und sich flüssige Produkte bilden. — Auch bei der Überführung des Borneols in Kampfen muß demnach eine Isomerisation des Kampferringes in den Kampfenring statthaben. — Bei der Einwirkung von Chlorzink oder konz. Schwefelsäure auf Borneol erhielt WALLACH gleichfalls als primäres Wasserabspaltungsprodukt Kampfen.

KONOWALOW (Ж. **32**, 76 und C. **1900**, I, 1101) gibt ein Verfahren an, nach dem er aus Borneol das Kampfen gewinnt. Erhitzt man Borneol unter beständigem Rühren mit verdünnter Schwefelsäure (1 Teil Säure und 2 Teile Wasser) 6—8 Stunden hindurch auf 60—100°, so erhält man Kampfen in einer Ausbeute von 90 %; auch Menthol läßt sich so in Menthen überführen.

Aus dem Borneol läßt sich das Kampfen auch gewinnen, wenn man ersteres nach HALLER, Contribution à l'étude du camphre et d'un certain nombre de ses dérivés (Nancy **1879**, 36), BAMBERGER-LODTER (B. **23**, 213), TSCHUGAEFF (B. **32**, 3332; **33**, 735, 3118; Ж. **32**, 360, 655), sowie KONDAKOW (J. pr. II, **67**, 280) in das Methylxanthogenat überführt und letzteres trocken destilliert. Hierbei entsteht Bornylen, welchem Kampfen (Isobornylen) beigemengt ist.

ZELINSKI und ZELIKOW (B. **34**, 3253) lassen auf Borneol Oxalsäure einwirken; sie erhalten, je nachdem sie wasserhaltige oder wasserfreie Säure anwenden, verschiedene Kohlenwasserstoffe, unter denen sich neben Bornylen usw. Kampfen befunden haben dürfte.

Darstellung des Kampfens aus Kampferdichlorid. Aus einem Teil Kampfer und 1½ Teil PCl_5 läßt sich in der Kälte $C_{10}H_{16}Cl_2$ gewinnen (PFAUNDLER [A. **115**, 29] und SPITZER [A. **196**, 262 und A. **197**, 127]). Läßt man nach SPITZER (B. **10**, 1034 und A. **197**, 126) auf das in absolutem Äther gelöste Kampferdichlorid Natrium in möglichst dünnen Scheiben einwirken, so tritt alsbald lebhafte Reaktion ein. Schließlich resultiert ein Kampfen vom Sdp. 158,9—159,9°, welches den Smp. 57,5—58,8°, den Erstarrungsp. 57,5° zeigt, und $d_{99,84}$ = 0,8345 hat. — Gleichzeitig erscheint eine Arbeit von MONTGOLFIER (C. r. **85**, 286 und C. **1877**, 628), welcher durch Destillation von Kampferchlorid mit Natrium neben Cymol ein Kampfen vom Smp. 57—59° erhalten hat, welches mit Salzsäure ein bei 147° schmelzendes Kampfenhydrochlorid liefert. — Inzwischen stellte SPITZER (B. **11**, 363) das bei 155° schmelzende Kampferdichlorid $C_{10}H_{16}Cl_2$ her, vgl. BREDT, A. **314**, 369; SP. gewann nunmehr auch aus diesem Kampferchlorid das Kampfen (B. **11**, 1815) und ist der Ansicht, daß sowohl das frühere Kampferdichlorid, als auch Kampfen Gemenge seien. — Auch MONTGOLFIER (A. ch. V, **14**, 5) berichtet über weitere Resultate „sur un nouveau mode de transformation du camphre en camphène.“ — Einen Vergleich zwischen den einzelnen Kampfenen stellen alsdann KACHLER und SPITZER (A. **200**, 345) im Jahre 1879 an. Sie erhalten aus dem

Kampfen (aus Kampferdichlorid) das Kampfenhydrochlorid und gelangen zu der Ansicht, daß „die Kampfene aus Borneolchlorid und Kampferdichlorid als identisch zu betrachten seien." Außerdem wird hier bereits die Frage gestreift, ob nicht dem Kampfen bei der Entstehung aus dem Kampferdichlorid etwas Dihydrokampfen beigemengt sei (vgl. höheren Schmelzpunkt dieses Kampfens) (Bornylen?).

Darstellung des Kampfens aus Bornylamin. Es lag nahe den zu dem Borneol bzw. zu dem Kampfer gehörigen Kohlenwasserstoff $C_{10}H_{16}$ aus dem Bornylamin durch Ammoniakabspaltung zu gewinnen. Wallach (A. **269**, 349) versuchte im Jahre 1892 diese Reaktion, fand jedoch, daß die Ammoniakabspaltung aus dem Bornylaminchlorhydrat nicht vor sich geht. Dagegen gelang ihm diese Reaktion, als er die freie Base oder ihre Formylverbindung mit dem $1^1/_2$—2fachen Gewicht Essigsäureanhydrid einige Zeit auf 200—210° erhitzte. —

Bei der Gewinnung des Kampfens aus dem künstlichen Kampfer, dem Borneol, dem Bornylamin und ev. auch dem Kampferdichlorid gingen wir von Verbindungen aus, denen der Kampferring zugrunde liegt, so daß bei allen diesen Umsetzungen ein Übergang vom Kampfer- in den Kampfentypus statthaben muß. Dagegen befinden wir uns bei der Herstellung aus dem Kampfenhydrochlorid (Bornyl- und Isobornylchlorid) vielleicht bereits im Kampfentypus, so daß die doppelte Bindung durch einfache Salzsäureabspaltung geschaffen wird. Ev. ebenfalls vom Kampfentypus gehen wir bei der folgenden Darstellung aus, nach welcher heute ein großer Teil des Handelskampfens gewonnen wird.

Darstellung des Kampfens aus Isoborneol. Bei der Gewinnung des Kampfens aus dem Borneol konnten wir wahrnehmen, daß die Wasserabspaltung aus diesem Alkohol außerordentlich schwer vor sich geht. Schon diese schwer zu bewirkende Reaktion mußte zu der Überzeugung führen, daß die Wasserabspaltung keine einfache sein konnte, sondern mit Umlagerung verbunden ist. Anders liegen die Verhältnisse beim Isoborneol (über die Gewinnung, Konstitution usw. dieses Alkohols vgl. Isoborneol). Hier sei nur erwähnt, daß Baubigny (C. r. **63** [1866], 221 und C. **1866**, 968; Z. **1867**, 71 und **1868**, 298, 481 und 647) bei der Reduktion des Kampfers bereits das Isoborneol in Händen gehabt hat; vgl. alsdann Montgolfier (B. **9** [1876], 194), Haller (C. **1889**, II, 256, 327): von ihnen wird Borneol als „camphol stable" bezeichnet, während wir in dem „c. instable" das spätere Isoborneol sehen dürften. Bertram und Walbaum gewinnen das Acetat des letzteren (J. pr. II, **49**, 1) aus Kampfen, Eisessig und Schwefelsäure. — B. und W. spalten in benzolischer Lösung mit Chlorzink oder auch beim mehrstündigen Kochen mit verdünnter Schwefelsäure aus dem Isoborneol Kampfen ab. (Vgl. später Isoborneol und Borneol.)

Darstellung des Kampfens aus Pinen. Man darf es als selbstverständlich ansehen, daß man auf das Terpentinöl alsbald, nachdem man erkannt hatte, daß es im wesentlichen ein einheitlicher Körper ist, Schwefelsäure im verdünnten wie im konzentrierten Zustande hat einwirken lassen, genau so wie man es mit der Salzsäure gemacht hatte. Deville (A. ch. II, **75**, 37 und 79 und A. **38**, 178) bezeichnete den hierbei entstehenden Kohlenwasserstoff als „Tereben"; wir wissen heute, daß in ihm ein Gemisch von allen möglichen Kohlenwasserstoffen vorliegt (wenig i-Limonen und Terpinolen, mehr Kampfen, besonders aber Terpinen, außerdem ist Cymol vorhanden). Riban (A. ch. V, **6**, 232) fand im Jahre 1875 Cymol und sprach dieses „Tereben" als ein Gemisch von Cymol und dem wirklichen „Tereben" an. Armstrong und Tilden (B. **12**, 1752) geben eine Vorschrift zur Darstellung des Rohterebens, aus welchem sie durch fraktionierte Destillation einen Anteil, welcher gegen 160° siedet, abscheiden („Tereben" von Deville); es gelingt ihnen Kampfen darin nachzuweisen. Die Hauptfraktion siedet jedoch um 178°, und diese sprechen sie als identisch an mit ihrem „Terpilen", gewonnen aus dem Terpin durch Behandlung mit verdünnter Schwefelsäure. Also schon Armstrong und Tilden kommen zu der Überzeugung, daß das Rohtereben Kampfen, Cymol und „Terpilen" enthält; letzteres besteht im wesentlichen aus Terpinen, dem i-Limonen und auch Terpinolen beigemengt sind.

Man könnte ev. annehmen, daß bei dieser vermeintlichen Umwandlung des Pinens in Kampfen letzteres bereits in dem Rohpinen vorhanden ist. Dieser Ansicht sind z. B. Power und Kleber (Pharm. Rundsch. N. Y. **12** [1894], 16); sie halten es für wahrscheinlich, daß das Kampfen erst nach der Entfernung und Zerstörung des Pinens bemerkbar wird. Auch Bouchardat und Lafont wiesen ev. Kampfen und Fenchen im franz. Terpentinöl nach, indem sie letzteres während 50 Stunden mit Benzoesäureanhydrid erhitzten (C. r. **113** [1891], 551).

Nichtsdestoweniger dürfte ein großer Teil des Kampfens im sog. „Tereben" von invertiertem Pinen herrühren.

Ebenfalls aus Pinen läßt sich Kampfen gewinnen, wenn man Brom auf ersteres einwirken läßt (Wallach, A. **264** [1891], 1). Durch fraktionierte Destillation wurde aus dem Einwirkungsprodukt ein Anteil vom $Sdp._{11}$ = 80—140° erhalten, letzterer mit Anilin gekocht usw. Der gewonnene Kohlenwasserstoff siedete zwischen 159—160°, erstarrte beim Abkühlen und bestand ohne Zweifel in der Hauptsache aus Kampfen. Bei der Bromierung des Pinens entsteht als wesentliches Produkt das Pinendibromid, welches aber ein Kampferabkömmling ist. Es dürfte sich bei dieser Reaktion ferner Pinenhydrobromid (ebenfalls Kampferabkömmling) bilden, welches sich in Kampfen umwandeln läßt (vgl. Oppenheim, B. **5**, 94, 627, 628 und Tilden, Soc. **53** [1888], 882; B. **22**, Ref. 135).

Jedenfalls ist diese Darstellungsweise des Kampfens aus dem Pinen eine der ältesten, wenn auch in ihrem Wesen nicht erkannte; wahrscheinlich hat auch hier zunächst ein Übergang in den Kampfertypus, in das Borneol, alsdann von diesem in das Isoborneol und schließlich in das Kampfen statt. Wir wollen hierbei die Frage ganz außer acht lassen, ob nicht ein großer Teil des Kampfens aus dem Nopinen stammt, welches dem natürlichen Pinen stets beigemengt ist.

Genau so, wie wir vom Pinenhydrochlorid aus Kampfen gewinnen, läßt sich diese Reaktion auch vom Pinenhydrojodid und -bromid aus vollführen. Analoges gilt vom Kampfenhydrobromid und -hydrojodid dem Kampfenhydrochlorid gegenüber. Vgl. auch KONDAKOW und LUTSCHININ (J. pr. II, **62**, 29; Ch. Z. **25**, 131), welche von dem Kampfenjodhydrat aus ein Kampfen erhalten, in dem sie ein Gemisch von Kampfenen sehen. —

Wir müssen bei der Gewinnung des Kampfens die Reindarstellung des Kampfens von seiten BERTHELOTS im Jahre 1858 und die Gewinnung von Rohprodukten, in denen sich Kampfen befunden hat, auseinanderhalten wie z. B. DUMAS und OPPERMANN (A. **9**, 59) bei der Destillation des künstlichen Kampfers über Kalk ein derartiges Produkt gewannen. Von 1858—1873 ging man im wesentlichen vom Pinenhydrochlorid aus, während im letztgenannten Jahre RIBAN die leichtere Darstellung aus dem Kampfenhydrochlorid betonte; selbstverständlich hatte BERTHELOT aus dem Kampfenhydrochlorid ebenfalls das Kampfen gewonnen, nur war ihm die leichtere Abspaltung entgangen. Zur Darstellung des Kampfens gehen wir also entweder aus vom Pinen oder vom Kampfer bzw. Borneol: aus dem Pinen gewinnen wir das Pinenhydrochlorid, oder wir invertieren das Pinen mit Schwefelsäure in Kampfen; den Kampfer wandeln wir in das Dichlorid $C_{10}H_{16}Cl_2$, oder in Borneol bzw. Isoborneol oder auch in das Bornylamin um. —

Über das **Vorkommen** des Kampfens in der Natur ist zu bemerken, daß es bedeutend später in einem ätherischen Öl nachgewiesen wurde, als man es synthetisch erhielt. Der Nachweis des Kampfens in einem Öl ist nicht leicht, da die Kristallisationsfähigkeit durch die Anwesenheit anderer Terpene sehr erschwert wird. In den allerseltensten Fällen ist es daher gelungen diesen Kohlenwasserstoff in festem Zustande aus einem Öl abzuscheiden. Man ist zur Identifizierung nach dem BERTRAMschen Verfahren vorgegangen und hat die um 160° siedenden Fraktionen mit Eisessig und Schwefelsäure behandelt, das Reaktionsprodukt verseift und das bei 212° schmelzende Isoborneol isoliert. Die Pflanzenfamilien, in denen ätherische Öle, welche Kampfen enthalten, vorkommen, sind folgende:

Pinaceae.

Gelegentlich einer ausführlichen Untersuchung des Cypressenöls (*Cupressus sempervirens* L.) (SCH. **1904**, I, 30) war in den zuerst übergehenden Anteilen, und zwar in allen zwischen 160—170° destillierenden Fraktionen, Kampfen nachweisbar, das zu den Hauptbestandteilen des Öles zählt. Sehr reich an Kampfen war eine Fraktion vom Sdp. 161 bis 162°, $d_{15} = 0{,}8606$, $\alpha_D = +28°50'$. Es wurde das Isobornylacetat dargestellt; das rohe Isoborneol besaß einen Beigeruch, der vielleicht einer geringen Beimengung von Isofenchylalkohol zuzuschreiben war, wonach ev. auch Fenchen vorhanden ist.

Im Jahre 1888 dürfte das Kampfen zum ersten Male aus einem ätherischen Öle abgeschieden sein. GOLUBEFF (Ж. **20**, I, 585 und C. **1888**, 1622) unterwirft das ätherische Öl von *Abies sibirica* der fraktionierten

Destillation; er scheidet aus Fraktion 162° bei 0° ein optisch aktives Kampfen $C_{10}H_{16}$ ab, Smp. 30° und Sdp. 159°. Der niedrige Schmelzpunkt dürfte ev. durch Beimengungen zu erklären sein.

Im sibirischen Tannennadelöl konnte SCHINDELMEISER (Ch. Z. **27** [1903], 73 und C. **1903**, I, 835) durch Ausfrierenlassen einen Anteil vom Smp. 40° abscheiden, dessen Drehungsvermögen —94° 30′ betrug.

Das sibirische Tannennadelöl ähnelt in seinen physikalischen und chemischen Eigenschaften dem canadischen Hemlocktannen- und dem amerikanischen Schwarzfichtennadelöl. Das Chlorhydrat des Kohlenwasserstoffs schmolz bei 150°, ein Nitrosochlorid konnte nicht erhalten werden. Es ist möglich, daß dieser Kohlenwasserstoff mit einem l-Pinen(?), $[\alpha]_D =$ —70° 45′, identisch ist, welches ZELINSKY und ALEXANDROFF (Ch. Z. **26** [1902], 1224) aus dem russischen Terpentinöl durch mehrmaliges Behandeln des Vorlaufs mit Permanganatlösung erhielten.

In verschiedenen Terpentinölen, so im französischen und amerikanischen, ist Kampfen ebenfalls wahrscheinlich gemacht; aus dem letzteren Öl konnten SCH. u. Co. (SCH. **1897**, II, 68) durch Behandlung der Fraktionen, welche zwischen 158 und 170° übergingen und —7° 48′ polarisierten, nach dem BERTRAMschen Verfahren Isoborneol vom Smp. 207° erhalten; das Phenylurethan des letzteren schmolz bei 138°, seine Bromalverbindung bei 65° anstatt 72°; durch Ausfrieren konnte das Kampfen nicht erhalten werden, da die Menge des im amerikanischen Terpentinöl enthaltenen Terpens nur einige Prozente betragen dürfte. Vgl. BOUCHARDAT und LAFONT (C. r. **113** [1891], 551 und C. r. **125** [1897], 111).

Gramineae.

Im Citronellöl (*Andropogon Nardus* L.) konnte von SCH. u. Co. (SCH. **1893**, II, 11) in den zuerst übergehenden Anteilen kein Pinen nachgewiesen werden, dagegen ergab die Fraktion 157—164° ein Hydrochlorid, welches beim Erhitzen mit Wasser auf 100° in Salzsäure und Kampfen vom Sdp. 159—160° und vom Smp. 50° zerlegt wurde; nach dem BERTRAMschen Verfahren wurde Isoborneol erhalten. BERTRAM und WALBAUM (J. pr. II, **49** [1894], 16) ergänzten diese Mitteilung, indem sie feststellten, daß ca. 10—15 % des Citronellöls bei 157—164° sieden; Volumgewicht des Kohlenwasserstoffs $d_{15} = 0{,}864$, Pol. —58° (100 mm). Durch Abkühlen konnte kein kristallisiertes Kampfen erhalten werden. Das Chlorhydrat schmolz bei 150°. Nach den Verfassern ist es nicht ausgeschlossen, daß ev. ein Kohlenwasserstoff vorliegen könnte, der zuerst in Kampfen übergeht, aber wahrscheinlich habe man es doch mit Kampfen zu tun, welches durch einen anderen Kohlenwasserstoff flüssig erhalten bleibt. SCH. u. Co. (SCH. **1903**, I, 85) benutzen die von BALBIANO und PAOLINI (B. **35** [1902], 2995 und B. **36** [1903], 3575) angegebene Reaktion von Mercuriacetat auf Kampfen. Die unlösliche Verbindung erhalten sie, indem sie Kampfen im gleichen Volumen Benzol lösen; die Regeneration des Kampfens gelang dadurch, daß sie das kristallinische Pulver in Wasser suspendierten und unter häufigem Aufschütteln 4—5 Stunden lang Schwefelwasserstoff einleiteten. Aus der abfiltrierten gewaschenen schwarzen Verbindung ließ sich nahezu die angewendete Menge Kampfen durch Wasserdampfdestillation gewinnen. Das gleiche Verfahren wurde auf den Vorlauf des Ceylon-Citronellöls angewendet. Aber nur schwer gingen allmählich bei der Wasserdampfdestillation kleine Mengen Kampfen über, Schmelzpunkt und Siedepunkt stimmten mit denen des reinen Kampfens überein. Sch. u. Co. sehen dieses schwere Überdestillieren des Kampfens vielleicht in einer Ursache mechanischer Natur.

Zingiberaceae.

Bertram und Walbaum untersuchten gleichzeitig mit dem Citronellöl das Ingweröl (*Amomum Zingiber* L.) (J. pr. II, **49** [1894], 18). Zuerst gehen bei der fraktionierten Destillation Terpene über; Fraktion 155—165°, $\alpha_D = +63^\circ 13'$ (100 mm), $d_{15} = 0{,}864$, enthält kein Pinen, bleibt bei der Abkühlung flüssig. Bei ihrer Veresterung und nachherigen Verseifung wurde Isoborneol vom Smp. 212° erhalten, dessen Bromalverbindung bei 71° schmolz.

Lauraceae.

Daß das Kampfen im Kampferöl (*Laurus Camphora* L.) vorkommt, wurde bereits von Sch. u. Co. (Sch. **1894**, I, 69) sowie von Bertram und Walbaum (J. pr. II, **49**, 15) als sehr wahrscheinlich erachtet. Der weitere Beweis für das Vorkommen wurde alsdann von Sch. u. Co. (Sch. **1903**, II, 41) erbracht, indem die zwischen 161—164° siedende Fraktion Verwendung fand, $d_{15} = 0{,}8678$, $\alpha_D = +26^\circ 5'$. Nach dem Bertramschen Verfahren wurde Isoborneol vom Smp. 210° erhalten und dieses in Kampfen vom Smp. 50° und in Kampfer vom Smp. 176° übergeführt.

Rutaceae.

Im Citronenöl (*Citrus Limonum* Risso) ist als Hauptbestandteil das d-Limonen festgestellt worden. In den zuerst siedenden Anteilen konnten Sch. u. Co. (Sch. **1902**, II, 34) außer l-Pinen auch l-Kampfen wahrscheinlich machen; ersterer Kohlenwasserstoff war von Burgess und Child (The Chem. and Drugg. **60** [1902], 812) nachgewiesen worden. In dem Bericht (Sch. **1903**, II, 24) wurde das l-Kampfen abermals bestätigt (vgl. auch The Chem. and Drugg. **62** [1903], 476), indem Isoborneol dargestellt wurde.

Im Neroliöl (*Citrus Bigaradia* Risso) wurde von Sch. u. Co. (Sch. **1902**, II, 60) neben l-Pinen und Dipenten auch l-Kampfen gefunden; die Fraktion 168—170° von der optischen Drehung $-12^\circ 42'$ wurde mit Eisessig-Schwefelsäure bei 60° behandelt; obwohl der Schmelzpunkt des Isoborneols nur bei 195° gefunden wurde, so zweifelten Sch. u. Co. doch nicht daran, daß Kampfen vorliegt. Alsdann erscheint eine Arbeit von Hesse und Zeitschel (J. pr. II, **66** [1902], 481), in der die Genannten ebenfalls das Vorkommen von Kampfen im Neroliöl konstatieren.

Im süßen Orangenblütenöl weist Theulier (Bl. III, **27** [1902], 278) in den zuerst übergehenden Anteilen d-Kampfen und d-Limonen nach, indem er aus ersterem Isoborneol vom Smp. 212° gewinnt. Ebenso konnte THEULIER das d-Kampfen im Neroli-Portugalöl konstatieren.. — Vom Paraguay-Petitgrainöl berichten SCH. u. Co. (SCH. **1902**, II, 66), daß sein Gehalt an l-Kampfen sehr gering sei, da sie Isoborneol wohl durch den Geruch wahrnehmen, aber keinen Körper vom Smp. 212° abscheiden konnten.

BURGESS und PAGE (Soc. **85**, 1327) gewinnen außer den schon bekannten Bestandteilen des Bergamottöls Oktylen, Pinen, Kampfen und Limonen.

Myrtaceae.

BOUCHARDAT und TARDY (C. r. **120**, 1417) erhielten im Jahre 1895 aus dem Eucalyptusöl von *Eucalyptus Globulus* eine Fraktion vom Sdp. 156 bis 157°, welche sie mit Ameisensäure usw. behandelten; sie konstatierten dabei die Bildung von Borneol, Isoborneol und Fenchylalkohol. SCH. u. Co. (SCH. **1904**, I, 47) wiederholen diesen Versuch mit einer Fraktion vom Sdp. 154—159°, $\alpha_D = +37°$, und kommen zu gleichen Resultaten, nur können sie beim Erhitzen einer Fraktion vom Sdp. 155° mit Benzoesäure auf 150° Fenchylalkohol nicht erhalten. Sie sind der Meinung, daß das hohe Drehungsvermögen der einzelnen Terpenfraktionen nicht durch Pinen hervorgerufen wird, sondern durch beigemengtes Kampfen, welches leicht nachzuweisen war.

Labiatae.

Im Jahre 1894 gelangt BOUCHARDAT (C. r. **117** [1893], 53 und 1094 und Bl. III, **11**, 147) gelegentlich der Untersuchung des Spiköls (*Lavandula Spica* D. C.) zu dem Ergebnis, daß dieses kleine Mengen eines Kohlenwasserstoffs von 156—160° enthält, in denen er d-Kampfen nachweist; er erhält ein Monochlorhydrat, welches mit alkoholischem Kaliumacetat rechtsdrehendes, in der Kälte erstarrendes Kampfen liefert, ev. ist auch d-Pinen vorhanden, da hierbei Pinenchlorhydrat übrig bleibt.

i-Kampfen scheint im Rosmarinöl (*Rosmarinus offic.* L.) zugegen zu sein. GILDEMEISTER und STEPHAN (Ar. **235** [1897], 585) untersuchen dieses Öl, in welchem bis dahin einwandsfrei nur Kampfer, Borneol und Cineol nachgewiesen waren; dasselbe gilt nicht von den Kohlenwasserstoffen, da das Öl vielfach mit solchen verfälscht ist. In Fraktion vom Sdp. 158—159° wurde d-Pinen gefunden, Fraktion 160—162°, $d = 0{,}877$, $\alpha_D = +2°$, wurde hydratisiert und ergab Isoborneol vom Smp. 211°, dessen Phenylurethan bei 138—139° und dessen Bromalverbindung bei 68° schmolz.

Valerianaceae.

Im Baldrianöl wurden von OLIVIERO (C. r. **117** [1893], 1096; Bl. III, **11** [1894], 150 und **13** [1895], 917) l-Kampfen und l-Pinen nachgewiesen. — Auch das Öl der japanischen Baldrianwurzel (*Valeriana officin.* L. *var. angustifolia* Miq.) enthält l-Kampfen (BERTRAM und WALBAUM, J. pr. II, **49** [1894], 18), da Isoborneol vom Smp. 212° erhalten wurde; es wurde Fraktion 159—161°, $d_{15} = 0{,}871$, $\alpha_D - 61° 20'$ zur Untersuchung verwendet.

Compositae.

Grimal (Bl. III, **31** [1904], 694) weist in dem Öl von *Artemisia herba alba* zweifellos l-Kampfen in der Fraktion vom Sdp. 161—165°, $d = 0{,}8692$, Pol. = —26° 55′, nach; es wird aus ihr Isoborneol vom Smp. 213° erhalten, welches oxydiert Kampfer vom Smp. 176—177° liefert: „il en résulte que la fraction 161—165° renferme du camphène gauche". —

Das Vorkommen des Kampfens in der Natur dürfte, wie erwähnt, zuerst 1888 von Golubeff konstatiert sein, und zwar im ätherischen Öl von *Abies sibirica*. Alsdann wird auf das Vorkommen des Kampfens im Citronellöl und im Ingweröl im Jahre 1893 hingewiesen (Sch. **1893**, II, 11 und 22). Wir erkennen, daß sich das natürliche Vorkommen ebenfalls auf die d-, l-, als auch i-Form erstreckt.

Physik. Eig. des Kampfens. Je nach dem Ausgangsmaterial, aus dem das Kampfen gewonnen wird, und je nach dem natürlichen Vorkommen schwanken, wenn auch nur in geringem Maße, die Angaben über den Siedepunkt, ebenso diejenigen über den Brechungsexponenten und die Verbrennungswärme.

Größere Differenzen finden wir in den Angaben über das Drehungsvermögen sowie über den Schmelzpunkt. Daß die Angaben über die erstere Konstante schwanken, ist nicht zu verwundern, wenn wir das verschiedenartige Ausgangsmaterial betrachten, und wenn wir im Auge behalten, daß häufig in saurer Lösung gearbeitet wurde und daß schließlich häufig der einen Modifikation des in der Natur vorkommenden Kampfens die andere beigemengt ist. Auch die Verschiedenartigkeit im Schmelzpunkt folgt aus der Schwierigkeit, welche mit der Reindarstellung dieses Kohlenwasserstoffs verknüpft ist. Ganz geringe Beimengungen vermögen den Schmelzpunkt herabzudrücken; anderseits dürften Verbindungen, welche dem Kampfen, namentlich in der Kristallform, nahe verwandt sind, und schwer von ihm abgetrennt werden können, den Schmelzpunkt hinaufrücken. Ich erinnere an das höher schmelzende Tricyklen, Bornylen, ev. auch an das Dihydrokampfen. Es nimmt daher nicht wunder, daß Kampfen, nach den verschiedensten Darstellungsmethoden gewonnen, etwas abweichende physikalische Eigenschaften zeigt. Nichtsdestoweniger kann kein Zweifel bestehen, daß die verschiedenen festen Rohkampfene, wie sie gewonnen werden, im wesentlichen aus dem semicyklischen Kampfen der Formel

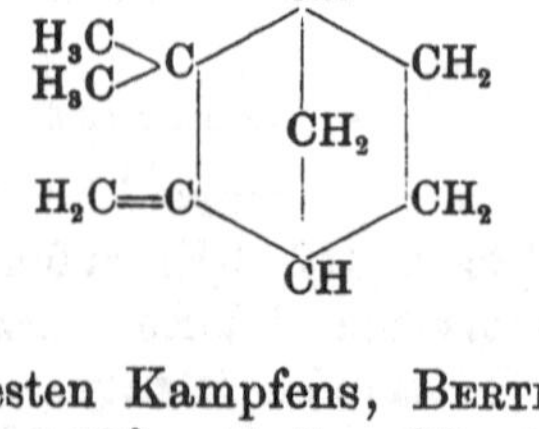

bestehen.

Der Entdecker des festen Kampfens, Berthelot, gibt (A. **110**, 367 und C. r. **47**, 266) den Smp. 46° und den Sdp. 160° an; über die Polarisation des Tere-, Austra- und i-Kampfens s. oben „die Darstellung aus

Pinenhydrochlorid von seiten BERTHELOTS." Je nachdem er vom l-Pinen (Terebenten) oder vom d-Pinen (Australen) ausging, erhielt er auch verschieden drehende l-Terekampfene und d-Austrakampfene. Auch je nach dem Reagens, womit er die Salzsäure abspaltete und nach der Dauer der Reaktion gewann er d-, l-, oder i-Kampfene. Aus dem rechtsdrehenden Kampfenchlorhydrat, das aus dem l-Terekampfen entstand, erhielt er durch Salzsäureabspaltung l-Terekampfen zurück.

Die nächsten Angaben über die physikalischen Daten des auf verschiedene Weise gewonnenen Kampfens, sowie die Einteilung der Kampfene nach diesen Eigenschaften finden wir bei RIBAN (vgl. oben die Darstellung, ferner besonders B. **8**, 825 und J. **1875**, 392). RIBAN gibt Daten an für 1. linksdrehendes Kampfen, nach BERTHELOT durch Erhitzen des Pinenchlorhydrats mit stearinsaurem Alkali bereitet; Smp. 45—47°, Sdp. 156 bis 157°, Dichte zwischen 48 und 100°: $D_t = 0{,}8881—0{,}000839 \cdot t$. Das Rotationsvermögen ändert sich mit der Konzentration der alkoholischen Lösung; $[\alpha]_D = -[53^0{,}80—0{,}03081e]$, 2. i-Kampfen-$\alpha$; er erhitzt Pinenchlorhydrat 80 Stunden lang mit trocknem und gepulvertem Kalium- oder Natriumacetat auf 170°; Smp. 47°, Sdp. 157°. 3. i-Kampfen-β; Smp. 45°, Sdp. 157°, erhalten aus Pinenchlorhydrat durch Erhitzen mit stearinsaurem Natrium auf 180°, 4. Borneokampfen, aus Bornylchlorid und alkoholischem Kali; es zeigt dieselben Eigenschaften wie die anderen Kampfene. — Fernere physikalische Daten über die einzelnen Kampfene s. J. **1875**, 392.

KACHLER (A. **197**, 92) gewinnt das Kampfen aus Bornylchlorid, indem er letzteres in zugeschmolzenen Röhren mit der 40fachen Menge Wasser auf 90—95° erhitzte; er findet den Smp. 51° und Sdp. 161—163°.

WALLACH (A. **230**, 233) stellt Kampfen aus Bornylchlorid und Anilin dar; Sdp. 160—161°, Smp. 48—49°.

Vgl. auch GLADSTONE (Soc. **49** [1886], 614), dazu BRÜHL (B. **21** [1888], 158).

RIBAN (A. ch. V, **6**, 1) stellt im Jahre 1875 auch Versuche über das Molekularvolumen $\frac{P}{d}$ der Terpene an. BRÜHL (B. **24**, 286) berechnet aus den Dichten und aus dem Ausdehnungskoeffizienten für das Molekularvolumen bei 0° 153,1 (aus den Beobachtungen zwischen 48—100° extrapoliert), bei 25° 156,8, bei 50° 160,7, bei 100° 169,1; vgl. daselbst auch die Größen für Pinen und Dipenten. Es muß dahingestellt bleiben, inwieweit die von RIBAN gefundenen Größen bei dem heutigen Stande der Wissenschaft nachgeprüft werden müssen.

WALLACH (A. **245**, 210) findet im Jahre 1888 für Kampfen aus Bornylchlorid: $d_{48} = 0{,}850$, $n_c = 1{,}4555$, M. R. = 43,45, ber. für $C_{10}H_{16}⌈ = 43{,}22$.

BRÜHL (B. **25**, 160 ff.) bringt die ausführlichsten Angaben sowohl über das Terekampfen, als auch über das Borneokampfen; er bestimmt die Volumgewichte und Brechungsexponenten bei verschiedenen Temperaturen. Für das Terekampfen findet er: Smp. 51—52°, Erstarrungspunkt scharf bei 50°, Sdp. 158,5—159,5°, $n_{D_{54}} = 1{,}45514$, M. R. bei 54° = 43,82, berechnet für $C_{10}H_{16}⌈ = 43{,}54$. Für Borneokampfen beobachtet er

Smp. 53,5—54°, Erstarrungspunkt 53—52,5°, $d_{58,6/4} = 0,83808$, $n_{D_{58,6}} = 1,45314$, M. R. = 43,87. Die weiteren Daten s. in der Originalarbeit. Daselbst werden auch die von STOHMANN ausgeführten Molekularverbrennungswärmen angegeben; es wurde gefunden für Terekampfen 1466,7, für Borneokampfen 1470,3, für l-Pinen 1480,4.

BERTRAM und WALBAUM (J. pr. II, **49**, 8) finden für Kampfen, aus Isoborneol und Zinkchlorid dargestellt, Smp. 50° und Sdp. 159—160°, $Sdp._{15} = 56°$.

Über die Polarisation führe ich eine Stelle von BRÜHL (B. **21** [1888], 158) an: „Je nach dem Ausgangsprodukte, rechtsdrehendem Australen-, linksdrehendem Terebenten-, aktivem oder inaktivem Bornylchlorid und je nach dem angewandten Reagens erhält man rechts- oder linksdrehendes. oder inaktives Kampfen (RIBAN, A. ch. V, **6**, 353 [1875]. KACHLER, A. **197**, 86 [1879]), mit im übrigen immer gleichen physikalischen oder chemischen Eigenschaften." — Vgl. hierzu auch BOUCHARDAT und LAFONT (C. r. **104**, [1887], 694; Bl. II, **47**, 489), welche bei der Behandlung von l-Pinenmonochlorhydrat ($[\alpha]_D = -28° 30'$) mit Kaliumacetat in alkoholischer Lösung bei 150—170° Kampfene erhielten, deren Rotationsvermögen $[\alpha]_D$ zwischen $-30° 30'$ und $-80° 37'$ lag. — KACHLER (A. **197** [1879], 97) gibt für ein aus Bornylchlorid gewonnenes d-Kampfen an: $[\alpha]_{D_{85}} = +20°$ (100,3 mm).

WAGNER findet im Jahre 1890 (B. **23**, 2311): Smp. 49—50° und Sdp. 159°.

Umkristallisieren läßt sich das Kampfen durch Lösen in Alkohol und vorsichtigen Zusatz von Wasser; es neigt sehr zur Sublimation.

Über die Molekularverbrennungswärme vgl. außerdem BERTHELOT und VIEILLE (A. ch. VI, **10**, 454) und STOHMANN (Ph. Ch. **10**, 412).

Versuche über die magnetische Rotation sind von PERKIN angestellt worden (Soc. **81**, 316).

Gelegentlich seiner Arbeiten „Über das Verhalten der Aldehyde und Ketone gegen Teslaströme" bringt KAUFFMANN (B. **35** [1902], 479) auch Mitteilungen über Terpene. „Bei manchen Terpenen, wie etwa beim Pinen und beim Kampfen, wird zwar ein Leuchtvermögen angetroffen, doch ist dieses Vermögen so gering, daß nicht einmal die Farbe der Lumineszenz erkannt werden kann."

Wir ersehen aus allen diesen Daten, daß der Siedepunkt des Kampfens bei ca. 160° liegt; die Bestimmungen des Volumgewichts ergeben, auf 20° umgerechnet, ungefähr 0,870; $n_D = 1,470$. Demnach haben wir einen Siedepunkt, welcher jenem des Pinens (155—156°) am nächsten liegt, jedenfalls bedeutend niedriger als jener der Terpene mit zwei doppelten Bindungen, wie des Limonens, Terpinens, Phellandrens usw., welche um 175° sieden; schon durch den Siedepunkt wird das Kampfen demnach in die Nähe derjenigen Terpene gerückt, welche ein bicyklisches System aufweisen und eine doppelte Bindung haben; die physikalischen Eigenschaften weisen unzweifelhaft auf eine doppelte Bindung hin.

Mit dieser Auffassung harmonieren auch die Polarisationsbestimmungen. Das Hydrochlorid aus d-Pinen ist vielfach inaktiv, aber auch aktiv beobachtet worden, jenes aus l-Pinen ist linksdrehend, $[\alpha]_D = -30^0,687$ (Pesci, G. **18**, 223) bzw. $-26^0,3$ (Wallach, A. **252**, 156); wahrscheinlich ist aber auch das Hydrochlorid aus analogem d-Pinen ebenso stark rechtsdrehend. — Betrachten wir die Formeln des Pinens, des Pinenhydrochlorids und des Kampfens, so haben wir folgende Umsetzung:

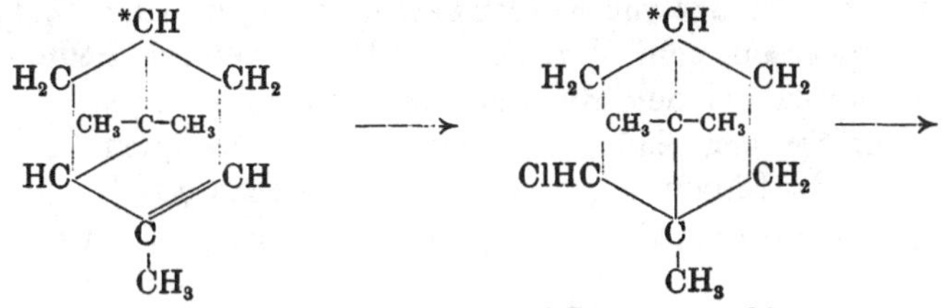

l-Pinen l-Pinenhydrochlorid

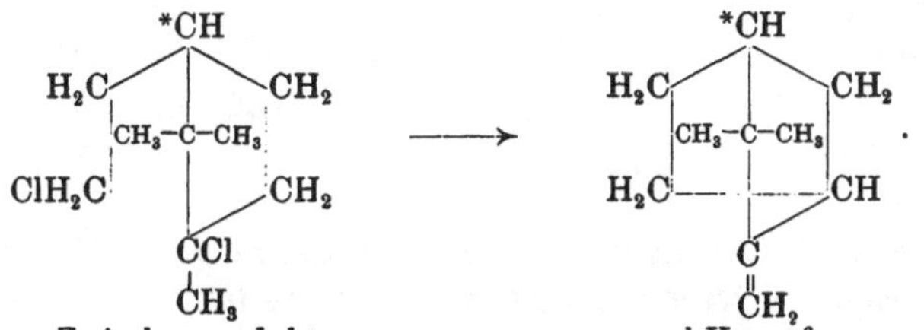

Zwischenprodukt l-Kampfen

Hierbei muß zweifellos der Piceanring gesprengt werden und bei der Entstehung des Kampfoceanringes bleibt die Drehung in dem gleichen Sinne erhalten; dies ist aber auch der Fall, wenn durch Sprengung des Kampferringes das Kampfensystem resultiert: das ursprüngliche asymmetrische Kohlenstoffatom bleibt intakt.

Von den physikalischen Eigenschaften hat ferner wesentliche Dienste in der Erkenntnis der Konstitution des Kampfens und Pinens die Bestimmung der Bildungswärme geleistet, das heißt die Bestimmung der Verbrennungswärme minus berechnete Molekularverbrennungswärme; Berthelot verdanken wir die genauen Bestimmungen und die wichtigen Schlußfolgerungen, welche er daraus zog; Berthelot und Matignon „Thermische Untersuchungen über die Kampfenreihe" (C. r. **112**, 1161; C. **1891**, II, 106). Die genannten Forscher sprechen ausdrücklich den Gedanken aus, daß beim Übergang vom Pinen zum Hydrochlorid Typuswechsel stattfinden muß, daß dagegen Pinen- und Kampfenhydrochlorid dieselben Bildungswärmen aufweisen, daß sie also demselben System angehören; damit stimmen auch obige Formelbilder überein, indem wir es im Pinen mit dem Tetrocean-, im Pinen- und Kampfenhydrochlorid dagegen mit Pentoceantypen zu tun haben.

Chem. Eig. des Kampfens. Man beschäftigte sich sehr viel früher mit der Konstitution des Kampfers als mit jener des Kampfens, da dieses ja erst 1858 von Berthelot gewonnen wurde. Es ist ganz selbstverständlich, daß man Halogene und Halogenwasserstoffsäuren, namentlich letztere einwirken ließ; auch Oxydationsreaktionen wurden angestellt. Aber so gut das Kampfen kristallisiert, so schwer hielt es doch zu Anfang, Derivate zu erhalten, da die Unlöslichkeit in Wasser usw. ein großes Hindernis bei den Reaktionen war.

Reduktion des Kampfens. Das Kampfen als solches ist in alkalischer Lösung nicht reduziert worden, dagegen erhitzte BERTHELOT (J. **1869**, 333) Kampfen mit Jodwasserstoffsäure vom spez. Gewicht 2,0 auf 280°; es resultierte ein Gemenge von Kohlenwasserstoffen, in denen C_5H_{12} und $C_{10}H_{22}$ vorhanden gewesen sein dürften. — Über weitere Reduktionsprodukte vgl. weiter unten bei den Halogensubstitutionsprodukten.

Einwirkung von Halogenwasserstoff auf Kampfen. Diese Reaktion ist älter als die Einwirkung der freien Halogene auf Kampfen.

Kampfenhydrochlorid (sog. Bornylchlorid, Isobornylchlorid)

$C_{10}H_{17}Cl$ = 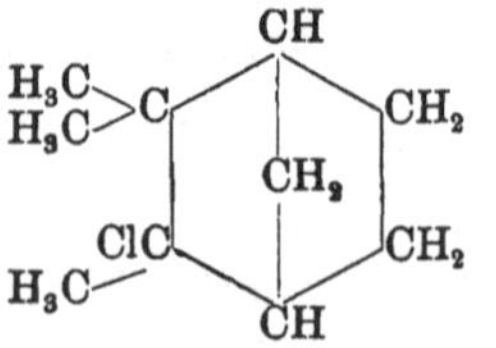 oder 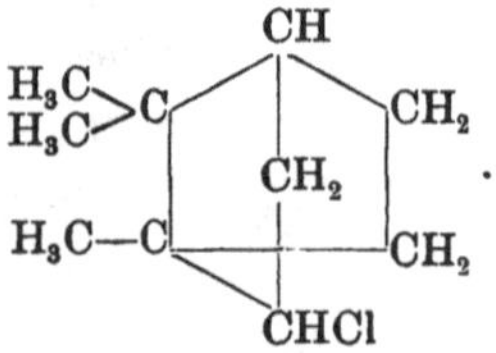.

SOUBEIRAN und CAPITAINE stellten im Jahre 1840 (A. **34**, 315) ihr Tereben her, welches teilweise aus Kampfen bestand; sie lassen hierauf Salzsäure ohne wesentliches Ergebnis einwirken. BERTHELOT (A. **110**, 367 und Spl. **II**, 226) läßt zuerst 1858 Salzsäure mit Kampfen reagieren. Er erhält ein Hydrochlorid, aus welchem das Ausgangsmaterial Kampfen regeneriert werden kann. RIBAN (J. **1875**, 393 und A. ch. V, **6**, 363) löst 100 Teile Kampfen in 150 Teilen absoluten Alkohols und sättigt die Lösung mit Chlorwasserstoff, wobei das lösliche Chlorhydrat auskristallisiert, Pol. $[\alpha]_D = +30,25°$. Es dissoziiert leicht; Smp. 147°. Durch Wasser wird es bei gewöhnlicher Temperatur langsam zersetzt. Bei 90-stündigem Erhitzen mit der 50fachen Menge Wasser auf 100° wird Kampfen regeneriert, Pol. $[\alpha]_D = -8°,5$; durch die Säure ist natürlich das Kampfen invertiert worden. — KACHLER (A. **197**, 94 und B. **11**, 460) stellte in den Jahren 1878 und 1879 aus dem Borneol Bornylchlorid her, von welchem sich später herausstellt, daß es im wesentlichen Kampfenhydrochlorid ist; er findet den Smp. 150°. — SPITZER (A. **197**, 129) gibt den Smp. des Bornylchlorids zu 150° an. — KACHLER und SPITZER (A. **200**, 344) lassen Salzsäure auf die verschiedenen Kampfene einwirken; sie wollen aus dem Kampfenhydrochlorid Borneol erhalten haben. — Dieses Kampfenhydrochlorid war bisher aus Kampfen gewonnen worden, das seinerseits aus Pinenhydrochlorid oder Bornylchlorid (Isobornylchlorid) hergestellt war. Dieses letztere wiederum war aus den Einwirkungsprodukten von Salzsäure oder Phosphorpentachlorid auf Borneol isoliert worden.

JÜNGER und KLAGES (B. **29**, 544), sowie REYCHLER (B. **29**, 697) beschäftigen sich mit dem Chlorid aus dem Isoborneol, welches letztere durch die Synthese BERTRAMS und WALBAUMS (J. pr. II, **49**, 1) inzwischen leicht zugänglich geworden war. J. und K. halten Bornylchlorid und Kampfenhydrochlorid für identisch; sie führen beide in Isobornylacetat bzw. Isoborneol vom Smp. 216° über. Die Schmelzpunkte der Chloride schwanken nach ihnen von 152—165°. Sie lassen auf das Hydrochlorid in Chloroformlösung Brom einwirken; das entstandene Produkt kochen sie alsdann mit der fünffachen Menge Chinolin. Es resultiert Bromkampfen $C_{10}H_{15}Br$ (WALLACH, A. **230**, 293). Bei der Darstellung des Isobornylchlorids aus Isoborneol und PCl_5 resultierte ein Chlorid vom Smp. 157° wie Bornylchlorid, beim Sieden mit Chinolin wird glatt Salzsäure abgespalten und es bildet sich Kampfen; ebenso entsteht Isobornylacetat und Bromkampfen. Sie halten Borneol und Isoborneol für strukturisomer. — REYCHLER (a. a. O.) gewinnt das Isobornylchlorid, indem er Isoborneol in wenig Alkohol löst und Salzsäure einleitet. Das Kampfenchlorhydrat, aus salzsäurehaltigem Alkohol zweimal umkristallisiert, schmilzt nach ihm bei 149—151°, das Isobornylchlorid bei 150—152°. Borneol analog behandelt gibt kein Chlorid, dagegen entsteht mit PCl_5 ein Chlorid, welches analog bei 158—159° schmilzt. REYCHLER hält Kampfenhydrochlorid und Isobornylchlorid für identisch und stereoisomer mit Bornylchlorid.

Im Jahre 1899 (B. **32**, 2302) erscheint alsdann die Arbeit von WAGNER und BRICKNER über die verschiedenen Hydrochloride; sie nehmen die Versuche von neuem auf, um die ev. Identität von Bornyl- und Isobornylchlorid darzutun; sie schließen: Borneol und Isoborneol spalten verschieden leicht Wasser ab, ebenso müssen sich also auch die zugehörigen Chloride bei der Salzsäureabspaltung verhalten; dies ist aber beim sogenannten Bornyl- und Isobornylchlorid nicht der Fall, deshalb kann Bornylchlorid nicht das Chlorid des Borneols sein. W. und B. lassen die verschiedensten Reagentien einwirken und halten schließlich das Bornylchlorid für ein Gemisch, welches hauptsächlich aus Isobornylchlorid und wenig sekundärem Bornylchlorid besteht. Nach der Meinung von W. und B. sind die wahren Haloidanhydride des Borneols das Pinenhydrochlorid-, hydrobromid- und hydrojodid, so daß es im ganzen nur zwei Hydrochloride gibt: 1. das Kampfenhydrochlorid (sog. Bornyl-, Isobornylchlorid) und das Pinenhydrochlorid (wahres Bornylchlorid). Vgl. auch Fußnote a. a. O. S. 2303, wo GODLEWSKI auseinandersetzt, daß bei der Einwirkung von Brom auf Kampfenhydrochlorid nicht ein gebromtes Hydrochlorid, wie JÜNGER und KLAGES annehmen, sondern Kampfendibromid (vgl. letzteres) entsteht.

SEMMLER (B. **33**, 3420) läßt auf das Kampfenhydrochlorid (Smp. 155°) naszierenden Wasserstoff mittels Natrium und Alkohol einwirken; es resultiert ein Kohlenwasserstoffgemisch vom Smp. 95°, aus welchem durch Oxydation Kampfen entfernt werden kann; es bleibt ein Kohlenwasserstoff $C_{10}H_{18}$ übrig, welcher ev. mit dem Kampfan aus Pinenhydrochlorid identisch ist; vgl. auch SEMMLER (B. **35**, 1021).

Fassen wir die Resultate über die Hydrochloride aus dem Kampfen, Borneol und Isoborneol zusammen, so dürfte den Rohprodukten, wie sie auch erhalten werden, in der Hauptsache ein und dieselbe Verbindung zugrunde liegen, deren Schmelzpunkt je nach dem Umkristallisieren zwischen 150 bis 160° liegt; da die Verbindung leicht dissoziiert, so kristallisiert man sie am besten aus salzsäurehaltigem Methylalkohol um. Dieses Chlorid ist ein tertiäres nach den Arbeiten KONDAKOWS (J. pr. II, **65**, 201 und II, **68**, 117 usw), welcher die Isomerisation der sekundären Chloride in die tertiären studiert hat. Ist nun das Isoborneol der zum Kampfen gehörige Alkohol, so dürften auch Isobornylchlorid und Kampfenhydrochlorid identisch und tertiär sein (vgl. weiter unten Konstitution). Jedenfalls ist von diesem Chlorid das um 125° schmelzende Pinenhydrochlorid verschieden. Ist aber Isoborneol ein dem Borneol stereoisomerer sekundärer Alkohol, alsdann dürften auch Isobornylchlorid und Kampfenhydrochlorid sekundär sein.

Kampfenhydrobromid (Isobornylbromid) $C_{10}H_{17}Br$. Genau so wie mit HCl läßt sich auch mit HBr ein Anlagerungsprodukt an Kampfen erzielen oder im Isoborneol und im Borneol OH durch Br ersetzen. Bereits BERTHELOT (Spl. **II**, 226) hat versucht diese Verbindung darzustellen, gibt aber nur an, daß sie einen festen Körper darstellt. — SEMMLER (B. **33**, 3428) stellte im Jahre 1900 das Bromhydrat zuerst rein dar, indem er Kampfen in absolutem Alkohol löste, HBr einleitete und sofort stark abkühlte. Das Präparat bleibt in den meisten Fällen flüssig, aus welchem Grunde man es auch wohl bisher nicht hat isolieren können; Smp. 133°.

Kampfenhydrojodid (Isobornyljodid) $C_{10}H_{17}J$. WAGNER und BRICKNER (B. **32**, 2320) haben im Jahre 1899 auf Isoborneol Jodwasserstoff einwirken lassen; sie erhielten ein schweres Öl mit etwas festem Körper. Das Öl läßt sich sehr leicht entjoden und gibt Kampfen. — KONDAKOW und LUTSCHININ (Ch. Z. **25**, 132) gewinnen 1901 das Hydrojodid, indem sie eine gesättigte Lösung von Jodwasserstoff auf Kampfen einwirken lassen; sie erhalten Kristalle vom Smp. 48—55°. Sie sind der Ansicht, daß das käufliche Kampfen aus zwei Körpern besteht und daß das feste Jodid dem Borneol entspricht, in welches letztere sie es übergeführt haben wollen. Vgl. auch ZELINSKY und ALEXANDROFF über zwei isomere Kampfenjodhydrate, von denen das eine bei 40° schmolz, das andere flüssig war, unter 14 mm bei 115—116° siedete und $d_{23/4} = 1{,}4533$ besaß (Chem.-Ztg. **1903**, 1245).

Zur Konstitution der Halogenwasserstoffanlagerungsprodukte an Kampfen bzw. des Bornyl- und Isobornylhalogenids ist folgendes zu bemerken: Nach den Ansichten von BAUBIGNY, MONTGOLFIER, HALLER, BREDT, JÜNGER und KLAGES usw. liegen im Borneol und Isoborneol strukturisomere, sekundäre Alkohole von gleicher chemischer Konstitution vor, wonach wir, wenn wir die BREDTsche Kampferformel zugrunde legen, annehmen müssen, daß sich die Hydroxylgruppe das eine Mal an derselben Seite des Ringsystems befindet als das dimethylierte Kohlenstoffatom (Borneol), das andere Mal an der anderen Seite, an der auch die Methylgruppe liegt (vgl. auch BREDT, Studium über die räumliche Konfiguration des Kampfers und einiger seiner wichtigsten Derivate, **1905**). Haben wir nun in dem Borneol und Isoborneol wirklich zwei sekundäre, sich in dieser Weise unterscheidende Alkohole, so muß, wenn anderseits die WAGNERsche Kampfenformel richtig ist, der Übergang vom Isoborneol in das Kampfen leichter vor sich gehen bei erwähnter Anordnung der Atome als vom Borneol aus, eine Frage, die hier nicht erörtert werden soll; alsdann müssen wir aber auch annehmen, daß z. B. drei verschiedene Chloride $C_{10}H_{17}Cl$ bestehen können: 1. das wahre Bornylchlorid (Pinenhydrochlorid), 2. das Isobornylchlorid und 3. das Kampfenhydrochlorid, denen folgende Konstitutionen zukämen:

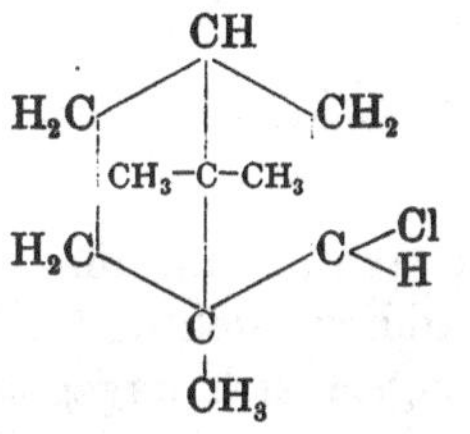

Bornylchlorid

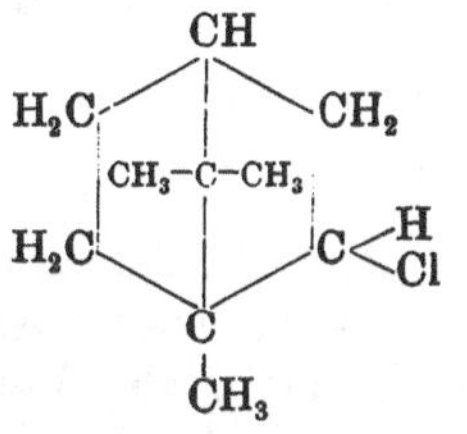

Isobornylchlorid

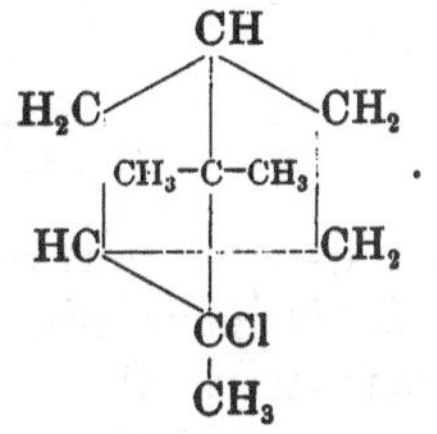

Kampfenhydrochlorid

Ob das Kampfenhydrochlorid und das Isobornylchlorid ev. im obigen Isobornylchlorid bzw. Kampfenhydrochlorid gemengt zusammen vorkommen, ist sehr wohl möglich. Der Übergang vom Kampfentypus in den Kampfertypus müßte alsdann mit großer Leichtigkeit, ja leichter als umgekehrt im Gegensatz zu unserer bisherigen Annahme, vor sich gehen, worauf wir weiter unten zurückkommen werden.

Einwirkung der freien Halogene auf Kampfen. Anstatt Halogenwasserstoff suchte man auch bald die freien Halogene an Kampfen zu addieren, um ev. zu entscheiden, ob doppelte Bindungen im Kampfen vorliegen oder nicht. Am meisten Versuche hat man mit Brom gemacht; wunderbarerweise wirken die Halogene scheinbar zuerst substituierend auf Kampfen; es müßte demnach ein Wasserstoffatom vorhanden sein, welches sehr leicht ersetzt werden kann, und dies wäre alsdann das tertiäre, weil es gleichzeitig neben einer doppelten Bindung steht. SEMMLER (B. **35**, 1021) läßt im Jahre 1902 Chlor auf Kampfen einwirken und erhält dabei zuerst scheinbar Substitution, alsdann Addition, so daß als Hauptprodukt ein Trichlorid $C_{10}H_{15}Cl_3$ entsteht; daneben bildet sich aber auch zweifellos eine Verbindung $C_{10}H_{15}Cl \cdot HCl$, indem ev. zunächst ein Wasserstoffatom durch Chlor substituiert, alsdann Chlorwasserstoff addiert wird. Es kommen diesen Verbindungen ev. folgende Konstitutionsformeln zu (vgl. unten Kampfendibromid):

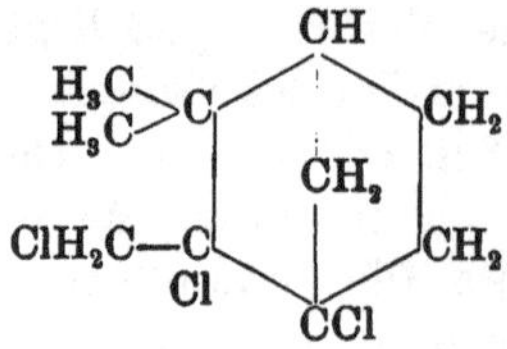

oder

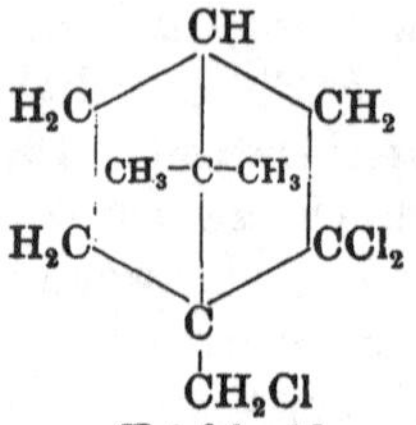

oder

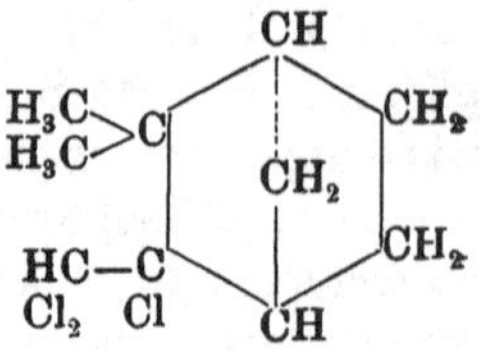

Trichlorid
($C_{10}H_{15}Cl \cdot Cl_2$)

Trichlorid
(Kampfertypus)

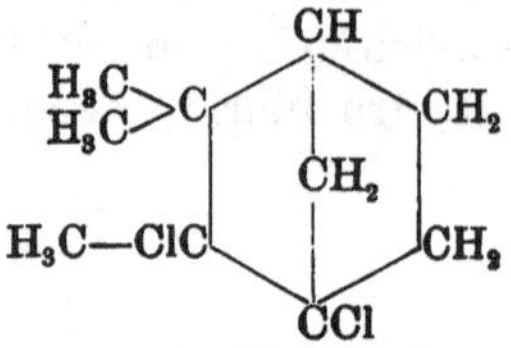

Dichlorid
($C_{10}H_{15}Cl \cdot HCl$)

oder

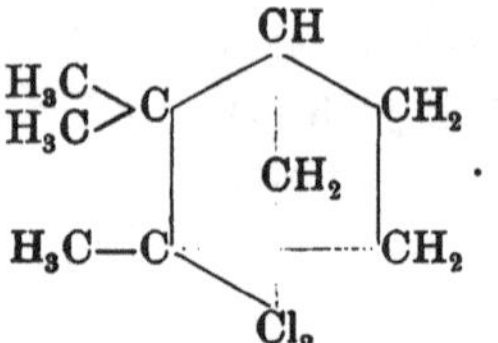

Dichlorid

Es hat den Anschein, als ob sich das Halogen schwer an die semicyklische doppelte Bindung anlagert; oder aber es addiert sich und 1 Mol. Halogenwasserstoff spaltet sich sofort ab. Leicht lagert sich dagegen ev. Halogenwasserstoff an und ebenso geht die Hydratisierung leicht vor sich.

Ob das Kampferdichlorid $C_{10}H_{16}Cl_2$ ev. ebenfalls teilweise ein Kampfenderivat ist, muß dahingestellt bleiben. Wir wissen, daß aus dem Kampferdichlorid Kampfen und Kampfan entstehen, also können wir uns ev. zum Teil im Kampfentypus befinden; eventuell liegt demnach auch hier ein Gemenge von folgenden beiden Verbindungen vor:

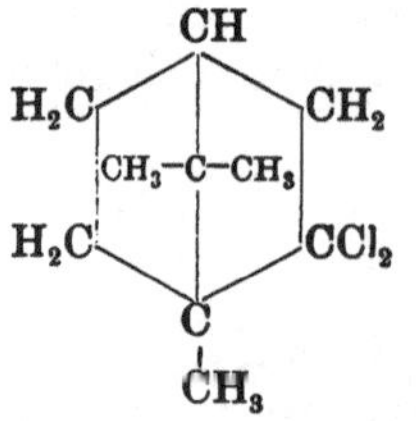

und

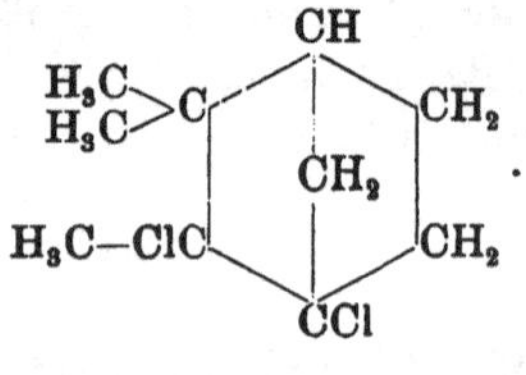

Aus diesem Grunde wird das Kampferdichlorid beim Kampfer abgehandelt werden.

Kampfendibromid $C_{10}H_{16}Br_2$. Wallach (A. **230**, 237) läßt im Jahre 1885 Brom auf Kampfen einwirken, um ev. wie beim Limonen zu festen Additionsprodukten zu gelangen, und um die doppelte Bindung nachzuweisen; es wird das feste Kampfendibromid nicht isoliert. — Jünger und Klages (B. **29**, 544) lassen auf Kampfenhydrochlorid Brom einwirken, kochen das Einwirkungsprodukt mit Chinolin und erhalten dadurch Bromkampfen; sie sind der Meinung, daß hierbei Brom substituierend auf das Kampfenhydrochlorid unter Bildung von $C_{10}H_{16}ClBr$ gewirkt hätte. Godlewski (B. **32**, 2303 Fußnote) weist im Jahre 1899 nach, daß sich bei dieser Reaktion $C_{10}H_{16}Br_2$ bildet, wobei zunächst HCl abgespalten wird. Godlewski stellt das Dibromid mit 56% Ausbeute dar, indem er das abgekühlte

Gemisch von Brom und Äther auf Kampfen in Äther und Amylalkohol träufeln und in flachen Schalen der freiwilligen Verdunstung überläßt, Smp. 91—91,5°. — Vorher hatte bereits REYCHLER im Jahre 1896 (B. **29**, 900) dieses Dibromid fest erhalten, indem er nach WALLACHS Angaben (a. a. O.) verfuhr, das mit Wasserdämpfen flüchtige Bromkampfen unberücksichtigt ließ und den Rückstand zum Erstarren brachte; Smp. 90°. Oder er löste Kampfen in Petroläther und ließ bei —10° Brom einwirken; außer dem Dibromid entstand aber besonders Bromkampfen. — MARSH (C. **1899**, I, 791) weist im Jahre 1899 nach, daß das Hauptprodukt bei der Einwirkung von Brom auf Kampfen Bromkampfen ist, und daß alsdann Bromwasserstoff angelagert wird (ca. 70%); er schließt daraus, daß das Kampfen gesättigt ist und ein Trimethylen- oder sonstiger Ring vorliegt, da sich eine doppelte Bindung Brom gegenüber nicht anders verhalten sollte als gegen Bromwasserstoff.

SEMMLER stellt (B. **33**, 3426) das Kampfendibromid dar, indem er Kampfen in Eisessig löst und allmählich die berechnete Menge Brom zutropfen läßt; Sdp. des Dibromids bei 15 mm = 153—155°; Bromwasserstoff läßt sich nur sehr schwer aus dem Dibromid abspalten. Durch Reduktion mit Natrium und Alkohol geht das Dibromid in den Kohlenwasserstoff $C_{10}H_{18}$ vom Smp. 152° und Sdp. 160° über; letzterer zeigt schwache Rechtsdrehung. Bei der Destillation mit Chinolin liefert das Dibromid Bromkampfen. Man könnte annehmen, daß folgende Reaktion vor sich geht:

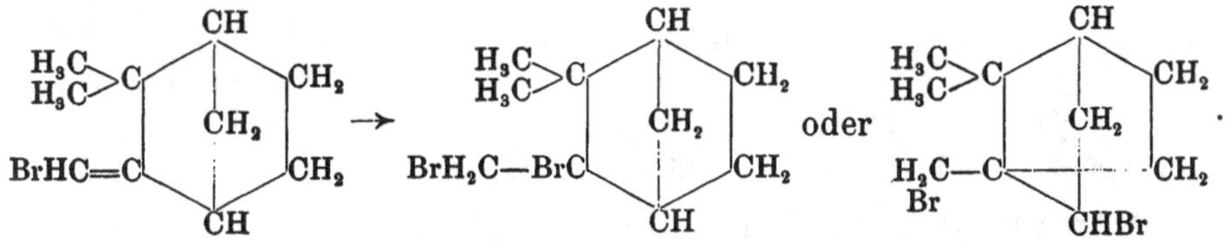

Erstere Annahme hat jedoch wenig Wahrscheinlichkeit für sich, da alsdann durch Reduktion das Isokampfan entstehen müßte. Wir haben vielleicht auch folgende Reaktionen:

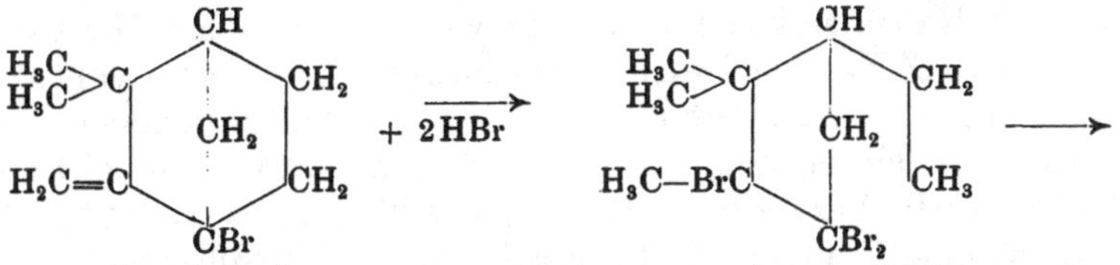

Bromkampfen intermediär

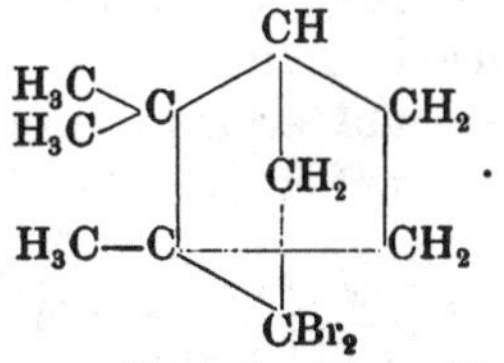

Kampfendibromid

Es würde demnach das Kampfendibromid dem Kampferdibromid entsprechen. Es ist nicht ausgeschlossen, daß auch obigem Kampfendichlorid analoge Formeln zukommen.

Weitere Substitutionsprodukte des Kampfens mit Halogenen. Chlorkampfen $C_{10}H_{15}Cl$ läßt sich aus dem Dichlorkampfer gewinnen, welcher sich seinerseits, wie wir oben sahen, aus Kampfer und PCl_5 erhalten läßt, ebenso stellte es SEMMLER (B. **35**, 1021) aus seinem Kampfendichlorid dar. Dichlorkampfer $C_{10}H_{16}Cl_2$ zeigt verschiedene Schmelzpunkte, und es ist zweifelhaft, ob diese Verbindungen $C_{10}H_{16}Cl_2$ alle identisch sind. PFAUNDLER (A. **115**, 29) hat 1860 zuerst $C_{10}H_{15}Cl$ vom Smp. 60° dargestellt. SPITZER (A. **196**, 261 und M. **I** [1880], 319) hat diese Verbindung nicht erhalten, dagegen stellten MARSH und GARDNER (Proceed. Soc. No. **136**, 57) durch Erhitzen des Dichlorkampfers mit Chinolin (analog Bromkampfen aus Kampfendibromid) dar. An anderer Stelle (Soc. **71**, 289) sprechen M. und G. die Vermutung aus, daß die aus den verschiedenen Dichloriden hergestellten Chlorkampfene ev. doch nicht identisch sind, da sich geringe Unterschiede zeigen. Fest, Sdp. 202° bzw. 199—201°, $\alpha_D = -29{,}3°$ bzw. $-33{,}2°$ in Chloroformlösung; konz. H_2SO_4 gibt ebenfalls Carvenon (vgl. MARSH, HARTRIDGE, Soc. **73**, 853; BREDT, A. **314**, 384). Wir haben ev. folgende Umsetzungen:

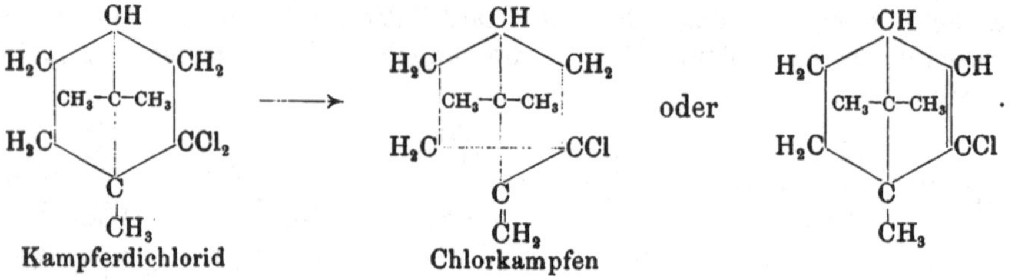

Bromkampfen $C_{10}H_{15}Br$. Das Bromkampfen wurde zuerst von WALLACH (A. **230**, 235) im Jahre 1885 erhalten, indem er Kampfen in alkoholisch-ätherischer Lösung bromierte. Bei der Destillation mit Wasserdämpfen ging ein schweres Öl über; nach der Analyse des letzteren spricht W. es als Monobromkampfen an, Sdp. 230—240°, nachdem es etwas mit Natriumalkoholat gekocht war. — JÜNGER und KLAGES (B. **29**, 544) haben auf Kampfenhydrochlorid im Jahre 1896 Brom einwirken lassen; hierbei entsteht nach GODLEWSKI (B. **32**, 2303) Kampfendibromid. Das Reaktionsprodukt destillieren J. und K. mit Chinolin, wobei Bromkampfen erhalten wird; Sdp. 226—227°, $d_{15} = 1{,}265$, $n_D = 1{,}52605$, flüchtig mit Wasserdämpfen, addiert 2 Br, welche durch Chinolin wieder abgespalten werden können. Auch aus Bornylbromid (Isobornylbromid) entsteht Bromkampfen, ebenso aus Isobornylchlorid. — SEMMLER (B. **33**, 3425) reduziert im Jahre 1900 Bromkampfen und erhält Kampfen vom Smp. 50°; dadurch ist bewiesen, daß im Bromkampfen dieselbe doppelte Bindung vorhanden ist wie im Kampfen.

Kampfentrichlorid $C_{10}H_{15}Cl_3$ ist von SEMMLER im Jahre 1902 B. **35**, 1020) dargestellt worden. Läßt man auf Kampfen in Eisessig

Chlor einwirken, so erhält man, wenn das Einleiten nach Aufnahme von 3 Atomen Chlor unterbrochen wird, außer wenig anderen Produkten hauptsächlich Kampfentrichlorid; $Sdp._{10} = 130-135^0$, Smp. 135^0.

Kampfentribromid $C_{10}H_{15}Br_3$ ist ebenfalls von SEMMLER (B. **35**, 1020) im Jahre 1902 erhalten worden, indem er Bromkampfen in Eisessig löste und 2 Atome Brom hinzufügte; die Reaktion verläuft sehr glatt. $Sdp._{12} = 173-175^0$, $n_D = 1{,}5777$, $d_{20} = 1{,}816$, Smp. $77-78^0$; diesem Tribromid kommt eine der drei Formeln zu:

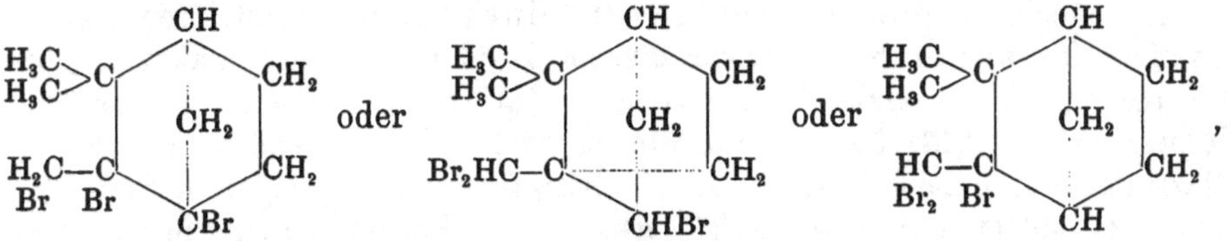

je nachdem man annimmt, daß im Bromkampfen das Brom im Ring oder in der Seitenkette steht.

Reduktionsprodukte des Kampfens. Aus diesen Halogensubstitutions- bzw. Additionsprodukten, sowie aus dem später abzuhandelnden Isoborneol gelangt man zu Reduktionsprodukten des Kampfens. Kohlenwasserstoffe der Kampfergruppe sind verschiedentlich erhalten worden; dem Kampfer muß nach der BREDTschen Formel folgender Kohlenwasserstoff zugrunde liegen:

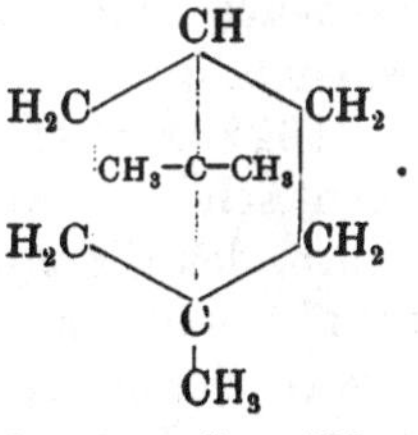

Dieser Kohlenwasserstoff dürfte aus dem Pinenchlorhydrat mehrfach dargestellt worden sein (BREDT und ROSENBERG: HEUSLER, Die Terpene S. 41); er ist inaktiv, sein Schmelzpunkt ist je nach Reinheit des Produkts verschieden (vgl. ferner LETTS, Britisch Assoc. **1876** und B. **13** [1880] 793, MONTGOLFIER, C. r. **87** [1878], 840, KACHLER und SPITZER, B. **13**, 615, 2236 ASCHAN, B. **33** [1900], 1006; A. **316**, 196, 234); SEMMLER fand (B. **33**, 777) Smp. 155^0 (vgl. unter Pinenhydrochlorid). Dem Dihydrokampfen, das man auch Isokampfan nennen könnte, muß nach der WAGNERschen Formel folgender Kohlenwasserstoff zugrunde liegen:

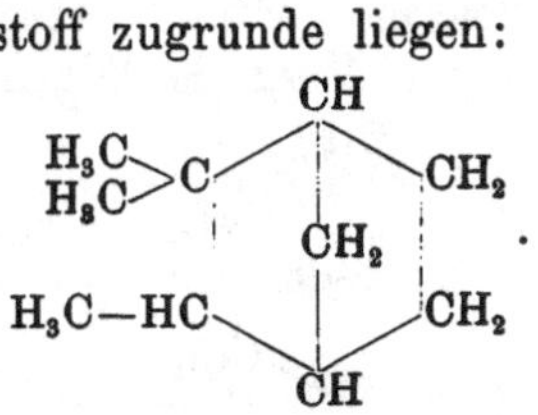

Dieser Kohlenwasserstoff kann optisch aktiv sein. SEMMLER (B. **33**, 777) sucht dieses Dihydrokampfen im Jahre 1900 aus dem Isoborneol darzustellen, um dadurch ev. gleichzeitig die tertiäre Natur des Isoborneols zu beweisen, indem er Zinkstaub mit Isoborneol in der Bombe erhitzt. Dadurch wird diesem Alkohol Sauerstoff entzogen, genau so wie dies beim Linalool gelungen war. Es entsteht hierbei ein fester Kohlenwasserstoff von wechselndem Schmelzpunkt, der sehr schwer rein zu gewinnen ist; er erwies sich als verschieden von dem Kampfan, wie schon der kristallographische Vergleich ergab. — Es sei hier ferner die Reduktion von seiten WALLACHS und BERKENHEIMS (A. **268**, 225) hinzugefügt, welche Pinenmonochlorhydrat zu Tetrahydropinen $C_{10}H_{20}$ reduzieren; es ist zweifelhaft, welche Konstitution diesem Kohlenwasserstoff zukommt, da hierbei unendlich viele Umlagerungen statthaben können. ÉTARD und MEKER (C. r. **126**, 526) behandeln schmelzendes Pinenchlorhydrat mit Natrium und haben dabei einen Kohlenwasserstoff $C_{20}H_{34}$ vom Smp. 75°, Sdp. 326—327°, $[\alpha]_D = +15°27'$ erhalten. — Ferner reduzieren SABATIER und SENDERENS (C. r. **132**, 1254; C. **1901**, II, 202) im Jahre 1901 Kampfen, indem sie es über erhitztes Nickel usw. leiten; es ergibt sich ein Kohlenwasserstoff $C_{10}H_{18}$, Sdp. 164—165°, $d_{0/4} = 0{,}849$; auch von diesem Kohlenwasserstoff ist ungewiß, ob ihm noch das Kohlenstoffskelett des Kampfens zukommt, oder ob er nicht vielmehr isomerisiert ist.

ZELINSKY (Ж. **36**, 768) hat das Verfahren der Reduktion mittels Wasserstoff bei Gegenwart von Nickel auch auf mehrere bicyklische Terpenkohlenwasserstoffe angewendet. So wird das Kampfen, Smp. 49—50° (sehr schwach rechtsdrehend) in ein neues schwach rechtsdrehendes Kampfan $C_{10}H_{18}$, Smp. 60—61°, umgewandelt.

Das Bornylen, Smp. 101—102°, wird ebenso in ein Kampfan, Smp. 150 bis 154° übergeführt, das identisch ist mit demjenigen, welches dem Bornyljodid und der stabilen Form des Pinenjodhydrates entspricht. Dieses Kampfan mit höherem Siedepunkt und das Bornylen gehören demselben bicyklischen System an; es wäre daher der so erhaltene Kohlenwasserstoff besser Bornylan zu nennen und der Namen Kampfan für den bei der Reduktion des Kampfans entstehenden Kohlenwasserstoff, Smp. 60—61°, beizubehalten.

Fenchen (gewonnen aus Fenchylphtalat, $Sdp._{754}$ · 153,5—155°, $[\alpha]_D - 3°9'$) lieferte ein Fenchan, $Sdp._{751}$ = 162,5—163°, $D_{20/4} = 0{,}8550$. $n_{D_{20}} = 1{,}4560$ (M.R. 43,58, Theorie 43,93), $[\alpha]_D = -8°16'$ (l = 50 mm). —

Über ein Dichlorkampfen vgl. LAPWORTH u. KIPPING (Soc. **69**, 1549), welche von dem d-Kampfer-π-sulfosauren Natron ausgehen und letzteres mit PCl_5 behandeln; es resultieren später Chlorkampfensulfosäuren $C_{10}H_{15}O_3ClS$; wir können uns den Vorgang folgendermaßen vorstellen:

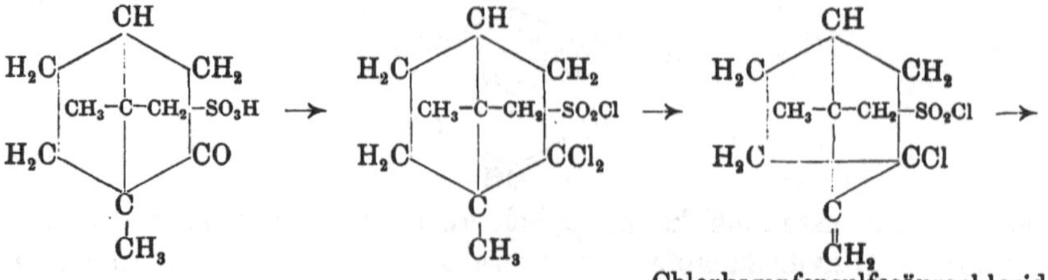

Chlorkampfensulfosäurechlorid

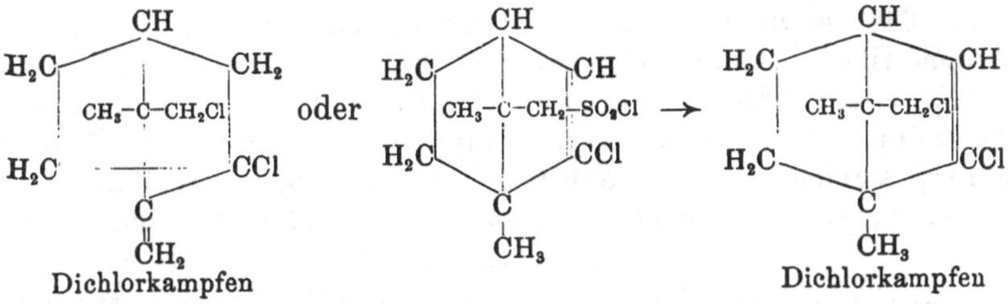

Es entsteht zunächst natürlich das Sulfochlorid, aus dem die Sulfosäuren gewonnen werden können. Erhitzt man das α-Chlor-Kampfensulfosäurechlorid auf 110° oder mit Wasser auf 135° (Lapw. und K., Soc. **69**, 1559), so erhält man Dichlorkampfen, Prismen vom Smp. 72—73°, äußerst flüchtig mit Wasserdämpfen; gegen Oxydations- und Reduktionsmittel sehr beständig. Obige Formeln sollen nur zum Verständnis der Reaktionen dienen. Vgl. ferner: Kipping und Pope (Proceed. N. **150**, 57), Lapworth und Kipping (Proceed. N. **168**, 52), woselbst die Reaktionen ausführlich beschrieben, sowie die zahlreichen Derivate angegeben sind.

Alkylierte Kampfene. In den Halogenkampfenen kann man nach den allgemeinen Regeln der organischen Chemie durch Einwirkung von Natrium und z. B. Jodmethyl das Halogen durch Methyl ersetzen. Spitzer (A. **197**, 132) versuchte zuerst vom Chlorkampfen aus, welches er aus dem Kampferdichlorid erhalten hatte, durch Einwirkung von Jodalkylen Homologe des Kampfens herzustellen; der Versuch mißglückte jedoch. Er ging nun direkt vom Kampferdichlorid aus, und ließ auf das in Äthyljodid gelöste Dichlorid Natrium einwirken; hierbei muß zweifellos zuerst Chlorkampfen entstehen, auf welches alsdann überschüssiges Natrium kondensierend mit dem Äthyljodid einwirkt, so daß sich Äthylkampfen $C_{12}H_{20} = C_{10}H_{15} \cdot C_2H_5$ bildet, $Sdp._{742,1} = 197,9—199,9°$, $d_{20} = 0,8709$, es riecht stark nach Terpentinöl und ist optisch aktiv. Das Isobutylkampfen $C_{14}H_{24} = C_{10}H_{15} \cdot CH_2 \cdot CH<^{CH_3}_{CH_3}$ wird aus Kampferchlorid, Isobutylchlorid und Natrium gewonnen; flüssig, $Sdp._{750,4} = 228—229°$, $d_{20} = 0,8644$, riecht nach Terpentinöl, Pol. = — 3,7° (5,8 cm). Diese alkylierten Kampfene sind ev. Abkömmlinge des Bornylens. —

Bromsubstitutionsprodukte des Kampfens (ev. Kampfensubstitutionsprodukte, welche nicht aus Kampfen selbst gewonnen sind). Dibromkampfen $C_{10}H_{14}Br_2$; nach de la Royère (J. **1887**, 756) kocht man eine alkoholische Lösung von Tetrabromhydrokampfen $C_{10}H_{14}Br_4$ mit Silber, wobei α- und β-Dibromkampfen entstehen. Das Tribromkampfen $C_{10}H_{13}Br_3$ entsteht nach demselben Autor beim zwölfstündigen Kochen von Tetrabromhydrokampfen mit alkoholischem Kali oder Silbernitrat; prismatische Nadeln vom Smp. 72—73°. Vgl. auch Marsh und Gardner (Soc. **71**, 287); sie finden Smp. 75—76°, $[\alpha]_D = +32°,5$ in Chloroformlösung; entfärbt weder Permanganat, noch wird Brom von ihm aufgenommen.

Das 1-Nitrokampfen $C_{10}H_{15}O_2N = C_{10}H_{15} \cdot NO_2$ gehört auch hierher, und wird ebenfalls nicht direkt aus Kampfen gewonnen. Forster

(Soc. **79**, 646) gewinnt es aus 1,1-Bromnitrokampfan durch $AgNO_3$ in absolutem Alkohol; Smp. 56°, siedet unzersetzt, $[\alpha]_{D_{21}} = + 112°$ (in Alkohol), $[\alpha]_D = + 137°,5$ (in Benzol); gibt LIEBERMANNsche Reaktion der Nitrosoderivate und entspricht in seiner Struktur wahrscheinlich dem 1-Hydroxykampfen. Weitere Arbeiten FORSTERS über diese Verbindungen vgl. unter Kampfer, besonders Soc. **77**, 251, **79**, 653, 987 und 1003.

Wasseranlagerungsprodukte des Kampfens. Bei der Darstellung des Kampfens sahen wir, daß teilweise sehr hohe Temperatur angewendet werden muß, teilweise finden Säuren Verwendung. Es ist ohne weiteres klar, daß hierbei, wie wiederholt betont wurde, ein absolut einheitliches Produkt nicht entsteht. Nichtsdestoweniger sprach ich die Meinung aus, daß das Handelskampfen, welches hauptsächlich aus Isoborneol hergestellt sein dürfte, bzw. das nach BERTHELOT und RIBAN gewonnene Rohkampfen im wesentlichen aus einem einzigen semicyklischen Terpen bestehen, welchem ich die von WAGNER vorgeschlagene Formel gebe, um an ihr die vielfachen Umsetzungen beim Kampfen zu erläutern, und um die Derivate in ihren gegenseitigen Beziehungen zu besprechen. Diese Formel läßt die Möglichkeit der Wasseranlagerung in mehrfachem Sinne zu. Einmal kann Wasser an die doppelte Bindung angelagert werden, sodann kann Ringsprengung statthaben, welche wiederum verschiedentlich eintreten kann. Die Ringsprengung spielt bei diesem eigentümlichen bicyklischen Pentoceansystem eine große Rolle, indem die Möglichkeit vorliegt, daß bei einer Ringsprengung sofort wieder an anderer Stelle ein Ringschluß stattfinden kann, wenn nämlich die Ringsprengung so erfolgt, daß ein Fünfring übrig bleibt. Folgendes Schema möge dies erläutern:

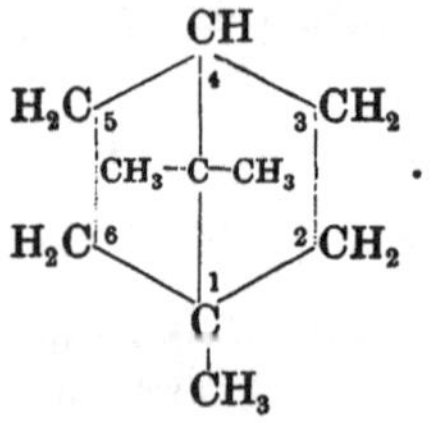

Es wird angenommen, daß der Ring zwischen den Kohlenstoffatomen C_1 und C_2 aufgespalten wird, vielleicht unter Wasseranlagerung in folgender Weise:

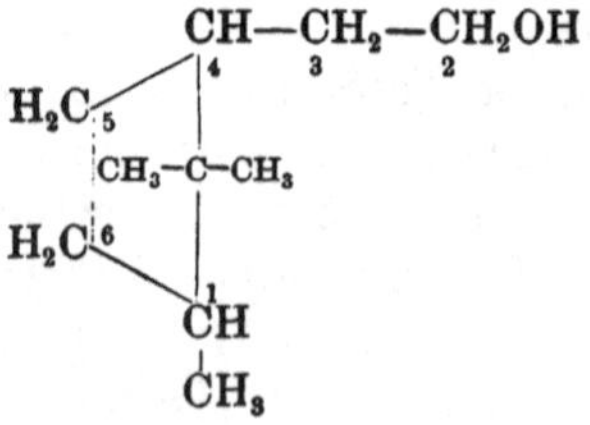

Es kann sich nun Kohlenstoffatom 2 wiederum mit Kohlenstoffatom 1, oder aber auch mit Kohlenstoffatom 6 verbinden, so daß abermals ein bicyklisches Pentoceansystem gebildet wird:

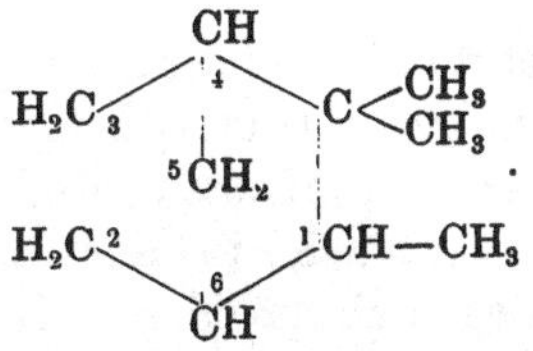

In dieser eigentümlichen Ringsprengung und Ringschließung des Pentoceansystems liegt die enorme Umwandlungsfähigkeit des einen Typus, z. B. des Kampfertypus, in den andern, Kampfentypus, und umgekehrt; die Ringsprengung findet aber statt, sobald ein Ring durch ein Halogen oder eine Hydroxylgruppe usw. aufgelockert ist. Auch ist die intermediäre Dreiringbildung sehr wichtig. —

Darstellung des Isoborneols. Lagern wir demnach an Kampfen Wasser an, so kann die Anlagerung zuerst an die doppelte Bindung erfolgen, oder aber es kann zuerst Ringsprengung statthaben, oder schließlich es tritt beides ein, indem sich 2 Mol. Wasser anlagern und primär ein Glykol gebildet wird, welches sich sekundär unter Wasserabspaltung in einen Alkohol $C_{10}H_{18}O$ umwandelt. Hieraus folgt, daß das Wasseranlagerungsprodukt an Kampfen ohne weiteres nicht mehr dem Kampfentypus angehört, sondern dem Kampfertypus, oder aber, es kann auch der Kampfentypus zurückgebildet werden, so daß wir den Wechsel Kampfen- ⟶ Kampfer- ⟶ Kampfentypus haben. —

Es sei für das Verständnis der Bildung des Isoborneols zunächst die Reduktion des Kampfers nachgeholt. Durch frühzeitige Versuche hatte man das Borneol in den Kampfer übergeführt. Die Reduktion des Kampfers zum Borneol liegt zeitlich ebenfalls weit zurück. BERTHELOT (A. **110**, 368 und A. **112**, 363) beschäftigte sich 1859 mit dieser Reaktion, indem er Kampfer mit alkoholischem Kali unter Druck erhitzte. BAUBIGNY (A. ch. IV, **19**, 221) reduzierte den Kampfer mit Natrium in indifferenten Lösungsmitteln (vgl. Ausführliches bei Kampfer und Borneol). Man nahm frühzeitig wahr, daß neben dem Borneol ein anderer Alkohol entsteht, welcher entgegengesetzt polarisiert und unbeständig ist. MONTGOLFIER (C. r. **83**, 341; B. **12** [1879], 2155; A. ch. V, **14**, 13) gibt alsdann die näheren Daten über diesen Alkohol, der von ihm und besonders von HALLER Isokampfol genannt wurde. MONTGOLFIER sagt, daß sich die linksdrehende unbeständige Modifikation in die rechtsdrehende beständige umwandelt; durch Oxydation mit Salpetersäure geben beide gewöhnlichen Kampfer. LAFONT (C. r. **104**, 1717; B. **20**, Ref. 478; A. ch. VI, **15**, 172) behandelt Kampfen mit Eisessig 60 Stunden lang bei 100°, er erhält hierbei unter anderem ein Bornylacetat, $d = 1{,}002$, $\alpha_D = +19^{\circ},41$; durch alkoholisches Kali resultiert ein Borneol vom Smp. 211°. Vgl. auch LAFONT (Bl. II, **48**, 781), welcher Ameisensäure auf Kampfen einwirken läßt und nach dem Verseifen Kampfenol erhält. — HALLER (A. ch. VI, **27**, 392) gibt alsdann eine ausführliche Unterscheidung der bei der Reduktion des Kampfers entstehenden Alkohole; sie bestehen aus einer Mischung von d-Borneol mit dem unbeständigen raumisomeren l-Borneol. Das Umgekehrte findet statt, wenn man vom l-Kampfer ausgeht. Man war also der Ansicht, daß von jeder optischen Modifikation noch eine labile Form besteht und sah demnach in der Isomerie dieses beständigen („camphol stable") und des unbeständigen Borneols („c. instable") eine physikalische Isomerie, keine chemische.

Bertram und Walbaum gebührt das Verdienst (J. pr. II, **49**, 1) mit größerer Schärfe ausgesprochen zu haben, daß das Borneol und Isoborneol, wie sie einen nach neuer Darstellungsart gewonnenen isomeren Alkohol $C_{10}H_{18}O$ nennen, und welchen sie als identisch mit dem Camphol instable ansehen, verschieden sind; sie geben eine ausgiebige Darstellungsweise an und gewinnen das Borneol frei von Isoborneol. Nach ihrem Verfahren (Bertram, D. R. P. 67255) wird durch Einwirkung von Eisessig bei Gegenwart von geringen Mengen Mineralsäuren auf Kampfen Isobornylacetat gebildet, aus welchem das Isoborneol durch Verseifen gewonnen wird. B. und W. geben gleichzeitig an, daß das reine Borneol, aus dem kristallisierten Acetat gewonnen, bei 203—204° schmilzt, während das Isoborneol den Smp. 212° zeigt. Untersucht man nach ihnen das Handelsborneol, welches durch Reduktion des Kampfers mit Natrium gewonnen wird, so zeigt dieses den Smp. 206—207°; vgl. auch Montgolfier (C. r. **83**, 341) und Haller (C. r. **109**, 187). Montgolfier hatte von einem „camphol stable" und „camphol instable" gesprochen, während Haller letzteres als „Isokampfol" bezeichnet, auch den Smp. 212° findet. B. und W. trennen alsdann aus dem Handelsborneol reines Borneol heraus. Findet nun bei diesen Trennungsreaktionen keine Umlagerung statt, so muß man annehmen, daß bereits das Handelsborneol Borneol und Isoborneol enthält.

Blaise und Blanc (Bl. III, **23**, 174) stellen alsdann das Isoborneol her, indem sie in Kampfen nitrose Dämpfe einleiten.

Kondakow (J. pr. II, **65**, 223) gewinnt die Ester des Isoborneols, indem er auf gewöhnliches Kampfen organische Säuren in Gegenwart von Zinkchlorid einwirken läßt (vgl. Kondakow, „Über Synthesen in der Fettreihe unter der Einwirkung von Zinkchlorid", Warschau 1894; Bl. III, **7** [1892], 576 und Kondakow und Schindelmeiser, J. pr. II, **68**, 117).

Sehr wichtige Resultate erhalten wir durch die Untersuchungen Beckmanns (J. pr. II, **55**, 31) im Jahre 1897, welcher die Reduktionsprodukte des Kampfers untersucht. Entsprechend der Bredtschen Kampferformel sind in diesem Molekül zwei asymmetrische Kohlenstoffatome vorhanden, so daß von ihm wie beim Menthon vier Modifikationen existieren sollten, von denen je zwei Spiegelbilder voneinander wären (vgl. jedoch Kampfer). Bei der Reduktion kommt zu dem vorhandenen asymmetrischen Kohlenstoffatom noch ein weiteres hinzu. Wie oben erwähnt, zeigte Montgolfier (C. r. **83**, 341) und später Haller (A. ch. VI, **27**, [1892], 392 und C. r. **109**, 187), daß nach der von Baubigny angegebenen Reduktion (Bl. II, **10** [1868], 110 und 210) aus d-Kampfer ein Gemenge von stabilerem d-Borneol ($[\alpha]_D = + 37^0$ in alkoh. Lösung) entsteht. Haller bezeichnet, wie erwähnt, die labile Modifikation als Isoverbindung. Beck-

MANN (A. **250** [1888], 353) fand für d-Borneol in 20 %iger alkohol. Lösung $[\alpha]_D = +37,44^0$, für l-Borneol $[\alpha]_D = -37,74^0$. Es hat sich nun ergeben, daß unter den verschiedenen Reduktionsbedingungen aus dem normalen Kampfer stets Gemenge von Borneol und Isoborneol entstehen, in denen Borneol in gleicher oder größerer Menge wie Isoborneol enthalten ist. In allen Fällen wurde durch Oxydation aus den Reduktionsprodukten der verwendete Kampfer mit allen seinen Eigenschaften zurückerhalten. BECKMANN berichtet alsdann über die Reduktion des Kampfers mit Natrium in Alkohol. JACKSON und MENKE (B. **16**, Ref. 2930), IMMENDORF (B. **17**, 1036) und WALLACH (A. **230**, 225) beschäftigen sich mit dieser Reduktion; BECKMANN erhält bei der Reduktion mit Äthylalkohol 16,6 %, mit Amylalkohol 19,0 %, mit Phenol 21 % Isoborneol.

Alsdann berichtet BECKMANN über die Reduktion in indifferenten Lösungsmitteln (vgl. BAUBIGNY a. a. O.; BRÜHL, B. **24** [1891], 3384; BECKMANN, B. **21** [1888], Ref. 321); er erhielt dabei je nach Ausführung 33,9—37,1 % Isoborneol. Danach eignet sich bisher am besten die von MONTGOLFIER angegebene Methode (a. a. O.), denn die Lösung von Kampfer z. B. in Toluol liefert bei folgeweiser Behandlung mit Natrium, Kohlensäure und Wasser eine Lösung von borneolkohlensaurem Natrium, aus welcher beim Stehen sich freiwillig zuerst besonders Borneol, alsdann immer mehr Isoborneol enthaltende Niederschläge abscheiden, bis schließlich reines Isoborneol resultiert. BECKMANN ist der Meinung, daß bei dem BERTRAMschen Verfahren die Umwandlung von Kampfen z. B. in Isobornylacetat so glatt geht, weil die Schwefelsäure gewissermaßen als beschleunigender Katalysator wirkt, während LAFONT (A. ch. VI, **15** [1888], 172) aus Kampfen nur geringe Mengen von Acetat erhalten konnte. Das Isoborneol von BERTRAM und WALBAUM ist ein Gemisch optisch aktiver Borneole. LAFONT erhielt ebenfalls ein nur schwach drehendes Borneol, $[\alpha]_D = +6,54^0$, woraus durch Oxydation ein Kampfer mit $[\alpha]_D = -9,30^0$ entstand, also ein Gemisch von d- und l-Kampfer; hieraus schließt BECKMANN, daß in dem Isoborneol BERTRAMS ein Gemisch der beiden Isoborneole des d- und l-Kampfers vorliegt, womit auch die Untersuchung übereinstimmte (vgl. auch SARAN, Diss. Leipzig).

JÜNGER und KLAGES (B. **29**, 544) erhalten Isoborneol, indem sie Kampfenhydrochlorid oder Bornylchlorid mit Eisessig behandeln, wobei zunächst Isobornylacetat entsteht.

TARDY (Journ. Pharm. chim. VI, **20**, 57 und C. **1904**, II, 1043) gewinnt Borneol, Isoborneol und Kampfer durch Einwirkung von Salicylsäure auf Terpentinöl, Verseifung der gebildeten Ester und Oxydation der Alkohole zu Kampfer. Auf analoge Weise wurde durch Einwirkung von Benzoë-, Oxalsäure usw. (D.R.P. 134553, FRDL. **VI**, 1229) auf Terpentinöl Isoborneol erhalten.

Fassen wir die Darstellungsweisen des Isoborneols zusammen, so haben wir im wesentlichen zwei Wege: entweder gehen wir vom Kampfer aus und reduzieren am besten nach MONTGOLFIER, wobei aber neben dem Isoborneol stets Borneol entsteht, oder aber wir gehen vom Kampfen aus und hydratisieren diesen Kohlenwasserstoff nach BERTRAM oder KON-

DAKOW; schließlich können wir auch vom Kampfenhydrochlorid (dem sog. „Bornylchlorid", Isobornylchlorid) aus nach JÜNGER und KLAGES Isoborneol gewinnen. In den letzten beiden Fällen gehen wir ev. vom Kampfentypus, in dem ersteren vom Kampfertypus aus.

Physik. Eig. des Isoborneols. Hexagonale Blättchen aus Ligroin (TRAUBE, J. pr. II, **49**, 4), Smp. 212°. JÜNGER und KLAGES (a. a. O.) geben 216° an; vgl. bei TRAUBE auch die kristallographischen Unterschiede zwischen Isoborneol und Borneol. Die Kristalle des Isoborneols aus Petroläther (a. a. O., S. 3) sind meist krümelig oder federartig, während das gewöhnliche Borneol sich stets in schönen, glänzenden, sehr charakteristischen Blättchen ausscheidet; den Schmelzpunkt muß man wegen der außerordentlichen Sublimationsfähigkeit in zugeschmolzenen Kapillaren bestimmen. Über die Polarisation vgl. BECKMANN (J. pr. II, **55**, 34) und BAUBIGNY, MONTGOLFIER und HALLER (a. a. O.) bei der Gewinnung des Isoborneols; BECKMANN fand für l-Isoborneol $[\alpha]_D = -19^0$ (in Toluol), -33^0 in Alkohol, demensprechend für d-Isoborneol $= +19^0$ bzw. $+33^0$.

Chem. Eig. des Isoborneols. Reduziert man nach SEMMLER (B. **33**, 774) Isoborneol mit der doppelten Menge Zinkstaub durch $^1/_2$stündiges Erhitzen auf 220° in Bomben, so erhält man das Isodihydrokampfen $C_{10}H_{18}$, Smp. 85°, wechselt jedoch, Sdp. 162° (unkor.); vgl. daselbst den kristallographischen Unterschied vom Kampfan $C_{10}H_{18}$, dargestellt aus Pinenhydrochlorid. Die chemische Verschiedenheit drückt sich in folgenden beiden Formeln aus:

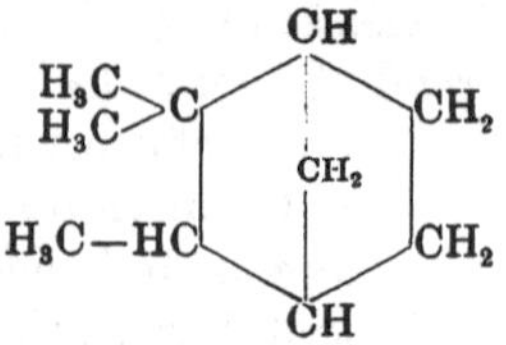

Isodihydrokampfen

und

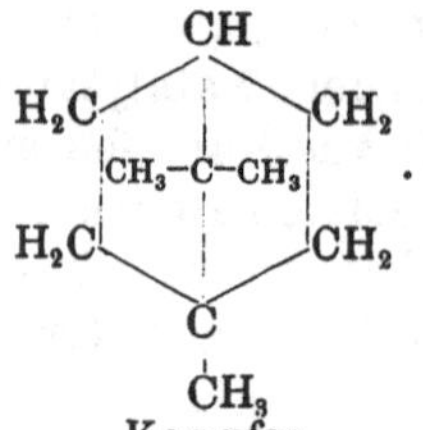

Kampfan

Vgl. auch ZELINSKY, welcher Kampfen mit Nickel und Wasserstoff reduziert (Ж. **36** [1895], 768).

Die Einwirkung von freiem Halogen auf Isoborneol ist wenig studiert worden. Läßt man jedoch Halogenwasserstoffsäuren oder die Halogenverbindungen des Phosphors auf Isoborneol einwirken, so wird das Hydroxyl durch Halogen ersetzt. JÜNGER und KLAGES (B. **29**, 546) stellten im Jahre 1896 aus dem Isoborneol mittels PCl_5 das Isobornylchlorid dar (vgl. ausführliche Literatur und Derivate beim Kampfenhydrochlorid). REYCHLER (B. **29**, 697) vergleicht ebenfalls Isobornylchlorid und Kampfenchlorhydrat; er gewinnt ersteres durch Lösen in absolutem Alkohol und Einleiten von Salzsäure, Smp. 150—152°. — WAGNER und BRICKNER (B. **32**, 2302) kommen bei ihrem Vergleich der Verbindungen $C_{10}H_{17}Cl$ zu der Ansicht, daß die Haloidanhydride des Isoborneols sich sowohl aus Isoborneol vermittels der Phosphorhalogenverbindungen und der Haloidwasserstoffsäuren, wie auch durch Anlagerung der letzteren an Kampfen, darstellen lassen. —

Man ist demnach im allgemeinen der Ansicht, daß Kampfenhydrochlorid und Isobornylchlorid identisch, dagegen verschieden vom Pinenchlorhydrat sind. Es ist mir jedoch zweifelhaft, ob Kampfenhydrochlorid und Isobornylchlorid immer einheitliche Verbindungen sind. — Über Isobornylbromid und Isobornyljodid vgl. demnach ebenfalls Kampfenhydrobromid und -hydrojodid.

Läßt man auf Isoborneol wasseranlagernde Reagentien einwirken, so könnte man aus dem Alkohol $C_{10}H_{18}O$ ein Glykol $C_{10}H_{20}O_2$ erwarten; das letztere ist jedoch bisher nicht erhalten worden, sondern, wenn es primär entstehen sollte, so spaltet es sehr leicht Wasser ab und es resultiert Kampfen. Wir betrachten deshalb an dieser Stelle gleichzeitig die Einwirkung aller wasserabspaltenden Reagentien. Bertram und Walbaum (J. pr. II, **49**, 8) lassen Chlorzink bzw. Schwefelsäure einwirken. 300 g Isoborneol werden mit 150 g Benzol und 200 g frisch geschmolzenem Chlorzink 1 Stunde am Rückflußkühler zum Sieden erhitzt; das so erhaltene Kampfen siedet bei 159—160° und schmilzt bei 50°. Oder aber man erhitzt 50 g Isoborneol mit 50 g Schwefelsäure und 100° g Wasser einige Stunden am Rückflußkühler zum Sieden. Nach und nach ist es fast ganz in Kampfen umgewandelt. Borneol analog behandelt bleibt unverändert. — Moycho und Zienkowski (A. **340**, 61) finden im Jahre 1905, daß beim Kochen des Isoborneols mit 20 %iger Schwefelsäure bereits Wasserabspaltung erfolgt, wenn auch etwas schwieriger als bei dem von ihnen gleichzeitig dargestellten Methylkampfenilol $C_{10}H_{18}O$, gewonnen nach dem Grignardschen Verfahren aus dem Kampfenilon $C_9H_{14}O$. — Das aus dem Isoborneol gewonnene Kampfen ist in der Regel inaktiv oder nur ganz schwach aktiv.

Bei der Einwirkung von Sauerstoff, Ozon, Wasserstoffsuperoxyd und den Oxydationsmitteln im allgemeinen haben wir zweifellos den Übergang von Isoborneol in Kampfer zu konstatieren, die weiteren Oxydationsprodukte sind Derivate des letzteren. Bertram und Walbaum a. a. O.) sagen: „Durch Kochen mit Salpetersäure oder durch Einwirkung von Chromsäure wird das Isoborneol zu einem Keton $C_{10}H_{16}O$ oxydiert, welches von dem gewöhnlichen Laurineencamphor nicht zu unterscheiden ist.“ B. und W. geben ausführlich die Oxydation mit Chromsäure in Eisessiglösung an. — Semmler (B. **33**, 3430) oxydiert Isoborneol in Eisessig mit fein gepulvertem Kaliumpermanganat, wobei ebenfalls Kampfer resultiert. — Auch Baubigny, Montgolfier und Haller (a. a. O.) erhielten aus ihrem „camphol instable“ bzw. „Isocamphol“ bei der Oxydation gewöhnlichen Kampfer. — Aber nicht nur mit Hilfe dieser sauren Oxydationsmittel läßt sich Isoborneol in Kampfer überführen, sondern auch in alkalischen bzw. neutralen Lösungen. Oxydiert man Isoborneol z. B. mit Kaliumpermanganat, so entsteht ebenfalls gewöhnlicher Kampfer; die gleiche Reaktion vollzieht sich bei Anwendung von Ozon. Die Erklärung dieser Reaktion, sowie die sich daraus ergebenden Schlußfolgerungen für die Konstitution des Isoborneols vgl. weiter unten unter Konstitution.

Die Metalle der Alkalien wirken auf Isoborneol ein, wobei zum Teil das Alkoholat gebildet wird. Erwärmt man nach BRICKNER (Ж. **35**, 537) Isoborneol in Xylollösung mit Natrium, so erleidet dieser Alkohol eine Isomerisation, denn aus dem Alkoholate wird nicht Isoborneol, sondern Borneol regeneriert. Vgl. auch WAGNER (Ch. Z. **27** [1903], 721) und unter Borneol. —

Die Einwirkung organischer Moleküle auf das Isoborneol ist vielfach studiert worden. Die Äther gewannen BERTRAM und WALBAUM (a. a. O.). Der Methyläther $C_{10}H_{17} \cdot OCH_3$ wurde hergestellt, indem sie 60 g Isoborneol mit 120 g Methylalkohol und 30 g Schwefelsäure auf dem Wasserbade zum Sieden erhitzten; Sdp. 192—193°, Sdp.$_{15}$ = 77°, d_{15} = 0,9265.

Der analog gewonnene Äthyläther siedet bei 203—204°, d_{15} = 0,907. Mit Bromwasserstoff geben beide Äther leicht zersetzliche, kristallinische Additionsprodukte. — Aus Borneol konnten B. und W. auf analoge Weise diese Äther nicht erhalten. Auch den Methylenäther $CH_2(OC_{10}H_{17})_2$ des Isoborneols stellten B. und W. nach BRÜHL (B. **24**, 3378) her, Smp. 167°; der Bornylmethylenäther zeigt den gleichen Schmelzpunkt, ist jedoch erheblich schwerer löslich in Petroläther und Alkohol. — SEMMLER (B. **33**, 3430) gewann den Äthyläther des Isoborneols, indem er 7 g konz. Schwefelsäure in 50 g absolutem Alkohol auflöste, Kampfen hinzufügte und das Ganze mehrere Stunden lang am Rückflußkühler kochte; Sdp. ca. 200°, d = 0,895, n_D = 1,4589. Analog reagiert Pinen, das aber Terpinyläthyläther liefert; Fenchen gibt den Äther des Isofenchylalkohols.

Von den Estern des Isoborneols sind mehrere dargestellt worden. Man gewinnt sie nach BERTRAM und WALBAUM (J. pr. II, **49**, 6), indem man Isoborneol mit den Säureanhydriden kocht oder besser durch Erwärmen des Isoborneols mit den organischen Säuren bei Gegenwart kleiner Mengen von Mineralsäuren; oder man geht vom Kampfen aus (BERTRAM, D. R. P. 67255), oder wendet nach KONDAKOW und LUTSCHININ (J. pr. II, **65**, 223 und Bl. III, **7**, 576) Kampfen, Säure und Zinkchlorid an.

Isobornylformiat $C_{11}H_{18}O_2 = C_{10}H_{17} \cdot OOCH$ (BERTRAM, D. R. P. 80711 oder KONDAKOW, J. pr. II, **65**, 224); Sdp.$_{14}$ = 100°, d_{15} = 1,017 (B.); Sdp.$_{19}$ = 106°, $d_{20/4}$ = 1,01, n_D = 1,47164; M. R. = 50,41, berechnet für $C_{11}H_{18}O_2$ = 50,39. Optisch inaktiv (K.).

Isobornylacetat $C_{12}H_{20}O_2 = C_{10}H_{17} \cdot OOCCH_3$, Sdp.$_{13}$ = 107°, d_{15} = 0,9905 (B.); Sdp.$_{12}$ = 102°; $d_{20/4}$ = 0,9841, n_D = 1,46494; M. R. = 55,08, ber. für $C_{12}H_{20}O_2$ = 55,0 (K.); vgl. auch WAGNER und BRICKNER (B. **32**, 2309), welche vom Pinenchlorhydrat bzw. -jodhydrat, Silberacetat und Eisessig ausgehen; hierbei muß jedoch eine Isomerisation statthaben.

Isobornylisobutyrat $C_{14}H_{24}O_2 = C_{10}H_{17} \cdot OOCCH(CH_3)_2$, Sdp.$_{19}$ = 132—133°; $d_{20/4}$ = 0,9611, n_D = 1,46276; M. R. = 64,14, ber. für $C_{14}H_{24}O_2$ = 64,20. Optisch inaktiv (K.).

Isobornylisovalerianat $C_{15}H_{26}O_2 = C_{10}H_{17} \cdot OOCCH_2 \cdot CH \cdot (CH_3)_2$, dickes Öl von Baldriangeruch ebenso wie das Isobutyrat, Sdp.$_{13}$ = 132—133°; $d_{20/4}$ = 0,9506; n_D = 1,46038; M. R. = 68,63, ber. für $C_{15}H_{26}O_2$ = 68,81; $[\alpha]_D$ = + 47′ (K.), das zur Darstellung dieser Ester von K. verwendete Isoborneol besaß $[\alpha]_D$ = — 7° 20′.

Diese Ester sind teilweise auch vom Borneol dargestellt worden; vgl.

daselbst die Unterschiede von obigen Estern; das Bornylacetat ist fest und schmilzt bei 29°.

Isobornylester der Phenylcarbaminsäure $C_{17}H_{23}O_2N = C_6H_5NH \cdot CO_2 \cdot C_{10}H_{17}$. BERTRAM und WALBAUM (J. pr. II, **49**, 5) gewinnen diese Verbindung bei längerem Stehen eines Gemisches molekularer Mengen von Isoborneol und Phenylisocyanat; es zeigt denselben Smp. (138—139°) wie das Bornylphenylurethan; beide Verbindungen sind jedoch verschieden, da sie beim Verseifen mit alkoholischem Kali innerhalb 8 Stunden auf 160° in Isoborneol vom Smp. 212° bzw. Borneol vom Smp. 204° zerfallen.

Isobornylester der Brenztraubensäure. BOUVEAULT und BLANC (C. r. **140**, 93) lassen Isoborneol und Brenztraubensäure unter Erhitzen auf 160° einwirken; sie konstatieren, daß sich hierbei das Isoborneol nach Art der primären und sekundären Alkohole esterifiziert, während das Methylkampfenilol, welches sie nach GRIGNARD aus dem Kampfenilon erhalten, bei dieser Reaktion sofort Kampfen liefert, welches seinerseits mit Brenztraubensäure auf 140—150° erhitzt eine Verbindung vom $Sdp._{11}$ = 133—134° ergibt, deren Semicarbazon bei 214° schmilzt.

Isoborneolchloral und Isoborneolbromal CCl_3 (bzw. $CBr_3 \cdot$) $\cdot COH \cdot OHC_{10}H_{17}$. BERTRAM und WALBAUM (a. a. O.) erhalten diese Verbindungen, indem sie einen Teil Isoborneol mit zwei Teilen Chloral bzw. Bromal erwärmen. Die Chloralverbindung ist flüssig, die Bromalverbindung zeigt den Smp. 71—72°. Die entsprechenden Borneolverbindungen wurden von HALLER (C. r. **112**, 143) und MINGUIN (C. r. **116**, 889) gewonnen; Borneolbromal schmilzt bei 98—99°, Borneolchloral bei 55—56°.

Vgl. über weitere physik. und chem. Eig. des Isoborneols auch unter Borneol. —

Physiol. Eig. des Isoborneols. Nach B. und W. (a. a. O., S. 2) ist der Geruch des Isoborneols dem des gewöhnlichen Borneols sehr ähnlich, aber immerhin von diesem zu unterscheiden.

Identifizierung des Isoborneols. Zur Identifizierung des Isoborneols läßt sich sein Smp. 212—216° verwenden; es ist jedoch nicht leicht, das Isoborneol stets von so hohem Schmelzpunkt zu erhalten, da geringe Beimengungen letzteren herunterdrücken. Namentlich, wenn das Isoborneol aus Kampfen gewonnen wird, zeigt es leicht einen niedrigeren Schmelzpunkt. Vor allen Dingen muß man eine ev. Verwechslung mit Borneol (Smp. 204°) im Auge behalten. Die Kristalle des Borneols bilden für gewöhnlich große Blättchen, während das Isoborneol krümelig oder federartig herauskommt. Als charakteristische Verbindungen für beide Alkohole sind anzuführen: 1. Das Acetat des Borneols ist fest, Smp. 29°, während Isobornylacetat flüssig ist. 2. Die Phenylurethane beider Alkohole schmelzen bei 138—139°. 3. Das Borneolchloral zeigt den Smp. 55—56°, während die entsprechende Isoborneolverbindung flüssig ist. 4. Das Borneolbromal schmilzt bei 98—99°, während Isoborneolbromal bei 71—72° schmilzt. 5. Beide Alkohole liefern bei der Oxydation gewöhnlichen Kampfer vom Smp. 177° und Sdp. 207—208°, welcher ein Oxim vom Smp. 118—119° gibt.

Konstitution des Isoborneols. Für das Isoborneol steht zweifellos die Formel $C_{10}H_{18}O$ fest, ferner ist durch KONDAKOW (vgl. oben Ester) hinlänglich durch die Molekularrefraktion bewiesen worden, daß im Isoborneol keine doppelte Bindung vorhanden ist; hieraus folgt, daß wir es in diesem System mit einem bicyklischen zu tun haben. Es ist zunächst die Alkoholnatur festzustellen, ob ein sekundärer oder tertiärer vorliegt, da ein primärer ausgeschlossen ist.

Für die Natur als sekundärer Alkohol spricht einmal die leichte Überführung in das Keton Kampfer $C_{10}H_{16}O$, und zwar sowohl in neutraler, als auch alkalischer und saurer Lösung. Aus diesem Grunde wurde das Isoborneol zuerst als Raumisomeres des Borneols angesprochen, man gab ihm deshalb folgende Formel I; vgl. auch JÜNGER und KLAGES (B. **29**, 547):

(I) 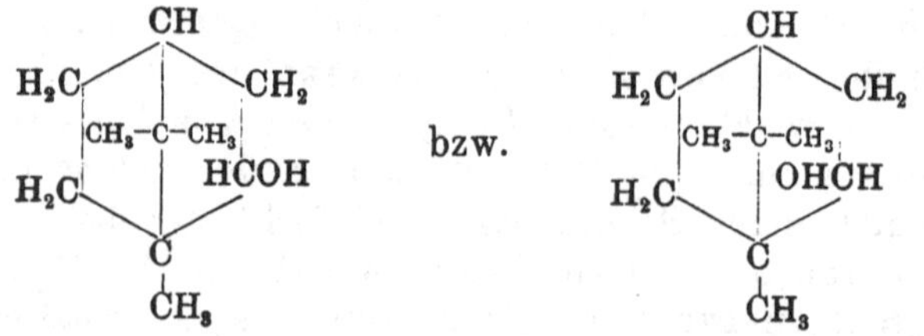

Jedoch wäre die Oxydation in saurer Lösung kein Grund, um Isoborneol als sekundären Alkohol anzusprechen, da auch tertiäre Alkohole bei der Oxydation z. B. Aldehyde liefern (vgl. den Übergang von Linalool in Geraniol), so daß auch aus einem tertiären Isoborneol durch Oxydation ein Keton entstehen könnte. Schwerer zu erklären ist die Bildung eines Ketons durch Oxydation eines tertiären Alkohols in neutraler bzw. alkalischer Lösung. Es bliebe hier nur übrig anzunehmen, daß ein Wasserstoffatom des Isoborneols oxydiert wird und daß alsdann Ringsprengung bzw. Wasserabspaltung usw. eintritt. Unumwunden ist zuzugeben, daß diese Erklärung etwas Gezwungenes hat, aber wir müssen uns vergegenwärtigen, daß wir im Isoborneol einen Pentoceantypus vor uns haben, welcher sehr leicht einen Fünfring aufspalten und einen neuen bilden kann.

Spricht die Oxydation des Isoborneols zum Kampfer mehr für seine sekundäre Natur, so ist ein Gleiches der Fall bei der Entstehung des Isoborneols durch Reduktion aus dem Kampfer (vgl. oben Gewinnung des Isoborneols). Wir sehen, daß der Kampfer durch Reduktion mit Natrium und Alkohol, ferner durch Natrium in neutralen Lösungsmitteln in Isoborneol übergeführt werden kann. Allerdings machen wir hierbei die stillschweigende Voraussetzung, daß diese Isoborneole identisch sind mit jenem Alkohol, welchen wir nach BERTRAM und WALBAUM bzw. KONDAKOW durch Hydratisierung aus dem Kampfen erhalten. Sind diese Alkohole wirklich identisch, alsdann muß ebenfalls unumwunden zugestanden werden, daß dieser Übergang eines Ketons in einen tertiären Alkohol einzig dastehen würde.

Schließlich würde das vorhin erwähnte Verhalten des Isoborneols Brenztraubensäure gegenüber (BOUVEAULT und BLANC, C. r. **138**, 984) für einen sekundären Alkohol sprechen.

Alsbald nach der Entdeckung des Isoborneols zog man einen Vergleich mit dem zweifellos sekundären Borneol. Man fand, daß die Wasserabspaltung aus dem Borneol sehr schwer vor sich ging, aus dem Isoborneol dagegen leichter, wobei Kampfen entstand. Aus diesem Kampfen erhielt Wagner durch Oxydation die Kampfenilolsäure $C_{10}H_{16}O_3$, welche er als α-Oxysäure ansprach (C. **1897**, I, 1056). Dieser Umstand veranlaßte ihn dazu, für das Kampfen eine semicyklische doppelte Bindung anzunehmen und für das Isoborneol eventuell die tertiäre Natur in Betracht zu ziehen; er erläuterte den Übergang von Borneol über Isoborneol in Kampfen durch folgende Formeln (Ch. Z. **23** [1899], 930; Ж. **31** [1899], 680):

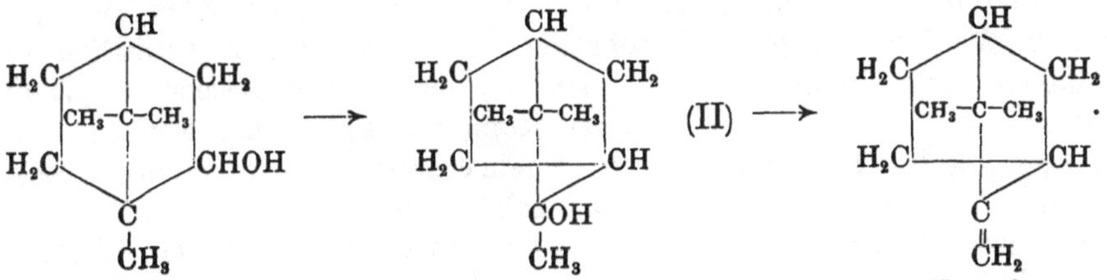

Borneol — Isoborneol (II) — Kampfen

Der Unterschied in der verschieden leichten Bildung des Kampfens aus dem Borneol bzw. Isoborneol würde gegen eine Stereoisomerie dieser beiden Alkohole sprechen, also auch gegen die sekundäre Natur des Isoborneols, da so große Unterschiede nicht existieren sollten; betrachten wir jedoch die Formel des Borneols am Modell, so muß zugestanden werden, daß bei einer von beiden Modifikationen die Wasserabspaltung nach dem CH_2 hinüber schwerer vor sich gehen muß, wenn das dazwischenliegende dimethylierte Kohlenstoffatom ein sterisches Hindernis bilden sollte.

Um die Frage, ob ein sekundärer oder tertiärer Alkohol im Isoborneol vorliegt, der Entscheidung näher zu bringen, behandelte Semmler (B. **33**, 774) im Jahre 1900 das Isoborneol und Borneol mit Zinkstaub in der Bombe bei 220°. Hierbei ergab sich, daß dem Isoborneol der Sauerstoff entzogen werden konnte, dem Borneol dagegen nicht; auch diese Reaktion würde für einen tertiären Alkohol sprechen, wenn sich nicht noch sekundäre Alkohole finden, die ebenfalls leicht den Sauerstoff abgeben. Semmler spricht demnach das Isoborneol als tertiär an und ist der Ansicht, daß ihm eventuell folgende Formeln zukommen könnten:

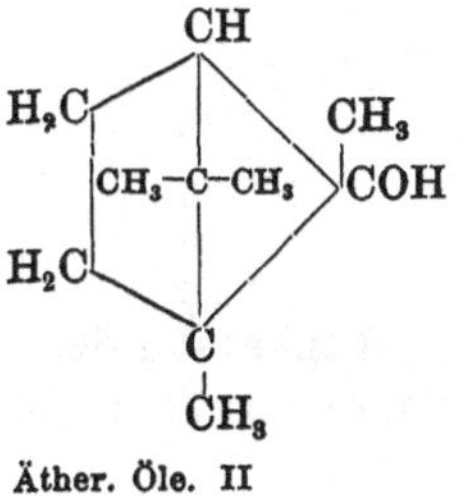

(III) bzw.

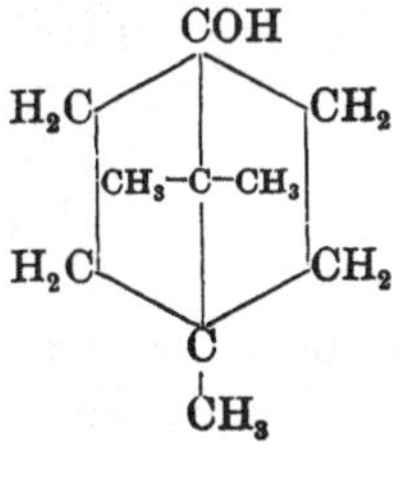

(IV).

Auch hat man versucht, die Esterifizierungsgeschwindigkeit nach MENSCHUTKIN zur Entscheidung heranzuziehen. PANOFF (Ж. **35**, 93; C. **1903**, I, 1128) fand im Jahre 1903 als Geschwindigkeitskonstanten für 1,3-Methylhexanol 0,0143, für Menthol 0,0052, für Terpineol 0,00043, für d-Borneol 0,0112, für l-Borneol 0,0111, für Isoborneol 0,00773. Auch diese Zahlen scheinen eher für einen sekundären als tertiären Alkohol zu sprechen.

W. BILTZ (Ph. Ch. **27**, 551) konstruierte nach den Ergebnissen von Molekulargewichtsbestimmungen usw. eine Kurve; diese erweist sich für einen sekundären Alkohol als zu wenig ansteigend und nähert sich jener der tertiären Alkohole.

MOYCHO und ZIENKOWSKI (B. **37** [1904], 1032 und A. **340** [1905], 17 und B. **38** [1905], 2461) beschäftigen sich mit der Konstitution des Kampfens und Isoborneols; sie glauben, daß das Isoborneol nicht das einfache Hydratisierungsprodukt des Kampfens sein kann, weil das ohne Umlagerung durch Oxydation aus letzterem erhaltene Kampfenilon (WAGNER, C. **1897**, I, 1056) nach der GRIGNARDschen Methode einen Alkohol liefert, der nicht identisch ist mit dem Isoborneol und den sie Methylkampfenilol nennen. Schon vorher hat TSCHUGAEFF darauf aufmerksam gemacht, daß bei dieser Reaktion ein anderer Alkohol entstehe; vgl. ferner BOUVEAULT und BLANC (C. r. **140**, 93), welche den Schmelzpunkt dieses Alkohols zu 117,5—118° finden, M. und Z. beobachten ihn zu 117—118°. Alle diese Forscher sind nun der Ansicht, daß, da dieser Alkohol mit dem Isoborneol nicht identisch ist, letzterer Alkohol auch nicht das einfache Hydratisierungsprodukt des Kampfens sein kann. Diese Folgerung ist jedoch nur richtig, wenn sich einmal das Kampfenilon wirklich ohne Umlagerung aus dem Kampfen bildet, alsdann, wenn nicht ev. eine strukturisomere Form des Methylkampfenilols, welche das Isoborneol sein könnte, existiert. Betrachtet man wiederum das Modell des Kampfenilols, so sind zwei strukturisomere Alkohole möglich. Ich erinnere ferner daran, daß auch von der Kampfenilansäure $C_{10}H_{16}O_2$ zwei stereoisomere Formen existieren (vgl. BREDT, A. **310** [1899], 122), von denen die eine bei 65°, die andere bei 118° schmilzt. Gegen eine Stereoisomerie des Methylkampfenilols und des Isoborneols scheint mir allerdings am meisten der Siedepunkt zu sprechen, da ersterer Alkohol bei 204—206° siedet, dagegen das Isoborneol über 212° sieden muß. M. und Z. schlagen für das Isoborneol folgende Formel vor:

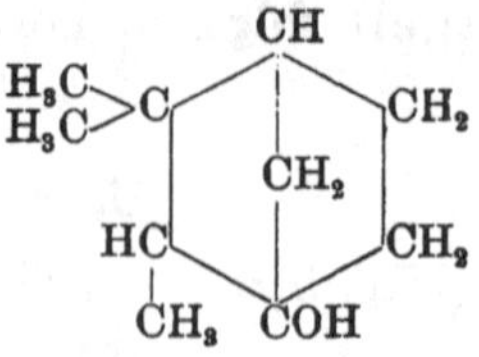

(V).

Stellen wir die Frage nun so, ob mit der Auffassung des Isoborneols als sekundären Alkohol, also als strukturisomer mit dem Borneol, sich alle seine physikalischen und chemischen Eigenschaften vereinigen lassen, so muß man diese Frage bejahen, wenn man die leichtere Wasserabspaltung aus dem Isoborneol allein aus der verschiedenen Lagerung der Hydroxylgruppe im Isoborneol und Borneol erklären will, wenn man ferner nicht zu großes Gewicht auf das Ergebnis der Zinkstaubbehandlung legt und darauf, daß nach der Reaktion von BERTRAM bzw. KONDAKOW ein sekundärer Alkohol an Stelle des tertiären entsteht, wobei man allerdings noch eine Isomerisation des letzteren in ersteren annehmen kann. Und umgekehrt stellen wir die Frage so, ob mit der Auffassung des Isoborneols als tertiären Alkohol sich alle physikalischen und chemischen Eigenschaften in Einklang bringen lassen, so muß zugestanden werden, daß dies nach unseren bisherigen Erfahrungen in der Chemie für die Oxydation des tertiären Isoborneols in neutraler Lösung zum Keton Kampfer schwer in Einklang zu bringen ist; das gleiche gilt für die gleichzeitige Reduktion des Kampfers zu Borneol und Isoborneol in alkalischer Lösung. Die Sachlage ist also eine derartige, daß sehr gewichtige Gründe für das sekundäre Isoborneol, aber auch viele Gründe für seine tertiäre Natur sprechen.

Wir müssen bei der Entscheidung dieser Frage aber auch noch das Kampfen in Betracht ziehen. Bei der Hydratisierung dieses Kohlenwasserstoffs entsteht glatt Isoborneol; warum entsteht hierbei nicht Methylkampfenilol? Man könnte entgegnen, daß die Abspaltung des Wassers aus letzterem so leicht vor sich geht, daß es überhaupt bei der Reaktionstemperatur nicht beständig ist, daß vielmehr eine Aufspaltung eines Fünfrings unter gleichzeitiger Schließung eines neuen Ringes erfolgt, wobei der Kampfertypus und das sekundäre Isoborneol gebildet wird. Oder aber wir stellen uns auf den Standpunkt von MOYCHO und ZIENKOWSKI, nach welchen folgende Umsetzung stattfände:

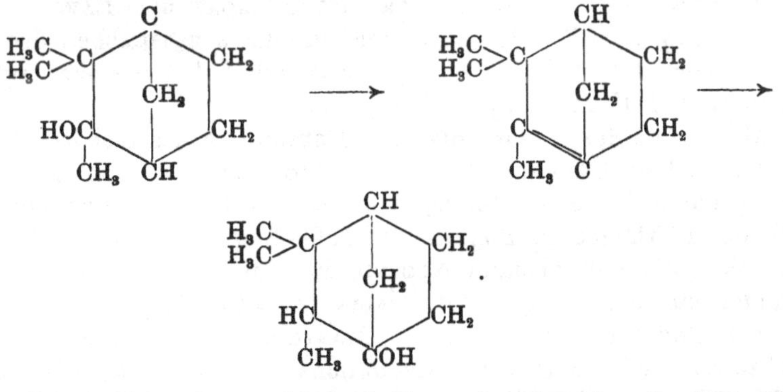

Nach dieser Formel von M. und Z. müßte bei der Oxydation des Isoborneols zum Kampfer ebenfalls Systemwechsel statthaben, wodurch dieser Übergang aber noch komplizierter wird. — Über die weiteren Konstitutionsfragen vgl. unten Konstitution des Kampfens. Auf eins sei an dieser Stelle noch besonders hingewiesen, d. i. das Verhältnis des Isobornylchlorids zum Kampfenhydrochlorid.

Wir wissen, daß sowohl Kampfen, als auch Isoborneol in absolut alkoholischer Lösung nach unserer heutigen Auffassung glatt in ein und dasselbe $C_{10}H_{17}Cl$ übergehen; ist die Ansicht über die Konstitution des Isoborneols von M. und Z. richtig, so müßten diese beiden Chloride verschieden sein, wenn man nicht gezwungenermaßen eine Umwandlung der einen Verbindung in die andere annehmen will. Sollten nun aber wirklich Kampfenhydrochlorid und Isobornylchlorid chemisch identisch sein und sollte Isoborneol wirklich ein stereoisomerer sekundärer Alkohol des Borneols sein, so liegen nur zwei Möglichkeiten vor. Entweder wir kennen das eigentliche Kampfenhydrochlorid noch nicht, oder das zum Isoborneol gehörige Chlorid ist bisher unbekannt; das dem Borneol entsprechende Chlorid ist das Pinenhydrochlorid. Ferner, wenn aus dem Kampfen und aus dem Isoborneol dasselbe Chlorid $C_{10}H_{17}Cl$ entsteht und das Kampfen und Isoborneol verschiedenen Typen angehören, so muß bei der Bildung des Chlorids unter allen Umständen ein Systemwechsel statthaben. Daß der Isoborneoltypus leicht in Kampfen übergeht, wissen wir; daß aber das Kampfenhydrochlorid sich so leicht in Isoborneol umlagern sollte, ist bisher nicht angenommen worden. Nun schmilzt aber das entstehende Chlorid bei 157°, müßte also diesem hohen Schmelzpunkte nach zum Isoborneol gehören und nicht dem Methylkampfenilol, also dem Kampfen zukommen (das Kampfenhydrochlorid, also das Methylkampfenilylchlorid müßte nach unsern bisherigen Erfahrungen unter 117° schmelzen). Hiernach sind wir also gezwungen anzunehmen, daß, wenn das Isobornylchlorid ein sekundäres Chlorid ist, der Übergang aus dem Kampfen- in den Kampfertypus ein sehr viel leichterer sein mußte, wie der umgekehrte, während man bisher gerade das Gegenteil angenommen hatte. Weitere Versuche müssen darüber entscheiden. — Nicht unerwähnt soll bleiben, daß Bouchardat und Lafont (C. r. **126**, 755; C. **1898**, I, 893) der Ansicht sind, daß das synthetische d-Isocamphenol aus d-Fenchylalkohol und wenig i-Fenchylalkohol bestehe; vgl. dagegen Bertram und Helle (J. pr. II, **61**, 306).

Geschichte des Isoborneols. Die Darstellung des Isoborneols liegt weit zurück. Schon Berthelot (A. **110**, 368 und **112**, 363) gewann es als Nebenprodukt Ende der fünfziger Jahre aus Kampfer und alkoholischem Kali durch Erhitzen in Bomben auf 180—200°. Baubigny (C. **1866**, 968; C. r. **63**, 221) ließ alsdann Natrium in indifferenten Lösungsmitteln auf Kampfer einwirken; vgl. auch Malin (A. **146**, 201), welcher sich 1868 mit der Reduktion beschäftigte. Montgolfier berichtet alsdann 1876 und ebenso 1879 über seine Reduktionsversuche (B. **9**, 194 bzw. A. ch. V, **14**, 13). Hauptsächlich ist es alsdann Haller (A. ch. VI, **27**, 1892, 392) welcher weitere Unterschiede zwischen Kampfol und Isokampfol entdeckt. Schließlich wird die bequemste Darstellung des Isoborneols aus dem Kampfen durch Bertram (J. pr. II, **49**, 1) im Jahre 1894 bekannt gegeben; über Kondakow vgl. (Bl. III, **7** [1892], 576; J. pr. II, **65**, 223 **68**, 117). Kurzum, die Herstellung des Isoborneols nach den Reduktionsmethoden fällt in eine frühere Zeit als die Gewinnung aus Kampfen.

Das Studium der physikalischen Eigenschaften wird besonders von Baubigny, Montgolfier, Haller und Beckmann (J. pr. II, **55**, 31) gefördert, während die chemischen Beziehungen, namentlich das Verhältnis zum Kampfen, sowie seine Derivate, die für die Identifizierung wichtig sind, der Chemie der letzten 15 Jahre angehören. Eine Hauptaufgabe der zukünftigen Forschung auf dem Kampfergebiet ist die endgültige Feststellung der Atomanordnung des Isoborneols und damit auch sein Verhältnis zum Kampfen. — Daß man vom Isoborneol aus auch zum Limonentypus gelangen kann, zeigten Wagner und Brickner (B. **32**, 2309), jedoch ist nicht ausgeschlossen, daß dem Rohmaterial hierbei bereits das Terpinylhalogenid beigemengt war. (Vgl. Kondakow und Schindelmeier, J. pr. II, **68**, 117.) —

Über die Bildung von Kampfensulfosäuren vgl. Lapworth und Kipping (Soc. **69**, 1546). —

Verhalten des Kampfens gegen Sauerstoff, Ozon, Wasserstoffsuperoxyd und andere Oxydationsmittel. Um einen Einblick in die Konstitution des Kampfens zu erhalten, wurde es der Behandlung mit den verschiedensten Oxydationsmitteln unterworfen, besonders Kaliumpermanganat, Chromsäuregemisch, Salpetersäure und in letzter Zeit auch Ozon. Die entstandenen Oxydationsprodukte sind für die Erkenntnis des Ausgangsmoleküls von der größten Wichtigkeit, wenn keine Umlagerungen während der Oxydation vor sich gehen können. Die geringsten Umlagerungen werden wir auch hier beim Ozon und Kaliumpermanganat zu befürchten haben. Besonders hat sich Wagner mit seinen Schülern diese Oxydation angelegen sein lassen, aber auch Bredt, Marsh und Gardner haben sich ebenso eingehend mit den Oxydationsprodukten beschäftigt.

Freier atmosphärischer Sauerstoff wirkt auf das Kampfen sichtlich wenig ein, so daß dieses Terpen zu den beständigsten gehört, welches wir kennen, zumal es sich auch bei gewöhnlichem Druck ohne Veränderung destillieren läßt. — Ozon oxydiert das Kampfen glatt zu Kampfenilon (vgl. D. R. Patentanmeld. Kl. 12. C. 12692 vom 27. April 1904); vgl. ferner die in anderer Absicht unternommenen Versuche Nordheims (D.R.P. 64180; Frdl. III, 882).

Kampfenglykol

$C_{10}H_{18}O_2$ =

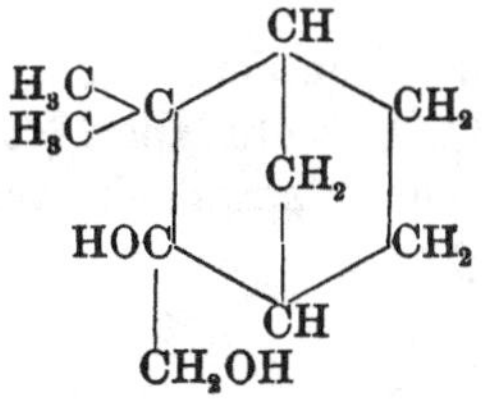

.

Wagner (B. **23** [1890], 2309) oxydierte im Jahre 1890 das Kampfen mit verdünnter Kaliumpermanganatlösung, um das erste Oxydationsprodukt, das Glykol, zu fassen, falls im Kampfen überhaupt eine doppelte Bindung vorhanden sei. Er löste das Kampfen in etwas Benzol und oxydierte in der Kälte mit 1 %iger Permanganatlösung. Das Kampfenglykol schmilzt bei 192°, aus Benzol kristallisiert es in monoklinen prismatischen Nadeln, sublimiert bereits über 100°.

In letzterer Zeit haben MOYCHO und ZIENKOWSKI über das Kampfenglykol gearbeitet (B. 37 [**1904**], 1032 und A. **340**, 17), nachdem WAGNER und MAJEWSKI schon vorher weitere Angaben darüber gemacht hatten (Ж. **28**, 65); letztere Forscher gaben nunmehr den Smp. 197,5—198,5 an, während M. und Z. 200° finden. W. und M. hatten versucht in dem Kampfenglykol die beiden Alkoholgruppen festzustellen, jedoch war es ihnen nur gelungen ein Molekül Phenylisocyanat in Reaktion zu bringen und ein Monophenylurethan herzustellen. M. und Z. stellten sich ebenfalls die Aufgabe die Glykolnatur nachzuweisen. Sie benzoylierten in Pyridinlösung und erhielten ein bei 88° schmelzendes Monobenzoat $C_{10}H_{17}O_2 \cdot COC_6H_5$. Sie ließen ferner auf letzteres PCl_5 einwirken, wobei Dehydratation eintritt und ein bei 85—86° schmelzendes ungesättigtes Benzoat resultiert. Durch Verseifung dieses Benzoats entsteht der Aldehyd $C_{10}H_{16}O$, welcher bei der Oxydation mit $KMnO_4$ die Isokampfenilansäure $C_{10}H_{16}O_2$ vom Smp. 117—118° liefert. Wir können uns diese Verbindungen folgendermaßen konstituiert vorstellen:

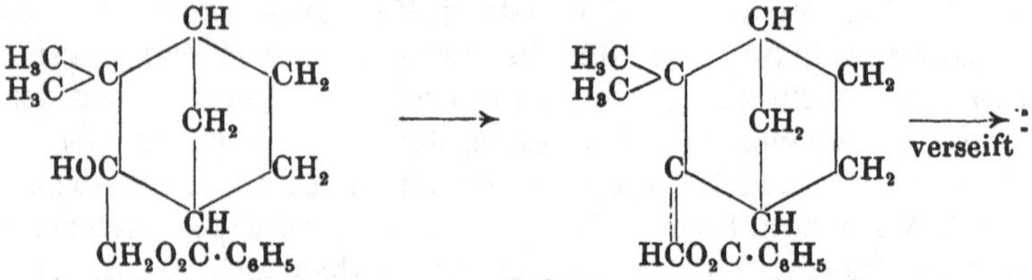

Kampfenglykolmonobenzoat — Dehydratationsprodukt Smp. 85—86°

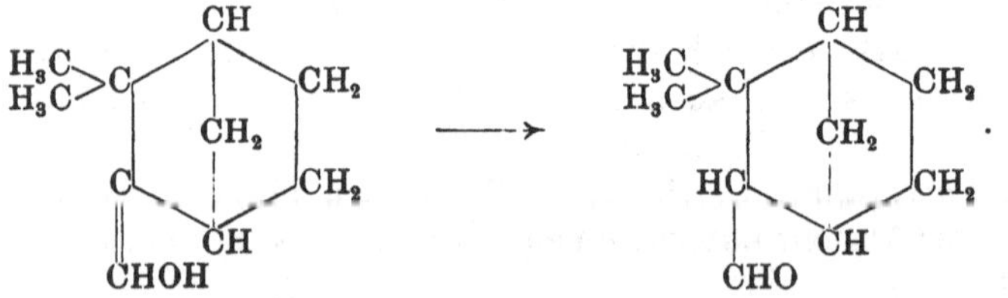

intermediär — Kampfenilanaldehyd

Durch Oxydation des Kampfenglykols erhielten M. u. Z. keine Kampfenkampfersäure $C_{10}H_{16}O_4$, wohl aber Kampfenilon.

Das Glykol spaltet leicht Wasser ab und geht dabei über in den Kampfenilanaldehyd

$C_{10}H_{16}O$ = 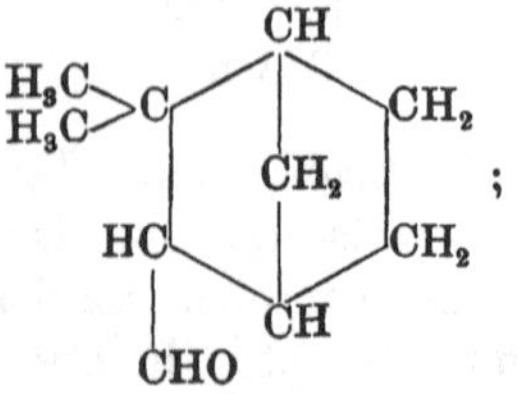 ;

dieser färbt fuchsinschweflige Säure prächtig violett und reduziert Silberlösung. — Außerdem erhielt WAGNER bei der Oxydation eine mit Wasserdämpfen flüchtige Substanz, welche er ebenfalls für diesen Aldehyd hielt, die aber wohl Kampfenilon $C_9H_{14}O$ gewesen sein dürfte. — Den Kampfenilanaldehyd erhielt auch ÉTARD im Jahre 1893 (C. r. **116**, 434; B. **26**, Ref. 232), als er Kampfen mit Chromylchlorid behandelte und die entstandene Verbindung $C_{10}H_{16} \cdot 2\, CrO_2Cl_2$ mit 3—4 Teilen Wasser zersetzte; der Aldehyd rotiert auf Wasser wie Kampfer, schmilzt bei 67° und siedet gegen 220°.

HILDEBRANDT (Z. für physol. Chem. **36** [1902], 441) und FROMM, HILDEBRANDT und CLEMENS (ibid. **37** [1903], 189) untersuchen die Umsetzungen, die verschiedene Bestandteile ätherischer Öle im tierischen Organismus erleiden. Aus dem Kampfen erhalten sie eine Verbindung $C_{10}H_{16}O$, welche sich als identisch mit dem Kampfenilanaldehyd herausstellte. An der Luft oxydiert sich dieser allmählich zur Kampfenilansäure

$C_{10}H_{16}O_2$ =

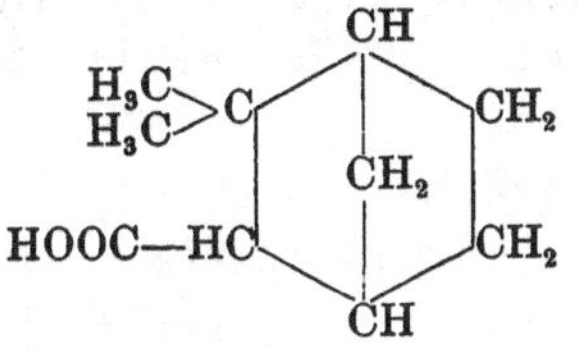

vom Smp. 65°. Diese Säure destillierte ETARD mit Kalk und erhielt dabei flüchtige Kohlenwasserstoffe vom Sdp. 80—230°. É. hält den Aldehyd und die Säure für ungesättigt.

Im Jahre 1896 bringt BREDT (Ch. Z. **20**, 843) wichtige Beiträge zur Kenntnis des Kampfenilanaldehyds und der Kampfenilansäure; er wollte von ihr aus die Carboxylapokampfersäure von MARSH $C_{10}H_{14}O_6$ erhalten, was jedoch nicht gelang; er spricht daher den Aldehyd und die Säure als gesättigt an.

JAGELKI (B. **32**, 1498) erhält im Jahre 1899 den Kampfenilanaldehyd gelegentlich der Untersuchung der indifferenten stickstoffhaltigen Produkte, welche bei Einwirkung der Salpetersäure auf Kampfen entstehen. Hierbei bildet sich nämlich unter anderem das Kampfenilnitrit $C_{10}H_{15}ONO$ (vgl. weiter unten Einwirkung der Salpetersäure auf Kampfen); wird dieses reduziert, so entsteht der Kampfenilanaldehyd:

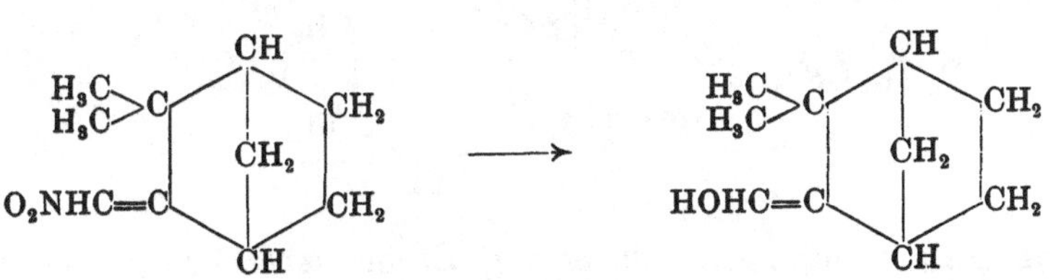

Kampfenilnitrit — intermediär

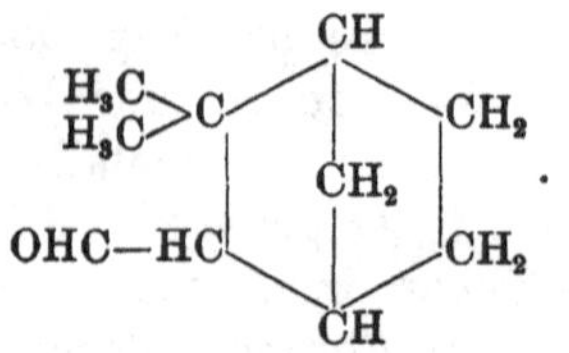

Kampfenilanaldehyd

JAGELKI findet für den Aldehyd $Sdp._{10} = 90^{\circ}$, der eine Bisulfitverbindung gibt und sich oxydiert zur Kampfenilansäure (vgl. auch BREDT und JAGELKI, Ch. Z. **20** [1896], 842).

Ausführliche Mitteilungen macht über den Kampfenilanaldehyd und die Kampfenilansäure alsdann BREDT im Jahre 1899 (A. **310**, 112). B. stellt den Aldehyd nach ÉTARD dar, $Sdp._{14} = 96^{\circ}$, Smp. 70°, Erstarrungspunkt 68°; beim Einleiten von trocknem Ammoniak in die absolut ätherische Lösung des Aldehyds fällt ein kristallinisches Aldehydammoniak aus. An der Luft oxydiert sich der Aldehyd zur Kampfenilansäure, $Sdp._{14} = 147^{\circ}$, Smp. 65°; von ihr werden das Kalksalz und Silbersalz dargestellt.

Das Kampfenilansäurechlorid $C_{10}H_{15}OCl$ erhält BREDT (a. a. O. S. 124) aus der Säure und Phosphorpentachlorid; $Sdp._{14} = 105—106^{\circ}$.

Der Kampfenilansäuremethylester $C_{11}H_{18}O_2 = C_{10}H_{15}O_2 \cdot CH_3$ bildet sich nach BREDT, wenn man 2,9 g Chlorid mit 5 g Methylalkohol 6 Stunden lang stehen läßt; $Sdp._{12} = 99—100^{\circ}$.

Das Bromkampfenilansäurechlorid

$C_{10}H_{14}BrOCl =$ 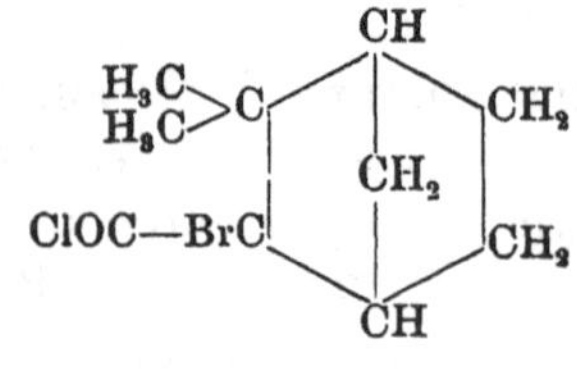

stellt BREDT dar, indem er 5 g Kampfenilansäurechlorid und 4,5 g trocknes Brom in der Bombe 24 Stunden lang im Wasserbade erhitzt; weiße, weiche, kristallinische, an der Luft sich leicht zersetzende Masse, $Sdp._{14} = 165^{\circ}$

Bromkampfenilansäure

$C_{10}H_{15}BrO_2 =$ 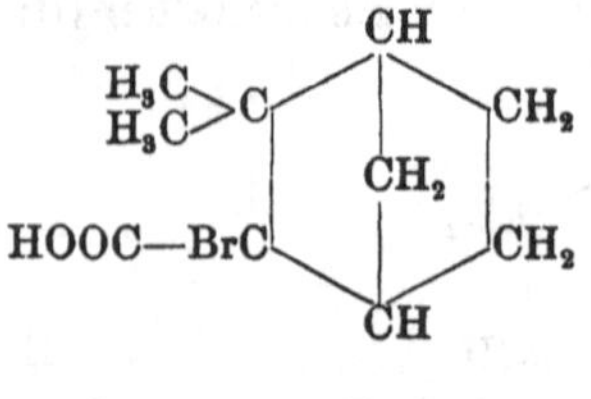

wird von BREDT gewonnen, als er 2 g Bromkampfenilansäurechlorid mit ca. 15 g kaltem Wasser anreibt und 14 Tage lange stehen läßt; Smp. 145°

Eine isomere Isokampfenilansäure $C_{10}H_{16}O_2$ resultiert nach BREDT, wenn man 5 g gewöhnliche Kampfenilansäure mit einem Gemisch von 75 g Salpetersäure (spez. Gew. 1,42) und 150 g Wasser 8 Tage lang auf dem Wasserbade erhitzt; Smp. 118°, triklin. Dieselbe Säure wurde auch durch Oxydation des Kampfenilanaldehyds mit Kaliumpermanganat erhalten; es wird das Kalk- und Silbersalz dargestellt. Diese Isokampfenilansäure entsteht nicht, wenn man den Kampfenilanaldehyd an der Luft sich selbst überläßt, dagegen bildet sich ein Gemenge beider Säuren, wenn man die Doppelverbindung von Kampfen und Chromylchlorid länger als 4—5 Stunden mit Wasser stehen läßt. BREDT hält beide Säuren für stereoisomere Verbindungen.

Oxykampfenilansäure (Kampfenilolsäure, Kampfenylsäure von WAGNER)

$C_{10}H_{16}O_3$ = 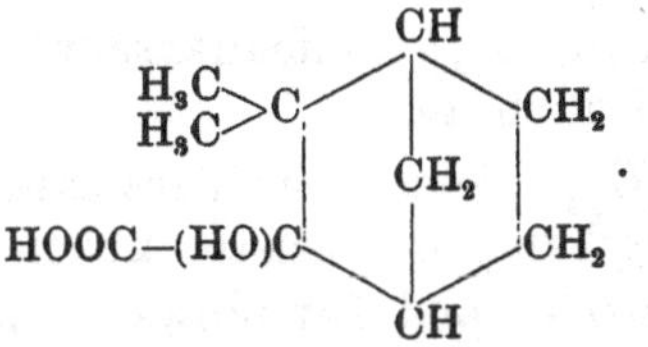

WAGNER (Russ. Sep.-Abdruck Warschau, Nov. 1895; C. **1897**, I, 1056) erhält bei der Oxydation des Kampfens unter den sauren Oxydationsprodukten eine Säure $C_{10}H_{16}O_3$, welche er als α-Oxysäure charakterisiert. — BREDT und JAGELKI (A. **310**, 131) stellen dieselbe Säure dar, indem sie 3 g der Bromkampfenilansäure mit einer Lösung von 3 g Natriumcarbonat in 40 ccm Wasser 4 Stunden lang am Rückflußkühler kochen; Smp. 170—172°; ihr Natriumsalz ist in kaltem Wasser ziemlich schwer löslich, das Silbersalz bildet ein weißes kleinkristallinisches Pulver, das in heißem Wasser löslich ist. WAGNER (a. a. O.) erhält bei der Oxydation dieser Säure mit feuchtem Bleioxyd usw. das Kampfenilon $C_9H_{14}O$. — Weitere Angaben über die Oxykampfenilansäure finden wir bei MOYCHO und ZIENKOWSKI (B. **37** [1904], 1032 und A. **340** [1905], 52); diese stellen aus dem Ester der Säure (in alkoholischer Lösung mittels HCl erhalten), Sdp.$_{10}$ = 123—124°, um die Anwesenheit der Hydroxylgruppe zu beweisen den Acetylester

$C_{14}H_{22}O_4$ = 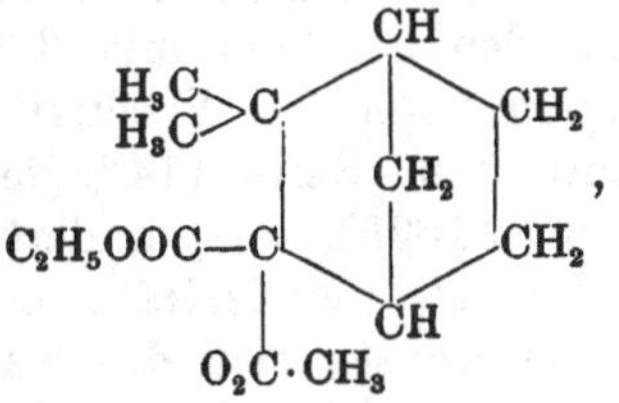,

Sdp.$_{12}$ = 138,5—139,5° dar; noch leichter als das Acetylderivat wird das Benzoylderivat der Oxykampfenilansäure $C_{17}H_{20}O_4$ erhalten, als sie den Oxykampfenilansäureäthylester in Pyridinlösung mit Benzoylchlorid behandeln; Smp. 168°.

Dehydrooxykampfenilansäure

$C_{10}H_{14}O_2$ = 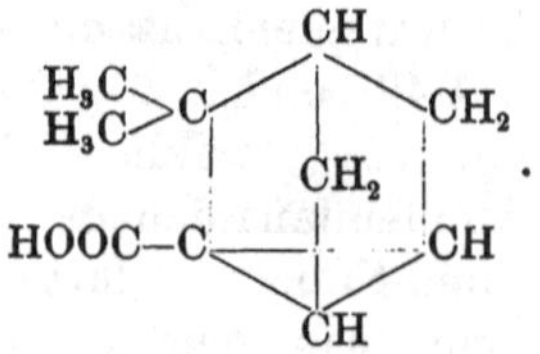

WAGNER (C. **1897**, I, 1056) erhält durch Wasserabspaltung aus der Oxykampfenilansäure eine Säure $C_{10}H_{14}O_2$, Smp. 147,5—148°, in rhomboedrischen Tafeln, die $KMnO_4$ selbst bei längerem Stehen nicht entfärbt. — MOYCHO und ZIENKOWSKI (A. **340**, 53) gewinnen dieselbe Säure, indem sie Oxykampfenilansäure über ihren Schmelzpunkt erwärmen, wobei Kohlensäure und Wasser abgespalten wird, alsdann destilliert ein gelbliches Öl und zum Schluß die Dehydrooxykampfenilansäure über. — Vielleicht kommt der Säure obige Konstitution zu.

Kampfenilen C_9H_{14}. Dieser Kohlenwasserstoff wird ebenfalls bei der Destillation der Oxykampfenilansäure neben der Dehydrooxykampfenilansäure erhalten (MOYCHO und ZIENKOWSKI, A. **340** [1905], 53). Über Natrium destilliert siedet er konstant bei 137,5—138,5°, Ausbeute 25% der Theorie. — Dieser Kohlenwasserstoff ist ev. identisch mit jenem von JAGELKI (B. **32** [1899], 1503), welcher ihn aus dem Kampfenilylchlorid $C_9H_{15}Cl$ durch Erhitzen mit Anilin auf 175° erhielt; Sdp. 142°, ungesättigt.

Kampfenilon $C_9H_{14}O$ = 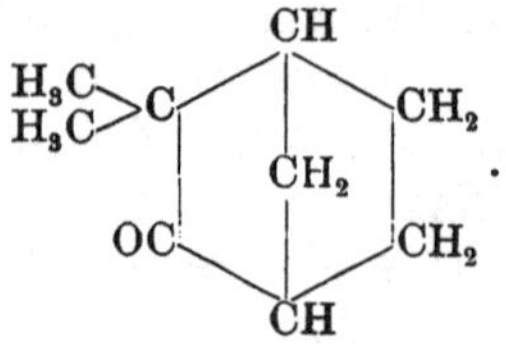

Die ersten Angaben über das Kampfenilon finden wir bei WAGNER (Russ. Sep.-Abdr. Warschau Nov. **1895**; C. **1897**, I, 1056); er erhielt dies Keton bei der Oxydation des Kampfens mit Kaliumpermanganat, ferner bei der Oxydation der Oxykampfenilansäure, wodurch deren Natur als α-Oxysäure festgelegt wurde; Sdp.$_{738}$ = 195°, Smp. 36—38°, es gibt ein Oxim C_9H_{14}:NOH vom Smp. 105—106°, ist gegen kalte alkalische $KMnO_4$-Lösung beständig; beim andauernden Erhitzen mit 40%iger HNO_3 entsteht ein gelbes, mit Wasserdämpfen flüchtiges Produkt, ferner Oxalsäure, sowie eine nichtflüchtige Säure vom Smp. 114° (vgl. daselbst die damalige Formel). — Später (Ж. **31** [1899], 680) änderte WAGNER seine Ansicht über die Konstitution der Kampfenderivate und gab dem Kampfenilon obige Formel. — Über die Konstitution des Kampfenilons und Kampfens vgl. auch DODGE (Am. ch. **24** [1902], 649; C. **1902**, II, 591).

JAGELKI (B. **32**, 1499) stellte das Kampfenilon her, indem er Kampfen nach MARSH und GARDNER (Soc. **59** [1891], I, 648 und Soc. **69** [1896], I, 74) oxydierte; hierbei erhielt er auch das Kampfenilon. Sdp.$_{15}$ = 81°, Smp. 36°; es wirkt in physiologischer Beziehung ähnlich wie Kampfer. Ausbeute 16%, beständig gegen $KMnO_4$ und HNO_3. JAGELKI erhielt das Kampfenilon auch aus dem Kampfenilnitrit $C_{10}H_{15}NO_2$ mit $KMnO_4$ oder KOH, oder aus dem Nitrosit $C_{10}H_{16}N_2O_3$, wenn man dieses im Vakuum längere Zeit auf 100° erhitzt und alsdann direkt mit Kalihydrat verseift; die Ausbeute schwankt zwischen 45 und 52%. — Über die Formel des Kampfenilons nach BREDT vgl. (A. **310** [1899], 134). — Weitere Angaben über das Kampfenilon finden wir bei WAGNER, MOYCHO und ZIENKOWSKI (B. **37** [1904], 1032), sowie bei M. und Z. (A. **340** [1905], 17); auch diese Forscher gewinnen das Kampfenilon aus dem Kampfen durch Oxydation mit $KMnO_4$ oder aus dem Kampfenglykol $C_{10}H_{18}O_2$. — BLAISE und BLANC (C. r. **129** [1899], 886; Bl. III, **23**, 164) vereinfachen das Verfahren JAGELKIS, indem sie die nitrosen Dämpfe direkt auf Kampfen bei 0° einwirken lassen und das Keton durch das Kampfenilonsemicarbazon reinigen. BOUVEAULT und BLANC (C. r. **140**, 93) geben für Kampfenilon an: Smp. 43°, Sdp. 195°, und für das aus Essigäther kristallisierte Semicarbazon Smp. 242°. — Physiologisch verhält es sich wie Kampfer (GEPPERT, B. **32**, 1499).

Derivate des Kampfenilons. Das Kampfenilol $C_9H_{15}OH$ erhält man nach JAGELKI (B. **32** [1899], 1503), wenn die alkoholische Kampfenilonlösung mit Natrium wiederholt reduziert wird; Smp. 84°, $Sdp._{11}$ = 88,5—89°. Das Kampfenilonpinakon $C_8H_{14}>C(OH)\cdot(OH)C<C_8H_{14}$ bildet sich bei der wiederholten Reduktion der ätherischen Ketonlösung mit Natrium, Smp. 134°, $Sdp._{11}$ = 200—202°; vgl. auch MOYCHO und ZIENKOWSKI (A. **340** [1905], 55 und B. **38** [1905], 2461). Kampfenilylchlorid $C_9H_{15}Cl$ entsteht aus Kampfenilol und PCl_5, weiße, äußerst flüchtige, dem Kampfen ähnliche Masse, Smp. 50°, $Sdp._{11}$ = 73°; hieraus gewinnt man das oben erwähnte Kampfenilen C_9H_{14}. — Das Kampfenilonsemicarbazon $C_9H_{14}:N\cdot NH\cdot CO\cdot NH_2$ erhielt JAGELKI, Smp. 220—222°, BLAISE und BLANC (a. a. O.) finden Smp. 224° (s. oben). — Das Oxim $C_9H_{14}:NOH$ schmilzt nach J. bei 105—106°, nach BLAISE und BLANC (a. a. O.) bei 109—110°; sein Chlorhydrat $C_9H_{14}:NOH\cdot HCl$ bildet ein weißes Pulver, sein Hydrobromid $C_9H_{14}:NOH\cdot HBr$ gelbliche Kristalle, das Kampfenilonoximplatinchlorid $(C_9H_{14}:NOH)_2\cdot PtCl_6H_2$ bildet gelbe Nadeln vom Smp. 106°. JAGELKI (a. a. O S. 1504) wandelt das Kampfenilonoxim in das Kampfenilon-isoxim um, indem er letzteres bei der Nitrildarstellung als Nebenprodukt gewinnt; Smp. 165°, Base, geht an H_2SO_4, gesättigt; $(C_9H_{15}NO)_2PtCl_6H_2$, gelbes Pulver (Formeln s. Tabelle).

Das Kampfoceensäurenitril $C_9H_{13}N$ gewann JAGELKI durch Einwirkung von Acetylchlorid auf Kampfenilonoxim als wasserklares Öl, $Sdp._{15}$ = 95—100°, das Br und $KMnO_4$ momentan entfärbt; Ausbeute 70—80%, BLAISE und BLANC (C. r. **129** [1899], 886; C. **1900**, I, 127; Bl. III, **23**, 164; C. **1900**, I, 765) stellen das Nitril ebenfalls dar, Sdp. 220—230°, daneben entsteht das Isoxim vom Smp. 165°. Sie sind der Meinung, daß das Nitril aus zwei Verbindungen besteht, da bei der Verseifung zwei Säuren und bei der Reduktion zwei Basen resultieren. Das Kampfoceensäureamid $C_9H_{15}NO$ gewann JAGELKI (a. a. O.); Smp. 155°, ungesättigt. Die

Kampfoceensäure $C_9H_{14}O_2$ wird nach JAGELKI bei langandauernder Verseifung des Nitrils erhalten, Smp. 54°, Sdp.$_{14}$ = 145°, ungesättigt; das Calciumsalz $(C_9H_{13}O_2)_2Ca$ bildet kleine filzige Nadeln; ferner werden Silber-, Kupfer- und Natriumsalz dargestellt. Nach BLAISE und BLANC entstehen aus dem Rohnitril zwei Säuren, von denen die eine den Smp. 54° hat, die andere flüssig ist; beide lassen sich esterifizieren und sind aus den Estern unverändert zurückzuerhalten. — Kampfoceenamine $C_9H_{15}NH_2$ gewinnen B. und BL. (a. a. O.) durch Reduktion des rohen Kampfoceennitrils; sie erhalten ein α-Kampfoceenamin $C_8H_{13}CH_2NH_2$, Sdp. 204—205°; Chlorhydrat $C_9H_{15}NH_2 \cdot HCl$, Smp. 225°, Chloroplatinat, gelbes Pulver; der Harnstoff $C_9H_{15}NH \cdot CO \cdot NH_2$, Smp. 118°; das Oxamid schmilzt bei 148°, das Pikrat bei 178°. Das β-Kampfoceenamin gibt einen Harnstoff vom Smp. 106—107°.

Zum Verständnis dieser Reaktionen sei angeführt, daß wir bei der Wasserabspaltung aus dem Oxim unter Bildung des Nitrils analoge Verhältnisse haben können wie bei der Umsetzung des Kampferoxims in zwei isomere Nitrile, so daß wir unter anderen folgende Formeln haben:

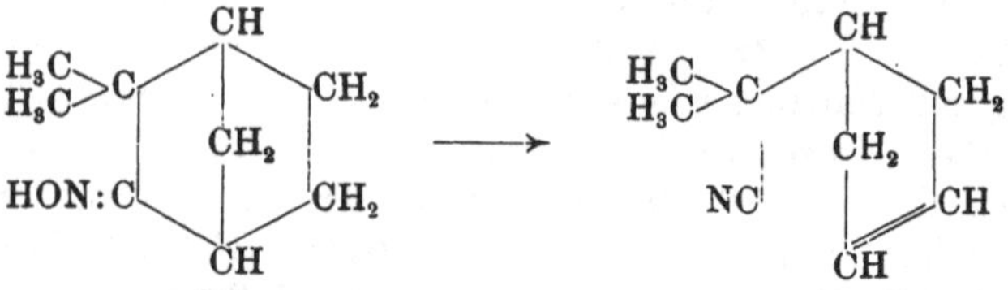

Oxim — Nitril (I) oder

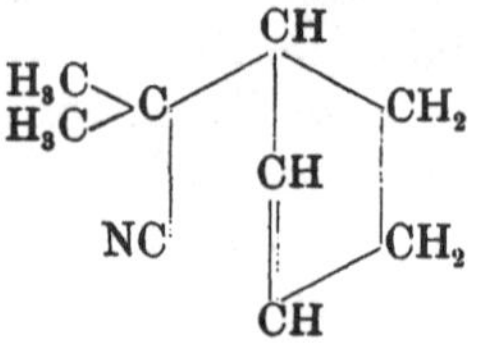

Nitril (II) oder

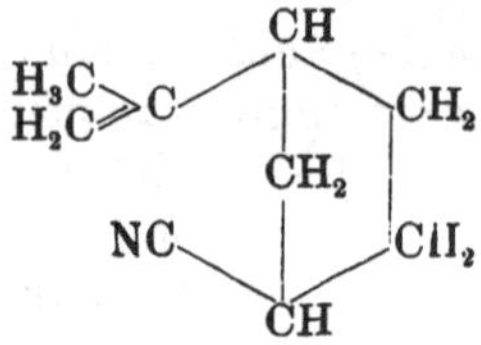

Nitril (III) usw.

Die Kampfoceensäure $C_9H_{14}O_2$ vom Smp. 54° wurde von JAGELKI (a. a. O.) weiter aboxydiert. Die Dihydroxykampfoceansäure $C_9H_{16}O_4$ erhielt er durch Oxydation mit 1 %iger Kaliumpermanganatlösung; Smp. 163°. — Die Kampfoceonsäure $C_9H_{14}O_3$ resultierte bei der Destillation der Dihydroxysäure im Vakuum, Sdp.$_{15}$ = 184°, Smp. 173°; sie liefert eine Ketoximsäure $C_9H_{14}O_2NOH$ vom Smp. 150—156°. — Das Oxykampfoceanlakton $C_9H_{14}O_3$ entsteht ebenfalls bei der Destillation der Dihydroxysäure; Sdp.$_{13,5}$ = 165°, es geht nicht an Natriumcarbonat und bildet bei 58° schmelzende Nadeln, die in Wasser und Alkohol ll., schwerl. in Äther sind. Wir müssen demnach annehmen, daß, wenn die Kampfoceensäure vom Smp. 54° einheitlich ist, die Dihydroxykampfoceansäure in zweifachem Sinne Wasser abspalten kann, einmal unter Ketonbildung, sodann unter Laktonbildung. Die ev. in Betracht kommenden Möglichkeiten ergeben sich aus obigen Formeln der Nitrile.

Dimethyltricarballylsäure

$C_8H_{12}O_6$ = 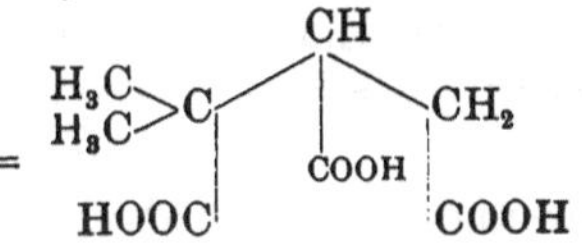

entsteht nach Jagelki (a. a. O.) durch Oxydation der Kampfoceensäure, besonders aber aus der Dihydroxykampfoceansäure mit verd. Salpetersäure.

Zur weiteren Aufklärung der Konstitution des Kampfenilons, vor allen Dingen, um festzustellen, ob sich im Kampfenilon neben der CO-Gruppe eine CH_2-Gruppe befindet, ließen Moycho und Zienkowski (A. **340** [1905], 54) nach Claisen Natrium und Amylformiat einwirken, jedoch mit negativem Erfolge, wie schon vorher Jercrykowsky vergeblich versucht hatte. Es resultierten bei dieser Reaktion nur zwei Pinakone $C_{18}H_{30}O_2$ vom Smp. 173—173,5° und 172,5—173°. — Ebenso indifferent verhielt sich Kampfenilon gegen Benzaldehyd; ferner ist es außerordentlich beständig gegen Oxydationsmittel. — Es wurde von M. und Z. alsdann das Kampfenilondichlorid $C_9H_{14}Cl_2$, Smp. 174° dargestellt. Dieses Dichlorid wurde analog dem Kampferdichlorid (Spitzer, A. **197** [1879], 125) in ätherischer Lösung mit Natriumdraht gekocht, bis die ätherische Lösung chlorfrei war. Es entstand hierbei ein Gemenge von Produkten; hauptsächlich fand sich ein Anteil vom Sdp. 136—137° und dem Smp. 34°, welcher wahrscheinlich identisch ist mit dem Apobornylen C_9H_{14} (vgl. Semiesrewski, Protok. der Sitz. der Naturf. in Warschau, Mai 1903). Bei der Oxydation mit Kaliumpermanganat entstand nur eine geringe Menge einer Säure, deren Silbersalz für apokampfersaures Silber sprach; demnach müßte diesem Kohlenwasserstoff ev. die Formel:

C_9H_{14} = 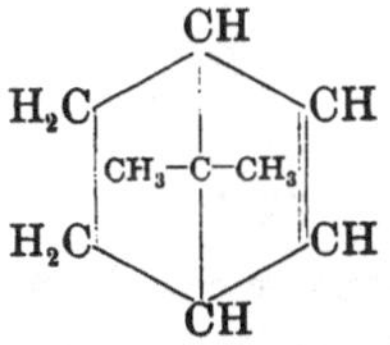

zukommen, also bei der Bildung aus dem Kampfenilondichlorid ein Systemwechsel stattgefunden haben.

Als weiteres Derivat des Kampfenilons wurde zuerst von Tschugaeff versucht nach der Grignardschen Methode das Methylkampfenilol

$C_{10}H_{18}O$ = 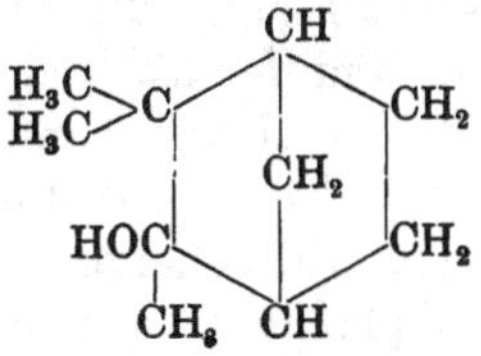

darzustellen (B. **37** [1904], 1036); an dieser Stelle finden wir nur die Notiz, daß der Alkohol nicht mit dem Isoborneol identisch ist. Wagner,

Moycho und Zienkowski setzen alsdann die Versuche fort und erhalten einen Alkohol, der unter teilweiser Zersetzung bei 204—206° siedet und bei 117,5—118° schmilzt, er liefert ein Phenylurethan $C_{10}H_{17}O \cdot CO \cdot NH \cdot C_6H_5$, vom Smp. 127,5—128°; mit Eisessig und Schwefelsäure nach Bertram behandelt entsteht Kampfen und ein Ester, der wahrscheinlich ein Gemenge von Isoborneol und dem Methylkampfenilol ist. Die Untersuchungen werden von M. und Z. (A. **340** [1905], 58 und B. **38** [1905], 2461) fortgesetzt. Bei dem Versuch aus diesem Alkohol ein Acetat zu gewinnen, wurde wiederum Kampfen und ein Ester erhalten, dessen Alkohol bei 191—195° schmolz. Jedoch gelang es das wahre Acetat des Methylkampfenilols $C_{10}H_{17} \cdot COO \cdot CH_3$ durch Erwärmen von 3 g Alkohol mit 3,5 g Essigsäureanhydrid auf 60° zu erhalten, $Sdp._{14} = 103—105°$, während Isobornylacetat $Sdp._{13} = 107°$ zeigt; durch Verseifung wurde der ursprüngliche Alkohol vom Smp. 116° zurückgewonnen. Das Methylkampfenilol scheint beim Kochen mit 20%iger Schwefelsäure leichter Wasser abzuspalten als das Isoborneol. Beim Kochen mit Chromsäure entsteht Kampfer usw. — Vgl. über das Methylkampfenilol auch Bouveault und Blanc (C. r. **140**, 93), welche diesen Alkohol ebenfalls nach Grignard erhalten, Smp. 117,5—118°; Alkohol geht beim Erhitzen mit Brenztraubensäure auf 140—150° sofort in d-Kampfen über, welches bei weiter fortgesetztem Erhitzen eine Brenztraubensäureverbindung vom $Sdp._{11} = 133$ bis 134°, Semicarbazon Smp. 214°, liefert, während sich Isoborneol mit Brenztraubensäure langsam esterifiziert.

Anhydrooxykampfenglykol

$C_{10}H_{16}O_2 =$

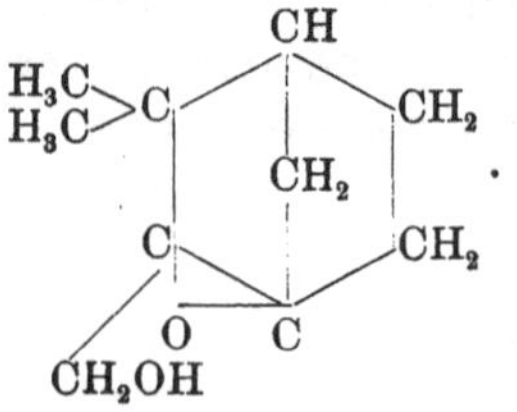

Wagner, Moycho und Zienkowski (B. **37** [1904], 1032) erhalten bei der Oxydation des Kampfens mit verdünnter Kaliumpermanganatlösung als neutrale Produkte das Kampfenglykol $C_{10}H_{18}O_2$, das Kampfenilon $C_9H_{14}O$ und eine Verbindung $C_{10}H_{16}O_2$; das Kampfenilon wurde im Vakuum durch fraktionierte Destillation abgetrennt, während das Glykol und der Körper $C_{10}H_{16}O_2$ durch Kristallisation aus Äther und Ligroin isoliert wurden; vgl. auch M. und Z. (A. **340**, 22 und 42); Smp. 169—170°, gegen Semicarbazid und Hydroxylamin indifferent, reduziert Fehlingsche Lösung gar nicht, rotiert auf Wasser ähnlich wie Kampfer. — Benzoylanhydrooxykampfenglykol $C_{10}H_{15}O(OCOC_6H_5)$ wird erhalten, wenn man das Oxyd in Pyridinlösung mit Benzoylchlorid behandelt, Smp. 71°; durch die Bildung dieser Verbindung ist die Alkoholnatur des Oxyds bewiesen. Bei der Oxydation dieses Oxydalkohols mit $KMnO_4$ wurde keine Kampfenkampfersäure erhalten, sondern ein Keton, welches ein Semicarbazon vom Smp. 184° gab. An Säuren wurden erhalten 1. eine bei 198° schmelzende Säure

$C_{10}H_{14}O_3$, welche zu dem Oxydalkohol gehört und die Alkoholgruppe oxydiert enthält, ferner entsteht 2. eine einbasische Säure der Zusammensetzung $C_{10}H_{16}O_4$ vom Smp. 203°; als dritte kristallinische Säure wurde eine mit Wasserdampf flüchtige Säure vom Smp. 95° isoliert.

Unter den sauren Oxydationsprodukten des Kampfens mit Kaliumpermanganat gewannen M. und Z. (A. **340**, 45) außer der Oxykampfenilansäure eine Oxydsäure $C_{10}H_{14}O_3$, eine Oxydsäure vom Smp. 138,5° und eine Säure vom Smp. 90°, von denen nur die erstere näher untersucht worden ist. Alle drei Säuren konnten durch ihre schwerlöslichen Natriumsalze abgeschieden werden. Die Oxydsäure $C_{10}H_{14}O_3$ reagiert nicht mit Semicarbazid und nur mit 1 Mol. PCl_5, enthält also keine Keto- oder Alkoholgruppe, muß demnach einen Oxydsauerstoff aufweisen. Mit dieser Auffassung stimmt das Verhalten der Säure gegen trockne Salzsäure in absolutem Äther überein; es entsteht dabei eine gechlorte Säure von der Zusammensetzung $C_{10}H_{15}O_3Cl$. Diese Säure enthält eine Carboxyl- und eine Alkoholgruppe, wie sich in Pyridinlösung mittels Benzoylchlorid nachweisen läßt, womit ein bei 110° schmelzendes Benzoat entsteht. Wird das Chlorwasserstoffadditionsprodukt $C_{10}H_{15}O_3Cl$ mit siedendem alkoholischem Kali behandelt, so bildet sich die Ausgangssäure $C_{10}H_{14}O_3$ vom Smp. 138,5° zurück. Die gewünschte Dihydroxysäure wollten M. und Z. nunmehr erhalten, indem sie $C_{10}H_{15}O_3Cl$ mit Silberacetat in Eisessig 4 Stunden lang erwärmten und darauf mit wäßrigem Kali verseiften. Es entstand hierbei wiederum eine Säure $C_{10}H_{14}O_3$, aber vom Smp. 198—200°, also dieselbe Säure, die aus dem Oxyoxyd $C_{10}H_{16}O_2$ erhalten worden war. Die wahrscheinlich primär entstehende Dihydroxysäure spaltet also eminent leicht Wasser ab. — Das Entstehen einer Oxydsäure aus der anderen legt es nahe, daß intermediär ein neuer Ringschluß stattfinden muß, und daß der gebildete Ring sich sehr leicht wieder aufspaltet. Um uns diese Reaktion einigermaßen klar zu machen, müssen wir annehmen, daß das primäre Oxydationsprodukt des Kampfens das Glykol sein **kann**, außerdem haben wir ein benachbartes tertiäres Wasserstoffatom, welches ebenfalls sehr leicht oxydabel ist, vielleicht sogar früher oxydiert werden kann als die semicyklische doppelte Bindung, denn letztere ist überhaupt nicht leicht auflösbar, wie wir aus der Oxydation des Kampfens wissen. Wir haben demnach als eines der ersten Oxydationsprodukte das Glycerin $C_{10}H_{18}O_3$ von folgender Konstitution:

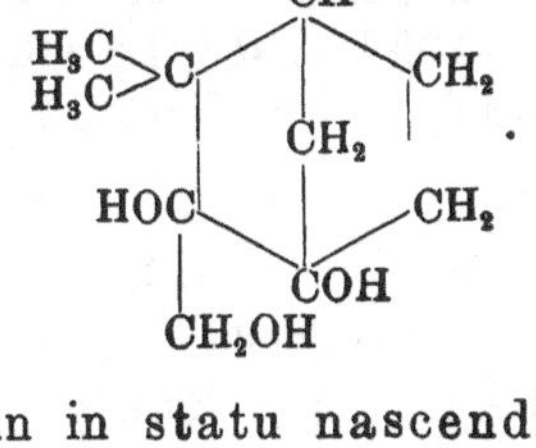

Dieses Glycerin kann nun in statu nascendi Wasser abspalten unter Bildung eines Oxydalkohols, welcher seinerseits zur Oxydsäure weiter oxydiert wird; diese Oxydsäure lagert Salzsäure an unter Bildung von

$C_{10}H_{15}O_3Cl$ und spaltet wiederum Salzsäure ab, indem intermediär eine gesättigte Alkoholsäure entsteht, welche sehr leicht unter Wasseranlagerung in eine Säure $C_{10}H_{16}O_4$ übergeht, die ihrerseits wiederum leicht Wasser abspaltet unter Bildung einer neuen Oxydsäure, so daß wir folgende Übergänge haben können:

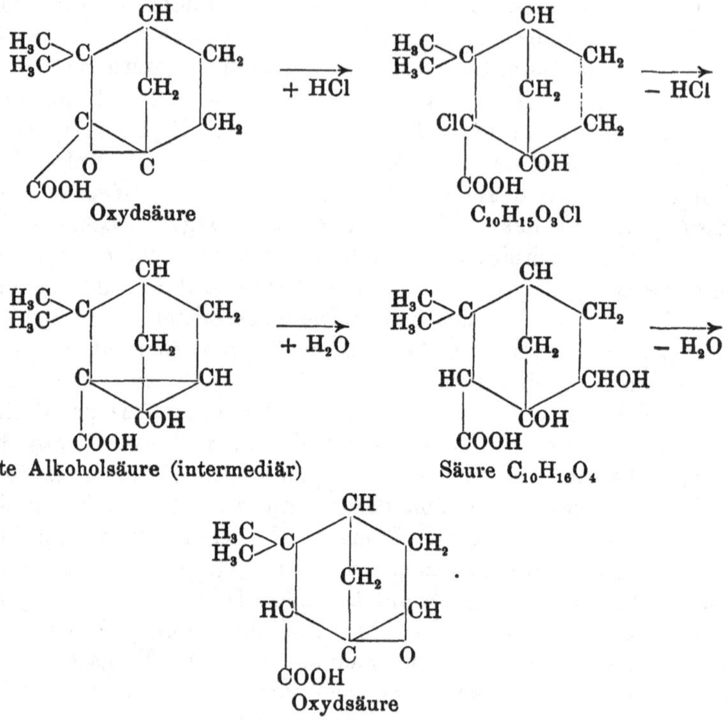

Es muß dahingestellt bleiben, welche von beiden Konstitutionsformeln der Säure vom Smp. 138,5 und welche der Säure vom Smp. 198° zukommt, ebenso dem Oxydalkohol; durch die Formeln sollte nur die Übersicht erleichtert werden.

Kampfenkampfersäure $C_{10}H_{16}O_4$. Wagner (Ж. **28** [1896], 64; **29** [1897], 124) erhielt bei der Oxydation des Kampfens mit Kaliumpermanganat neben neutralen Produkten mehrere Säuren, von denen die wichtigsten die Oxykampfenilansäure und die Kampfenkampfersäure $C_{10}H_{16}O_4$ vom Smp. 135,5—136° sind. In einer späteren Arbeit (Ж. **31** [1899], 680) gab er der Kampfenkampfersäure folgende Konstitution:

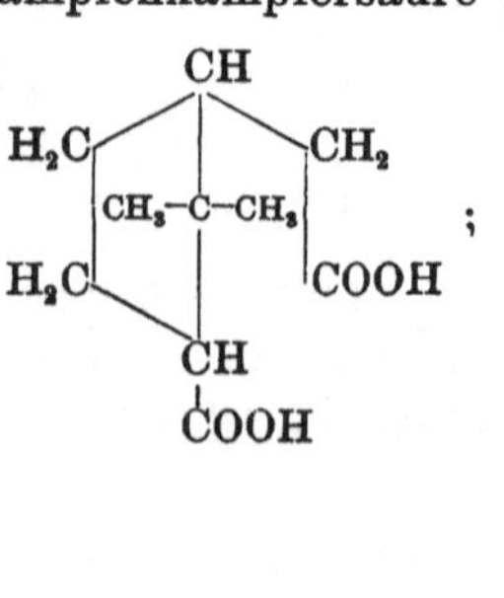

vgl. auch MILOBENDSKI (Ж. **31**, 679), welcher die Säure aus dem Kampfenglykol erhalten haben will; vgl. dagegen MOYCHO und ZIENKOWSKI unten. In neuerer Zeit beschäftigen sich M. und Z. (B. **37**, 1032 und A. **340**, 47) mit dieser Säure. Sie finden diese als Hauptbestandteil der Oxydationsprodukte des „Kampfens aus Isoborneol"; während sie die Säure nicht bei der Oxydation des Kampfenglykols erhalten konnten, ebensowenig wie bei der Oxydation des Oxyoxyds; sie schließen daraus, daß, da sich das Glykol und das Oxyoxyd aus dem semicyklischen Kampfen bilden, die Kampfenkampfersäure von diesem nicht abstammen kann, sondern daß das Rohkampfen zum großen Teil außer dem semicyklischen Kampfen und dem gesättigten Cyklen noch ein drittes Kampfen enthalten müsse, von welchem sich die Kampfenkampfersäure ableitet. M. und Z. stellen dar das Diamid $C_{10}H_{18}O_2N_2$ vom Smp. 222°, hieraus das Urethan $C_8H_{14}(NH \cdot COO \cdot CH_3)_2$ vom Smp. 114°. Das Dianilid der Kampfenkampfersäure $C_{22}H_{26}O_2N_2$ schmilzt bei 210°, das Dinitril $C_{10}H_{14}N_2$ siedet unter 14 mm Druck bei 175°; aus ihm entsteht durch Reduktion mit Natrium und Alkohol das Kampfenkampferyldiamin $C_8H_{14}(CH_2NH_2)_2$, welches ein Platindoppelsalz $C_{10}H_{22}N_2 \cdot H_2PtCl_6$ liefert. Der Siedepunkt der Kampfenkampfersäure liegt unter 10 mm Druck bei 225°. Über die Salze und Ester der Säure vgl. MAJEWSKI (Diss., Leipzig **1898**). M. und Z. leiten diese Säuren ab von einem Isokampfen

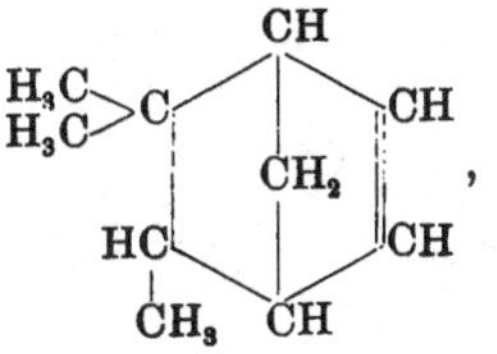

,

wobei sie annehmen, daß analog den Verhältnissen bei der Chlorkampfersäure (BREDT, B. **35**, 1286) eine Isomerisation des sich primär aus dem Isoborneol bildenden Kohlenwasserstoffs statthat. M. und Z. sind der Ansicht, daß die Kampfenkampfersäure der Bernsteinsäurereihe nicht angehören kann, da sie nicht fähig ist, in ein Anhydrid überzugehen, auch liefert sie bei der Destillation ihres Kalksalzes kein Keton, wodurch sie als zur Glutarsäurereihe gehörig charakterisiert wird. Inwieweit diese Schlußfolgerungen berechtigt sind, wird bei der Konstitution des Kampfens besprochen werden.

Cyklen $C_{10}H_{16}$ =

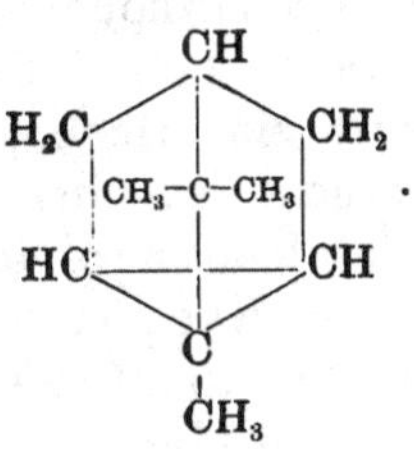

.

MOYCHO und ZIENKOWSKI (B. **37**, 1035; A. **340**, 24) oxydierten das Rohkampfen mit Kaliumpermanganat und nahmen wahr, daß sich ein Teil des

Kohlenwasserstoffes der Oxydation entzieht. Dieser unangegriffene Kohlenwasserstoff $C_{10}H_{16}$ siedet bei 152—152,8° und schmilzt bei 67,5—68°. Die Genannten halten ihn für verschieden von dem Isocyklen, welches WAGNER und BRICKNER (Protok. der russ. phys. chem. Ges. **5** [1903]) aus dem Bornylenchlorhydrat erhielten; dagegen halten sie diesen Kohlenwasserstoff für identisch mit dem Tricyklen von GODLEWSKI und WAGNER (Ж. **29** [1897], 121; C. **1897**, I, 1055). G. und W. stellen das Tricyklen aus dem Pinendibromid $C_{10}H_{16}Br_2$ vom Smp. 169—170° her, von welchem SEMMLER (B. **33**, 3423) nachwies, daß es ein Kampferabkömmling ist, dem er folgende Konstitution zuschreibt:

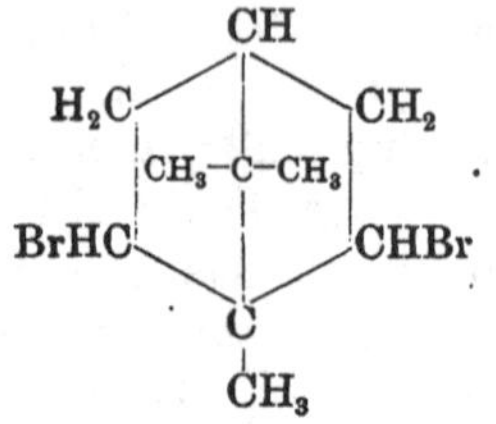

Auf dieses Dibromid ließen G. und W. Zinkstaub und Alkohol einwirken, wobei sie ein Cyklen erhalten haben müssen, mit dem obige von SEMMLER (B. **35** [1902], 1019) aufgestellte Formel übereinstimmt. G. und W. finden für das Tricyklen Smp. 65—66°, Sdp. 153°; es ist gegen $KMnO_4$ beständig und gibt ein Additionsprodukt mit HCl. M. und Z. geben diesem gesättigten Kohlenwasserstoff folgende Formel:

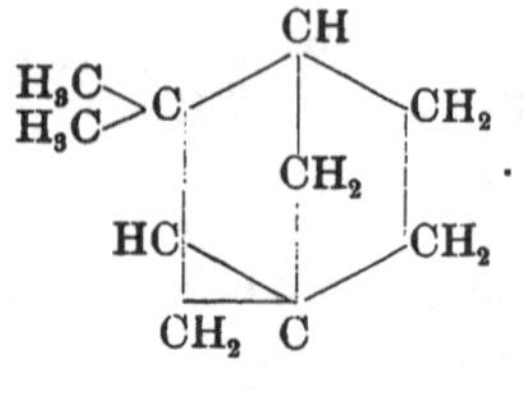

Dieser Kohlenwasserstoff ist in dem Rohkampfen zu ungefähr 0,4 % vorhanden.

Die Oxydation des Kampfens zu Kampfer ist bisher nur mit sauren Oxydationsmitteln möglich gewesen; es liegt dies auch ganz in der Natur der Verhältnisse, da der Kampfentypus zunächst in den Kampfertypus umgelagert werden muß und dann erst Oxydation eintreten kann, weil im entgegengesetzten Falle die Methylengruppe oxydiert wird und alsdann kein Kampfer mehr gebildet werden kann. Unter Wasseranlagerung an das Kampfenmolekül muß zuerst ein Alkohol $C_{10}H_{18}O$ gebildet werden, welcher entweder selbst Isoborneol ist oder, wenn Isoborneol stereoisomeres Borneol darstellt, in das Isoborneol invertiert werden muß, alsdann erst tritt die Oxydation zu Kampfer ein. Vgl. GERHARDT und CAHOURS (A. **37** [1841], 69; A. **45** [1843], 29), welche aus dem Vorlauf des Baldrianöls (Kampfen und Pinen) durch Oxydation Kampfer erhalten haben wollen, jedoch selbst späterhin zweifelhaft über diese Reaktion geworden sind. Trotzdem will BERTHELOT (J. **1858**, 441) Kampfer aus

Kampfen mittels Platinmohr dargestellt haben. Es muß dahingestellt bleiben, welche Säure die Invertierung hierbei bewirkt. Im Jahre 1869 (C. r. **68**, 334; A. **150**, 374) oxydierte BERTHELOT Kampfen durch Chromsäure zu Kampfer und erhielt eine bessere Ausbeute als mit Platinmohr; überhaupt hat er letztere Umwandlung mit Platinschwarz mit allem Vorbehalt mitgeteilt. RIBAN (B. **8** [1875], 829) erhält ebenfalls aus Kampfen durch Oxydation mit Salpetersäure Kampfer. In seiner nächsten Mitteilung (B. **8** [1875], 903) kommt BERTHELOT nochmals auf diese Reaktion zurück und beansprucht RIBAN gegenüber die Priorität. ARMSTRONG und TILDEN (B. **12** [1879], 1756) oxydieren ebenfalls Kampfen mit Salpetersäure; sie erhalten einen Kampfer, welcher mit dem gewöhnlichen Kampfer nach ihrer Meinung die größte Ähnlichkeit zeigt und mit ihm gleichen Schmelzpunkt hat; sie oxydieren ihn mittels Salpetersäure weiter und erhalten eine Kampfersäure vom Smp. 202°, deren Anhydrid bei 223° schmilzt. — Vgl. auch MARSH und GARDNER (Soc. **59** [1891], I, 648; B. **24**, Ref. 947; Soc. **69**, 74; B. **29** [1896], Ref. 175).

Es unterliegt keinem Zweifel, daß sich bei der Oxydation des Kampfens in sauren Lösungsmitteln, namentlich mit Chromsäure, besonders Kampfer bildet, während mit Salpetersäure auch Kampfenilon entsteht.

Oxydationsprodukte des Kampfens durch Salpetersäure und sein Verhalten gegen salpetrige Säure. Carboxyl-Apokampfersäure

$C_{10}H_{14}O_6$ =

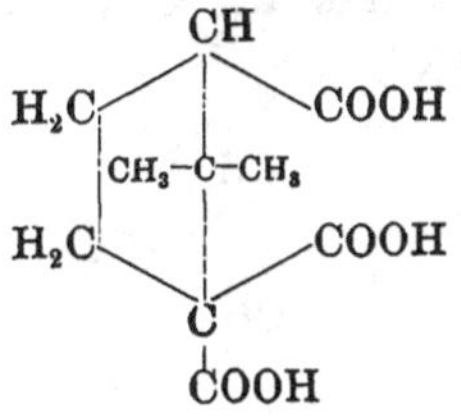

ARMSTRONG und TILDEN (B. **12** [1879], 1756) oxydieren Kampfen mit Salpetersäure, nachdem RIBAN (B. **11**, 391) bei dieser Oxydation bereits eine Säure vom Smp. 197—198° erhalten hatte; sie konstatieren die Bildung einer Säure vom Smp. 202°, deren Anhydrid bei 223° schmilzt. Oxydiert man nun Kampfen nach MARSH und GARDNER (Soc. **59** [1891], I, 648; B. **24**, Ref. 947; Soc. **69**, 74; B. **29** [1896], Ref. 175) mit verd. Salpetersäure, so erhält man unter den sauren Oxydationsprodukten besonders eine Säure $C_{10}H_{14}O_6$, Smp. 199—200°, die dreibasisch ist und drei Reihen von Salzen bildet. Das Anhydrid $C_{10}H_{12}O_5$ entsteht beim Erhitzen der Säure mit Acetylchlorid; es ist eine einbasische Säure vom Smp. 205°, die in der Hitze in CO_2 und Apokampfersäureanhydrid

$C_9H_{12}O_3$ =

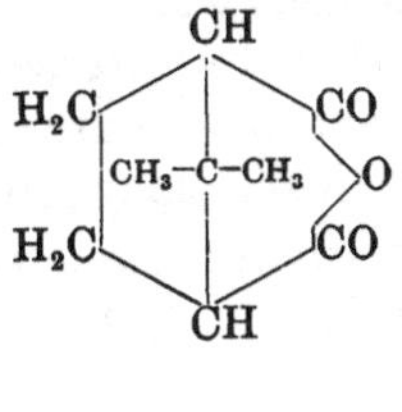

zerfällt. Dieses schmilzt bei 178—179° und läßt sich durch Kochen mit PCl_5 in zwei Verbindungen zerlegen. Man erhält $C_9H_{12}Cl_2O_2$ ($Sdp._{13}$ = 125 bis 130°), welches mit H_2O gekocht die ursprüngliche Säure (cis-Mod.) und eine isomere Säure (trans-Mod.) liefert; das Gemenge beider ist die Mesosäure, die sich durch Acetylchlorid trennen läßt. Es entsteht das Anhydrid der cis-Modifikation während die trans-Modifikation unverändert bleibt. Smp. der reinen cis-Säure = 190—191°. Chlor-Apokampfersäureanhydrid $C_9H_{11}ClO_3$. Durch Erhitzen der Apokampfersäure mit PCl_5 erhält man $C_9H_{11}Cl_3O_2$, $Sdp._{15}$ = 142°; mit Wasser geht letzteres langsam über in Chlor-Apokampfersäureanhydrid

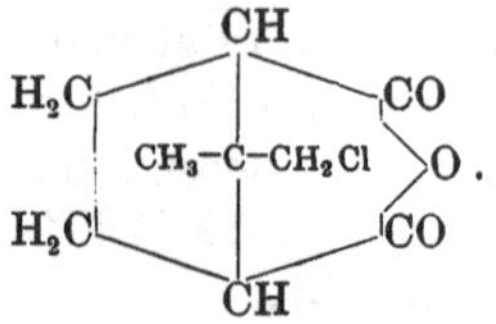

Durch Erhitzen der Apokampfersäure mit Jodwasserstoff im Rohr auf 180° entsteht Hexahydroxylol; es muß jedoch dahingestellt bleiben, ob ein wirkliches Xylol vorliegt, oder nicht vielmehr ein an einem Kohlenstoffatom dimethyliertes Hexamethylen. — Die Bildung der Carboxyl-Apokampfersäure geht zweifellos über die Oxy-Kampfenilansäure. —

Verbindung $C_{10}H_{16} \cdot HNO_3$ =

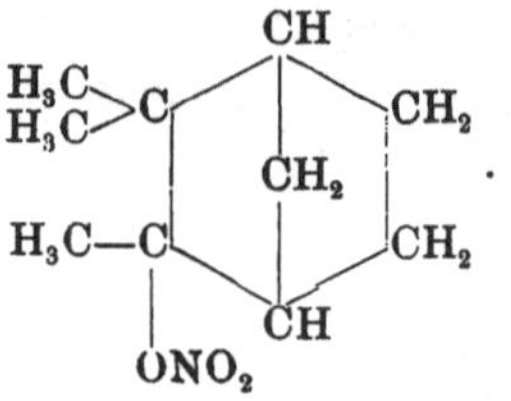

Nicht immer wirkt die Salpetersäure oxydierend, sondern sie lagert sich auch an, wenn man auf in Chloroform gelöstes Kampfen stark abgekühlte rauchende Salpetersäure einwirken läßt usw. (Bouveault, Bl. III, **23** [1900], 537). Es entstehen zwei Nitrate, ein beständiges und ein mit Wasserdämpfen unzersetzt flüchtiges, $Sdp._{10}$ = 110°. Wir haben es zweifellos in diesen Verbindungen $C_{10}H_{16} \cdot HNO_3$ teilweise mit den Salpetersäureestern des Isoborneols zu tun.

Säure $C_{10}H_{15}O_5N = C_8H_{14} : C \cdot (CO_2H) \cdot O \cdot NO_2$. Demjanow (Ж. **33** [1901], 284; C. **1901**, II, 346) läßt auf in Chloroform gelöstes Kampfen ebenfalls in Chloroform gelöstes Salpetersäureanhydrid unter starker Kühlung einwirken; dabei entsteht eine Säure $C_{10}H_{15}O_5N$, Smp. 140—141°, deren Silbersalz einen weißen Niederschlag bildet.

Bei der Einwirkung der verdünnten Salpetersäure auf Kampfen nach Marsh und Gardner (Soc. **59** [1891], I, 648; **69** [1896], I, 74) entstehen aber nicht nur saure Produkte, sondern auch indifferente, wie JAGELKI (B. **32** [1899], 1498) feststellte; zum Teil erhielt er diese Produkte leichter bei der Einwirkung von salpetriger Säure auf Kampfen (a. a. O., S. 1501). — Phellandren und Terpinen geben mit salpetriger Säure sehr gut kristallisierende Verbindungen, die beide in ihrer Konstitution gewisse Ähnlichkeit aufweisen; verschieden von diesen Verbindungen sind die Kampfenderivate. JAGELKI isolierte 1. das Kampfennitrosit, 2. Kampfennitronitrosit, 3. Kampfenilnitrit.

Das Kampfennitrosit $C_{10}H_{16}N_2O_3$ wird durch Überführung in das Kaliumsalz isoliert; es ist ein äußerst leicht zersetzlicher Körper, der sich schon beim Erwärmen auf 50° in N_2O und H_2O spaltet, wobei also NOH abgetrennt wird und das Nitrit entsteht. Das Kampfennitrositkalium $C_{10}H_{15}KN_2O_3$ kristallisiert in roten Kristallen. Das Kampfenbenzoylnitrosit $C_{10}H_{15}(C_6H_5CO)N_2O_3$ stellt eine grünlich gelbe, dicke Flüssigkeit dar, die im Vakuum destillierbar ist. Dem Kampfennitrosit kommt ev. folgende Formel zu:

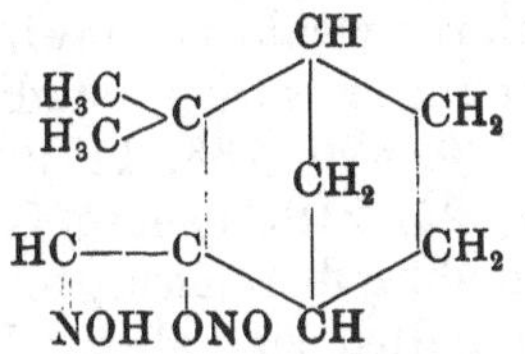

oder

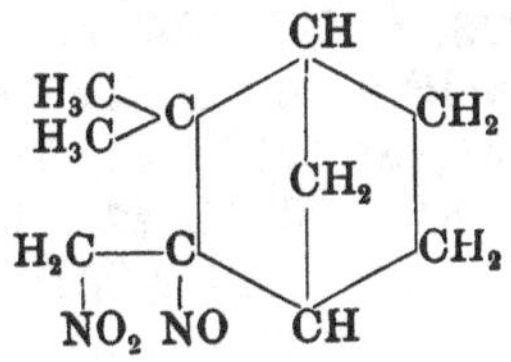

vorausgesetzt, daß das Molekül monomolekular ist.

Das Kampfennitrit $C_{10}H_{15}NO_2$ kann nach JAGELKI direkt gewonnen werden aus den Oxydationsprodukten des Kampfens mit Salpetersäure oder aus dem Nitrosit beim Erwärmen. Smp. 66°, Sdp.$_{12}$ = 147°. Bei der Reduktion entsteht Kampfenilanaldehyd und bei der Oxydation Kampfenilon. Es ist demnach nicht ausgeschlossen, daß die Atomgruppierung im Kampfennitrit folgende ist:

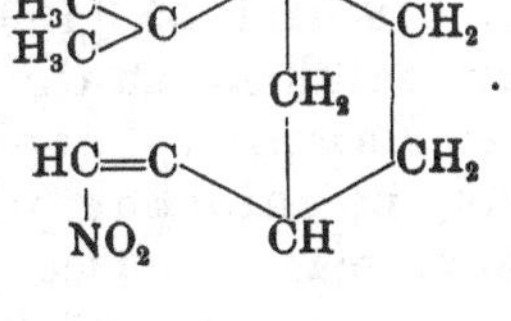

Kampfennitronitrosit $C_{10}H_{15}N_3O_5 = C_{10}H_{15}NO_2 \cdot N_2O_3$. Festes weißes Pulver; unlöslich in allen gebräuchlichen Lösungsmitteln löst es sich in Nitrobenzol mit der für die Pseudonitrole charakteristischen blauen Farbe auf. Danach müßte ev. das NO_2 an ein Kohlenstoffatom gebunden sein, an welches auch NO gebunden ist. Es ist jedoch auch nicht ausgeschlossen, daß wir es mit einer bimolekularen Verbindung zu tun haben, da sie sich bei vorsichtigem Erwärmen blau färbt und bei 149°

unter reichlicher Abgabe von Wasser und Stickstoffoxydgasen heftige Zersetzung eintritt. —

Über die Nitrierung von Kampfen vgl. KONOWALOW (Chem. Ztg. **26** [1902], 91). Die bei 100° ausgeführte Nitrierung führte zu N-freien (Kampfer, Borneol, Kampfenilon und noch anderen Verbindungen) und N-haltigen Produkten. Unter diesen befinden sich eine sekundäre Nitroverbindung, die nach der Destillation im Vakuum bei 195° schmilzt und Kristalle der Zusammensetzung $C_{10}H_{15}NO_2$ liefert, und ein Körper $C_{10}H_{15}NO$ Smp. 226°, aus dem durch rauchende HNO_3 eine dicke Flüssigkeit $C_{10}H_{14}N_2O_3$, $d_0 = 1,079$ erhalten wird. Durch Zinn und HCl wird diese zu $C_{10}H_{15}ON$ reduziert, das weder mit Br, noch $KMnO_4$ reagiert und beim Erhitzen mit HCl auf 190° Dehydrokampfenylsäure, Smp. 148,5 bis 149°, liefert. Diese Verbindung $C_{10}H_{15}ON$, die ihrer Menge nach als das Hauptprodukt der Einwirkung verdünnter HNO_3 auf Kampfen erscheint, ist ev. ein Nitril der Kampfenylsäure C_8H_{14}:COHCN, wenn dem Kampfen die WAGNERsche Formel zukommt. —

Das Kampfenchromylchlorid $C_{10}H_{16} \cdot 2(CrO_2Cl_2)$. ÉTARD (C. r. **116**, 434; C. **1893**, I, 648) ließ auf Kampfen Chromylchlorid einwirken, eine Reaktion, welche er an anderen Verbindungen vorher studiert hatte (C. r. **84**, 127; **86**, 989; **90**, 534; B. **10**, 236, 496, 736, 1172; **12**, 373; **13**, 930; **14**, 848; Bl. II, **27**, 249; A. ch. V, **22**, 218), ebenso CARSTANJEN (B. **2**, 632; J. pr. I, **107**, 331). ÉTARD glaubte den Kampfenaldehyd $C_{10}H_{14}O$ und die Kampfensäure $C_{10}H_{14}O_2$ erhalten zu haben. Es ist dies aber ein Irrtum, wie BREDT und JAGELKI (A. **310**, 119) zeigten, da diesen Verbindungen die Formeln $C_{10}H_{16}O$ bzw. $C_{10}H_{16}O_2$ zukommen. — Die Doppelverbindung $C_{10}H_{16} \cdot 2(CrO_2Cl_2)$ stellt ein hellbraunes, äußerst hygroskopisches Pulver dar. Bringt man sie mit Wasser zusammen, so entsteht Kampfenilanaldehyd, Chromchlorid und Chromsäure. Zur Darstellung der Doppelverbindung verfährt man folgendermaßen: Zu einer stark gekühlten Lösung von 40,8 g Kampfen in 400 ccm trocknem CS_2 wird unter Umschütteln allmählich eine Lösung von 95 g Chromylchlorid in 950 ccm CS_2 hinzugesetzt. —

Bei der Einwirkung von PCl_5 auf Kampfen entsteht (MARSH und GARDNER, Soc. **59** [1891], I, 648 und **65** [1894], I, 35) ein Chlorid $C_{10}H_{15}PCl_4$, welches im Vakuum destilliert ein Chlorid $C_{10}H_{14}PCl_3$ liefert; ersteres gibt mit Wasser zwei Kampfenphosphonsäuren $C_{10}H_{17}PO_3$, während das Chlorid $C_{10}H_{14}PCl_3$ in chlorkampfenphosphonige Säure $C_{10}H_{16}ClPO_2$ übergeht. Erwärmt man Kampfen mit PCl_5 unter Zusatz von Phosphortrichlorid oder -oxychlorid am Rückflußkühler längere Zeit, so entsteht ein Chlorid $C_{10}H_{14}PCl_3$ (Sdp.$_{18}$ = 170°), das mit heißer Natronlauge die einbasische Säure $C_{10}H_{14}ClP(OH)_2$ liefert. —

Verbindung des Kampfens mit Quecksilbersalzen. BALBIANO und PAOLINI (B. **35** [1902], 2994 und B. **36** [1903], 3575) schütteln in Petroläther vom Sdp. 40—50° gelöstes Kampfen mit einer gesättigten Lösung von Mercuriacetat (2 Mol. Mercuriacetat auf 1 Mol. Kampfen; 30tägige Einwirkung). Es bildet sich ein Additionsprodukt in glänzenden, farblosen Blättchen vom Smp. 188—189° und der Zusammensetzung: $C_{10}H_{16}O(HgC_2H_3O_2)_2$; die entsprechende Chlorverbindung hat die Bruttoformel $C_{10}H_{16}O(HgCl)_2$, wird bei 150° weich, ohne bis 250° zu schmelzen. Die essigsaure Verbindung wird in mit Salzsäure angesäuertem Wasser langsam durch Schwefelwasserstoff unter Rückbildung von Kampfen (vgl. Pinen) zerlegt. —

Über die Behandlung des Kampfens mit Kobalticyankaliumlösung und starker Salzsäure, wobei sich feste, Eisschollen ähnliche Verbindungen, die genau so aussehen wie viele Oxoniumsalze der Kobalticyanwasserstoffsäure, bilden, vgl. BAEYER und VILLIGER (B. **34** [1901], 2686).

Physiol. Eig. des Kampfens. Das Verhalten von Terpenverbindungen im tierischen Organismus wurde von HILDEBRANDT (Z. für phys. Chemie **36** [1902], 441, 452) und von FROMM, HILDEBRANDT und CLEMENS (ibid. **37** [1903], 189) untersucht. Das Kampfen lieferte hierbei eine Verbindung $C_{10}H_{16}O$, welche sich als identisch mit dem Kampfenilanaldehyd erwies. — Im Geruch unterscheidet sich das Kampfen von den anderen Terpenen durch seinen entfernt an Kampfer erinnernden Geruch.

Identifizierung des Kampfens. Um das Kampfen nachzuweisen, verfährt man am besten so, daß man es in möglichst reinem Zustande abzuscheiden sucht und alsdann die betreffenden Identitätsreaktionen anstellt. Liegen zu geringe Mengen vor, so muß man ohne vorhergehende Reinigung diese direkt prüfen. Die Abtrennung geschieht am besten zunächst durch fraktionierte Destillation, indem man die zwischen 157 und 162° übergehenden Anteile sammelt und diese wiederholt über metallischem Natrium destilliert. Alsdann kühlt man ab und sucht das Kampfen in festem Zustande zu erhalten. Jedoch gelingt die kristallinische Abscheidung nicht immer, besonders in ätherischen Ölen vorkommendes Kampfen scheint durch gleichzeitig vorhandene andere Terpene am Kristallisieren gehindert zu werden. Kristallisiert das Kampfen aus, so saugt man ab und sucht aus Alkohol unter geringem Wasserzusatz wiederholt umzukristallisieren; ein Smp. von etwa 50° deutet auf Kampfen hin.

Zur weiteren Identifizierung führen wir das Kampfen in Isoborneol über (BERTRAM und WALBAUM, J. pr. II, **49**, 1), indem wir 1 Teil Kampfen mit $2\frac{1}{2}$ Teilen Eisessig und 0,1 Teil 50%iger H_2SO_4 2—3 Stunden auf 50—60° erwärmen. Isoborneol läßt sich durch seinen Smp. 212°, noch besser durch die bei 71—72° schmelzende Bromal- oder durch die bei 138—139° schmelzende Phenylurethanverbindung identifizieren.

Man könnte aber einwenden, daß auch noch andere Terpene als Kampfen sich in Isoborneol überführen lassen. Zur weiteren Identifizierung des Kampfens zieht man deswegen auch die Oxydation, die sich in Eisessig mit Kaliumpermanganat sehr leicht bewirken läßt, heran, indem man mit 3 Atomen Sauerstoff oxydiert. Nach beendigter Reaktion macht man alkalisch und destilliert mit Wasserdämpfen ab. Das Kampfenilon destilliert mit über und läßt sich durch das Semicarbazon vom Smp. 243° bzw. das Oxim vom Smp. 109—110° identifizieren.

Schließlich läßt sich auch die Quecksilberdoppelverbindung des Kampfens von Balbiano und Paolini (B. **35** [1902], 2994 und **36**, 3575) zur Identifizierung verwerten; aus dieser kann durch Behandlung mit Schwefelwasserstoff das Kampfen in reinem Zustande regeneriert werden.

Vor allen Dingen könnte eine Verwechslung mit Pinen vorliegen; Pinen läßt sich aber nicht so wie Kampfen in Isoborneol überführen (vgl. Nopinen), auch liefert es oxydiert kein Keton $C_9H_{14}O$ (vgl. außerdem Pinenreaktionen).

Konstitution des Kampfens. Sobald Berthelot (C. r. **47** [1858], 266; Spl. **II** [1862], 226) das feste Kampfen erhalten hatte, ruhten die Arbeiten über diesen Kohlenwasserstoff im großen und ganzen, bis abermals ein französischer Forscher, Riban (A. ch. V, **6** [1875], 353), sich mit der Darstellung des Kampfens beschäftigte und zeigte, daß das Kampfen sich leichter aus dem Kampfenchlorhydrat bildet als aus dem Pinenchlorhydrat. Inzwischen hatte 1865 Kekulé seine Benzoltheorie aufgestellt, derzufolge man in den Benzolabkömmlingen einen Benzolkern annahm. Es ist selbstverständlich, daß man sich über die Konstitution der Terpene, welche man kennen gelernt hatte, Vorstellungen zu machen suchte, namentlich über das Pinen (Terebenthen, Australen usw.), Limonen (Citren, Cinen usw.) und Kampfen. Es waren zwei Umstände, welche einen Fingerzeig für die Konstitution dieser Verbindungen gaben, das war die Überführung des Pinens in die Terephtalsäure (Cailliot, A. **64** [1847], 376; A. ch. III, **21**, 27; Hempel, A. **180** [1875], 71) und die Überführung des Pinens in Cymol (Barbier und Oppenheim, B. **5** [1872], 95 und 99). Man sah anfangs der siebziger Jahre infolgedessen die Terpene als hydrierte Cymole an, namentlich das Pinen. — Aber dabei blieb man nicht stehen, sondern man erkannte sehr wohl einen wesentlichen Unterschied zwischen der Kampfergruppe und den übrigen hydrierten hierher gehörigen Verbindungen, vor allen Dingen fiel die große Beständigkeit sämtlicher Kampferderivate auf, so daß man frühzeitig den Grund hierfür in einer eigentümlichen, nur diesem Typus eigenen Konstitution erblickte (vgl. Kampfer). Diesen Gedanken spricht besonders Hlasiwetz (B. **3** [1870], 539) aus, indem er dem Kohlenwasserstoff der Kampferderivate, dem Kampfen, folgende Strukturformel beilegte:

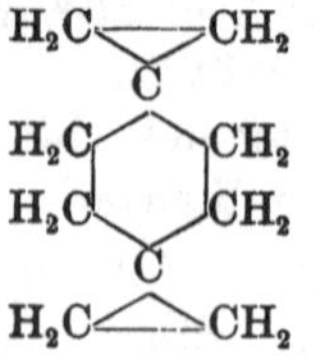

(I).

Wir erkennen hieraus, daß man von Anfang an, schon vor Berthelot, das Kampfen als den Kohlenwasserstoff, welcher dem Kampfertypus zugrunde liege, angesehen hatte; besonders aber seitdem Berthelot (A. **110**, 368; A. **112**, 363; C. r. **47**, 266) gezeigt hatte, daß der Kampfer sich zu Borneol reduzieren läßt, war man mit diesem Forscher der Meinung, daß Borneol zum Kampfen in demselben Verhältnis stehe wie der Äthylalkohol zum Äthylen. Diese Auffassung, daß dem Kampfen und dem Borneol dasselbe Kohlenstoffskelett zukomme, erhält sich im wesentlichen bis zum Jahre 1899, als WAGNER (Ж. **31**, 680) die Ansicht ausspricht, daß beim Übergang des Kampfertypus in das Kampfen ein Systemwechsel eintreten müsse. Allerdings hatte bereits BERTHELOT (a. a. O.) in den Jahren 1859 bis 1862 gezeigt, daß bei den Übergängen vom Pinen zum Pinenhydrochlorid und von diesem zum Kampfen jedesmal ein Systemwechsel Platz greife; aber BERTHELOT konnte nicht wissen, daß das Pinenhydrochlorid das Chlorid des Borneols ist. Alle Kampfenformeln, die bis zum Jahre 1899 aufgestellt worden sind, schließen sich demnach eng an die Borneol- bzw. Kampferformeln (vgl. diese) an, oder sie können stillschweigend aus jenen ergänzt werden, ein Umstand, den man bei den folgenden Auseinandersetzungen im Auge behalten wolle.

Im Jahre 1873 (B. **6**, 931) schlägt KEKULÉ wegen der Überführung des Kampfers in ein Benzolderivat für diesen ein monocyklisch ungesättigtes System vor, wonach dem Kampfen folgende Formel zukommen sollte:

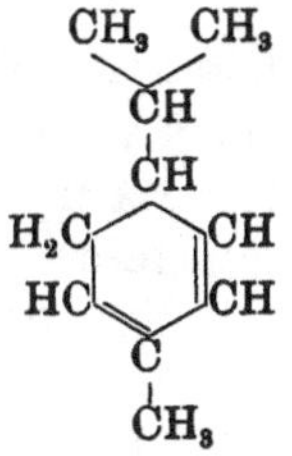

(II).

ARMSTRONG (B. **11** [1878], 1698) gibt seine Ansicht „Über Terpentin- und Kampferformeln" kund und legt für letztere Gruppe folgenden Kohlenwasserstoff zugrunde:

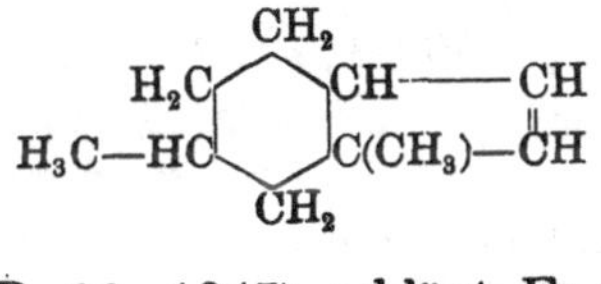

(III).

In demselben Jahre (B. **11**, 1847) schlägt FLAWITZKY für die Kampfene und optisch aktiven Terpentinöle folgende Formel vor:

$$(CH_3)_2\cdot CH\cdot \overset{\overset{\displaystyle CH_3}{|}}{C}H\cdot CH:CH\cdot\begin{cases} C\vdots C\cdot CH_3 \\ CH:C:CH_2 \end{cases} \quad (IV),$$

wobei er die ganzen Systeme für alipathisch hält.

Während wir bis zum Jahre 1883 für das Kampfen sowohl, wie für den Kampfer alle vier Möglichkeiten vertreten sehen: 1. daß das Kampfen ganz gesättigt und tricyklich ist (HLASIWETZ), 2. daß es ein bicyklisches System und e i n e doppelte Bindung enthält (ARMSTRONG), 3. daß es monocyklich ist und zwei doppelte Bindungen aufweist (KEKULÉ) und 4. daß es zur aliphatischen Reihe gehört und drei doppelte Bindungen besitzt, tritt mit diesem Jahre eine wichtige Wendung in der Kampferfrage ein, indem KANONNIKOW (Ж. **15** [1883], 469; B. **16** [1883], Ref. 3051; J. pr. II, **32** [1885], 511) durch die Molekularrefraktion nachweist, daß dem Kampfersystem ein gesättigtes Molekül zugrunde liegt. Nunmehr mußten sich auch analog die Formeln für das Kampfen ändern. Je nachdem man annahm, daß bei der Wasserabspaltung aus dem Borneol das Wasserstoffatom von einem benachbarten Kohlenstoffatom hergenommen wird oder von einem entfernter stehenden, mußte wiederum ein bicyklisches, einfach ungesättigtes Kampfen entstehen oder ein tricyklisches gesättigtes. WALLACH (A. **230**, 269) entschied sich im Jahre 1885 für den ersteren Fall, indem er das Kampfen folgendermaßen konstituiert auffaßte:

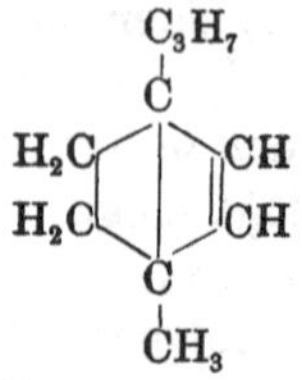
(V);

vgl. auch (A. **239** [1887], 51).

BRÜHL (B. **21** [1888], 177) zieht auf Grund physikalischer Konstanten, die von GLADSTONE genommen waren, die zweite Möglichkeit in Betracht und spricht sich für eine eventuell gesättigte Natur der Kampfene aus, indem er folgende beiden Formeln aufstellt:

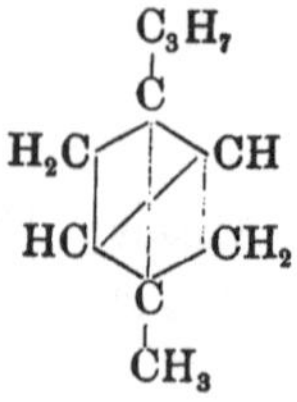
(VI) und
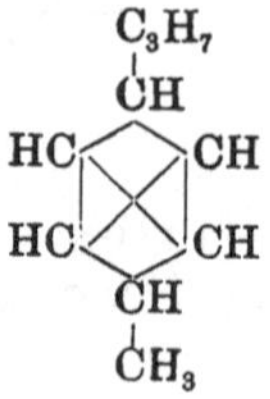
(VII).

WALLACH (A. **252** [1889], 136; **269** [1892], 345; B. **24** [1891], 1553) weist auf Grund neu festgestellter Konstanten nach, daß die Molekularrefraktion des Kampfens eine doppelte Bindung erfordert. Zu dem gleichen Resultat kommt alsdann nach neu angestellten eigenen Versuchen BRÜHL (B. **25** [1892], 145, 160).

Obwohl nach diesen Untersuchungen WALLACHS und BRÜHLS nunmehr zweifellos feststand, daß im Kampfen eine doppelte Bindung vorliegt, und zwar aus Versuchen, die hauptsächlich auf der Bestimmung der Molekularrefraktion beruhten, so war man sich in der nächsten Folgezeit doch noch nicht über die vollkommen gesättigte oder einfach ungesättigte Natur einig.

COLLIE (B. **25** [1892], 1108) sieht das Kampfen als vollkommen gesättigt an und erteilt ihm folgende Konstitution:

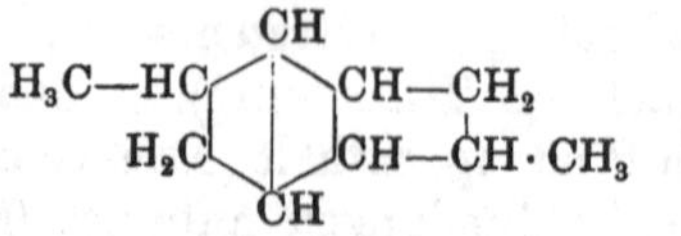
(VIII).

Im Jahre 1893 trat alsdann die wichtigste Wendung in den Anschauungen über die Konstitution des Kampfers ein, also 10 Jahre später, als KANONNIKOW die gesättigte Natur des Kampfers nachgewiesen hatte. Aus Oxydationsprodukten des Kampfers zog BREDT (B. **26** [1893], 3047), den Schluß, daß die Isopropylgruppe an der Ringbildung beteiligt ist und gab dem Kampfen folgende Konstitution:

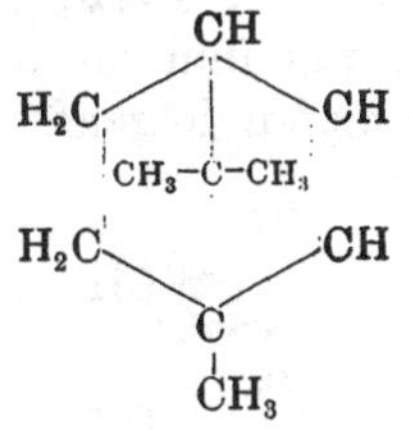
(IX).

Erwähnt sei, daß MARKOWNIKOW (B. **23**, 2310) auch für das Kampfen zwei doppelte Bindungen annimmt.

MARSH und GARDNER (Soc. **69**, 74; B. **29** [1896], Ref. 176) ziehen eine vollkommen gesättigte Formel für das Kampfen mit folgender Anordnung der Atome vor:

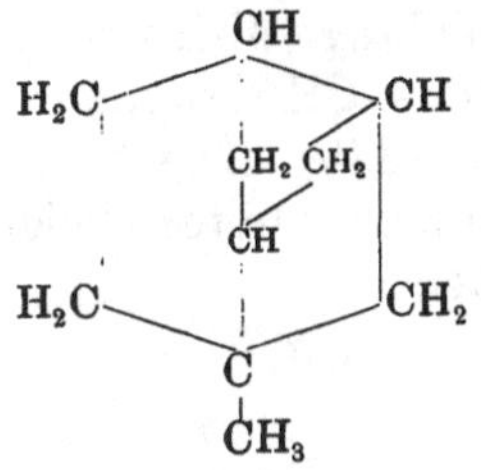
(X)

MARSH (C. **1899**, I, 791) modifiziert alsdann diese Formel in folgender Weise:

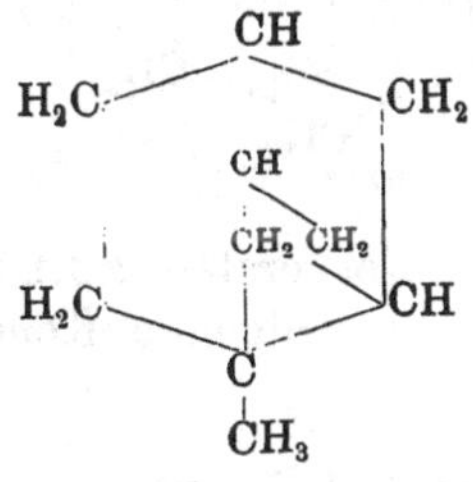
(XI).

M. glaubt sich zu diesem Schluß berechtigt, weil sich Brom nicht addiere, sondern zuerst substituierend wirke und alsdann der gebildete Bromwasserstoff Ringsprengung verursache.

DODGE (Am. **24** [1902], 649; C. **1902**, II, 591) schlägt für das Kampfen ebenfalls eine gesättigte Konstitution vor:

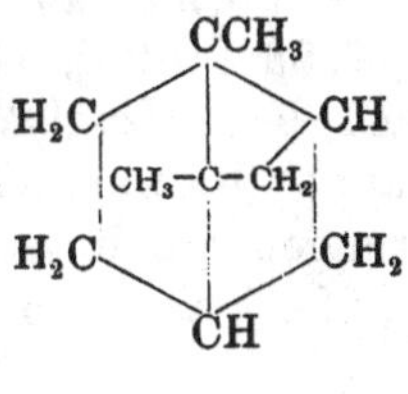
(XII),

und zwar weil das Kampfen analog dem Pinen mit Eisessig bei Gegenwart von Schwefelsäure reagiert; analoge Konstitution nimmt er auch für Kampfenilon $C_9H_{14}O$ und für den Kohlenwasserstoff C_9H_{14} an.

Bouveault (Bl. III, **7**, 403; C. **1892**, II, 327; Bl. III, **11**, 134; C. **1894**, I, 629) schließt von der von ihm für den Kampfer angenommenen neuen Formel aus, daß das Kampfen folgendermaßen konstituiert sei:

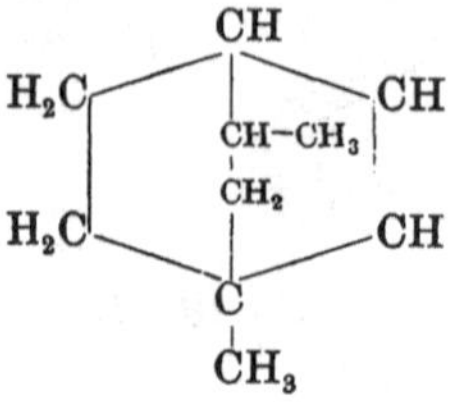

(XIII).

Wir erkennen, daß Bouveault ebenfalls nicht die Isopropylgruppe fertig gebildet in dem Kampfer- bzw. Kampfenmolekül annimmt, daß aber eine Methylgruppe die Brückenbindung übernimmt und nicht, wie in der Bredtschen Formel, die tertiäre CH-Gruppe.

Reychler (B. **29** [1896], 1845) akzeptiert im wesentlichen für das Kampfen die Formel (IX) Bredts, unterscheidet aber noch ein labiles Kampfen von folgender Formel:

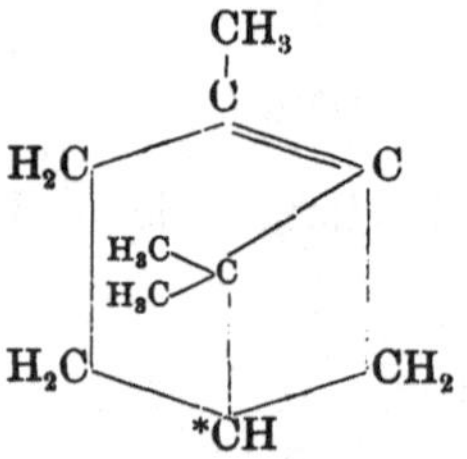

(XIV).

Wir kommen nunmehr zu der ersten Auffassung Wagners über das Kampfen; er teilt diesem Molekül folgende Konstitution zu:

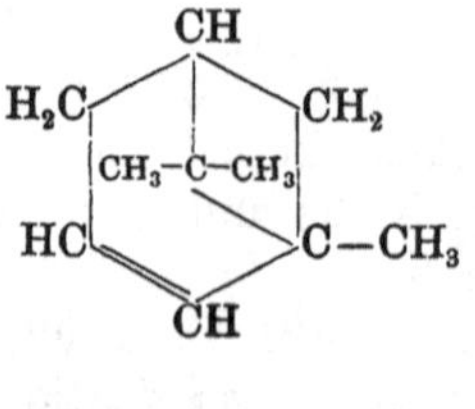

(XV),

und zwar gründet Wagner diese Formel auf die von ihm bei der Oxydation gewonnenen Ergebnisse (Ж. **28** [1896], 64; **29** [1897], 124; C. **1897**, I, 1055); er hatte hauptsächlich Kampfenglykol $C_{10}H_{18}O_2$, Kampfenilon $C_9H_{14}O$ und Oxykampfenilansäure (Kampfenylsäure) $C_{10}H_{16}O_3$ erhalten; über dabei erfolgende Umlagerungen vgl. in der Literatur. Diese Ansicht änderte Wagner (Ж. **31** [1899], 680), als er für das Kampfen (Isobornylen) folgende Formel vorschlug:

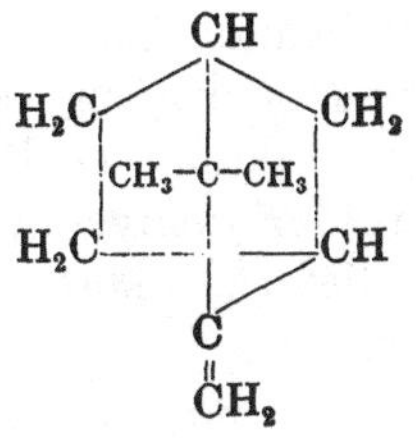 (XVI).

Gleichzeitig war es gelungen, das eigentliche Bornylen zu erhalten, das W. folgendermaßen konstituiert ansieht:

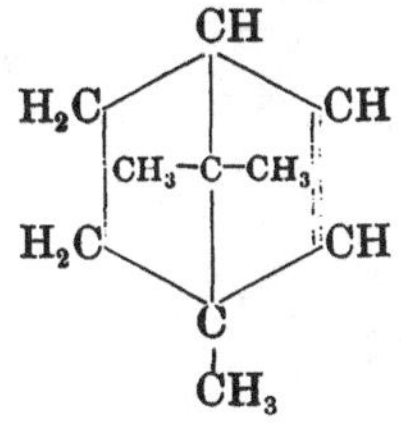 ;

vgl. auch WAGNER und BRICKNER (B. **33** [1900], 2121). Mit dieser Auffassung WAGNERS ist zum ersten Mal der Gedanke klar ausgesprochen, daß dem Kampfen nicht derselbe Typus zukommt wie dem Kampfer, daß also beim Übergang vom Borneol bzw. von dem zugehörigen Chlorid (Pinenhydrochlorid) zum Kampfen ein Systemwechsel statthat, eine Auffassung, der wir allerdings schon bei BERTHELOT, fast 50 Jahre früher, begegnen; wie oben schon erwähnt, kannte er indessen die Zugehörigkeit des Pinenhydrochlorids zum Borneol noch nicht.

WAGNER legte seinem Kampfen eine Anordnung der Kohlenstoffatome zugrunde, wie sie von TIEMANN bereits in Betracht gezogen war; letzterer glaubte (B. **28** [1895], 1090), daß Kampfen folgendermaßen konstituiert sei:

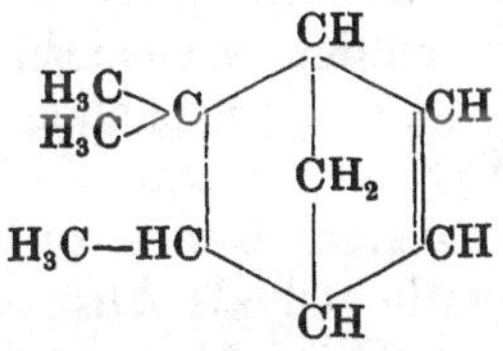 (XVII).

WAGNER sagt selbst hierzu, daß seine Formel (XVI) „eine unwesentlich bezüglich der Lage der Äthylenbindung veränderte" Formel von TIEMANN vorstelle.

Es sei erwähnt, daß MOYCHO und ZIENKOWSKI (A. **340** [1905], 51) dieselbe Formel TIEMANNS für das Isokampfen, welches hauptsächlich dem Kampfen im Rohkampfen beigemengt sei, in Anspruch nehmen.

Schließlich hält SEMMLER (B. **33** [1900], 3420 und **35** [1902], 1016) daran fest, daß bei dem Übergang vom Pinenhydrochlorid zum Kampfen intermediär ein Ring entstehen muß, welcher sich wiederum sehr leicht aufspaltet, da das Kampfen ein semicyklisches Molekül ist und das Pinenhydrochlorid die Bildung einer derartigen doppelten Bindung nicht zuläßt.

Diese einzigen bis dahin feststehenden Tatsachen lassen vermuten, daß diese Übergänge ineinander, auch rückwärts, sehr leicht statthaben, wie S. an den Halogensubstitutionsprodukten des Kampfens nachwies, welche fast alle bei der Reduktion mehr oder weniger Kampfan, welches wiederum dem Kampfertypus angehört, liefern. Man könne demnach folgende Möglichkeiten in Betracht ziehen:

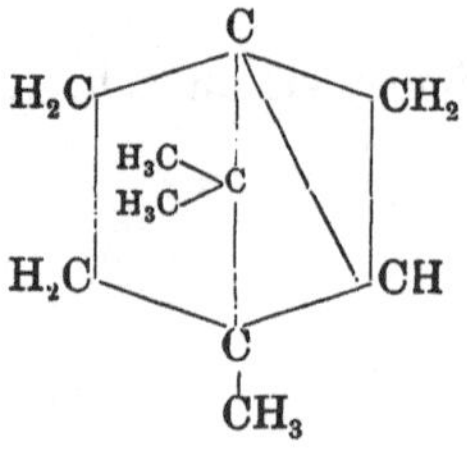
(XVIII) ⟶
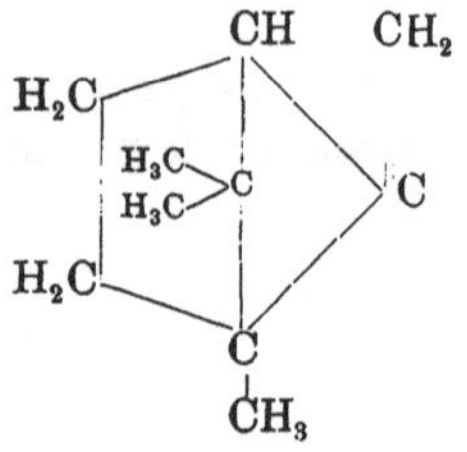
(XIX)

bzw.
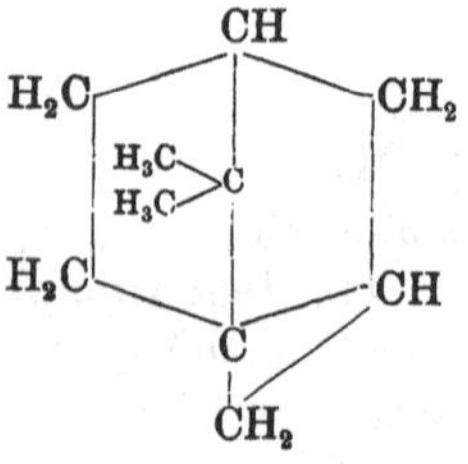
(XX) ⟶
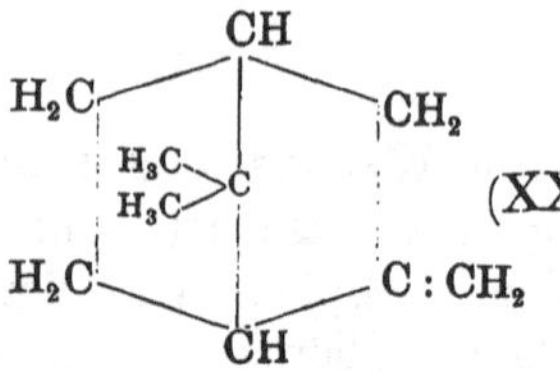
(XXI).

Um die wichtige Konstitution des Kampfens zu bestimmen, müssen wir von den physikalischen und chemischen Eigenschaften dieses Moleküls ausgehen, müssen wir uns vor allen Dingen darüber klar werden, ob das Kampfen, wie es nach seinen Darstellungsmethoden gewonnen wird, einheitlicher Natur ist oder nicht. Ist dies nicht der Fall, so können wir aus den Eigenschaften und Derivaten des ev. Gemisches schwer einen Schluß auf die Konstitution des Kampfens selbst ziehen. Das aus natürlichen Quellen, aus den ätherischen Ölen, gewonnene Kampfen scheidet aus, da es nicht mit Leichtigkeit in genügender Menge zu beschaffen ist. Für das künstliche Kampfen ist im wesentlichen als Ausgangsmaterial das Pinenhydrochlorid oder das Isoborneol in Betracht zu ziehen. In beiden Fällen sind Umlagerungen eines etwa primär entstehenden Kampfens nicht ausgeschlossen, da wir entweder bei hoher Temperatur oder mit sauren Agentien arbeiten müssen. Vorweg mag bemerkt werden, daß es selbstverständlich ist, daß geringe Beimengungen anderer Kohlenwasserstoffe sich unter allen Umständen finden werden. Betrachten wir aber das Handelskampfen vom ungefähren Smp. 50°, das heute wohl hauptsächlich aus Isoborneol gewonnen wird, so ist nach meiner Ansicht dieser Kohlenwasserstoff im großen und ganzen einheitlich, und zwar besteht er aus einem semicyklischen Terpen.

Legen wir diese Anschauung zunächst zugrunde, so ergibt sich, daß wir bei Erörterung der Konstitution folgende Punkte beachten müssen.

1. Kampfen ist ungesättigt. Die Frage nach der gesättigten oder ungesättigten Natur des Kampfens ist sehr lange bis in die letzte Zeit hinein strittig gewesen. Die von WALLACH und BRÜHL (a. a. O.) in äußerst exakter Weise bestimmte Molekularrefraktion kann uns darüber aber nicht im Zweifel lassen, daß im Kampfen in der Tat ein ungesättigtes Molekül vorliegt. Die chemischen Reaktionen des Kampfens sind fast durchgängig derartige, daß sie sich auch mit einer gesättigten Konstitution erklären ließen (vgl. besonders MARSH, SEMMLER, sowie DODGE, a. a. O.) Am schwersten ließe sich mit der gesättigten Natur die Existenz des festen Dibromids und des Kampfenglykols vereinigen. Nach den Untersuchungen SEMMLERS erscheint es jedoch noch zweifelhaft, ob das Kampfendibromid ein direktes Anlagerungsprodukt von Brom an die doppelte Bindung ist, oder ob nicht nach Anlagerung von Brom sofort HBr abgespalten und in anderem Sinne wieder angelagert wird, und ob schließlich das Kampfendibromid überhaupt noch ein direktes Kampfenderivat ist oder nicht, vielmehr schon zum Kampfertypus gehört. Von allen chemischen Reaktionen spricht für die ungesättigte Natur des Kampfens am meisten das Kampfenglykol. Jeder Zweifel an der ungesättigten Natur des Kampfens wird jedoch, wie bereits hervorgehoben, durch die Molekularrefraktion beseitigt.

2. Die doppelte Bindung im Kampfen muß eine semicyklische sein. Nach WAGNER (B. **23**, 2311) liefert das Kampfen ein Glykol $C_{10}H_{16}(OH)_2$, welches nach MOYCHO und ZIENKOWSKI (A. **340**, 17) ein Monobenzoat gibt, dessen Hydratationsprodukt verseift Kampfenilanaldehyd liefert, woraus folgt, daß eine Umlagerung, wie sie BREDT (A. **310**, 116) annimmt, nicht statthaben kann, sondern daß die eine Hydroxylgruppe des Glykols eine primäre, die doppelte Bindung demnach eine semicyklische sein muß, da außerdem bei der Oxydation des Kampfenglykols das Keton Kampfenilon $C_9H_{14}O$ entsteht. — Mit dieser Auffassung der semicyklischen doppelten Bindung stimmt auch das Volumgewicht des Kampfens (0,87) überein, während die cyklisch-ungesättigten Kampfene in der Regel ein niedrigeres Volumgewicht haben (vgl. allgemeinen Teil), wie das Bornylen und die von ZELINSKY und ZELIKOW (B. **34**, 3253) erhaltenen Kampfene. Auch der hohe Siedepunkt (159—160°) des Kampfens im Vergleich zu dem des ringungesättigten Bornylens (Sdp. 149—150°) spricht für die semicyklische doppelte Bindung.

3. Das Kampfen muß ein asymmetrisches Kohlenstoffatom enthalten, da es optisch aktiv ist.

4. Das Kampfen darf neben dem Kohlenstoffatom des Kerns, an welches die Methylengruppe gebunden ist, keine CH_2-Gruppe enthalten, da das Kampfenilon nach Versuchen von MOYCHO und ZIENKOWSKI (A. **340**, 54) keine Oxymethylenverbindung liefert.

5. Die Oxydation des Kampfens zu Kampfer, ferner die Hydratisierung des Kampfens zu Isoborneol erfordern eine Formel, welche diesen Umsetzungen gerecht wird. Es muß jedenfalls bei der Oxydation des Kampfens zu Kampfer eine Umlagerung stattfinden, ebenso bei dem

Übergang vom Borneol zum Kampfen; demnach sind alle Formeln für das Kampfen ausgeschlossen, in denen dieselbe Anordnung der Kohlenstoffatome zugrunde liegt wie im Kampfer. Diese fünf Punkte genügen für eine Kritik und Sichtung der für das Kampfen aufgestellten obigen 21 Formeln. Die Forderung 2., daß die doppelte Bindung eine semicyklische sein muß, scheidet 19 Formeln aus, so daß nur die Formeln XVI, XIX und XXI übrig bleiben. Formel XXI hätte eine CH_2-Gruppe benachbart der Ketogruppe im Kampfenilon, scheidet demnach ebenfalls aus. Schwer läßt sich mit Formel XIX die Bildung der Carboxylapokampfersäure $C_{10}H_{14}O_6$ (Marsh und Gardner, Soc. **59** [1891], 648; **69** [1896], 74) in Einklang bringen. Die Zukunft muß jedoch entscheiden, ob die von Wagner aufgestellte Formel XVI allen physikalischen und chemischen Eigenschaften des Kampfens gerecht wird; wenn sich auch viele Reaktionen, namentlich die Bildung des Kampfens aus dem Kampfertypus, nicht leicht erklären lassen, so müssen wir doch ohne Zweifel anerkennen, daß keine Reaktion bisher direkt gegen die Wagnersche Formel spricht, und daß wir in dem eigentümlichen Pentoceanringsystem ein Ringsystem haben müssen, in welchem der eine Typus (Kampfertypus) sehr leicht in den anderen (Kampfentypus) und umgekehrt unter abwechselnder Ringsprengung und -schließung unter intermediärer Dreiringbildung übergehen kann, und daß gerade dieser Übergang sich nach der Bredtschen Kampfer- und nach der Wagnerschen Kampfenformel vorstellen läßt.

Geschichte des Kampfens. Periode bis 1857. Wenn auch das Kampfen erst 1858 (J. **1858**, 441) aus dem Pinenhydrochlorid durch Erhitzen mit Seife oder Natriumbenzoat auf 200—220° in festem Zustande dargestellt wurde, so ist es doch zweifellos, daß schon vor 1858 die Chemiker das Kampfen in unreinem Zustande in Händen gehabt haben müssen. Seit der Entdeckung des Pinenhydrochlorids (künstlicher Kampfer) durch Kindt im Jahre 1802 (Trommsd. J. d. Pharm. **11**, II [1803], 132) beschäftigte dieser Körper die Chemiker, jedoch wurde der Chlorgehalt erst später festgestellt (vgl. Blanchet u. Sell, A. **6**, 271). Oppermann (P. Bd. **22** [1831], 193) dürfte der erste gewesen sein, welcher durch Destillation des künstlichen Kampfers über Kalk unreines Kampfen gewonnen hat (vgl. oben Gewinnung des Kampfens aus künstlichem Kampfer). — Um Wiederholungen zu vermeiden, ziehe man für die Geschichte des Kampfens auch die bei den Herstellungsweisen gebrachten geschichtlichen Daten des letzteren in Betracht.

Soviel man sich demnach bemüht hatte, aus dem künstlichen Kampfer die Basis, den Kohlenwasserstoff, welcher ihm zugrunde lag, rein zu gewinnen, war dies bis 1857 nicht gelungen. Man wußte nicht einmal, ob im künstlichen Kampfer noch das Terpentinöl (Pinen) als solches vorhanden war oder ob es invertiert war, allerdings sprechen sich Blanchet und Sell (a. a. O.), Dumas und Oppermann (a. a. O.), Soubeiran und Capitaine (A. **34**, 311), welche den Namen „Kampfen" für alle Kohlenwasserstoffe $C_{10}H_{16}$, also für unsere heutigen „Terpene", annahmen und Deville (A. **37** [1841], 187) in verschiedenem Sinne darüber aus und geben den einzelnen Kohlenwasserstoffen je nach ihrer Auffassung verschiedene Namen. Fest steht nur, daß sie alle unreines Kampfen in Händen gehabt haben, dargestellt aus dem Pinenhydrochlorid.

Aber nicht nur diese Darstellung des Kampfens aus dem künstlichen Kampfer, sondern auch aus dem Borneol hat ihren Anfang in dieser Periode; vgl. PELOUZE (C. r. **1840**, II, Sem., 365; A. **40**, 326), welcher auf Borneol P_2O_5 einwirken ließ, sowie die Gewinnung aus einem ätherischen Öl, nämlich aus dem Baldrianöl (GERHARDT und CAHOURS, A. **37** [1841] 69; A. **45** [1843], 29). Auch sie haben in dem Kohlenwasserstoff zweifellos Kampfen, Pinen usw. gemengt vor sich gehabt.

So sehr man sich bemühte, Klarheit in den Zusammenhang zwischen Terpentinöl (Pinen), künstlichem Kampfer, den daraus hergestellten Kohlenwasserstoffen, dem Borneol und dem Laurineenkampfer zu bringen, es gelang dies nicht. GERHARDT und CAHOURS sahen 1843 (a. a. O.) in dem Verhältnis des Borneols zum Kampfer jenes eines Alkohols zum Aldehyd.

Periode 1857—1872.

Im Jahre 1858 stellte alsdann BERTHELOT das Kampfen im festen Zustande aus Pinenhydrochlorid dar; er erkannte ferner, daß bei dem Übergang vom Pinen zum Pinenhydrochlorid und von diesem zum Kampfen jedesmal ein Systemwechsel statthat (Spl. II [1862], 226). Es gelingt ihm im Jahre 1869 Kampfen durch Oxydation mit Chromsäure in Kampfer überzuführen (C. r. **68**, 334; A. **150**, 374), nachdem er vorher (a. a. O.) Kampfen durch Oxydation mit Platinschwarz ebenfalls zu Kampfer oxydiert haben will. Über die Konstitution des Kampfens ist man sich jedoch in dieser Periode keineswegs einig. Es war allerdings gelungen, den Kampfer in nahe Beziehung zum Benzol zu bringen, und zwar zum p-Propylmethylbenzol (Cymol) (vgl. auch FITTIG, KOEBRICH und JILKE, A. **145** [1869], 129), es war ferner gelungen, daß man das Pinen durch Oxydation ebenfalls in Cymol überführte (OPPENHEIM und BARBIER, B. **5** [1872], 95 und 99), daß man aus dem Pinen durch Oxydation Terephtalsäure erhielt usw. (vgl. Pinen), und daß man auf diese Weise am Ende dieser Periode die Terpenalkohole und Terpene als hydrierte Cymole ansprach, aber ein annähernd richtiges Bild von der Konstitution konnte man sich natürlich nicht machen.

Immerhin war es wichtig, daß man die Kampfengruppe als zweifellos verschieden von den anderen Terpenen ansah. BERTHELOT (a. a. O.) hatte bereits die Einteilung der Terpene vorgenommen; er unterschied die um 160° siedenden Terpene von den um 175° siedenden, ebenso GLADSTONE (Soc. **25** [1872], 1 und J. **1872**, 814); (vgl. auch vorher Soc. **17** [1864], 1). — Zu den um 150—160° siedenden Terpenen rechnete man die verschiedenen Pinene, Kampfene und das Tereben (letzteres stellte sich später als ein Gemisch heraus, welches Kampfen, unverändertes Pinen, Terpinen, i-Limonen und Cymol enthielt). Streng schied man hierbei schon die Kampfene von den übrigen Terpenen, vor allen Dingen wegen ihrer relativ großen Beständigkeit. Aus diesem Grunde stellte auch HLASIWETZ (B. **3** [1870], 539) die Forderung, daß dem Kampfen ein besonders symmetrisch konfiguriertes Molekül zukommen müsse und stellte seine erste Formel auf, die gesättigt war; über die weitere geschichtliche Entwicklung der für das Kampfen aufgestellten Formeln vgl. oben Konstitution des Kampfens.

Wir haben für die Periode 1857—1872 demnach als wichtigstes Ergebnis die Reindarstellung des Kampfens aus dem Pinenhydrochlorid zu verzeichnen; nicht jedoch lernte man, das Kampfen auf andere Weise darstellen. Über die chemischen Reaktionen des Kampfens ist weiter nichts bekannt geworden, auch seinen Zusammenhang mit anderen Terpenen erkannte man nicht. Man konnte in dieser Zeit demnach wohl vom Kampfen zum Kampfer kommen, aber nicht in einigermaßen glatter Weise umgekehrt vom Kampfer zum Kampfen.

Periode 1872—1887.

Die Untersuchungen von RIBAN (A. ch. V, **6**, 363; vgl. besonders J. **1875**, 392) betreffen in erster Linie die Herstellung des Kampfens, indem er zeigt, daß sich dieser Kohlenwasserstoff bedeutend leichter aus Kampfenhydrochlorid als aus Pinenhydrochlorid bildet; außerdem zog er das Borneol heran, wandelte es in das Bornylchlorid um und spaltete aus diesem Salzsäure ab, wobei sich ebenfalls Kampfen bildet (vgl. auch KACHLER, A. **197** [1879], 97). Daß bei der von PELOUZE (a. a. O.) aus dem Borneol vorgenommenen Wasserabspaltung Kampfen entsteht, welches aber sehr leicht bei der höheren Reaktionstemperatur invertiert werden kann, zeigte WALLACH (A. **230**, 237) im Jahre 1885.

Über die physikalischen Daten des Kampfens machte man in diesem Zeitabschnitt keine neuen Angaben, besonders beschäftigte man sich mit Bestimmungen der optischen Drehung. Chemisch suchte man sich vor allen Dingen zunächst über die Identität der bis dahin als verschieden angesehenen Kampfene Klarheit zu verschaffen; man betrachtete sowohl die aus dem Pinenhydrochlorid, als auch aus dem Borneol sowie Bornylchlorid erhaltenen Kampfene als chemisch identisch, die sich im wesentlichen nur durch die verschiedene Polarisation auszeichneten. Die in dieser Periode verschiedentlich aufgestellten neuen Kampfenformeln schließen sich eng an jene des Borneols und Kampfers an, so daß man das Kampfen nur als den zu ersterem Alkohol gehörigen ungesättigten Kohlenwasserstoff ansah, welcher ohne Systemänderung im Gegensatz zur früher ausgesprochenen Ansicht BERTHELOTS entsteht; so stellte z. B. WALLACH im Jahre 1885 seine Formel auf, die sich an jene von KANONNIKOW (B. **16** [1883], Ref. 3051) für den Kampfer hergeleitete anlehnt. — Man war demnach 1887 im allgemeinen der Ansicht, daß das Kampfen ein bicyklisches, einfach ungesättigtes Terpen ist. Außer dem Salzsäureanlagerungsprodukt, dem Kampfer usw., welche bereits von BERTHELOT hergestellt waren, kannte man als weitere Derivate besonders das von

Wallach (A. **230**, 236) gewonnene Bromkampfen. — In einem ätherischen Öl war das Kampfen im Jahre 1887 mit Bestimmtheit noch nicht nachgewiesen.

Periode 1887 bis zur Gegenwart.

Wie die anderen Terpene in diesem Zeitabschnitt besondere Bearbeitung erfuhren, so konnten auch für das Kampfen sowohl die Darstellungsmethoden zum Teil modifiziert, zum Teil neu angegeben werden (vgl. oben Gewinnung des Kampfens), als auch gelang es, das Kampfen in verschiedenen ätherischen Ölen nachzuweisen (vgl. ebenfalls oben Vorkommen des Kampfens).

Die physikalischen Eigenschaften des Kampfens wurden von Brühl und Wallach Ende der achtziger und anfangs der neunziger Jahre auf das genaueste bestimmt; diese Forschungen ergaben, daß ein einfach ungesättigtes, bicyklisches Terpen vorlag.

Die chemischen Untersuchungen wurden dadurch gefördert, daß Wagner das Kampfen mit $KMnO_4$ zum Kampfenglykol, Kampfenilon, zur Oxykampfenilansäure usw. abbaute. Ebenso wichtig war, daß es Marsh und Gardner gelang, mit Salpetersäure aus dem Kampfen die Carboxylapokampfersäure zu erhalten, kurzum die für die Erkenntnis der Konstitution des Kampfens bedeutendsten chemischen Tatsachen, die wir heute kennen, fallen in die letzte Periode.

Die Schlußfolgerungen, welche aus diesen physikalischen und chemischen Tatsachen gezogen wurden, sind gelegentlich der „Konstitution des Kampfens" auch der Zeit nach ausführlich erörtert worden.

Erst in letzter Zeit sind von Moycho und Zienkowski (A. **340** [1905], 17) die aufgestellten Kampfenformeln für ein einheitliches Kampfen angezweifelt worden, und zwar deswegen, weil die Kampfenkampfersäure sich weder aus dem Kampfenglykol, noch aus dem Oxyoxyd $C_{10}H_{16}O_2$ bildet. Nach meiner Meinung braucht jedoch die Kampfenkampfersäure, wenn sie auch aus dem Kampfen entsteht, sich nicht aus dem zugehörigen Kampfenglykol zu bilden. Es ist sehr wohl denkbar, daß bei der Oxydation des Kampfens, d. h. bei der Anlagerung der beiden Hydroxylgruppen, in statu nascendi gleichzeitig auch eine Ringsprengung stattfindet unter gleichzeitigem neuen Ringschluß, etwa in folgendem Sinne:

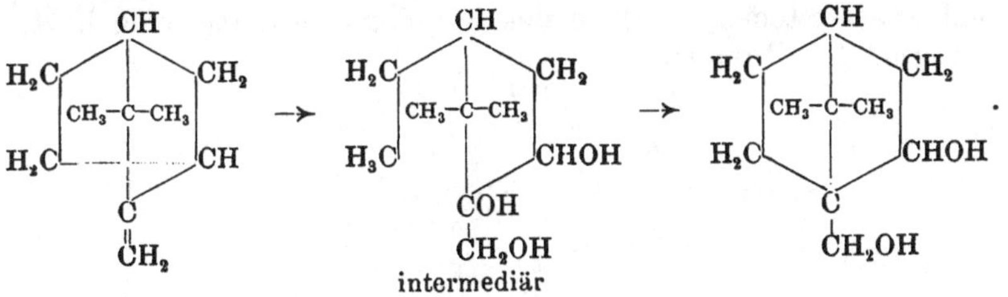

Oder es findet sofortige Dreiringbildung und -sprengung statt.

Dieses Glykol wird weiter oxydiert zur β-Ketosäure von folgender Struktur:

$C_{10}H_{14}O_3 =$ 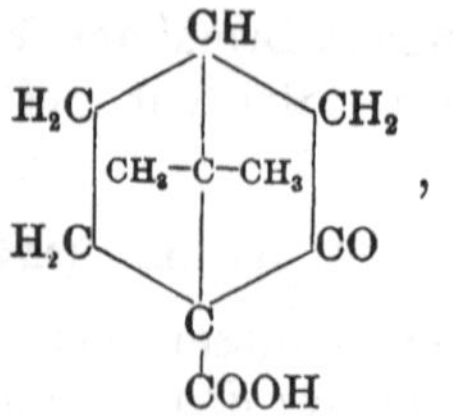 ,

welche, sobald sie in Freiheit gesetzt wird, sich aufspaltet zur Dicarbonsäure

$C_{10}H_{16}O_4 =$ 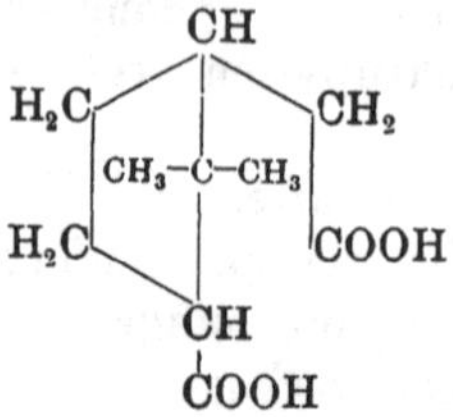 ,

die als Kampfenkampfersäure angesehen werden kann. Allerdings ist es auffallend, daß das Kalksalz dieser Säure kein Keton $C_9H_{14}O$, welches identisch mit dem Fenchokamphoron sein sollte, liefert. Weitere Versuche müssen entscheiden, ob die Auffassung von MOYCHO und ZIENKOWSKI (a. a. O.) über diese Säure als Glutarsäure richtig ist. Es sollte durch diese Überlegungen nur nahe gelegt werden, daß sehr wohl Kampfen und Kampfenglykol verschiedene Oxydationsprodukte liefern können.

Die Frage nach der Konstitution und Einheitlichkeit des Kampfens ist eng verknüpft mit der Chemie des Isoborneols, so daß eine Aufklärung dieses Alkohols auch wichtige Fingerzeige für die Konstitution des Kampfens bringen wird.

Vgl. Tabelle Kampfen S. 120 und 121.

Andere Terpene des Kampfer- bzw. Kampfentypus.

Zu den Terpenen des Kampfer- bzw. Kampfentypus gehört natürlich noch eine ganze Anzahl Terpene, welche bicyklisch ungesättigt sein können; außerdem könnte man das ganz gesättigte Tricyklen hierher rechnen. Unter den Kohlenwasserstoffen, welchen das Kampferskelett zugrunde liegt, ist der wichtigste das Bornylen

$C_{10}H_{16} =$ 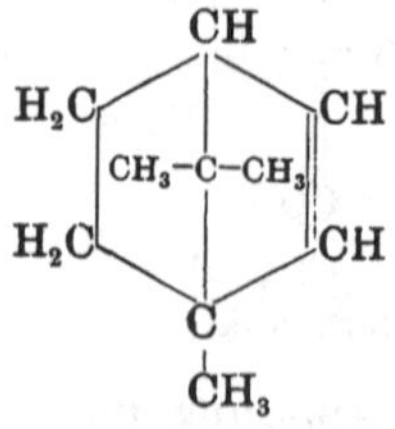 ;

da dieses Terpen aber als Abkömmling der Halogenderivate des Borneols (Pinenhydrojodid usw.) aufzufassen ist, so erfolgt seine Besprechung unter

Pinen; hinzukommt, daß das Bornylen in der Natur bisher nicht aufgefunden wurde. — Sodann erscheint es zweifelhaft, ob ein Kohlenwasserstoff vom Kampfertypus wie der folgende:

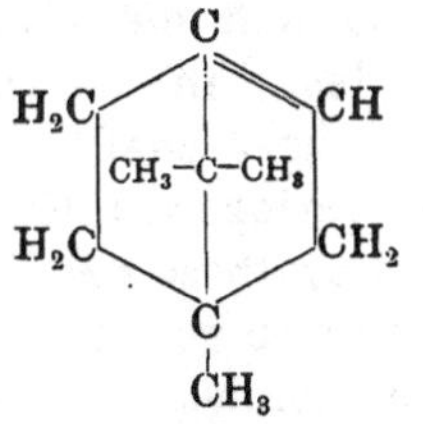

dargestellt ist.

Von den Kampfenen, welche sich vom Kampfentypus ableiten, denen also ein Kohlenstoffskelett des Isokampfans zugrunde liegt, ist bisher nur das bekannte semicyklische Kampfen vom Smp. 50° dargestellt. Ob ein Kampfen, wie es MOYCHO und ZIENKOWSKI (a. a. O.) annehmen, existiert, müssen weitere Versuche entscheiden. — Ferner ist noch eine offene Frage, wohin die Kampfene gehören, welche ZELINSKI und ZELIKOW (B. **34**, 3253) aus Borneol und Oxalsäure erhalten haben. Es dürften dies Gemenge des gewöhnlichen semicyklischen Kampfens, des Bornylens und vielleicht anderer ringungesättigter Kampfene des Kampfer- bzw. Kampfentypus sein.

Jedenfalls ist von den semicyklischen Terpenen sowohl der Kampfer-, als auch der Kampfenreihe nur ein einziges möglich, und auch die Anzahl der ringungesättigten Kampfene beider Typen ist wohl übersehbar und nicht so groß, wie es von Hause aus erscheint.

---

3. Terpene der Fenchon- und Fenchentypen (Fenchoceansysteme).

193. Fenchene.

Um den Unterschied zwischen dem Kampfen-, Kampfer- und Fenchontypus hervortreten zu lassen, seien die drei Moleküle nebeneinander geschrieben:

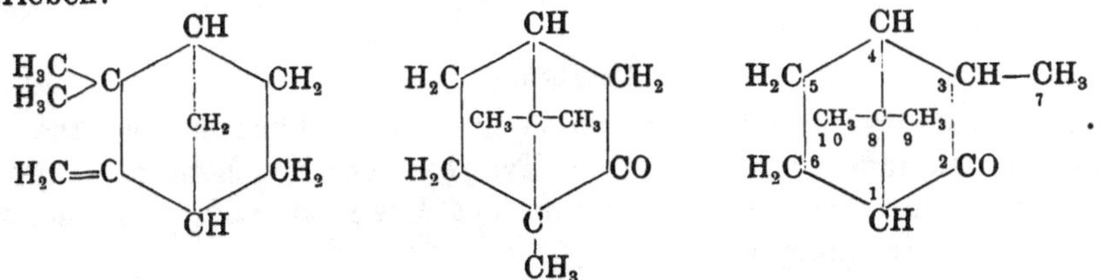

Kampfen Kampfer Fenchon

Um die Übersicht in der geschichtlichen Entwicklung unserer Kenntnisse in der Fenchonreihe usw. nicht zu erschweren, ist hier die Formel WALLACHS für das Fenchon zunächst zugrunde gelegt; vgl. die neuere Formel SEMMLERS (Chem. Z. **29** [1905], 1313) unter Fenchon.

Man könnte das Fenchon und auch die Fenchene als m- oder o-Cymole auffassen, je nachdem die Ringaufspaltung geschieht, wie ohne weiteres klar ist; ebenso könnte auch das Pinen als o-Cymolabkömmling angesehen werden. Nichtsdestoweniger tritt die Ähnlichkeit zwischen den Fenchenen und den Kampfenen hervor, so daß die Hauptsache in der Struktur der Kampfene und Fenchene das Pentoceansystem ist, welches die physikalischen und chemischen Eigenschaften bedingt, daß hingegen die Stellung der Substituenten von geringerem Einfluß ist.

Vorkommen, Isolierung und Synthese der Fenchene. Sahen wir bereits beim Kampfen, daß sein Vorkommen in der Natur äußerst schwer nachzuweisen ist, d. h., daß es selten gelingt, das Kampfen im festen Zustande abzuscheiden, so ist die Abtrennung des Fenchens bisher überhaupt noch nicht möglich gewesen. Als WALLACH im Jahre 1890 (A. **259**, 324) das Fenchon in der von SCH. u. Co. zur Verfügung gestellten Fraktion des Fenchelöls vom Sdp. 190—200° als $C_{10}H_{16}O$ erkannte und abschied, machte er schon damals auf das ähnliche Verhalten des Fenchons und Kampfers aufmerksam; fast alle Reaktionen, die von anderen Forschern mit dem Kampfermolekül erhalten waren, konnte WALLACH auch auf das Fenchon übertragen. Auch eine physikalische Eigenschaft der Kampfenabkömmlinge kehrte bei den Fenchonderivaten wieder, nämlich das Bestreben im festen Aggregatzustande aufzutreten, wenn auch die Fenchonderivate weit niedriger schmelzen. Zweifellos weisen schon diese rein äußerlichen Übereinstimmungen auf einen ähnlichen Bau der Moleküle der Fenchon- und Kampferreihe hin, die eben durch das Pentoceanringsystem bedingt ist.

Denken wir uns das Fenchon zum zugehörigen sekundären Fenchylalkohol reduziert, so können durch Wasserabspaltung aus diesem zunächst zwei ringungesättigte Fenchene entstehen, wie ohne weiteres an der Formel zu erkennen ist. Durch Invertierung können sich alsdann weitere Kohlenwasserstoffe bilden, unter anderem auch das semicyklische von folgender Konstitution:

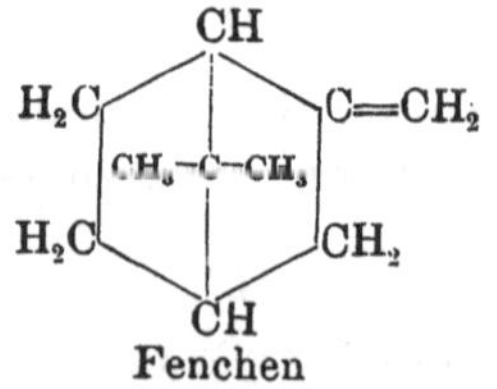

Fenchen (I);

von diesem semicyklischen kann ein zweites semicyklisches Fenchen abgeleitet werden, indem intermediär das Tricyklen des Fenchontypus auftritt, welches sich alsdann unter Sprengung des Dreirings aufspaltet, so daß wir folgenden Übergang haben:

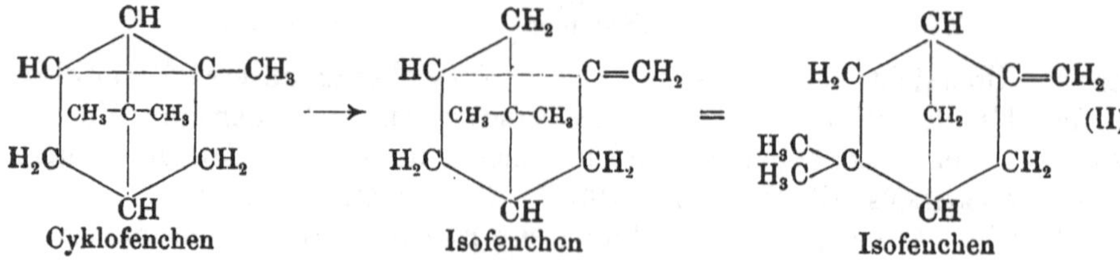

(II).

Während beim Kampfen bei einer derartigen intermediären Tricyklenbildung stets und ständig dasselbe Kampfen resultiert, wie leicht an der Formel erkannt werden kann, ist dies beim Fenchen nicht der Fall. Es existieren demnach zwei semicyklische Fenchene, von denen das Fenchen I als Fenchen schlechthin bezeichnet werden wird, dagegen Fenchen II als Isofenchen. Damit sind aber die Möglichkeiten der Aufspaltung des Cyklofenchens nicht erschöpft, da letztere auch folgendermaßen vor sich gehen kann:

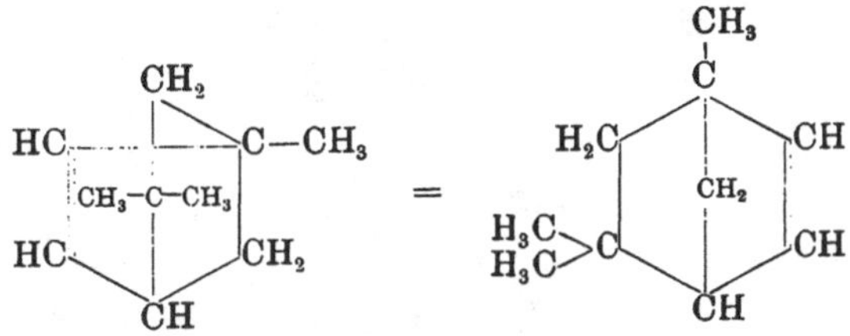

(III).

Auch in diesem Falle kommen wir zu einem ganz neuen Fenchen- bzw. Fenchontypus, der als Isoallofenchen- bzw. Isoallofenchontypus bezeichnet werden soll.

Diese angeführten Umlagerungen mögen zeigen, daß die Möglichkeit der Isomerien in der Fenchenreihe noch größer ist als in der Kampfenreihe.

Die Angaben über das Vorkommen der Fenchene in der Natur sind äußerst dürftige. Bouchardat und Tardy (C. r. **120** [1895], 1417) haben die Terpene von *Eucalyptus Globulus* hydratisiert; sie wollen dabei Terpineol, Isoborneol und Fenchylalkohol erhalten haben. Sch. u. Co. (Sch. **1904**, I, 47) haben den Versuch nachgearbeitet und konnten dabei die beiden ersten Alkohole konstatieren, Fenchylalkohol aber nicht. Deshalb bleibt es auch noch zweifelhaft, ob Fenchen wirklich im Eucalyptusöl vorkommt.

Bouchardat und Lafont (C. r. **113** [1891], 551; **118** [1894], 250; **125** [1897], 111; **126** [1898], 755) und Bouchardat und Tardy (C. r. **120** [1895], 1418 und 1419) konstatieren bei der Hydratisierung des Terpentinöls einen Alkohol, der mit dem Fenchylalkohol die größte Ähnlichkeit hat. Sch. u. Co. (Sch. **1899**, II, 66) erhielten ebenfalls bei der Einwirkung von Benzoesäure auf französisches Terpentinöl ein Produkt, welches nach der Verseifung Fenchylalkohol lieferte; sie lassen es aber unentschieden, ob die Bildung dieses Alkohols aus Fenchen selbst oder aus einem ihm isomeren Kohlenwasserstoff stattfindet. Vgl. hierzu Bertram und Helle (J. pr. II, **61**, 306), welche Benzoesäure auf D-l-Fenchen unter gleichen Bedingungen einwirken ließen; sie konnten hierbei keine alkoholischen Bestandteile gewinnen. — Eine interessante Erklärung für die Bildung des Fenchylalkohols aus Pinen gibt Kondakow (J. pr. II, **65**, 232), indem er der Ansicht ist, daß sowohl bei der Umlagerung nach Bouchardat und Lafont (a. a. O.), als auch bei der Einwirkung der Trichloressig-

Kampfen.

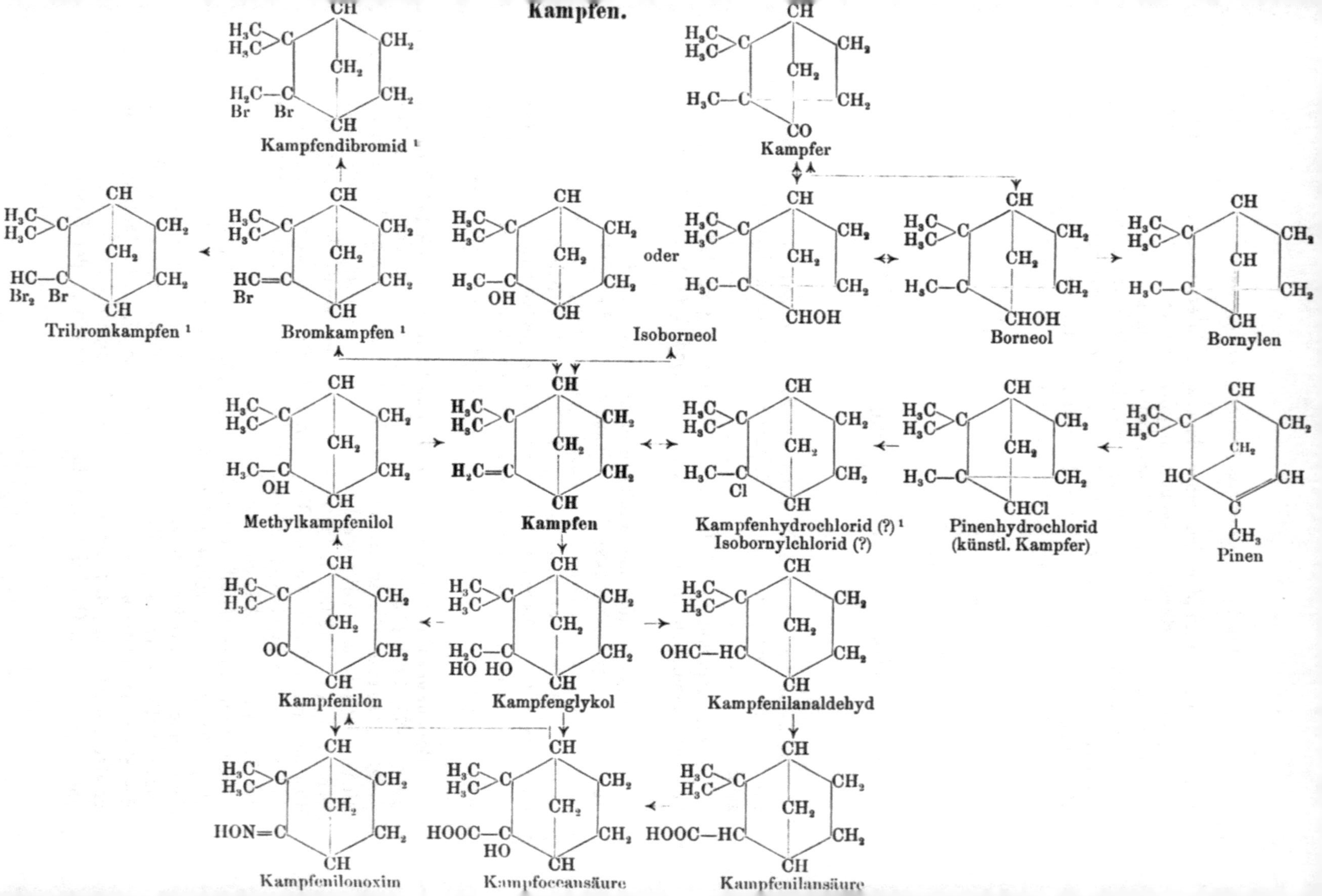

Kampfendibromid [1]
Kampfer
Tribromkampfen [1]
Bromkampfen [1]
oder
Isoborneol
Borneol
Bornylen
Methylkampfenilol
Kampfen
Kampfenhydrochlorid (?) [1]
Isobornylchlorid (?)
Pinenhydrochlorid
(künstl. Kampfer)
Pinen
Kampfenilon
Kampfenglykol
Kampfenilanaldehyd
Kampfenilonoxim
Kampfoceansäure
Kampfenilansäure

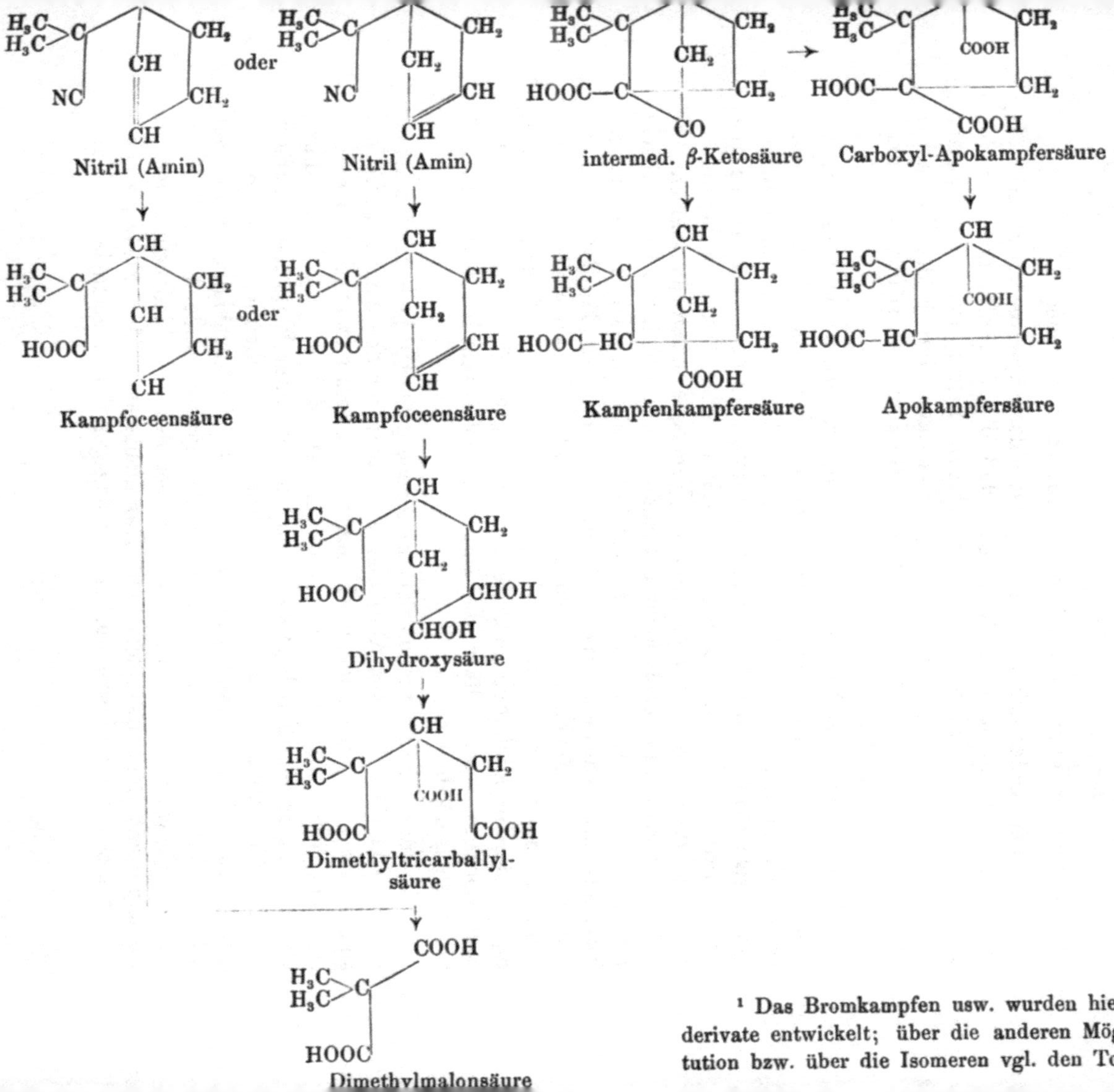

[1] Das Bromkampfen usw. wurden hier als direkte Kampfenderivate entwickelt; über die anderen Möglichkeiten der Konstitution bzw. über die Isomeren vgl. den Text.

säure auf Pinen nach REYCHLER (vgl. Pinen), schließlich bei der Einwirkung der Monochloressigsäure und Essigsäure in Gegenwart von Zinkchlorid nach KONDAKOW selbst unter Sprengung des Vierrings ein Fünfring entstehen kann, wobei ein Pentoceantypus geschaffen wird.

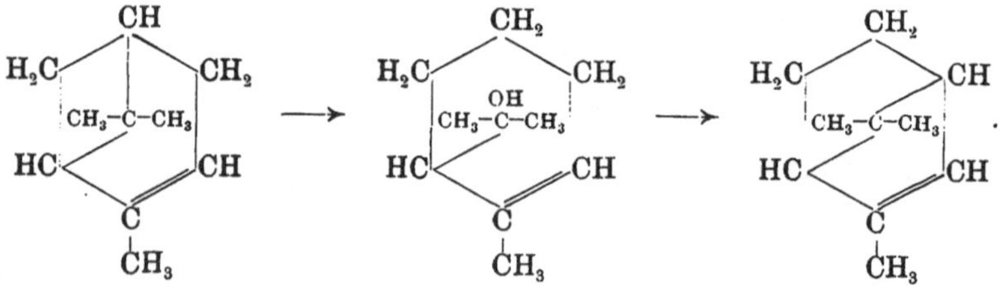

Dieses Fenchen kann natürlich weiter invertiert werden.

Bei der Untersuchung des Cypressenöls (*Cupressus sempervirens* L.) fanden SCH. u. Co. (SCH. **1904**, I, 32), daß die Terpenfraktion vom Sdp. 160—170° beim Hydratisieren einen Alkohol liefert, welcher im wesentlichen Isoborneol ist, der aber den moderigen Geruch des Isofenchylalkohols bzw. Fenchylalkohols aufweist; also auch hier ist das Vorkommen des Fenchens zweifelhaft.

Fassen wir diese Resultate zusammen, so sehen wir, daß man das Vorkommen dieses Kohlenwasserstoffs in der Natur verschiedentlich wahrscheinlich gemacht, aber ihn nirgends mit Bestimmtheit nachgewiesen, geschweige denn isoliert hat. Die Reindarstellung des Fenchens begegnet großen Schwierigkeiten, da bei der Bildung desselben, wie bereits angedeutet wurde, verschiedene isomere Fenchene entstehen können. Es ist bisher überhaupt noch nicht gelungen, das gewöhnliche semicyklische Fenchen oder eines der anderen hierher gehörigen isomeren in reinem Zustande abzuscheiden. Wenn daher im folgenden die Rede von der Darstellung des Fenchens ist, so kann damit nicht ein einziges Fenchen gemeint sein, sondern es liegen Gemenge vor, in denen allerdings die eine oder andere Modifikation bedeutend vorherrscht. Bei Angabe der Darstellungsweise werden über die Natur der vorliegenden Fenchene Mitteilungen gemacht werden. —

Die künstliche Darstellung der Fenchene geht wie jene des Kampfens von den Chloriden, von den Alkoholen oder auch von den Aminen aus. Wir sind dagegen nicht imstande, das Fenchen aus einem anderen Kohlenwasserstoff zu gewinnen, wenn wir davon absehen, daß ev. das Pinen durch Umlagerung in den Fenchylalkohol und dieser unter Wasserabspaltung in Fenchen übergeführt werden kann. — Am besten geht man entweder von den Fenchylchloriden oder dem Fenchyl- oder Isofenchylalkohol aus (vgl. beide). Wir haben auch bei dem Fenchylalkohol vollkommene Analogie mit dem Borneol und Isoborneol, und bei den verschiedenen Chloriden Analogie mit dem Kampfer- und Kampfentypus. Der Fenchylalkohol spaltet nicht leicht Wasser ab, leichter dagegen der Isofenchylalkohol usw.

Wallach (A. **259**, 324) entdeckte im Jahre 1890 das Fenchon und stellte aus ihm das Fenchonoxim, aus diesem das Nitril, das Isofenchonoxim und die Fencholensäure her. — Derselbe Forscher setzt im Jahre 1891 (A. **263**, 129) seine Arbeit fort, bringt Daten über die erwähnten Verbindungen, über eine neue Base $C_{10}H_{17}NH_2$, aus dem Nitril $C_{10}H_{15}N$ durch Reduktion gewonnen, und über das Fenchylamin $C_{10}H_{17}NH_2$, aus dem Fenchon mit Ammoniumformiat erhalten; ferner wird der Fenchylalkohol dargestellt, aus diesem das Chlorid $C_{10}H_{17}Cl$. Dieses Fenchylchlorid ward mit Anilin am Rückflußkühler erhitzt, das Gemisch mit Eisessig versetzt und Wasserdampf durchgeleitet; es ging ein Kohlenwasserstoff über, der getrocknet usw. bei 158—160° siedete, optisch inaktiv war, $n_{D_{20}} = 1{,}46900$, $d_{20} = 0{,}864$ hatte und beim Abkühlen nicht fest wurde, M. R. = 43,84, ber. für $C_{10}H_{16}$⌈ = 43,54. Dies Fenchen nahm ungefähr zwei Atome Brom auf, war gegen starke Salpetersäure relativ beständig, ward von $KMnO_4$ leicht angegriffen, wobei eine Säure $C_{10}H_{16}O_3$ vom Smp. 137—138° gebildet wurde.

Im Jahre 1894 versucht alsdann Wallach (A. **284**, 331) das Fenchen aus dem Fenchylalkohol zu gewinnen, da die Ausbeuten aus dem Chlorid zu wünschen übrig lassen. Aber auch der Fenchylalkohol verestert sich zu leicht, als daß Fenchen gebildet werden könnte. Gelegentlich erwähnt Wallach ein festes Fenchylchlorid vom Smp. 195—196°, welches später zur Erforschung der Konstitution des Fenchens herangezogen wurde. Ferner erfolgt die Mitteilung, daß bei der Oxydation des Fenchens mit Kaliumpermanganat außer der bei 137—138° schmelzenden Säure $C_{10}H_{16}O_3$ eine isomere Säure vom Smp. 152° gewonnen wird. Außerdem wird hier zuerst das Fenchenphoron erwähnt.

Die Fortsetzung der Arbeit über das Fenchen wird im Jahre 1898 (A. **300**, 294) gebracht. Hier geht Wallach bei der Darstellung des Fenchens (S. 313) wiederum vom Fenchylchlorid aus, und bestimmt nochmals die physikalischen Konstanten des daraus erhaltenen Kohlenwasserstoffes; von diesem werden hauptsächlich zwei Fraktionen aufgefangen, Sdp. 154—155°, $d_{18} = 0{,}8660$, $n_{D_{18}} = 1{,}4693$ und Fraktion Sdp. 155—156°, $d_{18} = 0{,}8670$, $n_D = 1{,}47047$. Auch jetzt wurde mit Kaliumpermanganat oxydiert und hauptsächlich die bei 152—153° schmelzende Säure $C_{10}H_{16}O_3$ erhalten, die als α-Oxysäure charakterisiert wird, wobei das Keton $C_9H_{14}O$ Fenchokamphoron erhalten wird; aus diesem entsteht durch Oxydation mit Salpetersäure die Säure $C_9H_{14}O_4$ vom Smp. 202°, die späterhin als Apokampfersäure erkannt wurde. S. 319 stellte Wallach für das Fenchon die Formel

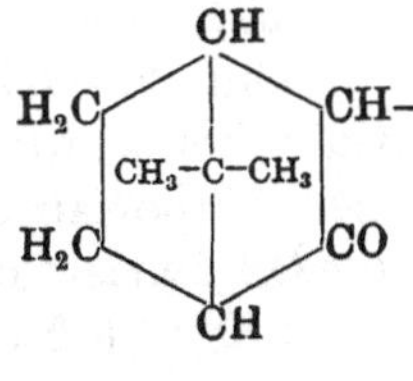

auf. Gleichzeitig neigt W. dazu, dem Fenchen folgende Konstitution zu geben:

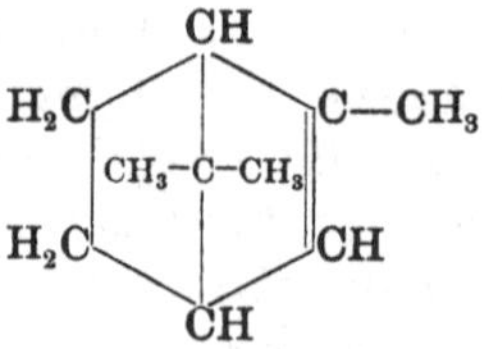

und stellt die Bildung eines semicyklischen Terpens der Formel $C_8H_{14}:C:CH_2$, als weniger wahrscheinlich hin.

Gleichzeitig mit WALLACH beschäftigen sich GARDNER und COCKBURN (Soc. **71**, 1156; **73**, 275; Proceed. **1897—1898**, Nr. 187, 8—9) mit dem Fenchen; auch sie stellen es aus dem Fenchylchlorid dar, indem sie dieses mit Anilin verseifen. Die Hauptmenge des so erhaltenen Fenchens destillierte zwischen 150—156°, also einige Grade niedriger als das von W. hergestellte Produkt. Die Fraktion vom Sdp. 152—154° besaß $d_{18} = 0{,}8667$ und $[\alpha]_D = -6°46'$, während der Kohlenwasserstoff WALLACHS inaktiv war. G. und C. oxydieren ihren Fenchen mit Salpetersäure; sie erhalten cis-Kampfopyrsäure (Apokampfersäure), woraus obige Konstitution des Fenchons $C_{10}H_{16}O$ zu folgern wäre, wenn keine Umlagerungen stattfänden.

Im Jahre 1898 berichten KONDAKOW und LUTSCHININ (J. pr. II, **60**, 257) „über die Frage der Isomerisation in der Mentholreihe". Schon vorher hatte KONDAKOW (B. **28**, 1618) darauf hingewiesen, daß bei der Behandlung gewisser sekundärer Alkohole mit PCl_5 Isomerisation zum tertiären Chlorid einträte. Am angegebenen Orte S. 279 sagt er: „daher müssen das Fenchylchlorid und das Chlorwasserstofffenchen, welche von WALLACH erhalten wurden, ebenso auch ihre anderen Halogenderivate identisch sein und dem tertiären Fenchylalkohol entsprechen."

Noch aus demselben Jahre (A. **302**, 371) stammt alsdann die nächste Arbeit von WALLACH. Er gibt nochmals ausführlich die Darstellung des Fenchens an; es ist dies von Wichtigkeit, weil je nach der Darstellung des Chlorids verschiedene Fenchene erhalten werden. Aus d-Fenchon erhält man durch Reduktion l-Fenchylalkohol; von diesem werden 45 g in 80 g Chloroform gelöst und zu der Lösung nach und nach unter Eiskühlung 60 g PCl_5 gesetzt. Alsdann wurden Chloroform und $POCl_3$ im Vakuum abdestilliert und die Destillation unterbrochen, sobald das Thermometer auf 70° gestiegen war; das rückständige Fenchylchlorid wurde mit Wasserdampf abgeblasen usw. Zur Unterscheidung der einzelnen aktiven Chloride und Fenchene führt WALLACH die Bezeichnung ein, daß mit „D" und „L" die direkten Abkömmlinge des Rechts- bzw. Links-Fenchons bezeichnet werden, die nun ihrerseits d- oder l- usw. Derivate liefern können. Aus D-l-Fenchylalkohol wurde das Chlorid erhalten, dies war mehr oder weniger linksdrehend; aber auch ein rechtsdrehendes wurde gewonnen, und zwar wurden folgende Polarisationen beobachtet: $\alpha_D = -13°$; $-12°$; $-5°$; $-1°$; $-0{,}395°$; $\pm 0°$; $+5{,}1°$; dabei war stets gleichmäßig mit PCl_5 in Chloroform- oder Petrolätherlösung gearbeitet worden. Während das Lösungsmittel ohne merklichen Einfluß ist, tritt eine wesentliche Änderung der Polarisation ein durch eine verschiedene Art der Abscheidung des Chlorids, je nachdem man das Lösungsmittel und $POCl_3$ durch Destillation im Vakuum entfernt, oder $POCl_3$ durch Waschen mit Wasser oder Soda zerstört, oder nach Entfernung des Lösungsmittels das Chlorid mit Wasserdampf übertreibt, oder schließlich das Chlorid durch Aussieden im Vakuum ($Sdp._{14}$ = 84—86°) usw. abtrennt. Im allgemeinen entsteht bei niederer Temperatur aus dem D-l-Fenchylalkohol immer linksdrehendes Chlorid.

D-l- und D-d-Fenchen aus D-l-Fenchylchlorid. Zur Abspaltung der Salzsäure kann Anilin oder Chinolin genommen werden. Je nachdem man von stark oder schwach aktivem Chlorid ausgeht, kommt man zu einem linksdrehenden oder rechtsdrehenden, oder auch zu einem inaktiven Fenchen. Aus stark linksdrehendem Fenchylchlorid entsteht immer l-Fenchen, während aus schwach linksdrehendem oder inaktivem Chlorid d-Fenchen erhalten wird, so daß die Polarisationen im 1 dcm-Rohr zwischen $\alpha_D = -21^0$ und $\alpha_D = +21^0$ schwanken. Sicher kann man D-l-Fenchen erhalten, wenn man rechtsdrehendes Fenchen aus d-Fenchon mehrere Stunden mit verdünnten Säuren erwärmt. Aus D-l-Fenchen wird bei der Oxydation die bei 152—153° schmelzende Oxyfenchensäure $C_{10}H_{16}O_3$ erhalten, die ebenfalls linksdrehend ist. Aus D-d-Fenchen resultiert die D-d-Oxyfenchensäure $C_{10}H_{16}O_3$ vom Smp. 138 bis 139°.

Das Fenchylchlorid bereitet alsdann Wallach auch aus dem Fenchen.

Die verschiedenen sich durch Polarisation unterscheidenden Fenchene bzw. Oxyfenchensäuren liefern auch verschiedene Fenchokamphorone. Aus der D-l-Oxyfenchensäure bzw. aus dem D-l-Fenchen wird ein D-d-Fenchokamphoron vom Smp. 109—110° und Sdp. 202° erhalten, während die D-d-Oxyfenchensäure vom Smp. 138° bzw. das D-d-Fenchen ein D-l-Fenchokamphoron vom Smp. 62—63° und Sdp. 201—202° liefern. A. a. O. S. 386 kommt W. nochmals auf die oben angegebene, die doppelte Bindung im Ringe aufweisende Formel des Fenchens zurück.

In demselben Jahre 1898 berichten Bouchardat und Lafont (C. r. **126**, 755; C. **1898**, I, 893) über die Behandlung von linksdrehendem Terpentinöl mit Säuren; sie erhalten hierbei d-Fenchylalkohol vom Smp. 42° usw., aus diesem durch PCl_5 in Petrolätherlösung ein Chlorid vom $Sdp._3$ = 105—110°, welches durch alkoholisches Kali oder Toluidin in einen flüssigen Kohlenwasserstoff, Sdp. 159°, übergeht.

In dem Jahre 1900 wird alsdann die Entdeckung des Isofenchylalkohols von Bertram und Helle (J. pr. II, **61**, 293; vgl. auch Sch. **1898**, II, 55) mitgeteilt. Sie stellen zuerst das Fenchen dar, indem sie durch Reduktion des d-Fenchons zum D-l-Fenchylalkohol vom Smp. 45° gelangen. Um aus dem Fenchylalkohol selbst Wasser abzuspalten, ließen sie P_2O_5 oder Kaliumhydrosulfat einwirken, wobei sie keine günstigen Ausbeuten erhielten, auch war das Rohfenchen optisch inaktiv. Bei der

Einwirkung von geschmolzenem Zinkchlorid auf eine siedende Lösung von Fenchylalkohol in Benzol findet fast gar keine Reaktion statt, jedenfalls konnte dabei kein Fenchen erhalten werden. B. und H. greifen deshalb ebenfalls zum Fenchylchlorid zurück, welches sie folgendermaßen gewinnen: Sie lassen die Lösung des Fenchylalkohols im doppelten Gewicht niedrig siedenden Petroläthers (Sdp. 30—70°) allmählich zu der berechneten Menge PCl_5, die mit leicht siedendem Petroläther übergossen ist, zufließen. Nach beendigter Reaktion wird die Lösung des Fenchylchlorids auf Eis gegossen und dieselbe mit Eiswasser usw. gewaschen. Nach dem Absieden des Petroläthers im Wasserbade wird der erkaltete Rückstand in Chinolin, das nahe bis an seinen Siedepunkt erhitzt ist, eingetropft; der Kohlenwasserstoff destilliert sofort über, Sdp. 154—156°, also etwas niedriger als WALLACH gefunden hat und höher als GARDNER und COCKBURN beobachten; $d_{15} = 0{,}8660—0{,}8665$ und $n_{D_{17}} = 1{,}46733—1{,}46832$. Die Polarisation wechselt selbst bei gleichmäßiger Darstellungsweise, bald linksdrehend, bald fast inaktiv oder rechtsdrehend. Stark linksdrehendes Fenchylchlorid liefert auch l-Fenchen, während sich aus fast inaktivem Chlorid d-Fenchen bildet. B. und H. lassen es unentschieden, ob die WALLACHsche Ansicht die richtige ist, daß die Fenchenbildung ohne Umlagerung stattfindet, oder jene von KONDAKOW und LUTSCHININ, die im Fenchylchlorid hauptsächlich ein tertiäres Chlorid sehen.

Zur Darstellung des Isofenchylalkohols gehen sie vom D-l-Fenchen aus; vgl. weiter unten. B. und H. gewinnen das Fenchen aus dem Isofenchylalkohol, indem sie letzteren in benzolischer Lösung mit geschmolzenem Zinkchlorid erwärmen, wobei sich ebenso leicht wie beim Isoborneol Wasser abspaltet; der entstehende Kohlenwasserstoff ist im Geruch nicht vom Fenchen zu unterscheiden, und hat den Sdp. 155—156°, $d_{17} = 0{,}8636$, $n_{D_{17}} = 1{,}46862$, M.R. = 43,81, während sich für $C_{10}H_{16}$ = 43,53 berechnet. Sehr wichtig ist, daß beim Übergang vom Isofenchylalkohol zum Kohlenwasserstoff Drehungswechsel stattfindet. Während der aus dem D-l-Fenchen erhaltene Isofenchylalkohol ebenfalls linksdrehte, dreht dieses Fenchen rechts, $\alpha_{D_{17}} = +15^{\circ}46'$; B. und H. lassen es unentschieden, ob wirklich Fenchen vorliegt.

TSCHUGAEFF (Ch. Z. **24** [1900], 542) stellt aus dem Fenchylalkohol den Methylester der Fenchylxanthogensäure dar, der sich im Vakuum unzersetzt destillieren läßt. Zur Zersetzung des Esters wurde im dreikugeligen Dephlegmator destilliert; aus 90 g Ester wurden 24 g reiner Kohlenwasserstoff vom Sdp. 147,5—149,5° erhalten; Ausbeute gegen 50%. Nach weiterer Fraktionierung destillierte der Kohlenwasserstoff bei 149 bis 150°. TSCH. ist der Meinung, daß ein neues Fenchen vorliege (vgl. auch SCH. **1900**, I, 55, welche vorher nach dieser Methode einen Kohlenwasserstoff vom Drehungsvermögen $\alpha_D = -1{,}5^{\circ}$ erhalten hatten).

Im Jahre 1900 berichten KONDAKOW und LUTSCHININ (J. pr. II, **62**, 1) weiter über die Isomerisation auch des Fenchylalkohols bei dem Übergang in das Chlorid. Sie gewinnen das Fenchylchlorid nach WALLACH bzw. KONDAKOW (B. **28**, 1618); das erhaltene Produkt war nicht einheitlich, sondern siedete im Gegensatz zu den Angaben WALLACHS in großen Intervallen. K. und L. sind der Ansicht, daß alle Forscher bis dahin kein reines Fenchylchlorid in Händen hatten, daß ferner die Unbeständigkeit des Drehungsvermögens bei reinen Präparaten nicht zutrifft, sondern von Beimengungen (Fenchen und Dichlorid) abhängt. — Zur Darstellung des Fenchylchlorids lassen sie nunmehr Fenchylalkohol längere Zeit mit bei -20^0 gesättigter Salzsäure bei Zimmertemperatur stehen usw. Dieses Chlorid siedet bei 15 mm von 79—83° mit Ausnahme eines sehr geringen bei 82—105° siedenden Anteils. — Zur Darstellung des Fenchens behandelten K. und L. die verschiedenen Chloride mit alkoholischer Kalilauge auf dem Wasserbade mehrere Stunden hindurch. Gingen sie von dem nach WALLACH dargestellten Chlorid aus, so erhielten sie ein Fenchen vom Sdp. 154—158°, das eher dem Pinen als dem Kampfen ähnlich roch, $d_{20} = 0{,}8668$, $[\alpha]_{D_{20}} = -25^0$, $n_D = 1{,}46890$, M. R. = 43,68, ber. für $C_{10}H_{16}\lceil = 43{,}54$. Ein Teil des Chlorids hatte nicht reagiert und schmolz bei 78—79°. — Alsdann wurde das Fenchen aus Fenchylchlorid, das aus dem Fenchylalkohol durch Erwärmen mit Salzsäure auf 150° gewonnen war, dargestellt. Dieses Fenchen siedete bei 147—156° (Hauptanteil bei 152°) und besaß $d_{19} = 0{,}8496$, $n_D = 1{,}45809$, Pol. $[\alpha]_D = -8^0\,18'$, M. R. 43,69. — K. und L. betonen (a. a. O. S. 12) zum ersten Mal mit aller Bestimmtheit, daß in dem Rohfenchen mindestens zwei Fenchene vorkommen, von denen eins niedriger, das andere höher siedet. Sie erklären die Bildung dieser verschiedenen Fenchene aus der Existenz verschiedener Chloride, indem es ein sekundäres und ev. drei tertiäre Chloride gibt; folgende Formeln erklären den Übergang der tertiären Chloride in die Fenchene:

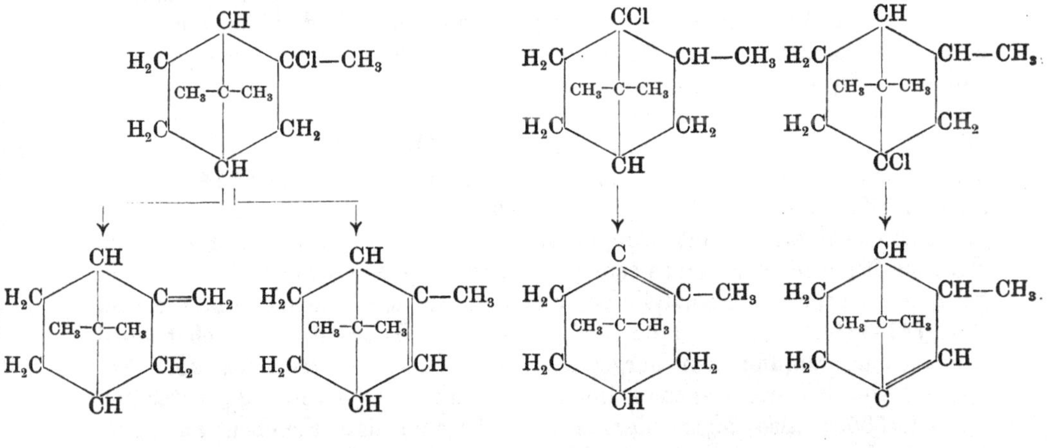

Es braucht wohl nicht hinzugefügt zu werden, daß sich aus diesen Chloriden noch mehr Fenchene ableiten lassen.

S. 15 (a. a. O.) berichten alsdann K. und L. über die Anlagerungsprodukte von Salzsäure und Bromwasserstoffsäure an Fenchen. Sie bereiten das Chlorwasserstofffenchen durch Erhitzen des Fenchens mit Chlorwasserstoffsäure im Bombenrohr auf 120—130°, indem sie ein Fenchen vom Sdp. 144,5—155° verwandten. Sie halten das Chlorid für ein tertiäres Chlorid; aus ihm gewinnen sie durch Erhitzen mit alkoholischer Kalilauge auf 150° ein Fenchen zurück vom Sdp. 144—155°, $d_{20} = 0{,}8467$, $n_D = 1{,}45559$, $[\alpha]_D = -16^0 25'$.

Ferner spalteten K. und L. das Fenchen aus dem Fenchylbromid ab, indem sie 70 g Fenchylbromid mit alkoholischer Kalilauge 6 Stunden lang auf 150° im Bombenrohr erwärmten; es wurden 40 g Fenchen erhalten, welche sich in zwei Teile, in einen größeren vom Sdp. 142—144,5° und in einen kleineren vom Sdp. 144,5—155° zerlegen ließen. Der erste zeigte $d_{20} = 0{,}8407$, $n_D = 1{,}45129$, M. R. = 43,54, Pol. $[\alpha]_D = -49^0 59'$, während der zweite Kohlenwasserstoff zeigte: $d_{20} = 0{,}8491$, $n_D = 1{,}45699$, M. R. = 43,54, $[\alpha]_D = -31^0 53'$.

Aus dem Bromwasserstofffenchen gewinnen K. und L. durch Behandlung mit alkoholischer Kalilauge ein Fenchen, Sdp. 143—155°, $d_{20} = 0{,}8453$, $n_D = 1{,}45459$, M. R. = 43,54, Pol. $[\alpha]_D = -26^0 19'$. Auch hier hat sich demnach ergeben, daß bei der Darstellung des Fenchens aus dem Halogenwasserstoffanlagerungsprodukt besonders das Fenchen mit niederer Siedetemperatur resultiert. K. und L. sind der Ansicht, daß die alkoholische Kalilauge bei der höheren Temperatur invertierend wirkt; bei den diesbezüglich angestellten Versuchen wurde in der Tat ein etwas niedrigerer Siedepunkt erhalten. — K. und L. stellen alsdann (a. a. O., S. 25 usw.) die Eigenschaften der auf verschiedene Weise erhaltenen Fenchene in übersichtlicher Weise zusammen und ziehen schließlich ihre Schlüsse aus den erhaltenen Resultaten. Aus dem Fenchylbromid entsteht in größerer Menge als aus dem Chlorid das Fenchen mit niedrigerem Siedepunkt, wahrscheinlich bildet sich dieses aus dem Jodid in noch größerer Menge.

Aus den Versuchen von K. und L. folgere ich, daß die von ihnen erhaltenen stärkeren Polarisationen durch die Anwesenheit größerer Mengen von cyklisch-ungesättigten Fenchenen bedingt sind.

Im Jahre 1901 vervollständigen Kondakow und Lutschinin ihre Mitteilungen über das Fenchen (Ch. Z. **25** [1901], 131); sie isolieren aus dem Gemisch der Fenchene ein reines Fenchen vom Sdp. 140—141°, $d_{20} = 0{,}8385$, $[\alpha]_D = -55^0$, $n_D = 1{,}44949$; dieses Fenchen verhält sich wie ein Kohlenwasserstoff mit Doppelbindung im Ring, während das zweite Fenchen Eigenschaften eines semicyklischen Terpens aufweist. — K. und L. gewinnen ferner das Fenchyljodid, aus dem sie ein Fenchen erhalten vom Sdp. 147—154°, $d_{23} = 0{,}8463$, $[\alpha]_D = +2^0 4'$. Aus diesem Fenchen wird das Jodwasserstofffenchen hergestellt, welches seinerseits nach dem Abspalten von HJ ein Fenchen liefert vom Sdp. 143—150°, $d_{19} = 0{,}8494$, $n_D = 1{,}45659$; also auch hieraus geht hervor, daß Fenchen aus zwei Isomeren besteht, welche beim Addieren von HJ ein Gemisch von tertiärem und sekundärem Jodid bilden.

Wallach (A. **315**, 273) ergänzt zunächst die Mitteilungen über die Gewinnung des Fenchylchlorids. Es hat sich auch hier wiederum ergeben, daß man ein stark linksdrehendes Chlorid erhält, wenn man D-l-Fenchylalkohol mit PCl_5 unter guter Kühlung umsetzt und $POCl_3$ durch Waschen mit kaltem Wasser entfernt usw.; aus diesem Chlorid erhält man ein D-l-Fenchen. Wenn man dagegen das Fenchylchlorid mit Wasserdampf übertreibt und nicht im Vakuum destilliert, so resultiert ein schwachdrehendes Chlorid bzw. Fenchen. Wirkt schließlich PCl_5 ohne Kühlung ein und erwärmt man darauf noch eine Stunde auf dem Wasserbade und destilliert dann das Chlorid mit Wasserdampf über, so ergibt sich ein rechtsdrehendes Chlorid und Fenchen. — d-Fenchen geht durch Erwärmen mit Schwefelsäure in l-Fenchen über. — Bei der Oxydation der Rohfenchene habe sich ergeben, daß zwei schwer oxydierbare Fenchene und mindestens ein leicht oxydierbares vorhanden sind. Die leicht angreifbaren Fenchene liefern keine α-Oxysäuren, sondern nur die schwer angreifbaren. Aus den leicht angreifbaren Fenchenen wurde eine Ketosäure $C_8H_{12}O_3$ erhalten, welche ein Semicarbazon vom Smp. 210° lieferte. Alsdann bringt WALLACH ergänzende Mitteilungen über die Verbindungen der D-l-Fenchen- und der D-d-Fenchenreihe. Zum Schluß (a. a. O., S. 299) kommt WALLACH dann ebenfalls zu der Ansicht, daß man für das D-l-Fenchen die Formel

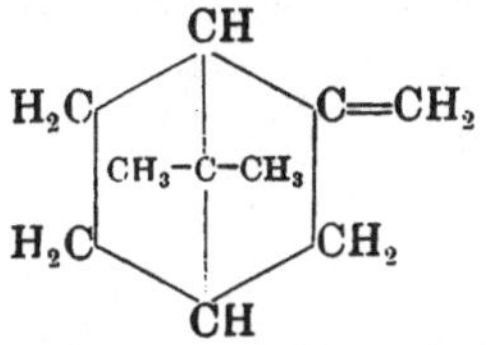

in Betracht ziehen müsse; alsdann führt W. noch mehrere Formeln für die verschiedenen Fenchene, die durch Isomerisation entstehen können, auf. In bezug auf das D-d-Fenchen, welches die bei 138° schmelzende Oxysäure $C_{10}H_{16}O_3$ liefert, bleibt W. vorläufig bei der Raumisomerie stehen, wenn ihm auch eine chemische Isomerie nicht ganz ausgeschlossen erscheint.

DODGE (Am. **24**, 649; C. **1902**, II, 592) hebt das analoge Verhalten des Fenchens und Kampfens gegen Essigsäure hervor, macht aber keine weiteren Angaben über Darstellung des Fenchens.

KONDAKOW (J. pr. II, **65**, 201) kommt im Jahre 1902 auf das Verhältnis seiner von ihm zuerst betonten komplizierten Zusammensetzung der Fenchene zurück, ebenso darauf, daß er zuerst das Vorkommen des semicyklischen Fenchens in dem hochsiedenden Fenchen betont hat; neue Mitteilungen über die Darstellung der Fenchene werden nicht gebracht. Gegen die Auslassungen KONDAKOWS wendet sich alsdann WALLACH (J. pr. II, **65**, 586), dem KONDAKOW (J. pr. II, **67**, 94) in seiner nächsten Mitteilung entgegnet.

Im Jahre 1903 berichten KONDAKOW und SCHINDELMEISER über einige Fenchylderivate (J. pr. II, **68**, 105). Sie konstatieren, daß das reine feste Chlorid, welches dem sekundären Fenchylalkohol entspricht, unter 11 mm Druck bei 81—82° siedet und daß sein Smp. bei 75° liegt. Aus diesem Fenchylchlorid wird durch Erhitzen auf 180° mit starker alkoholischer

Kalilauge ein Fenchen erhalten, das sich von dem Fenchen aus dem leicht zerlegbaren Chlorid unterscheidet; es hat Sdp. 159—161°, $d_{11/4} = 0,8631$, $[\alpha]_{D_{20}} = -9^0 65'$. K. und S. sind der Meinung, daß das hochsiedende Fenchen, wie es alle früheren Forscher in Händen gehabt haben, dem beständigen Chlorid entspricht.

Die Isolierung der Fenchene aus einem ätherischen Öl ist, wie wir sahen, bisher nicht möglich gewesen. Die Gewinnung der Fenchene auf künstlichem Wege geht entweder von den Fenchylchloriden aus, wie sie 1. aus dem sekundären Fenchylalkohol oder 2. aus dem Isofenchylalkohol oder 3. aus den Fenchenen gewonnen werden. Diese Fenchylchloride sind hauptsächlich tertiärer Natur — die Konstitutionsformeln aller dieser Verbindungen werden weiter unten erörtert werden — und durchaus nicht einheitlich, so daß auch die aus ihnen gewonnenen Fenchene nicht einheitlicher Natur sind. Wir haben hauptsächlich zwei semicyklische Fenchene, deren Konstitution (Bd. II, S. 118) besprochen wurde, alsdann mehrere ringungesättigte Fenchene, welche ev. das Fenchen

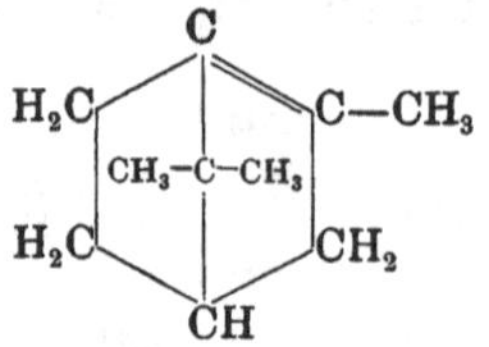

enthalten dürften.

Wir erkennen ferner aus dem bisher Mitgeteilten, daß die Fenchene auch aus dem Isofenchylalkohol gewonnen werden können; ob diese jedoch mit den anderen Fenchenen identisch sind, muß durch weitere Versuche erst erhärtet werden.

Über die Eigenschaften der Fenchene können nur insofern Angaben gemacht werden, als man dabei im Auge behalten muß, daß in allen Fällen Gemenge vorliegen, in denen allerdings die eine oder andere Modifikation vorherrscht. Aus diesem Grunde sind die

Physik. Eig. der Fenchene bereits bei der Gewinnung dieser Kohlenwasserstoffe erledigt worden, um sicher zu sein, daß der Begriff der betreffenden Fenchene durch die Darstellung genau festgelegt ist und keine Irrtümer unterlaufen können. Es ist nachzutragen, daß die semicyklischen Fenchene einen höheren Siedepunkt (ca. 155°), ein höheres Volumgewicht ($d_{20} = 0,865$) und einen höheren Brechungsexponenten, $n_D = 1,468$, aufweisen als die ungesättigt cyklischen Kohlenwasserstoffe, während das semicyklische Kampfen bei 160° siedet, $d_{20} = 0,870$ und $n_D = 1,470$ besitzt. Die Molekularrefraktion dieser Fenchene ergibt zweifellos das Vorhandensein einer doppelten Bindung, womit auch die chemischen Reaktionen im Einklang stehen. — Die ringungesättigten Fenchene sieden bedeutend niedriger als die semicyklischen, da ihr Siedepunkt bei etwa 142—145° liegen dürfte, auch ihr Volumgewicht ist niedriger, indem d_{20} ungefähr 0,840 und der Brechungsexponent n_D = ca. 1,450 beträgt. Die ringungesättigten Fenchene scheinen den Lichtstrahl stärker abzulenken als die semicyklischen. — Hieraus erhellt, daß die Isomerien in der Fenchenreihe bedeutend zahlreicher sind als in der Kampfenreihe, in der wir nur ein semicyklisches Kampfen kennen, welches dem Kampfentypus angehört; von den ringungesättigten Kampfenen ist mit Sicherheit nur das Bornylen bekannt, welches jedoch den Kampfertypus aufweist, während weitere ringungesättigte Kampfene, sowohl des Kampfen-, als auch Kampfertypus sehr wohl möglich, aber bisher mit geringer Sicherheit festgestellt sind. Die größere Anzahl der Isomeren in der Fenchenreihe wird dadurch bedingt, daß, wie wir zu Anfang angaben, der Fenchentypus in den Isofenchentypus übergehen und dadurch ebenfalls ein semicyklisches Fenchen gebildet werden kann; von diesem Isofenchentypus sowohl, als auch vom Isoallofenchentypus können nun wiederum verschiedene ringungesättigte Fenchene derivieren.

Chem. Eig. der Fenchene. Auch bei Angabe der chemischen Eigenschaften können wir von keinem seiner Konstitution nach charakterisierten einzelnen Fenchen ausgehen, sondern nur von einem Rohfenchen, welches nach einem bestimmten Verfahren, welches jedesmal angeführt wird, gewonnen wurde. Allerdings sind wir vielfach imstande, anzugeben, daß ein bestimmtes Derivat nur einem ganz bestimmten Fenchen zukommen kann.

Reduktionsversuche sind mit den Fenchenen von Zelinsky (Ж. **36**, 768) nach dem Verfahren von Sabatier und Senderens angestellt worden. — Es existiert ein Kohlenwasserstoff $C_{10}H_{20}$, den Wallach (A. **284** [1894], 326) Tetrahydrofenchen genannt hat, und welcher aus dem Fenchylalkohol gewonnen wurde, dadurch, daß 5 g des letzteren mit 10 ccm Jodwasserstoffsäure (1,96) und 1 g rotem Phosphor in zugeschmolzenen Röhren 15 Stunden lang auf 210—215° erhitzt wurden; Sdp. 160—165°, $d_{22} = 0{,}7945$, $n_D = 1{,}4370$. Der Kohlenwasserstoff ist verschieden von dem durch Reduktion der Fencholensäure (Wallach, A. **269**, 341) erhaltenen, dem aber wahrscheinlich die Bruttoformel C_9H_{18} zukommt. Rauchende Salpetersäure greift den Kohlenwasserstoff in der Kälte nicht an, mit Brom gibt er ein festes oberhalb 200° schmelzendes Produkt. Tetrahydrofenchen ist nicht identisch mit Tetrahydropinen, welches aus dem Pinenchlorhydrat gewonnen wurde. Man kann sich vorstellen, daß aus dem Fenchylalkohol ein vollständig hydriertes m-Cymol entsteht, während sich aus dem Pinenchlorhydrat ein vollständig hydriertes p-Cymol bilden kann; auch können o-Verbindungen hierbei entstehen bzw. aus dem Pinenchlorhydrat ein an demselben Kohlenstoffatom methyliertes und isopropyliertes Hexahydrobenzol.

Halogenderivate der Fenchene. Da man aus den Limonenen und dem Terpinolen gut kristallisierende Bromadditionsprodukte erhalten hatte, versuchte Wallach (A. **263** [1891], 151) ähnliche Produkte aus den Fenchenen zu erhalten. Er ließ auf Rohfenchen, in Eisessig gelöst, Brom einwirken, wobei Entfärbung eintrat. Nach Zusatz von Wasser ward mit Wasserdämpfen destilliert; es ging ein schweres Öl über, welches getrocknet analysiert wurde, da es sich beim Destillieren zersetzte. Obwohl die Analysen nicht ganz auf ein Dibromid stimmten, so ist doch anzunehmen, daß hier wahrscheinlich ein mit Monobromid verunreinigtes Dibromid vorlag. Das aus Fenchylchlorid gewonnene Ausgangsmaterial Fenchen war inaktiv.

Über Chlor- und Jodadditionsprodukte der Fenchene ist nichts bekannt.

Halogenwasserstoffadditionsprodukte der Fenchene. Fenchenhydrochlorid. Es müssen diejenigen Reaktionsprodukte, welche man aus dem Fenchyl- oder Isofenchylalkohol durch Einwirkung von PCl_5 oder Salzsäure erhält, und welche man durch Addition von Salzsäure an die Fenchene darstellen kann, scharf voneinander getrennt werden. Lassen wir auf Borneol PCl_5 einwirken, so erhalten wir das Bornylchlorid, welches aber nicht mehr dem Borneol entspricht, sondern einem anderen Alkohol, dem Isoborneol, und welches sich als identisch erwiesen hat mit dem Kampfenhydrochlorid: es ist hierbei demnach der Kampfertypus in den Kampfentypus umgelagert worden oder umgekehrt; das wahre Chlorid des Borneols ist der künstliche Kampfer (Pinenhydrochlorid). Es ist jedoch gewiß, daß auch dem „Bornylchlorid" etwas Pinenchlorhydrat beigemengt ist.

Ähnlich liegen die Verhältnisse beim sekundären Fenchylalkohol; lassen wir auf diesen (vgl. Fenchylalkohol) PCl_5 einwirken, so entsteht ein ‚Fenchylchlorid", welches nach Kondakow ebenfalls hauptsächlich aus tertiären Chloriden besteht, denen festes sekundäres Fenchylchlorid (J. pr. II, **62**, 1) vom Smp. 79—80° beigemengt ist. Wir können uns demnach die Übergänge folgendermaßen vorstellen:

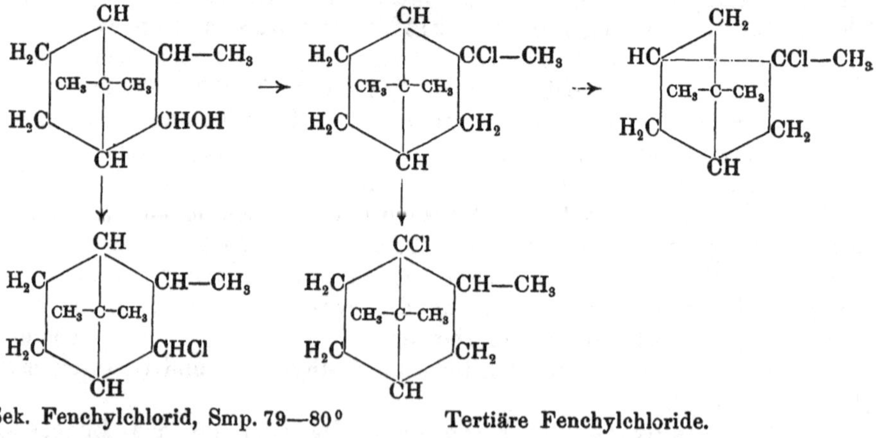

Sek. Fenchylchlorid, Smp. 79—80° Tertiäre Fenchylchloride.

Von zwei dieser tertiären Fenchylchloride leiten sich die beiden semicyklischen Fenchene ab. Es war nun die Frage, ob durch Anlagerung von Salzsäure an die Rohfenchene dieselben Chloride entstehen wie sie aus den Alkoholen erhalten werden. Die Frage ist schwer zu beantworten, weil die tertiären Fenchylchloride flüssig sind, so daß man darauf angewiesen ist, aus diesen Reaktionsprodukten $C_{10}H_{17}Cl$ wiederum Salzsäure abzuspalten, um zu sehen, ob man zu demselben Rohfenchen zurückgelangt, von dem man ausgegangen war. Ist dies der Fall, so kann man ev. annehmen, daß auch die Chloride identisch sind (vgl. auch KONDAKOW und LUTSCHININ (J. pr. II, **60** [1899], 279). Der Entscheidung dieser Frage treten K. und L. (J. pr. II, **62** [1900], 1) näher. Schon vorher hatte WALLACH (A. **302** [1898], 382) Salzsäuregas in eine gut abgekühlte Lösung von Fenchen in Eisessig eingeleitet, das Produkt alsdann in Eiswasser gegossen und mit Wasserdampf übergetrieben. Aus D-d-Fenchen ($\alpha_D = +20^0$) erhielt er ein Chlorid mit $\alpha_D = -7^0$ und aus D-l-Fenchen ($\alpha_D = -15{,}3^0$) gewann er ein Chlorid mit $\alpha_D = -10^0$. Aus beiden Chloriden wurde durch Erwärmen mit Anilin das Fenchen regeneriert. Das aus D-d-Fenchen hergestellte zeigte jetzt $\alpha_D = -1{,}25^0$, das aus D-l-Fenchen $\alpha_D = -13{,}25^0$, so daß man auf diese Weise Rechtsfenchen zum Teil in Linksfenchen umwandeln kann. Weitere Angaben über diese Fenchene werden nicht gemacht.

K. und L. (a. a. O. S. 15) behandeln Rohfenchen (Sdp. 144,5° bis 155°, Pol. $[\alpha]_D = -31^0 53'$, $n_D = 1{,}45699$, $d_{20/4} = 0{,}8478$) mit bei -20^0 gesättigter Salzsäure 3 Stunden lang in zugeschmolzenen Röhren bei 120 bis 130°. Das Chlorwasserstofffenchen siedet unter 14 mm Druck bei 79—82°, $n_D = 1{,}47478$, $d_{20} = 0{,}9938$, M. R. = 48,81, ber. für $C_{10}H_{17}Cl = 48{,}81$, Pol. $[\alpha]_D = -22^0 25'$. K. und L. geben an, daß dieses Chlorwasserstofffenchen mit dem gewöhnlichen Fenchylchlorid im allgemeinen große Ähnlichkeit mit Ausnahme geringer Unterschiede zeige. Mit alkoholischer Kalilauge wird Fenchen regeneriert; mit feuchtem Silberoxyd entsteht ein nach Schimmel riechender Alkohol vom Smp. 65°, der identisch ist mit dem Isofenchylalkohol. Das regenerierte Fenchen zeigte folgende Eigenschaften: Sdp. 144—155°, $d_{20} = 0{,}8467$, $n_D = 1{,}45559$, M. R. = 43,54, Pol. $[\alpha]_D = -16^0 25'$. Demnach stimmt dieses Fenchen bis auf die Polarisation mit dem Ausgangsfenchen überein (vgl. auch Tabelle über die Chloride von K. und L., a. a. O. S. 27).

Über α- und β-Chlorfenchenhydrochlorid, sowie über Chlorfenchen vgl. (GARDNER, COCKBURN, Soc. **71**, 1159; **73**, 704) Fenchon.

Fenchenhydrobromid $C_{10}H_{16} \cdot HBr$. Das über das Verhältnis vom Fenchylchlorid zum Fenchenhydrochlorid Gesagte gilt auch vom Fenchylbromid und Fenchenhydrobromid. KONDAKOW und LUTSCHININ (J. pr. II, **62** [1900], 18) stellen das Fenchylbromid, sowie das Fenchenhydrobromid dar. 20 g Fenchen vom Sdp. 147—155° läßt man bei gewöhnlicher Temperatur mit Bromwasserstoffsäure 6 Tage lang stehen; es resultiert ein Hydrobromid vom $Sdp._{12} = 90—91{,}5^0$, $d_{20} = 1{,}2190$, $n_D = 1{,}49665$, M. R. = 52,05, während sich für $C_{10}H_{17}Br = 51{,}804$ berechnet; $[\alpha]_D = -27^0 16'$. Dieses Bromwasserstofffenchen unterscheidet sich nur durch die Drehung vom Fenchylbromid; es wurde mit alkoholischer Kalilauge zerlegt. Das regenerierte Fenchen siedet bei 143—155° und hat $d_{20} = 0{,}8453$, $n_D = 1{,}45459$, Pol. $[\alpha]_D = -26^0 19'$. Auch hierbei ist also bei dem Durchgang durch die Bromwasserstoffverbindung mehr Fenchen vom niedrigeren Siedepunkt entstanden, genau so wie beim Durchgang durch das Fenchenhydrochlorid. K. und L. sind der Ansicht, daß ev. die wiederholte Behandlung mit alkoholischer Kalilauge die Invertierung des höher siedenden in das niedrig siedende bewirke. — Vgl. Kondakow (Ch. Z. **25** [1901], 131); K. gewinnt ein Fenchen Sdp. 140—141°, d_{20} = 0,8385, n_D = 1,44949, Pol. $[\alpha]_D$ = −55°.

Fenchenhydrojodid $C_{10}H_{16} \cdot HJ$. In analoger Weise stellt Kondakow das Fenchenhydrojodid dar (Ch. Z. **25** [1901], 132). Zunächst gewinnt er aus dem Fenchylalkohol und bei −20° gesättigter Jodwasserstoffsäure ein Jodid vom Sdp.$_{33}$ = 129—132°, d_{25} = 1,4290, n_D = 1,53337, Pol. $[\alpha]_D$ = − 20′. Aus diesem Jodid wird ein Fenchen dargestellt; Sdp. 147—154°, d_{23} = 0,8463, Pol. = +1° 45′, α_D = + 2° 4′, hieraus mit Jodwasserstoffsäure ein Fenchenhydrojodid mit Sdp.$_{23}$ = 120—120,5°, d_{21} = 1,4305, M. R. = 57,23, ber. für $C_{10}H_{17}J$ = 57,00, Pol. $[\alpha]_{D_{21}}$ = +42° 51′; aus diesem Hydrojodid läßt sich ein Fenchen regenerieren mit Sdp. 143 bis 150°, d_{19} = 0,8494, n_D = 1,45659. — Beim Behandeln des Fenchenhydrojodids mit feuchtem Silberoxyd wurde Fenchylalkohol vom Smp. 43—45° gewonnen, woraus sich ergibt, daß neben tertiären auch sekundäres Jodid vorhanden gewesen ist.

Verhalten der Fenchene gegen zweiwertige Metalloide und deren Derivate. Gegen den Sauerstoff der Luft sind die Fenchene relativ beständig, Oxydationsversuche mit Ozon sind nicht gemacht worden. Gegen wasseranlagernde Reagentien müssen sich die Fenchene verschieden verhalten, je nachdem hochsiedendes semicyklisches oder niedrig siedendes ringungesättigtes Fenchen vorliegt. Greifbare Resultate hat man bisher mit den hochsiedenden semicyklischen Fenchenen erhalten.

Isofenchylalkohol $C_{10}H_{18}O$ und seine Derivate.

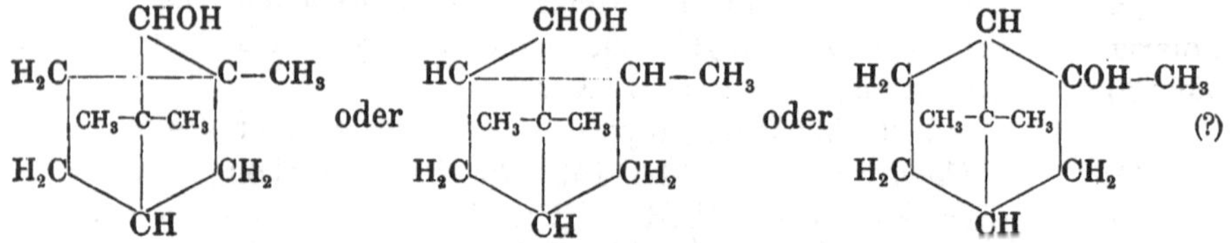

Der Isofenchylalkohol scheint das stabilste Produkt zu sein, welches bei der Einwirkung wasseranlagernder Reagentien aus den hochsiedenden Fenchenen entsteht; denn zweifellos müssen den verschiedenen tertiären Chloriden entsprechend auch mehrere tertiäre Fenchylalkohole existieren. Ebenso lassen sich verschiedene sekundäre Fenchylalkohole aus den Fenchenen herleiten.

Sch. u. Co. (Sch. **1898**, II, 55) versuchten durch Hydratation des Rohfenchens mit Eisessig-Schwefelsäure, ähnlich wie man aus dem Kampfen das Isoborneol gewinnt, einen dem Fenchylalkohol isomeren Alkohol zu erhalten. In der Tat ergab sich ein Alkohol vom Smp. 61,5—62°, welcher bei der Oxydation nicht Fenchon, sondern ein isomeres Keton lieferte, das seinerseits ein Oxim vom Smp. 82° gab.

Bertram und Helle (J. pr. II, **61** [1900], 300) berichten alsdann weiter über diesen Alkohol. Ein Gemisch von 125 g Eisessig und 5 g

50 %iger Schwefelsäure läßt man bei 50—60° auf 50 g Fenchen unter häufigem Umschütteln einwirken usw. Der Isofenchylalkohol siedet unter 10 mm Druck bei 88—88,5°, der aus der Phtalestersäure regenerierte Alkohol siedet unter 13 mm Druck bei 97—98° und hat $d_{15} = 0,9613$, $n_{D_{15}} = 1,48005$, M. R. = 45,51, während sich für $C_{10}H_{18}O = 45,45$ berechnet, $\alpha_D = -13^0 44'$, dreht in demselben Sinne wie das Ausgangsmaterial, Smp. 61,5—62°, jedoch wird nicht die ganze Masse fest; das spez. Drehungsvermögen wird für den festen Alkohol zu $[\alpha]_D = -25,73^0$ gefunden. Kryoskopisch verhält sich Isofenchylalkohol nach W. Biltz wie ein normaler sekundärer Alkohol, indem bei steigender Konzentration der Lösung Zunehmen der Assoziation etwa wie beim Borneol festgestellt wurde. Fenchylalkohol zeigt kryoskopisch größere Ähnlichkeit mit Isoborneol als mit Borneol. Brom wird von Isofenchylalkohol in Chloroform nicht aufgenommen.

Isofenchylphenylurethan $C_{17}H_{23}O_2N = C_{10}H_{17}O_2CNHC_6H_5$ wird erhalten, wenn man äquimolekulare Mengen Isofenchylalkohol und Phenylisocyanat bis zur Lösung gelinde erwärmt. Das allmählich festwerdende Gemisch wird mit kaltem Petroläther aufgenommen und nach Verdunsten des Lösungsmittels aus verdünntem Alkohol umkristallisiert; Smp. 106 bis 107°. Dasselbe Phenylurethan erhält man übrigens auch, wenn man die nicht kristallisierenden flüssigen Anteile des Isofenchylalkohols verwendet; diese drehen schwächer und stellen vielleicht die inaktive Modifikation dar.

Isofenchylacetat $C_{12}H_{20}O_2 = C_{10}H_{17}OCOCH_3$ wird durch Einwirkung von Eisessig und Schwefelsäure auf Fenchen, in reinerem Zustande jedoch durch Kochen von Isofenchylalkohol mit Essigsäureanhydrid erhalten; Sdp.$_{14}$ = 98—99°, $d_{15} = 0,974$, $\alpha_D = -10^0 58'$, bei einem Estergehalt von 88,5 %.

Isofenchylphtalsäure $C_{18}H_{22}O_4 = C_6H_4{<}^{COOH}_{COOC_{10}H_{17}}$ läßt sich darstellen, indem man ein Gemisch gleicher Molekulargewichte Isofenchylalkohol und Phtalsäureanhydrid im Ölbade einige Zeit auf 150° erhitzt, wobei geringe Wasserabspaltung wahrzunehmen ist usw.; Smp. der umkristallisierten Säure 149—150°.

Fenchene $C_{10}H_{16}$ werden aus dem Isofenchylalkohol erhalten durch Erwärmen der benzolischen Lösung mit frisch geschmolzenem Zinkchlorid; sie haben Sdp. 155—156°, $d_{17} = 0,8636$, $n_{D_{17}} = 1,46862$. Beim Übergang vom Isofenchylalkohol in die Fenchene findet Drehungswechsel statt, indem letztere $\alpha_{D_{17}} = +15^0 46'$ zeigen.

Keton $C_{10}H_{16}O$. B. und H. oxydieren den Isofenchylalkohol mit Beckmannscher Chromsäuremischung; dabei resultiert ein Keton $C_{10}H_{16}O$, Sdp. 193—194°, $d_{15} = 0,950$, $n_D = 1,46189$, M. R. 43,97, während ein Keton $C_{10}H_{16}O = 44,11$ verlangt. Auch hier findet Drehungswechsel statt, da das Keton bei 100 mm Röhrenlänge $-8^0 25'$ dreht. Die Stärke der Drehung schwankt jedoch nach der größeren oder geringeren Aktivität des Ausgangsfenchens. Das Oxim $C_{10}H_{16}:NOH$ dieses Ketons schmilzt bei 82°, während das d-Fenchonoxim bei 164—165° schmilzt. Aus dem

Oxim läßt sich beim Erwärmen mit verdünnter Schwefelsäure das Keton nicht regenerieren, sondern es scheint Nitrilbildung einzutreten. Bei der Reduktion mit Natrium und Alkohol entsteht aus dem Keton ein öliger Alkohol, Sdp.$_8$ = 83—84°, der kein festes Phenylurethan, aber einen sauren Phtalsäureester vom Smp. 110—111° liefert, daher also weder mit der Fenchyl-, noch mit der Isofenchylphtalestersäure identisch ist.

Wallach und Neumann (A. **315**, 281) gewinnen 1901 den Isofenchylalkohol, indem sie auf Rechtsfenchen verdünnte alkoholische Schwefelsäure mehrere Stunden lang auf dem Wasserbade einwirken lassen. Bei dieser Einwirkung tritt teilweise Invertierung in Linksfenchen ein, teilweise bildet sich ev. Isofenchylalkohol vom Smp. 61°. Auch der Isofenchyläthyläther, welcher gegen 200° siedet, bildet sich hierbei; aus ihm stellt Wallach den Isofenchylalkohol dar.

Kondakow (J. pr. II, **65**, 227) beschäftigt sich ebenfalls im Jahre 1902 mit dem Isofenchylalkohol und seinen Derivaten. Er gewinnt die Ester, indem er in den meisten Fällen von einem Fenchen ausgeht, das aus dem Fenchylbromid gewonnen war, und läßt auf dieses organische Säure und Zinkchlorid einwirken ließ.

Isofenchylameisensäureester $C_{11}H_{18}O_2 = HCOOC_{10}H_{17}$; Sdp.$_{17}$ = 98°, d_{20} = 0,9847, n_D = 1,45979, M. R. = 50,59, ber. 50,39, $[\alpha]_D = -32°1'$.

Isofenchylessigsäureester $C_{12}H_{20}O_2 = CH_3COOC_{10}H_{17}$, Sdp.$_{12}$ = 97°, d_{20} = 0,9676, n_D = 1,45719, M. R. = 55,17, während sich 55,00 berechnet; $[\alpha]_D = -18°11'$. Vgl. oben Bertram und Helle, ferner Bouchardat und Lafont (C. r. **126** [1898], 756.

Isofenchylvaleriansäureester $C_{15}H_{26}O_2 = C_4H_9COOC_{10}H_{17}$. Gewonnen aus Fenchen mit $[\alpha]_D = +6°55'$ und Baldriansäure mit $[\alpha]_D = +2°8'$; Sdp.$_{19}$ = 142—145°, n_D = 1,45749, d_{20} = 0,9437, M. R. = 68,73, ber. 68,80, $\alpha_D = -0°30'$.

Durch Verseifung dieser Ester erhielt Kondakow den Isofenchylalkohol vom Smp. 61,5°, aber mit anderem Drehungsvermögen ($[\alpha]_D = +45°40'$) als Bertram und Helle.

Konstitution des Isofenchylalkohols. Der Isofenchylalkohol entsteht aus dem Fenchen analog der Gewinnung des Isoborneols aus dem Kampfen; aber während das Isoborneol durch Oxydation in den gewöhnlichen Kampfer zurückverwandelt werden kann, ist dies beim Isofenchylalkohol nicht der Fall. Es lassen sich diese Umlagerungen durch ev. folgende Formeln erklären, indem wir die Fenchonformel Wallachs und die tertiäre Isofenchylalkoholformel Kondakows zugrunde legen:

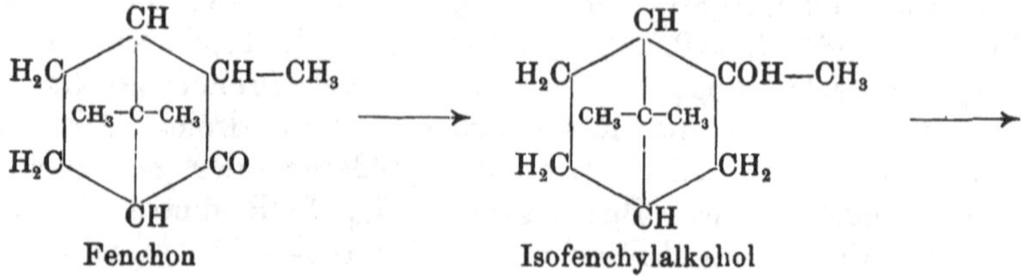

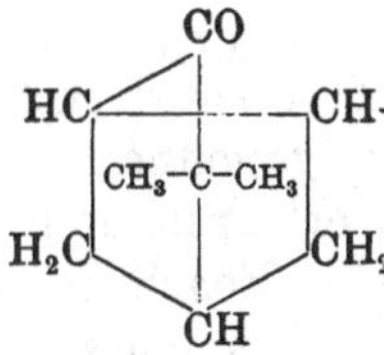

oder

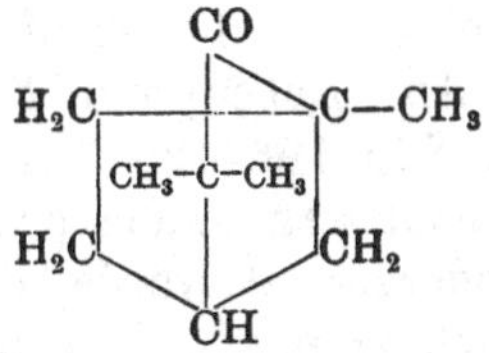

Keton $C_{10}H_{16}O$

Es ist jedoch nicht ausgeschlossen, daß, wenn Isoborneol ein dem Borneol strukturisomerer, sekundärer Alkohol ist, wir auch in dem Isofenchylalkohol einen sekundären Alkohol haben, der oxydiert das Keton $C_{10}H_{16}O$ liefert, welches seinerseits durch Reduktion zwei strukturisomere, sekundäre Alkohole liefert.

Bei der Besprechung der Konstitution der Fenchene werden diese Umlagerungen weiter erörtert werden. —

Verhalten der Fenchene gegen Wasserstoffsuperoxyd; Oxydationsprodukte. Versuche, Wasserstoffsuperoxyd auf die Fenchene einwirken zu lassen, liegen nicht vor; dagegen hat man mit Oxydationsmitteln, wie $KMnO_4$ und Salpetersäure, sehr gute Resultate bei der Oxydation erzielt. Besonders haben sich Wallach und seine Schüler, sowie Gardner und Cockburn mit diesen Reaktionen beschäftigt. Die Verhältnisse liegen bei den Fenchenen komplizierter als beim Kampfen, da wir es bei letzterem im wesentlichen nur mit einem semicyklischen Terpen zu tun haben. Die ersten Oxydationsprodukte der Fenchene, die Fenchenglykole, sind bisher nicht isoliert worden; aus demselben Grunde kennt man auch nicht die dem Kampfenilanaldehyd und der Kampfenilansäure entsprechenden Fenchenilanaldehyde und Fenchenilansäuren; dagegen sind die α-Oxysäuren bekannt, die der Oxykampfenilansäure (Kampfenylsäure) entsprechen.

Oxydation der semicyklischen Fenchene. α-Oxyfenchensäuren (Oxyfenchenilansäuren) $C_{10}H_{16}O_3$ =

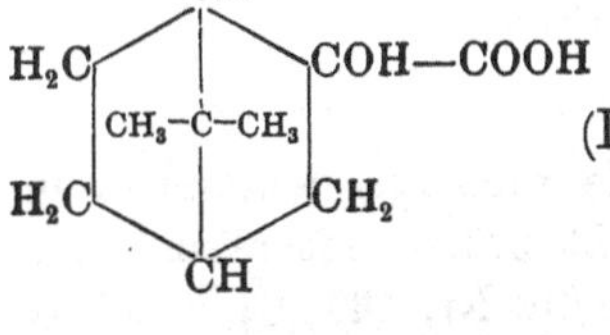

(I) und

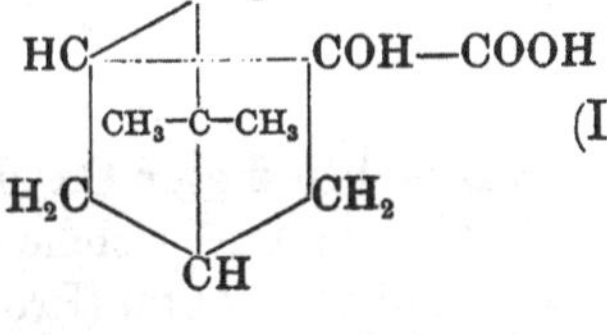

(II).

Wie wir oben sahen, müssen wir zwei semicyklische Fenchene annehmen, welche mit Kaliumpermanganat oxydiert zwei verschiedene α-Oxysäuren liefern.

Wallach (A. **263** [1891], 151) oxydierte ein inaktives Fenchen, welches aus dem Fenchylchlorid durch HCl-Abspaltung mittels Anilin gewonnen war, mit Kaliumpermanganat, wobei er eine einbasische Säure $C_{10}H_{16}O_3$ vom Smp. 137—138° erhielt.

Im Jahre 1894 berichtet Wallach weiter über die Oxydation des Fenchens mit $KMnO_4$. Unter anscheinend ganz gleichen Bedingungen erhielt er in diesem Falle ebenfalls eine Säure $C_{10}H_{16}O_3$, aber vom Smp. 152—153°. Als Nebenprodukt wurde ein indifferenter Körper vom Smp. 71° und Sdp. 196—200° (Fenchokamphoron) gewonnen.

Diese scheinbaren Widersprüche lassen sich erklären, wenn wir, wie oben auseinandergesetzt wurde, die Existenz zweier Fenchene annehmen, welche natürlich zwei verschiedene α-Oxysäuren liefern müssen.

D-l- und L-d-Oxyfenchensäure $C_{10}H_{16}O_3$ (I) Smp. 152—153° (über die Bezeichnung „D" und „L" vgl. Originalarbeit und Bd. II S. 124). Wallach berichtet im Jahre 1898 (A. **300**, 314) nochmals über die Säure vom Smp. 152—153°. Er oxydiert dieselbe weiter zum Fenchokamphoron

$C_9H_{14}O$ = 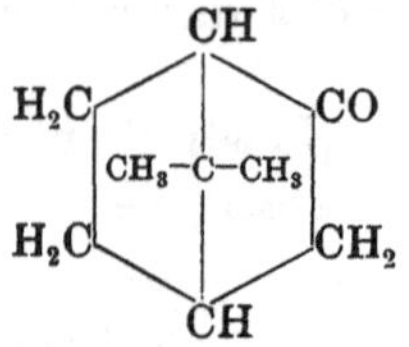 ;

dieses Keton wurde bereits vorhin erwähnt. W. stellt nunmehr den Smp. zu 109—110°, den Sdp. zu 202° fest; es ist dem Kampfer außerordentlich ähnlich. Aus diesem Fenchokamphoron gewinnt W. das Fenchokamphorol $C_9H_{15}OH$ durch Reduktion in ätherischer Lösung bei Gegenwart von Wasser, Smp. 128—130°, Fenchokamphoronoxim $C_9H_{14}NOH$ wird in bekannter Weise dargestellt, Smp. 69—71°. Das Fenchokampforonitril $C_8H_{13}CN$ gewinnt W., indem er das Oxim mit verdünnter Schwefelsäure erwärmt. Durch Oxydation des Fenchokamphorons mit Salpetersäure ergibt sich als Hauptprodukt eine Säure $C_9H_{14}O_4$, von welcher es sich später herausstellte, daß sie identisch ist mit der Apokampfersäure (Kampfopyrsäure), Smp. 202°,

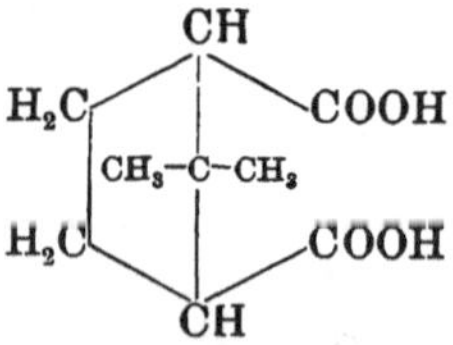 .

Außerdem wurde bei dieser Oxydation eine niedriger schmelzende Säure, vom Smp. 124° erhalten, welche noch nicht näher untersucht ist.

Gardner und Cockburn (Proceed. 1897/98 Nr. **187**, 8; C. **1898**, I, 575) oxydierten Fenchen auf dem Wasserbade mit Salpetersäure (1 : 1) und erhielten hierbei cis-Kampfopyrsäure, und zwar zu 20%. Durch diese Entdeckung von G. und C. tritt ein Wendepunkt in der Auffassung der Konstitution des Fenchons bzw. Fenchens ein.

Wallach (A. **300**, 319) hatte bereits die für das Fenchon heute angenommene Formel aufgestellt, welche durch die Untersuchungen von Gardner und Cockburn scheinbar bestätigt wurde.

In seiner nächsten Abhandlung (A. **302**, 371) kommt Wallach auf die beiden isomeren α-Oxysäuren zurück und klärt die Verhältnisse weiterhin auf. Er zeigt, daß aus dem D-Fenchon der D-l-Fenchylalkohol entsteht, welcher seinerseits ein D-l- und auch ev. ein D-d-Fenchylchlorid liefert. Aus dem D-l-Fenchylchlorid wird ein D-l-Fenchen gewonnen; dreht das D-l-Fenchylchlorid schwach links, so kann unter Umständen ein D-d-Fenchen resultieren. Das D-l-Fenchen kann auch aus dem D-d-Fenchen durch Behandlung mit Säuren erhalten werden. Es hat sich nun herausgestellt, daß bei der Oxydation des D-l-Fenchens die α-Oxyfenchensäure vom Smp. 152—153° entsteht. W. gibt weitere Eigenschaften der letzteren an; sie ist linksdrehend und wird als D-l-Oxyfenchensäure bezeichnet, $[\alpha]_D = -56{,}84°$. Diese Säure kristallisiert aus Aceton in Blättchen; das Kalium- und Ammoniumsalz sind verhältnismäßig schwer löslich in Wasser. Geht man vom L-Fenchon aus, so erhält man durch Reduktion den L-d-Fenchylalkohol, welcher in das L-d-Chlorid übergeführt wird. Dieses Chlorid liefert das L-d-Fenchen, welches seinerseits aboxydiert wird zur L-d-Oxyfenchensäure vom Smp. 152—153°, $[\alpha]_D = +57{,}29°$. WALLACH stellte auch das razemische Gemisch der D-l-Oxyfenchensäure und der L-d-Oxyfenchensäure her; es schmolz niedriger, und zwar bei 142—143°. — Diese Oxyfenchensäuren vom Smp. 152—153° erhielt W. auch (a. a. O. S. 381), als er Fenchylchlorid direkt mit Kaliumpermanganat oxydierte, wobei er aus 7 g Chlorid 2 g Oxyfenchensäure vom Smp. 152—153° gewann.

Die über das Fenchokamphoron gemachten Mitteilungen werden ebenfalls erweitert. Durch Oxydation der D-l-Oxyfenchensäure erhält man glatt das D-d-Fenchokamphoron, $[\alpha]_D = +14{,}64°$. Dieses rechtsdrehende Fenchokamphoron liefert das ebenfalls bereits beschriebene Oxim, welches aber linksdrehend ist, und zwar $[\alpha]_D = -50{,}30°$. Ferner wurde von dem D-d-Fenchokamphoron das Semicarbazon vom Smp. 210—212°, $[\alpha]_D = -131{,}3°$ dargestellt.

1901 ergänzt WALLACH (A. **315**, 283) seine früheren Angaben über die Oxyfenchensäuren. Es gelingt ihm zunächst, die Hydroxylgruppe in der Oxyfenchensäure vom Smp. 152—153° nachzuweisen; er erwärmt die D-l-Oxyfenchensäure mit überschüssigem Acetylchlorid und erhielt ein Acetylderivat $C_9H_{14}<^{OCOCH_3}_{COOH}$ vom Smp. 109—110°.

Ferner folgen Ergänzungen über das D-d-Fenchokamphoron aus der D-l-Oxyfenchensäure. Wird nämlich ersteres reduziert, so entsteht neben dem bei 128—130° schmelzenden Fenchokamphorol $C_9H_{15}OH$ das zugehörige Pinakon $C_{18}H_{30}O_2$ vom Smp. 192—193°. Aus dem bei 69—71° schmelzenden Oxim des Fenchokamphorons $C_9H_{14}NOH$ wurde, wie früher berichtet, das Fenchokamphonitril $C_8H_{13}CN$ erhalten. Dieses Nitril siedet bei 212—215° neben einem kleinen Vorlauf und Nachlauf, der über 220° siedet („weiße, erst bei 141° unter Zersetzung schmelzende Blättchen, vielleicht ein Polymerisationsprodukt"). Durch Verseifung des Nitrils wurde eine ölige Säure $C_9H_{14}O_2$ erhalten, Sdp.$_{100}$ = 177—182°. Das Nitril liefert durch Reduktion mit Natrium und Alkohol eine Base $C_9H_{15}NH_2$, deren

Harnstoff $CO<\substack{NHC_9H_{15}\\NH_2}$ bei 131—132° schmilzt; auch wurde ein Platinsalz der Base erhalten $(C_9H_{17}NH_2 \cdot HCl)_2PtCl_4$. — Ein Isomeres dieser Base wurde durch direkte Reduktion des Fenchokamphoronoxims in amylalkoholischer Lösung mit Natrium hergestellt; Sdp. dieser Base $C_9H_{15}NH_2$ = 196 bis 199°; sie konnte bei starker Abkühlung zum Erstarren gebracht werden und lieferte ein Chlorhydrat $C_9H_{17}NH_2 \cdot HCl$.

Als fernere ergänzende Mitteilung über das D-d-Fenchokamphoron wird seine Oxydation mit Salpetersäure erwähnt. Schon früher war von W. hierbei eine Säure $C_9H_{14}O_4$ erhalten worden, dieselbe Säure, welche Gardner und Cockburn (Proceed. **1897/98**, Nr. 187, 8) durch Oxydation des Fenchens gewonnen hatten. Das Anhydrid wurde durch Erhitzen mit Acetylchlorid dargestellt und schmolz bei 176—177°; ferner erhielt Wallach die Anilsäure $C_7H_{12}<\substack{COOH\\CONHC_6H_5}$ vom Smp. 211°. Aus diesem Oxydationsergebnis wird die oben angegebene Formel für das Fenchokamphoron bestätigt.

D-d- und L-l-Oxyfenchensäure $C_{10}H_{16}O_3$ (II), Smp. 138—139°. Diese Säure war von Wallach (A. **263** [1891], 151) von den beiden Oxysäuren zuerst erhalten worden, als er nämlich von einem inaktiven Fenchen ausging. Als er später linksdrehendes Fenchen oxydierte, resultierte die bei 152—153° schmelzende Säure. Schließlich gelang es ihm nachzuweisen, daß die niedriger schmelzende Säure aus rechtsdrehendem Fenchen, und zwar aus D-d-Fenchen, gewonnen wird. Man ging demnach vom D-Fenchon aus, reduzierte dasselbe zum D-l-Fenchylalkohol, stellte aus diesem ganz schwach linksdrehendes, inaktives oder rechtspolarisierendes Fenchylchlorid dar, aus welchem alsdann das D-d-Fenchen gewonnen werden konnte. Oxydiert man dieses Fenchen (Wallach, A. **302** [1898], 378) mit Kaliumpermanganat, so erhält man eine Säure, welche in ganz reinem Zustande bei 138—139° schmilzt, rechtsdrehend ist $[\alpha]_D = +7{,}686°$, und als D-d-Oxyfenchensäure von ihm bezeichnet wurde; die Ausbeute an dieser Säure ist bedeutend schlechter als an den höher schmelzenden; sie kristallisiert aus Aceton in durchsichtigen Prismen. — Die D-d-Oxyfenchensäure liefert nun weiter oxydiert ebenfalls ein Fenchokamphoron und zwar das D-l-Fenchokamphoron $[\alpha]_D = -16{,}69°$, Smp. 62—63°, Sdp. = 201—202°. Das Oxim dieses Ketons schmilzt bei 54—56°, es ist rechtsdrehend, $[\alpha]_D = +49{,}03°$ und liefert ebenfalls beim Erwärmen mit Mineralsäuren sofort ein Nitril. Sein Semicarbazon schmilzt bei 204—206° und ist rechtsdrehend, $[\alpha]_D = +58{,}11°$. Die L-l-Oxyfenchensäure aus dem L-l-Fenchen wurde bisher nicht dargestellt, da das letztere in genügender Menge nicht beschafft werden konnte.

Im Jahre 1901 (A. **315**, 293) werden die analogen Ergänzungen in dieser D-d-Fenchenreihe von seiten Wallachs gebracht. Aus der bei 138° schmelzenden D-d-Oxyfenchensäure wird zunächst das Acetylderivat $C_9H_{14}<\substack{OCOCH_3\\COOH}$ dargestellt, Smp. 122—124°. Auch wurde das D-l-Fenchokamphoron mit Salpetersäure behandelt, um ev. ebenfalls die Kampfopyrsäure zu gewinnen. 1 g des Ketons wurde mit 6 ccm Salpetersäure (1,25) 3 Stunden lang auf dem Wasserbade im Bombenrohr digeriert. Aus der klaren Flüssigkeit scheiden sich bei 107—108° schmelzende Nadeln aus. Man filtriert von den Kristallen ab und dampft weiter ein; als Hauptprodukt wird eine Säure vom Smp. 137—138° gewonnen, die große Ähnlichkeit mit der as-Dimethylbernsteinsäure (Smp. 140°) besitzt. Es wurde mit Acetylchlorid ein bei 125—130° schmelzendes Anhydrid erhalten, während der Smp. des Anhydrids der as-Dimethylbernsteinsäure zu 29° angegeben wird; andererseits erhielt Wallach eine Anilsäure vom Smp. 182° (Smp. der Anilsäure der as-Dimethylbernsteinsäure 184°), und ein Anil vom Smp. 84° (Anil der as-Dimethylbernsteinsäure schmilzt bei 84—86°); W. hält beide Säuren für wahrscheinlich identisch.

Gewinnung der Oxyfenchensäuren vom Smp. 152—153° und vom Smp. 138—139° aus Gemengen von D-l-Fenchen und D-d-Fenchen. Aus den bisherigen Mitteilungen geht zur Evidenz hervor, daß es sehr schwer ist, diese einzelnen Fenchene in reinem Zustande zu gewinnen, daß man es im Gegenteil gewöhnlich mit Gemengen zu tun hat. Wallach (A. **302**, 380; vgl. aber auch A. **315**, 301) gibt als Mittel, um die beiden Oxysäuren zu trennen die fraktionierte Oxydation an. Hat man z. B. aus nur schwach linksdrehendem D-l-Fenchylchlorid Fenchen hergestellt, so erhält man letzteres gewöhnlich nur schwach linksdrehend. Oxydiert man dieses Fenchen in der Kälte mit wenig Permanganatlösung, bis die Farbe einige Minuten bestehen bleibt, und treibt mit Wasserdämpfen ab, so erhält man ein stärker linksdrehendes, ev. reines D-l-Fenchen, welches bei weiterer Oxydation die bei 152—153° schmelzende Säure liefert, während man aus den ersten Produkten der Oxydation bei 138° schmelzende Säure gewinnen kann usw. (A. **315**, 285 bringt Wallach weitere Mitteilungen). Das Kaliumsalz der D-d-Oxyfenchensäure ist etwas löslicher als das der D-l-Säure, so daß man beide bis zu einem gewissen Grade durch fraktionierte Kristallisation trennen kann, was aber nicht vollkommen gelingt. Häufig erhält man eine Säure von ziemlich konstantem Smp. 116—118°; durch Überführung in das Baryumsalz und dessen fraktionierte Kristallisation konnte diese Säure in eine solche vom Smp. 152° und eine vom Smp. 138° zerlegt werden, da das Baryumsalz der D-d-Oxyfenchensäure etwas schwerer löslich ist als das der D-l-Säure.

Oxydation der ringungesättigten Fenchene. Wie namentlich aus den Untersuchungen Kondakows hervorgeht, bilden sich bei der Abspaltung der Halogenwasserstoffsäuren aus dem Fenchylchlorid, -bromid, -jodid, bzw. bei der Wasserabspaltung aus den verschiedenen Fenchylalkoholen neben den semicyklischen Fenchenen zweifellos ringungesättigte Fenchene. Über die Konstitution der letzteren wissen wir so gut wie nichts; ihre Existenz wird besonders durch das Auftreten von Fenchenen erhärtet, die sich durch sehr niedrigen Siedepunkt (140—142°), durch sehr niedriges Volumgewicht (0,840) und durch sehr niedrigen Brechungsexponenten (1,450) auszeichnen. Selbstverständlich lassen sich diese semicyklisch- und ringungesättigten

Fenchene durch fraktionierte Destillation nicht genügend reinigen, so daß auch bei den höher siedenden semicyklischen Fenchenen stets etwas ringungesättigtes Fenchen vorhanden sein wird. Die Fenchene der letzteren Art können bei der Oxydation je nach der Lage der doppelten Bindung entweder Dicarbonsäuren, Ketosäuren oder Diketone liefern, aber keine α-Oxysäuren. Die Erfahrung hat gezeigt, daß in vorliegendem Falle eine semicyklische doppelte Bindung eines Terpens schwerer angegriffen wird als eine Ringdoppelbindung, so daß man auch die ringungesättigten Terpene durch Oxydation zuerst entfernen kann.

Ketonsäuren erhielt WALLACH bei der Oxydation eines Fenchens (A. **315**, 286), das sehr leicht oxydierbare Produkte aufwies. Es wurde hierbei ein Gemenge von Säuren gewonnen, das durch Destillation im Vakuum zerlegt wurde. In den zuerst übergehenden Anteilen konnte Essigsäure nachgewiesen werden, daneben fanden sich Butter- und andere Fettsäuren vor. In den höher siedenden Fraktionen (175—192°) konnte neben einem Gemisch von D-l- und D-d-Oxyfenchensäuren eine Ketosäure $C_8H_{12}O_3$ erhalten werden; diese lieferte ein Semicarbazon $C_8H_{12}O_2N \cdot NH \cdot CO \cdot NH_2$ vom Smp. 210°.

Hält man diese Oxydationsprodukte zusammen, so könnte ein Fenchen von folgender Struktur in dem Rohfenchen vorhanden sein:

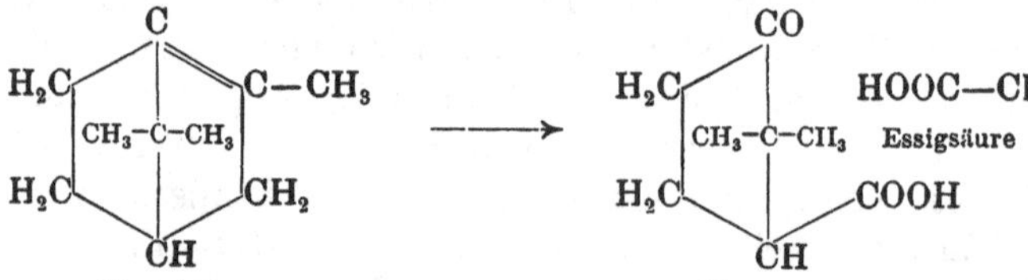

Fenchen (ringungesättigt) Ketosäure

Übergang der Fenchene in andere Terpene. Wir sahen, daß sich das Kampfen ev. durch das Kampfenjodhydrat hindurch unter Umständen in das Terpineol, also auch in das Limonen, Terpinolen und Terpinen umwandeln läßt; umgekehrt war das Kampfen aus dem Pinen herstellbar, konnte jedoch bisher nicht aus dem Limonen usw. durch Invertierung erhalten werden. Nach BOUCHARDAT und LAFONT (C. r. **126** [1898], 756) läßt sich das Pinen unter Umständen ebenfalls durch den Fenchylalkohol hindurch in Fenchene invertieren. Letztere können nun in Limonen usw. bisher scheinbar nicht umgewandelt werden, dagegen gelingt es, die Verwandtschaft der Fenchonreihe zur m-Cymolreihe dadurch klarer erscheinen zu lassen, daß KONDAKOW und SCHINDELMEISER (J. pr. II, **68**, 105) durch die Fenchylhalogenide hindurch zum Carvestren, welches als hydriertes m-Cymol angesehen wird, gelangen konnten. Es wurden nämlich aus den Fenchylhalogeniden Dihalogenide gewonnen, welche unter Abspaltung von 2 Mol. Halogenwasserstoff Terpene lieferten, die mit dem Carvestren die größte Ähnlichkeit hatten. Weitere Mitteilungen hierüber erfolgen beim Fenchon. Wir können uns diese Übergänge nach KONDAKOW folgendermaßen vorstellen:

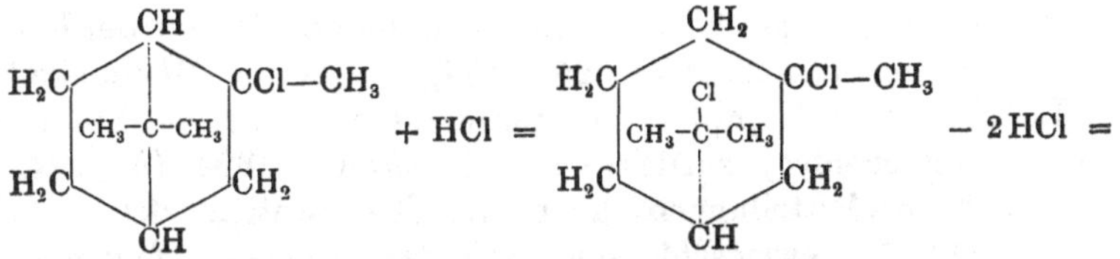

Fenchylchlorid Carvestrendichlorhydrat

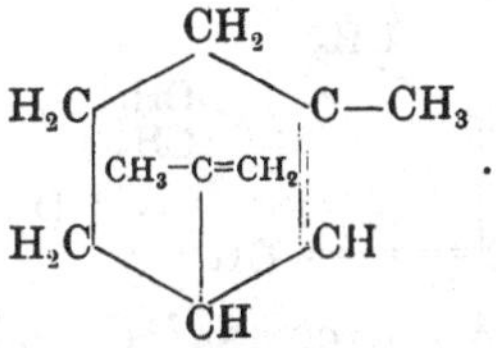

Carvestren

Hierbei muß beachtet werden, daß die Lage der doppelten Bindung im Ringe des Carvestrens eine andere sein kann (vgl. Sylvestren).

Konstitution der Fenchene. Maßgebend für die Konstitution der Fenchene ist in erster Linie die des Fenchons; dieses Molekül ist gegen Oxydationsmittel außerordentlich beständig, jedenfalls beständiger als Kampfer, namentlich gegen Salpetersäure, so daß man Fenchon selbst mit rauchender Salpetersäure kurze Zeit kochen kann, ohne daß sofort eine Veränderung sichtbar wird. Mit Kaliumpermanganat (A. **263**, 134) oxydierte Wallach im Jahre 1891 das Fenchon bei 100°; es resultierte hierbei Dimethylmalonsäure, Essigsäure und Oxalsäure. Schon aus dieser Beobachtung Wallachs folgt, daß keine fertig gebildete Isopropylgruppe im Fenchonmolekül vorhanden sein kann, sondern daß die Isopropylgruppe an der Ringbildung beteiligt sein muß. Diesen Schluß zog für das Kampfermolekül Bredt im Jahre 1893 (B. **26**, 3047) und stellte die für dasselbe heute angenommene Formel auf. Im Laufe der weiteren Untersuchung des Fenchons zeigte sich in allen Reaktionen seine große Ähnlichkeit mit dem Kampfer immer mehr; während aber Kampfer bei der Oxydation besonders Kampfersäure liefert, wird diese Säure aus dem Fenchon nicht erhalten. Dagegen gewannen Gardner und Cockburn (Proceed. **1897/98**, Nr. 187, 8) durch Oxydation des Rohfenchens Apokampfersäure (Kampfopyrsäure); dieselbe Säure wurde von Wallach aus dem D-d-Fenchokamphoron erhalten (A. **300**, 317 und **315**, 291). Durch diese Oxydationsergebnisse war für das Fenchon die Formel:

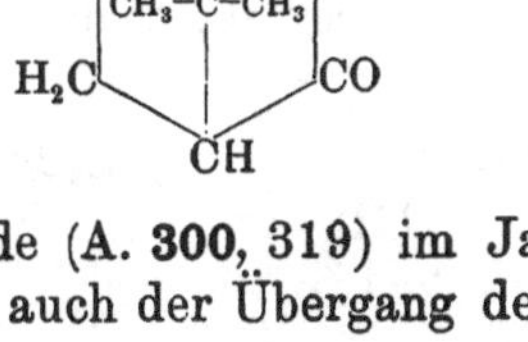

sehr nahe gerückt; sie wurde (A. **300**, 319) im Jahre 1898 von Wallach aufgestellt, indem besonders auch der Übergang des Fenchons in m-Cymol berücksichtigt wurde.

Die ersten Mitteilungen über die Konstitution der Glieder der Fenchonreihe finden wir bei Wallach (A. **263**, 154), wo er die Möglichkeit, daß sich das Fenchon vom Kampfer nur durch die verschiedene Stellung der CO-Gruppe unterscheidet, zurückweist. Im Jahre 1894 (A. **284**, 341) macht W. weitere Mitteilungen über die Konstitution des Fenchens. W. hält es nicht für ausgeschlossen, daß dem Fenchen folgende Konstitution zukommt:

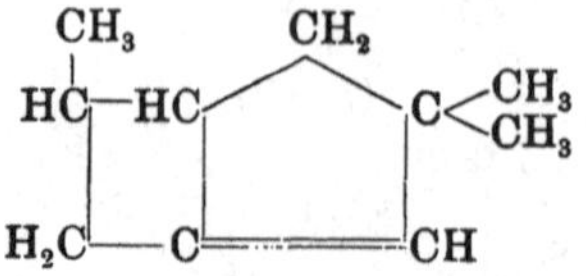

(I).

Im Jahre 1898 kommt Wallach auf Grund der neu aufgestellten Fenchonformel für das Fenchen zur Diskussion der Formel:

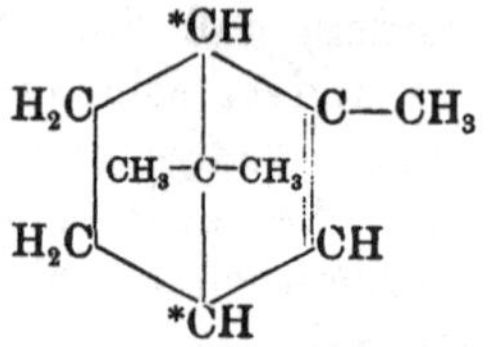

(II).

Eine Formel $C_8H_{14}:C:CH_2$ hält er nicht für wahrscheinlich. In demselben Jahre (A. **302**, 386) gibt W. nochmals der Formel II die größte Wahrscheinlichkeit und spricht das l- und d-Fenchen als physikalisch isomer an. „Man ist demnach auf Grund des bisherigen Beobachtungsmaterials genötigt anzunehmen, daß d- und l-Fenchen auch nur physikalisch verschiedene Modifikationen eines Kohlenwasserstoffs mit einer Äthylenbindung sind.“ Kondakow und Lutschinin kommen im Jahre 1899 (J. pr. II, **60**, 279) zu der Ansicht, daß das Fenchylchlorid nicht mehr dem Fenchylalkohol entspricht, sondern im wesentlichen tertiärer Natur ist. — Bertram und Helle (J. pr. II, **61**, 299) lassen im Jahre 1900 ebenfalls unentschieden, ob Wallachs Ansicht, daß keine Umlagerung bei der Bildung des Fenchylchlorids aus dem Fenchylalkohol statthat, oder jene Kondakows und Lutschinins, richtig ist.

In demselben Jahre vervollständigen Kondakow und Lutschinin (J. pr. II, **62**, 1) ihre Ansichten über die Isomerisierung der sekundären Alkohole bei der Behandlung mit PCl_5 usw. oder Halogenwasserstoffsäuren. Nach ihrer Ansicht resultieren im vorliegenden speziellen Falle hauptsächlich tertiäre Chloride, und zwar besonders dasjenige, welches das Chlor an das der CH_3-Gruppe benachbarte Kohlenstoffatom gebunden enthält. K. und L. leiten von diesem Chlorid drei Fenchene ab, von denen das eine der obigen Formel II entspricht, die anderen dagegen folgende Konstitution haben:

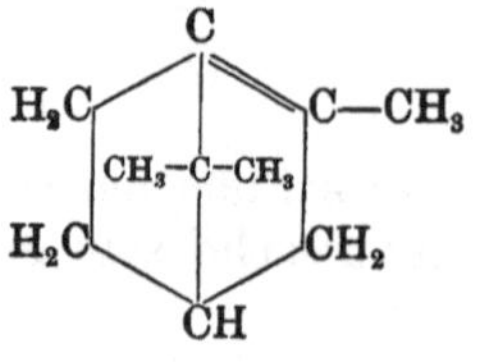

(III) und

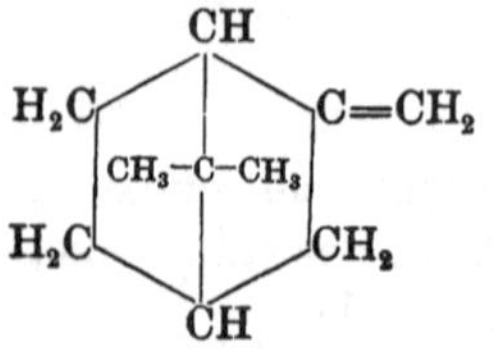

(IV);

von dem sekundären Chlorid, welches dem sekundären Fenchylalkohol entspricht, würde nach ihrer Meinung noch folgendes Fenchen derivieren:

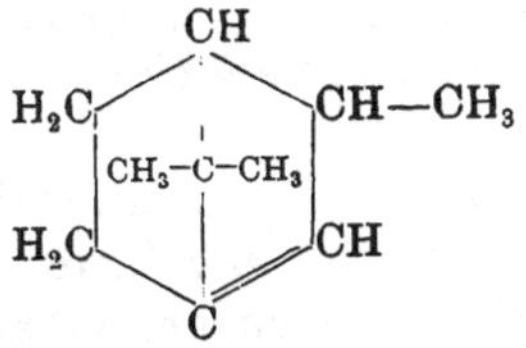

(V).

Schließlich kommen KONDAKOW und LUTSCHININ im Jahre 1901 (Chem. Z. **25**, 131) zu der Ansicht, daß das niedriger siedende Fenchen wahrscheinlich die Doppelbindung im Ringe hat, daß dagegen das höher siedende eine semicyklische doppelte Bindung aufweist, also ein Pseudofenchen sei.

Gleichfalls im Jahre 1901 veröffentlicht WALLACH (A. **315**, 273) seine weiteren Forschungen in der Fenchonreihe, indem er von a. a. O. S. 299 ab sieben Formeln für das Fenchen diskutiert, von denen sich vier mit II, III, IV und V decken; von weiteren Möglichkeiten zieht er besonders folgende in Betracht:

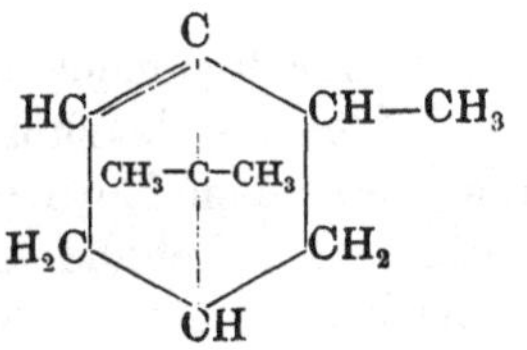

(VI)

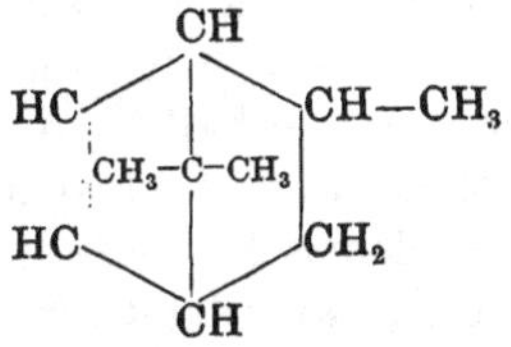

(VII)

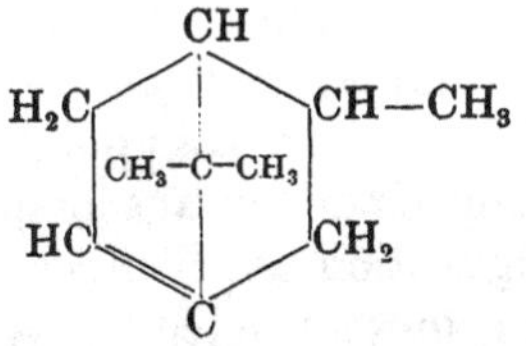

(VIII).

Aus physikalischen Untersuchungen über die Fenchene, welche wir bisher kennen gelernt haben, geht mit Sicherheit hervor, daß in ihnen nur eine einzige doppelte Bindung vorkommt. Hierfür spricht einmal der niedrige Siedepunkt, welcher ungefähr zwischen 140 und 156° schwankt, alsdann aber ganz besonders die Molekularrefraktion, welche in allen Fällen auf ein bicyklisches Terpen hinweist. Weniger können wir das Volumgewicht heranziehen, da dies Werte von 0,839—0,866 aufweist. Wenn aber ein bicyklisches Terpen vorliegt, so ist als nächste Frage diejenige nach der Konstitution des letzteren zu erledigen. Die Oxydierbarkeit des Rohfenchens zur Apokampfersäure beweist aber, daß die Fenchene zum Pentoceantypus gehören; dieser unterscheidet sich von dem Pentoceantypus des Kampfers und des Kampfens dadurch, daß die Methylgruppen eine andere Stellung in diesem System einnehmen. Letztere wird aber durch die teilweise Oxydation des Fenchens zur Apokampfersäure erwiesen. Es ist demnach nicht zweifelhaft, daß einem großen Teil der Fenchene eine Anordnung der Kohlenstoffatome im Molekül zukommt, wie sie sich in der bisher angenommenen Fenchonformel findet.

Daß dies für einen Hauptteil des Rohfenchens, für das D-l-Fenchen, zutrifft, geht aus der Aboxydation dieses Kohlenwasserstoffs zur D-l-Oxyfenchensäure, Smp. 152—153°, hervor, welche ihrerseits weiter oxydiert D-d-Fenchokamphoron liefert, dieses hinwiederum geht durch Oxydation in Apokampfersäure über.

Anders liegt die Frage bei der Konstitution der anderen Fenchene. Wie wir oben sahen, resultiert bei der Oxydation der Rohfenchene, wenn man von einem schwach linksdrehenden, inaktiven oder rechtsdrehenden Fenchen ausgeht, eine zweite α-Oxysäure $C_{10}H_{16}O_3$ vom Smp. 138°; WALLACH bezeichnet diese Reihe als die D-d-Fenchenreihe. Die α-Oxysäure vom Smp. 138° liefert ebenfalls ein Fenchokamphoron usw., wie bereits ausführlich erörtert wurde. Diese Derivate sind aber chemisch verschieden, wie wir wenigstens aus der Oxydation des D-l-Fenchokamphorons schließen müssen; hierbei konnte WALLACH (A. **315**, 294), keine Apokampfersäure erhalten. Zuerst war WALLACH der Ansicht (A. **302**, 386), daß hier physikalische Isomerie zwischen dem D-l- und dem D-d-Fenchen vorliege. Dagegen erscheint diesem Forscher (A. **315**, 301) die Möglichkeit chemischer Isomerie doch nicht ganz ausgeschlossen.

Zweifellos müssen wir, um die Konstitution der Fenchene vollständig zu übersehen, das Verhältnis des Borneols und Isoborneols zum Kampfen auf die Fenchenreihe übertragen. Spalten wir aus dem Borneol Wasser ab, so bildet sich sehr schwer Kampfen, oder aber behandeln wir das Borneol mit PCl_5, so entsteht in der Hauptsache Kampfenhydrochlorid (Isobornylchlorid); in beiden Fällen haben wir demnach einen Übergang von dem Kampfertypus in den Kampfentypus oder ev. umgekehrt bei der Bildung des Kampfenhydrochlorids aus den Kampfen. Diese Umlagerungen aber können, wie ausführlich beim Kampfen auseinandergesetzt wurde, nur durch die eigentümliche Konfiguration des Pentoceansystems zustande kommen. Ein Fünfring läßt sich in diesem leicht aufspalten, ebenso leicht kann aber alsdann die Schaffung eines neuen Fünfringes stattfinden: in dieser Eigentümlichkeit liegt der Grund der vielfachen Isomerien in den beiden Pentoceansystemen. In dem Pentoceansystem der Fenchonreihe (dem Fenchoceansystem) wird aber die Möglichkeit der Isomerien noch dadurch vermehrt, daß die $C \cdot CH_3$-Gruppe der $C{<}^{CH_3}_{CH_3}$-Gruppe nicht benachbart steht. Hierdurch wird bewirkt, daß ein zweites semicyklisches Fenchen möglich ist, wie eingangs bereits auseinandergesetzt wurde, und dem ich folgende Konstitution gab:

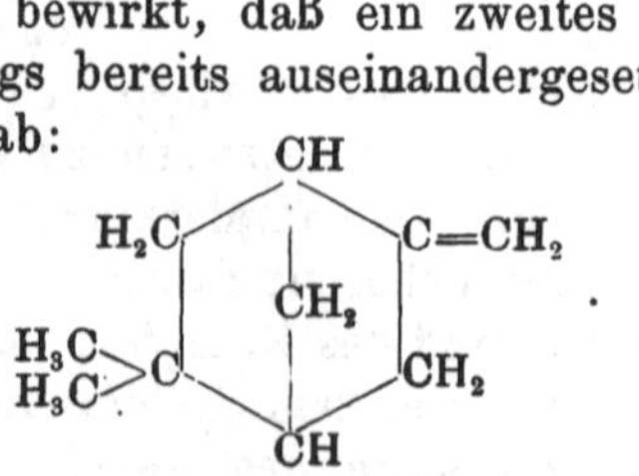

Auf diese Verhältnisse wird bei der Besprechung des Fenchons näher eingegangen werden, ebenso auf das Verhältnis des Isofenchylalkohols zu den Fenchenen und den Fenchonen.

Durch die Betonung der Umwandlung des Fenchentypus in den Isofenchen- oder Isoallofenchentypus erscheinen auch die übrigen Fenchene in einem anderen Lichte. Wenn als wichtigstes Ergebnis der bisherigen Erörterungen zweifellos zu folgern ist, daß wir sämtliche Fenchene, d. h. Terpene von den verschiedenen Fenchoceantypen, welche aber alle zur Pentoceangruppe gehören, in semicyklische und ringungesättigte einteilen können, und daß die Abbauprodukte der ersteren Klasse gut durchstudiert sind, so existieren auch Fenchene der letzteren Klasse, die nicht nur einem Fenchoceantypus, sondern wahrscheinlich auch dem Isofenchocean- und dem Isoallofenchoceantypus angehören. Es genüge hier darauf hinzuweisen, daß es WALLACH gelungen ist, durch Oxydation (A. **315**, 286) eine Ketosäure zu erhalten, welche von einem ringungesättigten Fenchen herrührt. Am reinsten dürften diese Fenchene KONDAKOW und LUTSCHININ (Chem. Z. **25** [1901], 131) in den Händen gehabt haben; diese Kohlenwasserstoffe zeichnen sich durch niedriges Volumgewicht, niedrigen Siedepunkt und niedrigen Brechungsexponenten aus. Auch hierüber erfolgen weitere Mitteilungen beim Fenchon.

Hauptsächlich wird man in Zukunft dahin streben müssen, die hochsiedenden semicyklischen Fenchene der verschiedenen Fenchoceantypen durch fraktionierte Destillation usw. von den ringungesättigten niedrig siedenden zu trennen, um alsdann durch Aboxydation Säuren zu erhalten, die einen Einblick in die Konstitution gestatten.

Zweifellos ist aber die eigentümliche Anordnung der Kohlenstoffatome in den verschiedenen Fenchoceantypen festgestellt, welche sich von den Kampfoceantypen (Kampfer- und Kampfenreihe) unterscheiden; beide Typenreihen aber hält das gemeinsame Band zusammen, daß sie der Pentoceangruppe angehören, deren größte Eigentümlichkeit darin besteht, daß ein Fünfring leicht aufgespalten, ein anderer neu geschaffen wird so, daß abermals ein Ringtypus des Pentoceansystems resultiert.

Geschichte der Fenchene. Während die Darstellung des Kampfens BERTHELOT schon vor fast 60 Jahren gelungen war, konnte das Fenchen erst weit später gewonnen werden. Aber ebenso wie das Kampfen zuerst auf synthetischem Wege erhalten und erst Ende der achtziger Jahre in einem ätherischen Öl aufgefunden ward, wurde auch das Fenchen zuerst von WALLACH (A. **263**, 129) im Jahre 1891 aus dem Fenchylchlorid dargestellt, während das Vorkommen in der Natur sehr viel später konstatiert wurde, ja überhaupt noch problematisch ist (vgl. oben Vorkommen des Fenchens). Hieraus geht hervor, daß das Fenchen geschichtlich den letzten 15 Jahren angehört. Die Darstellung aus dem Fenchylchlorid erfuhr in dieser Zeit einige Abänderungen, man achtete genau auf die Art der Abscheidung des Fenchylchlorids, da hiervon wesentlich seine chemische Natur abhängig ist, die äußerlich schon durch die verschiedene Drehungsrichtung zu erkennen war. Die Abscheidung aus dem Isofenchylalkohol lehrten BERTRAM und HELLE im Jahre 1898 (J. pr. II, **61**, 293). In den Arbeiten KONDAKOWS und seiner Mitarbeiter finden wir ebenfalls von diesem Jahre an die Abspaltung der verschiedenen Fenchene, sei es aus dem Chlorid, Bromid, Jodid, Chlorwasserstoff-, Bromwasserstoff- oder Jodwasserstofffenchen. Gleichfalls aus dem Jahre 1898 stammt alsdann die Mitteilung Bouchardats und Lafonts (C. r. **126**, 755), daß sich bei der Behandlung von l-Terpentinöl mit Säuren Fenchylalkohol bilde, aus dessen Chlorid mittels Toluidin ein flüssiger Kohlenwasserstoff vom Sdp. 159° erhalten werden könne.

Die Feststellung der physikalischen Konstanten erfolgte natürlich ebenfalls erst in den letzten 15 Jahren. Anfangs glaubte man ein einheitliches Fenchen vor sich zu haben. Da man es aus dem Fenchylchlorid entweder mittels Anilin oder Chinolin gewann, erhielt man für gewöhnlich den hochsiedenden Kohlenwasserstoff. Gardner und Cockburn (Proceed. **1897/98**, Nr. 187, 8) machten zuerst darauf aufmerksam, daß sie ein Fenchen erhalten hatten, welches niedriger siedet, als die Wallachschen Präparate und welches auch links drehte, während bisher im wesentlichen nur i-Fenchen erhalten worden war. Kondakow und Lutschinin (J. pr. II, **62**, 1) spalteten alsdann aus den Fenchylhalogeniden usw. im Jahre 1900 mittels alkoholischer Kalilauge die Halogenwasserstoffsäure ab. Es hat den Anschein, als ob bei dieser Art der Abspaltung mehr ringungesättigte Fenchene gebildet werden, da der Siedepunkt, das Volumgewicht und der Brechungsexponent fallen. Ferner könnte man auf Grund dieser Arbeiten annehmen, daß die Bromide und Jodide weniger semicyklisch ungesättigte Fenchene liefern, als die Chloride. Über die Fenchene, welche Bertram und Helle aus dem Isofenchylalkohol erhielten, ist nichts weiter bekannt geworden. Mit großer Sorgfalt haben K. und L. die Molekularrefraktion der Kohlenwasserstoffe bestimmt, und gerade aus diesen Angaben ist mit Gewißheit zu entnehmen, daß wir überall noch im Pentoceantypus sind, da nur eine doppelte Bindung vorliegt.

Auch über die chemischen Eigenschaften der Fenchene und ihrer Derivate haben wir erst seit dem Jahre 1891 Mitteilungen zu verzeichnen. Als weniger wichtig erwiesen sich für diese Kohlenwasserstoffe bisher die Halogensubstitutionsprodukte. Hauptsächlich sind es Oxydationsreaktionen, welche mit ihnen ausgeführt wurden. Die Oxydationen mit Kaliumpermanganat von seiten Wallachs beginnen mit dem Jahre 1894 (A. **284**, 331) und sind fast ununterbrochen bis in die letzte Zeit fortgesetzt worden (vgl. Oxydation der Fenchene). Über die Oxydationen mittels Salpetersäure wird von Gardner und Cockburn (a. a. O.) in den Jahren 1897/98 berichtet. Das Studium der einzelnen Oxydationsprodukte, z. B. der beiden α-Oxyfenchensäuren, der beiden Fenchokamphorone, der Apokampfersäure usw. fällt natürlich in dieselbe Zeit.

Die Untersuchungen über die Konstitution der Fenchenmoleküle wurden alsbald aufgenommen, sowie das Fenchen selbst entdeckt war; jedoch hatte man in dem Jahre seiner Entdeckung 1891 noch nicht erforscht, daß es bicyklische Terpene gibt, in denen die Isopropylgruppe an der Ringbildung beteiligt ist. Auch nachdem Bredt 1893 die heute für richtig erachtete Kampferformel aufgestellt hatte, dauerte es bis zum Jahre 1898, bis die jetzige Fenchonformel von Wallach aufgestellt wurde, obwohl letzterer Forscher schon wiederholt auf die Ähnlichkeit beider Moleküle hingewiesen hatte.

Erst in allerletzter Zeit ist von SEMMLER (Chem. Z. **29** [1905], 1313) für das Fenchon eine neue Formel aufgestellt worden; die Ableitung der Fenchene aus dieser Formel findet eingehende Erörterung beim Fenchon (vgl. dieses).

Eine große Rolle spielt in der Terpenchemie die Erkenntnis, daß es in der Natur Terpene gibt, welche eine semicyklische doppelte Bindung aufweisen. Das erste Terpen, an welchem dieser Beweis sicher erbracht wurde, war das Sabinen (SEMMLER, B. **33**, 1463); infolge dieses Befundes trennte S. diese so konstituierten Terpene als Pseudoterpene von denjenigen ab, welche die Doppelbindung im Ringe haben. Schon vorher hatte WAGNER für das Nopinen eine Methylenbindung in Betracht gezogen, ebenso hatte dieser Forscher für das Kampfen (Ж. **31** [1899], 680) eine semicyklische Bindung angenommen; jedoch gerade am Sabinen ließ sich der exakte Beweis erbringen, daß die doppelte Bindung nach der Methylengruppe hingehen mußte, weil aus dem primär entstehenden Glykol ein Dihydrocuminalkohol usw. erhalten werden konnte. Vgl. auch MARKOWNIKOW über Pseudoterpene (Ж. **24** [1892], 159). Man kann demnach die Jahre 1899 und 1900 als diejenigen bezeichnen, in denen man sich von dem Vorkommen einer derartigen semicyklischen doppelten Bindung in der Terpenreihe überzeugt hatte. Die Arbeiten KONDAKOWS und seiner Mitarbeiter dürfen dabei nicht unerwähnt bleiben; besonders spricht sich K. im Jahre 1900 (J. pr. II, **62**, 14), sowie im Jahre 1901 (Chem. Z. **25**, 131) für das Vorkommen derartiger doppelter Bindungen aus. Daß derartige semicyklische Terpene vorkommen können, wird auch von WALLACH im Jahre 1898 (A. **300**, 320) angenommen. Die Existenz semicyklischer Fenchene dürften KONDAKOW und LUTSCHININ (a. a. O.) zuerst betont haben. Daß es noch weitere Pseudoterpene gibt, als man bis dahin angenommen hatte, ist inzwischen am Phellandren nachgewiesen worden. Daß wir in der Fenchenreihe in gleicher Weise Übergänge analog jenen der Kampfer- in die Kampfenreihe haben, und daß wahrscheinlich das D-d-Fenchen WALLACHS auf diese Weise aus dem D-l-Fenchen entsteht und auch umgekehrt, wurde Anfang des Jahres 1905 von SEMMLER betont.

Vgl. Tabelle Fenchene S. 152 und 153.

II. Bicyklo-(1, 1, 3)-heptane (Tetroceansystem).

Das gemeinsame Band, welches einerseits das semicyklische Kampfen, das ringungesättigte Bornylen, das ganz gesättigte Tricyklen, anderseits die semicyklisch- und die ringungesättigten Fenchene zusammenhält, ist, wie wiederholt betont wurde, das bicyklische Pentoceansystem. Geht der Kampfentypus in den Kampfertypus, geht das D-l-Fenchen in das D-d-Fenchen und umgekehrt über, so bleibt nichtsdestoweniger das Pentoceansystem bestehen. Es spaltet sich das letztere nicht leicht in ein monocyklisches System auf, denn es ist bisher nicht gelungen von einem Terpen des Pentoceanringes zu einem solchen des nächst niederen Systems, des Tetroceansystems oder Trioceansystems, zu gelangen. Wohl konnte umgekehrt der Übergang ausgeführt werden; wir konnten vom Pinen, welches dem Tetroceansystem angehört, zum Pinenhydrochlorid, also zum Pentoceansystem gelangen. Ebenso haben wir vielleicht einen Übergang vom Pinen zum Fenchylalkohol; auch konnten wir das Pinen durch konz. Schwefelsäure in Kampfen überführen, wenn wir nicht annehmen wollen, daß dieser Kohlenwasserstoff dem Pinen schon beigemengt gewesen, oder, wie wir später sehen werden, ev. aus dem Nopinen hervorgegangen ist.

Tetroceansystem. Die Erkenntnis, daß im Kampfer die Isopropylgruppe an der Ringbildung beteiligt ist, d. h., daß das Kohlenstoffatom 8 mit dem Kohlenstoffatom 1 verbunden ist, legt es nahe ev. auch anzunehmen, daß das Kohlenstoffatom 8 mit dem Kohlenstoffatom 2 bzw. 6 verbunden sein könne. Wagner (B. **27**, 1651) zog im Jahre 1894 als erster eine derartige Formel für das Pinen in Betracht, das er folgendermaßen formulierte:

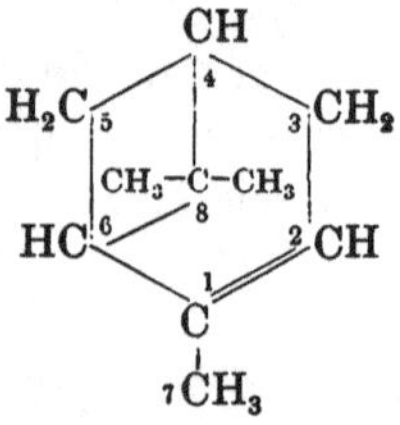

Es soll ein derartiges Ringsystem als Tetroceansystem bezeichnet werden. Im folgenden wird gezeigt werden, daß die Sprengung des Vierrings sehr leicht vor sich gehen kann, und daß sich unter Umständen wiederum ein neuer Vierring bildet, aber immer kehren wir alsdann zu demselben Typus zurück, so daß wir hier nicht einen ähnlichen Wechsel wie zwischen Kampfer- und Kampfentypus konstatieren können; es ist nämlich einerlei, ob wir Kohlenstoffatom 8 mit Kohlenstoffatom 2 oder 6 verbinden, in beiden Fällen bleiben wir in demselben Typus. Würde allerdings der Vierring nicht bei Kohlenstoffatom 6 aufgehen, sondern bei Kohlenstoffatom 4 und die freigewordene Bindung sich alsdann von neuem mit Kohlenstoffatom 2 verbinden, alsdann müßten wir zu einem anderen Typus gelangen, weil die Stellung der Methylgruppe eine andere würde und sich im Vierring befinden müßte. Eine derartige Sprengung und Schließung ist aber bisher nicht beobachtet worden, was wohl seinen Grund in der doppelten Bindung hat, die alsdann in einem Vierring stehen würde.

Über die Möglichkeit der Lage der doppelten Bindung im Tetroceansystem, also über die Existenz der hierher gehörigen Terpene, ist zu erwähnen, daß sie verschieden sein kann; einmal kann sie im Ringe liegen, also cyklisch sein, ein anderes Mal sich außerhalb des Ringes befinden, also semicyklisch sein. Unter den ungesättigt-cyklischen Terpenen ist bisher mit Bestimmtheit nur ein einziges erkannt, und zwar das, welches die doppelte Bindung zwischen Kohlenstoffatom 1 und 2 aufweist; das dazu gehörige semicyklische ist ebenfalls bekannt. Das erstere wird als Pinen, das zweite als Nopinen bezeichnet.

α) Ringungesättigte Tetroceanterpene.

194. Pinen $C_{10}H_{16}$.

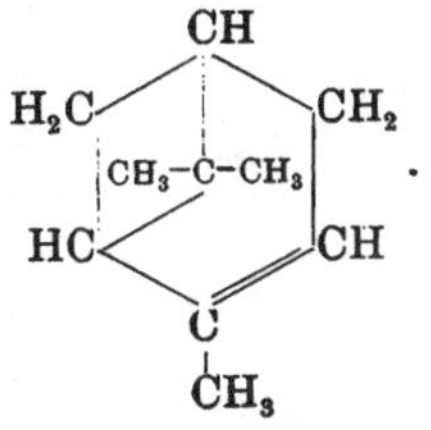

Vorkommen, Isolierung und Synthese. Das Pinen gehört, wie später gezeigt werden wird, zur n-Klasse der Terpene (SEMMLER, B. **33** [1900], 1455), während das Nopinen das Pseudopinen darstellt. Unter den Kampfenen würde das Bornylen, wenn auch nicht völlig, dem Pinen entsprechen, während das gewöhnliche semicyklische Kampfen mit dem Nopinen zusammengehört; in der Fenchoceanreihe würden die verschiedenen ringungesättigten Fenchene mit dem Pinen, dagegen die beiden semicyklischen Fenchene mit dem Nopinen zu vergleichen sein. In dem Pentoceansystem scheinen die ungesättigt-semicyklischen Terpene verbreiteter und der Herstellung nach zu urteilen stabiler zu sein; dagegen ist im Tetroceantypus zweifellos das ringungesättigte Pinen häufiger als das semicyklische Nopinen.

Vorweg soll erwähnt werden, daß der Siedepunkt der Glieder oder Angehörigen des Tetroceansystems, mit dem wir es in vorliegenden Fällen zu tun haben, höher zu liegen scheint, als der jener des Pentoceansystems; so siedet das ringungesättigte Pinen bei ca. 155—156°, während das ringungesättigte Bornylen bei ca. 149—150° und die ringungesättigten Fenchene noch niedriger sieden (140—145°). Analoge Unterschiede scheinen bei den semicyklischen Terpenen zu existieren; ganz reines Nopinen kennen wir nicht, jedoch dürfte sein Siedepunkt über 162° liegen, wohingegen das semicyklische Kampfen bei 159—160° siedet und die semicyklischen Fenchene bei 155—156°.

Das Volumgewicht der Vertreter des Tetroceansystems scheint höher zu sein als das jener des Pentoceansystems, so daß z. B. in einem Kubikzentimeter mehr Moleküle Pinen als Bornylen vorhanden sind, und der Raum, den ein Molekül Pinen mit seinem Covolumen beansprucht, kleiner ist als jener beim Bornylen; es wird auf diese Verhältnisse späterhin zurückgekommen werden.

Fenchene.[1]

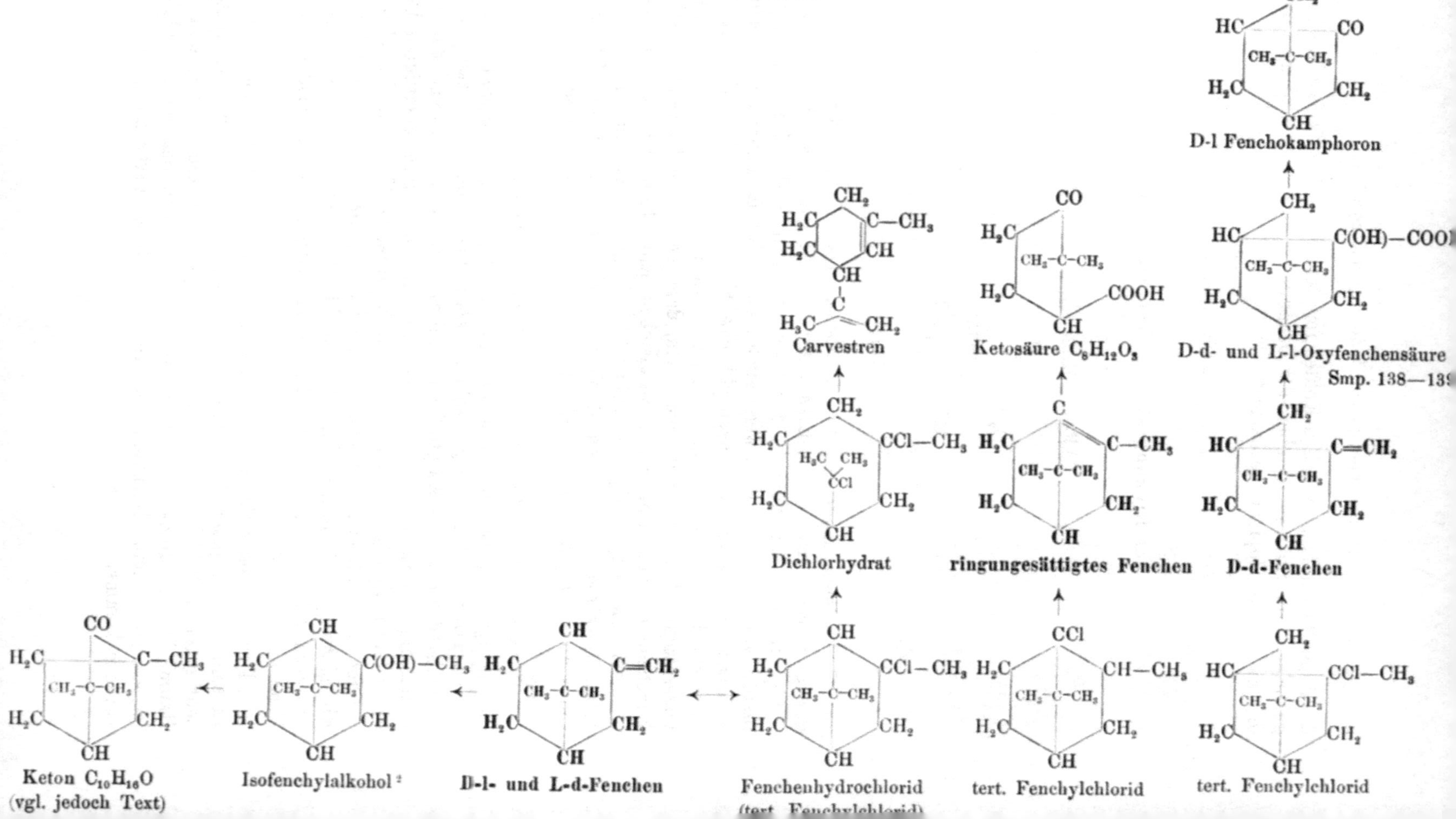
D-l Fenchokamphoron
Carvestren
Ketosäure $C_8H_{12}O_3$
D-d- und L-l-Oxyfenchensäure
Smp. 138—13
Dichlorhydrat
ringungesättigtes Fenchen
D-d-Fenchen
Keton $C_{10}H_{16}O$
(vgl. jedoch Text)
Isofenchylalkohol[2]
D-l- und L-d-Fenchen
Fenchenhydrochlorid
tert. Fenchylchlorid
tert. Fenchylchlorid

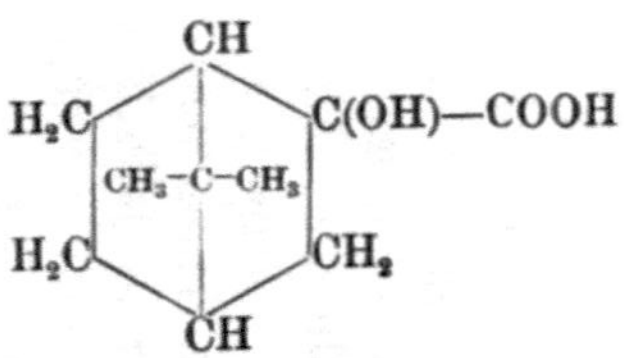

Fenchoceansäure Smp. 153°
(Fenchenylsäure)
(D-l- und L-d-Oxyfenchensäure)

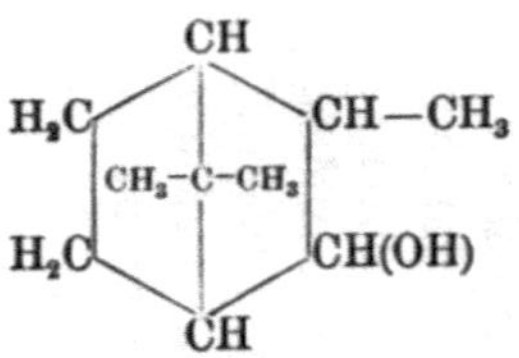

D-l- und L-d-Fenchylalkohol

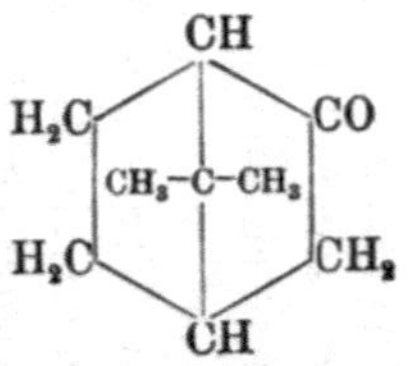

D-d-Fenchokamphoron

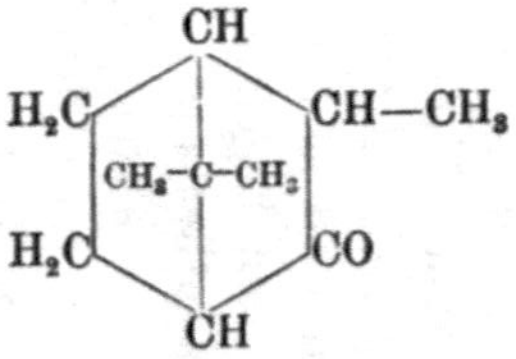

D- und L-Fenchon[3]

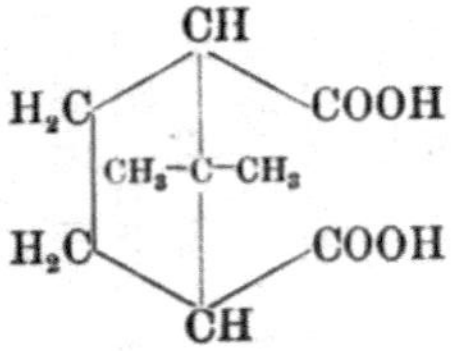

(Kampfopyrsäure)
Apokampfersäure

[1] Über die Konstitution der in dieser Tabelle nicht berücksichtigten Fenchene vgl. Text.

[2] Über die Wahrscheinlichkeit anderer Konstitutionsformeln für den Isofenchylalkohol, die namentlich sekundäre Alkohole darstellen, vgl. ebenfalls den Text, wobei besonders betont werden mag, daß diesen sekundären Isofenchylalkoholen Chloride entsprechen, die sich ebenfalls auch im Rohfenchylchlorid finden.

[3] Über die Ableitung der Fenchene usw. aus der Konstitutionsformel Semmlers für das Fenchon usw. (Chem. Z. **29** [1905], 1313) vgl. Fenchon.

In dem Übergang von dem Tetroceansystem in das Pentoceansystem haben wir einen solchen eines weniger stabilen Systems in ein stabileres vor uns; es wird hierbei Wärme frei, wie BERTHELOT (A. ch. VI, **10**, 454) und STOHMANN (Ph. Ch. **10**, 412) nachgewiesen haben.

Während die Terpene des Pentoceansystems, die Kampfene und Fenchene, zuerst auf synthetischem Wege erhalten und eigentlich erst vom Ende der achtziger Jahre des vergangenen Jahrhunderts ab in ätherischen Ölen nachgewiesen wurden, liegen beim Pinen, dem typischen Vertreter des Tetroceansystems, die Verhältnisse umgekehrt. Erst spät konnte von WALLACH (A. **258**, 344) im Jahre 1890 das Pinen aus dem Pinennitrosochlorid regeneriert und somit auf künstliche Weise gewonnen werden, während man sich mit dem Pinen in den ätherischen Ölen zweifellos schon seit Jahrhunderten beschäftigt hat. Das Pinen bildet nämlich einen Hauptbestandteil des Terpentins, unter welchem wir eine Auflösung von Harz in ätherischem Öl, namentlich Pinen, verstehen. Terpentin wird gewonnen, indem man das Holz der Pinaceen anschneidet oder ihre Stämme anbohrt. FLÜCKIGER sagt in seiner Pharmacognosie von 1883 S. 66: „Der Name Terpentin wurde in frühester Zeit dem Harzsafte der *Pistacia Terebinthus* L. beigelegt, was möglicherweise zuerst in Persien geschehen ist, da das Wort Termentīn oder Turmentīn der persischen Sprache angehört. Später wurde es erst auf die Säfte der Coniferen übertragen, welche man auch schon im Altertum benutzte.“ Obwohl demnach der Name Terpentin der Anacardiacee *Pistacia Terebinthus* entlehnt ist, so wird er gegenwärtig hauptsächlich für die Harzsäfte der Coniferen angewandt. Dem Namen Terpentin ist alsdann das Wort Terpen entlehnt, dem wir zuerst in KEKULÉs Lehrbuch begegnen, so daß wir sagen können, daß das Pinen, da es den Hauptbestandteil der ätherischen Öle, der Terpentine, bildet, der typische und älteste Vertreter der Terpene ist. — Eine experimentelle Untersuchung über die Entstehung des Harzflusses bei einigen Abietineen liegt vor von TSCHIRCH und FABER (Ar. **239** [1901], 249), über den Harzfluß von TSCHIRCH (Ar. **243** [1905], 81).

Das Pinen gehört zu denjenigen Bestandteilen der ätherischen Öle, die am verbreitetsten sind, und zwar findet es sich nicht nur häufig in den verschiedensten Ölen, sondern auch prozentisch bildet es vielfach den Hauptbestandteil; wir werden sogar Öle kennen lernen, die fast nur aus Pinen bestehen. Besonders reich an Pinen sind die Öle, welche aus Angehörigen der Familie der Pinaceae gewonnen werden, zu denen besonders unsere Kiefern, Fichten, Tannen und Lärchen gehören; jedoch sind die ätherischen Öle, wie man sie aus den einzelnen Teilen dieser Bäume erhält, nicht gleich zusammengesetzt, worauf alsbald näher eingegangen werden soll. Die Erscheinung der weiten Verbreitung des Pinens im Pflanzenreiche ist um so auffallender, als die Konstitution seines Moleküls eine ganz eigenartige und sich sonst kaum in einem anderen Molekül wiederfindende ist, indem ein bicyklisches System mit einem Vier- und einem Sechsring vorliegt. Ein derartiges Molekül kann in der Pflanze dadurch gebildet werden, daß eine doppelte Ringschließung von einer aliphatischen Verbindung aus statthat, oder aber wir können annehmen, daß z. B. ein Molekül mit einem Sechsring vorliegt und daß nunmehr ein zweiter Ring gebildet wird, an welchem sich ein Kohlenstoffatom dieses Sechsringes beteiligt. Wir können uns z. B. vorstellen, daß aus dem Terpineol eine solche Bildung eines bicyklischen Systems statthaben könnte; jedoch sind wir bisher nicht imstande gewesen, einen derartigen Ringschluß auszuführen. Umgekehrt ist es uns gelungen, von dem Pinen aus zum Terpineol, also zur Limonenreihe, zu gelangen. Die Pflanze muß demnach über solche wasserabspaltenden Mittel verfügen, die nicht gleichzeitig ringsprengend wirken. Es ist wahrscheinlich, daß niedere Temperatur und sehr verdünnte saure Agentien diese Ringschlüsse begünstigen, da bei höherer Temperatur und selbst bei Anwendung unserer verdünnten Säuren alsbald Ringsprengung eintritt.

Betrachten wir das Vorkommen des Pinens in den Ölen der einzelnen Pflanzenspezies, so fällt zweierlei auf, 1., daß das Öl in den sog. Terpentinölen fast ohne sauerstoffhaltigen Mitbestandteil vorkommt, 2., daß das Pinen bei seinem Vorkommen häufig von Cineol begleitet wird, oder 3., daß, wenn es mit anderen sauerstoffhaltigen Körpern vorkommt, dies gewöhnlich solche sind, die der Kampferreihe angehören. Vielleicht führt das Terpin in der Pflanze teils zum Cineol, teils zum Pinen; im Laboratorium können wir ersteren Vorgang ausführen, den zweiten nicht. Es ist sehr leicht möglich, daß die Bildung des Kampfers, des Borneols und des Kampfens ebenfalls von dem Terpinhydrat ausgeht, ev. durch das Pinen hindurch. Wir wissen, daß das Tetroceansystem wenig stabil ist, und daß sich auch in der Pflanze bei Gegenwart von Säuren sehr leicht aus dem Pinen das Borneol bilden könnte, aus dem unter gleichzeitiger Oxydation der Kampfer entstehen würde. Wir haben demnach eine vollkommen durchsichtige Reaktion der Bildung der bicyklischen Tetroceanreihe vom monocyklischen Terpinhydrat aus und der bicyklischen Pentoceanreihe entweder ebenfalls direkt vom Terpinhydrat aus oder von diesem durch das Tetroceansystem hindurch; das Terpinhydrat selbst dürfte aus olefinischen Alkoholen entstanden sein. —

Anderseits ist es eigentümlich, daß wir das Pinen nirgends in ätherischen Ölen vom Pinol begleitet finden, obwohl wir imstande sind, dieses Molekül aus dem Pinen mit der größten Leichtigkeit herzustellen. Auffallend ist ferner die gewaltige Menge Pinen, welche sich in dem Harze der Pinaceen aufhäuft. Der Pinentypus ist mit Ausnahme des sich in geringen Mengen findenden Nopinens und Pinocarveols in keinem anderen Bestandteil eines ätherischen Öles konstatiert worden, so daß ich auch für die Sesquiterpene diesen Typus nicht annehmen möchte. Auch die Pentoceantypen kommen im wesentlichen nur im Kampfer, Borneol, Kampfen und Fenchon vor, ebenso wie wir den Trioceantypus auf wenige Moleküle beschränkt finden werden. Größer ist dagegen die Mannigfaltigkeit, wenn wir in das monocyklische System kommen. Dieser Umstand spricht ebenfalls wiederum dafür, daß die bicyklischen Systeme aus den monocyklischen entstehen, und zwar aus den Alkoholen, indem unter Umständen gleichzeitig Oxydation statthaben kann. Schließlich müssen wir bei der Entstehung aller dieser bicyklischen Bestandteile der ätherischen Öle nicht nur nicht die mit Wasserdämpfen flüchtigen Verbindungen in Betracht ziehen, sondern auch jene, welche zurückbleiben. Vor allen Dingen dürften auch hier Glukoside und die ihnen ähnlichen Verbindungen eine große Rolle spielen. Interessant ist in dieser Beziehung die Beobachtung, daß man das Entstehen des Terpens des Safrans sich nach folgender Gleichung vorstellen kann:

$$\underset{\text{Picrocrocin}}{C_{38}H_{66}O_{17}} + H_2O = 3\underset{\text{Crocose}}{C_6H_{12}O_6} + 2\underset{\text{Terpen}}{C_{10}H_{16}}$$

(Kayser, B. **17** [1884], 2228; vgl. auch Hilger, Verh. d. Deutsch. Naturf. und Ärzte **1899**, 669). Beim Pinen liegen die Verhältnisse noch insofern günstig, als sein massenhaftes Auftreten in den Terpentinen dazu auffordert, die Verbindungen zu erforschen, welche dieses Terpen liefern.

Das Pinen findet sich in Ölen, welche von Pflanzen stammen, die den verschiedensten Familien des natürlichen Systems angehören. Sowohl Blätter wie Blüten, als auch der Stamm, Rinde und Holz, sowie schließlich Wurzeln liefern ätherische Öle, in denen sich Pinen nachweisen läßt. Da das Molekül des Pinens zwei asymmetrische Kohlenstoffatome enthält, die nicht gleichwertig sind, so findet es sich in der Natur bald in einer rechts-, bald in einer linksdrehenden Modifikation, die mehr oder weniger razemisiert sein dürften, wenn starke Pflanzensäuren zugegen sind; namentlich dürfte die Razemisierung, wie in anderen Fällen, ev. bei der Destillation mit Wasserdämpfen erfolgen. — Bei der Angabe des Vorkommens folgen wir wiederum dem natürlichen Pflanzensystem.

Pinaceae.

Man muß bei dieser Pflanzenfamilie besonders drei Gruppen von Ölen unterscheiden, je nach den Pflanzenteilen und je nach der Art der Destillation. Die Pinaceen zeichnen sich durch starke freiwillige Harzabsonderungen aus, die, wie oben erwähnt, durch Einschnitte vermehrt werden können, und die man mit dem Kollektivnamen „Terpentine“ bezeichnet. Destilliert man diese Terpentine mit Wasserdampf, so erhält man die eigentlichen „Terpentinöle“. Verwendet man zur Destillation mit Wasserdampf die Nadel-, Zapfen- usw. Öle, so erhält man die „Nadelöle“, „Zapfenöle“ usw.; unterwirft man schließlich das Holz, namentlich die Wurzeln der trocknen Destillation, so erhält man die eigentlichen „Kienöle“. Alle diese drei Gruppen enthalten Pinen, bald in der einen, bald in der anderen Modifikation. Außerdem finden sich, namentlich in den Nadelölen, sauerstoffhaltige Bestandteile, die den einzelnen Ölen den charakteristischen Geruch verleihen, z. B. Bornylacetat; in den Nadelölen begegnen wir auch häufig dem Limonen, ja es ist oft sogar dem Pinen gegenüber in vorwiegender Menge vorhanden, in den Kienölen dem Sylvestren usw.

Terpentinöle. Es ist zweifellos, daß man den charakteristischen Geruch, den die verschiedenen Terpentine zeigen, frühzeitig wahrgenommen hat; es ist jedoch fraglich, wann sie zuerst mit Wasserdämpfen destilliert wurden. Terpentin selbst scheidet sich in der Pflanze in besonderen Harzgängen ab, die manchmal in direkte Hohlräume übergehen. Zuerst scheint der Terpentin in den östlichen Mittelmeerländern gewonnen zu sein, von dort her ist seine Darstellung von uns übernommen worden. VILLANOVANUS (ARNOLDI VILLANOVANI: „Breviarium practicae, prooemium in operis omnibus cum N. Taurelli in quosdam liberos annotationibus. Basiliae **1587**, 1055) berichtet bereits über das Terpentinöl, so daß es im 13. Jahrhundert schon bekannt gewesen sein muß. Erwähnt wird nicht, welchen Terpentin man in damaliger Zeit besonders verwendet hat, aber jedenfalls hat das Öl hauptsächlich aus Pinen bestanden. Späterhin wird vielfach eine Lösung von Terpentinöl in Alkohol gebraucht. Es ist selbstverständlich, daß man bis LAVOISIER, also bis zum letzten Viertel des 18. Jahrhunderts, wenig über die chemische Zusammensetzung des Terpentinöls kannte. Erst die nächste Periode, 1770—1830, schuf darin Wandel. Man beschäftigte sich zunächst besonders mit den sich bei niedriger Temperatur abscheidenden festen Bestandteilen, die teils Terpinhydrat, teils Sobrerol gewesen sind (vgl. dieselben). 1817 erhielt alsdann LABILLIARDIÈRE (Journ. de Pharm. II, **4** [1818], 5) die ersten Analysen des Kohlenwasserstoffs im Terpentinöl, welche auf (C_5H_8) stimmende Zahlen ergaben. 1802 hatte KINDT in Eutin den künstlichen Kampfer (TROMMSD. J. d. Pharm. **11**, II [1803], 132) erhalten. Hier mag vorweg nur erwähnt werden, daß BERTHELOT (Spl. **II** [1862/63], 226) dem linksdrehenden Terpen der Terpentinöle den Namen „Terebenthen“, dem rechtsdrehenden den Namen „Australen“ gibt. WALLACH änderte den Namen (A. **227** [1885], 300) und führte l- und d-Pinen ein.

Sehr groß ist die Anzahl der Terpentinöle, welche man aus den Terpentinen der verschiedenen Pinaceen gewonnen hat; nicht immer ist es möglich gewesen, die einzelnen Terpentine, wie sie von verschiedenen Spezies gewonnen wurden, auseinanderzuhalten, so daß bei der Wasserdampfdestillation Öle erhalten werden, die verschiedenen Ursprungs sind. Die folgenden Angaben beziehen sich auf Öle, die aus Terpentinen einheitlicher Herkunft oder doch, wenn Gemische vorliegen, in bezug auf den Ursprung bekannter Herkunft gewonnen wurden. —

Wie bereits oben erwähnt, liefern die Pinaceen, wenn man ihre Nadeln, Fruchtzapfen, jungen Zweigspitzen usw. destilliert, ätherische Öle, welche sich durch bedeutend angenehmeren Geruch auszeichnen als die Terpentin- bzw. Kienöle; sie enthalten jene Bestandteile, welche den erfrischenden, angenehmen Waldesduft bewirken. Der Name „Nadel- bzw. Zapfenöle“ ist ein Sammelname, vielfach werden die einzelnen Öle bestimmter Spezies nicht auseinandergehalten. Der Gehalt an Pinen ist nicht so groß wie in den Terpentin- und Kienölen, dafür tritt ein anderer Kohlenwasserstoff, und zwar das l-Limonen, auf; außerdem zeichnen sich aber z. B. die Nadelöle nsw. durch einen größeren oder geringeren Gehalt an Bornylacetat aus, denen der eigentliche Tannenduft zukommt. Die Nadelöle usw. werden wegen ihres höheren Preises häufig mit Terpentinölen verfälscht, wodurch ein höherer Gehalt an Pinen hervorgerufen wird, der sich durch fraktionierte Destillation usw. nachweisen läßt. —

Die Gewinnung der Kienöle ist in Deutschland sehr alt. Die vielen Meilerstellen in unseren Wäldern legen davon Zeugnis ab; die Öle werden nicht als Hauptprodukte gewonnen, sondern bei der Erzeugung von Kohle und Teer als Nebenprodukte erhalten. Es ist demnach klar, daß die Rohöle noch phenolartige und andere Verbindungen aufweisen, welche durch trockne Destillation des harzreichen Holzes, namentlich der Wurzeln, entstehen. Unter den Kohlenwasserstoffen der Kienöle ist d-Pinen, i-Limonen und Sylvestren nachgewiesen worden; das i-Limonen dürfte zum Teil durch Invertierung des aktiven Limonens bei der hohen Temperatur entstanden sein. Das Sylvestren wurde 1878 von Atterberg (B. **10**, 1202) entdeckt und ist ein charakteristischer Bestandteil für die Kienöle; jedoch wiesen Aschan und Hjelt (Chem. Z. **18** [1894], 1566) nach, daß es nicht etwa durch die hohe Temperatur beim Schwelen entsteht, sondern ein normaler Bestandteil der Pinusarten ist.

Larix europaea D. C. liefert den venetianischen Terpentin. Schon den Römern soll ein Terpentin des Lärchenbaums bekannt gewesen sein. Für den venetianischen Terpentin sind besonders die österreichischen Alpenländer Produktionsgebiet. Als Eigenschaften des aus diesem Terpentin gewonnenen Terpentinöls finden wir angegeben (Sch. **1897**, I, Tab. S. 46): $d_{15} = 0{,}875$ Pol. -11°, Bestandteil Pinen. Das Öl läßt sich hauptsächlich zwischen 155 und 190° überdestillieren, wobei die Hauptmenge bei 157° siedet. Werden diese niedrig siedenden Anteile mit trockner Chlorwasserstoffsäure gesättigt, so entsteht künstlicher Kampfer. Vgl. auch Flückiger (N. Jahrb. für Pharm. **31** [1869], 73 und J. der Pharm. **1869**, 37). — *Larix europaea* D. C. liefert auch ein Nadelöl (Sch. **1897**, II, 66); von 160—165° gingen 30% über, Pol. hiervon $= +4^\circ 15'$, außerdem 6,53% Esterborneol und 6,14% freies Borneol. — *Larix sibirica* Ledebour soll das sibirische Fichtennadelöl liefern; die zwischen 160—163° übergehenden Anteile enthalten l-Pinen. Hirschsohn (Pharm. Z. für Rußland **30** [1892], 593) fand l-Bornylacetat; vielleicht ist außerdem Terpinylacetat vorhanden (Sch. **1896**, II, 42 und 76).

Pinus silvestris L., die Kiefer, welche namentlich im Osten Deutschlands, ferner in Rußland, Österreich usw. weit verbreitet ist, liefert sowohl Terpentin- als auch Kien- und Nadelöle; in allen ist Pinen nachgewiesen, außerdem enthalten die Kiefernöle nach Aschan und Hjelt, wie bereits erwähnt, zum Teil Sylvestren. Das galizische Terpentinöl dürfte nur zum Teil von Terpentin aus *Pinus silvestris* herrühren; es enthält Pinen. Zweifellos wird auch in Rußland viel Terpentinöl aus dem Terpentin der dort wachsenden Kiefer gewonnen, wenn auch unter dem Namen russisches Terpentinöl viel Kienöle in den Handel gebracht worden. — *Pinus silvestris* liefert aber auch Nadelöle. Das deutsche Kiefernnadelöl untersuchten Bertram und Walbaum (Ar. **231**, 300; vgl. auch Sch. **1896**, II, 76); es weist d-Pinen, ferner d-Sylvestren, Acetat vom Borneol oder Terpineol, schließlich Cadinen auf. Das schwedische Kiefernnadelöl enthält ebenfalls d-Pinen, d-Sylvestren, 3,5 % Bornylacetat (BERTRAM und WALBAUM a. a. O., S. 299). Das englische Kiefernnadelöl wurde von UMNEY (Pharm. Journ. London **55** [1895], 161 u. 542) untersucht; er konstatierte darin l-Pinen. — Auch Kienöle liefert *Pinus silvestris*, und zwar in hervorragendem Maße. Das deutsche Kienöl besteht aus d-Pinen, d-Sylvestren und Dipenten, ebenso das polnische oder russische (TILDEN, Pharm. Journ. London III, **8** [1878], 539; FLAWITZKI, B. **20** [1887], 1956; WALLACH, A. **230** [1885], 245). Auch das finnländische Kienöl wird vielfach aus *Pinus silvestris* gewonnen und enthält ebenfalls Pinen, Sylvestren und Dipenten (ASCHAN und HJELT, Chem. Z. **18** [1894], 1566, 1699, 1800).

Pinus Pinaster Solander liefert das französische Terpentinöl. Es enthält l-Pinen; an diesem Öl wies BIOT im Jahre 1818 die optische Aktivität nach. Über die Größe von α_D vgl. SCH. (**1897**, I, Tab. S. 47) (— 20 bis — 40°); ferner PEREIRA (Pharm. Journ. London I, **5** [1845], 70), welcher — 33 bis — 37° findet; LAFONT (C. r. **106** [1888], 140) bestimmt $[\alpha]_D$ zu — 39° 50′; ARMSTRONG (Pharm. Journ. London III, **13** [1883], 584) findet — 30° bis — 30° 30′.

Pinus Laricio Poiret liefert das österreichische Terpentinöl. SCH. u. Co. (SCH. **1897**, I, Tab. S. 46) geben an: d_{15} = 0,866, Pol. = + 3° 46′, enthält Pinen.

In Nordamerika sind verschiedene Pinusarten einheimisch, so *Pinus palustris* Miller, *Pinus Taeda* L., *Pinus echinata* Miller usw., sie alle liefern amerikanisches Terpentinöl; die meisten weisen d-Pinen auf, jedoch kommen auch solche mit l-Pinen vor. SCH. u. Co. (SCH. **1897**, I, Tab. S. 47) geben an: α_D bis + 10°, selten schwach linksdrehend. ARMSTRONG (Pharm. Journ. London III, **13** [1883], 584) findet in 28 Proben + 13° 36′ bis + 14° 17′ (aus Wilmington), + 9° 30′ bis + 12° 4′ (aus Sowannah); aus letzterer Quelle wurde an zwei Ölen auch α_D = — 0° 40′ und — 2° 5′ beobachtet.

Auch *Pinus Ledebourii* Endl. liefert Terpentin-, Kien- und Nadelöl; in allen drei Sorten ist Pinen nachgewiesen. Vgl. auch TILDEN (Pharm. Journ. London III, **8** [1878], 539).

Pinus Khasya und *Pinus Merkusii* liefern in Indien nach ARMSTRONG (Pharm. Journ. London III, **21** [1891], 1151 und **26** [1896], 370) Terpentinöle, welche dem französischen Terpentinöl gleich zusammengesetzt sind; die erstere Spezies zeigte $[\alpha]_D$ = + 36° 28′, die zweite $[\alpha]_D$ = + 31° 45′.

Die Latschenkiefer (*Pinus Pumilio* Haenke) giebt ein Nadelöl, in welchem l-Pinen vorhanden ist (ATTERBERG, B. **14** [1881], 2531; BERTRAM und WALBAUM, Ar. **231** [1893], 293).

Das Zirbelkiefernnadelöl (*Pinus cembra* L.) enthält d-Pinen, und zwar sehr stark drehendes: $[\alpha]_D$ = + 45,04°; vgl. FLAWITZKI (J. pr. II, **45** [1892], 115).

Das griechische Terpentinöl (*Pinus halepensis*) enthält stark rechtsdrehendes Pinen (DAMBERGIS, Östr. Chem. Ztg. **1904**, Nr. 14; UTZ, Apoth.-Ztg. **19** [1904], 678).

Indisches Terpentinöl (*Pinus longifolia*) weist als Bestandteil ebenfalls Pinen auf (Chem. Ztg. **29** [1905], 133).

Russisches Kiefernnadelöl ist zwar selbst inaktiv, enthält aber nach SCHINDELMEISER (Apoth.-Ztg. **19**, 1816) d-Pinen.

In Nadelöl von *Pinus Strobus* kommt l-Pinen vor (TROEGER und BEUTIN, Ar. **242**, 528); den Pinengehalt hatte früher bereits KREMERS (Pharm. Rev. **17** [1899], 507) nachgewiesen.

Das deutsche Kiefernnadelöl von *Pinus silvestris* zeichnet sich nach TROEGER und BEUTIN (Ar. **242**, 522) durch einen Gehalt an d-Pinen aus.

Das Genus *Picea* gibt weniger Terpentin- und Kienöle, als besonders Nadelöle. *Picea excelsa* Lk. wird vielfach in Finnland neben der Kiefer und Tanne zur Herstellung des finnländischen Kienöls verwendet, welches Pinen, Sylvestren und i-Limonen enthält. Das Nadelöl, ebenfalls aus dieser Spezies hergestellt, enthält l-Pinen, l-Phellandren, Dipenten, l-Bornylacetat und Cadinen (BERTRAM und WALBAUM, Ar. **231**, 296). — *Picea alba* Lk. liefert neben anderen Piceaarten (*Picea nigra* Lk.) in Nordamerika außer *Abies canadensis* Michaux das Hemlock- oder Spruce-Tannennadelöl; letzteres enthält l-Pinen und l-Bornylacetat (B. und W., Ar. **231** [1893], 294).

Das Genus *Abies* liefert besonders Nadelöle; hierher gehört unsere Weißtanne (*Abies pectinata* D. C.); auch zur Erzeugung des finnländischen Kienöls dürfte letztere benutzt werden. Das Terpentinöl aus Straßburger Terpentin wird ebenfalls von dieser Spezies geliefert und enthält Pinen. Die Nadeln und Zweigspitzen geben das Edeltannennadelöl, in welchem B. und W. (Ar. **231** [1893], 291; SCH. **1892**, II, 21; **1893**, I, 29) l-Pinen, l-Limonen, l-Bornylacetat und ein Sesquiterpen nachgewiesen haben. Die einjährigen Fruchtzapfen der Weiß- oder Edeltanne liefern das Edeltannenzapfen- oder Templinöl. WALLACH (A. **227** [1885], 287) stellte als Hauptbestandteil Pinen und l-Limonen fest; B. und W. (Ar. **231** [1893], 293) fanden l-Pinen, l-Limonen und wahrscheinlich Bornylacetat. — Der Canadabalsam stammt von *Abies balsamea* Miller, *Abies canadensis* Michaux, *Abies Fraseri* Pursch usw. Wird der Canadabalsam mit Wasserdämpfen destilliert, so erhält man bis zu 25% Öl. EMMERICH (Am. Journ. Pharm. **67** [1895], 135) wies darin Pinen nach; vgl. auch FLÜCKIGER (Jahresb. für Pharm. **1869**, 37). — Auch das aus den Fruchtzapfen von *Abies Reginae Amaliae* Heldr. destillierte Öl dürfte Pinen enthalten; vgl. BUCHNER und THIEL (J. pr. I, **92** [1864], 109).

Sequoja gigantea Torrey liefert bei der Destillation der Nadeln ein bei gewöhnlicher Temperatur erstarrendes Öl (LUNGE und STEINKAULER, B. **13** [1880], 1656 und **14** [1881], 2202). Hauptsächlich bestand das Öl aus einem bei 155° siedenden Kohlenwasserstoff, $d = 0{,}8522$, $[\alpha]_j = +23{,}8^\circ$; dieser gibt mit trockner Salzsäure ein Chlorhydrat und ist wahrscheinlich Pinen.

Von *Callitris quadrivalvis* Vent. stammt das afrikanische Sandarakharz, welches ein ätherisches Öl gibt, das d-Pinen und ein Diterpen $C_{20}H_{32}$ enthält (vgl. HENRY, Soc. **79**, 1144; C. **1901**, II, 810).

Thuja occidentalis L., der Lebensbaum, liefert bei der Destillation der Blätter und Zweigenden ein ätherisches Öl zu 0,4—0,65% (JAHNS, Ar. **221**

[1883], 748). WALLACH (A. **272** [1892], 99) wies darin d-Pinen durch die Nitrosochloridverbindung nach.

Pseudotsuga mucronata Sudworth gibt den Oregonbalsam. RABAK (Pharm. Rev. **22** [1904], 293) untersucht das ätherische Öl, welches er zu 25% durch Wasserdampfdestillation erhielt; die Hauptmenge destillierte unter 160°, das Volumgewicht schwankte von 0,822 bis 0,873, Pol. von α_D − 34° 37′ bis − 39° 55′; bis 160° konnten 71,8—83,4% übergetrieben werden. Es wurde l-Pinen durch das Pinennitrosochlorid, Nitrosopinen und Pinennitrolbenzylamin nachgewiesen.

Cupressus sempervirens L. liefert ein ätherisches Öl, welches hauptsächlich aus d-Pinen (Pinennitrolbenzylamin, Smp. 124°) besteht (SCH. **1894**, II, 70; **1895**, I, 22; **1903**, I, 23; **1904**, II, 18).

Aus *Juniperus communis* L., dem Wacholder, kann durch Destillation der Beeren ein ätherisches Öl gewonnen werden, in dem WALLACH (A. **227** [1885], 288) Pinen nachwies. Das aus *Juniperus phoenicea* L. dargestellte Öl stimmt in seinen Eigenschaften mit dem soeben erwähnten überein; SCH. u. Co. (SCH. **1895**, II, 46) konstatierten in den Beeren einen Gehalt von 1% Öl, $d = 0{,}859$, Pol. − 4° 55′.

Von *Juniperus Sabina* L. stammt das Sadebaumöl. Das Terpen in ihm ist verschiedentlich Gegenstand der Untersuchung gewesen (DUMAS, A. **15** [1835], 159; GRÜNLING, Diss. Straßburg **1875**; LEWY, B. **18** [1885], 3206; FROMM, B. **31** [1898], 2025). SEMMLER (B. **33** [1900], 1455) entdeckte in ihm das semicyklische Sabinen; es ist nicht ausgeschlossen, daß auch Pinen zugegen ist (FROMM, B. **33** [1900], 1192).

Araceae.

Aus der Calmuswurzel (*Acorus Calamus* L.) läßt sich durch Wasserdampfdestillation ein ätherisches Öl abscheiden, in welchem KURBATOW (A. **173** [1874], 4) ein bei 158—159° siedendes Terpen zu 5% nachwies, welches ein bei 63° schmelzendes Chlorhydrat lieferte; es dürfte in ihm trotz des niedrigen Schmelzpunktes künstlicher Kampfer vorliegen, also Pinen vorhanden sein.

Zingiberaceae.

In dem Galgantöl (*Alpinia officinarum* Hance) wies SCHINDELMEISER (Chem. Z. **26** [1902], 308) d-Pinen durch das Nitrosochlorid und Nitrolpiperidid nach, außerdem fand er ein neues Sesquiterpen und Cadinen.

Durch fraktionierte Destillation des Alpiniaöls, aus Blättern von *Alpinia malaccensis* Roscoe gewonnen, kannte von ROMBURGH (Koninglijke Akademie van Wetenschappen te Amsterdam **1900**, 445) einen Anteil vom Sdp. 158—160° erhalten, $d_{26} = 0{,}857$, Pol. im 200 mm-Rohr + 43° 20′; dieser lieferte das bei 119° schmelzende Pinennitrolpiperidid.

Piperaceae.

Von *Piper Cubeba* L. stammen die Cubeben, welche bei der Wasserdampfdestillation ätherisches Öl liefern, das in der Hauptsache zwischen

250 und 280° siedet. OGLIALORO (G. **5** [1875], 467; B. **8** [1875], Ref. 1357) konstatierte im Vorlauf des Öles ein bei 158—163° siedendes Terpen, $\alpha_D = -35{,}5°$, welches ev. Pinen enthält.

Aristolochiaceae.

Aus der Haselwurz (*Asarum europaeum* L.) kann durch Destillation seiner Wurzeln zu 1% ein ätherisches Öl gewonnen werden, welches schwerer als Wasser ist. Über dessen Kampfer, das Asaron, vgl. dieses. PETERSEN (Ar. **226** [1888], 89; B. **21** [1888], 1057) wies neben dem Asaron l-Pinen nach, indem er ein flüssiges Monobromid und nach dem Invertieren durch Erhitzen auf 250° bei 122° schmelzendes Dipententetrabromid erhielt. Auch in *Asarum canadense* ist Pinen vorhanden; vgl. POWER (Diss. Straßburg 1880: Pharm. Rundschau N.Y. **6** [1888], 101; Soc. **81** [1902], 59). — *Asarum arifolium* enthält in seinen Blättern, besonders aber ebenfalls in der Wurzel, zu ca. 7—7,5% ein ätherisches Öl, das MILLER (Ar. **240** [1902], 371) näher untersuchte. Der Hauptbestandteil wird von Safrol gebildet, außerdem ist l-Pinen vorhanden, nachgewiesen durch das Nitrosochlorid und dessen Piperidinderivat. — Auch das Öl von *Aristolochia reticulata* Nutt. enthält in dem bei 157° siedenden Terpen ev. Pinen (vgl. PEACOCK, Am. Journ. Pharm. **63** [1891], 257).

Magnoliaceae.

Der Hauptbestandteil des ätherischen Öles aus den Früchten von *Illicium anisatum* L. besteht hauptsächlich aus Anethol. In den restlichen 10—20% sind d-Pinen, l-Phellandren, Methylchavikol, Hydrochinonäthyläther und wahrscheinlich auch Safrol vorhanden. Das d-Pinen siedet bei 157—163°, $\alpha_D = +21°30'$, Smp. des Pinennitrolbenzylamins 122—123°; vgl. (SCH. **1893**, I, 56 und **1902**, II, 83).

Anonaceae.

Das Ylang-Ylangöl enthält in seinen zuerst übergehenden Anteilen d-Pinen (SCH. **1901**, II, 58); Sdp. bei 160°, Pol. = +16°20'; es wurden das Nitrosochlorid und die bei 123° schmelzende Pinennitrolbenzylaminverbindung dargestellt.

Myristicaceae.

Das Muskatnußöl (*Myristica fragans* Houtt.) weist außer verschiedenen sauerstoffhaltigen Körpern einen Vorlauf auf, in dem SCHACHT (Ar. **162** [1862], 106) Pinen durch die Darstellung der festen Chlorwasserstoffverbindung wahrscheinlich machte. WALLACH (A. **227** [1884], 288; A. **252** [1889], 105) bestätigte das Vorkommen von Pinen, indem er aus dem Terpen, einem inaktiven Gemenge von d- und l-Pinen, das bei 123° schmelzende Pinennitrolbenzylamin gewann. Vgl. auch VAN ROMBURGH (Koninklijke Akademie von Wetenschappen te Amsterdam **1900**, 445), welcher ein Pinennitrosochlorid, aber vom Smp. 108° erhielt, genau so wie aus dem Terpen von *Alpinia malaccensis*.

Monimiaceae.

Das Boldoblätteröl (*Peumus Boldus* Mol.) wurde von TARDY (Journ. Pharm. Chim. VI, **19** [1904], 132) untersucht. Die zuerst übergehenden Anteile waren rechtsdrehend und enthielten Pinen, aus dem das Chlorhydrat vom Smp. 125° erhalten wurde.

Lauraceae.

Das Kampferöl (*Laurus Camphora* L.) enthält in seinem Vorlauf d-Pinen (SCH. **1889**, I, 8), welches durch das Nitrosochlorid und das bei 130° schmelzende Nitrosopinen identifiziert wurde; vgl. auch SCH. u. Co. (SCH. **1903**, II, 40), woselbst angegeben ist, daß der zwischen 155 und 157° siedende Anteil hauptsächlich aus Pinen besteht mit $\alpha_D = + 25° 35'$ und $d_{15} = 0{,}865$; in den etwas höher siedenden Anteilen wurde Kampfen gefunden.

Im Apopinöl, welches von einer unbekannten Lauracee stammt, wies KEIMAZU (Journ. of the pharm. Soc. of Japan, Nr. **258**, August 1903; SCH. **1903**, II, 9) das Pinen nach, indem er durch fraktionierte Destillation Anteile vom Sdp. 155—160° erhielt, $d_{16} = 0{,}8812$, Pol. + 31° 25′ (100 mm-Rohr), Smp. des Nitrosochlorids bei 103°, der des Pinennitrolpiperidids bei 118—119°.

Im Pichurimbohnenöl (*Nectandra Puchury major* Nees und *N. P. minor* Nees) ist ev. ebenfalls Pinen enthalten (vgl. MÜLLER, J. pr. I, **58** [1853], 463).

Im Ocoteaöl (*Ocotea* spec.) findet sich wahrscheinlich auch Pinen (STENHOUSE, A. **44** [1842], 309 und A. **50** [1844], 155).

Auch das Sassafrasöl (*Sassafras officinalis* Nees), welches zu 80 % aus Safrol besteht, enthält ca. 10 % Terpene, in denen POWER und KLEBER (Pharm. Rev. **14** [1896], 101) Pinen und Phellandren nachwiesen. — Auch in den zuerst übergehenden Anteilen des Sassafrasblätteröles konnten POWER und KLEBER (Pharm. Rev. **14** [1896], 103) Pinen nachweisen; außerdem fanden sie darin das Terpen Myrcen.

Das Lorbeerblätteröl, welches zu 1—3 % aus den Blättern des Lorbeerbaumes (*Laurus nobilis* L.) gewonnen wird, ist wiederholt Gegenstand der Untersuchung gewesen. WALLACH (A. **252** [1889], 95) konstatierte in ihm Pinen; vgl. MOLLE (Ar. **237** [1899], 372), welcher das Pinen nur dann nachweisen konnte, wenn er noch nicht mit Alkali behandeltes Öl zur Reaktion verwandte. — Auch das aus den Beeren des Lorbeerbaumes zu ca. 1 % gewonnene Öl enthält neben wenig Pinen sehr viel Cineol, außerdem Sesquiterpen und Laurinsäure (WALLACH, A. **252** [1889], 97; MÜLLER, B. **25** [1892], 547).

Von *Massoya aromatica* stammt das Massoyrindenöl. Die Massoyrinde von Deutsch-Guinea liefert bei der Destillation mit Wasserdampf 6,5—8 % Öl, welches nach SCH. u. Co. (SCH. **1888**, II, 42) aus Eugenol (75 %) und Safrol besteht. WALLACH (A. **258** [1890], 340; Ar. **229** [1891], 116 fand in ihm unter anderem Pinen, Limonen und Dipenten; vgl. auch WOY (Ar. **228** [1890], 22 und 687).

Die Blätter des kalifornischen Lorbeerbaumes (*Umbellularia californica* Nutt.) besitzen einen scharfen, zu Tränen reizenden Geruch; das ätherische Öl wurde bereits von HEANY (Am. Journ. Pharm. **47** [1875], 105) und von STILLMAN (B. **13** [1880], 630) untersucht. Aber erst POWER und LEES (Soc. **85** [1904], 629) ermitteln seine Zusammensetzung; sie konstatieren 6 % l-Pinen, 20 % Cineol, 10 % Eugenolmethyläther, kleine Mengen Safrol und außerdem das Keton Umbellulon $C_{10}H_{14}O$.

Geraniaceae.

Der Vorlauf des Geraniumöls (*Pelargonium odoratissimum*) wurde von SCH. u. Co. (SCH. **1904**, I, 50) untersucht; sie fanden, daß er hauptsächlich aus Menthon bestand, das bereits FLATAU und LABBÉ (Bl. III, **19** [1898], 788) nachgewiesen hatten; ferner wurde Linalool konstatiert, ein Amylalkohol, Phellandren und Pinen; letzteres konnte durch seine Benzylaminverbindung vom Smp. 122—123° charakterisiert werden.

Rutaceae.

Das japanische Pfefferöl, aus den Früchten von *Xanthoxylum piperitum* D. C. zu 3,16 % gewonnen, enthält vielleicht Pinen (STENHOUSE, A. **104** [1857], 236); der Hauptbestandteil des Öls ist Citral. —

POWER und LEES (Soc. **81** [1902], 1585) wollen in einem Rautenöl (*Ruta graveolens* L.) Pinen konstatiert haben; es ist jedoch anzunehmen, daß es verfälscht war.

Das Angosturarindenöl (*Cusparia trifoliata* Engl.) enthält ev. Pinen (G. u. H. S. 601).

Das Citronenöl (*Citrus Limonum* Risso) weist ebenfalls Pinen auf (SCH. **1902**, I, 23; **1902**, II, 32 und 34; **1903**, II, 25).

Ebenso konnte im Petitgrainöl von SCH. u. Co. (SCH. **1902**, II, 65) durch Destillieren der zuerst übergehenden Anteile über Natrium eine Fraktion 160—167° erhalten werden, spez. Gewicht 0,8503, Pol. —13° 2′, mit deutlichem Pinengeruch, die jedoch die Pinenreaktionen bisher nicht gab. Da das Öl verhältnismäßig arm an Pinen ist, so dürften die anderen anwesenden Terpene, Kampfen und Limonen, die Kristallisation der Derivate verhindern.

Auch aus dem Neroliöl konnten SCH. u. Co. (SCH. **1902**, II, 60) als erste Fraktion eine solche vom Sdp. 160—167° erhalten, spez. Gewicht 0,8592, Pol. —18° 38′. Durch Impfen wurde Pinennitrosochlorid vom Smp. 103° und Pinennitrolbenzylamin vom Smp. 122—123° erhalten.

UMNEY und BENNETT (Pharm. Journ. **72** [1904], 217) untersuchten ein südamerikanisches Orangenöl, das vielleicht aus den Blättern und Blüten der bitteren Orange destilliert worden war. In der ersten terpenreichen Fraktion wurde l-Pinen und Dipenten festgestellt.

Burseraceae.

Die im Somalilande sowie in Arabien einheimischen Weihrauchbäume (besonders *Boswellia Carterii* Birdw.) erzeugen, wenn ihre Rinde angeschnitten wird, ein allmählich erstarrendes harzhaltiges Öl. Wird dieser Weihrauch mit Wasserdämpfen destilliert, so liefert er 3—8 % Öl, welches hauptsächlich Terpene enthält (STENHOUSE, A. **35** [1840], 306). KURBATOW (A. **173** [1874], 1) erhielt nach mehrmaliger fraktionierter Destillation einen bei 157—160° siedenden Kohlenwasserstoff, der ein Monochlorhydrat vom Smp. 127° gab. WALLACH (A. **252** [1889], 100) stellte das bei 130° schmelzende Nitrosopinen aus dem Terpen dar.

Auch andere Burseraceen liefern Harze, so auch *Dacryodes hexandra* Griseb., aus welchem MORE (Soc. **75** [1899], 718) 16 % Öl erhielt. Bis auf 12—13 % Rückstand konnte letzteres bei 156—180° überdestilliert werden; es wurde l-Pinen und l-Sylvestren nachgewiesen.

Anacardiaceae.

Wie bereits oben erwähnt, wurde der Chiosterpentin (der τέρμινθος bzw. τερέβινθος) durch Einschnitte in den Stamm, der besonders auf der Insel Chios wachsenden *Pistacia Terebinthus* L. erhalten; er liefert bei der Wasserdampfdestillation ca. 14 % Öl, welches hauptsächlich aus Terpenen besteht, und zwar dürfte der bei 157° siedende Kohlenwasserstoff Pinen sein (FLÜCKIGER, Ar. **219** [1881], 170).

Auch *Pistacia Lentiscus* L., ebenfals im Mittelmeergebiet einheimisch, erzeugt das Mastixharz, welches 1—2 % ätherisches Öl liefert (SCH. **1893**, I, 64); dieses geht fast vollständig bei 155—160° über und dürfte der Hauptsache nach aus d-Pinen bestehen (FLÜCKIGER, Ar. **219** [1881], 170).

Die Beeren des Mollebaums von *Schinus molle* L., der in Südamerika zu Hause ist, liefern 3,35—5,2 % ätherisches Öl (HELBING, Jahresb. der Pharm. **1887**, 25; SCH. **1897**, I, 49) vom Volumgewicht 0,850, Pol. + 46° 4′ (100 mm Rohr). Es wurde von SPICA (G. **14** [1884], 204) ein festes, bei 115° schmelzendes Chlorhydrat erhalten. GILDEMEISTER und STEPHAN konnten nur ca. ½ % Pinen im Öl auffinden, dessen Hauptmenge bei 170—174° siedete; es besteht hauptsächlich aus viel Rechts- und sehr wenig Linksphellandren; außerdem wurde von letzteren Forschern im Öle Carvacrol nachgewiesen.

Canellaceae.

Canella alba Murray liefert bei der Destillation seiner Rinde ein schwach rechtsdrehendes ätherisches Öl, und zwar in einer Ausbeute von 0,75—1,25 %. In der niedrigsten Fraktion, welche links drehte, konnte WILLIAMS (Pharm. Rundsch. N. Y. **12** [1894], 183) l-Pinen durch das bei 122—123° schmelzende Pinennitrolbenzylamin nachweisen.

Myrtaceae.

Die Myrte, *Myrtus communis* L., liefert durch Destillation der wohlriechenden Blätter ca. 0,3 % Öl. Fraktion 158—160° ([α] = + 36,8°) enthält Pinen (JAHNS, Ar. **227** [1889], 174); vgl. auch GLADSTONE (Soc. **17** [1864], 1 und **25** [1872], 1), ferner das Myrtenol, einen Alkohol $C_{10}H_{18}O$ (v. SODEN und ELZE, Chem. Z. **29** [1905], 1031).

Auch die Blätter von *Myrtus Cheken* Spr., ein Baum, welcher in Chile zu Hause ist, liefern bei Destillation ca. 1 % Öl. Ca. 75 % des Öles sieden bei 155—157° ($d = 0{,}8635$; $\alpha_j = +31{,}28°$) und enthalten hauptsächlich d-Pinen; außerdem ist wie im Myrtenöl Cineol vorhanden.

Das Cajeputöl gewinnt man durch Destillation der Blätter und Zweigspitzen von *Melaleuca Leucadendron* L. und *Mel. minor* Smith, welche in Hinterindien auf den Inseln des indischen Archipels zu Hause sind; der Hauptsache nach besteht das Öl aus Cineol, ferner enthält es Terpineol und Terpenylacetat, aber nur sehr wenig Terpene; l-Pinen ist in diesem vorhanden, wie durch das aus dem Öl erhaltene bei 126—128° schmelzende Monochlorhydrat zu schließen ist (Voiry C. r. **106** [1888], 1538; Bl. II, **50** [1888], 108).

Das Niaouliöl wird von *Melaleuca viridiflora* Brongn. und Gris geliefert. Es dürfte darin d-Pinen vorhanden sein (Bertrand, Bl. III, **9** [1893], 432; C. r. **116** [1893], 1070; ferner Voiry, Contribution à l'étude chimique des huiles essentielles de quelques myrtacées. Thèse de l'École de Pharmacie de Paris **1888**).

Das Genus *Eucalyptus* ist außerordentlich reich an Arten. Wir hatten gesehen, daß wir die Öle, welche sie liefern, nach ihrem Gehalt an sauerstoffhaltigen Bestandteilen einteilen können, je nachdem sich in ihnen Citral, Citronellal, Cineol oder Menthon findet. Von den Kohlenwasserstoffen sind vorzüglich Pinen und Phellandren konstatiert worden. — Wir finden bei Sch. u. Co. (Sch. **1904**, II, 27 ff.) eine Tabelle von Baker und Smith, in welcher die Öle der einzelnen Eucalyptusarten nebst den in ihnen nachgewiesenen Bestandteilen angegeben werden.

Danach findet sich Pinen in: *E. tessellaris* F. v. M., *E. trachyphloia* F. v. M., *E. eximia* R. T. B., *E. botryoides* Sm. (d-Mod.), *E. robusta* Sm., *E. saligna* Sm., *E. umbra* R. T. B., *E. dextropinea* R. T. B. (d-Mod.), *E. Wilkinsoniana* R. T. B. (l-Mod.), *E. laevopinea* R. T. B. (l-Mod.), *E. intertexta* R. T. B., *E. maculata* Hook, *E. quadrangulata* D. u. M., *E. conica* D. u. M., *E. Bosistoana* F. v. M., *E. resinifera* Sm., *E. polyanthema* Sieb., *E. Behriana* F. v. M., *E. Rossi* R. T. B. und H. G. S., *E. pendula* A. Cunn., *E. dealbata* A. Cunn., *E. rostrata* Schl. var. *borealis* R. T. B. und H. G. S., *E. maculosa* R. T. B., *E. punctata* D. C., *E. angophoroides* (Sch. **1902**, I, 29).

E. viminalis Var. (α), *E. sideroxylon* A. Cunn., *E. polybractea* R. T. B., *E. oleosa* F. v. M., *E. cneorifolia* D. C., *E. melliodora* A. Cunn., *E. ovalifolia*, var. *lanceolata* R. T. B., *E. punctata* D. C., var. *didyma* R. T. B. und H. G. S., *E. gracilis* F. v. M., *E. hemiphloia* F. v. M., *E. ovalifolia* R. T. B., *E. crebra* F. v. M., *E. piperita* Sm.

Im speziellen ist zu bemerken, daß in *Eucalypt. Globulus* von Wallach und Gildemeister (A. **246** [1888], 283) und Voiry (Bl. II, **50** [1888], 106) d-Pinen nachgewiesen wurde. — Smith (Proc. of the Royal Soc. of New South Wales **32** [1898], 195) untersuchte die Öle von *E. laevopinea* und *dextropinea*; diese Öle enthalten als Hauptbestandteil Pinen im Gegensatz zu den anderen Ölen der Globulusklasse. Es wurde gefunden für d-Pinen: Sdp. 156°, $d_{18/16} = 0{,}8629$, $[\alpha]_{D_{18}} = +41{,}2°$, für l-Pinen: Sdp. 157°,

$d_{19/16} = 0{,}8626$, $[\alpha]_{D_{19}} = -48{,}63^{\circ}$. — Es sei noch erwähnt, daß nach BAKER und SMITH (Journ. and Proc. of the Royal Soc. of N. S. W. **35** [1901]) die Blätter von Eucalyptusarten, aus denen ätherische Öle mit einem gleichen Hauptbestandteil gewonnen werden, auch gleiche Nervatur aufweisen, so daß man aus letzterer auch im voraus den Hauptbestandteil des betreffenden ätherischen Öles bestimmen kann.

Umbelliferae.

Das Corianderöl (*Coriandrum sativum* L.) enthält als Hauptbestandteil d-Linalool. SCH. u. Co. (SCH. **1892**, I, 11) gewinnen durch fraktionierte Destillation einen Vorlauf, Sdp. 156—160°, $d_{15} = 0{,}861$, Pol. $= + 32^{\circ} 42'$ (100 mm-Rohr). Es wurde das Pinennitrolbenzylamin vom Smp. 123—124° erhalten; der Gehalt des Öles an d-Pinen wird auf 5 % geschätzt.

Im Petersiliensamenöl (*Petroselinum sativum* Hoffm.) dürfte nach v. GERICHTEN (B. **9** [1876], 258 und 1477) l-Pinen enthalten sein. — Im französischen Petersilienöl wurde durch THOMS (B. **36** [1903], 3451) ebenfalls Pinen durch das Nitrosochlorid nachgewiesen.

Auch das Möhrenöl, gewonnen zu 0,8—1,6 % aus den Früchten der Möhre (*Daucus Carota* L.), dürfte als Terpen das Pinen enthalten; nach LANDSBERG (Ar. **228** [1890], 85) wird eine Fraktion vom Sdp. 159—161° erhalten, $d_{20} = 0{,}8525$, die sich durch Erhitzen in Dipenten invertieren läßt.

Auch das Öl aus den Wurzeln des Wasserschierlings (*Cicuta virosa*) dürfte Pinen enthalten (VAN ANKUM, J. pr. I, **105** [1868], 151 und SIMON, A. **31** [1839], 258).

Das Fenchelöl (*Foeniculum vulgare* Gaertn.) weist ca. 50—60 % Anethol auf, ferner wurden darin von SCH. u. Co. (SCH. **1890**, I, 20) Fenchon und d-Pinen festgestellt; vgl. auch TARDY (Bl. III, **17** [1897], 660).

Aus dem ätherischen Öl des Stinkasants (*Ferula Asa foetida* L.) läßt sich nach SEMMLER (Ar. **229** [1891], 1) ein Vorlauf gewinnen, welcher Pinen enthält.

Auch das Öl aus dem Harze des Galbanums (*Ferula rubicaulis* Boiss.) weist d-Pinen auf (MÖSSMER, A. **119** [1861], 257 und FLÜCKIGER, Pharmacognosie 3. Aufl., 65; ferner THOMS und MOLLE, Ber. der D. Pharm. Ges. **11** [1901], 90).

Labiatae.

Das Rosmarinöl (*Rosmarinus offic.* L.) untersuchten BRUYLANTS (J. **1879**, 944), ferner GILDEMEISTER und STEPHAN (Ar. **235** [1897], 585); letztere stellten fest, daß wahrscheinlich ein Gemenge von d- und l-Pinen ein normaler Bestandteil des Rosmarinöls ist; außerdem finden sich Kampfen, Cineol, Kampfer und Borneol.

In dem Vorlauf einer größeren Quantität französischen Lavendelöls (*Lavandula vera* D. C.) fanden SCH. u. Co. eine kleine Menge Pinen (G. und H., S. 789). — Nicht ganz sicher festgestellt ist, ob in dem Spiköl (*Lavandula Spica* D. C.) neben d-Kampfen auch Pinen vorkommt (BOUCHARDAT und VOIRY, C. r. **106** [1888], 551; BOUCHARDAT, C. r. **117** [1893], 53 und 1094).

Das Salbeiöl (*Salvia officinalis* L.) enthält außer Cineol, Tanaceton, Borneol und wenig Estern auch Pinen (TILDEN, Soc. **31** [1877], I, 554; MUIR und SUGIURA, Soc. **37** [1880], 678 und J. **1880**, 1080; WALLACH, A. **252** [1889], 103).

In dem ätherischen Öl von *Calamintha Nepeta* konnten GENVRESSE und CHABLAY (C. r. **136** [1903], 387) l-Pinen nachweisen.

SCH. u. Co. (SCH. **1889**, II, 55) untersuchten das ätherische Öl von *Satureja Thymbra* L., welches in Spanien gewonnen war; sie konstatierten Pinen als Pinennitrolbenzylamin, ferner Cymol, Dipenten und Bornylacetat, sowie ca. 19 % Thymol.

Von SCH. u. Co. (SCH. **1894**, II, 57) wurde im Thymianöl (*Thymus vulgaris* L.) l-Pinen nachgewiesen; vgl. LABBÉ (Bl. III, **19** [1898], 1009) und SCH. u. Co. (SCH. **1889**, I, 49).

Das ätherische Öl von *Thymus capitatus* Lk., gewonnen aus dem frischen Kraut dieser Pflanze, untersuchten SCH. u. Co. (SCH. **1889**, II, 56;) sie konstatierten darin ca. 6 % Thymol, ferner in geringer Menge ein anderes flüssiges Phenol, schließlich Pinen, Cymol, Dipenten und Bornylacetat.

Unter den ätherischen Ölen der Menthaarten wurde im Pfefferminzöl (*Mentha piperita* L.) Pinen nachgewiesen (SCH. **1894**, I, 42; POWER und KLEBER, Ar. **232** [1894], 639), ferner wahrscheinlich auch im Krauseminzöl *Mentha viridis* L. (G. u. H., S. 852).

Das Basilicumöl von Réunion (*Ocimum Basilicum* L.) enthält nach BERTRAM und WALBAUM (Ar. **235** [1897], 176) d-Pinen, identifiziert durch das bei 123° schmelzende Pinennitrolbenzylamin, ferner Cineol, d-Kampfer und hauptsächlich Methylchavicol.

Valerianaceae.

Sowohl das aus *Valeriana officinalis* L. gewonnene Baldrianöl enthält Pinen (OLIVIERO, C. r. **117** [1893], 1096; Bl. III, **11** [1894], 150 und **13** [1895], 917), als auch das japanische, auch Kessowurzelöl genannt (*Valeriana offic.* L. var. *angustifolia* Miq.) (BERTRAM und GILDEMEISTER, Ar. **228** [1890], 483).

Compositae.

Das Goldrutenöl wird nach SCH. u. Co. (SCH. **1894**, I, 57) aus verschiedenen Spezies des Genus *Solidago* destilliert, von denen nicht weniger als 42 Spezies, unter dem Namen „Golden Rod“ bekannt, östlich von den Rocky Mountains existieren. SCH. u. Co. ließen das frische blühende Kraut von *Solidago canadensis* L. sammeln und erhielten durch Wasserdampfdestillation 0,63 % ätherisches Öl, $d_{15} = 0{,}859$, Pol. = $-11° 10'$ (100 mm-Rohr); dieses besteht aus ca. 85 % Terpenen, und zwar wesentlich aus Pinen, dem etwas Phellandren und Dipenten beigemengt sind; ferner wurde in den höher siedenden Anteilen 9,2 % Gesamtborneol, wovon 3,4 % Bornylacetat sind, konstatiert (SCH. **1897**, I, 53). Mit Recht wird die große Ähnlichkeit dieses Öles mit manchen Fichtennadelölen betont.

Fraglich ist das Vorkommen von Pinen im Rainfarnöl (*Tanacetum vulgare* L).

Das ätherische Öl von *Helichrysum Stoechas* D. C. ist ein in Spanien volkstümliches Heilmittel. SCH. u. Co. (SCH. **1889**, II, 54) berichten über das Öl folgendes: „Das Öl siedet etwa zu $^3/_4$ zwischen 155 und 170°, zu $^1/_4$ zwischen 170° und 260°. Das spez. Gewicht ist 0,873 bei 15°. Das Öl riecht ähnlich wie geringe Coniferen-Destillate und enthält höchstwahrscheinlich viel Pinen."

Das Wermutöl (*Artemisia Absinthium*) enthält wahrscheinlich auch Pinen.

Öle von unbekannter Herkunft.

JEANCARD und SATIE (Bl. III, **31** [1904], 478) untersuchten das Gouftöl, gewonnen aus einer in Algier heimischen Pflanze. In dem Vorlauf, der bis 170° überging, dürfte Pinen vorhanden sein.

Betrachten wir das Vorkommen des Pinens in den einzelnen ätherischen Ölen, so nehmen wir zwar wahr, daß die Pflanzen, welche derartige Öle liefern, über das ganze Pflanzenreich zerstreut sind, daß es aber anderseits auch Pflanzenfamilien gibt, welche Öle liefern, in denen Pinen nicht nachgewiesen werden konnte. Ferner nehmen wir wahr, daß das Pinen trotz seines häufigen Vorkommens in den verschiedensten Ölen sich in erheblicher Menge fast nur in den Ölen, die aus Pinaceen dargestellt werden, findet, und hier sind es besonders wieder die sogenannten Terpentinöle, also jene Öle, welche durch Wasserdampfdestillation aus den Terpentinen gewonnen werden, die das Pinen enthalten. Besonders reich an Pinen sind Öle, welche ebenfalls aus analogen Sekreten von Bäumen gewonnen werden, die z. B. den Burseraceen und Anacardiaceen angehören. Auch andere Harze, wie die Asa foetida und Galbanumharze, enthalten Pinen. Hieraus ergibt sich, daß besonders reich an Pinen diejenigen Öle sind, welche zusammen mit anderen Bestandteilen der Harze in besonderen Interzellularräumen in der Pflanze abgeschieden werden, so daß sie beim Verletzen der Rinde heraustreten, daß aber die sogenannten Blütenöle verhältnismäßig sehr arm an Pinen sind; häufiger trifft man diesen Kohlenwasserstoff noch in Blätter-, Rinden- und Holzölen an, so z. B. in den Ölen einzelner Spezies des Genus *Laurus* und *Eucalyptus*. Der Übergang vom Pinen in Limonen bzw. in Terpineol usw. dürfte sich danach in der Pflanze vollziehen, sobald das Pinen mit sauren Säften der lebenden Zelle in Berührung kommt, bzw. es bildet sich das Pinen in diesen Zellen überhaupt nicht, sondern es entstehen von Hause aus direkt Moleküle des monocyklischen Systems. Jedenfalls dürften sich, wenn man das Vorkommen des Pinens verfolgt, Fingerzeige für viele interessante pflanzenphysiologische Fragen ergeben. — Auch in der Harzessenz, die durch trockne Destillation des Kolofoniums gewonnen wird, findet sich Pinen; vgl. Renard (A. ch. VI, **I** [1884], 223) und Wallach (A. **271** [1892], 311). Auch das Copalharz gibt durch Destillation ein Öl, das Pinen enthalten dürfte (Schibler, A. **113**, 338; Tschirch, Ar. **243** [1905], 81).

Zur **Isolierung** des Pinens aus den ätherischen Ölen ist zu bemerken, daß sie zunächst am besten durch fraktionierte Destillation erfolgt. Man fängt die bis 160° übergehenden Anteile auf und fraktioniert diese wiederholt in einem mehrkugeligen Destillationskolben, schließlich über metallischem Natrium. Da der Siedepunkt des Pinens bei ungefähr 155—156° liegt, jener des Kampfens bei 159—160°, so hält es schwer, diese beiden Terpene, wenn sie zusammen vorkommen, durch fraktionierte Destillation zu trennen; es bleibt alsdann nichts anders übrig, als ev. das Pinen in das Nitrosochlorid überzuführen und aus diesem wiederum abzuscheiden (vgl. Wallach, A. **258**, 344). Genau so, wie wir das Kampfen synthetisch aus den festen Chloriden $C_{10}H_{17}Cl$ durch Abspaltung von Salzsäure gewinnen können, haben wir in dem Pinennitrosochlorid ein Derivat aus dem der Kohlenwasserstoff regeneriert werden kann. Auch das Bornylen und das Tricyklen können wir als feste Verbindungen abscheiden, während wir beim Fenchen auf die flüssigen Chloride, welche Gemenge darstellen, angewiesen sind. Bei den übrigen Terpenen werden wir sehen, daß wir sie ebenfalls teils aus gut kristallisierenden Verbindungen, teils aber auch überhaupt bisher nicht aus einheitlichen Produkten gewinnen können.

Bei der Isolierung des Pinens aus dem Bisnitrosochlorid müssen wir im Auge behalten, daß wir, wenn wir auch von aktiven Pinenen ausgehen, nach dieser Methode doch stets nur inaktives Pinen zurückgewinnen. Tilden (Soc. **85** [1904], 759) erwähnt, daß sich das Bisnitrosochlorid überhaupt am besten aus razemischem Pinen bilde. — Ferner ist die künstliche Darstellung des Pinens aus dem Pinokampfeol zu erwähnen von Tschugaeff und Esche (Chem. Z. **29** [1905], 1189). Nach Wallach dargestelltes Pinokampfeol (vgl. dieses) wurde in den Xanthogensäureester übergeführt und dieser dann trocken destilliert. Der dabei erhaltene Kohlenwasserstoff erwies sich als reines Pinen vom Sdp. 155—156°; das aus ihm erhaltene und umkristallisierte Nitrosochlorid schmolz bei 103°.

Synthetisch ist der bicyklische Tetroceanring bisher nicht erhalten worden.

Physik. Eig. des Pinens. Die physikalischen Eigenschaften des Pinens müssen natürlich schwankende sein, wenn man nicht von ganz reinem Material ausgegangen ist. Wallach bestimmte die Konstanten an einem Pinen, welches aus dem Pinennitrosochlorid regeneriert worden war (A. **258**, 344); er fand: Sdp. 155—156°, $d_{20} = 0{,}858$, $d_{25} = 0{,}854$, $n_{D_{21}} = 1{,}46553$, spez. Dreh. $= \pm 0$. — Gehen wir dagegen von einem Pinen aus, welches nur durch fraktionierte Destillation abgeschieden worden ist, so werden sich die einzelnen Konstanten je nach der Menge der übrigen anwesenden Verbindungen ändern. Besonders häufig dürften ihm Kampfen und Nopinen beigemengt sein. Weniger wird durch diese Verbindungen das Volumgewicht und der Brechungsexponent geändert, als besonders die Polarisation. Schon frühzeitig hat man diese Umstände in Betracht gezogen, indem man sich bemüht hat, Pinen aus solchen Ölen und derartig zu gewinnen, daß eine Veränderung ausgeschlossen ist. Im Jahre 1815 (Mémoires de l'Acad. des Sciences) war von BIOT die Linksdrehung des französischen Terpentinöls beobachtet worden, und zwar war dies die erste Feststellung der optischen Aktivität eines ätherischen Öles. 1843 wurde von LEESON in London festgestellt, daß das amerikanische Terpentinöl dem französischen entgegengesetzt dreht. PEREIRA fand in Gemeinschaft mit GUIBOURT dasselbe; von ihm stammt die Bezeichnung laevo-gyrate und dextro-gyrate (Pharm. Journ. London I, **5** [1845], 70); vgl. auch BIOT (A. ch. III, **10**, 11 und 191; C. r. **21**, 1). Die ersten exakten Angaben finden wir bei DUMAS (Handbuch der Chemie, Bd. **V**, 662), sowie bei GERHARDT; letzterer sagt (Traité **III** [1854], 619): Si l'on veut se procurer de l'essence non modifiée, il faut saturer les acides contenus dans la térébenthine, et la distiller ensuite dans le vide. Suivant M. BERTHELOT, l'essence qu'on obtient en distillant la térébenthine française dans le vide, au bain-marie, est un carbure unique. Sa densité est de 0,864 à 15°; son point d'ébullition est situé entre 159 et 163°. Son pouvoir rotatoire moléculaire est égal à — 36°,5 vers la gauche. (Si l'on continue la distillation de l'essence au bain d'huile à 150 et 180°, il distille un melange huileux dont les dernières portions contiennent jusqu'à 7,9 p. c. d'oxygène). L'essence anglaise, obtenue par le même procédé, est remarquable en ce qu'elle dévie le plan de polarisation vers la droite. —

LANDOLT („Untersuchungen über optisches Drehungsvermögen"; A. **189**, 311) bestimmt im Jahre 1877 das Drehungsvermögen des linksdrehenden Terpentinöls, indem er französisches Terpentinöl mehrere Wochen über Chlorcalcium stehen läßt und alsdann destilliert; fast die ganze Menge ging unter 737 mm Druck zwischen 160—162° über, $d = 0{,}86290$, $[\alpha]_D = -37{,}010°$. — Wird Terpentinöl längere Zeit in einer lufthaltigen Flasche aufbewahrt, so wird Sauerstoff absorbiert, das Volumgewicht nimmt zu und das Drehungsvermögen ab. — LANDOLT ermittelte $n_D = 1{,}47027$. Auch das spezifische Drehungsvermögen in alkoholischen Lösungen wurde bestimmt, sowie in Benzol, ferner in Essigsäure. A. a. O., S. 313 sagt er: „Wie die vorstehenden Beobachtungen zeigen, nimmt bei allen drei Verdünnungsmitteln die spezifische Drehung des Terpentinöls mit steigenden Mengen von q zu, und zwar gibt die graphische Darstellung Kurven, von welchen diejenige für Essigsäure am stärksten ansteigt, weniger die für Benzol und am geringsten diejenige für Alkohol usw." Auch für rechtsdrehendes Terpentinöl bestimmte LANDOLT die Polarisation. Da er jedoch für das spezifische Gewicht 0,91083 angibt, so haben wir es mit keinem reinen Pinen zu tun; er fand im Mittel $[\alpha]_D = +14{,}147°$.

Ausführliche Beobachtungen physikalischer Natur liegen alsdann von RIBAN aus dem Jahre 1875 (A. ch. V, **6**, 11) vor; vgl. daselbst auch die Arbeiten BERTHELOTS. RIBAN gibt den Sdp. zu 156° bei 760 mm Druck an, während BERTHELOT früher 159,5—163°, im Mittel 161,2° konstatierte. Das Drehungsvermögen fand RIBAN zu $[\alpha]_D = -40^0\,30'$, $d_{10} = 0,8685$; BERTHELOT hatte gefunden: $[\alpha]_j = -42^0\,3'$. RIBAN stellt alsdann noch sorgfältige Beobachtungen über die Dichte an; er findet $d_t = 0,8767-0,00008213 \cdot t - 0,00000010 \cdot t^2$; ferner $d_0 = 0,8767$, $d_{20} = 0,8602$, $d_{40} = 0,8437$, $d_{60} = 0,8271$, $d_{80} = 0,8104$, $d_{100} = 0,7936$. Ebenso ausführliche Angaben bringt er über den Brechungsexponenten; er findet für $n_r = 1,4622$, $n_j = 1,4648$, $n_v = 1,4693$, $n_b = 1,4759$, danach die Dispersion $n_b - n_r = 0,0137$. — Vgl. auch GLADSTONE und DALE (Philosophical Magazine **XXXVIII**, 232), welche ebenfalls Daten über den Brechungsexponenten bringen, $n_j = 1,4653$ usw., ferner GLADSTONE (Soc. **49**, 613, 623).

Im Jahre 1881 (*Ж.* **1881**, 268; B. **14**, 1697) veröffentlicht KANONNIKOW einige Daten über das Pinen des französischen Terpentinöls; $d_{20} = 0,8587$, $A_{20} = 1,45249$ usw. Vgl. auch KANONNIKOW, „Über das Lichtbrechungsvermögen usw." KASAN **1880**, S. 101 u. 103 und KASAN **1884**, S. 128 (vgl. A. **235**, 67).

SCHIFF (A. **220** [1883], 94) gibt den Siedepunkt des über Natrium destillierten Terpentinöls an als konstant bei 156,1° unter 766,3 mm Druck, $d_{156,1/4} = 0,74215$; vgl. hier auch Molekularvolumen usw.

FLAWITZKY (*Ж.* **21**, 367; C. **1889**, II, 986; J. pr. II, **45** [1892], 115; B. **20**, 1956) bringt Mitteilungen über die Änderungen der Dichte des Pinens bei verschiedener Temperatur und über das rechtsdrehende Terpen aus den Nadeln der sibirischen Ceder (*Pinus Cembra* L.). Während man nach seinen Angaben aus dem französischen Terpentinöl durch Fraktionierung leicht ein Pinen von $[\alpha]_D = -43,36^0$ erhalten kann, konnte er früher (B. **20**, 1956) aus russischem Terpentinöl ein Pinen von nur $[\alpha]_D = +32,00^0$ isolieren; allerdings war das Pinen durch trockne Destillation gewonnen, während er nunmehr durch Wasserdampfdestillation des Harzes von *Pinus silvestris* ein Pinen mit $[\alpha]_D = +37,8^0$ erhielt. Als er daraufhin die Nadeln von *Pinus Cembra* L. mit Wasserdampf destillierte, erhielt er ein Terpen, für welches er nach mehrfacher Fraktionierung den Sdp. 156° erhielt, $[\alpha]_D = +45,04^0$, $n_D = 1,46929$, M. R. = 42,68; vgl. auch FLAWITZKY (B. **12** [1879], 1406 und 2354).

BRÜHL (B. **25** [1892], 153) bringt ausführliche physikalische Daten über das Terebenthen (l-Pinen); er findet: Sdp. (748,9 mm) = 155,4—155,8,° $d_{20/4} = 0,8598$, ferner Differenz im Volumgewicht innerhalb eines Grades = 0,000819, $n_{D_{23,5}} = 1,46526$, M. R. = 43,89, ber. für $C_{10}H_{16}\overline{|} = 43,54$. Für eine Fraktion des Terebenthens, Sdp. 155,8—156,1° wurde gefunden: $d_{20,7} = 0,8600$, $n_D = 1,46714$, also fast die gleichen Daten wie für d-Pinen. Vgl. auch die Tabelle von BRÜHL über die Pinene (B. **21** [1888], 148).

Aus dem Jahre 1892 stammen auch die Mitteilungen RIMBACHS (Ph. Ch. **9**, 702), welcher Terpentinöl in Mischungen von Alkohol und Eisessig in bezug auf das spez. Drehungsvermögen untersucht; über die näheren Angaben vgl. die Originalarbeit.

Über das Asorptionsspektrum des Terpentinöls vgl. SPRING (R. **16**, 1).

Angaben über die magnetische Rotation des d-Pinens bringt PERKIN (Soc. **81**, 315).

Vergleichen wir die Angaben über Siedepunkt, Volumgewicht, Brechungsexponent, Polarisation usw., wie sie von verschiedenen Forschern gemacht worden sind, so ergibt sich ein Siedepunkt unter 760 mm Druck von ca. 155,5—156°, $d_{20} = 0{,}859$, $n_D = 1{,}4654$; die Polarisation wechselt mit dem Ausgangsmaterial. Da das Pinen zwei asymmetrische Kohlenstoffatome enthält, so ist die Verschiedenheit der Größe des Drehungsvermögens nicht auffallend, zumal hinzukommt, daß schon bei der Darstellung der Rohöle teilweise hohe Temperatur angewendet wird, aber auch bei der weiteren Fraktionierung zweifellos eine teilweise, wenn auch nur geringe Abnahme der Ablenkung statthaben wird. BERTHELOT (a. a. O.) erhitzte französisches Terpentinöl längere Zeit unter Rückfluß zum Sieden unter Vorsichtsmaßregeln und konnte keine Änderung des Drehungsvermögens feststellen. Die höchsten Werte für das Drehungsvermögen des d-Pinens dürften die von FLAWITZKY gefundenen sein, nämlich für das Pinen aus *Pinus Cembra* L.: $[\alpha]_D = +45{,}04^0$ und für l-Pinen aus französischem Terpentinöl: $[\alpha]_D = -43{,}36^0$ (vgl. oben). Es ist deshalb durchaus unangebracht, Pinene, welche sich nur durch die Stärke der Polarisation unterscheiden, voneinander zu trennen und mit besonderem Namen zu belegen; als BERTHELOT die linksdrehende Modifikation mit Terebenthen, die rechtsdrehende mit Australen bezeichnete, lagen die Verhältnisse noch anders, da man weiter keine Identifizierungsreaktionen des Pinens kannte als den künstlichen Kampfer. — In letzterer Zeit sind besonders stark rechts- und stark linksdrehendes Pinen in den Ölen von *Eucalyptus dextropinea* und *Euc. laevopinea* von SMITH (Proc. of. the Royal Soc. of N. S. W. XXXII, **1898**, 195) aufgefunden worden: $[\alpha]_{D_{19}} = +41{,}2^0$, $d_{19/16} = 0{,}8629$, Sdp. 156°, bzw. für das l-Pinen: $[\alpha]_{D_{19}} = -48{,}63^0$, Sdp. 157°, $d_{19/16} = 0{,}8626$; es liegt jedoch kein Grund vor, trotz dieses hohen Wertes für die Linksdrehung dieses Pinen als ein neues Terpen anzusehen.

Physiol. Eig. des Pinens. Das Pinen ist nicht ohne Einwirkung auf den menschlichen Organismus; so pflegen diejenigen Personen, welche im Malergewerbe viel mit Terpentinölen umgehen, schließlich an Nierenaffektionen zu leiden. — Im tierischen Organismus wandelt sich das Pinen innerlich eingenommen, in eine gepaarte Glukuronsäure um, welche bei der Spaltung einen Kohlenwasserstoff $C_{10}H_{14}$ (Sdp. 175—176°) liefert (FROMM, HILDEBRANDT, Z. für phys. Ch. **33**, 579). — Ferner hat es sich herausgestellt, daß das Pinen, innerlich eingenommen, dem Harn Veilchengeruch verleiht; es wäre nicht ausgeschlossen, daß hierbei Oxydation und Umwandlung in Cyklocitral statthätte, so daß alsdann mit dem gewöhnlich nur in geringen Mengen anwesenden Aceton Kondensation zu Spuren von Jonon statthaben könnte. Vielfach scheint Pinen auch auf die niederen Organismen einzuwirken, so daß es als Desinfektionsmittel Verwendung findet, weil es Fäulnis und Gärungen hemmt.

Chem. Eig. des Pinens. Die Abkömmlinge des Pinens, sowohl jene, welche durch rein physikalische Kräfte, wie z. B. durch Erhitzen erzeugt werden, als auch die Umsetzungen, welche mit anderen Molekülen erfolgen, sind sehr eingehend studiert worden. Wir müssen bei den einzelnen Derivaten im Auge behalten, ob wir es wirklich noch mit dem Tetroceantypus zu tun haben, oder ob Umlagerungen, welche der mannigfachsten Art sein können, stattgefunden haben.

Beim Erhitzen des Pinens in Röhren auf ca. 275° läßt sich Pinen in i-Limonen überführen (Berthelot, J. **1852**, 622; A. ch. III, **37**, 223 und **39**, 16 und Riban, A. ch. V, **6**, 216).

Wird Pinen durch glühende Röhren geleitet, so findet Zersetzung des Moleküls statt, indem zum Teil der Vierring zerstört wird, anderseits Wasserstoffatome abgespalten werden und schließlich sich das ganze Molekül aufspaltet (vgl. Tilden, Soc. **45**, 411 und Schultz, B. **10** [1877], 114); außer Wasserstoff konnten das aliphatische Isopren C_5H_8, ferner hydriertcyklische Verbindungen (Terpene), schließlich nicht hydriert-cyklische Derivate konstatiert werden, unter letzteren das Benzol, Toluol, m-Xylol, Cymol, Naphtalin, Anthracen, Methylanthracen und Phenanthren. Vgl. auch Gay-Lussac und Larivière: Zersetzungsprodukte des Terpentinöls in höherer Temperatur (C. r. **12**, 125; A. **40**, 326); ferner Hlasiwetz und Hinterberger (C. **68**, 255): Zersetzung des Terpentinöls in der Glühhitze; Huebner (Inaug. Diss., Halle **1903**): Untersuchungen über amerikanisches Terpentinöl; schließlich Mokijewski (Chem. Ztg. **28** [1904], 991): Über die Zersetzungsprodukte des Terpentinöls durch Hitze. — Renard (J. **1880**, 448) unterwirft Pinen mit Alkohol und verdünnter Schwefelsäure der Elektrolyse; er erhält dabei außer Terpenmonohydrat, Terpin und Cymol zwei Säuren; das Terpenmonohydrat siedet von 210—214°, $d = 0{,}9511$ und dürfte ev. Terpineol enthalten.

Reduktionsprodukte des Pinens. Um einen Einblick in die Konstitution des Pinens zu gewinnen, um ev. die hierbei entstehenden reduzierten Kohlenwasserstoffe mit bekannten vergleichen zu können, hat man schon frühzeitig versucht, Wasserstoff an das Pinen anzulagern. Fast ausnahmslos reduzierte man in früherer Zeit mit Jodwasserstoff, indem man vom Pinen selbst oder einem seiner Derivate ausging. Da man hierbei jedoch in saurer Lösung arbeitet, also Umlagerungen sehr leicht möglich sind, können die Reduktionsprodukte für die Konstitutionsbestimmung des Pinens nicht gut Verwendung finden. — Über die Anlagerungsprodukte von Jodwasserstoff an Pinen vgl. weiter unten unter Jodwasserstoffpinen.

Berthelot studierte eingehend die Einwirkungsprodukte der Jodwasserstoffsäure auf verschiedene Terpene und Sesquiterpene (Bl. II, **11** [1869], 19; J. **1869**, 332). Terpentinöl gab beim 24 stündigen Erhitzen mit 60 Teilen Jodwasserstoff auf 275° als Hauptprodukt Decylenwasserstoff $C_{10}H_{22}$, Sdp. 155—162°, beständig in der Kälte gegen Salpetersäure und Brom. In geringer Menge entstand ein bei 40° siedender Kohlenwasserstoff, der mit dem Amylenwasserstoff C_5H_{12} übereinstimmte. Erhitzte Berthelot Terpentinöl mit 20 Teilen Jodwasserstoff auf 200—250° einige Stunden lang, so wurde ein bei 165° siedender Kohlenwasserstoff

$C_{10}H_{18}$ erhalten, ferner ein Kohlenwasserstoff $C_{10}H_{20}$ vom Sdp. 170—175°, den BERTHELOT Terpilenwasserstoff nennt; wird letzterer mit Jodwasserstoff auf 280° erhitzt, so entsteht Decylenwasserstoff $C_{10}H_{22}$. Ev. ist C_5H_{12} hydriertes Isopren.

v. BAEYER wandte 1870 (A. **155**, 276) Jodphosphonium an, um die Resultate dieser Art der Reduktion auf verschiedene Kohlenwasserstoffe zu untersuchen. Läßt man Pinen und Jodphosphonium aufeinander einwirken, so entweicht H_3P. Diese Einwirkung läßt man zunächst im offenen Rohr vor sich gehen; entweicht kein H_3P mehr, so schließt man in ein Rohr ein und erhitzt zuerst auf 170°, alsdann auf 315°. Es wurde ein Kohlenwasserstoff $C_{10}H_{20}$ erhalten, welcher bei 160° siedete; er ist beständig, Salpetersäure aber greift ihn unschwer an.

ORLOW (Ж. **1883**, I, 44; B. **16**, 799) behandelt Pinen zuerst mit bei 0° gesättigter Jodwasserstoffsäure und Phosphor 24 Stunden lang bei 150°, alsdann werden die Röhren geöffnet, wieder zugeschmolzen und 24 Stunden auf 256—275° erhitzt. 123 g Pinen gaben 90 g Reaktionsprodukt, welches größtenteils von 155—167° siedete und ein Gemisch isomerer Kohlenwasserstoffe $C_{10}H_{20}$ darstellte; Dampfdichte und Volumgewichtsbestimmungen der einzelnen Fraktionen 155—160°, 160—162°, 162—167° werden angegeben, aber keine charakteristischen Derivate dargestellt. In dem geringen Vorlauf 110—137° und 137—155° wurde durch Nitrieren die Anwesenheit von Toluol und Isoxylol nachgewiesen. Zum Vergleich wurde auch Cymol reduziert; auch dies gab Toluol.

Ohne so weitgehende Umlagerungen zu bewirken reduzierten SABATIER und SENDERENS Terpene (C. r. **132** [1901], 1254), indem sie diese mit Wasserstoff über fein verteiltes Nickel bei bestimmter hoher Temperatur leiteten. Pinen addiert 2 H, so daß $C_{10}H_{18}$ entsteht, eine kampferartig riechende Flüssigkeit, Sdp. 166°, $d_{0/4} = 0{,}862$; sie halten diesen Kohlenwasserstoff für identisch mit dem von BERTHELOT erhaltenen. Ferner verhält er sich gesättigt wie Pinenhydrochlorid, ist aber infolge der Brückenbindung durch Salpetersäure leicht oxydierbar und bräunt sich an der Luft.

Nach meiner Meinung kann dieser Kohlenwasserstoff $C_{10}H_{18}$ wegen seines Siedepunktes unmöglich Dihydropinen sein, aber auch nicht Dihydrolimonen, so daß es nicht ausgeschlossen erscheint, daß auch hierbei andere Ringsprengungen stattgefunden haben. —

Auch konzentrierte Schwefelsäure wirkt teilweise reduzierend auf Pinen ein, indem neben Cymol und Colophen ein Kohlenwasserstoff gebildet wird, so daß also Oxydation neben Reduktion statthat.

Fassen wir sämtliche Reduktionsprodukte zusammen, so ist es zweifelhaft, ob wir überhaupt noch in einem einzigen den Tetroceanring des Pinens vor uns haben, ob mit anderen Worten überhaupt dihydriertes Pinen vorliegt; letzteres müßte unter 150° sieden; alle bisher aus dem Pinen erhaltenen hydrierten Kohlenwasserstoffe gehören wahrscheinlich monocyklischen Systemen oder der aliphatischen Reihe an.

Einwirkung der freien Halogene auf Pinen; Chlorprodukte. DEVILLE (A. **37**, 190) läßt Chlor auf Terpentinöl einwirken; er will hierbei die Verbindung $C_{10}H_{12}Cl_4$, d_{15} = 1,360 erhalten haben. Kurz vorher beschreibt er die Einwirkung von Chlor auf Tereben, welches auch noch freies unverändertes Pinen enthält.

NAUDIN (Bl. II, **37** [1882], 111) leitet Chlor in der Kälte in Pinen ein, wofür er verschiedene Darstellungsmethoden angibt; wahrscheinlich entsteht hierbei zunächst das normale Dichlorid

$C_{10}H_{16}Cl_2$ = 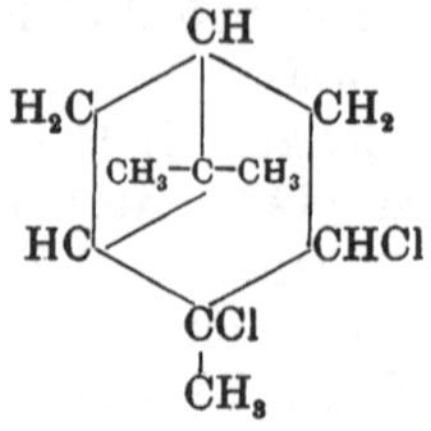.

Geringe Temperaturerhöhung führt den Körper in Cymol über, indem danach hierbei 2HCl abgetrennt werden, der Vierring sich aufspaltet und Umlagerung in den Benzoltypus statthat, da die doppelte Bindung an einem doppelt ungesättigten Sechsring zu stehen kommt.

Läßt man nach NAUDIN Zinkstaub bei 100° auf die Verbindung $C_{10}H_{16}Cl_2$ einwirken, so entsteht Salzsäure, Cymol und Diterebenthen.

Nimmt man nach RUOFF (B. **9** [1876], 1490) Chlorjod als Chlorüberträger, so erhält man beim Erhitzen mit Terpentinöl, schließlich auf 300°, CCl_4, C_2Cl_6 und Perchlorbenzol.

Über die Einwirkung von Chlorkalk auf Pinen vgl. CHAUTARD (J. **1851**, 501).

Auch freie unterchlorige Säure wirkt unter Umständen chloranlagernd an Pinen; so erhalten GINZBERG und WAGNER (Ж. **30**, 675; C. **1899**, I, 50; B. **32** [1899], 2064) das Tricyklendichlorid $C_{10}H_{16}Cl_2$, indem sie zu einer Emulsion des Pinens in Wasser unterchlorige Säure geben, K_2CO_3 hinzufügen, mit Äther extrahieren und im Dampfstrom destillieren; monokline Kristalle vom Smp. 165—168°. — Nach meiner Meinung könnte diesem Dichlorid analoge Struktur wie dem später abzuhandelnden Dibromid zukommen:

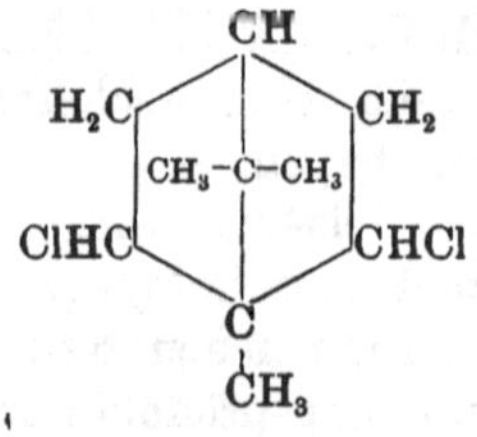

Über diese Umlagerung vgl. Pinendibromid.

Beachten wir diese Einwirkungen des Chlors auf Pinen, so sehen wir, daß noch in keinem Falle mit Sicherheit festgestellt ist, ob das Chlor sich unter Bildung des Pinendichlorids, ohne Umlagerung zu bewirken, angelagert hat.

Bromprodukte. Schon bei der Einwirkung des Chlors hat man beobachtet, daß alsbald Chlorwasserstoffentwicklung eintritt, die wahrscheinlich auf vorhergehende Substitution zurückzuführen ist. Diese Substitutionsvorgänge haben bei der Einwirkung des Broms in noch viel erheblicheren Maße statt. Durch die entstehende Bromwasserstoffsäure wird namentlich in statu nascendi sehr leicht Ringsprengung bewirkt; hierbei kann es nun vorkommen, daß ein neues bicyklisches System, und zwar der stabilere Pentoceantypus, gebildet wird, oder aber wir verbleiben im monocyklischen Sechsringsystem, so daß wir nunmehr hauptsächlich Derivate des Limonentypus vor uns haben, wobei gleichzeitig die zweite doppelte Bindung im Kern ein zweites Molekül HBr anlagern kann, so daß sich hiernach die Einwirkung des Broms sehr kompliziert gestaltet. Als erstes normales Produkt sollte das Pinendibromid entstehen; zuerst sah man auch das sog. kristallinische Pinendibromid als dieses an; jedoch wurde bald nachgewiesen, daß dieser Körper nicht mehr dem Pinen-, sondern dem Kampfertypus angehört. Die Besprechung folgender Arbeiten wird diese Verhältnisse klarer stellen.

Bereits 1841 ließ DEVILLE (A. **37**, 191) Brom auf Terpentinöl einwirken; er findet $C_{10}H_{12}Br_4$ analog der von ihm dargestellten Chlorverbindung, ohne jedoch weitere Auskunft über dieses Bromid zu geben.

Lange ruhen alsdann die Arbeiten über die Einwirkung der freien Halogene auf Pinen. OPPENHEIM (B. **5** [1872], 94) läßt Brom auf Terpin reagieren, wobei Cymol resultiert; wahrscheinlich ist bei dieser Reaktion das Tribromid $C_{10}H_{17}Br_3$ entstanden, welches alsdann 3 HBr abspaltet. OPPENHEIM wollte nun direkt vom Pinen aus, nicht durch das Terpin hindurch, zum Cymol kommen; er stellte das Dibromid her und spaltete mit Anilin Bromwasserstoff ab. Es ist nicht ausgeschlossen, daß hierbei zunächst das eigentliche Pinendibromid entsteht, welches bei der höheren Temperatur, ähnlich wie das Dichlorid, unter gleichzeitiger Ringsprengung Bromwasserstoff abspaltet. (B. **5**, 628) gibt OPPENHEIM nochmals diese Bildung des Cymols an und fügt Verbesserungen der Methode hinzu; er identifiziert den Kohlenwasserstoff mit dem gewöhnlichen Cymol.

Gleichzeitig führt BARBIER (B. **5** [1872], 99 und 215) das Pinen durch Einwirkung von Brom in ein Produkt über, welches durch Destillation für sich unter Bromwasserstoffabspaltung in Cymol übergeht.

KEKULÉ veröffentlicht im Jahre 1873 (B. **6**, 437) seine Abhandlung „Neue Umwandlung des Terpentinöls in Cymol". Zuerst ließ er Jod auf Pinen einwirken und erhielt sehr gute Ausbeuten an Cymol; nicht so glatt gelang die Umwandlung mittels Brom. K. leitete Brom mittels eines Luftstroms in erhitztes Terpentinöl usw. Cymol wurde nur sehr wenig erhalten, und auch dies nicht einmal mit völliger Sicherheit.

Diese Überführungen des Pinens in Cymol sind für die Terpenchemie deshalb von Wichtigkeit, weil man damit eine neue Beziehung der Terpene zum Cymol gewann, nachdem man vorher bereits durch Oxydation die Terephtalsäure erhalten hatte. Man faßte infolge dessen vom Beginn der siebziger Jahre ab die Terpene als hydrierte Cymole auf. Vgl. auch PAPASOGLI (B. **10**, 84), welcher auf eine Verbindung $C_{10}H_{12}Br_4$ Natrium einwirken läßt. Seit diesen Untersuchungen studiert man alsdann erst wieder am Ende der achtziger Jahre eingehender die Einwirkung von Brom auf Pinen.

FLAWITZKY (Ж. **21**, 367; C. **1889**, II, 986) läßt auf Pinen Brom einwirken; das von ihm dargestellte Dibromid $C_{10}H_{16}Br_2$ kristallisiert auch bei -30^0 noch nicht, $d_{4/0} = 1{,}5943$, $[\alpha]_D = +30{,}5^0$; nach längerem Stehen nimmt die Drehung ab. Derselbe Forscher bringt über diese Verbindung weitere Mitteilungen im Jahre 1892 (J. pr. II, **45**, 119). Er löst Pinen in Eisessig und läßt Brom in Eisessig zufließen, bis die Farbe bestehen blieb; alsdann wurde in Wasser gegossen usw. Die Analyse stimmt fast auf $C_{10}H_{16}Br_2$, $n_D = 1{,}54750$, M. R. = 98,56, ber. für $C_{10}H_{16}Br_2 = 98{,}74$, wonach dieses Dibromterpen gesättigt erscheint. Da dies Dibromid optisch aktiv ist, so könnte das wahre Dibromid des Pinens vorliegen. FLAWITZKY titrierte gewissermaßen in essigsaurer Lösung, um den Sättigungsgrad festzustellen.

Über die Additionsfähigkeit von Brom an Pinen (Australen und Terebenthen) vgl. ferner TILDEN (Trans. Chem. Soc. **1888**, 879; Ch. N. **58**, 239; C. **1889**, I, 73); er findet, daß das Pinen 4 Atome Brom aufnimmt (3,4—3,8), indem er das Pinen in 2 Vol. Chloroform löste, verd. Salzsäure, dann eine Lösung von Natriumhypobromit hinzusetzte und umschüttelte. STSCHUKAREFF (J. pr. II, **47**, 191; C. **1893**, I, 533) bestimmt die Wertigkeit des d-Pinens aus dem russischen Terpentinöl. St. bespricht die Arbeiten von FLAWITZKY, TILDEN und WALLACH (C. **1891**, II, 627); er stellt selbst exakte Versuche über die Additionsfähigkeit an und konstatiert, 1. daß Pinen 2 Atome Brom aufnimmt, wenn letzteres nur bis zur Entfärbung zugeführt wird, daß aber 2. Pinen mit 4 Atomen Brom, wie TILDEN fand, bei Bromüberschuß in Reaktion tritt, daß sich 3. in beiden Fällen Bromwasserstoff entwickelt und daß 4. das Pinen aus dem russischen Terpentinöl als ein vierwertiger Kohlenwasserstoff erscheint, der sich mit 4 Atomen Brom zu verbinden vermag. — Hierzu ist zu bemerken, daß das Brom teilweise zunächst an die doppelte Bindung angelagert werden dürfte, alsdann aber sofort, vielleicht teilweise schon vorher, substituirend wirkt, so daß unter Bromwasserstoffanlagerung Ringsprengung usw. stattfindet, wodurch der Mehrverbrauch an Brom erklärt wird.

WALLACH (A. **264**, 1) hat im Jahre 1891 ebenfalls Brom auf Pinen einwirken lassen; es stellte sich heraus, daß es gleichgültig war, ob man von künstlich erhaltenem Pinen oder von solchem natürlichen Ursprungs ausging. W. findet, daß bei der Bromierung in ganz trocknem Tetrachlorkohlenstoff genau 2 Atome Brom unter momentaner Entfärbung aufgenommen werden. Bei weiterem Zusatz wird, jedoch langsamer als vorher, Brom verbraucht, indem selbst bei sehr starker Kühlung Bromwasserstoff auftritt, was bereits in den ersten Stadien der Einwirkung des Broms auf Pinen beobachtet wird. 100 g trocknes Terpentinöl, in 500 g trocknem CCl_4 gelöst und stark abgekühlt, wurden mit 40 ccm Brom (2 At.) allmählich versetzt und CCl_4 im Wasserbade abdestilliert; es entwickelte sich viel HBr. Der Rückstand ward am Rückflußkühler mit alkoholischem Kali gekocht, schließlich wurde ein Dampfstrom durch das Reaktionsprodukt geleitet, wobei mit den Wasserdämpfen ein Öl, das schwerer als Wasser ist, überging; der Rückstand erstarrte zum festen

Pinendibromid

$C_{10}H_{16}Br_2 =$ 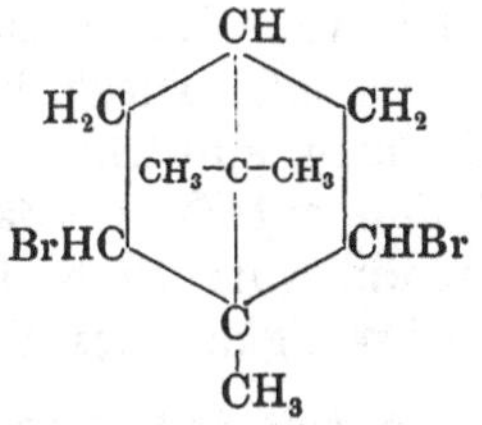

Die mit Wasserdämpfen flüchtigen Anteile enthielten Kohlenwasserstoffe und gebromte Produkte, aus denen durch Kochen mit Anilin Kampfen erhalten wurde, dagegen Cymol höchstens in ganz untergeordneter Menge auftrat. Das feste Pinendibromid wurde zu ca. 7% gewonnen, Smp. 169—170°, es ist inaktiv, gesättigt. W. sagt: „Es ist also anzunehmen, daß man es mit dem additionell entstandenen Pinendibromid zu tun hat." Bei der Behandlung des Pinendibromids im geschlossenen Rohr mit Anilin bei 180° wurde Cymol erhalten, durch dessen Oxydation mit alkalischer Kaliumpermanganatlösung die Oxypropylbenzoesäure vom Smp. 156—157° dargestellt wurde.

Tilden (Soc. **69** [1896], 1009) kommt im Jahre 1896 auf die Aufnahmefähigkeit des Pinens für Brom zurück; er läßt das Pinen schnell auf eine stark abgekühlte Lösung von Brom in CS_2 fließen, wobei er gleichzeitig das entstehende HBr quantitativ bestimmt. T. findet, daß das Pinen 3,4—3,75 Atome Br aufnimmt, wovon 3,6 Atome schnell verbraucht werden, und daß sich das Pinen in bezug auf die Schnelligkeit der Addition in nichts vom Limonen unterscheidet. T. ist ferner der Meinung, daß sich nach Wallachs Verfahren in der Hauptsache das Tetrabromid bildet, während fast 50% Pinen unverändert bleiben, und daß das Cymol nicht ein Zersetzungsprodukt des festen Pinendibromids sein könne.

Wagner und Ginzberg (B. **29**, 886) gewinnen das Pinendibromid, Smp. 169—170°, indem sie auf Pinen unterbromige Säure einwirken lassen; aus 15 g Pinen werden 5 g Pinendibromid erhalten. Es ist dies dieselbe Art der Darstellung des Dibromids, wie sie oben für das Dichlorid erwähnt wurde.

Godlewsky und Wagner (C. **1897**, I, 1055) stellen alsdann Versuche mit dem Pinendibromid an und führen es in einen vollständig gesättigten Kohlenwasserstoff, das Tricyklen, über; sie geben a. a. O. auch Formeln an.

Im Jahre 1900 wird die Konstitution des Pinendibromids aufgeklärt. Semmler (B. **33**, 3423) findet, daß das Pinendibromid kein Pinenabkömmling mehr ist, sondern zum Kampfertypus gehört. Als S. das Bromid in absolut alkoholischer Lösung mit Natrium reduzierte, wurde das Kampfan $C_{10}H_{18}$ vom Smp. 151° erhalten, welches er auch gleichzeitig aus dem Pinenhydrochlorid, dem künstlichen Kampfer, gewann; S. stellt obige Formel auf. WALLACH sah das Pinendibromid als wahren Pinenabkömmling an, (vgl. Konstitution, B. **24**, 1550).

Schließlich sei eine Arbeit von GENVRESSE und FAIVRE (C. r. **137**, 130) aus dem Jahre 1903 erwähnt. Diese Forscher lassen Brom bei Gegenwart von Wasser auf Pinen einwirken; sie erhalten ein Öl, aus welchem sie bei der Destillation mit Wasserdampf unverändertes Pinen. Cymol und festes Pinendibromid vom Smp. 167—168° gewannen; sie schließen hieraus auf die Zweiwertigkeit des Pinens.

Nicht unerwähnt darf die Arbeit ARMSTRONGS bleiben: „Studies of the Terpenes and allied Compounds", (Soc. **69**, 1397); er bespricht daselbst das Verhältnis des Pinendibromids und des künstlichen Kampfers, sowie des Nitrosochlorids zum Pinen.

Fassen wir die bei der Einwirkung von Brom auf Pinen erhaltenen Resultate zusammen, so scheint die Bromierung bei Gegenwart von Wasser oder bei Abwesenheit dieses in gleichem Sinne vor sich zu gehen. Im ersten Stadium dürfte, wenigstens zum Teil, zweifellos das normale Pinendibromid entstehen. Dieses Dibromid wird durch bromwasserstoffabspaltende Mittel in Cymol übergeführt, wie wir oben gezeigt haben. — Gleichzeitig aber bildet sich Bromwasserstoff, welcher auf noch nicht angegriffenes Pinen unter Bildung von Pinenhydrobromid, das aber ein Kampferderivat ist, einwirkt; aus dem Pinenhydrobromid entsteht durch Bromwasserstoffabspaltung Kampfen. — Wirkt Bromwasserstoff auf Pinendibromid in statu nascendi der Bildung desselben ein, so entsteht das feste bei 169—170° schmelzende Dibromid, das ebenfalls ein Abkömmling des Kampfers ist, so daß demnach die Bildung des festen Dibromids analog verläuft wie jene des künstlichen Kampfers. Wir haben also beim Bromieren einmal Derivate des Pinensystems (Tetroceantypus), alsdann Derivate des Pentoceantypus, indem also im letzteren Falle das bicyklische Vierringsystem in das stabilere Fünfringsystem übergeht. — Es gibt aber noch einen dritten Fall, der besonders bei Gegenwart von Wasser eintritt, wobei ebenfalls der Vierring gesprengt wird, dieser schließt sich aber nicht mehr zum Vier- oder Fünfring, sondern in diesem Falle resultiert das einfache Sechsringsystem, der Limonentypus. Hierbei können verschiedene Verbindungen entstehen, indem 1. zunächst Limonenmonobromhydrat gebildet wird; dieses kann dann entweder 2. bei Überschuß von weiter entstehendem Bromwasserstoffen Limonendibromhydrat oder 3. bei Einwirkung von überschüssigem Brom in Dibromlimonenmonobromhydrat übergehen. Hieraus ergibt sich, daß die Einwirkung des Broms auf Pinen eine äußerst komplizierte ist. Daß hierbei noch andere Produkte entstehen, als die erwähnten, ist klar, da hydrierte Bromide besonders reaktionsfähig sind. Der Übersicht wegen seien die drei Hauptrichtungen, in denen die Bromierung verläuft, durch Formeln dargestellt:

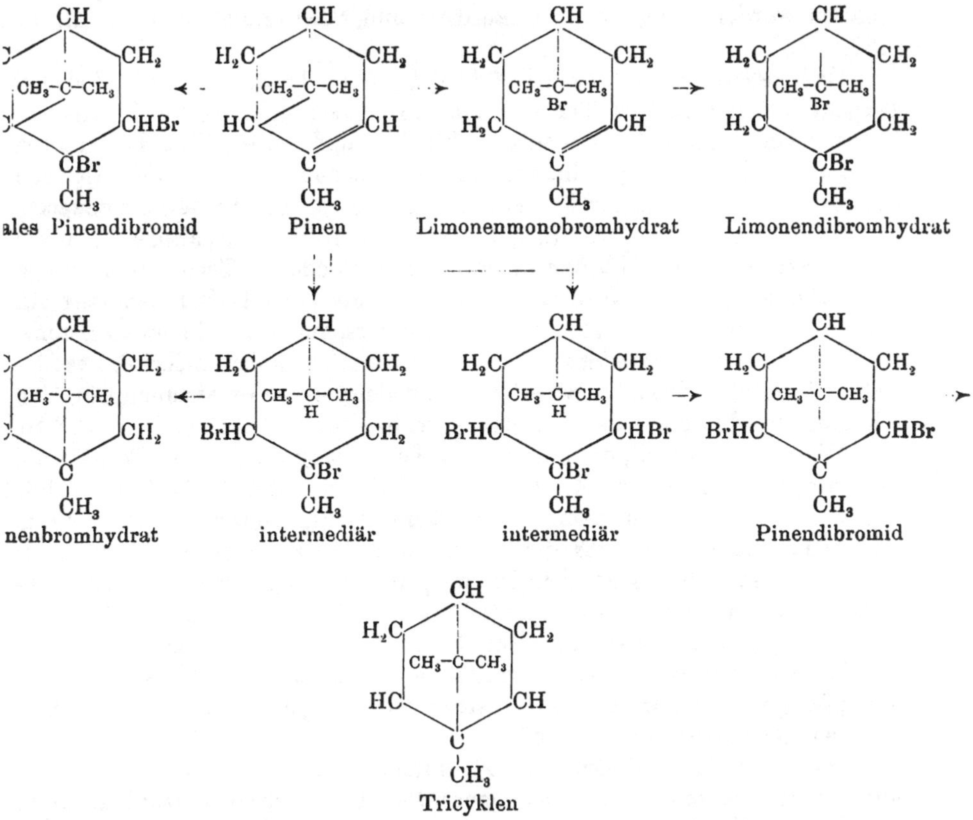

Schließlich sei die Verbindung $C_{10}H_{14}Br_6$ erwähnt, welche von Marsh und Gardner (Soc. **71**, 287) erhalten wurde, als sie PCl_3 und Br auf d-Pinen einwirken ließen, farblose Nadeln, Smp. 150°.

Jodprodukte. Die Einwirkung des Jods auf Pinen gestaltet sich nicht minder kompliziert, als jene des Chlors und Broms, zumal da hinzukommt, daß die entstehende Jodwasserstoffsäure reduzierend wirkt.

Schon frühzeitig ließ man, wie es in der Natur der Verhältnisse lag, Jod auf Terpentinöl reagieren. Deville (A. **37**, 191) gibt an, daß Jod von Pinen, wenn letzteres im Überschuß ist, aufgelöst wird; ist ein Überschuß von Jod vorhanden und erwärmt man, so entweicht HJ und es entsteht eine schwere klebrige Flüssigkeit, die durch Kali entfärbt wird. Zweifellos bildet sich auch hier zuerst das Dijodpinen, aber HJ spaltet sich noch viel leichter ab als HBr.

Kekulé und Bruylants (B. **6**, 437) lassen Jod auf Terpentinöl einwirken, indem sie es stets in kleinen Mengen eintragen und die Reaktion jedesmal durch Erhitzen nahezu zu Ende führen, ehe neues Jod zugefügt wird; alsdann wurde am Rückflußkühler erhitzt usw. Bei einem Versuch waren auf diese Weise in 50 g Terpentinöl 23 g Jod eingetragen und 10 g Cymol erhalten worden. (Vgl. auch CLERMONT und SCHÜTZENBERGER, Bl. II, **14** [1870], 3.)

OPPENHEIM und PFAFF (B. **7** [1874], 625) lassen ebenfalls Jod auf Terpentinöl und andere Terpene einwirken; sie erhalten in sämtlichen Fällen Cymol, so daß sie hieraus schließen, daß selbst diese Einwirkung molekulare Umlagerungen hervorruft. Also schon zu dieser Zeit ist man sich der leichten Invertierbarkeit der Terpene vollständig bewußt gewesen.

PREIS und RAYMANN (B. **12**, 219 und 1358) beschäftigen sich im Jahre 1879 ebenfalls mit der Einwirkung des Jods auf Terpentinöl, indem sie letzteres mit der halben Gewichtsmenge Jod 12—14 Stunden lang auf 230—240° erhitzen. Hierbei erhielten sie verschiedene Kohlenwasserstoffe, welche sie durch fraktionierte Destillation trennten, wobei m-Xylol, Pseudocumol, Mesitylen, Cymol usw. erhalten wurden; es ist ev. anzunehmen, daß alle diese Produkte aus der Zersetzung vorher gebildeten Cymols herrühren.

Die nächste Arbeit, die sich mit der Einwirkung von Jod auf Terpentinöl beschäftigt, veröffentlicht ARMSTRONG ebenfalls im Jahre 1879 (B. **12**, 1756). Terpentinöl wurde mit dem vierten Teile seines Gewichts Jod versetzt und sodann destilliert, bis die Temperatur der Flüssigkeit auf ca. 250° gestiegen war usw. Das Einwirkungsprodukt wurde systematisch fraktioniert, wobei hauptsächlich Anteile von 155—160°, von ca. 170° und 185—180° erhalten wurden. Das Hauptprodukt bildete schließlich ein Kohlenwasserstoff $C_{10}H_{20}$, welcher auch in analoger Weise aus dem Kampfer gewonnen worden war; ferner wurde Cymol erhalten, aber kein weiterer Benzolkohlenwasserstoff.

Nach DAVIES (C. **1889**, I, 757) nimmt das Terpentinöl 377 % Jod auf, so daß es von allen ätherischen Ölen die höchste Jodzahl aufweist.

Durch die Einwirkung freien Jods auf Pinen bildet sich besonders leicht Cymol; nicht ist bisher ein Produkt des Kampfertypus erhalten worden; dem monocyklischen Typus dürften die reduzierten Kohlenwasserstoffe angehören.

DENARO und SCARLATA (G. **33** [1903], 393 und C. **1903**, II, 571) lassen Jod auf d-Pinen einwirken und erhalten $C_{10}H_{14}J_4$, das beim Erhitzen mit Natriumäthylat im Wasserbad ein Trijodäthoxypinen $C_{10}H_{14}J_3 \cdot OC_2H_5$ liefern soll. Durch Reduktion haben sie ein Mono- und ein unbeständigeres Dijodäthoxypinen $C_{10}H_{14}J \cdot OC_2H_5$ und $C_{10}H_{14}J_2 \cdot OC_2H_5$ erhalten.

Halogenwasserstoffanlagerungsprodukte des Pinens. Wenn auch immerhin schwierig, so gestaltet sich doch die Einwirkung der Halogenwasserstoffsäuren auf das Pinen etwas durchsichtiger als die der freien Halogene; da die Salzsäure eine seit langer Zeit bekannte Verbindung ist, so liegt es auf der Hand, daß man von allen Halogenwasserstoffsäuren diese zuerst auf das Pinen einwirken ließ.

Einwirkung von Fluorwasserstoff auf Pinen. DEVILLE (A. **37**, 190) läßt im Jahre 1841 HF mit Pinen reagieren, ohne zu faßbaren Resultaten zu gelangen, vgl. auch REINSCH (J. pr. **19**, 316).

Einwirkung von Chlorwasserstoff auf Pinen. Bei der Einwirkung von trockner gasförmiger Salzsäure auf Pinen gestalten sich die

Verhältnisse insofern ähnlich jenen bei der Einwirkung des freien Chlors bzw. Broms, als dort ebenfalls als Agens alsbald Halogenwasserstoffsäure auftritt. Wir haben auch in diesem Falle drei Möglichkeiten in Betracht zu ziehen. Wir erhalten 1. bei der Einwirkung des Halogenwasserstoffs auf Pinen das wahre Anlagerungsprodukt:

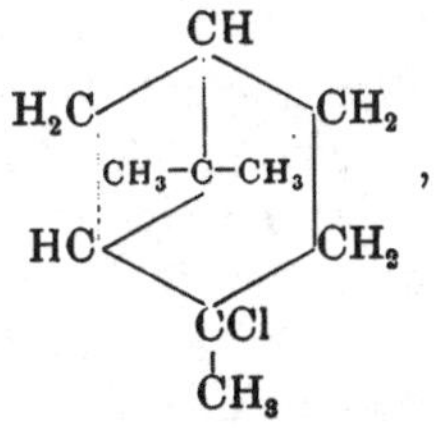

oder wir haben 2. den Übergang des Tetroceansystems in den Pentoceantypus, wobei der künstliche Kampfer gebildet wird:

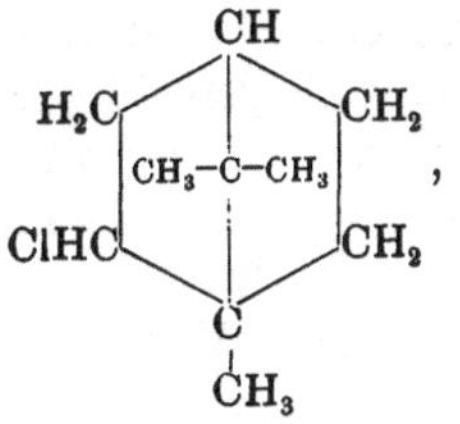

oder es wird 3. der Vierring aufgespalten, ohne daß ein neuer Ringschluß stattfindet, so daß wir im monocyklischen System des Limonens bleiben, wobei z. B. das Limonenmonochlorhydrat:

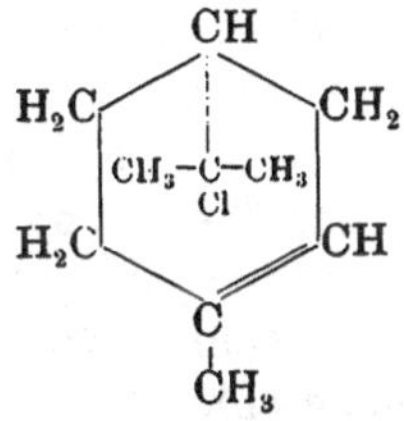

oder dessen weitere Derivate entstehen. Unter welchen Umständen gelangen wir nun zu Derivaten bald des Pinen-, bald des Kampfer-, bald des Limonentypus? Wir können wohl im allgemeinen sagen, daß wir bei Abwesenheit von Wasser im Pinentypus bleiben oder zum Kampfertypus übergehen, daß sich dagegen bei Gegenwart von Wasser besonders leicht der Übergang in den Limonentypus vollzieht.

1. Das Chlorhydrat des Pinentypus. Es ist sehr fraglich, ob sich die Salzsäure in trocknen Medien an die doppelte Bindung des Pinens im Kern anlagert; auch das Limonen lagert HCl nicht leicht im Kern an, erst Spuren von Feuchtigkeit erleichtern diese Anlagerung. Fassen wir die früheren Versuche der Halogenwasserstoffanlagerung an Terpentinöl ins Auge, so nehmen wir wahr, daß KINDT im Jahre 1802 (TROMMSD.

Journ. d. Pharm. **11**, II, 132) den festen künstlichen Kampfer erhält, indem er HCl in unverdünntes Terpentinöl einleitet; auch OPPERMANN (P. **22**, 199), DUMAS (A. **9**, 56) und BLANCHET und SELL (A. **6**, 259) ließen HCl auf das unverdünnte Pinen reagieren und erhielten wie KINDT das feste Produkt, aber auch flüssige Verbindungen, die zum Teil ebenfalls die Zusammensetzung $C_{10}H_{16} \cdot HCl$ hatten. — Späterhin verdünnte man hierzu das Pinen mit CS_2 oder Benzol (BERTHELOT, A. ch. III **40**, 5, 31; TILDEN, B. **12**, 1131; FLAWITZKY, Ж. **12**, 57); auch diese erhielten flüssige Produkte. Nach TILDEN ist das flüssige Produkt ein Gemisch des festen künstlichen Kampfers mit dem bei 50° schmelzenden i-Limonendichlorhydrat; WALLACH bestätigt 1887 (A. **239**, 5) diese Anschauung, indem er erwähnt, daß Gemische dieser beiden Verbindungen lange flüssig bleiben, in Eiswasser fest werden und bei Zimmertemperatur wiederum schmelzen. Nach allen diesen Untersuchungen entstünde also bei der Einwirkung von HCl auf Pinen durch Aufspaltung des Vierrings und anderweitige Abspaltung von HCl der Kampfertypus und durch bloße Aufspaltung des Vierrings der Limonentypus, dagegen bliebe der Pinentypus unter Anlagerung von HCl nicht erhalten. Ich kann mich dieser Meinung nicht ganz anschließen. Zunächst vergleiche man ATTERBERG (B. **10** [1877], 1204), der eine richtige Angabe über das flüssige Hydrochlorid bringt; danach ist bereits vor TILDEN und WALLACH von BERTHELOT und RIBAN gefunden worden, daß der künstliche Kampfer vom Smp. 131° und das Dichlorhydrat vom Smp. 50° niedrig schmelzende Mischungen bilden.

BARBIER (Bl. II, **40**, 323) erhält durch Einwirkung von HCl auf eine alkoholische Lösung von Pinen flüssiges Chlorid, Sdp.$_{40}$ = 120°, $d_0 = 1{,}017$, $[\alpha]_D = -29°$. Alkoholisches Kali spaltet daraus ein Terpen ab vom Sdp. 157°, $d_0 = 0{,}8815$. Je nach dem Rohmaterial, von dem man ausgeht, erhält man etwas anders drehendes, sonst gleiches Chlorid. Dafür, daß letzteres nicht zum Limonentypus gehört, spricht das hohe Volumgewicht und vor allen Dingen der Siedepunkt des abgespaltenen Terpens; es könnte allenfalls zum Kampfertypus gehören, wogegen hinwiederum die leichte Abspaltbarkeit der Salzsäure durch Kalilauge spricht. Hiernach scheint es mir nicht ganz ausgeschlossen, daß das sog. „flüssige Hydrochlorid" wenigstens teilweise dem wahren Hydrochlorid entspricht und noch den Tetroceanring enthält.

2. Das Chlorhydrat des Kampfertypus

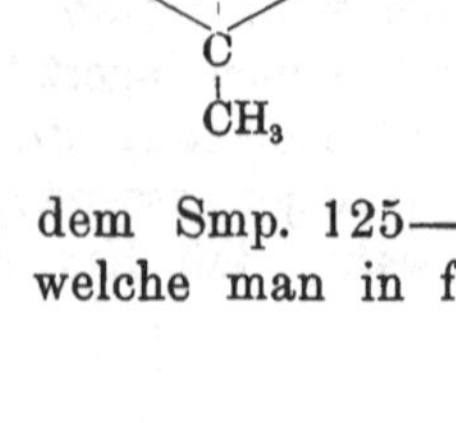

Das Pinenhydrochlorid mit dem Smp. 125—127° ist eine der ältesten Verbindungen der Terpene, welche man in festem Zustande abscheiden lernte. Wie oben erwähnt, wurde sie von KINDT 1802 entdeckt. Sie ist das Ausgangsmaterial zur Darstellung des Kampfens geworden, welches man alsbald, wenigstens in unreinem Zustande, durch Destillation über Kalk gewann — ich erinnere nur an OPPERMANN in Straßburg (P. **22**, 199), DUMAS (A. **6**, 245) usw. —, aber erst BERTHELOT (J. **1858**, 441) gelang es, das feste Kampfen hieraus darzustellen; seit jener Zeit hat dieser Kohlenwasserstoff den Namen behalten, obwohl vorher DEVILLE mit dem Namen Kampfen alle Verbindungen $C_{10}H_{16}$ belegt hatte. Das feste Pinenhydrochlorid erhält man durch Einleiten von trocknem Salzsäuregas in französisches oder amerikanisches Terpentinöl (DUMAS, A. **9**, 56; BLANCHET und SELL, A. **6**, 259); oder durch Verdünnen des Pinens mit Schwefelkohlenstoff oder Benzol und leitet alsdann HCl ein (BERTHELOT, A. ch. III, **40**, 5, 31; TILDEN, B. **12**, 1131; FLAWITZKY, Ж. **12**, 57). Vgl. auch WALLACH (A. **239**, 4).

Eig. des festen Pinenhydrochlorids. Sdp. 207—208°, Smp. 125—127°. Molekularbrechungsvermögen = 81,52 (KANONNIKOW, J. pr. II, **31**, 348).

LONG (Am. **21**, 637; C. **1899**, II, 557) findet Smp. 131°; $[\alpha]_{D_{20}} = -18{,}3^0$ in Benzol (C = 20) für ein Produkt, das aus Pinen von $[\alpha]_{D_{20}} = -17{,}11^0$ hergestellt war.

Das Hydrochlorid aus schwächer drehendem d-Pinen ist jedenfalls nur schwach aktiv, jenes aus l-Pinen linksdrehend, $[\alpha]_D = -30{,}687^0$ (PESCI, G. **18**, 223), $-26{,}3^0$ (WALLACH, A. **252**, 156).

Die sonstigen physikalischen und chemischen Eigenschaften dieser für die Terpenchemie so wichtigen Verbindung ergeben sich aus der folgenden geschichtlichen Besprechung. Nach der Entdeckung durch KINDT versuchte THÉNARD (Mém. d'Arcueil **II**, 26) die Menge der vom Pinen aufgenommenen Salzsäure zu ermitteln; auch TH. v. SAUSSURE (A. ch. **13**, 239) versuchte auf gleiche Weise durch Wägung die von einer bestimmten Menge Terpentinöl aufgenommene Menge HCl zu ermitteln, um danach die Zusammensetzung festzustellen. LABILLIARDIÈRE und OPPERMANN (vgl. A. **6**, 275) fanden die Zusammensetzung nicht ganz richtig. Erst DUMAS (vgl. A. **6**, 275) gibt die richtige Zusammensetzung $C_{10}H_{17}Cl$ an. Weitere Analysen von DUMAS finden wir (A. **9** [1834], 56). BLANCHET und SELL (A. **6**, 271) glaubten auf Grund der Tatsache, daß sie einen festen und einen flüssigen künstlichen Kampfer erhielten, annehmen zu müssen, daß im Terpentinöl zwei Kohlenwasserstoffe vorkämen, von denen sie den einen Dadyl (*δαδύλη* = Kienstoff), den anderen Peucyl (*πευκύλη* = Tannenstoff) nannten. Sie bezeichneten jedes Terpen als „Basis", da es sich mit Salzsäure verband.

SOUBEIRAN und CAPITAINE (A. **34** [1840], 311) teilen in ihrer Abhandlung „Über die Kampfene" die Terpene schon in solche ein, welche mit HCl den festen künstlichen Kampfer geben, und in „Citrene", welche $C_{10}H_{16} \cdot 2\,HCl$ liefern; sie wußten noch nicht, daß auch das Pinen letztere Verbindung liefern kann. Vgl. in dieser Arbeit auch die Unterschiede zwischen ihrem Kampfen, Tereben, Peucylen usw. Auch das Rotationsvermögen dieser Kohlenwasserstoffe ziehen sie mit BIOT zusammen in Betracht.

BERTHELOT (C. r. **35**, 736; J. **1852**, 621) erhielt aus dem Terpentinöl mit Salzsäure zwei Verbindungen, den festen künstlichen Kampfer $C_{10}H_{16} \cdot HCl$ und die feste Verbindung $C_{10}H_{16} \cdot 2HCl$, welche mit jener aus dem Citronenöl identisch war, außerdem flüssige Chloride. Bei der Darstellung von $C_{10}H_{16} \cdot 2HCl$ hatte er unbewußt wasserhaltige Lösungsmittel angewendet.

Auch die bereits vorher im Jahre 1841 erschienene Arbeit DEVILLES (A. ch. II, **75**, 37; A. **37**, 176) enthält Mitteilungen über die Einwirkung von Salzsäure auf Terpentinöl; auch DEVILLE suchte sich die Basis des künstlichen Kampfers besonders klar zu machen. — Man nahm an, daß das Terpentinöl aus zwei verschiedenen Kohlenwasserstoffen besteht, von denen der eine ein festes, der andere ein flüssiges Chlorhydrat liefere. Alle Forscher erhielten aus dem Pinen zweifelsohne den festen künstlichen Kampfer, ferner konnten sie aus diesem wiederum Salzsäure abspalten und gewannen einen Kohlenwasserstoff, der mit dem Ausgangsmaterial nicht identisch war, so daß man sich über die sog. Basis des festen künstlichen Kampfers durchaus nicht einig war. Diesem Umstande haben wir die verschiedensten Namen zu verdanken; heute aber wissen wir, daß die Basis des festen künstlichen Kampfers weder Pinen, noch das Tereben DEVILLES ist.

BERTHELOT stellt alsdann im Jahre 1858 (A. **110**, 367) aus dem Pinenchlorhydrat das feste Kampfen dar, so daß wir es von diesem Zeitpunkt ab mit einem mehr einheitlichen Individuum zu tun haben; den früheren Namen Kampfen in seinem weiterem Umfange mußte man nunmehr fallen lassen. BERTHELOT spricht sich alsdann über das Verhältnis zwischen Pinen, dem künstlichen Kampfer und dem Kampfen im Jahre 1862 klar aus (C. r. **55**, 496; Spl. **II**, 226); er erkennt, daß sich der „Molekularzustand" bei dem Übergang vom Pinen in künstlichen Kampfer und ein zweites Mal bei dem Übergang vom künstlichen Kampfer zum Kampfen ändert, so daß schon BERTHELOT diesen drei Molekülen verschiedene Struktur zuerteilt. — Über diese ganzen Umsetzungen, namentlich über das Verhältnis des Kampfens zu den Chloriden, vgl. das Kampfen.

Von 1873 ab folgen alsdann die wichtigen Untersuchungen RIBANS über den künstlichen Kampfer und über das Kampfenhydrochlorid (J. **1873**, 370; **1874**, 397, 398, 399 und 451; **1875**, 392); er konstatiert im wesentlichen, daß der künstliche Kampfer von Kalilauge doch mehr angegriffen wird als BERTHELOT annahm, ferner, daß Kampfenhydrochlorid leichter Salzsäure abspaltet als der künstliche Kampfer.

Im Jahre 1885 bringt KANONNIKOW (B. **16**, Ref. 3051 und später J. pr. II, **31**, 348) den ersten Konstitutionsbeweis für die gesättigte Natur des künstlichen Kampfers, indem er das Molekularbrechungsvermögen bestimmt; er findet 81,52, während sich für $C_{10}H_{17}Cl$ 81,9 berechnet.

WALLACH (A. **239**, 7 und **252**, 156) bestimmt nochmals die Polarisation und sagt: „Je reiner das l-Pinen, um so stärkere Drehung werden die daraus dargestellten Halogenwasserstoffprodukte zeigen." — Vgl. über die Polarisation und den Brechungsexponenten des künstlichen Kampfers auch FLAWITZKY (J. pr. II, **45**, 117).

Bisher ist ausschließlich die Entstehung des künstlichen Kampfers aus dem Pinen erwähnt worden; es muß betont werden, daß er sich auch aus dem Bornylchlorid, wenn auch nur in geringer Menge isolieren läßt; letzteres gewinnen BERTHELOT (A. **112**, 366), KACHLER (A. **197**, 83), SPITZER (A. **200**, 342), RIBAN (A. ch. V **6**, 380), WALLACH (A. **230**, 231). Alle diese Forscher halten das Bornylchlorid für das dem Borneol entsprechende Chlorid. KONDAKOW gibt in seinen Arbeiten (vgl. Menthylchlorid) in den neunziger Jahren an, daß sich aus den sekundären Alkoholen bei der Chlorierung mit Vorliebe tertiäre Chloride bilden und will diese Umlagerung auch auf die Terpenalkohole übertragen wissen; vgl. besonders Chem. Z. **25** [1901], 609.

Deutlich erkennen wir, daß wir bis zum Jahre 1899 noch nicht vollständig klar sehen in die Konstitution des künstlichen Kampfers, besonders in seinem Verhältnis zum Bornyl-, Isobornylchlorid und Kampfenchlorhydrat. Noch im Jahre 1898 hielt man diese vier Chloride mehr oder weniger auseinander (vgl. Kampfenhydrochlorid). WAGNER und BRICKNER (B. **32**, 2302) stellen alsdann im Jahre 1899 den Satz auf, daß die Halogenwasserstoffanlagerungsprodukte des Pinens, welche bei Ausschluß von Wasser erhalten werden, die eigentlichen Halogenide des Borneols sind, daß dagegen das „Bornylchlorid" hauptsächlich aus Isobornylchlorid, welches mit dem Kampfenhydrochlorid identisch sei, besteht und daß es nur wenig eigentliches Bornylchlorid, d. h. Pinenhydrochlorid enthält.

Es sei noch erwähnt, daß es MARSH und GARDNER (Soc. **59**, I, 730) im Jahre 1891 gelang, den künstlichen Kampfer in das Kampfenhydrochlorid umzulagern, indem sie ersteren auf 250° erhitzten.

PERKIN (Soc. **81**, I, 316) bestimmt im Jahre 1902 die magnetische Rotation des künstlichen Kampfers.

GARDNER und COCKBURN (Soc. **73**, 278) bringen im Jahre 1898 ihre wichtigen Mitteilungen über die Oxydation des künstlichen Kampfers mit Salpetersäure, wobei sie Kampfersäure und Kampfopyrsäureanhydrid erhalten hatten; höchst konzentrierte Salpetersäure oxydiert im wesentlichen zu Oxalsäure, bei 20° zu Ketopinsäure $C_{10}H_{14}O_3$. — Schon vorher hatte ARMSTRONG (Studies of the Terpenes and allied Compounds, Soc. **69**, 1397) im Jahre 1896 durch Anwendung starker Salpetersäure zur Oxydation des Pinenchlorhydrats die Ketonsäure $C_{10}H_{14}O_3$ erhalten, die er Ketopinsäure nannte, welche zu 10—15% entsteht und bei 234° schmilzt; sie liefert ein Phenylhydrazon vom Smp. 146° und ein Oxim vom Smp. 216°; ihr Methylester bildet eine weiße bei 128° schmelzende Masse. Über Ketopinsäure vgl. ferner GILLES und RENWICK (Proc. **1897**, 64, 182; C. **1897**, I, 816 und II, 549).

Von sonstigen chemischen Reaktionen des künstlichen Kampfers sind folgende Arbeiten zu erwähnen. PAPASOGLI (B. **10**, 84) erhält im Jahre 1877 aus dem künstlichen Kampfer durch Einwirkung von Chlor die Verbindung $C_{10}H_{15}Cl \cdot HCl$ vom Smp. 107°.

Montgolfier (C. r. **87**, 840) und Letts (B. **13** [1880], 793) lassen Natrium auf künstlichen Kampfer bei dessen Schmelztemperatur einwirken; es entstehen Kampfen und wahrscheinlich Kampfan. Es ist jedoch auch nicht ausgeschlossen, daß sich hierbei Tricyklen bildet. — Ferner lassen Kachler und Spitzer (B. **13**, 615, 2236) Na auf eine kochende Benzollösung von Bornylchlorid einwirken, wobei sie wahrscheinlich Kampfan $C_{10}H_{18}$ vom Smp. 152° und Sdp. 157—158° erhalten; dieses ist optisch inaktiv. —

Vgl. ferner Bredt und v. Rosenberg (Richter-Anschütz, Org. Ch. 7. Aufl. [1896] B. II, S. 119), welche ähnliche Versuche mit l-Pinenhydrochlorid und d-Bornylchlorid ausführen; der entstandene Kohlenwasserstoff hat Smp. 155°, Sdp. 159°. Semmler (B. **33** [1900], 774) bewirkt die glatte Bildung des Kampfans $C_{10}H_{18}$, indem er Pinenhydrochlorid mit Natrium und Alkohol reduziert, wie bereits erwähnt.

Étard und Meker (C. r. **126**, 526) lassen ebenfalls Natrium einwirken; vgl. Armstrong (Soc. **69** [1896], 1398), der den Kohlenwasserstoff $C_{10}H_{18}$ „Camphhydren" nennt.

Konowalow und Kikina (Ж. **34** [1902], 935; C. **1903**, I, 512) nitrieren das Pinenchlorhydrat, ebenso wie das Dihydrokampfen mit Salpetersäure vom spez. Gew. 1,12; sie erhalten ein Gemenge von festen (sekundären) und flüssigen (sekundären und primären) Derivaten. Sie ziehen hieraus den Schluß, daß im künstlichen Kampfer eine CH-Gruppe, die an keine Methylgruppe gebunden ist, vorhanden sein muß.

Konowalow (Ж. **34** [1902], 31; C. **1902**, I, 1296) erhielt aus dem Pinenhydrochlorid und Benzol nach der Friedel-Craftschen Synthese das Phenyldihydropinen $C_{16}H_{22} = C_{10}H_{17} \cdot C_6H_5$, Sdp. 286—291°, $d_{20/0} = 0,9594$, $n_{D_{20}} = 1,52691$. Es braucht wohl nicht besonders betont zu werden, daß dieser Kohlenwasserstoff kein Pinenabkömmling ist, sondern ein Kampferderivat, so daß ihm folgende Konstitution zukommt:

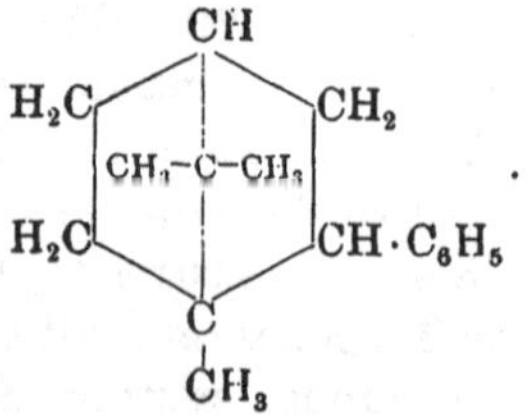

Houben und Kesselkaul (B. **35**, 3695) berichten im Jahre 1902 über die Einwirkung von Magnesium und CO_2 auf Pinenhydrochlorid, wobei sie die Säure

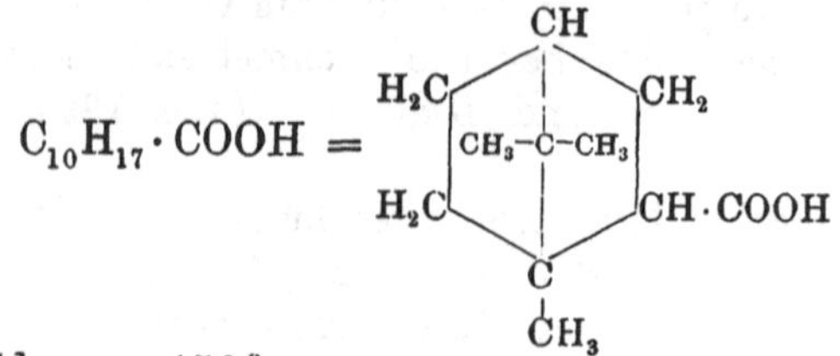

erhalten, $Sdp._{12} = 156°$.

Vgl. die Abhandlung von KONDAKOW und SCHINDELMEISER (J. pr. II, **68** [1903], 117), in der diese Forscher in den Borneolhaloidanhydriden bei 100° (mit Bromwasserstoff) und bei 180° (mit Chlorwasserstoff) Auflösungen im Kampfoceanringe unter Bildung von Dipentenderivaten bewirken.

Fassen wir die angegebenen Eigenschaften des Pinenhydrochlorids zusammen, so sehen wir, daß seine Darstellung keinen Schwierigkeiten begegnet, wenn man mit trocknem Chlorwasserstoff arbeitet, sei es in Verdünnungsmitteln oder nicht. Die physikalischen Eigenschaften sind im Laufe der Beobachtungen genauer bestimmt worden, so der Smp. zu 125—127°, zuweilen 131°, ebenso die wechselnde Größe der Polarisation. Für die chemischen Eigenschaften ist die Indifferenz zu betonen, indem z. B. die Salzsäure außerordentlich fest gebunden ist. Nur gegen Reduktionsmittel, gegen Natrium und Alkohol, tauscht das Pinenhydrochlorid glatt sein Chlor gegen Wasserstoff aus. Über die Reduktion des Pinenhydrochlorid mit HJ und Phosphor bei 200° vgl. WALLACH und BERKENHEIM (A. **268**, 225). Oxydationsmittel greifen den künstlichen Kampfer schwer an, wobei man vielfach Derivate des Kampfers erhält. Zur Identifizierung des Pinenhydrochlorids eignet sich sein Schmelzpunkt, sein Siedepunkt, sowie seine Reduktion zu Kampfan. Bezüglich seiner Konstitution erscheint es nach allen seinen Eigenschaften als ein wahres Pentoceanderivat. Es ist gesättigt, wie die von KANONNIKOW bestimmte Molekularrefraktion beweist; außerdem zeigt es sich in Lösung beständig gegen Halogene, durch welche es allmählich substituiert wird. Ferner weisen alle Oxydationsprodukte auf die Kampferreihe hin, sehr gut aber ist der Analogiebeweis WAGNERS, wobei man voraussetzt, daß sich das HCl an Pinen genau so wie HJ anlagert. Da er nun fand, daß das Pinenhydrojodid identisch ist mit dem Bornyljodid, so muß das Jod und also auch das Chlor im künstlichen Kampfer da stehen, wo sich im Borneol die Hydroxylgruppe befindet. Schließlich zeigt die glatte Überführung des Pinenchlorhydrats in das Kampfan seine zweifellose Zugehörigkeit zum Kampfertypus. Vgl. ferner über die Einwirkung von K- und Ag-Acetat auf Pinenchlorhydrat (WAGNER und BRICKNER, B. **32**, 2308). — Geschichtlich gehört der künstliche Kampfer zu den am längsten bekannten, teilweise synthetisch erhaltenen organischen Verbindungen: über 100 Jahre bekannt, sind seine Untersuchungen selten ausgesetzt worden, aber erst im letzten Jahrzehnt ist es gelungen, Klarheit über seine Konstitution zu gewinnen.

3. Das Chlorhydrat des Limonentypus. Die Sprengung des Vierrings im Pinen, wenn kein neuer Fünfring gebildet wird, oder Rückbildung eines Vierrings nicht stattfindet, führt zum Limonentypus. Diese Reaktion kann unter Anlagerung von 1 Mol. HCl, indem nur der Vierring gespalten wird, vor sich gehen, oder es wird außerdem noch 1 Mol. HCl an die doppelte Bindung angelagert, so daß wir folgende Formeln haben:

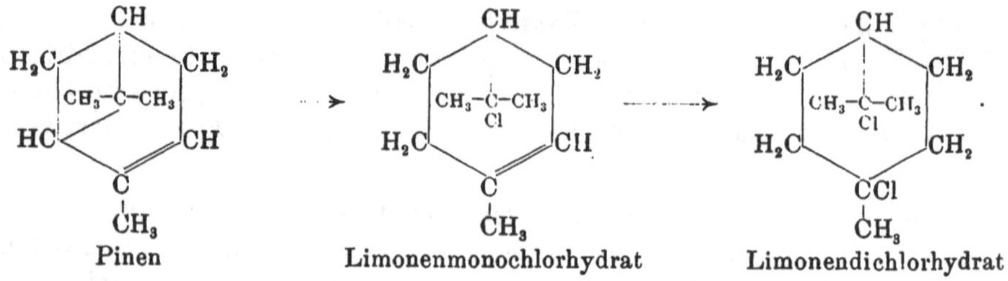

Wie bereits oben erwähnt, scheint die Sprengung des Vierrings und die Nichtbildung des Pentoceantypus bei Gegenwart von Feuchtigkeit vor sich zu gehen; es ist sehr leicht möglich, daß sich H_2O an die doppelte Bindung anlagert und dann erst Ringsprengung statthat, so daß nunmehr nicht mehr HCl unter Bildung eines Fünfrings abgespalten werden kann, da die Hydroxylgruppe gewöhnlich an das am wenigsten hydrogenierte Kohlenstoffatom zu treten pflegt. — Die Bildung des Limonenmono- und Limonendihydrochlorids aus dem Pinen ist viel später beobachtet worden als jene des künstlichen Kampfers; beide finden sich unter den sog. flüssigen Hydrochloriden des Pinens, welche ein Gemenge der verschiedensten Verbindungen darstellen. Erst BERTHELOT (J. **1852**, 621) macht im Jahre 1852 darauf aufmerksam, daß neben dem festen künstlichen Kampfer auch das feste $C_{10}H_{16} \cdot 2$ HCl entsteht, dieselbe Verbindung, die man aus dem Citren erhalte; Smp. 50°. Auch fand BERTHELOT bereits, ebenso wie später RIBAN, daß diese beiden festen Verbindungen, wenn sie zusammen vorkommen, ein niedrig schmelzendes Gemisch geben. TILDEN (B. **12**, 1131) betont nochmals besonders die Schmelzpunktdepression, welche hierbei eintritt; zu dem gleichen Resultat kommt WALLACH 1887 (A. **239**, 5). Jedenfalls ist soviel sicher, daß das flüssige Produkt, welches bei der Hydrochlorierung des Pinens entsteht, unter anderm noch künstlichen Kampfer und Limonendichlorhydrat enthält, vielleicht auch Limonenmonochlorhydrat; außerdem dürfte in ihm, wie wir oben sahen, wahres Pinenhydrochlorid vorkommen. Hieraus erkennt man, daß, wenn man das „flüssige Hydrochlorid" mit Salzsäure entziehenden Mitteln behandelt, ein Teil der Salzsäure leicht abgespalten wird, und zwar aus dem wahren Pinenhydrochlorid, sowie aus den Limonenhydrochloriden, so daß die hierbei entstehenden Kohlenwasserstoffe unter anderm Pinen und Limonen enthalten, während der künstliche Kampfer, welcher schwer Chlorwasserstoff abspaltet, intakt bleibt. Dieses Gemisch von Kohlenwasserstoffen, welchem sich bei der hohen Temperatur noch Invertierungsprodukte zugesellen, wurde von SOUBEIRAN und CAPITAINE „Terebilen" genannt, von DEVILLE „Tereben". Nimmt man die Destillation über Kalk vor, so dürfte das „Tereben" enthalten: Kampfen, Pinen, Limonen, Terpinolen, Terpinen, außerdem Cymol, welches bei der hohen Temperatur aus Kohlenwasserstoffen $C_{10}H_{16}$, die leicht Wasserstoff abspalten, entsteht.

Einwirkung von Bromwasserstoff auf Pinen. Die Reaktion von HBr und HJ auf Pinen ist in früheren Jahren weniger studiert worden, besonders wegen des schwierigeren Kristallisierens der hierbei entstehenden Produkte, als auch besonders, weil die Bromide und Jodide leichter Halogenwasserstoff abspalten als die Chloride. Zweifellos haben wir bei der Einwirkung von HBr analoge Verhältnisse wie bei jener von HCl; wir werden deshalb auch hier 1. Derivate, welche noch den Pinentypus enthalten, 2. Derivate vom Kampfertypus, 3. Derivate des Limonens bzw. dessen Umwandlungsprodukte zu erwarten haben. Die Abkömmlinge des ersten und dritten Typus dürften unter den flüssigen Reaktionsprodukten zu suchen sein, da sie wohl an und für sich fest sind, aber im Gemisch bei gewöhnlicher Temperatur lange flüssig bleiben.

1. Das Bromhydrat des Pinentypus. Diese Verbindung ist bisher in reinem Zustande nicht isoliert worden, sie befindet sich aber, wie auch beim eigentlichen Pinenchlorhydrat anzunehmen ist, wahrscheinlich unter den flüssigen Reaktionsprodukten.

2. Das Bromhydrat des Kampfertypus

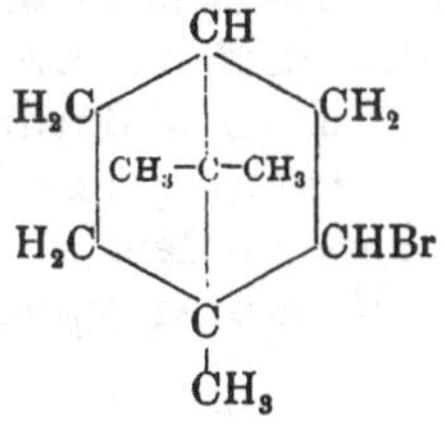

Deville (A. **37**, 181) stellt im Jahre 1841 Einwirkungsprodukte von Bromwasserstoff auf Tereben her. Da diesem Tereben zweifellos noch Pinen beigemengt ist, so dürfte das Einwirkungsprodukt von HBr auf Tereben auch Derivate enthalten, welche auf analoge Weise aus reinem Pinen entstehen. Vgl. auch Deville (A. ch. **75**, 45, 54).

Auch leitet Deville Bromwasserstoff in Terpentinöl ein; es wurden Kristalle von $C_{10}H_{16} \cdot HBr$ erhalten. Die Substanz wurde bei -5^0 völlig fest; sie war bei einer Temperatur von -2 bis -3^0 hergestellt worden; $d_{21} = 1{,}279$, die Rotation betrug für den roten Strahl $-0{,}15258$.

Papasogli (G. **1876**, 542; B. **10**, 84) gibt den Schmelzpunkt des Bromwasserstoffpinens zu 80^0 an, so daß dieser Forscher zweifellos bereits die dem künstlichen Kampfer entsprechende Bromwasserstoffverbindung in den Händen gehabt hat.

Wallach (A. **239**, 7) gewinnt das Pinenbromhydrat genau wie das Chlorhydrat; er findet es schwerer als Wasser, den Schmelzpunkt möglichst gereinigter Substanz zu 90^0, es siedet etwas höher als das Chlorid unter Zersetzung. Das Pinenbromhydrat spaltet mit Eisessig und Natriumacetat gekocht HBr ab und bildet Kampfen; die Bromwasserstoffabspaltung geht leichter vor sich als die HCl-Abspaltung aus dem Pinenhydrochlorid.

Pesci (G. **18**, 223) findet im Jahre 1888, daß das aus l-Pinen hergestellte Bromhydrat bei 87^0 schmilzt und linksdrehend, $[\alpha]_D = -27^0{,}802$, ist. Aus d-Pinen hergestelltes Bromhydrat schmilzt bei 91^0 und ist scheinbar inaktiv.

Schließlich bringen WALLACH und CONRADY (A. **252**, 156) im Jahre 1889 ergänzende Mitteilungen. Der Schmelzpunkt des Monobromhydrats aus d-Pinen wurde zu 89°, jener aus l-Pinen zu 92° gefunden. W. bestimmte für Pinenbromhydrat aus l-Pinen: $[\alpha]_D = -24{,}6°$, während auch ihm das d-Pinen ein inaktives Bromhydrat lieferte.

Vgl. KONDAKOW und SCHINDELMEISER (J. pr. II, **68** [1903], 117), welche die Ringspaltung zur Limonenreihe durchführen.

3. Bromhydrat des Limonentypus. Leitet man Bromwasserstoff in Pinen, welches sich in nicht ganz trocknen Lösungsmitteln befindet, so erhält man ein Gemenge von Bromhydraten, welche teilweise außerordentlich leicht Bromwasserstoff abspalten; unter ihnen konnte i-Limonen nachgewiesen werden. Hieraus folgt, daß sich Bromhydrate des Limonentypus gebildet haben müssen.

Einwirkung von Jodwasserstoff auf Pinen. Genau so, wie sich Chlorwasserstoff und Bromwasserstoff bei der Einwirkung auf Pinen verhalten, muß auch Jodwasserstoff dreierlei Reaktionsprodukte liefern, einmal das eigentliche Pinenjodhydrat, alsdann das dem künstlichen Kampfer entsprechende Hydrojodid, schließlich Jodhydrate des Limonentypus.

1. Das Jodhydrat des Pinentypus. Diese Verbindung ist bisher nicht in reinem Zustande isoliert worden.

2. Das Jodhydrat des Kampfertypus:

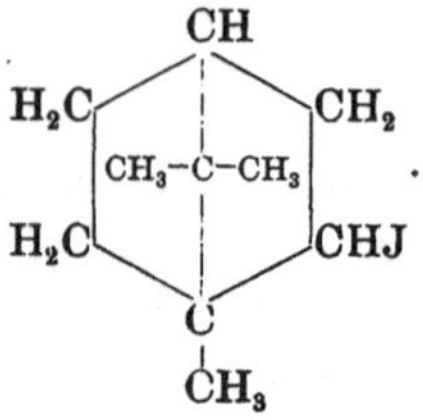

DEVILLE (A. **37**, 182) läßt Jodwasserstoffsäure auf Tereben (ein Gemenge von Kohlenwasserstoffen) sowie Terpentinöl einwirken; in letzterem Falle erhielt er eine Flüssigkeit, die unter 0° nicht fest wurde; sie zeigte die Formel $C_{10}H_{16} \cdot HJ$. Vgl. ferner DEVILLE (A. ch. **75**, 37); dieses Jodhydrat verliert nach seinen Angaben an der Luft schnell HJ und besitzt $d = 1{,}5097$, $[\alpha]_j = -15{,}97°$.

v. BAEYER (B. **26** [1893], 826) gewinnt die Jodwasserstoffverbindung, indem er trocknen Jodwasserstoff in Terpentinöl leitet; die entstandene Verbindung reduziert er zu Dihydrokampfen. (?)

Beide Forscher gehen vom Pinen aus und stellen das Hydrojodid $C_{10}H_{17}J$ dar.

KACHLER (A. **197**, 98) läßt auf Borneol rauchende Jodwasserstoffsäure einwirken, erhält jedoch keine verwertbaren Resultate.

Wenig ist demnach über das Jodhydrat bekannt, als WAGNER und BRICKNER im Jahre 1899 (B. **32**, 2302) ihre Abhandlung „Über die Beziehung der Pinenhaloidhydrate zu den Haloidanhydriden des Borneols" veröffentlichen. Nach ihnen kann man trocknes Pinen mit trocknem HJ bei verschiedenen Temperaturen sättigen; man erhält stets im wesentlichen nur ein Produkt: Sdp.$_{11,5}$ = 113—115° als Hauptfraktion. Zur weiteren Reinigung wurde diese mit weingeistiger Kalilauge im Wasserbade erhitzt und das entstandene Produkt rektifiziert. Das so gewonnene Pinenjodhydrat bildet eine schwere, vollkommen farblose Flüssigkeit, Sdp.$_{15}$ = 118—119°, die in Kältemischung fest wird und sich bei — 3° wieder verflüssigt, $d_{20/0}$ = 1,4635, Pol. = — 33° 34′ bei l = 1 (das verwendete Pinen polarisierte $[\alpha]_D$ = — 37° 50′). Kocht man das Jodid mit weingeistiger Kalilauge, so nimmt das Drehungsvermögen allmählich ab. $KMnO_4$ greift das Jodid nur äußerst schwer an, rauchende HNO_3 dagegen schon bei — 20° unter Abscheidung von Jod. Abweichend von Pinenhydrochlorid läßt sich die Entjodung schon bei Wasserbadtemperatur allmählich vornehmen, vollständig bei 160—170°; es entsteht Kampfen, Sdp. 153—158°, $[\alpha]_D$ = — 20° 40′, dieses enthält jedoch eine höher schmelzende Beimengung, denn Fraktion 153—154° schmolz bei 65°. — Gegen alkoholische Kalilauge ist das Jodid immerhin noch relativ beständig, dagegen gibt es seinen ganzen Jodgehalt leicht an alkoholisches Silberacetat ab. Ganz besonders leicht geht die Entjodung mit Silberacetat bei Gegenwart von Eisessig vor sich; es entstehen hierbei Kampfen und Bornylacetate, Terpinylacetat und Dipenten. Wir haben demnach bei dieser Reaktion eine zweifache Sprengung des Pentoceanmoleküls im Pinenjodhydrat: einmal spaltet sich ein Fünfring, um alsbald einen neuen Fünfring zu bilden, wobei Kampfen entsteht, alsdann spaltet sich zwischen zwei anderen Kohlenstoffatomen ein Fünfring, indem sich der monocyklische Terpineoltypus oder Limonentypus ohne neuen Ringschluß bildet, wie folgende Formeln zeigen:

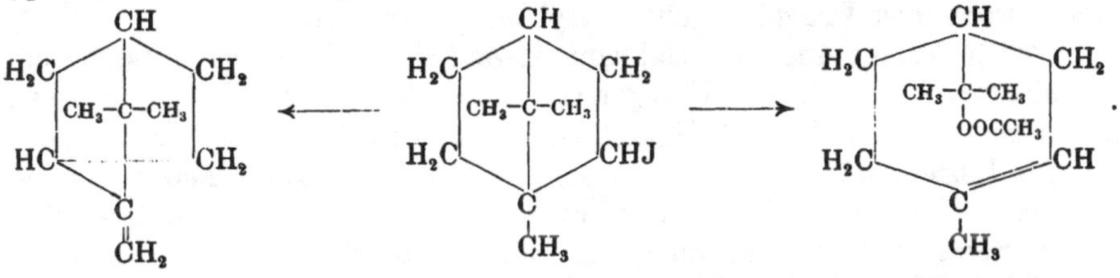

Wichtig ist für uns die Tatsache, daß die Entjodung in Eisessiglösung sehr viel glatter vor sich geht, woraus folgt, daß Eisessig Sprengungen von Ringen niederen Grades sehr leicht bewirkt; arbeitet man daher in Eisessiglösung in der Pentoceanreihe, so dürften Ringsprengungen und Ringschließungen mit großer Leichtigkeit vor sich gehen, so daß man mit Vorsicht Schlüsse auf die Ausgangsmoleküle aus den Reaktionsprodukten ziehen muß; hierher gehören namentlich die Bromide des Kampfens usw.

Aber nicht nur aus dem Pinen, sondern auch aus dem Borneol stellen Wagner und Brickner (a. a. O., S. 2317), das Jodid $C_{10}H_{17}J$ her, indem sie in Borneol mit wenig Wasser HJ bei Wasserbadtemperatur einleiten und sättigen. Nach mehrfacher Reinigung durch alkoholische Kalilauge erhalten sie ein Produkt vom Sdp.$_{16}$ = 118—119°, $d_{20/0}$ = 1,4617, das optisch fast inaktiv ist, bei — 13° schmilzt, im übrigen dasselbe

Verhalten zeigt wie das Pinenjodhydrat, woraus sie schließen, daß beide identisch sind, und daß letzteres das wahre Jodid des Borneols ist.

Gewinnung des Bornylens

$C_{10}H_{16}$ = 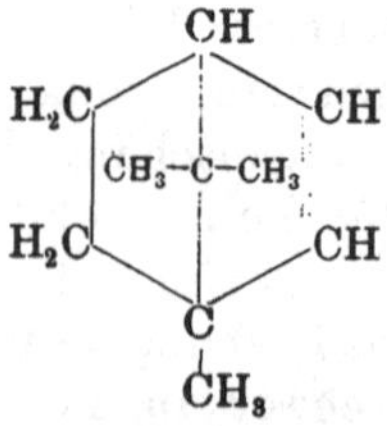 .

Im nächsten Jahre berichten WAGNER und BRICKNER (B. **33** [1900], 2121) weiteres über das Bornyljodid. Wenn sie mittels Kaliumphenolat Jodwasserstoff abspalten, so erhalten sie glatt Kampfen. Nehmen sie jedoch eine konzentriertere alkoholische Kalilauge wie früher und erhitzen 4 Stunden hindurch auf 170°, so erhalten sie ein Kohlenwasserstoffgemisch, welches sie zunächst fraktioniert destillieren. Die von 152—160° übergehenden Anteile behandelt man nach dem BERTRAMschen Verfahren, wodurch das Kampfen hydratisiert wird, während das Bornylen intakt bleibt; letzteres hat $Sdp._{750}$ = 149—150°, Smp. 97,5—98° und ist ungemein flüchtig. Durch Oxydation mit Kaliumpermanganat entsteht Kampfersäure vom Smp. 182°, welche ein Anhydrid vom Smp. 220—221° liefert. — Über die Darstellung des Bornylens aus dem Bornylxanthogensäureester schon vor dieser Arbeit durch TSCHUGAEFF vgl. (Ж. **32** [1900], 653; Chem. Z. **24**, 519); auch SPITZER (A. **197**, 129) dürfte vielleicht bei der Behandlung des Kampferdichlorids mit Natrium das Bornylen in Händen gehabt haben, wenn das Produkt nicht Tricyklen gewesen ist. —

Durch Anlagerung von Halogenwasserstoff an Bornylen entsteht ein Produkt, welches durch Halogenwasserstoffabspaltung ein Isocyklen liefern soll (Prot. d. Sitz. d. Naturf. Ges. a. d. Univ. Warschau, Mai. 1903).

Im Jahre 1900 (B. **33**, 1006) stellte ASCHAN ebenfalls Pinenhydrojodid vom Smp. — 3° aus d-Pinen dar; er reduziert dieses Jodid mit alkoholischer Salzsäure und verkupfertem Zink und erhält $C_{10}H_{18}$ vom Smp. 153—154°, Sdp. 160°, inaktiv. — Eine Ergänzung zu dieser Mitteilung gibt ASCHAN 1901 (A. **316**, 229). Er ging vom d-Pinen, $[\alpha]_D = + 18{,}4°$ und $d_{19/4} = 0{,}8857$, aus und gewann zunächst das Hydrojodid, $Sdp._{19}$ = 120—122°, $d_{17/4} = 1{,}464$, $[\alpha]_D = + 16{,}02°$. Dieses Jodid wurde mit Eisessig und Jodwasserstoff bei Gegenwart von Zinkstaub reduziert; es wurde Kampfan $C_{10}H_{18}$ vom Smp. 153—154° erhalten, dessen Siedepunkt nicht beobachtet wurde, da das Schmelzröhrchen schon bei 160° leer war, inaktiv. Zur Kontrolle wurde d-Bornyljodid dargestellt; $Sdp._{11}$ = 110—112°; aber auch hier wurde derselbe Kohlenwasserstoff erhalten. Schließlich ging ASCHAN auch vom l-Pinen aus; es wurde ein Bornyljodid erhalten mit $[\alpha]_D = - 33{,}68°$; bei dessen Reduktion derselbe inaktive Kohlenwasserstoff $C_{10}H_{18}$ entstand.

ZELINSKY (B. **35**, 4415) beschäftigt sich ebenfalls im Jahre 1903 mit den Jodiden. Er stellt Bornyljodid zuerst aus Borneol und rauchender

Jodwasserstoffsäure in zugeschmolzenen Röhren bei 100° dar, die ganze Menge siedet fast ohne Zersetzung unter 15—16 mm Druck bei 116—117°, $d_{27/10}$ = 1,4416, n_D = 1,5384 usw. Das Bornyljodid wurde mit Magnesium und CO_2 in Anwesenheit von absolutem Äther in Reaktion gebracht, wobei eine Kampfancarbonsäure vom Smp. 69—71° entsteht. Läßt man analog Pinenjodhydrat reagieren, so erhält man in viel geringerer Ausbeute ebenfalls eine kristallinische Säure, als Hauptprodukt jedoch einen Kohlenwasserstoff $C_{10}H_{18}$, Sdp. 157—159°, $d_{21/4}$ = 0,8413, n_D = 1,4548, M.R. = 44,54; $C_{10}H_{18}$ erfordert 43,93, ist also gesättigt, inaktiv. Z. sieht diesen Kohlenwasserstoff als flüssige Modifikation des festen Kampfans, welches sich ebenfalls als Nebenprodukt bildet, an. — Nach meiner Meinung dürfte hier ein Gemenge von Kampfan und Dihydrokampfen vorliegen, wie denn auch die Jodide Gemenge von Bornyljodid und Isobornyljodid sein dürften. —

Bei dem leichten Übergange des Kampfertypus in den Kampfentypus erscheint es mir nicht ausgeschlossen, daß, so einheitlich die auf den verschiedenen Wegen erhaltenen Jodide zu sein scheinen, diese dennoch vielfach Gemenge sein dürften, so daß die Folgerungen, die man auf die Konstitution der einzelnen Verbindungen zieht, immer mit der größten Vorsicht aufzunehmen sind, zumal wir nicht imstande sind, wie bei Pinenhydrochlorid und -bromid, die Ausgangsmaterialien durch Umkristallisieren zu reinigen. — Wir haben in vorhergehenden Mitteilungen gesehen, daß das Pinen 1. ev. an die doppelte Bindung Halogenwasserstoff addieren kann, indem der Pinentypus intakt bleibt, daß 2. unter Sprengung des Vierrings und Neuschaffung des Pentoceansystems die wahren Halogenide des Borneols entstehen 3., daß unter Sprengung des Vierrings der Übergang in die Limonenreihe statthat. Wir müssen aber im Auge behalten, daß 4. eine Isomerisierung z. B. des Bornyljodids in das Isobornyljodid bzw. 5. in das wahre Kampfenjodhydrat statthaben kann, wenn nämlich Isobornyljodid und das wahre Kampfenjodhydrat chemisch verschieden sein sollten. Es muß neuen Untersuchungen vorbehalten bleiben festzustellen wieviel die auf den verschiedenen Wegen dargestellten Chloride usw. von diesen einzelnen Molekülen enthalten.

3. Das Jodhydrat des Limonentypus. Läßt man Jodwasserstoff nach einer der angeführten Methoden auf Pinen einwirken, so ist es sehr wahrscheinlich, daß hierbei außer dem wahren Jodhydrat des Pinens und dem Jodid des Kampfersystems auch Sprengung des Vierrings eintritt, ohne daß neuer Ringschluß stattfindet, wir also im monocyklischen System bleiben, so daß den Rohjodiden Limonenjodhydrat beigemengt ist. Ob die von seiten Wagners und Brickners (a. a. O.) beobachtete Terpineolbildung aus dem Jodid nicht doch beigemengtem Limonenjodhydrat zuzuschreiben ist, mag dahingestellt bleiben; vgl. jedenfalls hierüber Kondakow und Schindelmeiser (J. pr. II, **68** [1903], 117).

Die wichtigste Erkenntnis für uns aus diesen Halogenwasserstoffeinwirkungsprodukten aus dem Pinen ist, daß wir vom Pinen aus einmal unter Sprengung des Vierrings und Bildung eines Fünfrings zum Pentoceansystem und besonders nach KONDAKOW und SCHINDELMEISER (a. a. O.) wiederum durch Sprengung eines Fünfrings zum monocyklischen Limonensystem kommen können, daß wir alsdann aber auch vom Pinen aus unter Sprengung des Vierrings direkt zu dem letzteren System zu gelangen imstande sind.

Einwirkungsprodukte der Halogensauerstoffsäuren auf Pinen. Läßt man die Sauerstoffsäuren der Halogene, besonders unterchlorige und unterbromige Säure, auf Pinen einwirken, so verläuft die Reaktion verschieden, je nachdem man in alkalischer oder saurer Lösung arbeitet. In ersterem Falle findet eine bisher wenig durchsichtige Reaktion unter gleichzeitiger Oxydation statt, unter Bildung von viel Chloroform.

Einwirkung der freien unterchlorigen Säure. Freie unterchlorige Säure, wobei man also in saurer Lösung arbeitet, ließ zuerst WHEELER (C. r. **65**, 1046; Z. **1868**, 170) auf Terpentinöl und Kampfer einwirken. Mit Äther konnte er dem Reaktionsprodukt eine Verbindung $C_{10}H_{16}(ClOH)_2$ entziehen, welche er als Dichlorhydrin des Terpentins ansprach. Dieser Körper läßt sich nicht ohne Zersetzung destillieren; bei der Behandlung seiner ätherischen Lösung mit Natrium entsteht eine Säure, die die Zusammensetzung $C_{10}H_{16}O_3$ zu haben scheint.

Zu klareren Resultaten gelangen WAGNER und GINZBERG im Jahre 1896 (B. **29**, 886) bei Versuchen, welche sie unternahmen, um die von ersterem aufgestellte Formel für Pinen zu prüfen; sie lassen eine einprozentige Lösung der unterchlorigen Säure (vgl. Originalarbeit) auf Pinen, welches mit Eisstückchen versetzt war, einwirken. Nach Zugabe von 2 Mol. ClOH wurde die Reaktion für beendet angesehen und die Lösung mit Kalihydrat versetzt usw. Die Flüssigkeit wurde ausgeäthert, und der Äther abdestilliert; es wurde ein Gemenge von Verbindungen erhalten. Es entstand 1. als Hauptprodukt: das inaktive $C_{10}H_{17}ClO_2$, Smp. 105—107°, es ist sowohl in Äther als auch in einer Mischung von Äther und Äthylalkohol leichter löslich als das gleichzeitig entstehende 2. aktive Produkt: $C_{10}H_{17}ClO_2$ (Konstitution der beiden Verbindungen s. später), Smp. 131—133°. Diese beiden Produkte haben sich als chemisch identisch herausgestellt, sie sind inaktives bzw. aktives Pinolchlorhydrin und scheiden sich allmählich nach dem Einengen der ätherischen Lösung kristallinisch aus. Als der Rückstand zur Trockne eingedampft und dann ausgeäthert wurde, resultierte 3. das Pinolglykol

$C_{10}H_{16}O(OH)_2$ =

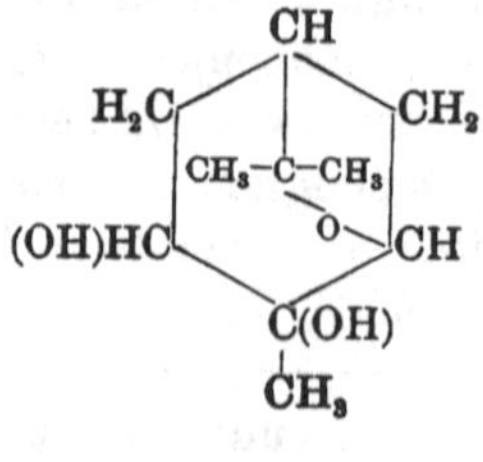

,

Smp. 125,5—127°. — Außerdem entstehen noch sirupöse Produkte.

Ginzberg (Ж. **30**, 686; C. **1899**, I, 50) läßt, um die Einwirkung der unterchlorigen Säure auf Pinen aufzuklären, diese Säure auch auf Pinol einwirken, nachdem er kurz vorher in Gemeinschaft mit Wagner nochmals die Reaktionsprodukte der unterchlorigen Säure mit schwach drehendem d-Pinen ($[\alpha]_D = + 8^0 5'$) (Ж. **30**, 675; C. **1899**, I, 50) untersucht hatte. Auch hier werden zwei isomere Chlorhydrine $C_{10}H_{17}O_2Cl$ erhalten, als Hauptprodukt ein optisch inaktives vom Smp. 104—105°, als Nebenprodukt ein optisch aktives ($[\alpha]_D = - 87^0 39'$) vom Smp. 131—132°. Wendet man l-Pinen ($[\alpha]_D = - 37^0 50'$) an, so erhält man nur ein Chlorhydrin vom Smp. 131—132° und einem spez. Drehungsvermögen von $+ 28^0 33'$; dies ist der optische Antipode des gleich schmelzenden Produktes aus d-Pinen, während die inaktive Verbindung vom Smp. 104—105° die razemische Modifikation darstellt. — Außerdem wurde nach etwas modifizierter Arbeitsweise das Tricyklendichlorid $C_{10}H_{16}Cl_2$ vom Smp. 165—168° erhalten:

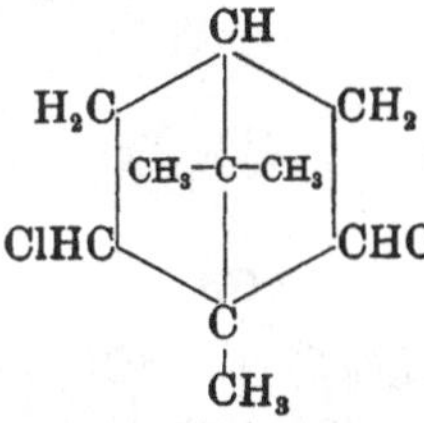

(?)

Ausführlichere Aufklärung über den Reaktionsvorgang bei der Einwirkung der unterchlorigen Säure auf Pinen bringen alsdann die Mitteilungen von Wagner und Slawinski aus dem Jahre 1899 (B. **32**, 2064). Um uns die einzelnen Einwirkungsprodukte klar zu machen, müssen wir die Möglichkeiten, die durch Anlagerung von ClOH an Pinen entstehen können, ins Auge fassen. Zunächst sei vorausgeschickt, daß das normale Anlagerungsprodukt von 1 Mol. ClOH an Pinen bisher nicht gefaßt zu sein scheint, sondern es lagern sich immer sofort 2 Mol. ClOH an, d. h. 1 Mol. an die doppelte Bindung und 1 Mol. sprengt den Tetroceanring. Die Anlagerung kann nun in vierfacher Weise vor sich gehen:

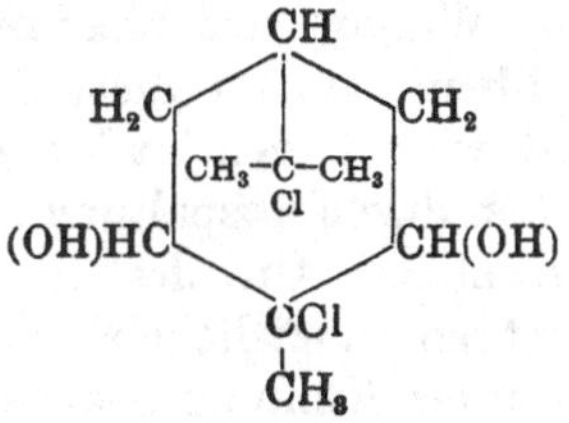

(I)

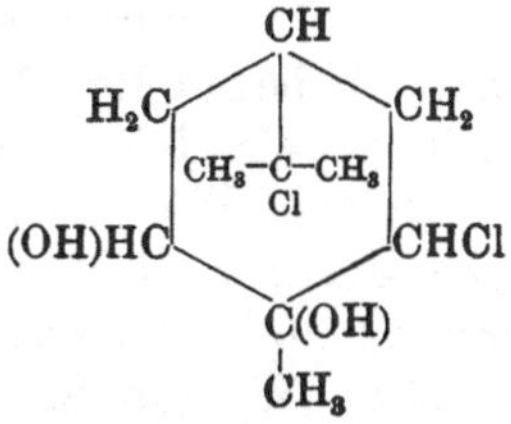

(II)

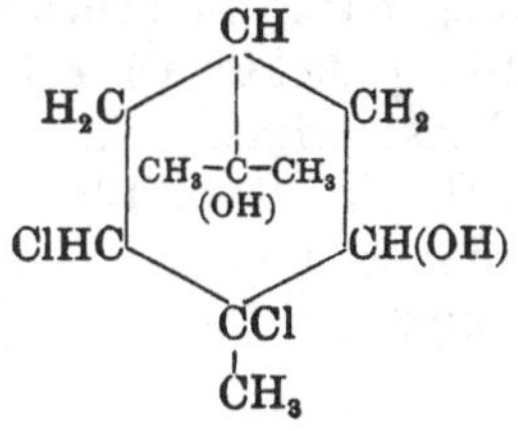

(III)

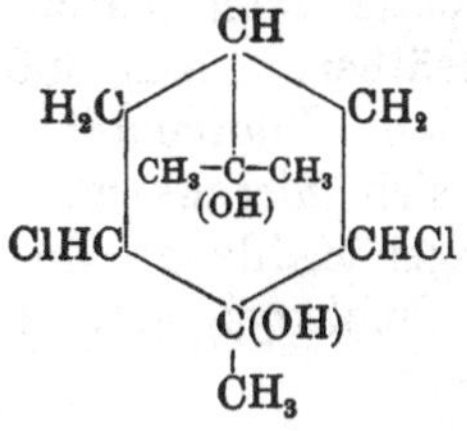

(IV).

Eine Verbindung der Formel IV oder Derivate derselben sind bisher nicht erhalten worden. Das Dichlorhydrin von der Formel III wird (a. a. O., S. 2075) beschrieben; es ist das

cis-Menthan-1.2-dichlor-6.8-diol. Es muß vorausgeschickt werden, daß alle diese vier Verbindungen, welche primär aus dem Pinen durch Anlagerung von 2 Mol. ClOH entstehen können, sehr leicht unter HCl-Abspaltung in Oxyde überzugehen vermögen. So können aus Formel I und III entstehen:

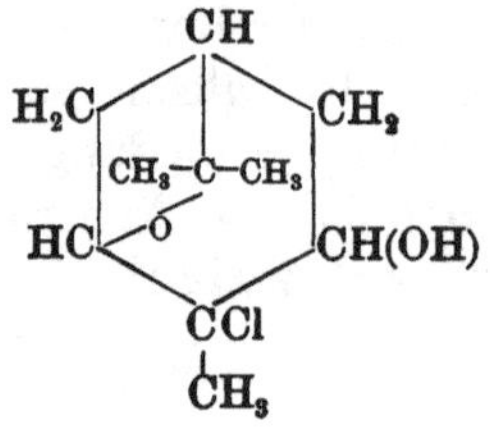

Pinolchlorhydrin (I)

und

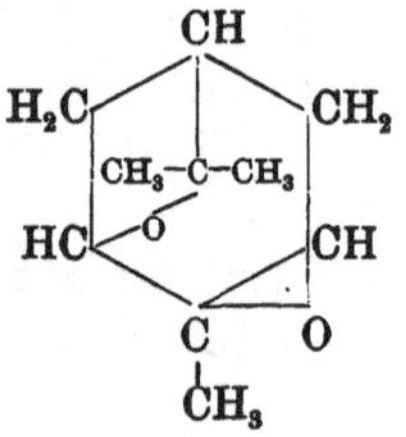

;

Pinoloxyd

aus Formel II und IV:

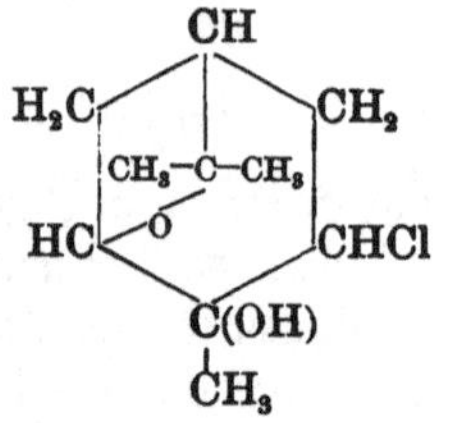

Pinolchlorhydrin (II)

und das eben erwähnte Pinoloxyd.

Diese Salzsäureabspaltung aus den Dichlorhydrinen kann natürlich schon in statu nascendi eintreten, wie ja auch das Pinol selbst auf diese Weise sich bilden kann, wie wir später sehen werden. Verfahren wir nun bei der ClOH-Anlagerung nach den Angaben von Wagner und Slawinski und setzen nach beendeter Reaktion Kalilauge hinzu, so kann diese Salzsäureabspaltung sehr leicht vor sich gehen und wir können außer den primär entstandenen Pinendichlorhydrinen außerdem durch Abspaltung zwei Chlorhydrine des Pinols bzw. das Pinoloxyd erhalten. Um deshalb die HCl-Abspaltung zu vermeiden, und um die primären Pinendichlorhydrine zu fassen, haben W. und Sl. (a. a. O., S. 2074) unter Kühlung gearbeitet und vorsichtig unter Vermeidung jeder Erwärmung mit Soda neutralisiert und ausgeäthert. Aus 300 g Pinen wurden 140 g dickes Öl erhalten, welches den Chlorgehalt des Pinendichlorhydrins zeigte. Allmählich schieden sich hieraus 20 g Kristalle (Formel III) ab, Smp. 136—137°, mit wäßriger Kalilauge am Rückflußkühler wurde es ganz entchlort, so daß das Pinoloxyd entstand. Aus diesem Dioxyd entstehe das i-cis-Pinolglykol

$C_{10}H_{18}O_3$ =

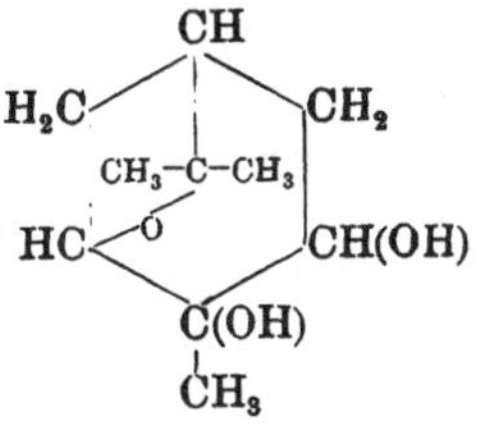

vom Smp. 124°. Außerdem kann aus dem cis-Menthan-1.2-dichlor-6.8-diol durch Zinkstaub in weingeistiger Lösung i-Sobrerol vom Smp. 129° bis 129,5° erhalten werden:

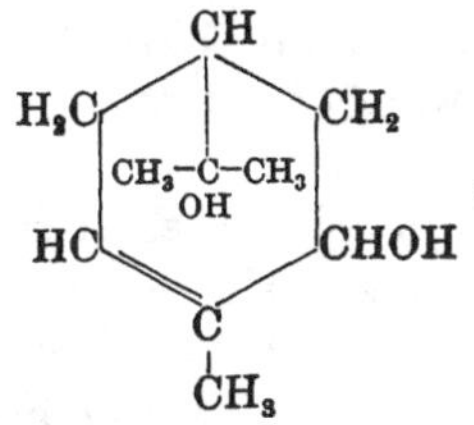

so daß bei dieser Reaktion die an zwei benachbarte Kohlenstoffatome gebundenen Chloratome glatt abgespalten werden und doppelte Bindung geschaffen wird.

Ferner müssen wir im Auge behalten, daß bei der Einwirkung der Kalilauge auf die Pinendichlorhydrine Chlor durch die Hydroxylgruppe ersetzt werden kann, so daß hierbei der vierwertige Alkohol $C_{10}H_{16}(OH)_4$, der Sobrerythrit, entsteht, welcher seinerseits in verschiedenen physikalischen Isomeren existieren kann. Wir sehen also, daß aus dem Pinen und 2ClOH unter anderem obiges cis-Menthan-1.2-dichlor-6.8-diol entsteht, aus diesem wiederum verschiedene Derivate, die sich natürlich schon unter den Verbindungen befinden müssen, welche Wagner und Slawinski beim Behandeln des ganzen Einwirkungsproduktes mit KOH erhalten haben. Sie isolierten nämlich 1. Pinoloxyd, 2. Sobrerythrit, 3. Pinolchlorhydrin vom Smp. 131—132°, 4. Pinolchlorhydrin (B). 1. Das Pinoloxyd kann aus allen vier Dichlorhydrinen des Pinens entstehen, wie wir oben gesehen haben. 2. Sobrerythrit

$C_{10}H_{16}(OH)_4$ =

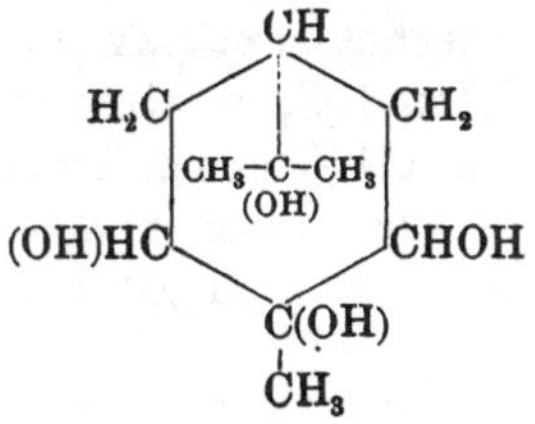

kann sich ebenfalls aus allen vier Chlorhydrinen bilden, Smp. 193—194°, optisch inaktiv. 3. und 4. Aus obigen vier Pinendichlorhydrinen sind, wie wir sahen, zwei Pinolmonochlorhydrine möglich. Das erhaltene aktive Chlorhydrin Smp. 131—132°, Sdp.$_{30}$ = 138—140° bzw. das zugehörige inaktive vom Smp. 105—106° stammen ab von Formel IV:

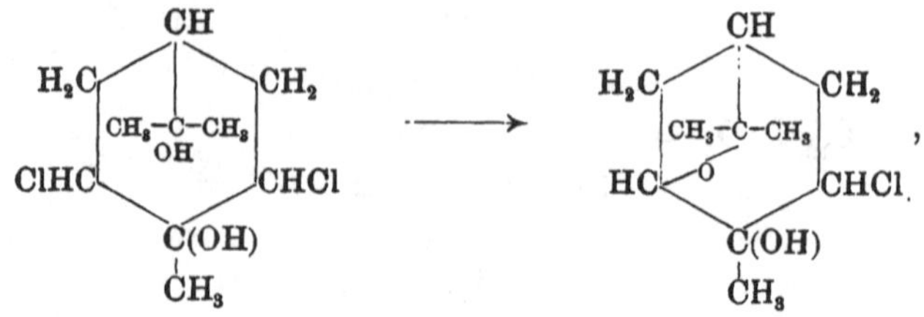

(vgl. oben WAGNER und GINZBERG). Geht man von l-Pinen aus, so erhält man Pinolchlorhydrin mit $[\alpha]_D = + 88^0 23'$, geht man von d-Pinen aus, so ist $[\alpha]_D = - 87^0 39'$ (vgl. oben). WAGNER und GINZBERG (a. a. O.) erhielten Pinolchlorhydrin vom Smp. 104—105°, welches die razemische Form ist, da es sich, wie wir bereits erwähnten, aus den beiden aktiven Komponenten bildet.

Pinolglykol (Formel vgl. oben) entsteht aus diesem Chlorhydrin, welches gegen wäßrige Kalilauge sehr beständig ist, da es das Chloratom sekundär gebunden enthält, erst beim Kochen mit Kalilauge am Rückflußkühler, und zwar ist es das cis-Pinolglykol vom Smp. 123—124°, während mit Zinkstaub, wie oben erwähnt, Sobrerol entsteht.

Das Pinolchlorhydrin (B) muß Formel:

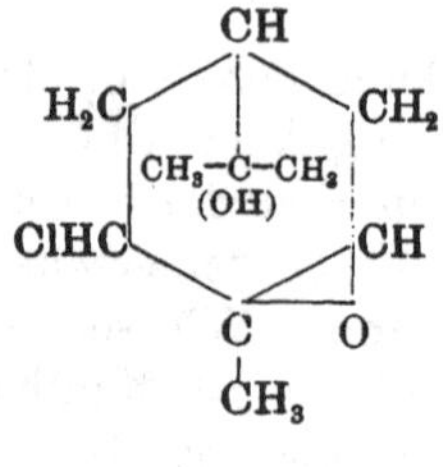

haben und leitet sich von einem Pinendichlorhydrin der Formel III ab.

In vorhergehenden Mitteilungen haben wir die Einwirkungsprodukte von ClOH auf Pinen kennen gelernt und gesehen, daß a priori vier $C_{10}H_{16} \cdot 2ClOH$ entstehen können; aus diesen bilden sich sekundär durch Alkalien zwei Pinolchlorhydrine, wenn wir die Pinolbildung zwischen C_8 und C_2 annehmen, es können ferner zwei Oxydchlorhydrine entstehen, wenn die Oxydbildung zwischen C_1 und C_2 stattfindet; von diesen ist das eine Pinolchlorhydrin (B). Die Anzahl der möglichen Verbindungen wird nun noch dadurch vermehrt, daß wir zwischen cis- und trans-Formen unterscheiden müssen, je nachdem OH und Cl usw. auf derselben Seite des Ringes liegen oder nicht.

Einwirkung der freien unterbromigen Säure. Pinendibromid. WAGNER und GINZBERG (B. **29**, 886) berichten im Jahre 1896 über die Einwirkung freier unterbromiger Säure auf Pinen; sie erhalten hierbei aus 15 g Pinen 5 g Pinendibromid. Auch bei der Einwirkung der unterchlorigen Säure sahen wir, daß ein Dichlorid entsteht, aber in geringerer Ausbeute, so daß es den Anschein hat, als ob bei der Anlagerung der unterbromigen Säure an die doppelte Bindung der Tetroceanring durch HBr leichter aufgespalten wird, und daß sich dann sofort wiederum, und zwar leichter, H_2O unter Bildung des Pentoceansystems abspaltet, als bei der entsprechenden Reaktion mit unterchloriger Säure. Wir haben folgende Reaktion:

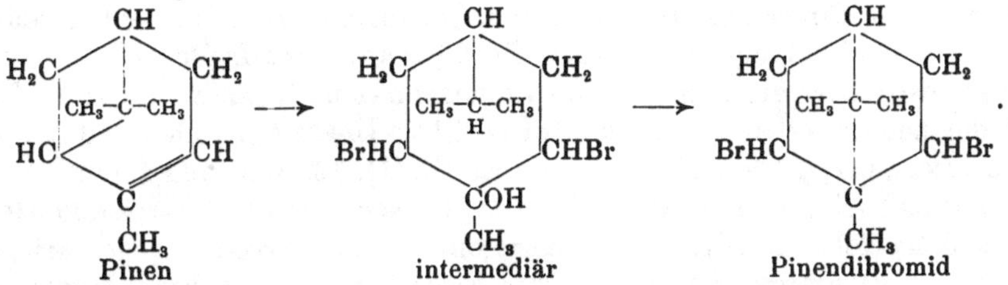

Pinen — intermediär — Pinendibromid

Einwirkung der zweiwertigen Metalloide und ihrer Verbindungen auf Pinen. Sauerstoff und Ozon reagieren mit Pinen, so daß Oxydationsprodukte dieses Moleküls entstehen; aus diesem Grunde werden diese Reaktionen gelegentlich der Besprechung der Einwirkung des Wasserstoffsuperoxyds bei den Oxydationsreaktionen im allgemeinen abgehandelt werden.

Wasseranlagerungsprodukte des Pinens. Lagern wir Wasser an Kampfen an, so kommen wir zum Isoborneol, an das Limonen, so erhalten wir Terpineol. Die Wasseranlagerung an Pinen kann genau so vor sich gehen, wie jene der Halogenwasserstoffsäuren an diesen Kohlenwasserstoff, so daß wir also entweder 1. im Pinentypus bleiben oder 2. wir sprengen den Tetroceanring und bilden gleichzeitig einen Pentoceanring, so daß wir zum Borneol oder Isoborneol kommen, oder 3. es wird der Tetroceanring gesprengt und es findet keine neue Ringschließung statt, so daß wir im Limonensystem bleiben. Zu 2. ist noch zu erwähnen, daß nach Sprengung des Tetroceanrings sich auch das Pentoceansystem des Fenchoceantypus bilden kann, indem der Vierring an einer anderen Stelle geöffnet wird (vgl. auch Fenchen und besonders Fenchon).

1. Wasseranlagerung unter Erhaltung des Pinensystems. Denken wir uns Wasser an die doppelte Bindung des Pinens angelagert, so kann ein tertiärer oder sekundärer Alkohol resultieren; der erstere ist nicht bekannt, der letztere ist das Pinokampfeol, welches aus dem Nitrosopinen durch Reduktion mit Zinkstaub und weitere Reduktion des hierbei entstehenden Ketons mit Natrium und Alkohol erhalten wird. Der tertiäre Alkohol wäre eigentlich derjenige, der sich bei der Wasseranlagerung an Pinen zuerst bilden sollte. Der Grund für seine Nichtbildung liegt darin, daß bei der H_2O-Anlagerung zuerst der Vierring gesprengt wird, so daß wir alsdann zu Alkoholen des zweiten oder dritten Falles kommen.

2. Wasseranlagerung unter Bildung des Pentoceansystems: Borneol, Isoborneol, Fenchylalkohol usw. Je nachdem der Vierring zwischen den Kohlenstoffatomen 8 und 6 oder 5 und 6 gesprengt wird, erhalten wir

entweder Derivate des Kampfertypus oder des Fenchontypus, wenn nach der Sprengung neuer Ringschluß zum Fünfring statthat (vgl. Fenchen). Über den Übergang in die Fenchonreihe vgl. auch BOUCHARDAT und LAFONT (C. **1898**, I, 893) und BERTRAM und HELLE (J. pr. II, **61**, 306); wir müssen hierbei im Auge behalten, daß die Bildung von Derivaten der Fenchonreihe auch von anwesendem Fenchen herrühren kann. — Zweifellos ist es dagegen, daß wir vom Pinen aus auf diese Weise zunächst zum Borneol, alsdann zum Isoborneol gelangen; vgl. über diese Umwandlung in Borneol und Isoborneol besonders die Arbeiten von BOUCHARDAT und LAFONT (J. **1887**, 722 und die neuere Arbeit C. r. **125** [1897], 111), LAFONT (A. ch. VI, **15**, 179), ERTSCHIKOWSKY (Ж. **28**, 132), REYCHLER (Bl. III, **15**, 368) und BOUCHARDAT und LAFONT (B. **24**, Ref. 904). Letztere Forscher lassen teilweise konzentrierte Schwefelsäure oder Benzoesäure einwirken, LAFONT dagegen kristallisierte Ameisensäure, ERTSCHIKOWSKY Eisessig und Zinkchlorid, REYCHLER Trichloressigsäure; vgl. auch ARMSTRONG und TILDEN (B. **12**, 1357), welche mit konzentrierter H_2SO_4 Kampfen erhalten. TARDY (C. **1904**, II, 1043) läßt Salicylsäure einwirken im Anschlusse an das Patent der Akt.-Ges. von Heyden; vgl. ferner die Einwirkung von Oxalsäure (D. R. P. 134553; C. **1902**, II, 975; FRDL. VI, 1229). Aus allen diesen Umwandlungen in den Kampfertypus scheint auch hervorzugehen, daß besonders konzentrierte Säuren den Vierring zunächst sprengen, alsdann aber einen Fünfring bilden, so daß die Wasserentziehung bzw., wenn sich die Säure an die doppelte Bindung anlagert, die Säureabspaltung bei konzentrierten Säuren leichter vor sich geht. Arbeiten wir dagegen mit verd. Säuren, so wird ebenfalls der Vierring geöffnet, aber die Bildung des Fünfringes geht nicht mehr vor sich, sondern wir verbleiben im Limonensystem.

Es soll nicht übergangen werden, daß einzelne Chemiker auch das Kampfen bereits im Rohpinen annehmen und der Ansicht sind, daß dieses die Kampferderivate liefere. Aber zu dieser Annahme liegt kein Grund vor, denn schon beim Übergang des Pinens in den künstlichen Kampfer sahen wir, daß trockne Säure diese Umlagerung bewirkt. Genau so wie HCl können nun auch andere anorganische Säuren wie z. B. H_2SO_4 Systemwechsel hervorrufen; zunächst entsteht die dem künstlichen Kampfer analoge Schwefelsäureverbindung, die sich in den Borneoltypus umlagern kann, genau so wie künstlicher Kampfer in Kampfenhydrochlorid übergeht (MARSH und GARDNER, Soc. **59**, I, 730). Bei der Einwirkung von Oxalsäure auf Pinen erhält man analog die Ameisensäureester des Borneols bzw. Isoborneols. —

Den Übergang des Pinen- in den Kampfertypus können wir uns so vorstellen, daß der Vierring gesprengt wird, daß aber sofort unter Lösung der doppelten Bindung die an C_8 gehende Hydroxylgruppe an C_2 geht und sich C_8 mit C_1 verbindet.

3. Wasseranlagerung unter Bildung des Limonensystems. Wird bei der Wasseranlagerung der Vierring gesprengt ohne neue Ringbildung, so kommen wir zum Limonensystem; lagern wir auch gleichzeitig an die doppelte Bindung Wasser an, so resultieren Terpin- bzw. Terpinhydrat:

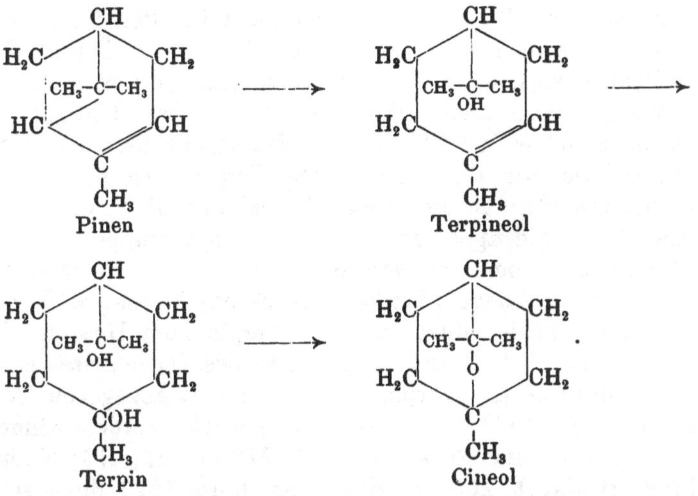

Dieser Reaktionsverlauf scheint vor sich zu gehen, wenn wir auf das Pinen keine absolut trocknen Säuren einwirken lassen. Gehen wir vom aktiven Pinen aus, so müssen wir auch zunächst aktives Terpineol erhalten, welches aber durch die Säuren häufig razemisiert wird. Es muß ferner vorweg betont werden, daß durch weitere Einwirkung der Säuren aus dem Terpineol Terpene entstehen können, ferner daß sich aus dem Terpin Cineol bilden kann. Die Einwirkung verdünnter Säuren auf Pinen ist demnach eine recht komplizierte, und es hat sehr lange gedauert, ehe diese Verhältnisse klargelegt wurden. Als erstes Einwirkungsprodukt verdünnter Säuren auf Pinen müssen wir das Terpineol ansehen, aus welchem alsdann das Terpin entsteht. Flawitzky nämlich gelang es (B. **12**, 857, 1022, 1406, 2354 ff.) aktives Terpineol zu erhalten, dessen Bildung unmöglich wäre, wenn zuerst das inaktive Terpin entstände; ausgeschlossen ist ja natürlich nicht, daß sich zum Teil zwei Moleküle Wasser gleichzeitig anlagern, einmal unter Sprengung des Ringes, sodann an die doppelte Bindung. — Da sich anderseits das Terpineol aus dem Terpin bzw. Terpinhydrat bilden kann, so soll letztere Verbindung zuerst beschrieben werden.

Terpinhydrat $C_{10}H_{20}O_2 + H_2O$, Terpin $C_{10}H_{20}O_2$, Terpineole $C_{10}H_{18}O$, Terpene $C_{10}H_{16}$ (Formel s. oben). Schon seit langer Zeit hat man unter den verschiedensten Umständen die Beobachtung gemacht, daß sich aus den Terpentinölen ein fester Bestandteil absetzt; man nannte ihn Terpentinölkampfer, wie man ja sich so abscheidende feste Bestandteile als Kampfer bezeichnete. Man hat dabei sichtlich zwei Produkte zusammengeworfen und namentlich zu Anfang verwechselt, das ist das Pinolhydrat (Sobrerol) $C_{10}H_{18}O_2$ (Konstitution s. unten), ein ungesättigtes Glykol, welches also ein Oxydationsprodukt des Pinens darstellt, und das Terpinhydrat $C_{10}H_{20}O_2 + H_2O$, welches nur ein Wasseranlagerungsprodukt an Pinen ist. Beide Produkte enthalten den Pinenring nicht mehr, obwohl sie unter der Einwirkung der chemisch gelindesten Reagentien entstehen, d. i. Sauerstoff und Wasser: so außerordentlich leicht geht der Tetroceanring auf. Wenn sich demnach das Terpinhydrat namentlich in alten Terpentinölen finden kann, so ist es doch sehr fraglich, ob das Terpin bereits fertig gebildet in der Pflanze vorkommt; bei der Destillation mit Wasserdämpfen würde es allerdings, wenn auch schwer, als Terpin mit übergehen. — Nichtsdestoweniger soll es als Abkömmling des Pinens hier beschrieben werden.

Betrachten wir die Formel des Terpins, so kann dieses in zwei stereoisomeren Formen auftreten, als cis- und als trans-Terpin, je nachdem die Hydroxylgruppe mit der Oxyisopropylgruppe an derselben Seite des Ringes liegt oder an verschiedenen. Beide Formen sind bekannt und zeigen verschiedene physikalische Eigenschaften, z. B. verschiedenen Schmelzpunkt; auch bildet das trans-Terpin kein Hydrat. Es sollen im folgenden zunächst die Darstellungsweisen des Terpinhydrates, der Terpine und auch teilweise des Terpineols und Cineols angegeben werden, damit die Umsetzungen in das richtige Licht gerückt werden können.

Buchner (Buchn. Repert. 1820, **9**, 276 und **12**, 419; Trommsd. Journ. **22**, 1232; B. Jahrb. **19**, 192) dürfte im Jahre 1820 die erste Notiz über das Terpinhydrat gebracht haben, gleichzeitig mit ihm ein Apotheker Häfener aus Lichtenfels; die Arbeit enthält keine Analysen, nur eine Angabe äußerlicher Merkmale, Geruchsreaktionen usw. Es ist zweifellos, daß Terpinhydrat schon weit früher beobachtet worden ist. Dumas (Handb. d. angew. Chemie 1837, **V**, 666) sagt: „Soviel steht fest, daß das wasserhaltige Terpentinöl, wenn es ruhig steht, Kristalle absetzt, welche sich an jedem Punkte des Gefäßes zeigen, wo sich ein Wassertröpfchen befindet. Diese hat Tingry beobachtet und man findet sie in fast allen alten Terpentinölen."

Trommsdorff (Neues Journ. d. Pharm. Bd. XVI, St. II, S. **46**) bringt im Jahre 1828 einzelne Notizen.

Kurz vorher hatte Voget (Brandes, Arch. des Apothekervereins f. d. Pharm. 1827, **23**, 195) bereits eine Vorschrift für die Herstellung gegeben: „4 Drachmen destilliertes Terpentin, 2 Dr. HNO_3 (1,25), $^1/_2$ Dr. Bernsteinöl und, nach 4wöchentlichem Stehen der Mischung, 1 Dr. Alkohol (80°)."

Es ist zweifelhaft, ob im Jahre 1833 Blanchet und Sell (A. **6**, 267) Terpinhydrat und nicht vielmehr Sobrerol in Händen gehabt haben, da sie den Smp. 150° angeben; man müßte denn gerade annehmen, daß sie trans-Terpin vor sich gehabt hätten (vgl. Originalarbeit).

Dumas und Péligot (A. **14**, 75; A. ch. II, **57** [1834], 334) berichten „Über ein Hydrat des Terpentinöls"; sie untersuchten Kristalle aus dem Basilicum-, Cardamomenöl usw. Sie fanden alle gleich zusammengesetzt, lassen aber die Identität offen, ev. seien sie isomerisch.

Wiggers (A. **33**, 358) bringt im Jahre 1840 Mitteilungen über die Darstellung mit Salpetersäure, am besten mit Alkohol.

Im Jahre 1844 berichtet Stenhouse (A. **50**, 155) über das Lorbeerterpentinhydrat, welches er nach der Methode von Wiggers gewonnen hatte.

Rabourdin (P. **63**, 570; A. **52**, 390) findet für ein Terpinhydrat ebenfalls $C_{10}H_{16} \cdot 3H_2O$, rhombische Prismen, zuweilen mit einer Abstumpfung der scharfen Seitenkanten usw.

Im Jahre 1846 bringt WIGGERS alsdann (A. **57**, 247; BERZ. J. **1848**, 439) weitere Angaben über die Bereitung und Analyse; er schmilzt es und bemerkt den Weggang von Wasser, analysiert und findet $C_{10}H_{16} \cdot 2H_2O$, hat also das Terpin in Händen gehabt. WIGGERS läßt Salzsäure sowohl auf Terpin, als auch auf das Hydrat einwirken, er erhält dabei $C_{10}H_{17}Cl$, also wahrscheinlich Terpinylchlorid; mit Jodwasserstoff wurden keine guten Resultate erhalten.

LIST (A. **67**, 362) berichtet im Jahre 1848 über die Eigenschaften des Terpinhydrates (vgl. auch dessen Inaug.-Dissert.: „Über das sog. Terpentinölhydrat", Gött. **1848**), zunächst besonders über die physikalischen Eigenschaften; L. führt den Namen Terpin wieder ein, den BERZELIUS (**27**, Jahresber. S. 440) vorgeschlagen hatte. Er sieht ferner das eine Molekül Wasser als Kristallwasser an, findet den Smp. des Terpins zu 103^0 und entzieht dem Terpin $C_{10}H_{20}O_2$ noch ein Molekül Wasser, gibt dem Reaktionsprodukt aber die falsche Formel $C_{10}H_{17}O$ und nennt es Terpinol. Charakteristisch sagt er: „Von den stärkeren Säuren ist die geringste Menge hinreichend, um unbegrenzte Mengen von Terpin in Terpinol umzuwandeln." Wir wissen heute, daß dieses Reaktionsprodukt „Terpinol" ein Gemenge war. Auch die Einwirkung von Salzsäure und Jodwasserstoffsäure auf Terpin studiert L.; er erkennt bereits, daß das Terpinhydrat nicht durch einfache Wasseranlagerung an Terpin entstehen kann.

DEVILLE (L'Institut Nr. **481** [1843], 89) beschäftigt sich ebenfalls mit dem Terpentinölhydrat; im Jahre 1849 (A. ch. III, **25**, 80; A. **71**, 348; Revue scientif. **XV**, 66) gibt er zunächst die Darstellung, und zwar aus Terpentinöl, Citronenöl und Bergamottöl an; er destilliert mit P_2O_5 und erhält „Tereben" $C_{10}H_{16}$; ferner stellt er mit Salzsäure aus dem wasserhaltigen oder entwässerten Terpin die Verbindung $C_{10}H_{18}Cl_2$ her, welche verschieden ist von dem künstlichen Kampfer aus Pinen, aber identisch mit dem künstlichen Kampfer aus Citronenöl; beide besitzen den Smp. 44^0. D. hat also zweifellos Limonendichlorhydrat in Händen gehabt, aus welchem er sein „Citren" wieder abscheidet.

Im Jahre 1852 beschäftigt sich BERTHELOT (A. **83**, 104; C. r. **34**, 799) mit der Einwirkung von Säuren auf Terpentinöl; auch BERTHELOT erwähnt, daß das Terpentinölhydrat durch Einwirkung von Säuren in Terpinol $C_{10}H_{18}O$ und Wasser zerfällt, ebenso durch Chlorzink, durch die Wärme allein über 200^0, bei Gegenwart von $CaCl_2$ jedoch schon bei $160-180^0$.

PERSONNE (A. **100**, 253; C. r. **43**, 553) oxydiert im Jahre 1856 Terpentinölhydrat, indem er es bei 400^0 über Natronkalk leitet. Er erhält eine Säure $C_8H_{10}O_2$, welche er Terebenthilsäure nennt; vgl. dagegen OPPENHEIM (B. **5** [1872], 95), welcher Terpin unverändert über geschmolzenes Kali destillierte und ebenso HEMPEL (A. **180** [1875], 86), dem es ebenfalls nicht gelang, die Säure PERSONNES zu erhalten.

Einen großen Fortschritt in der Erkenntnis der Terpentinölhydrate bringt die Arbeit von OPPENHEIM (A. **129** [1864], 149; Bl. 1862, Nr. **5**, 854); er vergleicht das Terpentinöl und seine Hydrate mit einem ungesättigten Kohlenwasserstoff, einem ein- und zweiwertigen Alkohol.

A. a. O., S. 157 (C. r. **57**, 399) berichtet OPPENHEIM über die Äther des Terpins, indem er die Acetate darstellt. O. erhält ein Terpinol, welches von 165—208° siedet, die letzten Anteile gaben eine besser auf $C_{10}H_{18}O$ stimmende Analyse, als die ersten; schon GERHARDT hatte die Existenz des Terpinols von WIGGERS wegen des niedrigen Siedepunktes bezweifelt.

OPPENHEIM (B. **5** [1872], 94) behandelte Terpin mit Brom und glaubt $C_{10}H_{16}Br_2$ erhalten zu haben; er läßt Anilin einwirken, wobei er zu einem Gemenge von Cymol und Terpen gelangt sein will. „Hiermit ist bewiesen, daß das Terpentinöl Cymolwasserstoff ist.“ Auch BARBIER (B. **5**, 99) will aus Terpen und Brom Cymol erhalten haben.

HEMPEL (A. **180**, 71) berichtet im Jahre 1875 über die Oxydationsprodukte des Terpins, und zwar mit verd. Salpetersäure; er erhält Toluylsäure, Terephtalsäure, Terebinsäure usw., mit Chromsäure gewinnt er zum ersten Mal die Terpinylsäure. H. betont die Angaben OPPENHEIMS, daß das Terpin ein zweisäuriger Alkohol sei.

TILDEN beginnt im Jahre 1878 seine Arbeiten über Terpin und Terpinol (B. **11** [1878], 994), gibt die Darstellungsweise und erhält ein Terpinol vom Sdp. 205—215° und stellt daraus mit Salzsäure das feste $C_{10}H_{18}Cl_2$ dar; ferner gewinnt er aus der mit Salpetersäure angesäuerten Lösung Terpin zurück. Beim Kochen mit verd. Schwefelsäure usw. erhält er aus dem Terpinol: $C_{10}H_{16}$, Sdp. 175—178°, $d_{15} = 0{,}8526$; er nennt diesen Kohlenwasserstoff Terpinylen. — In der nächsten Publikation von TILDEN (B. **12** [1879], 848) wird die Zusammensetzung des Terpinols als $C_{10}H_{18}O$ angegeben, und daß bei der Behandlung mit Salzsäure $C_{10}H_{18}Cl_2$ vom Smp. 48° entstehe, auch DEVILLE habe $C_{10}H_{18}O$ bereits unter den Händen gehabt. — B. **12**, 1131 berichtet TILDEN über weitere Versuche in einer Abhandlung: „Über die Einwirkung von Chlorwasserstoff auf Terpene“. Hauptsächlich ist aus dieser Arbeit für vorliegenden Fall zu erwähnen, daß die Dichloride vom Smp. 48° (Dipentendichlorhydrat) durch Wasser gespalten werden können und eine Mischung von Kohlenwasserstoff (Terpinylen TILDEN) und Terpinol ($C_{10}H_{18}O$, Sdp. 210°) geben. Letzteres wurde wiederum in kristallisiertes Terpin übergeführt.

Alsdann veröffentlicht FLAWITZKY seine Arbeiten über das Terpinol (B. **12** [1879], 857); er stellt fest, daß das bisher mit dem Namen Terpinol Bezeichnete ein Gemenge von $C_{10}H_{16}$ und $C_{10}H_{18}O$ ist und nennt Terpinol nur den letzteren Körper. — (B. **12**, 1022) berichtet FLAWITZKY „Über Hydratation der Terpene“ und macht genaue Angaben über die Darstellung des Terpinhydrates, sowohl aus l-, als auch aus d-Pinen. — Auch die folgende Arbeit (B. **12**, 1406) handelt „Über Hydratation der Terpene“; er stellt das Terpinhydrat mittels Schwefel-, Salz-, Jodwasserstoff- und Phosphorsäure dar und schlägt einen größeren Zusatz von Alkohol vor. Hierbei erhält er auch optisch aktives $C_{10}H_{18}O$ vom Sdp. 215°.— Schließlich erscheint seine Arbeit (B. **12**, 2354): „Über die Umwandlungen des linksdrehenden Terpens aus dem französischen Terpentinöl vermittelst der Hydratation und Dehydratation.“ Die Verbindung $C_{10}H_{18}O$ wird nochmals dargestellt, besonders von höherer optischer Aktivität. Er erhält das linksdrehende Terpenhydrat vom Sdp. 217,7—220,7° unter 766,3 mm Druck, $[\alpha]_D = -56,2^0$, $d_0 = 0,9339$, $d_{18} = 0,9201$. Bei der Acetylierung erhielt er ein Gemenge von Terpen und Acetat, ersteres siedete bei 179,3°, $[\alpha]_D = -61^0$ (linksdrehendes Isoterpen FLAWITZKYS), $d_{20} = 0,8486$ und gab glatt ein Dichlorhydrat, welches jedoch nur wie auch sonst bei Gegenwart von Feuchtigkeit sich zu bilden schien; es ist dies eine sehr wichtige Beobachtung FLAWITZKYS. — Schließlich stellt FLAWITZKY (B. **20**, 1956) durch Hydratation des d-Pinens einen rechtsdrehenden Alkohol $C_{10}H_{18}O$ dar, $[\alpha]_D = +48,4^0$, Sdp. 213,7—217,7°, $d_0 = 0,9335$, $n_D = 1,47622$, M. R. = 45,98. Mit Salzsäure erhält er aus dem Terpenhydrat das Dichlorhydrat vom Smp. 49,5°, mit Essigsäureanhydrid gekocht entstand aktiver Ester und aktives Terpen; letzteres hatte $[\alpha]_D = +57,6^0$, Sdp. 178,3°, $d_{20} = 0,8480$, $n_D = 1,47600$ (d-Isoterpen FLAWITZKYS). Zweifellos hat hier FLAWITZKY die aktiven Limonene durch teilweise Synthese gewonnen.

TANRET (Bl. II, **44**, 105; B. **18** [1885], Ref. 617) kommt ebenfalls zu der Ansicht, daß bei der Einwirkung von verd. Schwefelsäure auf Terpin verschiedene Produkte entstehen, aber immer eine Substanz $C_{10}H_{18}O$, welche bei ca. 220° siedet, $d = 0,931$ hat und im Geruch an Hyazinthen und Maiglöckchen erinnert. — Vgl. auch die Arbeit von WALITZKY (C. r. **94**, 90; B. **15** [1882], Ref. 1086).

Aus den Untersuchungen TILDENS, sowie auch FLAWITZYS und der anderen Forscher geht zweifellos hervor, daß sie aus dem Terpinhydrat einerseits, anderseits auch aus dem Pinen eine Verbindung $C_{10}H_{18}O$ gewonnen hatten, die mit dem Namen Terpinol belegt wurde; Siedepunkt, Volumgewicht usw. wurden bestimmt; FLAWITZKY war es sogar gelungen, das Terpinol in optisch aktiver Form zu erhalten. Man sah den Körper richtig als Alkohol an, genau so wie man in dem Terpin ein Glykol erblickte. — KANONNIKOW (J. pr. II, **31**, 348) bestimmt die Molekularrefraktion des Terpins $C_{10}H_{20}O_2$ zu 81,0, wonach dieses Molekül gesättigt ist.

WALLACH berichtet im Jahre 1885 über seine Untersuchungen über das Terpinhydrat (A. **227**, 286), das er mit verd. Schwefelsäure kocht; er erhält ein Destillat vom Sdp. 180—185°. Noch in demselben Jahre erscheint eine zweite Abhandlung (A. **230**, 247). Der Siedepunkt des wasserfreien Terpins wird zu 258° angegeben, der Smp. zu 102° bzw. 104—105°. Mit Jodwasserstoff wurde das Limonendijodhydrat $C_{10}H_{18}J_2$ vom Smp. 77° erhalten (vgl. über das Dijodhydrat: OPPENHEIM, A. **129**, 154); vgl. auch WALLACH (A. **281**, 127 und B. **26**, 3072). Alsdann läßt WALLACH auf Terpinhydrat mehrere Säuren verschiedener Konzentration einwirken; je nach der Säure und der Konzentration werden Dipenten, Terpinen, Terpinolen oder Terpineol erhalten (letzteren Namen führt W. für das Terpinol ein).

Das Jahr 1886 bedeutet für die Geschichte des Terpineols einen Wendepunkt insofern, als es BOUCHARDAT und LAFONT (C. r. **102**, 1555; B. **19**, Ref. 698) gelingt, durch Erhitzen von i-Limonen mit Eisessig bei 100° 60 Stunden hindurch ein Acetat zu erhalten, welches verseift i-Terpineol $C_{10}H_{18}O$ liefert, das bei Abkühlung auf -50^0 erstarrt. — Als Fortsetzung berichten BOUCHARDAT und VOIRY über die Einwirkung sehr verdünnter Schwefelsäure (höchstens 1 : 1000) auf Terpin (C. r. **104**, 996; B. **20** [1887], Ref. 286). Durch fraktionierte Destillation erhalten sie: $Sdp._{40} = 130—135^0$; welches nach dem Impfen mit Kautschinhydrat erstarrt, Smp. 30—32°, Sdp. 218°, beträgt $^5/_6$ des gesamten Produktes. — Vgl. auch BOUCHARDAT und VOIRY (Bl. II, **47**, 870; C. **1887**, 792) und B. und V. (C. **1888**, 853).

Hieraus geht hervor, daß das sog. flüssige Terpineol, wie es durch Einwirkung von Säuren auf Terpinhydrat gewonnen wird, durchaus kein einheitlicher Körper ist: WIGGERS, LIST, BERTHELOT, OPPENHEIM, TILDEN, FLAWITZKY und WALLACH haben sämtlich Gemenge in Händen gehabt; WIGGERS, LIST, BERTHELOT und OPPENHEIM erhielten ein mehr oder weniger mit Terpenen verunreinigtes Terpineol, während TILDEN, FLAWITZKY und WALLACH das Terpineol wohl frei von Terpenen hatten, soweit man durch fraktionierte Destillation derartige Flüssigkeiten überhaupt frei von Terpenen bekommen kann, dagegen haben diese Forscher Gemische der isomeren Terpineole untersucht. Betrachten wir die Konstitutionsformel des Terpinhydrats, für die der Beweis alsbald erbracht werden soll, so können ohne Umlagerung daraus vier Isomere $C_{10}H_{18}O$ entstehen:

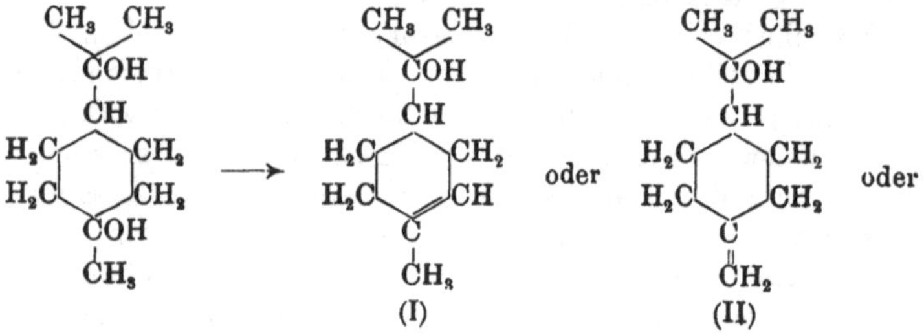

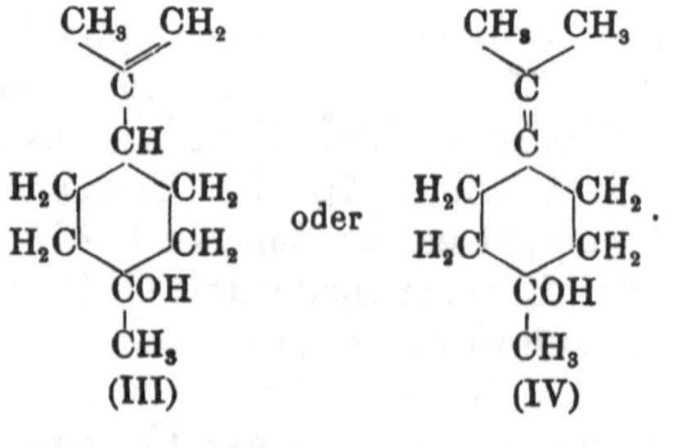

Bei der Besprechung des Terpineols soll ausführlicher auf alle diese Verhältnisse und auf die Derivate des Terpineols eingegangen werden; hier möge nur das Erwähnung finden, was für die Erkenntnis und die Geschichte des Terpinhydrats von Wichtigkeit ist. Welche Terpineole werden bei der Wasserabspaltung besonders entstehen? Am leichtesten dürfte letztere vor sich gehen, wenn die Hydroxylgruppe im Ring an tertiärer Stellung steht, da das abzuspaltende Wasserstoffatom der Hydroxylgruppe im Ring näher steht; deshalb werden auch die Pseudoterpene schwerer gebildet als die Orthoterpene, auch die Wasserabspaltung in offener Kette scheint schwerer vor sich zu gehen. Analoge Verhältnisse liegen bei den entsprechenden Halogenverbindungen vor. Wir haben demnach a priori zu erwarten, daß sich hauptsächlich Terpineol der Formel I bildet; in der Tat entsteht es auch so leicht, daß es Bouchardat und Voiry mit äußerst verd. Schwefelsäure erhalten konnten; es ist das bei 35° schmelzende Terpineol. Seine Konstitution wurde von Wallach, Tiemann und Semmler bewiesen, nachdem Wagner schon früher diese Formel für das flüssige Terpineol aufgestellt hatte. — Da man bei der Wasserabspaltung nicht immer mit so verd. Säuren arbeitet, so findet wahrscheinlich auch die Abspaltung von Wasser in der Seitenkette statt: es entsteht Terpineol von Formel III. In der Tat gelang es Stephan und Helle (B. **35** [1902], 2147) in dem Laboratorium von Sch. u. Co. durch fraktionierte Destillation des Rohterpineols dieses Terpineol herauszusieden. Es sei nur kurz erwähnt, daß es bei 32° schmilzt. Es scheint so, als ob diese beiden Terpineole vom Smp. 35 und 32° die Hauptbestandteile des „flüssigen Terpineols" sind; es kämen noch die Formeln II und IV in Betracht. Das letztere Terpineol wäre identisch mit dem von v. Baeyer hergestellten (B. **27** [1894], 444) vom Smp. 69—70°; dieses Terpineol gibt ein blaues Nitrosochlorid. Da das „flüssige Terpineol" kein blaues Nitrosochlorid liefert, so ist anzunehmen, daß sich auch das Terpineol, Smp. 69—70°, nicht in ihm findet. Dahingestellt muß aber bleiben, ob nicht das Pseudoterpineol von der Formel II in ihm vorhanden ist.

Cineol $C_{10}H_{18}O$ aus Terpinhydrat

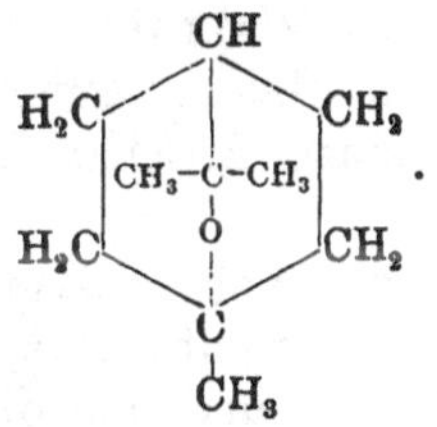

Nimmt an der Abspaltung eines Moleküls Wasser aus dem Terpinhydrat nicht nur eine Hydroxylgruppe teil, sondern beide, so entsteht kein Alkohol, sondern das Oxyd Cineol. Dieses Oxyd ist im Wurmsamen-, Cajeput-, Eucalyptus-, Rosmarinöl usw. nachgewiesen worden. Im festen Zustande hatten es Sch. u. Co. zuerst erhalten (A. **239**, 22); durch Impfen des Einwirkungsproduktes von Säuren auf Terpinhydrat mit diesen festen Kristallen konnte Wallach (A. **239**, 20ff.) nachweisen, daß bei der Wasserabspaltung aus dem Terpinhydrat Cineol und demnach nicht nur Terpineol $C_{10}H_{18}O$ außer Terpenen entsteht. — Der Bildung des Cineols, welches bei 176° siedet, bei der Wasserabspaltung aus dem Terpinhydrat ist es zuzuschreiben, daß Wiggers und List usw. in den um 180° siedenden Anteilen einen so großen Sauerstoffgehalt konstatieren konnten, daß sie diese Fraktion bereits als aus $C_{10}H_{18}O$ bestehend ansahen.

Bouchardat und Voiry (C. r. **106**, 663; C. **1888**, 520) konstatieren ebenfalls, daß sich in der ersten Fraktion der Einwirkungsprodukte von Säuren auf Terpinhydrat ein Gemenge von $C_{10}H_{18}O$ und Terpen befindet; sie nennen dies $C_{10}H_{18}O$ „Terpane" (= Cineol), Smp. -3 bis -1^{0}, $d_0 = 0{,}935$, Sdp. 174°.

Alle weiteren Eigenschaften des Cineols, seine Umwandlung in Limonendichlorhydrat, sowie in Terpinhydrat vgl. man unter Cineol.

Bis zum Jahre 1887 kannte man nun wohl das feste Terpineol vom Smp. 35°, aber über seine Konstitution war man sich noch vollkommen im unklaren; die weitere Entwicklung der Chemie des Terpinhydrats ergibt sich aus folgenden Arbeiten.

Louguinine (A. ch. VI, **18** [1889], 402) bestimmte die Molekularverbrennungswärme des Terpinhydrats zu 1449,1 Kal. und von $C_{10}H_{20}O_2$ zu 1454,4 Kal.

Brühl (B. **21** [1888], 462) äußert sich alsdann über die Konstitution des Terpins und Terpineols und schreibt ersterem folgende Konstitution zu:

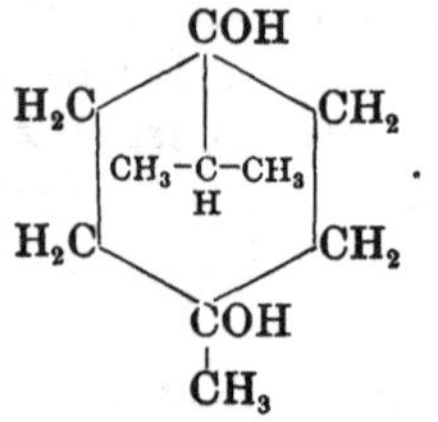

Dieselbe Formel nehmen auch Wallach (B. **24**, 1542) und v. Baeyer (B. **26**, 2564) an, und auch Bredt kommt auf Grund seiner neuen Kampferformel zu ganz derselben Anschauung über die Konstitution des Terpins.

Mit dem Jahre 1894 ergibt sich alsdann eine Änderung in der Auffassung der Konstitution des Terpinhydrats, als Wagner (B. **27**, 1653) seine neue Pinenformel aufstellt, und aus dieser (B. **27**, 2272) die heute angenommene Terpin- und Terpineolformel herleitet. Bewiesen wird diese Formel gleichzeitig von Wallach (B. **28**, 1775) und von Tiemann und Semmler (B. **28**, 1780) im Jahre 1895.

Bisher war das Terpinhydrat aus dem Pinen bzw. aus dem Limonen, aus dem Terpineol und aus Limonendichlorhydrat gewonnen worden. Tiemann und Schmidt (B. **28** [1895], 1781) führten zunächst auch festes Terpineol in Terpinhydrat über, dadurch, daß sie es in etwas Benzol lösten und mit 5%iger Schwefelsäure 5 Tage lang schüttelten; auch berichten dieselben Forscher ausführlich über die Oxydation des Terpineols, Terpins und Terpinhydrats. Ferner wandeln sie alsdann Linalool und Geraniol, also zwei aliphatische Verbindungen, unmittelbar darauf (B. **28**, 2137) in Terpinhydrat um. Die Umwandlung dieser beiden aliphatischen

Alkohole in Terpineol vom Smp. 35° und in Terpinhydrat zeigt alsdann STEPHAN im Jahre 1899 (J. pr. II, **58**, 109 und II, **60**, 244).

Bis zum Jahre 1893 hatte man kein Gewicht auf die Lagerung der Atome und Radikale im Terpin gelegt. v. BAEYER (B. **26**, 2861) berichtet über die cis-, trans-Isomerie in der Terpenreihe und findet, daß sowohl von den Dichlor-, als auch Dibrom- und Dijodhydraten, sowie vom Terpin je zwei Formen entstehen müssen. Er erhält aus dem cis-Dihydrobromid, welches bei 39° schmilzt und aus Cineol hergestellt war, das cis-Terpin, welches dem gewöhnlichen Terpin aus Terpinhydrat (Smp. 117,5°) entspricht und bei 102—105° schmilzt, dagegen erhielt er aus dem alten Dihydrobromid, welches bei 64° schmilzt, ein trans-Terpin vom Smp. 156 bis 158°, indem er in beiden Fällen die Dihydrobromide mit Silberacetat in Eisessig unter Kühlung umsetzte. — Über die Kristallform des trans-Terpins finden wir bei v. SUSTSCHINSKY (Z. Kr. **35**, 281) die Angabe, daß sie monoklin ist. Bezüglich der Konfiguration der beiden Terpine vgl. GINZBERG (Ж. **29**, 267; C. **1897**, II, 420), der besonders betont, daß das cis-Terpin glatt in Dipenten übergeht. — Über das kryoskopische Verhalten des Terpins vgl. W. BILTZ (Ph. Ch. **27**, 543).

Das Terpinhydrat war, wie wir sahen, aus dem Pinen, aus dem Limonen oder aus dem Terpineol usw., kurzum aus Verbindungen erhalten worden, welche ursprünglich Naturprodukte waren. BARBIER und BOUVEAULT (C. r. **122** [1896], 393) gelang es, die Geraniumsäure zunächst partiell zu synthetisieren. Späterhin vervollständigte TIEMANN (B. **31**, 808) diese Synthese und konnte aus der Geraniumsäure Citral gewinnen; aus dem Citral erhält man durch Reduktion Geraniol, aus letzterem mittels 5%iger Schwefelsäure usw. Terpinhydrat. — Ebenfalls synthetisch gewinnt PERKIN das Terpinhydrat (vgl. Proc. **20**, 86; C. **1904**, I, 1439 und 1604).

Rekapitulieren wir die Bildung des Terpinhydrats bzw. Terpins, so sehen wir als Ausgangsmaterial das Pinen und Limonen; das Pinen sprengt zuerst den Vierring und bildet Terpineol, und zwar das aktive, wie FLAWITZKY zeigte. Dies muß das Terpineol vom Smp. 35° sein, da das Terpineol vom Smp. 32° niemals optisch aktiv sein kann. Hieraus folgt aber, daß dasselbe Kohlenstoffatom, welches im Terpineol optisch aktiv ist und die Asymmetrie bedingt, dies wahrscheinlich auch bereits im Pinen tut; aus l-Pinen entsteht l-Terpineol, aus d-Pinen d-Terpineol. Aus diesem primär gebildeten Terpineol entsteht alsdann Terpinhydrat, das sich natürlich auch aus dem Cineol bilden kann. Aus dem Limonen können wir ebenfalls zuerst das Terpineol und alsdann das Terpinhydrat darstellen, oder aber wir gewinnen zunächst die Limonendihalogenhydrate und behandeln diese mit Wasser usw. Es braucht wohl nicht besonders erwähnt zu werden, daß man aus dem Pinen und Limonen auch zuerst die Ester des Terpineols darstellen kann, aus denen alsdann durch Verseifung das Terpineol gewonnen wird. Als weiteres Ausgangsmaterial für die Gewinnung des Terpinhydrats lernten wir die aliphatischen Alkohole Geraniol und Linalool kennen.

Physik. Eig. des Terpinhydrats und Terpins. Terpinhydrat schmilzt bei 117,5°, cis-Terpin bei 102—105°, trans-Terpin bei 156—158°: der Sdp. des cis-Terpins liegt nach WALLACH bei 258,5°, v. BAEYER findet ihn für das trans-Terpin (B. **26**, 2866) bei 263—265°, läßt es aber unentschieden, ob nicht die beiden Terpine doch gleich sieden, da sonst für cis- und trans-Verbindungen immer der gleiche Siedepunkt erhalten wird. Terpinhydrat löst sich in 200 Teilen kalten und 22 Teilen kochenden Wassers. 100 Teile Alkohol von 85 % lösen bei 10° 14,49 Teile. — MASKELYNE (Phil. Mag. V, **7**, 129; J. **1879**, 396) untersucht das Terpinhydrat kristallographisch und stellt rhombische Formen fest.

Chem. Eig. des Terpinhydrats und Terpins. Über die chemischen Reaktionen des Terpinhydrats und des Terpins wie auch die physikalischen Eigenschaften, soweit sie nicht schon vorher erwähnt sind, soll noch folgendes hinzugefügt werden. Beim Erhitzen mit Jodwasserstoffsäure auf 100° entsteht ein Jodür $C_{10}H_{19}J$ (BOUCHARDAT und LAFONT, J. **1888**, 905) und bei 210° ein Kohlenwasserstoff $C_{10}H_{20}$. BERKENHEIM (B. **25**, 696) erhält beim Erhitzen mit Jodwasserstoff bei 100° einen Kohlenwasserstoff $C_{10}H_{18}$ und Diterpen $C_{20}H_{32}$ (Sdp. 320—330°; d_0 = 0,9521). WALLACH (A. **239**, 19) löst 10 g gepulvertes Terpinhydrat allmählich in 20 ccm farbloser konzentrierter Salpetersäure zu einer rosenroten Flüssigkeit, aus der sich bei gelindem Erwärmen ein öliger Salpetersäureester abscheidet. — Durch wasserabspaltende Mittel entstehen aus dem Terpinhydrat, wie wir sahen, Terpineol oder Cineol, aus ersterem weiterhin i-Limonen oder Terpinolen, aus letzterem Terpinen:

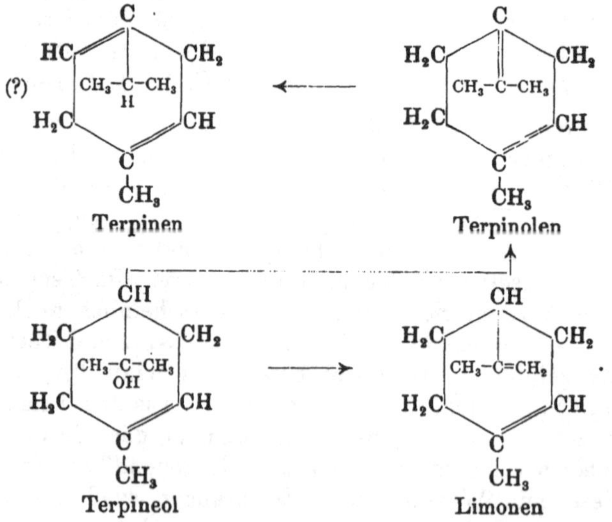

Mit den Halogenwasserstoffsäuren tauscht das Terpin die Hydroxyle gegen Halogen aus, so daß die entsprechenden Limonendihalogenhydrate entstehen. — Durch Oxydation mit Salpetersäure erhielt HEMPEL (A. **180**, 71) Toluyl-, Terephtal- und Terebinsäure, mit Chromsäure Terpenylsäure; die

Bildung dieser Säure ist ohne weiteres klar. — Das Diformiat des Terpins $C_{12}H_{20}O_4 = C_{10}H_{18}(OCHO)_2$ stellte Béhal (A. ch. VII, **20**, 425; D. R. P. 115334; C. **1900**, II, 1141) dar, indem er Terpin mit überschüssigem gemischtem Ameisensäure-Essigsäureanhydrid behandelte; zähe Flüssigkeit von orangenähnlichem Geruch, $Sdp._{40} = 176-177^0$, $d_{27} = 1{,}067$. Über die Reaktion des Terpins bzw. Terpinhydrats mit Essigsäureanhydrid vgl. Oppenheim (A. **129**, 157).

Konstitution des Terpinhydrats und seiner Derivate. Die Anschauung über die Konstitution des Terpinhydrats hat mit der Ansicht über die Zusammensetzung des Terpineols gewechselt. Die Bruttoformel wurde von Dumas und Péligot im Jahre 1835 erschlossen (a. a. O.). Im Jahre 1864 sprach Oppenheim (A. **129**, 149) das Terpin als Glykol an. Es handelte sich nunmehr um die Feststellung der Natur der Alkoholgruppen; leichte Abspaltbarkeit von 2 Mol. Wasser, alsdann die Unmöglichkeit durch Oxydation keton- oder aldehydartige Substanzen zu erhalten, bewog die Chemiker, die beiden Hydroxylgruppen als tertiär anzusehen (vgl. oben die Formel von Brühl); diese Auffassung glaubte man verschiedentlich positiv bewiesen zu haben, bis es im Jahre 1895 (vgl. oben) gelang, für das Terpineol die Stellung der Hydroxylgruppe in der Isopropylgruppe nachzuweisen, womit auch die Konstitutionsformel des Terpins in die heute angenommene Form abgeändert wurde.

Der **geschichtlichen** Entwicklung der Forschungen über das Terpinhydrat und seine Derivate ist bereits ausführlich Rechnung getragen worden. Zuerst in pinenhaltigen Ölen bemerkt, gelang es Voget das Terpinhydrat im Jahre 1827 aus diesem Kohlenwasserstoff künstlich herzustellen. Allmählich lernte man die übrigen Gewinnungsmethoden bis zur Synthese von Perkin in der allerletzten Zeit kennen. Auch sonst begegnen wir dem Terpinhydrat und seinen Abkömmlingen in der Geschichte der Terpenchemie auf Schritt und Tritt, das Studium seiner Eigenschaften und seiner Konstitution hat nicht zum wenigsten auch zur Konstitutionserschließung besonders der Terpene beigetragen.

Die Umwandlung des Pinens (Invertierung) in andere Terpene. Die leichte Verschiebbarkeit der doppelten Bindungen einerseits, anderseits die Sprengung von Ringen unter Bildung neuer Ringe oder doppelter Bindungen ist es, welche die vielen Isomerien unter den Terpenen hervorruft, welche aber auch ihre Untersuchung so schwierig gestaltet. Wodurch können Ringsprengungen oder Verschiebungen von doppelten Bindungen bewirkt werden? Ringsprengung in einem Terpen können wir durch Erhitzen auf hohe Temperatur bewirken; es ist aber mehr als zweifelhaft, ob auch Verschiebungen von doppelten Bindungen hierdurch bewirkt werden können. Die letztere Reaktion ist zweifellos als eine Wasseranlagerung und Wasserabspaltung anzusehen; wird diese Operation mehrmals vorgenommen, so können die doppelten Bindungen schließlich sehr weit von ihrer ursprünglichen Stelle verschoben werden. Es ist hierbei nicht ausgeschlossen, daß intermediär Ringe gebildet werden, welche sich wiederum aufsprengen lassen. Geschieht diese Aufsprengung nicht in demselben Sinne, wie die Bildung des Ringes geschah, so kann man auf diese Weise zu einem ganz anderen Ringsystem gelangen. Aus diesen wenigen Angaben ist schon zu erkennen, wie verwickelt sich die Invertierung der einzelnen Terpene gestalten kann.

Die Überführung des Pinens in andere bicyklische Systeme haben wir verschiedentlich gestreift; wir haben gesehen, daß es gelingt, auf diese Weise zum Kampfen und Bornylen zu gelangen, indem wir z. B. das Pinen in Pinenjodhydrat umwandeln, welches bereits dem Kampfertypus angehört, so daß nach Sprengung des Vierrings im Pinen ein Fünfring und damit das Pentoceansystem des Kampfers gebildet wird. Dieses Pinenjodhydrat, das wahrscheinlich ein Gemenge von Bornyl- und Isobornyljodid darstellt, können wir durch Erhitzen mit Kali in Bornylen, welches noch den Kampfertypus aufweist, überführen; erhitzen wir es dagegen mit Kaliumphenolat, so ändern wir den Pentoceantypus, schaffen ein neues Pentoceansystem und gelangen zum Kampfen (B. **33**, 2121). — Aber auch den Übergang in einen dritten Pentoceantypus, in den Fenchontypus, scheinen wir ausführen zu können, wenn wir (vgl. oben Fenchen, BOUCHARDAT und LAFONT, C. r. **126**, 755; C. **1898**, I, 893; KONDAKOW, J. pr. II, **65**, 232) Terpentinöl mit Säuren usw. bei hoher Temperatur behandeln, oder wir müßten annehmen, daß das Fenchen bereits dem Pinen beigemengt ist. Ist letzteres nicht der Fall (vgl. BERTRAM und HELLE, J. pr. II, **61**, 393), dann muß der Vierring an anderer Stelle wie bei der Bildung des künstlichen Kampfers gesprengt werden, und alsdann Fünfringbildung statthaben. — Die Umwandlung des bicyklischen Tetroceansystem in ein Trioceansystem, z. B. in die Tanacetonreihe, ist bisher nicht ausgeführt, wie denn überhaupt die Umwandlung eines bicyklischen Systems höherer Ordnung in ein solches niederer Ordnung bisher nicht verwirklicht werden konnte, eine Erscheinung, die eben darin ihren Grund hat, daß die bicyklischen Systeme höherer Ordnung bedeutend beständiger sind.

Die Überführung des Pinens in Terpene monocyklischer Systeme scheint ausnahmslos durch das Terpineol hindurch stattzufinden, und zwar wird der Vierring, niemals der Sechsring, gesprengt, ferner geht der Vierring am häufigsten zwischen den Kohlenstoffatomen 8 und 6 auf, niemals zwischen 8 und 4, so daß immer p-Methyl-Isopropylbenzolabkömmlinge entstehen, niemals solche der Orthoreihe. Nicht unerwähnt soll bleiben, daß wir zu diesen monocyklischen Systemen auch indirekt über die Pentoceantypen gelangen können: so können wir nach KONDAKOW den künstlichen Kampfer durch Salzsäure in Limonendichlorhydrat, letzteres alsdann leicht in Limonen verwandeln; nach demselben Forscher können wir Fenchylchlorid mit Salzsäure in ein Dichlorhydrat überführen, aus welchem Carvestren abgeschieden werden kann (J. pr. II, **68**, 105). Geben wir also die Möglichkeit der Überführung des Pinens in Fenchylalkohol zu, so können wir demnach auch zu dem Terpen der m-Cymolreihe, dem Carvestren, gelangen. Jedoch stehen diese Übergänge von der Kampferreihe in die

Limonenreihe usw. noch nicht sämtlich fest. — Es ist aber nicht nötig, diese monocyklischen Sechsringterpene der p-Reihe über das Pentoceansystem herzustellen, sondern wir können das Pinen direkt durch Wasseranlagerung in Terpineol, wie oben eingehend auseinandergesetzt wurde, überführen. Und vom Terpineol aus gelangen wir alsdann entweder zum Limonen oder zum Terpinolen und von letzterem zum Terpinen; dagegen ist es bisher noch nicht gelungen, vom Pinen aus direkt, wohl aber über das Limonen, Carvon und Carvotanaceton auch zum Phellandren zu kommen. Weder das Terpinolen, noch das Terpinen existieren in optisch aktiven Modifikationen, nur das Limonen. Der Übergang des Pinens in das optisch aktive Limonen ist FLAWITZKI (B. **12**, 1406, 2354; B. **20**, 1956) in genialer Weise gelungen, indem er das Pinen zunächst in optisch aktives Terpineol überführte und dieses mit Essigsäureanhydrid behandelte. Die Überführung des Pinens in i-Limonen liegt weiter zurück; sie ist durch Wasseranlagerung an das Pinen durch das Terpineol bzw. Terpinhydrat hindurch gelungen, indem man diesen Verbindungen Wasser entzog oder indem man direkt Säuren einwirken ließ und die Zwischenprodukte, das Terpineol bzw. Terpinhydrat, nicht isolierte. Je nachdem man verdünntere oder konzentriertere Säuren anwendete, je nach der Natur der Säuren, je nach der Zeitdauer der Einwirkung erhielt man i-Limonen fast rein oder verunreinigt durch Terpinolen, Terpinen und auch Cymol (vgl. alle diese Terpene). Als ein für Limonen charakteristisches Derivat war eigentlich bis zu TILDEN nur das Limonendichlorhydrat vom Smp. 50° bekannt. Aber diese Verbindung verlor an diagnostischem Wert, als es BERTHELOT gelang, auch aus dem Pinen bei Verwendung feuchter Lösungsmittel dieses Dichlorhydrat zu gewinnen. TILDEN brachte ein neues Reagens im Nitrosylchlorid hinzu. Aber erst die Entdeckung des aktiven und des inaktiven Limonentetrabromids von seiten WALLACHS gestattete, dieses Terpen mit Leichtigkeit in all den Terpengemischen, welche man durch Einwirkung von Säuren auf Pinen gewonnen hatte, nachzuweisen. Es ist ferner das Verdienst WALLACHS, für das Terpinolen im Jahre 1885 (A. **239**, 23) das charakteristische Tetrabromid vom Smp. 116° aufgefunden zu haben; mit Hilfe dieser Verbindung war man nunmehr imstande, auch das Terpinolen in den Invertierungsprodukten des Pinens aufzufinden. — Schließlich wurde von WEBER (A. **238**, 107) im Jahre 1887 das Terpinennitrosit vom Smp. 155° entdeckt. Auch das Terpinen fand man, als die Invertierungsprodukte des Pinens daraufhin untersucht wurden, in ihnen auf. Über die Umwandlung des Pinens in Terpinen mittels Arsensäure s. weiter unten. — Weit zurück haben wir die ersten Darstellungen aller dieser Invertierungsprodukte in der Geschichte der Chemie zu suchen. DEVILLE (A. **37**, 182) hat bereits im Jahre 1841 und schon vor ihm DUMAS usw. (vgl. Terpinen) Säuren auf Pinen einwirken lassen, wobei das „Tereben" erhalten wurde. Dieses Tereben stellte sich später als ein Gemisch von unverändertem Pinen, Kampfen, i-Limonen, Terpinolen, Terpinen und Cymol heraus. — Konnte man nun auch diese einzelnen Terpene als Invertierungsprodukte des Pinens feststellen, so wurde doch der logische Zusammenhang erst klar, als die Konstitution der Terpene in den letzten 15 Jahren erschlossen wurde, wie in der Geschichte des Pinens näher auseinandergesetzt werden wird (vgl. auch Tabelle des Pinens). — Aber nicht nur durch Säuren läßt sich die Invertierung des Pinens in andere Terpene bewirken, sondern auch durch hohe Temperatur, und zwar ist es der Vierring, der in diesem Falle gesprengt wird und Limonenbildung bewirkt; gleichzeitig tritt bei der hohen Temperatur Inaktivierung ein. Diese Umwandlung des Pinens in i-Limonen wurde bereits von Berthelot (J. **1852**, 622) ausgeführt. Man hielt diesen Kohlenwasserstoff, den man als Dipenten bezeichnete, lange Zeit für chemisch verschieden vom aktiven Limonen (vgl. Limonen), bis es gelang, seine volle chemische Identität damit nachzuweisen. Durch die hohe Temperatur entsteht demnach aus dem Pinen von Terpenen nur das Limonen; ob bei dieser Einwirkung die hohe Temperatur die doppelte Bindung verschieben kann, erscheint zweifelhaft; ausgeschlossen ist besonders nicht, daß durch Wasserstoffwanderung primär auch das Terpinolen entsteht. — Wie wir sehen, werden durch Invertierung des Pinens die monocyklischen Terpene Limonen, Terpinolen und Terpinen erhalten, demnach ist es bisher nicht möglich gewesen umgekehrt von diesen Terpenen aus zum Pinen zu gelangen. Vgl. Tabelle.

Einwirkung des freien Sauerstoffs, Ozons, Wasserstoffsuperoxyds usw. auf Pinen (Oxydationsreaktionen). Eine der ältesten Beobachtungen am Terpentinöl ist die, daß es allmählich Veränderungen erleidet, welche besonders hervortreten, wenn die Gefäße, in denen das Öl aufbewahrt wird, schlecht verkorkt sind und Wasser zugegen ist. Diese Veränderungen des Öles sind schon äußerlich bemerkbar, da es dickflüssiger wird; die physikalischen Eigenschaften verändern sich, indem der Siedepunkt ansteigt, auch das Volumgewicht höher wird, die Polarisation abnimmt und die Löslichkeitsverhältnisse insofern andere werden als das Öl allmählich, auch in 90 $^0/_0$igem Alkohol, löslicher wird. Auch die chemischen Eigenschaften werden andere, indem saure Reaktion eintritt. Alle diese Veränderungen des Öles deuten darauf hin, daß der Sauerstoff der Luft und das Wasser eine Rolle spielen, welche teilweise aufgenommen werden. Besonders ist eine Eigenschaft des veränderten Öles gegenüber dem ursprünglichen zu erwähnen, d. i. die Eigenschaft leicht Sauerstoff abzugeben, also stark oxydierend zu wirken: das Terpentinöl ist ozonisiert.

Verhalten des Pinens gegen Sauerstoff allein; Autoxydation. Wir haben es bei diesem Vorgange augenscheinlich mit mehreren Prozessen zu tun; es soll vorausgeschickt werden, daß wir einmal die Reaktion des Pinens dem Sauerstoff gegenüber allein zu unterscheiden haben, alsdann aber auch die Einwirkung des Sauerstoffs bei Gegenwart von Wasser. Schönbein (J. pr. I, **52**, 135 und 185; **53**, 65; **54**, 74; **66**, 272; **75**, 80 und 98; A. **102** [1857], 133; J. **1851**, 298; **1859**, 59; **1860**, 55) nahm an, daß das Pinen Sauerstoff aufnehme und dabei Ozon bilde, und daß letzterem Körper die oxydierende Wirkung des der Luft ausgesetzten Terpentinöls zukomme. — Ein anderer Teil der Chemiker huldigte der Ansicht, daß nicht Ozon, sondern Wasserstoffsuperoxyd hierbei gebildet werde (vgl. auch BERTHELOT, J. **1859**, 58; C. **1861**, 16; HOUZEAU, J. **1860**, 54). Wasserstoffsuperoxyd fand unter anderen KINGZETT (Soc. **27** [1874], 511; Pharm. Journ. [London] III, **5** [1874], 84; **6** [1875], 225; **7** [1876], 261; **9** [1878], 772 und 811; **20** [1890], 868; B. **29** [1896], Ref. 658; J. **1876**, 402); nach KINGZETT entsteht aus dem Pinen zuerst Kampferperoxyd, das nach der Gleichung $C_{10}H_{14}O_4 + 2H_2O = H_2O_2 + C_{10}H_{16}O_4$ Wasserstoffsuperoxyd und Kampfersäure bildet; vgl. dagegen seine spätere Ansicht (Ch. N. **69** [1894], 143), ebenso diejenige von ROBBINS (Pharm. Journ. [London] III, **9** [1879], 748, 792, 872). Auch ist KINGZETT der Ansicht, daß sich außerdem Essigsäure, ein mit Wasserdämpfen flüchtiger Körper $C_{10}H_{14}O$ (Pinol?), $C_{10}H_{14}O_2$, $C_{10}H_{16}O_3$ usw. bilden. — Ebenso findet BARDSKY Wasserstoffsuperoxyd (C. **1882**, 803) und salpetrige Säure, die aus dem Stickstoff der Luft herrühre. (Vgl. auch vorher RADENOWITSCH, B. **6** [1873], 1208 und SCHAER, B. **6** [1873], 406). — Auch PAPASOGLI (J. **1876**, 400; C. **1888**, 1548) ist der Ansicht, daß sich Wasserstoffsuperoxyd, Kampfersäure vom Smp. 176°, eine mit Kampfolsäure isomere Säure $C_{10}H_{18}O_2$, ferner eine Oxysylvinsäure, Ameisen- und Essigsäure bilden und daß auch der Stickstoff der Luft gleichzeitig absorbiert werde. — Wenn nun aber bei der Einwirkung der umgebenden Luft auf Terpentinöl kein Ozon, sondern Wasserstoffsuperoxyd entsteht, so bleibt noch eine Reaktion des oxydierten Terpentinöls zu erklären, die dieses verschiedenen Substanzen gegenüber zeigt; so wird aus Jodkalium Jod abgeschieden, eine Reaktion, welche durch die Gegenwart von Wasserstoffsuperoxyd nicht zu erklären ist. Wenn auch KINGZETT (a. a. O.; vgl. auch LOEW, Z. II, **6** [1870], 609; C. **1870**, 821) diese Reaktion organischen Superoxyden zuschrieb, welche mit Wasser allmählich Wasserstoffsuperoxyd bilden, so haben doch erst die Arbeiten von ENGLER und seinen Mitarbeitern größere Klarheit geschaffen (ENGLER und WILD, B. **30** [1897], 1669; E. und WEISSBERG, B. **31** [1898], 3046; E., B. **33** [1900], 1090; E. und FRANKENSTEIN, B. **34** [1901], 2933); vgl. besonders die Monographie von ENGLER und WEISSBERG 1904 „Über die Autoxydation." Nach diesen Arbeiten bildet sich bei der Autoxydation des Pinens zunächst eine superoxydartige Verbindung $C_{10}H_{16}\!<\!\begin{smallmatrix}O\\|\\O\end{smallmatrix}$ durch Anlagerung eines Moleküls Sauerstoff an die doppelte Bindung des Pinens. 1 ccm Terpentinöl kann bei 100° 100 ccm Sauerstoff aktivieren, die Aktivierung erfolgt bei 100° am schnellsten, über 100° hinaus wird kein aktiver Sauerstoff mehr gebildet, sondern dieser oxydiert das Terpentinöl. Die erwähnte superoxydartige Verbindung gibt die Hälfte des aufgenommenen Sauerstoffs leicht ab, indem sie z. B. aus Jodkaliumlösung Jod frei macht, ferner Indigolösung entfärbt oder arsenige Säure in Arsensäure übergeführt. Im Dunkeln kann aktiviertes Terpentinöl diese Eigenschaft jahrelang beibehalten, aber im Licht verschwindet die Aktivität des mit Sauerstoff beladenen Terpentinöls, indem unverändertes Pinen oxydiert wird; über die entstehenden Oxydationsprodukte ist wenig bekannt.

Daß Wasserstoffsuperoxyd und Ozon nicht nebeneinander vorkommen können, ist ohne weiteres klar, da diese Moleküle aufeinander einwirken: $O_3 + H_2O_2 = H_2O + 2O_2$ (SCHOENE, A. **196** [1879], 239); schon deshalb dürfte die Bildung von Ozon ausgeschlossen sein.

SCHIFF (B. **16** [1883], 2010) berichtet auf Grund eines sorgfältig durchgeführten Versuches, daß bei der Oxydation des Terpentinöls an der Luft zweifellos ein Aldehyd entsteht, doch läßt sich über die Natur desselben nichts sagen, vielleicht hat er die Zusammensetzung $C_{10}H_{16}O_3$ oder $C_{10}H_{16}O_4$; vgl. auch SCHIFF (Chem. Z. **20** [1896], 361).

Diese Eigenschaft des Pinens Sauerstoff aufzunehmen und die Fähigkeit zu erlangen, anderen Körpern und sich selbst gegenüber oxydierend wirken zu können, wird ihm zweifellos durch den Sauerstoff allein erteilt und hat mit der Gegenwart von Wasser zunächst nichts zu tun. Bei dieser Bildung eines superoxydartigen Körpers kann nun der Vierring unter Sprengung oder die doppelte Bindung in Reaktion treten (vgl. auch die Autoxydation des Carvons); viele Anzeichen sprechen dafür, daß es die Sprengung des Vierrings ist, welche hierbei eine Rolle spielt, so daß ein pinolsuperoxydartiger Körper entstehen müßte, der nun seinerseits unter Abgabe des Sauerstoffs und Bildung des Pentoceansystems Oxydation zu Kampfersäure erfährt, bzw. unter Umlagerung vielleicht Kampfenilanaldehyd bildet; auch ist die Bildung von Nopinaldehyd nicht ausgeschlossen. — Wichtig ist die Beobachtung BERTHELOTS (J. **1859**, 58), nach welcher aktiviertes Terpentinöl genau so polarisiert wie nicht aktiviertes; danach kann ev. die Menge des superoxydartigen Körpers nicht groß sein.

Verhalten des Pinens gegen Sauerstoff bei Gegenwart von Wasser. Wenn wir bei der Autoxydation, also der Oxydation des Pinens mit Sauerstoff allein, die betreffenden superoxydartigen usw. Verbindungen dieses Kohlenwasserstoffs nicht isolieren konnten, so liegen die Verhältnisse anders, wenn bei der Einwirkung des Sauerstoffs gleichzeitig Wasser zugegen ist. Auch hierbei wird der Vierring gesprengt und nicht zuerst die doppelte Bindung angegriffen; noch anders verläuft schließlich die Oxydation des Pinens, wenn wir Wasserstoffsuperoxyd in statu nascendi, also Oxydationsmittel, anwenden; in diesem Falle wird die doppelte Bindung oxydiert. Wir haben demnach folgende Vorgänge:

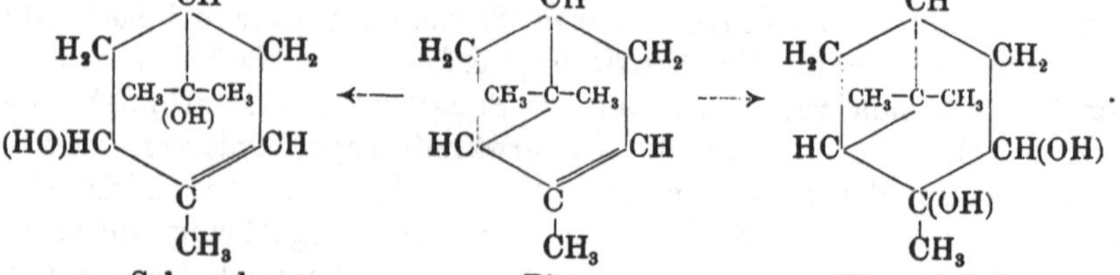

Sobrerol, Pinolhydrat $C_{10}H_{18}O_2$ — Pinen — Pinenglykol

In beiden Fällen entsteht demnach ein Glykol; beide Glykole bilden die Ausgangspunkte für eine große Anzahl von Verbindungen. Während das Sobrerol nicht mehr dem Pinentypus angehört, sondern der Limonenreihe, indem es ein Oxy-Terpineol darstellt, gehört das Pinenglykol noch dem Tetroceantypus an, und eine große Anzahl seiner Derivate enthält wenigstens den Vierring noch intakt.

Pinolhydrat-(Sobrerol-)Reihe. Für die Entstehung der zu dieser Reihe gehörigen Verbindungen haben wir verschiedene Ausgangsmaterialien; zum besseren Verständnis der Reaktionen gehen wir nicht vom Pinolhydrat, sondern von seinem Anhydrid, dem

Pinol $C_{10}H_{16}O$ =

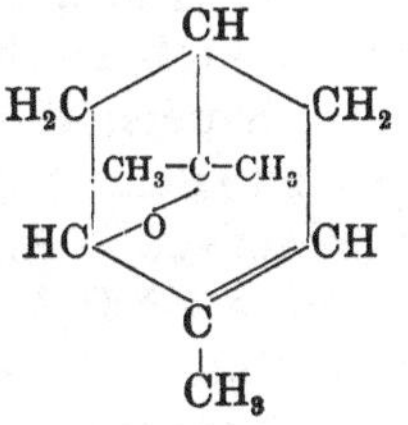

aus. Das Pinol erscheint dieser Formel nach als ein Pinen, welches unter Sprengung des Vierrings ein Sauerstoffatom aufgenommen hat unter Neubildung eines Fünfrings. Es scheint nun so, als ob diese so einfach erscheinende Reaktion nicht vor sich geht, sondern als ob Wasser nötig ist, um den Ring zu sprengen und gleichzeitig die aus O und H_2O sich bildenden zwei Hydroxylgruppen anzulagern, wobei das Sobrerol (Pinolhydrat) entsteht. Aus diesem Pinolhydrat läßt sich durch Wasserentziehung, wie wir später sehen werden, Pinol gewinnen. Der Entdecker des Pinols ist zweifellos Sobrero gewesen (C. r. **33**, 67; A. **80**, 108), der im Jahre 1851 das Sobrerol darstellte (vgl. weiter unten frühere Entdecker des letzteren); er sagt: „Diese Substanz zersetzt sich bei dem Sieden mit Wasser, welches mit Schwefelsäure schwach angesäuert ist, und gibt ein flüchtiges Produkt von starkem Geruch, welcher an den des Terpentinöls und Kampfers erinnert. Nach diesem Kennzeichen kann man diese Substanz nicht mit dem Terpentinölhydrat von Wiggers verwechseln, welches bei derselben Zersetzung einen flüchtigen, ölartigen, nach Hyazinthen riechenden Körper gibt.“ Vgl. auch Armstrong (Chem. Z. **1890**, S. 838), welcher feststellte, daß bei der Wasserentziehung aus dem Soberol Pinol entsteht.

Wenn hiernach auch Sobrero bereits das Pinol erhalten hat, so sind es doch Wallach und Otto (A. **253**, 249) gewesen, welche im Jahre 1889 das Pinol zuerst isoliert haben. Gelegentlich der Gewinnung des Pinennitrosochlorids wurde die Beobachtung gemacht, daß die Ausbeuten an dieser Verbindung zu wünschen übrig ließen im Gegensatz zur Darstellung des Limonennitrosochlorids. Hieraus schloß man, daß eine Nebenreaktion stattfinden mußte. Man unterwarf die Nebenprodukte der Wasserdampfdestillation; bei der fraktionierten Destillation ging alsdann zwischen 180—190° eine Verbindung über, welche charakteristische Derivate gab. Reines Pinol wurde alsdann erhalten, als man das Rohpinol in das Pinoldibromid (vgl. unten) überführte, und dieses mit alkoholischem Kali kochte. Wenn auch hierbei keine einheitliche Verbindung entsteht, so konnte doch durch fraktionierte Destillation ein Anteil gewonnen werden, der ziemlich reines Pinol war und folgende Eigenschaften zeigte; Sdp. 183—184°, $d_{20} = 0,953$, $n_D = 1,46949$; M. R. = 44,46, ber. für $C_{10}H_{16}O$ = 45,05, indifferent gegen Säurechloride, Hydroxylamin, Phenylhydrazin und Schwefelwasserstoff; gegen Brom, Halogenwasserstoff und Nitrosylchlorid ungesättigt. — Über die Entstehung des Pinols gelegentlich der Herstellung des Pinennitrosochlorids ist zu bemerken, daß die salpetrige Säure leicht ihren Sauerstoff abgibt und mit Wasser zusammen zwei Hydroxylgruppen bildet, die sich an das Pinen unter Bildung von Sobrerol anlagern; die Bildung des Sobrerols muß hierbei noch viel leichter vor sich gehen als bei Gegenwart von Sauerstoff und Wasser allein. Die überschüssige Säure entzieht alsdann dem Sobrerol Wasser, wodurch Pinol entsteht, (vgl. die Ansicht WALLACHS, A. **268**, 214; A. **277**, 116). — WALLACH stellte alsdann im Jahre 1890 (A. **259**, 313) reines Pinol aus dem Pinolhydrat her, indem er eine wäßrige Lösung von Pinolhydrat mit etwas verdünnter Schwefelsäure erwärmte. Bereits SOBRERO (A. **80**, 108) und ARMSTRONG (Chem. Z. **1890**, S. 838) haben das Pinol, aus dem Sobrerol auf diese Weise gewonnen, in den Händen gehabt. — Bei einer dritten Darstellungsmethode des Pinols geht WALLACH von dem Terpineoldibromid aus (A. **277** [1893], 115), und erwärmte dieses mit Natriumalkoholat das erhaltene Pinol zeigt: Sdp. 183—185°, d_{20} = 0,9455, n_D = 1,47096, M. R. = 44,9. Außerdem entsteht hierbei Cymol. WALLACH (A. **281**, 148) gibt alsdann für Pinol aus dem Terpineoldibromid dargestellt, folgende Daten: Sdp. 183—184°, d_{20} = 0,942, n_D = 1,47145, M. R. = 45,13. — Bei der vierten Darstellung des Pinols und zwar gleichzeitig des aktiven Pinols, geht man nach WAGNER und SLAWINSKY (B. **32** [1899], 2070) vom cis-Pinolglykol-2-chlorhydrin aus und erhitzt letzteres in weingeistiger Lösung mit Zinkstaub, wodurch dem Chlorhydrin ClOH entzogen wird; das Chlorhydrin selbst wird aus Pinen durch Behandlung mit unterchloriger Säure gewonnen (vgl. daselbst). Wir haben bei dieser Entstehung des Pinols folgende Umsetzung:

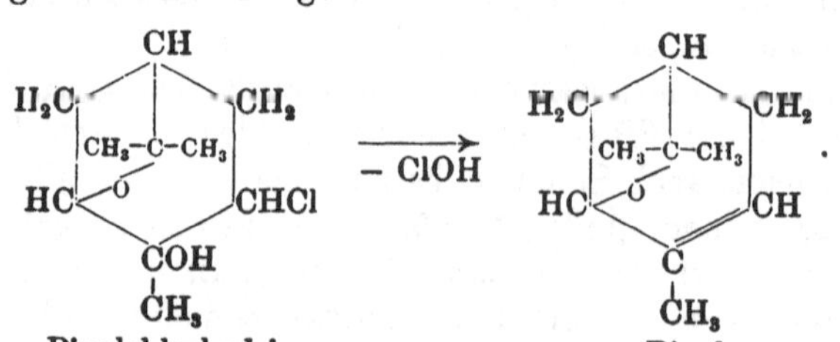

Pinolchlorhydrin Pinol

Eig. Sdp. 183—184°, Sdp.$_{22}$ = 77°.

Über das kryoskopische Verhalten des Pinols vgl. W. BILTZ (Ph. Ch. **27**, 537), wo festgestellt wird, daß es sich nicht wie ein Alkohol verhält usw. — Vgl. KANONNIKOWS (Ж. **33**, 95; C. **1901**, I, 1190) Beoachtungen über die wahre molekulare Dichte chemischer Verbindungen usw., wobei auch das Pinol berücksichtigt ist.

Das Pinol ist gegen Reduktionsmittel außerordentlich beständig.

Gegen freie Halogene sowohl, als auch gegen Halogenwasserstoff erweist sich das Pinol als ungesättigt. Besonders wurde von WALLACH studiert das

Pinoldibromid $C_{10}H_{16}OBr_2$ (A. **253**, 253). Er stellt es dar durch Zusatz von Brom zu Pinol in Eisessiglösung; rhombische Kristalle, Smp. 94°, Sdp.$_{11}$ = 143—144°, mit Wasserdämpfen ziemlich leicht flüchtig. Als Nebenprodukte entstehten bei dieser Reaktion Cymol und das Monobrompinoldibromid $C_{10}H_{15}BrOBr_2$, Smp. 160°. Mit alkoholischem Kali behandelt gibt das Pinoldibromid Pinol und Pinolglykoläthyläther $C_{10}H_{16}O\cdot(OC_2H_5)_2$, Smp. 52—53°.

Behandelt man das Pinoldibromid (WALLACH, A. **259**, 311) in Eisessiglösung mit Natriumacetat oder mit Silberacetat, so erhält man das Pinolglykoldiacetat $C_{10}H_{16}O(OCOCH_3)_2$, Smp. 97—98°; durch Kochen mit angesäuertem Wasser geht es in Pinolglykol $C_{10}H_{16}O(OH)_2$ über, Smp. 125°; letzteres entsteht auch, wenn man Pinoldibromid mit Silberhydroxyd digeriert, so daß wir folgende Umsetzung haben:

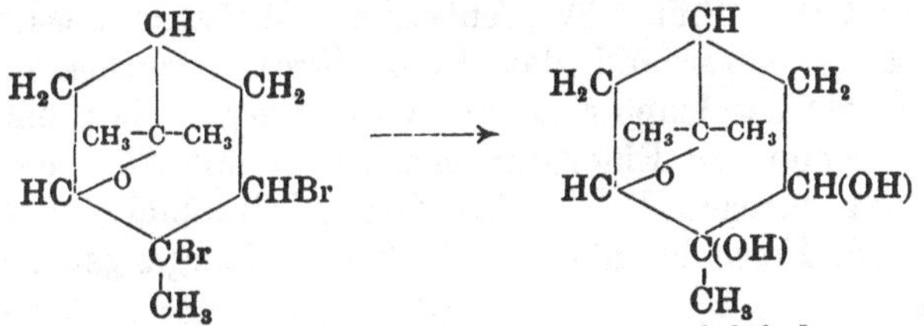

Pinoldibromid Pinolglykol

Weitere Daten über die Umwandlung des Pinoldibromids in das Pinolglykol bringt WALLACH (A. **268**, 222); er behandelt es in Eisessiglösung mit Bleiacetat und erhält dabei Pinolglykolacetat; Sdp.$_{20}$ = 155°. Wird das Dibromid mit frisch gefälltem Bleihydroxyd am Rückflußkühler gekocht, so resultiert das Pinolglykol vom Smp. 122—123°. Den Propionsäureester des Pinolglykols $C_{10}H_{16}O(OCOC_2H_5)_2$ erhält W., indem er das Pinoldibromid in Propionsäure löst und mit Silberpropionat erwärmt. Durch Reduktion des Pinoldibromids mit Ameisensäure wurde Cymol gebildet. — Läßt man nach WALLACH (A. **281**, 152) auf Pinoldibromid Bromwasserstoff einwirken, so erhält man das Pinoltribromid $C_{10}H_{17}Br_3O$ vom Smp. 160° (vgl. auch früher A. **259**, 324, wo dies Bromid durch Einwirkung von überschüssigem Brom auf Pinoldibromid gewonnen wurde). Durch Reduktion mit Natrium und Alkohol entsteht eine Verbindung $C_{10}H_{16}O$, Sdp. 225°, diese gibt oxydiert Keton, das ein Oxim vom Smp. 82—83° liefert. Pinolon $C_{10}H_{16}O$, Pinolol $C_{10}H_{18}O$. Bei der Reduktion des Pinoltribromids mit Eisessig und Zinkstaub wurde ein nach Amylacetat riechendes Keton $C_{10}H_{16}O$ erhalten, welches ein flüssiges Oxim gibt. Aus dem Keton wurde durch Reduktion ein Alkohol $C_{10}H_{18}O$ dargestellt, Sdp. 218—220°, d_{21} = 0,91, n_D = 1,47096, M.R. = 47,30, ber. für $C_{10}H_{18}O\,\ulcorner$ = 47,15, der nach Linalool und Terpineol riecht. Weitere Angaben über diese Verbindungen bringt WALLACH (B. **28** [1895], 2710), indem er aus dem durch Reduktion in saurer Lösung erhaltenen Keton das Semicarbazon vom Smp. 158° darstellt, aus diesem das Keton regeneriert, Sdp. 214—217°, $d_{20} = 0,916$, $n_D = 1,46603$; es geht durch Reduktion über in den Alkohol $C_{10}H_{18}O$, Sdp.$_{15}$ = 108°, $d_{18} = 0,913$, $n_D = 1,47292$. Das Oxim des Ketons siedet unter bei 15 mm Druck bei 150°; es gibt bei der Reduktion eine Base $C_{10}H_{17}NH_2$, deren Carbamid $C_{10}H_{18}NH \cdot CO \cdot NH_2$, bei 186° schmilzt (vgl. auch TIEMANN und SEMMLER, B. **28**, 2136). Über die weiteren Versuche mit dem Pinoltribromid vgl. die Originalarbeit.

Diese Angaben vervollständigt WALLACH (A. **306** [1899], 267), indem die in den Berichten gebrachten Darstellungsweisen ergänzt werden; er nennt das durch Reduktion aus dem Pinoltribromid mittels Zinkstaub und Eisessig erhaltene Keton „Pinolon". Dieses Pinolon wird auch gewonnen, wenn man ausgeht vom Isopinoldibromid $C_{10}H_{16}OBr_2$. Diese Verbindung wird ihrerseits dargestellt durch Digestion von Pinoltribromid mit Silberacetat und Essigäther auf dem Wasserbade; es schmilzt bei 94°, ist mit Wasserdampf flüchtig, ungesättigt, indem mit Brom das Tetrabromid $C_{10}H_{16}OBr_4$, Smp. 132°, entsteht. Mit Bromwasserstoff dagegen bildet das Isopinoldibromid das Pinoltribromid zurück. Beim Kochen mit Alkalien geht das Isopinoldibromid in i-Carvon über, ein Umwandlung, welche auch schon das Pinoltribromid selbst mit Alkalien erleidet. Mit Natriumäthylat dagegen liefert das Isopinoldibromid den Carveolmethyläther. Folgende Formeln möchte ich diesen Übergängen zugrunde legen:

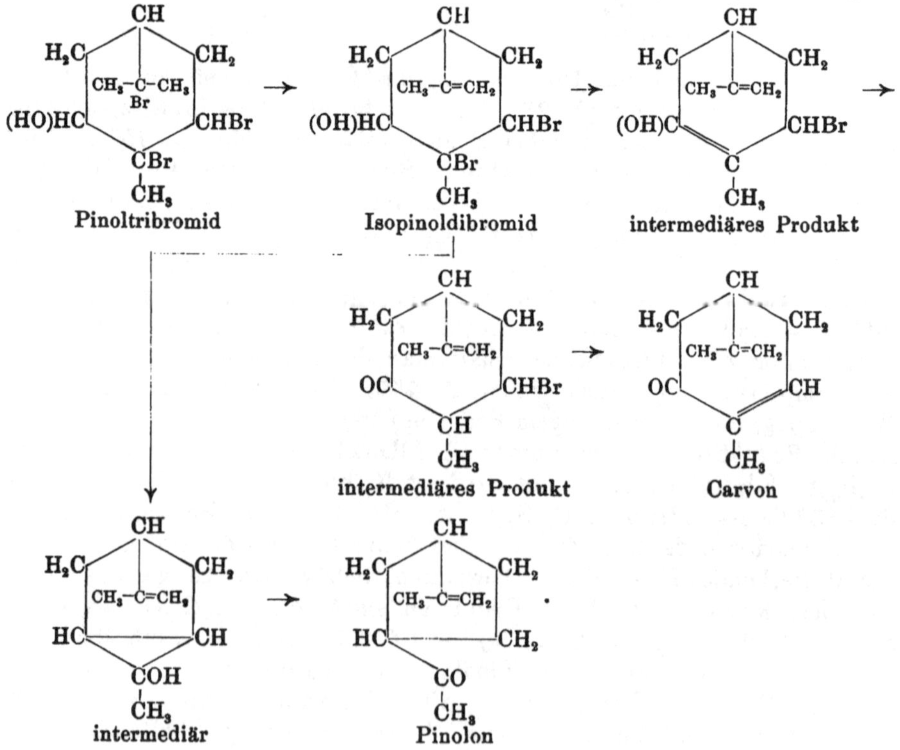

Über die Reduktion des Pinoldibromids berichtet WALLACH (A. **281** [1894], 148); Ameisensäure führt es in Cymol über, Zinkstaub und Eisessig bilden ebenfalls Cymol, außerdem entsteht hierbei das Pinolglykolacetat, aus welchem durch Verseifung das Pinolglykol vom Smp. 120—122° erhalten wird, außerdem bildet sich Terpineol (über Formeln vgl. Pinolglykol, Terpineol und Tabelle des Pinens). Über Bromwasserstoffpinol und seine Derivate vgl. WALLACH (A. **259**, 313). — Nicht nur freie Halogene und Halogenwasserstoffsäuren reagieren mit dem Pinol, sondern auch die Sauerstoffsäuren der Halogene; vgl. GINZBERG (Ж. **30**, 681; C. **1899**, I, 50). G. stellte durch Addition von ClOH an Pinol dar das cis-Pinolglykol-1-chlorhydrin $C_{10}H_{17}O_2Cl$, Smp. 52—54°; dieses liefert bei Einwirkung von Kalilauge Pinolglykoläther (cis-Pinoloxyd), durch Oxydation mit Chromsäure ein Keton $C_{10}H_{15}O_2Cl$, Smp. 74—75,5°, so daß wir folgende Umsetzungen haben:

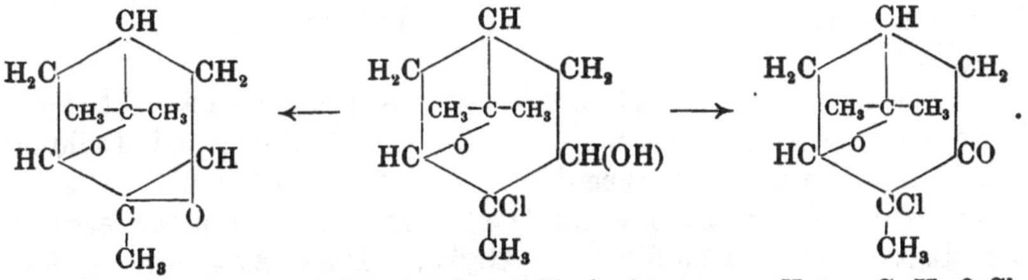

cis-Pinoloxyd | cis-Pinolglykol-1-chlorhydrin | Keton $C_{10}H_{15}O_2Cl$

Das Chlorhydrin gibt, mit verdünnter Schwefelsäure behandelt, das Pinolglykol vom Smp. 122—124°, welches auch aus dem Pinoloxyd entsteht; letzteres wird auch erhalten, wenn man nach WALLACH (A. **291** [1896], 353) das Dibromid des Pinolhydrats mit Natriummethylat behandelt (s. weiter unten).

Einwirkung der zweiwertigen Elemente und ihrer Verbindungen auf Pinol. Gegenüber dem Sauerstoff der Luft ist Pinol ziemlich beständig. Ist gleichzeitig Wasser zugegen, so tritt mit naszierendem Sauerstoff sofort Oxydation ein, wie alsbald gezeigt werden wird. Gegen Wasser anlagernde Mittel verhält sich Pinol in der Weise, daß ein Molekül Wasser aufgenommen wird, und zwar lagert sich nicht, wie man vielfach zuerst glaubte, das Wasser an die doppelte Bindung an, sondern es wird das Oxyd gesprengt und es entsteht ein ungesättigtes Glykol, das

Pinolhydrat, Sobrerol

$C_{10}H_{18}O_2$ =

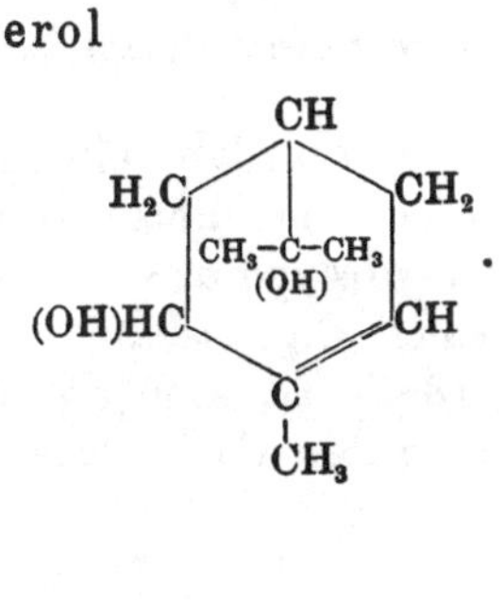

Ob die von Geoffroy bei der Destillation des Terpentinöles im Halse der Retorte im Jahre 1727 bemerkten Kristalle Pinolhydrat oder Terpinhydrat gewesen sind, muß dahingestellt bleiben.

Das Sobrerol, das sich in alten Terpentinölen findet, ist eine seit langer Zeit bekannte Verbindung, denn nachweislich hat es zuerst Margueron (Ann. de Chim. Pluviose V [1797], **21**, 174; bzw. Journ. de chim. et de phys. **II** [1794], 178) im Terpentinöl bemerkt; rein hatte es Boullay in Händen (Ann. de Chim. Messidor. XII, **41**, 270); auch Buchner (Buchn. Repert. für d. Pharm. [1820], **9**, 276; [1825], **22**, 422), Boissenot und Persot (A. ch. [1826], **31**, 442), Geiger (Geig. Magazin d. Pharm. [1826], **16**, 63), Bernhardi und Trommsdorff (Trommsd. Neues Journ. d. Pharm. [1828], **16**, 46), Brandes (Br. Arch. d. Pharm. 1837 [II], **11**, 285) und Blanchet und Sell (A. **6**, 267) beschäftigten sich eingehend mit der Darstellung des Sobrerols. Letztere Forscher dürften die erste Analyse ausgeführt haben. Aber noch lange Zeit wurde das Sobrerol $C_{10}H_{18}O_2$ mit dem Terpin $C_{10}H_{20}O_2$, bzw. Terpinhydrat $C_{10}H_{20}O_2 + H_2O$ verwechselt.

Wie bereits oben erwähnt, ist das Sobrerol von Sobrero (A. **80**, 107) im Jahre 1851 erhalten worden, indem er auf Pinen bei Lichtzutritt Sauerstoff und Wasser einwirken ließ. Armstrong (Chem. Z. **1890**, 838) erhält die Verbindung auf gleiche Weise, gibt den Smp. zu etwa 150° an und sieht in der Verbindung ein Glykol. Diese Angaben werden ergänzt von Armstrong und Pope (Soc. **59** [1891], 315); es wurde d- und l-Sobrerol gewonnen, $[\alpha]_D = \pm 150^\circ$, das i-Sobrerol schmilzt bei 130,5 bis 131°. — Wallach (A. **259**, 315 und A. **291**, 351) stellt das Pinolhydrat dar, indem er Bromwasserstoff in trocknes Pinol einleitet und das Bromwasserstoffpinol mit Alkali oder Wasser behandelt; es ist löslich in 30 Teilen Wasser bei 15°, hat Smp. 131° und geht, wie oben erwähnt wurde, mit wasserentziehenden Mitteln in Pinol über. W. hielt damals das Pinolhydrat für einen Oxydalkohol. Die Reaktion vollzieht sich jedoch in folgender Weise:

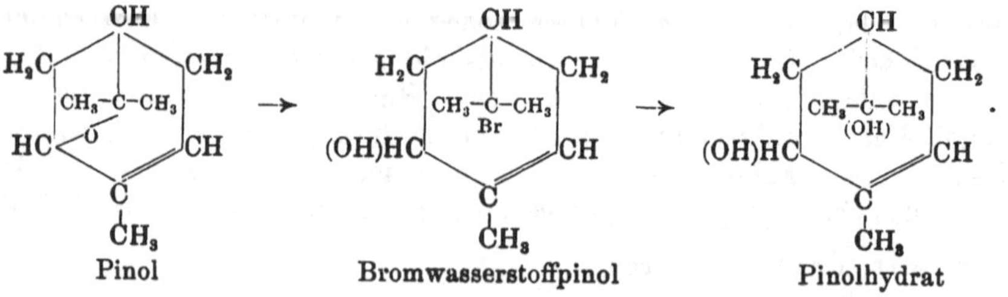

Pinol — Bromwasserstoffpinol — Pinolhydrat

Wallach (A. **277** [1893], 113) gibt alsdann ein neues Darstellungsverfahren für das Pinolhydrat aus dem Terpineoldibromid an, indem er letzteres mit feuchtem Silberoxyd oder Bleihydroxyd usw. digeriert; dabei entsteht auch Pinol. — Als unterscheidende Eigenschaft des Sobrerols vom Terpinhydrat führt Ginzberg (C. **1897**, II, 419) an, daß ersteres sich in konzentrierter H_2SO_4 mit himbeerroter Farbe löse, während das Terpin nur, wenn es in größeren Mengen vorhanden ist, dieselbe gelb, allmählich ziegelrot werdend, färbt.

Das Pinolhydrat erweist sich den Halogenen gegenüber als ungesättigte Verbindung, indem es mit Brom das Pinolhydratdibromid bildet (WALLACH, A. **291** [1896], 353); Smp. 131—132°. Wird dieses Pinolhydratdibromid mit Natriummethylat behandelt, so erhält man ein Dioxyd $C_{10}H_{16}O_2$ vom Sdp. 206—207°, d_{20} = 1,0335, n_D = 1,4588. Dieses Dioxyd läßt sich überführen in das Pinolglykol $C_{10}H_{16}O(OH)_2$ vom Smp. 125°:

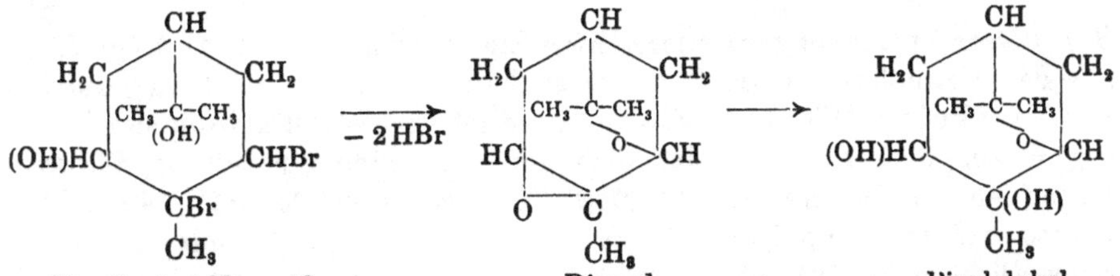

Pinolhydratdibromid Dioxyd Pinolglykol

es ist identisch mit dem cis-Pinoloxyd aus dem cis-Pinolglykol-1-chlorhydrin (C. **1899**, I, 50) (Bd. II, S. 223). Das Dioxyd läßt sich nach WAGNER (B. **32** [1899], 2065) hydratisieren und zwar zum Pinolglykol, welches identisch ist mit dem Pinolglykol aus Pinoldibromid (A. **259**, 311; **268**, 222).

Gegen Oxydationsmittel erweist sich das Pinolhydrat analog der Auffassung WAGNERS (B. **27** [1894], 1644 und 2270) als ungesättigt (GINZBERG, B. **29** [1896], 1195). WAGNER hatte (a. a. O., S. 1648) den Sobrerythrit $C_{10}H_{16}(OH)_4$ aus dem Sobrerol durch Oxydation mit $KMnO_4$ erhalten; Smp. 155,5—156°. GINZBERG vervollständigt diese Versuche: Sobrerythrit ist sehr hygroskopisch, bildet monokline Kristalle und gibt oxydiert Terpenylsäure und Terebinsäure. Der Sobrerythrit läßt sich nicht durch Hydratation aus dem Dioxyd gewinnen, sondern diese geht nur bis zum Pinolglykol (WAGNER, B. **32**, 2066). — WALLACH (A. **291** [1896], 355) oxydiert das Sobrerol mit Chromsäure in Eisessig und erhält das Oxyhydrocarvon $C_{10}H_{16}O_2$; dieses gibt ein Semicarbazon $C_{11}H_{19}N_3O_2 + H_2O$ vom Smp. 174° und ein Oxim vom Smp. 134°; dieses Oxim ist identisch mit dem Produkt, welches aus Terpineolnitrosochlorid entsteht und liefert mit verdünnter Schwefelsäure i-Carvon, so daß wir folgende Umsetzungen haben:

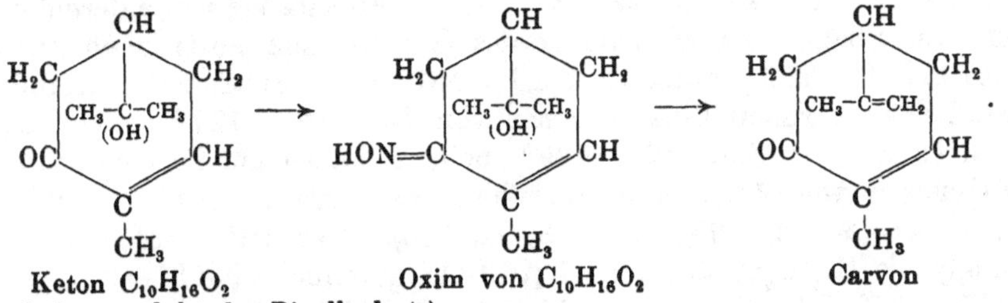

Keton $C_{10}H_{16}O_2$ (Oxydationsprodukt des Pinolhydrats) Oxim von $C_{10}H_{16}O_2$ Carvon

Oxydation des Pinols. Pinolglykol

$C_{10}H_{18}O_3$ = 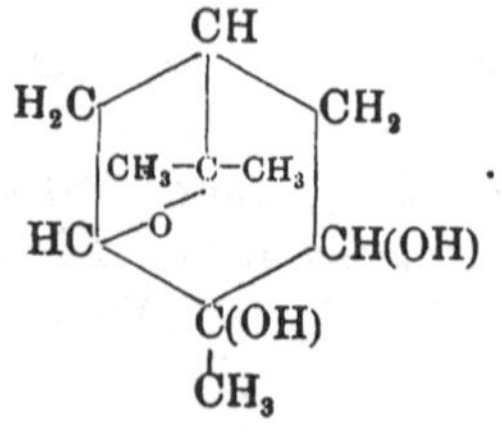 .

Von dieser Verbindung existieren zwei Stellungsisomere, deren Möglichkeit aus der Formel leicht ersehen werden kann. — Cis-Modifikation des Pinolglykols. Wie bereits oben erwähnt, erhielt WALLACH ein Pinolglykol aus dem Diacetat, das sich aus dem Pinoldibromid in Eisessiglösung mittels Silberacetat (A. **259**, 311; vgl. auch A. **281**, 148) bildet, ebenso bei zwölfstündigem Stehen des Dioxyds $C_{10}H_{16}O_2$ mit verdünnter Schwefelsäure (A. **291**, 355). Zu ersterer Umsetzung vgl. auch SLAWINSKY (Ж. **30**, 195; C. **1898**, II, 543). Smp. 123—124°, $Sdp._{12}$ = 158—159°, schwer löslich in Ligroin (WAGNER, SLAWINSKY, B. **32**, 20, 67); gibt mit $KMnO_4$ oxydiert Terpenylsäure und Essigsäure. Diacetat $C_{14}H_{22}O_5$ = $C_{10}H_{16}O \cdot (OC_2H_3O)_2$, Smp. 97—98°, $Sdp._{13}$ = 127° (WALLACH, A. **259**, 311 und **268**, 222); vgl. dagegen WAGNER, SLAWINSKY (B. **32**, 2067): Smp. 97°, $Sdp._{8,5}$ = 151—152°, gibt beim Verseifen das Glykol vom Smp. 123—124°, $Sdp._{12}$ = 157—159°. Über Pinolglykoldiäthyläther $C_{14}H_{26}O_3$ = $C_{10}H_{16}O(C_2H_5O)_2$ aus Pinoldibromid und alkoholischem Kali vgl. WALLACH und OTTO (A. **253**, 260), Smp. 52—53°, Sdp. 210°. Das cis-Pinoloxyd $C_{10}H_{16}O_2$ wurde bereits erwähnt beim Pinolhydratdibromid; es entsteht auch aus cis-1,2-Dichlormenthandiol (6,8) durch Einwirkung von Kali (WAGNER, SLAWINSKY, B. **32**, 2075), ferner durch folgeweise Einwirkung von ClOH und Alkali auf Pinen (WAGNER, SLAWINSKY, B. **32**, 2065), schließlich durch Einwirkung von KOH auf das Chlorhydrin des Pinolglykols vom Smp. 52—54° (GINZBERG, Ж. **30**, 681; C. **1899**, I, 50); das cis-Pinoloxyd siedet bei 206—207°, unter 12 mm Druck bei 92—93°.

Trans-Modifikation des Pinolglykols. WAGNER (Ж. **26**, 528; B. **27** [1894], 1644) oxydiert Pinol mit verdünnter Kaliumpermanganatlösung und erhält Pinolglykol; vgl. ferner WAGNER und SLAWINSKY (B. **32** [1899], 2067), Smp. 129°, $Sdp._{12}$ = 157—158°. Es entsteht ferner nach WAGNER und GINZBERG (B. **29**, 887) bei der Einwirkung von unterchloriger Säure auf Pinen. Der Siedepunkt des Glykols liegt unter gewöhnlichem Druck bei 281—282°, unter 12 mm bei 157—158°, es sublimiert leicht und kristallisiert in rhombischen Prismen vom Smp. 126—127° und in monoklinen Tafeln vom Smp. 128—129°; beim Erhitzen mit Carbanil entsteht ein Gemisch von Mono- und Diurethan vom Smp. 151—154°; vgl. auch SLAWINSKY (Ж. **30**, 195; C. **1898**, II, 543). Das Diacetat des trans-Pinolglykols $C_{14}H_{22}O_5$ = $C_{10}H_{16}O \cdot (OCOCH_3)_2$ schmilzt bei 37—38°, $Sdp._{1[illegible]}$ = 165—167°, $Sdp._{10,5}$ = 154—155°, $d_{20/20}$ = 1,1360 (WAGNER, Ж. **26**, 329

SLAWINSKY, Ж. **30**, 195; C. **1898**, II, 543; W. und SL., B. **32**, 2067). Ein d-trans-Pinolglykol entsteht nach WAGNER und SLAWINSKY (B. **32**, 2072) durch Oxydation von aktivem Pinol mit $KMnO_4$; Smp. 73—74,5°, es gibt oxydiert ebenfalls Essig-, Terebin- und Terpenylsäure.

Über die Oxydation des Pinols mit Salpetersäure vgl. WALLACH (A. **253** [1889], 257), es entsteht dabei Terebinsäure.

Einwirkung der dreiwertigen Metalloide und ihrer Derivate auf Pinol. Es handelt sich im vorliegenden Falle weniger um die Salpeter-, salpetrige Säure, Phosphorsäure usw., als um Gemenge der salpetrigen mit den Halogenwasserstoffsäuren bzw. um ihre Anhydride, z. B. um die Anlagerung von Nitrosylchlorid, -bromid usw.

Pinol-Bisnitrosochlorid

$(C_{10}H_{16}O \cdot NOCl)_2$ =

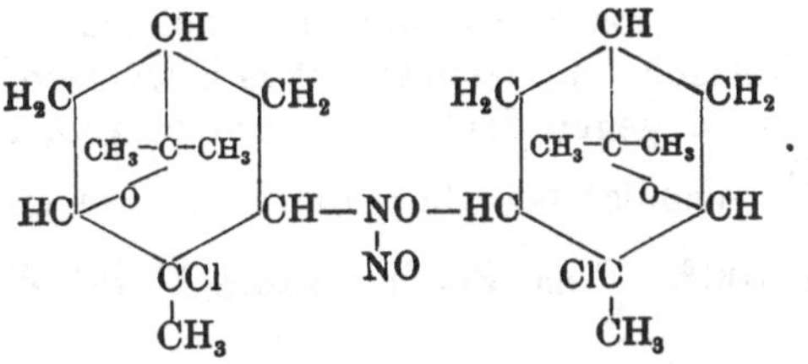

WALLACH (A. **253** [1889], 261) gewinnt diese Verbindung, indem er zu einer Lösung von Pinol und Amylnitrit in Eisessig unter starker Kühlung allmählich rauchende Salzsäure hinzufügt; Smp. 103°. Da sich dieses Nitrosochlorid im Schmelzpunkt wenig von den anderen Nitrosochloriden unterscheidet, wurde es in Wechselwirkung mit Basen gebracht, um charakteristische Nitrolamine zu erhalten. Pinol-Nitrolamin

$C_{10}H_{16}O \cdot NH_2 \cdot NO$ =

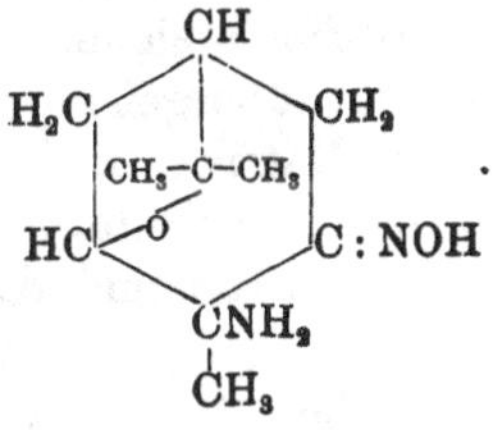

Aus Pinolbisnitrosochlorid und überschüssigem alkoholischem Ammoniak; Öl, $Sdp._{14}$ = 129—130°. Das Chlorhydrat hat die Zusammensetzung $C_{10}H_{18}N_2O_2 \cdot HCl$. — Pinol-nitrolpiperidin

$C_{10}H_{16}O \cdot NO \cdot NC_5H_{10}$ =

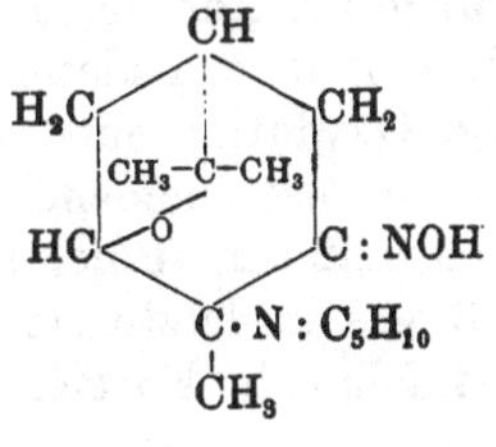

wird gewonnen durch Erwärmen von 1 Mol. Bisnitrosochlorid mit 2 Mol. in Alkohol gelösten Piperidins; Smp. 154°. — Das Pinol-nitrol-benzylamin $C_{10}H_{16}O \cdot NO \cdot NHC_7H_7$ wird analog dargestellt und schmilzt bei 135 bis 136°. — Das Pinol-nitrolanilin $C_{10}H_{16}ONO \cdot NHC_6H_5$ schmilzt bei 174—175°. — Das Pinol-nitrol-β-naphtylamin $C_{20}H_{24}N_2O_2 = C_{10}H_{16}O \cdot NO \cdot NHC_{10}H_7$ ist mit dem Chinin isomer und hat den Smp. 194—195°; die Lösungen der Base und ihrer Salze zeigen auffallende Fluoreszenzerscheinungen. — Eine Fortsetzung der Arbeit erfolgt von Wallach (A. **306** [1899], 278); der Schmelzpunkt des Nitrosochlorids wird nunmehr zu 116 bis 120° angegeben; es wird konstatiert, daß ein Bisnitrosochlorid vorliegt, welches sich in Lösung unter Blaufärbung etwas dissoziiert. Das Bisnitrosochlorid wandelt sich in einen isomeren Körper um, der aber monomolekular ist, dieses Pinolisonitrosochlorid schmilzt bei 131° und setzt sich zu denselben Nitrolaminbasen um wie das Pinolbisnitrosochlorid. Bei längerer Berührung mit Alkoholen, besonders beim Erwärmen, tauschen beide Nitrosochloride das Chlor gegen die Oxalkylgruppe aus; die Methoxylverbindung $C_{10}H_{15}<^{NOH}_{OCH_3}$ schmilzt bei 138°, die Äthoxylverbindung $C_{10}H_{15}O<^{NOH}_{OC_2H_5}$ schmilzt bei 100°. Dem Pinolisonitrosochlorid dürfte folgende Formel zukommen:

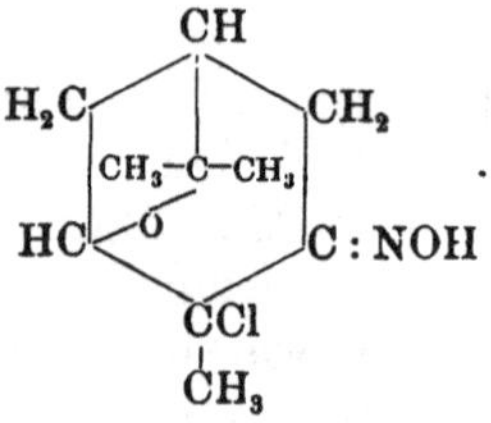

Zur Identifizierung des Pinols eignet sich zunächst das fraktionierte Destillieren. Die von 180—185° übergehenden Anteile reinigt man durch Destillation über metallischem Natrium und bestimmt die physikalischen Daten; charakteristisch sind das Pinoldibromid vom Smp. 94°, ferner das Pinolnitrolanilin vom Smp. 174—175° und das Pinolnitrolbenzylamin vom Smp. 135—136°.

Für die Konstitution des Pinols ist die Bruttoformel $C_{10}H_{16}O$ feststehend, die Sauerstoffnatur als Oxydsauerstoff ebenfalls außer jedem Zweifel, da es weder mit Keton, noch Alkoholreagentien reagiert und sich unzersetzt über metallischem Natrium destillieren läßt. Daß im Pinol eine doppelte Bindung vorhanden ist, ergibt sich aus der Molekularrefraktion und aus seinem ungesättigten chemischen Verhalten. Die weitere Anordnung der Kohlenstoffatome folgt alsdann aus dem Abbau und aus der Synthese. Durch vorsichtige Oxydation entsteht aus Pinol das Pinolglykol, aus diesem die Terpenylsäure; entscheidend ist ferner die Synthese aus dem Terpineoldibromid, so daß im Pinolmolekül die Anordnung der C-Atome dieselbe sein muß wie in letzterem Molekül. Wallach (A. **253** [1889], 259) stellt zunächst folgende Formel auf:

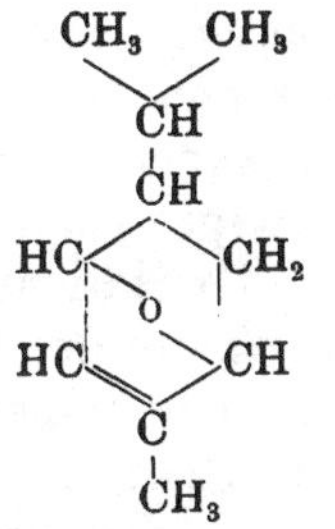

(I).

Diese Formel trug den damaligen Kenntnissen von diesem Molekül Rechnung. Durch weitere Versuche veranlaßt, zog alsdann WALLACH im Jahre 1894 (A. **281**, 161) folgende Formel in Betracht:

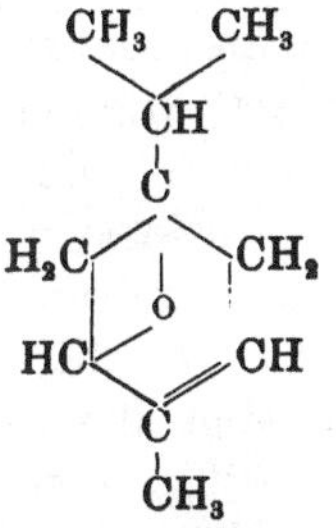

(II)

Diese Formel schloß sich eng an die Formel für das Terpineol an, für welches man die Hydroxylgruppe ebenfalls an Kohlenstoffatom 4 gebunden annahm. Als alsdann im Jahre 1895 für Terpineol das Hydroxyl als an Kohlenstoffatom 8 gebunden bewiesen wurde, blieb auch für das Pinol nur Formel III als eindeutige übrig, womit auch alle seine Reaktionen übereinstimmen. BREDT ließ nämlich im Jahre 1893 in seiner neuen Kampferformel die Isopropylgruppe an der Ringbildung teilnehmen, desgleichen WAGNER in seiner im Jahre 1894 aufgestellten Pinenformel (B. **27**, 1651), zu welcher er zum Teil durch die Reaktion des Pinols geführt wurde. W. gab danach dem Pinol folgende Konstitutionsformel:

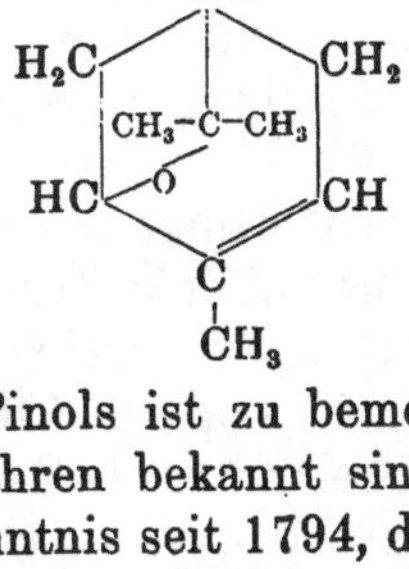

(III).

Zur Geschichte des Pinols ist zu bemerken, daß einige seiner Derivate seit länger als 100 Jahren bekannt sind; so haben wir vom Pinolhydrat (Sobrerol) sichere Kenntnis seit 1794, das Pinol selbst wurde erst im Jahre 1889 von WALLACH abgeschieden, obwohl es zweifellos SOBRERO bereits 1851 in Händen hatte. WALLACH wies nach, daß das Pinol ein ungesättigtes Oxyd ist. Die übrige Konstitutionsaufklärung, sowie das ausführliche Studium dieses Moleküls fällt in die Zeit der letzten 15 Jahre. In der Natur konnte das Pinol bisher nicht nachgewiesen werden. —

Die Oxydation des Pinens mit Salpetersäure führt zweifellos

zu denjenigen Oxydationsprodukten, welche sich von der Pinolhydrat-(Sobrerol)-Reihe ableiten, da wir annehmen müssen, daß analog der Einwirkung der salpetrigen Säure, wobei Sobrerol bzw. Pinol gebildet wird, auch bei der Einwirkung der Salpetersäure zunächst Pinolhydratbildung statthat, so daß alle weiteren Oxydationsprodukte als Derivate dieses Moleküls anzusehen sind. — Es lag auf der Hand, daß man sehr frühzeitig versuchte, durch Einwirkenlassen der Salpetersäure auf Terpentinöl einen Einblick in seine Konstitution zu erhalten. — Bromeis (A. **37**, 297) dürfte im Jahre 1841 der erste gewesen sein, der die Einwirkung der Salpetersäure auf Terpentinöl mit Erfolg näher studiert hat; er erhielt dabei eine Säure, welche er Terpentinsäure nannte; Formel $C_7H_{10}O_4$, Silbersalz. — Im Jahre 1844 oxydierte Rabourdin (A. **52**, 391; Journ. d. Pharm. III, **6**, 185) ebenfalls Terpentinöl mit Salpetersäure, nachdem Gerhardt das dabei entstehende stickstoffhaltige Harz untersucht hatte. Rabourdin erhielt dieselbe Säure wie Bromeis, wenn er sie auch zunächst für verschieden ansah; durch Erhitzen der Terpentinsäure gewann er die Pyroterpentinsäure. Außerdem scheint R. Terephtalsäure in Händen gehabt zu haben.

Cailliot (A. ch. III, **21**, 27; A. **64**, 376) erhält bei der Oxydation zwei Säuren, von denen er die eine, die in Wasser und Alkohol unlöslich ist, Terephtalsäure nennt. C. destilliert sie mit Kalk und erhält Kohlensäure und Benzol, so daß er die Säure als mit Phtalsäure isomer ansieht, von der sie sich sonst wesentlich unterscheidet. Die andere Säure nennt er Terebenzinsäure (wahrscheinlich Toluylsäure), Smp. 169°, außerdem will er Terpentinsäure und Terechrysinsäure erhalten haben. — (Vgl. auch Schneider (A. **75**, 101) und Oppenheim, (B. **5**, 98). — Schiff (A. **114**, 201) erhält durch Einwirkung von konz. Salpetersäure usw. schließlich Nitrobenzol. — Chautard (A. **88**, 340) gewann schließlich bei Destillation des Harzes mit Kali Toluidin. — Bei der Einwirkung von verdünnter Salpetersäure auf Terpentinöl entstehen Blausäure, Essig-, Propion-, Buttersäure usw.

Hofmann (A. **97**, 209) erhält durch Oxydation des Terpentinöls mit Salpetersäure geringe Mengen von Insolinsäure (Terephtalsäure). — Svanberg und Ekman (J. pr. I, **66** [1855], 219 und Limprichts Lehrb. **1862**, 1016) ziehen das Auftreten von Terephtalsäure in Zweifel, stellen aber fest, daß die Terebinsäure auch als zweibasische Säure reagieren kann. — Williams (B. **6** [1873], 1094) bringt seine Abhandlung „Über Terebin- und Pyroterebinsäure"; auch er will die Terephtalsäure nicht beobachtet haben. — Mielck (A. **180**, 45) veröffentlicht alsdann ausführliche Studien „Über die Konstitution der Terebinsäure und Brenzterebinsäure". Unmittelbar daran schließt sich eine Arbeit über die Oxydationsprodukte des Terpins von Hempel (A. **180**, 71) an, nachdem Kekulé (B. **6**, 437) über die Angabe Cailliots, betreffend die Terephtalsäure, die Ansicht geäußert hat, daß C. verfälschtes Terpentinöl in Händen gehabt habe. Dagegen hatte Mielck (a. a. O.) stets Terephtalsäure, zuweilen auch Toluylsäure beobachtet, auch Schreder (A. **172**, 101) war zu demselben Resultat gelangt. Hempel (a. a. O.) ist nun der Ansicht, daß in jedem Terpentinöl ev. Cymol vorhanden sein kann, und daß von der Oxydation dieses Moleküls die

Terephtal- und Toluylsäure herrühren. Aus diesem Grunde oxydierte er Terpinhydrat mit Salpetersäure und erhielt auch dabei Terephtal-, Toluyl- und Terebinsäure; bei der Oxydation des Terpinhydrats mit Chromsäure gewann er Terpenylsäure, dahingegen wurde keine Terephtal- bzw. Toluylsäure erhalten. Vgl. auch FITTIG und KRAFFT (A. **208**, 71).

Mit dem Studium der Konstitution der Terebinsäure beschäftigen sich BREDT (A. **208** [1881], 55) und ROSER (B. **15** [1882], 293). Letzterer erhält bei der Oxydation des Terpentinöls mit Salpetersäure aus den Mutterlaugen der Terebinsäure zwei Säuren, von denen die eine Dimethylfumarsäure $C_6H_8O_4$ ist, die andere aber bei 206° schmilzt (Isophtalsäure?).

Fassen wir die Ergebnisse der Oxydation des Pinens durch Salpetersäure zusammen, so müssen wir im Auge behalten, daß wir zweifellos auch einen Übergang in den Pentoceantypus, in die Kampferreihe, haben, und daß wir demnach unter Umständen auch den Oxydationsprodukten des Kampfers bzw. Kampfens begegnen werden; vielleicht gehört die Terpinolsäure $C_9H_{14}O_6$ hierher. Ferner wird durch die Salpetersäure der Vierring gesprengt und wir kommen zum monocyklischen Pinolhydrat, welches seinerseits zum Sobrerythrit sofort weiter oxydiert wird, dieser hinwiederum geht in die Terpenylsäure bzw. Terebinsäure über. Bleibt der Ring erhalten, so können wir unter Wasserabspaltung zum Cymol kommen, welches sich zur Toluylsäure und diese zur Terephtalsäure oxydieren läßt. Es ist selbstverständlich, daß die Salpetersäure, die ein sehr kräftiges Oxydationsmittel ist, bei den Zwischenprodukten Pinolhydrat, Sobrerythrit und Terpenylsäure nicht stehen bleibt, sondern diese bis zur Terebinsäure abbaut, während die Chromsäure, wie weiter unten gezeigt werden wird, sehr viel Terpenylsäure bildet. Wir haben folgende Übergänge:

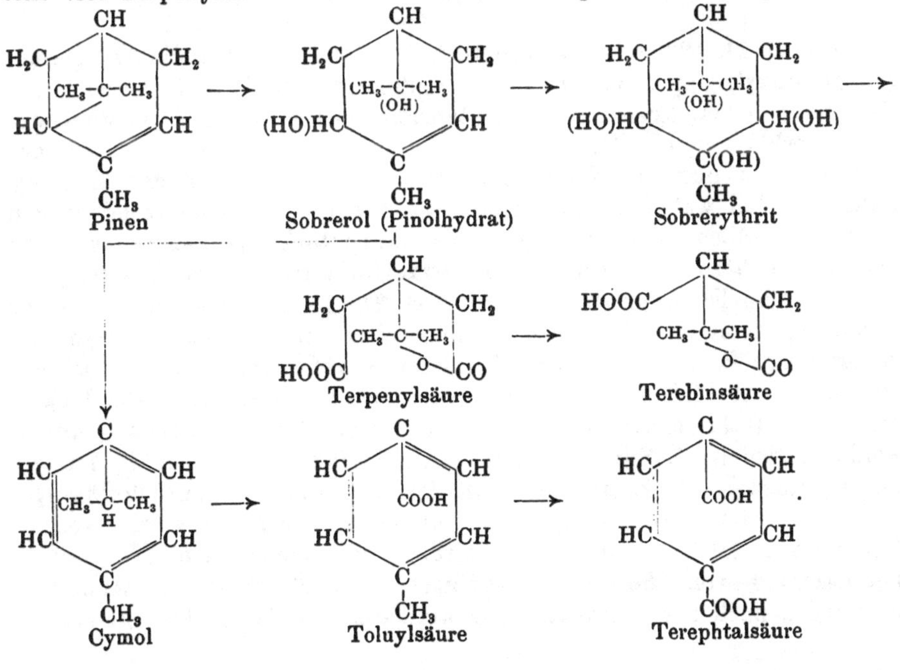

Die Oxydation des Pinens mit Chromsäure wird besonders von FITTIG und KRAFFT (A. **208** [1881], 71) ausgeführt; sie erhalten neben Essig- und Terephtalsäure ein Gemisch von Terebin- und Terpenylsäure. Die Konstitution der Terpenylsäure wurde später bewiesen (vgl. SCHRYVER, B. **27** [1894], Ref. 133). —

Pinenglykolreihe. Alle diese Oxydationen des Pinens gehen, wie wir sahen, über das Pinol bzw. Pinolhydrat hinweg. Bei der Oxydation mit Kaliumpermanganat liegen die Verhältnisse jedoch insofern anders, als die Oxydation des Pinens nicht mit der Ringsprengung beginnt, sondern es lagern sich Hydroxylgruppen an die Kohlenstoffatome 1 und 2 an, wodurch zunächst die doppelte Bindung aufgehoben wird, alsdann erfolgt Sprengung des Sechsrings an dieser Stelle, so daß der Vierring intakt bleibt und der Sechsring zerstört wird, während beim Pinol usw. der Vierring zerstört wird und der Sechsring erhalten bleibt. Hieraus ist ersichtlich, daß Säuren sehr leicht Ringe aufsprengen, namentlich wenn Oxydationsmittel zugegen sind, daß hingegen durch neutrale oder alkalische Oxydationsmittel eine Ringsprengung viel schwerer bewirkt wird. Aus diesem Grunde können wir auch annehmen, daß ev. bei der Sobrerolbildung geringe Mengen einer organischen Säure eine Rolle spielen werden.

Pinenglykol:

$C_{10}H_{18}O_2$ =

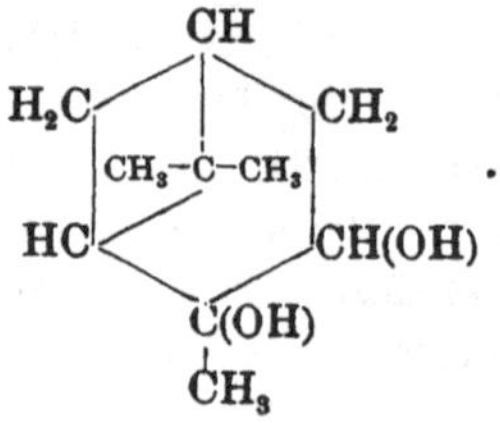

WAGNER (B. **21**, 1236) zieht gelegentlich des Studiums über die Anlagerung von Hydroxylgruppen an doppelte Bindungen mittels $KMnO_4$ auch die Terpene in den Kreis seiner Untersuchungen. Durch Oxydation des Pinens erhält er ein Glykol, welches er zunächst als identisch mit dem Sobrerol ansieht. WAGNER (B. **23**, 2318) meint, daß das eben erwähnte Glykol wahrscheinlich nicht vom Pinen herstamme, sondern von einem demselben beigemengten Kohlenwasserstoffe, da aus reinem, von SCH. u. Co. bezogenem Pinen kein Glykol erhalten werden konnte.

Derselbe Forscher stellt alsdann (B. **27** [1894], 1644) die heute für Pinen angenommene Formel auf, ohne weitere Daten über die Oxydation zu bringen. B. **27**, 2270 wird über letztere referiert; er erhält bei der Oxydation mit verd. Kaliumpermanganatlösung indifferente Verbindungen, die durch fraktionierte Destillation in zwei Hauptfraktionen getrennt werden konnten, 1. $Sdp._{14}$ = 122—124°, 2. $Sdp._{14}$ = 145—147°, letztere sei das Pinenglykol. Es reagierte mit Carbanil, wobei ein stickstoffhaltiges Produkt entstand, welches aber nicht kristallisiert erhalten werden konnte. Das Glykol kann dehydratisiert werden; es entsteht ein Öl, welches hauptsächlich von 180—190° destilliert; dies Öl ist Pinol. Außerdem entstanden noch zwei Dehydratationsprodukte, von denen das eine bei 191 bis 191,5° schmolz und die Bruttoformel $C_{10}H_{18}O_2$ aufwies. Die Fraktion vom $Sdp._{14}$ = 145—147°, in der das eigentliche Pinenglykol vorhanden ist, enthält aber noch ev. Nopinenglykol, da sich Kristalle vom Smp. 76—78°, daraus abscheiden. Die Fraktion 1. $Sdp._{14}$ = 122—124° entspricht der Formel $C_{10}H_{16}O_2$, sie reduziert Silberlösung und gibt mit Hydroxylamin zwei Verbindungen, von denen die eine bei 97° schmilzt, die andere bei 130°; letztere hat die Zusammensetzung $C_{10}H_{16}(NOH)_2$. Nach meiner Meinung liegt hier ev. der Ketoaldehyd der Pinonsäure vor, so daß die Kristalle vom Smp. 97° Pinonsäure darstellen; also ist diese Fraktion 1 ein weiteres Oxydationsprodukt des Pinenglykols. Die mit Kaliumpermanganat erzielten indifferenten Oxydationsprodukte sind demnach ein Gemenge von Nopinenglykol, Pinonsäurealdehyd und Pinenglykol, von denen letzteres aber bisher nicht in reinem Zustande erhalten wurde. Dieser Übergang der Hydratation des Pinenglykols in Pinol verläuft folgendermaßen:

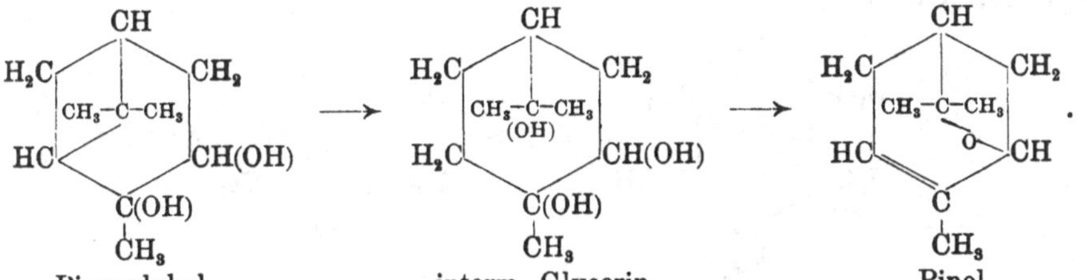

Pinenglykol — interm. Glycerin — Pinol

Pinonsäure und ihre Derivate.

α-Pinonsäure, inaktive Pinonsäure

$C_{10}H_{16}O_3$ =

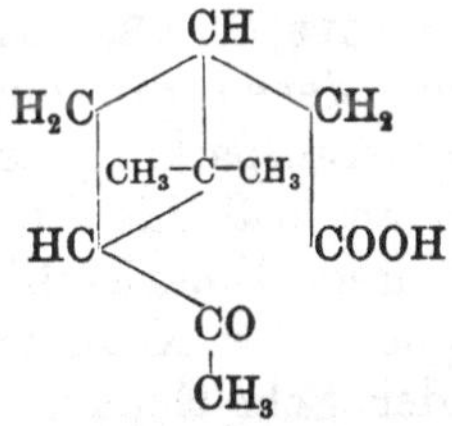

Tiemann und Semmler (B. **28** [1895], 1344) oxydierten Pinen mit Kaliumpermanganat und richteten ihr Augenmerk besonders auf die hierbei entstehenden Säuren. Als Hauptprodukt entstand die Pinonsäure $C_{10}H_{16}O_3$, $Sdp._{22}$ = 193—195°, Sdp. unter Atmosphärendruck bei 310—315°. Diese Pinonsäure ist ein Gemenge verschiedener Pinonsäuren. — v. Baeyer (B. **29** [1896], 22) oxydierte ebenfalls Pinen und isolierte die feste Pinonsäure, welche er *α*-Pinonsäure nannte; sie kristallisiert aus Wasser in Tafeln oder Blättchen, Smp. 103—105°, ist in Äthylnitrit sehr schwer löslich und ist eine einbasische Säure. In der nächsten Abhandlung beschreibt v. B. (B. **29**, 1911) die Darstellung eines charakteristischen

Kupfersalzes in blaugrünen Nadeln. — TIEMANN und SEMMLER (B. **29** [1896], 532) isolieren aus der flüssigen Pinonsäure die feste α-Pinonsäure; die Rohpinonsäure ist optisch aktiv; sie dreht im 1 dcm-Rohr 6° rechts, während die feste α-Säure nur 1° nach rechts ablenkt. Trennt man die feste Pinonsäure, so polarisiert die übrigbleibende Pinonsäure 13° rechts. — WAGNER und ERTSCHIKOWSKI (B. **29**, 883) erhalten die Säure auch aus französischem Terpentinöl und geben den Smp. zu 103,5 bis 104,5° an. — FOCK (Z. Kr. **31**, 481) beschreibt die Kristalle als monoklin. Nach v. BAEYER (B. **29**, 2786) ist die α-Säure optisch inaktiv. Mit unterbromiger Säure entsteht aus ihr Pinsäure. — Nach v. BAEYER (B. **29**, 326) geht die Pinonsäure, wenn man sie mit 10 Teilen 50%iger H_2SO_4 $^1/_2$ Stunde lang auf dem Wasserbade erwärmt, in das 3-Methoäthylheptanon(6)-olid(1,3), das Ketolakton aus dem Terpineol, vom Smp. 63 bis 65° über; dieselbe Umlagerung tritt auch ein (TIEMANN und SEMMLER, B. **29**, 535) beim Destillieren unter gewöhnlichem Druck. Wir haben folgenden Übergang:

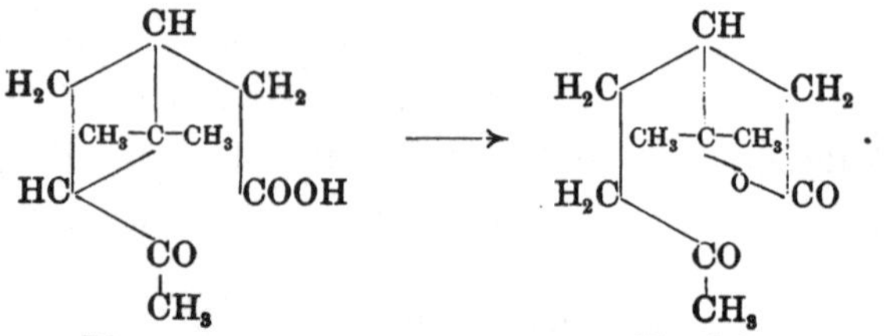

Pinonsäure Ketolakton

Das Phenylhydrazon der α-Pinonsäure (v. BAEYER, B. **29**, 24) bildet Blättchen, die bei 100° schmelzen. Das α-Pinonsäureoxim $C_{10}H_{17}O_3N = C_{10}H_{16}O_2NOH$ bildet nach v. BAEYER (B. **29**, 24) und nach WAGNER (B. **29**, 883) dicke Tafeln oder Prismen, Smp. 150°, inaktiv.

Nach TIEMANN und SEMMLER (B. **28**, 1346) liefert die Rohpinonsäure mehrere Ketoximsäuren, von denen die eine unter Wasserabgabe bei 125°, die andere ohne Wasserabspaltung bei 160° schmilzt. Dieselben Forscher (B. **29**, 534) geben an, daß das Oxim der l-Pinonsäure zunächst bei 125° und nach wiederholtem Umkristallisieren aus Wasser bei 131° schmilzt, daß der Schmelzpunkt der Ketoximsäure aus der d-Pinonsäure bei 150° liegt, und daß der Schmelzpunkt der Oxime aus den noch stärker nach rechts drehenden, flüssig bleibenden Pinonsäuren, zwischen 125° und 162° schwankt. v. BAEYER (B. **29**, 2786) stellt aktive Oxime dar, ein β-Oxim, Smp. 128° (stark rechtsdrehend) und ein γ-Oxim, Smp. 190—191° (stark linksdrehend).

l-Pinonsäure. Diese Säure wird erhalten aus der α-Dioxydihydrokampfolensäure durch trockne Destillation (TIEMANN und SEMMLER, B. **29**, 533) und als Nebenprodukt bei der Oxydation von α-kampfolensaurem Natrium mit Kaliumpermanganatlösung (TIEMANN, B. **29**, 3015); man reinigt sie durch das Semicarbazon; sie wird aber erst nach längerem Stehen fest und bildet dann tetragonale Kristalle (FOCK, Z. Kr. **31**, 480), Smp. 98

bis 99°, Sdp.$_{12}$ = 178—180°, $[\alpha]_D = -21°24'$. Mit alkalischer Bromlösung entsteht aus ihr Pinsäure, im übrigen gleicht sie vollkommen der i-Pinonsäure.

Die ölige Pinonsäure wurde bereits oben erwähnt (TIEMANN und SEMMLER, B. **28**, 1345, 1778; **29**, 532), sie siedet bei 310—315° unter geringer Umlagerung in das Ketolakton.

d-Pinonsäure ist ebenfalls in festem Zustande beobachtet worden (vgl. TIEMANN, B. **33**, 2663); sie dreht im geschmolzenen Zustande im 1 dcm-Rohr = ca. + 2°.

Über die Semicarbazone der Pinonsäuren berichten TIEMANN und SEMMLER (B. **29** [1896], 534): das Semicarbazon der l-Pinonsäure schmilzt bei 231°, aus der kristallisierbaren d-Pinonsäure wurde eine bei 207° schmelzende Verbindung erhalten, während die stärker nach rechts drehenden flüssigen Pinonsäuren Semicarbazone lieferten, deren Schmelzpunkt zwischen 197—211° schwankte.

Über die trockne Destillation des pinonsauren Calciums stellen SEMMLER und HOFFMANN (B. **37** [1904], 234) Versuche an; sie erhalten das Pinophoron $C_9H_{14}O$, Sdp. 203—205°, $d = 0{,}9284$, $n_D = 1{,}4805$; dessen Semicarbazon bei 157—158° schmilzt. Bei seiner Zerlegung entsteht teilweise ein Kohlenwasserstoff C_9H_{14}. Das Oxim des Pinophorons ist flüssig und lagert sich mit Mineralsäuren in das Piperidon $C_9H_{15}NO$ um, das zu einer Amidosäure $C_9H_{17}NO_2$ aufgespalten werden kann. Durch Reduktion des Pinophorons entsteht der Pinokampforylalkohol $C_9H_{16}O$ (Formel vgl. Tabelle).

Pinolsäure

$C_{10}H_{18}O_3$ =

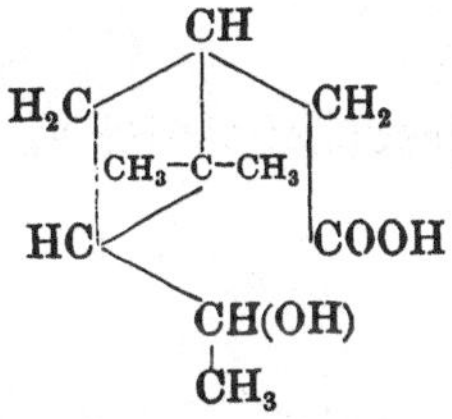

Erwärmt man nach TIEMANN und SEMMLER (B. **30** [1897], 409), die Pinonsäure mit konzentriertem alkoholischem Kali im Einschmelzrohr mehrere Stunden lang auf 280°, so entsteht die Pinolsäure, welche sich fast unzersetzt destillieren läßt. Ausführlicher wird über sie B. **33** [1900], 2661 berichtet; Sdp.$_{20}$ = 195—205°, Smp. 99—100°, inaktiv. Die aktive Pinolsäure wurde aus flüssiger, rechtsdrehender Pinonsäure analog gewonnen; Sdp.$_{25}$ = 198—200°, Smp. 114—115°, Pol. in 33 %iger alk. Lösung im 1 dcm-Rohr = — 7°. Beide Säuren lassen sich mit Kaliumpermanganat zur Pinonsäure oxydieren, welche ein Semicarbazon vom Smp. 206—207° liefert. — Um diese Pinolsäuren zu erhalten, ist es jedoch nötig, daß man die nach der Oxydation mit Kaliumpermanganat abgeschiedenen Säuren ausäthert, den Äther absiedet und durch den Ätherrückstand ¾ Stunden Wasserdampf hindurchleitet. Geschieht dies nicht, sondern destilliert man direkt im Vakuum, so erhält man unter Wasserabspaltung die Pinokampfolensäure $C_{10}H_{16}O_2$, $Sdp._{13} = 140—141°$; für die i-Modifikation beträgt: $d_{17} = 0{,}9925$, $n_D = 1{,}46702$, für die aktive Modifikation: $d_{20} = 0{,}9897$, $n_D = 1{,}47096$, Pol. im 1 dcm-Rohr = — 27° 45'. Durch Oxydation entstand aus beiden Säuren eine Dihydroxysäure, welche bei der Destillation Pinonsäure lieferte, deren Semicarbazon bei 232° schmolz wie dasjenige Semicarbazon, welches aus der Pinonsäure her gestellt war, die aus der α-Kampfolensäure gewonnen war. Das Pinodihydrokampfolenlakton $C_{10}H_{16}O_2$ wird durch Behandeln der beiden Pinolsäuren mit Jodwasserstoffsäure erhalten; $Sdp._{12} = 128—130°$, bei gewöhnlichem Druck = 254—257°, $d_{18} = 1{,}014$, $n_D = 1{,}4640$. Wir können uns bei diesen Umwandlungen der Pinonsäure in die Kampfolensäurereihe und umgekehrt die Reaktion folgendermaßen denken:

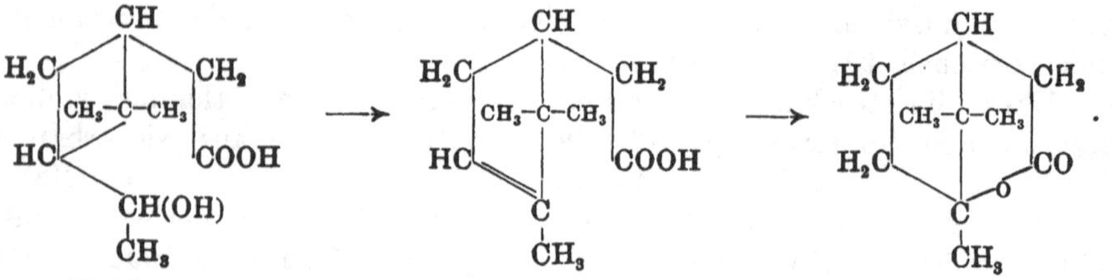

Pinolsäure Pinokampfolensäure Pinodihydrokampfolenlakton

(Weiteres hierüber vgl. unter Kampfolensäure.)

Pinoylameisensäure und ihre Derivate.

Pinoylameisensäure

$C_{10}H_{14}O_5$ = 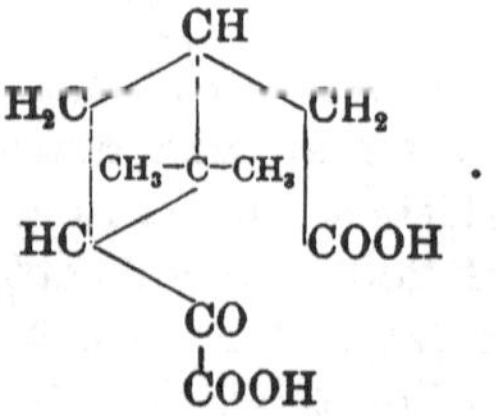

v. Baeyer (B. **29** [1896], 1911) wies nach, daß diese Säure bei der Oxydation des Pinens entsteht. Sie läßt sich nach Ertschikowski (B. **32**, 2079 Anm.) quantitativ auch aus der Pinonsäure gewinnen. v. Baeyer isolierte die Pinoylameisensäure aus den Mutterlaugen der Pinonsäure mittels Kaliumbisulfit. Smp. 78—80°. Die Säure verhält sich wie eine Laktonsäure, und bei ihr kann zweifellos Laktonbildung eintreten; sie besitzt aber auch Ketoneigenschaften, Phenylhydrazon $C_{16}H_{20}N_2O_4$, Smp. 192,5°, verhält sich nunmehr wie eine Dicarbonsäure.

Reduzierte Pinoylameisensäure = Oxyhomopinsäure

$C_{10}H_{16}O_5$ =
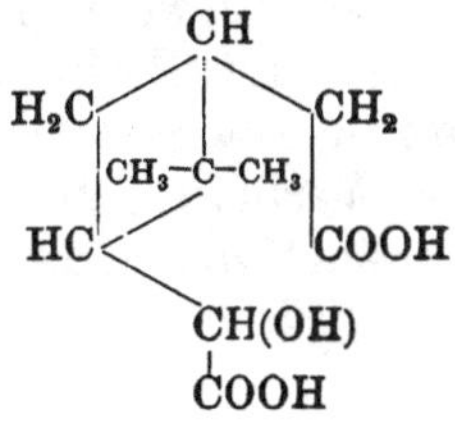

von BAEYER, (B. **29**, 2789), durch Reduktion des pinoylameisensauren Natriums mit Natriumamalgam dargestellt; Smp. 130—133°.

α-Ketoisokamphoronsäure

$C_9H_{12}O_7$ =
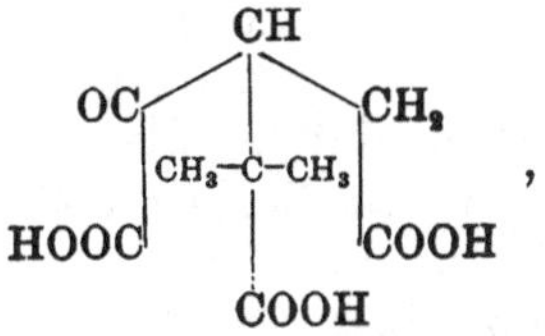
,

(v. BAEYER, B. **29**, 2790), wird aus der Pinoylameisensäure mit Brom- oder Chlornatron gewonnen; Smp. 186—187°.

Lakton der α-Oxyisokamphoronsäure

$C_9H_{12}O_6$ =
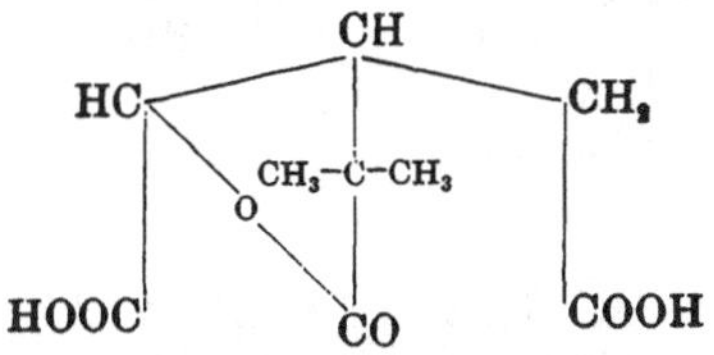

wird aus voriger Säure (v. BAEYER, B. **29**, 2792) durch Reduktion mit Natriumamalgam erhalten; Smp. 185—186°, geht in Isokamphoronsäure über.

Homoterpenoylameisensäure

$C_{10}H_{14}O_5$ =
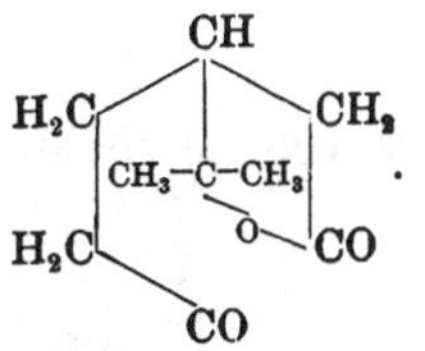
.

v. BAEYER (B. **29**, 1916) lagerte die Pinoylameisensäure in diese Homoterpenoylameisensäure genau so um, wie die Pinonsäure in das Ketolakton vom Smp. 63°; die Umlagerung geht bei der Pinoylameisensäure noch leichter vor sich als bei der Pinonsäure. Man hat nicht nötig, die Pinoylameisensäure zu isolieren, sondern man kann die Mutterlaugen der α-Pinonsäure, in denen sich hauptsächlich die Pinoylameisensäure befindet, direkt nehmen und mit 10 % iger Schwefelsäure invertieren. Smp. 126—129°, ll. in heißem, schwerer in kaltem Wasser; Titration ergab einbasische Laktonsäure; mit Hydroxylamin entsteht $C_{10}H_{18}N_2O_6$, Smp. 170°, womit die Ketonatur bewiesen ist. Die α-Stellung der Ketogruppe ergibt sich aus dem Verhalten der Säure gegen Bleisuperoxyd, welches am besten bei Gegenwart von Schwefelsäure oxydiert zur

Homoterpenylsäure

$C_9H_{14}O_4$ = 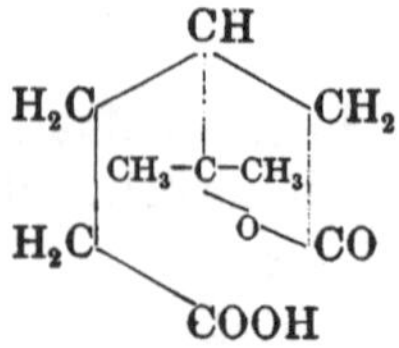 .

v. Baeyer, B. **29**, 1919). Zur Darstellung dieser Säure werden 5 g der Homoterpenoylameisensäure in 200 ccm Wasser gelöst, 25 ccm einer 25 % igen Schwefelsäure hinzugefügt und auf dem Wasserbade 25 g Bleisuperoxyd allmählich eingetragen usw. Smp. 98—101°, nachdem es bei 110° getrocknet ist. Die Laktonnatur der Säure ergibt sich aus der Titrierung.

Terpenylsäure $C_8H_{12}O_4$ und Terebinsäure $C_7H_{10}O_4$

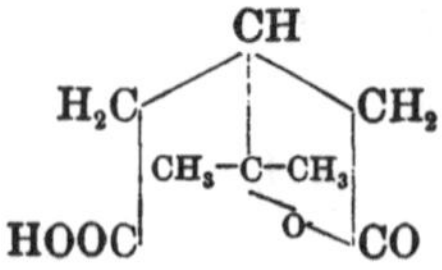 bzw. 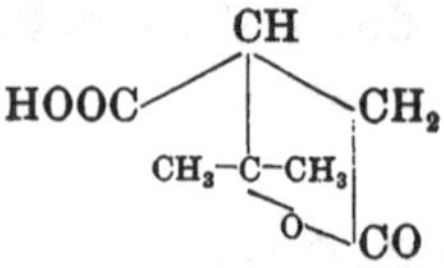 .

Oxydiert man nach v. Baeyer (B. **29**, 2789) die Homoterpenylsäure mit Salpetersäure, so erhält man direkt Gemenge von Terpenyl- und Terebinsäure, die von v. Baeyer nach den Angaben von Tiemann und Mahla (B. **29**, 928) getrennt wurden. Terpenylsäure hat den Smp. 56—59°, getrocknet bei 88—90°; Smp. der Terebinsäure liegt bei 172—175°.

Pinsäure und ihre Derivate.

Pinsäure $C_9H_{14}O_4$ = 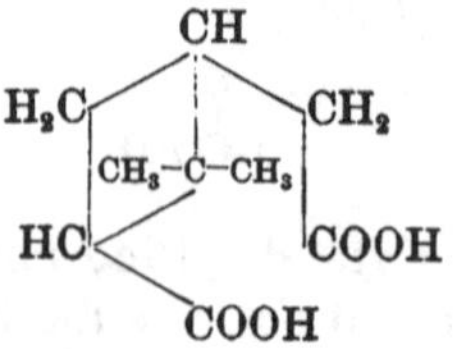 .

v. Baeyer (B. **29** [1896], 25) erhielt aus der Pinonsäure mit alkalischer Bromlösung eine zweibasische Säure $C_9H_{14}O_4$, die er Pinsäure nannte; Smp. 101—102,5°. Diese Säure gibt kein Anhydrid.

Oxypinsäure

$C_9H_{14}O_5$ = 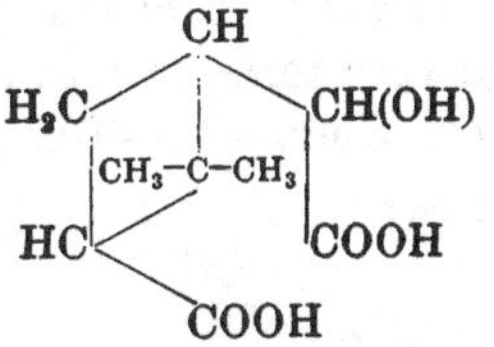 .

Da die Pinsäure gegen Oxydationsmittel außerordentlich beständig ist, bromierte sie v. BAEYER (B. **29**, 328) in der üblichen Weise; die gebromte Säure wurde mit Barytwasser direkt gekocht. Dabei resultierte eine Säure $C_9H_{14}O_5$ vom Smp. 193—194°. v. BAEYER gibt dann nochmals (B. **29**, 1908) eine Vorschrift zur Darstellung der Monobrompin- und Oxypinsäure.

Aldehyd der Norpinsäure

$C_8H_{12}O_3$ = 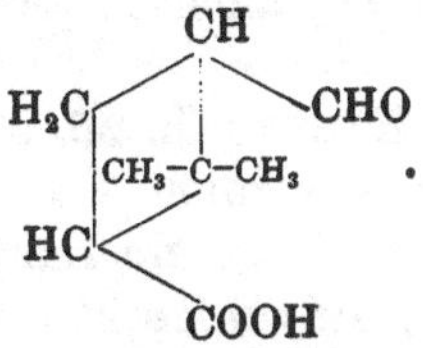 .

Wird die Oxypinsäure (B. **29**, 1909) mit Bleisuperoxyd oxydiert, so ergibt sich ein Öl, welches ammoniakalische Silberlösung reduziert und ein Semicarbazon $C_9H_{15}N_3O_3$ vom Smp. 188—189° liefert.

Norpinsäure

$C_8H_{12}O_4$ = 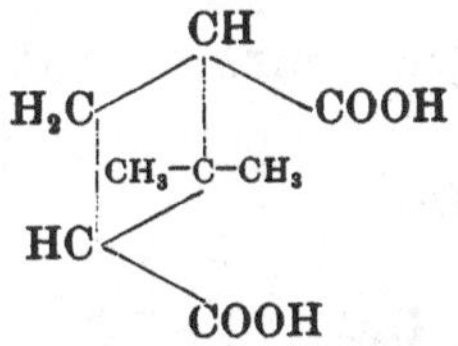 .

Wird die eben erwähnte Aldehydsäure mit Kaliumpermanganat oxydiert (B. **29**, 2787), so erhält man quantitativ die zugehörige Norpinsäure vom Smp. 173—175°, die sich nach dem Ergebnis der Titration als zweibasische Säure erweist. Dieselbe Säure wurde bereits vorher von WAGNER (B. **29**, 881) bei der direkten Oxydation des Pinens erhalten, auch stellte er sie durch Oxydation der Pinononsäure mit unterbromigsaurem Natrium dar; er fand Smp. 173—174°.

Die Pinononsäure und ihre Derivate.

Pinononsäure

$C_9H_{14}O_3$ = 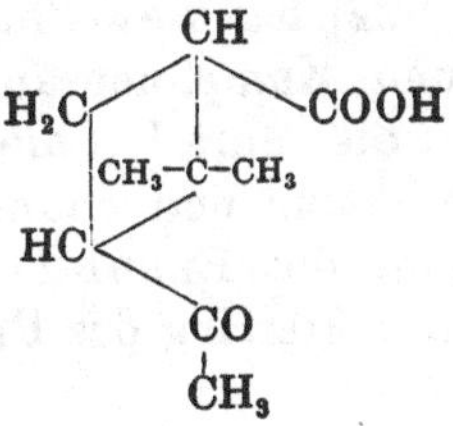

gewann WAGNER (B. **29**, 881) neben Pinonsäure usw. durch Oxydation des Pinens. Das Säuregemenge veresterte er und erhielt aus dem Estergemisch eine Ketosäure $C_9H_{14}O_3$ vom Smp. 128—129°.

Norpinoylameisensäure

$C_9H_{12}O_5$ =

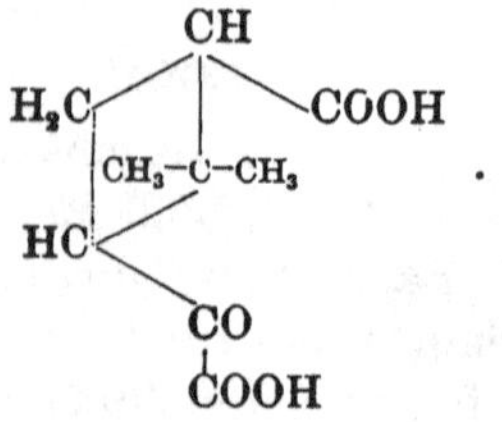

Über diese Säure vgl. v. BAEYER (B. **29**, 2787), welcher annimmt, daß sie sich in der Mutterlauge der Pinoylameisensäure befindet; sie wurde jedoch nicht isoliert.

Pinarin $C_{10}H_{14}O_3$. (?) v. BAEYER (B. **29**, 2788) erhielt aus der Fraktion mit $Sdp._{15} = 150—180°$ der neutralen Oxydationsprodukte des Pinens Kristalle vom Smp. 66—68°; ev. liegt ein Lakton vor; mit Phenylhydrazin reagiert die Verbindung nicht; sie schmeckt etwas bitter. Vgl. auch KINGZETT (Soc. **38**, 52 und Proceed. Nr. **135**, 51).

Isoketokampfersäure und ihre Derivate.

Isoketokampfersäure

$C_{10}H_{16}O_5$ =

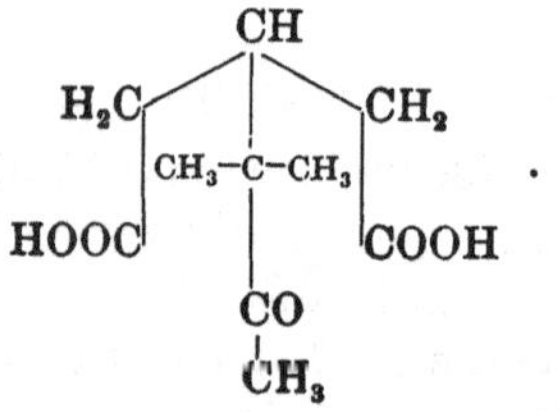

TIEMANN und SEMMLER (B. **28**, 1347) bauten, um einen Einblick in die Konstitution der von ihnen erhaltenen Pinonsäure $C_{10}H_{16}O_3$ zu gewinnen, letztere durch Oxydation mit Chromsäure ab und erhielten dabei zwei Säuren, die durch die Kupfersalze getrennt wurden. Kocht man nämlich das durch Oxydation der Pinonsäure erhaltene Säuregemisch mit Kupferacetatlösung, so fällt ein Kupfersalz aus, welches eine Säure vom Smp. 128 bis 129° liefert. THIEL (B. **26**, 922) hat diese Säure gelegentlich seiner Untersuchung über Kampfolen und Kampfolensäure zuerst gefunden und sie Isooxykampfersäure genannt; die Säure hat die Zusammensetzung $C_{10}H_{16}O_5$. T. und S. erwiesen ihre Ketonatur und nannten sie Isoketokampfersäure. WAGNER (B. **32**, 2078) erkennt die BREDT-TIEMANN-SEMMLERsche Formel an; er ist der Ansicht, daß der Vierring des Pinens in einen Fünfring übergeht usw.

Isokamphoronsäure

$C_9H_{14}O_6 =$ 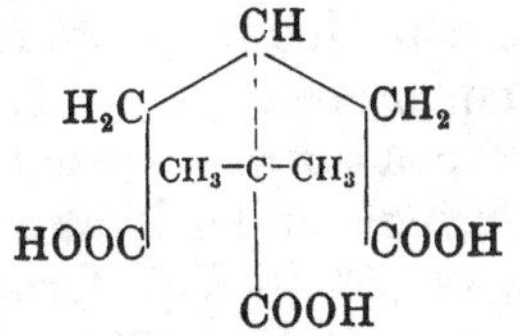

Tiemann und Semmler (B. **28**, 1348) erhielten diese Säure, als sie das Oxydationsprodukt der Pinonsäure mit Kupferacetatlösung behandelten und die löslichen Kupfersalze zersetzten; es resultierte eine Säure, welche die Zusammensetzung $C_9H_{14}O_6$ hat, isomer mit der Kamphoronsäure ist und sich als identisch mit der Isokamphoronsäure Thiels (B. **26**, 922) erwies; schon vorher war sie von Kachler (A. **191**, 143) auf andere Weise erhalten und Hydrooxykamphoronsäure genannt worden. — v. Baeyer (B. **29**, 2793) erhielt dieselbe Säure durch Reduktion der Laktonsäure, die er aus der α-Ketoisokamphoronsäure gewonnen hatte; letztere hatte er aus der Pinoylameisensäure dargestellt, Smp. 165—167°. — Synthetisch wurde die Säure von Perkin jun. (C. **1901**, I, 221) durch Kondensation von Natriumcyanessigester mit α,α-Dimethylglutaconsäureester usw. gewonnen.

Der Übersichtlichkeit wegen sollen folgende Formeln usw. nochmals erwähnt werden, da sie auch als Derivate der Isoketokampfersäure zu betrachten sind.

α-Keto-Isokamphoronsäure

$C_9H_{12}O_7 =$ 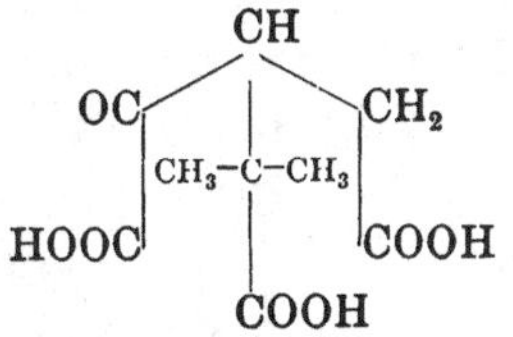

Diese Säure ergibt sich nach v. Baeyer (B. **29**, 2790), wenn man Pinoylameisensäure mit Brom- oder Chlornatron oxydiert; Smp. 186—187°. Vgl. Wagner (B. **32**, 2078).

Oxyisokamphoronsäure

$C_9H_{14}O_7 =$ 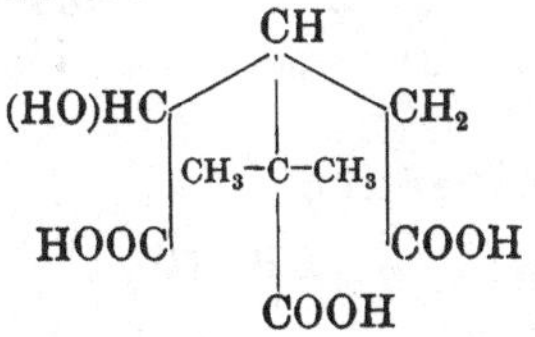

v. Baeyer (B. **29**, 2792) reduziert die α-Keto-Isokamphoronsäure, wobei sofort die Laktonsäure

$C_9H_{12}O_6 =$ 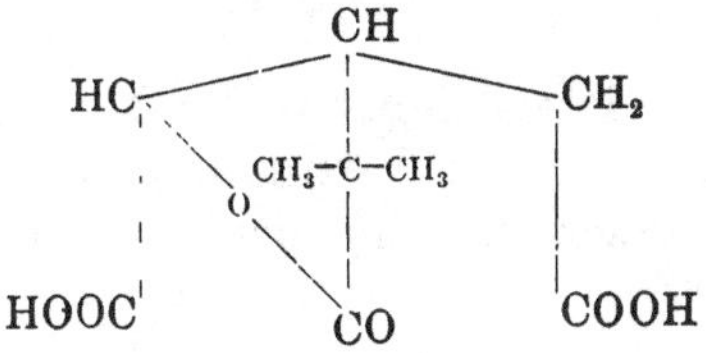

entsteht, welche mit 1 Mol. Wasser kristallisiert und getrocknet bei 186° schmilzt. Durch Reduktion mit Jodwasserstoffsäure gewinnt v. Baeyer aus dieser Säure die Isokamphoronsäure. — T. und S. (B. **28**, 1350) erhalten durch Oxydation der Pinonsäure außer der Dimethyltricarballylsäure durch Destillation der Mutterlauge in der Fraktion 205—230° eine Säure $C_9H_{12}O_6$, Laktonsäure, Smp. 143,5°. — Vgl. ferner Kachler (A. **191**, 153), welcher eine Isokampfolensäure vom Smp. 226° auffindet. — Es muß noch entschieden werden, ob diese Säuren in irgend welchem Zusammenhang miteinander stehen.

Dimethyltricarballylsäure

$C_8H_{12}O_6$ = 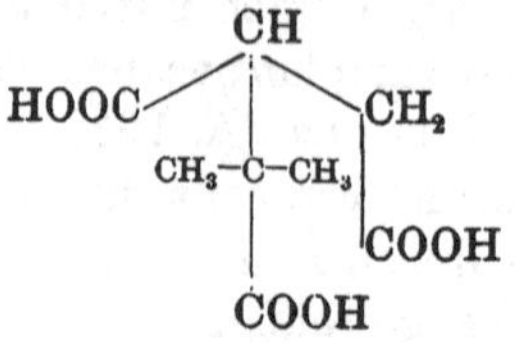 .

Um einen Einblick in die Konstitution der Pinonsäure zu erhalten, oxydierten T. und S. (B. **28**, 1349) diese mit Kaliumpermanganat, wobei sie eine Säure vom Smp. 147° erhielten, welche von ihnen als Trimethyltricarballylsäure angesprochen wurde. Das Anhydrid $C_8H_{10}O_5$ dieser Säure entsteht beim Erhitzen und destilliert unter 16 mm bei etwa 225°, Smp. 142,5°. — v. Baeyer (B. **29**, 2792) erhielt dieselbe Säure, als er die α-Keto-Isokamphoronsäure mit Bleisuperoxyd und Essigsäure behandelte; er fand den Smp. 149—151°, für das Anhydrid Smp. 145—146°.

α-Oxydimethyltricarballylsäure $C_8H_{12}O_7$ und ihr Lakton

$C_8H_{10}O_6$ = 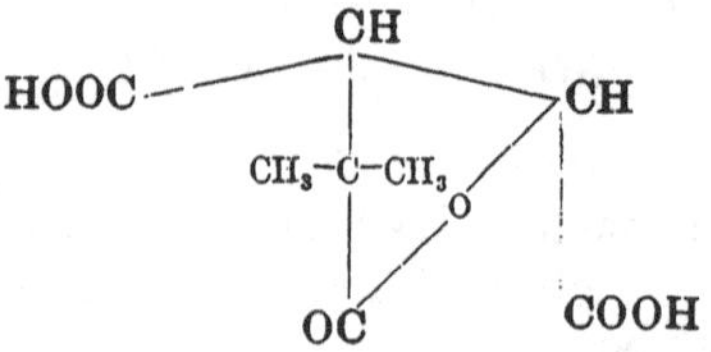

gewinnt v. Baeyer (B. **29**, 2794), indem er die Dimethyltricarballylsäure bromiert und das Produkt in siedendes Wasser gießt; Smp. 207°, Laktonsäure.

Oxydimethylbernsteinsäure

$C_6H_{10}O_5$ = 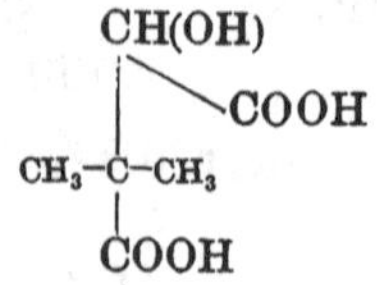 .

T. und S. (B. **28**, 1350) zeigten, daß von der Mutterlauge der Dimethyltricarballylsäure durch fraktionierte Destillation im Vakuum zwei Fraktionen zu erhalten sind, von denen die eine bei 205°, die zweite bei 205—230° siedete usw.

Dimethylbernsteinsäure

$C_6H_{10}O_4$ = 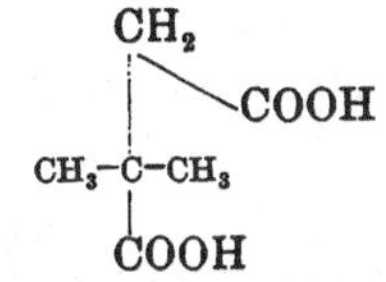 .

T. und S. (B. **28**, 1351) reduzierten die vorige Säure mit Jodwasserstoff und erhielten die Dimethylbernsteinsäure vom Smp. 145°. — v. BAEYER (B. **29**, 2795) erhielt gleichfalls diese Säure, indem er das vorhin erwähnte Lakton der α-Oxydimethyltricarballylsäure mit Kali im Silbertiegel schmolz usw. —

Bei der Besprechung der Konstitution des Pinens wird hervorzuheben sein, daß es besonders die durch Oxydation erhaltenen Abbauprodukte, die Pinon-, Pin-, Dimethyltricarballyl- und Dimethylbernsteinsäure waren, welche der von WAGNER aufgestellten Pinenformel zur Stütze gereichten. Der auf die Konstitution der Isokamphoronsäure gestützte Beweis dieser Formel muß als mißglückt angesehen werden, da die von v. BAEYER für diese Säure angenommene Formel falsch ist; dagegen hat sich die von BREDT, TIEMANN und SEMMLER aufgestellte Formel als richtig erwiesen. Anderseits ist die Formel für das Pinen von TIEMANN und SEMMLER nicht zulässig, obwohl sie von der richtigen Isokamphoronsäureformel ausgeht. Wir erkennen an dem Beispiel des Pinens so recht, wie wenig man auf Abbauprodukte in der Terpenreihe geben darf, wenn man nicht sicher ist, daß Umlagerungen bei deren Darstellung ausgeschlossen sind: Der Schluß aus der richtigen Isokamphoronsäureformel führte zur falschen Pinenformel, der Schluß aus der falschen Isokampforonsäureformel führte dagegen zur richtigen Pinenformel.

Verhalten des Pinens gegen Chromylchlorid. Die Chromsäure wirkt vielfach auf Pinen analog der Schwefelsäure, indem Wasseranlagerung eintritt, anderseits tritt die Sauerstoff abgebende Natur hervor und es findet Oxydation statt. Die Einwirkung des Chlorids der Chromsäure studiert zuerst ÉTARD im Jahre 1893 (C. r. **116**, 434—436; C. **1893**, I, 648), indem er analog verfährt wie bei den Untersuchungen der Einwirkung des Chromylchlorids auf Kampfen. Die Einwirkung auf d- und l-Pinen gestaltet sich lebhafter wie beim Kampfen. Der erhaltene Aldehyd ist flüssig, Sdp. 205—207°, $d_{22} = 0{,}96$, linksdrehend wie das Ausgangsmaterial; er reduziert Silbersalze, reagiert mit Phenylhydrazin und gibt mit fuchsinschwefliger Säure eine violette Färbung. — Die Verbindung $C_{10}H_{16} \cdot 2\,CrO_2Cl_2$ erhalten HENDERSON, GRAY und SMITH (Proceed. **19**, 195 und C. **1903**, II, 372), indem sie Pinen und Chromylchlorid in Schwefelkohlenstofflösung aufeinander einwirken lassen; eine feste Verbindung, die mit Wasser ein flüchtiges Öl liefert, welches einen gesättigten Aldehyd $C_{10}H_{16}O$, ein ungesättigtes Keton $C_{10}H_{14}O$ und geringe Mengen eines chlorhaltigen Oxydationsproduktes des Pinens (vgl. auch Soc. **55**, 47) enthält; der Aldehyd ist kristallinisch, Smp. 32—33°, Sdp. 205—207°, liefert ein Semicarbazon vom Smp. 191° und eine Säure $C_{10}H_{16}O_2$ vom Smp. 117°. Das ungesättigte Keton $C_{10}H_{14}O$ bildet eine farblose Flüssigkeit vom Sdp. 206—207°, $n_D = 1,4760$, addiert 2 Br, liefert ein öliges Oxim und ein Semicarbazon vom Smp. 226—228°, gibt bei der Oxydation mit alkalischer Bromlösung p-Toluylsäure. — Vgl. auch HENDERSON, GRAY und SMITH (Soc. **83,** 1299; C. **1904,** I, 95); hierselbst geben die Forscher weitere Daten. Der Aldehyd $C_{10}H_{16}O$ gibt ein Semicarbazon vom Smp. 191°, das Silbersalz der Säure $C_{10}H_{16}O_2$ kristallisiert in Nadeln. Das Keton $C_{10}H_{14}O$ hat $d_{20} = 0,9678$, $n_D = 1,477$, das chlorhaltige Oxydationsprodukt hat $Sdp._{90} = 145—150°$. — Es ist ungewiß, inwieweit die soeben erwähnten Verbindungen sich einmal vom reinen Pinen oder ev. vom Nopinen oder schließlich vom Kampfen ableiten. Die Bildung eines Aldehyds $C_{10}H_{16}O$, welches der Kampfenilanaldehyd sein könnte, ist ohne Umlagerung aus dem Pinen nicht denkbar; die Entstehung eines ungesättigten Ketons $C_{10}H_{14}O$ ist ebenfalls nur unter weitgehender Umlagerung zu erklären. Weitere Untersuchungen müssen angestellt werden, um zu entscheiden, ob Nopinaldehyd oder Kampfenilanaldehyd vorliegen, schließlich, welche Konstitution dem Keton zukommt. Auch die Verbindungen $C_{20}H_{33}ClO$ ($d_{15} = 1,01366$) und $C_{20}H_{31}Cl$ (Sdp. 180—185°, $d_{15} = 0,97407$) sind weiter zu studieren (Soc. **55,** 47). —

Einwirkung von Diäthylsulfat auf Pinen. Auch den Äthylester der Schwefelsäure ließ BRUÈRE (J. **1880,** 444) auf Pinen einwirken. Erhitzt man gleiche Moleküle der genannten Verbindung auf 120° 10 bis 15 Stunden lang in geschlossenen Gefäßen, so scheint sich zuerst die Verbindung $C_{10}H_{16} \cdot SO_4(C_2H_5)_2$ zu bilden, welche sich alsbald zersetzt; die dabei erfolgende Cymolbildung läßt sich nach folgender Gleichung erklären: $C_{10}H_{16} + SO_4(C_2H_5)_2 = SO_2 + (C_2H_5)_2O + H_2O + C_{10}H_{14}$. Wir haben demnach eine Oxydation des Pinens analog seiner Überführung in Cymol durch Brom usw. —

Einwirkung der Derivate der dreiwertigen Metalloide, der salpetrigen Säure, der Salpetersäure, der Anhydride dieser Säuren, des Nitrosylchlorids usw. auf Pinen.

Die Einwirkung der salpetrigen Säure und Salpetersäure auf Pinen verläuft zunächst analog jener der Schwefelsäure, indem Wasser angelagert wird; jedoch können sich einmal diese Säuren bzw. ihre Anhydride auch selbst an Pinen anlagern, alsdann können diese Säuren auch Oxydationen bewirken; die Wasseranlagerung und die Oxydationen sind bereits abgehandelt. Bei ersterem Prozeß sind die Arbeiten TANRETS (J. **1887,** 1119) nachzutragen. Die erhaltenen Derivate des Pinens, welche bei der Einwirkung von Alkohol und Salpetersäure auf Terpentinöl außer dem Terpinhydrat usw. entstehen, sind in ihrer Konstitution nicht aufgeklärt. Er beschreibt das Hydrazokampfen $C_{10}H_{17}NO_2$ (vgl. C. r. **104**, 791 und 917; B. **21**, Ref. 237, 352). Er wäscht die Mutterlaugen von der Terpinbereitung mit Wasser und schwacher Natronlauge usw. und erhält ein α-Derivat vom Smp. 210° und ein β-Derivat vom Smp. 100—114°. Ferner wird vom Dihydrokampfin $C_{20}H_{34}N_2O_2$ ein α-, β- und γ-Derivat beschrieben. Über die weiteren Eigenschaften und Derivate vgl. die Originalarbeit. — Es ist nicht ausgeschlossen, daß wir es gar nicht mehr mit Verbindungen des Pinentypus zu tun haben, sondern daß wir uns wahrscheinlich in der Pentoceanreihe befinden, da diese Derivate sich durch gutes Kristallisationsvermögen auszeichnen.

Über die Einwirkung der salpetrigen Säure usw. auf Pinen berichten Pesci und Bettelli (G. **16**, 337; B. **19**, Ref. 875); sie versuchen analoge Verbindungen zu erhalten, wie sie aus dem Phellandren gewonnen wurden. Es resultierte ein grünes Öl, aus welchem sie Nitroterpentin $C_{10}H_{15}NO_2$ darstellen. Letzteres läßt sich durch Reduktion in Amidoterpentin überführen, Sdp. 197—200°, dieses liefert mit Jodmethyl Trimethylterpentylammonium, perlmutterglänzende Blättchen. Pesci (G. **18**, 219; C. **1888**, 108) dehnt dieselbe Reaktion auf d-Pinen aus, erhält ein Nitroterpen, $d = 1,0499$, $\alpha_D = +2,984°$, Amidoterpen, dessen salzsaures Salz $\alpha_D = -48,508°$ zeigt, während aus l-Pinen ein solches mit $\alpha_D = -48,629°$ erhalten wird. — Genvresse (C. r. **130**, 918; C. **1900**, I, 1021) gewinnt bei der Einwirkung von nitrosen Dämpfen oder Stickstoffdioxyd auf Pinen und bei der darauffolgenden Wasserdampfdestillation des Reaktionsproduktes das Pinenol $C_{10}H_{16}O$, $Sdp._{38} = 143°$, $Sdp._{740} = 225°$, $d_0 = 0,9952$, $n_D = 1,497$, $\alpha_D = -14,66°$; es addiert 1 Mol. Br und liefert mit P_2O_5 Cymol. Das Pinenylacetat bildet ein lavendelölartig riechendes Öl vom $Sdp._{40} = 150°$. Das Pinenol wird durch Chromsäuregemisch zum Keton Pinenon $C_{10}H_{14}O$ oxydiert, $Sdp._{42} = 132°$, $d_0 = 0,9953$, $n_D = 1,5002$, $\alpha_D = -21° 12'$; Semicarbazon Smp. 82°, Oxim Smp. 89°, $\alpha_D = -22° 3'$, $Sdp._{40} = 170°$, Pinenonoximdibromid $C_{10}H_{15}ONBr_2$, Smp. 152°. Das Pinenon bildet mit Carbanil Verbindung $C_{10}H_{14} \cdot NO \cdot CO \cdot NH \cdot C_6H_5$, Smp. 135°, das Benzoylpinenonoxim $C_{10}H_{14} \cdot NO \cdot CO \cdot C_6H_5$ schmilzt bei 105°, das Butyrylpinenonoxim schmilzt bei 74°. Das Pinenol entsteht auch direkt bei der Einwirkung der Stickstoffoxyde auf Pinen. — Es muß dahingestellt bleiben, ob dem Pinenon i-Carvon beigemengt ist. — Bei der Behandlung des Pinens in alkoholischer Lösung mit wäßriger salpetriger Säure entsteht optisch aktives Terpineol (Genvresse, C. r. **132** [1901], 637).

Einwirkung des gemischten Anhydrids NOCl auf Pinen. Pinen liefert mit salpetriger Säure, wie wir sahen, nicht wie Terpinen und Phellandren ein charakteristisches Bisnitrosit, mit Nitrosylchlorid dagegen analoge Verbindungen wie das Pinol, Terpineol, Limonen usw. Es sind dies alles Moleküle, welche eine tertiär-sekundäre doppelte Bindung haben. Es hat sich herausgestellt, daß auch hierbei aus dem Pinen eine bimolekulare Verbindung entsteht.

Pinen-Bisnitrosochlorid und seine Derivate

$(C_{10}H_{16}NOCl)_2$ =

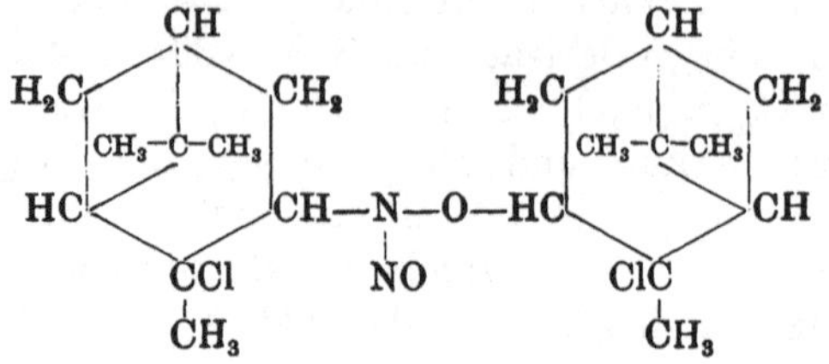

Bunge (Z. **1889**, 579) läßt auf verschiedene Terpene Nitrosylchlorid einwirken und erhält weiße kristallinische Pulver, denen er die Zusammensetzung $C_{10}H_{14}NO_2Cl$ gibt; es ist sehr leicht möglich, daß er auch das Pinen-Bisnitrosochlorid in Händen gehabt hat. — Tilden (Soc. **12**, 630; Chem. N. **29**, 183; J. **1874**, 214) verbessert die Darstellungsmethode des Nitrosylchlorids und läßt letzteres auf verschiedene Körper einwirken. — Derselbe Forscher (Soc. **13**, 514 und 518; J. **1875**, 390) leitet Nitrosylchlorid in Terpentinöl ein und erhält einen weißen Niederschlag $C_{10}H_{16}NOCl$, woraus beim Erwärmen mit Alkalien Nitrosoterpen $C_{10}H_{15}NO$ gewonnen wird. — Tilden und Shenstone (Soc. **1877**, I, 554; Chem. N. **35**, 121) setzen die Untersuchung dieser Reaktion fort und dehnen sie auf verschiedene Terpene aus. Aus rechtsdrehendem amerikanischem Terpentinöl gewinnen sie ein Nitrosochlorid vom Smp. 103°, welches ein Nitrosoterpen vom Smp. 129° liefert; aus französischem linksdrehendem Terpentinöl gewinnen sie Verbindungen von ähnlichen Schmelzpunkten. Auch verschiedene Terpene aus anderen Ölen liefern ihnen ähnliche Nitrosochloride usw. Ein von diesen Nitrosochloriden verschiedenes Nitrosochlorid stellen sie aus dem Citronenöl, Kümmelöl usw. (Limonen) her. — Tilden (Pharm. J. Trans. III, **8**, 188; J. **1878**, 979) läßt auf weitere Öle Nitrosylchlorid einwirken; in scharfer Weise trennt er die „Terpentingruppe" (Nitrosoderivat Smp. 129°) von der „Orangenölgruppe" (Nitrosoderivat Smp. 71°). — Maskelyne (Phil. Mag. V, **7**, 129; J. **1879**, 396) untersucht die Nitrosoterpene kristallographisch und bestätigt die Trennung der Terpene Tildens. — Im Jahre 1885 beschäftigten sich Goldschmidt und Zürrer (B. **18**, 2223) mit dem Nitrosopinen vom Smp. 129°. — Wallach nimmt im Jahre 1888 (A. **245**, 251) die Untersuchung des Pinennitrosochlorids auf und verbessert seine Darstellung; noch bequemer gewinnt dieser Forscher (A. **253**, 251) das Nitrosochlorid, indem er ein Gemenge von je 50 g Terpentinöl, Eisessig und Äthylnitrit stark abkühlt und nach und nach 15 ccm 33%iger roher Salzsäure einträgt usw. — Der Schmelzpunkt des Pinennitrosochlorids wird etwas verschieden gefunden je nach seiner Reinigung, am häufigsten wurde er zu 103° bestimmt; es ist optisch inaktiv. van Romburgh (C. **1901**, I, 1006) gibt einen Smp. 108° an.

In letzter Zeit ist von Tilden (Soc. **85** [1904], 759) eine Arbeit erschienen, in der er den Schmelzpunkt zunächst zu 109—111° bestimmt, nach dem Umkristallisieren aus Chloroform beobachtet er den Smp. 115°.

Vgl. daselbst auch die Darstellung des Pinen-Bisnitrosochlorids und seine sonstigen Reaktionen. T. führt die geringen Ausbeuten bei hochdrehendem Pinen auf den Inversionsprozeß der einen Hälfte des Kohlenwasserstoffs zurück usw. — KREMERS (Pharm. Rundschau **13** [1895], 135) gibt bereits früher an, daß die Ausbeute an Pinennitrosochlorid um so geringer ist, je höher das Drehungsvermögen.

Die Natur des Pinen-Bisnitrosochlorids war anfangs zweifelhaft, jedoch wurde es allgemein als monomolekular angesehen; man beschäftigte sich nur mit der Frage, ob eine Nitroso- oder Isonitrosogruppe im Molekül vorhanden ist (vgl. die angeführten Arbeiten). Erst v. BAEYER (B. **28**, 648) spricht im Jahre 1895 sowohl das Pinen-, als auch Limonennitrosochlorid als Bisnitrosoderivate an.

Das Pinen-Bisnitrosochlorid läßt sich nach v. BAEYER in ätherischer Lösung durch Salzsäure in Hydrochlorcarvoxim umlagern (B. **29** [1896], 12) (vgl. Tabelle des Pinens).

Pinen-Bisnitrosobromid $(C_{10}H_{16}NOBr)_2$ ist eine analoge Verbindung und wird auch analog hergestellt wie das Chlorid (vgl. WALLACH, A. **245**, 251 und A. **253**, 251), Smp. 91—92°.

Die Einwirkung von Magnesiumjodmethylat auf Pinennitrosochlorid vgl. man bei TILDEN und STOKES (Soc. **87** [1905], 836; C. **1905**, II, 484).

Basen aus dem Pinen-Bisnitrosochlorid, Pinennitrolamine. Pinennitrolpiperidin

$C_{10}H_{15}\cdot NOH\cdot NC_5H_{10}$ =

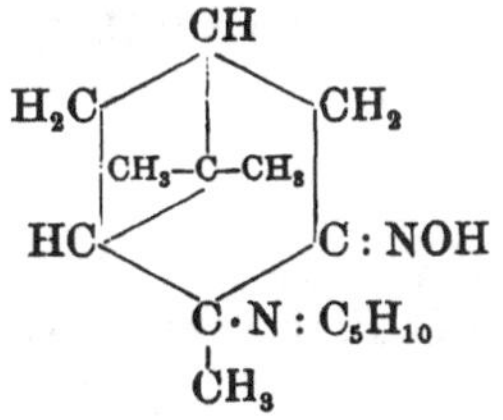

wird erhalten (A. **245**, 253), indem man das Pinen-Bisnitrosochlorid mit überschüssigem, reinem Piperidin erwärmt Smp. 118—119°.

Das Pinennitrolbenzylamin $C_{10}H_{15}\cdot NOH\cdot NHCH_2\cdot C_6H_5$ gewinnt WALLACH (A. **252**, 130) durch Erwärmen von Pinen-Bisnitrosochlorid mit 2 Mol. Benzylamin in alkoholischer Lösung; Smp. 122—123°, rhombisch-hemiëdrisch, gibt salzsaures Salz. Wird die Benzylaminbase im Paraffinbade auf 160—180° erhitzt, so zerfällt sie, wie auch die anderen Basen, in eine polymere Modifikation des Nitrosopinens; außerdem wird im vorliegenden Falle Benzylamin zurückgebildet (A. **268**, 220 und v. BAEYER, B. **28**, 649).

Pinennitrolpropylamin $C_{10}H_{15}\cdot NOH\cdot NHC_3H_7$, Smp. 96°.

Pinennitrolamylamin $C_{10}H_{15}\cdot NOH\cdot NHC_5H_{11}$, Smp. 105—106°.

Pinennitrolallylamin $C_{10}H_{15}\cdot NOH\cdot NH\cdot C_3H_5$, Smp. 94°. Mit Brom entsteht daraus höchstwahrscheinlich ein Bromwasserstoffanlagerungsprodukt $C_{10}H_{15}\cdot NOH\cdot NH\cdot C_3H_5\cdot HBr$ vom Smp. 138—139°. Das gleich zusammengesetzte bromwasserstoffsaure Salz der Base schmilzt bei 147°, das Dibromid des bromwasserstoffsauren Salzes $C_{10}H_{15} \cdot NOH \cdot NH \cdot C_3H_5Br_2 \cdot HBr$ schmilzt bei 163—164°. — Alle diese Basen gewinnt Wallach (A. **268**, 216), indem er von den primären Aminen der Fettreihe eine konz. alkoholische Lösung herstellt und sie mit dem Bisnitrosochlorid kurze Zeit erwärmt, bis letzteres in Lösung gegangen ist, alsdann gießt er das Produkt in Wasser usw. Sämtliche Pinennitrolamine sind optisch inaktiv wie das Bisnitrosochlorid. Wallach faßt die Nitrolamine als monomolekular auf, v. Baeyer (a. a. O.) ev. als bimolekular. — Im Gegensatz zu den erwähnten Basen der Fettreihe usw. verhält sich das Pinen-Bisnitrosochlorid gegen Anilin anders, nämlich hierbei wird Pinen regeneriert (A. **252**, 132 und **258**, 343) und es bildet sich Amidoazobenzol (vgl. Gewinnung des Pinens), so daß wir folgende Umsetzung haben:

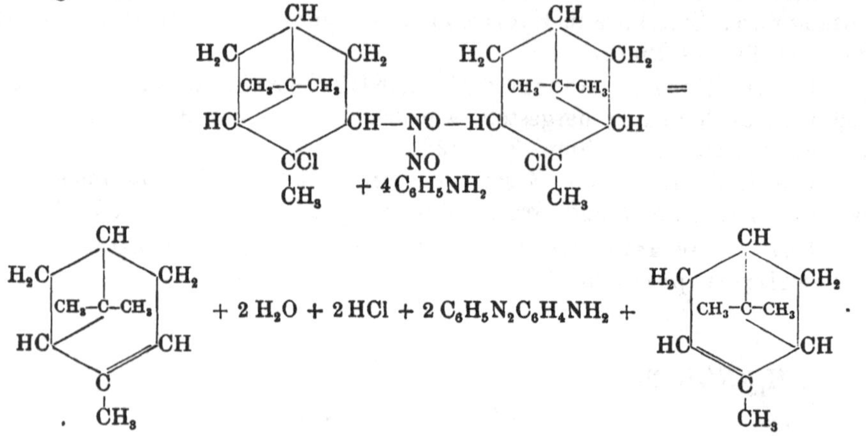

Als weiteres Derivat des Pinen-Bisnitrosochlorids ist zu erwähnen das Nitrosopinen

$C_{10}H_{14} \cdot NOH$ =

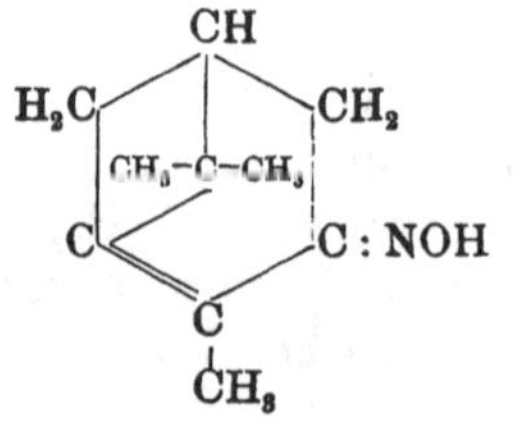

Tilden (Soc. **13**, 514 und 518; J. **1875**, 390) gewinnt diese Verbindung, durch Behandeln des Pinen-Bisnitrosochlorids mit alkoholischem Kali; bequemer läßt sich die Verbindung nach Wallach und Lorentz (A. **268**, 198) durch Kochen mit Natriumäthylat darstellen. Vgl. ferner Tilden und Shenstone (Soc. **1877**, 554; J. **1877**, 426), die den Smp. 129° angeben im Gegensatz zu dem bei 71° schmelzenden Nitrosoterpen aus dem Limonen-Bisnitrosochlorid (i-Carvoxim). Über die monokline Kristallform vgl. Maskelyne (J. **1879**, 396) und Hintze (A. **252**, 133). Der Schmelzpunkt der reinen umkristallisierten Verbindung dürfte bei 132° liegen; sie ist inaktiv, sublimiert wenig über 132°, ist sehr wenig in Wasser löslich, ebenso in Ligroin, löst sich unzersetzt im warmen Vitriolöl, ebenso in Natronlauge. — Über die Konstitution des Nitrosopinens äußern sich GOLDSCHMIDT und ZÜRRER (B. **18**, 2223); beide sprechen es im Gegensatz zu TILDEN und SHENSTONE als Isonitrosoverbindung an, da es sich in Säuren und Alkalien löse; außerdem gewinnen sie durch Fällen der ätherischen Lösung mit Natriumalkoholat das Natriumsalz $C_{10}H_{14}:NONa$, ferner konnte ein Methyläther $C_{10}H_{14}:NOCH_3$ dargestellt werden. WALLACH (B. **24**, 1547) sieht dagegen im Nitrosopinen eine wahre Nitrosoverbindung, da es gegen Säuren sehr beständig sein soll. Diese Angabe wird zunächst durch URBAN und KREMERS (Am. VII, **16**, 404; B. **27**, Ref. 793) erschüttert, welche beim Kochen von Nitrosopinen mit Salzsäure Hydroxylamin und ein Öl erhielten. v. BAEYER (B. **28**, 646) konstatierte alsdann, daß dieses Öl zweifellos Carvacrol ist, eine Beobachtung, die von MEAD und KREMERS (Am. **17**, 607) bestätigt wurde. Hiernach müssen wir annehmen, daß das Nitrosopinen eine wahre Isonitrosoverbindung ist. — Vgl. auch WALLACH (B. **28** [1895], 1313), wo nochmals besonders hervorgehoben wird, daß das Nitrosopinen gegen konz. Schwefelsäure verhältnismäßig beständig ist, daß dagegen Salzsäure leichter spaltet.

Reduktion des Nitrosopinens. TILDEN (J. **1875**, 391) berichtet, daß das Nitrosopinen durch Schwefelammonium keine Reduktion erleidet, daß dagegen Natriumamalgam Ammoniak und einen Kohlenwasserstoff liefere. — WALLACH (A. **258**, 346 und A. **268**, 197) reduziert das Nitrosopinen mit Eisessig und Zinkstaub und erhält das

Pinylamin

$C_{10}H_{15}\cdot NH_2$ = 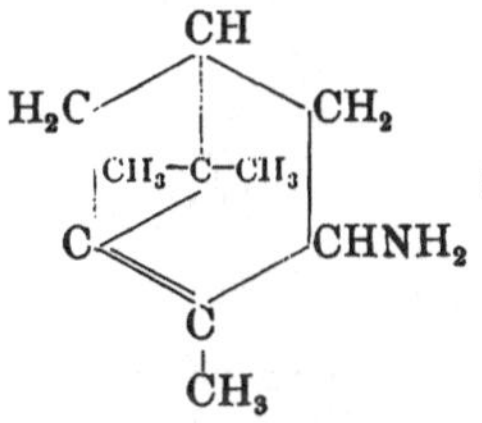 ;

Sdp. 207—208°, Sdp.$_{22-23}$ = 98—99°, d_{17} = 0,943, starke, ungesättigte Base, die langsam Kohlensäure aus der Luft aufnimmt. $C_{10}H_{15}NH_2\cdot HCl$, Smp. 229—230°; $(C_{10}H_{15}NH_2\cdot HCl)_2\cdot PtCl_4$, gelbe Kristallblätter oder Nadeln; $C_{10}H_{15}NH_2\cdot HNO_3$, farblose Kristalle; $(C_{10}H_{15}NH_2)_2\cdot H_2SO_4$, Nadeln, die sich oberhalb 200° zersetzen; Pinylaminrhodanat $C_{10}H_{17}NC\cdot NSH$ hat Smp. 135—136°; Pinylaminoxalat $(C_{10}H_{15}NH_2)_2\cdot C_2O_4H_2$, Smp. 247 bis 248°; Pinylaminpikrat bildet gelbe Nadeln; Acetylpinylamin $C_{10}H_{15}NH\cdot CO\cdot CH_3$ schmilzt bei 108—109°; Benzoylpinylamin $C_{10}H_{15}NH\cdot CO\cdot C_6H_5$ bildet bei 125° schmelzende Nädelchen; Monopinylharnstoff $C_{10}H_{15}NH\cdot CO\cdot NH_2$ stellt bei 156° schmelzende Nadeln dar; das Benzylidenpinylamin $C_{10}H_{15}N:CHC_6H_5$, schmilzt bei 52—53°; das Furfurylidenpinylamin $C_{10}H_{15}N:CHC_4H_3O$ stellt prachtvolle bei 80—81° schmelzende Kristalle dar; mit Salicylaldehyd werden bei 108—109° schmelzende Kristalle von der Zusammensetzung $C_{10}H_{15}N:CHC_6H_4OH$ gewonnen. — Bei der trocknen Destillation des Pinylaminchlorhydrats entsteht Cymol, außerdem ein höher siedendes Produkt von der wahrscheinlichen Zusammensetzung $C_{10}H_{16}O$, welches mit Hydroxylamin ein bei 87—88° schmelzendes Oxim $C_{10}H_{16}:NOH$ liefert (vgl. A. **300**, 287). — Das Pinylsenföl $C_{10}H_{15}\cdot N:CS$ wird von v. Braun und Rumpf (B. **35** [1902], 830) dargestellt: Sdp.$_{14}$ = 142—143°. — Das Pinocarveol $C_{10}H_{16}O$ wird aus dem Pinylamin erhalten (Wallach, A. **277**, 149; A. **279**, 387 und A. **300**, 286), indem man Pinylaminnitrat mit Natriumnitrit in wäßriger Lösung erwärmt; d_{22} = 0,978, n_D = 1,49787, Sdp. 215—218°. Wallach (Kgl. Wiss. Götting. **1905**, 3) findet: Sdp.$_{12}$ = 92°, d = 0,9745, n_D = 1,4963, $[\alpha]_D$ = —52,45° in 12,70%iger Lösung (aus Eucalyptusöl). Das Pinocarvon $C_{10}H_{14}O$ wird durch Oxydation des Pinocarveols mit Chromsäure in Eisessig gewonnen, liefert Oxim vom Smp. 98°, das demnach verschieden vom Carvoxim ist; sein Semicarbazon schmilzt bei 204°. Es muß dahingestellt bleiben, welche Formel dem Pinocarvon zukommt; es enthält, wie das Carvon, zwei Äthylenbindungen (Wallach, A. **300**, 292). Es scheint mir jedoch nicht ausgeschlossen, daß das hohe Volumgewicht und der niedrige Siedepunkt noch für ein bicyklisches ungesättigtes Molekül sprechen, so daß das Pinocarvon das zu dem Nitrosopinen gehörige Keton sein könnte, ev. könnte es auch die doppelte Bindung semicyklisch haben; gehört es zum Nitrosopinen, so kann ihm folgende Konstitutionsformel zugeschrieben werden:

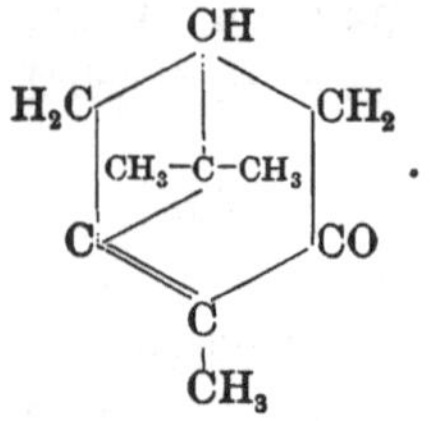

Aber auch beim Nitrosopinen könnte man ev. eine semicyklische Bindung in Betracht ziehen. — Wir gelangen demnach zum Pinocarvon vom Nitrosopinen aus, wenn wir letzteres mit Zinkstaub und Eisessig zum Pinylamin reduzieren, diese Base mit salpetriger Säure in das Pinocarveol überführen und letzteres mit Chromsäure zum Keton Pinocarvon oxydieren. Außer dem Pinylamin entsteht aber bei dieser Reduktion des Nitrosopinens mit Zinkstaub und Eisessig auch noch das

Pinokampfon

$C_{10}H_{16}O$ =

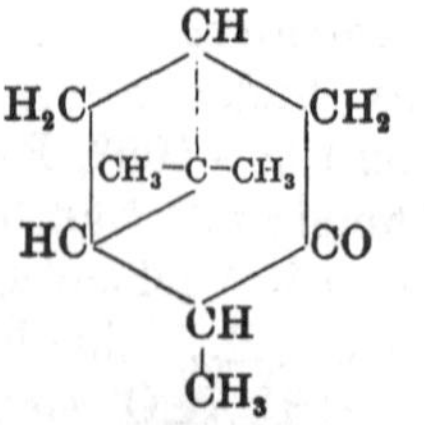

Wallach (A. **268**, 210; A. **300**, 287; A. **313**, 367) gibt an: Sdp. 211 bis 213°, d_{21} = 0,959, n_D = 1,47273, M. R. = 44,44, ber. $C_{10}H_{16}O$ = 44,11. Das Semicarbazon schmilzt bei 199—200°, das Pinokampfonoxim

$C_{10}H_{16}NOH$ schmilzt bei 86—87°. Das Pinokampfeol $C_{10}H_{17}OH$ wird durch Reduktion des in wäßrigem Äther gelösten Pinokampfons durch Natrium gewonnen; Sdp. 218—219°, $d_{20} = 0{,}9655$, $n_D = 1{,}48612$. Sein Phenylurethan $C_{10}H_{17}O \cdot CONHC_6H_5$ schmilzt bei 98°. Mit Chlorzink entsteht aus ihm unter anderem Cymol.

Das Pinokampfylamin $C_{10}H_{17}NH_2$ (ev. Dihydropinylamin) erhält man nach WALLACH (A. **313**, 367), wenn man das Pinokampfonoxim mit Natrium und Alkohol reduziert; der Harnstoff $C_{10}H_{17}NH \cdot CONH_2$ schmilzt bei 204°, das Acetylpinokampfylamin $C_{10}H_{17}NH \cdot COCH_3$ zeigt einen Smp. von 120°.

Das Pinokampfonitril $C_{10}H_{15}N$ wird aus dem Pinokampfonoxim durch Erwärmen mit konzentrierterer Schwefelsäure hergestellt, am besten erhält man es durch Einwirkung von P_2O_5 auf das Oxim (A. **313**, 368), Sdp. 224—226°; die Pinokampfolensäure $C_9H_{15}COOH$ ergibt sich aus dem Nitril durch Erhitzen mit Natriumalkoholat im zugeschmolzenen Rohre, das Amid $C_9H_{15}CONH_2$ schmilzt bei 116°. Dem Nitril kommt ev. folgende oder eine ähnliche Konstitution zu:

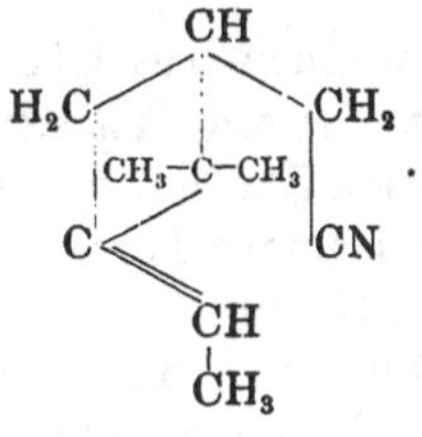

Vielleicht liegt auch ein Nitril mit einem Fünfring vor.

Das Nitrosopinendibromid $C_{10}H_{14}NOHBr_2$ hat ev. schon TILDEN (J. **1875**, 390) in Händen gehabt (vgl. daselbst die angegebenen Eigenschaften). WALLACH (A. **300**, 290) reduzierte das Dibromid mit Zinkstaub und Eisessig und erhielt hierbei wahrscheinlich das Dihydrocarvon $C_{10}H_{16}O$, welches ein Oxim vom Smp. 113—114° lieferte. Außerdem entstand bei dieser Reduktion eine Base (WALLACH, A. **313**, 368) $C_{10}H_{15}NH_2$, der etwas $C_{10}H_{17}NH_2$ beigemengt war, so daß ev. hauptsächlich Carvylamin vorliegt. Wir haben demnach folgende Umsetzungen:

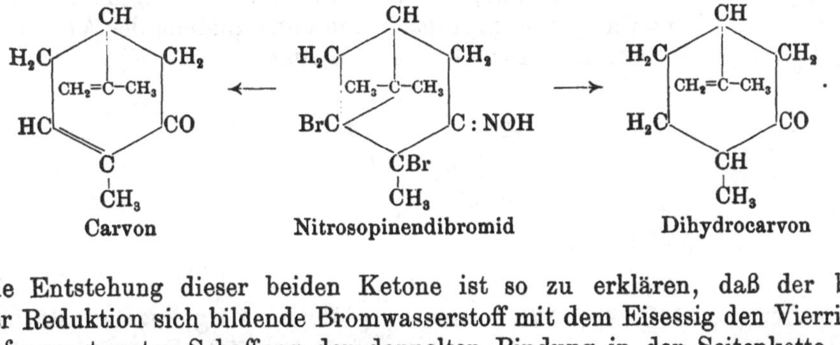

Carvon — Nitrosopinendibromid — Dihydrocarvon

Die Entstehung dieser beiden Ketone ist so zu erklären, daß der bei der Reduktion sich bildende Bromwasserstoff mit dem Eisessig den Vierring aufsprengt unter Schaffung der doppelten Bindung in der Seitenkette.

Pinennitrosocyanid

$C_{10}H_{15}NOH \cdot CN$ = 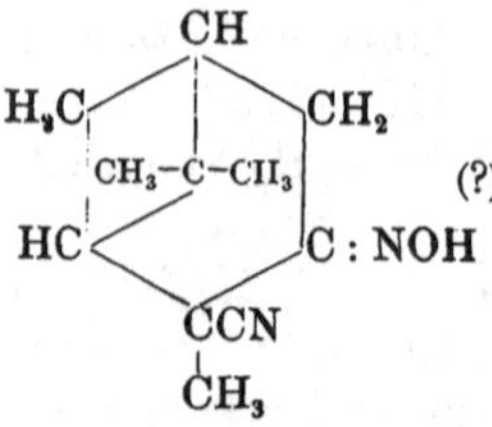 (?).

Tilden und Burrows gewinnen diese Verbindung (Proceed. **18** [1902], 161), indem sie auf das Pinen-Bisnitrosochlorid Cyankalium einwirken lassen; Smp. 170°. Sie liefert mit Jodmethyl und Kali ein Methylderivat $C_{12}H_{18}ON_2$ vom Smp. 67°. Beim Reduzieren mit Natrium entweicht etwas Ammoniak und es entsteht in fast quantitativer Ausbeute Pinylamin. Mit konz. Schwefelsäure wird bei 100° ein isomeres, bei 220° schmelzendes Produkt erhalten. Durch warme Salpetersäure scheint die Nitrosogruppe oxydiert zu werden, gleichzeitig tritt Nitrierung ein, wobei ein Dinitroprodukt $C_{10}H_{15}(NO_2)_2 \cdot CN$ vom Smp. 105° entsteht.

Einwirkung der Arsensäure auf Pinen. Die arsenige und Arsensäure lagern wie die anderen Säuren Wasser an Pinen an. Bei höherer Temperatur findet wie bei diesen Säuren wiederum Wasserabspaltung statt und es resultieren dem Pinen isomere Terpene. Genvresse (C. r. **134**, 360; C. **1902**, I, 659 und A. ch. VII, **26**, 31; C. **1902**, I, 1296) beobachtete, daß beim Erhitzen von 1000 g Pinen mit 250 g kristallisierter Arsensäure am Rückflußkühler ca. 60 % Terpinen neben wenig Cymol und Terpineol gebildet werden. Das von G. erhaltene Terpinen war linksdrehend (—10° 47' bzw. —10° 21'); da Terpinen inaktiv ist, so könnten diesem Produkt aktives Pinen oder aktives Limonen beigemengt gewesen sein.

Einwirkung der Kohlenstoffverbindungen auf Pinen. Das Pinen liefert mit anorganischen Molekülen CO, CO_2, CS_2 usw. keine charakteristischen Derivate, dagegen ist es gelungen, diesen Kohlenwasserstoff mit organischen Verbindungen in Wechselwirkung zu bringen. Weniger sind es Kohlenwasserstoffe und Alkohole, welche sich, wie auch anderen Terpenen gegenüber, wenig reaktionsfähig erwiesen haben, als Aldehyde, Säuren und Phenole, die mit dem Pinen Verbindungen eingehen. — Mit Formaldehyd reagiert das Pinen unter Bildung des Alkohols $C_{11}H_{18}O$, dem ev. folgende Konstitution zukommt:

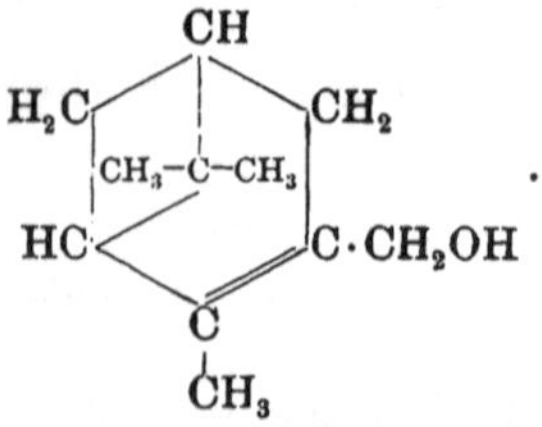

Kriewitz (B. **32** [1899], 57) erhitzt 20 g Pinen, 4,4 g Paraformaldehyd und 10 g Alkohol 12 Stunden lang auf 170—175°; Sdp. 232—236°,

d_{20} = 0,961, fast unlöslich in Wasser. Dihydrochlorid $C_{11}H_{18}O \cdot 2\,HCl$, Smp. 74°; Dihydrobromid $C_{11}H_{18}O \cdot 2\,HBr$, Smp. 77°; Acetylverbindung des Alkohols $C_{13}H_{20}O_2 = CH_3COOC_{11}H_{17}$, Sdp. 252—256°; Benzoylverbindung des Alkohols $C_{18}H_{22}O_2 = C_6H_5COOC_{11}H_{17}$, Sdp.$_{20}$ = 210 bis 215°. — Formaldehyd dürfte in diesem Falle analog reagieren wie sonst Aldehyde mit leichtbeweglichen Wasserstoffatomen; ev. bewirkt die doppelte Bindung, daß in der Nähe stehende Wasserstoffatome in Reaktion treten und sie zur Alkoholgruppe umlagern.

Verbindung $C_{10}H_{16}C_6H_3(NO_2)_3O$. Mit dem Phenol Pikrinsäure läßt sich das Pinen verkuppeln. LEXTREIT (C. r. **102**, 555; Bl. II, **46**, 117; B. **19**, Ref. 237) beschreibt im Jahre 1886 das Einwirkungsprodukt, welches er beim Erwärmen der Komponenten auf 150° erhält, Smp. 133°, strohgelbe Tafeln; durch Kochen mit KOH entsteht ein Borneol, Smp. 199—200°, Sdp. 211°, Pol. α_D = — 37°, gibt $C_{10}H_{17}OH$, durch Oxydation entsteht Kampfer. Auch das Thymen verbindet sich mit Pikrinsäure. — Im Jahre 1893 setzen TILDEN und FORSTER (Soc. **63**, 1388) diese Untersuchungen fort. Alkoholisches Ammoniak spaltet die Verbindungen in Pikrinsäure und i-Borneol, alkoholisches Kali gibt Kampfen vom Smp. 54° mit wenig Borneol. Das Pinenkaliumpikrat $C_{10}H_{16}C_6H_2(NO_2)_3OK$ entsteht beim Versetzen einer alkoholischen Lösung von Pinenpikrat mit KOH. — Limonen, Kampfen usw. verbinden sich nicht mit Pikrinsäure. Hieraus scheint mir hervorzugehen, daß der Vierring des Pinens sich bei dieser Reaktion beteiligt, und daß das Pinenpikrat kein Tetroceanabkömmling ist, sondern daß wir uns bereits in der Pentoceanreihe befinden, daß demnach bei der Bildung dieses Moleküls analoge Umlagerungen statthaben, wie bei der Bildung des künstlichen Kampfers; ev. liegt der Pikrinsäureester des Borneols vor.

Gegen die organischen Säuren und ihre Anhydride verhält sich das Pinen analog wie gegen die anorganischen Säuren und deren Anhydride, indem sich a priori die Elemente der Säure an die doppelte Bindung anlagern können, wobei das Tetroceansystem erhalten bleibt; oder aber es findet Sprengung des Vierrings statt und Schaffung des Pentoceansystems unter neuer Ringbildung, oder schließlich Sprengung des Vierrings und Verbleiben im monocyklischen System. Ganz konzentrierte Säuren scheinen den Vierring zu sprengen und Kampfer- bzw. Fenchonderivate zu bilden unter Entstehung eines Fünfrings; verdünntere Säuren, also Gegenwart von Wasser, scheinen den Vierring zu sprengen, wobei der monocyklische Sechsring erhalten bleibt; einfache Anlagerung an die doppelte Bindung unter Erhaltung des Tetroceantypus ist mit Sicherheit bisher nicht beobachtet worden. — Auf diese Weise können wir demnach bei der Einwirkung von organischen Säuren auf Pinen entweder Ester des Borneols, Isoborneols, Fenchylalkohols usw. (bicyklischer Pentoceantypus) oder Ester des Terpineols (monocyklischer Sechsring) erhalten, oder aber es werden namentlich bei stärkerem Erhitzen die Elemente der Säuren wieder abgespalten und es entsteht ein neues Terpen; kurzum, wir können bei der Einwirkung organischer Säuren auf Pinen die Invertierung dieses Kohlenwasserstoffs bewirken. Im einzelnen liegen folgende Beobachtungen vor. LAFONT (A. ch. VI, **15**, 179) erhitzt Terpentinöl mit kristallisierter Ameisensäure auf 100°, wobei Polymerisation zu Diterpilen eintritt. BOUCHARDAT und LAFONT (Bl. II, **45**, 167) vermischen 12 Teile Pinen mit Eisessig und 8,8 Teilen CrO_3, wobei sich linksdrehendes Terpilen, ein bei 174—178° siedendes, linksdrehendes Terpen (Limonen) und etwas Cymol bilden. — Läßt man nach FLAWITZKY (B. **12**, 2354) ein Gemisch von 1 Teil Pinen, $1^1/_2$ Teil Alkohol und $^1/_2$ Teil Schwefelsäure 12 Tage lang stehen, so erhält man Terpinylacetat neben aktivem Limonen. Vgl. auch die Literatur über die Gewinnung des Terpineols. — BOUCHARDAT und OLIVIERO (Bl. III, **9**, 364) studieren das Verhalten wäßriger Ameisensäure und Essigsäure gegen Pinen. — Etwas anders gestalten sich die Verhältnisse, wenn man zu der organischen Säure wenig anorganische Säure hinzufügt, wodurch die Anlagerung der Elemente der organischen Säure noch erleichtert wird, mithin die Esterbildung schneller vor sich geht (vgl. BERTRAM, D.R.P. 67255; FRDL. **III**, 892). Ähnlich dem Zusatz einer anorganischen Säure wirkt auch der Zusatz von Zinkchlorid; so entstehen z. B. beim Schütteln von Pinen mit Eisessig und $ZnCl_2$ l-Limonen, Pinenhydrochlorid, l-Terpinylacetat und l-Borneol usw. (ERTSCHIKOWSKY, Ж. **28**, 132 und KONDAKOW, J. pr. II, **66** [1902], 479). — Über den eventuellen Übergang des Terpentinöls in Fenchylalkohol vgl. BOUCHARDAT und LAFONT (Cr. **113**, 551; **125**, 111; **126**, 755), ferner SCH. u. Co. (SCH. **1899**, II, 66), KONDAKOW (J. pr. II, **65**, 232). — Ebenfalls die Einwirkung von Benzoesäure auf Pinen studieren BOUCHARDAT und LAFONT (B. **24**, Ref. 904), wobei sie Kampfen, Terpilen und Kampfenolbenzoate erhalten. —

REYCHLER (Bl. III, **15**. 368 und B. **29**, 696) läßt Trichloressigsäure auf Pinen einwirken. Die Resultate sind verschieden, je nachdem Pinen oder Trichloressigsäure im Überschuß sind; im ersteren Falle entsteht ein Borneol vom Smp. 202°, im letzteren außer Borneol eine feste Verbindung $C_{10}H_{16} \cdot 2CCl_3COOH$, Smp. 104°, ein Körper, welcher auch bei der Einwirkung der Trichloressigsäure auf Limonen erhalten wurde. Hieraus geht hervor, daß die Trichloressigsäure entsprechend meinen obigen Auseinandersetzungen einmal den Vierring unter Bildung des Pentoceansystems sprengt, ihn alsdann aber auch unter Beibehaltung des hierbei zuerst erhaltenen monocyklischen Limonentypus aufspaltet.

Läßt man nach dem D.R.P. 134553 Oxalsäure (Patent ist gelöscht) auf Pinen einwirken, so soll neben Borneol auch Kampfer entstehen. SCHINDELMEISER (Ж. **34** [1902], 954 und C. **1903**, I, 515) kann diese Angabe nicht bestätigen; man erhält vorzugsweise Ester des inaktiven Borneols.

Durch Einwirkung von Salicylsäure auf Terpentinöl (vgl. VON HEYDEN, Pat. 11./6. 1904 und TARDY, J. Pharm. Chim. VI, **20**, 57 und C. **1904**, II, 1043) entstehen Ester des Borneols bzw. Isoborneols.

Fassen wir die Einwirkung organischer Säuren, ihrer Anhydride, ev. bei Gegenwart geringer Mengen anorganischer Säure oder Zinkchlorid, zusammen, so können einmal Ester des Borneols bzw. Isoborneols, ev. auch des Fenchylalkohols und aus allen diesen Estern Kampfen bzw. Fenchen entstehen, alsdann aber auch Ester des Terpineols und aus diesem Limonen bzw. Terpinolen und Terpinen.

Verhalten des Pinens gegen Metalle und ihre Derivate. Gegen die freien Metalle ist das Pinen indifferent; so läßt es sich ohne Zersetzung z. B. über metallischem Natrium destillieren. Bei höherer Temperatur und bei Gegenwart von Wasserstoff findet bei der Einwirkung von Nickel usw. Reduktion statt (vgl. Reduktion des Pinens). — Die Halogenverbindungen der Metalle verhalten sich verschieden gegen Pinen. MAUMENÉ (J. **1881**, 355) beschreibt eine Verbindung $(C_{10}H_{16})_2 \cdot HgCl_2$. — DENARO und SCARLATA (G. **33**, I [1903], 393 und C. **1903**, II, 571) lassen Aluminiumchlorid und Monochloraceton auf d-Pinen einwirken; sie gewinnen ebenso wie bei der Einwirkung von Aceton auf d-Pinen bei Gegenwart von $AlCl_3$ eine Verbindung $C_{10}H_{16}O$ vom Sdp. 290°; der Siedepunkt scheint mir mit einer derartigen Verbindung nicht in Einklang zu bringen zu sein.

Das Verhalten des Pinens gegen Quecksilberacetat studieren BALBIANO und PAOLINI (B. **35** [1902], 2995 und B. **36** [1903], 3575). Das Quecksilberacetat verhält sich verschieden, je nachdem in einem Molekül eine Propenylgruppe $\cdot CH:CH \cdot CH_3$ oder eine Allylgruppe $\cdot CH_2 \cdot CH:CH_2$ vorhanden ist; es ist hierbei gleichgiltig, ob diese Gruppe als solche frei vorliegt, oder ob noch Wasserstoffatome substituiert sind. Die Propenylgruppe liefert mit Mercuriacetat Oxydationsprodukte, wohingegen die Allylgruppe Mercuriadditionsprodukte hervorbringt. B. und P. haben gefunden, daß hiermit das Verhalten des Pinens in Einklang steht, welches eine Propenylgruppe aufweist; sie erhielten nämlich bei der Oxydation des Pinens mit Mercuriacetat das Dioxypinen $C_{10}H_{16}O_2 = \Delta^6$-6-Oxymenthen-2-on, $d_0 = 1{,}069$, Sdp.$_5$ = 145°. Dieses liefert ein Oxim vom Smp. 138,5°, ein Semicarbazon vom Smp. 180°, ferner mit Carbanil ein Phenylurethan, addiert zwei Atome Brom und muß demnach ein ungesättigter Ketoalkohol sein. Bei der Oxydation mit Permanganat in saurer Lösung entsteht aus dem Dioxypinen eine Laktonsäure $C_8H_{12}O_4$ vom Smp. 68—69° bzw. 89°, welche mit der Terpenylsäure identisch ist. Verdünnte Schwefelsäure führt den Ketoalkohol in Carvacrol über. B. und P. erklären diese Übergänge folgendermaßen:

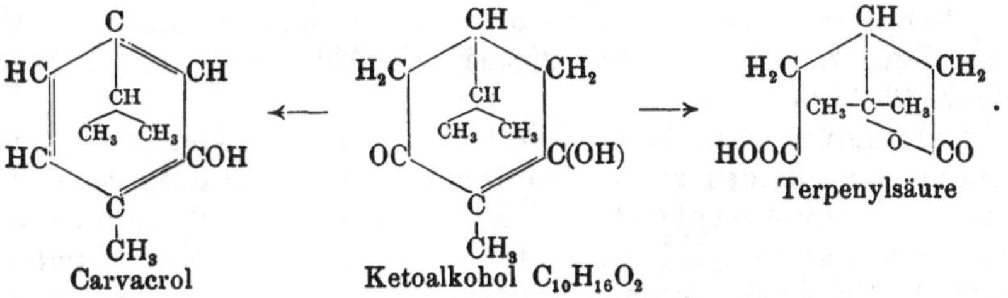

Zusammenfassung der chemischen Eigenschaften des Pinens. Das Pinen zeichnet sich wie wenige andere Verbindungen durch die große Mannigfaltigkeit seiner Reaktionen aus, die einmal bedingt ist durch das eigentümliche bicyklische System, in welchem ein Vierring mit einem

Sechsring verkuppelt ist, sodann durch die doppelte Bindung. Die leichte Aufsprengung des Vierrings bewirkt, daß das Pinen sich vielfach wie ein zweifach ungesättigtes Terpen verhält, eine Erscheinung, welche die Erkenntnis der Konstitution des Pinens sehr erschwert hat. Die Spaltung des Vierrings wird besonders leicht durch saure Agentien bewirkt; die geringsten Mengen, namentlich von Halogenwasserstoffsäuren, sind imstande diese Reaktion zu bewirken. Deshalb ist es schwierig, Halogen- bzw. Halogenwasserstoffadditionsprodukte vom Pinentypus zu erhalten; in den meisten Fällen geht der Vierring auf und wir kommen entweder unter erneutem Ringschluß in die Kampferreihe, oder wir bleiben im monocyklischen Limonentypus. Eine analoge Erscheinung sahen wir bei der Wasseranlagerung. Auch saure Oxydationsmittel lassen diese Erscheinung besonders hervortreten, während Kaliumpermanganat die Doppelbindung angreift, das Molekül an dieser Stelle aufsprengt und zunächst die Pinonsäure liefert, welcher ein Vierring zugrunde liegt; zahlreich sind die Derivate, die sich von dieser Säure ableiten. Das Verhalten gegen salpetrige Säure unterscheidet das Pinen vom Terpinen und Phellandren, indem es im Gegensatz zu diesen keine kristallisierten Derivate liefert. Dagegen ist es imstande, genau so wie das Limonen und wiederum im Gegensatz zum Terpinen und Phellandren mit Nitrosylchlorid ein sehr gut kristallisierendes Bis-Nitrosochlorid mit zahlreichen Derivaten zu liefern. Mit Salzsäure sahen wir den festen künstlichen Kampfer vom Smp. 131° und das Limonendichlorhydrat vom Smp. 50° entstehen; auch hier tritt der Gegensatz zum Phellandren und Terpinen scharf hervor. Mit Brom gibt das Pinen, wie das Limonen und Terpinolen, ein gut kristallisierendes Additionsprodukt; aber während das Limonentetrabromid und das Terpinolendibromid bzw. -Tetrabromid noch den Limonen- bzw. Terpinolentypus aufweisen, leitet sich das Pinendibromid nicht mehr vom Pinen direkt ab, sondern ist ein Kampferabkömmling. Vom Kampfen unterscheidet sich das Pinen in chemischer Hinsicht besonders durch die Oxydationsresultate mit Kaliumpermanganat; während aus ersterem, welches ein semicyklisches Terpen ist, vorzugsweise das Keton Kampfenilon $C_9H_{14}O$ entsteht, liefert das Pinen alsbald die Pinonsäure $C_{10}H_{16}O_3$, eine Ketosäure. Ähnlich unterscheidet sich das Pinen auch chemisch von den bicyklischen Fenchenen und dem Sabinen, welche ebenfalls Ketone $C_9H_{14}O$ ergeben. Vgl. „Zur Chemie des Pinens“ die Abhandlung von Kondakow (Chem. Z. **29** [1905], 1225).

Identifizierung des Pinens. Die Feststellung, ob Pinen vorliegt, hängt eng zusammen mit den soeben erörterten chemischen Reaktionen dieses Moleküls. Zunächst empfiehlt es sich, das Pinen soviel als möglich zu isolieren, indem man zur wiederholten fraktionierten Destillation schreitet und die um 155° siedenden Anteile auffängt. Um es von etwa beigemengten alkoholischen, aldehydischen, sauren Bestandteilen, oder von Ketonen und Estern zu befreien, unterwirft man diese Fraktion der Destillation mit metallischem Natrium, wodurch letztere Bestandteile zerstört werden. Da von Oxyden nur etwas Cineol zugegen sein könnte, so läßt sich letzteres, da es bei ca. 176° siedet, fast vollständig durch nochmalige sorgfältige Fraktionierung entfernen. Man bestimmt nunmehr die physikalischen Daten, vor allen Dingen auch das Drehungsvermögen. Da es natürlich nicht gelingt, auf dem angegebenen Wege andere Terpene, namentlich das Kampfen, Fenchen, kurzum die bicyklischen Terpene, zu entfernen, so schreitet man zum chemischen Nachweis.

Die Reduktion dürfte wenig Aufschluß geben. Unter den freien Halogenen liefert das Brom das feste bei 169—170° schmelzende Dibromid (WALLACH, A. **264** [1891], 8). Von den Halogenwasserstoffsäuren bildet Chlorwasserstoff in trocknem Zustande den charakteristischen, bei 131° schmelzenden künstlichen Kampfer. Die Wasseranlagerungsprodukte, von denen besonders Terpineol zu nennen ist, sind für das Pinen wenig charakteristisch; auch die Oxydationsprodukte sind für das Pinen nicht eindeutig, da die Oxime und Semicarbazone der Pinonsäure verschiedene Schmelzpunkte zeigen; am besten würde sich unter den Oxydationsprodukten noch die Pinsäure, welche bei 101—102° schmilzt, zum Nachweis des Pinens eignen. Am charakteristischsten ist das von TILDEN entdeckte Bisnitrosochlorid des Pinens, besonders in seinen von WALLACH studierten Derivaten. Das Nitrosochlorid selbst mit seinem nicht leicht zu erhaltenden Schmelzpunkt von 115° ist weniger zur Identifizierung geeignet, schon besser wird das Pinen in dieser Beziehung durch Überführung des Nitrosochlorids in das bei 132° schmelzende monokline Nitrosopinen charakterisiert. Unzweifelhaft jedoch läßt sich das Pinen durch die schön kristallisierenden Nitrolamine WALLACHS erkennen, welche aus dem Nitrosochlorid gewonnen werden.

Zur Darstellung des Bisnitrosochlorids selbst verfährt man nach WALLACH (A. **253**, 251) so, daß man ein Gemenge des Kohlenwasserstoffes mit Eisessig und Äthylnitrit gut abkühlt und nach und nach Salzsäure einträgt. Das ausgeschiedene Nitrosochlorid wird schnell abgesaugt und gut mit Alkohol gewaschen. Zur Gewinnung der Nitrolamine läßt man das Nitrosochlorid mit einem Überschuß der in Alkohol gelösten Base in der Wärme auf dem Wasserbade reagieren und scheidet mit Wasser das entstandene Nitrolamin ab. Der Schmelzpunkt des Nitrolbenzylamins liegt bei 122—123°, jener des Pinennitrolpiperidins bei 118—119°.

Konstitution des Pinens. Nachdem HOUTTON-LABILLIARDIÈRE (J. de Pharm. II, **4** [1818], 5) die erste richtige Elementaranalyse für das Terpentinöl ausgeführt hatte, wußte man wohl, daß ein Kohlenwasserstoff von der Bruttoformel (C_5H_8) vorlag, kannte aber nicht seine wahre Bruttoformel. Erst die Ausarbeitung der Dampfdichtebestimmungen in den nächsten Dezennien, namentlich durch DUMAS, machte diesem Zweifel ein Ende. Letzterer legte im Jahre 1833 (A. **6**, 250) für den Kohlenwasserstoff des Terpentinöls die Formel $C_{10}H_{16}$ fest. Man begnügte sich natürlich mit dieser Bruttoformel allein nicht, sondern suchte alsbald einen weiteren Einblick in die Anordnung der Kohlenstoff- und Wasserstoffatome zu gewinnen. Man nannte den Kohlenwasserstoff „Terpentinöl", „essence de térébenthine" und hielt ihn für einheitlich. In den nächsten

Jahrzehnten, in denen man die Radikal- und Typentheorie besonders ausbaute, waren die Fortschritte in der Erkenntnis der Konstitution dieses Kohlenwasserstoffes gering. Ende der fünfziger Jahre, mit der Ausbildung der Substitutionstheorie, war es Berthelot, welcher den Kohlenwasserstoff „essence de térébenthine“ in Australen und Terebenten, je nachdem der Kohlenwasserstoff rechts oder links drehte, trennte. Auf die Umwandlungen gehen wir im geschichtlichen Teil näher ein (vgl. auch Berthelot, A. Spl. II [**1862/63**], 226 und C. r. **55**, 496). Zu dieser Zeit war die Vorstellung über die Konstitution der organischen Verbindungen noch nicht so weit geklärt, daß man auch nur annäherungsweise von einer Einteilung im heutigen Sinne sprechen konnte.

Erst 1865 trennte Kekulé die Benzolderivate von den anderen organischen Molekülen ab; alsbald erkannte man auch, daß ein großer Teil der ätherischen Öle zu den Benzolderivaten gehörte, daß dagegen ein anderer Teil den Methanderivaten zuzurechnen sei. In der Erkenntnis der Konstitution der Kohlenwasserstoffe $C_{10}H_{16}$, für welche Kekulé ebenfalls den Sammelnamen „Terpene“ einführte, und zu denen auch das Terpentinöl (Australen, Terebenthen) gehörte, war man auch im Jahre 1865 noch nicht weiter vorgeschritten, so daß es unentschieden blieb, ob man sie näher zu den Benzolderivaten, also zu den cyklischen, oder zu den Methanderivaten, also zu den kettenförmigen Verbindungen, stellen sollte. Diese Sachlage änderte sich auch nicht bis ungefähr zum Jahre 1872. Allerdings hatte man nicht übersehen, daß das Terpentinöl durch Oxydation bereits von Cailliot (A. ch. III, **21**, 27 und A. **64**, 376) in Terephtalsäure übergeführt worden war, die man inzwischen als Benzoldicarbonsäure erkannt hatte. Durch diesen Umstand war das Terpentinöl in nahe Beziehung zum Benzol, also zu den ringförmigen Verbindungen gerückt. Klar ausgesprochen wurde diese Zusammengehörigkeit jedoch erst 1872 von Oppenheim (B. **5**, 94), als es ihm gelang, das Terpentinöl durch Bromierung usw. in Cymol überzuführen; a. a. O., S. 97 sagt er: „Hiermit ist bewiesen, daß das Terpentinöl Cymolwasserstoff ist.“ Wir wissen heute, nach der Entdeckung der olefinischen Kampferarten und Terpene, welche sich ebenfalls in Cymol überführen lassen, daß dieser Schluß Oppenheims ein Trugschluß sein konnte. Wie wir alsbald sehen werden, erkannte man auch nicht im allgemeinen an, daß den Terpenen, im speziellen dem Terpentinöl, cyklische Struktur zukommt. Oppenheim gab dem Terpentinöl (Pinen) folgende Formel (a. a. O., S. 98):

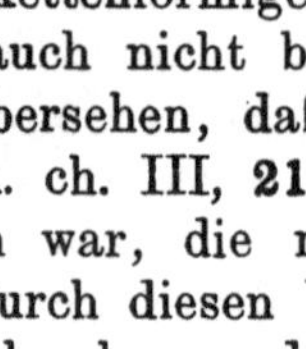

(I),

indem er sich zum Teil auf v. Baeyers Anschauung (B. **1868**, 21) stützt, daß nämlich die Doppelbindung im Benzolkern am leichtesten da gelöst wird, wo Alkoholradikale eingetreten sind.

Daß man das Terpentinöl auch schon vorher als nahe verwandt mit dem Benzol angesehen hatte, finden wir im Jahre 1873 bei KEKULÉ (B. **6**, 437) ausgesprochen: „Das Terpentinöl ist schon seit langem mit den aromatischen Kohlenwasserstoffen in Beziehung gebracht worden," KEKULÉ selbst führt, wie auch OPPENHEIM und BARBIER (B. **5**, 99), das Terpentinöl ebenfalls in Cymol über. Er sagt: „Es darf jetzt wohl als nachgewiesen angesehen werden, daß in dem Terpentinöl 6 Kohlenstoffatome in ähnlicher Weise gebunden sind wie im Benzol. An das eine der zwei ringförmig gebundenen Kohlenstoffatome ist dann Methyl, an das andere Propyl (oder Isopropyl) angelagert; beide offenbar in derselben relativen Stellung wie in dem gewöhnlichen Cymol." Sich auf weitere Gründe stützend, modifiziert er die Formel OPPENHEIMS und gibt dem Sechsring des Terpentinöls folgende Struktur:

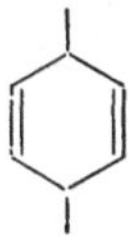
(II).

Jedoch konnte man sich in den siebziger Jahren, so viele Gründe auch scheinbar für die Auffassung des Terpentinöls als hydriertes Cymol sprechen, nicht allgemein dieser Ansicht anschließen. Der eine Teil der Chemiker nahm wohl cyklische Struktur an, jedoch nicht jene eines hydrierten Cymols, der andere Teil sprach dem Terpentinöl kettenförmige Struktur zu. Besonders lebhaft wurde die Konstitution der Terpene, unter ihnen vor allen die des Pinens, von den englischen Forschern ARMSTRONG und TILDEN besprochen. ARMSTRONG (B. **11**, 151 und 1698) will die Terpene in erster Linie in zwei Klassen einteilen, von denen die eine zwei Moleküle Salzsäure, die andere nur ein Molekül aufnimmt; zu ersteren sollen die Terpene des Citronenöls „und wohl auch das amerikanische und französische Terpentinöl" gehören; er schlägt für letztere folgende Formel vor:

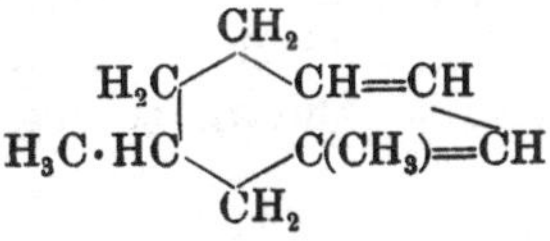

(III).

Es ist dies die erste Formel, welche keine fertig gebildete Isopropylgruppe enthält.

TILDEN (B. **11** [1878], 152) hingegen teilt die Terpene nach ihrem Siedepunkt in drei Klassen ein und schlägt für sie die allgemeine olefinische Struktur:

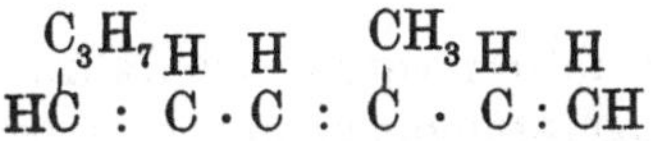

(IV)

vor, so daß sich die einzelnen Klassen, die er als α-, β- und γ-Terpen bezeichnet, nur durch die Lage der doppelten Bindung unterscheiden sollen. KINGZETT (B. **11**, 152) hält hinwiederum die Terpene für Cymoldihydrüre.

Flawitzky (B. **18**, 1846 und Bl. II, **30**, 433, 434) sieht die Terpene ebenfalls als zur Methanreihe gehörig an und schlägt für das Terebenthen und Australen die Formel:

$$\begin{matrix} CH_3 \\ CH_3 \end{matrix}\!\!>CH\cdot \underset{\displaystyle CH_3}{\underset{|}{CH}} \cdot CH{:}CH\cdot C{\vdots}C\cdot CH_3 \quad \text{(V) vor;}$$

den inaktiven Terpenen gibt er eine andere Struktur. Hieraus geht hervor, daß man vielfach mit gutem Grunde Terpene nicht für identisch erklärte, wenn sie bei sonstigen Ähnlichkeiten verschieden polarisierten, da man nicht wissen konnte, ob razemische Verbindungen vorlagen oder chemisch verschiedene.

Deutlich erkennen wir demnach, wie noch in der Mitte der achtziger Jahre des vergangenen Jahrhunderts die Meinung der Chemiker geteilt war, ob für das Terpentinöl eine cyklische oder olefinische Struktur anzunehmen sei. Das Verhalten der Terpene gegen Halogene konnte nicht als entscheidender Beweis herangezogen werden, da sich z. B. das Terpentinöl, wenn auch verschieden leicht, sowohl mit einem, als auch mit zwei Molekülen z. B. Salzsäure verbindet; gleiche Erscheinung zeigt aber das doppelt ungesättigte Limonen in trocknen Lösungsmitteln ebenso.

Wenn auch Armstrong (a. a. O.) für die Kampferderivate bereits eine Brückenbindung, allerdings in einem Achtring, in Betracht gezogen hatte, so war es doch erst Kanonnikow (B. **16**, Ref. 3051), welcher für den Kampfer eine Brückenbindung im Sechsring vorschlug und damit den Übergang in Cymol auch für Verbindungen, die nicht direkt hydrierte Cymole waren, als möglich hinstellte.

Mit dem Jahre 1886 wird durch Brühl (A. **235**, 66) den Zweifeln ein Ende gemacht, ob wir es im Terpentinöl mit einem Methanderivat oder einer cyklischen Verbindung zu tun haben; ja es konnte sogar durch die Molekularrefraktion festgestellt werden, daß das Pinen als eine bicyklische Verbindung anzusehen ist. — In Parenthese sei bemerkt, daß Wallach (A. **227**, 300) im Jahre 1885 für Terebenthen, Australen usw. den Namen „Pinen" einführte. — Brühl schlug für das Pinen (a. a. O.) die Formel:

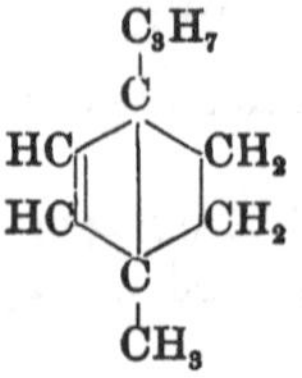

(VI)

vor, eine Formel, welche Wallach vorher im Jahre 1885 (A. **230**, 269) für das Kampfen in Anspruch genommen hatte.

Am Schluß des Zeitabschnitts 1872—1887 steht für die Konstitution des Pinens unzweifelhaft fest, daß diesem Kohlenwasserstoff $C_{10}H_{16}$ eine bicyklische Struktur zukommt, jedoch war es nicht entschieden, zwischen welchen Kohlenstoffatomen die Brückenbindung anzunehmen ist, auch war die Lage der vorhandenen doppelten Bindung nicht bekannt. Erst der nächste Zeitabschnitt, von 1887 bis zur Gegenwart, sollte hierüber Aufklärung bringen. — Noch im Jahre 1887 (A. **239**, 49) glaubt WALLACH für das Pinen folgende Formel in Betracht ziehen zu dürfen:

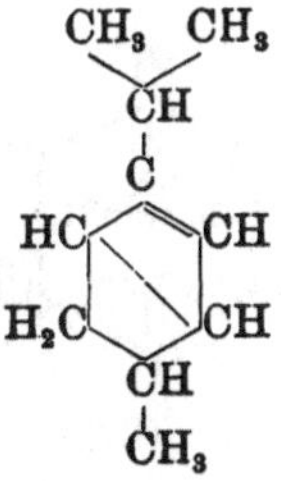

(VII).

Sehr viele Übergänge des Pinens werden durch diese Formel erklärt.

BRÜHL (B. **21**, 165) kommt im Jahre 1888 auf seine Einteilung der Terpene zurück und unterscheidet Terpene mit zwei Äthylenbindungen, mit einer Äthylenbindung und ohne Äthylenbindung; zur zweiten Klasse gehören die um 160° siedenden Pinene, für welche er außer Formel VI und VII auch noch die Formel:

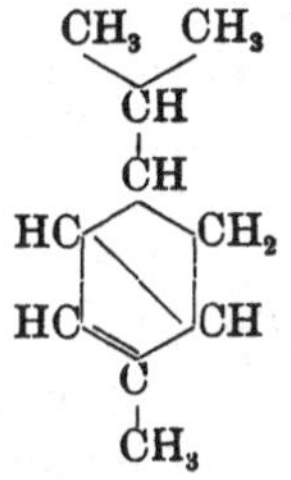

(VIII)

für möglich hält. Für letztere Formel entscheidet sich auch WALLACH im Jahre 1891 (B. **24**, 1544).

Noch in demselben Jahre glaubt WAGNER (B. **24**, 2188) durch eine Formel:

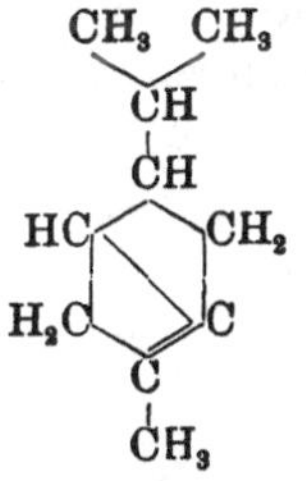

(IX)

die bisherigen ersetzen zu müssen, da sie vielen Reaktionen, namentlich der Sobrerolbildung usw. besser Rechnung trage (vgl. dagegen WALLACH, A. **268**, 210).

Seitdem BRÜHL im Jahre 1886 die bicyklische, einfach ungesättigte Struktur des Pinens als unzweifelhaft erwiesen hatte, hatte man in bezug auf die Brückenbindung nur Kohlenstoffatome innerhalb des Sechsringes ins Auge gefaßt; das gleiche gilt für die Kampferformel. Mit dem Jahre 1893 tritt nun abermals ein wichtiger Wendepunkt in der Anschauung über die Konstitution des Pinens ein insofern, als BREDT im Jahre 1893 (B. **26**, 3047) für die Brückenbindung die Isopropylgruppe heranzog; hiermit waren auch für die Konstitution des Pinens neue Gesichtspunkte geschaffen. BREDT (a. a. O.) zog deshalb für das Pinen folgende analoge Formel:

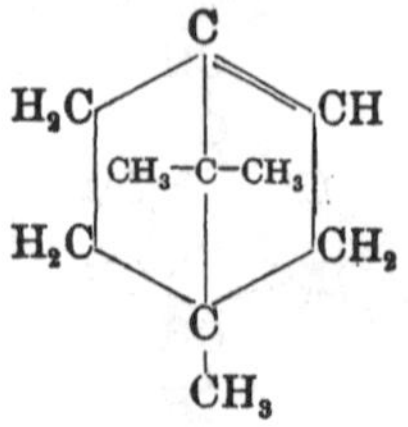

(X)

in Betracht; gegen diese Formel wendet sich v. BAEYER (B. **28**, 647).

Von der größten Wichtigkeit war auch die Aufklärung der Konstitution der Terpenylsäure, welche besonders SCHRYVER (B. **27**, Ref. 133) bewirkte; auch in der Konstitution dieses Moleküls war nahe gerückt worden, daß ev. die Isopropylgruppe an der Ringbildung beteiligt ist.

Zwei Jahre später, im Jahre 1894, schlug alsdann WAGNER (B. **27**, 1651) eine neue Formel vor, nach welcher er die Brückenbindung ebenfalls zwischen der Isopropylgruppe und einem Kohlenstoffatom des Sechsringes, aber nicht Kohlenstoffatom 1, sondern Kohlenstoffatom 6, annimmt; es ist dies die Formel:

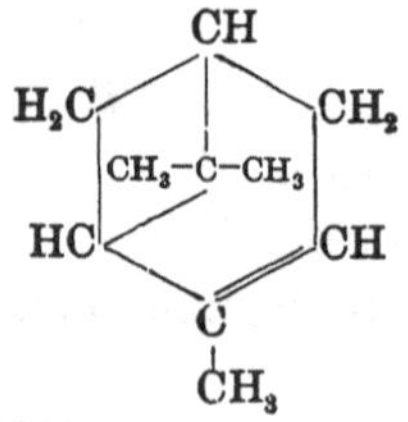

(XI).

Mit Hilfe dieser Formel lassen sich die Umsetzungen, wie wir später zeigen werden, wenigtens in den meisten Fällen gut erklären.

Im Jahre 1895 wurde alsdann von TIEMANN und SEMMLER (B. **28**, 1351) im Anschluß an die Oxydationsergebnisse die Formel:

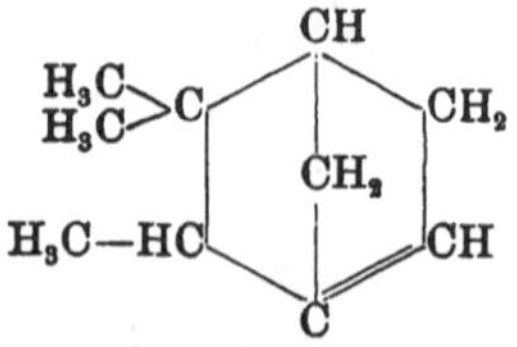

(XII)

in Betracht gezogen, da sie viele Übergänge besser erklärt als Formel XI; es sei vorausgeschickt, daß andere Umsetzungen weniger gut aus dieser Formel abgeleitet werden können. — Daß alle diese Formeln nach Ansicht einiger Chemiker noch nicht allen Anforderungen einer Pinenformel entsprechen, geht aus einer Mitteilung TILDENS und BURROWS (C. **1902**, II, 363) hervor, daß nämlich aus dem Nitrosochlorid inaktives Pinen entsteht, welches sich nicht in optisch aktive Isomere zerlegen lasse.

Welche von den angeführten Formeln entspricht nun der Wirklichkeit und trägt allen Reaktionen Rechnung? Die richtige Pinenformel muß alle physikalischen und chemischen Eigenschaften in einfacher und ungezwungener Weise erklären. Aus den physikalischen und chemischen Eigenschaften ergeben sich aber folgende Anforderungen, welchen die Pinenformel gerecht werden muß.

1. Aus der Molekularrefraktion ist zu folgern, daß ein bicyklisches System mit einer doppelten Bindung vorhanden sein muß; aus diesem Grunde müssen wir Formel I, II, III, IV und V verwerfen, so daß nur die letzten sieben Formeln übrig bleiben.

2. Aus der Aboxydation des Pinens mit Kaliumpermanganat zur α-Pinonsäure, welche eine Methylketosäure ist, muß gefolgert werden, daß in dem Pinen die Gruppierung

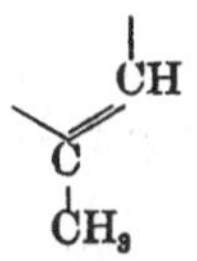

vorkommt. Dieser zweiten Forderung entspricht nicht Formel VI, da Pinen danach eine Dicarbonsäure liefern müßte, auch nicht Formel VII, da nach ihr eine Isopropylketosäure entstünde, ebensowenig ein Pinen von Formel IX, das bei dieser Oxydation ein Diketon ergeben würde; Formel X und XII müßten Ringketosäuren schaffen, welche bei der Behandlung mit unterbromig saurem Natrium keine Dicarbonsäuren liefern können, wenigstens nicht unter der Annahme, daß keine weitgehenden Umlagerungen statthaben. Hiernach bleiben von obigen Formeln nur Formel VIII und XI übrig.

3. Das Pinen muß ein asymmetrisches Kohlenstoffatom enthalten, da es optisch aktiv sein kann.

4. Eine sehr wichtige Anforderung an die Pinenformel stellt die von Tiemann und Semmler ausgeführte Oxydation der α-Pinonsäure zur Dimethyltricarballylsäure mittels Kaliumpermanganat (B. **28**, 1349). Da dieser Säure die Konstitution:

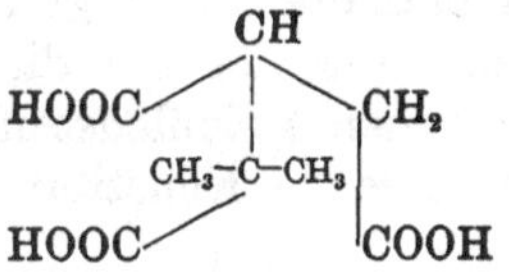

zukommt, so muß im Pinen unbedingt die Isopropylgruppe an der Ringbildung beteiligt sein. Von den noch übrigbleibenden beiden Formeln wird aber nur die von Wagner aufgestellte Formel XI dieser Anforderung gerecht. — Selbstverständlich können wir nun aus den übrigen Reaktionen noch viele Anforderungen aufstellen, welche die richtige Pinenformel erfüllen muß. Der Einfachheit halber können wir die Frage auch so stellen: existieren noch Formeln, welche erwähnten vier Postulaten ebenfalls gerecht werden, und wenn dies der Fall ist, welchen weiteren

Anforderungen, die aus anderen Reaktionen zu ziehen sind, genügen alsdann diese Formeln nicht? Als möglich sind noch zwei Formeln

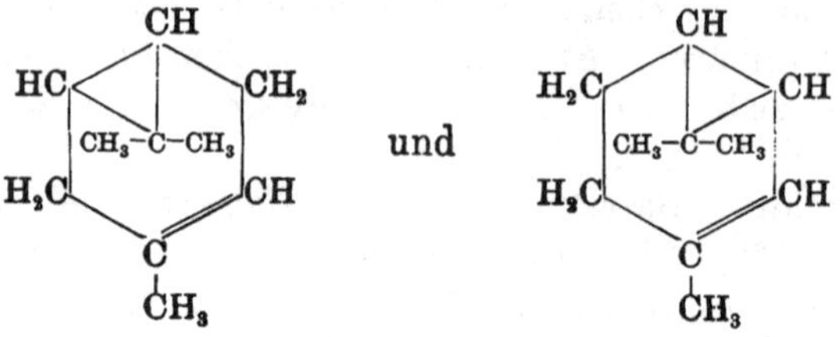

in Betracht zu ziehen, aber beide Atomgruppierungen können dem Pinen nicht zukommen, da sie gegen Anforderung 3) verstoßen, denn durch Oxydation mit Kaliumpermanganat kann sich aus ihnen Dimethyltricarballylsäure nicht bilden.

Aber auch induktiv werden wir auf folgende Weise zur Formel Wagners geführt. Nach Anforderung 1) kommt dem Pinen die Gruppierung

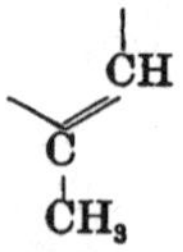

zu; aus der Konstitution der Pinononsäure Wagners (B. **29**, 881) geht hervor, daß neben der CH-Gruppe CH_2 stehen muß, so daß im Pinen die Gruppierung

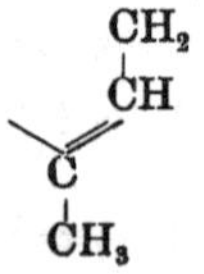

vorhanden sein muß, eine Forderung, die sich auch aus der Umwandlung der Pinsäure in die Norpinsäure ergibt. Es bleibt noch übrig, 6 Kohlenstoffatome mit dieser Gruppierung zu verbinden. Die Aboxydation der Pinonsäure zur Dimethyltricarballylsäure — die Pinonsäure muß noch den gesättigten Ring des Pinens enthalten — ergibt, daß in dieser Säure nur ein Vierring vorhanden sein kann, da bei dieser Oxydation gleichzeitig Essigsäure auftritt. Eins von den 4 Kohlenstoffatomen muß nun dimethyliert sein, so daß der Ring folgende Konstitution hat:

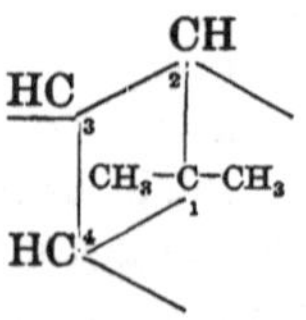 ;

mit diesem Ring, welcher 6 Kohlenstoffatome enthält, muß nun obige Gruppierung verkuppelt werden. Dies kann aber nur auf zwei Weisen vor sich gehen, da das dimethylierte Kohlenstoffatom sich nicht mehr an der Vereinigung beteiligen kann. Lassen wir Kohlenstoffatom 3 an der

Verkupplung teilnehmen, so würde niemals die Cymolbildung aus dem Pinen zu erklären sein. Aus diesem Grunde muß die Verkupplung mit C_2 und C_4 statthaben, welche vollständig gleichwertig sind, so daß sich auch auf diesem Wege des Beweises einzig und allein Formel XI ergibt.

Demnach müssen sich alle physikalischen und chemischen Eigenschaften des Pinens mit dieser Formel vereinigen lassen. Die physikalischen Erscheinungen lassen sich sämtlich ohne weiteres mit ihr in Einklang bringen; die chemischen Eigenschaften haben wir größtenteils gelegentlich der Besprechung der Derivate aus dieser Formel herleiten können. Die größten Schwierigkeiten machen einmal die Entstehung der Isoketokampfersäure und ihrer Derivate aus der Pinonsäure, alsdann die Bildung der Pinonsäure aus der Dioxydihydro-α-Kampfolensäure. Die Isoketokampfersäure wurde auch aus der Dioxydihydro-α-Kampfolensäure erhalten (Thiel, B. **26** [1893], 922); letztere ist aber ein Derivat des Kampfers, ihr kommt ein Fünfring zu (Tiemann und Semmler, B. **29**, 529 und 3027). Es sind demnach folgende Übergänge zu erklären:

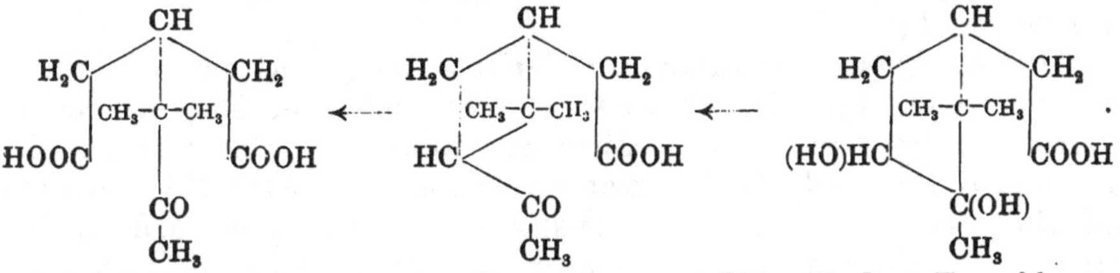

Isoketokampfersäure — Pinonsäure — Dioxydihydro-α-Kampfolensäure

Die Isoketokampfersäure erhielten Tiemann und Semmler (B. **28**, 1347) aus der Pinonsäure durch Oxydation mit Chromsäure, die Umwandlung der Dioxydihydro-α-Kampfolensäure in Pinonsäure wurde ebenfalls von Tiemann und Semmler ausgeführt (B. **29**, 529 und 3027). Vorausgeschickt mag werden, daß sich diese Übergänge sehr gut aus der Pinen- bzw. Pinonsäureformel XII erklären lassen, wonach letzterer Säure die Konstitution:

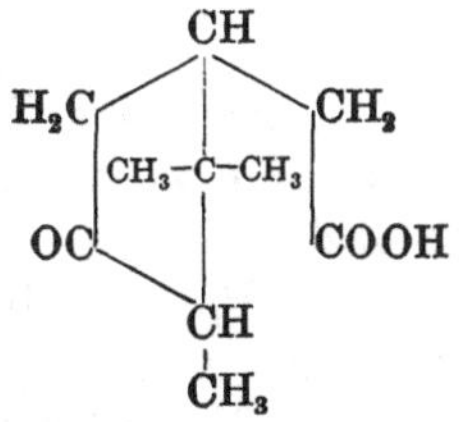

zukommt. Diese Formel des Pinens erklärt aber schwer die Reaktion der Pinonsäure mit alkalischer Bromlösung, wobei eine Dicarbonsäure, die Pinsäure, entsteht; allerdings resultiert auch aus der Pinoylameisensäure, die ja auch noch den Vierring der Pinonsäure enthalten muß, durch Oxydation mit alkalischer Bromlösung die α-Ketoisokamphoronsäure, so daß dasselbe Reagens hier eine tiefgreifende Umlagerung bewirkt haben muß.

Aus diesem Dilemma würden wir herauskommen, wenn wir die von v. Baeyer für die Isoketokampfersäure angenommene Konstitution akzeptierten (vgl. oben die Isokampfersäure). Daß aber dieser Säure die zuerst von Bredt (A. **289**, 19; **314**, 394) angenommene, alsdann von Tiemann und Semmler (B. **29**, 3020 und **33**, 2661) bewiesene Konstitution zukommt, wurde besonders durch die Synthese der Isokamphoronsäure, die Perkin jun. (C. **1901**, I, 221) ausgeführt hat, erhärtet.

Nach diesen Darlegungen können wir den Beweis für die Konstitution des Pinens nicht auf Isoketokampfersäure aufbauen, da die Übergänge zu ihr von der Pinonsäure und umgekehrt, der Übergang der Kampfolensäure zur Pinonsäure, unter Bindungsverschiebungen statthaben müssen. Allerdings haben wir analoge Umlagerungen von dem Pinakolin zum Pinakon, wenigstens in gewissem Sinne, so daß diese ganzen Reaktionen mit der Pinenformel Wagners nicht direkt im Widerspruch stehen. Demnach muß der Konstitutionsbeweis für diese Formel von der Dimethyltricarballylsäure, wie oben angegeben, ausgehen, während sich aus der Isoketokampfersäure eher die Pinenformel von Tiemann und Semmler ergibt.

Wie die Entstehung sämtlicher Derivate des Pinens aus der Formel Wagners zu erklären ist, haben wir gelegentlich ihrer Besprechung erörtert; auch der Einwurf von Tilden und Burrows (C. **1902**, II, 363) ist von Tilden selbst teilweise beseitigt worden (Soc. **85** [1904], 759), teilweise läßt sich die Entstehung des i-Bis-Nitrosochlorids auch dadurch erklären, daß gleichzeitig die Anlagerung von Nitrosylchlorid an die doppelte Bindung geschieht und der Vierring aufgesprengt wird, so daß die Asymmetrie des Kohlenstoffatoms aufgehoben wird; das intermediär entstehende Molekül

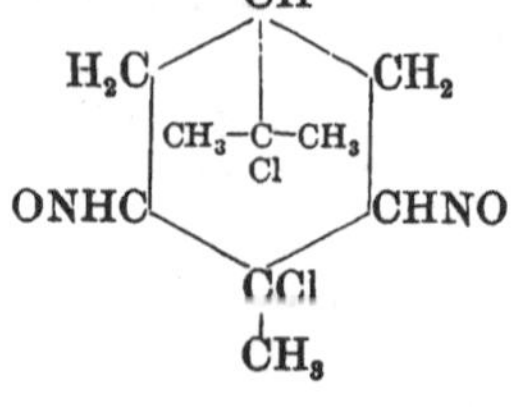

muß inaktiv sein und spaltet unter Rückbildung des Pinentypus 1 Mol. NOCl ab; gleichzeitig tritt alsdann Verdopplung des inaktiven Moleküls unter Bildung des Nitrosochlorids ein.

Geschichte des Pinens. Das Pinen gehört zu denjenigen Terpenen, welche am längsten bekannt sind, und hat den Chemikern von Anfang an in reinem Zustande in größter Menge zur Verfügung gestanden. Das Kampfen wurde erst Ende der fünfziger Jahre des vergangenen Jahrhunderts in reinem Zustande von Berthelot dargestellt. Die übrigen bicyklischen Terpene, so das Bornylen, die Fenchene und das Sabinen, sind bedeutend später isoliert worden. Von den monocyklischen Terpenen sind die zum m-Cymoltypus gehörigen, das Sylvestren und Carvestren, ebenfalls weit später bearbeitet worden; von den monocyklischen Terpenen der p-Cymolreihe kommen für ihr Vorkommen in der Natur das Phellandren und noch weniger das Terpinen in Frage; das künstlich gewonnene Terpinolen ist ebenfalls in neuerer Zeit studiert worden und tritt weniger in den Vordergrund; fast gleich wichtig wie das Pinen und sehr lange bekannt ist jedoch das Limonen, früher Citren, Carven usw. genannt. Auch dieses Terpen stand in großen Mengen früh zur Verfügung, besonders im Citronenöl, wenn auch nicht in der Reinheit wie das Pinen im Terpentinöl; auch reicht die geschichtliche Erwähnung des letzteren weiter zurück, wie bereits oben bei der Besprechung des Terpentins ausführlich erörtert wurde.

Zeitabschnitt bis Lavoisier (1770).

Bekannt war das Pinen bis zu Lavoisier in einigermaßen reinem Zustande nur im Terpentinöl, welches man durch Destillation der verschiedenen Terpentine gewann. Einige rohe Versuche, wie die Einwirkung von Säuren und Alkalien, werden verschiedentlich erwähnt; auch die Verwendung dieses Kohlenwasserstoffs in der Malerei war damals bereits eine ausgedehnte. Von den physikalischen Eigenschaften war seine Flüchtigkeit bekannt, auch wußte man, daß es ein vorzügliches Lösungsmittel für die verschiedensten Stoffe ist. Jedoch konnte man diesem Kohlenwasserstoff nicht aus anderen ätherischen Ölen isolieren; auch seine chemische Zusammensetzung war unbekannt. Daß das Pinolhydrat (Sobrerol), ein Abkömmling des Pinens, bereits bekannt war, ist wahrscheinlich (vgl. Pinolhydrat); das gleiche gilt vom Terpinhydrat.

Zeitabschnitt von Lavoisier bis 1830.

Lavoisier verdanken wir die Erkenntnis, daß die organischen Verbindungen Kohlenstoff enthalten, und daß in ihnen außerdem besonders noch Wasserstoff und Sauerstoff anzutreffen sind; auch führte er die ersten Analysen aus, denen jedoch große Fehler anhaften mußten, da er mit elementarem Sauerstoff verbrannte. Erst die Heranziehung der Oxyde, namentlich des Kupferoxyds, zur Elementaranalyse, sowie die Ausarbeitung der letzteren durch Liebig bewirkten, daß man in diesem Zeitabschnitt einige Bestandteile der ätherischen Öle auch nach dieser Richtung hin näher kennen lernte. So stellte Labilliardière, wie bereits erwähnt, die Bruttoformel (C_5H_8) für das Terpentinöl im Jahre 1817 fest. Am Schluß dieser Periode wußte man demnach, daß das Terpentinöl nur aus Kohlenstoff und Wasserstoff besteht, daß es isomer ist mit vielen anderen Kohlenwasserstoffen, die ebenfalls in ätherischen Ölen auftreten. Jedoch hatte man auch jetzt noch nicht denselben Kohlenwasserstoff aus anderen Ölen gewonnen. Von den physikalischen Eigenschaften bestimmte man wiederholt das Volumgewicht des Terpentinöls; die wichtigste Erkenntnis jedoch war jene von Biot aus dem Jahre 1815 und den folgenden Jahren, daß das Terpentinöl optisch aktiv ist und daß es seine Aktivität auch im gasförmigen Zustande bewahrt. In chemischer Hinsicht wurde außer der

Elementaranalyse die weitere Beobachtung, die für die Folgezeit von der größten Bedeutung wurde, gemacht, das war die Darstellung des künstlichen Kampfers im Jahre 1802 durch den Apotheker KINDT in Eutin (TROMMSD. J. d. Pharm. **11**, II [1803], 132). Diese Verbindung wurde von TROMMSDORFF eingehend studiert (vgl. dieselbe). Vor allen Dingen ging das Bestreben dahin, aus ihr die Base zu regenerieren, die sich mit der Salzsäure verbunden hatte; besonders beschäftigte sich OPPERMANN (P. **22**, 199) nach dieser Richtung hin. Man erhielt auch Kohlenwasserstoffe zurück, ja man erkannte sogar ihre Nichtidentität mit dem Terpentinöl (vgl. Kampfen). Oxydationsergebnisse waren bis zum Ende dieser Periode nicht ausgeführt. — Sicher kannte man ferner zu dieser Zeit das Sobrerol und das Terpinhydrat; letzteres stellte VOGET 1827 auf präparativem Wege her (vgl. beide Verbindungen).

1830—1857.

Wesentlich anders gestalteten sich die Verhältnisse, als DUMAS seine ausgearbeitete Dampfdichtebestimmung auch auf das Terpentinöl anwandte, nachdem sich auch GAY-LUSSAC nach dieser Richtung hin damit beschäftigt hatte. DUMAS stellte 1833 (A. **6**, 250) die endgültige Formel des Terpentinöls mit $C_{10}H_{16}$ fest. Vorzüglich beschäftigte man sich alsdann weiter mit dem künstlichen Kampfer; man gewann diese Verbindung auch aus anderen ätherischen Ölen; vgl. die Arbeiten über denselben von BLANCHET und SELL (A. **6**, 271), DUMAS (A. **9**, 56) und BERTHELOT (A. ch. III, **40**, 5 und 31); vgl. auch BUTLEROW (C. **1856**, 406). Auch lernte man in diesem Zeitabschnitt das zweifach salzsaure Terpentinöl $C_{10}H_{16} \cdot 2HCl$ vom Smp. 50° kennen, das identisch mit dem aus dem Limonen gewonnenen Dichlorhydrat ist (LIST, A. **67**, 369; DEVILLE, A. **71**, 351; BERTHELOT, A. **84**, 350). Kurzum, man studierte diese Verbindung nach den verschiedensten Richtungen hin. Auch Bromwasserstoff und Jodwasserstoff ließ man einwirken und erhielt die analogen Verbindungen (DEVILLE, A. **37**, 187); BERTHELOT stellte das zweifach bromwasserstoffsaure Terpentinöl, allerdings aus Terpin und Bromwasserstoff, her (A. **118**, 376). — Auch die freien Halogene ließ man auf Terpentinöl reagieren; man erhielt mehrfach gechlorte und gebromte Produkte und sprach von einem Quadrichlorterpentinöl usw. (DEVILLE, A. **37**, 176). Ferner wird das Terpinhydrat weiter untersucht; DUMAS und PELIGOT (A. **14**, 75) stellen seine Zusammensetzung fest, WIGGERS (A. **33**, 358; **57**, 247) verbessert die Methode der Darstellung; LIST (A. **67**, 362), DEVILLE (A. **71**, 348) und BERTHELOT (A. **83**, 106) untersuchen seine Eigenschaften. Auch hat man das Terpineol aus dem Terpinhydrat in Händen gehabt, doch war es noch mit Terpenen und Cineol verunreinigt.

Besonders beschäftigt sich BERTHELOT (A. **88**, 342) mit der Untersuchung der verschiedenen Terpentinöle und stellt ihr verschiedenes Rotationsvermögen fest, auch findet er, daß beim Erhitzen in zugeschmolzenen Röhren auf 250—300° das Polarisationsvermögen abnimmt und ein anderer isomerer Kohlenwasserstoff entsteht (i-Limonen). — Auch das Verhalten des Terpentinöls an der Luft wird studiert; man war der Meinung, daß es sich mit Ozon, und zwar am reichlichsten bei niedriger Temperatur, an einem erleuchteten, aber nicht von den Sonnenstrahlen direkt getroffenen Orte, mit Ozon belade; das ozonisierte Terpentinöl entfärbe Indigo, verwandle schweflige Säure in Schwefelsäure, färbe Jodkaliumlösung sogleich braun und entzieht dem Bleisuperoxyd einen Teil des Sauerstoffs usw. (Schoenbein, J. pr. I, **52**, 135 und 185; **53**, 65; **54**, 74; **66**, 272; **75**, 80 und 98).

Ferner wird mit der Ausführung der Oxydationen des Terpentinöls in dieser Periode begonnen (Bromeis, A. **37**, 297; Rabourdin, A. **52**, 391; Cailliot, A. **64**, 376 und Schneider, A. **75**, 101). Nitrobenzol erhält Schiff (A. **114**, 201). Auch Toluidin wird hierbei beobachtet (Chautard, A. **88**, 340). Im übrigen werden bei der Oxydation mit Salpetersäure noch Kohlen-, Blau-, Essig-, Propion-, Butter-, Terephtal-, Toluyl-, Terebinsäure usw. erhalten.

Über die Umwandlung des Terpentinöls in andere Terpene ist zu erwähnen, daß das Studium über den künstlichen Kampfer fortgesetzt wird, daß es aber noch nicht in dieser Periode gelingt, die Umwandlungen, die vom Pinen zum Pinenhydrochlorid usw. statthaben, klarzulegen. Ohne den Mechanismus der Reaktion zu durchschauen, führte man das Terpentinöl in i-Limonen über, einmal, indem man es nach Berthelot in der Bombe erhitzte, alsdann, indem man das zweifach chlorwasserstoffsaure Terpentinöl (Limonendichlorhydrat) durch Erhitzen usw. in einen isomeren Kohlenwasserstoff überführte; selbstverständlich waren diese Verbindungen nicht rein, sondern enthielten mehr oder weniger Terpinolen, Terpinen usw. Letztere Kohlenwasserstoffe hatte man auch in unreinem Zustande in dem sog. „Tereben" (Deville, A. **37**, 176; **71**, 348) in den Händen, welches sich beim Vermischen von Terpentinöl mit konz. Schwefelsäure, auch bei seiner Destillation mit P_2O_5 bildet und welches sich späterhin als ein Gemenge von Cymol, Kampfen, Terpinen usw. erwies; auch Flußsäure, Fluorsilicium und Fluorbor ließ man auf Terpentinöl einwirken (Deville, Berthelot, a. a. O.).

Man hatte demnach in dieser Periode, bis 1857, eine ganze Anzahl neuer Derivate kennen gelernt und das Terpentinöl in nahe Beziehung zu anderen chemischen Verbindungen gebracht, aber in der Erkenntnis der Anordnung der Atome im Molekül war man gegen 1830 nicht weiter gekommen.

1857—1872.

Während in der vorigen Periode die Bestimmung der Dampfdichte des Terpentinöls durch Dumas als ein sehr wichtiges Ergebnis anzusehen ist, dürfte im vorliegenden Zeitabschnitt einmal die Überführung des Terpentinöls in das feste Kampfen durch Berthelot ein wichtiger Markstein sein (A. **110**, 367); alsdann ist die Einteilung der isomeren Terpene von seiten Berthelots (C. r. **55** [1862], 496 und 544; Spl. **II** [1862/63], 226), sowie GLADSTONES (Soc. **17** [1864], 1 und **25** [1872], 1) von großer Wichtigkeit für die Chemie des Terpentinöls; schließlich sind es die Arbeiten BARBIERS (C. r. **74** [1872], 194) und OPPENHEIMS (B. **5** [1872], 94), welche das Terpentinöl in Cymol überführen und dadurch dieses Terpen in nahe Beziehung zur Benzolreihe bringen, die KEKULÉ Mitte der sechziger Jahre als besondere Klasse abgetrennt hatte.

Im übrigen wird die Chemie des Terpentinöls in diesem Zeitabschnitt nicht so mannigfaltig gefördert wie im vorigen; selbstverständlich werden die einzelnen Derivate (vgl. diese) weiter studiert, auch gelingt es, in anderen ätherischen Ölen Terpene aufzufinden, welche mit dem Hauptbestandteil des Terpentinöls gleiche Eigenschaften zeigen (vgl. Vorkommen des Pinens). Die Konstitution des Terpentinöls, sowie der übrigen Terpene (der Ausdruck Terpen wird zuerst von KEKULÉ in seinem Lehrbuch der org. Chemie **1866**, Bd. II, 437 gebraucht) scheint man allgemein am Ende dieser Zeit als in naher Beziehung zur Benzolreihe stehend angesehen haben, so daß man in ihnen hydrierte Cymole erblickte. Nebenher sei erwähnt, daß das Cymol im Jahre 1872 als p-Methylpropylbenzol erkannt, daß aber die Natur der Propyl-Gruppe noch nicht aufgeklärt war. Zur geschichtlichen Darstellung der Oxydationsreaktionen usw. ist es nötig, daß die einzelnen Derivate des Pinens von nun ab verglichen werden, um einen genaueren Überblick zu erhalten; eine Wiederholung würde hier zu weit führen.

1872—1887.

Wenn man zu Beginn dieser Periode im allgemeinen der Ansicht war, daß die Terpene, also auch das Terpentinöl, hydrierte Cymole seien, so tauchten im Laufe dieser Periode doch Zweifel auf, ob nicht vielleicht aliphatische Verbindungen vorliegen. Letzterer Ansicht huldigten besonders TILDEN und FLAWITZKY. Dieser Ungewißheit wurde durch die Untersuchungen BRÜHLS ein Ende gemacht, als er im Jahre 1886 (A. **235**, 66) die Molekularrefraktion des Pinens bestimmte und fand, daß diesem Molekül nur eine doppelte Bindung zukommt, daß also ein bicyklisches System vorliegen muß. Seit DUMAS 1833 ist diese Beobachtung demnach der erste wichtige Schritt in der Erkenntnis der wahren Anordnung der Atome im Pinenmolekül. — Die Einteilung der Terpene von BERTHELOT und GLADSTONE wurde in dieser Periode durch RIBAN, ferner besonders durch TILDEN und WALLACH schärfer präzisiert. An der Hervorbringung charakteristischer neuer Derivate des Pinens ist diese Periode ebenso arm wie die vorige. Als sehr wertvolle Verbindung hat sich nur das von TILDEN entdeckte Bis-Nitrosochlorid (vgl. letzteres) erwiesen, ebenso das aus ihm gewonnene Nitrosopinen. — Unter den Oxydationsprodukten kommt als neu hinzu die Terpenylsäure (A. **208** [1881], 71), welche FITTIG und KRAFFT aus dem Terpentinöl mit Bichromat und Schwefelsäure erhielten, und welche kurz vorher (A. **180**, 71) von HEMPEL und FITTIG aus dem Terpin gewonnen worden war.

1887 bis zur Gegenwart.

Während im Jahre 1887 die Konstitution noch von keinem Terpen erschlossen war, während man nur wußte, daß es bicyklisch einfach ungesättigte und bicyklisch zweifach ungesättigte Terpene gibt und man die olefinischen Terpene noch nicht kannte, brachte die letzte Periode in schneller Aufeinanderfolge Klarheit in diese Verhältnisse. Die Aufstellung der neuen Kampferformel von seiten Bredts im Jahre 1893 übte auch ihre Rückwirkung auf die Konstitutionserkenntnis der Terpene aus. Wagner war es, welcher im Jahre 1894 (B. **27**, 1651) die Isopropylgruppe an der Brückenbindung teilnehmen ließ und die Formel des Tetroceansystems vorschlug. Die Oxydation mit Kaliumpermanganat ergab Tiemann und Semmler (B. **28**, 1344) im Jahre 1895 die Pinonsäure, von welcher v. Baeyer alsbald nachwies, daß sie eine Methylketosäure ist. Durch weiteren Abbau der Pinonsäure von seiten dieser Forscher gewann die Pinenformel Wagners ihre heute allgemein angenommene Gültigkeit.

Mit der Aufklärung der Konstitution des Pinens geht die Konstitutionserschließung der Derivate dieses Kohlenwasserstoffs Hand in Hand. Wichtig war die Erkenntnis, daß das Pinen drei Gruppen von Derivaten gibt: 1. solche, welche noch den Tetroceantypus aufweisen; 2. solche, welche durch Sprengung des Vierrings und Bildung eines Fünfrings zur Pentoceangruppe (Kampfer-, Kampfenreihe) gehören; 3. solche, welche unter Sprengung des Vierrings keinen neuen Ring bilden, sondern Abkömmlinge des monocyklischen Sechsrings der Limonenreihe sind; so wurden das Bis-Nitrosochlorid und das Nitrosopinen als zur ersten Gruppe gehörig erkannt, dagegen reihte man das Pinenhydrochlorid, das Pinendibromid unter die Kampferderivate, während das Terpineol, das Terpinhydrat, das Limonen usw. sich als monocyklisch ergaben.

Vielfach werden neue Derivate des Pinens, so das Pinol und seine Abkömmlinge, gewonnen und diese erfahren eine ausführliche Bearbeitung — das Sobrerol wird in seiner Konstitution als ungesättigtes Glykol erkannt usw. (vgl. alle Derivate des Pinens). Die Literatur der Oxydationsprodukte, so der bereits erwähnten Pinonsäure und ihrer Abkömmlinge ist gewaltig angeschwollen. Während die Terebinsäure in ihrer Konstitution bereits in der vorigen Periode von Fittig und Frost (A. **226** [1884], 363) endgültig erschlossen wurde, waren es Schryver (Soc. **63** [1893], 1327) und Mahla und Tiemann (B. **29** [1896], 928), welche die Terpenylsäure erschöpfend untersuchten.

Der Zusammenhang des Pinens mit den anderen Terpenen und die verschiedenen Übergänge ineinander erfahren erst in dieser Periode ihre vollkommene Aufklärung, indem auch die Konstitution der anderen Terpene schnell hintereinander erschlossen wurde. Der ganze Mechanismus der Reaktionen in dieser bis dahin so wenig durchsichtigen Gruppe wurde klar erkannt. — Die Kenntnis von dem Vorkommen des Pinens wurde in diesem Zeitabschnitt ganz gewaltig erweitert. Während man früher auf die Bildung des künstlichen Kampfers für seine Identifizierung im wesentlichen angewiesen war, während in der vorigen Periode das charakteristische Nitrosochlorid und das in dieser Beziehung noch besser zu verwertende Nitrosopinen TILDENS hinzugekommen war, konnte WALLACH, von diesen Verbindungen ausgehend, durch Auffindung der Nitrolamine den Nachweis des Pinens noch schärfer gestalten.

Während wir die anderen Terpene vielfach synthetisch gewinnen können, ist dies beim Pinen nur möglich, wenn wir vom Bis-Nitrosochlorid ausgehen; letzteres können wir aber auch nur aus Pinen darstellen. Eine weitergehende Synthese ist bisher beim Pinen nicht gelungen.

Genau so wie das Bekanntsein des Terpentinöls bis in das Altertum zurückreicht, haben wir auch seine Verwendung seit Jahrhunderten zu konstatieren. Seine Fähigkeit als Lösungsmittel für viele Stoffe zu dienen, dürfte es besonders in die Praxis eingeführt haben. So sehen wir, wie dieser Kohlenwasserstoff in der Malerei seit langer Zeit gebraucht wird, sei es zu Ölfarbe, sei es zur Herstellung von Lacken und Firnissen. Während diese Verwendungsart der Zeit nach alt ist, reicht der Gebrauch des Pinens als Ausgangsmaterial für die Herstellung verschiedener chemischer Verbindungen in der chemischen Industrie nicht so weit zurück. Wenn auch das Terpinhydrat über 100 Jahre bekannt ist, so können wir die Verwendung seines Derivates Terpineol in der Parfümerie doch erst ca. 30 Jahre zurück verfolgen. Ähnliches gilt vom künstlichen Kampfer. Obwohl dieser Körper bereits 1802 von KINDT gewonnen war, wurde das Kampfen aus ihm erst von BERTHELOT Ende der fünfziger Jahre rein dargestellt; alsbald zeigte aber dieser Forscher, daß es möglich war, diesen Kohlenwasserstoff durch Oxydation mit Platinmohr in Kampfer überzuführen; verbessert wurde diese Methode, als dieser Forscher und RIBAN an Stelle des Platinmohrs Chromsäure verwandten. Dieser Weg vom Kampfen zum Kampfer zu gelangen, war jedoch für die Technik nicht ausführbar, da die Ausbeuten zu gering bzw. das Verfahren zu kostspielig waren. Erst als es gelang die Abspaltung der Salzsäure zu erleichtern und billiger zu gestalten, ist man imstande, vom Terpentinöl aus Kampfer im großen herzustellen.

Zu diesem Zwecke wird Pinenchlorhydrat durch Erhitzen

a) mit alkoholischem, wäßrigem oder gasförmigem NH_3 (D.R.P. 149791; C. **1904**, I, 1042),

b) mit Alkalien in wäßriger Lösung unter Anwendung von Alkalisalzen höherer Fettsäuren, insbesondere von Seifen jeglicher Art als Lösungsmittel (D. R. P. 153924; C. **1904**, II, 678),

c) mit Basen der aliphatischen Reihe, insbesondere sekundären, oder mit cyklischen Alkylenimiden (D. R. P. 154107; C. **1904**, II, 965)

in Kampfen übergeführt. Dessen Umwandlung in Kampfer kann geschehen entweder

α) direkt durch Oxydation mittels Platinmohr nach BERTHELOT oder mittels CrO_3-Gemisch nach BERTHELOT und RIBAN,

oder

β) indirekt auf dem Umwege über das Isoborneol durch Oxydation

A) des Isoborneols
1. mittels Ozon (D. R. P. 161306; C. **1905**, II, 180);
2. mittels Sauerstoff oder Luft mit oder ohne Benutzung von Kontaktsubstanzen (D. R. P. 161523; C. **1905**, II, 419);
3. mittels $KMnO_4$ (D. R. P. 157590; C. **1905**, I, 309);
4. mittels Chlor (Patent-Anm. Kl. 12° B. 37228 vom 20. Mai 1904 und B. 37281 vom 27. Mai 1904 von Böhringer u. Söhne);

B) oder von Isoborneolestern (Acetat, Benzoat) mittels CrO_3, HNO_3, $KMnO_4$, $MnO_2 + H_2SO_4$ und Caroscher Säure; (D. R. P. 158717; C. **1905**, I, 841).

Mannigfach ist auch sonst noch die Verwendung des Pinens im kleinen in der Praxis, ferner dient es als Ausgangsmaterial für die Darstellung einer großen Anzahl von chemischen Präparaten (Kampfen, Isoborneol usw.).

Vgl. Tabelle Pinen S. 280 und 281.

β) Semicyklische Terpene des Tetroceansystems.

---

195. Nopinen $C_{10}H_{16}$ = Dimethyl-2, 7, 7-Bicyklo-(1, 1, 3)-hepten-2(8), wenn Pinen $C_{10}H_{16}$ = Dimethyl-2, 7, 7-Bicyklo-(1, 1, 3)-hepten-1 ist.

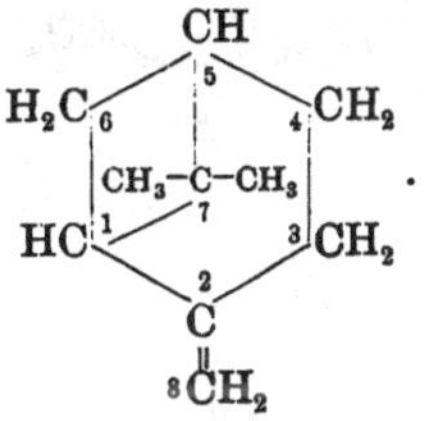

Vorkommen, Isolierung und Synthese. Während in der Kampfer- und Fenchonreihe, also im Pentoceansystem, die Pseudoterpene, die eine semicyklische Bindung nach dem Kern hin in Form einer Methylengruppe aufweisen (Semmler, B. **33**, 1458), das Übergewicht haben, treten diese Pseudoterpene im Tetroceansystem etwas zurück. Im Trioceantypus, wo wir wiederum einem Fünfring begegnen, scheint das Sabinen, ein Pseudoterpen, in der Natur verbreiteter zu sein, als die ringungesättigten Tanacetene, die man bisher überhaupt nur synthetisch hergestellt hat.

Das Nopinen dürfte sich in der Natur überall da finden, wo das Pinen vorkommt; der prozentische Gehalt der Öle an ersterem scheint sehr zu wechseln. Wir sind bisher nicht imstande, durch ein kristallisiertes Derivat das Nopinen, wie das Pinen durch das Pinenhydrochlorid oder durch das Bis-Nitrosochlorid, abzuscheiden. Das Nopinen ist bisher nur in Terpentinölen nachgewiesen worden; es findet sich in dem französischen zu wenigen Prozenten; im amerikanischen dürfte es jedoch in größeren Mengen vorzukommen. Nach den Erfahrungen, die man bei anderen bicyklischen Pseudoterpenen gegenüber den zugehörigen n-Terpenen gemacht hat, scheint der Siedepunkt des Nopinens höher zu liegen als der des Pinens, so daß man aus den Terpentinölen durch fraktionierte Destillation an Nopinen reichere Präparate erhalten kann.

Physik. Eig. des Nopinens. Das Nopinen dürfte zwischen 160 und 165° sieden, sein Volumgewicht wird bei 20° ungefähr 0,870 betragen und der Brechungsexponent 1,470 sein, so daß diese Daten sich jenen des Kampfens sehr nähern, nur liegt der Siedepunkt des Kampfens etwas niedriger. Das Nopinen dürfte überhaupt als semicyklisches Terpen große Ähnlichkeit mit dem Kampfen haben; nur wird das ganze Gefüge des Systems nicht so stabil sein, da der Tetroceanring gegenüber dem Pentoceanring unbeständiger ist.

Chem. Eig. des Nopinens. Angaben über Reduktionen des Nopinens liegen nicht vor; ebensowenig hat man bisher Halogene oder Halogenwasserstoffsäuren auf das reine Nopinen einwirken lassen können.

Als Wasseranlagerungsprodukt muß, wenn diese nur unter Ringsprengung statthat, ein Pseudoterpineol mit semicyklischer doppelter Bindung von folgender Konstitution resultieren:

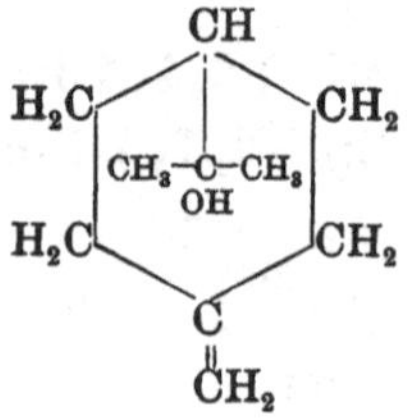

;

es muß dahingestellt bleiben, ob dieses Pseudoterpineol in größeren Mengen primär entsteht.

Da die Wasseranlagerung gleichzeitig an die doppelte Bindung statthat, so entsteht aus diesem Pseudoterpen sekundär dasselbe Terpinhydrat wie aus dem Orthopinen. — Bei den Oxydationsprodukten des Nopinens treten die Unterschiede zwischen ihm und dem n-Pinen schärfer hervor. Wie bei letzterem haben wir unter den Oxydationsprodukten mehrere Reihen zu unterscheiden, einmal kann der Vierring gesprengt werden unter Anlagerung von zwei Hydroxylgruppen, so daß eine dem Sobrerol analoge Verbindung, das Nopinolhydrat und dessen Abkömmlinge, entstehen, oder aber der Vierring bleibt intakt und die doppelte Bindung wird angegriffen, so daß das Nopinenglykol und dessen Derivate gebildet werden. Schließlich muß erwähnt werden, daß ev. unter Sprengung des Vierrings, indem an die doppelte Bindung Wasser angelagert und dann wieder abgespalten wird, ein Fünfring geschaffen werden kann, und wir nun durch weitere Oxydation zu Derivaten des Kampfers gelangen.

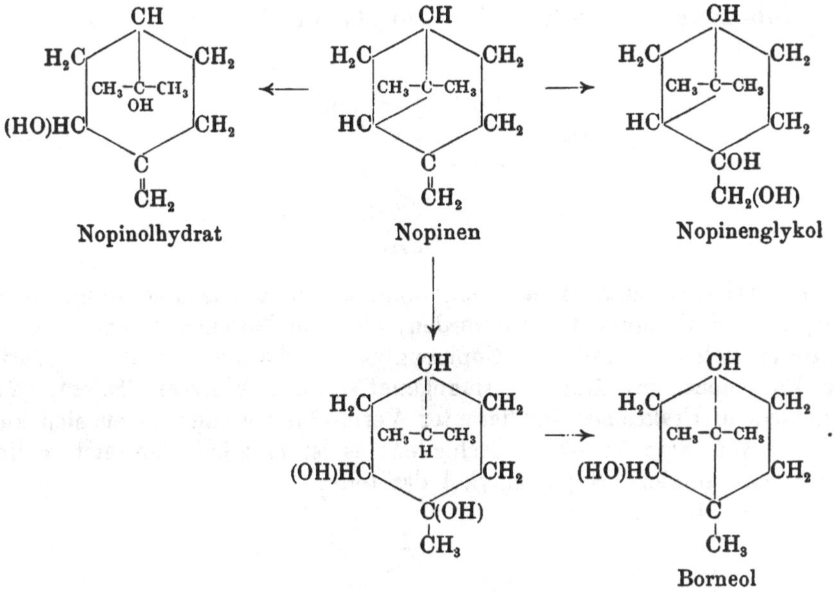

Von allen diesen Gruppen sind Derivate bekannt.

Nopinolglykolreihe. Nopinolglykol

$C_{10}H_{18}O_3 =$ 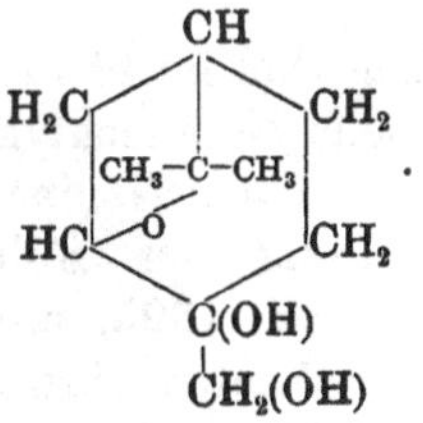 .

Wagner und Slawinski (B. **32** [1899], 2082) gewinnen bei der Behandlung des Rohpinens mit unterchloriger Säure eine Anzahl Produkte, unter denen sich, nach der Behandlung mit Soda, ein Derivat durch größere Löslichkeit in Wasser auszeichnet. Prismen vom Smp. 126—127°, Zusammensetzung $C_{10}H_{18}O_3$; der Essigester kristallisiert nicht, mit konz. Schwefelsäure entsteht bei dem Glykol eine ähnliche Rotfärbung wie beim Sobrerol.

Bei der Oxydation mit Kaliumpermanganat werden weder Essig-, noch Terpenylsäure gebildet, sondern Ameisensäure und sirupartige saure Produkte; mit Salpetersäure entsteht wahrscheinlich ein Gemenge von Terebin- und Terpenylsäure. Diese Reaktionen machen oben angegebene Konstitution wahrscheinlich. — Das Nopinol selbst ist bisher nicht isoliert worden. Ob es dem gewöhnlichen Pinol beigemengt ist, müssen erst weitere Versuche entscheiden.

Nopinenglykolreihe. Nopinenglykol

$C_{10}H_{18}O_2$ = 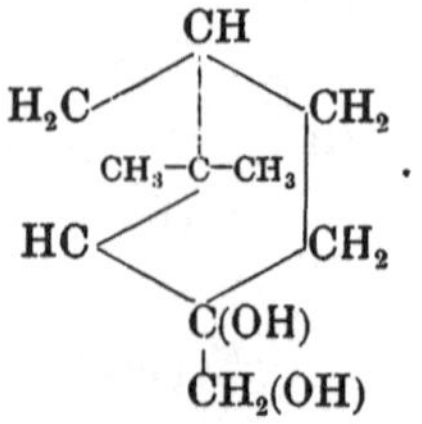

Es ist zweifellos, daß in den Derivaten, die man aus dem Rohpinen erhält, viele Verbindungen sein werden, die vom Nopinen abstammen. So dürfte es sich auch mit dem Nopinenglykol verhalten. Bei der Oxydation des Rohpinens mit Kaliumpermanganat erhielt WAGNER (B. **27**, 2274) verschiedene Fraktionen indifferenter Verbindungen, aus denen sich auch Kristalle vom Smp. 76—78° abschieden; es ist möglich, daß letztere nicht das Pinen-, sondern Nopinenglykol darstellen.

Nopinaldehyd

$C_{10}H_{16}O$ = 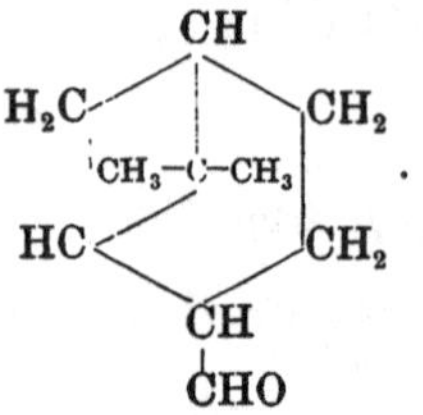

Genau so wie sich das Kampfenglykol leicht in den Kampfenilanaldehyd umwandeln läßt, so dürfte auch beim Nopinenglykol eine ähnliche Umlagerung statthaben. — Ferner dürfte sich der Nopinaldehyd analog dem Kampfenilanaldehyd bei der Behandlung des Rohpinens mit Chromylchlorid bilden. ÉTARD (C. r. **116**, 434; B. **1893**, Ref. 232 und C. **1893**, I, 546, hat Chromylchlorid auf das Terebenten einwirken lassen; dabei erhält er den Terebentenaldehyd vom Sdp. 205—208°, $d = 0,96$, welcher rechts dreht, einen Silberspiegel erzeugt, mit Phenylhydrazin reagiert und fuchsinschweflige Säure violett färbt; ev. liegt in diesem Aldehyd ein Gemisch von Nopinaldehyd mit Nopinon vor. Vgl. ferner unter Pinen HENDERSON und SMITH, Einwirkung von Chromylchlorid.

Nopinsäure

$C_{10}H_{16}O_3$ = 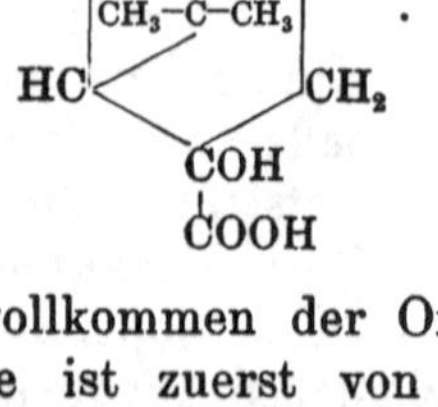

Die Nopinsäure entspricht vollkommen der Oxykampfenilansäure („Kampfenilsäure" WAGNERS). Sie ist zuerst von v. BAEYER und VILLIGER gelegentlich der Oxydation des Rohpinens mit Kaliumpermanganat erhalten

(B. **29**, 25) und aus ihrem schwerlöslichen Natriumsalz isoliert worden; Smp. 125°. — Auch TIEMANN und SEMMLER (B. **29**, 532) erhielten die Säure aus dem schwerlöslichen Natriumsalz. — WAGNER und ERTSCHIKOWSKY (B. **29**, 881) erwähnen, daß MARIUZA eine Säure erhalten habe, die ein schwerlösliches Kalium- und Natriumsalz liefere. Die Säure selbst konnte nicht kristallisiert erhalten werden. Bei der Destillation im Vakuum spaltete sie CO_2 ab und gab ein Keton, welches seinerseits ein flüssiges Oxim lieferte. — v. BAEYER und VILLIGER (B. **29**, 1923) geben weitere Eigenschaften der Säure an; schwerlöslich in Wasser, Smp. 126—128°, ihr Natriumsalz bildet glänzende, rechteckige Blättchen, ihr Kupfersalz ist eine amorphe Fällung, die sich beim Kochen in blauweiße Nädelchen verwandelt. Mit HBr entsteht aus ihr eine gebromte ungesättigte Säure; mit PbO_2 und anderen Oxydationsmitteln wird Nopinon gebildet.

Umwandlungsprodukte der Nopinsäure. Brom-Tetrahydrocuminsäure

$C_{10}H_{15}BrO_2$ =

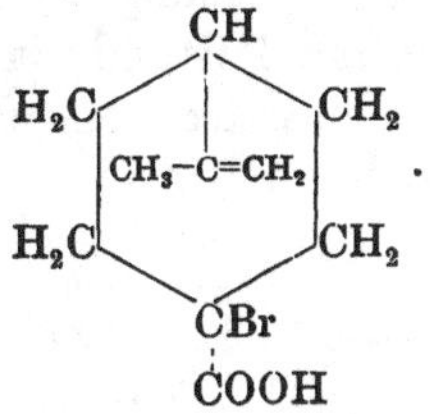

v. BAEYER und VILLIGER (B. **29**, 1925) lassen auf Nopinsäure, die in wenig Eisessig gelöst ist, eine Lösung von Eisessig-Bromwasserstoffsäure einwirken; Smp. 175°. Ihr Bromatom läßt sich leicht durch Silberacetat eliminieren, wobei die

α-Dihydrocuminsäure

$C_{10}H_{14}O_2$ =

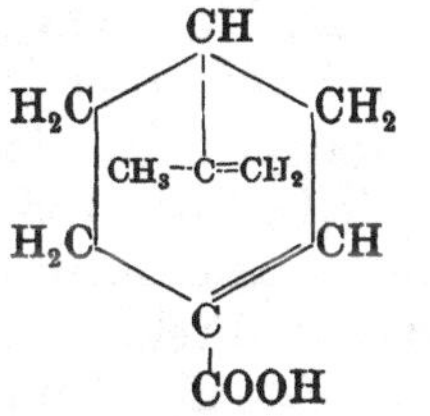

resultiert. Die

β-Dihydrocuminsäure

$C_{10}H_{14}O_2$ =

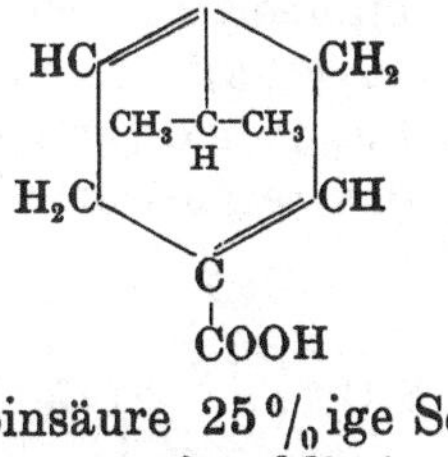

entsteht, wenn man auf Nopinsäure 25%ige Schwefelsäure einwirken läßt (v. B. u. V., a. a. O.); Smp. 130—133°, sublimiert über 100°, ist im Vakuum unzersetzt destillierbar, $Sdp._{14}$ = 176°, durch $KMnO_4$ leicht oxydierbar. — Des besseren Verständnisses wegen habe ich zu diesen Säuren Konstitutionsformeln hinzugefügt. Weitere Versuche müssen deren Richtigkeit erhärten; vgl. auch Sch. u. Co. (Sch. **1905**, I, 37), welche zu etwas anderen Resultaten bezüglich der Schmelzpunkte wie v. B. und V. gelangen gelegentlich ihrer Untersuchung über den Alkohol im Gingergrasöl, welcher einen Dihydrocuminalkohol darstellt (Chem. Z. **28** [1904], 1143 und Sch. **1904**, I, 52; **1904**, II, 41). —

Cuminsäure

$C_{10}H_{12}O_2$ = 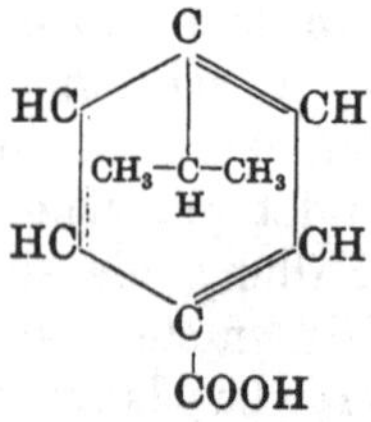

erhalten v. B. und V. (B. **29**, 1927), indem sie Dihydrocuminsäure in viel 10%iger Natronlauge lösen, eine Lösung von Ferricyankalium in großem Überschuß (6 Mol.) hinzugeben und 1 Stunde lang kochen; Smp. 116—118°. Sie wird in p-Oxyisopropylbenzoesäure vom Smp. 156,5° übergeführt, daneben bildet sich etwas Terephtalsäure.

Nopinon $C_9H_{14}O$ = 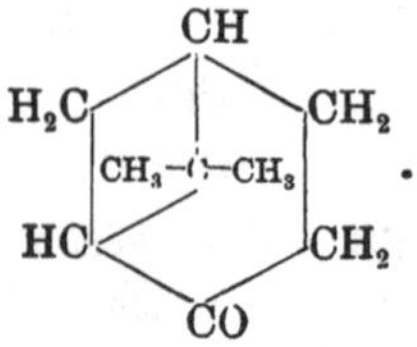 .

Schon längst hat man die Beobachtung gemacht, daß bei der Oxydation des Terpentinöls mit Kaliumpermanganat ein kampferähnlicher Geruch auftritt, aber erst v. Baeyer und Villiger gelang es (B. **29**, 1927), die Verbindung zu isolieren, von welcher er herrührte. Nopinsäure wird mit PbO_2 oxydiert und dabei ein Dampfstrom hindurchgeleitet; gibt ein öliges Oxim; Semicarbazon $C_{10}H_{17}N_3O$, Smp. 188,5°. Diese Beobachtung, daß bei der Oxydation des Rohpinens eine Säure $C_{10}H_{16}O_3$ und wahrscheinlich das Keton $C_9H_{14}O$ schon bei der direkten Einwirkung von $KMnO_4$ entstehen, ohne daß man nötig hat die Säure zu isolieren, wurde von Wallach ergänzend bewiesen (A. **313**, 363). Durch die Oxydationsprodukte des Rohpinens mit Kaliumpermanganat leitet er einen Dampfstrom, es geht ein hierbei unverändertes Pinen und das Keton über. Fraktioniert destilliert wurden zwei Fraktionen erhalten: 1. Sdp. 170—200°, 2. Sdp. 200—215°. Semicarbazon hat Smp. 188°, welches durch 33%ige Schwefelsäure zerlegt wurde, das regenerierte Keton siedet bei 209—211°.

Das Benzylidennopinon

$C_{16}H_{18}O$ = 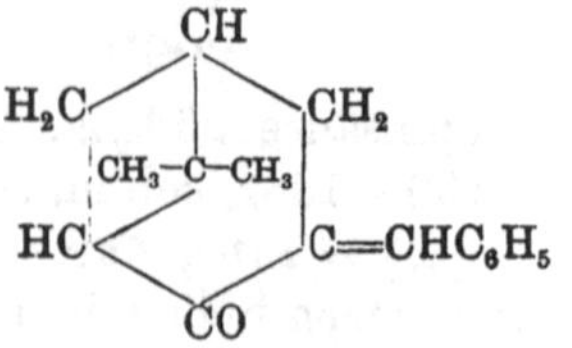

gewinnt WALLACH nach üblicher Methode; Smp. 106°. — Eine weitere Darstellung des Nopinenketons wurde bereits oben erwähnt (WAGNER und ERTSCHIKOWSKI, B. **29**, 883).

Die Homoterpenylsäure

$C_9H_{14}O_4$ = 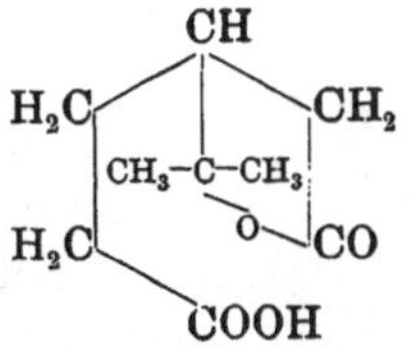

gewinnen v. BAEYER und VILLIGER (B. **29**, 1928), indem sie das Nopinenketon zu konzentrierter Salpetersäure hinzufließen lassen; Smp. 100—103°.

Vergleichen wir die chemischen Eigenschaften des Nopinens mit jenen anderer Terpene, so fällt die große Ähnlichkeit mit dem Kampfen auf; die Reaktionen des letzteren werden natürlich durch den Tetroceantypus des Nopinens abgeändert. Auch mit dem bicyklischen Pseudofenchen hat das Nopinen viele Reaktionen gemeinsam, ebenso mit dem semicyklischen Sabinen, welches dem Trioceantypus angehört; vor allen Dingen zeichnen sich die Pseudoterpene dadurch aus, daß sie bei der Oxydation mit $KMnO_4$ ein um ein Kohlenstoffatom ärmeres, gesättigtes Keton $C_9H_{14}O$ liefern; der Fünf-, Vier- oder Dreiring dieser Ketone ist mehr oder weniger beständig und läßt sich namentlich durch Halogenwasserstoffsäuren in Eisessiglösung aufspalten. — Es ist nicht ausgeschlossen, daß die Bildung von Isobornylestern, aus denen sich Kampfen abscheiden läßt, vielfach der Anwesenheit von Nopinen zuzuschreiben ist. Ringungesättigtes gewöhnliches Pinen scheint nach dem BERTRAMschen Acylierungsverfahren mit organischen Säuren bei Anwesenheit von wenig anorganischer Säure sich hauptsächlich in Terpinylester umwandeln zu lassen; Nopinen könnte bei dieser Reaktion ev. zur Kampfenreihe führen, so daß die Bildung von Isobornylestern aus Terpenfraktionen unter Umständen nicht allein auf die Anwesenheit von Kampfen zurückzuführen sein dürfte.

Identifizierung des Nopinens. Die Isolierung des Nopinens läßt sich, wie oben angedeutet, sehr schwer durchführen, so daß wir zum Nachweis des Nopinens am besten die nach sorgfältiger Fraktionierung erhaltenen Anteile vom Sdp. 160—168° verwenden. Man oxydiert mit Kaliumpermanganat in der Kälte und sucht die Nopinsäure, welche sich wegen ihrer leichten Oxydierbarkeit zu Nopinon als eine α-Oxysäure erwiesen hat, zu gewinnen; der Smp. 126—128°, die schwere Löslichkeit des Natriumsalzes, ihre Oxydationsfähigkeit zum Nopinon, welches das charakteristische Semicarbazon vom Smp. 188° liefert, dürften genügen, um die Anwesenheit von Nopinen festzustellen.

Die **Konstitution des Nopinens** ergibt sich ebenfalls aus der Nopinsäure, aus welcher auch die Formel $C_{10}H_{16}$ des Nopinens zu folgern ist. Der weitere Bau des Nopinenmoleküls ist zunächst aus der gesättigten Natur der Nopinsäure und des Nopinons zu folgern, wonach also ein

Pinen.

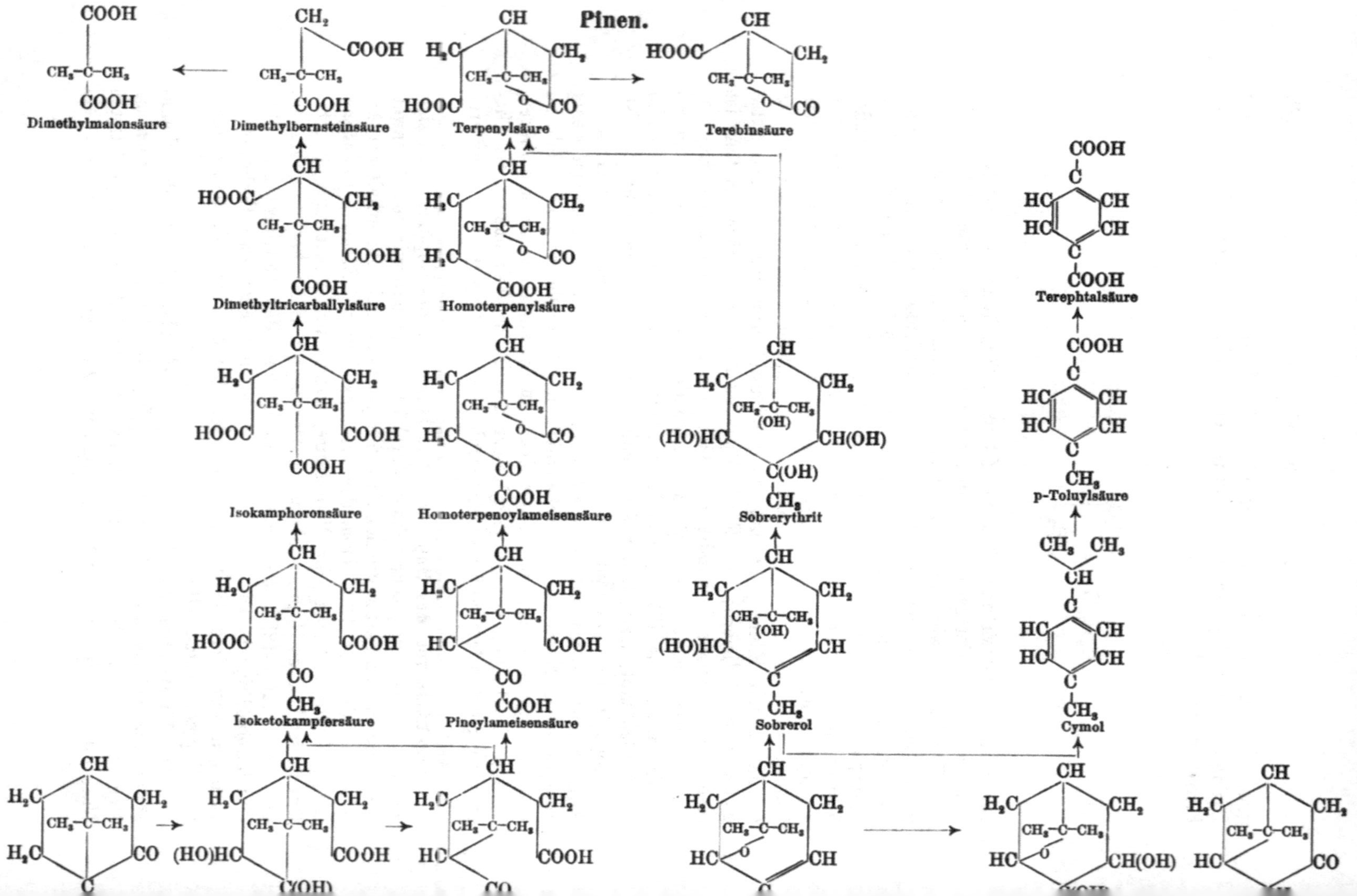
Dimethylmalonsäure
Dimethylbernsteinsäure
Terpenylsäure
Terebinsäure
Dimethyltricarballylsäure
Homoterpenylsäure
Terephtalsäure
p-Toluylsäure
Isokamphoronsäure
Homoterpenoylameisensäure
Sobrerythrit
Isoketokampfersäure
Pinoylameisensäure
Sobrerol
Cymol

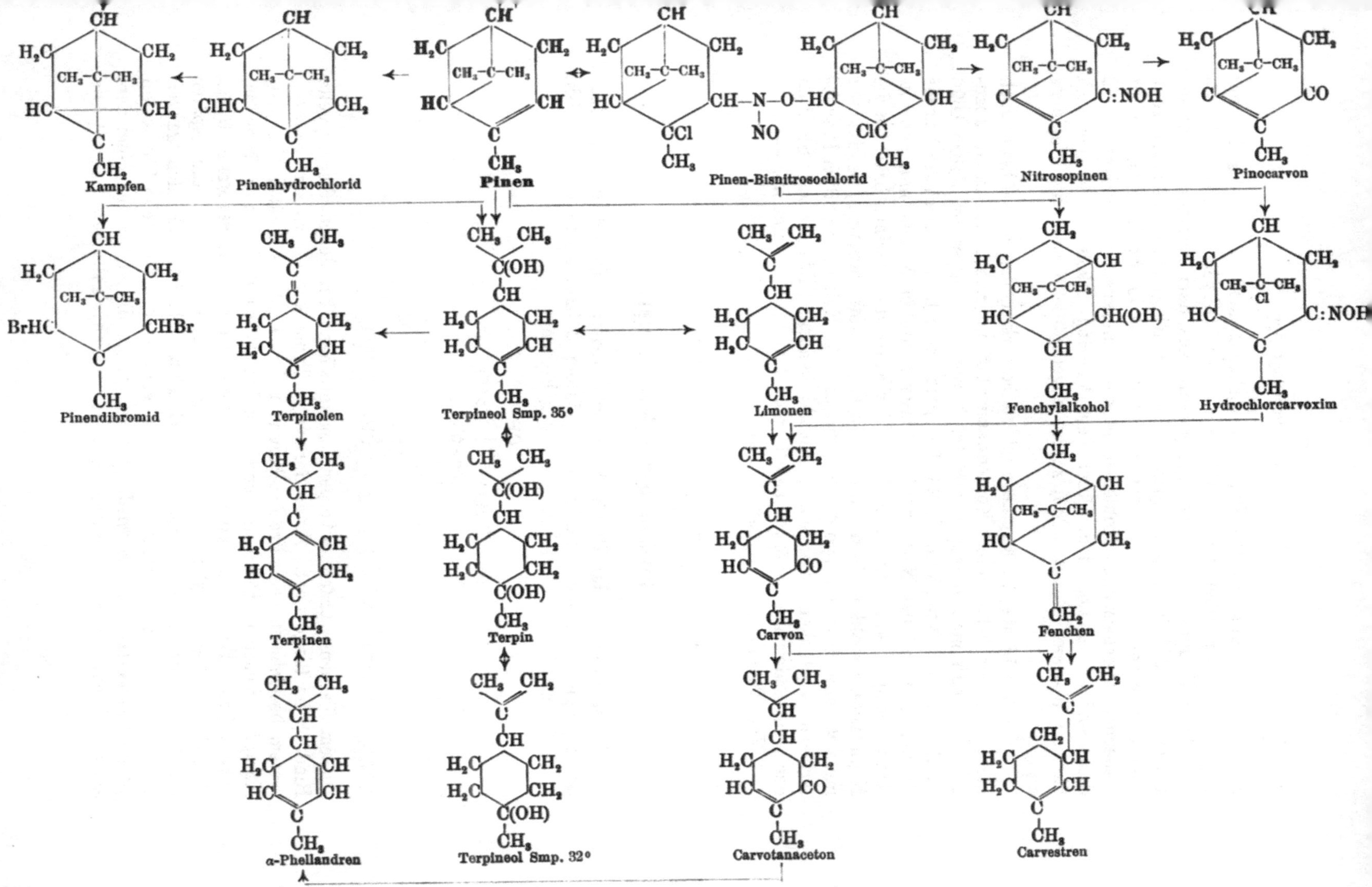

Kampfen
Pinenhydrochlorid
Pinen
Pinen-Bisnitrosochlorid
Nitrosopinen
Pinocarvon
Pinendibromid
Terpinolen
Terpineol Smp. 35°
Limonen
Fenchylalkohol
Hydrochlorcarvoxim
Terpinen
Terpin
Carvon
Fenchen
α-Phellandren
Terpineol Smp. 32°
Carvotanaceton
Carvestren

gesättigtes bicyklisches Pseudoterpen vorliegen muß. Über die Art der Brückenbindung geben die Überführung in die Dihydrocuminsäure, sowie die glatte Bildung der Homoterpenylsäure aus dem Nopinon Aufschluß. Hiernach muß die Isopropylgruppe an der Ringbildung beteiligt sein, ebenso eins von den beiden der der CO-Gruppe im Nopinon benachbart stehenden gleichwertigen Kohlenstoffatome. Hieraus folgt eindeutig, daß dem Nopinen, analog dem Pinen, ein Vierring zukommt, so daß sich die von WAGNER (B. **32**, 2083) zuerst angedeutete Formel des Nopinens ergibt.

Zur **Geschichte des Nopinens** ist zu bemerken, daß es bis heute noch nicht gelungen ist, diesen Kohlenwasserstoff in reinem Zustande abzuscheiden, daß man hingegen auf die Nopinsäure zuerst im Jahre 1896 (v. BAEYER und VILLIGER, B. **29**, 25), gestoßen ist. Die charakteristische Schwerlöslichkeit des Natriumsalzes dieser Säure in Wasser und namentlich in Laugen, sowie die Aboxydation der Säure zum Nopinon brachten die Nopinsäure alsbald in Beziehung zur α-Oxykampfenilansäure, so daß wir nunmehr von dieser Gruppe der Säuren, die ihre Existenz sämtlich Pseudoterpenen verdanken, eine ganze Anzahl kennen. Das weitere Studium der Nopinenderivate gehört ebenfalls dem letzten Jahrzehnt an. —

Vgl. Tabelle „Nopinen“ S. 283.

Terpene der Trioceangruppe.

Lassen wir an der Ringbildung im hydrierten Cymol sich die Isopropylgruppe beteiligen und Kohlenstoffatom 3 bzw. 5, so kommen wir z. B. für ein Pseudoterpen zu folgender Formel:

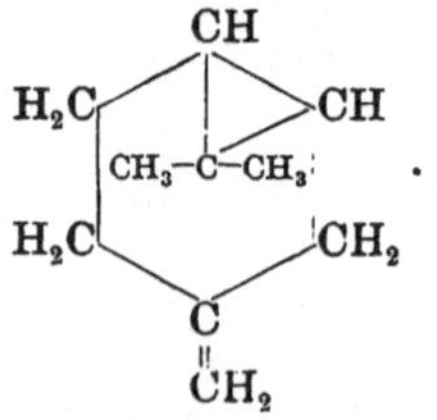

Diesem Terpen würden n-Terpene entsprechen, bei denen die doppelte Bindung im Ringe liegt. Einen derartigen Typus können wir als Trioceansystem bezeichnen. Es würde vollkommen dem Pentoceansystem (Kampfer, Kampfen, Fenchon, Fenchene) und dem Tetroceansystem (Pinen, Nopinen) entsprechen. Es ist dies eine Konstitution, wie sie von SEMMLER (B. **33** [1900], 1467) als möglich in Betracht gezogen, und wie sie auch später von KONDAKOW (Chem. Z. **26**, 720; C. **1902**, II, 641) für den ganzen Tanacetontypus in Anspruch genommen worden ist. Wie beim Tanaceton auseinandergesetzt werden wird, sprechen gegen die Auffassung einer derartigen Tanacetongruppe unter anderem die physikalischen Daten. Die

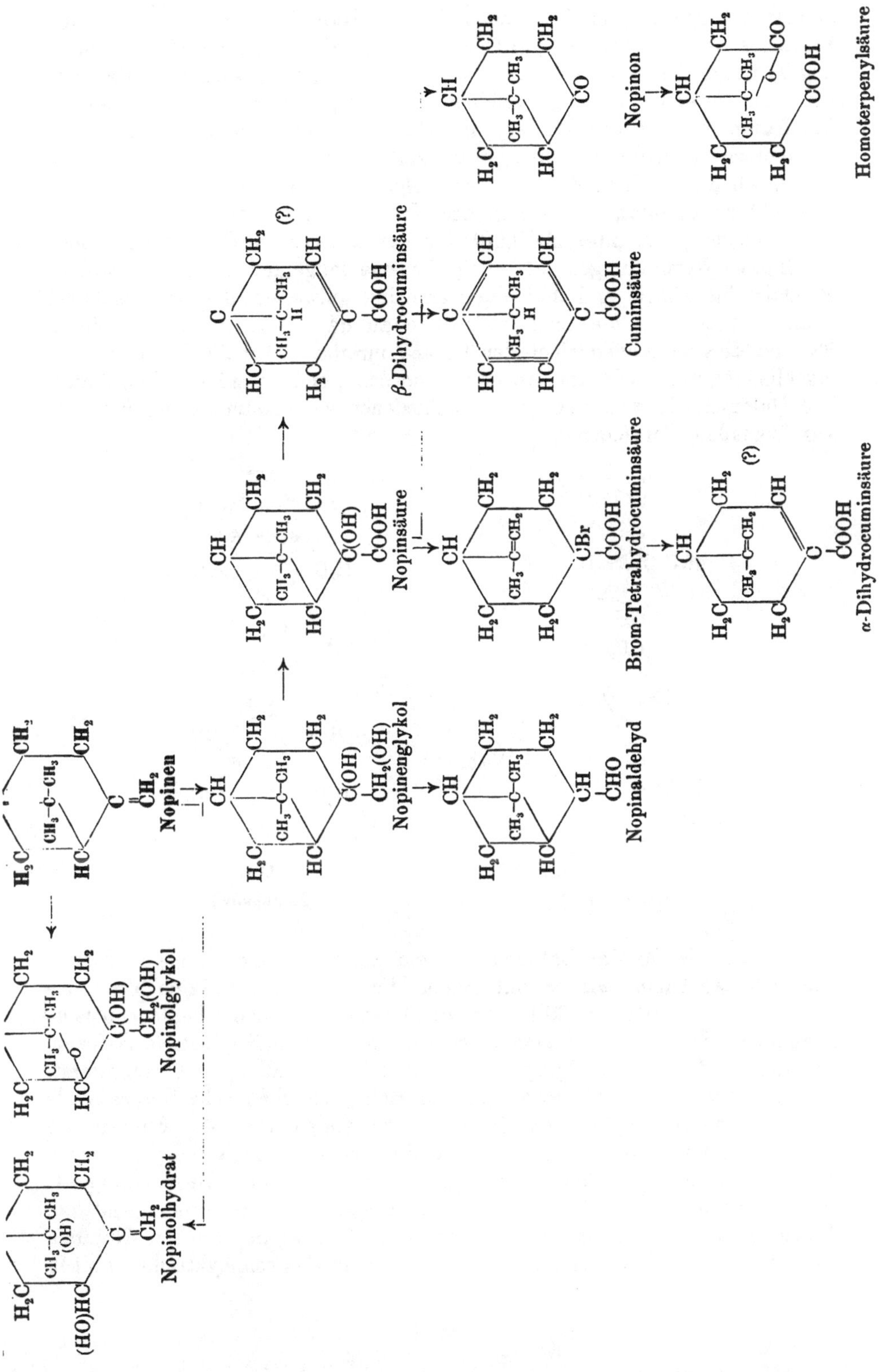
Nopinolhydrat
Nopinolglykol
Nopinen
Nopinenglykol
Nopinaldehyd
Nopinsäure
Brom-Tetrahydrocuminsäure
α-Dihydrocuminsäure
β-Dihydrocuminsäure
Cuminsäure
Nopinon
Homoterpenylsäure

bicyklisch ungesättigten Terpene, z. B. das Kampfen, die Fenchene, die Pinene, sind ausnahmslos spezifisch schwerer als die monocyklisch doppelt ungesättigten Terpene; so müßte obiger Trioceantypus ebenfalls zweifellos ein Volumgewicht haben, welches sehr nahe steht z. B. demjenigen des Kampfens und des Pinens; natürlich muß man ringungesättigte und Pseudoterpene beider Gruppen miteinander vergleichen. Es scheint nun so, als ob dieser Trioceantypus, bei welchem die Isopropylgruppe an der Ringbildung teilnimmt, bisher in der Natur nicht konstatiert ist.

Dagegen sind unter Bestandteilen der ätherischen Öle sowohl sauerstoffhaltige Verbindungen, als auch Terpene aufgefunden worden, welche ebenfalls bicyklisch sind und einen Dreiring aufweisen, der aber zustande kommt, ohne daß die Isopropylgruppe an der Brückenbindung teilhat. Es sind dies die Angehörigen der Tanacetonreihe. Über die Konstitutionserschließung vgl. wiederum Tanaceton und das gleich zu erörternde Sabinen. Die Unterschiede zwischen den verschiedenen Anschauungen ergeben sich aus folgenden Formeln:

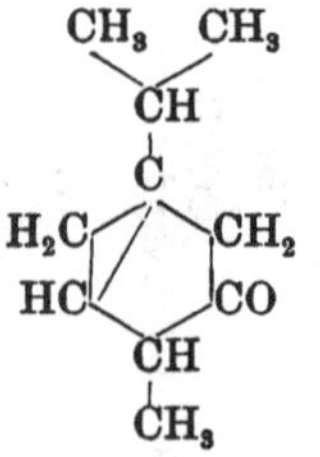

Tanaceton

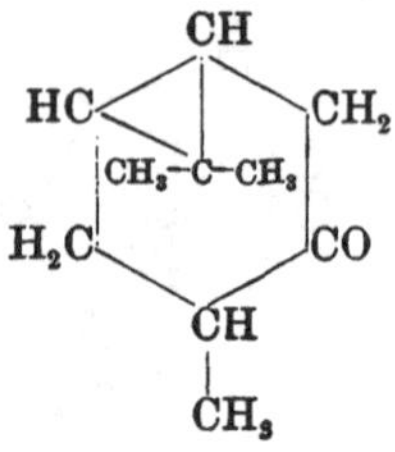

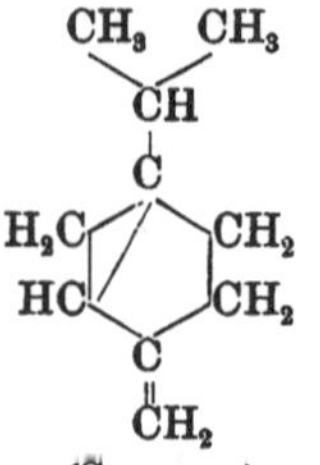

Sabinen

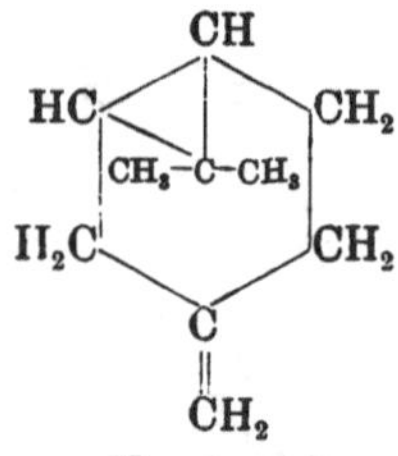

(SEMMLER) (KONDAKOW)

Legen wir für das Sabinen die von SEMMLER angenommene Formel zugrunde, so haben wir es mit einem bicyklisch ungesättigten Trioceantypus zu tun, aber er läßt sich nicht ganz mit dem Pentoceantypus (Kampfene, Fenchene) und dem Tetroceantypus (Pinen, Nopinen) vergleichen, da in ihm die Isopropylgruppe an der Brückenbindung nicht teilnimmt. So kommt es auch, daß sowohl physikalische, wie chemische Unterschiede zwischen diesen bicyklischen Systemen vorhanden sind. — Ebenso wie beim Kampfen und den Fenchenen die semicyklischen Terpene mehr hervortreten, dagegen das ringungesättigte Bornylen und die ringungesättigten Fenchene zurücktreten, im Pentoceantypus das ringungesättigte Pinen besonders vorkommt, wir dagegen dem semicyklischen Nopinen seltener begegnen, so scheint im Trioceantypus das semicyklische Sabinen besonders im Vordergrunde zu stehen. Die zugehörigen ringungesättigten Terpene, die eigentlichen Tanacetene (Thujene), sind mit Sicherheit in der Natur bisher nicht konstatiert worden; theoretisch sind verschiedene derartige Terpene möglich. Synthetisch hat man einige davon erhalten (vgl. Tanaceton), so hat TSCHUGAEFF (B. **33** [1900], 3118) nach der Xanthogensäuremethode aus dem Tanacetylalkohol derartige Kohlenwasserstoffe gewonnen (vgl. auch TSCHUGAEFF, B. **34** [1901], 2279). KONDAKOW und SKWORZOW (J. pr. II, **67** [1903], 573) betonen, daß nach dieser Methode ein Gemenge erhalten wird (vgl. auch K. und SK., J. pr. II, **69** [1904], 176 und TSCHUGAEFF, B. **37** [1904], 1481). Aus allen diesen Mitteilungen geht jedoch hervor, daß die auf diesem synthetischen Wege erhaltenen Thujene noch bicyklischer Natur sind, und daß sie ringungesättigte Terpene darstellen. Es sei hier nur erwähnt, daß TSCHUGAEFF z. B. fand: Sdp. 151 bis 152,5°, $d_{20} = 0,8275$, $n_D = 1,45042$; schwach linksdrehend. Vergleichen wir diese Zahlen mit jenen der bereits abgehandelten bicyklischen Terpene, namentlich mit denen des ebenfalls ringungesättigten Pinens, so fällt das niedrige Volumgewicht und der niedrige Brechungsexponent sofort in die Augen, so daß schon daraus zu schließen ist, daß die Brückenbindung in den Thujenen ganz anderer Art sein muß, als im Pinen.

Nach diesen Auseinandersetzungen können wir die Terpene der Trioceangruppen in Bicyklo-heptene und Bicyklo-hexene einteilen. Terpene, die nach der KONDAKOWschen Auffassung konstituiert sind, würden den Bicyklo-heptenen, jene nach der Auffassung SEMMLERS den Bicyklo-hexenen zugerechnet werden müssen. Es werden im folgenden die von S. angenommenen Formeln zugrunde gelegt werden.

Terpene der Trioceangruppe { III. Bicyklo-(0, 1, 4)-heptene / IV. Bicyklo-(0, 1, 3)-hexene .

III. Bicyklo-(0, 1, 4)-heptene (Derivate der Carangruppe).

Terpene dieser Gruppe kennt man bisher nicht; vom Caron, einem trimethylierten Bicyklo-(0, 1, 4)-heptanon (2) kann man das Oxim darstellen; jedoch ist es noch nicht gelungen, von diesem Oxim aus über das Amin zu einem zugehörigen bicyklischen Terpen zu kommen, wobei wir folgenden Übergang haben müßten:

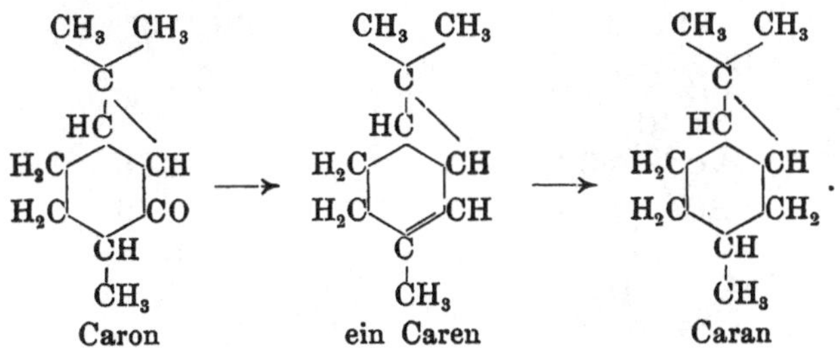

Diese Carene — die Dihydrocarene sind identisch mit dem bisher ebenfalls unbekannten Caran $C_{10}H_{18}$ —, denen das gesättigte Caran zugrunde liegt, haben demnach eine analoge Struktur, wie sie von KONDAKOW für die Tanacetene und das Sabinen angenommen wird. — Analog können wir von einer Kampfan-, Isokampfan-, Fenchan-, Isofenchan-, Pinangruppe usw. sprechen. —

IV. Bicyklo-(0, 1, 3)-hexene (Derivate der Tanacetangruppe).

Nach der Auffassung des Tanacetons usw. von seiten SEMMLERS können wir das Methyl(2)-isopropyl(5)-Bicyklo-(0, 1, 3)-hexan als Tanacetan bezeichnen, genau so wie wir das Methyl(1)-dimethyl(7, 7)-Bicyklo-(1, 2, 2)-heptan als Kampfan, das Methyl(2)-dimethyl(7, 7)-Bicyklo-(1, 1, 3)-heptan als Pinan, das Methyl(3)-dimethyl(7, 7)-Bicyklo-(0, 1, 4)-heptan als Caran bezeichnen.

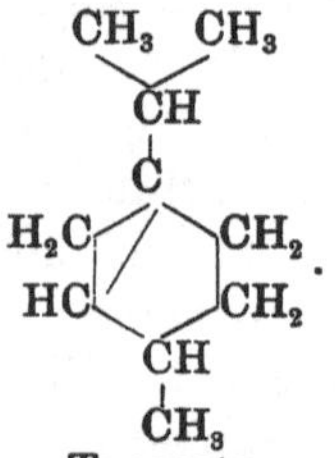

Tanacetan

Vom Tanacetan können sich verschiedene Tanacetene ableiten je nach Lage der doppelten Bindung; auch hier haben wir ungesättigt-cyklische Tanacetene und ein semicyklisches Tanaceten von Hause aus in Betracht zu ziehen. Hauptsächlich dürfte es sich bei den ringungesättigten Tanacetenen um solche handeln, die die doppelte Bindung im Fünfring zu liegen haben, weniger um solche, bei denen sie im Dreiring liegt; jedoch sind bei weitem nicht alle ringungesättigten Tanacetene bekannt, auch sind sie, wie bereits erwähnt, in der Natur überhaupt nicht aufgefunden worden, dagegen kennen wir das semicyklische Tanaceten, dem von SEMMLER der Trivialname Sabinen beigelegt wurde.

α) Ringungesättigte Tanacetene.

Von den ringungesättigten Tanacetenen dürften im wesentlichen bisher nur zwei dargestellt worden sein:

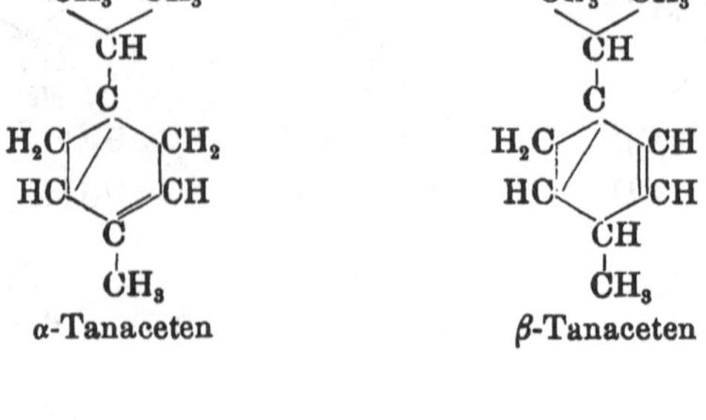

α-Tanaceten β-Tanaceten

Diese Tanacetene kann man gewinnen, indem man nach TSCHUGAEFF (B. **33** [1900], 3118; B. **34** [1901], 2276; B. **37** [1904], 1481) von dem Tanacetylxanthogenat ausgeht und letzteres trocken erhitzt, oder aber nach demselben Forscher das Tanacetylamin erschöpfend methyliert und nach der Methode von A. W. v. HOFMANN ebenfalls der trocknen Destillation unterwirft; schließlich lassen sich die bicyklischen ringungesättigten Tanacetene nach KONDAKOW (Chem. Z. **26** [1902], 720; J. pr. II, **67** [1903], 574; J. pr. II, **69**, 176) von den Tanacetylhalogeniden aus gewinnen usw. Alle diese Reaktionen, sowie die Eigenschaften des α- und β-Tanacetens werden ausführlich in Bd. III unter Tanacetylalkohol erörtert; hier sei nur erwähnt, daß das α-Thujen nach TSCH. bei 151 bis 152,5° siedet, $d_{20/4} = 0{,}8263$ und $[\alpha]_D = -8{,}23^0$ zeigt, während β-Thujen bei starker Abkühlung fest wird, bei 150—151° siedet und $d_{20/4} = 0{,}8248$ und $[\alpha]_D = +77{,}43^0$ aufweist.

Ob ev. nach der Darstellung von KONDAKOW und SKWORZOW noch andere ringungesättigte Tanacetene entstehen, besonders aus ev. tertiären Halogeniden, müssen weitere Untersuchungen zeigen.

β) Semicyklisches Tanaceten $C_{10}H_{16}$.

Es ist nur ein einziges semicyklisches Tanaceten und zwar das Methyl(2)-isopropyl(5)-Bicyklo-0, 1, 3-hexen 1(7) denkbar; es wurde von SEMMLER im Sadebaumöl aufgefunden und als Sabinen bezeichnet.

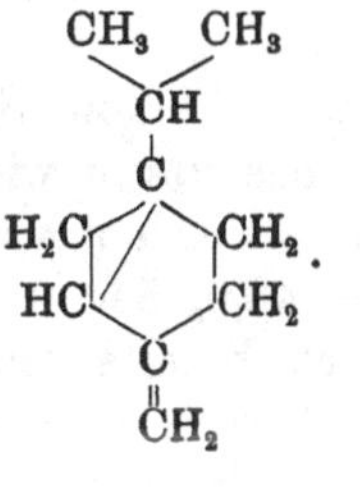

196. Sabinen.

Vorkommen, Isolierung und Synthese. Während demnach die Klasse der ringungesättigten (Ortho)-Terpene des Trioceansystems in der Natur bisher nicht konstatiert werden konnte, findet sich ein semicyklisches, hierher gehöriges Terpen im ätherischen Öl des Sadebaums (*Juniperus Sabina*). Außer dem Sabinol, dessen Acetat und anderen Estern, ferner Cadinen finden sich in geringer Menge auch Terpene in ihm. DUMAS (A. **15** [1835], 159) richtete bereits sein Augenmerk auf diese mit dem Terpentinöl isomeren Kohlenwasserstoffe, nach seinen Angaben könnte man auf Pinen oder Kampfen schließen. DUMAS isolierte eine Fraktion vom Sdp. 155—161°. GRÜNLING (Diss. Straßb. **1879**, 27) gewann bei der Oxydation des um 161° siedenden Terpens Terebin- und Terephtalsäure,

Oxydationsprodukte, wie sie auch beim Pinen auftreten. Vgl. auch Levy (B. **18** [1885], 3206). Man muß jedoch bei diesen Untersuchungen im Auge behalten, daß das Sadebaumöl vielfach mit Terpentinöl verfälscht wird. Aus der jüngsten Zeit stammen Untersuchungen über das Terpen des Sadebaumöls von Fromm (B. **33** [1900], 1192), Semmler (B. **33** [1900], 1463 und B. **35** [1902], 2046) und Kondakow und Skworzow (J. pr. II, **69** [1904], 176). Nach den Mitteilungen von Fromm enthält das Sabinaöl ungefähr 25 % Terpene. Nach wiederholter Fraktionierung erhielt F. schließlich ein bei 158° siedendes Produkt $C_{10}H_{16}$. Er sagt darüber: „Eine Identifizierung des Terpens ist noch nicht geglückt. Vorläufige Versuche, ein Nitrosochlorid nach der Vorschrift von Wallach (A. **245**, 251 u. **253**, 251) darzustellen, oder eine Hydratation nach Bertram und Walbaum (J. pr. II, **49**, 1) zu bewirken, hatten einstweilen negativen Erfolg.“

Semmler konstatierte im Sadebaumöl ca. 30 % Terpene, welche nach wiederholter Fraktionierung über Natrium besonders von 162—166° übergingen; geringe Mengen destillierten auch schon vorher über. Dieses Terpen nannte S. „Sabinen“. Die Abscheidung des Sabinens konnte bisher auf keinem anderen Wege als durch fraktionierte Destillation vorgenommen werden. — Über das Vorkommen des Sabinens ist zu bemerken, daß es bisher nur im Sabinaöl konstatiert wurde; es ist jedoch nicht ausgeschlossen, daß dies Terpen verbreiteter ist, zumal in jenen ätherischen Ölen, welche Ketone, Alkohole usw. enthalten, die denselben bicyklischen Typus aufweisen, in denen sich also Tanaceton, Tanacetylalkohol, Sabinol, deren Ester usw. finden.

Physik. Eig. des Sabinens. Die von Semmler angegebenen Daten beziehen sich auf Sabinen, welches durch wiederholte Fraktionierung über metallischem Natrium gewonnen worden war (B. **33**, 1464): $d_{20} = 0{,}840$, $n_D = 1{,}466$, Pol. + 63°, M. R. = 44,9, ber. für $C_{10}H_{16}$⌈ = 44,4. Aus diesen physikalischen Daten ergibt sich bereits, daß wir es wahrscheinlich mit einem bicyklisch ungesättigten Terpen zu tun haben, zumal wenn wir in Betracht ziehen, daß Moleküle mit einem Dreiring eine etwas anormale Molekularrefraktion zeigen, insofern als gewöhnlich ein Plus von 0,5—0,7 gefunden wird (vgl. Tanaceton).

Chem. Eig. des Sabinens. Reduktionsversuche sind bisher mit dem Sabinen nicht vorgenommen worden. — Freies Halogen ließ Semmler (B. **33**, 1464) in einem indifferenten Lösungsmittel auf den Kohlenwasserstoff einwirken, wobei glatt das Sabinendibromid $C_{10}H_{16}Br_2$ erhalten wurde; ölig, $d = 1{,}50$; es erweist sich gegen weiteren Bromzusatz gesättigt. — Halogenwasserstoffsäuren lassen Kondakow und Skworzow (J. pr. II, **69**, 176) mit Sabinen reagieren; sie fanden, daß das Sabinen, ebenso wie die ringungesättigten Tanacetene, trans-Terpinderivate gab, daß also der Dreiring aufgesprengt und Limonendichlorhydrat bzw. Limonendibromhydrat gebildet wurde. —

Gegen Sauerstoff und dessen Derivate, zunächst gegen wasseranlagernde Verbindungen verhält sich das Sabinen analog wie andere bicyklische Terpene, indem der Ring niedrigeren Grades aufgesprengt wird. Diese Aufspaltung kann nun so geschehen, daß wir zum hydrierten Cymoltypus gelangen, wobei demnach der Fünfring zerstört wird, oder aber, daß wir zum Isothujontypus (vgl. letzteren) kommen, indem also der Sechsring zerstört wird, wie aus folgenden Formeln ersichtlich ist:

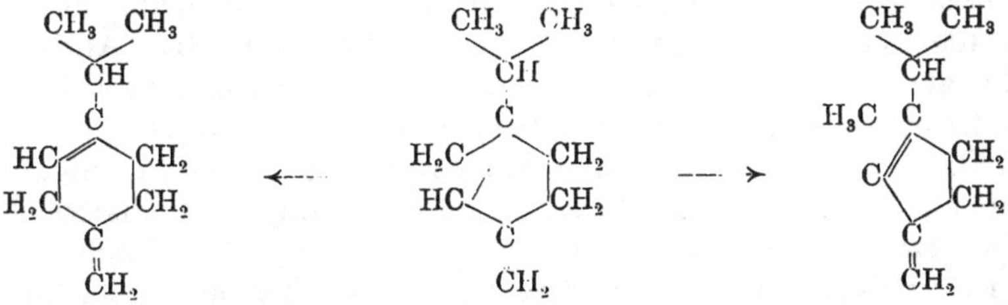

Selbstverständlich finden bei der Einwirkung von Säuren auf das Sabinen sofort weitere Invertierungen statt; aus diesem Grunde entstehen sehr komplizierte Gemenge, die bisher nicht getrennt werden konnten.

Unter den Oxydationsmitteln wurde mit Erfolg bisher besonders Kaliumpermanganat angewendet, um Aufklärung über die Konstitution des Sabinens zu erhalten. Diese Oxydation ergab folgende Derivate.

Sabinenglykol

$C_{10}H_{16}(OH)_2$ =

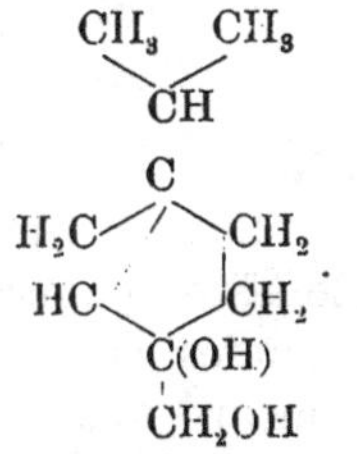

Nach SEMMLER (B. **33**, 1464) erhält man dieses Glykol, wenn man das Sabinen in bekannter Weise unter guter Eiskühlung mit Kaliumpermanganat oxydiert, darauf flüchtige Produkte mit Wasserdampf abtreibt, vom Manganschlamm absaugt und das Filtrat bis auf ein geringes Volumen eindampft. Beim Ausziehen mit Äther gehen indifferente Verbindungen in letzteren, welche im Vakuum destilliert und schließlich aus Wasser umkristallisiert werden. Smp. 54°, Sdp.$_{15}$ = 148—150°, d_{20} = 1,021, n_D = 1,402, M.R. = 47,41, ber. 47,97, rechtsdrehend.

Dihydrocuminalkohol

$C_{10}H_{16}O$ =

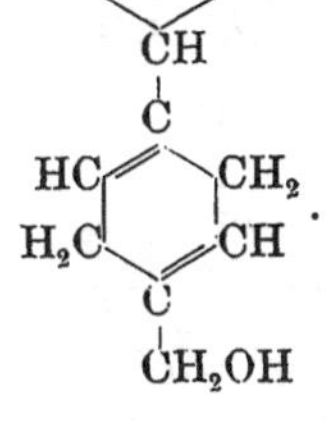

Dieser Alkohol neben wenig Aldehyd wurde von SEMMLER gewonnen, als er erwähntes Glykol mit verd. Säuren behandelte. Wie beim Kampfenglykol sollte man daraus ev. einen dem Kampfenilanaldehyd isomeren Aldehyd erwarten; aber während das bicyklische Pentoceansystem beständig ist, tritt bei dem Sabinenglykol viel eher eine Wasserabspaltung derartig ein, daß das Wasserstoffatom von einem benachbarten Kohlenstoffatom des Ringes hergenommen wird, wobei sich gleichzeitig der Dreiring auflöst. Diese Reaktion geht so leicht vor sich, daß eine Spur einer Säure genügt, um beim Erwärmen sofort Trübung hervorzurufen. Äthert man nunmehr aus usw., so erhält man einen Dihydrocuminalkohol $C_{10}H_{16}O$, Sdp. ca. 242°, $d_{20} = 0,9572$, $n_D = 1,5018$, M.R. = 46,80, $C_{10}H_{16}O|\overline{2} = 46,76$. Bei der Oxydation mit Chromsäure entsteht aus ihm neben Cuminalkohol der Cuminaldehyd; wahrscheinlich ist aber auch Dihydrocuminalkohol beigemengt. Es ist nicht ausgeschlossen, daß die doppelten Bindungen im Dihydrocuminalkohol teilweise anders liegen, als oben in der Formel angegeben wurde.

Sabinensäure

$C_{10}H_{16}O_3$ =

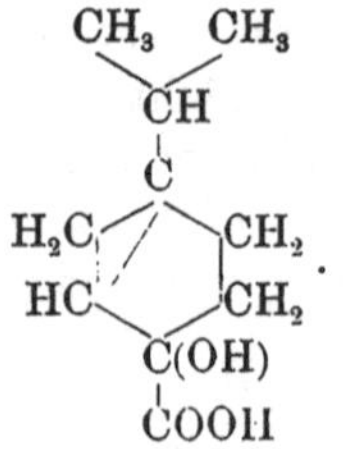

Semmler (B. **33**, 1465) erhielt diese Säure durch Oxydation des Sabinens mit $KMnO_4$ und Ansäuern der alkalisch-wäßrigen Lösung nach dem Ausäthern; das in Freiheit gesetzte Säuregemisch wurde ausgeäthert und der Rückstand des ätherischen Auszuges mit Natronlauge angerieben, wobei sich ein schwerlösliches Natriumsalz abschied. Aus letzterem ließ sich die Sabinensäure, Smp. 57°, in Freiheit setzen; sie bildet ein schwerlösliches Kupfersalz und ist rechtsdrehend. Die Sabinensäure ist eine α-Oxysäure, die also beim Erwärmen mit PbO_2 Kohlensäure abspaltet.

Cuminsäure $C_{10}H_{12}O_2$. Sucht man die Sabinensäure im Vakuum zu destillieren, so findet Wasser- und zum Teil auch Wasserstoffabspaltung statt; es destilliert eine Säure vom Smp. 117—118° über, welche sich als identisch mit der Cuminsäure erwies. Bei dieser Reaktion muß demnach der Dreiring aufgesprengt, gleichzeitig aber unter Wasserstoffabspaltung der Benzolkern aufgerichtet werden; aber auch Dihydrocuminsäure ist beigemengt.

Sabinenketon

$C_9H_{14}O$ =

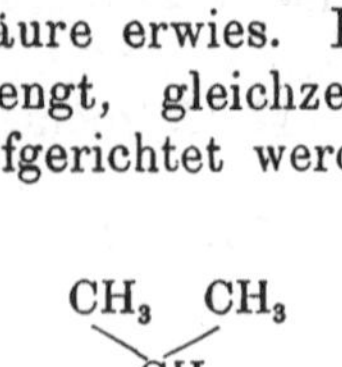

Nach Semmler (B. **33**, 1465 und B. **35**, 2046) erhält man dies Keton, wenn man Sabinen mit Kaliumpermanganat oxydiert und die Destillationsflüssigkeit mit Wasserdämpfen behandelt; letztere nehmen unveränderte Kohlenwasserstoffe und ein Keton mit, welche sich durch fraktionierte Destillation trennen lassen. Dieses Keton rührt her von der weiteren Oxydation der Sabinensäure $C_{10}H_{16}O_3$, so daß man es aus letzterer in reinem Zustande durch Oxydation z. B. mit PbO_2 gewinnen kann; Sdp. 212—213°, $d = 0{,}945$, $n_D = 1{,}4629$, M. R. = 40,26, ber. für ein Keton $C_9H_{14}O$ = 39,51, während sich für einen Alkohol $C_9H_{14}O$⌈ = 40,42, berechnet; Pol. — 18°. Sabinen, Sabinenglykol und Sabinensäure dagegen sind rechtsdrehend. Semicarbazon $C_{10}H_{17}N_3O = C_9H_{14}:NNHCONH_2$, Smp. 135—137°, der demnach auffallend niedrig liegt. Vergleichen wir das Volumgewicht des Sabinenketons mit demjenigen des Tanacetons, so ist es bedeutend höher, als es das Fehlen der Methylgruppe vermuten lassen sollte. Es ist jedoch nicht ausgeschlossen, daß eine teilweise Enolisierung des Sabinenketons statthat, worauf auch die Molekularrefraktion hindeutet, die vielleicht durch den der CO-Gruppe benachbarten Dreiring gefördert wird; jedoch kennen wir anderseits auch den Einfluß der Methylgruppe auf das Volumgewicht in einem derartigen Falle zu wenig.

Sabinenalkohol

$C_9H_{16}O$ = 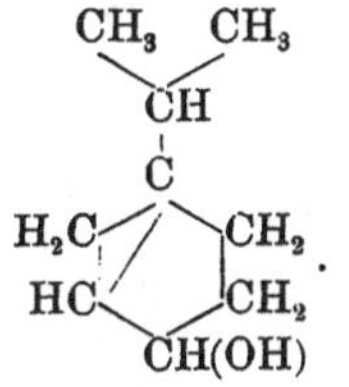

Reduziert man das Sabinenketon nach SEMMLER (B. **35**, 2049) in der üblichen Weise mittels Natrium und Alkohol, so erhält man ein Reduktionsprodukt, welches niedriger siedet, Sdp. 198—203°, $n_D = 1{,}4702$, $d = 0{,}9344$, M. R. = 42,4; außer dem Alkohol $C_9H_{16}O$ scheint auch noch $C_9H_{18}O$ zu entstehen, so daß der Dreiring bei der Reduktion teilweise reduziert wäre. Auffallend erscheint der niedrige Siedepunkt gegenüber dem des Sabinenketons, so daß auch dieser Umstand für die Enolisierung des letzteren sprechen würde.

Sabinenkohlenwasserstoff C_9H_{14}. Behandelt man das Semicarbazon des Sabinenketons (SEMMLER, B. **35**, 2047) mit verd. Schwefelsäure, um das Keton zu regenerieren, so erhält man auffallenderweise dieses nicht zurück, sondern es entsteht ein Kohlenwasserstoff C_9H_{14}, Sdp. 165—166°, $d_{20} = 0{,}839$, $n_D = 1{,}4732$, M. R. = 40,9, für C_9H_{14}⌈⌈ berechnet sich 40,6. Bei der Zerlegung des Semicarbazons werden zwei Moleküle Wasser angelagert; findet die Anlagerung normal statt, so gehen die beiden Hydroxylgruppen an das Kohlenstoffatom und regenerieren das Keton, die beiden Wasserstoffatome hingegen gehen an Stickstoff und regenerieren das Semicarbazid. Im vorliegenden Falle hat sich nun eine Hydroxylgruppe normal an das Kohlenstoffatom gelagert, während die Hydroxylgruppe des zweiten Moleküls Wasser an den Stickstoff und das Wasserstoffatom an das Kohlenstoffatom des Kerns gegangen sein muß; primär ist demnach folgender Alkohol entstanden:

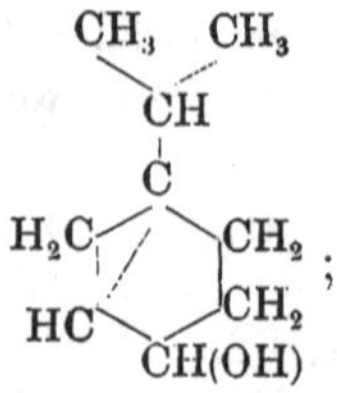

dieser Alkohol spaltet Wasser ab, wobei gleichzeitig der Dreiring aufgeht und eine zweite doppelte Bindung geschaffen wird, wie die Molekularrefraktion des Kohlenwasserstoffs zeigt. Die Ringsprengung kann nun wieder in der Weise vor sich gegangen sein, daß ein niederes Homologes des Limonens (also ein hydriertes Isopropylbenzol) entsteht, oder aber der Dreiring spaltet sich in der Weise auf, daß der Fünfring erhalten bleibt, daß wir uns also in der Isothujonreihe befinden. Vorwiegend ist wahrscheinlich letzteres der Fall.

α-Tanacetondicarbonsäure

$C_9H_{14}O_4$ =

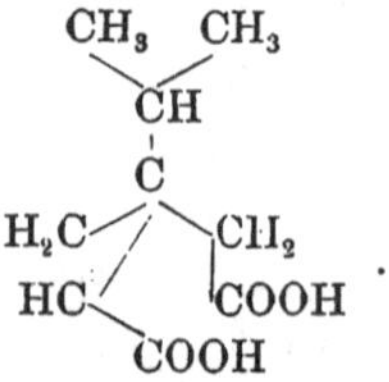

SEMMLER (B. **35**, 2046) konstatierte, daß das Sabinenketon gegen Oxydationsmittel ziemlich beständig ist, daß es aber auffallend leicht durch alkalische Bromlösung aufgespalten wird; hierbei entsteht quantitativ eine Säure $C_9H_{14}O_4$, die sich als vollkommen identisch mit der α-Tanacetondicarbonsäure dieses Forschers erwies. — Auch mit salpetriger Säure reagiert das Sabinen (SEMMLER, B. **34** [1901], 718), wobei man in quantitativer Ausbeute ein Öl erhält, welches jedoch nicht zum Kristallisieren gebracht werden konnte; es scheint ebenso zersetzlich zu sein wie das Kampfennitrit.

Physiol. Eig. des Sabinens. Das Sabinen erinnert in seinem Geruch etwas an Pinen, wenn es auch deutlich davon zu unterscheiden ist. — Das Verhalten des Sabinens im Tierkörper wurde von HILDEBRANDT (Ar. exp. Path. und Pharm. **45**, 150; C. **1901**, I, 53) und von FROMM und HILDEBRANDT (Z. für physiol. Chem. **33**, 579; C. **1901**, II, 1273) studiert. Es wurde gefunden, daß bei der Verfütterung von Sabinen an Kaninchen sich das Sabinen in eine Sabinenolglukuronsäure umwandelt; diese kristallisiert nicht, liefert bei der Spaltung Cymol und bei der Oxydation neben geringen Mengen einer bei 220° schmelzenden, in Wasser leicht löslichen Säure, eine in Wasser unlösliche, in A. ll. Säure, die bei 320° noch nicht schmilzt und entweder eine zweibasische Säure $C_9H_6O_4$ bzw. $C_9H_8O_4$, oder eine dreibasische Säure $C_{13}H_8O_6$ bzw. $C_{13}H_{12}O_6$ darstellt.

Identifizierung des Sabinens. Zum Nachweis des Sabinens verfährt man wiederum am besten so, daß man das Sabinen zunächst durch fraktionierte Destillation abscheidet und es alsdann über metallischem Natrium zu reinigen sucht. Es kommen besonders die zwischen 158—166° siedenden Anteile der ätherischen Öle in Betracht. Nach genügend oft wiederholter Fraktionierung werden die physikalischen Daten bestimmt; das niedrige Volumgewicht (0,84) unterscheidet bei diesem Siedepunkt das Sabinen von allen anderen ähnlich siedenden Terpenen. Kampfen und Pinen, die ev. vorliegen können, haben ein höheres Volumgewicht (0,87 bzw. 0,858). Hinzukommt, daß der Brechungsexponent des Sabinens ebenfalls ziemlich niedrig ist. Zur Identifizierung auf chemischem Wege ist zu bemerken, daß wir kein charakteristisches Halogen- bzw. Halogenwasserstoffadditionsprodukt des Sabinens besitzen, auch ein besonderes Wasseranlagerungsprodukt ist nicht bekannt. Salpetrige Säure und Nitrosylchlorid addieren sich wohl, aber auch mit diesen Reagentien konnten bisher keine festen charakteristischen Derivate gewonnen werden.

Von allen Derivaten des Sabinens werden daher am besten die Oxydationsprodukte zur Identifizierung herangezogen. Das Sabinenglykol $C_{10}H_{18}O_2$ vom Smp. 54°, seine Überführbarkeit in Dihydrocuminalkohol usw., ferner das Sabinenketon $C_9H_{14}O$, welches ein Semicarbazon vom Smp. 135—137° liefert, schließlich die Oxydation des Sabinenketons mittels alkalischer Bromlösung zur Tanacetondicarbonsäure vom Smp. 142—143° geben uns genügende Mittel an die Hand, die Anwesenheit des Sabinens mit aller Schärfe festzustellen.

Konstitution des Sabinens. Die Bruttoformel des Sabinens $C_{10}H_{16}$ steht außer allem Zweifel, wie schon die Analyse des kristallisierten Sabinenglykols ergibt. Die Frage, ob ein bicyklisches oder monocyklisches System im Sabinen vorliegt, wird durch die Molekularrefraktion zugunsten des ersteren entschieden. Aber auch das chemische Verhalten läßt keinen Zweifel darüber, daß wir ein bicyklisches System vor uns haben, da sich durch Oxydation mit Kaliumpermanganat ein gesättigtes Molekül $C_9H_{14}O$ ergibt. Hieraus folgt aber gleichzeitig, daß Sabinen ein Pseudoterpen sein muß, daß also eine Methylengruppe mit doppelter Bindung an den Kern gebunden ist.

Für die Natur des bicyklischen Systems haben wir in der Überführung dieses Sabinenketons in Tanacetondicarbonsäure einen weiteren Anhalt: es muß danach im Sabinenketon, wie auch im Sabinen selbst, derselbe Ring vorhanden sein, wie in der Tanacetondicarbonsäure; für letztere können wir nach SEMMLER und KONDAKOW folgende beiden Formeln in Betracht ziehen (vgl. Tanaceton):

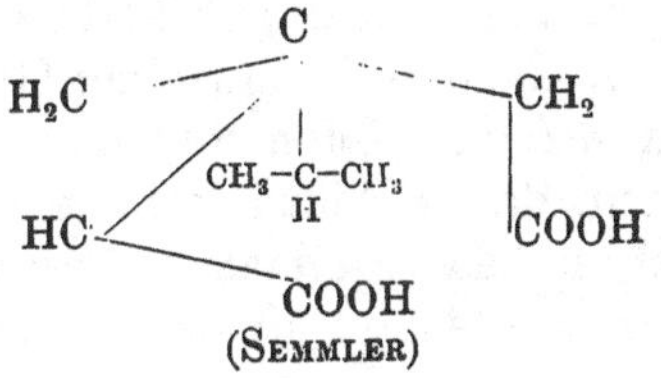

(SEMMLER)

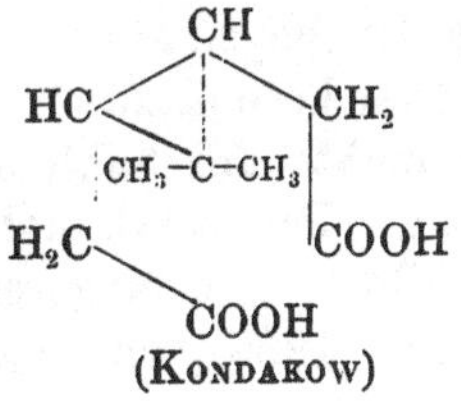

(KONDAKOW)

Nach der KONDAKOWschen Formel hätten wir es mit einer substituierten Adipinsäure, nach SEMMLER dagegen mit einer Glutarsäure zu tun. Die leichte Bildung eines Anhydrids aus der Tanacetondicarbonsäure spricht für letztere. Auch müßte nach der KONDAKOWschen Auffassung bei Oxydation der Dicarbonsäure mit Kaliumpermanganat Caronsäure entstehen, welche aber bisher nicht erhalten werden konnte. Ferner sollte die Tanacetonketocarbonsäure mit der KONDAKOWschen Formel sich leicht ohne Sprengung des Dreirings destillieren lassen, und bei der Oxydation dieser Säure müßte Essigsäure entstehen, aber die Methylketosäure ist äußerst beständig gegen Oxydationsmittel und bildet keine Essigsäure. Nehmen wir demnach für die Tanacetondicarbonsäure die SEMMLERsche Formel an, so kann dem Sabinenketon nur eindeutig die für dieses Molekül oben angegebene Formel zukommen, und schließlich kann für das Sabinen selbst alsdann ebenfalls nur die eingangs angegebene Formel in Frage kommen.

Vergleich zwischen den Gliedern der Tanaceton- und Caronreihe. Nach obigen Erörterungen gehört das Sabinen zu derselben Gruppe, zu welcher wir das Tanaceton (Thujon) und Sabinol rechnen müssen. Alle diese Moleküle enthalten ein bicyklisches System, welches durch Kombination eines Dreirings mit einem Fünfring entstanden gedacht werden kann. Diese ganze Gruppe unterscheidet sich scharf von einer anderen Gruppe bicyklischer Moleküle, nämlich von der Carongruppe, welche eine ähnliche Konstitution besitzt, wie sie KONDAKOW für erwähnte Tanacetonreihe in Anspruch nimmt, d. h. es ist in der Carongruppe die Isopropylgruppe, also Kohlenstoffatom 8, an der Ringbildung beteiligt, so daß demnach die Carongruppe in näherer Beziehung zur Tetroceanreihe des Pinens und zur Pentoceanreihe des Kampfers usw. steht, als die Tanacetonreihe. Diese engere Zusammengehörigkeit prägt sich auch sehr scharf in den physikalischen Konstanten aus. Während dem Caron ein Volumgewicht von 0,9567 zukommt, weist das Tanaceton ein solches von 0,916 auf; der Siedepunkt des ersteren liegt bei ca. 210°, während das letztere bei ca. 202° siedet. Die Terpene, welche direkt zum Caron gehören, sind bisher nicht bekannt; ihnen müßte ein ähnliches Volumgewicht zukommen wie dem Pinen bzw. dem Kampfen, je nachdem ein ringungesättigtes oder ein Pseudoterpen vorliegt, also ein solches von ca. 0,85—0,870, während die Tanacetene und das Sabinen ein solches von ca. 0,825—0,84 aufweisen. — Wir erkennen auch hier, wie sich die verschiedenen Konstitutionsverhältnisse in den verschiedenen physikalischen Konstanten scharf ausprägen und die Zusammengehörigkeit der einzelnen Kohlenwasserstoffe zu ihren Alkoholen bzw. Ketonen sich nicht nur aus den chemischen, sondern auch aus den physikalischen Erscheinungen häufig sehr gut herleiten läßt. Vgl. hierüber besonders auch die Ketone bzw. Alkohole der einzelnen Gruppen.

Geschichte des Sabinens. Während wir das Keton und den Alkohol (Tanaceton, Tanacetylalkohol), mit denen das Sabinen eine natürliche Gruppe bildet, seit längerer Zeit kennen, ist das Sabinen als besonderes Terpen erst 1900 von SEMMLER erkannt worden. Daß das Sadebaumöl

Terpene enthält, war, wie oben erwähnt, bereits von DUMAS erwähnt. In einem anderen ätherischen Öl ist das Sabinen bisher nicht aufgefunden. Die physikalischen Daten, sowie die chemischen Reaktionen des Sabinens finden wir ebenfalls ausschließlich in den erwähnten Arbeiten SEMMLERS. Die Überführbarkeit des Sabinens in Derivate des Limonentypus konnte KONDAKOW (J. pr. II, **69**, 176) im Jahre 1904 dartun, eine Reaktion, welche wegen der vielen dabei möglichen Invertierungen wenig durchsichtig ist. Die chemische Konstitution des Kohlenwasserstoffs wurde aufgeklärt, als das Sabinenketon im Jahre 1902 (B. **35**, 2046) durch SEMMLER glatt in Tanacetondicarbonsäure übergeführt wurde. Durch das Sabinen wurde demnach die Tanacetongruppe der Trioceanreihe vervollständigt; anderseits gehört die Erforschung des Sabinens eng mit jener des Tanacetons und Sabinols zusammen, welche ebenfalls im wesentlichen, wenn auch etwas früher als jene des Sabinens, in den letzten fünfzehn Jahren stattgefunden hat, während das Sabinen erst in den letzten fünf Jahren seine wissenschaftliche Bearbeitung erfuhr.

Inwieweit das Sabinen bei der **Verwendung** des Sadebaumöls für dessen Wirkung in Frage kommt, läßt sich vorläufig nicht mit Bestimmtheit entscheiden. Es ist jedoch zweifellos, daß die eigentümliche Anordnung der Atome im Sabinenmolekül, ebenso wie im Tanaceton und Sabinol, bei seiner Einwirkung auf den Organismus analoge Erscheinungen hervorrufen wird wie diese Moleküle. Weitere Versuche müssen darüber entscheiden. — Im übrigen dient das Sabinen bisher nur als Ausgangsmaterial für rein wissenschaftliche Verbindungen.

Vgl. Tabelle Sabinen S. 296.

B. Monocyklische Terpene (zwei doppelte Bindungen).

Unter den Bestandteilen der ätherischen Öle, welche Kohlenwasserstoffe sind, die Bruttoformel $C_{10}H_{16}$ aufweisen und Terpene genannt werden, haben wir bisher solche kennen gelernt, welche zur aliphatischen Reihe gehören (Myrcen usw.), anderseits cyklische Repräsentanten, welche einfach ungesättigt waren und demnach bicyklische Systeme aufweisen mußten. Zu letzteren gehörten das Kampfen, Bornylen, die Fenchene usw. (Pentoceansystem), ferner das Pinen und Nopinen (Tetroceansystem), schließlich das Sabinen (Trioceansystem). Alle diese Terpene gehören im einzelnen zu Gruppen, welche jede für sich auch sauerstoffhaltige Repräsentanten, wie Ketone, Alkohole und deren Derivate, wie z. B. Amine, aufweist. Ich erinnere z. B. an das Bornylen, welches auch mit dem Borneol, dem Bornylamin, dem Kampfer, dem Pinenchlorhydrat usw. nahe verwandt ist; es seien ferner erwähnt die Fenchene, zu denen zum Teil ev. das Fenchon, der Isofenchylalkohol usw. gehören; das Pinen und Nopinen ihrerseits gehören mit dem Pinokampfon usw. eng zusammen; schließlich bilden eine natürliche Gruppe einmal das Caron, das Carylamin und die bisher unbekannten Terpene dieses Trioceantypus, alsdann ebenso das

Sabinen.

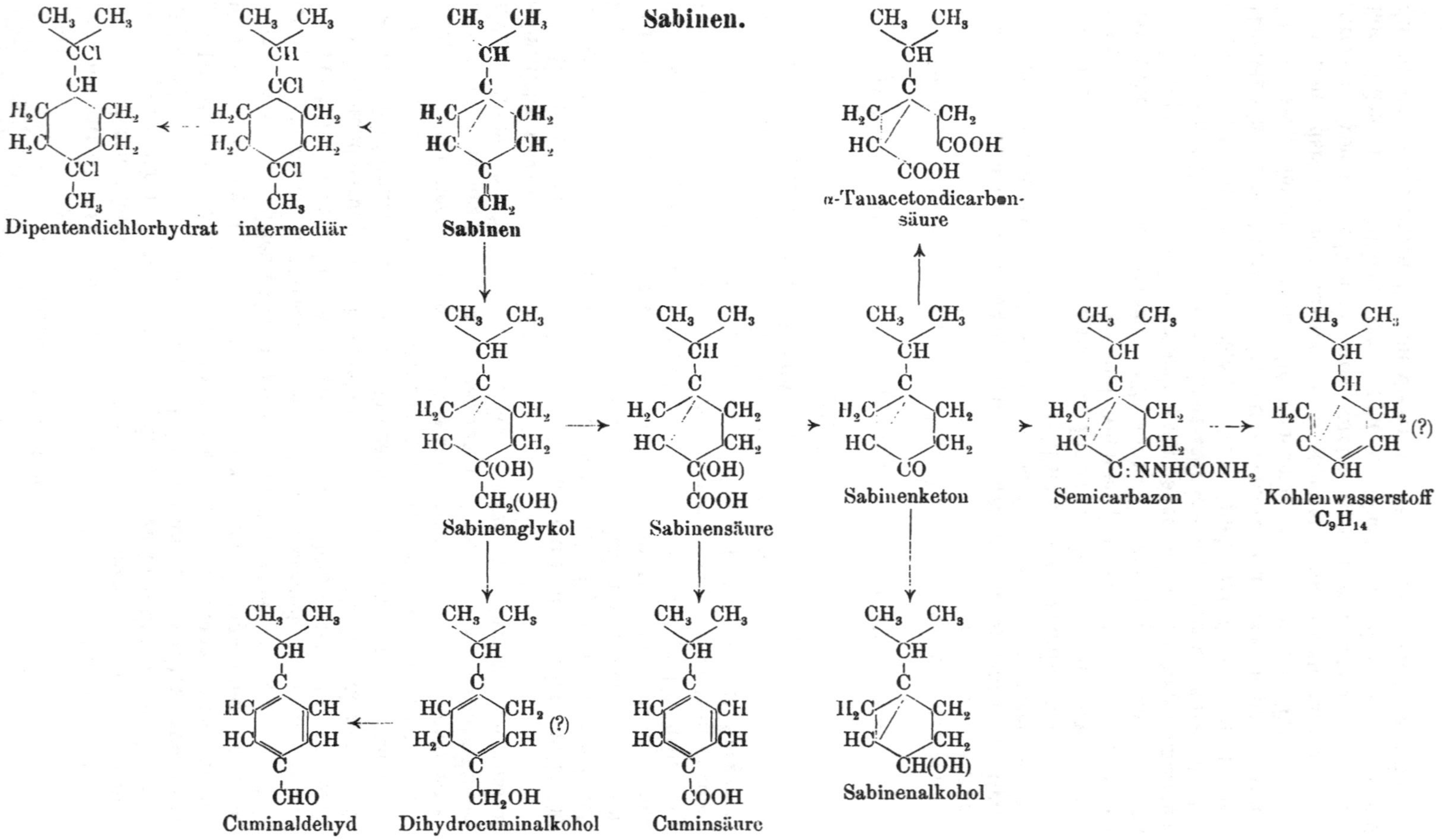
Dipentendichlorhydrat
intermediär
Sabinen
α-Tanacetondicarbon-säure
Sabinenglykol
Sabinensäure
Sabinenketon
Semicarbazon
Kohlenwasserstoff C_9H_{14}
(?)
Cuminaldehyd
Dihydrocuminalkohol
Cuminsäure
Sabinenalkohol

Tanaceton, das Sabinol, das Sabinen usw. eine natürliche Trioceangruppe. — Wir erkennen, daß überall bei diesen bicyklischen Verbindungen einer Gruppe Ketone, Alkohole, Kohlenwasserstoffe usw. mehr oder weniger eng zusammengehören und eben diese Gruppe bilden.

Analogen Verhältnissen begegnen wir nun bei den Terpenen, welche nicht bicyklisch einfach ungesättigt, sondern monocyklisch zweifach ungesättigt sind. Zunächst müssen sie derivieren von Alkoholen, welche bereits eine doppelte Bindung enthalten, ebenso wie sich die bicyklischen einfach ungesättigten Terpene von den zugehörigen gesättigten Alkoholen ableiten, indem die Hydroxylgruppe mit einem an ein benachbartes Kohlenstoffatom gebundenen Wasserstoffatom austritt. So können wir uns denken, daß aus dem gesättigten Borneol das ungesättigte Bornylen gebildet wird. Auch den zweifach ungesättigten monocyklischen Terpenen müssen derartige Alkohole zugrunde liegen. Da dem Kohlenstoffatom, welches die Hydroxylgruppe trägt, mehrere mit Wasserstoff beladene Kohlenstoffatome benachbart stehen können, so können bei der Wasserabspaltung aus diesem Alkohol auch verschiedene Terpene gebildet werden, so daß z. B. aus dem Terpineol Limonen und auch Terpinolen entstehen kann. Aber auch Ketone, Amine usw. stehen in naher verwandtschaftlicher Beziehung zu den einzelnen Terpenen, indem wir sie zum Teil als Oxydationsprodukte der soeben besprochenen Terpene ansehen können. Ich erinnere an das Dihydrocarvon, welches aus dem Dihydrocarveol entsteht; letzteres muß bei der Wasserabspaltung primär unter anderem Limonen liefern.

Kurzum, jedes monocyklische ungesättigte Terpen läßt sich mit andern Molekülen, namentlich sauerstoffhaltigen, zu einer näher verwandten Gruppe vereinigen, wenn auch hier die Übergänge der einen Gruppe in die andere häufig sind und sich über die Zugehörigkeit eines Alkohols oder Ketons zu dem einen oder anderen Terpen streiten läßt. Diese Verhältnisse werden bei den einzelnen Terpenen, Terpenalkoholen und Ketonen ausführlich erörtert werden.

Die monocyklischen zweifach ungesättigten Terpene, wie sie als Bestandteile der ätherischen Öle vorkommen, lassen sich zunächst in zwei große Gruppen trennen, von denen sich die eine vom p-Cymol, die andere vom m-Cymol ableiten läßt. — Übergangen darf nicht werden, daß sich nicht nur theoretisch Terpene von Sechsringen, sondern auch von Fünfringen ableiten lassen, daß unter den Sechsringen nicht nur hydrierte Orthocymole, sondern auch Tetramethylbenzole sein können. So leitet sich vom Isothujon ein Isothujen $C_{10}H_{16}$ ab, dem zweifellos ein Fünfring zukommt, auch hydrierte Orthocymole sind synthetisch erhalten worden, schließlich dürften sich Tetramethylbenzole bei dem Übergang der aliphatischen Geraniolreihe usw. bilden. Aber alle diese Verbindungen haben zunächst wenig Interesse, sondern sie sollen ausführlich bei ihren Muttersubstanzen und hier nur in systematischer Beziehung Erörterung finden. Von Wichtigkeit ist für uns, daß wir die in der Natur vorkommenden hierher gehörigen Terpene einreihen können in die hydrierte p-Cymol- und hydrierte m-Cymolreihe.

I. Monocyklische Terpene mit einem Sechsring.

1. Terpene der p-Cymolreihe.

Von der großen Gruppe der bicyklischen Terpene aus, in der wir, wie erwähnt, hauptsächlich drei Unterabteilungen unterscheiden konnten, können wir mehr oder weniger leicht zu den monocyklischen doppelt ungesättigten Terpenen, und zwar sowohl zur p-, als auch zur m-Cymolreihe gelangen. Das Kampfen müssen wir ev. zu diesem Zweck zunächst über das Borneol in Bornyljodid, das letztere mit Silberacetat in den Ester des Terpineols überführen, von letzterem gelangen wir zum Limonen (Wagner und Brickner, B. **32** [1899], 2302). Auch können wir vom Pinenchlorhydrat, also von dem dem Borneol entsprechenden Chlorid, durch Anlagerung von Salzsäure ev. zum Limonendichlorhydrat gelangen (vgl. Borneol). Auch soll nicht der Übergang vom sog. Fenchylchlorid zum Carvestrendichlorhydrat, wie ihn Kondakow ausgeführt hat (vgl. Fenchen), übergangen werden. Diese Übergänge von dem bicyklischen Pentoceansystem zu den monocyklischen, doppelt ungesättigten Terpenen sind verhältnismäßig schwierig; viel leichter läßt sich Pinen — schon durch Erhitzen — in Limonen umwandeln; ebenso leicht wie dieser Tetroceantypus läßt sich das Sabinen (zum Trioceansystem gehörig) in das Limonendibromhydrat überführen. Umgekehrt ist die Umwandlung monocyklischer Terpene in bicyklische bisher nicht ausgeführt worden, so daß auch in der Pflanze die bicyklischen Terpene das Ausgangsmaterial für die monocyklischen vielfach sein dürften.

Zu den Terpenen mit zwei doppelten Bindungen, die sich vom p-Cymol ableiten, gehören das Limonen, Terpinen und Phellandren; vom Limonen kommt man leicht zum Terpinolen; letzteres ist jedoch bisher nicht in der Natur angetroffen worden. Zu den Terpenen, welche das m-Cymol als Muttersubstanz besitzen, gehört das Sylvestren und das auf synthetischem Wege gewonnene Carvestren.

Legen wir das p-Methylisopropylbenzol (p-Cymol) zugrunde, so können wir theoretisch von diesem Molekül 14 mögliche Terpene ableiten, die sämtlich miteinander isomer sind; zunächst existieren der Theorie nach fünf Dihydrocymole, welche die Methyl- und Isopropylgruppe intakt haben; das sind folgende — wir stehen davon ab, anzunehmen, daß Terpene vorkommen, welche die beiden doppelten Bindungen an ein und dasselbe Kohlenstoffatom gebunden aufweisen:

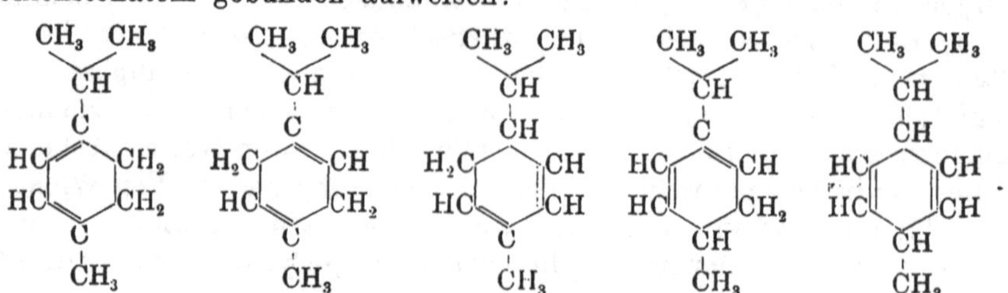

I II III IV V

Alsdann würden, wenn ein Pseudoterpen mit der doppelten Bindung nach der Methylengruppe hin vorliegt, vier Kohlenwasserstoffe $C_{10}H_{16}$ existieren:

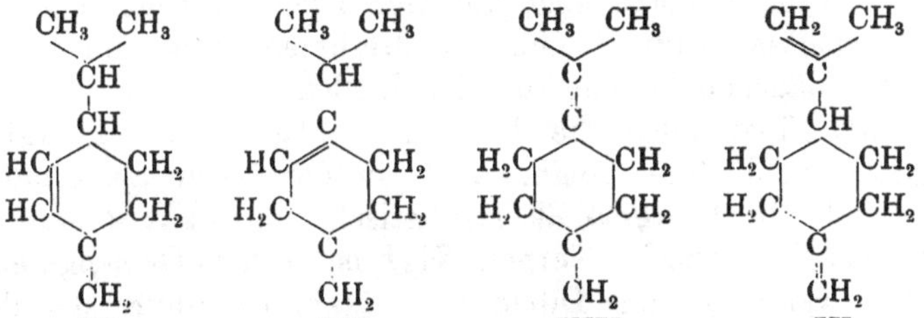

VI VII VIII IX

Geht die semicyklische doppelte Bindung nach der Isopropylgruppe hin, so sind für diesen Fall drei Möglichkeiten in Betracht zu ziehen, von denen sich die eine mit VIII deckt, die anderen beiden folgendermaßen konstituiert sind:

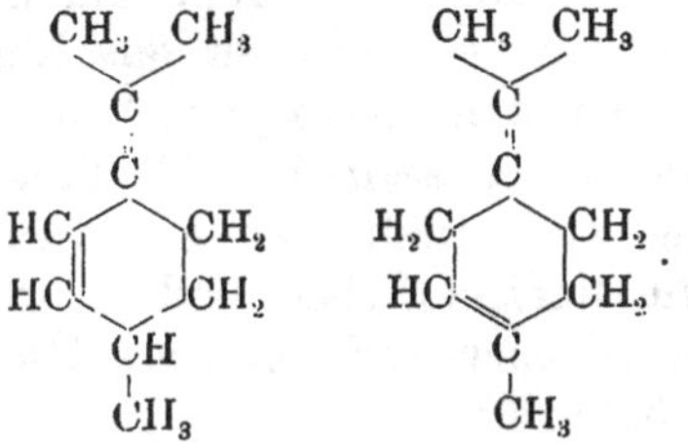

X XI

Schließlich gibt es noch, wenn eine Isopropenylgruppe vorliegt, vier Möglichkeiten, von denen sich ein Terpen mit IX deckt, den anderen dreien folgende Konstitutionen zukommen:

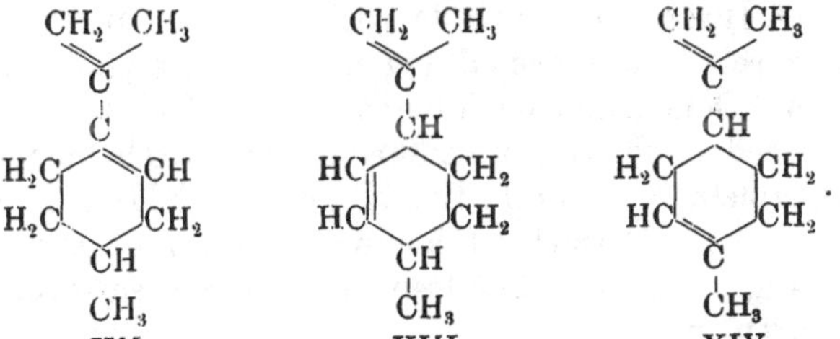

XII XIII XIV

Diese vierzehn hydrierten Cymole kommen in der Natur nicht vor, ja sind nicht einmal sämtlich bisher synthetisch dargestellt bzw. isoliert worden. Nur die ersten fünf Konfigurationen können wir als wahre Dihydrocymole auffassen, während wir die übrigen als uneigentliche Dihydrocymole ansehen müssen. Als Bestandteile ätherischer Öle finden sich von den wahren Dihydrocymolen das Phellandren mit der Formel III (auch n-Phellandren bzw. α-Phellandren genannt); dem Terpinen kommt vielleicht Formel I, II bzw. V zu, würde also ev. chinonartige, doppelte Bindungen aufweisen; das Terpen von der Formel I ist bisher nicht gewonnen worden, auch nicht jenes von der Formel IV; beide müßten dem Phellandren in genannter Beziehung ähnlich sein. Von den uneigentlichen neun Dihydrocymolen sind die vier Pseudoterpene mit der semicyklischen doppelten Bindung nach der Methylengruppe hin bisher noch nicht bekannt, dagegen kommt von den beiden semicyklischen Terpenen X und XI dem Terpinolen die letztere Konfiguration zu, während X unbekannt ist. Schließlich kommt XIV in der Natur als Limonen vor, während ev. XII in letzter Zeit synthetisch von PERKIN jun. (Soc. **87** [1905], 639) erhalten wurde; Terpen XIII ist in dem Gemenge enthalten, welches TSCHUGAEFF aus dem Dihydrocarvylxanthogensäureester darstellte (B. **33** [1900], 735).

Von den eigentlichen Dihydrocymolen gehören mehrere eng mit den uneigentlichen zusammen und kommen häufig in der Natur nebeneinander vor. So findet sich namentlich bei sonst gleicher Lage der zweiten doppelten Bindung die Klasse der Pseudoterpene mit der semicyklischen doppelten Bindung nach der Methylengruppe hin neben den n-Terpenen: so kommt bei den bicyklischen Systemen das Nopinen mit dem Pinen zusammen vor, ebenso bei den monocyklischen das Pseudophellandren (β-Phellandren) mit dem n-Phellandren (α-Phellandren). Es lassen sich daher nichtsdestoweniger aus praktischen Gründen diese doppelt ungesättigten Terpene in die uneigentlichen und eigentlichen Dihydrocymole einteilen, wenn wir die seltener vorkommende Pseudoklasse bei den zugehörigen n-Terpenen abhandeln.

Uneigentliche Dihydrocymole.

Von den hierher gehörigen Terpenen, dem Limonen und Terpinolen, kommt allein das Limonen in der Natur als solches vor, während wir das Terpinolen durch Invertierung aus dem Limonen, ev. auch primär aus dem Pinen, ferner durch Wasserabspaltung aus dem Terpineol vom Smp. 35° erhalten können. Dem Limonen kommt Formel XIV zu, dem Terpinolen Formel XI. Von den übrigen angeführten theoretisch möglichen sind die Terpene der Formeln VII, VIII, IX, X und ev. XIII (vgl. unten) bisher nicht isoliert worden. Formel VI kommt, wie bereits erwähnt, und wie im Zusammenhang beim α-Phellandren erörtert werden wird, dem Pseudo- oder β-Phellandren zu.

Das Terpen XII $\Delta^{3 \cdot 8(9)}$-p-Menthadiën ist in letzter Zeit von PERKIN jun. (a. a. O.) synthetisch dargestellt worden. Dieser Forscher synthetisiert die Δ^1-Tetrahydro-p-Toluylsäure (EINHORN und WILLSTÄTTER, A. **280**, 163), stellt von dieser Säure den Ester dar und behandelt letzteren nach GRIGNARD mit Methyljodidmagnesium usw., so daß er das Δ^1-p-Menthenol-8 erhält, aus welchem er Wasser abspaltet. Das Terpen siedet bei 186 bis 187°, gegen Brom verhält es sich ungesättigt und nimmt 2 Atome auf unter Bildung des Dibromids $C_{10}H_{16}Br_2$, wobei in Chloroformlösung gearbeitet wird. In Eisessiglösung resultiert beim Einleiten von Salzsäure die Verbindung $C_{10}H_{16} \cdot HCl$. Gegen Bromwasserstoff verhält es sich analog, indem sich $C_{10}H_{16}\cdot HBr$ bildet. Perkin erklärt diese Reaktionen dadurch, daß sich in dem Terpen ein konjugiertes System von zwei doppelten Bindungen befindet.

Die Gewinnung des Terpens durch saure Reagentien läßt es unentschieden, ob dieses Terpen wirklich in reinem Zustande vorgelegen hat; weitere Versuche werden entscheiden, ob eine Invertierung stattgefunden hat oder nicht, zumal der Siedepunkt für ein Terpen von der angegebenen Konstitution bei weitem zu hoch liegt; der Theorie nach wäre er ungefähr 10° niedriger zu erwarten. Die Bildung des Terpens vollzieht sich in folgender Weise:

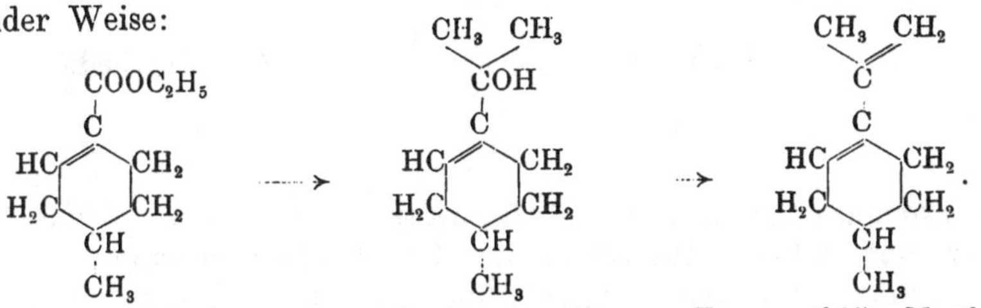

Δ^{1}-Tetrahydro-p-Toluylsäureester Δ^{1}-p-Menthenol-8 Terpen $\Delta^{3.8(9)}$-p-Menthadien

Ferner sei erwähnt, daß Mahla (B. **36** [1903], 489) aus dem $\Delta^{8.9}$-Oxamino-(3)-Menthen durch die Nitrosoverbindung hindurch einen Kohlenwasserstoff erhielt, welcher nach seiner Meinung als $\Delta^{2.8(9)}$- oder wahrscheinlicher $\Delta^{3.8(9)}$-p-Menthadiën anzusehen sei; über diesen Kohlenwasserstoff werden weitere Mitteilungen beim Pulegon erfolgen; wir würden folgende Umsetzungen haben:

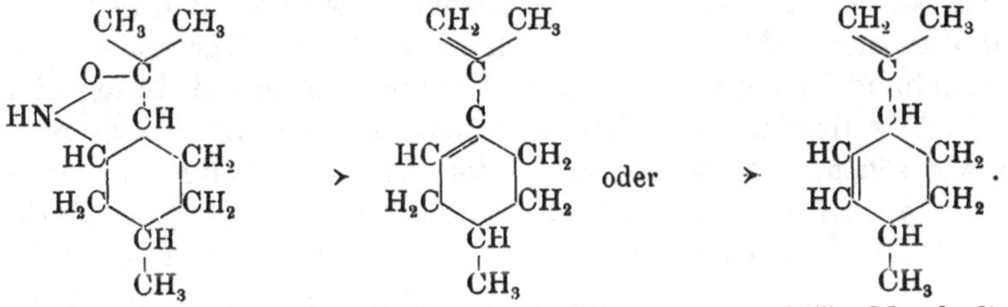

Oxaminomenthen $\Delta^{3.8(9)}$-p-Menthadiën $\Delta^{2.8(9)}$-p-Menthadiën
(vgl. Roewer, Diss. Greifswald 1905)

Schließlich sei erwähnt, daß Tschugaeff aus dem Dihydrocarveol (vgl. dieses) ebenfalls durch trockne Destillation von Methylxanthogensäureestern, wobei als Hauptprodukt Limonen entsteht, außerdem wahrscheinlich das Terpen $\Delta^{2.8(9)}$ nach folgender Reaktion erhalten hat:

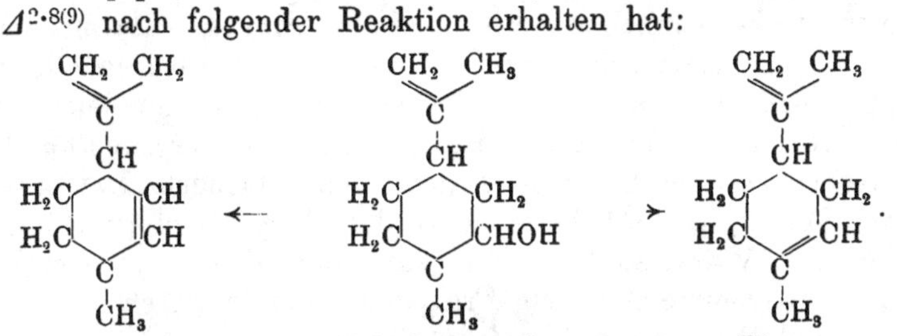

Terpen $\Delta^{2.8(9)}$ XIII Dihydrocarveol Limonen

Nach diesen Darlegungen bleiben von obigen theoretisch-möglichen Vertretern der uneigentlichen Dihydrocymole das Limonen und Terpinolen zu erörtern übrig.

197. Limonen

$C_{10}H_{16}$ = 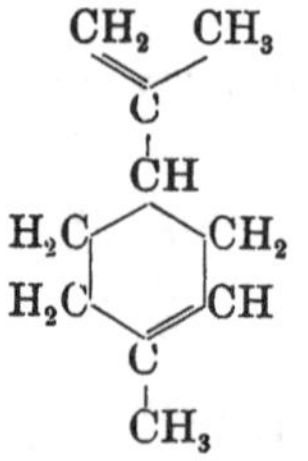

= $\Delta^{1 \cdot 8(9)}$-p-Menthadiën.

Vorkommen, Isolierung und Synthese. Während wir beim Pinen, Nopinen und Sabinen auf ätherische Öle als Ausgangsmaterial zurückgreifen mußten, eine synthetische Gewinnung aber bisher so gut wie ausgeschlossen war, da auch die Abscheidung des Pinens aus dem Bis-Nitrosochlorid ursprünglich vom Pinen selbst ausgeht, lagen die Verhältnisse bei den Terpenen des Pentoceansystems, dem Kampfen und Fenchen, etwas anders. Das gewöhnliche semicyklische Kampfen, das Bornylen, und die Fenchene werden hauptsächlich auf synthetischem Wege gewonnen, da sich das Kampfen selten in ätherischen Ölen findet, das Vorkommen der Fenchene in der Natur noch sehr fraglich ist und das Bornylen bisher überhaupt nur auf synthetischem Wege gewonnen wurde. Wie verhält es sich nun mit den monocyklischen, zweifach ungesättigten Terpenen? Bei den bisher abgehandelten war von einem Vorkommen in der Natur nicht die Rede. Anders liegen die Verhältnisse beim Limonen; von diesem Terpen werden wir sehen, daß es zu den in der Natur verbreitesten gehört, daß es sowohl in seiner d-, als auch l-Modifikation vorkommt, wiederholt ist auch i-Limonen (Dipenten) in ätherischen Ölen konstatiert worden; es bleibe jedoch vorläufig dahingestellt, ob nicht bei der Gewinnung des Öles oder bei der Herstellung der Derivate, welche zur Identifizierung dienten, eine Razemisierung stattgefunden hat, da von den in der Natur vorkommenden Molekülen mit asymmetrischen Kohlenstoffatomen stets nur die eine Modifikation, und zwar aktive Moleküle, geschaffen werden sollten.

Die Geschichte des Limonens hat in bezug auf die Erkenntnis seines Vorkommens große Ähnlichkeit mit jener des Pinens. Als man sich seit Lavoisier an die chemische Untersuchung der ätherischen Öle machte, beschäftigte man sich natürlich zuerst mit jenen, die am leichtesten zugänglich waren, zu welchen auch das Citronen- und Bergamottöl, kurzum, die ätherischen Öle der Citrusarten gehörten. Nachdem Labilliardière im Jahre 1817 festgestellt hatte, daß das Terpentinöl (Pinen) nur aus Kohlenstoff und Wasserstoff besteht, kam man alsbald zu dem Resultat, daß auch obengenannte Öle oder Fraktionen von ihnen ebenfalls nur aus Kohlenstoff und Wasserstoff bestehen.

Über das Citronenöl liegen bis zum Jahre 1837 Untersuchungen vor von THÉNARD (Mém. D'ARCUEIL, II, 32), TH. v. SAUSSURE (A. ch. **XIII**, 259), J. DUMAS (SCHWEIGG. SEIDELS J. **LXVI**, 99) und BLANCHET und SELL (P. **XXIX**, 141); vgl. ferner DUMAS (A. **9**, 61). Es war festgestellt worden, daß das Citronenöl im wesentlichen aus einem Kohlenwasserstoff besteht, der dieselbe prozentische Zusammensetzung aufweist wie das Terpentinöl. Hierbei darf nicht übergangen werden, daß im Jahre 1815 (Mémoires de l'Acad. des Sciences **2**, 41; **3**, 177; **13**, 39; **15**, 93; **16**, 229) von BIOT, alsdann von SEEBECK (1816) am französischen Terpentinöl das Rotationsvermögen, und zwar Linksdrehung festgestellt war; später wurde am Citronenöl Rechtsdrehung beobachtet. Besondere Erwähnung verdient sodann die Abhandlung von SAUSSURE (A. **3** [1832], 165), namentlich auch die Untersuchungen über das Verhalten des Limonens zum Sauerstoff. Ferner konnte DUMAS (A. **6**, 245) sagen: „Die Familie der ätherischen Öle teilt sich in verschiedene Gruppen: die erste umschließt die bloß aus C und H bestehenden Öle, wie das Citronen-, das Terpentinöl und die Naphta." Hieraus kann man entnehmen, daß das Citronenöl bereits vollkommen durchanalysiert war, da (a. a. O., S. 282) SAUSSURE und HERMANN gefunden hatten, daß das Citronenöl hauptsächlich einen Kohlenwasserstoff enthält. BLANCHET und SELL (A. **6**, 259; A. **7** [1833], 154) kommen nochmals zu demselben Resultat. Sie nannten die Basis, welche dem Dichlorhydrat zugrunde lag (1807 von THÉNARD, a. a. O., entdeckt) „Citronyl" und die Basis, welche der flüssigen $^1/_2$ soviel Salzsäure enthaltenden Verbindung zugrunde lag, „Citryl"; es wurde die sehr leichte Zersetzlichkeit des festen „Citronenölkampfers" im Gegensatz zu dem $^1/_2$ soviel Salzsäure enthaltenden festen künstlichen „Terpentinölkampfer" konstatiert. DUMAS wollte dem Citronenöl wegen der Aufnahmefähigkeit gegenüber Salzsäure nur die halbe Formel des Terpentinöls, also C_5H_8, zuschreiben. Er regenerierte auch aus dem festen künstlichen Citronenölkampfer die Basis und fand, daß sie in allen Eigenschaften mit dem Citronenöl übereinstimmte, nur war sie optisch inaktiv. Vgl. auch DUMAS (A. **9** [1834], 61), der nochmals den festen künstlichen Citronenölkampfer analysiert. Derselbe Forscher nennt den Kohlenwasserstoff des Citronenöls „Citren" (vgl. sein Handb. d. Chemie, B. **5**, 655), wo er die Bezeichnungen mit den Endungen „oyl" und „yl" verwirft.

Im Jahre 1839 tritt alsdann ein Wendepunkt für die Geschichte des Citrens ein, als CAHOURS (A. ch. **70**, 81 und A. **30**, 300) die Dampfdichte des Citronenöls definitiv gleich jener des Terpentinöls bestimmt.

Im Jahre 1840 erscheint eine ausführliche Arbeit von SOUBEIRAN und CAPITAINE (A. **34**, 311) „über die Kampfene"; als Kampfen bezeichnen sie alle Kohlenwasserstoffe, welche Kohlenstoff und Wasserstoff in dem Atomverhältnis von 5 : 8 enthalten, und welche mit salzsaurem Gas die unter dem Namen „künstliche Kampfer" bekannten Verbindungen zu bilden vermögen; es wird nochmals die Dampfdichte bestimmt und diese derjenigen des Terpentinöls gleich gefunden. Die Inaktivität der festen Verbindung $C_{10}H_{16} \cdot 2HCl$ wurde abermals konstatiert. S. und C. geben das Volumgewicht des Citronenöls und seinen Siedepunkt an; für den Kohlenwasserstoff, den sie aus dem festen Kampfer durch Destillation über erhitzten Ätzkalk gewannen (i-Limonen), finden sie: Volumgewicht 0,847, Sdp. 165° usw. Auch das Pomeranzen- und Bergamottöl untersuchen sie; schließlich finden wir a. a. O., S. 327ff. eine wichtige Zusammenstellung des Rotationsvermögens der verschiedenen hierher gehörigen Substanzen, die von Biot herrührt. S. und C. versuchen S. 329 eine Einteilung der Kohlenwasserstoffe auf Grund der Aufnahmefähigkeit Salzsäure gegenüber. Großes Gewicht wurde zur Zeit dieser Arbeit auf das Drehungsvermögen gelegt, da man dasselbe vielfach für eine unveränderliche Größe hielt; deshalb hatte man die verschiedenen Kohlenwasserstoffe, obwohl sie der Salzsäure gegenüber sich vielfach gleich verhielten, mit verschiedenen Namen belegt. Dies geschah aber nur aus Vorsicht, denn S. und C. sagen a. a. O., S. 330: „Obschon wir in dem Vorhandenen die, verschiedene Eigenschaften darbietenden, Körper durch besondere Namen bezeichnet haben, so glauben wir doch nicht, daß die allein durch die Rotation sich unterscheidenden Körper chemisch wirklich verschieden sind."

Aus dem Gesagten geht klar hervor, daß man die feste Verbindung $C_{10}H_{16} \cdot 2HCl$, deren Smp. um 45° angegeben wird, im Jahre 1840 aus den verschiedensten Citrusölen darstellen konnte. Schweizer konnte nun im Jahre 1841 (J. pr. **24**, 257 und A. **40**, 329) aus dem Kümmelöl durch fraktionierte Destillation bzw. durch Destillation über Kalihydrat oder P_2O_5 einen Kohlenwasserstoff isolieren, der konstant bei 173° siedete, den er Carven nannte und der die Zusammensetzung $C_{10}H_{16}$ hatte. Es gelang ihm daraus durch Einleiten von Salzsäure eine Verbindung $C_{10}H_{16} \cdot 2HCl$ vom Smp. 50,5° zu erhalten und diese „ist mit den festen Verbindungen von Salzsäure mit Citronöl, Copaivaöl (liegt ein Irrtum vor, d. Verf.) und Pomeranzenöl isomer". Hiernach wird die Identität des Carvens mit dem Citren nicht ausgesprochen, sondern nur die Isomerie betont. Beim Erhitzen für sich oder mit Wasser beobachtete man die Rückbildung eines Kohlenwasserstoffs.

Im Jahre 1852 (C. r. **35**, 736; J. **1852**, 621) erhält Berthelot „aus Terpentinöl eine kristallisierte Verbindung von der Zusammensetzung $C_{10}H_{16} \cdot 2HCl$ und allen Eigenschaften des mittels Citronenöls bereiteten Präparates" usw. Auch diese Verbindung lieferte einen Kohlenwasserstoff (i-Limonen), dessen chemische Identität mit dem Limonen jedoch ebenfalls nicht erkannt wurde.

Im Jahre 1848 hatte inzwischen List (A. **67**, 369) in Terpinhydrat Salzsäure eingeleitet und hierbei die Verbindung $C_{10}H_{16} \cdot 2HCl$ erhalten, die er als isomer mit derjenigen aus dem Citronenöl erklärte. „Von dieser ist er aber in seinen Eigenschaften verschieden; ich erhielt ihn immer in feinen langen Blättern, jene aber in kleinen rhombischen Tafeln kristallisiert." Auch aus dem sog. Terpinol (Gemisch von Limonen, Cineol und Terpineol) erhielt List denselben Körper. — Deville (A. ch. **25**, 80 und A. **71**, 348) erhielt im Jahre 1849 auf analoge Weise aus dem Terpinhydrat die Verbindung $C_{10}H_{16} \cdot 2HCl$, welche er als wesentlich verschieden von dem festen Terpentinölkampfer anspricht, dagegen aber für identisch mit dem Kampfer aus Citronenöl erklärt. „Beide besitzen den Schmelzpunkt von 44°; erhitzt man die Verbindung, so verliert sie Salzsäure; bei der Behandlung mit Kalium erhält man ein flüssiges, farbloses Öl von dem Geruch des Citronenöls" usw.

Im Jahre 1854 (A. **89**, 358) behandelt Völckel das Wurmsamenöl (Cineol) mit P_2O_5 und erhält einen Kohlenwasserstoff, dessen Zusammensetzung als Gemenge von $C_{10}H_{16}$ und $C_{10}H_{14}$ er jedoch nicht erkennt (vgl. später Kraut, J. **1862**, 460 und A. **128**, 294) (vgl. auch Faust u. Homeyer, B. **7**, 1429 und Wallach und Brass, A. **225**, 313 und Graebe, B. **5**, 680). Über Himlys Dissert. „De Caoutschuk ejusque destillationis siccae productis et ex his de Caoutschino, novo corpore ex hydrogenio et carboneo composito, disseruit Fr. C. Himly, Götting. 1835" finden wir ein Referat in A. **27**, 40; es gelingt ihm neben vielen anderen Verbindungen das Kautchin $C_{10}H_{16}$ durch trockne Destillation des Kautschuks usw. herzustellen, $d_{16} = 0{,}8423$, Sdp. 171,5°.

Aus diesen Mitteilungen ergibt sich, daß man im Jahre 1857 das Limonen sowohl in seiner aktiven, im wesentlichen allerdings der rechtsdrehenden Modifikation in Händen gehabt hat, daß außerdem das i-Limonen (Dipenten) ebenfalls verschiedentlich erhalten worden war. Dem d-Limonen nämlich war man besonders in den Citrusölen, Citronen-, Bergamott-, Limettöl usw., ferner auch in dem Öl aus einer Umbellifere, in dem Kümmelöl, begegnet. Es würde zu weit führen, alle Öle anzuführen, die man bis zu diesem Zeitpunkt bereits untersucht hatte und in denen man ebenfalls zweifellos auf d-Limonen gestoßen sein mußte; bei den Angaben über das Vorkommen dieses Kohlenwasserstoffs werden wir diesen Punkt näher berühren. Über das l-Limonen ist zu erwähnen, daß, wenn man vielleicht auch schon bis zum Jahre 1857 Öle in Händen gehabt hat, die diesen Kohlenwasserstoff enthalten, so doch seine Abscheidung bis dahin nicht stattgefunden hat, geschweige denn daß seine chemische Identität mit dem d-Limonen erkannt worden wäre. Aber man sprach auch nicht einmal die Identität der einzelnen Kohlenwasserstoffe $C_{10}H_{16}$ der Citrusöle aus, auch nicht die Identität mit dem Carven, wenn es auch gelang aus allen diesen Terpenen die feste Verbindung $C_{10}H_{16} \cdot 2HCl$ zu erhalten, welche vielfach für identisch erklärt wurde. Das i-Limonen hatte man besonders aus diesem Dichlorhydrat gewonnen, aber man war weit davon entfernt, schon damals die chemische Identität des Hauptbestandteils dieses Kohlenwasserstoffs mit dem d-Limonen anzunehmen. Nicht darf übergangen werden, daß es Berthelot (C. r. **35**, 736; J. **1852**, 622) gelang, durch Erhitzen und durch Säuren das Pinen zu isomerisieren, wobei, wie wir heute wissen, ebenfalls i-Limonen entsteht. Als Quelle für das i-Limonen sind bis 1857 demnach anzusehen das auf verschiedenen Wegen erhaltene Limonendichlorhydrat (vgl. oben), das Pinen, indem man es durch Säuren oder durch Erhitzen invertiert, der Kautschuk, indem man ihn erhitzt, und das Cineol, indem man aus ihm Wasser abspaltet, wenn auch die hierbei entstehenden Kohlenwasserstoffe durchaus kein reines i-Limonen darstellen. — Es ist zweifellos, daß man die Verschiedenheit der Citrus-Terpene usw. von dem Terpentinöl und dessen Umwandlungsprodukten unterschied; das wichtigste Unterscheidungsmerkmal war das Verhalten gegen Salzsäure: beim Einleiten gasförmiger Salzsäure in Terpentinöl und dessen nähere Verwandte erhielt man den künstlichen Kampfer $C_{10}H_{16} \cdot HCl$, hingegen beim Einleiten in Citronenöl usw. die feste Verbindung $C_{10}H_{16} \cdot 2HCl$. Allerdings wurde man stutzig, als es BERTHELOT (a. a. O.) gelang, auch aus dem Terpentinöl usw. dieselbe Verbindung $C_{10}H_{16} \cdot 2HCl$ zu erhalten. Kurzum, man konnte sich nicht dazu entschließen, eine Einteilung vorzunehmen oder die Identität auszusprechen.

Erst in der nächsten Periode, 1857—1872, übersah man etwas mehr diese Verhältnisse. Es war BERTHELOT (C. r. **55** [1862], 496 und 544; Spl. II, **1862/63**, 226), welcher sich besonders mit der Pinen- und Kampfengruppe beschäftigte; von dieser trennte er die Terpene, welche sich glatt mit 2HCl verbanden usw., ab. GLADSTONE (Soc. **17** [1864], 1 und Soc. **25** [1872], 1) teilt die Terpene ebenfalls ein, wenn er auch nicht so scharf den Unterschied zwischen der Pinen- und Limonengruppe hervorhob ($C_{10}H_{16}$, $C_{15}H_{24}$, $C_{20}H_{32}$). Im übrigen ist diese Periode sehr arm an weiteren Mitteilungen über das Limonen. Die wichtigste in dieser Zeit gemachte Beobachtung betrifft die Überführung sowohl des Terpentin-, als auch des Citronenöls — das Terpen des letzteren nannte man „Citren" — in Cymol (OPPENHEIM, B. **5**, 628); O. fand, daß beide Cymole identisch sind. „Hiernach erscheinen das angewandte Terpentinöl und das Citronenöl als Wasserstoffverbindungen desselben Cymols, die sich nur durch die relative Lage der zwei Wasserstoffatome, welche dem Cymol hinzutreten, unterscheiden." Der damaligen Zeit entsprechend wurde demnach das Citren als Dihydro-p-methyl-n-propylbenzol angesehen (vgl. auch OPPENHEIM, B. **6**, 915 „über das Citronenöl"). — Auch andere Terpene lieferten bald darauf Cymol (B. **6**, 456). — Aus dem Anfang der Periode ist eine Arbeit SCHMIDLS (J. pr. I, **82**, 189; J. **1860**, 480) über das Cajeputöl zu erwähnen; er bestätigt die frühere Formel für den Hauptbestandteil, $C_{10}H_{18}O$, und erhält durch Behandlung desselben mit P_2O_5, Cajeputen $C_{10}H_{16}$. Ferner gewinnt er durch Behandlung des rektifizierten Cajeputöls mit Brom bei 60° schmelzende Kristalle $C_{10}H_{16}Br_4$, welche, wie wir heute wissen, unreines i-Limonentetrabromid waren.

Die nächste Periode 1872—1887 brachte weitere Klarheit in die Einteilung der Terpene. Zunächst machte OPPENHEIM (B. **6**, 917) darauf aufmerksam, daß die Bindung auch gegenüberliegender Kohlenstoffatome in Betracht zu ziehen sei. — Schon vorher hatte BUNGE (Z. **1869**, 579) Nitrosylchlorid auf Terpene einwirken lassen, aber keine klaren Resultate erhalten. Erst TILDEN (Soc. **12**, 630; J. **1874**, 214; Soc. **13**, 514; J. **1875**, 390; J. **1877**, 427; J. **1878**, 979; J. **1879**, 396) erhält wohlcharakterisierte Verbindungen auch des Limonens mit Nitrosylchlorid. Vor allen Dingen konnte er aus diesen später als Bis-Nitrosochloride erkannten Verbindungen Nitrosoterpene abscheiden, die voneinander verschieden waren, je nachdem er vom Pinen und physikalisch verwandten Terpenen oder vom Citronenöl und physikalisch verwandten Kohlenwasserstoffen ausging. TILDEN konnte (Soc. **28** [1875], 514 und **31** [1877], 554; Pharm. Journ. London III, **8** [1877], 191) die Terpene $C_{10}H_{16}$ einteilen in 1. die Terpentingruppe, Sdp. 156—160°, Smp. der Nitrosoderivate 129° und 2. die Orangengruppe, Sdp. 174—176°, Smp. der Nitrosoderivate 71°. Nach Entdeckung dieser schön kristallisierenden Derivate war man nicht mehr auf das Einteilungsprinzip, welches auf die Additionsprodukte mit Salzsäure basiert war, angewiesen; die Terpentingruppe gab leicht den künstlichen Kampfer $C_{10}H_{16} \cdot HCl$, die Orangengruppe leicht die Verbindung $C_{10}H_{16} \cdot 2HCl$. Jedoch, wie wir früher gesehen haben, konnte man auch aus den Kohlenwasserstoffen der Terpentingruppe letzteren Kampfer erhalten, wenn man in Lösungsmitteln arbeitete, die Wasser enthielten; also ist das auf die Nitrosylchloridderivate basierte Einteilungsprinzip sicherer. Als verschieden von der Terpentin- und Orangengruppe sah TILDEN (B. **12**, 1133) das Sylvestren an.

Gewaltig ist demnach der Fortschritt, den wir mit dieser Einteilung TILDENS machen; eine große Anzahl von Terpenen, die man bis dahin ev. als chemisch verschieden anzusehen gezwungen war, konnten nunmehr nach den Arbeiten TILDENS für identisch erklärt werden, wenn man auch über die Konstitution wenig Positives wußte. Zur Gewinnung des Citrens dienten noch im wesentlichen dieselben ätherischen Öle, besonders das Citronen- und Kümmelöl, deren Kohlenwasserstoffe nunmehr als chemisch identisch angesehen werden. — Eine neue Quelle für aktives Limonen wurde von FLAWITZKY erschlossen. Es gelang diesem Forscher im Jahre 1879 (B. **12** [1879], 1022, 1406, 2354) und 8 Jahre später, im Jahre 1887 (B. **20**, 1956), vom Pinen aus zum Limonen, und zwar zum aktiven Limonen, zu gelangen, wie später ausführlich erörtert werden wird. FL. ging einmal vom linksdrehenden französischen Terpentinöl ($\alpha_D = -33^0$) aus, führte dieses mit alkoholischer Schwefelsäure in l-Terpineol ($[\alpha]_D = -56{,}2^0$) über; letzteres erhitzte er 18 Stunden lang in zugeschmolzenen Röhren mit Essigsäureanhydrid auf 130—150°, wobei ein Terpen erhalten wurde vom Sdp. 179,3°, $[\alpha]_D = -61{,}0^0$, $d_{20} = 0{,}8486$; dieses vereinigt sich mit Salzsäure, im Gegensatz zum Ausgangsmaterial, direkt zur festen Verbindung $C_{10}H_{16} \cdot 2HCl$. Aus rechtsdrehendem Pinen erhielt FL. auf gleiche Weise ein Terpen vom Sdp. 178,3°, $[\alpha]_D = +57{,}6^0$, $d_{20} = 0{,}848$; er nannte die beiden Terpene „linkes“ und „rechtes Isoterpen“. FL. kommt zu dem Schluß, daß dieses Isoterpen vollkommen identisch ist mit dem Terpen aus dem Citronenöl bis auf die Drehung, die aber um so weniger hierbei ins Gewicht fällt, als FL. zum Teil in saurer Lösung gearbeitet hat.

In bezug auf das i-Limonen ist aus dieser Periode zu erwähnen, daß es im Jahre 1879 von BOUCHARDAT (C. r. **86**, 654; B. **12**, 375) synthetisch aus dem Isopren erhalten wurde. Über die Literatur des Isoprens vgl. IPATIEW und WITTORF (J. pr. II, **55** [1897], 1), sowie EULER (J. pr. II, **57** [1898], 131). BOUCHARDAT synthetisierte das i-Limonen, indem er Isopren 10 Stunden lang in mit Kohlensäure gefüllten Röhren auf 280—290° erhitzte; das erhaltene Terpen gab ein Dichlorhydrat vom Smp. 49,5°. TILDEN (Soc. **45** [1884], 410) gewinnt in analoger Weise den Kohlenwasserstoff $C_{10}H_{16}$ aus dem Isopren. BOUCHARDAT und TILDEN nennen den Kohlenwasserstoff „Terpilen". WALLACH (A. **227** [1885], 295) bestätigte die Bildung von $C_{10}H_{16}$ aus Isopren C_5H_8.

Die Bildung eines Kohlenwasserstoffs $C_{10}H_{16}$ aus dem Terpin (vgl. dasselbe) ist ebenfalls seit langem bekannt, auch daß er dasselbe Dichlorhydrat liefert wie Citren usw. Die Versuche über diese Umsetzung werden nach FLAWITZKY, der aus seinem synthetisch erhaltenen Alkohol $C_{10}H_{18}O$ (Terpineol) aktives Limonen gewonnen hatte, von WALLACH fortgesetzt (A. **230**, 251). Vgl. vorher WIGGERS (A. **57**, 251), LIST (A. **67**, 367), OPPENHEIM (A. **129**, 155), TILDEN (Soc. **1878**, 247; **1879**, 287; B. **12**, 848; J. **1878**, 639), TANRET (Bl. II, **43** [1885], 529). WALLACH konstatierte ebenfalls, daß sich unter gewissen Bedingungen aus dem Terpinhydrat bzw. dem Terpineol $C_{10}H_{16}$ bildet; er konnte nachweisen, daß unter Innehaltung gewisser Bedingungen daraus Dipenten entsteht. Diesen Namen hatte WALLACH in seiner vorhergehenden Arbeit (A. **227** [1885], 301) eingeführt für einen Kohlenwasserstoff, welcher früher als Diisopren, Kautchin, Cinen, Cajeputen, Isoterebenthen usw. bezeichnet worden war. Von diesen Kohlenwasserstoffen hatte man früher bereits gefunden, daß sie ein gemeinsames Band zusammenhielt, und zwar, daß sie optisch inaktiv waren und mit HCl mehr oder weniger glatt die feste Verbindung $C_{10}H_{16} \cdot 2HCl$ vom Smp. 45—50° (je nach Reinheit und nach dem Erhitzen) geben. WALLACH hatte das Tetrabromid SCHMIDLS (J. **1860**, 480) als wichtiges Unterscheidungsmerkmal benutzt. Er hatte in Gemeinschaft mit BRASS gefunden, daß das Cineol (A. **225** [1884], 304), mit Brom behandelt, die Verbindung $C_{10}H_{18}OBr_2$ gibt, welche allmählich weiße Kristalle $C_{10}H_{16}Br_4$ vom Smp. 122,5° liefert, daß dasselbe Tetrabromid auch vom Cinen in glatter Weise erhalten wird; die Angabe über Schmelzpunkt wurde später auf 125° erhöht. WALLACH fand alsdann (A. **225** [1884], 318), daß das Hesperiden (Citren) ein Tetrabromid vom Smp. 104—105° lieferte, welches zwar viele Ähnlichkeiten mit dem Dipententetrabromid zeigte, aber doch auch von diesem vielfach in seinen Eigenschaften abwich. WALLACH (A. **227**, 300) benutzte diese Tetrabromide zur Identifizierung und teilte die Terpene ein in A) Hemiterpene C_5H_8, B) eigentliche Terpene $C_{10}H_{16}$: 1. Pinengruppe (neu eingeführter Name), 2. Kampfengruppe, 3. Limonengruppe (neu eingeführter Name), 4. Dipentengruppe (neu eingeführter Name), 5. Gruppe, welche monosymmetrisches Tetrabromid liefert (Terpinolen), 6. Sylvestren; C) Polyterpene $(C_5H_8)_x$: 1. Sesquiterpene $C_{15}H_{24}$, 2. Diterpene oder Tetraterpene $C_{20}H_{32}$, 3. Polyterpene $(C_{10}H_{16})_x$. Diese Klassifikation WALLACHS schließt sich an die früheren, namentlich an die oben erwähnte von TILDEN, (J. **1878**, 979) an. Zweifellos haben wir durch Reindarstellung der Tetrabromide und ihre Benutzung zur Identifizierung hiermit am Ende dieser Periode ein neues Klassifikationsmittel an der Hand.

In den nächsten Abhandlungen (A. **238** [1887], 78; A. **239** [1887], 1 und A. **241** [1887], 315) erweitert WALLACH die Einteilung, indem Terpinen und das seit langem bekannte Phellandren als besondere Terpene eingefügt werden; es wird späterhin ausführlich auf diese wichtigen Abhandlungen eingegangen werden.

Bisher sahen wir, daß nach den Arbeiten TILDENS diejenigen Terpene als identisch anzusehen sind, welche ein Nitrosochlorid vom Smp. 103—104° liefern, daß sich seinerseits in ein Nitrosoterpen vom Smp. 71° überführen läßt; hiernach würden die Terpene des Citronen-, Bergamott- und Kümmelöls zusammengehören. Zu demselben Ergebnis kommen wir, wenn wir nach WALLACH die Tetrabromide dieser Terpene darstellen. Als verschieden von diesen Terpenen müssen wir das inaktive, früher als Cinen, Cajeputen, Terpilen, von WALLACH als Dipenten bezeichnete Terpen am Ende dieser Periode ansehen. Man kennt das Limonen an diesem Zeitpunkt nur in der d-Modifikation. Über die Konstitution dieser Terpene gehen die Ansichten in dieser Periode weit auseinander, wie späterhin gezeigt werden wird; teilweise werden sie als cyklische, teilweise als aliphatische Verbindungen angesehen. Die chemischen Reaktionen waren nicht imstande, die Zweifel bei den einzelnen Chemikern zu heben. BRÜHL (A. **235** [1886], 1) benutzte die Molekularrefraktion, um diese Frage zu lösen; er zeigte, daß das Limonen zwei doppelte Bindungen enthält und demnach cyklische Struktur besitzen muß.

In der nächsten Periode, 1887 bis zur Gegenwart, wurde zunächst von WALLACH der Nachweis des aktiven Limonens und des Dipentens noch schärfer gestaltet, indem er aus dem Bis-Nitrosochlorid die Nitrolamine darstellte (A. **252**, 113; **270**, 180). — Ferner wurde das l-Limonen aufgefunden (WALLACH, A. **246**, 221; BERTRAM und WALBAUM, Ar. **231**, 290 usw.). — Das Dipenten, welches man vorher noch als chemisch verschieden vom aktiven Limonen angesehen hatte, woran namentlich falsche Siedepunktsbestimmungen schuld hatten, stellte sich als dessen i-Modifikation heraus. — Das Vorkommen des d- und l-Limonens, des i-Limonens (Dipentens) wurde nun in rascher Aufeinanderfolge in ätherischen Ölen von neuem konstatiert. Den früheren synthetischen Darstellungsweisen des aktiven Limonens wurden neue hinzugefügt; so konnten GODLEWSKI und ROSHANOWITSCH (Ж. **31**, 209; C. **1899**, I, 1241) aus dem aktiven Limonentetrabromid durch Reduktion mit Zinkstaub in alkoholischer Lösung aktives Limonen erhalten (vgl. auch v. BAEYER und WALLACH, welche Dipententetrabromid und Limonentetrabromid mit Zink und Essigsäure in der Kälte in Dipenten bzw. Limonen zurückverwandelten; A. **281**, 138). Gleichfalls synthetisch gewann TSCHUGAEFF (B. **32** [1899], 3332) das aktive Limonen, indem er vom Methylester der Dihydrocarvylxanthogensäure ausging und denselben destillierte. Selbstverständlich kann man nach beiden Methoden auch Dipenten erhalten. Zur Darstellung des Dipentens bringt GINZBERG (Ж. **29**, 249; C. **1897**, II, 417) eine verbesserte Methode, bei der er als Ausgangsmaterial Terpin benutzt, das er mit 2 Mol.-Gew. Essigsäureanhydrid 10 Stunden lang auf 200° erhitzt; Ausbeute 98—99 % der Theorie.

Das d- und l- bzw. i-Limonen wurden in folgenden ätherischen Ölen nachgewiesen:

Pinaceae.

Wie beim Pinen ausführlich auseinandergesetzt wurde, haben wir für die Gewinnung der ätherischen Öle aus den Pinaceen zu unterscheiden, ob sie durch Wasserdampfdestillation der Nadeln, Fruchtzapfen oder der Holzteile geschah, oder ob der ausgeflossene Saft (Terpentin), welcher eine Auflösung von Harz in ätherischem Öl darstellt, zur Destillation Verwendung fand, oder ob schließlich sog. Kienöle vorliegen, das sind Öle, welche durch trockne Destillation des Holzes und der Wurzeln der Pinaceen hergestellt werden. Über Kienöle, die nicht durch trockne Destillation, sondern durch Destillation mit überhitztem Wasserdampf gewonnen werden, also keine „eigentlichen Kienöle" sind, vgl. Kremers (Pharm. Rev. **22** [1904], 150). Je nach diesem Ursprung der ätherischen Öle enthalten sie auch verschiedene Bestandteile. Ursprünglich aktive Verbindungen können bei der Gewinnung durch trockne Destillation inaktiviert werden. Es hat sich ferner herausgestellt, daß die durch Wasserdampfdestillation der Nadeln und Zapfen und jungen Triebe der Pinaceen gewonnenen ätherischen Öle teilweise reich an l-Limonen sind, während das d-Limonen außerordentlich zurücktritt, ferner, daß in den Terpentinölen besonders das bicyklische Pinen angetroffen wird, während in den Kienölen Dipenten und Sylvestren vorhanden sind. Außerdem sei erwähnt, daß sich das Sylvesten in den Ölen der Pinaceen vielfach findet.

Im Kienöl, gewonnen durch trockne Destillation des Holzes und der Wurzeln besonders von *Pinus silvestris*, wurde Dipenten nachgewiesen, charakterisiert durch das Tetrabromid (Wallach, A. **230**, 245); im übrigen befinden sich in allen Kienölen gewöhnlich d-Pinen, d-Sylvestren und Dipenten; Aschan und Hjelt (Chem. Z. **18** [1894], 1566, 1699 und 1800) stellen fest, daß das Dipenten durch Isomerisation bei der hohen Temperatur der trocknen Destillation entstanden ist, indem sie das Holz der Kiefern mit Wasserdampf destillierten, wobei sie Pinen und Sylvestren, aber kein Dipenten fanden. — Das finnländische Kienöl, aus den Stämmen von *Pinus silvestris, Picea excelsa, Abies pectinata* gewonnen, wurde von Aschan und Hjelt ebenfalls untersucht (Chem. Z. **18** [1894], a. a. O.); sie konstatierten darin Pinen, Sylvestren und Dipenten.

Das Fichten- oder Rottannennadelöl, gewonnen durch Wasser dampfdestillation der jungen Nadeln und Zweigspitzen von *Picea excelsa* Lk., wurde von Bertram und Walbaum (Ar. **231** [1893], 293) untersucht; es wurden darin l-Pinen, l-Phellandren, l-Bornylacetat, Cadinen und Dipenten (Dichlorhydrat Smp. 50°) konstatiert (vgl. auch Umney, Pharm. Journ. London **55** [1895], 162). — Das Edeltannenzapfenöl und Templinöl, gewonnen aus den Nadeln und Fruchtzapfen von *Abies pectinata*, wurde von Flückiger (J. **1855**, 642) und Berthelot (Journ. d. Pharm. et Chim. III, **29** [1856], 38), Wallach (A. **227**, 287), Bertram und Walbaum (Ar. **231**, 291 ff.), sowie Sch. u. Co. (Sch. **1892**, I, 21 und **1893**, I, 29) untersucht. Wallach (A. **246** [**1888**], 222) stellte fest, daß Pinen und l-Limonen die Hauptbestandteile sind; Bertram und Walbaum fanden, daß das Templinöl hauptsächlich aus l-Pinen und l-Limonen zusammengesetzt ist, daß darin außerdem noch in geringer Menge Ester zugegen sind.

Das deutsche Kiefernnadelöl, gewonnen aus den Nadeln der Kiefer *Pinus silvestris* L., enthält neben d-Pinen d-Sylvestren und wahrscheinlich auch Dipenten (Bertram und Walbaum, A. r. **231** [1893], 300 und Sch. **1896**, II, 76); ferner sind Ester, vielleicht des Borneols und Terpineols, vorhanden, ebenso Cadinen. Aus diesem Vorkommen ersehen wir, daß die Terpentinöle primär ev. gar kein Dipenten enthalten, ev. auch die Nadelöle nicht, und daß das Dipenten der Kienöle wahrscheinlich nur durch Isomerisation des Pinens bzw. aktiven Limonens entsteht, die durch die hohe Temperatur bei der Gewinnung bewirkt wird.

Im Cedernblätteröl (*Juniperus virginiana*) konnten Sch. u. Co. (Sch. **1898**, I, 14) hauptsächlich Terpene nachweisen, und zwar bestand eine bei 173—176° siedende Fraktion, $d_{20} = 0{,}847$, Pol. + 89° (100 mm-Rohr), aus fast reinem d-Limonen. In den niedriger siedenden Anteilen wurde Pinen vermutet, ev. sind andere, nicht näher charakterisierte Terpene vorhanden, wie sie im Citronenöl das Limonen begleiten; im verseiften Öl wurden Valeriansäure und Borneol nachgewiesen, außerdem Cadinen.

Gramineae.

Das Palmarosaöl (*Andropogon Schoenanthus* L.) enthält ca. 1% Terpene (Gildemeister und Stephan, Ar. **234** [1896], 321), welche im wesentlichen Dipenten sein dürften (Nitrolbenzylamin, Smp. 109—110°, Tetrabromid, Smp. 125°).

Das Lemongrasöl (*Andropogon citratus* D. C.) enthält ebenfalls nur wenig Terpene (Barbier und Bouveault, C. r. **118** [1894], 983). Diese Forscher fanden für den darin enthaltenen Kohlenwasserstoff, Sdp. 175°, $\alpha_D = -5^{\circ}48'$; er lieferte hauptsächlich ein flüssiges Bromid, aus dem sich kleine Mengen eines festen Bromids vom Smp. 85° ausschieden, jedoch konnte diese Beobachtung nicht bei allen Ölen gemacht werden, so daß für das von B. und B. untersuchte Öl ev. Verfälschung anzunehmen ist. Stiehl (J. pr. II, **58** [1898], 51) gibt an, daß das Lemongrasöl Dipenten und vielleicht auch Limonen enthalte.

Das Citronellöl (*Andropogon Nardus* L.) enthält 10—15% Terpene. Bertram und Walbaum (J. pr. II, **49** [1894], 16) wiesen in den von 157—164° siedenden Anteilen Kampfen nach; außerdem sollte in dieser Fraktion noch ein Terpen vorhanden sein, das bis dahin nicht identifiziert werden konnte. In den bei 172—177° siedenden Anteilen wurde Dipenten durch das bei 124° schmelzende Tetrabromid nachgewiesen. Sch. u. Co. (Sch. **1899**, II, 12) wiesen in einem Lana-Batuöl, nachdem sie es durch Wasserdampfdestillation fraktioniert hatten, nach, daß Wasserdampffraktion 1 und 2 im wesentlichen aus Terpenen bestanden. Diese Anteile wurden wiederholt über Natrium fraktioniert destilliert, so daß schließlich 2 Fraktionen erhalten wurden, von denen die erste, Sdp. 159

bis 161°, flüssiges Kampfen (Bertram und Walbaum, J. pr. II, **49** [1894], 16) enthielt, die zweite Dipenten und l-Limonen; letzteres wurde durch das bei 105° schmelzende Tetrabromid identifiziert.

Das Gingergrasöl (*Andropogon* spec.?) wurde eingehend von Sch. u. Co. (Sch. **1904**, I, 52 und **1904**, II, 41) untersucht. Von Terpenen ließen sich darin Phellandren, d-Limonen und Dipenten nachweisen, und zwar letztere beiden in den zwischen 175 und 180° siedenden Anteilen. Fraktion vom Sdp. 176—178° ($d_{15} = 0{,}8499$; $\alpha_D = +42^\circ 40'$) bildete ein Nitrosochlorid vom Smp. 103—104°, welches α-Dipentennitrolbenzylamin vom Smp. 110° und α-Dipentennitrolpiperidid vom Smp. 153° ergab, außerdem wurde Dipententetrabromid vom Smp. 125° gewonnen. „Bei wiederholter Darstellung des Nitrosochlorids aus einer Fraktion vom Sdp. 178—180° ($\alpha_D = +43^\circ 52'$) gelang es uns auch, Limonen mit Hilfe seines α-Piperidin- und α-Benzylaminderivates von demselben Smp. 93° zu identifizieren". —

Betrachten wir das Vorkommen des Dipentens in den verschiedenen Andropogonölen, so ist zunächst zu konstatieren, daß es ein äußerst minimales ist; auch das aktive Limonen tritt stark zurück. Wir können auch hier wohl annehmen, daß die geringen Mengen Dipenten während der Darstellung des Öles, die häufig noch eine recht primitive ist, durch Invertierung entstehen dürften.

Zingiberaceae.

Die Genera *Elettaria* und *Amomum* liefern die Cardamomen, aus denen ätherische Öle gewonnen werden. Die Cardamomen gehören zu den bereits im Altertum bekannten Gewürzen, so daß sie schon bei Dioskorides, Theophrast und Plinius Erwähnung finden. Es kommen für die Lieferung der Cardamomen besonders *Elettaria Cardamomum var. β* Flückiger und *Elettaria Cardamomum* White und Maton in Betracht; erstere liefern die wildwachsenden großen Ceylon-Cardamomen, letztere die offizinellen Malabar-Cardamomen. Die Siam-Cardamomen stammen von *Amomum Cardamomum* L., die Bengal-Cardamomen von *Amomum aromaticum* Roxb., die Korarima-Cardamomen (südlich von Abessinien) von *Amomum angustifolium* usw. Das Cardamomenöl des Handels wird aus den großen Ceylon-Cardamomen destilliert, während die kleinen offizinellen Malabar-Cardamomen selten zur Gewinnung von ätherischem Öl Verwendung finden. Das Ceylon-Cardamomenöl wurde von Weber (A. **238** [1887], 98) untersucht, der besonders Terpinen, Terpineol, Ester desselben und ev. Dipenten darin nachwies. — Sch. u. Co. (Sch. **1897**, I, 48 und II, 8) untersuchen in ausführlicher Weise: 1. das Bengal-Cardamomenöl, in welchem Cineol konstatiert wurde: 2. das Malabar-Cardamomenöl, in dem sie Cineol, d-Terpineol Smp. 35°, Ester usw. fanden, dagegen konnte Terpinen nicht konstatiert werden; 3. Siam-Cardamomenöl; es enthält unter anderem Ester des Borneols und Kampfer; 4. Kamerun-Cardamomenöl, enthält Cineol; 5. das Paradieskörneröl (*Amomum Melegueta* Rosc.) liefert 0,75% Öl, Pol. $-3^\circ 58'$, $d = 0{,}894$.

Parry (Pharm. Journ. IV, **9** [1899], 105) untersucht ebenfalls Cardamomenöl (Malabar); außer Cineol und Terpineol erwähnt er das Vorkommen von Limonen.

Piperaceae.

Der schwarze Pfeffer wird aus den unreif gepflückten und getrockneten Beerenfrüchten von *Piper nigrum* L. gebildet, während die ausgereiften Beeren nach Ablösung der äußeren Fruchthüllen den weißen Pfeffer bilden. Das ätherische Pfefferöl wird zu 1—2,3 % aus dem schwarzen Pfeffer gewonnen, wenn auch der weiße Pfeffer ebenfalls ätherisches Öl liefert. Das Pfefferöl wurde von Dumas (A. **15** [1835], 159) und von Soubeiran und Capitaine (A. **34** [1840], 326) untersucht; es wurde festgestellt, daß in ihm hauptsächlich Kohlenwasserstoffe $C_{10}H_{16}$ vorhanden sind. Eberhardt (Ar. **225** [1887], 515) untersuchte ebenfalls das Pfefferöl und kam zu demselben Resultat; er erhielt aus der Fraktion vom Sdp. 176—180° Dipententetrabromid vom Smp. 122—123°. Sch. u. Co. (Sch. **1890**, II, 39) konstatierten Phellandren im Pfefferöl. Es muß dahingestellt bleiben, ob das Dipenten ursprünglich im Pfefferöl vorhanden ist.

Das Cubebenöl, aus den Beerenfrüchten von *Piper Cubeba* L. zu 10—18 % gewonnen, destilliert hauptsächlich von 250—280° und besteht aus Sesquiterpenen. Umney (Pharm. Journ. London III, **55** [1895], 951) erhielt folgende quantitativ bestimmte Fraktionen: 1. von 175—250° = 9,2 %, 2. von 250—260° = 26,8 %, 3. von 260—270° = 47,6 %, 4. von 270 bis 280° = 7,2 %, 5. oberhalb 280° = 9,2 %. — In den niedrig siedenden Fraktionen (158—163°) war ein linksdrehendes Terpen ($\alpha_D = -35{,}5°$), das ev. Pinen oder Kampfen ist (Oglialoro, G. **5** [1875], 467) vorhanden. Wallach (A. **238** [1887], 78) konstatierte darin Dipenten (Dichlorhydrat, Smp. 48—49°).

Chenopodiaceae.

Die Samen von *Chenopodium ambrosioïdes* L. enthalten ein ätherisches Öl, ebenso die Blätter dieser Pflanze. Das amerikanische Wurmsamenöl dürfte hauptsächlich aus der ganzen Pflanze von *Chenopodium ambrosioïdes* L. var. *anthelminticum* Gray gewonnen werden; vgl. auch Sch. **1894**, I, 56, woselbst in dem Öl die Anwesenheit von Limonen vermutet wird. Früher war das Öl von Garrigues (Am. Journ. Pharm. **26** [1854], 405) untersucht worden; dieser Forscher hatte ein bei 176° siedendes Terpen, sowie einen flüssigen Körper von der Zusammensetzung $C_{10}H_{16}O$ konstatiert; das Öl dreht links.

Anonaceae.

Die Samen von *Monodora Myristica* Dunal werden an der Westküste Afrikas von den Eingeborenen als Gewürz und Arzneimittel verwendet; sie liefern ein ätherisches Öl bis zu 7 %, $d_{20} = 0{,}896$, Pol. −64,96°. Nach Thoms (B. d. D. Pharm. Ges. **14** [1904], 24) sind wenig Säuren und

Phenole vorhanden. Die Terpenfraktion bestand hauptsächlich aus Limonen, $d_{20} = 0{,}842$, Sdp.$_{16}$ = 74—76°, $[\alpha]_D = -125{,}5°$, Smp. des Nitrosochlorids 103—105°. 20% siedeten unter 16 mm Druck bei 110—116°; Zusammensetzung dieser Fraktion war $C_{10}H_{16}O$, welches von THOMS als mit dem Myristicol identisch angesehen wird. Nach SCH. u. Co., die 5,37% Öl erhielten, zeigte das Öl $d_{15} = 0{,}859$, $\alpha_D = -117°40'$ und bestand der Hauptsache nach aus Phellandren (SCH. **1904**, I, 65).

Myristicaceae.

Das Muskatnußöl wird aus den Muskatnüssen (*Myristica officinalis* L.) gewonnen. Unter den Terpenen wurde von WALLACH in den niedrig siedenden Fraktionen Pinen nachgewiesen. Die von 175—180° siedenden Anteile lieferten SEMMLER (B. **23** [1890], 1803 und **24** [1891], 3818) ein Tetrabromid vom Smp. 125°, wonach Dipenten vorhanden sein dürfte.

Monimiaceae.

TARDY (Journ. Pharm. Chim. VI, **19** [1904], 132) untersuchte das Öl der Boldoblätter (*Peumus Boldus* Mol.), welches aus letzterem zu 2% erhalten war. Die Terpene lieferten beim Einleiten von Salzsäure Pinenmonochlorhydrat vom Smp. 125° und Dipentendichlorhydrat vom Smp. 50°. Da die zuerst übergehenden Anteile der Terpene rechts, die später destillierenden links drehten, so nimmt TARDY an, das d-Pinen und l-Limonen vorliegen.

Lauraceae.

Die Terpene des Kampferöls (*Laurus Camphora* L.) bestehen aus d-Pinen (SCH. **1889**, I, 8), Phellandren (SCH. **1889**, I, 8) und Dipenten (LALLEMAND, A. **114** [1860], 196 und WALLACH, A. **227** [1885], 296). LALLEMAND hatte das Dichlorhydrat, WALLACH ein Tetrabromid vom Smp. 123° erhalten.

Das Kuromojiöl wird aus den Blättern und jungen Trieben von *Lindera sericea* Bl., eines in den Gebirgen Japans vorkommenden Strauches, gewonnen: $d = 0{,}890—0{,}905$, $\alpha_D = -0°4'$. KWASNIK (Ar. **230** [1892], 265) untersuchte das Öl und wies darin d-Limonen (Tetrabromid Smp. 104°), Dipenten (Tetrabromid Smp. 124°), ferner Terpineol und das sich selten findende l-Carvon nach.

Die Massoyrinde (*Massoia aromatica*) liefert ein ätherisches Öl, das nach SCH. u. Co. (SCH. **1888**, II, 42) zu 75% aus Safrol besteht. Als Terpene wies WALLACH (A. **258**, 340) das Pinen, Limonen (Limonennitrolbenzylamin Smp. 93°) und Dipenten (Tetrabromid Smp. 123°) nach (vgl. auch WOY, Ar. **228** [1890], 22 und 687).

Das Apopinöl, welches in Formosa aus einer Lauracee gewonnen wird, enthält Formaldehyd, Kampfer, Eugenol, Safrol, Cineol und Apopinol; von Terpenen wurde Pinen und Dipenten nachgewiesen, letzteres identifiziert durch das Tetrabromid vom Smp. 124—125° (SCH. **1903**, II, 9).

Rutaceae.

Die Jaborandiblätter (*Pilocarpus Jaborandi*) liefern bei der Destillation 0,2—1,1 % ätherisches Öl (SCH. **1888**, I, 44), $d_0 = 0{,}865$ bis 0,895, $\alpha_D = +3^{\circ}25'$. Die fraktionierte Destillation ergab HARDY (Bl. II, **24** [1876], 497; C. **1876**, 70) ein bei 178° siedendes Terpen, welches er Pilocarpen nannte, und welches mit Salzsäure ein festes Dichlorhydrat gab; demnach dürfte Dipenten vorliegen.

Hauptsächlich begegnen wir dem Limonen in den ätherischen Ölen der Citrusarten. Über das Vorkommen im Citronenöl (*Citrus Limonum* Risso) ist bereits oben das Wichtigste mitgeteilt worden. Es ist hier noch festzustellen, daß das Citronenöl zu wenigstens $^{9}/_{10}$ aus Terpenen besteht, unter denen das d-Limonen (WALLACH, A. **227** [1885], 290) die erste Stelle einnimmt; außerdem enthält das Citronenöl Phellandren (SCH. **1897**, II, 23), Pinen und Kampfen.

Das süße Pomeranzenschalenöl besteht hauptsächlich aus Terpenen (VÖLCKEL, A. **39** [1841], 120, WRIGHT und PIESSE, Ch. N. **24** [1871], 147; WALLACH, A. **227** [1884], 289). W. wies nach, daß mindestens 90 % des Pomeranzenöls aus d-Limonen bestehen (Tetrabromid Smp. 104 bis 105°); das Öl eignet sich vorzüglich als Ausgangsmaterial zur Darstellung von d-Limonen. d-Limonen ist gleichfalls im bitteren Pomeranzenschalenöl vorhanden. Vgl. PARRY (Chem. u. Drugg. **56** [1900], 462 und 722), OGSTON und MOORE (Chem. and Drugg. **60** [1902], 154), SCH. u. Co. (SCH. **1900**, II, 26) und STEPHAN (J. pr. II, **62**, 523).

Das Bergamottöl (*Citrus Bergamia* Risso) enthält ebenfalls Terpene, aber in bedeutend geringerer Menge (SOUBEIRAN und CAPITAINE, A. **35** [1840], 313); WALLACH (A. **227** [1884], 290) wies nach, daß in den von 175—180° siedenden Anteilen d-Limonen enthalten ist. Die Anwesenheit von Dipenten in diesem Öl ist fraglich.

Das Cedroöl (*Citrus medica* Risso) ähnelt sehr dem Citronenöl und dürfte im wesentlichen ebenfalls aus d-Limonen bestehen (vgl. auch BURGESS, The Analyst **26** [1901], 260, welcher Limonen und ev. Dipenten nachwies, ferner GULLI, The Chem. and Drugg. **60** [1902], 19).

Das westindische, sowie das italienische Limettöl liefern d-Limonen (GILDEMEISTER, Ar. **233** [1895], 174) (Tetrabromid Smp. 105°); DE LUCA (C. r. **51** [1860], 258) erhält bereits ein Dichlorhydrat aus dem bei 180° siedenden Terpen.

Das Limettblätteröl (*Citrus Limetta*) enthält nach WATTS ein bei 176—177° siedendes inaktives Terpen, das ein Dichlorhydrat vom Smp. 49—50° liefert, wonach Dipenten vorhanden sein dürfte.

Das Mandarinenöl wird aus den Schalen der Früchte von *Citrus madurensis* Loureiro gewonnen. GILDEMEISTER und STEPHAN (Ar. **235** [1897], 583) konstatierten darin d-Limonen (Tetrabromid Smp. 104—105°); das Öl siedet bis auf einen kleinen Rest bei 175—179°. DE LUCA (C. r. **45** [1857], 904) hat das Dipentendichlorhydrat vom Smp. 49° erhalten. Außerdem sind in dem Öl wenig Citral und der Methylanthranilsäuremethylester vorhanden. Nach FLATAU und LABBÉ (Bl. III, **19**, 364) enthält das Öl 98% d-Limonen und neben Spuren Citrals 1% desselben in Alkohol unlöslichen Esters, welcher im Süß-Pomeranzenöl vorkommen soll. Außer dem Methylester der Methylanthranilsäure und dem d-Limonen sind nach SCH. u. Co. (SCH. **1901**, II, 35) geringe Mengen von Dipenten, Decylaldehyd, Nonylaldehyd, Linalool und Terpineol vorhanden.

Das Orangenblütenöl enthält nach TIEMANN und SEMMLER (B. **26** [1893], 2711) ebenfalls Limonen. SCH. u. Co. (SCH. **1902**, II, 60) konstatierten Dipenten (Tetrabromid). Im Orangenblütenöl (süßes) fand THEULIER (Bl. III, **27** [1902], 278) von Terpenen d-Kampfen und d-Limonen.

Das Petitgrainöl, aus den Blättern, Zweigen und jungen Früchten von *Citrus Bigaradia* Risso durch Wasserdampfdestillation gewonnen, gibt nach TIEMANN und SEMMLER (B. **25** [1892], 1186) d-Limonen. SCH. u. Co. (SCH. **1902**, II, 65) untersuchten ein Paraguay-Petitgrainöl und ermittelten darin als Terpene Pinen, l-Kampfen und Dipenten (Tetrabromid Smp. 125°). — UMNEY und BENNETT (Pharm. Journ. **72** [1904], 217) untersuchten ein südamerikanisches Orangenöl und konstatierten darin an Terpenen l-Pinen und Dipenten; über Petitgrainöl aus der süßfrüchtigen Pomeranze (vgl. Bl. III, **33** [1905], 1079).

Die Früchte von *Xanthoxylum* spec. bilden die Wartarafrüchte, welche ca. 2% eines ätherischen Öles liefern (SCH. **1900**, I, 50); $d = 0{,}8714$, $\alpha_D = +6^\circ 31'$; das Öl enthält viel Terpene, Fraktion vom Sdp. 170—176° bestand aus fast reinem Dipenten (Tetrabromid). Als weitere Bestandteile ergaben sich d-Linalool (vgl. letzteres) und Zimtsäuremethylester.

Das ätherische Öl der Buccoblätter (*Barosma* spec.) enthält unter den Terpenen d-Limonen und Dipenten (optisch aktives und höher schmelzendes inaktives Tetrabromid) (KONDAKOW und BACHTSCHIEW, J. pr. II, **63** [1901], 49); ferner wurde l-Menthon nachgewiesen und der seit längerer Zeit bekannte Buccokampfer $C_{10}H_{16}O_2$ (Diosphenol).

In einem Rautenöl (*Ruta graveolens*) konstatierten POWER und LEES (Soc. **81** [1902], 1585) die Gegenwart von Pinen und Limonen; da diese Terpene sich sonst in Rautenölen nicht finden, dürfte ev. eine Verfälschung des Öles stattgefunden haben (vgl. SCH. **1903**, I, 67).

Burseraceae.

Die Familie der Burseraceen weist Bäume auf, von denen eine Anzahl Harze stammen, die bereits im Altertum eine große Rolle spielen; so wird das Myrrhenharz von Spezies der Gattung *Commiphora*, das Opopanaxharz ebenfalls von *Commiphora* Spezies, das Weihrauchharz von Spezies der Gattung *Boswellia*, das Elemiharz wahrscheinlich von Spezies der Gattung *Canarium* usw. geliefert. Alle diese Harze geben bei der Wasserdampfdestillation ätherische Öle; die Bäume, welche Myrrhen- und Weihrauchharz liefern, sind in Südostarabien und den Somaliländern einheimisch.

Das Myrrhenöl war bereits im 16. Jahrhundert bekannt, so findet es sich in der Arznei- und Spezereitaxe der Stadt Frankfurt a. Main vom

Jahre 1587. Das Weihrauchöl ist wahrscheinlich noch länger bekannt; es gehört zu denjenigen Ölen, die in dem Zeitabschnitt 1830—1857 untersucht wurden. STENHOUSE (A. **35** [1840], 306) stellte fest, daß es hauptsächlich um 160—162° siedet; vgl. auch KURBATOW (A. **173** [1874], 1), welcher ein Monochlorhydrat vom Smp. 127° erhielt, wonach das Terpen mit dem Pinen identisch ist. WALLACH bestätigte dies und stellte fest, daß in der Fraktion vom Sdp. 177—179° Dipenten vorhanden ist (Dipententetrabromid) (A. **252** [1889], 100).

Das Elemiöl ist ebenfalls in der Taxe der Stadt Frankfurt a. Main vom Jahre 1587 erwähnt. — DEVILLE (A. **71** [1849], 353) untersuchte das Elemiöl und erhielt ein festes Dichlorhydrat. WALLACH (A. **246** [1888], 233 und **252** [1889], 102) konstatierte in dem Öl d-Phellandren und Dipenten, welches in der Fraktion 175—180° besonders reichlich vertreten ist (Tetrabromid vom Smp. 125°, Nitrosochlorid und dessen Überführung in i-Carvoxim vom Smp. 93°).

Euphorbiaceae.

Die Cascarillrinde (*Croton Eluteria* Bennet) liefert 1,5—3,0% ätherisches Öl; TROMMSDORFF (TROMMSD. Neues Journ. der Pharm. **26**, II [1833], 136), VÖLCKEL (A. **35** [1840], 307), GLADSTONE (Soc. **17** [1864], 1) und BRÜHL (B. **21** [1888], 152) beschäftigten sich besonders mit den Kohlenwasserstoffen des Öles. Eine ausführliche Untersuchung des Öles liegt von THOMS (Apoth. Z. **14** [1899], 562) und FENDLER (Ar. **238** [1900], 671) vor. Von Kohlenwasserstoffen wurde Cymol und wahrscheinlich auch etwas l-Limonen nachgewiesen, außerdem war noch ein bei 155—157° siedendes Terpen vorhanden, welches nicht identisch mit Pinen ist ($d_{20} = 0{,}845$, $\alpha_D = +2{,}11^0$ usw.)

Myrtaceae.

Das Myrtenöl wird aus den Blättern von *Myrtus communis* L. zu 0,3% gewonnen. An Terpenen enthält es d-Pinen, und die bei 180° siedende Fraktion besteht aus Dipenten (SCH. **1889**, I, 29); es wurde das Dipentennitrosochlorid und das bei 124° schmelzende Dipententetrabromid erhalten; außerdem enthält das Öl Cineol und Myrtenol.

Im Niaouliöl (*Melaleuca viridiflora* Brongn. et Gris.) sind außer 66% Cineol d-Pinen und ein linksdrehendes Terpen, welches mit dem Cineol gleich siedet, ev. l-Limonen, vorhanden, ferner Terpineol.

Umbelliferae.

Zu den Umbelliferen gehören Pflanzen, welche in ihren Samen das Ausgangsmaterial zur Darstellung ätherischer Öle liefern, die sich durch großen Reichtum an d-Limonen auszeichnen. Während in den Ölen aus den Rutaceen, die ebenfalls besonders reich an Limonen sind, das letztere von sauerstoffhaltigen Bestandteilen begleitet ist, die zur olefinischen Reihe gehören, finden sich neben d-Limonen in den Früchten der Umbelliferen besonders hydriert-cyklische oder Benzolverbindungen (Carvon usw.). Sowohl die olefinischen Verbindungen, als auch das Carvon stehen in naher verwandtschaftlicher Beziehung zum Limonen.

Das Kümmelöl (*Carum Carvi* L.) ist eins der am längsten bekannten Öle; es wird bereits in der Taxe von Berlin im Jahre 1575 erwähnt. — Völckel (A. **35** [1840], 308) erkannte, daß eine sauerstofffreie und eine sauerstoffhaltige Verbindung in dem Öle vorhanden sind. Schweizer (J. pr. I, **24** [1841], 257) nannte den Kohlenwasserstoff Carven, aus welchem bald darauf das Dichlorhydrat $C_{10}H_{16} \cdot 2\,HCl$ dargestellt wurde. Die weitere Geschichte des Carvens ist bereits oben erwähnt (vgl. besonders Tilden). Wallach (A. **227** [1885], 291) bestätigte, daß das Carven identisch ist mit dem rechtsdrehenden Kohlenwasserstoff des Citronenöls, den er d-Limonen nannte.

Auch in anderen Umbelliferenölen finden sich vielfach rechtsdrehende Terpene vom Siedepunkt des Limonens, die nicht näher untersucht sind, allerdings in geringerer Menge.

Im Fenchelöl (*Foeniculum vulgare* Gaertn.) wiesen Sch. u. Co. (Sch. **1890**, I, 20) neben den Säuren, Aldehyden und Anethol in größerer Menge d-Pinen nach, „die bei 180° siedende Fraktion besteht aus Dipenten“. Im mazedonischen Fenchelöl wurden von Sch. u. Co. d-Phellandren und d-Limonen festgestellt (G. u. H., S. 741).

Im Dillöl (*Anethum graveolens* L.) findet sich zu 40—60% das Carvon. Wallach (A. **227** [1885], 292) wies in der Fraktion vom Sdp. 175—180° d-Limonen nach (Tetrabromid Smp. 104—105°). Aber auch andere Terpene sind zugegen; so konnte Nietzki 10% eines von 155—160° siedenden Terpens nachweisen (Ar. **204** [1874], 317); Phellandrenreaktion erhielten Sch. u. Co. (Sch. **1897**, I, 13 und **1898**, II, 20) an einem in England destillierten Öl; ebenso gibt Dillkrautöl Phellandrenreaktion.

Das Sellerieöl (*Apium graveolens* L.) enthält 90% Kohlenwasserstoffe. Sch. u. Co. (Sch. **1892**, I, 35) erhielten bei der fraktionierten Destillation eine konstant bei 176—177° siedende Fraktion, deren optische Drehung +107° betrug (Tetrabromid Smp. 105°); neben diesem d-Limonen konnte Pinen nicht nachgewiesen werden.

Verbenaceae.

Im Verbenaöl (*Verbena triphylla* L.) wurde unter den Terpenen die Anwesenheit von l-Limonen wahrscheinlich gemacht (Theulier, Bl. III, **27** [1902], 1113) (das Tetrabromid ist jedoch nicht ganz rein gewesen).

Labiatae.

Das ätherische Öl aus *Monarda punctata* L., welches Thymol enthält, weist nach Schröter (Am. Journ. Pharm. **60** [1888], 113) 50% eines linksdrehenden Kohlenwasserstoffs vom Sdp. 170—173° auf (?). Hendricks und Kremers (Pharm. Arch. **2** [1899], 73) weisen darin neben Thymol auch Carvacrol und Spuren von d-Limonen nach (Limonennitrolbenzylamin vom Smp. 94°).

Auch in dem von *Monarda fistulosa* L. gewonnenen Öl konnten Kremers und Hendricks (Pharm. Arch. **2** [1899], 76) Carvacrol, kein Thymol, ferner außer Cymol Spuren von Limonen nachweisen (Nitrolbenzylamin vom Smp. 93°).

Das Öl von *Satureja Thymbra* L. enthält nach Sch. u. Co. (Sch. **1889**, II, 55) Thymol, Pinen, Cymol, auch geringe Mengen von Dipenten, sowie Bornylacetat.

Auch in dem Öl von *Thymus capitatus* Lk. konstatierten Sch. u. Co. (Sch. **1889**, II, 56) neben Thymol einen Gehalt an Pinen, Cymol, Dipenten und Essigsäurebornylester.

Das Grünminzöl (*Mentha viridis* L.) enthält nach Power (N. Y. **1894**, 33. Published by Fritzsche Brothers) an Terpenen l-Limonen und wahrscheinlich l-Pinen; vgl. auch Beyer (Ar. **221** [1883], 283). — Auch das russische Krauseminzöl, welches l-Carvon und l-Linalool liefert, weist nach Sch. u. Co. (Sch. **1898**, I, 30) 20 % Cineol und l-Limonen auf.

Im amerikanischen Pfefferminzöl (*Mentha piperita* L.) wiesen Power und Kleber (Ar. **232** [1894], 639) als Terpene Pinen, Phellandren und l-Limonen nach (Tetrabromid vom Smp. 104°).

Tétry konnte aus dem Poleiöl (*Mentha Pulegium* L.) (Bl. III, **27** [1902], 186) einen geringen Vorlauf erhalten; Fraktion vom Sdp. 170 bis 173° wies eine Drehung von $[\alpha]_D = -52° 11'$ auf und gab ein Tetrabromid vom Smp. 106—109°, woraus Tétry auf die Anwesenheit von l-Limonen und Dipenten schließt; es wurde auch ein Nitrosochlorid vom Smp. 135° in geringer Menge erhalten.

Das Öl von *Bystropogon origanifolius* L'Hérit, einem auf den Kanarischen Inseln einheimischen Strauche, wurde von Sch. u. Co. (Sch. **1902**, II, 87) näher untersucht; $d_{15} = 0,9248$, $n_D = 1,48229$, es siedet zwischen 162 und 234°. 4,5 g von 75 g siedeten bei 162—182°; in ihnen ist Limonen (Tetrabromid Smp. 104°) erhalten. 30 g siedeten von 219—223° und bestanden aus Pulegon, 4 g siedeten von 205—215° und enthielten Menthon.

Valerianaceae.

Im Kessowurzelöl, welches aus der japanischen Baldrianwurzel (*Valeriana officinalis* L. var. *angustifolia* Miqu.) gewonnen wird, wurden als Terpene l-Kampfen und Dipenten (Tetrabromid 123°) nachgewiesen (Bertram und Walbaum, J. pr. II, **49** [1894], 18).

Compositae.

Das Goldrutenöl (*Solidago canadensis* L.) zeigt nach Sch. u. Co. (Sch. **1894**, I, 57 und **1897**, I, 53) $d_{15} = 0,859$ und Pol. $-11° 10'$ (100 mm-

Rohr). Es besteht zu 85 % aus Terpenen, „und zwar wesentlich aus Pinen, neben dem etwas Phellandren und Dipenten, vielleicht auch Limonen vorhanden ist.“

Erigeron canadensis L. liefert bei der Destillation 0,2—0,4 % Öl. BEILSTEIN und WIEGAND (B. **15** [1882], 2854) finden die Hauptmasse des Öles aus einen Terpen vom Sdp. 176° bestehend, das ein Dihydrochlorid vom Smp. 47—48° gibt. Nach POWER (Pharm. Rundsch. N. Y. **5** [1887], 201) besteht das Öl fast vollständig aus d-Limonen (Tetrabromid Smp. 104 bis 105°); vgl. auch MEISSNER (Am. Journ. Pharm. **65** [1893], 420), welcher das Limonenbenzylnitrolamin herstellte (Smp. 90—92°). Als zweiter untergeordneter Bestandteil ist Terpineol anzusehen. Vgl. auch SCH. u. Co. (SCH. **1894**, II, 73).

Fassen wir das Vorkommen des Limonens zusammen, so nehmen wir wahr, daß das i-Limonen (Dipenten), wie bereits hervorgehoben wurde, stark zurücktritt, daß dieses geringe Vorkommen wahrscheinlich auf Isomerisation aus aktivem Limonen bzw. Pinen zurückzuführen ist. Das d-Limonen findet sich hauptsächlich in Citrusölen und kann aus dem Pomeranzenschalenöl in besonderer Reinheit erhalten werden; außerdem ist es in Ölen aus Umbelliferen, so besonders im Kümmelöl, enthalten, auch das Öl aus der Composite *Erigeron canadensis* L. besteht zum größten Teil aus d-Limonen. l-Limonen trifft man weniger häufig, in größerer Menge jedoch im Edeltannennadel- und Templinöl, an. Im ganzen ist das Limonen in ca. 60 Ölen nachgewiesen worden; es ist jedoch zweifellos, daß sich dieser Kohlenwasserstoff, namentlich in geringen Mengen, noch weiter verbreitet finden wird.

Aus den ätherischen Ölen können wir das Limonen, dessen Sdp. bei 175—176° liegt, am besten durch fraktionierte Destillation abscheiden, die schließlich über metallischem Natrium vorgenommen wird. Ist Cineol gleichzeitig zugegen, so ist natürlich eine Trennung auf diesem Wege nicht auszuführen, da dieses Oxyd ebenfalls bei 176° siedet. Auch vom Sylvestren, welches gleichfalls bei ca. 175° siedet und vom Phellandren, dessen Siedepunkt bei ca. 172° liegt, ist die Trennung durch fraktionierte Destillation nicht durchzuführen. Leichter kann es auf diesem Wege von den bicyklischen Terpenen, die bedeutend niedriger sieden (155—165°), getrennt werden. Terpinen und Terpinolen, die ebenfalls doppelt ungesättigten monocyklischen Terpene, kommen weniger in Frage. Die Identifizierung des Limonens neben allen diesen Körpern wird weiter unten besprochen.

Die Synthese des aktiven und inaktiven Limonens ist wiederholt gestreift worden.

Synthetische Gewinnung des Limonens aus Terpenen monocyklischer Struktur.

1. Limonen können wir erhalten, indem wir nach ROSHANOWITSCH (Ж. **31**, 209; C. **1899**, I, 1241) verfahren und Limonentetrabromid durch Zinkstaub in alkoholischer Lösung reduzieren; je nachdem wir vom aktiven oder inaktiven Tetrabromid ausgehen, kommen wir wieder zu

aktivem oder inaktivem Limonen. Bei dieser Darstellung gehen wir also ursprünglich vom Limonen selbst aus. — Auch läßt sich i-Limonen aus aktivem Limonen durch Erhitzen des letzteren auf 250—270° in geschlossenen Röhren herstellen (WALLACH, A. **227**, 301).

2. Die Darstellung des Limonens aus dem Terpinen ist bisher kaum ausgeführt worden, im Gegenteil, das Limonen läßt sich in Terpinen überführen; ausgeschlossen ist es aber nicht, daß auch der umgekehrte Weg durchführbar ist.

3. Vom Phellandren aus ist man ebenfalls bisher nicht mit Sicherheit zum Limonen gelangt, da auch dieser Kohlenwasserstoff bei der Invertierung sehr leicht in Terpinen übergeht und der Weg zum Limonen über diesen Kohlenwasserstoff führen müßte.

4. Leichter dürfte es gelingen, vom Terpinolen aus z. B. durch Salzsäureanlagerung zunächst zum Dipentendichlorhydrat, alsdann zum Dipenten zu gelangen.

Übergang der bicyklischen Terpene in Limonen.

5. Terpene der Pentoceangruppe, Kampfen, Bornylen (die Fenchene scheiden ganz aus, da sie zur hydrierten m-Cymolreihe führen), lassen sich durch das Isoborneol hindurch bzw. durch das Jodhydrat $C_{10}H_{16} \cdot HJ$, nachdem beim Isoborneol die Isomerisierung zum Bornyljodid stattgefunden hat, ev. nach WAGNER und BRICKNER (B. **32**, 2310) in das Terpineolacetat überführen, von welchem aus man zum Dipenten gelangen kann. Vgl. auch KONDAKOW (J. pr. II, **68**, 117).

6. Der Übergang der Tetroceangruppe, besonders des Pinens in das Limonen, gestaltet sich glatter, indem wir von ihm aus sowohl zu aktivem, als auch inaktivem Limonen kommen können. Dieser Übergang kann durch bloßes Erhitzen des Pinens im zugeschmolzenen Rohr auf ca. 300° bewirkt werden (BERTHELOT, J. **1852**, 622; ferner J. **1853**, 523 und RIBAN, J. **1874**, 397 u. C. r. **79**, 223; Bl. II, **22**, 245, welche diesen Kohlenwasserstoff „Isoterebenthen" nennen); hierbei entsteht i-Limonen (Dipenten). BOUCHARDAT u. LAFONT (Seifenfabrikant **VI** [1886], 116) lösen l-Pinen in Eisessig und behandeln es unter 40° mit CrO_3 und erhalten l-Terpilen vom Sdp. 174—178°, das aber 16 % Cymol enthält. Derselbe Kohlenwasserstoff läßt sich aus dem Pinen auch auf indirekte Weise erhalten, indem man letzteres in Terpineol bzw. Terpinhydrat überführt und aus diesen Verbindungen alsdann Wasser abspaltet. Die Bildung des Terpinhydrats ist seit langer Zeit bekannt, auch die Wasserabspaltung studierte man ebenfalls frühzeitig (vgl. Pinen Bd. II, S. 214). Bei dieser Reaktion entsteht natürlich nicht reines Dipenten, ebensowenig wie beim Erhitzen des Pinens für sich, sondern die Invertierung geht weiter, so daß Terpinolen und Terpinen gleichfalls entstehen, außerdem findet sich Cymol usw. Auch läßt sich i-Limonen aus dem Pinen dadurch gewinnen, daß man nach BERTHELOT (J. **1852**, 622) feuchte Salzsäure auf letzteres einwirken läßt, wobei das Dichlorhydrat $C_{10}H_{16} \cdot 2HCl$ entsteht, welches seinerseits die Salzsäure leicht abspaltet und i-Limonen bildet. Auch fand BERTHELOT (a. a. O.), daß das Terpin bei Gegenwart von Chlorzink usw. dieselbe Umwandlung erleidet. — Aber

auch zu aktivem Limonen kann man vom aktiven Pinen aus kommen, ein Weg, welchen FLAWITZKY gezeigt hat, indem er (B. **12**, 1406, 2354 und B. **20**, 1956) die Darstellung des aktiven Terpineols lehrte und aus diesem alsdann durch Behandlung mit Essigsäureanhydrid aktives Limonen darstellte. — Es braucht wohl nicht besonders betont zu werden, daß die Umwandlung von Pinen in Limonen mittels verdünnter Säuren auf der vorhergehenden Bildung von Terpineol usw. beruht. Auch läßt sich das Pinen in Limonen nach dem BERTRAMschen Verfahren der Esterbildung überführen, indem man Kohlenwasserstoff, organische Säure, etwas anorganische Säure usw. einwirken läßt, oder indem man nach KONDAKOW und ERTSCHIKOWSKY Zinkchlorid anstatt der anorganischen Säure verwendet.

7. Die Invertierung der bicyklischen Terpene des Trioceantypus in Limonen ist ebenfalls ausgeführt worden. KONDAKOW und SKWORZOW (J. pr. II, **69**, 177) behandelten Sabinen und die Tanacetene mit Halogenwasserstoffsäuren und gelangten hierbei zu den Dihalogenverbindungen des Dipentens, aus denen man alsdann mit der größten Leichtigkeit Dipenten gewinnen kann.

8. Auch aus olefinischen Terpenen, z. B. dem Myrcen, läßt sich das Limonen darstellen. Nach POWER und KLEBER (Pharm. Rundsch. N. Y. **1895** Nr. 13; SCH. **1895**, I, 11) kann nach dem BERTRAMschen Hydratationsverfahren (D.R.P. 80711) ein Alkohol gewonnen werden, der zweifellos Linalool enthält. Das Linalool aber kann in Dipenten übergeführt werden (BERTRAM und WALBAUM, J. pr. II, **45**, 590).

Die Gewinnung des Limonens aus sauerstoffhaltigen Körpern.

9. Es kommen in erster Linie Alkohole der Bruttoformel $C_{10}H_{18}O$ in Betracht, und zwar sind theoretisch vier Alkohole möglich, die unter direkter Wasserabspaltung Limonen liefern können:

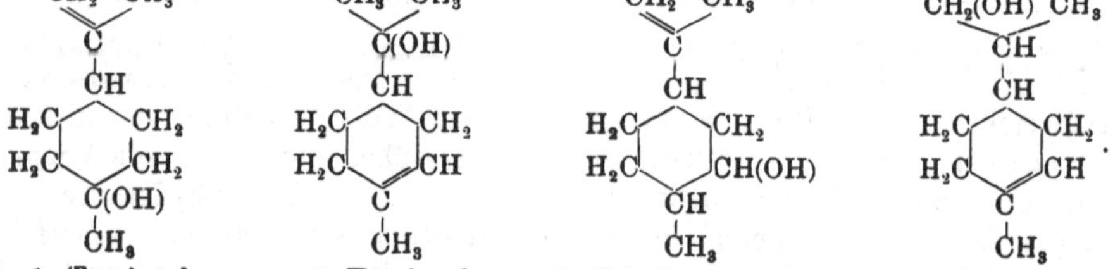

1. Terpineol Smp. 32° — 2. Terpineol Smp. 35° — 3. Dihydrocarveol — 4. unbekannter primärer Alkohol

Daß das Limonen aus den zu diesen Alkoholen gehörigen Glykolen, wie z. B. aus dem Terpin, entstehen kann, ist ohne weiteres einleuchtend. Sind nun diese Alkohole optisch aktiv, so können auch optisch aktive Limonene resultieren (vgl. die einzelnen Alkohole). Daß man von den Ketonen und Aldehyden aus, welche ev. zu diesen Alkoholen gehören, ebenfalls Limonen bilden kann, ist gleichfalls klar. So läßt sich aus dem

Carvon und Dihydrocarvon durch Reduktion das Dihydrocarveol herstellen. WALLACH stellte das Dipenten dar aus Terpineol und $KHSO_4$ (A. **275**, 104), ferner durch 6stündiges Erhitzen des Terpineols in Autoklaven mit dem gleichen Gewicht Wasser auf 250°. Die Wasserabspaltung aus genannten 4 Alkoholen kann nun durch Säuren bewirkt werden oder aber auf Umwegen, indem man entweder die Alkohole in die Halogenide überführt oder, indem man nach TSCHUGAEFF (B. **33**, 735) z. B. den Methylester der Dihydrocarvylxanthogensäure darstellt und diesen durch Destillation zerlegt. Über die Wasserabspaltung aus dem Dihydrocarveol vgl. WALLACH (B. **24**, 3391 und A. **275**, 113); über die Bildung des Dipentens aus dem Dihydrocarvylamin mit salpetriger Säure vgl. WALLACH (A. **275**, 128); es entstehen hierbei gleichzeitig andere Terpene, unter denen sich besonders Terpinen befindet. — Alle anderen sauerstoffhaltigen cyklischen Verbindungen, namentlich auch die bicyklischen Alkohole, das Borneol, der Tanacetylalkohol usw. müssen zuerst in einen der obigen Alkohole bzw. deren Halogenide umgewandelt werden, ehe man Limonen erhält. So liefert der Kampfer durch Reduktion das Borneol, dieses läßt sich in Bornyljodid überführen, welches seinerseits nach WAGNER und BRICKNER (B. **32**, 2310) mit Silberacetat und Eisessig ev. in Terpinylverbindungen übergeführt werden kann, welche ihrerseits Limonen liefern (vgl. S. 321). Tanaceton gibt durch Reduktion Tanacetylalkohol, aus diesem kann nach TSCHUGAEFF der Methylxanthogensäureester dargestellt werden, welcher bei der trocknen Destillation Tanacetene liefert, die, wie wir sahen, in Limonen überführbar sind. Dieselben Tanacetene erhält man auch nach KONDAKOW, indem man mit PCl_5 die Chloride herstellt (J. pr. II, **67**, 573 und **69**, 176). — Hieraus ersehen wir, daß wir aus allen diesen Ketonen und Alkoholen mehr oder weniger glatt zum Limonen gelangen können. — GINZBERG (Ж. **29**, 249; C. **1897**, II, 417) läßt 2 Mol. Essigsäureanhydrid 10 Stunden lang bei 200° auf 1 Mol. Terpin einwirken; er erhält 98—99 % der theoretischen Ausbeute an Dipenten.

10. Auch die Bildung des Limonens aus dem Cineol kann bewirkt werden; es ist zu bemerken, daß dieser Umwandlung die Bildung in Terpinhydrat bzw. in Terpineol oder in Derivate dieser Moleküle vorhergeht. Diese Kohlenwasserstoffbildung aus dem Cineol ist schon frühzeitig studiert worden; über die Anwendung von P_2O_5 hierbei vgl. HIRZEL (J. **1854**, 592), KRAUT und WAHLFORSS (A. **128**, 294), HELL und STÜRCKE (B. **17**, 1971). Auch kann man die Salzsäureverbindung des Cineols durch trockne Destillation in Dipenten überführen (HELL und RITTER, B. **17**, 1979; WALLACH und BRASS, A. **225**, 298). Letztere Forscher erhielten auch durch Erhitzen von Cineol mit Benzoylchlorid Dipenten. Der Mechanismus der Umwandlung des Cineols in Limonen ist ohne weiteres verständlich (vgl. Cineol).

11. Auch den Übergang von olefinischen Alkoholen und Aldehyden in Limonen können wir ausführen, wie wir bereits bei der Gewinnung des Limonens aus dem Myrcen erwähnten. Das Linalool geht nach BERTRAM und WALBAUM (J. pr. II, **45**, 590) bei der Einwirkung von

wasserabspaltenden Mitteln in Dipenten und Terpinen über. Eine analoge Umwandlung erleidet auch das Geraniol, da man diesen Alkohol durch Invertierung in Linalool überführen kann. Natürlich kann man auch Citral in Limonen umwandeln, indem man es zunächst zu Geraniol reduziert. Durch diese Verbindungen hindurch läßt sich auch die Totalsynthese des Limonens ausführen, wenn man die Geraniumsäure aus den Elementen aufbaut, aus ihr das Citral gewinnt (B. **31**, 881), welches über das Geraniol bzw. Linalool in Terpineol übergeführt wird, aus dem hinwiederum leicht das Limonen erhalten werden kann (vgl. Citral, Bd. I, S. 700). Als zweite Totalsynthese müssen wir hier jene von PERKIN jun. nachtragen, der ebenfalls das Terpineol aufbaut (Proceed. **20**, 86; C. **1904**, I, 1604). Schließlich als dritte Totalsynthese des Limonens kann man jene aus dem Isopren bezeichnen (BOUCHARDAT, Bl. II, **24** [1875], 112; TILDEN, Soc. **45** [1884], 410; WALLACH, A. **227** [1885], 295). Das Isopren wurde von IPATIEW (J. pr. II, **55** [1897], 4 und EULER, J. pr. II, **57** [1988], 132) synthetisiert.

12. Schließlich läßt sich das Dipenten erhalten, indem man Kautschuk oder Guttapercha (WILLIAMS, J. **1860**, 495; BOUCHARDAT, Bl. II, **24**, 108) der trocknen Destillation unterwirft. Diese chemische Umwandlung ist aber schon länger bekannt, indem bereits BOUCHARDAT (A. **27**, 30) und HIMLY (A. **27**, 41) Kautschuk diesem Prozeß unterwarfen. Da man aus dem Isopren nach BOUCHARDAT (C. r. **86**, 654 und Bl. II, **24**, 108), TILDEN, WALLACH (vgl. oben) usw. durch Erhitzen Dipenten erhalten kann, so ist nicht ausgeschlossen, daß der Kautschuk usw. primär in Isopren zerfällt und sich aus diesem Molekül erst das Dipenten aufbaut.

Über die Umwandlung des aktiven Limonens in i-Limonen (Dipenten) ist zu bemerken, daß sie auf denselben Wegen vor sich geht wie diejenige anderer aktiver Substanzen in inaktive; hauptsächlich kann diese Umwandlung durch Säuren und durch Erhitzen vorgenommen werden, ebenso liefern natürlich d-Limonen und l-Limonen von numerisch gleich starkem Drehungsvermögen bei der Vereinigung Dipenten. — Nicht dürfen wir die trockne Destillation des Kolofoniums bzw. des Harzes der Coniferen übergehen, die RENARD (A. ch. VI, **I** [1884], 245) ausgeführt hat, wobei er ebenfalls zweifellos Dipenten erhalten hat (TILDEN, B. **13**, 1604; KELBE, A. **210**, 12; WALLACH, A. **271**, 311; vgl. ferner B. **11**, 2174, **12**, 1716; **16**, 351).

Auch die Isolierung des auf synthetischem Wege erhaltenen Limonens muß genau so vor sich gehen, wie jene aus den ätherischen Ölen, d. h. zunächst durch fraktionierte Destillation ev. über metallischem Natrium. Aber auch hierbei ist zu bemerken, daß das synthetische Limonen besonders von Terpinolen und Terpinen begleitet wird, von Kohlenwasserstoffen, in welche sich das Limonen sehr leicht invertiert. Das Dipenten dürfte man in reinstem Zustande bei der trocknen Destillation des Kautschuks gewinnen, die aktiven Limonene lassen sich entweder aus ätherischen Ölen herstellen, so das d-Limonen aus dem Pomeranzenschalen- oder Kümmelöl, das l-Limonen aus dem Edeltannennadelöl; nach TSCHUGAEFF kann man die beiden aktiven Modifikationen synthetisch darstellen, ebenso nach ROSHANOWITSCH.

Überführung des Limonens in andere Terpene. Es wurde bereits erwähnt, daß das aktive Limonen in inaktives übergeht. Die Umwandlung des Limonens in andere Terpene läßt sich nicht in so vielen Fällen durchführen wie die umgekehrte Reaktion. Es ist bisher nicht gelungen, das Limonen in bicyklische Terpene umzuwandeln, weder in jene des Pentocean-, noch in solche des Tetrocean- oder Trioceantypus. Die Umwandlung des Limonens in Terpene der Carvestrenreihe, also in hydrierte m-Cymole, läßt sich auf Umwegen ausführen, indem man das Limonen entweder vom Limonentetrabromid über den Carveolmethyläther oder vom Limonenbisnitrosochlorid aus in Carvon, dieses in Dihydrocarvon überführt; aus letzterem läßt sich das Caron und Carylamin darstellen, welches seinerseits Carvestren liefert (vgl. v. BAEYER, B. **27**, 3486; B. **31**, 1402).

Die Invertierung des Limonens in Terpinolen bietet keine Schwierigkeiten insofern, als man Limonen sehr leicht in Terpineol und letzteres in Terpinolen verwandeln kann (WALLACH, A. **227**, 283; **239**, 23).

Auch der Übergang des Limonens in Terpinen ist seit langer Zeit beobachtet worden (vgl. Terpinen). Bei der Behandlung des Terpentinöls mit konzentrierten Säuren, bei der Überführung dieses Kohlenwasserstoffs in das sog. Tereben hatte man die Beobachtung gemacht, daß man dasselbe Tereben erhält, wenn man das Citronenöl (Limonen) analog behandelt (vgl. LIMPRICHT, Lehrbuch **1862**, S. 1020). Dieses Tereben stellte sich späterhin heraus als ein Gemenge verschiedener Kohlenwasserstoffe, unter denen besonders Terpinen hervortritt. — Da sich das Citronenöl nach DUMAS (Handbuch der Chemie **VII**, 37) in Terpinhydrat überführen läßt, so kann man aus diesem auch das Terpinen gewinnen (vgl. WALLACH, A. **230**, 254). Die Umwandlung des Limonens in Terpinen dürfte durch das Terpinolen hindurchgehen. Vgl. auch die Bildung des Monochlorhydrats $C_{10}H_{16} \cdot HCl$ aus Limonendihydrochlorid und die Bildung sehr reinen Terpinens aus dem Monochlorhydrat bei der Einwirkung von KCN (TILDEN und BURROWS, Proc. **18** [1902], 161).

Die Invertierung des Limonens in Phellandren ist auf Umwegen durchzuführen; von dem Limonennitrosochlorid gelangt man zum Carvoxim, welches Carvon gibt. Letzteres läßt sich nach HARRIES (B. **34** [1901], 1924) in Carvotanaceton umwandeln, dieses letztere hinwiederum liefert nach demselben Forscher α-Phellandren (B. **38**, 1832).

Auf die Umwandlung des Limonens in sauerstoffhaltige Körper werden wir gelegentlich der Besprechung seiner chemischen Eigenschaften zurückkommen. Wir werden sehen, daß sich der Übergang zum Carvon, Dihydrocarvon und Dihydrocarveol ohne Schwierigkeiten ausführen läßt, ebenso der Übergang in die Terpineol- und Terpinhydratreihe, also auch zum Cineol. Nur die Aufspaltung des Ringes und die Bildung aliphatischer Verbindungen ist aus dem Limonen bisher nur in wenigen Fällen durchführbar; vor allen Dingen können wir ebensowenig vom Limonen aus zu den olefinischen Alkoholen gelangen, wie von anderen Terpenen aus.

Physik. Eig. des Limonens. Die Bestimmung der physikalischen Eigenschaften des Limonens wird verschiedene Resultate ergeben je nach der Reinheit des Beobachtungsmaterials. Deshalb wird im folgenden die Darstellung stets angegeben, und es werden nur solche Zahlen Berücksichtigung finden, bei denen Limonen von größtmöglicher Reinheit vorlag. Obwohl wir im großen und ganzen bei der Darstellung des Kohlenwasserstoffs, wie wir sahen, auf fraktionierte Destillation angewiesen sind, so schwanken die einzelnen Daten dennoch nicht sehr, soweit das Volumgewicht und der Brechungsexponent in Frage kommen. Größere Differenzen finden wir schon beim Siedepunkt, namentlich solange das Verhältnis des i-Limonens (Dipentens) zum aktiven Limonen noch nicht ganz klargestellt war. Noch größere Differenzen müssen natürlich die Beobachtungen bei den einzelnen Bestimmungen des Drehungsvermögens aufweisen.

Soubeiran und Capitaine (A. **34**, 328) geben für ein Citronenöl-Limonen an: spez. Gew. 0,844; Pol. + 79,749° (Biot); selbstverständlich ist dieses nicht ganz reines Limonen gewesen. Für Citren (Kohlenwasserstoff, welcher aus dem Dichlorhydrat erhalten war) finden wir daselbst spez. Gew. = 0,847, Pol. ± 0 (Dipenten).

Schweizer (J. pr. I, **24**, 257 und A. **40**, 329) gibt den Sdp. des Carvens zu 173° an. — Völckel (A. **35**, 308 und A. **85**, 246) findet den Sdp. des Carvens zu 175°.

Für Dipenten (Kautschin) (Himly, A. **27**, 40): Sdp. 171,5°, $d_{16} = 0{,}8423$.

Für das synthetische Limonen aus dem l-Pinen über das l-Terpineol dargestellt (Flawitzky, B. **12** [1879], 2354): Sdp. 179,3°, $d_{20} = 0{,}8486$, Ausdehnungskoeffizient 0,00091, $[\alpha]_D = -61{,}0°$; derselbe Forscher fand (B. **20** [1887], 1956), als er von d-Pinen ausging, für das synthetische d-Limonen: $[\alpha]_D = +57{,}6°$, Sdp. 178,3°, $d_{20} = 0{,}8480$, Ausdehnungskoeffizient 0,00089, $n_D = 1{,}4760$, M.R. = 43,64, für das Limonen aus Citronenöl (a. a. O., S. 1963): $[\alpha]_D = 109{,}3°$, Sdp. 177°, $d_{20} = 0{,}8441$, Ausdehnungskoeffizient 0,00092, M.R. = 43,86. Fl. selbst hält dies synthetische Terpen (er nennt die Terpene mit zwei doppelten Bindungen Isoterpene) für identisch bis auf die Drehung mit dem Hauptbestandteil des Citronenöls. „Nach diesen Erwägungen können die von mir durch Isomerisierung der Terpene dargestellten Isoterpene von den natürlichen Isoterpenen sich allein nur durch größeren oder geringeren Gehalt an inaktivem Isoterpen unterscheiden."

Beilstein und Wiegand (B. **15** [1882], 2854) für den Hauptbestandteil des Erigeronöls (d-Limonen): Sdp. 176°, $d_{18} = 0{,}8464$.

Hell und Stürcke (B. **17** [1884], 1972) für Dipenten, aus Cineol und P_2O_5 dargestellt: $Sdp._{731} = 174{,}5°$, $d_{15} = 0{,}8500$, $d_{50} = 0{,}8238$, $d_{100} = 0{,}7851$; Hell und Stürcke geben für Dipenten, aus dem Cynendihydrochlorid gewonnen, an: Sdp. 174—176°.

Schiff (A. **220** [1883], 95) für Carven, mehrmals über Natrium destilliert: Sdp.$_{753,7}$ = 176,5°, $d_{9,8/4}$ = 0,8530, $\Delta_{9,8/176,5}$ = 0,00118; für Citronenterpen (d-Limonen): Sdp.$_{763,2}$ = 168—168,5° (?), $d_{9,8/4}$ = 0,8595.

WALLACH (A. **225**, 310) für Cynen (Dipenten): Sdp. 181—182°, d_{16} = 0,85384.

WALLACH (A. **246**, 222) für l-Limonen: Sdp. 175—176°, d_{20} = 0,846, $[\alpha]_D$ = — 105°, n_D = 1,47459, M. R. = 45,23; derselbe Forscher für Dipenten, welches er aus dem Dichlorhydrat mit Anilin usw. herstellte (A. **245**, 197): Sdp. 178°, d_{20} = 0,845, n_D = 1,47644. Ferner geben WALLACH und CONRADY (A. **252** [1889], 144) für d-Limonen an, gewonnen aus *Ol. cortic. aurant.*: Sdp. 175—176°, $[\alpha]_D$ = + 106,8°, für l-Limonen, gewonnen aus dem Öl der Nadeln von *Pinus silvestris*: Sdp. 175—176°, $[\alpha]_D$ = —105° (in Alkohol- oder Chloroformlösung). — TILDEN und WILLIAMSON (Soc. **63** [1893], 293) für l-Limonen: $[\alpha]_D$ = — 106°.

SCH. u. Co. (G. u. H., S. 172) fanden für d-Limonen aus Kümmelöl: α_D = + 123° 40′ (ohne Lösungsmittel).

SCH. u. Co. (SCH. **1892**, I, 35) für d-Limonen aus französischem Sellerieöl: Sdp. 176—177°, Pol. = + 107°.

GILDEMEISTER (Ar. **233** [1895], 174) für d-Limonen aus italienischem Limettöl: d = 0,848°, α_D = + 81,45°.

Eine wichtige Zusammenstellung der physikalischen Konstanten des Limonens bzw. Dipentens finden wir bei BRÜHL (B. **21** [1888], 148), nach welcher GLADSTONE (Soc. **17** [1864], 1 und **45** [1884], 241) für d-Limonen aus Citronenöl bestimmte: Sdp. 173°, d_{20} = 0,8468, n_c = 1,4694, M.R. = 44,76, für d-Limonen aus Cedratöl: Sdp. 173°, d_{20} = 0,8466, n_c = 1,4684, M.R. = 44,69, ber. für $C_{10}H_{16}|\overline{^2}$ = 45,00; für d-Limonen aus Kümmelöl: Sdp. 176°, d_{20} = 0,8466, n_c = 1,4679, für Kautschin (Dipenten) (Soc. **49** [1886], 609): Sdp. 175°, d_{16} = 0,8449, n_c = 1,4716, M.R. = 45,04.

RIBAN (A. ch. V, **6** [1875], 1, 215, 353, 473) für Isoterebenthen (Dipenten), gewonnen durch Erhitzen von Terpentinöl: Sdp. 175°, d_{25} = 0,8392, n_D = 1,4677, M.R. = 45,03. KREMERS (Am. **17**, 692) gibt für frisch destilliertes d-Limonen an: $[\alpha]_D$ = + 121,3°; außerdem finden wir bei ihm Beobachtungen über das Drehungsvermögen des Limonens in verschiedenen Lösungsmitteln.

Für synthetisches Limonen, hergestellt aus dem Limonentetrabromid, GODLEWSKI und ROSHANOWITSCH (Ж. **31**, 209; C. **1899**, I, 1241): Sdp.$_{759}$ = 177,5°, $d_{20/20}$ = 0,8441, $[\alpha]_{D_{20}}$ = + 125° 36′.

Für synthetisches Limonen, gewonnen aus Carvon nach der Xanthogenatmethode, TSCHUGAEFF (Chem. Z. **23** [1899], 1061 und B. **33**, 735): Sdp. 172—173,5°, $d_{20/4}$ = 0,8378, $[\alpha]_D$ = — 139,65°; aus der bei 174 bis 176° übergehenden Fraktion wurde das Tetrabromid des l-Limonens erhalten.

PERKIN (Soc. **81**, 315) bestimmte die magnetische Rotation für d- und l-Limonen und fand als Drehungsvermögen für den von ihm untersuchten Kohlenwasserstoff: $[\alpha]_D$ = + 122,7° bzw. —103,51°.

Für Dipenten aus Kautschuk wurde von SCH. u. Co. (G. u. H., S. 174) gefunden: Sdp. 175—176°, d_{20} = 0,844, $n_{D_{20}}$ = 1,47194.

Nach allen diesen Beobachtungen über das Limonen ist der $Sdp._{760} = 175^0$, $d_{20} = 0,845$, $n_D = 1,475$; das Drehungsvermögen schwankt, indem für synthetisches d-Limonen (GODLEWSKI und ROSHANOWITSCH) $[\alpha]_D = +125^0 36'$, für d-Limonen aus Kümmelöl (SCH. u. Co.) $[\alpha]_D = +123^0 40'$ gefunden wurde. Danach sollte die Linksdrehung ebenso hoch sein, allerdings fand TSCHUGAEFF eine höhere Drehung, aber dieses Limonen dürfte das Terpen $\Delta^{2.8(9)}$ enthalten. Natürliches l-Limonen zeigte als Höchstdrehung $[\alpha]_D = -106^0$ (TILDEN und WILLIAMSON); woraus zu folgern ist, daß die l-Limonene noch razemisches Limonen enthalten. Das Dipenten wurde anfangs für chemisch verschieden vom Limonen angesehen, wozu namentlich der höher liegende Siedepunkt Veranlassung gab, jedoch hat es sich herausgestellt, daß reines Dipenten, wie man es durch Destillation des Kautschuks erhält, einen viel niedrigeren Siedepunkt hat, wie das aus dem Dichlorhydrat mittels Anilin dargestellte. Das aus dem Dichlorhydrat, Terpin, Terpineol, Pinen, kurzum mittels saurer Reagentien gewonnene Dipenten enthält als Invertierungsprodukt vielfach ebenfalls das Terpinolen, dessen Siedepunkt bei ca. 185° liegt, wodurch der Siedepunkt des Dipentens natürlich hinaufgerückt wird; außerdem sind in ihm noch andere höher siedende, durch Einwirkung der Chlorwasserstoffsäure entstandene Produkte vorhanden.

Physiol. Eig. des Limonens. Das Limonen zeichnet sich, im Vakuum frisch destilliert, durch einen angenehmen Citronengeruch aus, ebenso das Dipenten. Wenn es längere Zeit an der Luft steht nimmt es jedoch bald wieder den Geruch des Ausgangsmaterials an, besonders ist dies bei dem aus dem Kümmelöl gewonnenen der Fall.

Chem. Eig. des Limonens. In seinen chemischen Eigenschaften weicht das Limonen wesentlich ab von den bicyklischen Terpenen; im allgemeinen zeichnet es sich durch größere Beständigkeit aus, nur saure Reagentien verwandeln es namentlich beim Erwärmen in Terpinolen bzw. besonders in Terpinen, aus welchem bei höherer Temperatur durch Wasserstoffabspaltung sehr leicht Cymol entsteht. Im übrigen ist das ganze chemische Verhalten durch die Anwesenheit der beiden doppelten Bindungen und deren relative Stellung im Molekül bedingt. Wir werden sehen, daß sich die doppelten Bindungen in ihrem Wesen sehr voneinander unterscheiden, namentlich in ihrer Aufnahmefähigkeit trockner Halogenwasserstoffsäure gegenüber.

Reduktionsprodukte des Limonens erhält man sowohl in saurer Lösung, als auch mit alkalischen bzw. indifferenten Reduktionsmitteln. Wenig durchsichtig sind die Reduktionsversuche mit Jodwasserstoff. Erwärmt man Limonen im zugeschmolzenen Rohr mit Jodwasserstoff und Phosphor, so erhält man eine ganze Anzahl Kohlenwasserstoffe, die zum Teil reicher an Wasserstoff sind als das Ausgangsmaterial.

Nicht in Einklang hiermit sind Versuche WRIGHTS (Soc. **11**, 549 und J. **1873**, 369) zu bringen, der durch Erhitzen mit Jodwasserstoff und Phosphor das Hesperiden (d-Limonen) nicht in eine an Wasserstoff reichere Verbindung überführen konnte. — SABATIER u. SENDERENS (C. r. **132**,

1256) reduzierten das Limonen mit Wasserstoff in Gegenwart von Nickel bei 250° und erhielten hierbei das

Tetrahydrolimonen = p-Methylmethoäthylcyklohexan

$C_{10}H_{20}$ = 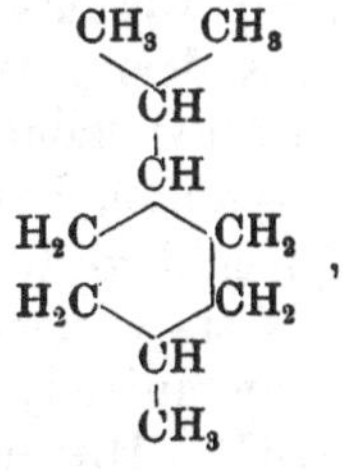 ,

Sdp. 169—170°, $d_{0/4}$ = 0,8132; jedoch ist dieser Kohlenwasserstoff nicht absolut rein; denn wir finden die Angabe der Genannten: „accompagné d'une petite quantité des produits de dédoublement, paradiméthyl et paraméthyléthylcyclohexane.“ Dieselben Forscher reduzierten Limonen durch Überleiten über frisch reduziertes Kupfer in Gegenwart eines Wasserstoffüberschusses bei 190° (C. r. **134**, 1130) und erhielten hierbei nach ihrer Meinung ein Dihydrolimonen $C_{10}H_{18}$ von folgender Konstitution:

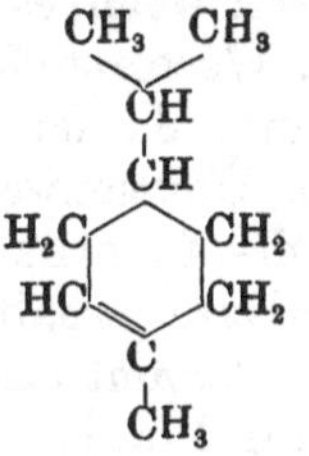 ,

Sdp. 170° (kor.), $d_{0/0}$ = 0,827.

Gegen Natrium und Alkohol verhält sich das Limonen indifferent; Semmler (B. **34** [1901], 3125) konnte auf diese Weise keine Reduktion herbeiführen, so daß hiernach ein konjugiertes System von zwei doppelten Bindungen im Limonen ebenfalls ausgeschlossen ist. Zu einem

Dihydrolimonen

$C_{10}H_{18}$ = 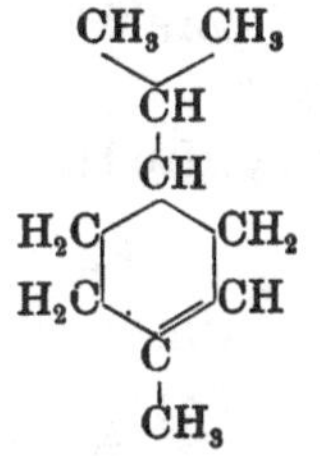

gelangte Semmler (B. **36** [1903], 1035) auf zwei verschiedenen Wegen; 1. stellte S. das Limonenhydrochlorid $C_{10}H_{16} \cdot HCl$ her, welches man durch Einleiten von trockner Salzsäure in eine trockne Lösung von Limonen in Schwefelkohlenstoff erhält, wobei HCl, wie S. früher nachgewiesen hatte (vgl. Limonen), in die Seitenkette geht; reduziert man dieses Monochlorhydrat mit Natrium und Alkohol bei einer Temperatur, die + 10° nicht übersteigt, so läßt sich die Salzsäureabspaltung vermeiden und es tritt Reduktion zu $C_{10}H_{18}$ ein: Sdp. 173—174°, n_D = 1,463, d_{20} = 0,829, M.R. = 45,8, ber. für $C_{10}H_{18}$ ⌈ = 45,6, Pol. = + 40°, liefert oxydiert β-Isopropylglutarsäure vom Smp. 99°, sowie Essigsäure. 2. Konnte von S. dasselbe wahrscheinlich Dihydrolimonen aus dem Phellandren erhalten werden, indem er letzteres mit Natrium und Amylalkohol reduzierte: Sdp. 171—172°, n_D = 1,4601, d_{20} = 0,829, M.R. = 45,60, Pol. = + 25°.

Ein Dihydrolimonen (Cynendihydrür) $C_{10}H_{18}$ erhielten Hell und Ritter (B. **17** [1884], 2612), als sie Cynendihydrochlorid, -bromid oder -jodid mit Zinkstaub und Wasser am aufsteigenden Kühler mehrere Stunden lang erhitzten usw.; Sdp. 166—167°. Hieraus geht hervor, daß das eine Molekül Halogenwasserstoff wahrscheinlich aus dem Kerne leicht abgespalten wird, während das zweite Halogenatom, wahrscheinlich in der Seitenkette, substituiert wird. Ev. zu demselben Kohlenwasserstoff gelangt man nach v. Baeyer (B. **26** [1893], 825), wenn man Dipentendijodhydrat mit Zinkstaub und Eisessig reduziert.

Verhalten des Limonens gegen freie Halogene. Die freien Halogene, Chlor, Brom, Jod, werden von Limonen sowohl, wenn letzteres sich in freiem Zustande befindet, als auch wenn es gelöst ist, lebhaft absorbiert. Da sich jedoch in dem Molekül Wasserstoffatome befinden, welche durch Halogen leicht substituierbar sind, da ferner die entstehenden Halogensubstitutionsprodukte sehr leicht Halogenwasserstoff abspalten, so haben wir in diesen beiden Gründen die Ursache zu sehen, warum man nicht immer gut kristallisierende Derivate erhält, da die Nebenprodukte die Kristallisation erschweren. Hinzukommt als drittes Moment die Möglichkeit des Auftretens stereoisomerer Formen, die sich ebenfalls gegenseitig am Kristallisieren hindern.

Einwirkung von Chlor auf Limonen. Schweizer (A. **40**, 333) ließ Chlor auf Carven einwirken und erhielt eine halbflüssige, gelb gefärbte Verbindung usw.; er nennt sie Chlorcarven. Auch anderweitig angestellte Versuche haben bei der direkten Einwirkung von Chlor auf Limonen keine faßbaren Resultate ergeben. Dagegen gelingt es, vom Limonendichlorhydrat aus zu Chlorabkömmlingen des Limonens bzw. Limonendichlorhydrats zu gelangen.

Limonentrichlorid, Monochlorlimonendichlorhydrat

$C_{10}H_{17}Cl_3$ =

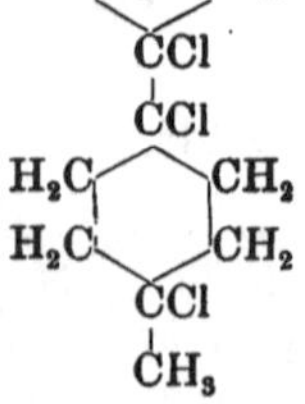

(?).

Wallach und Hesse (A. **264** [1891], 32 und A. **270** [1892], 196) lassen Chlor auf Dipentendichlorhydrat, das in einem indifferenten Lösungsmittel gelöst ist, einwirken, und zwar bei mäßiger Temperatur im direkten Sonnenlicht. Durch fraktionierte Destillation im Vakuum lassen sich Anteile vom $Sdp._{10} = 145—150^0$ gewinnen, welche ziemlich reines Trichlorid darstellen; Smp. 87^0.

Dichlorid

$C_{10}H_{16}Cl_2$ =

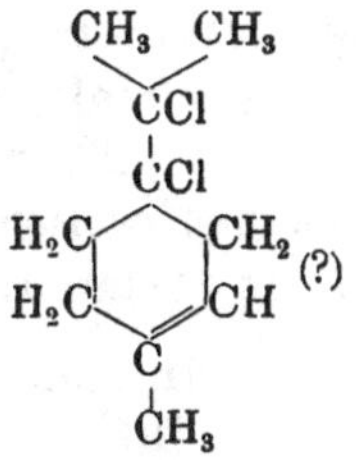

erhalten W. und H., indem sie das Trichlorid mit Natriumalkoholat auf dem Wasserbade erwärmen, oder es in Eisessiglösung mit wasserfreiem Natriumacetat auf dem Wasserbade digerieren; Öl, $Sdp._{12} = 110—112^0$, nicht ganz rein. — Die Verbindung

$C_{10}H_{16}Cl_2Br_2$ =

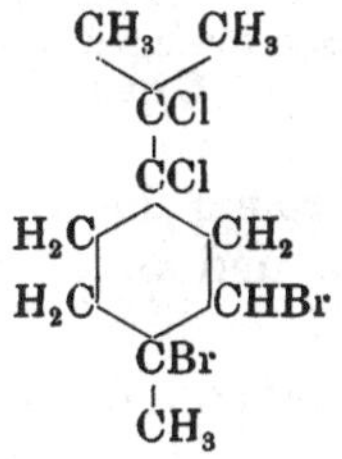

wurde von W. und H. dargestellt, indem sie das Dichlorid $C_{10}H_{16}Cl_2$ in Eisessig lösten und Brom hinzufügten; Smp. 98^0. — Das Nitrosochlorid des Dichlorids $C_{10}H_{16}Cl_2NOCl$ ist wahrscheinlich ein Bis-Nitrosochlorid, W. und H. bestimmten den Schmelzpunkt zu 111^0 und stellten aus ihm das Nitrolanilid $C_{10}H_{16}Cl_2 \cdot NO \cdot NHC_6H_5$ vom Smp. $140—141^0$ und das Nitrolpiperidid $C_{10}H_{16}Cl_2 \cdot NO \cdot NC_5H_{10}$ vom Smp. 147^0 dar.

Limonentetrachlorid $C_{10}H_{16}Cl_4$ ist eventuell ebensowenig wie das Trichlorid ein direkter Limonenabkömmling. W. und H. (a. a. O.) erhielten es, wenn sie entweder Dipentendichlorhydrat energisch chlorierten oder das Trichlorid mit Chlor behandelten. Durch Destillation im Vakuum läßt es sich abtrennen; der Siedepunkt dürfte unter 10 mm zwischen 160^0 und 165^0 liegen, Smp. 108^0.

Einwirkung von Brom auf Limonen. Es ist zweifellos, daß man früh versucht hat, Brom auf das Citronenölterpen, sowie auf Carven, ferner auf das Kautschin usw. hat einwirken lassen; aber die bereits oben angegebenen Gründe des schwierigen Kristallisierens ließen in den meisten Fällen wenig charakteristische Produkte entstehen, auch dürfte man häufig zu wenig Brom hinzugefügt haben. OPPENHEIM (B. **5** [1872], 628 und B. **6**, 915) ließ Brom auf Terpentin- und Citronenöl einwirken; er erhielt nach seiner Meinung ein Dibromid, welches beim Erhitzen massenhaft

Bromwasserstoff abspaltete, ohne daß Cymol entstand (vgl. BARBIER, C. r. **74**, 194). OPPENHEIM wandte die verschiedensten Mittel an, um Bromwasserstoff abzuspalten, schließlich gelang es ihm durch Erhitzen mit Anilin 30% der theoretischen Ausbeute an Cymol zu erhalten. Bei dieser Reaktion OPPENHEIMS muß zweifellos Brom und Bromwasserstoff angelagert sein, außerdem müssen Umlagerungen stattgefunden haben, da sich sonst aus einem einfachen Anlagerungsprodukt von Brom an Limonen eine spätere Cymolbildung nicht erklären läßt, wenn wir nicht Verschiebungen der doppelten Bindungen annehmen wollen. Wir können uns die Umlagerung nach folgendem Vorgang erklären:

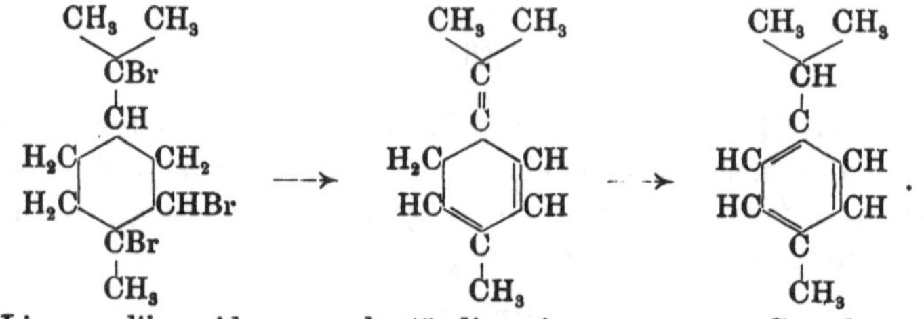

Limonendibromid-bromhydrat — unbeständiges isomeres Cymol — Cymol

Vgl. auch über das Limonendibromid das „Isoterebenthendibromid“ RIBANS (C. r. **79**, 223; Bl. II, **22**, 245 und J. **1874**, 397), aus welchem R. mit Ätzkali Cymol gewinnt.

i-Limonen-(Dipenten-)tetrabromid

$C_{10}H_{16}Br_4$ =

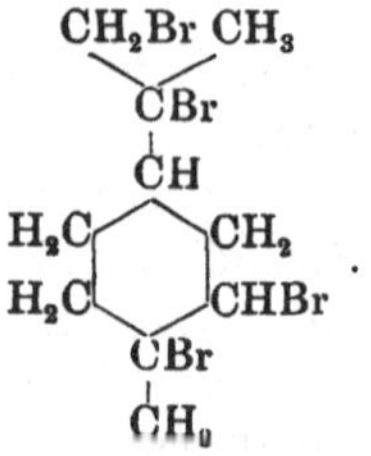

SCHMIDL (J. **1860**, 480) dürfte das Dipententetrabromid zuerst in Händen gehabt haben, da er bei der Behandlung des rektifizierten Cajeputöls mit Brom ein dunkles klebriges Öl erhielt, aus welchem sich nach längerem Stehen Kristalle abschieden, die umkristallisiert einen Schmelzpunkt von 60° und eine Zusammensetzung von $C_{10}H_{16}Br_4$ zeigten. — Zweifellos stellte zuerst RENARD aus dem Dipenten das Tetrabromid her (A. ch. VI, I [1884], 245). Den Siedepunkt des Kohlenwasserstoffs $C_{10}H_{16}$ gibt er zu 170—173° an; bei der Bromierung in Äther bis zur Entfärbung erhält er „un liquide brunâtre mélangé d'une forte proportion de cristaux. Ceux-ci, purifiés par une cristallisation dans l'éther, sont incolores et présentent la composition d'un tétrabromure $C_{10}H_{16}Br_4$ (trouvé, 69,9 Br pour 100; théorie, 70,17 pour 100), fusible à 120°.“ — WALLACH (A. **225** [1884], 304) erhielt aus dem Cineoldibromid, welches ein loses Additionsprodukt vorstellt, das Dipententetrabromid. Das Additionsprodukt geht wohl zunächst unter Wasserabspaltung in ein Limonendibromid über, welches von einem zweiten Molekül Cineoldibromid zwei Atome Brom hernimmt. Dasselbe Tetrabromid, mit dem Smp. 125°, welches W. auf diese Weise erhielt, konnte er auch darstellen, als er Cinen, jenen bekannten Kohlenwasserstoff aus dem Cineol, mit Brom behandelte. W. stellte das Cinen her, indem er das Einwirkungsprodukt von Jod auf Cineol, welches i-Limonendijodhydrat ist, mit Anilin erwärmte; Sdp. 181 bis 182°, $d_{16} = 0{,}85384°$. Wir wissen heute, daß dieses Cinen kein reines i-Limonen ist, sondern noch andere Terpene enthält. Zur Darstellung des Tetrabromids löst WALLACH das Terpen in dem mehrfachen Volumen Alkohol oder Äther, fügt unter guter Abkühlung Brom hinzu und überläßt das Einwirkungsprodukt an einem kühlen Orte der Verdunstung, Smp. 125° bzw. Kristallform (vgl. A. **227**, 279 und VILLIGER, B. **27**, 440) rhombisch. Eine etwas modifizierte Darstellung des Tetrabromids gibt WALLACH (A. **227**, 280), indem er ein Volumen Terpen, welches mit 4 Vol. Alkohol und 4 Vol. Äther verdünnt ist, allmählich unter Vermeidung zu starker Erwärmung tropfenweise mit 0,7 Vol. Brom versetzt. In Äther ist das Dipententetrabromid schwerer löslich als das gleich zu beschreibende Limonentetrabromid. — Ein weiteres Darstellungsverfahren für das Dipententetrabromid außer aus dem Cineoldibromid und aus dem Dipenten selbst erwähnt v. BAEYER (B. **27**, 439), indem er Terpineol vom Smp. 35° zunächst in das Dibromterpineol verwandelt. Diese Verbindung geht mit Bromwasserstoff in 1,2,4-Tribromterpan $C_{10}H_{17}Br_3$ über; wird dieses Tribromid in Eisessiglösung mit 2 Atomen Brom behandelt, so entsteht ein bei 124° schmelzendes Tetrabromid, das mit dem Dipententetrabromid identisch ist (vgl. HINTZE, A. **279**, 363 Anm. und WALLACH, A. **281**, 140). — Ferner resultiert Dipententetrabromid beim Zusammenbringen der Lösungen der Tetrabromide von d- und l-Limonen (WALLACH, A. **246**, 226). — Außerdem gibt WALLACH (A. **281**, 131) die Bildung des Dipententetrabromids aus dem Bromcarveolmethyläther $C_{10}H_{14}BrOCH_3$ an, indem er letzteren in Eisessig mit Bromwasserstoff behandelt, wobei sich folgender Vorgang abspielt: $C_{10}H_{14}BrOR + 4\,HBr = C_{10}H_{16}Br_4 + H_2O + RBr$. — Über die Darstellungsweise des Dipententetrabromids vgl. auch jene des aktiven Limonentetrabromids. — Schließlich ist zu erwähnen, daß v. BAEYER und BLAU (B. **28**, 2297) aus dem Dipentendihydrobromid als Nebenprodukt bei der Darstellung des Tribromids in nicht unbeträchtlicher Menge ein Tetrabromid vom Smp. 127—128° gewannen, welches die größte Ähnlichkeit mit dem Dipententetrabromid besaß.

d- und l-Limonentetrabromid. WALLACH (A. **225** [1884], 318) erhielt ein Tetrabromid vom Smp. 104—105°, als er das Terpen aus Pomeranzenschalenöl bromierte. In der nächsten Abhandlung (A. **227**, 277) teilt W. mit, daß dieses Tetrabromid rhombisch-hemiedrisch kristallisiert und seine Darstellung analog jener des Dipententetrabromids geschieht. Nach einer späteren Angabe WALLACHS kann man zur Darstellung des Tetrabromids auch so verfahren (A. **239** [1887], 3), daß man den Kohlenwasserstoff mit dem vierfachen Volumen Eisessig verdünnt und das Brom allmählich unter guter Kühlung hinzusetzt. Man muß im Auge behalten, daß man absolut trockne Lösungsmittel vermeiden muß, um das kristallisierte Tetrabromid zu erhalten (WALLACH, A. **264** [1891], 14), denn bei ihrer Verwendung entstehen ölige Produkte, nichtsdestoweniger ist das kristallisierte Bromid das normale. v. BAEYER und VILLIGER (B. **27** [1894], 448) wenden zur Verdünnung des Terpens ein gleiches Volumen Amylalkohol an, fügen alsdann das doppelte Volumen Äther hinzu und lassen Brom unter Abkühlen eintropfen. — Auch POWER und KLEBER (Ar. **232** [1894], 646) bringen eine Abänderung, indem sie das Terpen in ein abgekühltes Gemisch von Eisessig und Brom eintropfen lassen, bis Brom nur noch in geringem Überschuß vorhanden ist, alsdann wird mit schwefliger Säure entfärbt und das Bromid mit Wasser gefällt. — GODLEWSKI (Chem. Z. **22** [1898], 827 und Ж. **30** Nr. 2) empfiehlt, das Terpen in gleichen Gewichtsteilen Amylalkohol und Äther zu lösen und diese Lösung in eine ätherische Bromlösung, die mit Eiswasser gekühlt wird, eintropfen zu lassen.

Eigenschaften des d- und l-Limonentetrabromids. Über die Kristallform vgl. auch HINTZE (Zeitschr. f. Kristallographie **X**, II, 10). Die optische Aktivität richtet sich ganz nach dem Ausgangsmaterial, indem es im gleichen Sinne wie dieses dreht (WALLACH und CONRADY, A. **252** [1889], 145), d-Limonentetrabromid Smp. 104°, Pol. $[\alpha]_D = + 73{,}27^\circ$ (Chloroformlös.), l-Limonentetrabromid Smp. 104°, Pol. $[\alpha]_D = -73{,}45^\circ$ (Chloroformlös.). Bei der Vereinigung der entgegengesetzt drehenden Limonentetrabromide zu dem kristallisierten, razemischen, inaktiven Dipententetrabromid findet Kontraktion statt (WALLACH, LIEBISCH, A. **286**, 140).

Über die Bildung des festen Limonentetrabromids ist zu erwähnen, daß cis- und trans-Formen dieses Moleküls sich bilden können, so daß bei der Entstehung beider Schmelzpunktsdepressionen eintreten, weil ölige Produkte entstehen können; hierauf ist es teilweise zurückzuführen, daß häufig, namentlich bei Anwendung von trocknen Lösungsmitteln, ölige Tetrabromide entstehen (vgl. auch WALLACH, A. **264**, 12 und A. **281**, 137). Es ist jedoch nicht ausgeschlossen, daß diesen flüssigen Tetrabromiden auch Verbindungen beigemischt sind, welche sich chemisch unterscheiden von dem kristallisierten Tetrabromid; so erhielt WALLACH (A. **281**, 138) durch Reduktion des flüssigen Tetrabromids mittels Zink und Essigsäure andere Reduktionsprodukte als bei jener des festen Tetrabromids, welches Limonen zurückliefert; aber die cis-trans-Stellung könnte auch hierbei eine leichtere oder schwerere Abspaltbarkeit der beiden Bromatome im Kern bewirken. Bei Gegenwart von Wasser könnte leicht eine „richtende" Ablagerung der Bromatome statthaben, wobei vielleicht auch zuerst Hydroxylgruppen angelagert und diese alsdann erst durch Brom ersetzt werden.

Derivate des aktiven bzw. inaktiven Limonentetrabromids. WALLACH (A. **239**, 11) ließ auf Limonentetrabromid Natriumalkoholat einwirken und konstatierte, daß lebhafte Reaktion stattfindet und daß dabei ein flüssiges ungesättigtes Bromid entsteht. Diese Versuche werden (A. **264**, [1891], 16) fortgesetzt. W. kommt dabei zu dem wesentlichen Ergebnis, daß hierbei ein Monobromid entsteht. Die Bromentziehung wird teilweise durch alkoholisches Kali, teilweise durch Natriummethylat bewirkt; es bildet sich in geringer Menge je nach dem Einwirkungsmittel unter anderem auch ein Kohlenwasserstoff $C_{10}H_{12}$ (A. **264**, 16 Anm.), welcher ein bei 103° schmelzendes Nitrolpiperidid liefert. A. a. O., S. 21 beschreibt W. die Einwirkung von Anilin auf Limonentetrabromid. Hierbei entsteht ev. Propylbenzol, die Hauptfraktion enthält im wesentlichen Cymol. — W. erwähnt ferner (A. **275** [1893], 109), daß auch das Dipententetrabromid ebenso wie das Limonentetrabromid mit überschüssigem alkoholischem Kali im Wasserbade nur eine geringe Menge Kohlenwasserstoff und überwiegend ein mit Wasserdämpfen schwerflüchtiges Bromid bilde.

Vollständige Klarheit wurde von W. in diese Reaktion 1894 (A. **281**, 127) gebracht; er zeigte, daß die flüchtige Bromverbindung Sauerstoff enthält und daß bei Anwendung von Natriummethylat ein

gebromter Carveolmethyläther

$C_{10}H_{14}BrOCH_3$ =

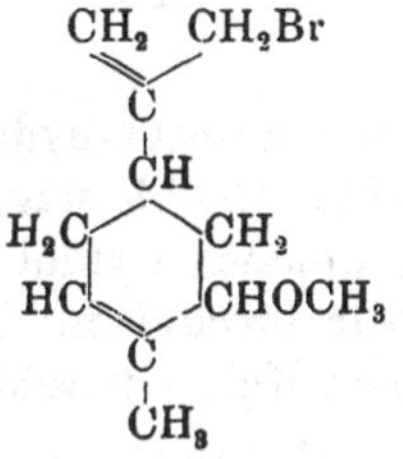

entsteht: Sdp.$_{14}$ = 137—140°, d_{18} = 1,251, n_D = 1,51963, M. R. = 59,49, ber. für $C_{11}H_{17}BrO|\overline{1}$ = 59,40. Wie oben erwähnt, entsteht aus diesem gebromten Äther bei der Behandlung mit 50%iger Eisessig-Bromwasserstoffsäure glatt das bei 125° schmelzende Dipententetrabromid. Der entsprechende Äthyläther $C_{10}H_{14}BrOC_2H_5$ destillierte unter 13 mm Druck hauptsächlich zwischen 142 und 148°. — Das letzte Bromatom läßt sich aus dieser Verbindung sehr schwer entfernen; W. (A. **281**, 131) läßt Silberacetat in Eisessig, Chinolin usw. einwirken, ohne glatte Resultate zu erhalten. —

Der Carveolmethyläther

$C_{10}H_{15}OCH_3$ =

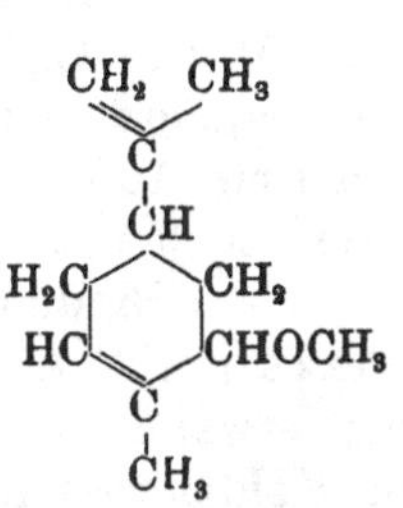

entsteht nach W. (A. **281**, 132), wenn man mit Natrium und Alkohol in bekannter Weise reduziert; Sdp. 210—212°, d_{18} = 0,9065, n_D = 1,47586,

M. R. = 51,63, ber. für $C_{10}H_{15}OCH_3|^{\overline{1}}$ = 51,53. Dieser Oxymethyläther läßt sich durch Oxydation mit CrO_3 in Eisessig zu Carvon $C_{10}H_{14}O$ oxydieren, welches inaktives Carvoxim vom Smp. 92° liefert, wonach Invertierung eingetreten ist, obwohl W. vom aktiven Limonen ausging. — Über die Konstitution des gebromten Äthers ist zu erwähnen, daß das Bromatom ev. auch an das Kohlenstoffatom der Isopropylgruppe, welches mit einer doppelten Bindung an das quaternäre C-Atom gebunden ist, gekettet sein kann.

Limonentribromid

$C_{10}H_{17}Br_3$ = 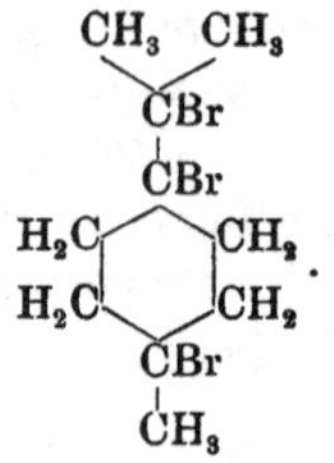.

Obwohl ein Derivat des Limonendibromhydrats, soll dieses Tribromid der Vollständigkeit halber schon hier Erwähnung finden. Wallach (A. **264**, 24; vgl. v. Baeyer, B. **31**, 1401, welcher Cymol erhält) stellt dieses Tribromid dar, indem er Limonendihydrobromid in Eisessig mit Brom behandelt; Smp. 110°. Mit alkoholischem Kali entsteht aus dem Tribromid ein dem Cymol isomerer, ungesättigter Kohlenwasserstoff

$C_{10}H_{14}$ = 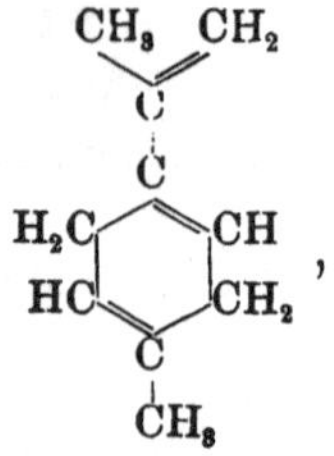,

Sdp. 183°, d_{20} = 0,863, n_D = 1,49693, M. R. = 45,435, während sich für $C_{10}H_{14}|^{\overline{3}}$ = 44,84 berechne. — Aus diesem Kohlenwasserstoff erhielt Wallach (A. **264**, 28) Tetrabromide $C_{10}H_{14}Br_4$, von denen das Hauptprodukt bei 154—155° schmolz; außerdem fand sich daneben ein niedriger schmelzendes Tetrabromid vom Smp. 103—104°. Die Bildung der Tetrabromide ist nach obiger Formel leicht erklärlich, da wir annehmen müssen, daß zwei von den doppelten Bindungen zweifellos ein konjugiertes System bilden, so daß an dieses nur 2 Atome Br endständig angelagert werden können. Es mag auch erwähnt werden, daß die beiden doppelten Bindungen im Kern in dem Kohlenwasserstoff $C_{10}H_{14}$ ebenfalls ev. benachbart stehen können, wie ohne weiteres klar ist. — Dem einen Tetrabromid könnte, wenn wir obige Formel für den Kohlenwasserstoff annehmen, folgende Konstitution zukommen:

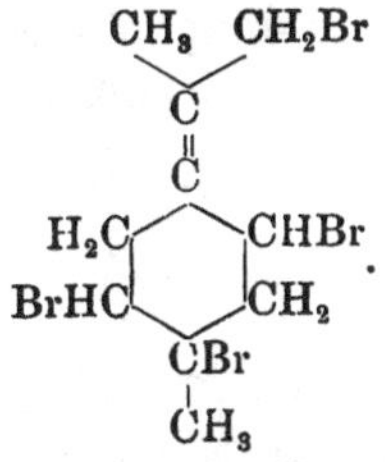

Es ergibt sich ferner ohne weiteres, daß auch bei der Bildung dieser Tetrabromide cis-trans-Isomerie statthaben kann.

Über die Umwandlung des Limonentribromids in Terpinolen vgl. v. BAEYER (B. **27**, 446).

Einwirkung von Halogenwasserstoffsäuren auf Limonen. Chlorwasserstoff, Bromwasserstoff und Jodwasserstoff lassen sich sowohl mit aktivem, als auch inaktivem Limonen in Reaktion bringen; je nachdem ein oder zwei Moleküle Halogenwasserstoff sich anlagern, bilden sich die Limonenmonohalogenhydrat- bzw. Limonendihalogenhydratverbindungen. Bei den Monohalogenhydratverbindungen können sich nun die Halogenwasserstoffsäuren entweder an die cyklische oder an die doppelte Bindung in der Seitenkette anlagern. Da das Halogenatom in allen diesen Fällen an die tertiäre Stelle tritt, so wird, wenn der Halogenwasserstoff die doppelte Bindung in der Seitenkette absättigt, die optische Aktivität des Moleküls erhalten bleiben, sobald man von aktivem Limonen ausgeht; lagert sich dagegen nur ein Molekül Halogenwasserstoff im Kern an, so entsteht zweifellos ein inaktives Monohalogenhydrat. Es hat sich jedoch herausgestellt, daß der Halogenwasserstoff am ersten mit der doppelten Bindung in der Seitenkette reagiert, daß hingegen die Anlagerung von Halogenwasserstoff an die doppelte Bindung des Kerns in ganz trocknen Lösungsmitteln sich außerordentlich schwer vollzieht. Geht man daher von optisch aktiven Limonenen aus, so erhält man primär optisch aktive Limonenmonohalogenhydratverbindungen, welche ihr Halogen leicht gegen Hydroxyl usw. austauschen, so daß hierbei optisch aktive Terpineole usw. entstehen, wie sogleich gezeigt werden wird. Sind jedoch auch nur Spuren von Wasser zugegen, so lagert sich auch an die doppelte Bindung des Kerns leicht Halogenwasserstoff an, so daß nunmehr Limonendihalogenhydrate entstehen, welche ausnahmslos optisch inaktiv sein müssen. Diese i-Limonen-(Dipenten-)dihalogenhydrate gehören, namentlich das Dichlorhydrat, zu den am längsten bekannten Verbindungen der Terpenchemie. Gerade die Vernichtung der optischen Aktivität bei der Bildung des Dichlorhydrats aus dem Citronenöl ließen SOUBEIRAN und CAPITAINE (A. **34**, 311) annehmen, daß bei diesem Übergang eine c h e m i s c h e V e r ä n d e r u n g des Kohlenwasserstoffs stattgefunden habe, während sie bei der Bildung des optisch aktiven künstlichen Kampfers $C_{10}H_{16} \cdot HCl$ aus dem Terpentinöl Erhaltung der chemischen Konstitution des Terpentinöls vermuteten. So großes Gewicht legte man damals auf die optische Aktivität des Moleküls, daß man sie als eine unveränderliche Eigenschaft ansah;

wir wissen heute, daß bei der Bildung obiger Halogenhydratverbindungen die Verhältnisse gerade umgekehrt liegen.

Limonenhydrochlorid

$C_{10}H_{16} \cdot HCl$ = 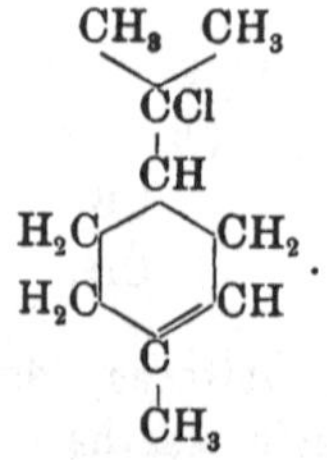

Wie bereits vorhin erwähnt, verläuft die Anlagerung von HCl an Limonen verschieden, je nachdem wir in absolut trocknen Lösungsmitteln arbeiten oder bei Gegenwart von Feuchtigkeit. In ersterem Falle entsteht fast ausschließlich das Limonenmonochlorhydrat, während sich nur wenig Dichlorhydrat bildet; dagegen ist bei Gegenwart von Feuchtigkeit besonders die Bildung des Dichlorhydrats vom Smp. 50° zu konstatieren. Die älteren Forscher haben diese Versuchsbedingungen nicht so scharf auseinandergehalten und deshalb flüssige Gemische beider Verbindungen erhalten. Riban (C. r. **79**, 223; Bl. II, **22**, 245; A. ch. V, **6**, 216; J. **1874**, 397) leitet Chlorwasserstoff in Isoterebenthen ein, das noch optisch aktiv ist, jedoch konstant bei 173—177° siedet; dieses Isoterebenthen ist Limonen, welches durch Erhitzen von Pinen oberhalb 300° erhalten wurde. Es muß dahingestellt bleiben, ob in der Tat aktives Limonen beigemengt ist, oder ob die Aktivität von anwesendem Pinen oder anderen Verbindungen herrührt. Durch Einleiten von Salzsäure usw. erhielt Riban daraus ein Monochlorhydrat unter Chlorwasserstoffanlagerung, Sdp. 210°, $Sdp._{20}$ = 110°; durch Behandlung mit alkoholischem Kali bildet sich daraus Isoterebenthen (Limonen) zurück. Löste Riban dagegen das Isoterebenthen in Äther, so erhielt er das Isoterebenthendichlorhydrat vom Smp. 49,5°; hiernach muß man annehmen, daß der angewandte Äther nicht wasserfrei gewesen ist. — Bouchardat gewann das i-Limonen einmal durch Destillation des Kautschuks, sodann durch Polymerisation des Isoprens (Bl. II, **24** [1875), 108; B. **8**, 904 und 1197). Durch Einwirkung von trockner HCl auf $C_{10}H_{16}$, das Kautschin, erhielt er ein Gemenge von Chlorhydraten, und zwar $C_{10}H_{16} \cdot HCl$ und $C_{10}H_{16} \cdot 2HCl$, die er durch fraktionierte Destillation trennte.

Wallach (A. **245** [1888], 247 und 259) läßt auf Limonen ebenfalls HCl einwirken und erhält ein Monochlorhydrat $C_{10}H_{16} \cdot HCl$, $Sdp._{11}$ = 90—92°, rechtsdrehend, $d = 0{,}98$, $n_c = 1{,}4789$, M. R. = 49,86, während sich für $C_{10}H_{17}Cl\ulcorner$ = 50,28 berechnet. Dieses Monochlorhydrat liefert mit Anilin reichliche Mengen von Dipenten; bei längerem Stehen geht das Chlorid in eine bedeutend höher siedende Verbindung über, ferner liefert es mit Salzsäure in Eisessig das Dihydrochlorid vom Smp. 50°. Auch aus dieser letzteren Verbindung wird ein Monohydrochlorid $C_{10}H_{16} \cdot HCl$ erhalten, wenn man es mit Alkohol schwach erwärmt, auch wenn man beim Erwärmen mit Anilin auf 1 Mol. Dichlorid 1 Mol. Anilin verwendet, sowie wenn man das Limonen direkt mit 1 Mol. wäßriger rauchender Salzsäure in Verbindung brachte. Brom wird vom Monochlorhydrat lebhaft absorbiert. Weitere Angaben machen WALLACH und KREMERS (A. **270**, 188), indem sie das Limonen mit metallischem Natrium gut trockneten, mit dem gleichen Volumen trocknen Schwefelkohlenstoffs mengten, und sehr gut getrocknetes HCl-Gas einleiteten; 100 g Limonen gebrauchen 24 Stunden zur Sättigung. $Sdp._{11-12} = 97-98^0$, aus d-Limonen $d_{17,8} = 0{,}973$, $[\alpha]_D = +39{,}5^0$; aus l-Limonen $d_{16} = 0{,}982$, $[\alpha]_D = -40{,}0^0$. Über die weiteren Derivate, namentlich über die Darstellung der aktiven Nitrosochloride vgl. letztere und die Originalarbeit. Beim Aufbewahren des Monochlorhydrats trat eine Erhöhung des Sdp. auf 145—155° bei 11 mm ein, Pol. + 6,2°; diese Erscheinung beruht darauf, daß sich das Limonenmonochlorhydrat außerordentlich leicht polymerisiert, wobei ev. hydrierte Phenanthrene oder Naphtaline entstehen.

Über die Konstitution dieses Monochlorhydrats wurde Klarheit gebracht, als es SEMMLER (B. **28** [1895], 2189) gelang aus diesem aktiven Monochlorhydrat ein aktives Terpineol vom Smp. 35° zu gewinnen. Aus dieser Umsetzung geht hervor, daß Halogenwasserstoff an die doppelte Bindung der Seitenkette getreten ist. — Über das Monochlorhydrat vgl. auch TILDEN und BURROWS (Proceed. **18** [1902], 161 und C. **1902**, II, 364), welche aus dem Dipentendichlorhydrat bei 14tägiger Behandlung mit KCN in Kälte das flüssige Monochlorhydrat $C_{10}H_{16} \cdot HCl$ erhielten, welches bei weiterer Einwirkung von KCN bei 120° sehr reines Terpinen vom Sdp. 181° lieferte. — Durch Reduktion des Monochlorhydrats erhielt SEMMLER (B. **36**, 1036) ein Dihydrolimonen (vgl. Bd. II, S. 329), indem er die Reduktion mit Alkohol und Natrium bei einer Temperatur unter + 10° ausführte.

Aus diesen Mitteilungen ergibt sich, daß die Anlagerung der Chlorwasserstoffsäure in trocknen Lösungsmitteln zuerst an die doppelte Bindung der Seitenkette stattfindet, daß hingegen die Abspaltung von HCl aus dem Limonendichlorhydrat zuerst im Ringe vor sich zu gehen scheint, eine Erscheinung, die darin ihren Grund haben dürfte, daß die abspaltbaren Wasserstoffatome im Ringe den Chloratomen näher stehen als in der Seitenkette.

Limonen-(Dipenten-)dichlorhydrat

$C_{10}H_{16} \cdot 2HCl =$

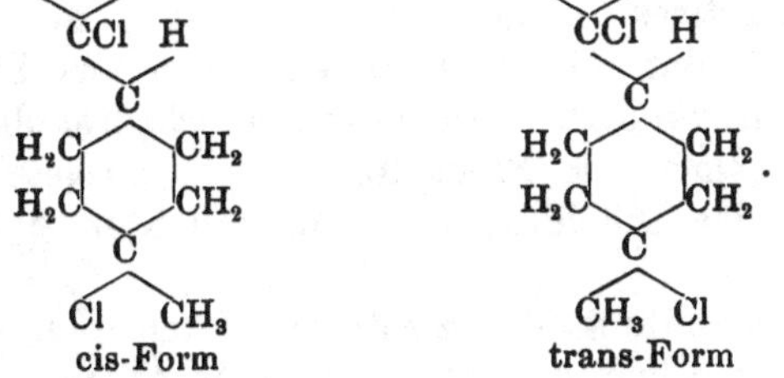

Dieses Dihydrochlorid gehört zu den am längsten in der Terpenchemie bekannten Verbindungen; es wurde früher „künstlicher Kampfer des Citronenöles" genannt. THENARD ist im Jahre 1807 der Entdecker der Verbindung (Mémoire D'ARCUEIL **2**, 32). Erst DUMAS (A. **9**, 61) stellt im Jahre 1834 die wichtige Formel für diesen Kampfer fest; man glaubte zuerst, daß die Formel nur $^1/_2$ so groß sei, also gleich $C_5H_8 \cdot HCl$, wenn man für den künstlichen Kampfer des Terpentinöls $C_{10}H_{16} \cdot HCl$ annahm, bis alsdann CAHOURS 1839 (A. **30**, 301) die Dampfdichte $C_{10}H_{16}$ für Limonen bestimmte. Damit war auch die Formel $C_{10}H_{16} \cdot 2HCl$ für den künstlichen Kampfer des Citronenöls gegeben. Eine der nächsten Aufgaben, an die man ging, war die Abspaltung der Salzsäure aus diesem Dichlorhydrat. Man erhielt dabei einen inaktiven Kohlenwasserstoff, der verschiedene Namen erhielt (Citren, Citronyl); DUMAS sagt Bd. **V**, S. 637 seines Lehrbuches: „Wie der Terpentinölkampfer, zersetzt sich auch der Citronenkampfer durch Alkalien und liefert ein Öl, das meiner Analyse zufolge gerade so zusammengesetzt ist wie das ursprünglich angewandte Öl." SOUBEIRAN und CAPITAINE (A. **34** [1840], 318) nennen diesen Kohlenwasserstoff „Citren"; auch erhielten diese Forscher beim Behandeln des Citrens mit Salzsäure wiederum einen festen Kampfer. Den Namen Citrilen (vgl. BLANCHET und SELL, A. **6**, 245 und 259) nehmen diese Forscher für denjenigen Kohlenwasserstoff in Anspruch, welchen sie aus dem flüssigen Citronenölkampfer gewinnen. Wir wissen heute, daß alle diese Kohlenwasserstoffe der Hauptsache nach identisch mit i-Limonen sind. Auch DEVILLE (A. **71** [1849], 351) beschäftigt sich mit dem Dichlorhydrat. Er stellt es aus dem wasserhaltigen oder entwässerten Terpin mit Salzsäure her und erklärt diese Verbindung für identisch mit dem Dichlorhydrat aus dem Citronenöl. Durch Erhitzen oder bei der Behandlung mit Kalium usw. entsteht daraus ein Kohlenwasserstoff, welcher ähnliche Eigenschaft wie das Citren (als Citren bezeichnet DEVILLE den Kohlenwasserstoff des Citronenöles) besitzt, ohne daß er sich über die Identität ausspricht. Über die Behandlung von Terpinhydrat mit Salzsäure usw. vgl. LIST (A. **67**, 370) und DEVILLE (A. **71**, 351), mit PCl_3 oder PCl_5 OPPENHEIM (Bl. I, **4** [1862], 85).

Alsdann fügte BERTHELOT eine neue Darstellung des Dichlorhydrats den alten hinzu (J. **1852**, 622), indem er in die verschieden polarisierenden Terebenthene (Pinen) bei Gegenwart von Wasser Salzsäure einleitete, oder in alkoholischer Lösung arbeitete. — Es ist ganz zweifellos, daß man in der darauffolgenden Zeit das Dichlorhydrat aus den verschiedensten Ölen, so z. B. schon vorher aus dem Carven (SCHWEIZER, A. **40**, 333), welche alle aktives oder inaktives Limonen oder Pinen enthalten, darstellen konnte.

Weder aus absolut reinem Terpinen, noch aus Phellandren ist es bisher gelungen mit Sicherheit Limonendichlorhydrat darzustellen; wenn es auch beim Terpinen wie Phellandren nicht ausgeschlossen erscheint, daß diese sich in das Dichlorhydrat, namentlich in statu nascendi, umwandeln lassen.

Über die Umwandlung des Pentoceansystems, z. B. des Kampfens in das Dipentendichlorhydrat, vgl. KONDAKOW (J. pr. II, **68**, 109), der durch Erhitzen des Kampfenchlorhydrats in Eisessig mit Salzsäure die Invertierung vornimmt, während man beim Fenchen auf gleiche Weise zum

Carvestrendichlorhydrat gelangt. — Die Überführung des Tetroceansystems (Pinens) in das Dichlorhydrat nach BERTHELOT wurde oben angegeben.

Auch das Trioceansystem des Tanacetens läßt sich nach KONDAKOW in das Dipentendichlorhydrat überführen, indem man Sabinen oder die Tanacetene (J. pr. II, **69**, 177) mit Salzsäure usw. behandelt.

Von den sauerstoffhaltigen Körpern wurde die Überführung des Terpins in Limonendichlorhydrat bereits erwähnt. Auch die Terpineole vom Smp. 35° wie 32° gehen in das Dichlorhydrat über (DEVILLE, A. **71**, 351). FLAWITZKY (B. **12** [1879], 2355 und **20** [1887], 1956) synthetisiert das l- und d-Terpineol und läßt auf beide Chlorwasserstoffsäure einwirken, wobei er das Dichlorhydrat vom Smp. 49° erhält; inaktiv. Daß aus dem dem Terpineol entsprechenden flüssigen Monochlorhydrat $C_{10}H_{17}Cl$ das feste Dichlorhydrat entsteht, ist ohne weiteres verständlich (WALLACH, A. **245**, 261). — Auch das Cineol läßt sich durch Salzsäure in das Dichlorhydrat überführen, wobei zuerst das lose Additionsprodukt $C_{10}H_{18}\cdot OH\cdot Cl$ entsteht (SCHMIDL, J. **1860**, 480); erwärmt man, oder ist Wasser zugegen, so bildet sich alsbald das Dichlorhydrat (VÖLCKEL, A. **87**, 315; HELL und RITTER, B. **17** [1884], 1977).

Die olefinischen Alkohole, Geraniol und Linalool (vgl. diese Alkohole), lassen sich zweifellos in das Dichlorhydrat überführen, wenn man sie mit Salzsäure behandelt; am besten ist das Dichlorhydrat aus dem Einwirkungsprodukt zu isolieren, wenn man dieses der fraktionierten Destillation im Vakuum unterwirft. Der Siedepunkt des Dichlorhydrats liegt nach WALLACH (A. **270**, 198 Anm.) unter 10 mm Druck bei 118—120°. — Es läßt sich das Dipentendichlorhydrat vom Smp. 50° überhaupt als Endprodukt der Einwirkung von Salzsäure auf die Terpenalkohole $C_{10}H_{18}O$ ansehen, indem sich auch sekundäre Alkohole in das Dichlorhydrat überführen lassen. KONDAKOW hat besonders betont, daß sich die sekundären Chloride sehr gerne in tertiäre umwandeln (vgl. Menthol).

WALLACH (A. **227**, 294) stellt alsdann ebenfalls aus dem Kautschin und Cinen das Dichlorhydrat dar; mit Anilin spaltet er daraus wieder Salzsäure ab (vgl. diese Reaktion bei LAUTH und OPPENHEIM, Bl. II, **8** [1867], 6); der so gewonnene Kohlenwasserstoff wurde als reines Dipenten angesehen. Es ist jedoch später festgestellt worden, daß außer Dipenten hierbei auch andere Kohlenwasserstoffe, wie Terpinen, Terpinolen usw. entstehen (TILDEN und WILLIAMSON, Soc. **63**, 292; C. **1893**, I, 533 und C. **1892**, I, 73). Über die Darstellung aus Limonen vgl. auch WALLACH (A. **245**, 267).

Die Eigenschaften des Limonendichlorhydrats wurden je nach der Darstellung dieser Verbindung etwas verschieden angegeben, namentlich der Schmelzpunkt. Je nach dem Ausgangsmaterial, je nach der Temperatur usw. erhielt man bald Schmelzpunkte, die bei 50° lagen, bald bedeutend niedrigere. Kristallisierte man genügend oft und namentlich unter Erwärmen, so erhielt man in fast allen Fällen ein Dichlorhydrat vom Smp. 50°. v. BAEYER (B. **26** [1893], 2861) erklärte diese Erscheinungen durch cis-trans-Isomerie; diese entsteht, je nachdem die Methyl- oder chlorierte Isopropylgruppe auf derselben Seite der Ringebene liegen oder nicht. Da die Lage der Gruppen in diesem Falle nicht entschieden werden kann, so bezeichnet v. B. die leichter lösliche und niedriger schmelzende Form als die cis-Form und bemerkt dabei, daß dies ohne Bedenken geschehen könne, da die Glieder der einen Gruppe alle niedriger schmelzen als die entsprechenden der anderen. „Die Bildung der trans-Formen findet immer statt, wenn man in der Wärme operiert, indem dieselben offenbar einem Zustande größerer Stabilität entsprechen. In der Kälte entstehen je nach dem Ausgangspunkt entweder cis- oder trans-Formen oder beide zugleich.“ Als das beste Verfahren für die Darstellung des cis-Dichlorhydrats ermittelte v. B. die Einwirkung von Salzsäure auf Cineol bei niedriger Temperatur; er fand hierbei den Schmelzpunkt des cis-Dihydrochlorids bei etwa 25°, während der Schmelzpunkt der trans-Form nach WALLACH bei 50° liegt. — Letzteres Dihydrochlorid bildet rhombische Tafeln und ist sehr ll. in heißem Alkohol; die alkoholische Lösung ist inaktiv; ll. in Äther, Chloroform, Benzol, Ligroin und Eisessig. Nach RIBAN erhält man beim Erwärmen des Dihydrochlorids mit einer Spur einer konz. Eisenchloridlösung eine rosenrote, dann violettrote und schließlich blaue Färbung.

Von den chemischen Eigenschaften ist nachzutragen, daß das Dihydrochlorid unter Abspaltung von 1 Mol. HCl in das Limonenmonochlorhydrat (vgl. oben) übergeht, welches ringungesättigt ist; bei Abspaltung des zweiten Moleküls HCl können entweder i-Limonen oder Terpinolen oder schließlich Terpinen entstehen. Entsteht letzteres Terpen, so muß entweder sich die Salzsäure an das Terpinolen in anderem Sinne anlagern und wiederum abspalten, oder es muß intermediär ein bicyklisches Dreiringsystem entstehen, welches unter Aufspaltung des Dreirings in Terpinen übergeht, so daß wir demnach folgende Übergänge haben:

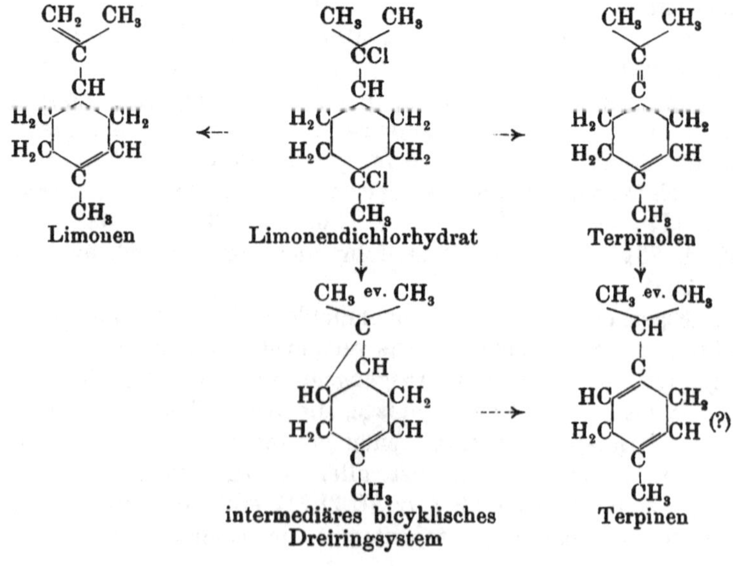

Die beiden Chloratome lassen sich ferner durch Hydroxyl ersetzen, so daß Terpinhydrat entsteht, z. B. beim Stehen mit wäßrigem Alkohol (FLAWITZKY, B. **12**, 2358). — Beim Erhitzen mit Natriumäthylat entstehen nach TILDEN (J. **1878**, 639) die Äthylderivate $C_{10}H_{18}ClOC_2H_5$ und $C_{10}H_{18}(OC_2H_5)_2$, — Beim Erhitzen mit Natrium bilden sich ein Terpen $C_{10}H_{16}$ (Sdp. 175°), Polyterpene und Terpilenhydrür $C_{10}H_{20}$ (MONTGOLFIER, A. ch. V, **19**, 155). — Erhitzt man das Dichlorhydrat mit alkoholischem Kali auf 100°, so entsteht Terpilen $C_{10}H_{16}$ (Sdp. 175°, $d_0 = 0{,}859$), aus welchem mit Salzsäure wiederum das Dichlorhydrat erhalten wird; außer dem Terpilen bildet sich Äthylterpol $C_{10}H_{17}OC_2H_5$ (flüssig), Sdp. 218°, $d_0 = 0{,}924$) und dieses geht mit konz. HCl bei 100° in C_2H_5Cl und das Dichlorhydrat vom Smp. 50° über (BOUCHARDAT und VOIRY, A. ch. VI, **16**, 259). — Der Begriff Terpilen fällt im großen und ganzen mit jenem des Dipentens (i-Limonen) zusammen; LAUTH und OPPENHEIM (Bl. II, **8** [1867], 6) ließen Anilin auf das Dichlorhydrat einwirken und erhielten Terpilen; OPPENHEIM (Bl. **1862**, 84 und J. **1862**, 458) nimmt den Namen Terpilen ebenfalls für den aus dem Dichlorhydrat erhaltenen Kohlenwasserstoff in Anspruch. Der Ausdruck Terpilen dürfte von DEVILLE herrühren.

Die Konstitution des Dihydrochlorids ergibt sich einerseits aus der Inaktivität, sei es, daß man vom aktiven oder inaktiven Limonen ausgeht, ferner aus der glatten Überführung in Terpinhydrat.

Die Derivate des Dihydrochlorids, welche bei Substitution des Wasserstoffs durch Chlor entstehen — das Trichlorid $C_{10}H_{17}Cl_3$ und dessen Derivate — siehe oben Bd. II, S. 330.

Limonenhydrobromid

$C_{10}H_{16} \cdot HBr =$ 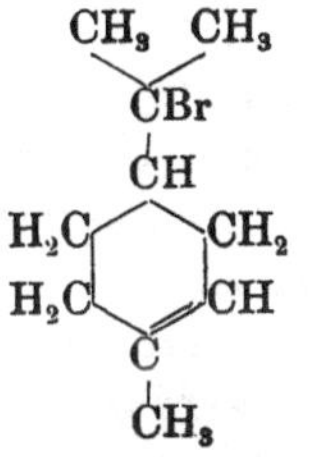

läßt sich analog dem Limonenmonochlorhydrat gewinnen, indem man trocknes HBr-Gas in gut getrocknetes Limonen usw. einleitet.

Limonendibromhydrat

$C_{10}H_{18}Br_2 =$ 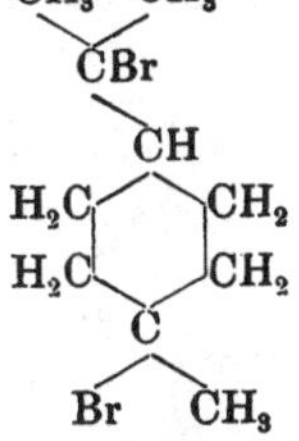

cis-Form

und 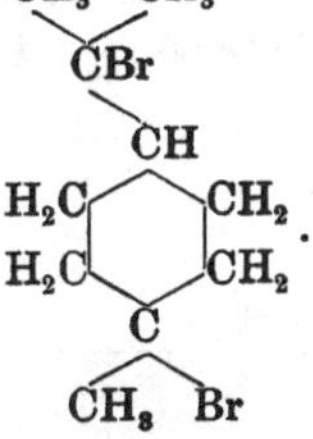

trans-Form

Während das Dihydrochlorid zuerst aus dem Limonen hergestellt wurde, hat Oppenheim (Bl. **1862**, 84; J. **1862**, 458) aus dem Terpin in analoger Weise wie das Dihydrochlorid mit PBr_3 bzw. PBr_5 das zweifach-bromwasserstoffsaure Terpilen $C_{10}H_{18}Br_2$ erhalten; es kristallisiert aus Äther als perlmutterglänzende Masse, aus den Mutterlaugen in abgeplatteten sechsseitigen Prismen, Smp. 42°. — Alsdann stellen Hell und Ritter (B. **17** [1884], 2609) das Dibromhydrat durch Einwirkung von HBr auf Wurmsamenöl dar und finden den Smp. 33—35°, der durch Umkristallisieren bis auf 64° erhöht wird. H. und R. geben an, daß diese Verbindung vollständig in allen ihren Reaktionen dem Dihydrochlorid entspricht und sehen sie an als Cynen-(Dipenten)-dichlorhydrat. — Über die Darstellung des Dihydrobromids aus Limonen in Eisessiglösung berichtet Wallach (A. **239** [1887], 10), Smp. 64°.

Vergleichen wir die Schmelzpunkte dieser Dihydrobromide, so zeigen sich Unterschiede; diese sind durch cis-trans-Isomerie zu erklären. v. Baeyer (B. **26** [1893], 2863) gewann das cis-Dihydrobromid, indem er Cineol mit dem gleichen Volumen Eisessig verdünnte und allmählich unter Abkühlung Bromwasserstoff-Eisessig zusetzte; Smp. 38—40°. Demnach hat Oppenheim ev. diese cis-Verbindung bereits in Händen gehabt. Kühlt man nicht, so entsteht die trans-Verbindung vom Smp. 64°. v. B. stellt alsdann die Dibromhydrate her aus Limonen, Terpin, Terpinhydrat und Terpineol; sowohl cis- wie trans-Dihydrobromid geben mit Anilin hauptsächlich Dipenten. — v. Baeyer (B. **31**, 1401) läßt Brom bei Gegenwart von etwas Jod auf Dipentendibromhydrat einwirken und reduziert das so entstehende Bromid mit HCl und Zinkstaub, schließlich mit Natrium und Alkohol: dabei entsteht p-Cymol; es ist ohne weiteres klar, daß hierbei weitgehende Umlagerungen statthaben müssen, genau wie bei der Bildung des Cymols bei der Einwirkung von Brom usw. — Walden (B. **35**, 2030) berichtet über elektrolytische Untersuchungen des Dibromhydrats.

Es ist ohne weiteres einleuchtend, daß aus dem Dibromhydrat dieselben Derivate erhalten werden können, wie aus dem Dihydrochlorid; wir haben auch hier die Übergänge in Terpin, Terpineol, i-Limonen bzw. Terpinolen und Terpinen. Gerade für die Bildung des Terpinolens ist das Dibromhydrat wichtig, insofern, als wir nach v. Baeyer (B. **27**, 446) das aus letzterem durch Bromierung nach Wallach erhaltene Tribromid vom Smp. 110° durch Behandlung mit Zinkstaub und Eisessig in das Acetat des bei 69—70° schmelzenden Terpineols überführen können; dieses Acetat läßt sich alsdann leicht in das Terpinolen umwandeln, so daß wir folgende Übergänge haben:

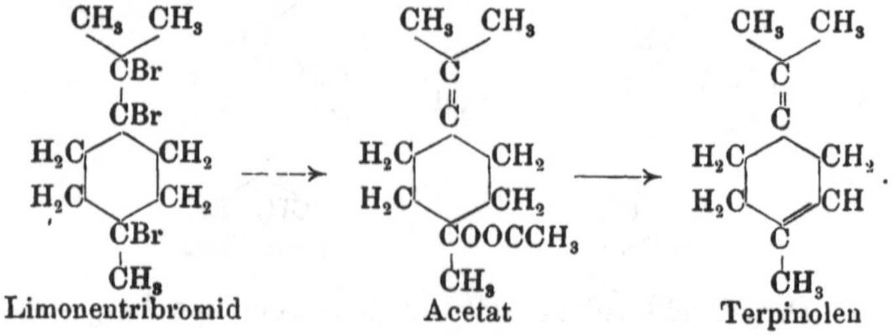

Aus dem Tribromid vom Smp. 110° erhielten v. BAEYER und BLAU (B. 28 [1895], 2290) ein gebromtes Dihydroterpinolen

$C_{10}H_{17}Br$ = 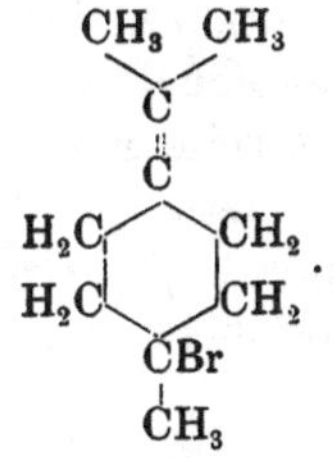

Reduziert man nämlich das Tribromid vom Smp. 110° mit Zinkstaub und Eisessig, so wird, wie erwähnt, das Terpinylacetat gebildet; versetzt man dagegen 20 g fein gepulvertes Tribromid mit 100 ccm getrocknetem Äther und 20 ccm Alkohol und fügt die zwei Atomen Brom äquivalente Menge eines möglichst oxydfreien Zinkstaubs von bekanntem Gehalt hinzu, so erhält man schließlich rhombische Prismen vom Smp. 34—35° und der Zusammensetzung $C_{10}H_{17}Br$. Diese Verbindung addiert Bromwasserstoff und bildet das Dipentendihydrobromid vom Smp. 60—62°, während es mit Brom das Tribromid vom Smp. 110° zurückbildet. Mit Nitrosylchlorid und -bromid liefert es blaue Verbindungen; auf alle diese Reaktionen ist obige Formel gestützt. Das Nitrosobromid des $\Delta^{4(8)}$-Bromterpens schmilzt bei 44° und liefert mit Bromwasserstoff unter Bromabscheidung, indem die Nitrosogruppe zur Hydroxylamingruppe reduziert wird, das bromwasserstoffsaure Salz einer gebromten Hydroxylaminbase vom Smp. 182—184°, die auch entsteht, wenn man das Nitrosobromid des $\Delta^{4(8)}$-Terpinylacetats mit Bromwasserstoffsäure behandelt (vgl. Terpinolen); folgende Formeln mögen diese Umsetzungen erläutern:

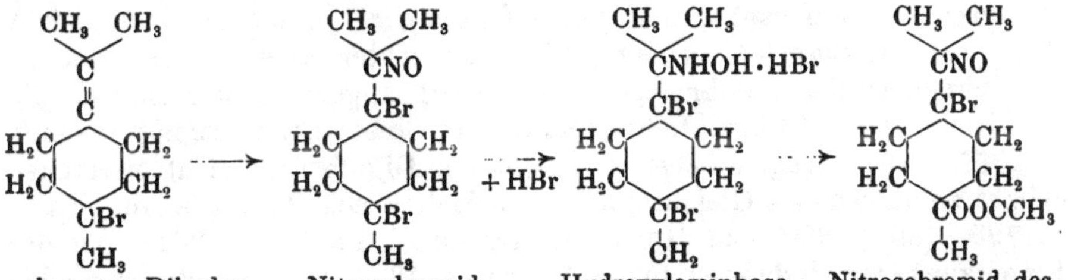

gebromtes Dihydroterpinolen — Nitrosobromid — Hydroxylaminbase — Nitrosobromid des $\Delta^{4(8)}$-Terpinylacetats (1)

Über die weiteren Umsetzungen des Tribromids vgl. oben unter Limonentribromid.

Limonenhydrojodid

$C_{10}H_{16} \cdot HJ$ = 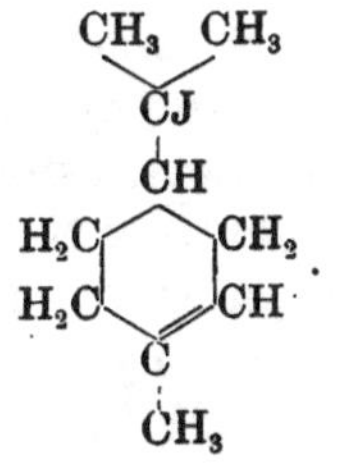

Auch die Jodwasserstoffsäure dürfte sich zuerst nur mit einem Molekül, und zwar in der Seitenkette, an Limonen anlagern; bei Gegenwart von Wasser usw. dürfte sich noch ein zweites Molekül addieren. Aber die Zersetzlichkeit der hierbei entstehenden Verbindungen hat es bewirkt, daß das Monojodhydrat bisher in reinem Zustande nicht hat isoliert werden können. WRIGHT (J. **1873**, 370) läßt auf Hesperiden (Limonen) HJ einwirken, wobei er eine Verbindung $C_{10}H_{16} \cdot HJ$ erhält, welche sich am Licht oder beim Erhitzen zersetzt und beim Abkühlen nicht erstarrt.

Limonendijodhydrat

$C_{10}H_{16} \cdot 2\,HJ =$

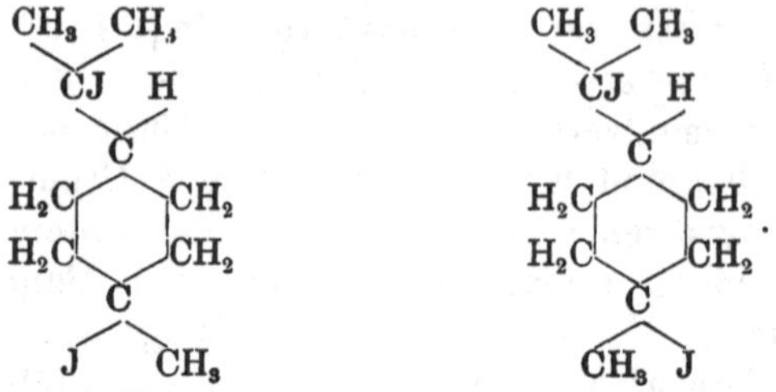

cis-Form trans-Form

WIGGERS (A. **57** [1846], 247) beschäftigte sich zuerst mit der Einwirkung von HJ auf Terpinhydrat; wir haben auch hier die Erscheinung, daß das Dijodhydrat nicht zuerst aus dem Limonen gewonnen wurde, sondern aus dem Terpin. WIGGERS erhielt jedoch keine verwertbaren Resultate, da er bei zu hoher Temperatur einwirken ließ. — Alsdann nahm LIST (A. **67** [1848], 371) dieselben Versuche auf, konnte aber ebenfalls keine kristallisierten Derivate gewinnen. — Es war dann wiederum OPPENHEIM (Bl. [**1862**], 86; A. **129**, 153), welcher durch Einwirkung von zweifach Jodphosphor und Jod auf Terpin ein kristallisiertes Produkt $C_{10}H_{18}J_2$ vom Smp. 48° erhielt. Wie sich später herausgestellt hat, ist der Schmelzpunkt von ihm etwas zu niedrig angegeben worden. — Die Einwirkung von Jod bzw. Jodwasserstoff auf Cineol nimmt zuerst SCHMIDL (J. **1860**, 480) in Angriff, aber er scheint das Dijodhydrat nicht in Händen gehabt zu haben. — Gleichzeitig beschäftigten sich WALLACH und BRASS (A. **225** [1884], 300) und HELL und RITTER (B. **17** [1884], 2611) mit der Einwirkung von Jodwasserstoff auf Cineol. WALLACH und BRASS fanden den Smp. zu 78,5°. HELL und RITTER beobachteten einen Smp. von 76—77°. Wird das Dijodhydrat mit Zinkstaub und Wasser am Rückflußkühler gekocht, so resultiert ein Kohlenwasserstoff $C_{10}H_{18}$ vom Sdp. 176—177°.

WALLACH (A. **230** [1885], 247) nimmt die Untersuchung der Einwirkung von Jodwasserstoff auf Terpinhydrat auf, indem er 5 g Terpinhydrat mit ca. 20 ccm konz. Jodwasserstoffsäure (1,96) übergießt und, ohne zu erwärmen, kräftig durchschüttelt; Smp. des Reaktionsproduktes 77°. Um das Jodid längere Zeit unzersetzt zu erhalten, bringt man es in ein mit Wasser gefülltes Stöpselglas und fügt ein etwa erbsengroßes Stückchen Phosphor hinzu. — WALLACH (A. **239** [1887], 9) berichtet, daß sich das

Dijodhydrat auch aus dem Limonen und Dipenten gewinnen läßt; der Schmelzpunkt liegt je nach der Kristallform, rhombisch oder monoklin, bei 77° oder 78—79°. Der Grund der Entstehung der einen oder anderen Form konnte nicht ermittelt werden.

Über die Umformung des Terpinhydrats in ein Menthen $C_{10}H_{18}$ über das Dijodhydrat durch Erhitzen usw. vgl. BOUCHARDAT und LAFONT (Bl. III, **1** [1889], 8); Sdp. des Kohlenwasserstoffs 167—170°, $d_0 = 0{,}837$).

Auch Terpineol läßt sich natürlich mit Jodwasserstoffsäure ebenso wie mit Chlor- und Bromwasserstoffsäure in Reaktion bringen; es entsteht aus ihm das bei 77° schmelzende Dijodhydrat, so daß Terpineol sich sehr leicht auf diese Weise nachweisen läßt (WALLACH, A. **230**, 265).

v. BAEYER (B. **26** [1893], 825) behandelt das Limonendijodhydrat mit Zinkstaub und Eisessig und erhält dabei einen ungesättigten Kohlenwasserstoff $C_{10}H_{18}$, Sdp. 175°; v. B. ist der Ansicht, daß in ihm Carvomenthen

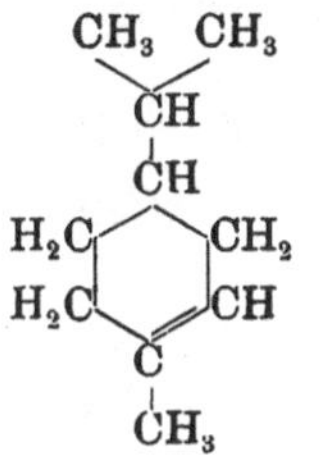

vorliegt, jedoch ist nach meiner Meinung der Siedepunkt für eine derartige Verbindung zu hoch.

WALLACH (B. **26** [1893], 3072 und A. **281** [1894], 143) kommt alsdann auf das cis- und trans-Limonendijodhydrat zu sprechen. Das rhombische und monokline Dijodhydrat stehen nicht in diesem Verhältnis zueinander, auch dürfte das Dijodhydrat OPPENHEIMS nicht etwa die niedrig schmelzende cis-Verbindung gewesen sein, da WALLACH bei Wiederholung des Versuches die beiden über 70° schmelzenden Modifikationen erhielt. Das eigentliche cis-Dijodhydrat schmilzt unter 50°, also viel niedriger, als die beiden von WALLACH gewonnenen Modifikationen; WALLACH gibt den Schmelzpunkt der höchst schmelzenden Modifikation, der trans-Form, nunmehr zu 81° an.

WALDEN (B. **35**, 2030) untersucht das Dijodhydrat ebenso wie das Dibromhydrat auf elektrolytische Leitfähigkeit.

Die Bildung des Dibrom- bzw. Dijodhydrats aus bicyklischen Terpenen wurde bereits oben gelegentlich der Gewinnung des Dichlorhydrats erwähnt. Auch aus dem Dijodhydrat läßt sich i-Limonen zurückgewinnen; beim Abspalten von Halogenwasserstoff macht man aber auch hier die Erfahrung, daß sich das eine Molekül Jodwasserstoff schwerer abspaltet, und zwar dürfte dies das in der Seitenkette befindliche sein, womit es auch zusammenhängt, daß man bei der Reduktion auch ein Dihydrolimonen erhält, welches noch die doppelte Bindung im Kerne aufweist.

Verhalten des Limonens gegen die zweiwertigen Metalloide und deren Derivate. Wasseranlagerungsprodukte. Betrachten wir die Formel des Limonens, so können der Theorie nach aus diesem Molekül drei Wasseranlagerungsprodukte entstehen, wobei wir stillschweigend die Voraussetzung machen, daß sich die Hydroxylgruppe an das am wenigsten hydrogenisierte Kohlenstoffatom anlagert: es entstehen das Terpineol vom Smp. 35°, welches optisch aktiv sein kann, das Terpineol vom Smp. 32° und das Terpin bzw. Terpinhydrat. Diese Wasseranlagerung an das Limonen geht ähnlich vor sich, wie wir es beim Pinen kennen gelernt haben; besonders sind es Säuren, welche sich für diese Wasserübertragung eignen. Wahrscheinlich lagern sich z. B. die Elemente der Schwefelsäure als H und SO_4H zuerst an die doppelte Bindung des Limonens in der Seitenkette an und dann erst an die doppelte Bindung im Kern. Die SO_4H-Gruppen lassen sich allmählich durch Hydroxylgruppen ersetzen. In der Wärme verhalten sich die Säuren nicht wasseranlagernd, sondern wasserabspaltend, so daß aus dem Terpin und Terpineol alsdann Kohlenwasserstoffe entstehen.

Terpinhydrat

$C_{10}H_{20}O_2 + H_2O =$ 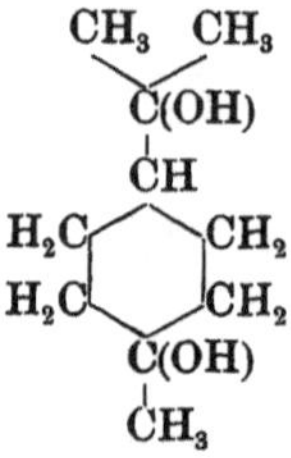 $+ H_2O$.

Die Bildung des Terpinhydrats und der Terpineole aus Limonen ist seit langer Zeit bekannt. Dumas (Handbuch Bd. **VII** [1846], 37) sagt: „Wird Citronenöl unter den nämlichen Umständen wie das Terpentinöl mit salpetersäurehaltigem Alkohol vermischt, so gibt es eine mit dem Terpentinölhydrat isomorphe und isomerische Substanz. Man kann zwischen beiden Körpern keinen physikalischen Unterschied wahrnehmen und es wäre möglich, daß sie auch in chemischer Beziehung identisch sind. Diese beiden Öle bilden auch ölige Hydrate, welche bisher keiner Prüfung unterworfen worden sind.“ Wenn nun auch im Citronenöl geringe Mengen von Pinen vorkommen, so erfolgt doch die Bildung des Terpinhydrats zweifellos aus dem Limonen. — Bouchardat (J. **1879**, 576) führte Dipenten mittels Alkohol und Salpetersäure in Terpinhydrat über. Auch Flückiger (Ar. **222** [1884], 362) stellte aus Limonen (Carven) Terpinhydrat dar; ebenso haben die französischen Forscher schon vorher aus ihrem Isoterebenthen (Dipenten) Terpinhydrat gewonnen. Vgl. ferner Ed. Kremers (Dissert. Götting. **1890**, S. 46), der aus Limonen mittels Alkohol und verd. HNO_3 bei niederer Temperatur Terpinhydrat gewann. — Es hat sich herausgestellt, daß die auf diese verschiedene Weise gewonnenen Terpinhydrate durchaus gleich sind, daß demnach auch die daraus dargestellten Derivate in allen Fällen identisch sind. Vgl. daher Terpinhydrat, sowie seine Bildung aus Pinen unter Pinen (Bd. II, S. 203).

Terpineole $C_{10}H_{18}O$. Das Terpinhydrat läßt sich aus dem Limonen, wie wir sahen, direkt gewinnen; aber auch indirekt, so z. B. über die Dihalogenhydrate, kann man vom Limonen aus zu diesem Glykol gelangen. Der direkten Bildung aus dem Limonen geht wahrscheinlich, wie wir ebenfalls bereits erwähnt haben, die Bildung des Terpineols vom Smp. 35° voraus.

Terpineol, Smp. 35°

$C_{10}H_{18}O$ = 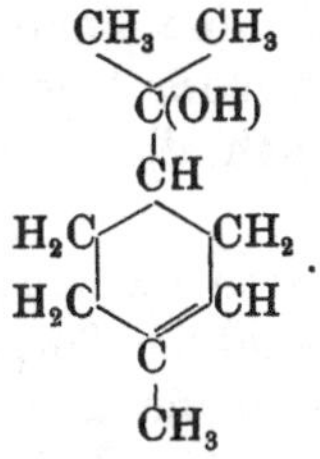.

Daß das Terpineol vom Smp. 35° sich jedenfalls aus dem Limonen bildet, können wir daraus erkennen, wenn wir nach dem Bertramschen Verfahren Limonen behandeln. — Besonders die Ester des Terpineols lassen sich aus dem Limonen auch nach anderen Verfahren gewinnen (vgl. Lafont, A. ch. VI, **15**, 153, welcher Citronenöl mit Eisessig erhitzt). Inaktives Terpinylacetat entsteht, wenn man nach Bouchardat und Lafont (A. ch. VI, **9**, 513) Kautschin und Essigsäure auf 100° erhitzt; auf diese Weise wurde das Terpineol zuerst fest erhalten. Der Siedepunkt dieses Terpineols liegt bei 218—219°; sein Phenylurethan schmilzt bei 112—113°, sein Nitrolpiperidid bei 159°. Dieses Terpineol liefert bei der Oxydation das Ketolakton $C_{10}H_{16}O_3$ vom Smp. 63°. Alle übrigen physikalischen und chemischen Eigenschaften vgl. unter Terpineol, welches als Bestandteil ätherischer Öle bereits beschrieben worden ist.

Terpineol, Smp. 32°

$C_{10}H_{18}O$ = 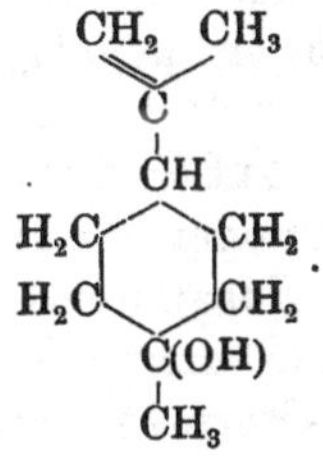.

Dieses Terpineol ist bisher nicht als direktes Einwirkungsprodukt von wasseranlagernden Reagentien auf Limonen isoliert worden, auch nicht seine Ester; wie beim Terpinhydrat (vgl. Pinen) angegeben wurde, findet es sich unter den Produkten der Wasserabspaltung aus Terpinhydrat. Stephan und Helle (B. **35**, 2149) isolierten diesen Alkohol zuerst aus dem flüssigen Rohterpineol; er zeigte Sdp. 209—210°, gab ein Phenylurethan vom Smp. 85° und bei der Oxydation ein Keton $C_9H_{14}O$.

Indirekt läßt sich das Terpineol vom Smp. 35° nach Semmler (B. **28**, 2190) gewinnen, wenn man von dem Limonenmonohalogenhydrat, welches das Halogen in der Seitenkette enthält, ausgeht und darin das Halogen mittels Silberoxyd usw. durch OH ersetzt. Dieses Terpineol vom Smp. 35° läßt sich nach TIEMANN und SCHMIDT (B. **28**, 1781) mittels 5%iger Schwefelsäure und wenig Benzol unter zeitweiligem Schütteln in Terpinhydrat überführen, welches seinerseits flüssiges Rohterpineol liefert, aus dem man durch fraktionierte Destillation nach STEPHAN und HELLE das Terpineol vom Smp. 32° abtrennen kann. — Kurzum, aus diesen Mitteilungen ist zu erkennen, daß man vom Limonen aus auf indirektem Wege verschiedentlich zum Terpineol vom Smp. 32° kommen kann; weitere Eigenschaften auch dieses Terpineols vgl. beim Terpineol vom Smp. 35°.

Verhalten des Limonens gegen Oxydationsmittel. Die Oxydation des Limonens verläuft, wie bei den anderen Terpenen, verschieden, je nachdem man saure oder alkalische bzw. neutrale Oxydationsmittel anwendet. Es ist jedoch bei den einzelnen Oxydationsmitteln zwischen dem Verhalten des Limonens und dem anderer Terpene ein wesentlicher Unterschied festzustellen.

Oxydation mit Kaliumpermanganat. Limonetrit

$C_{10}H_{16}\cdot(OH)_4 =$ 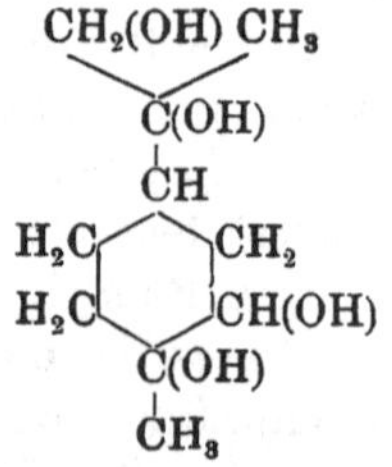 .

WAGNER (B. **23** [1890], 2315) wandte zur Oxydation der Terpene das Kaliumpermanganat an; um einen Einblick in die Konstitution des Limonens zu erhalten, oxydierte er in 1%iger Permanganatlösung 65 g Carven mit 50 g $KMnO_4$. W. erhielt den Limonetrit in feinen, glänzenden Nädelchen, Smp. 191,5—192°. Außer diesem festen Produkt werden bei dieser Reaktion flüssige Verbindungen erhalten, die sehr schwer kristallisieren, welche aber ebenfalls die Zusammensetzung $C_{10}H_{20}O_4$ aufweisen. Es hängt das schwere Kristallisieren dieser Verbindung mit dem Auftreten von stereoisomeren (cis-trans)-Formen zusammen. — Die angegebene Formel des Limonetrits folgerten TIEMANN und SEMMLER (B. **28** [1895], 2137) aus der von ihnen bewiesenen Limonenformel. T. u. S. oxydieren den Limonetrit weiter und erhalten eine

Diketosäure $C_9H_{14}O_4 = COOH\cdot CH_2\cdot \underset{\displaystyle CO\cdot CH_3}{CH}\cdot CH_2\cdot CH_2\cdot CO\cdot CH_3$, welche

durch Einwirkung alkalischer Bromlösung in eine

Tricarbonsäure $C_7H_{10}O_6 = COOH\cdot CH_2\cdot \underset{\displaystyle COOH}{CH}\cdot CH_2\cdot CH_2\cdot COOH$

übergeht.

Im Jahre 1894 (B. **27**, 1218) berichtet BEST über die Oxydation des Carvons zu einer Oxyterpenylsäure. GODLEWSKI erhält ebenfalls diese Oxyterpenylsäure $C_8H_{12}O_5$ =

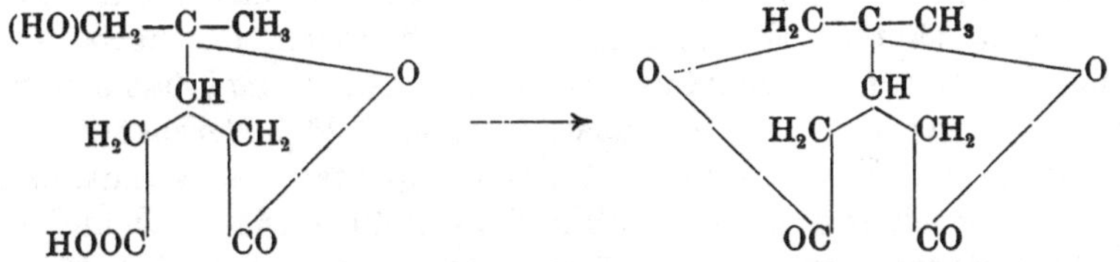

Dilakton $C_8H_{10}O_4$

indem er (Ж. **31**, 211; C. **1899**, I, 1241) reines Carven mit $KMnO_4$ oxydiert; der Schmelzpunkt der von ihm erhaltenen Säure liegt bei 174,5°; ihre weiteren Eigenschaften vgl. unter Carvon; durch Reduktion läßt sie sich in Terpenylsäure überführen. Die Ausbeute an dieser Säure aus dem Limonen ist gering. Das Dilakton der Säure hat den Smp. 129—130° und gibt mit KOH wieder die Oxyterpenylsäure. Wir erkennen an der Oxydation des Limonens mit Kaliumpermanganat, wie dieses Oxydationsmittel zuerst die doppelten Bindungen festlegt und alsdann den Ring sprengt; die Oxydationsergebnisse stehen in vollkommenem Einklang mit der nunmehr angenommenen Formel des Limonens. — Vgl. auch ARCHANGUELSKI (Bl. III, **14**, 1387), der bei der Oxydation des Limonens mit kalter 4%iger $KMnO_4$-Lösung Essig-, Oxal-, wahrscheinlich Ameisen- und Terebinsäure fand. Auf Grund der Bildung namentlich letzterer Säure akzeptierte WAGNER für Limonen und folglich auch für Dipenten die Formel:

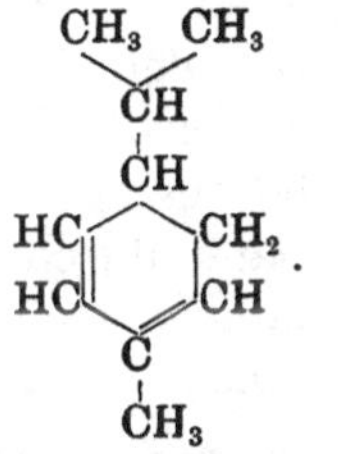

Oxydation des Limonens mit Salpetersäure. Wesentlich unterscheidet sich das Limonen auch bei der Oxydation mit sauren Oxydationsmitteln von anderen Terpenen. Wir sahen, daß das Pinen bei der Oxydation mit diesen Oxydationsmitteln p-Toluylsäure und Terephtalsäure bzw. Terebin- und Terpenylsäure liefert; die erstgenannten Oxydationsprodukte entstehen aus dem Pinen zweifellos, indem sich wahrscheinlich durch das Pinol $C_{10}H_{16}O$ hindurch Cymol bildet, während die Terebin- und Terpenylsäure ebenfalls aus dem Pinol entstehen, indem aber gleichzeitig der Sechsring an der doppelten Bindung anoxydiert und aufgesprengt wird. Es sind demnach diese Oxydationsprodukte des Pinens Derivate des Pinolhydrats (Sobrerols) und Pinolhydratglykols (vgl. Pinen). Ganz anders verhält sich Limonen.

Schon WRIGHT (J. **1873**, 370) fand, daß bei der Oxydation des Hesperidens (Limonens) Hesperinsäure $C_{20}H_{26}O_{17} \cdot 2H_2O$ (?), aber keine Terephtalsäure gebildet wird. Darauf beschäftigte sich TILDEN (Soc. **53** [1888], 880 und Soc. **63** [1893], 293) mit der Oxydation der Terpene mittels Salpetersäure. Er konstatierte, daß weder d-, noch l-, noch i-Limonen Toluyl- oder Terephtalsäure liefern. Aus Cymol hatte er 80,1 % bzw. 73,1 % Toluylsäure erhalten, aus Australen 1,2 %, Terebenthen 1,9 %. Bei seinem ersten Versuch hatte TILDEN Dipenten angewandt, welches aus dem Dihydrochlorid mittels Anilin dargestellt worden war und daraus 27,6 % Toluylsäure gewonnen; später gibt er an, daß der bei dieser Reaktion entstehende Kohlenwasserstoff durchaus kein Dipenten sei, sondern reichliche Mengen Cymol, Terpinen, Terpinolen und andere Kohlenwasserstoffe enthalte, von deren Oxydation die früher erhaltene Toluylsäure herrühre.

Die Oxydation des Limonens mit Bichromat und Schwefelsäure wurde von WRIGHT (J. **1873**, 369) studiert; WR. erhält bei dieser Oxydation größtenteils CO_2 und H_2O, etwas Essigsäure, eine Spur von Ameisensäure und eine kleine Menge einer mit Kampfer isomeren flüssigen Verbindung $C_{10}H_{16}O$; Terephtal- oder Toluylsäure konnten von ihm nicht nachgewiesen werden. Anderseits liegen Beobachtungen vor, daß sich das Limonen wie Terpentinöl gegen Chromsäuregemisch verhalten soll (SAUER, GRÜNLING, A. **208**, 75; ARNDT, B. **1**, 204) (?). —

Zweifellos ist das Nichtauftreten einmal der Toluyl- und Terephtalsäure, sodann der Terebin- und Terpenylsäure dem Grunde zuzuschreiben, daß bei dieser Oxydation die doppelte Bindung in der Seitenkette sofort angegriffen wird, was den Übergang in Cymol sichtlich sehr erschwert und anderseits wird das CH_2OH der Seitenkette sehr bald aboxydiert, wodurch auch die Bildung von Terpenyl- und Terebinsäure verhindert wird; hiernach sind die Oxydationsergebnisse beim Limonen auch mit sauren Oxydationsmitteln durchaus durchsichtig, indem allmählich vollkommene Zertrümmerung des Moleküls eintritt, bzw. Ketodicarbonsäuren entstehen, die man bisher in reinem Zustande nicht isoliert hat.

Verhalten des Limonens gegen die dreiwertigen Metalloide und ihre Derivate. Die freien Säuren, Salpeter-, salpetrige, Phosphorsäure usw. verhalten sich gegen Limonen in der Kälte im wesentlichen wie Schwefelsäure usw., d. h. sie bilden Terpinhydrat, Terpineol und bei weiterer Einwirkung Kohlenwasserstoffe; in der Wärme oder in konzentriertem Zustande wirkt Salpetersäure alsbald oxydierend. Wichtiger sind teilweise die Anhydride der genannten Säuren.

Einwirkung des Stickstoffdioxyds auf Limonen. Das Stickstoffdioxyd läßt sich als gemischtes Anhydrid der Salpeter- und salpetrigen Säure auffassen; wir müssen annehmen, daß sich die Elemente desselben an die doppelte Bindung des Kerns im Limonenmolekül anlagern können, derartig, daß eine esterartige Verbindung entsteht, die durch Verseifen in einen Alkohol übergeht, und indem gleichzeitig unter NOH-Abspaltung wiederum eine doppelte Bindung geschaffen wird. Nach GENVRESSE (C. r. **132** [1901], 414) leitet man Stickstoffdioxyd unter gleichzeitiger Kühlung in einer Eis-Kochsalz-Mischung in Limonen ein. Darauf wird das Reaktionsprodukt bis zur alkalischen Reaktion mit Sodalösung versetzt und schließlich mit Wasserdämpfen übergetrieben. Mit letzterem gehen unverändertes Limonen, stickstoffhaltige Verbindungen und das

Limonenol $C_{10}H_{16}O$ über; wir können uns die Reaktion folgendermaßen vorstellen:

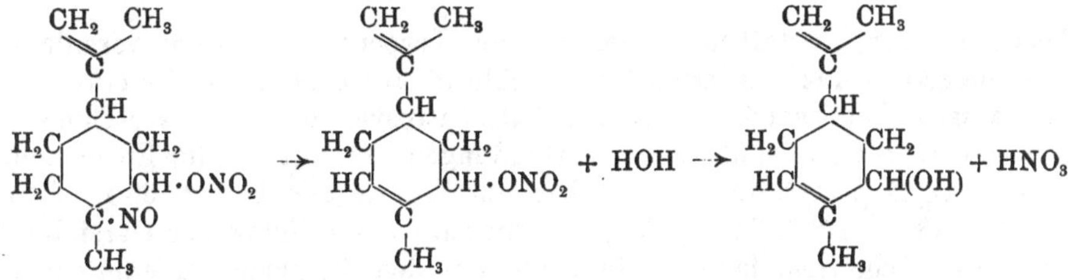

intermediäre Produkte Limonenol

Der rohe Alkohol wird mit konz. Natriumsalicylatlösung geschüttelt und aus dieser durch Wasserdampf wiederum abgetrieben. $Sdp._{15} = 135^0$, $d_{18} = 0,9669$, $n_D = 1,497$, $\alpha_{D_{17}} = + 19^0 21'$. Das Limonenol ist ungesättigt und ein sekundärer Alkohol, da er bei der Oxydation in das Keton

Limonenon $C_{10}H_{14}O$ übergeht, $d_{20} = 0,9606$, $n_D = 1,487$, $\alpha_D = +16^0 4'$. Das Oxim dieses Ketons schmilzt zunächst bei 85,5°, nach dem Erstarren aber bereits bei 72°. Das Drehungsvermögen des Oxims, die angegebenen Schmelzpunkte der Benzoylverbindung und des Additionsproduktes mit Phenylisocyanat weisen darauf hin, daß das Oxim des Carvons vorliegt, welches auch in geringer Menge bei der Einwirkung des Stickstoffdioxyds auf Limonen entsteht. Sollte diese Auffassung zutreffen, so hätten wir im Limonenon das Carvon und im Limonenol den zum Carvon gehörigen Alkohol mit zwei doppelten Bindungen vor uns.

Während die Anhydride der salpetrigen Säure oder der salpetrigen Säure mit der Salpetersäure mit dem Limonen keine kristallisierten Derivate liefern, so daß wir z. B. keine Nitritbildung wie beim Terpinen oder Phellandren konstatieren können, erhalten wir schön kristallisierte Derivate mit dem gemischten Anhydrid der salpetrigen und Salzsäure, dem Nitrosylchlorid. Es hängt dies mit der Natur der beiden doppelten Bindungen zusammen. Die im Ring befindliche doppelte Bindung ist vollkommen analog der doppelten Bindung z. B. des Pinens, Terpineols usw.; in der Tat reagieren diese Verbindungen in bezug auf diese doppelte Bindung z. B. dem Nitrosylchlorid gegenüber vollkommen analog. Letztere doppelte Bindung gibt leicht mit Nitrosylchlorid, aber nicht mit salpetriger Säure kristallisierte Derivate. Die doppelte Bindung in der Seitenkette ist dieselbe wie z. B. im Carvon und Sylvestren.

Limonen-Bisnitrosochlorid

$(C_{10}H_{16}\cdot NOCl)_2$ = 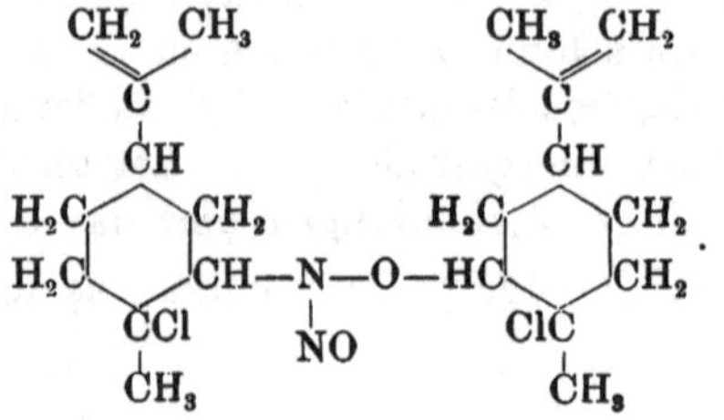

Das Bestreben, kristallisierte Derivate der Terpene zu erhalten, veranlaßte die Chemiker frühzeitig, auch Nitrosylchlorid auf diese Moleküle einwirken zu lassen. Bunge (Z. **1869**, 579) läßt Nitrosylchlorid auf verschiedene Terpene reagieren, und erhält Verbindungen, für die er die Zusammensetzung $C_{10}H_{14}NO_2Cl$ annimmt. Aber erst Tilden (Soc. II, **12**, 630; Chem. N. **29**, 183; J. **1874**, 214) gelingt es, durch Vereinfachung der Darstellung des Nitrosylchlorids, faßbare Resultate mit den Terpenen zu erhalten, so daß er (Soc. II, **13**, 514 und 518; J. **1875**, 390) für das Pinennitrosochlorid die Formel $C_{10}H_{16}NOCl$ herleiten konnte; auch stellte er aus dem Nitrosochlorid das Nitrosopinen vom Smp. 129—130° dar. In Gemeinschaft mit Shenstone (Soc. **1877**, I, 554; Chem. N. **35**, 121; J. **1877**, 426) konnte Tilden auch aus dem Hesperiden (d-Limonen), gewonnen aus der Portugalessenz, ein Nitrosochloridhesperiden vom Smp. 103° gewinnen, $\alpha_D = +85{,}9°$. Dieses Nitrosochlorid führten T. u. Sh. durch alkoholisches Kali in ein Nitrosoterpen vom Smp. 71° über, welches in Alkohol viel löslicher ist, als das Nitrosopinen, $[\alpha]_D = -36{,}6°$; dieses Nitrosohesperiden liefert mit Brom das kristallisierte Dibromid $C_{10}H_{15}Br_2NO$. T. und Sh. erhielten dasselbe Nitrosochlorid und dieselbe Nitrosoverbindung (Smp. 71°) aus dem Terpen des Kümmel- und des Bergamottöls.

In seiner nächsten Abhandlung über diesen Gegenstand teilte Tilden (Pharm. J. Trans. III, **8**, 188; J. **1878**, 979) auf Grund dieser Nitrosochlorid- und Nitrosoterpenbildung die Terpene in richtiger Weise ein: 1. Terpene der Terpentingruppe, deren Nitrosochlorid ein Nitrosoderivat vom Smp. 129° liefert und 2. der Orangenölgruppe, welche ein Nitrosoterpen vom Smp. 71° geben. — Die kristallographische Untersuchung dieser Verbindungen erfolgt alsdann durch Maskelyne (Phil. Mag. V, **7**, 129; J. **1879**, 396), nach dem das Nitrosohesperiden monokline Kristalle bildet.

Im Jahre 1885 beweisen Goldschmidt und Zürrer (B. **18**, 1729) die Identität zwischen dem Carvoxim und dem Nitrosohesperiden, wonach auch in letzterer Verbindung eine Isonitrosogruppe angenommen werden muß; vgl. auch Goldschmidt und Zürrer (B. **18**, 2220), in welcher Abhandlung sie sich auch mit der Natur der Nitrosogruppe in dem Nitrosylchloridhesperiden beschäftigen.

Die Darstellung des Limonen-Bisnitrosochlorids wird alsdann von Wallach (A. **245** [1888], 255) verbessert, indem er gleiche Moleküle

Limonen und Amylnitrit mit rauchender Salzsäure (1 Mol.) durchschüttelt und dabei gut abkühlt. Auch erhielt WALLACH aus dem Citronenöl die Nitrosylchloridverbindung, welche TILDEN nur sehr schwer hatte darstellen können; wir wissen heute, daß dieses Öl unter anderen Terpenen auch l-Pinen enthält, so daß die Anwesenheit dieses und anderer Terpene die Abscheidung des kristallinischen Nitrosochlorids erschwert. WALLACH stellte gleichzeitig fest, daß das Nitrosochlorid in demselben Sinne optisch aktiv ist, wie das Limonen, aus dem es dargestellt wurde, daß dagegen das daraus gewonnene Carvoxim entgegengesetzte Drehung zeigt, während das Carvoxim aus d-Carvon ebenso stark rechtsdrehend ist wie das Präparat aus dem Nitrosochlorid links dreht. A. a. O., S. 261 konstatiert WALLACH, daß sich das Hydrochlorlimonennitrosochlorid gegen Basen genau so verhält, wie das zugehörige Nitrosat, also Nitrolamine liefert.

Das i-Limonen-(Dipenten-)Bisnitrosochlorid gewinnt WALLACH (A. **245**, 267), indem er Dipenten dem aktiven Limonen analog behandelt; er findet den Schmelzpunkt des optisch aktiven Dipenten-Bisnitrosochlorids zu 102—103°. Die aus diesem Nitrosochlorid gewonnene Nitrosoverbindung $C_{10}H_{15}NO$ schmilzt bei 92—93° und ist inaktiv; auch die Nitrolaminbasen des Dipentens wurden von WALLACH dargestellt.

Das l-Limonen-Bisnitrosochlorid stellte WALLACH (A. **246**, 224) dar und beobachtete $[\alpha]_D = -273{,}4^0$ (Chloroformlösung), während er für das d-Limonen-Bisnitrosochlorid $[\alpha]_D = +304{,}05^0$ fand. — Gleichzeitig synthetisiert WALLACH das i-Carvoxim, indem er das d-Carvoxim aus d-Carvon ($[\alpha]_D = +39{,}71^0$) und das l-Carvoxim aus d-Limonen, $[\alpha]_D = -39{,}34^0$, vereinigt, wobei i-Carvoxim vom Smp. 93° resultierte. Durch Molekulargewichtsbestimmungen wird alsdann festgestellt, daß diese Oxime monomolekular sind.

Eine weitere Verbesserung in der Darstellung der Bisnitrosochloride gibt alsdann WALLACH (A. **252** [1889], 109) an, indem er an Stelle des Amylnitrits Äthylnitrit verwendet. — Gleichzeitig wird angegeben, daß die Nitrosochloride nicht nur in der d-, l- und i-Form existieren, sondern daß bei der Darstellung dieser einzelnen Nitrosochloride „stets ein Gemenge von zwei isomeren, durch ihre physikalischen Eigenschaften sich wesentlich unterscheidenden Körpern, entsteht.“ Das Gemenge wurde durch kaltes Chloroform getrennt. Es werden eine α- und β-Verbindungen unterschieden; die β-Verbindung bleibt bei der Behandlung mit Chloroform zurück, während das α-Nitrosochlorid in Lösung geht und mit Methylalkohol ausgefällt werden kann. Das α-d- und l-Nitrosochlorid kristallisieren monosymmetrisch; das d- und das l-α-Nitrosochlorid schmelzen übereinstimmend bei 103—104° und kristallisieren häufig in mehreren Gramm schweren Kristallen. Das β-d- und l-Limonennitrosochlorid unterscheiden sich von den leicht löslichen α-Verbindungen durch ihre enorme Schwerlöslichkeit. Auch die Schmelzpunkte weichen von denen der α-Nitrosochloride etwas ab, jedoch sagt WALLACH: „Alle Nitrosochloride der Terpene und Terpenderivate, welche ich bis jetzt kennen lernte, schmelzen alle in der Nähe von 100°.“ Für das l-β-Nitrosochlorid wurde der Schmelzpunkt bei 100°, für das d-β-Nitrosochlorid meist bei 105—106° gefunden. Es ist hinzuzufügen, daß die α-Verbindung stets in überwiegender Menge entsteht. Beide Isomeren — das α-Nitrosochlorid und das β-Nitrosochlorid — führen bei der Umsetzung mit Basen zu Nitrolaminen, von denen ebenfalls α- und β-Verbindungen zu unterscheiden sind. — Auch die i-Limonen-(Dipenten)-nitrosochloride existieren in einer α- und β-Modifikation, die als α- und β-Dipentenverbindungen auseinander gehalten werden und durch Vereinigung der bzw. d- und l-α- und β-Nitrosochloride gewonnen werden können, aber auch aus dem Dipenten direkt darstellbar sind; auch hier existiert eine α- und β-Dipentennitrolbasenreihe. — Über die optischen Eigenschaften dieser verschiedenen Reihen bringen Wallach und Conrady (A. **252** [1889], 141) Mitteilungen, indem nunmehr reinere Verbindungen zur Beobachtung gelangen. Für das d-Limonen-α-Nitrosochlorid, Smp. 103—104°, wird gefunden $[\alpha]_D = +313{,}4°$, für l-Limonen-α-Nitrosochlorid, Smp. 103—104°, $[\alpha]_D = -314{,}8°$, für das d-Limonen-β-Nitrosochlorid $[\alpha]_D = +240{,}3°$, für das l-Limonen-β-Nitrosochlorid $[\alpha]_D = -242{,}2°$.

Wallach findet alsdann (A. **270** [1892], 175), daß die α- und β-Dipentennitrosochloride viel löslicher als die aktiven Komponenten sind, daß die α-Dipentenverbindung im Gegensatz zu der Limonenverbindung schlecht kristallisiert, daß erstere schon bei 78° schmilzt, aber wieder erstarrt, aber dann bei 103—104° schmilzt; auch das β-Dipentennitrosochlorid ist leicht löslich.

Wallach sieht in diesen verschiedenen Reihen physikalische Isomerien (vgl. auch B. **26**, 3074). —

Über die Konstitution dieser sämtlichen Nitrosochloride war man zuerst (Tilden) der Ansicht, daß Nitrosoderivate vorlägen; die Untersuchungen von Goldschmidt und von Wallach bringen diese Frage nicht zur Entscheidung. v. Baeyer (B. **28** [1895], 648) spricht alsdann die Meinung aus, daß Pinennitrosochlorid und Limonennitrosochlorid Bis-Nitrosylderivate sind, eine Ansicht, für welche auch die ausgeführten Molekulargewichtsbestimmungen sprechen. Durch diese Auffassung wird das Verhalten der Nitrosochloride verständlich, insofern, als die nach Behandlung mit alkoholischem Alkali entstehenden Nitrosoverbindungen monomolekulare wahre Isonitrosoverbindungen sind, die sich in Alkalien und Säuren lösen, während dies bei den Nitrosochloriden nicht der Fall ist. Auch die Entstehung der Nitrolamine, welche wir als monomolekular ansehen müssen, erscheint dadurch in neuem Lichte; die entstehenden α- und β-Derivate werden von E. Fischer (B. **23** [1890], 3687 und **24** [1891], 2687) als physikalische Isomere aufgefaßt, so daß zwei isomere Nitrolamine entstehen, „welche höchstwahrscheinlich dieselbe Struktur, aber ein verschiedenes Drehungsvermögen besitzen.“ — Ausgeschlossen ist es nicht, daß hier cis- und trans-Isomerie vorliegen.

Wallach (B. **28** [1895], 1308) bringt „Über Limonennitrosochloride“ in bezug auf Molekulargewichtsbestimmungen Mitteilungen, die auf seine Veranlassung von Macheleidt (Diss. Götting. **1890**) z. T. bereits angestellt waren. Es hatten sich wesentliche Unterschiede im Verhalten des α-Nitrosochlorids und β-Nitrosochlorids herausgestellt, so daß man fast zur Ansicht kommen konnte, daß die α-Verbindung monomolekular, die β-Verbindung bimolekular sei. Über weitere Mitteilungen vergleiche die alsdann angegebenen neueren Molekulargewichtsbestimmungen.

WALLACH (A. **332** [1904], 308) kommt auf die bimolekulare Struktur der Nitrosochloride zurück; er faßt ebenfalls die Nitrosochloride, Nitrosate usw. als Bis-Nitrosochloride usw. auf, während die Reaktionsprodukte (Nitrolamine, Isonitrosoverbindungen usw.) monomolekular sind.

Das Limonen-Bisnitrosobromid $(C_{10}H_{16}NOBr)_2$. Dieses Nitrosobromid ist das vollkommene Analogon zum Nitrosochlorid; WALLACH (A. **245** [1888], 258) stellte es unter ähnlichen Bedingungen her, wie sie für die Darstellung des entsprechenden Pinenderivates angegeben wurden (A. **245**, 252); der Smp. des Nitrosobromids liegt bei 90,5°.

Benzoyl-Limonennitrosochlorid

$C_{17}H_{20}NO_2Cl$ = 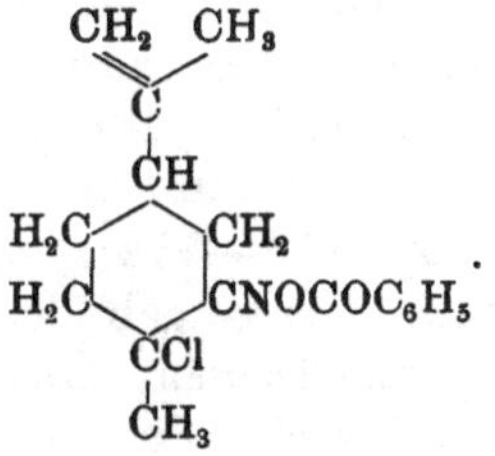

WALLACH (A. **270** [1892], 175) stellt diesen Körper dar, indem er 1 Teil α-Limonennitrosochlorid in zwei Gewichtsteilen ganz trocknen Äthers löst, 1 Mol. Benzoylchlorid hinzusetzt und ca. 8—14 Tage sich selbst überläßt (vgl. auch MACHELEIDT, Inaug. Diss. Götting. **1890**); die Verbindung ist optisch aktiv im Sinne des Ausgangsmaterials, schmilzt bei 109—110° und hat $[\alpha]_D = +101{,}75°$ bzw. $-101{,}84°$. Durch Vermischen der beiden optisch aktiven Modifikationen erhält man die Dipentenverbindung vom Smp. 90°. — Aus den β-Nitrosochloriden wurde, wenn auch schwerer, dieselbe Benzoylverbindung erhalten, wie aus den α-Verbindungen. WALLACH stellte fernerhin fest, daß diese Benzoylverbindung nicht identisch ist mit dem benzoylierten Hydrochlorcarvoxim, noch mit salzsaurem Benzoylcarvoxim.

Wir müssen annehmen, daß das Benzoylchlorid bei der langsamen Einwirkung das bimolekulare Bisnitrosochlorid spaltet, und daß dann eine Benzoylverbindung von obiger Konstitution entsteht; eine solche kann auch nicht identisch sein mit dem Hydrochlorcarvoxim, welches HCl in der Seitenkette an die doppelte Bindung gelagert enthält; ebensowenig kann natürlich das salzsaure Salz des Carvoxims vorliegen. — WALLACH (B. **28** [1895], 1312) kommt auf die Spaltung der Benzoylverbindung des Limonennitrosochlorids zurück und gibt an, daß sie beim Kochen mit Natriumalkoholat Carvoxim liefere. Diese Reaktion steht ebenfalls im Einklang mit obiger Formel.

Hydrochlorlimonen-Bisnitrosochlorid $(C_{10}H_{16} \cdot NOCl \cdot HCl)_2$ und Hydrobromlimonen-Bisnitrosochlorid $(C_{10}H_{16} \cdot NOCl \cdot HBr)_2$

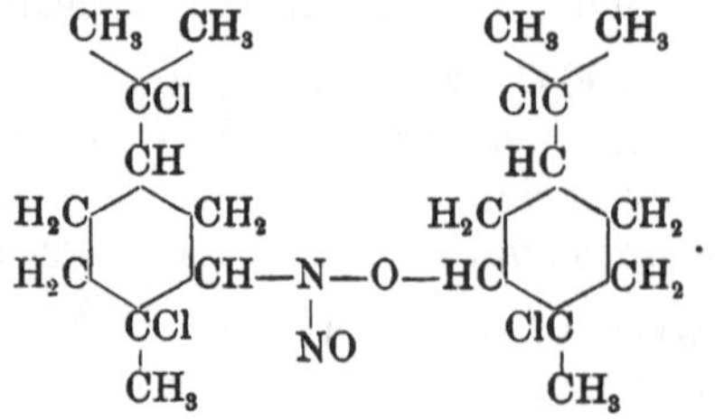

Diese Verbindungen müssen wir auffassen als Bisnitrosochloride, welche Chlorwasserstoff bzw. Bromwasserstoff in der Seitenkette angelagert haben. Es ist ohne weiteres klar, daß demnach auch hier verschiedene Isomerieverhältnisse existieren werden. Man kann diese Verbindungen darstellen, indem man nach WALLACH (A. **245** [1888], 257) ein Gemisch von Limonen und Amylnitrit in einen Überschuß von Eisessig, der mit Salzsäure gesättigt ist, einträgt; Smp. 113—114°. Dieselbe Verbindung läßt sich auch erhalten, wenn man fertig gebildetes Limonen-Bisnitrosochlorid, gelöst in Eisessig, in überschüssigen, mit Salzsäure gesättigten Eisessig einträgt. Nach WALLACH ist die Salzsäure sehr lose in dem Molekül gebunden, da schon beim Erwärmen mit Methylalkohol das bei 102—103° schmelzende Ausgangsmaterial zurückerhalten wird. — Geht man von dem Limonenmonochlorhydrat (vgl. dasselbe), welches man in aktiver und inaktiver Modifikation erhalten kann, aus und stellt von diesem die Bisnitrosochloridverbindung dar (WALLACH, A. **245** [1888], 260), so erhält man ein Hydrochlorlimonen-Bisnitrosochlorid vom Smp. 109°. Auf diese Reaktion kommt WALLACH (A. **270** [1892], 188) zurück und stellt aus d- und l-Limonenchlorhydrat die Nitrosochloride in optisch aktiver Form her; durch Vermischen der d- und l-Verbindung erhielt er das inaktive (Dipenten)-Derivat. „Die vom Monochlorhydrat ableitbaren Nitrosate sind schwerer löslich als die Nitrosochloride und daher bequemer zu bereiten. Ferner sind die inaktiven (Dipenten)-Nitrosochloride und Nitrosate schwerer löslich als die aktiven. Wenn man daher von einem Monochlorhydrat ausgeht, das sich schon etwas inaktiviert hat, so ist das bei den betreffenden Umsetzungen zuerst ausfallende Produkt wesentlich ein Dipenten-Derivat."

Inwieweit diese auf verschiedene Weise hergestellten Hydrochloride der Bisnitrosochloride chemisch identisch sind, ist noch zu untersuchen. Bei der Beschreibung der Derivate (s. unten) ist als Ausgangsmaterial Hydrochlorlimonen-Bisnitrosochlorid genommen worden, welches aus Hydrochlorlimonen dargestellt ist.

Limonen-Bisnitrosat

$(C_{10}H_{16}\cdot NO\cdot ONO_2)_2 =$ 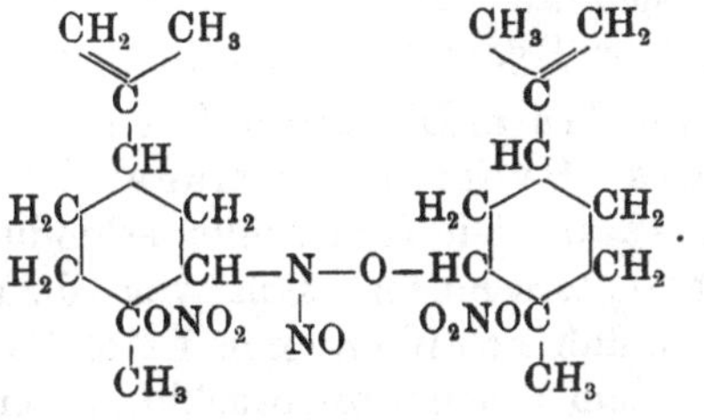

Wallach (**245** [1888], 258 und 270) hat aus aktivem Limonen und aus Dipenten ein dem Nitrosochlorid analoges Nitrosat dargestellt; gleiche Moleküle Limonen und Amylnitrit werden mit $^1/_2$ Volumen Eisessig versetzt, dazu 1 Mol. Salpetersäure von $d = 1{,}395$ unter Abkühlung zugefügt; Öl, das bei sehr starker Kälte erstarrt, bei gewöhnlicher Temperatur sofort schmilzt. Dagegen konnte das Dipentennitrosat in rautenförmigen Blättchen vom Smp. 84° erhalten werden.

Hydrochlorlimonen-Bisnitrosat

$(C_{10}H_{16}\cdot NO\cdot ONO_2\cdot HCl)_2 =$ 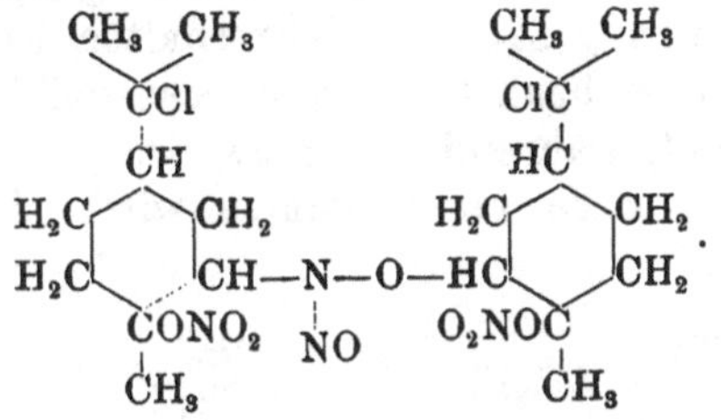

Diese Verbindung wurde zuerst von Maissen (G. **13**, 99) gewonnen, als er Carven mit trocknem Salzsäuregas sättigte, mit Eisessig mischte und in die Mischung Amylnitrit eintrug, welches vorher mit Salpetersäure von $d = 1{,}4$ versetzt war. Maissen erkannte den Vorgang, der sich hierbei abspielte, nicht und konnte die Konstitution der entstehenden Verbindung nicht erklären. In zahlreichen Untersuchungen stellte besonders Wallach die Reaktionen fest, die hierbei statthaben (A. **241**, 324; A. **245**, 241; A. **332**, 305 usw.). — Wir wissen heute, daß sich zunächst bei dem Verfahren Maissens Hydrochlorlimonen bildet, dessen eine doppelte Bindung im Kern einmal mit Nitrosylchlorid NOCl, alsdann mit Nitrosylnitrat $NOONO_2$ reagieren kann; in der Tat dürften sowohl das Hydrochlor-Bisnitrosochlorid, als auch das Hydrochlor-Bisnitrosonitrat entstehen; da aber letzteres sich durch große Schwerlöslichkeit auszeichnet, so ist es zu erklären, daß bei der Maissenschen Reaktion hauptsächlich das Nitrosat auftritt. — Wallach stellt das Hydrochlorlimonen-Bisnitrosat (A. **245** [1888], 260) dar, indem er Limonenmonohydrochlorid und reines Amylnitrit zu gleichen Molekülen mischt und unter Kühlung 1 Mol. 60%ige Salpetersäure hinzufügt; Smp. 108—109°. A. a. O., S. 271 läßt Wallach auf Dipentennitrosat in Eisessiglösung Salzsäure einwirken und erhält hierbei eine analog zusammengesetzte Verbindung $C_{10}H_{16}\cdot N_2O_4\cdot HCl$; es ist anzunehmen, daß auch in diesem Falle wie beim Limonenbisnitrosochlorid das HCl sich an die doppelte Bindung der Seitenkette addiert hat, mithin auch hier Hydrochlordipenten-Bisnitrosat vorliegt.

Umsetzungen des a) Limonen-Bisnitrosochlorids bzw. Nitrosats und b) des Hydrochlorlimonen-Bisnitrosochlorids bzw. Nitrosats mit Basen. Die Hydrochlorverbindung des Bisnitrosochlorids bzw. Bisnitrosats unterscheiden sich von dem Bisnitrosochlorid bzw. Bisnitrosat dadurch, daß sich in ersteren 1 Mol. Salzsäure in der Seitenkette angelagert findet. Vom Pinenbisnitrosochlorid her wissen wir, daß wir das an das tertiäre Kohlenstoffatom des Kerns gebundene Chlor mit Basen derartig in Wechselwirkung bringen können, daß es sich mit einem Wasserstoffatom der letzteren unter Salzsäureabspaltung verbindet und der Rest der primären oder sekundären Base sich an das tertiäre Kohlenstoffatom kettet; die entstehenden Basen werden Nitrolamine genannt. Außerdem tritt aber eine zweite Reaktion in dem Bisnitrosochloridmolekül ein, wobei eine Spaltung des Moleküls stattfindet analog jener, wie sie durch alkoholische Kalilauge bewirkt wird: das mit Kalilauge entstehende Carvoxim ist monomolekular, indem gleichzeitig unter Schaffung einer doppelten Bindung Salzsäure abgespalten wird, so daß Cl das Wasserstoffatom von einem benachbarten Kohlenstoffatom zur Bildung des HCl-Moleküls hernimmt, während bei Einwirkung der Basen der Wasserstoff vom Stickstoff der Base hergenommen wird. Folgende Formeln dienen zur Erläuterung:

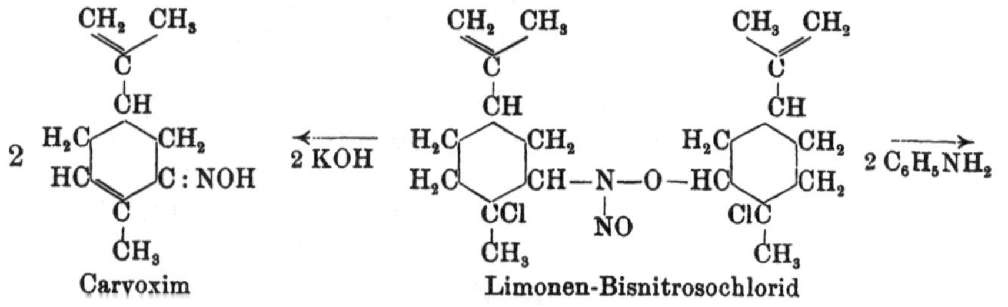

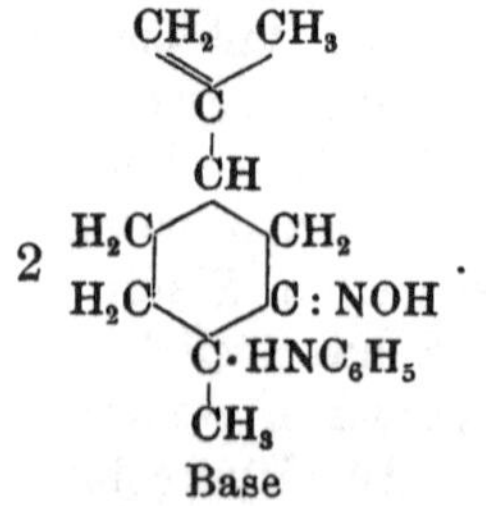

Es ist nun interessant zu beobachten, daß, wenn man vom Hydrochlorlimonen-Bisnitrosochlorid bzw. -Nitrosat ausgeht, man die Salzsäure auch in der Seitenkette durch Kalilauge abspalten kann, so daß wiederum Carvoxim entsteht. Läßt man hingegen organische Basen einwirken, so scheinen diese für gewöhnlich nicht stark genug zu sein, um die Abspaltung zu bewirken, wenigstens in alkoholischer oder Benzollösung nicht. Wir wissen, daß das Limonendihydrochlorid mit Anilin direkt gekocht werden muß, um sämtliche Salzsäure abzugeben.

a) Limonennitrolamine. WALLACH (A. **252**, 113) läßt Basen auf α- und β-Limonen-Bisnitrosochlorid einwirken; er konstatiert, daß beide Nitrosochloride zu denselben Verbindungen führen.

Limonennitrolpiperidin

$C_{10}H_{15}:(NOH)NC_5H_{10}$ =

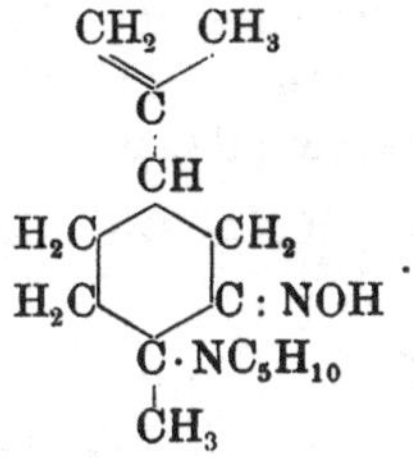

Es hat sich herausgestellt (WALLACH, A. **252**, 113), daß man zu zwei Nitrolpiperidinen gelangt, sei es, daß man vom Limonen-α-Bisnitrosochlorid oder vom Limonen-β-Bisnitrosochlorid ausgeht. Diese beiden isomeren Nitrolpiperidine sind verschieden löslich und werden als α- und β-Form unterschieden. Sowohl das α-Nitrolpiperidin, als auch das β-Nitrolpiperidin existieren in der d- und in der l-Form. Zur Darstellung dieser vier verschiedenen aktiven Limonennitrolpiperidine verfährt man folgendermaßen:

1. aus l-Limonen: 20 g l-Limonen-α-Bisnitrosochlorid werden mit Piperidin in Alkohol gelinde erwärmt usw. Die entstehende, leichter lösliche Verbindung wird als l-Limonen-α-Nitrolpiperidin bezeichnet, Smp. 94°, rhombisch, $[\alpha]_D = -67{,}60°$ (Chloroforml.); das Chlorhydrat dieser Base ist rechtsdrehend. Das l-Limonen-β-Nitrolpiperidin ist schwerer löslich als die α-Verbindung, Smp. 110—111°, monoklin, $[\alpha]_D = +60{,}18°$. Wir beobachten demnach hierbei, daß, obwohl wir vom l-Limonen-α-Bisnitrosochlorid ausgegangen sind, das α-Nitrolpiperidin links dreht, dagegen das β-Nitrolpiperidin rechtsdrehend ist.

2. aus d-Limonen: Das α-Nitrolpiperidin aus d-Limonen (A. **252**, 116) entsteht analog aus dem d-Limonen-α-Bisnitrosochlorid. Das d-Limonen-α-Nitrolpiperidin schmilzt ebenfalls bei 94°, $[\alpha]_D = +67{,}75°$, während das Chlorhydrat dieser Base linksdrehend ist. Das β-Nitrolpiperidin aus d-Limonen schmilzt bei 110—111°, ist bezüglich seiner Kristallform und Löslichkeitsverhältnisse von der l-Limonenverbindung nicht zu unterscheiden, nur daß es in Lösung linksdrehend ist. Es wurde beobachtet: $[\alpha]_D = -60{,}48°$ und $[\alpha]_D = -60{,}37°$; im ersteren Falle war eine Base genommen, welche aus d-Limonen-α-Bisnitrosochlorid dargestellt, im zweiten Falle eine Base, welche aus β-Nitrosochlorid gewonnen worden war.

Betrachten wir die Eigenschaften dieser α- und β-Limonennitrolpiperidine, so nehmen wir wahr, daß die α-Nitrolpiperidine in demselben Sinne polarisieren wie das Ausgangsmaterial, daß die β-Nitrolpiperidine dagegen entgegengesetzt drehen. Wir haben demnach vier verschiedene aktive Limonen-Nitrolpiperidine zu verzeichnen, und zwar ein α-, d- und l-Nitrolpiperidin und ein β-, d- und l-Nitrolpiperidin. Fragen wir uns nach den Gründen, welche vorliegen, daß aus dem l-Limonen-α-Bisnitrosochlorid und l-Limonen-β-Bisnitrosochlorid dasselbe linksdrehende Limonen-α-Nitrolpiperidin und rechtsdrehende Limonen-β-Nitrolpiperidin entstehen können, so erklärt sich dieser Umstand dadurch, wenn wir annehmen, daß das Limonen-α- und β-Bisnitrosochlorid physikalisch isomer sind, daß sie bei der Behandlung mit den Basen eine Spaltung in monomolekulare Verbindungen erleiden, die basischer Natur sind, die aber in verschiedenen physikalisch isomeren Formen existieren können, wie folgende Formelbilder erläutern mögen:

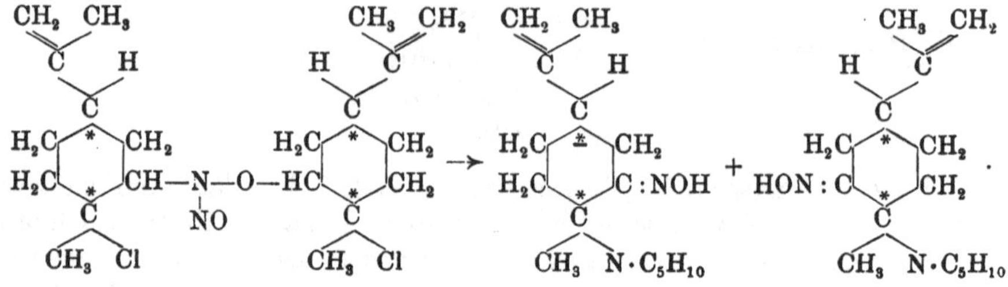

Wie diese Formelbilder zeigen, haben wir in den Bisnitrosochloriden bereits in jedem Teilmolekül zwei asymmetrische Kohlenstoffatome, so daß wir in den Teilmolekülen dieselben Verhältnisse haben, wie z. B. im Menthon, einem Molekül, an welchem Beckmann die verschiedenen optisch isomeren Formen studiert hat. Es mag dahingestellt bleiben, ob die Isomerie des Limonen-α- und β-Bisnitrosochlorids durch die verschiedenen asymmetrischen Kohlenstoffatome hervorgerufen wird, oder ob beim α-Bisnitrosochlorid bereits eine teilweise Dissoziation stattgefunden hat, die ich nicht annehme. Bei der Spaltung der Bisnitrosochloride entstehen nun Nitrolpiperidine, welche sich durch ihre optische Aktivität, verschiedene Löslichkeit usw. auszeichnen; auch hier dürfte die Isomerie durch die Gegenwart der beiden asymmetrischen Kohlenstoffatome (aktive Cis-Transisomerie) bedingt sein.

3. aus i-Limonen (Dipenten): Wallach (A. **245**, 269) stellt durch Erwärmen von Dipentennitrosochlorid mit konz. alkoholischen oder wäßrigen Piperidinlösungen ein i-Limonen-(Dipenten)-Nitrolpiperidin her, Smp. 153—154°; a. a. O., S. 271 gewinnt er dasselbe Nitrolpiperidin aus dem Bisnitrosat. — Eine Vervollständigung der Reihe der Dipentennitrolpiperidine bringt Wallach (A. **252**, 123), indem er die Dipentennitrolpiperidine durch Vereinigung der aktiven Komponenten darstellt; durch gegenseitige Neutralisation der korrespondierenden Verbindungen von entgegengesetztem Rotationsvermögen ergab sich eine α- und β-Reihe inaktiver Körper. „Es gibt demnach sechs isomere Modifikationen für jede Nitrolaminbase innerhalb der Limonengruppe. Ferner ist aus dem oben Mitgeteilten bereits ersichtlich geworden, daß die aus einem der Nitrosochloride gleichzeitig entstehenden Basen von entgegengesetzter Rotationsrichtung sich

nicht zu einer neuen Verbindung zu vereinigen vermögen." „Bringt man aber einerseits das Rechts-α-Piperidid (aus Rechts-Nitrosochlorid) und das Links-α-Piperidid (aus Links-Nitrosochlorid) in Lösung zusammen; vereinigt man anderseits das Links-β-Piperidid (aus Rechts-Nitrosochlorid) mit dem Rechts-β-Piperidid (aus Links-Nitrosochlorid), so entstehen je zwei neue inaktive Körper, welche nunmehr als α- und als β-Dipentenverbindungen beschrieben werden sollen." Das α-Dipentennitrosochlorid stellte WALLACH aus konzentrierten ätherischen Lösungen genau gleicher Gewichtsmengen von d- und l-Limonennitrosochlorid dar, Smp. 103—104°; dieses α-Dipentennitrosochlorid wurde mit Basen umgesetzt, wobei stets ein Gemisch von zwei inaktiven Nitrolaminen erhalten wurde. α-Dipenten-Nitrolpiperidin erhielt WALLACH, als er die beiden bei 93—94° schmelzenden rechts- und linksdrehenden Limonen-α-Nitrolpiperidine in Petrolätherlösung vereinigte; das i-Nitrolpiperidin schmilzt bei 154° und ist monoklin. β-Dipenten-Nitrolpiperidin stellte WALLACH (A. **252**, 125) analog dar wie die α-Verbindung, indem er die bei 110° schmelzenden rechts- und linksdrehenden β-Limonenbasen vereinigte; Smp. 152°, in Lösungsmitteln bedeutend löslicher, als die α-Dipentenbase. Hieraus ist es erklärlich, daß das oben erwähnte direkt aus dem Dipentennitrosochlorid erhaltene Dipentennitrolpiperidin ein Gemenge ist, welches sich aber schwer in seine Komponenten trennen läßt.

Die Existenz dieser sechs Limonennitrolpiperidine erklärt sich nach meiner Meinung genügend aus den beiden asymmetrischen Kohlenstoffatomen im Molekül, so daß alle als chemisch identisch anzusehen sind. — Daß die Nitrolpiperidine monomolekular sind, geht aus den Bestimmungen der analogen Limonennitrolaniline schon hervor (WALLACH, B. **28** [1895], 1311).

Limonennitrolaniline

$C_{10}H_{15}:NOH \cdot NHC_6H_5$ = 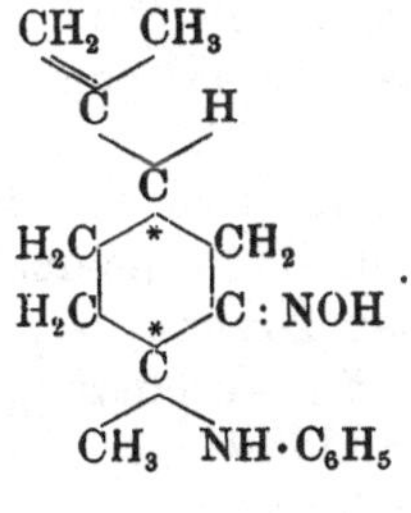 .

Das über die Limonennitrolpiperidine Gesagte gilt mut. mut. auch von den Limonennitrolanilinen. Die beiden asymmetrischen Kohlenstoffatome lassen auch hier mehrere physikalische Isomere voraussehen. Je nachdem beide Kohlenstoffatome nach rechts oder nach links drehen, sind zwei Basen denkbar, die ebenso stark nach rechts, wie nach links drehen; dreht jedoch das eine Kohlenstoffatom nach rechts, das andere nach links, so wird, da sie nicht gleichwertig sind, eine optisch aktive Base entstehen, die ebenfalls ihren optischen Antipoden hat, so daß wir demnach vier optisch aktive Limonennitrolaniline haben, von denen je zwei zu verschiedenen inaktiven Nitrolaminen zusammentreten, indem entweder die eine rechtsdrehende Modifikation sich mit der linksdrehenden Modifikation (beide asymmetrische Kohlenstoffatome sind in demselben Sinne optisch aktiv) vereinigt, oder die eine rechtsdrehende mit der linksdrehenden Modifikation zusammentritt (das eine asymmetrische Kohlenstoffatom dreht im entgegengesetzten Sinne wie das andere). Auf das Verhältnis der cis- und trans-Isomerie zur Asymmetrie der beiden Kohlenstoffatome soll an dieser Stelle nicht eingegangen werden. Vgl. auch E. FISCHER (B. **23**, 3687; **24**, 2686) und WALLACH (B. **24**, 1563).

Über die Darstellung der Limonennitrolaniline vgl. WALLACH (A. **252**, 118; A. **270**, 180; über ihre monomolekulare Struktur B. **28**, 1311).

Limonen-α-Nitrolanilin. 20 g gepulvertes Limonen-α-Bisnitrosochlorid werden in einem Kolben mit 20 g Anilin und 30 ccm Alkohol übergossen und am Rückflußkühler bis zum Eintritt der Reaktion erwärmt; nach beendeter Reaktion wird ein Überschuß von konz. Salzsäure hinzugefügt; dadurch entsteht ein Kristallbrei, der abgesaugt und mit Alkohol und Äther gewaschen wird. Das zurückbleibende weiße Kristallpulver besteht aus dem reinen Chlorhydrat des α-Anilinderivates, während die β-Anilinverbindung vollständig in Lösung bleibt. WALLACH bezeichnet als α-Verbindung diejenige, welche bezüglich ihres Rotationsvermögens dem Ausgangsmaterial (α-Bisnitrosochlorid) am nächsten steht. Das Limonen-α-Nitrolanilin schmilzt bei 112—113°; d-Limonen-α-Nitrolanilin aus α-Nitrosochlorid zeigte 1. $[\alpha]_D = +101,75°$, 2. $[\alpha]_D = +102,19°$; d-Limonen-α-Nitrolanilin aus β-Nitrosochlorid: $[\alpha]_D = +102,25°$; l-Limonen-α-Nitrolanilin aus α-Nitrosochlorid: $[\alpha]_D = -102,62°$. WALLACH stellte ferner die Nitrosoverbindungen dar (A. **270**, 183); das Nitroso-α-Nitrolanilin $C_{10}H_{21}N_3O_3$ schmilzt bei 142°, die Nitrosoverbindung aus d-Limonen-α-Nitrolanilin zeigt $[\alpha]_D = +46,20°$, aus l-Limonen-α-Nitrolanilin $[\alpha]_D = -47,82°$. Durch Vermischen gleicher Gewichtsmengen der d- und l-Nitrosoverbindung wird das Nitrosodipenten-α-Nitrolanilin vom Smp. 147° erhalten.

Das Limonen-β-Nitrolanilin wird aus der Mutterlauge des salzsauren Salzes abgeschieden, indem diese in überschüssiges Ammoniakwasser gegossen wird, Smp. 153°; das Drehungsvermögen ist dem des Limonens entgegengesetzt, aus welchem die Verbindung gewonnen wurde; d-Limonen-β-Nitrolanilin aus α-Nitrosochlorid zeigt $[\alpha]_D = -88,33°$; d-Limonen-β-Nitrolanilin aus β-Nitrosochlorid ergab 1. $[\alpha]_D = -89,00°$, 2. $[\alpha]_D = -89,39°$; l-Limonen-β-Nitrolanilin aus α-Nitrosochlorid: $[\alpha]_D = +87,17°$. Die Nitrosoverbindung des β-Nitrolanilins schmilzt bei 136°, das durch Vereinigung von d- und l-Nitroso-β-Anilin gebildete Produkt schmilzt bei 129°. — Halogenwasserstoffanlagerungsprodukte an diese Limonennitrolaniline. WALLACH (A. **276**, 186) läßt auf diese Nitrolaniline Salzsäure in methylalkoholischer Lösung einwirken, um ev. eine Entscheidung in der Frage chemischer oder physikalischer Isomerie herbeizuführen. Das d-Limonen-α-Nitrolanilin liefert eine Verbindung $C_{10}H_{15}HCl:NOH\cdot NHC_6H_5$, Smp. 115°, welche die größte Ähnlichkeit zeigt mit der aus dem Limonenhydrochlorid durch Anlagerung von Nitrosylchlorid usw. erhaltenen Verbindung (A. **270**, 188). Das d-Limonen-β-Nitrolanilin, analog mit Salzsäure behandelt, gab dagegen eine Verbindung vom Smp. 78°, das l-Limonen-β-Nitrolanilin lieferte das analoge bei 78° schmelzende Produkt; die aus diesen beiden Komponenten gewonnene inaktive Dipentenverbindung schmolz bei 90°. Körper, welche gleiche Eigenschaften und Konstitution besitzen, konnte Wallach aus dem Limonenmonochlorhydrat nicht erhalten. — Es lassen sich diese Ergebnisse erklären, wenn wir annehmen, daß sich HCl in der Seitenkette anlagert und die asymmetrischen Kohlenstoffatome ihr Drehungsvermögen behalten. Aus dem Limonenchlorhydrat dürfte man nur eine Verbindung erhalten, indem sich das Chloratom bzw. die NHC_6H_5-Gruppe nur in einem Sinne anlagert.

Limonennitrolbenzylamine

$C_{10}H_{15}NOH \cdot NHCH_2C_6H_5$ =

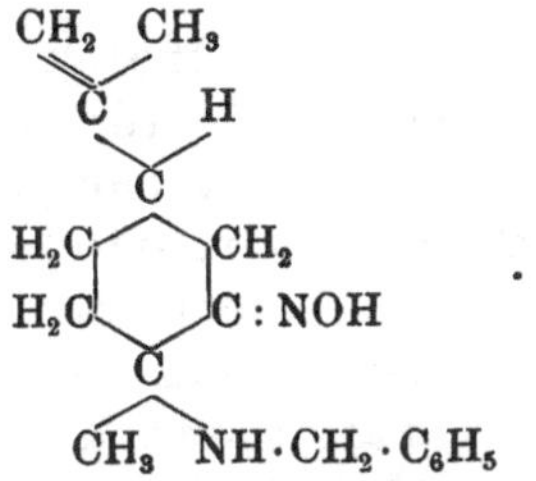

Das über das Limonen-Nitrolpiperidin und -anilin Gesagte gilt wiederum mut. mut. von den Benzylaminbasen. Wallach (A. **252**, 121) gewinnt die Benzylaminbasen, indem er z. B. 10 g α-Nitrosochlorid, 12 g Benzylamin und 40 ccm Alkohol erwärmt; auf Zusatz von Wasser fällt das Benzylamin, welches ein Gemenge bildet, aus. Durch Umkristallisieren aus Alkohol scheidet sich zuerst das

α-Limonennitrolbenzylamin aus, Smp. 93°, Pol., wenn aus d-Limonen erhalten, stark rechts, wenn aus l-Limonen erhalten, ebensoviel links; d-Limonen-α-Nitrolbenzylamin zeigte $[\alpha]_D = +163{,}8°$, l-Limonen-α-Nitrolbenzylamin $[\alpha]_D = -163{,}6°$; d-Limonen-α-Nitrolbenzylamin-Chlorhydrat $[\alpha]_D = -82{,}26°$, l-Limonen-α-Nitrolbenzylamin-Chlorhydrat $[\alpha]_D = +83{,}06°$; d-Limonen-α-Nitrolbenzylamin-Nitrat $[\alpha]_D = -81{,}5°$, l-Limonen-α-Nitrolbenzylamin-Nitrat $[\alpha]_D = +81{,}0°$; d-Limonen-α-Nitrolbenzylamin-Rechts-Tartrat (Wallach und Conrady, A. **252**, 148) zeigt $[\alpha]_D = -49{,}93°$, l-Limonen-α-Nitrolbenzylamin-Rechts-Tartrat $[\alpha]_D = +69{,}6°$; d-Limonen-α-Nitrolbenzylamin-Links-Tartrat $[\alpha]_D = -69{,}9°$; l-Limonen-α-Nitrolbenzylamin-Links-Tartrat $[\alpha]_D = +51{,}0°$.

Die β-Limonennitrolbenzylamine wurden nicht ganz rein erhalten; es wurde gefunden, „daß sie ein schwächeres (vielleicht entgegengesetztes) Rotationsvermögen besitzen als die zugehörigen α-Basen."

Das α-Dipentennitrolbenzylamin gewinnt Wallach (A. **252**, 126), indem er die beiden rechts- und linksdrehenden, bei 92 und 93° schmelzenden α-Limonennitrolbenzylamine vereinigt. Das entstehende Dipentenbenzylamin zeichnet sich ganz besonders durch Kristallisationsfähigkeit aus; Smp. 109—110°, monoklin.

Folgende Tabelle möge zur Übersicht dienen (A. **252**, 127).

Nitrolamine aus:

mit:		Links-Limonen		Rechts-Limonen		Dipenten	
		R°	Smp.	R°	Smp.	R°	Smp.
Piperidin	α	−	94°	+	94°	0	154°
	β	+	110°	−	110°	0	152°
Anilin	α	−	112°	+	112°	0	125°
	β	+	153°	−	153°	0	149°
Benzylamin	α	−	93°	+	93°	0	110°

b) Hydrochlorlimonennitrolamine; Umsetzungen der Hydrochlorlimonen-Bisnitrosochloride bzw. -nitrosate mit Basen. Die im vorstehenden beschriebenen Limonennitrolaminbasen konnten aus den Limonen-Bisnitrosochloriden bzw. -nitrosaten durch Behandlung mit Basen in alkoholischer bzw. Benzollösung dargestellt werden. Da sich das Hydrochlorlimonen-Bisnitrosochlorid und -nitrosat von dem einfachen Bisnitrosochlorid und -nitrosat wahrscheinlich nur durch das in der Seitenkette angelagerte HCl unterscheidet, so müssen bei der analogen Behandlung mit Basen Hydrochlorlimonennitrolaminbasen entstehen, die von den einfachen Basen ebenfalls nur durch das in der Seitenkette angelagerte HCl differieren. — Zur Darstellung der Hydrochlorlimonennitrolamine ist zu bemerken, daß man besser von dem Hydrochlorlimonennitrosat als von dem Bisnitrosochlorid ausgeht, da erstere Verbindung schwerer löslich und leichter zu gewinnen ist. Man hat hierbei ferner im Auge zu behalten, daß bei der Darstellung der aktiven Nitrolaminbasen leicht inaktive Beimengungen gewonnen werden, da das Ausgangsmaterial zur Darstellung des Bisnitrosochlorids bzw. Bisnitrosats, nämlich das Limonenmonochlorhydrat, leicht inaktiviert wird. Da nun das aktive Hydrochlorlimonennitrosat leichter löslich ist als das inaktive, so geht man am besten von den löslichsten Anteilen aus (Wallach, A. **245**, 262 und A. **270**, 188). Die Hydrochlordipentennitrolamine werden demnach am besten aus den schwerlöslichen Abscheidungen des Hydrochlordipentennitrosats oder durch Vereinigung der aktiven Komponenten, der aktiven Hydrochlorlimonennitrolamine, dargestellt.

Hydrochlorlimonennitrolanilin

$C_{10}H_{15}HCl:NOH \cdot NHC_6H_5 =$

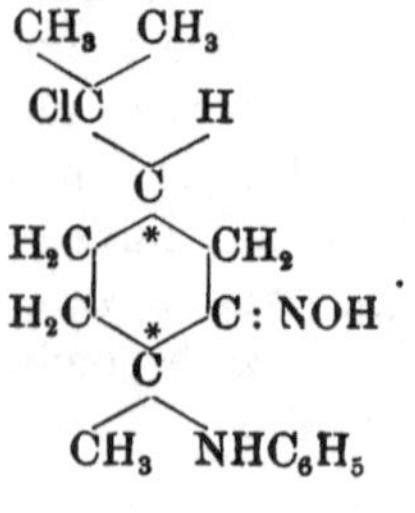

WALLACH (A. **245**, 262; **270**, 193) löst 5 g Hydrochlorlimonen-Bisnitrosat in 35 g Benzol und fügt 3,5 ccm Anilin hinzu; die aus d- und l-Limonen gewonnenen Hydrochlornitrolaniline schmelzen bei 117—118° und sind stark optisch aktiv im Sinne des Ausgangsmaterials; die Kristalle zeigen große Ähnlichkeit mit der bei 115° schmelzenden Verbindung, welche durch Addition von Salzsäure in methylalkoholischer Lösung an Limonennitrolanilin erhalten wird. Durch Vereinigung der rechts- und linksdrehenden Base entsteht das

Hydrochlordipentennitrolanilin, Smp. 140—141°; diese Verbindung scheidet sich auch stets zuerst aus, wenn das Ausgangsmaterial (Bisnitrosat) inaktive Substanz enthält. Durch Behandlung dieses Hydrochlordipentennitrolanilins — die aktiven Hydrochlorlimonennitrolaniline geben hierbei keine gut faßbaren Derivate — mit alkoholischem Kali konnte Salzsäure abgespalten werden und es wurden zwei Basen erhalten, deren Smp. bei 123—124° bzw. bei 158° lagen; diese Basen sind dem α- und β-Nitrolanilid der Dipentenreihe sehr ähnlich. Es ist auffallend, daß man bei der Behandlung von Hydrochlorlimonennitrosat mit Anilin für jede aktive Modifikation des Nitrosats die Bildung von nur je einem Hydrochlorlimonennitrolanilin beobachten konnte, während bei der Salzsäureentziehung je zwei voneinander verschiedene Produkte entstehen. Nach meiner Meinung können analoge Verhältnisse für die Halogensubstitutionsprodukte vorliegen, wie sie E. FISCHER (B. **24**, 2687) anführt, daß nämlich bei den Halogenderivaten die Asymmetrie des Kohlenstoffatoms am allerwenigsten zu beobachten ist; sobald nun Salzsäure abgespalten wird, könnte die Aktivität mehr zur Geltung kommen.

Das Hydrochlorlimonennitrol-p-Toluidin $C_{10}H_{15} \cdot HCl : NOH \cdot NHC_6H_4CH_3$. Die aktive Hydrochlorlimonennitrolaminbase scheint ebenfalls leichter löslich zu sein als das

Hydrochlordipentennitrol-p-Toluidin, welches WALLACH (A. **245**, 263) darstellte, indem er 13 g Bisnitrosat mit 11 g p-Toluidin und 40 ccm Alkohol kurze Zeit erwärmte; die Base kristallisiert aus Alkohol mit 1 Mol. Äthylalkohol, hat die Zusammensetzung $C_{17}H_{25}N_2OCl + 1\,C_2H_6O$ und schmilzt bei 135°; aus Benzollösung erhält man durch Fällen mit Petroläther die reine Base $C_{17}H_{25}ClN_2O$ vom Smp. 145—146°; aus Methylalkohol umkristallisiert scheint die Base mit CH_3OH zu kristallisieren.

Mit Dimethylanilin setzte WALLACH (A. **245**, 265) 13 g Hydrochlornitrosat in folgender Weise um: 13 g Hydrochlornitrosat, 6 g Dimethylanilin und 50 ccm Alkohol wurden erwärmt. Hierbei entstand eine Verbindung $C_{12}H_{22}ClNO_2$ vom Smp. 114—115°; bei Anwendung von Methylalkohol wurde eine Verbindung $C_{11}H_{20}NO_2Cl$ vom Smp. 139° erhalten; demnach scheint es, als ob die Umsetzung mit Dimethylanilin anders verläuft als jene mit Anilin usw., daß diese Verbindungen ev. aufzulösen sind in $C_{10}H_{15} \cdot HCl : NOH \cdot OC_2H_5$ bzw. $C_{10}H_{15} \cdot HCl : NOH \cdot OCH_3$, so daß das Dimethylanilin das Chlor entzogen hat unter gleichzeitiger Substitution durch OC_2H_5 bzw. OCH_3, indem der Wasserstoff des Alkohols zur Salzsäurebildung Verwendung fand; oder aber es ist 1 Mol. HNO_3 abgespalten worden und die entstandene Verbindung $C_{10}H_{14} \cdot HCl : NOH$ kristallisiert mit 1 Mol. Methyl- oder Äthylalkohol.

Hydrochlorlimonennitrolbenzylamin $C_{10}H_{15} \cdot HCl : NOH \cdot NHCH_2C_6H_5$. Wallach (A. **270**, 192) läßt 5 Teile aktives Hydrochlorlimonen-Bisnitrosat in 10 Teilen Alkohol und 5 Teile Benzylamin kurze Zeit in der Wärme aufeinander einwirken. Beim Erkalten scheidet sich zuerst das inaktive Benzylamin aus, während sich aus der Mutterlauge durch Wasser die aktive Modifikation ausfällen läßt.

d-Hydrochlorlimonennitrolbenzylamin, Smp. 103—104°, $[\alpha]_D = + 149{,}6^0$ (in Chloroforml.); durch Einleiten von Salzsäure in die ätherische Lösung der Verbindung erhält man das Chlorhydrat, Smp. 163—164°.

l-Hydrochlorlimonennitrolbenzylamin wird aus l-Bisnitrosat gewonnen; Smp. 103—104°, $[\alpha]_D = - 147{,}4^0$.

Dipenten-Hydrochlornitrolbenzylamin. Die Dipentenverbindung erhält man, wie bereits erwähnt, stets bei der Darstellung der aktiven Modifikationen; sie scheidet sich zuerst ab, da das Hydrochlorlimonen, aus dem das Nitrosat dargestellt wird, stets inaktive Substanz enthält. Auch läßt sich die Dipentenbase gewinnen, wenn man die beiden aktiven Basen in wenig warmem Alkohol löst und die Lösungen vereinigt, wobei sich augenblicklich die Dipentenbase abscheidet. Smp. 150°. —

Übergang des Limonen-Bisnitrosochlorids in Carvoxim

$C_{10}H_{14} : NOH =$ 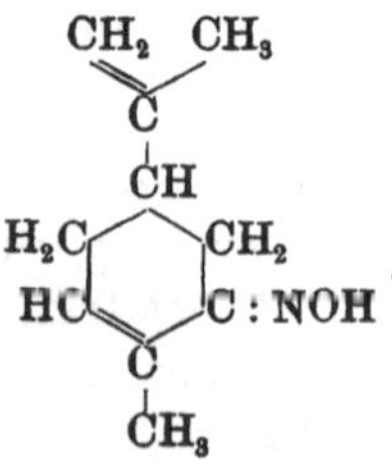 .

Bei der Behandlung der Bisnitrosochloride mit Alkalien und Basen haben wir zwei Reaktionen zu unterscheiden; in beiden Fällen spaltet sich zunächst die bimolekulare Verbindung in ihre beiden Komponenten, und es entstehen monomolekulare Körper. Erwärmen wir die Bisnitrosochloride z. B. mit alkoholischem Kali, so findet zunächst die Verseifung der Bisnitrosogruppe statt, die ja einen Ester darstellt (vgl. allgemeinen Teil), und es entstehen unter gleichzeitiger Umlagerung der vorhandenen NO-Gruppe zwei Moleküle eines gechlorten Oxims, welches nun seinerseits Salzsäure abspaltet und das reine Oxim liefert, so daß wir folgenden Übergang haben:

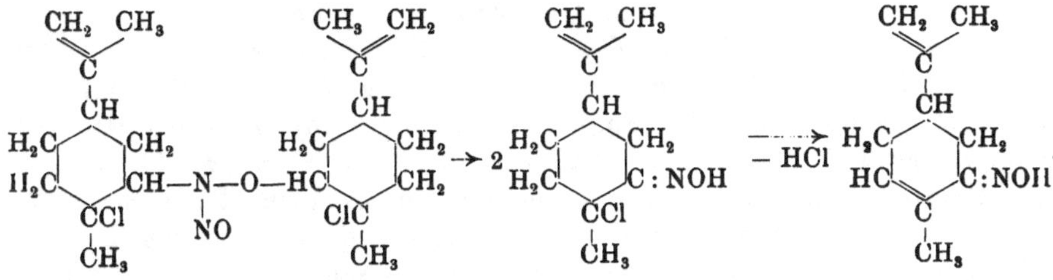

Außer dieser Bildung von Oximen haben wir alsdann eine zweite Reaktion zu berücksichtigen, die bei der Anwendung von Basen, wie wir oben ausführlich bei der Bildung der Limonennitrolamine usw. auseinandergesetzt haben, eintritt; auch hierbei wird natürlich zunächst die Nitrosogruppe verseift und es entsteht wahrscheinlich primär dasselbe gechlorte Oxim, alsdann nimmt das Chlor aber zur Salzsäureabspaltung den Wasserstoff nicht von dem benachbarten Kohlenstoff her, sondern von der einwirkenden Base, so daß nunmehr die freiwerdende Valenz des Kohlenstoffatoms durch den Rest der Base gesättigt wird. — Wie eingangs der Besprechung des Limonenbisnitrosochlorids erörtert wurde, verdanken wir die Entdeckung der Gewinnung des Nitrosolimonens TILDEN; GOLDSCHMIDT hat alsdann die Identität mit dem Carvoxim nachgewiesen. Schon TILDEN fand, daß die entstehende Nitrosoverbindung entgegengesetzt dem angewandten rechtsdrehenden Carvon nach links dreht. WALLACH (A. **245**, 268) beobachtete alsdann, daß, wenn man das Dipentennitrosochlorid mit alkoholischem Kali behandelt, man ein Oxim vom Smp. 92—93^0 erhält, welches optisch inaktiv ist und beim Kochen mit verdünnten Säuren einen an Carvon erinnernden Geruch auftreten läßt; man kannte damals noch nicht die Beziehungen dieses inaktiven Oxims zu den bei 72^0 schmelzenden aktiven Modifikationen; inzwischen hatte WALLACH (A. **245**, 258) die aktive Modifikation auch aus dem Limonen-Bisnitrosat erhalten. Als WALLACH (A. **246**, 221) l-Limonen im Fichtennadelöle auffand, konnte er auch ein linksdrehendes Bisnitrosochlorid darstellen. Aus diesem l-Bisnitrosochlorid gewann WALLACH ein Carvoxim, welches ebenfalls bei 72^0 schmolz, das aber rechtsdrehend war, sowie dies WALLACH (A. **245**, 257) für das Carvoxim aus dem d-Carvon festgestellt hatte. Als W. d- und l-Carvoxim zu gleichen Teilen in Lösung mischte, erhielt er nunmehr ein inaktives, bei 93^0 schmelzendes Carvoxim, welches identisch war mit dem zuvor erhaltenen Nitrosodipenten, dargestellt aus dem Dipenten-Bisnitrosochlorid.

Das Drehungsvermögen des Carvoxims bestimmte WALLACH (A. **246**, 227) für d-Carvoxim: $[\alpha]_D = +39{,}71^0$, für l-Carvoxim: $[\alpha]_D = -39{,}34^0$, für d-Benzoylcarvoxim, Smp. 96^0 (WALLACH u. CONRADY, A. **252**, 149): $[\alpha]_D = +26{,}47^0$, für l-Benzoylcarvoxim: $[\alpha]_D = -26{,}97^0$. — Es ist noch zu erwähnen, daß WALLACH (A. **270**, 174) sowohl aus den α-, als aus den β-Limonen-Bisnitrosochloriden Carvoxim erhielt.

Von den Derivaten des Carvoxims sei hier nur erwähnt, daß WALLACH (A. **270**, 278) für das d- und l-Hydrochlorcarvoxim (GOLDSCHMIDT, B. **20**, 2073), welches HCl an die doppelte Bindung der Seitenkette addiert hat, den Smp. 135° angibt, während die inaktive Verbindung bei 125°,5 schmilzt. Vgl. auch v. BAEYER (B. **29**, 19), welcher das Hydrochlorcarvoxim durch Einleiten von HCl in die Lösung von d-Carvoxim in Eisessig sowie bei 24stündigem Stehen von α- oder β-Limonennitrosochlorid mit alkoholischer Salzsäure (von 40 %) erhielt. Den Schmelzpunkt des Benzoyläthers des Rechts-Hydrochlorcarvoxims bestimmte GOLDSCHMIDT (B. **18**, 2222) zu 114—115°. Alle anderen Eigenschaften, sowie Derivate des Carvoxims vgl. unter Carvon; es sei hier nur noch betont, daß man durch Zersetzung des Carvoxims mit verd. Säuren zum Carvacrol und Carvon gelangt, daß letzteres Molekül durch Reduktion in Dihydrocarvon übergeführt werden kann, welches sich seinerseits zu Caron isomerisieren läßt. Von dem Caron gelangt man zum Carvestren, so daß man auf diese Weise vom Limonen zu diesem Terpen, welches wahrscheinlich der m-Cymolreihe angehört, kommen kann. —

Einwirkung von Cyankalium auf Limonen-Bisnitrosochlorid. TILDEN und LEACH (Soc. **85** [1904], 931) lassen auf Limonen-Bisnitrosochlorid Cyankalium einwirken, wobei das

Limonen-β-Nitrosocyanid

$C_{10}H_{15}:NOH \cdot CN =$

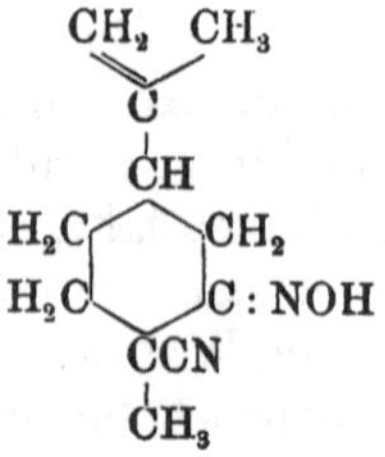

entsteht, löslich in Alkohol, Äther und Benzol, Smp. 90—91°, optisch aktiv wie das Nitrosochlorid, $\alpha_D = \pm 165°$ in Benzollösung. Das Benzoylderivat schmilzt bei 107°. Das Limonen-β-Nitrosocyanid ist monomolekular. Bei der Behandlung des α-Nitrosochlorids mit Cyankalium entsteht neben Carvoxim vom Smp. 72° ein flüssiges Nitrosocyanid, das jedoch bei der Benzoylierung das gleiche Benzoylderivat liefert wie β-Nitrosocyanid. — Vgl. hierzu die Abhandlung von FR. LEACH über Limonennitrosocyanide und ihre Derivate (Soc. **87** [1905], 413). —

Unter den Reaktionen der Kohlenstoffverbindungen, im speziellen der organischen Verbindungen, mit Limonen ist die Einwirkung von Formaldehyd zu erwähnen. KRIEWITZ (B. **32**, 59) erhitzt 20 g Dipenten mit 4,4 g Paraformaldehyd und 10 g Alkohol 12 Stunden lang im Rohre auf 190—195°; hierbei entsteht der Alkohol

$C_{11}H_{18}O$ = 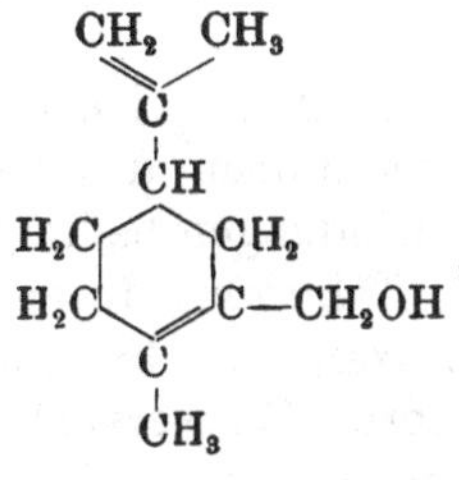 (?),

Sdp. 242—248°, d_{20} = 0,9459; er ist inaktiv und zieht sehr leicht Feuchtigkeit an. Die Acetylverbindung $C_{13}H_{20}O_2$ dieses Alkohols wird durch Kochen mit Essigsäureanhydrid und Natriumacetat erhalten; Sdp. 258—261°.

Den aktiven rechtsdrehenden Alkohol $C_{11}H_{18}O$ erhält Kriewitz, indem er das d-Limonen analog dem Dipenten behandelt; dieser Alkohol besitzt d_{20} = 0,9568 und ist rechtsdrehend wie die Ausgangssubstanz. Die Acetylverbindung $C_{13}H_{20}O_2$, Sdp. 259—263°, wird ebenso erhalten wie jene des Dipentens. — Über die Konstitution dieser Verbindungen ist nichts bekannt; es muß ein Wasserstoffatom des Limonens, das sich durch größere Beweglichkeit auszeichnet, also vielleicht ein in der Nähe der Doppelbindung stehendes, wie in obiger Formel angenommen ist, mit dem Formaldehyd in Reaktion getreten sein.

Organische Säuren wirken allmählich auf Limonen invertierend, wie bei der Umwandlung des Limonens in andere Terpene angegeben wurde; es entsteht aus aktivem Limonen i-Limonen, ferner Terpinolen und Terpinen. Reychler (B. **29** [1896], 697) ließ Trichloressigsäure (2 Mol.) auf Carven (1 Mol.) einwirken. Hierbei erhielt er eine optisch inaktive Verbindung vom Smp. 104°, die die Zusammensetzung $C_{10}H_{16} \cdot 2(CCl_3COOH)$ hatte und die vielleicht das Di-Trichloracetat des Terpins darstellt; ferner wurde ein nicht kristallisierender, öliger Körper gewonnen, welcher bei der Verseifung außer anderen Produkten wahrscheinlich auch Terpinhydrat vom Smp. 115—117° gab.

Über den Übergang des Limonens in Cymol ist zusammenfassend zu bemerken, daß Oppenheim (B. **5**, 628) Brom auf Citronenöl einwirken ließ und aus dem Reaktionsprodukt Bromwasserstoff abspaltete. Es ist dies sicherlich kein einfacher Prozeß, sondern wahrscheinlich wirkt Brom teilweise substituierend und der entstandene Bromwasserstoff lagert sich an, so daß aus dem so erhaltenen gebromten Limonendibromhydrat unter Abspaltung von 3 Mol. HBr und gleichzeitiger Umlagerung Cymol gebildet wird. — Wallach (A. **225** [1884], 304) führt alsdann Cinen (i-Limonen) mit konzentrierter H_2SO_4 in Cymol über (vgl. Faust u. Homeyer, B. **7**, 1429 und Graebe, B. **5**, 680). — Vgl. ferner über die Bildung des Cymols aus Limonentetrabromid mittels Anilin Wallach (A. **264**, 24). — Schließlich sei erwähnt, daß v. Baeyer (B. **31**, 1401) durch Einwirkung von Brom in Gegenwart von etwas Jod auf das aus Limonen durch Einwirkung von HBr erhaltene Dipentendibromhydrat und darauffolgende Reduktion des entstandenen Bromids mit Zinkstaub und Salzsäure, schließlich mit

Natrium und Alkohol, p-Cymol erhielt; hierbei muß ebenfalls ein Tribromid $C_{10}H_{17}Br_3$ entstehen.

Zusammenfassung der chemischen Eigenschaften des Limonens. Die Reaktionen des Limonens sind im wesentlichen durch die beiden doppelten Bindungen bedingt, welche sich sehr verschieden verhalten in bezug auf die Fähigkeit, durch Anlagerung anderer Moleküle leicht kristallisierbare Derivate zu liefern. Die doppelte Bindung in der Seitenkette lagert leichter Wasserstoff an, wie aus den Versuchen von Sabatier und Senderens hervorgeht; auch Halogen und Halogenwasserstoffsäuren scheinen von ihr leichter addiert zu werden, als von der doppelten Bindung im Kern. Vor allen Dingen ist es interessant zu beobachten, wie die doppelte Bindung im Kern nur bei Gegenwart von Wasser glatt das zweite Molekül Halogenwasserstoff anlagert. Auch bei der Abspaltung der Halogenwasserstoffmoleküle zeigen sich Unterschiede insofern, als dies im Kern bedeutend leichter geschieht, als in der Seitenkette, also beobachten wir schwerere Anlagerung, aber leichtere Abspaltung im Kern. Auch scheint es so, als ob die Wasseranlagerung in der Seitenkette unter Bildung des Terpineols vom Smp. 35° schneller vor sich geht, als jene im Kern unter Entstehung des Terpineols vom Smp. 32°. — Besonders wichtig gestaltet sich die Reaktionsfähigkeit der beiden doppelten Bindungen den gemischten Anhydriden NOCl, $NO \cdot ONO_2$ usw. gegenüber. Es ist ganz klar, daß die Anlagerung dieser Moleküle nicht stets und ständig in ein und demselben Sinne erfolgt; zunächst ist festzustellen, daß allerdings die doppelte Bindung im Kern leichter zu reagieren scheint unter Bildung kristallinischer Derivate, als die doppelte Bindung in der Seitenkette; Nitrosylchloridverbindungen, Nitrosate scheinen mit einer doppelten Bindung, wie sie im Limonen in der Seitenkette vorhanden ist, nur schwer so zu reagieren, daß gut kristallisierende Verbindungen entstehen. Dagegen erhalten wir mit der tertiär-sekundären doppelten Bindung im Kern die Bisnitrosochloride, Bisnitrosate usw.; allerdings scheint auch hier die Anlagerung nicht quantitativ in nur einem Sinne zu erfolgen, da wir bei der Bildung des Limenonols eine Anlagerung der NO-Gruppe an das tertiäre Kohlenstoffatom annehmen müssen. Charakteristisch für die Lage der beiden doppelten Bindungen ist auch, daß sie sich nicht nach Art eines konjugierten Systems reduzieren lassen. Gemeinsam mit dem Pinen hat das Limonen den Übergang in das Dichlorhydrat bei Gegenwart von Wasser, während sich bei Abwesenheit desselben aus dem Pinen das bei 123° schmelzende gesättigte Pinenchlorhydrat bildet; aus dem Limonen entsteht unter gleichen Bedingungen das ungesättigte Limonenmonochlorhydrat. Genau so wie der künstliche Kampfer nicht mehr zum Pinentypus gehört, ist ein gleiches auch beim Pinendibromid der Fall; das Limonenmonochlorhydrat dagegen, sowie das Limonentetrabromid gehören noch dem Limonentypus an. Pinen-Bisnitrosochlorid ist gesättigt, Limonen-Bisnitrosochlorid ist ungesättigt; beide können allerdings in Hydrochlorcarvoxim übergehen, aber beim Pinen-Bisnitrosochlorid wird hierbei der Vierring gesprengt. Demnach erkennen wir, daß das Pinen und Limonen, obwohl das eine bicyklisch, das andere monocyklisch ist, doch viel Ähnlichkeit miteinander haben, ein Umstand, der dadurch bedingt ist, daß die doppelte Bindung im Kern dieselbe ist, anderseits dadurch, daß der Vierring im Pinen, namentlich durch Halogenwasserstoffsäuren, bei Gegenwart von Eisessig gesprengt und der Limonentypus durch Schaffung der doppelten Bindung in der Seitenkette gebildet wird.

Identifizierung des Limonens. Der Abscheidung von festen Limonenderivaten muß die Isolierung des Limonens in möglichst reinem Zustande voraufgehen; sie erfolgt am besten zunächst durch fraktionierte Destillation, wobei wir schließlich die zwischen 173 und 177° übergehenden Anteile über Natrium destillieren. Durch Bestimmung der physikalischen Konstanten gewinnen wir einen Anhaltspunkt über etwaige Anwesenheit von Limonen; es könnte dem Siedepunkt nach noch Cineol vorliegen, da dieses bei gleicher Temperatur siedet und sich ebenfalls über Natrium destillieren läßt; aber das Volumgewicht des Limonens ist 0,846, jenes des Cineols ca. 0,927, n_D des Limonens = 1,470, n_D des Cineols = 1,458. Schwieriger gestaltet sich der Nachweis des Limonens bei gleichzeitiger Anwesenheit anderer Terpene, ebenso müssen wir auseinanderhalten den Nachweis von aktivem und inaktivem Limonen (Dipenten). Während die Schmelzpunkte von aktiven und inaktiven Pinenderivaten, solange der Pinentypus erhalten bleibt, in den meisten Fällen die gleichen sind, so haben wir bei den Limonenderivaten größere Verschiedenheit zu konstatieren. Es hängt dies damit zusammen, daß bei der eigentümlichen Konfiguration des Pinens keine cis- und trans-Isomerie in dem Maße beobachtet und möglich ist wie bei den Limonenderivaten. Sobald sich Atome oder Atomgruppen an die doppelte Bindung des Ringes im Limonen anlagern, haben wir sofort die Möglichkeit der cis-trans-Isomerie, sowie in vielen Fällen die Entstehung von mindestens zwei asymmetrischen Kohlenstoffatomen im Molekül; hierdurch werden aber, wenn zwei asymmetrische Kohlenstoffatome (C_1 und C_4) vorhanden sind, vier optisch aktive Formen der Derivate möglich, wie ausführlich bei den Limonennitrolaminen auseinandergesetzt wurde. Durch Vereinigung der verschiedenen, einander entsprechenden optisch aktiven Derivate können zwei inaktive Derivate entstehen. Nicht immer sind diese optisch isomeren Formen isoliert oder erhalten worden.

Beim Limonen hat sich herausgestellt, daß durch Vereinigung der entsprechenden d- und l-Konfiguration eine inaktive Modifikation entsteht, die sich wesentlich im Schmelzpunkt, in der Kristallform usw. von den aktiven Komponenten unterscheidet. Das aktive Limonen selbst unterscheidet sich vom inaktiven Dipenten, mit Ausnahme der Polarisation, absolut nicht; Volumgewicht, Brechungsexponent, Siedepunkt usw. sind die gleichen. Wollen wir jedoch die Anwesenheit des Limonens durch Darstellung von Derivaten weiterhin charakterisieren, so müssen wir scharf darauf achten, ob aktives oder inaktives Limonen vorliegen kann. Die kristallisierten Derivate des Limonens und des Dipentens können sich in der Ausbildung der Kristalle, namentlich im Schmelzpunkt der letzteren, gegenseitig sehr beeinflussen. Hinzukommt, daß man selten absolut reines aktives oder inaktives Limonen vor sich hat, sondern daß gewöhnlich Gemenge vorliegen. Nun hat sich aber herausgestellt, daß bei der Abscheidung der kristallisierten Derivate gewöhnlich die i-Limonen-(Dipenten)-Derivate zuerst auskristallisieren, alsdann erst werden vielfach aus den Mutterlaugen die aktiven Verbindungen erhalten.

Identifizierung des aktiven Limonens. Während das Pinen aus dem Pinen-Bisnitrosochlorid mittels Anilin regeneriert werden kann, ist diese wichtige Umsetzung beim Limonen nicht ausführbar, sondern es bilden sich bei letzterem, besonders beim Arbeiten in Lösungen, die Nitrolaniline. Besonders charakteristisch für das aktive Limonen ist das bei 104—105° schmelzende optisch aktive Limonentetrabromid. Zu seiner Darstellung (Wallach, A. **239** [1887], 3; v. Baeyer und Villiger, B. **27** [1894], 448; Power und Kleber, Ar. **232** [1894], 646; Godlewski, Chem. Z. **22** [1898], 827) kann man verschiedene Wege einschlagen; Godlewski (vgl. oben Limonentetrabromid) löst das Terpen in einer Mischung gleicher Gewichtsteile Amylalkohol und Äther und läßt diese Lösung in ätherische Bromlösung, die mit Eiswasser gekühlt wird, eintropfen. Es sei erwähnt, daß man aus dem aktiven Limonentetrabromid aktives Limonen regenerieren kann, wenn man ersteres nach Roshanowitsch (Ж. **31**, 209; C. **1899**, I, 1241) mit Zinkstaub und Alkohol behandelt; durch Bestimmung der physikalischen Konstanten erhält man einen wichtigen Beweis für die Anwesenheit von aktivem Limonen. — Die Bisnitrosochloride (α- und β-) eignen sich selbst weniger zur Identifizierung, aber beim Behandeln mit alkoholischem Kali liefern sie das bei 72° schmelzende optisch aktive Carvoxim. — Außerdem lassen sich aus den Bisnitrosochloriden aktive Nitrolaminbasen gewinnen; allerdings existieren auch hier α- und β-Basen, von denen z. B. das aktive α-Limonennitrolbenzylamin bei 93° schmilzt.

Identifizierung des i-Limonens (Dipentens). Was über die Reindarstellung des aktiven Limonens gesagt ist, hat auch Geltung für das Dipenten. Zum Nachweis des letzteren stellt man das Tetrabromid dar, welches bedeutend schwerer löslich ist, als die aktiven Limonentetrabromide, und einen Schmelzpunkt von 124—125° aufweist. Auch das Bisnitrosochlorid existiert in der α- und β-Modifikation. Die Dipenten-Bisnitrosochloride geben, wie das Bisnitrosat, beim Behandeln mit alkoholischem Kali inaktives, bei 93° schmelzendes Carvoxim. Die Dipentennitrolamine existieren ebenfalls in einer α- und β-Form; besonders charakteristisch ist das α-Dipentennitrolbenzylamin, welches sich im Gegensatz zu den bei 93° schmelzenden aktiven Komponenten durch große Kristallisationsfähigkeit auszeichnet und bei 109—110° schmilzt.

Nach diesen Auseinandersetzungen hält es nicht schwer, charakteristische Derivate sowohl des aktiven, als auch inaktiven Limonens zu finden. Bei gleichzeitiger Anwesenheit von aktivem und inaktivem Limonen müssen wir auf die schwerere Löslichkeit der Dipentenverbindungen acht haben, indem wir außerdem die Polarisation zu Hilfe nehmen, so daß die gleichzeitig ausgeführte Kristallisation über die Anwesenheit beider Formen keinen Zweifel lassen kann. Sind andere Terpene zugegen, wobei es sich hauptsächlich um Pinen, Terpinolen, Terpinen und Phellandren handeln kann, so ist zu betonen, daß nur das Terpinolen ein Tetrabromid, aber von ganz anderem Habitus und Smp. (117°) liefert, ferner geben das Terpinen und Phellandren gut kristallisierende Nitrite, außerdem liefern aktives und inaktives Limonen das Limonendichlorhydrat vom Smp. 50°, während alle genannten Terpene außer Pinen diese Verbindung nicht geben, oder wenigstens nicht in irgendwie bisher absolut sicher nachweisbarer Form. Bei Gegenwart dieser Terpene empfiehlt es sich, die Limonen-Bisnitrosochloride darzustellen und aus diesen mittels Basen die Nitrolamine oder aber das aktive bzw. inaktive Carvoxim durch Kochen der Bisnitrosochloride mit alkoholischem Kali.

Konstitution des Limonens. Für die Konstitution des Limonens sind folgende Momente von Wichtigkeit: 1. die Feststellung der Bruttoformel $C_{10}H_{16}$; 2. die Anordnung der Kohlenstoffatome im Molekül insofern, als eine aliphatische oder cyklische Verbindung vorliegen kann; diese Frage hängt eng zusammen mit der Feststellung der Anzahl der doppelten Bindungen. Würden drei doppelte Bindungen vorliegen, so müßten wir zweifellos im Limonen einen Kohlenwasserstoff der Methanreihe sehen; sind hingegen zwei doppelte Bindungen vorhanden, so liegt ein monocyklisches, bei Gegenwart nur einer doppelten Bindung ein bicyklisches und bei keiner doppelten Bindung ein tricyklisches Molekül vor; 3. ist die Frage der Zugehörigkeit zu der einen oder anderen Gruppe entschieden, so bleibt die Natur der Ringe, kurzum die ganze übrige Anordnung der Kohlen- und Wasserstoffatome im Limonenmolekül zu ermitteln. — Die Feststellung der Konstitution des Limonens war der Zeit nach folgende:

Die Bruttoformel des Limonens wurde einmal durch die Analyse des freien Kohlenwasserstoffs, als auch diejenige seiner Derivate bestimmt. Der freie Kohlenwasserstoff wurde teils im Citronen-, Pomeranzen-, Bergamott- und Kümmelöl in seiner rechtsdrehenden Modifikation, bedeutend später in seiner linksdrehenden Form im Fichtennadelöl erkannt, während das i-Limonen in reinster Form als Kautschin zuerst in seiner Zusammensetzung festgelegt wurde. Schon Dumas (A. **6** [1833], 245) hatte keinen Zweifel mehr, daß in dem Hauptbestandteil des Citronenöls eine Verbindung vorliegt, die nur aus Kohlenstoff und Wasserstoff besteht; im Jahre 1837 (Dumas, Handbuch Bd. **V**, 654) war die Bruttoformel des Citronenöls noch nicht entschieden; denn Dumas sagt, daß die Dampfdichtebestimmungen bisher ohne Erfolg versucht worden seien. Dumas sucht Klarheit in dieser Frage zu gewinnen, indem er dem Citronenkampfer, das Dipentendichlorhydrat, heranzieht: „Es findet hier dasselbe Verhältnis statt wie bei der Basis des künstlichen Terpentinölkampfers, aber mit halb so großer Verdichtung. Diese beiden Öle sind also isomerisch, weil sie aus denselben Elementen bestehen, in demselben Verhältnis miteinander verbunden, aber mit verschiedener Sättigungskapazität.“ Wegen der Verbindungsfähigkeit mit HCl nahm Dumas demnach das Molekül des Citronenöls für

$^1/_2$ so groß an als jenes des Terpentinöls. Im Jahre 1839 wird diese Frage definitiv entschieden, indem CAHOURS (A. **30**, 301) nach verschiedenen, auch von anderer Seite ausgeführten Dampfdichtebestimmungen das Terpentinöl und Citren als gleich „verdichtet" ansieht, so daß in dem genannten Jahre 1839 die Bruttoformel $C_{10}H_{16}$ feststeht, wenn wir von dem damals für das Kohlenstoffatom angenommenen Atomgewicht absehen.

Als nächste Frage (zweiter Punkt) war in bezug auf die Anordnung der Atome im Limonenmolekül festzustellen, ob eine Verbindung der aliphatischen oder cyklischen Reihe vorlag. Die Vorstellungen in dieser Beziehung waren in den vierziger, fünfziger und in der ersten Hälfte der sechziger Jahre des vergangenen Jahrhunderts noch sehr unvollkommen. Man hatte zuerst die Radikaltheorie aufgestellt, alsdann die Typen- und Substitutionstheorie, so daß man in den einzelnen Verbindungen Radikale annahm, die sich mit Elementen oder anderen Radikalen zu Molekülen vereinigten. Die größte Ähnlichkeit zeigten die Terpene mit Kohlenwasserstoffen, die Wasser addieren konnten und auf diese Weise in Alkohole übergingen oder Halogenwasserstoffe addieren konnten und Chloride bildeten. BERTHELOT (A. **112** [1859], 363) stellt nochmals in bezug auf das Borneol, den Kampfer und das Kampfen das Verhältnis von Alkohol, Aldehyd (fälschlich) und Kohlenwasserstoff fest, indem er es mit dem des Äthylalkohols zum Acetaldehyd und Äthylen vergleicht. Auch OPPENHEIM (A. **129** [1864], 149) faßt das Verhältnis des Terpinhydrats und Limonendichlorhydrats zum Citronenöl richtig auf als Glykol, Chlorwasserstoffsäureäther zum doppelt ungesättigten Kohlenwasserstoff. Nur verursachte der Umstand Schwierigkeit, daß das Pinen ebenfalls dieses Dichlorhydrat bildete.

In eine ganz neue Phase konnten die Ansichten über die Konstitution der Terpene treten, als KEKULÉ seine Benzoltheorie aufstellte und damit die cyklischen Verbindungen besonders in den Vordergrund des Interesses traten. Erst dadurch, daß man demnach die Terephtalsäure, die CAILLIOT (A. **64**, 376) aus dem Terpentinöl erhalten hatte, als Benzoldicarbonsäure erkannte, daß ferner die ebenfalls aus Pinen gewonnene p-Toluylsäure in ihrer Konstitution als Benzolmonocarbonsäure festgestellt war, und daß es schließlich gelang, das Terpentinöl durch Bromierung in Cymol, ebenfalls ein Benzolderivat, überzuführen, sprachen OPPENHEIM (B. **5** [1872], 94) und BARBIER (B. **5**, 99) die Ansicht aus, daß das Terpentinöl hydriertes Cymol sei. Gleichzeitig gelang es OPPENHEIM (B. **5**, 628), auch den Kohlenwasserstoff des Citronenöls in Cymol überzuführen. Aber obgleich man im Jahre 1872 demnach zweifellos positiv aussprach, daß die Terpene als hydrierte Cymole aufzufassen seien, nahm man die ringförmige Anordnung der Kohlenstoffatome in den Terpenen nicht allgemein an.

Es ist noch zu erwähnen, daß die Terpene in den sechziger Jahren besonders mit den ungesättigten Kohlenwasserstoffen verglichen wurden, daß man aber einen eigentümlichen Unterschied diesen gegenüber beobachtete insofern, als die Terpene sich nicht mit soviel gesättigten Molekülen

z. B. Halogenwasserstoff verbanden, als sie sich ihrer Bruttoformel nach verbinden sollten; dieses wichtige Verhalten fiel auf, aber man hatte dafür nicht die richtige Erklärung, denn diese liegt in der damals noch nicht bekannten cyklischen Natur der meisten Terpene. BUTLEROW (Org. Chemie **1868**, S. 172) sagt in bezug auf die Additionsfähigkeit: „Niemals wird aber eine der empirischen Formel nach gesättigte Verbindung gebildet."

Zuerst stellte man für das Terpentinöl (Pinen) eine Formel auf, wobei man aber auch gleichzeitig die anderen Terpene als ähnlich konstituiert ansah. Es stehen sich anfangs zwei Formeln gegenüber, jene von OPPENHEIM

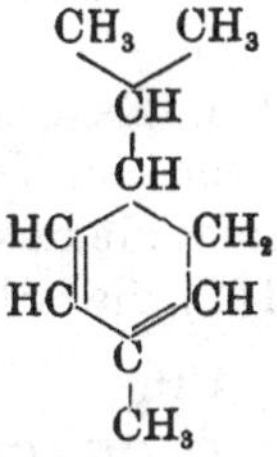

(B. **5**, 98), und von KEKULÉ (B. **6**, 439), der die doppelten Bindungen in die Parastellung verlegt:

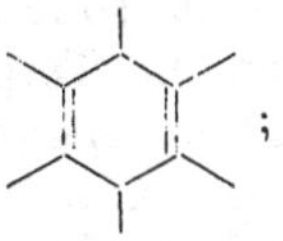

letztere Formel läßt unentschieden, an welcher Stelle die in Parastellung stehende Methyl- und Isopropylgruppe sich befinden, so daß zwei Möglichkeiten existieren. — OPPENHEIM (B. **6**, 916) äußert sich im allgemeinen über sämtliche Terpene, indem er einmal eine Isomerie vorsieht insofern, als die Propylgruppe n-Propyl oder Isopropyl sein kann, alsdann aber auch die beiden doppelten Bindungen in folgender Weise zur Isopropylgruppe gelagert sein können:

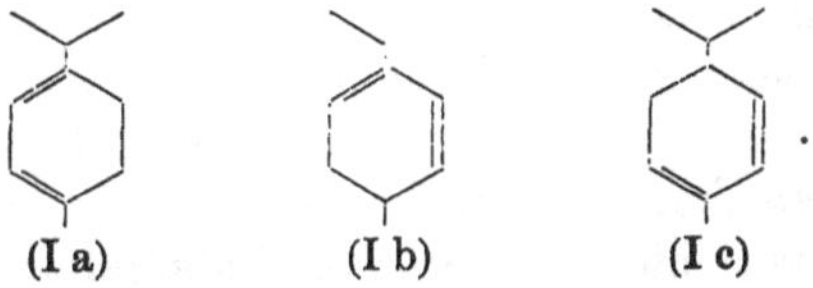

(I a) (I b) (I c)

Nehmen wir analoge Lagerungsverhältnisse für die Propylgruppe an, so gelangt OPPENHEIM danach zu 6 Terpenen, während wir nach KEKULÉ nur vier Möglichkeiten haben:

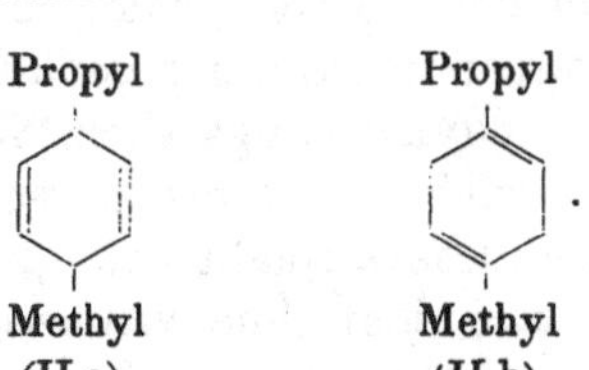

(II a) (II b)

Aber OPPENHEIM macht schon selbst das Bedenkliche der Annahme geltend, daß sämtliche Terpene hydrierte Cymole seien und sich nur durch die Lage der doppelten Bindungen unterscheiden sollen, während sie sich doch in allen ihren Reaktionen so außerordentlich unähnlich verhalten. Ferner sagt OPPENHEIM: „Nehmen wir auch die Bindung gegenüberliegender Kohlenstoffe des Benzolringes als möglich an, so wird diese Anzahl noch sehr wesentlich vermehrt;“ hiermit deutet OPPENHEIM bereits die Möglichkeit von Brückenbindungen an. — OPPENHEIM sowohl wie KEKULÉ lassen unentschieden, welche von den obigen Formeln der Gruppe I oder II sie für den Kohlenwasserstoff des Citronenöls (Limonen) bevorzugen.

Die Verschiedenheit in den Reaktionen veranlaßte jedoch viele Chemiker, die cyklische Konstitution der Terpene nicht ohne weiteres anzuerkennen, sondern für sie eine olefinische Struktur anzunehmen; so schlägt TILDEN (B. **11** [1878], 152) die allgemeine Formel:

$$\overset{C_3H_7}{\overset{|}{HC}}:CH\cdot CH:\overset{CH_3}{\overset{|}{C}}\cdot CH:CH_2 \qquad (III)$$

vor, indem sich die einzelnen Terpenklassen und Terpene durch Lage der doppelten Bindungen unterscheiden sollen. — Auch FLAWITZKY (B. **11**, 1846) neigt zu der Ansicht, daß die Terpene aliphatische Verbindungen sind und stellt für die Terpentinöle entsprechende Formeln auf.

Aus allen diesen Angaben ist zu ersehen, daß anfangs der achtziger Jahre des vergangenen Jahrhunderts der eine Teil der Chemiker für die Terpene aliphatische, der andere cyklische Struktur annahm. Was die Annahme einer Brückenbindung im Molekül der Kampfer und Terpene anlangt, so wurde schon oben auf die Notiz OPPENHEIMS hingewiesen. Für den Kampfer zogen KACHLER 1872 (A. **164**, 92 und **169**, 185) sowie WREDEN (B. **5**, 765) bicyklische Struktur in Betracht. Aber erst KANONNIKOW (B. **16**, Ref. 3051) bewies durch die Molekularrefraktion die bicyklische Konfiguration des Kampfers, die von da ab, wenigstens im allgemeinen, als unumstößlich feststehend angenommen wurde. Anders lagen die Verhältnisse bei den Terpenen. KANONNIKOW (Über das Lichtbrechungsvermögen, KASAN **1880** und **1884**) hat für das Citren, Pinen und Tetrahydroterpen den Brechungsexponenten bestimmt. BRÜHL (A. **235** [1886], 67) berechnet hieraus die Molekularrefraktion und findet, daß dem Pinen nur eine doppelte Bindung, dem Citren zwei und dem Tetrahydroterpen keine doppelte Bindung mehr zukommt (vgl. die falschen Zahlen KANONNIKOWS, B. **14**, 1700).

Für die Konstitution der Terpene hatte man die Aufnahmefähigkeit Halogenen und Halogenwasserstoffsäuren gegenüber als Beweis für das Vorhandensein von doppelten Bindungen angesehen. Wir wissen jedoch, daß auch gewisse Ringsysteme sehr leicht aufgesprengt werden durch Aufnahme von Halogenwasserstoff, so daß diese Aufnahmefähigkeit allein für die Anwesenheit einer doppelten Bindung nicht ohne weiteres spricht. Umgekehrt kann man mit größerem Rechte behaupten, daß, wenn eine Verbindung sich

Halogen gegenüber als nicht aufnahmefähig erweist, eine doppelte Bindung nicht vorhanden ist; aber auch in diesem Falle wissen wir heute, daß doppelte Bindungen existieren, die das Halogen nicht oder doch nur außerordentlich schwer aufnehmen (vgl. Phellandren, Myrcen, sowie andere Verbindungen mit einem konjugierten System doppelter Bindungen). Nichtsdestoweniger schloß man aus dem Verhalten besonders den Halogenen gegenüber auf die Anwesenheit zweier doppelter Bindungen im Limonen. Goldschmidt (B. **18** [1885], 1733) stellt für das Carven folgende Formel auf:

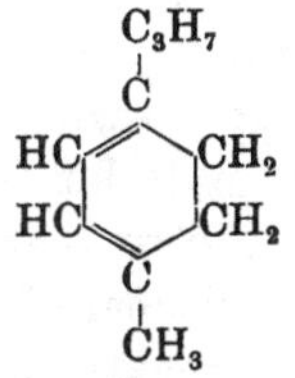
(IV).

G. selbst betont aber, daß eine derartige Formel der optischen Aktivität nicht Rechnung trägt und deshalb an Wahrscheinlichkeit verliert.

Derselbe Forscher (B. **20**, 492) bringt für das Limonen alsdann folgende, die optische Aktivität berücksichtigende Formel in Vorschlag:

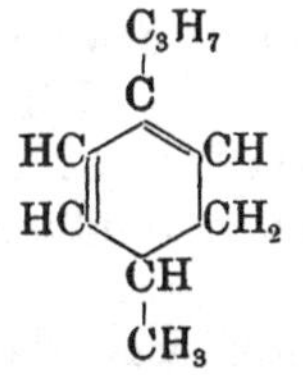
(V).

Wallach kommt (A. **227** [1885], 298) auf die Konstitution der Terpene zu sprechen und ist der Ansicht, „daß in den niedrig siedenden Terpenen nur eine doppelte Kohlenstoffbindung enthalten ist. In den anderen Terpenen, welche mit Leichtigkeit zwei Moleküle Salzsäure oder vier Atome Brom addieren, sind dagegen sicher zwei doppelte Kohlenstoffbindungen anzunehmen." Zu letzterer Gruppe rechnet Wallach auch das Carven. Etwas später (A. **239** [1887], 46) teilt Wallach über die Konstitution der Terpene mit, daß man das Dipenten, Limonen, Terpinolen und Sylvestren zu einer Gruppe vereinigen kann. „Nichts steht im Wege dieselben als wahre Hydrocymole aufzufassen; wichtige Tatsachen sprechen sogar für die Richtigkeit dieser Auffassung". Für das Limonen nimmt Wallach ev. Formel V an; das Dipenten sieht er als vom Limonen chemisch verschieden und folgende Formel dafür als wahrscheinlich an:

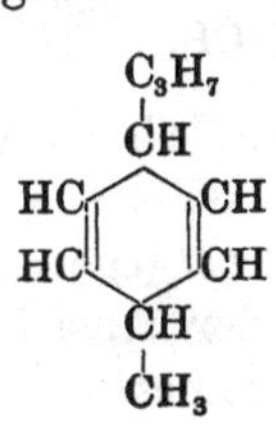
(VI).

Auch sieht WALLACH die Frage über die Anwesenheit der Propyl- oder Isopropylgruppe in den Terpenen als durchaus offen an.

Fassen wir demnach die Resultate über die Konstitutionserschließung des Limonens und Dipentens bis zum Jahre 1887 zusammen, so ist festzustellen, daß Punkt 1 und Punkt 2, d. h. die Bruttoformel und die Anzahl der doppelten Bindungen, entschieden sind. Man nimmt an, daß im Limonen sowohl, als auch im Dipenten zwei doppelte Bindungen vorkommen, daß diese Körper daher monocyklisch sind. Im übrigen neigt man zu der Ansicht, daß hydrierte Cymole vorliegen, wozu zu bemerken ist, daß von der Konstitution des Cymols noch nicht jene der Propylgruppe, ob n-Propyl oder Isopropyl, vorliegt, feststand. Den Beweis für die beiden doppelten Bindungen und daß nur zwei doppelte Bindungen vorliegen, finden wir in der von BRÜHL berechneten Molekularrefraktion, ein Ergebnis, womit sich die chemischen Eigenschaften decken; die von WALLACH studierten aktiven und inaktiven Tetrabromide erwiesen sich als gesättigt und die Absorption des Broms hatte glatt stattgefunden, ebenso die Aufnahme zweier Moleküle Halogenwasserstoff unter Bildung des schon lange bekannten Dichlorhydrats vom Smp. 50°; auch dieses Additionsprodukt erwies sich als gesättigt. Wie oben betont, findet die Aufnahme des zweiten Moleküls Halogen schwieriger statt, anderseits dürfen wir nicht vergessen, daß auch das einfach ungesättigte Pinen unter gewissen Bedingungen zwei Moleküle HCl addiert, so daß man nach diesem rein chemischen Verhalten des Limonens bzw. Dipentens an der Anwesenheit von nur zwei doppelten Bindungen noch immer hätte Zweifel hegen können.

Durch TILDEN und WALLACH war das aktive Limonen in vielen ätherischen Ölen nachgewiesen worden; das inaktive Limonen kannte man noch nicht, da man im Jahre 1887 noch ganz allgemein das Dipenten als für chemisch verschieden von Limonen hielt.

Vom Jahre 1887 ab sah man im allgemeinen die GOLDSCHMIDTsche Formel V als dem Limonen zukommend an. —

Im Jahre 1888 (B. **21**, 165) kommt BRÜHL auf die Konstitution der Terpene zurück; in bezug auf das Limonen spricht er sich für Formel V aus, dagegen glaubt er für das Dipenten folgende Formel in Betracht ziehen zu müssen:

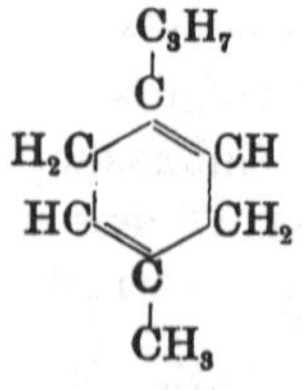

(VII),

die mit einer der Formeln KEKULÉS (IIb) zusammenfallen würde; also auch hier tritt uns hinwiederum die Ansicht von der chemischen Verschiedenheit des Limonens und Dipentens entgegen.

WALLACH (A. **277**, 145) ist der Ansicht, daß es nicht ganz ausgeschlossen sei, daß dem Dipenten folgende Formel zukomme:

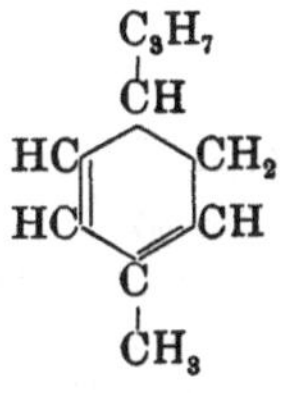

(VIII).

Vgl. WAGNER, (Bl. III, **14** [1895], 1387).

Zu der Annahme, daß das Limonen und das Dipenten chemisch verschiedene Terpene seien, war man besonders dadurch verleitet worden, daß der Siedepunkt des Dipentens falsch angegeben war, da man glaubte reines Dipenten vor sich zu haben, das aber in Wirklichkeit mit Terpinolen und auch Terpinen verunreinigt war. Auch nachdem es WALLACH 1888 (A. **246**, 221) gelungen war, l-Limonen aufzufinden, und durch Kombination von d- und l-Limonenderivaten Dipentenverbindungen zu erhalten, hat sich doch erst nach längerer Zeit der Gedanke Bahn gebrochen, daß das aktive Limonen und das inaktive Dipenten chemisch absolut identische Körper sind.

Im Jahre 1894 (A. **281**, 139) kommt WALLACH auf zwei Formeln zurück, die bereits als IV bzw. VII Erwähnung gefunden haben, indem er betont, daß einstweilen keine von beiden Formeln geeignet sei, alle Erscheinungen zu erklären. „Als nicht entscheidend scheint mir beiläufig das den obigen Formeln entgegenstehende Bedenken in die Wage zu fallen, daß sie kein asymmetrisches Kohlenstoffatom im Sinne VAN'T HOFFS aufweisen.“ Auch betont WALLACH nochmals in einer Anmerkung, daß experimentell festgestellt sei, daß die Dipentenverbindungen razemische Limonenderivate sind. Auch v. BAEYER (B. **27**, 3494) gelangt zu der Ansicht, daß dem Limonen Formel VII zukommt. — Selbstverständlich muß man bei einer derartigen Auffassung über die Konstitution vielfach annehmen, daß einfache Reaktionen, so der Übergang des Limonens in Terpinderivate, nicht ohne Umlagerung vor sich gehen können (vgl. WALLACH, B. **26**, 3076).

Für die Konstitution des Limonens hatte man mit Recht seinen nahen Zusammenhang einmal mit Carvon, sodann mit Terpineol betont; kannte man die Konstitutionsformel eines dieser beiden Körper (vgl. beide Moleküle), so war auch damit die Konstitution des Limonens gegeben. Im Carvon nahm man die beiden doppelten Bindungen nach wie vor im Kern an und hielt streng an dieser Auffassung fest. Analog verlegte man die Hydroxylgruppe des Terpineols in den Kern, weil ebenfalls durch Wasserabspaltung die doppelte Bindung in den Kern verlegt wurde, so daß im allgemeinen die Hydroxylgruppe des Terpineols an C_4 gebunden angenommen wurde. Es ist selbstverständlich, daß auch die Ansichten über die Konstitution der bicyklischen Terpene, besonders des Kampfens und Pinens, beeinflußt wurde; auch in diesen Molekülen durften nach der damals geltenden Auffassung, nur Kohlenstoffatome des Ringes an der Brückenbindung teilnehmen. Jedoch soll nicht übergangen werden, daß vereinzelt auch Ansichten laut werden, daß die doppelte Bindung der Terpene auch in der Seitenkette (in der Propyl- bzw. Isopropylgruppe) stehen könnte, vgl. z. B. WALLACH (A. **239**, 54), der für das Terpinen oder Phellandren eine derartige Möglichkeit in Betracht zog.

Erst das Jahr 1893 schuf in diesen Auffassungen Wandel, als BREDT in seiner Kampferformel die Isopropylgruppe an der Ringbildung teilnehmen ließ. Jedoch zog man noch nicht unmittelbar darauf die Konsequenzen für die Terpene; so sehen wir, wie v. BAEYER von der falschen Terpineolformel ausgehend eine Konstitutionsformel für das Terpinolen erschließt, welche wir heute als die richtige anerkennen; die v. BAEYERsche Beweisführung für diese Konstitution mußte sowohl von einem Terpineol, welches die Hydroxylgruppe an C_4 oder C_8 enthielt, zu demselben Terpinolen führen. Wir sehen also, daß man nach wie vor für das Terpineol und für das Carvon an den alten, falschen Formeln festhielt, demnach auch für das Limonen.

Eine Änderung in der Auffassung dieser Verbindungen trat alsdann ein, als WAGNER 1894 (B. **27**, S. 1651 für das Pinen, S. 1652 für das Terpineol und S. 1653) für das Limonen

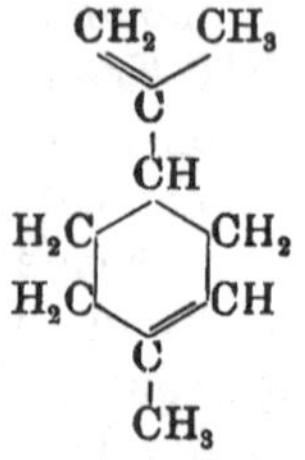

(IX)

und die genannten Moleküle die Formeln in Betracht zog, welche späterhin als die richtigen erwiesen wurden. Da WAGNER den Beweis für diese Formeln nicht beibrachte, drang die Auffassung für das Terpineol und Limonen ebensowenig wie für das Pinen durch, zumal da sich herausstellte, daß die von WAGNER aufgestellte Tanacetonformel falsch war. Gleichzeitig wiesen WALLACH sowie TIEMANN und SEMMLER (B. **28**, 1773 bzw. 1778) nach, daß in dem Terpineol vom Smp. 35° die Hydroxylgruppe in der Seitenkette an Kohlenstoffatom 8 gebunden ist. Erledigt war damit die Konstitution weder des Limonens, noch Carvons; diese Lücke füllten TIEMANN und SEMMLER (B. **28**, 2141) aus, indem sie das Dihydrocarveol (vgl. dieses) systematisch abbauten und damit feststellten, daß die eine doppelte Bindung im Carvon in der Seitenkette in Form einer Isopropenylgruppe, die andere im Kern der CO-Gruppe benachbart stehe. Hieraus folgte eindeutig, daß auch im Limonen die eine doppelte Bindung in der Isopropenylgruppe stehen mußte. —

Suchen wir auf anderem Wege die Frage zu beantworten, welche von den neun hier angeführten Limonenformeln die richtige ist, oder ob überhaupt eine allen Anforderungen genügt, so ist zu bemerken, daß die richtige Limonenformel folgenden Forderungen genügen muß, die eine Aussonderung unter den angeführten Formeln gestatten.

1. Sowohl durch die Molekularrefraktion, als auch durch die chemischen Eigenschaften ist erwiesen, daß das Limonen zwei doppelte Bindungen enthalten muß; demnach scheiden alle Konstitutionsformeln der aliphatischen, bicyklischen und tricyklischen Reihe aus; die TILDENsche Formel III kann somit dem Limonen nicht zukommen.

2. Das Limonen muß zum p-Cymol in naher Beziehung stehen, und, da es zwei doppelte Bindungen enthält, demnach ein Dihydrocymol sein; dieser Anforderung entsprechen alle übrigen sieben Konstitutionsformeln.

3. Das Limonen muß ein asymmetrisches Kohlenstoffatom enthalten, da es optisch aktiv sein kann; danach können dem Limonen nicht die Formeln II, IV, VI und VII zukommen.

4. Es steht fest, daß für das Carvon eine Isopropenylgruppe in der Seitenkette anzunehmen ist, ebenso daß die Hydroxylgruppe im Terpineol an C_8 gebunden ist; da nun der Übergang des Carvons sowohl in das Limonen, als auch jener des Terpineols in dieses Molekül nachgewiesenermaßen ohne Umlagerung vor sich geht, so muß auch für das Limonen in der Seitenkette eine doppelte Bindung gefolgert werden, und zwar muß diese in der Isopropenylgruppe endständig stehen. Aus diesem Grunde fallen Formeln I, V und VIII aus, so daß nur Formel IX übrig bleibt. — Es fragt sich nun, ob diese Formel allen Anforderungen genügt, die wir sonst noch an eine Limonenformel stellen können, d. h. ob sich alle Eigenschaften, zumal die physikalischen und chemischen, mit ihr in Einklang bringen lassen; ferner können wir auch fragen, ob noch andere Möglichkeiten für eine Limonenformel vorliegen, welche obigen Postulaten ebenfalls genügen. Es könnte sich nur um die Stellung der zweiten doppelten Bindung im Kern handeln; es wäre noch möglich, daß Δ_2 oder Δ_3 vorlägen. Beide Formeln fallen aber aus, da sie einer anderen Anforderung nicht genügen, die implizite bereits angeführt ist, d. h. daß die Limonenformel den Übergang in das Carvon in glatter Weise zulassen muß. Lagern wir aber Nitrosylchlorid an Limonen an, so erklären diese beiden letzteren Formeln nicht den Übergang des Bisnitrosochlorids in das Carvoxim. Sonach bleibt eindeutig für das Limonen nur Formel IX übrig.

Geschichte des Limonens. Zweifellos kommt dem Limonen unter den Terpenen nächst dem Pinen die größte Wichtigkeit zu, wenn es sich auch mit letzterem nicht in bezug auf Verbreitung und prozentuale Menge in den einzelnen ätherischen Ölen messen kann. Aber immerhin gehört das Limonen zu denjenigen Terpenen, welche sich den Chemikern frühzeitig zur Untersuchung darboten.

Zeitabschnitt bis Lavoisier 1770.

Bei Besprechung der Geschichte des Limonens bis zum Jahre 1770 müssen wir stets im Auge behalten, daß in diesem Falle nur vom Vorkommen, von einzelnen physiologischen Eigenschaften, von der Anwendung und in geringem Maße auch von den physikalischen Eigenschaften die Rede sein kann. Die Auffassung über die Konstitution der organischen Verbindungen war eine der jetzigen zum Teil ganz entgegengesetzte; es stand nicht einmal fest, aus welchen Elementen sie bestehen. In nur ganz roher Weise ließ man Alkalien, Säuren, Salze einwirken, auch physikalische Kräfte wie Licht und Wärme studierte man in ihrem Einfluß auf die einzelnen Verbindungen.

Selbstverständlich kann nicht davon die Rede sein, daß man bis 1770 das Limonen in reinem Zustande in Händen gehabt hat, wie das beim Pinen vielleicht eher der Fall gewesen ist, da die Terpentinöle mehr oder weniger aus reinem Pinen bestehen. Doch das Citronen- und Pomeranzenschalenöl sind zweifellos schon bekannt gewesen. Die Flüchtigkeit dieser Öle beim Erhitzen kannte man, ebenso ihre Brennbarkeit. Derivate, wie z. B. vom Pinen das Terpinhydrat bzw. das Sobrerol, hatte man beim Limonen noch nicht erhalten. Auch von einer Verwendung des Limonens kann nur gesprochen werden, wenn wir die Verwendung der Rohöle, in denen das Limonen vorkommt, in Betracht ziehen; aber auch hier dürften es mehr die sauerstoffhaltigen Produkte gewesen sein, welche diese Öle zur Verwendung gelangen ließen.

Zeitabschnitt von Lavoisier bis 1830.

Wenn auch LAVOISIER zeigte, daß bei der Verbrennung Sauerstoffaufnahme statthat, wenn er auch nachwies, daß die organischen Verbindungen hauptsächlich aus Kohlenstoff, Wasserstoff und Sauerstoff, ev. auch Schwefel- und Stickstoff bestehen, und wenn er auch die organische Analyse ausarbeitete, so hatte die Erkenntnis von der chemischen Zusammensetzung der Bestandteile der ätherischen Öle nach diesen Richtungen hin erst gegen Ende der Periode die größten Erfolge. Vor allen Dingen brachte es die Vervollkommnung der Elementaranalyse durch die französischen Forscher und LIEBIG zuwege, daß man wenigstens über das Terpentinöl am Ende dieser Periode insofern im klaren war, daß der Hauptbestandteil ein Kohlenwasserstoff von der Bruttoformel $(C_5H_8)_n$ ist; aber auch darüber, daß im Citronenöl im wesentlichen ein Kohlenwasserstoff vorhanden ist, der dieselbe Zusammensetzung wie das Terpentinöl hat, waltet im Jahre 1830 kein Zweifel mehr ob. Diese Erkenntnis ist der wichtigste chemische Fortschritt in der Auffassung der Zusammensetzung des Hauptbestandteils des Citronenöls, also des Limonens. Aber ferner genau so wie KINDT 1802 aus dem Terpentinöl den Terpentinölkampfer $C_{10}H_{16} \cdot HCl$, dessen Zusammensetzung er natürlich nicht erkannte, gewonnen hatte, so konnte THÉNARD 1807 das Dichlorhydrat, den Citronenölkampfer, darstellen. Im übrigen hat man durch Einwirkung von Alkalien, Säuren und Salzen auf Limonen keine weiteren Reaktionsprodukte erhalten.

Bei der Bestimmung der physikalischen Eigenschaften gelang BIOT die wichtige Beobachtung, daß das Citronenöl optisch aktiv ist, nachdem er 1815 am Terpentinöl diese Beobachtung zuerst gemacht hat. BIOT erkannte, daß das Citronenöl rechts dreht, während das von ihm untersuchte Terpentinöl links drehte. — Wenn man auch 1830 zweifellos wußte, daß im Citronenöl ein Kohlenwasserstoff vorkommt, der dieselbe prozentische Zusammensetzung wie das Terpentinöl hat, so kannte man doch nicht die Bruttoformel, noch wußte man, daß dieser Kohlenwasserstoff des Citronenöls mit irgend einem anderen identisch war, im Gegenteil, man neigte eher zu der Annahme, daß alle diese Kohlenwasserstoffe verschieden sind. Auch dürfte die Verbindung $C_{10}H_{16} \cdot 2HCl$ bis zum Jahre 1830 nur aus dem Citronenöl hergestellt worden sein.

Es stand mithin im Jahre 1830 nur fest, daß der Hauptbestandteil des Citronenöls, den wir heute als d-Limonen bezeichnen, ein rechtsdrehender Kohlenwasserstoff der Bruttoformel $(C_5H_8)_x$ ist; auch Volumgewicht und Siedepunkt sind z. T. bestimmt worden; von Derivaten ist nur das Dichlorhydrat bekannt, von dem man den Schmelzpunkt verschiedentlich angab, ein Umstand, der, wie wir heute wissen, von den cis-trans-Isomerien abhängig ist.

Zeitabschnitt 1830—1857.

In jeder Beziehung reich an Ergebnissen für das Studium des Limonens ist dieser folgende Zeitabschnitt. Man lernt einige Öle, wenn auch nicht gerade neu kennen, so doch in ihnen als wesentlichen Bestandteil einen Kohlenwasserstoff kennen, dem ebenfalls die allgemeine Formel $(C_5H_8)_x$ zukommt. Das Pomeranzen- und Bergamottöl werden von Soubeiran und Capitaine im Jahre 1840 (A. **34**, 311) näher untersucht, in ihnen wird ein Kohlenwasserstoff ermittelt, der in vielen Punkten, so in der optischen Drehung, vielfach mit jenem des Citronenöls übereinstimmt. Im Jahre 1841 entdeckte Schweizer (J. pr. **24**, 257) im Kümmelöl ebenfalls einen Kohlenwasserstoff (C_5H_8), von dem es nunmehr feststeht, daß er d-Limonen ist; Schweizer stellte das Dichlorhydrat dar.

Auch die inaktive Modifikation des Limonens wird in dieser Periode von verschiedener Seite gewonnen. Berthelot berichtet im Jahre 1852 (C. r. **35**, 736) über das Dichlorhydrat $C_{10}H_{16} \cdot 2\,HCl$, welches er aus dem Terpentinöl gewonnen hatte; durch Salzsäureabspaltung erhält er aus dieser Verbindung wiederum einen Kohlenwasserstoff, von dem wir heute wissen, daß er große Mengen Dipenten enthält, auch führt er das rechtsdrehende Citronenöl durch Erhitzen in der Bombe in einen inaktiven Kohlenwasserstoff über (A. **88**, 342). — Ferner gewinnt Völckel aus dem Wurmsamenöl (A. **89**, 358) einen Kohlenwasserstoff, das „Cinen" $(C_{10}H_{16})$, das indessen viel Cymol enthält; das Cinen ist i-Limonen. — Der letztere Kohlenwasserstoff wird auch durch trockne Destillation des Kautschuks gewonnen, worüber Himly, Göttingen, im Jahre 1835 in seiner Dissertation berichtet. Kurzum, wir sehen, daß man am Schluß der Periode im Jahre 1857 einmal aus verschiedenen ätherischen Ölen einen Kohlenwasserstoff isoliert hat, von dem wir heute wissen, daß er d-Limonen ist, ferner, daß von verschiedener Seite das i-Limonen (Dipenten), am reinsten durch Destillation des Kautschuks dargestellt worden war. Alle diese Kohlenwasserstoffe hatten ein Dichlorhydrat gegeben, welches kristallisierte, aber im Schmelzpunkt aus den bereits angegebenen Gründen variierte. Jedoch sprach man nicht die chemische Identität, nicht einmal jene der rechtsdrehenden Modifikationen — den entsprechenden linksdrehenden war man bis dahin überhaupt noch nicht begegnet — aus, sondern die verschieden hohe optische Aktivität schien Grund genug zu sein die Kohlenwasserstoffe auseinanderzuhalten.

Die physikalischen Daten, sowohl des d-, als auch des i-Limonens werden verschiedentlich bestimmt (vgl. oben Vorkommen usw. des Limonens).

Von den chemischen Eigenschaften ist zunächt zu erwähnen, daß im Jahre 1839 durch Cahours (A. **30**, 300) endgültig nach verschiedenen vorhergehenden Versuchen anderer Forscher die Bruttoformel $C_{10}H_{16}$ festgestellt wird, genau so wie dies Dumas 1833 für das Terpentinöl getan hatte. Wie bereits mitgeteilt, beschäftigt man sich weiterhin besonders mit dem Salzsäureanlagerungsprodukt, dessen Inaktivität wiederholt festgestellt wurde. Die Halogene selbst ließ man wohl einwirken und stellte die Additionsfähigkeit des Limonens ihnen gegenüber fest, ohne jedoch kristallisierte Derivate zu erhalten; auch dies hat seinen Grund in den verschiedenen physikalisch möglichen Isomeren, die hierbei in reichlichem Maße auftreten. — Auch die Wasseranlagerung, wobei Terpinhydrat entsteht, wird in diesem Zeitabschnitt studiert; Dumas (Handbuch, Bd. 7 [1846], 37) ist diese Reaktion bereits bekannt. Nicht bekannt ist das Bis-Nitrosochlorid usw. — Auch die Oxydation des Citronenöls dürfte man verschiedentlich versucht haben, aber man ist hierbei zu keinem positiven Resultat gekommen, da Salpetersäure und Chromsäure wenig durchsichtige Resultate liefern.

Das Verhältnis des rechtsdrehenden Terpens im Citronenöl zu den anderen isomeren Kohlenwasserstoffen war, wie bereits angedeutet, noch unklar; aber wohl unterschied man das Citronenölterpen scharf vom Terpentinöl, da sich aus ersterem nicht der feste künstliche Kampfer $C_{10}H_{16} \cdot HCl$ gewinnen ließ, wenn auch beide dasselbe Dichlorhydrat lieferten, das Pinen allerdings erst, wie später festgestellt wurde, unter gewissen Kautelen.

Am Schlusse dieser Periode, im Jahre 1857, kannte man demnach die Bruttoformel $C_{10}H_{16}$ des Citronenöls; über die Konstitution des Kohlenwasserstoffs war jedoch nichts bekannt, da der Begriff der doppelten Bindung in dieser Zeit wenig entwickelt war. Man wußte nur, daß es Verbindungen, z. B. Kohlenwasserstoffe, gab, die in der Tat weniger Wasserstoff enthielten als ihnen nach der Radikal-, Typen- und Substitutionstheorie zukommen mußte.

Zeitabschnitt 1857—1872.

Die nun folgende Periode war für die allgemeine organische Chemie von der größten Wichtigkeit insofern, als man sich über die einzelnen Begriffe — Struktur, Konstitution, Valenz usw. — mehr Klarheit zu verschaffen suchte. Auch das Wesen der ungesättigten Verbindungen, die doppelte Bindung, suchte man sich deutlich zu machen. Der eine Teil der

Chemiker nahm an, daß die Wertigkeit eines Atoms nicht wechseln könne, wodurch man zur Annahme zwei- und dreifacher Bindung zwischen benachbarten Kohlenstoffatomen gedrängt wurde. Andere Chemiker sprechen von freien Valenzen z. B. des Kohlenstoffs. Ungesättigte Radikale hatte man ja bereits in der vergangenen Periode durch WERTHEIM im Knoblauchöl, im Allyl, kennen gelernt. Besonders durch KEKULÉ wurde nun das Wesen der doppelten Kohlenstoffbindung beleuchtet, so daß man am Ende der Periode vielfach von den Terpenen annahm, daß sie ungesättigte und cyklische Verbindungen seien. Hinzukommt, daß 1872 OPPENHEIM (B. **5**, 628) das Terpen des Citronenöls in nahe Beziehung zum Cymol brachte (vgl. oben Konstitution). Im allgemeinen ist diese Periode wichtiger durch die richtigere Auffassung der Konstitution vieler Terpene als durch die Darstellung neuer Verbindungen. Weder wichtige Reduktions-, noch Oxydationsversuche wurden mit dem Limonen vorgenommen. Bezüglich der gegenseitigen Beziehungen der Terpene zueinander ist von Wichtigkeit, daß sowohl BERTHELOT, als auch GLADSTONE das Terpentinölterpen und die Terpene der Limonengruppe voneinander trennten. — Zu erwähnen ist noch, daß SCHMIDL (J. pr. **82**, 189) ev. zuerst das Dipententetrabromid in Händen hatte, wenn er auch dessen Schmelzpunkt zu 60° angibt.

Zeitabschnitt 1872—1887.

Charakteristisch für die Terpene im allgemeinen, als auch für das Limonen im besonderen sind für diesen Abschnitt einmal das Heranziehen der physikalischen Untersuchungsmethode für Konstitutionsbestimmungen, sodann zweitens die Erweiterung der Identifizierung insofern, als neue Derivate der Terpene gewonnen werden, die sich durch Kristallisationsfähigkeit auszeichnen. In bezug auf den ersten Punkt haben die Arbeiten von LANDOLT, von LORENZ und LORENTZ, schließlich von BRÜHL, KANONNIKOW und GLADSTONE bahnbrechend gewirkt. Wenn auch teilweise Irrtümer und gerade beim Limonen und Carvon von seiten KANONNIKOWS vorgekommen sind, so liegt die Schuld nicht an der Untersuchungsmethode selbst, sondern einmal an der mangelhaften Formel $\frac{(n-1)p}{d}$ für die Molekularrefraktion, alsdann zum großen Teil auch darin, daß man ungenügend gereinigtes Material zur Anwendung brachte. BRÜHL folgerte, indem er die LORENZ-LORENTZsche Formel $\frac{n^2-1}{n^2+2} \cdot \frac{p}{d}$ für die Molekularrefraktion einführte, für das Limonen die Anwesenheit von zwei doppelten Bindungen im Molekül (A. **235** [1886], 67).

Als neues wichtiges Reagens auf gewisse Terpene wird von TILDEN (vgl. BUNGE, Z. **1869**, 579) das Nitrosylchlorid eingeführt, so auch für das Limonen (Soc. **13**, 514 und J. **1877**, 427). WALLACH zieht alsdann vom Jahre 1884 ab die kristallisierten Tetrabromide zur Identifizierung heran; es gelingt ihm nachzuweisen, daß den aktiven Limonenen ein bei 104—105° schmelzendes, dem Dipenten ein bei 125° schmelzendes Tetrabromid entspricht. TILDEN kann auf Grund seiner Nitrosochloride die Trennung des

Terpentinölterpens und der Orangenterpene schärfer durchführen; WALLACH gelingt es, nicht nur diese Trennung zu bestätigen, sondern auch den Nachweis in kürzerer Zeit zu führen als wie es vielleicht durch die Nitrosochloride und durch die von diesen abstammenden Nitrosoverbindungen möglich ist.

Die wichtigste Erkenntnis für die Konstitution des Limonens ist, daß nunmehr im Jahre 1887 feststeht, daß das Limonen und Dipenten monocyklisch sind und demnach zwei doppelte Bindungen enthalten. Noch nicht kennt man in diesem Jahre das l-Limonen, wenn auch WALLACH bereits aus dem Kohlenwasserstoff des Fichtennadelöls ein bei 104—105° schmelzendes Tetrabromid erhalten hatte, dessen Linksdrehung aber nicht beobachtet worden war (A. **227**, 287); ebensowenig weiß man, daß Dipenten i-Limonen ist, im Gegenteil, man hält beide Terpene für chemisch verschieden. Auf Grund der nunmehrigen Identitätsreaktionen wurde das d-Limonen in verschiedenen ätherischen Ölen festgestellt und mehrere bis dahin für verschieden gehaltene Terpene für chemisch identisch erklärt. Es wurde gefunden, daß das Cinen (Cajeputen), daß das aus dem Kautschuk und aus der Harzessenz erhaltene inaktive Terpen, daß der durch Erhitzen des Pinens gewonnene inaktive Kohlenwasserstoff, ferner das aus dem festen Dichlorhydrat gewonnene Terpen usw. miteinander identisch sind und Dipenten enthalten; besonders muß betont werden, daß WALLACH durch die klassische Darstellung des aktiven Limonentetrabromids und des Dipententetrabromids, wenn letzteres auch schon vorher von anderer Seite gewonnen war, einen Weg zur Charakterisierung dieser Terpene zeigte, der zu den schönsten Identifizierungen führte. Ja, durch WALLACH wurde durch diese Anregungen erst eine lebhaftere Untersuchungsmethode der Terpene angeregt. Ferner gelang es FLAWITZKY auf synthetischem Wege das aktive Limonen, und zwar d- und l-Limonen (B. **12**, 1406, 2354 und B. **20**, 1956), aus dem Pinen darzustellen; er selbst sprach die Identität seines Produktes mit dem Limonen bis auf die Polarisation aus.

Neue Reduktionsversuche lagen nicht vor; auch die Oxydation hatte wenig positive Resultate geliefert. Außer den Tetrabromiden wurden besonders von WALLACH das Dibrom- und Dijodhydrat studiert; derselbe Forscher sucht den Zusammenhang zwischen Terpin, Terpineol und Dipenten zu ermitteln. — Wichtig ist in dieser Periode auch die Erkenntnis des Zusammenhangs des Limonens mit dem Carvon, den GOLDSCHMIDT dadurch charakterisiert, daß er das Nitrosolimonen für identisch mit dem Carvoxim erklärt (B. **18** [1885], 1729).

Zeitabschnitt 1887 bis zur Gegenwart.

Die letzte Periode bringt uns für das Limonen die Erkenntnis seiner Konstitution (vgl. diese). Ferner gelingt es WALLACH (A. **246** [1888], 222) das l-Limonen im Fichtennadelöl usw. nachzuweisen; er ist imstande durch Kombination der Derivate des d- und l-Limonens solche des i-Limonens darzustellen, welche sich mit den Dipentenabkömmlingen als identisch erweisen, womit in der Tat der Beweis erbracht ist, daß Dipenten nichts anderes als i-Limonen ist. In meisterhafter Weise werden von demselben Forscher die Nitrosochloridverbindungen des Limonens studiert und in die α- und β-Verbindungen getrennt; aus diesen stellt er die verschiedenen Nitrolamine dar. Die volle Aufklärung der Nitrosoverbindungen als Bis-Nitrosoderivate verdanken wir v. Baeyer (B. **28** [1895], 648).

Einen neuen Übergang vom Limonen zum Carvon lehrt Wallach kennen (A. **281**, 127), dadurch, daß er das Tetrabromid in Carveolmethyläther und letzteren in Carvon überführte. — In dieser Periode gelingt auch die synthetische Darstellung des Limonens einmal durch den Aufbau der Geraniumsäure, des Geraniols, Linalools und Terpineols durch Tiemann, sodann durch die Synthese des Terpineols von Perkin jun. (vgl. Terpineol); ferner können Godlewski und Roshanowitsch aus dem Limonentetrabromid durch Zinkstaub usw. aktives Limonen gewinnen, ebenso Tschugaeff aus dem Dihydrocarveolxanthogensäuremethylester. Zahlreich sind im übrigen noch die sonstigen Derivate, die vom aktiven und inaktiven Limonen gewonnen werden; zahlreich sind die Fälle, in denen das d-, l- oder i-Limonen in der Natur nachgewiesen werden. — Als wichtigstes Ergebnis für die Konstitution des Limonens ist zu konstatieren, daß es in diesem Zeitabschnitt gelingt, letztere vollständig aufzuklären; Wagner (B. **27**, 1653) stellt für das Limonen die heute angenommene Formel auf, Tiemann und Semmler (B. **28**, 1778) beweisen sie.

Der letzten Periode verdanken wir auch die Erkenntnis der Übergänge der einzelnen Terpene in das Limonen und umgekehrt, ebenso lernen wir den Zusammenhang mit den sauerstoffhaltigen Verbindungen, den Kampferarten, kennen. — Es gelingt die physikalischen Daten, vor allen die Polarisation usw. schärfer zu bestimmen.

Zur **Anwendung des Limonens** ist zu bemerken, daß dieser Kohlenwasserstoff hauptsächlich zur Darstellung wissenschaftlicher Präparate gebraucht wird, daß dagegen seine Verwendung in der Technik bisher gering ist; zu erwähnen ist sein Gebrauch bei der Darstellung mehrerer künstlicher ätherischer Öle, sowie von parfürmierten Seifen.

Vgl. Tabelle „Limonen“ S. 392 und 393.

Terpinolen = $\Delta^{1,4(8)}$-p-Menthadien

$C_{10}H_{16}$ =

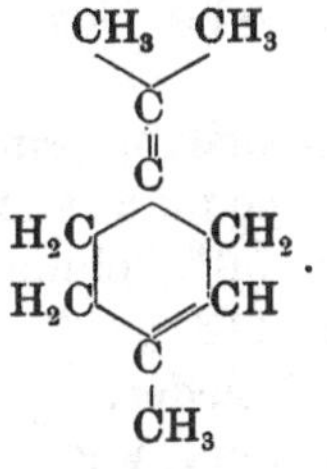

Wie früher auseinandergesetzt wurde, gehört zu den „uneigentlichen Dihydrocymolen“, welche also nicht beide doppelte Bindungen im Kern haben, auch das Terpinolen. Andere „uneigentliche Dihydrocymole", welche die semicyklische Bindung nach der Methylengruppe hin haben, sind bisher nicht bekannt geworden.

Darstellung des Terpinolens. In dem Terpinolen haben wir ein Terpen, welches in der Natur bisher nicht aufgefunden worden ist.

Nichtsdestoweniger ist es den Chemikern schon lange, wenn auch nicht in reinem Zustande, bekannt; auch heute noch ist es schwer, dieses Terpen in absolut reinem Zustande, frei von allen Beimengungen, zu erhalten. Als Ausgangsmaterial für dieses unreine Terpinolen diente einmal das Pinen, sodann indirekt auch das Limonen, indem man ev. aus ihm dargestelltes Terpin und Terpinhydrat benutzte; es sei vorausgeschickt, daß die Gewinnung in beiden Fällen vom intermediär gebildeten Terpineol ausgeht, welches sowohl aus Pinen, als auch Limonen hergestellt werden kann. Deville (A. ch. **75** [1840], 37, 79; A. **37** [1841], 178 und A. **71**, 351) berichtet in den Jahren 1840 und 1841 sowie später über die Herstellung seines Terebens, welches er aus dem Terpentinöl durch Einwirkung gewisser Säuren erhält; so glaubte er, daß bei der Einwirkung von Salzsäure auf Terpentinöl ein Kohlenwasserstoff entstehe, welcher den sog. flüssigen künstlichen Kampfer bilde. Denselben Kohlenwasserstoff, dasselbe „Tereben", erhielt er auch, als er Terpentinöl mit Schwefelsäure behandelte. Das Hauptmerkmal dieses seines Terebens war, daß es zum Unterschiede vom Ausgangsmaterial, dem Terpentinöl, optisch inaktiv war, daß es mit Salzsäure keinen festen künstlichen Kampfer lieferte, daß er ferner auch nicht Terpinhydrat aus ihm gewinnen konnte; aber Deville konnte auch keine Identität mit dem Kohlenwasserstoff des Citronenöls konstatieren, da es mit Salzsäure nicht den Citronenkampfer, das Dichlorhydrat $C_{10}H_{16} \cdot 2\,HCl$, lieferte. Aus diesen Gründen war das „Tereben" weder Terpentinöl (Pinen), noch Citronenöl (Limonen).

Auch Berthelot stand auf demselben Standpunkt (Spl. **II**, 228); er konnte noch einen Schritt weiter gehen und behaupten, daß das „Tereben" weder Terebenthen (Pinen) und Citren (Limonen), noch Kampfen sei, welches er kurz zuvor im festen Zustande aus dem künstlichen Kampfer $C_{10}H_{16} \cdot HCl$ dargestellt hatte.

Riban (A. ch. V, **6** [1875], 232) untersuchte das „Tereben" Devilles und konstatierte, daß es ein Gemisch von Cymol mit dem eigentlichen „Tereben" sei. Die Quelle Devilles für sein „Tereben" war das Pinen gewesen, welches durch Salz- oder Schwefelsäure nach seiner Meinung invertiert wurde.

Tilden nimmt die Untersuchung einmal über die Einwirkung der Schwefelsäure auf Terpin auf, sodann auch über die Kohlenwasserstoffe, welche beim Erhitzen des bei 50° schmelzenden Limonendichlorhydrats entstehen (B. **11**, 955; B. **12**, 1131). T. erhält einen Kohlenwasserstoff, der inaktiv ist, bei 175—178° siedet, $d_{15} = 0{,}8526$ besitzt, und den er „Terpinylen" nennt. — Armstrong und Tilden (B. **12**, 1357) berichten über die Einwirkung von Schwefelsäure auf die Kohlenwasserstoffe $C_{10}H_{16}$; sie erhielten bei Anwendung von konz. Schwefelsäure außer einer festen, bei 47° schmelzenden Masse (Kampfen) bei 176° siedendes „Terpilen", nunmehr „Terpinylen" genannt. — ARMSTRONG (B. **12**, 1357) konstatiert nochmals, daß „Tereben" Cymol enthält. — Eingehend berichten alsdann ARMSTRONG und TILDEN (B. **12**, 1752), daß in dem „Tereben" RIBANS noch Kampfen enthalten, und daß dies „Tereben" ein Gemisch von Cymol, Kampfen und „Terpilen" sei. Es ist wichtig, nunmehr darauf aufmerksam zu machen, daß bei der Einwirkung von konz. Schwefelsäure auf Pinen auch Kampfen konstatiert wird (vgl. Kampfen); es soll nicht untersucht werden, ob das Kampfen ev. zum Teil vom Nopinen herrührt.

ARMSTRONG und TILDEN hatten also nunmehr ebenfalls festgestellt, daß bei der Einwirkung von Schwefelsäure sowohl auf Pinen, als auch auf Terpin ein Terpen entsteht, welches nicht identisch ist mit einem der bisher bekannten. — Nicht übergangen darf auch die Arbeit MONTGOLFIERS werden (A. ch. V, **19**, 155), welcher das bei 50° schmelzende Limonendihydrochlorid mit Natrium behandelt, wobei ein Gemisch von „Terpilen" $C_{10}H_{16}$, „Terpilenhydrür" $C_{10}H_{20}$ und geringen Mengen polymerer Terpene entsteht; das „Terpilen" wurde nicht rein erhalten, es siedete bei 175°. — Ferner behandelt WALITZKY (Bl. II, **37**, 410) Terpin mit gewöhnlicher Salpetersäure oder Phosphorsäure in der Kälte, ebenso mit Eisessig: er konstatiert ebenfalls das Entstehen von „Terpinylen" („Terpilen"). — TILDEN (J. **1878**, 639) gewinnt sein „Terpinylen" („Terpilen"), indem er Terpin einige Stunden mit Schwefelsäure (1 Vol. H_2SO_4, 2 Vol. H_2O) kocht. Schließlich mag betont werden, daß LAUTH und OPPENHEIM (Bl. II, **8**, 7) beim Erhitzen des bei 50° schmelzenden Limonendichlorhydrats mit Anilin ein Produkt erhalten haben, welches mit dem von TILDEN aus dem Limonen durch Erwärmen des Dichlorhydrats erhaltenen identisch ist (B. **12**, 1132).

Fassen wir die Kenntnisse über das Terpinolen anfangs der achtziger Jahre des vergangenen Jahrhunderts zusammen, so sehen wir, daß in dem ursprünglichen „Tereben" DEVILLES inzwischen von RIBAN Cymol, von den englischen Forschern außerdem Kampfen aufgefunden worden waren, daß außerdem aber letztere noch die Anwesenheit eines Kohlenwasserstoffs konstatierten, welcher mit „Terpinylen" („Terpilen") identisch sei, den man auch aus dem Dipentendichlorhydrat, sei es durch Erhitzen für sich oder mit Anilin erhalten könne, ferner durch Kochen von Terpin bzw. Terpineol durch verdünnte Schwefelsäure, schließlich auch aus dem Pinen durch Kochen mit verdünnter Schwefelsäure. Hiernach unterscheidet sich also das „Terpilen" („Terpinylen"), welches durch weniger tief eingreifende Agentien gewonnen wird, vom „Tereben" besonders durch das Fehlen von Kampfen, auch glaubte man damals, daß es nicht mehr Cymol enthalte. Kurzum, man erkannte, daß bei der Einwirkung der Säuren auf Pinen sowohl, als auch auf Limonen bzw. dessen Derivate eine Verbindung $C_{10}H_{16}$ entstand, die nicht identisch war mit einem der bisher bekannten Terpene; diese Verbindung hielt man für einheitlich und nannte sie „Terpinylen" („Terpilen").

Zum besseren Verständnis sei vorweg bemerkt, daß den sehr scharfen

Limonen.

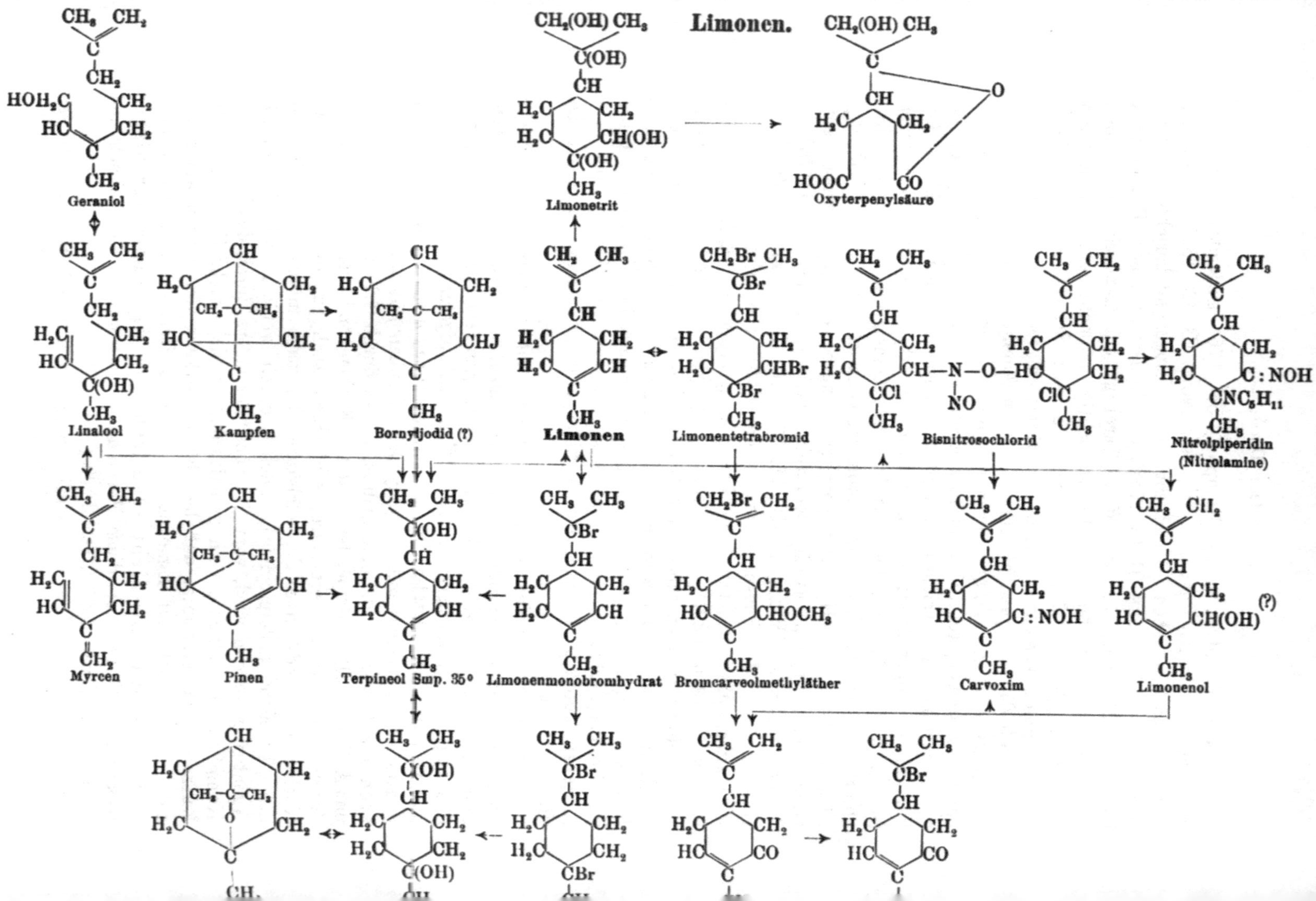
Geraniol
Limonetrit
Oxyterpenylsäure
Linalool
Kampfen
Bornyljodid (?)
Limonen
Limonentetrabromid
Bisnitrosochlorid
Nitrolpiperidin
(Nitrolamine)
Myrcen
Pinen
Terpineol Smp. 35°
Limonenmonobromhydrat
Bromcarveolmethyläther
Carvoxim
Limonenol

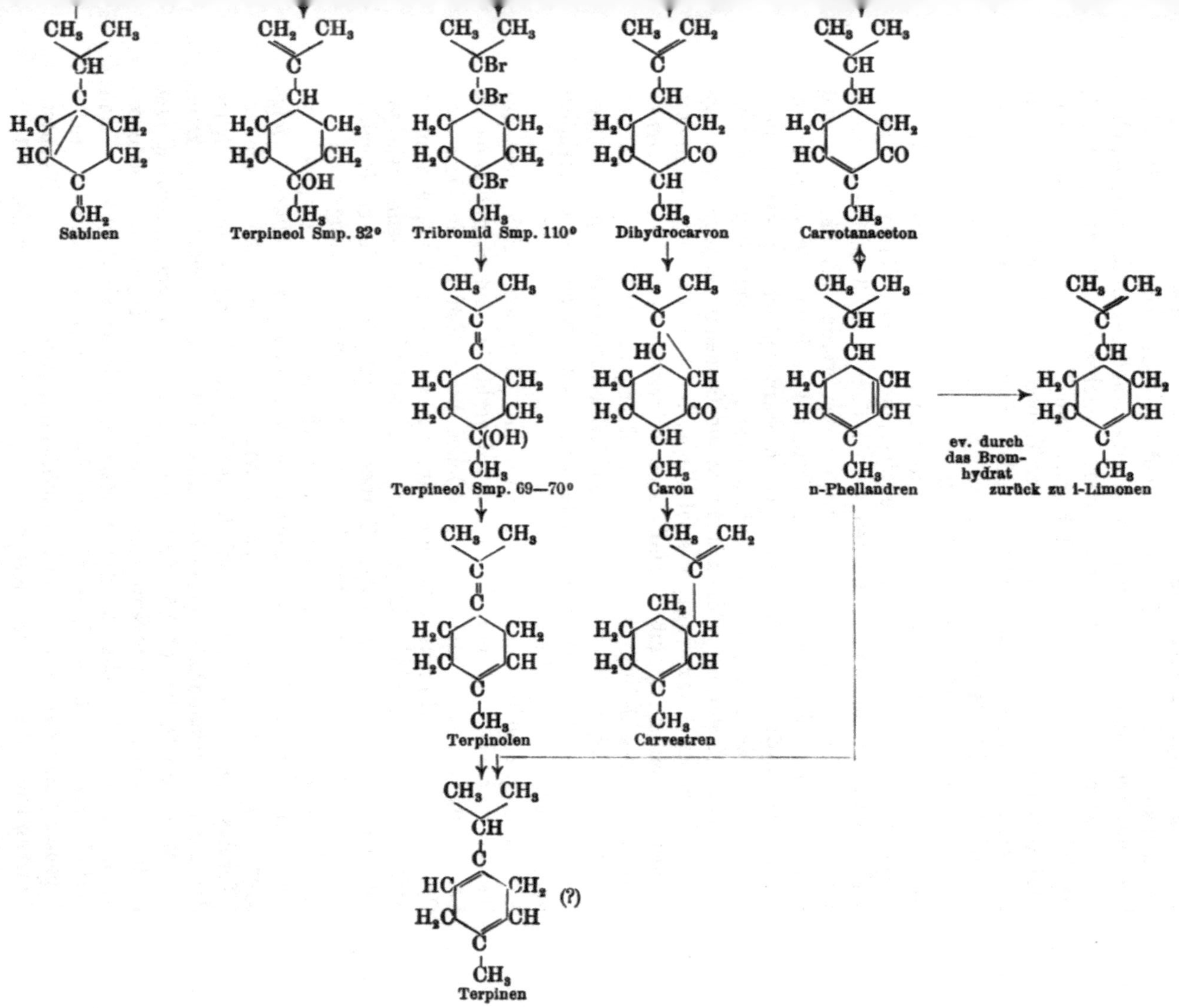
Sabinen
Terpineol Smp. 32°
Tribromid Smp. 110°
Dihydrocarvon
Carvotanaceton
Terpineol Smp. 69—70°
Caron
n-Phellandren
ev. durch das Brom-hydrat
zurück zu i-Limonen
Terpinolen
Carvestren
(?)
Terpinen

Beobachtungen aller dieser Forscher Richtiges zugrunde liegt, daß aber bei dieser Reaktion nicht **ein** inaktives Terpen entsteht, sondern daß nebeneinander i-Limonen, Terpinolen und Terpinen sich bilden. Dieselbe Reaktion liegt nun aber auch noch in einem anderen Falle vor, nämlich bei der Darstellung des „Isoterebenthens", welches BERTHELOT (A. ch. III, **39**, 16) und RIBAN (A. ch. V, **6**, 216) aus dem Terpentinöl gewinnen, und zwar durch zweistündiges Erhitzen von Terpentinöl auf 300°. Je nachdem man von rechts- oder linksdrehendem Terpentinöl ausgeht, entsteht „α- oder Rechts-Isoterebenthen" oder „β- oder Links-Isoterebenthen"; flüssig, Sdp. 176—178° bzw. 175°, $d_{22} = 0{,}8432$. Auch hier liegt ein Gemenge vor, in dem aber die optische Aktivität des Limonens z. T. erhalten ist; wieviel Terpinolen und ev. Terpinen neben diesen vorhanden sind, muß noch untersucht werden. — Schließlich muß an dieser Stelle auf das „Isoterpen" FLAWITZKYS hingewiesen werden (B. **12**, 2356 und B. **20**, 1961), welcher aus aktiven Terpineolen durch Einwirkung von Essigsäureanhydrid bei 120—140° einen stark optisch aktiven Kohlenwasserstoff erhielt, den er „l-" bzw. „d-Isoterpen" nennt (vgl. Limonen). Auch dieses „Isoterpen" FLAWITZKYS ist ein Gemenge, in dem allerdings aktives Limonen überwiegt; wieviel Terpinolen bzw. ev. Terpinen in dem Gemisch enthalten ist, muß ebenfalls noch festgestellt werden. — FLAWITZKY läßt auch Schwefelsäure in alkoholischer Lösung in der Wärme auf Pinen einwirken (B. **12**, 1022), dann „wird das Drehungsvermögen eingebüßt und es bildet sich eine bei 175° siedende Verbindung, welche wahrscheinlich umgewandeltes Terpen ist."

TILDEN erwähnt, daß das „Terpinylen" („Terpilen") sich nicht mit Salzsäure, auch nicht mit Nitrosylchlorid verbinde, daß es mit Brom in Chloroform ein Dibromid liefere, welches beim Erhitzen in HBr und Cymol zerfällt. Hieraus erkennen wir, wie schwierig es ist, aus einem derartigen Gemenge kristallisierte Produkte zu erhalten, denn, wie wir sogleich sehen werden, geben die Terpene, welche sich in diesem Gemisch finden, in reinem Zustande zum Teil mit der größten Leichtigkeit Tetrabromide bzw. Nitrosochloride, allerdings erhalten wir beim Terpinen mit diesen Reagentien keine kristallisierten Verbindungen. Hieraus folgt aber, daß sowohl das „Tereben" DEVILLES, als auch das „Terpilen" („Terpinylen") TILDENS hauptsächlich aus Terpinen bestehen, dessen Menge den anderen Bestandteilen gegenüber unter Umständen zurücktreten kann.

WALLACH (A. **227** [1885], 283) benutzte das Dipententetrabromid, um in diesen erhaltenen Kohlenwasserstoffgemischen ev. Dipenten (i-Limonen) nachzuweisen. Zunächst konnte in dem Reaktionsprodukt, welches man nach BERTHELOT durch Erhitzen von Terpentinöl in der Bombe erhält, Dipenten konstatiert werden, mithin enthält das „Isoterebenthen" Dipenten; ferner wurden die Einwirkungsprodukte, welche FLAWITZKY (B. **12**, 1022) aus Terpentinöl und alkoholischer Schwefelsäure, sowie ARMSTRONG und TILDEN (B. **12**, 1752) durch Einwirkung von konz. bzw. verdünnter Schwefelsäure auf Terpentinöl gewonnen hatten, von WALLACH (a. a. O.) untersucht. Mit alkoholischer Schwefelsäure erhielt WALLACH ein

Produkt, in dem sich Dipenten nachweisen ließ (vgl. HEMPEL, A. **180**, 73), ferner wies WALLACH in dem aus Dipentendichlorhydrat mit Anilin (LAUTH und OPPENHEIM) gewonnenen Kohlenwasserstoffgemenge Dipenten nach. Dieser Kohlenwasserstoff enthält aber nach TILDEN und WILLIAMSON (Soc. **67**, 80; C. **1893**, I, 533) noch große Mengen Cymol, Terpinen, Terpinolen usw. Schließlich jedoch gelang es ihm, als er nach FLAWITZKY mit alkoholischer Schwefelsäure Terpentinöl in der Wärme invertierte, eine Fraktion vom Sdp. 179—190° zu gewinnen, bei deren Bromierung er ein neues isomeres Tetrabromid gewann, welches monoklin ist und verschieden sowohl von dem aktiven Limonentetrabromid, als auch vom Dipenten-(i-Limonen-) Tetrabromid.

WALLACH (A. **230** [1885], 251) untersucht alsdann das Produkt der Einwirkung von Säuren auf Terpinhydrat, wie es TILDEN usw. erhalten hatten. Durch Einwirkung von Schwefelsäure konnte WALLACH drei Fraktionen erhalten, von denen die erste bei 179—182° siedet, und einen Kohlenwasserstoff $C_{10}H_{16}$ enthält, den er „Terpinen" nennt; die zweite Fraktion siedet von 185—190°, den in ihr enthaltenen Kohlenwasserstoff nennt W. „Terpinolen"; schließlich gewinnt er eine dritte Fraktion, Sdp. 210—218°, die den schon von früheren Forschern erhaltenen Alkohol $C_{10}H_{18}O$ aufweist, den WALLACH nunmehr „Terpineol" nennt. Über die Einwirkung der Phosphorsäure, des Eisessigs und des Kaliumdisulfats vgl. die Originalarbeit. Das Terpinen gibt kein Tetrabromid; aus diesem Grunde spricht WALLACH die Fraktion 179—182° als besonderes Terpen an (vgl. Terpinen). — A. a. O., S. 262 kommt alsdann WALLACH auf das Terpinolen zurück; er gibt den Sdp. zu 185—190° an; es ist aber schwer von Terpinen, Dipenten und Terpineol zu reinigen; Smp. des Tetrabromids 112—113°, unbeständig. WALLACH hatte demnach das Terpinolen einmal nachgewiesen in dem Einwirkungsprodukt alkoholischer Schwefelsäure auf Terpentinöl, sodann in jenem der Säuren auf Terpinhydrat.

Daß das Terpinolen außerdem bei der Einwirkung von Säuren auf Terpineol und Cineol entsteht, erwähnt WALLACH noch besonders (A. **239**, 23); daselbst wird der Schmelzpunkt des Tetrabromids zu 116° angegeben, sowie, daß im Augenblicke seines Schmelzens eine schwache Gasentwicklung in der Masse wahrzunehmen ist; die Lösungen des Tetrabromids sind optisch inaktiv. Bei der Einwirkung von Chlor- oder Bromwasserstoffsäure auf das Terpinolen in Eisessiglösung entstand in reichlicher Menge das bei 50° schmelzende Dipentendihydrochlorid bzw. das bei 64° schmelzende -dihydrobromid. Das Terpinolen gehört zu den leicht veränderlichen Terpenen.

WALLACH erhielt alsdann, nachdem von WEBER das Terpinennitrit entdeckt war, aus dem bei 179—182° siedenden Anteilen des Einwirkungsproduktes von Schwefelsäure auf Terpinhydrat ebenfalls in reichlicher Menge Terpinennitrit. Dadurch war bewiesen, daß das „Terpilen" („Terpinylen") TILDENS ein Gemisch war von etwas Terpinolen, Dipenten und besonders Terpinen. In der Hauptsache haben demnach auch DEVILLE, BERTHELOT und RIBAN in ihrem „Tereben" Terpinen gehabt so daß das „Tereben“ demnach aus ev. unverändertem Pinen, Kampfen, Cymol, i-Limonen, Terpinen und Terpinolen usw. besteht; das Limonen dürfte bei Anwendung konz. Schwefelsäure ganz invertiert sein, auch das „Isoterebenthen“ BERTHELOTS und RIBANS enthält i-Limonen, Terpinolen, vielleicht auch Terpinen, außerdem wahrscheinlich noch aktives Limonen. Über das „Isoterpen“ FLAWITZKYS vgl. oben. — Es ist jedoch mehr als zweifelhaft, ob mit dem Nachweis des i-Limonens, Terpinolens und Terpinens derjenige aller Bestandteile des „Terebens“, „Terpilens“ („Terpinylens“), „Isoterebenthens“ und „Isoterpens“ erbracht ist. — Zur besseren Übersicht diene folgende Tabelle:

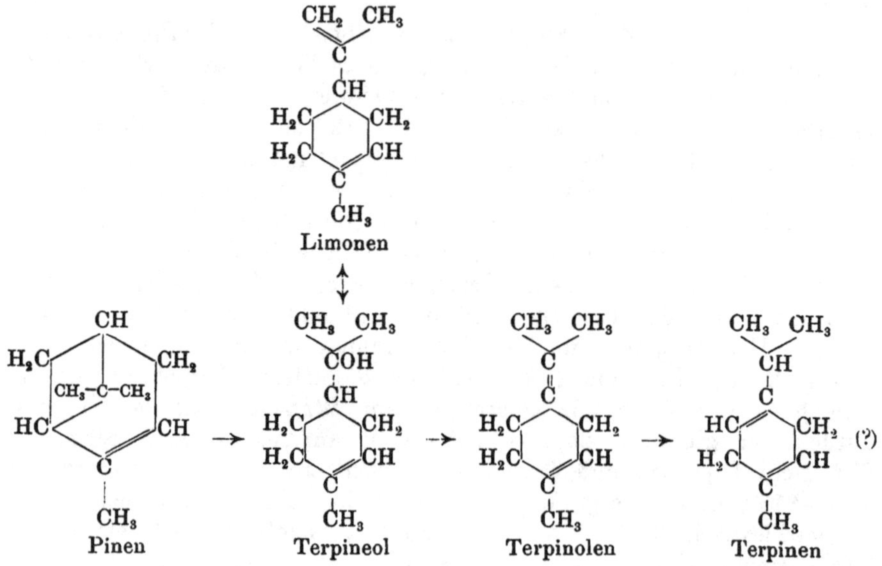

Hierbei soll es unentschieden bleiben, ob dem Terpinen diese Konstitution zukommt oder nicht.

Wir erkennen demnach, daß wir zur Darstellung des Terpinolens entweder ausgehen können vom Pinen oder Limonen; das Pinen und Limonen müssen zweifellos zuerst durch die Schwefelsäure in Terpineol bzw. dessen Ester übergeführt werden; die Bildung aus dem Dipentendichlorhydrat durch Abspaltung von Salzsäure ist natürlich dieselbe wie aus dem Terpineol, so daß das letztere Molekül oder dessen Ester eigentlich als Ausgangspunkt für sämtliche Darstellungsweisen des Terpinolens anzusehen sind, da auch das Terpin und das Cineol zuerst in Terpineol übergehen müssen.

Ähnlich liegen die Verhältnisse, wenn wir das Terpinolen aus aliphatischen Terpenen (Myrcen), bzw. aus aliphatischen Kampferarten (Geraniol, Linalool) darstellen wollen (STEPHAN, J. pr. II, **58** [1898], 115). Durch Einwirkung z. B. von konz. Ameisensäure lassen sich diese Moleküle in cyklische Terpengemische überführen, in denen sich auch Terpinolen findet. Auch in diesem Falle geht die Bildung des Terpinolens zweifellos über intermediär entstehendes Terpineol (vgl. Geraniol, Linalool).

Da das Terpinolen gegen Säuren, namentlich anorganische, sehr empfindlich ist, haben WALLACH und KERKHOFF (A. **275**, 108) Oxalsäure auf Terpineol vom Smp. 35° einwirken lassen, wobei sie nur kurze Zeit kochten; v. BAEYER (B. **27**, 448) verbesserte diese Methode, indem er in eine kochende Oxalsäurelösung (1 Teil Oxalsäure in 2 Teilen Wasser) unter gleichzeitigem Durchleiten von Wasserdampf verflüssigtes Terpineol vom Smp. 35° eintropfen läßt.

WALLACH gibt alsdann (A. **291** [1896], 361) eine neue Wasserabspaltung aus dem Terpineol mit wasserfreier Ameisensäure an; bei ganz schwachem Erwärmen scheidet sich das Terpinolen nach wenigen Augenblicken ab.

Schließlich müssen wir die Darstellungsweisen des Terpinolens erwähnen, wie sie v. BAEYER ausgearbeitet hat, indem er einmal (B. **27**, 443) vom Dipentendibromhydrat ausging und dieses nach WALLACH bromierte; hierbei entsteht das Tribromid vom Smp. 110°. 30 g Tribromid wurden mit 200 g Eisessig übergossen und unter sehr guter Kühlung mit Eis durch allmähliches Eintragen von 30 g Zinkstaub reduziert; hierbei entsteht das $\Delta^{4(8)}$-Terpen-1-olacetat. Letzteres wird mit Chinolin destilliert. Alsdann regeneriert v. BAEYER (B. **27**, 448) aus dem Terpinolentetrabromid das Terpinolen, indem er ersteres mit Eisessig übergießt und unter starker Abkühlung Zinkstaub einträgt. Diese Umsetzungen werden folgende Formeln erläutern:

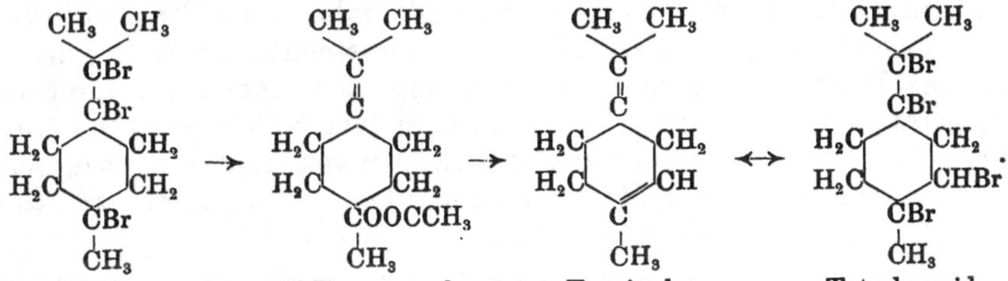

Tribromid Smp. 110° — $\Delta^{4(8)}$-Terpen-1-olacetat — Terpinolen — Tetrabromid

Demnach nimmt auch die Gewinnung vom Tribromid aus indirekt vom Limonen aus ihren Anfang.

Physik. Eig. des Terpinolens. Da das Terpinolen äußerst schwer in reinem Zustande erhalten, d. h. frei von anderen Terpenen gewonnen werden kann, so wechseln auch die Angaben über seine physikalischen Konstanten, so daß jedesmal die Darstellungsweise usw. angegeben werden muß. WALLACH (A. **227**, 283) erhielt bei der Herstellung des Terpinolens aus Terpentinöl und alkoholischer Schwefelsäure das Terpinolentetrabromid besonders reichlich aus der zwischen 187—192° siedenden Fraktion. Bei der Gewinnung aus dem Terpinhydrat mittels Schwefelsäure gibt WALLACH (A. **230**, 251) an, daß in der zweiten Fraktion vom Sdp. 185—190° besonders reichlich Terpinolen vorhanden sei. A. a. O., S. 262 betont er, daß es schwer hält, diese Fraktion frei von Terpinen, Dipenten und Terpineol zu erhalten. Auch später findet WALLACH (A. **275**, 105 ff.) in den Fraktionen vom Sdp. 185—187°, bzw. 185—190° und 183—190° besonders reichlich Terpinolen. Stets wird von WALLACH sowohl die Inaktivität des Terpinolens, als auch die des Terpinolentetrabromids betont.

v. BAEYER (B. **27**, 448) gibt für Terpinolen, das er aus dem Tetrabromid durch Reduktion gewann, an: $Sdp._{14} = 75^{0}$, unter gewöhnlichem Druck: Sdp. = 183—185° (kor.). A. a. O., S. 447 findet er für Terpinolen aus dem Terpinylacetat mit Chinolin gewonnen: Sdp. = 183—186°, inaktiv.

Vergleichen wir diese physikalischen Daten mit jenen anderer Terpene, so fällt der hohe Siedepunkt, den wir zu ungefähr 185—187° unter gewöhnlichem Druck annehmen dürfen, auf; leider liegen keine Angaben über das Volumgewicht vor; letzteres müßte, wenn wir Verbindungen, die ähnliche Unterschiede in der Konstitution zeigen, wie Limonen und Terpinolen, in Betracht ziehen, zu 0,857 bei 20° gefunden werden. Die optische Inaktivität steht vollkommen im Einklang mit seiner Konstitution, da das Molekül kein asymmetrisches Kohlenstoffatom mehr enthält.

Versuche über die physiologischen Eigenschaften des Terpinolens liegen nicht vor.

Chem. Eig. des Terpinolens. Das Terpinolen zeichnet sich durch geringe Beständigkeit aus, wie WALLACH (a. a. O.) wiederholt betont. Auch v. BAEYER fand (B. **27**, 448), daß, als er eine Probe Terpinolen 10 Minuten lang bis zum Sieden erhitzte, sie ganz dickflüssig wurde, und beim Bromieren nur Öl und keine Kristalle gab. Diese Empfindlichkeit des Terpinolens beruht zweifellos auf der Anwesenheit der semicyklischen doppelten Bindung nach der Isopropylgruppe hin, indem hierdurch eine Konfiguration entsteht, die sehr leicht zur Bildung hydrierter phenanthrenartiger Verbindungen führen dürfte. Im übrigen sind die chemischen Reaktionen bedingt durch die beiden doppelten Bindungen, wie am Schluß dieses Kapitels ausführlicher besprochen werden wird.

Vollständig reduziertes Terpinolen müßte Hexahydrocymol darstellen; jedoch sind Reduktionsversuche bisher nicht unternommen worden.

Dagegen hat man Halogene und Halogenwasserstoffsäuren auf das Terpinolen einwirken lassen; kristallisierte Anlagerungsprodukte mit Chlor sind nicht bekannt, ebensowenig solche mit Jod.

Terpinolentetrabromid

$C_{10}H_{16}Br_4$ =

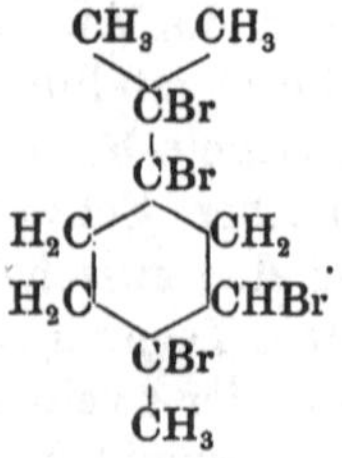

Die Entdeckung des Terpinolentetrabromids verdanken wir WALLACH (A. **227**, 283). Gelegentlich der Prüfung der Kohlenwasserstoffe, welche unter dem Namen „Tereben", „Terpilen", „Terpinylen" usw. bekannt waren, auf Dipenten, speziell bei der Untersuchung des Invertierungsproduktes des Pinens mit alkoholischer Schwefelsäure, beobachtete Wallach ein neues Tetrabromid, welches niedriger als das Limonentetrabromid schmolz und monoklin war. A. **230**, 263 wird es kristallographisch durch Hintze genau beschrieben; es kristallisiert aus Äther in Tafeln. Auch durch seine Unbeständigkeit unterscheidet es sich von den Limonentetrabromiden; die anfangs durchsichtigen, sehr glänzenden Kristalle werden undurchsichtig und porzellanartig; sie schmelzen dann unterhalb 100° unter Gasentwicklung. Wallach gibt den Schmelzpunkt anfangs zu 112—113°, später (A. **239**, 23) zu 116° an; v. Baeyer (B. **27**, 447) findet den Smp. bei 118°. — Wallach stellte das Tetrabromid in alkoholischer, ätherischer oder Eisessiglösung dar. v. Baeyer (B. **27**, 448) erhielt nach dieser Methode nicht immer das Tetrabromid, so daß er zu dessen Darstellung empfiehlt, das betreffende Öl mit gleichen Teilen Amylalkohol und der doppelten Menge Äther zu mischen und dann das Brom unter Abkühlen einzutragen; das Tetrabromid scheidet sich alsdann, wenn man die Flüssigkeit in eine Schale gießt, in dem Maße, wie der Äther verdunstet, in sehr voluminösen Blättchen ab. Schließlich ist nachzutragen, daß das Terpinolentetrabromid auch aus dem Terpinolendibromid durch weitere Bromzufuhr (B. **27**, 447) gewonnen werden kann. — Von den chemischen Umsetzungen des Tetrabromids ist zu erwähnen, daß es nach v. Baeyer (B. **27**, 448) durch Reduktion mit Eisessig und Zinkstaub in Terpinolen zurückverwandelt wird. — Wallach und Kerkhoff (A. **275**, 110) untersuchten das Verhalten des Terpinolentetrabromids gegen alkoholisches Kali unter analogen Versuchsbedingungen wie das Limonentetrabromid, das gebromten Carveolalkyläther gegeben hatte. Die Reaktion verläuft hierbei jedoch ganz anders; aus 80 g Tetrabromid wurden 18 ccm einer leicht flüchtigen Flüssigkeit erhalten, die zwischen 178—186° siedete, noch etwas Brom (2,99 %) enthielt, der Hauptmenge nach aber aus einem Kohlenwasserstoff bestand, der Cymol enthalten dürfte, so daß wir folgende Übergänge haben:

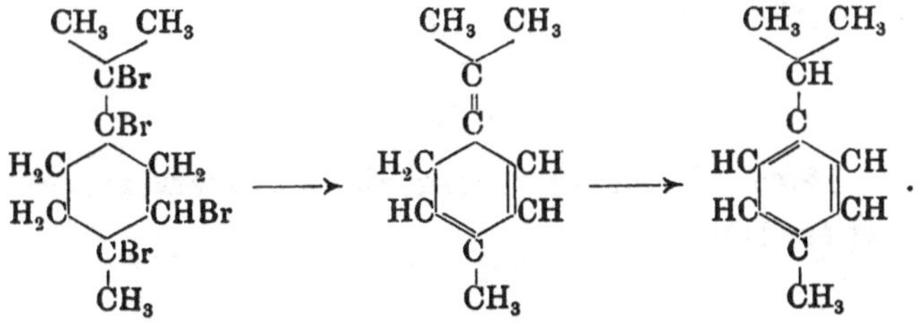

Tetrabromid intermediär Cymol

Der intermediär entstandene Kohlenwasserstoff ist, wie ich anderweitig betont habe, nicht beständig und lagert sich sofort größtenteils in Cymol um.

Terpinolendibromid

$C_{10}H_{16}Br_2 =$ 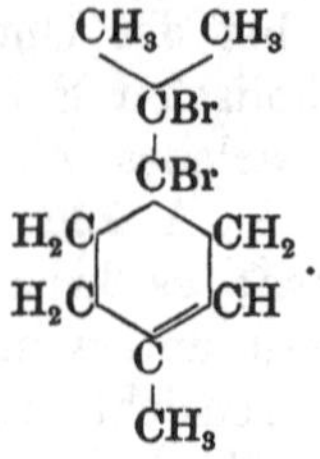

Das Terpinolendibromid wird nach v. BAEYER (B. **27**, 447) gewonnen, indem man die alkoholisch-ätherische Lösung des Terpinolens mit 2 Atomen Brom versetzt; Prismen vom Smp. 69—70°. Dieses Dibromid geht bei weiterer Bromzufuhr in das Terpinolentetrabromid vom Smp. 118° über. Löst man das Dibromid in Eisessig und versetzt nach v. BAEYER (B. **27**, 448) die Lösung mit Eisessig-Bromwasserstoff, so erhält man das

Dipententribromid

$C_{10}H_{17}Br_3 =$ 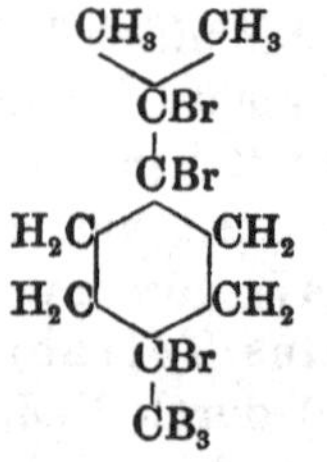

vom Smp. 110°, das WALLACH zuerst durch Bromierung des Dipentendibromhydrats gewonnen hatte. Dieses Tribromid konnte v. BAEYER (B. **27**, 443), indem er es in Eisessiglösung mit Zinkstaub reduzierte, überführen in das

$\Delta^{4(8)}$-Terpen-1-olacetat

$C_{10}H_{17}OOCCH_3 =$ 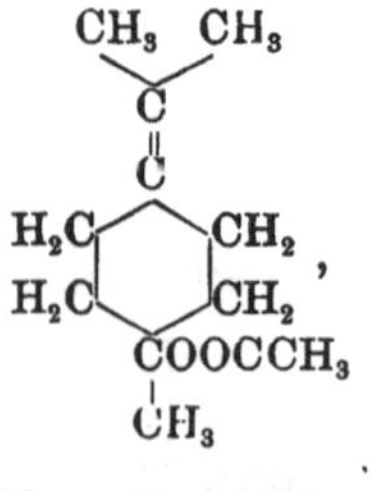

$Sdp._{17} = 110—120°$. Durch Verseifung dieses Acetats wurde das

$\Delta^{4(8)}$-Terpen-1-ol

$C_{10}H_{18}O =$ 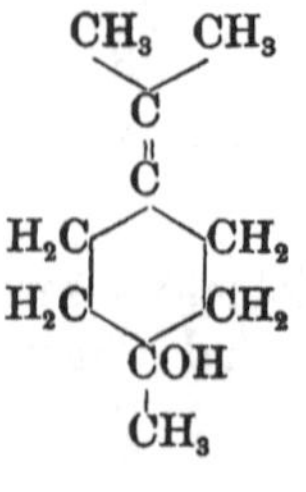

gewonnen, Smp. 69—70°; dieses gibt mit Eisessig-Bromwasserstoff das bei 64° schmelzende Dipentendibromhydrat, riecht nach *Ledum palustre* und destilliert unzersetzt. Dasselbe Terpineol bildet sich nach v. BAEYER (B. **27**, 815), wenn man Terpin mit Oxalsäure- oder Phosphorsäurelösung erwärmt; in dem flüssigen Terpineol von SCH. u. Co. ist dagegen dieses Terpineol nicht enthalten, da jenes mit Nitrosylchlorid, wie wir gleich sehen werden, keine Blaufärbung gibt. Das Dibromid dieses Terpineols, -Dibrom(4,8)-terpen-1-ol $C_{10}H_{18}Br_2O$, wird gewonnen durch Eintragen der berechneten Menge Brom in eine alkoholisch-ätherische Lösung des Terpineols; Smp. 114—115°. Dieses Dibromid gibt mit Eisessig-Bromwasserstoff das Tribromid vom Smp. 110°. — Das Terpineol vom Smp. 69—70° liefert, da es eine tertiär-tertiäre Doppelbindung enthält, ein blaues Nitrosochlorid, welches aber nicht näher untersucht wurde (B. **27**, 446).

Durch Oxydation des Terpineols vom Smp. 69—70° erhielten v. BAEYER und BLAU (B. **28** [1895], 2296) das

Trioxyterpan (Terpan-1-4, 8-triol)

$C_{10}H_{20}O_3$ = 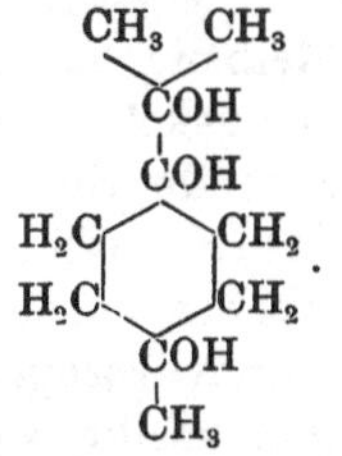

Die Oxydation wurde mit Kaliumpermanganat ausgeführt, wobei eine Auflösung des Terpineols in Äther benutzt wurde. Das Trioxyterpan kristallisiert aus Wasser in Nadeln mit Endflächen und ist sehr ll. in Wasser und Alkohol, schwerl. in Äther. Die Kristalle enthalten 1 Mol. Kristallwasser und schmelzen bei 95—96°; im Vakuum verlieren sie bei 50—60° das Wasser und schmelzen alsdann bei 110—112°; $Sdp._{20}$ = 200°. Dieses Trioxyterpan gibt mit Eisessig-Bromwasserstoffsäure das gebromte Dipentendibromhydrat vom Smp. 110—111°, mit Eisessig-Chlorwasserstoffsäure entstand ein Öl, Eisessig-Jodwasserstoffsäure lieferte Kristalle. Beim Kochen des Trioxyterpans mit verd. Schwefelsäure bildet sich neben ungesättigten sauerstoffhaltigen Produkten ein Kohlenwasserstoff vom Sdp. 175°, der wahrscheinlich Cymol ist.

Das Terpineolacetat vom $Sdp._{17}$ = 110—120° gibt mit Eisessig-Bromwasserstoffsäure ebenfalls wie das freie Terpineol das Dipentendibromhydrat vom Smp. 64°; ferner liefert es das

Dibromid des $\Delta^{4(8)}$-Terpen-1-olacetats

$C_{12}H_{20}Br_2O_2$ = 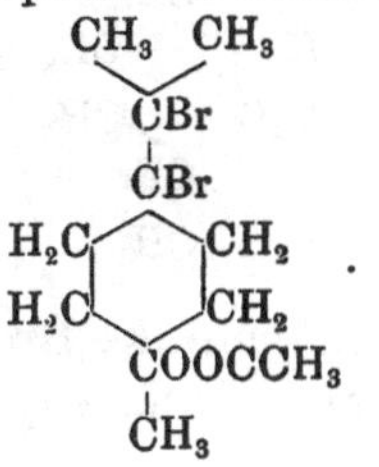

(v. Baeyer, B. **27**, 444), Smp. 103°, und dieses gibt mit Eisessig-Bromwasserstoffsäure wie das freie Dibromterpineol das Tribromid vom Smp. 110°. — Um die Lage der doppelten Bindung in dem Terpinylacetat festzustellen, ließ v. Baeyer (B. **27**, 445) auf die Lösung des Terpinylacetats in alkoholischer Salzsäure eine konzentrierte wäßrige Lösung von Natriumnitrit einwirken. Die Flüssigkeit färbte sich sofort rein blau und auf Zusatz von Eis schieden sich blaue Öltropfen aus, die alsbald fest wurden; diese bestanden aus dem

Nitrosochlorid des $\Delta^{4(8)}$-Terpen-1-olacetats

$C_{12}H_{20}O_3NCl$ = 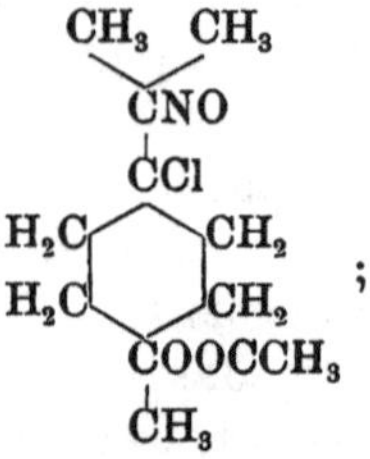 ;

es soll hierbei unentschieden bleiben, ob die Stellung der Nitrosogruppe und des Chloratoms nicht die umgekehrte ist. Das Nitrosochlorid bildet spitzige, himmelblaue, atlasglänzende Blätter vom Smp. 82°. In Bromwasserstoff-Eisessig löst sich das Nitrosochlorid des Terpinylacetats mit brauner Farbe. Nach kurzem Stehen scheiden sich farblose Kristalle ab; hierbei findet eine Reduktion der Nitrosogruppe zur Hydroxylamingruppe statt, wobei Brom frei wird; gleichzeitig wird der Essigsäureester durch Brom ersetzt und es entsteht das bromwasserstoffsaure Salz einer gleichzeitig gebromten und gechlorten Hydroxylaminbase, eines Chlor-Brom-Hydroxylamin-Terpans. Diese Umsetzungen wurden genauer studiert von v. Baeyer und Blau (B. **28** [1895], 2292) am

Nitrosobromid des $\Delta^{4(8)}$-1-Terpinylacetats $C_{12}H_{20}BrO_3N$. Dieses Nitrosobromid wird analog dem Nitrosochlorid dargestellt und besitzt auch denselben Schmelzpunkt wie dieses (81—82°); es bildet blaue Nadeln. Eisessig-Chlorwasserstoff wirkt auf die blaue Verbindung nicht ein. Eisessig-Bromwasserstoff löst dagegen unter Braunfärbung, welche vermieden wird, wenn man der Lösung etwas roten Phosphor hinzusetzt; allmählich scheidet sich

die Verbindung $C_{10}H_{17}Br \cdot NH_2OBr \cdot HBr$ =

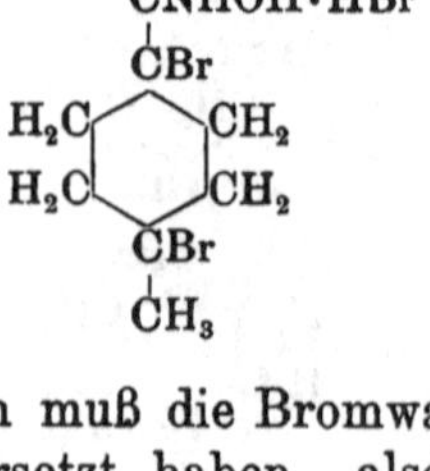

ab, Smp. 182—184°. Hiernach muß die Bromwasserstoffsäure einmal den Essigsäurerest durch Brom ersetzt haben, alsdann muß aber auch die

Nitrosogruppe durch Bromwasserstoff unter Bromabscheidung reduziert worden sein. Dieselbe Verbindung entsteht auch, wenn man nicht vom Nitrosobromid des Terpinylacetats ausgeht, sondern von einem gebromten Dihydroterpinolen $C_{10}H_{17}Br$, welches aus dem gebromten Dipentendibromhydrat vom Smp. 110° erhalten wird, wenn man dieses mit Zinkstaub und Alkohol reduziert. Dieses gebromte Dihydroterpinolen liefert ein Nitrosobromid vom Smp. 44°, welches mit Eisessig-Bromwasserstoffsäure behandelt obiges bromwasserstoffsaure Salz einer Hydroxylaminbase vom Smp. 182—184° liefert, so daß wir demnach folgende Umsetzungen haben:

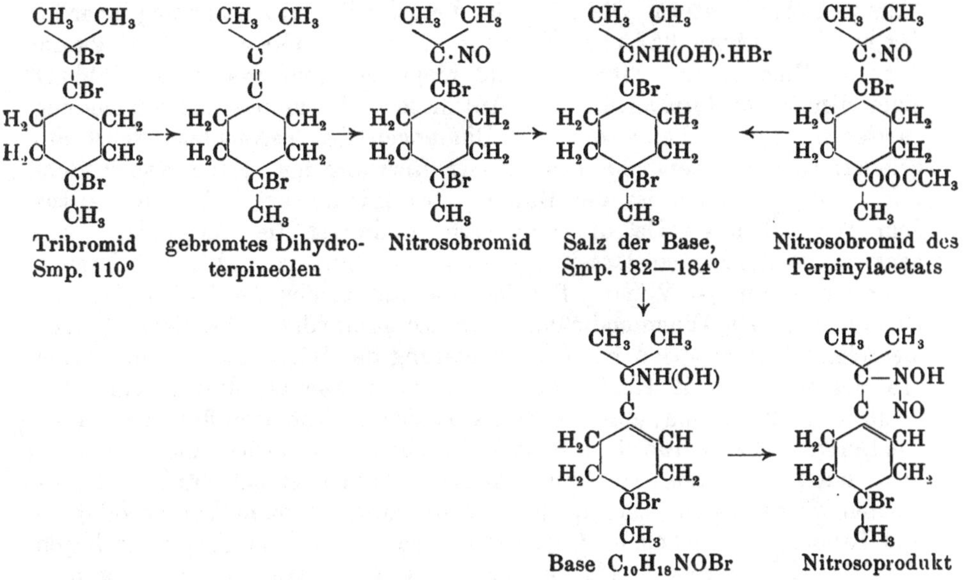

Versetzt man nach Baeyer das bromwasserstoffsaure Salz $C_{10}H_{20}Br_3ON$ vorsichtig mit Ammoniak usw., so erhält man schließlich eine Base $C_{10}H_{18}NOBr$, Smp. 100—102°; diese Base reduziert Silberlösung und Fehlingsche Lösung und dürfte obige Konstitution haben. Beim Behandeln mit salpetriger Säure entsteht aus dieser Base das Nitrosoprodukt $C_{10}H_{17}BrO_2N_2$ vom Smp. 138—139°. Dieselbe Base und Nitrosoverbindung erhält man auch, wenn man nach v. Baeyer (B. **28**, 2295) vom Nitrosochlorid des Terpinylacetats ausgeht und dieses mit Bromwasserstoff analog behandelt. — Umgekehrt kann man von der Hydroxylaminverbindung aus zu dem Nitrosobromid zurückkommen, wenn man die alkoholische Lösung des Salzes vorsichtig mit Brom versetzt; die Flüssigkeit färbt sich tief blau und es scheidet sich das Nitrosobromid ab. —

Verhalten des Terpinolens gegen Halogenwasserstoffsäuren. Dipentendihydrochlorid $C_{10}H_{16} \cdot 2\,HCl$ erhielt Wallach (A. **239**, 24), als er eine Terpinolenfraktion, die reichlich das Terpinolentetrabromid lieferte, mit Eisessig-Chlorwasserstoffsäure behandelte; Smp. 50°. —

Dipentendihydrobromid $C_{10}H_{16} \cdot 2\,HBr$ stellte WALLACH auf analoge Weise dar; Smp. 64°. Auch v. BAEYER (B. **27**, 447) konnte aus dem Terpinolen, das er durch Einwirkung von Chinolin auf Terpinylacetat gewonnen hatte, mit Eisessig-Bromwasserstoff das trans-1, 8-Dibromterpan erhalten. —

Die chemischen Eigenschaften des Terpinolens sind also im wesentlichen bedingt durch die Stellung der beiden doppelten Bindungen. Legt man die eine doppelte Bindung im Kern fest (Terpineol Smp. 69—70°, Terpinylacetat), so läßt sich Nitrosylchlorid an die semicyklische doppelte Bindung anlagern, wobei ein monomolekulares, blau gefärbtes wahres Nitrosochlorid entsteht. Die cyklische doppelte Bindung ist analog jener im Terpineol vom Smp. 35° und Limonen; hiernach müßte auch diese zweite doppelte Bindung mit Nitrosylchlorid reagieren, und zwar unter Bildung einer Bisnitrosochloridverbindung. Auf diese Weise müßte eine Verbindung entstehen, die an beide doppelte Bindungen des Terpinolens NOCl angelagert enthält; Versuche nach dieser Richtung hin liegen bisher nicht vor. — Eigentümlich ist die Bildung des kristallisierten Dibromids aus dem Terpinolen. — Da die doppelten Bindungen im Terpinolen nicht benachbart stehen, so lassen sie sich mit Natrium und Alkohol auch nicht reduzieren. — Wichtig für die Konstitution des Terpinolens ist sein Übergang in das Dipentendichlor- bzw. Dibromhydrat. Es liegt nämlich die Möglichkeit vor, daß bei der Anlagerung der Halogenwasserstoffsäuren das Halogen auch an Kohlenstoffatom 4 gehen könnte; dies scheint aber nicht der Fall zu sein, sondern es lagert sich an Kohlenstoffatom 8 an. — Die Derivate der zweiwertigen Metalloide scheint man bisher mit Terpinolen nicht mit Erfolg haben verkuppeln können; wahrscheinlich dürfte das Terpinolen, ebenso wie es das Dipentendichlorhydrat tut, auch Wasser anlagern und Terpinhydrat geben. — Oxydationsversuche mit dem Terpinolen liegen ebenfalls nicht vor. — Läßt man die Derivate der dreiwertigen Metalloide wie salpetrige Säure, Nitrosylchlorid auf Terpinolen einwirken, so erhält man ebenfalls keine festen Derivate. —

Zusammenhang des Terpinolens mit den übrigen Terpenen und mit den Kampferarten. Aus der Darstellung des Terpinolens konnten wir bereits entnehmen, daß es aus den verschiedensten Terpenen usw. gewonnen werden kann:

1. Aus dem Myrcen, einem aliphatischen Terpen, läßt sich das Terpinolen herleiten, indem man ersteres hydratisiert und hierbei in Linalool, bzw. durch Invertierung in Terpineol überführt; vom Terpineol aus läßt sich das Terpinolen darstellen.

2. Der Übergang der bicyklischen Terpene des Pentoceansystems läßt sich insofern durchführen, als wir nach WAGNER und BRICKNER (B. **32**, 2302) das Bornyljodid in Eisessiglösung usw. ebenfalls schließlich in Terpineol überführen können; das Kampfen läßt sich aber in Borneol umwandeln.

Die Bildung des Terpinolens aus dem Terpen des Tetroceansystems, Pinen, ist genügend erörtert; auch sie führt natürlich über das Terpineol.

Die Terpene des Trioceantypus, das Sabinen und die Tanacetene, gehen nach KONDAKOW (J. pr. II, **69**, 177) in trans-Terpinderivate über, wenn man sie mit Eisessig-Bromwasserstoff usw. behandelt. Dieser Übergang läßt sich auch nach der von SEMMLER angenommenen Tanacetonformel erklären, wenn man annimmt, daß hierbei zuerst Terpinolen entsteht, an welches sich alsdann die Halogenwasserstoffsäuren unter Bildung von Dipentendichlorhydrat anlagern; bei dieser Bildung würde der Weg der primären Entstehung des Terpinolens nicht über das Terpineol gehen.

3. Von den monocyklischen Terpenen geht das Limonen leicht in Terpinolen über, dagegen kann man vom Phellandren und Terpinen aus bisher nicht zum Terpinolen gelangen. Auch von den Terpenen der m-Cymolreihe kennt man bisher keinen Weg zum Terpinolen.

4. Die Bildung des Terpinolens aus olefinischen Kampferarten, aus dem Linalool und Geraniol, läßt sich ebenfalls bewirken, wie oben erwähnt wurde.

5. Von den sauerstoffhaltigen Körpern dient besonders als Ausgangsmaterial für die Gewinnung des Terpinolens das Terpineol, welches sich, wie wir oben sahen, besonders mit Oxalsäure bzw. beim Erhitzen im Autoklaven in Terpinolen überführen läßt. Aber auch die anderen sauerstoffhaltigen Verbindungen der bicyklischen Reihe sowohl wie der monocyklischen sind natürlich in Terpinolen überführbar, einmal auf dem Wege der aus ihnen herstellbaren Terpene, als auch besonders auf dem Wege über das Terpineol bezw. Dihydrocarveol. —

Umwandlung des Terpinolens in andere Terpene bzw. in Kampferarten. Die Umwandlung des Terpinolens in andere Terpene wurde mehrfach gestreift. 1. Zu bicyklischen Terpenen läßt sich Terpinolen nicht invertieren. 2. Der Übergang in die monocyklischen Terpene findet dagegen leichter statt; einmal läßt sich aus dem Terpinolen das Dipentendichlorhydrat, aus letzterem i-Limonen (Dipenten) gewinnen, sodann geht der Übergang des Terpinolens in Terpinen besonders vor sich, wenn man ersteres mit wäßrigen Säuren behandelt; das Terpinen ist das Endprodukt aller dieser Invertierungen. Der Übergang vom Terpinolen zum Phellandren ist nur auf großen Umwegen möglich, indem man zunächst zum Limonen invertiert, letzteres durch die Bisnitrosochloridverbindung hindurch in Carvon und dieses in Carvotanaceton umwandelt; vom Carvotanaceton aus kann man nach HARRIES zum Phellandren kommen. Auch der Weg vom Terpinolen zu den Terpenen der m-Cymolreihe ist möglich, wenn man ebenfalls das Terpinolen in Limonen, dieses in Dihydrocarvon und letzteres in Caron überführt; dieses Keton gibt Carvestren. 3. Die Kampferarten, wenigstens die monocyklischen, das Terpineol usw., kann man aus dem Terpinolen ebenfalls nur über das Limonen gewinnen; ein Weg vom Terpinolen zu aliphatischen Terpenalkoholen existiert nicht.

Identifizierung des Terpinolens. Will man das Terpinolen durch fraktionierte Destillation abscheiden, so darf man diese nur im Vakuum vornehmen; man verwendet zum weiteren Nachweise die bei einem Druck von 14 mm zwischen 70—80° übergehenden Anteile. Bei gewöhnlichem

Druck gesiedet, erleidet das Terpinolen zum Teil leicht Polymerisation; zu seinem Nachweis muß man in diesem Falle die zwischen 180—190° siedenden Fraktionen verwenden. Charakteristisch für das Terpinolen ist sein Tetrabromid vom Smp. 116—118°, welches man gewinnt, wenn man die zu untersuchende Fraktion mit gleichen Teilen Amylalkohol und der doppelten Menge Äther mischt und alsdann das Brom einträgt; beim allmählichen Verdunsten des Äthers scheidet sich das Tetrabromid aus. — Auch das bei 69—70° schmelzende Dibromid des Terpinolens ist charakteristisch. Von diesem Dibromid aus kann man mit Eisessig-Bromwasserstoff zu dem bei 110° schmelzenden Tribromid $C_{10}H_{17}Br_3$ gelangen. Dieses Tribromid wird mit Eisessig und Zinkstaub in das Terpineolacetat verwandelt, welches bei der Behandlung mit alkoholischer Salzsäure und Natriumnitrit das blaue Nitrosochlorid des Terpineolacetats vom Smp. 82° liefert.

Konstitution des Terpinolens. Obwohl das Terpinolen in Gemengen, namentlich mit i-Limonen und Terpinen, seit langer Zeit bekannt war und WALLACH diesen Kohlenwasserstoff im Jahre 1885 als besonderes Terpen charakterisierte, wenn auch dieser Forscher das Terpinolen nicht in absolut reinem Zustande isolieren konnte, so war man doch lange Zeit über die Konstitution des Terpinolens im unklaren. Die ersten Mitteilungen über die ev. Konstitution des Terpinolens usw. bringt WALLACH (A. **239**, 51), indem er im Dipenten, Limonen, Terpinolen und Sylvestren je zwei doppelte Kohlenstoffbindungen annimmt und diese Kohlenwasserstoffe als w a h r e Hydrocymole betrachtet. Es werden alsdann einige Formeln dieser Dihydrocymole für diese Terpene im großen und ganzen angegeben. — BRÜHL (B. **21** [1888], 172) nimmt für das Terpinolen ebenfalls die Konstitution eines w a h r e n Hydrocymols an und gibt ihm folgende Konstitution:

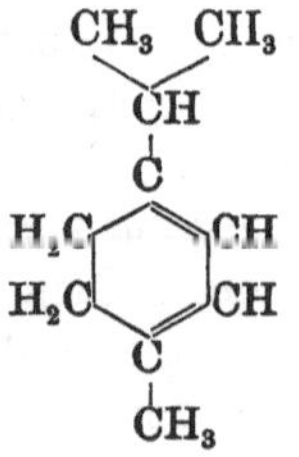

(I).

— WALLACH kommt im Jahre 1893 (A. **277**, 145) auf die Konstitution des Terpinolens zurück; er betrachtet es noch als w a h r e s Dihydrocymol und schlägt folgende Formel vor:

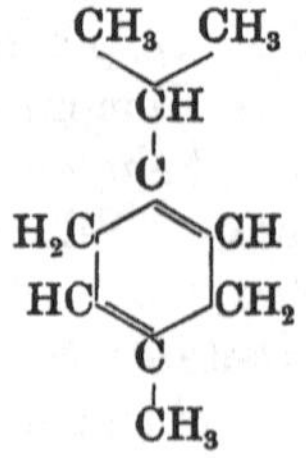

(II).

— Im Jahre 1894 (B. **27**, 436) beschäftigt sich v. BAEYER mit der Konstitution der Terpene, im speziellen auch mit der des Terpinolens. Er stellt für dieses Terpen folgende Formel auf:

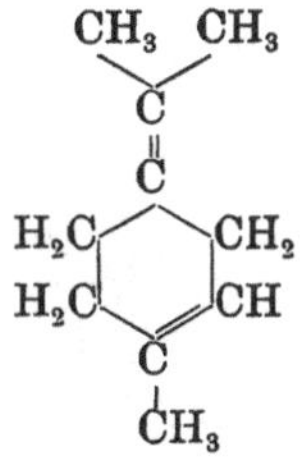

(III).

Bei der Aufstellung ihrer Formeln gingen sowohl WALLACH, wie BRÜHL und v. BAEYER von der Konstitution des Terpineols vom Smp. 35° bzw. Limonens aus; man verlegte für das Terpineol die doppelte Bindung in den Kern dahin, wo wir sie auch heute annehmen, die Hydroxylgruppe sah man als an Kohlenstoffatom 4 gebunden an. Auch v. BAEYER geht von dieser falschen Terpineolformel aus und gelangt zu obiger Formel für das Terpinolen, die wir heute als die richtige ansehen. Aber die v. BAEYERsche Beweisführung stützt sich nicht allein auf die Terpineolformel, sondern wie wir sogleich sehen werden, im wesentlichen auf das Verhalten der einen doppelten Bindung, im Terpinolen. Als wichtigste Forderungen, welche das physikalische Verhalten und die chemischen Reaktionen an die Terpinolenformel stellen, können folgende angesehen werden: 1. Das Terpinolen muß zwei doppelte Bindungen enthalten; diese Forderung erscheint berechtigt wegen des Tetrabromids, besonders aber wegen des leicht zu erhaltenden Dipentendichlorhydrats. 2. Das Terpinolen muß ein p-Cymolabkömmling sein, wie aus seiner nahen Beziehung zum Limonen zu folgern ist. 3. Die eine doppelte Bindung im Terpinolen muß tertiär-tertiär sein, weil sich eine wahre, charakteristisch blaugefärbte Nitrosoverbindung bildet. 4. Das Terpinolen darf wegen seiner Inaktivität kein asymmetrisches Kohlenstoffatom enthalten. 5. Der Übergang vom Terpinolen in Limonen und umgekehrt verlangt eine Formel, die zur Limonenformel in naher Beziehung steht, ebenso zum Terpineol.

Unter den theoretisch möglichen Dihydrocymolen, zu denen demnach das Terpinolen nach Forderung 2 gehören muß, kommen nur diejenigen in Betracht, welche die doppelte Bindung zwischen C-Atom 4 und 8 enthalten, alle anderen sind ausgeschlossen, wie aus den wichtigen Untersuchungen v. BAEYERS zu folgern ist; die zweite doppelte Bindung kann demnach nur noch im Kern oder semicyklisch nach der Methylengruppe hin stehen. Der letzte Fall ist aber ausgeschlossen, da das aus einem derartigen Terpen entstehende Tetrabromid bei der Behandlung mit alkoholischem Kali nach WALLACH niemals einen Kohlenwasserstoff $C_{10}H_{14}$ geben könnte; auch die auf verschiedene Weise erfolgende Bildung des Tribromids vom Smp. 110° stände mit einer derartigen Formel im Widerspruch. Demnach bleibt nur übrig, daß die zweite doppelte Bindung im

Terpinolen.

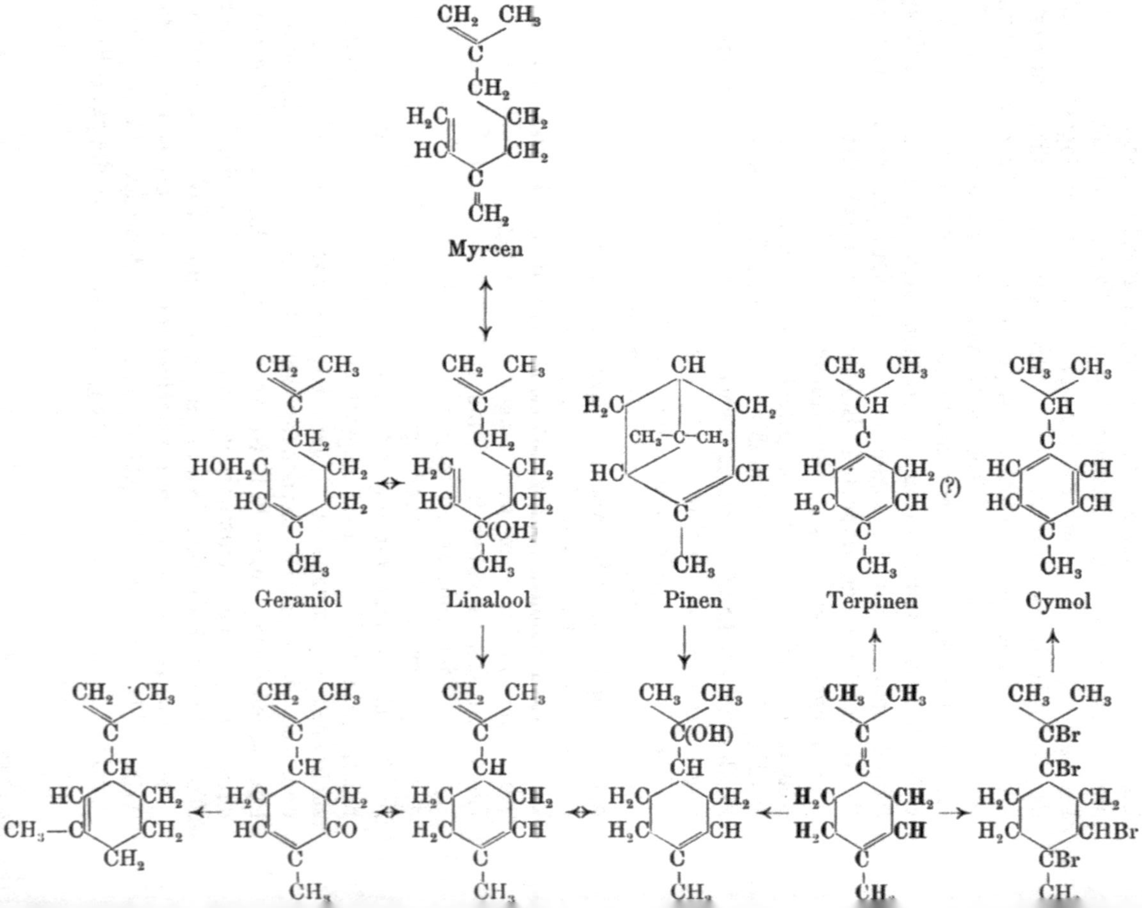

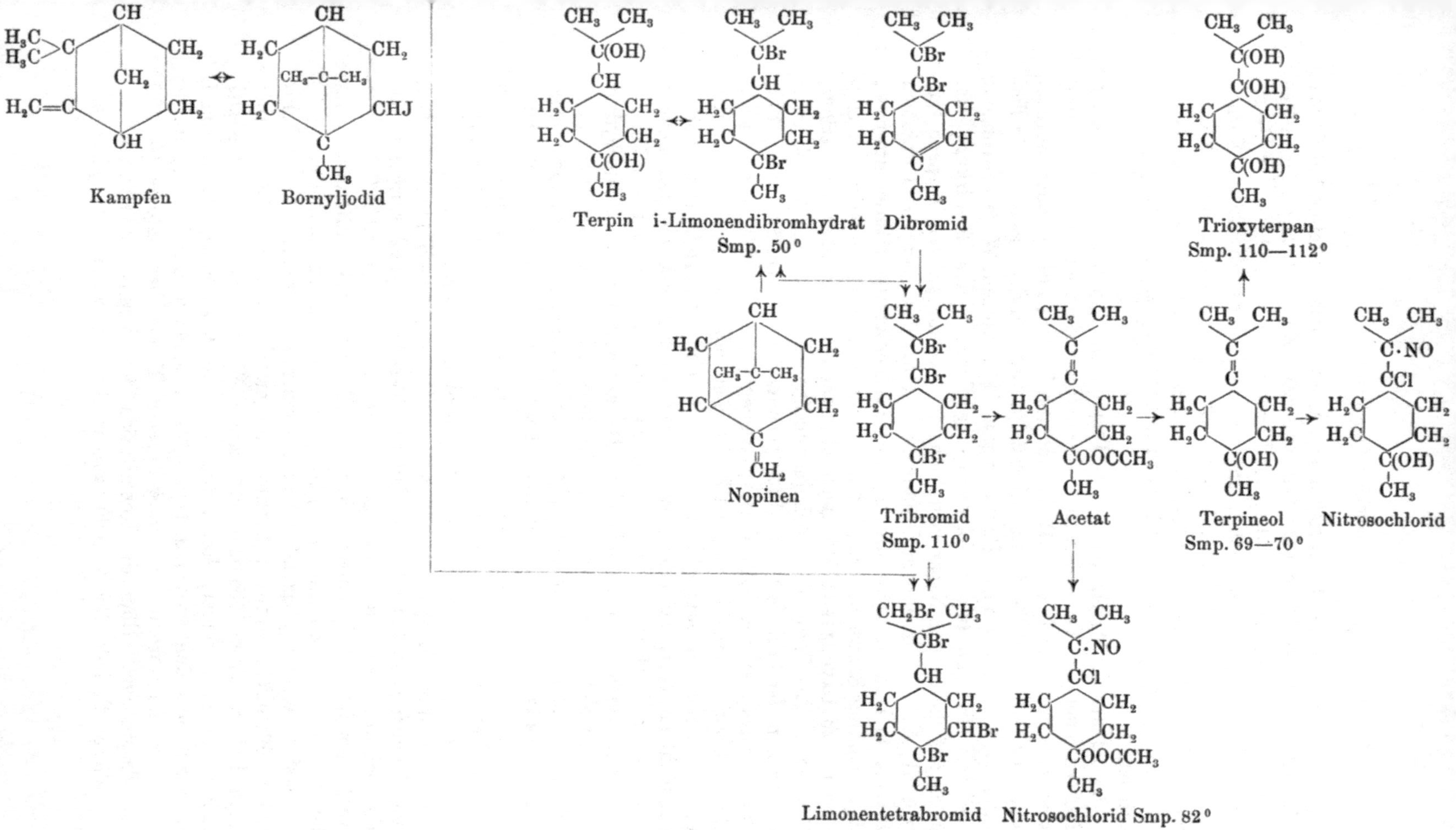

Kampfen
Bornyljodid
Terpin
i-Limonendibromhydrat
Smp. 50°
Dibromid
Trioxyterpan
Smp. 110—112°
Nopinen
Tribromid
Smp. 110°
Acetat
Terpineol
Smp. 69—70°
Nitrosochlorid
Limonentetrabromid
Nitrosochlorid Smp. 82°

Kern stehen muß. Diese kann sich aber nur am Kohlenstoffatom 1 befinden, da in jedem anderen Falle ein asymmetrisches Kohlenstoffatom entstehen würde, dessen Vorhandensein aber mit Forderung 4 unvereinbar ist. Demnach bleibt für das Terpinolen die von v. Baeyer abgeleitete Formel allein übrig. Es ist keine Tatsache bekannt, die gegen diese Formel spricht. Der Übergang in die anderen Terpene ist von ihr aus leicht verständlich, ebenso die Entstehung aus anderen Terpenen bzw. Terpenalkoholen.

Geschichte des Terpinolens. Das Terpinolen, Terpinen und i-Limonen (Dipenten) sind jene Terpene, welche in unreinem Zustande schon frühzeitig wegen ihrer optischen Inaktivität von anderen Terpenen abgesondert wurden. Da sie nur selten, das Terpinolen überhaupt nicht, in der Natur angetroffen werden, so war man zu ihrer Darstellung auf künstlichem Wege gezwungen; diese drei Terpene bilden so recht das Produkt der Einwirkung von Säuren auf die in der Natur sich findenden optisch aktiven Terpene und Terpenalkohole. Aus diesem Grunde kommt es, daß man das Terpinolen frühzeitig in Händen hatte, als man auf das Terpentinöl Säuren einwirken ließ, namentlich Schwefelsäure (Deville); dies ist auch die Ursache, daß man weder bis zu Lavoisier (1770), noch bis zum Ende der nächsten Periode, 1770—1830, das Terpinolen auch im unreinen Zustande nicht beobachtet hat. Erst in der Periode 1830—1857 gewinnt Deville (A. **37** [1841], 178; A. **71**, 351) das „Tereben". Auf dieses „Tereben" stieß man öfter; seine charakteristische optische Inaktivität, die Unfähigkeit einen künstlichen Kampfer, und zwar weder ein Monochlorhydrat, noch ein Dichlorhydrat zu liefern, auch nicht ein Nitrit zu geben, unterschied es wesentlich von den anderen Terpenen; nichtsdestoweniger konnte man sich in der nächsten Periode 1857—1872 nicht dazu entschließen, das aus dem Dipentendichlorhydrat, sei es durch bloßes Erhitzen oder durch Behandeln mit Anilin, entstehende Produkt für identisch mit dem „Tereben" zu erklären, auch nicht jenes Kohlenwasserstoffgemenge („Isotérébenthène"), welches Berthelot durch Erhitzen des Terpentinöls in der Bombe erhielt. Im Gegenteil, in der nächsten Periode 1872—1887 sonderte man die aus dem Dichlorhydrat oder aus dem Terpinhydrat bzw. Terpineol usw. durch Einwirkung von Säuren erhaltenen Terpene als „Terpilen" („Terpinylen") (Tilden) ab. Man hatte nämlich gefunden (Riban), daß im „Tereben" Cymol vorhanden ist, ferner stellten Armstrong und Tilden fest, daß das „Tereben" Kampfen enthält; der jetzt übrigbleibende Rest des „Terebens" sollte allerdings mehr oder weniger identisch mit dem „Terpilen", „Terpinylen" usw. sein.

Erst durch die glänzenden Untersuchungen Wallachs, die im Jahre 1885 veröffentlicht wurden, konnte nachgewiesen werden, daß in allen diesen Rohprodukten Gemenge vorliegen. W. fand zunächst, daß sich Dipenten in ihnen findet, ferner konnte er auch ein neues Tetrabromid, namentlich aus den zwischen 180—190° siedenden Anteilen gewinnen; das diesem Tetrabromid zugrunde liegende Terpen benannte er (A. **230**, 254) „Terpinolen". Über die Konstitution des Terpinolens war man am Ende dieser Periode der Ansicht, daß in ihm ein wahres Dihydrocymol vorliegt. Zu seiner Darstellungsweise ging man vom Pinen, Limonen, Terpineol und dessen Derivaten aus.

Erst der letzte Zeitabschnitt, von 1887 bis zur Gegenwart, brachte Aufklärung über die Konstitution des Terpinolens. v. BAEYER (B. **27**, 442) verlegte die eine doppelte Bindung semicyklisch nach der Isopropylgruppe hin, die andere in den Kern an Kohlenstoffatom 1; v. B. gewinnt auch weitere Derivate des Terpinolens, besonders das Dibromid und das charakteristisch blaugefärbte Nitrosochlorid. Schließlich ist zu erwähnen, daß WALLACH die Methode, das Terpinolen aus dem Terpineol mittels Oxalsäure darzustellen, verbessert, indem er Terpineol mit Wasser im Autoklaven erhitzt. Der Zusammenhang des Limonens mit den anderen Terpenen und Kampferarten wird in dieser Periode vollkommen klar gelegt. Es muß betont werden, daß es nicht ausgeschlossen erscheint, daß das Terpinolen doch noch als Bestandteil ätherischer Öle aufgefunden wird, zumal da es so nahe verwandt mit dem Terpineol ist.

Zur Anwendung des Terpinolens ist zu bemerken, daß es bisher nur zu wissenschaftlichen Zwecken als Ausgangsmaterial zur Darstellung seiner Derivate gebraucht wird.

Vgl. Tabelle Terpinolen S. 408 und 409.

Von den „uneigentlichen Dihydrocymolen" sind diejenigen besprochen worden, welche die doppelte Bindung nach oder in der Isopropylgruppe haben; es erübrigt diejenigen Terpene zu erwähnen, welche eine semicyklische doppelte Bindung nach der Methylengruppe hin aufweisen. Wie Bd. II, S. 299 auseinandergesetzt wurde, existieren theoretisch vier derartige Kohlenwasserstoffe, von denen jedoch nur die mit VI dort bezeichnete Form bisher bekannt ist; es ist dies das Pseudophellandren, welches jedoch im Zusammenhang mit dem n-(α-)Phellandren besprochen werden soll.

Eigentliche Dihydrocymole.

Von den Bd. II, S. 298 erwähnten fünf möglichen wahren Dihydrocymolen sind die als I und IV bezeichneten Terpene bisher weder in der Natur angetroffen, noch synthetisch erhalten worden; ev. kommt Formel I dem Terpinen zu (s. dieses); es erübrigt die Besprechung von II, III und V. Dem n-(α-)Phellandren kommt die Konstitution III zu, so daß die Formeln

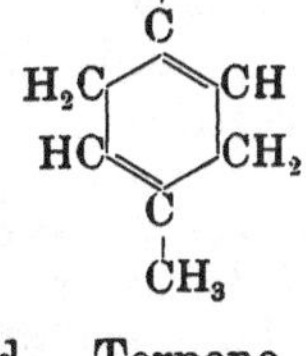

II und

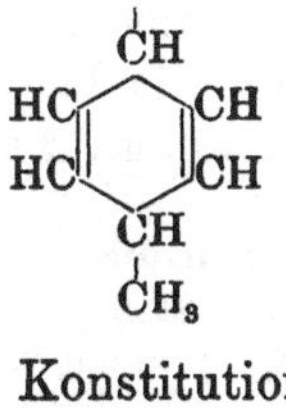

V

zu erörtern sind. Terpene, welche diese Konstitution aufweisen, haben doppelte Bindungen, wie sie in Chinonen vorkommen; aus diesem Grunde werden sie vielfach Reaktionen aufweisen, welche diese Körperklasse gibt. Namentlich dürfte die Reaktionsfähigkeit Halogenen oder Halogenwasserstoff gegenüber wenig hervortreten, ferner wird, falls eine doppelte Bindung abgesättigt ist, die zweite sehr schwer Halogene usw. addieren; auch müssen Terpene von dieser Konstitution sehr leicht in Cymolderivate übergehen. Gelegentlich der Besprechung der Konstitution des Terpinens werden wir darauf zurückkommen, ebenso darauf, ob diesem Kohlenwasserstoff eine andere Konstitution zukommt, als diese mit den chinoiden Bindungen.

---

198. Terpinen[1]

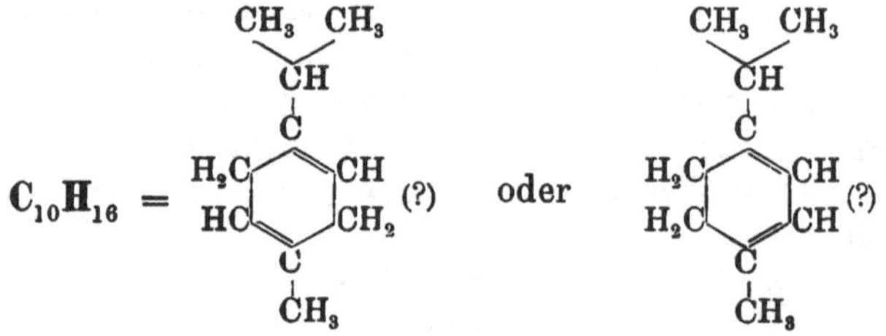

Vorkommen, Isolierung und Synthese. Das Terpinen findet sich in ätherischen Ölen äußerst selten. Man hat sogar die Ansicht geäußert, daß es sein Vorkommen der Darstellungsweise des betreffenden Öles verdankt. Es ist möglich, daß sich diese Ansicht als richtig erweist, aber ebenso wahrscheinlich ist es auch, daß das Terpinen ursprünglich im Öl vorhanden ist. Wir werden auf diesen Punkt weiter unten bei Besprechung des Vorkommens zurückkommen.

Auch heute kennen wir das Terpinen noch nicht in reinem Zustande, d. h. es findet sich weder absolut rein in der Natur, noch können wir es im Laboratorium aus einer als rein anerkannten festen oder flüssigen Verbindung regenerieren. Wir können nur auf Grund der Existenz seines Nitrits sagen, daß es ein oder vielleicht mehrere Terpene geben muß, welche dieses Nitrit liefern; ob dies Terpen wirklich dasselbe Kohlenstoffskelett hat wie das Nitrit, nehmen wir vielleicht mit Recht, ja sogar mit der größten Wahrscheinlichkeit als zutreffend an; es wäre aber immerhin der Fall denkbar, daß bei der Umwandlung in das Nitrit eine Umlagerung eintrete. Das Terpinen ist also auch nach der Entdeckung des Nitrits in reinem Zustande nicht isoliert worden, sondern wir kennen es nach wie vor im Gemisch mit anderen Terpenen, namentlich mit Terpinolen und Limonen — besonders mit der inaktiven Modifikation des letzteren —; aber auch von Cymol, Kampfen, anderen Kohlenwasserstoffen und sauerstoff-

---

[1] Es wird betont, daß die in folgenden angegebenen Formeln für das Terpinen und seine Derivate aufgestellt wurden, um durch Aufstellung von Formeln die Übersicht zu erleichtern, namentlich auch jene des Terpinennitrits, bei welcher die Anlagerung der Elemente von N_2O_3 an irgend eine doppelte Bindung willkürlich angenommen wurde.

haltigen Verbindungen wird es zuweilen begleitet. Vgl. auch Vorkommen usw. des Terpinolens.

Soubeiran und Capitaine (Journ. de Pharm. Jan. **1840** u. Fevr. **1840**; A. **34** [1840], 314) nennen „Tereben" dasjenige Kohlenwasserstoffgemisch, welches sie erhielten, wenn sie Pinenchlorhydrat durch eine mit Ätzkalk gefüllte und in einem Ölbade auf 195—200° erhitzte Glasröhre leiteten, bis das Produkt frei von Salzsäure war; demnach ist ihr „Tereben" identisch mit dem „Kampfen" von Dumas (A. **9**, 56) und mit dem „Dadyl" von Blanchet und Sell (A. **6**, 259). — Deville (A. ch. **75**, 37; A. **37** [1841], 178) sagt: „für das Terpentinöl sind zwei Benennungen im Gebrauch Camphen und Tereben; zur Vermeidung von Mißverständnissen bezeichne ich mit Camphen die Basis des festen künstlichen Camphers und mit Tereben die des flüssigen Camphers; für mehrere Chemiker ist das Camphen identisch mit dem Terpentinöl selbst und das Tereben das Resultat einer molekularen Modifikation desselben." Deville beschreibt alsdann die Darstellung des „Terebens", indem er Terpentinöl mit wenig konz. Schwefelsäure usw. behandelt, bis das Rotationsvermögen verschwindet; er hält dies „Tereben" $d_8 = 0{,}864$ für identisch mit dem „Tereben" von Soubeiran und Capitaine, sagt aber von diesem „Tereben": „man ist indessen hierbei nie der Reinheit des Produktes gewiß, da die angewendeten Rückstände immer festen Camphor (Pinenchlorhydrat S.) aufgelöst enthalten." Deville stellt alsdann Chlorwasserstoff-, Brom- und Jodwasserstoffverbindungen des Kohlenwasserstoffs, auch „Chlor"- und „Bromtereben" her.

Über das „Terebilen" lesen wir bei Soubeiran und Capitaine (A. **34**, 316): „Durch Zersetzung des flüssigen Kampfers mit Kalk erhält man ein flüssiges Öl, das ‚Terebilen', welches denselben Geruch, spezifisches Gewicht, Siedepunkt und Dampfdichte besitzt, wie das ‚Tereben'; auch ist das Rotationsvermögen = 0. Es weicht von letzterem nur darin ab, daß es mit salzsaurem Gas durchaus keine feste Verbindung bildet. Die neue Verbindung besitzt ebenfalls kein Rotationsvermögen."

Deville (A. **71**, 315) läßt alsdann auf Terpin Salzsäure einwirken und erhält $C_{10}H_{16} \cdot 2HCl$, welches identisch mit dem Citronenölkampfer ist; durch Behandlung mit Kalium stellt er daraus einen Kohlenwasserstoff $C_{10}H_{16}$ dar. — Berthelot (A. **118** [1861], 376) läßt analog Bromwasserstoff auf Terpin einwirken und erhält eine kristallisierte Verbindung $C_{10}H_{16} \cdot 2HBr$, die er als „Terpilendibromhydrat" bezeichnet. Der Ausdruck „Terebilen" verschwindet und „Terpilen" taucht dafür auf. Man hatte sichtlich in dem „Tereben", welches aus dem flüssigen Pinenchlorhydrat durch Destillation mit Kalk gewonnen war, und welches Soubeiran und Capitaine als „Tereben" bezeichneten, noch Kampfen; leitete man wiederholt Salzsäure ein und destillierte abermals über Kalk, so zerstörte man allmählich das Kampfen, so daß nunmehr das übrigbleibende „Terebilen" im wesentlichen ein Gemisch von i-Limonen, Terpinolen und Terpinen gewesen sein dürfte. Das „Tereben" Devilles enthält, wie sich später herausstellte, Cymol, Kampfen, i-Limonen, Terpinolen, Terpinen und andere Kohlenwasserstoffe. Im „Terpilen" DEVILLES bzw. BERTHELOTS steckt hauptsächlich i-Limonen, außerdem unter anderen Terpinolen und Terpinen.

Bei BUTLEROW (Lehrbuch der org. Chemie **1868**, 173) lesen wir: „Bei vorsichtiger Zersetzung der Dichlorhydrate, wenn dieselben auch aus verschiedenen Terpenen gebildet wurden, erhält man stets ein und dasselbe flüssige, optisch unwirksame Hydrocarbür $C_{10}H_{16}$: das „Terpilen". Dieses letztere besitzt die Fähigkeit sich mit Chlorwasserstoff gänzlich zu Terpen-Dichlorhydrat umzuwandeln (BERTHELOT). Behandelt man weiter das „Camphen" wie das „Terpilen" mit Schwefelsäure, so wird ein Teil des Kohlenwasserstoffs in seine Polymere verwandelt; ein anderer Teil aber behält die Molekulargröße $C_{10}H_{16}$ und bildet das Tereben, welches optisch unwirksam und stets dasselbe ist, gleichviel, ob es aus „Camphen" oder „Terpilen", d. h. aus dem einen odeı anderen ursprünglichen Terpen erhalten wurde." Wir erkennen hieraus, daß man das „Tereben" nicht nur aus dem Terpentinöl, sondern auch aus dem Kampfen, sowie aus dem „Terpilen" (hauptsächlich i-Limonen) darstellte; seine am meisten hervortretende Eigenschaft war Inaktivität, seine Unfähigkeit feste Chlorhydrate zu geben und, wie es im Gegensatz dazu das Terpentinöl und Citronenöl tun, Terpinhydrat zu liefern, während das „Terpilen" sowohl ein Dichlorhydrat als auch Terpinhydrat gab.

RIBAN (A. ch. V, **6** [1875], 232) stellte alsdann im „Tereben" DEVILLES Cymol fest und bezeichnete den übrigbleibenden Rest nunmehr als „Tereben". ARMSTRONG und TILDEN (B. **12**, 1752) weisen darin auch noch Kampfen nach und bezeichnen das Übrigbleibende als „Terpilen". Dieses „Terpilen" („Terpinylen") hatte TILDEN durch Erhitzen des Limonendichlorhydrats erhalten (B. **11**, 955; B. **12**, 1131) und ARMSTRONG und TILDEN stellten es dar (B. **12**, 1357), indem sie Schwefelsäure auf die Kohlenwasserstoffe $C_{10}H_{16}$ einwirken ließen. Dieses „Terpilen" TILDENS hat also auch seinen Ursprung wie das „Terpilen" BERTHELOTS im Limonendichlorhydrat.

Man war also 1879 der Meinung, daß in dem Tereben DEVILLES usw. Cymol, Kampfen und ein Kohlenwasserstoff „Terpilen" enthalten sei. Bei BOUCHARDAT (C. r. **86**, 654 und B. **12** [1879], 375) lesen wir „über die Umwandlung des ‚Valerylens' in ‚Terpilen'." Wir wissen heute, daß hierbei hauptsächlich i-Limonen entsteht. Auch der Ausdruck „Terebilen" erscheint bei BOUCHARDAT wieder für die bei 173° siedenden Anteile des Produktes der Einwirkung von Natrium auf das flüssige Chlorwasserstoffterpentin. — Auch MONTGOLFIER (A. ch. V, **19**, 155) bezeichnet das Gemisch, welches man bei der Behandlung von Dipentendichlorhydrat mit Natrium erhält, als aus „Terpilen" $C_{10}H_{16}$, „Terpilenhydrür" $C_{10}H_{20}$ und wenig polymeren Terpenen bestehend.

Es ist gegenwärtig festgestellt, daß das „Tereben" DEVILLES ein Gemisch von Cymol, Kampfen, Terpinolen, wenig i-Limonen und viel Terpinen ist, daß das „Tereben" RIBANS noch aus Kampfen, Terpinolen, wenig i-Limonen und viel Terpinen besteht und schließlich, daß das „Terpilen" TILDENS ein Gemisch von Terpinolen, i-Limonen und Terpinen darstellt. Auch das „Terpilen“, „Terpinylen“, „Terebilen“ anderer Forscher, ferner das „Isoterebenthen“ Berthelots, schließlich das „Isoterpen“ Flawitzkys weisen mehr oder weniger aktives oder inaktives Limonen, inaktives Terpinolen und Terpinen auf. Immer und immer wieder ist besonders vom „Tereben“ und „Terpilen“ betont worden, daß es ein von den anderen Terpenen verschiedenes sein müsse; man konnte jedoch kein festes Derivat fassen, sondern es wurden hauptsächlich negative Reaktionen angegeben.

Erst vom Jahre 1885 ab bringt Wallach Klarheit in diese Verhältnisse, indem er zunächst das Terpinolen (A. **227**, 283) durch das Tetrabromid als besonderes Terpen nachweist, indem er ferner in demselben Jahre (A. **230**, 257) in dem Einwirkungsprodukt von Schwefelsäure auf Terpinhydrat und auf Terpineol (a. a. O., S. 259) ein besonderes Terpen, das „Terpinen“, zunächst annahm, alsdann (vgl. A. **238**, 89) im Jahre 1887 (A. **239**, 33) durch das bei 155° schmelzende Nitrit charakterisierte (vgl. auch Walitzky, C. r. **94**, 90; B. **15**, Ref. 1086). In rascher Aufeinanderfolge konnte nunmehr nachgewiesen werden, daß im „Tereben“, „Terpilen“ („Terpinylen“) usw. Terpinen, daneben mehr oder weniger i-Limonen (Tetrabromid Smp. 125°) und Terpinolen vorhanden sind; vgl. Tilden und Williamson (Soc. **63**, 295), welche in dem durch Einwirkung von Anilin auf Dipentendichlorhydrat gewonnenen Kohlenwasserstoffgemenge neben viel Dipenten auch Cymol, Terpinen usw. nachweisen; ferner Power und Kleber (Pharm. Rundschau N. Y. **12** [1894], 16), welche nochmals im „Tereben“ Kampfen, Dipenten, Terpinen und Cymol nachweisen.

Wir müssen demnach bei der Darstellung des Terpinens immer im Auge behalten, daß darunter kein reines Terpinen, sondern im besten Falle nur eine an Terpinen sehr reiche Fraktion zu verstehen ist. Weber (A. **238** [1887], 98) untersuchte das Ceylon-Cardamonenöl; aus dem Terpen dieses Öles gewann er ein Nitrit vom Smp. 155°; er gibt den Siedepunkt des Terpinens zu 179—182° an, ferner, daß es mit HCl und Br keine festen Produkte liefert. Wallach (A. **230**, 260) hatte angegeben, daß man das Terpinen am besten durch Kochen von Terpinhydrat mit verd. Schwefelsäure (1 Säure : 7 Wasser) erhält, Sdp. 179—182°, $d = 0{,}855$; mit Brom und Salzsäure hatte er ebenfalls keine festen Derivate erhalten, oder doch nur so wenig Dipentendichlorhydrat, daß das letztere auf Verunreinigung mit Dipenten zurückgeführt werden muß. Ferner betont Wallach (a. a. O., S. 262), daß das Terpinen auch in sehr reichlicher Menge in den gegen 180° siedenden Produkten enthalten ist, welche bei der Inversion des Pinens mit alkoholischer Schwefelsäure entstehen (A. **227**, 283).

Wallach (A. **239**, 33) konstatiert, wie oben erwähnt, daß man das Terpinen mittels des Terpinennitrits leicht nachweisen könne. Er stellt ferner fest, daß das Terpinen auch entsteht, wenn man Pinen unter Vermeidung von zu starker Erwärmung mit konz. Schwefelsäure durchschüttelt (vgl. oben „Tereben“ Deville, A. **37** [1841], 178, sowie „Terpilen“ [„Terpinylen“] Armstrong und Tilden, B. **12**, 1752): 2 l Terpentinöl werden mit 70 ccm konz. Schwefelsäure in kleinen Portionen unter

Vermeidung höherer Temperatur gut durchgeschüttelt usw.; vgl. TILDEN, WILLIAMSON (Soc. **63**, 295), die in diesem Produkt noch Cymol nachweisen. Ferner erwähnt WALLACH, daß nicht nur das Terpin und Pinen, sondern auch das Dipenten, Phellandren und Cineol mittels Schwefelsäure in Terpinen umgewandelt werden können (über Cineol vgl. A. **239**, 22). A. a. O., S. 38 läßt WALLACH es noch unentschieden, „ob das Terpin durch Halogenwasserstoffsäuren zum Teil in Dipenten zurückgeht"; sowohl beim Kochen mit alkoholischer, als auch beim Behandeln mit konz. Schwefelsäure vermochte WALLACH das Terpinen in kein anderes Terpen überzuführen, so daß auch der Übergang des Pinens in Kampfen nicht durch das Terpinen hindurch erfolgt, wie man aus dem gleichzeitigen Auftreten des Kampfens und Pinens bei der Invertierung des Terpinens annehmen könnte.

WALLACH (B. **24** [1891], 3986) stellt das Dihydrocarvylamin dar und aus dieser Base das salzsaure Salz. Beim Erhitzen desselben wird Chlorammonium abgespalten und es entsteht ein Kohlenwasserstoffgemisch, welches hauptsächlich zwischen 175—180° siedet, $d = 0{,}847$. Auch wenn man Dihydrocarveol mit $KHSO_4$ erhitzt, wird ein Gemenge von Kohlenwasserstoffen gebildet. In diesem Kohlenwasserstoffgemisch konnte W Terpinen nachweisen, außerdem Cymol. WALLACH stellt aus dem Dihydrocarvylamin (a. a. O., S. 3990) das Dihydrocarveol dar, ebenso durch Reduktion des Carvons. Kochte er diesen Alkohol mit verd. Schwefelsäure, so konnte er ihn glatt in einen Kohlenwasserstoff überführen, Sdp. 178—180°, $d = 0{,}847$, $n_D = 1{,}48458$; er ist inaktiv und stellt verhältnismäßig reines Terpinen dar, wahrscheinlich verunreinigt mit Cymol. — Diese Reaktion führt WALLACH (A. **275** [1893], 125) näher durch; für den aus dem Dihydrocarvylamin erhaltenen Kohlenwasserstoff wird angegeben: Sdp. 175—180°, $d_{20} = 0{,}847$, optisch noch aktiv, enthält Terpinen und Cymol, in welches Terpinen unter Wasserstoffabspaltung überhaupt ungemein leicht übergeht.

Auch aus olefinischen Verbindungen wird Terpinen gewonnen (BERTRAM und WALBAUM, J. pr. II, **45**, 601), wenn man gleiche Gewichtsteile Linalool und Ameisensäure (spez. Gew. 1,22) mischt und auf 30° erwärmt; die Temperatur steigt auf 60° und die Flüssigkeit teilt sich in zwei Schichten. Zur Reinigung wird mit Wasserdampf destilliert und über Natrium fraktioniert; es entstehen hauptsächlich zwei Fraktionen: 1. Hauptmenge, Sdp. 177—180°, 2. 180—182°. Fraktion 1. besteht wesentlich aus Terpinen, Fraktion 2. enthält Dipenten. — STEPHAN (J. pr. II, **58** [1898], 116) konstatierte ebenfalls bei dieser Einwirkung Dipenten und Terpinen; auch die Bildung von Terpinolen gibt er an.

Desgleichen konnte aus dem Geraniol Terpinen gewonnen werden; vorher hatte man aus diesem Alkohol besonders nur Dipenten darstellen können. BERTRAM und GILDEMEISTER (J. pr. II, **49**, 194) erwärmen gleiche Teile konz. Ameisensäure und Geraniol auf dem Wasserbade, wobei ca. 25% Terpene entstehen, die hauptsächlich von 176—180°, $d_{15} = 0{,}845$, und 180 bis 183°, $d_{15} = 0{,}851$, siedeten. Beide Fraktionen enthielten Terpinen. — Auch STEPHAN (J. pr. II, **60**, 244) läßt Ameisensäure vom spez. Gew. 1,22 auf Geraniol einwirken (vgl. die Originalarbeit).

Alsdann untersucht Biltz (B. **32** [1899], 995) das Majoranöl und wies in ihm Terpinen nach, indem er das Nitrit darstellte.

Genvresse (C. r. **134**, 360 und A. ch. VII, **26**, 38) gibt an, durch Kochen von Pinen mit kristallisierter Arsensäure ein Öl von bedeutend höherem Siedepunkt, höherem Volumgewicht und größerer Brechung erhalten zu haben. Durch fraktionierte Destillation erhält er 60 % eines Öles vom $Sdp._{740} = 177—180^{0}$, welches linksdrehendes Terpinen (Drehungswinkel = $10^{0} 47'$ und $10^{0} 21'$ im 200 mm-Rohr) enthalten soll, charakterisiert durch das bei 155^{0} schmelzende Nitrit. Ferner konnte G. in den niedriger siedenden Anteilen Cymol und in den über 180^{0} siedenden Fraktionen Terpineol nachweisen. Genvresse und Langlois konnten Limonen in gleicher Weise in Terpinen überführen (C. **1902**, II, 364).

Schließlich sei erwähnt, daß Tilden und Burrows (Proceed. **18** [1902], 161) aus dem Dipentenmonochlorhydrat durch Behandlung mit Cyankalium Terpinen erhalten haben.

Fassen wir zusammen, was über die Darstellung des Terpinens bekannt ist, so ergibt sich, daß das Terpinen als Endprodukt der Einwirkung von Säuren usw. auf Kohlenwasserstoffe und sauerstoffhaltige Verbindungen entsteht. Der Übergang von Terpenen in das Terpinen gestaltet sich folgendermaßen: 1. das olefinische Terpen Myrcen läßt sich durch das Linalool hindurch in Terpinen überführen, 2. die bicyklischen Terpene des Pentoceansystems, z. B. das Kampfen, sind zunächst in Borneol umzuwandeln, das Bornyljodid liefert mit Eisessig und Silberacetat (Wagner und Brickner, B. **32**, 2302) Terpineolacetat, welches seinerseits schließlich Terpinen gibt. Die Terpene des Tetroceantypus, z. B. das Pinen, gehen mit alkoholischer Schwefelsäure usw. in Terpinen über. Die Terpene des Trioceantypus, das Sabinen und die Tanacetene, liefern nach Kondakow (J. pr. II, **69**, 177) zuerst Limonendibromhydrat, welches ebenfalls in Terpinen überführbar ist. 3. Die monocyklischen, doppelt ungesättigten Terpene, Limonen und Phellandren, gehen in Terpinen über. Es ist zweifellos, daß auch Terpinolen sich in Terpinen umlagert.

Die olefinischen Kampferarten, das Geraniol und Linalool, sind ebenfalls leicht in Terpinen überführbar.

Aber auch cyklische sauerstoffhaltige Verbindungen und deren Derivate, namentlich Halogenverbindungen, gehen in Terpinen über. Terpin, Terpineol, Cineol, Limonendichlorhydrat, Limonenmonochlorhydrat usw. liefern sämtlich Terpinen.

Die umgekehrte Überführung des Terpinens in alle diese Verbindungen, seien es Kohlenwasserstoffe oder Kampferarten, ist bisher nicht möglich; es ist dies eine äußerst wichtige Tatsache insofern, als das Terpinen das einzige Terpen ist, welches einmal als Endprodukt der Einwirkung von Säuren auf andere Terpene erscheint, dann aber auch selbst nicht in andere Terpene invertiert werden oder Terpenalkohole liefern kann. Während wir die bicyklischen Terpene sämtlich in monocyklische überführen können, während wir auch unter den monocyklischen Terpenen das Limonen, Terpinolen und Phellandren mehr oder weniger leicht ineinander umwandeln können, läßt sich das Terpinen nicht in diese Terpene zurückverwandeln.

Über die Synthese des Terpinens ist zu bemerken, daß v. Baeyer (B. **26**, 232) aus dem Methyl-iso-propyl-succinylobernsteinsäureäthylester den Chinit und das zugehörige Dibromid erhält; das letztere liefert beim Erhitzen mit Chinolin ein Methyl-isopropyl-Dihydrobenzol oder Dihydrocymol. Es ist jedoch nicht wahrscheinlich, daß dieser Kohlenwasserstoff mit dem Terpinen identisch ist, eine Möglichkeit, die nach seiner Bildungsweise a priori nicht ausgeschlossen erscheint; der Siedepunkt liegt bei 174°. — Im übrigen muß die Totalsynthese von den olefinischen Kampferarten aus gehen, die nach Tiemann synthetisiert werden können, oder vom Terpineol aus, das man nach Perkin jun. aus seinen Elementen aufbauen kann.

In der Natur ist demnach das Terpinen bisher nur im Ceylon-Cardamomenöl (Zingiberaceae) und im Majoranöl (Labiatae) festgestellt worden, jedoch muß dahingestellt bleiben, ob nicht auch in diesen Fällen vielleicht durch wiederholtes Sieden des Rohöls oder durch sonstige Einwirkungen das Terpinen ev. z. B. aus dem Terpineol entstanden ist. Weitere Versuche können diese Frage erst klären.

Physik. Eig. des Terpinens. Da es bisher nicht gelungen ist, das Terpinen in absolut reinem Zustande darzustellen, so darf man die Angaben über die physikalischen Daten nicht ohne weiteres als dem reinen Terpinen zukommende ansehen. Wir übergehen die Daten, welche für das „Tereben“ bzw. „Terpilen“ angegeben wurden, wenn sie auch den später für das Terpinen mitgeteilten sehr nahe kommen, auch wenn die Darstellungsweisen für das Terpinen vielfach mit jenen z. B. für das „Tereben“ angegebenen zusammenfallen. Wallach gibt zunächst an (A. **230**, 260): Sdp. 179—182°, $d = 0{,}855$; es ist dies ein Terpen, welches aus Terpinhydrat mit verd. Schwefelsäure gewonnen wurde. Für den aus dem salzsauren Dihydrocarvylamin dargestellten Kohlenwasserstoff findet er: Sdp. 175—180°, $d = 0{,}847$ und für den aus dem Dihydrocarveol durch Einwirkung von verd. Schwefelsäure hervorgegangenen Kohlenwasserstoff, welcher besonders reich an Terpinen ist: Sdp. 178—180°, $d = 0{,}847$, $n_D = 1{,}48498$. Bertram und Gildemeister (J. pr. II, **49**, 194) konstatieren für das aus dem Geraniol gewonnene Terpen: Sdp. 176—180°, $d_{15} = 0{,}845$ bzw. 180—183°, $d_{15} = 0{,}851$, wobei sich in beiden Fraktionen Terpinen nachweisen ließ.

Vergleichen wir diese physikalischen Daten, so fällt zweifellos der verhältnismäßig hohe Siedepunkt auf; wenn das Terpinen ein wahres Dihydrocymol ist, so muß es unter 175—176° sieden. Die soeben angegebenen Siedepunkte für das Terpinen liegen zum Teil nicht unwesentlich höher; diese Erscheinung dürfte aber hauptsächlich darin ihren Grund haben, daß das Terpinen sehr schwer von anderen Kohlenwasserstoffen, namentlich auch vom Terpinolen, zu trennen ist; aber gerade letzteres Terpen siedet bedeutend höher (185°), so daß durch die Anwesenheit des Terpinolens der Siedepunkt des Terpinens bedeutend heraufgerückt wird. Auch das Volumgewicht des Terpinens ist teilweise bedeutend zu hoch angegeben; es dürfte bei 20° 0,845 betragen, der Brechungsexponent 1,480. — Was die optische Aktivität anlangt, so wird das Terpinen optisch inaktiv sein; es bildet sich das charakteristische Nitrit aus inaktiven Fraktionen, wenn man sich auch nicht verhehlen darf, daß nach den Versuchen von GENVRESSE aktive Fraktionen erhalten wurden, die ebenfalls Nitrit gaben und es immerhin nicht ausgeschlossen erscheint, daß die salpetrige Säure invertierend wirkt; aber das Nitrit selbst bzw. seine Derivate sind stets in inaktivem Zustande erhalten worden. — Überall, wo wir optische Aktivität für das Terpinen angegeben finden, besonders bei GENVRESSE, müssen wir annehmen, daß aktive Terpene beigemengt sind; hauptsächlich ist dies beim Übergang vom Pinen aus der Fall, da hierbei primär aktives Terpineol bzw. Limonen gebildet werden, Moleküle, welche alsdann ihrerseits in Terpinen übergehen.

Physiol. Eig. des Terpinens. Der Geruch des Terpinens erinnert entschieden an jenen des Cymols; er wird modifiziert durch die Beimengungen von Terpinolen, Limonen usw.

Chem. Eig. des Terpinens. Das Terpinen erweist sich auf Grund der Anwesenheit doppelter Bindungen in seinem Molekül als ungesättigte Verbindung; es ist jedoch bisher noch nicht gelungen, mit Na und Alkohol Wasserstoff an das Molekül anzulagern; so konnte SEMMLER (B. **34**, 3125) bei der Reduktion des Terpinens mit Na und Äthylalkohol keinen reduzierten Kohlenwasserstoff isolieren. Hieraus könnte man ev. folgern, daß die beiden doppelten Bindungen des Terpinens kein konjugiertes System bilden; Versuche unter Verwendung von Amylalkohol sind noch anzustellen. — Kohlenwasserstoff $C_{10}H_{20}$. SABATIER und SENDERENS (C. r. **132**, 1254; C. **1901**, II, 202) reduzierten Limonen, Sylvestren und Terpinen mit Wasserstoff bei Gegenwart von Nickel, wobei sie dasselbe p-Methylmetho-äthyl-cyklohexan vom Sdp. 169—170° erhalten haben wollen. Es ist jedoch dies Resultat insofern nicht ganz einwandsfrei, als nach v. BAEYER das Sylvestren ein m-Cymolabkömmling sein soll.

Den freien Halogenen und Halogenwasserstoffsäuren gegenüber verhält sich das Terpinen aufnahmefähig; jedoch ist es bisher noch nicht gelungen, weder mit Brom, noch mit Halogenwasserstoffsäuren, feste Derivate des Terpinens zu isolieren. WALLACH (A. **230**, 261) hat besonders in dieser Beziehung Versuche angestellt.

Mit Brom erhielt er nur flüssige Produkte, nur sehr wenig Tetrabromid, mit Halogenwasserstoff wurden auch nur ganz geringe Mengen des bei 50° schmelzenden Dipentendichlorhydrats gewonnen; vgl. auch WALLACH (A. **239**, 38), der Chlor-, Brom- und Jodwasserstoffsäure sowie Brom auf Terpinen einwirken läßt. Aber eventuell rühren die erhaltenen festen Produkte von Verunreinigungen durch Dipenten her. — Das Terpinen selbst scheint mit Brom nur ein öliges Dibromid zu liefern, welches leicht Cymol bildet.

Versuche, Derivate der zweiwertigen Metalloide, wie z. B. Wasser, anzulagern, sind ebenfalls sämtlich fehlgeschlagen; es ist bisher nicht gelungen, wie aus dem Pinen, Limonen und wahrscheinlich auch

Terpinolen durch Wasseranlagerung Terpinhydrat oder ein sonstiges Glykol zu gewinnen.

Im übrigen erweist sich das Terpinen beim Kochen mit verdünnten Säuren, auch in alkoholischer Lösung, sehr beständig, wie aus seiner Darstellungsweise schon zu ersehen ist. WALLACH (A. **239**, 39) kochte das Terpinen sowohl mit alkoholischer Schwefelsäure, als auch behandelte er es mit konz. Säure; bei diesen Operationen verharzte wohl ein Teil, aber es konnte immer wieder Terpinen in dem Einwirkungsprodukt nachgewiesen werden, dagegen kein anderes Terpen.

Die Oxydationsversuche, soweit solche bisher gemacht worden sind, lassen nur den eindeutigen Schluß zu, daß das Terpinen durch gewisse Oxydationsmittel wie z. B. konz. Schwefelsäure, oder auch Chromsäure, vielleicht auch Brom, außerordentlich leicht zu Cymol oxydiert wird. Aus diesem Grunde finden wir im „Tereben" DEVILLES, im „Terpilen" TILDENS, aber auch im „Dipenten" WALLACHS (durch Erhitzen von Dipentendichlorhydrat und Anilin hergestellt) stets Cymol. Es scheint so, als ob die gelindesten Oxydationsmittel imstande sind, zwei Wasserstoffatome aus dem Terpinenmolekül fortzuoxydieren; bei der Besprechung der Konstitution des Terpinens wird auf diesen Punkt näher eingegangen werden. Nicht vergessen darf hierbei eine Reaktion werden, die sich für das Terpinen als charakteristisch erwiesen hat: v. BAEYER (B. **27**, 815) gibt an, daß terpinenhaltige Fraktionen beim Schütteln mit BECKMANNschem Chromsäuregemisch braune Flocken absetzen. Diese letzteren dürften analoge Verbindungen sein, wie wir sie beim Kampfen usw. kennen gelernt haben, und die sich nachher unter Reduktion der Chromsäure zersetzen.

Gegen Derivate der dreiwertigen Metalloide, gegen Salpetersäure, salpetrige Säure, Arsensäure usw. verhält sich das Terpinen zunächst wie gegen andere Säuren, d. h. es bleibt unverändert, indem nur geringe Mengen verharzen. Die Salpetersäure bzw. salpetrige Säure wirken natürlich auch oxydierend. Läßt man das Anhydrid der salpetrigen Säure auf Terpinen einwirken, so erhält man das

Terpinennitrit[1] ($C_{10}H_{16} \cdot N_2O_3$) = 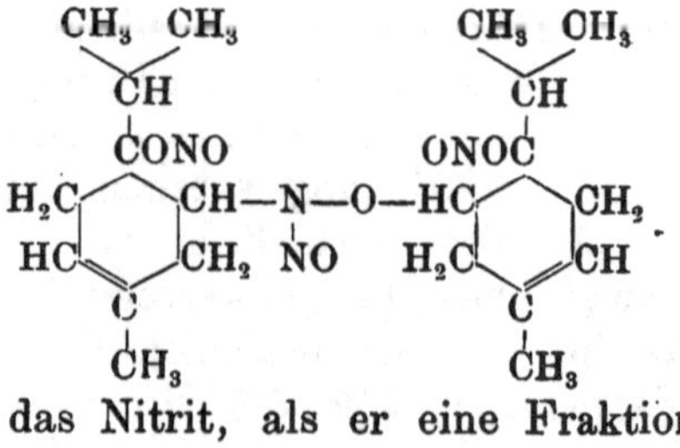

WEBER (A. **238**, [1887], 106) entdeckte das Nitrit, als er eine Fraktion des Ceylon-Cardamomenöls mit salpetriger Säure behandelte; Smp. 155°; weitere Daten und Eigenschaften werden von W. nicht angegeben. WALLACH teilt in einer Fußnote mit, daß das von ihm als Terpinen bezeichnete Terpen (A. **230**, 260 und 272) dieselbe Reaktion gibt. — WALLACH

[1] In der Formel sowie in allen folgenden Derivaten ist die Anlagerung von N_2O_3 an die doppelte Bindung willkürlich angenommen; auch die Formel des Terpinens ist willkürlich gewählt.

(A. **239**, 36) empfiehlt alsdann als Darstellungsmethode folgende, wenn man sich schnell von der Anwesenheit des Terpinens überzeugen will: 2—3 g der betreffenden Fraktion werden mit dem gleichen Volumen Petroläther verdünnt, alsdann fügt man eine Auflösung von 2—3 g Natriumnitrit und die notwendige Menge Säure (Essigsäure) allmählich hinzu; schließlich taucht man die Mischung einen Augenblick in ein heißes Wasserbad und überläßt das Ganze in der Kälte sich selbst. Spätestens im Verlauf von zwei Tagen scheidet sich das in Petroläther unlösliche Terpinennitrit aus; es ist optisch inaktiv, in Alkohol, Äther, Essigäther, namentlich beim Erwärmen, ebenso reichlich löslich in konzentrierten Säuren, ohne sich zu verändern, selbst in schwach erwärmter konzentrierter Schwefelsäure. Brom wird von den Lösungen des Nitrits nicht entfärbt; bei der Reduktion mit Stannochlorid und Salzsäure in alkoholischer Lösung bildet sich neben viel Ammoniak eine mit Wasserdampf flüchtige Base. Beim anhaltenden Kochen mit konzentrierten Alkalien wird das Nitrosit zersetzt.

Ausführliche Mitteilungen über die Kristallform bringt Hintze (A. **241**, 315); es ist monosymmetrisch. Daselbst erörtert Wallach auch die Frage nach der Natur der Nitrosogruppe und spricht zunächst die Verbindung an als Terpinennitrosit. Dieses ist in Alkalien absolut unlöslich, ein Verhalten, das gegen eine Isonitrosogruppe spricht, dagegen würde die große Reaktionsfähigkeit dem Phosphorpentachlorid gegenüber für eine solche Gruppe sprechen. A. a. O., S. 322 vergleicht Wallach das Terpinennitrit mit dem Phellandrennitrit und konstatiert, daß sich beide außerordentlich verschieden verhalten. — Zu derselben Frage nimmt Wallach (A. **245**, 274) Stellung, indem er Benzoylchlorid auf das Nitrosit mehrere Tage in trocknem Äther einwirken läßt und dabei ein Terpinen-Benzoyl-Isonitrosit erhält. Wallach neigt zu der Ansicht, daß im Terpinennitrit eine Nitrosogruppe vorhanden ist, welche aber große Neigung hat, sich unter dem Einfluß von Reagentien in die Isonitrosogruppe zu verwandeln. Das Terpinennitrit ist, wie oben erwähnt, in Alkalien absolut unlöslich und kann aus kochender konz. Salzsäure ohne Zersetzung umkristallisiert werden. Wallach (B. **24**, 1575) erwähnt nochmals: „man wird das Terpinennitrosit wie das Limonennitrosochlorid zu den tautomeren Verbindungen zählen dürfen". — Auch Brühl (B. **21**, 175) erörtert die Frage nach der Natur der Nitrosogruppe und entscheidet sich für eine Isonitrosogruppe. — Auf die Konstitution des Terpinennitrits wird weiter unten eingegangen werden.

Terpinen-Benzoyl-Isonitrosit

$C_{17}H_{20}N_2O_4$ =

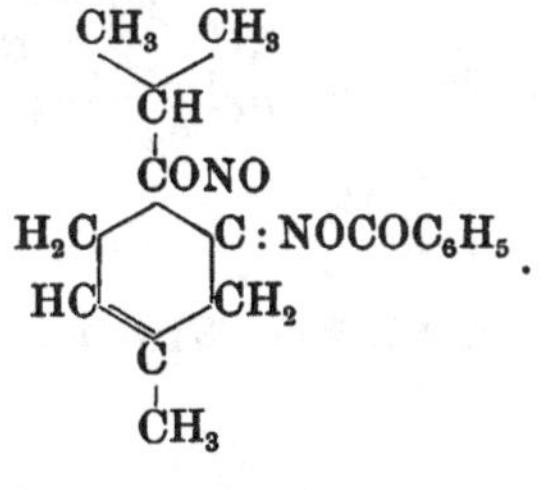

Wallach (A. **245**, 274) gewinnt diese Verbindung, indem er 30 g Terpinennitrit mit 300 ccm ganz trocknem Äther übergießt, 20 g Benzoylchlorid hinzufügt und das Ganze mehrere Tage in einem geschlossenen Gefäß sich selbst überläßt. Gießt man nun in eine Schale, so kristallisiert allmählich die Benzoylverbindung beim Verdunsten des Äthers aus; Smp. 77—78°. Aus dieser Benzoylverbindung gewinnt Wallach (B. **24,** 1576) durch Zerlegung mit konz. Schwefelsäure wieder Terpinennitrit zurück, so daß wir danach eine Umlagerung haben, indem sich gleichzeitig zwei Moleküle der primär entstehenden Isonitrosoverbindung in die Bisnitrosoverbindung umlagern.

Um die Natur der Nitrosogruppe im Terpinennitrit aufzuklären, stellt Wallach Nitrolaminbasen dar. Er findet (A. **241**, 316), daß das Nitrosit glatt nur mit Basen der Fettreihe reagiert, daß bei Anwendung von aromatischen Basen die Reaktion längere Zeit beansprucht und die entstehenden Produkte auch häufig verharzt sind. Im allgemeinen gibt er an, daß man zur Darstellung der Nitrolamine das Terpinennitrit mit dem vierfachen Gewicht Alkohol übergießen und am Rückflußkühler erwärmen, alsdann zu der noch warmen Lösung 2 Mol. der Base in festem Zustande oder in konz. Lösung hinzusetzen soll; ein längeres Erhitzen ist zu vermeiden. Alsdann gießt man in Wasser usw.

Terpinennitroläthylamin

$C_{12}H_{22}N_2O$ =

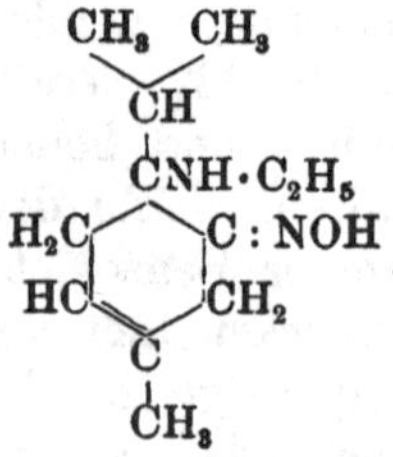

Diese Base wird nach Wallach mittels wäßriger Äthylaminlösung wie angegeben dargestellt: Smp. 130—131°, löslich in warmer verd. Natronlauge. Das Chlorhydrat $C_{12}H_{22}N_2O \cdot HCl$ läßt sich aus Alkohol umkristallisieren. Die Nitrosoverbindung $C_{12}H_{21}(NO)N_2O$ schmilzt bei 132—133°. Beim Kochen mit überschüssiger Salzsäure entsteht aus dem Terpinennitroläthylamin Hydroxylamin.

Terpinennitroldiäthylamin

$C_{14}H_{26}N_2O$ =

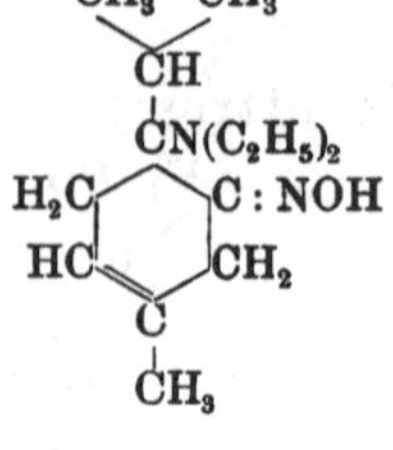

schmilzt nach Wallach (A. **241**, 319) bei 117—118°, das Chlorhydrat bildet ein Öl.

Das Terpinennitrolmethylamin $C_{11}H_{20}N_2O$ ist dem Äthylamin analog zusammengesetzt und schmilzt bei 141°, das Chlorhydrat $C_{11}H_{20}N_2O \cdot HCl$ bildet einen luftbeständigen, kristallinischen Niederschlag.

Das Terpinennitroldimethylamin $C_{12}H_{22}N_2O$ schmilzt bei 160—161°.

Das Terpinennitrolamylamin $C_{15}H_{28}N_2O$ kristallisiert ausgezeichnet, ist schwerer löslich als die niederen Homologen und schmilzt bei 118—119°; das Chorhydrat $C_{15}H_{28}N_2O \cdot HCl$ bildet einen kristallinischen Niederschlag.

Das Terpinennitrolpiperidin $C_{15}H_{26}N_2O$ zeigt den Smp. 153—154°, sein Chlorhydrat ist ein Öl.

Das Terpinennitrolamin $C_{10}H_{15}<^{NOH}_{NH_2}$ bildet bei 116—118° schmelzende Nadeln. WERNER (Inaug. Diss., Bonn **1890**) erhielt durch Benzoylierung dieser Base nach SCHOTTEN-BAUMANN eine bei 146° schmelzende Dibenzoylverbindung. Das salzsaures Salz $C_{10}H_{18}N_2O \cdot HCl$ ist kristallinisch und in Wasser leicht löslich; bei vorsichtigem Erhitzen des Chlorhydrats bildet sich eine neue Base von naphtylaminartigem Geruch, welche nach WALLACH identisch sein dürfte mit der Base, welche bei direkter Reduktion des Terpinennitrosits entsteht (A. **239**, 38).

Das Terpinennitrolbenzylamin $C_{17}H_{24}N_2O = C_{10}H_{15}<^{NOH}_{NH \cdot CH_2 \cdot C_6H_5}$ entsteht nach WALLACH (A. **252**, 134) und schmilzt bei 137°; das Chlorhydrat $C_{17}H_{24}N_2O \cdot HCl$ bildet einen kristallinischen Niederschlag, wenn man aus trocknem Äther fällt.

Bei der Zersetzung der Terpinennitrolbasen mit Salzsäure werden keine Ketobasen gefaßt, dagegen lösen sie sich anderseits in Alkalien; letzterer Umstand spricht für die Anwesenheit der Isonitrosogruppe in ihnen (WALLACH, B. **24**, 1576).

Um einen weiteren Einblick in die Konstitution des Terpinennitrits zu gewinnen, reduzierten WALLACH und W. und H. LAUFER (C. **1898**, I, 572, sowie A. **313**, 361) das Terpinennitrit, indem sie 15 g desselben in 300 ccm Alkohol lösten und schnell 30 g Natrium eintrugen, alsdann mit Wasserdampf abdestillierten in vorgelegte Oxalsäure. Die oxalsaure Lösung wird ausgeäthert und nach dem Ausäthern eingedampft. An basischen Produkten wurden ca. 10% vom Gewicht des angewandten Nitrits erhalten.

Basische Reduktionsprodukte:

Base $C_{10}H_{17}NH_2$ =

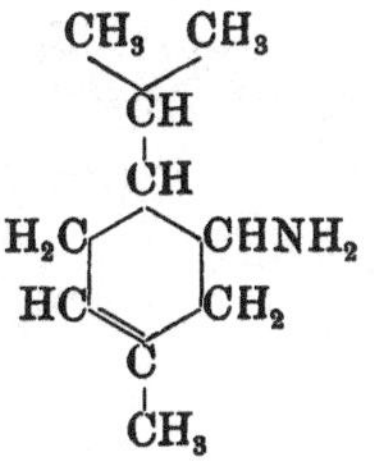

(?)

Diese Base wird aus der oxalsauren Lösung durch Alkalien in Freiheit gesetzt, Sdp. 209—210°, $d_{20} = 0{,}8725$, $n_D = 1{,}4717$, nicht ganz rein; die Acetylverbindung $C_{10}H_{17}NHCONH_2$ schmilzt bei 171°. — Mit salpetriger Säure behandelt liefert diese Base einen

Alkohol $C_{10}H_{18}O$, welcher mit Chromsäure oxydiert wurde und übergeht in ein

Keton $C_{10}H_{16}O$ =

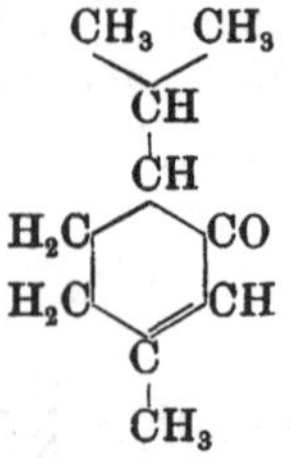

(?)

letzteres besitzt carvonähnlichen Geruch; sein Oxim schmilzt bei 96—98°.

Neutrale Reduktionsprodukte. Die neutralen Reduktionsprodukte befinden sich in dem Äther, mit welchem die erwähnte Oxalsäurelösung ausgeschüttelt wurde. Nach dem Absieden des Äthers hinterblieben indifferente Produkte, die durch fraktionierte Destillation getrennt wurden; in den niedrig siedenden Anteilen wurde

Cymol $C_{10}H_{14}$ durch die bei 156° schmelzende p-Oxyisopropylbenzoesäure nachgewiesen.

Keton $C_{10}H_{16}O$ =

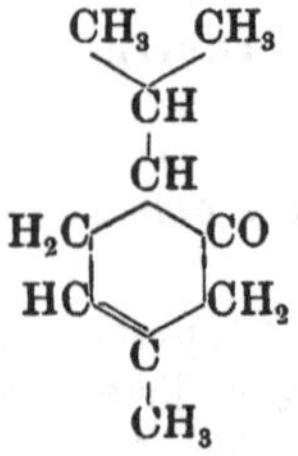

(?)

befand sich in der Fraktion vom Sdp. 213—220° es lieferte ein Oxim vom Smp. 83—84°. Aus diesem Oxim wurde ein Keton mit reinem Carvongeruch regeneriert; dieses Keton gab ein Semicarbazon $C_{10}H_{16}NNHCONH_2$ vom Smp. 173°. — Hieraus ergibt sich, daß das erst erwähnte Keton und letzteres nicht identisch sind.

Zu den Reduktionsprodukten des Terpinennitrits ist zu bemerken, daß, wenn die Annahme richtig ist, daß sich N_2O_3 an $\Delta^{3,4}$ und nicht an $\Delta^{6,1}$ anlagert, bei der Reduktion in der alkalischen Lösung durch Alkali zunächst die Bisnitrosogruppe gespalten wird und sich eine Isonitrosogruppe bildet, alsdann wird gleichzeitig die ONO-Gruppe zur Hydroxylgruppe verseift, so daß intermediär folgende Verbindung entsteht:

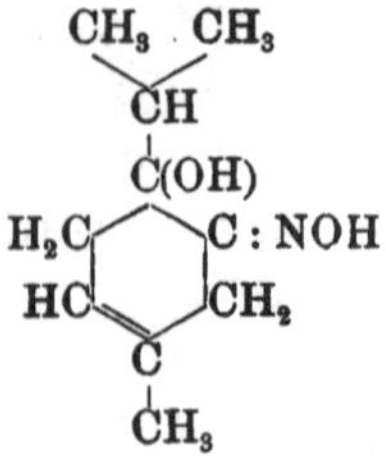

.

Diese Oxyisonitrosoverbindung wird reduziert zu obiger Base $C_{10}H_{17}NH_2$. Bei der Behandlung mit salpetriger Säure geht letztere in den zugehörigen Alkohol $C_{10}H_{17}OH$ über, welcher oxydiert ein Keton $C_{10}H_{16}O$ liefert, dessen Oxim bei 96—98° schmilzt. Da die Oxydation in saurer Lösung statthat, so dürfte eine Verschiebung der doppelten Bindung in die α, β-Stellung vor sich gehen, so daß ein Keton $C_{10}H_{16}O$ von oben angegebener Konstitution entsteht. Würde diese Umlagerung der doppelten Bindung nicht vor sich gehen, so müßte das Keton identisch sein mit dem bei 213—220° siedenden Keton, welches sich unter den indifferenten Reduktionsprodukten befindet. Die Bildung des Cymols ist ohne weiteres durchsichtig. — Nimmt man dagegen an, daß die Anlagerung der N_2O_3-Gruppe an $\Delta^{5,6}$ statthat, so würden der Base und den Ketonen folgende Konstitutionsformeln zukommen:

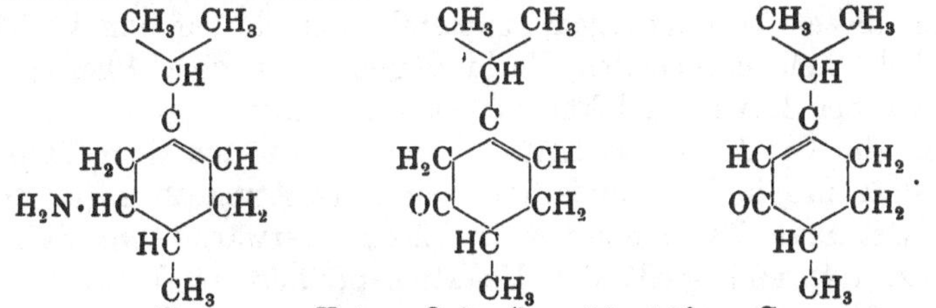

Base — Keton, Oxim Smp. 96—98° — Carvenon

Wir sehen demnach, daß wir im letzteren Falle zum Carvenon, oder aber, wenn die Verschiebung der doppelten Bindung nach $\Delta^{1,2}$ statthätte, zum Carvotanaceton kommen müßten. Würde es sich demnach herausstellen, daß die erhaltenen Oxime nicht mit dem Carvenonoxim, Smp. 91°, auch nicht mit jenem des Carvotanacetons, Smp. 93°, identisch sind, wenn sich ferner als richtig herausstellen sollte, daß die beiden Ketone, jenes aus der Base $C_{10}H_{17}NH_2$ und das unter den indifferenten Oxydationsprodukten aufgefundene nicht identisch sind, dann erscheint die Annahme gerechtfertigt, daß die Anlagerung der N_2O_3-Gruppe an die $\Delta^{3,4}$ stattgehabt hat. Hierfür scheint aber auch noch der Grund zu sprechen, daß, wenn die $\Delta^{6,1}$ mit N_2O_3 reagieren würde, dies eigentlich auch die gleiche doppelte Bindung im Limonen, Terpineol vom Smp. 35°, usw. tun müßte, wenn nicht die zweite doppelte Bindung im Ringe einen besonderen Einfluß ausübt. Indessen könnte das Terpinen auch Carvenen sein.

Base $C_{10}H_{19}NO_2$. Diese Base erhielt Semmler (B. **34**, 716), als er Terpinennitrosit mit Alkohol und Natrium reduzierte, neben der von Wallach erhaltenen Base $C_{10}H_{17}NH_2$; Smp. 88°; es ist ev. nicht ausgeschlossen, daß in dieser festen Base eine NH(OH)-Gruppe vorhanden ist, außerdem an C_4 eine Hydroxylgruppe gebunden steht. — Außerdem wurde von S. bei dieser Reduktion ein Kohlenwasserstoff C_9H_{14} gewonnen, Sdp. 160—164°, $d = 0{,}847$, $n_D = 1{,}475$.

Verbindung $C_{10}H_{15}NO_2$. Nach Semmler (B. **34**, 714) erhält man diesen Körper neben $C_{10}H_{17}NO_2$, wenn man das Nitrit zu alkoholischer Kalilauge, am besten zur kochenden Lösung, hinzusetzt; es findet sofort äußerst lebhafte Reaktion statt, indem sich Stickstoffoxydul entwickelt und sich zum Teil auch in geringer Menge salpetrigsaures Kalium bildet. Beim sofortigen Eingießen in sehr viel kaltes Wasser scheidet sich momentan ein weißer Körper in Flocken ab; Smp. 85° (?); dieser läßt sich im Vakuum nicht unzersetzt destillieren, sondern lagert sich im Vakuum alsbald in einen flüssigen isomeren Körper um, während er unter gewöhnlichem Drucke lange aufbewahrt werden kann. — Reduziert man diese Verbindung $C_{10}H_{15}NO_2$ und $C_{10}H_{17}NO_2$ in üblicher Weise mit Natrium und Alkohol, destilliert den Alkohol mit Wasserdämpfen ab, äthert den Rückstand aus und entzieht der ätherischen Lösung mit Oxalsäure basische Produkte, so resultiert, nachdem man letztere wiederum mit Alkalien in Freiheit gesetzt hat, im wesentlichen

Basen $C_{10}H_{17}NO$ und $C_{10}H_{19}NO$, Sdp.$_{20}$ = 140—150°. Außerdem entstehen bei der Reduktion indifferente stickstoffhaltige Produkte. — Auf die Natur dieser Verbindungen, namentlich auch auf ihr Verhältnis zu den ähnlich sich ergebenden Verbindungen aus dem Phellandrennitrit, werden wir bei diesem Molekül zurückkommen.

Über die Oxydationsprodukte, welche man aus dem Terpinennitrit mit Salpetersäure in Eisessig erhält, berichtet AMENOMIYA (B. **38** [1905], 2020). Löst man Terpinennitrit in Eisessig erwärmt mit Salpetersäure (spez. Gew. 1,4) und gießt das Reaktionsprodukt in Wasser, so erhält man zu 46% einen

Körper $C_{10}H_{15}N_3O_6$; Smp. 73°, kaum in heißem Wasser löslich, läßt sich aus gewöhnlichem Alkohol umkristallisieren. WALLACH (A. **336** [1904], 20) erhielt aus dem α-Phellandrennitrit eine Verbindung von gleicher Bruttoformel, welche er als ein Trinitro-Tetrahydrocymol anspricht. AMENOMIYA weist nach, daß in der aus dem Terpinennitrit erhaltenen Verbindung eine ONO-Gruppe vorhanden ist, indem er 2 Mol. Anilin in Äther auf das in Äther suspendierte Nitroprodukt in der Wärme einwirken läßt. Er erhält zu 30% die

Verbindung $C_{16}H_{21}N_3O_4$, Smp. 145°; auch beim Behandeln des Nitroprodukts mit Anilin und Eisessig entsteht derselbe Körper.

In einer zweiten Abhandlung (B. **38**, [1905], 2730) teilt alsdann AMENOMIYA mit, daß er durch Reduktion des Körpers $C_{10}H_{15}O_6N_3$ (Terpinennitro-nitrosit) mit Zinkstaub in alkoholischer Lösung Carvenonoxim erhalten habe; dasselbe Oxim wurde aus Terpinennitrosit erhalten, jedoch nur in sehr geringer Menge; ev. wäre nach der Ansicht von A. für Terpinen die Formel des Carvenens:

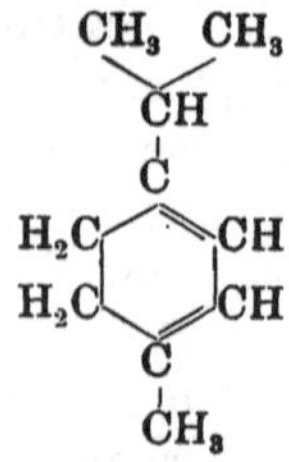

in Betracht zu ziehen.

Nitrosochlorid des Terpinens. Während bei der Einwirkung der salpetrigen Säure auf Terpinen das gut kristallisierende Nitrit entsteht, ist durch Einwirkung von Nitrosylchlorid auf Terpinen bisher kein festes Produkt erhalten worden. Behandelt man Terpinen nach WALLACH (A. **245**, 273) unter denselben Bedingungen mit Amylnitrit und Salzsäure wie Pinen, Limonen usw., so wird das Auftreten einer stark blauen Färbung der Flüssigkeit wahrgenommen, aber ein kristallinisches Produkt scheidet sich nicht ab. Es ist dies auffallend, da wir in obiger Formel angenommen haben, daß die eine doppelte Bindung des Terpinens jener des Limonens analog liegt. Da aber auch im Menthen die doppelte Bindung so im Kern gebunden ist, wie die zweite doppelte Bindung im Terpinen, und das Menthen ebenfalls ein Bisnitrosochlorid liefert, so reagieren beim Terpinen wahrscheinlich beide doppelte Bindungen, wodurch natürlich nach Lage der Dinge die Bildung einer Bisnitrosochloridverbindung verhindert wird; die blaue Färbung dürfte ev. der Anwesenheit von Terpinolen zuzuschreiben sein, welches ein wahres Nitrosochlorid bilden kann.

Zusammenfassung der chemischen Eigenschaften des Terpinens. Das Terpinen zeichnet sich anderen Terpenen gegenüber einmal durch seine große Beständigkeit invertierenden Reagentien gegenüber aus, sodann dem Limonen und Terpinolen gegenüber (die bicyklischen Terpene sieden bedeutend niedriger) durch seine Unfähigkeit ein kristallinisches Tetrabromid zu liefern; diese letztere Eigenschaft hat es mit dem n-(α-) Phellandren gemein, welches ebenfalls ein wahres Dihydrocymol ist. Dasselbe gilt von der Reaktionsfähigkeit Halogenwasserstoffsäuren gegenüber; während Limonen und Terpinolen z. B. dasselbe Dipentendichlorhydrat liefern, ist es weder beim Terpinen, noch Phellandren geglückt, eine derartige Verbindung zu erhalten. Auch im Verhalten gegen salpetrige Säure besteht eine gewisse Ähnlichkeit zwischen Terpinen und Phellandren, wenn auch die bestehenden Nitrite sich wesentlich verschieden verhalten, jedoch geben beide kristallisierte Nitrite, eine Reaktion, die wir weder beim Limonen, noch Terpinolen bisher kennen. Während Pinen und Limonen gut kristallisierende Bisnitrosochloride geben, ist dies beim Terpinen, Phellandren und Terpinolen nicht der Fall. Charakteristisch für das Terpinen ist ferner besonders sein leichter Übergang in Cymol.

Identifizierung des Terpinens. Um das Terpinen nachzuweisen, schreitet man wie bei anderen Terpenen zunächst zur fraktionierten Destillation, indem man schließlich die über metallischem Natrium zwischen 173—178° destillierenden Anteile für sich auffängt. Nach der Bestimmung der physikalischen Konstanten, wobei namentlich auf die optische Inaktivität oder geringe Aktivität zu achten ist, sucht man das bei 155° schmelzende Nitrit herzustellen, wie oben angegeben ist. Die entsprechenden Verbindungen der Phellandrene schmelzen bedeutend niedriger (vgl. dieselben); durch Umsetzung des Nitrits mit Piperidin und Benzylamin erhält man zur weiteren Charakterisierung das bei 153—154° schmelzende Nitrolpiperidin und das Nitrolbenzylamin vom Smp. 137°. Außer der optischen Inaktivität und dem Nitrit und dessen Derivaten ist für das Terpinen charakteristisch, wie oben angegeben, seine Unfähigkeit mit Brom und

Halogenwasserstoff kristallisierte Derivate zu liefern; schließlich läßt sich nach v. BAEYER Terpinen nachweisen und entfernen durch Behandlung mit BECKMANNscher Chromsäurelösung (B. **27** [1894], 815).

Konstitution des Terpinens. Die Erforschung der Konstitution des Terpinens wurde lange hintenangehalten, weil dieser Kohlenwasserstoff sich, wenn überhaupt, nur sehr selten in ätherischen Ölen findet, anderseits seine Reindarstellung auf große Schwierigkeiten stößt. An der Bruttoformel $C_{10}H_{16}$ konnte kein Zweifel bestehen, nachdem einmal DEVILLE sein „Tereben" aus dem Terpentinöl durch Erwärmen mit geringen Mengen Schwefelsäure gewonnen hatte, seitdem ferner aus demselben Kohlenwasserstoff FLAWITZKY mit alkoholischer Schwefelsäure sein neues Terpen isoliert und schließlich TILDEN und ARMSTRONG auch ihr „Terpilen", welches ebenfalls sehr reich an Terpinen ist, analysiert und untersucht hatten; hinzukommt, daß man das Terpinen in unreinem Zustande, ferner als Einwirkungsprodukt der Säuren, namentlich der Schwefelsäure, auf Terpin und Terpineol seit langem in Händen gehabt hatte.

Aber über die wahren Lagerungsverhältnisse der Atome im Molekül konnte man sich doch erst größere Klarheit verschaffen, seitdem nachgewiesen war, daß alle diese vermeintlich reinen Terpene doch immerhin bald größere, bald geringere Mengen anderer Terpene enthielten. Erst nachdem WALLACH festgestellt hatte, daß sich Terpinolen und Dipenten in diesen Produkten finden, erst nachdem man im Terpinennitrit eine Verbindung in der Hand hatte, mittels welcher man die größere oder geringere Menge des Terpinens in einem Kohlenwasserstoffgemisch nachzuweisen vermochte, konnte man daran gehen, sich ein Bild von der Konstitution dieses Moleküls zu machen.

Wir können zunächst die Ansichten OPPENHEIMS, BARBIERS, KEKULÉS, TILDENS und FLAWITZKYS übergehen, welche für die Konstitution der Terpene im allgemeinen, also implizite auch für das Terpinen, ihre Ansicht aufgestellt hatten (vgl. Limonen). Aus den Angaben dieser Forscher ist zu erkennen, daß man die Terpene bald zu den aliphatischen, bald zu den cyklischen Verbindungen rechnete. Für das „Tereben" und „Terpilen", welche hauptsächlich terpinenhaltig sind, nahm man natürlich analoge Konstitutionsverhältnisse an. Versuche physikalisch-chemischer Natur, aus denen man wie beim Pinen und Limonen auf die Anwesenheit von einer bzw. zwei doppelten Bindungen schloß, liegen in diesem Falle nicht vor.

KEKULÉ (B. **6**, 439) hatte für die Terpene folgende beiden Formeln aufgestellt:

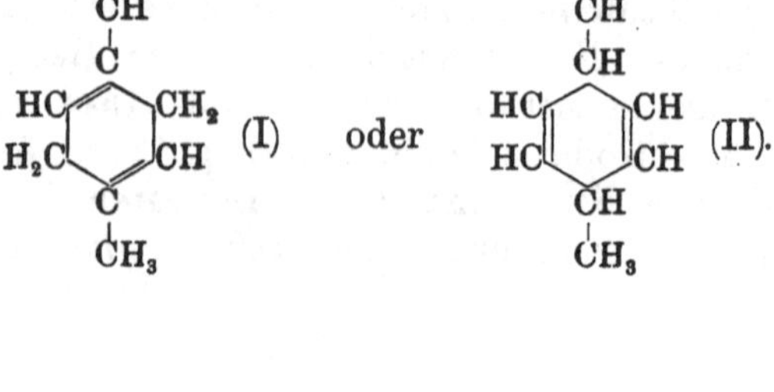

Oppenheim (B. **6**, 916) geht davon aus, daß die beiden doppelten Bindungen sich nicht gegenüberzustehen brauchen, sondern entscheidet sich für folgende Formeln:

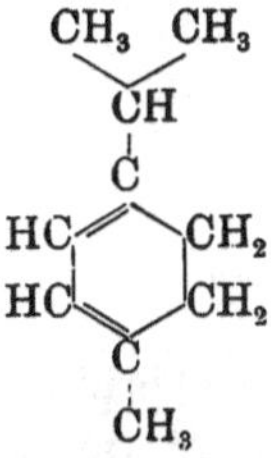 (III) oder 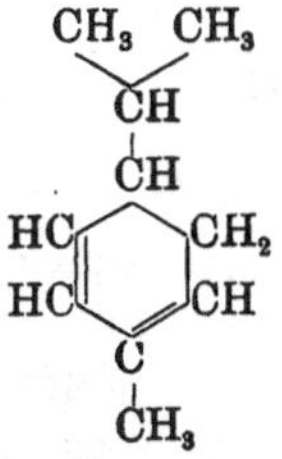 (IV) oder 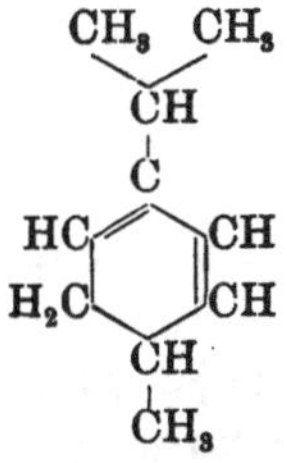 (V).

Die Möglichkeiten der Isomerien vermehren sich, wenn man teilweise Isopropyl, teilweise n-Propyl annimmt.

Im Jahre 1887 (A. **239**, 53) erörtert Wallach die Frage nach der Konstitution des Terpinens und kommt zu dem Resultat, daß man es ev. nicht von der Hand weisen kann, für das Terpinen eine doppelte Bindung in der Seitenkette anzunehmen, indem dabei entweder ein bicyklisches oder monocyklisches System vorliegt. Als Möglichkeiten stellt Wallach alsdann folgende beiden Formeln hin für Phellandren bzw. Terpinen:

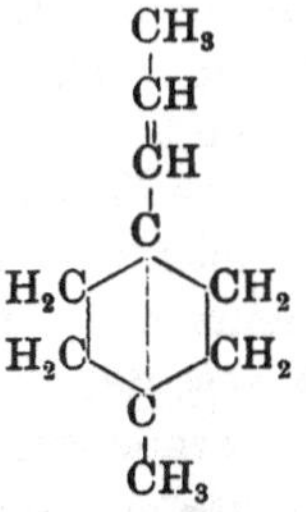 (VI) 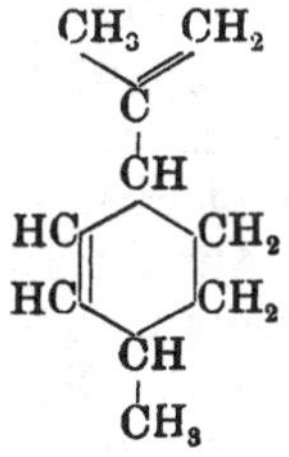 (VII).

Brühl (B. **21** [1888], 175) glaubt Formel II für das Terpinen in Anspruch nehmen zu müssen.

Wallach (B. **24**, 3989; A. **277** [1893], 146) betont den leichten Übergang des Terpinens in Cymol: „Verhalten und Bildung des Körpers ließen sich besser deuten, wenn man im Terpinen eine besonders symmetrische Verteilung der Wasserstoffatome annehmen dürfte, also die Bindungen $\Delta^{2,5}$. Daß die Zulässigkeit dieser Formel aber noch zweifelhaft ist, wurde bereits anderen Orts hervorgehoben. Auch gibt sie keinerlei Auskunft darüber, warum das Terpinennitrosit sich wie eine gesättigte Verbindung verhält.“

v. Baeyer (B. **27** [1894], 453) äußert sich alsdann über die Konstitution des Terpinens. Er kommt zu der Ansicht von der damals angenommenen Terpineolformel ausgehend, daß es zwei Terpinene gebe, ein höher und ein niedriger siedendes, von denen das erstere Formel IV, das andere Formel V besitze. v. Baeyer ist der Ansicht, daß seinem früher dargestellten (B. **26**, 233) synthetischen Terpinen die Konstitution des niedriger siedenden zukomme, so daß er in diesem Falle folgenden Übergang annimmt:

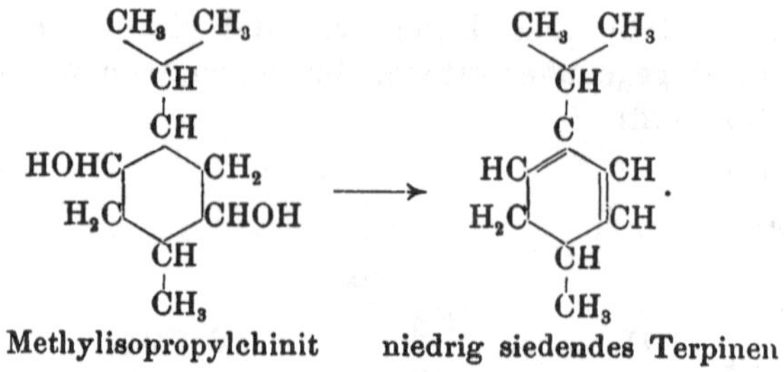

SEMMLER (B. **34** [1901], 708) geht von der Entstehung des Terpinens aus dem Dihydrocarvylamin bzw. Dihydrocarveol aus. Erhitzt man nach WALLACH das salzsaure Salz des Dihydrocarvylamins, so erhält man neben anderen Terpenen zweifellos Terpinen; ebenso entsteht in guter Ausbeute aus dem Dihydrocarveol Terpinen. Da eine Umlagerung der doppelten Bindung in der Seitenkette beim bloßen Erhitzen ausgeschlossen ist, so folgerte SEMMLER, daß auch im Terpinen noch diese doppelte Bindung vorhanden sein müßte; da nun Terpinen inaktiv ist, so kann die zweite doppelte Bindung nur semicyklisch nach der Methylengruppe hin stehen, indem die intermediäre Bildung eines Dreirings angenommen wird. Diese Beweisführung steht und fällt damit, daß die Base $C_{10}H_{17}NH_2$, deren salzsaures Salz der trocknen Destillation unterworfen wird, noch Dihydrocarvylamin ist, und daß sich eine doppelte Bindung durch bloßes Erhitzen nicht verschieben läßt; letzteres können wir wohl annehmen, wenigstens ist eine derartige Verschiebung nicht bekannt. Anders liegt es mit der ersten Annahme; denn es erscheint nicht als ausgeschlossen, daß bei der Darstellung des salzsauren Salzes der Base ev. eine Verschiebung der doppelten Bindung statthat. Ferner kann man als dritte Annahme noch hinzufügen, daß sich das Chlorammonium dissoziiert und die Salzsäure invertierend auf das Terpen einwirkt. Kurzum, wir erkennen, daß das Heranziehen einer ihrer Konstitution nach nicht genau bekannten Base für die Erschließung der Konstitution eines Terpens, welches durch trockne Destillation des salzsauren Salzes dieser Base gewonnen wird, seine großen Bedenken hat. SEMMLER (a. a. O.) glaubt für das Terpinen, ausgehend von den erwähnten Bildungsweisen, folgende Konfiguration in Vorschlag bringen zu müssen:

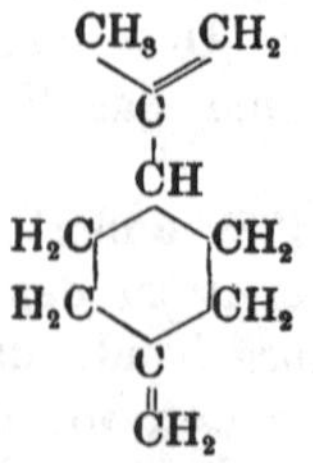 (VIII).

Schließlich kommt HARRIES auf die Konstitution des Terpinens gelegentlich analoger Umsetzungen bei anderen Basen zu sprechen (B. **35**, 1169) und zieht wiederum Formel I in Betracht, indem er stillschweigend eine Wanderung der doppelten Bindung aus der Seitenkette beim Erhitzen des salzsauren Dihydrocarvylamins annimmt. — Vgl. oben auch Amenomiya.

Deutlich erkennen wir, wie die Ansichten der Chemiker über die Konstitution des Terpinens auseinandergehen und wie man zu Formeln kam, die hergeleitet wurden von Verbindungen, die man als rein, bzw. deren Konstitution man als feststehend ansah. Als man anfangs der siebziger Jahre für die Konstitution der Terpene die Überführung in Cymol als besonders wichtig hervorhob und sie aus diesem Grunde als wahre Dihydrocymole ansprach, kam man auch zu analoger Konstitution für das „Tereben“ bzw. „Terpilen“.

Fragen wir uns, aus welchen physikalischen und chemischen Eigenschaften des Terpinens wir ohne weiteres auf die Konstitution dieses Moleküls schließen können, mit anderen Worten, welche Umsetzungen die Terpinenformel glatt erklären muß, so ergeben sich folgende wichtige Punkte:

1. Das Terpinen muß monocyklisch, zweifach ungesättigt sein, wie sich aus der Molekularrefraktion ergibt; wir machen hierbei die stillschweigende Annahme, daß in dem Terpinen, welches man durch Einwirkung von Schwefelsäure auf Dihydrocarveol erhält, ein ziemlich reines Produkt vorliegt. Im Widerspruch mit der Annahme zweier doppelter Bindungen im Terpinenmolekül scheint das chemische Verhalten zu stehen, indem es nicht gelingt, 4 Atome Brom oder 2 Mol. Halogenwasserstoff anzulagern, und schließlich, daß Terpinennitrit sich vielfach nicht wie eine ungesättigte Verbindung verhält. Nichtsdestoweniger zwingt einmal die Molekularrefraktion, alsdann aber auch der hohe Siedepunkt des Terpinens dazu trotz des Widerspruchs der chemischen Reaktionen, im Terpinen zwei doppelte Bindungen anzunehmen; das scheinbar anormale Nichtaddieren von Halogen oder Halogenwasserstoff läßt sich erklären, wenn man bedenkt, daß auch das Phellandrennitrit sehr schwierig Halogen anlagert, ebenso doppelte Bindungen des Kerns, wenn im Kern bereits Halogen angelagert ist usw.

2. Die Formel des Terpinens muß den sehr leichten Übergang dieses Moleküls in Cymol erklären.

3. Die Unmöglichkeit aus dem Terpinen Dipentendichlorhydrat zu gewinnen, muß sich ebenfalls leicht deuten lassen.

4. Sämtliche Übergänge der Terpene und Terpenalkohole in Terpinen, sowie die Unmöglichkeit diese Reaktion umgekehrt auszuführen, muß ebenfalls aus der Terpinenformel klar zu erkennen sein.

5. Die von Wallach durch Reduktion aus dem Terpinennitrit erhaltenen Produkte alkalischer und neutraler Natur dürfen in keinem Widerspruch mit dieser Formel stehen.

6. Die Nitrolaminbildung aus dem Terpinennitrit zwingt dazu, anzunehmen, daß die eine doppelte Bindung sich an einem tertiären Kohlenstoffatom befindet; hiermit steht im Einklang, daß diese doppelte Bindung von jener im Phellandren völlig verschieden ist, welche N_2O_3 addiert und sekundär-sekundär sein muß.

Von oben angegebenen Formeln wiedersprechen IV, V, VII der optischen Inaktivität des Terpinens, so daß diese Formeln zu streichen sind, abgesehen davon, daß Formel IV dem n-(α-)Phellandren zukommt; Formel VI würde ebenfalls fortfallen, da sie nur eine doppelte Bindung aufweist. Formel VIII würde nicht leicht die Unfähigkeit des Terpinens Dipentendichlorhydrat zu bilden, sowie nicht den Übergang in Cymol erklären, während man von I, II und III, welche wahre Hydrocymole sind, leicht zum Cymol gelangen kann. Formel II würde nicht die leichte Nitrolaminbildung aus dem Terpinennitrosit erklären, so daß noch die Wahl zwischen Formel I und III wäre. Träfe Formel III zu, so müßte bei der Reduktion des Terpinennitrits wahrscheinlich ein gesättigtes Keton oder ein Alkohol entstehen, während sich in der Tat ein ungesättigtes Keton bildet. Für Formel III spricht aber sehr stark die Ähnlichkeit mit Carvenon in der Bildungsweise. Danach bliebe ev. noch Formel I übrig. Zweifellos erklärt diese Formel die meisten Übergänge; sie steht nur im Widerspruch mit der Entstehung des Terpinens bei der trocknen Destillation des salzsauren Dihydrocarvylamins, wenn wir hierbei nicht die Wanderung der doppelten Bindung während des Erhitzens bzw. ev. durch abgespaltene Salzsäure oder aber bereits vorhergegangene Invertierung des Dihydrocarvylamins beim Einleiten der Salzsäure annehmen wollen.

Aus diesen Gründen und mit dieser Einschränkung ist diese Formel den Auseinandersetzungen zugrunde gelegt worden. Kommt aber dem Terpinen diese Formel zu, so müssen wir wohl annehmen, das ein Terpinen-Bisnitrosit analog dem Limonen-Bisnitrosochlorid vorliegt; es müssen deshalb die Molekulargewichtsbestimmungen nochmals wiederholt werden, da man von verschiedener Seite zu dem Resultat gekommen ist, daß das Terpinennitrit monomolekular sei (Biltz, Diss. Greifswald **1898**, S. 11).

Läge aber eine monomolekulare Verbindung vor, so müßte das Terpinennitrit eine Isonitrosogruppe enthalten, also auch in Alkali löslich sein, was aber nicht der Fall ist, obwohl sich die Nitrolaminbasen, die doch weit stärkere Basen sein müssen, in Alkalien lösen.

Weitere Versuche müssen demnach entscheiden, ob dem Terpinen die hier zugrunde gelegte Konstitution zukommt oder III oder eine andere. Obige Formel wurde gewählt, um die Reaktionen wenigstens einigermaßen klar zu machen.

Geschichte des Terpinens. Wiederholt ist darauf hingewiesen worden, daß man das Terpinen in unreinem Zustande seit sehr langer Zeit in Händen gehabt hat, und zwar hauptsächlich als Invertierungsprodukt des Terpentinöls (Pinens). Es lag auf der Hand, daß man versuchte, durch Einwirkung von Säuren Einblick in die Konstitution des Terpentinöls zu gewinnen; aus diesem Grunde sind die Versuche Devilles, ferner jene von Dumas usw. angestellt worden. Ausführlich ist oben bei der Gewinnung des „Terebens", „Terpilens" („Terpinylens") usw. auf diese Verhältnisse eingegangen worden. Die optische Inaktivität, die Unfähigkeit mit Salzsäure ein festes Produkt zu geben oder Terpentinhydrat zu bilden, unterschied das in diesem Gemenge vorliegende Terpen hinlänglich vom Terpentinöl, Citronenöl, Kampfen usw. Aber erst die Entdeckung des Terpinennitrits durch Weber im Jahre 1887, erst der Nachweis Wallachs, daß im „Tereben", „Terpilen" usw. ein Terpen vorhanden ist, welches dasselbe feste Nitrit gibt wie das Terpen aus Cardamomenöl, konnte einen weiteren sicheren Anhaltspunkt dafür geben, daß in diesen Gemengen wirklich ein neues Terpen vorhanden ist.

Mit dem Jahre 1885 hat alsdann die eigentliche chemische Untersuchung des Terpinens von neuem begonnen; besonders hat sich letztere auf das Nitrit erstreckt, da es bisher nicht gelungen ist, weitere kristallinische Derivate des Terpinens zu gewinnen. Ausführlich ist oben die Frage nach der Konstitution des Terpinens in geschichtlicher Hinsicht erörtert worden. Sollte es sich herausstellen, daß das Terpinen wirklich ein wahres Dihydrocymol ist, wie wir die Konstitution als möglich angenommen haben, alsdann würde es ev. chinonartige Doppelbindungen haben, es wäre der zum Thymochinon gehörige Kohlenwasserstoff; genau so wie dieses Chinon leicht in das zugehörige zweiwertige Phenol übergeht, so läßt sich auch Terpinen leicht allerdings erst unter gleichzeitiger Oxydation in Cymol überführen. Weitere Versuche müssen darüber entscheiden, welche Konstitution dem Terpinen zukommt, müssen vor allen Dingen den Mechanismus des Übergangs der Limonenreihe in das Terpinen klarlegen. Es ist nicht ausgeschlossen, daß wir bei diesen Übergängen eine intermediäre Dreiringbildung vom Kohlenstoffatom 8 aus nach dem Ringe anzunehmen haben; unter Terpinenbildung würde der Dreiring leicht aufgehen, namentlich bei Gegenwart von Säuren.

Vgl. Tabelle „Terpinen" S. 440 und 441.

Bd. II, S. 298 wurde festgestellt, daß von wahren Dihydrocymolen, welche also zwei doppelte Bindungen im Kern besitzen und in der Parastellung eine Methyl- und Isopropylgruppe, fünf Möglichkeiten vorliegen können, von denen das Terpen $\Delta^{2.4}$-p-Menthadiën nicht bekannt ist, daß wir ferner für das Terpinen die Formel eines $\Delta^{2.5}$-p-Menthadiëns, $\Delta^{1.4}$-p-Menthadiëns oder $\Delta^{1.3}$-p-Menthadiëns in Anspruch zu nehmen haben. Sehen wir nun davon ab, daß Terpene mit zwei benachbarten doppelten Bindungen im Kern, also $\Delta^{1.2}$-p-Menthadiën oder $\Delta^{2.3}$-p-Menthadiën, schwierig darstellbar sind, so bleibt die Besprechung des $\Delta^{2.6}$-p-Menthadiëns zu erledigen. In den letzten Jahren ist man zu der Überzeugung gekommen, daß dieses Terpen als ein Bestandteil des Rohphellandrens anzusehen ist. Nach Semmler (B. **33** [1900], 1455) gehört dieses Terpen zu der von ihm als Orthoklasse bezeichneten Terpenreihe, die wir nach Wallach (A. **313** [1900], 358 Anm.) als n-(normal-)Terpene bezeichnen können; diesem n-Phellandren, welches, wie wir zeigen werden, von Wallach als α-Phellandren beschrieben wird, würde nach der Semmlerschen Nomenklatur ein Pseudophellandren entsprechen, welches die doppelte Bindung semicyklisch enthält, also eine Methylengruppe an den Kern gebunden aufweist; dies ist das Terpen $\Delta^{2.1(7)}$-p-Menthadiën. Da letzteres Terpen zweifellos nicht zu den wahren Dihydrocymolen gehört, so hätte es schon oben bei denjenigen Terpenen, die keine wahren Dihydrocymole sind, welche also mindestens eine doppelte Bindung in der Seitenkette enthalten, abgehandelt werden müssen. Der Übersichtlichkeit wegen erfolgt die Besprechung dieses ps-Phellandrens, welchem WALLACH den Namen β-Phellandren beigelegt hat, an dieser Stelle.

Phellandrene

$C_{10}H_{16}$ =

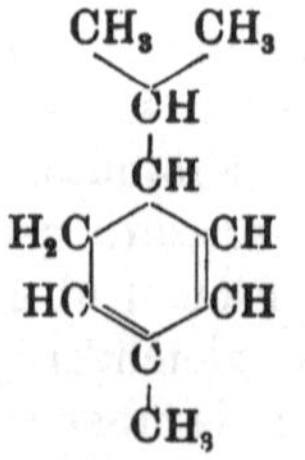

199. n-Phellandren, α- „ $\Delta^{2.6}$-p-Menthadiën

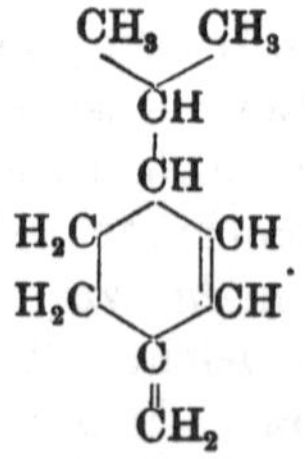

200. Pseudo-Phellandren β- „ $\Delta^{2.1(7)}$-p-Menthadiën

Unter Umständen scheint es jedoch angebracht, den Begriff „Phellandrene" noch etwas zu erweitern, indem wir unter diesem Trivialnamen alle diejenigen Terpene begreifen können, welche eine für das n- und Pseudo-Phellandren charakteristische Reaktion, nämlich eine Nitritverbindung, geben. Alle diejenigen Terpene, welche z. B. Δ^2 aufweisen, dürften analog reagieren, wenn nicht eine zweite anwesende doppelte Bindung die Bildung des charakteristischen Nitrits mit seiner dem n- bzw. Pseudo-Phellandren eigentümlichen Umlagerung modifiziert. Es ist daher nicht ausgeschlossen, daß das Terpen $\Delta^{2.4}$-p-Menthadiën unter den wahren Dihydrocymolen, die Terpene $\Delta^{2.4(8)}$-p-Menthadiën und $\Delta^{2.8(9)}$-p-Menthadiën unter den uneigentlichen Dihydrocymolen, den Phellandrenen analoge Nitrite bilden und als „Phellandrene im weiteren Sinne" bezeichnet werden können; von den Terpenen der o- und m-Klasse sehen wir hierbei ab. Diese „Phellandrene im weiteren Sinne" sind jedoch wenig studiert, so daß erst eingehendere Untersuchungen nötig sind, die über die Zusammengehörigkeit dieser Verbindungen zu einer derartigen Klasse entscheiden müssen.

Vorkommen, Isolierung und Synthese. Wenn im folgenden von Phellandren die Rede ist, so bezeichnen wir damit zunächst ein Kohlenwasserstoffgemisch, welches vielfach aus dem n-(α-)Phellandren und in der Regel wenig Pseudo-(β-)Phellandren oder ev. auch umgekehrt besteht. Späterhin werden diese beiden Terpene scharf auseinandergehalten werden. Es sei ferner vorweg bemerkt, daß beide Phellandrene ein asymmetrisches Kohlenstoffatom enthalten, also optisch aktiv sind, woher es kommt, daß beide Phellandrene in mehreren optisch verschiedenen Modifikationen auftreten können, so daß es ein d-, l- und ein razemisches n-(α-)Phellandren und ein d-, l- und razemisches Pseudo-(β-)Phellandren gibt.

Auf das Vorkommen des Phellandrens als eines besonderen Kohlenwasserstoffs wurde bereits von CAHOURS (A. ch. III, **2**, 305 und A. **41** [1842], 75) aufmerksam gemacht, indem er in dem ätherischen Öl des wild wachsenden Bitterfenchels (*Foeniculum vulgare*) zwei Bestandteile feststellte, von denen der eine mit dem festen Stearopten des Anisöls (Anethol) identisch war, der andere „scheint mit dem Citron- und Terpentinöl gleich zusammengesetzt zu sein, vielleicht aber mit verschiedener Dichte". Aus diesem Kohlenwasserstoff stellt CAHOURS durch Einleiten von Stickoxydgas einen festen Körper (vgl. unten Phellandrennitrit) dar. CAHOURS erkannte die Zusammensetzung des Nitrits nicht, ebensowenig wurde diese von CHIOZZA (GERHARDT, Traité III, 357) im Laboratorium von GERHARDT erkannt.

Zweifellos hatte man in verschiedenen Rohölen, in denen später die Phellandrene nachgewiesen wurden, bis zum Jahre 1857 diese Kohlenwasserstoffe im rohen Zustande in Händen gehabt. Man wußte jedoch bis zu diesem Zeitabschnitte nur, daß ein Kohlenwasserstoff vorliegt, der wahrscheinlich isomer ist mit dem Terpentin- und Citronenöl.

Erst BUNGE (Z. **1869**, 579) kommt auf das Nitrit zurück und ist der Ansicht, daß ev. eine Verbindung $C_{10}H_{15}N_2O_3$ vorliegt, so daß er also die Anlagerung der salpetrigen Säure erkennt. Auch will BUNGE ein Umsetzungsprodukt des Kohlenwasserstoffs mit Nitrosylchlorid erhalten haben, wobei es jedoch zweifelhaft bleibt, ob dieser Körper nicht vielmehr anderen beigemengten Terpenen (Dipenten) zuzuschreiben ist. Nach diesen Mitteilungen ist man im Jahre 1872 darüber einig, daß im Bitterfenchelöl ein Terpen vorkommt, welches mit salpetriger Säure ein kristallisierendes Produkt liefert.

Wiederum erst nach längerer Zeit nimmt PESCI die Untersuchung des ätherischen Öles von *Phellandrium aquaticum* (Wasserfenchel) auf (Riv. chim. med. farm. **1**, 174 und J. **1883**, 1424; Riv. chim. med. farm. **2**, 357 und J. **1884**, 547; Ann. chim. med. farm. IV, **2**, 26 und J. **1885**, 698). Diese ausgezeichneten Arbeiten bringen völlige Klarheit zunächst über die Bruttoformel $C_{10}H_{16}N_2O_3$ des Nitrits, die aber schon PESCI ev. verdoppeln will, ferner eine große Anzahl neuer Derivate, deren Existenz später zuerst angezweifelt, nachher aber vollständig erwiesen wurde. Auch bringt P. Mitteilungen über die physikalischen Daten des neuen Terpens, für das er den Namen Phellandren einführt. — Aus dieser Periode ist ferner zu erwähnen, daß im Jahre 1887 WALLACH (A. **239**, 40) seine Untersuchungen über das Phellandren beginnt, und zwar sowohl über das Phellandren des Bitterfenchel-, als auch des Wasserfenchelöls. W. legt den wichtigen Übergang des Phellandrens in Dipenten und Terpinen dar. Er kommt zu dem Resultat, daß beide Öle dasselbe Terpen enthalten, und sagt über die Nitrite: „und zwar erwiesen sich die aus beiden Ölen erhaltenen Produkte als identisch", alsdann ferner in bezug auf das Terpen in diesen beiden Ölen selbst (A. **246**, 233): „Ich habe dann die Identität der aus beiden Pflanzen stammenden Produkte nachgewiesen." Am Schluß der Periode 1872—1887 war man demnach der Meinung, daß das Phellandren ein besonderes Terpen ist, das sich als verschieden von den anderen erweist, und das man als einheitlich und identisch ansah. Auf die Auffassung über seine Konstitution wird weiter unten eingegangen werden.

Wir verdanken Wallach die Entdeckung des l-Phellandrens im ätherischen Öl von *Eucalyptus amygdalina* (A. **246**, 232 und 282), aus dem er ein Nitrit erhält, welches den Schmelzpunkt der früher dargestellten zeigte, aber entgegengesetzt polarisierte: aus dem d-Phellandren des Bitter- und Wasserfenchels entsteht nach den Angaben Wallachs ein l-Nitrit, während das l-Phellandren des Eucalyptusöls ein rechtsdrehendes Nitrit liefert. — Auch betont W. in dieser Arbeit das Vorkommen des d-Phellandrens im Elemiöl (vgl. A. **252**, 102).

Mit der Konstitution des Phellandrens beschäftigt sich alsdann Brühl (B. **21** [1888], 174).

Im Jahre 1895 (A. **287**, 371) berichtet Wallach über den Zusammenhang des Phellandrennitrits mit dem Tetrahydrocarvon, das er gelegentlich dieser Untersuchung im aktiven Zustande gewinnt; auch wird die bimolekulare Natur des Nitrits erwähnt. Auch das bereits von Pesci erhaltene Nitrophellandren wird näher studiert.

In den nächsten Jahren wurde von verschiedener Seite das Vorkommen des Phellandrens in mehreren Ölen auf Grund des gewonnenen Nitrits ausgesprochen. Zweifellos sind hierbei verschiedentlich Irrtümer untergelaufen, wie bereits von Schreiner (Pharm. Arch. **4**, 90 und C. **1901**, II, 544) erwähnt wurde, welcher die Angaben über die Gegenwart von Phellandren in 38 ätherischen Ölen als unzuverlässig ansieht. An diesem Beispiel ist so recht zu erkennen, daß das Bestreben, Terpene auf wenige Typen zurückzuführen, unter Umständen auch zu großen Irrtümern Veranlassung geben kann; andere Terpene usw. sind häufig mit dem Phellandren verwechselt worden.

Als wichtigstes weiteres Ergebnis muß zunächst konstatiert werden, daß alsbald Zweifel an der Identität aller Phellandrene durch die Schmelzpunktangaben des Nitrits entstanden. Schon die Befunde von Cahours, Bunge, Pesci und Wallach waren nicht in Einklang zu bringen, wenn man nicht annehmen wollte, daß verschieden häufiges Umkristallisieren diese Verschiedenheit in den Angabe hervorgerufen hat. Auch auf sonstige Verschiedenheiten der Eigenschaften des Nitrits wurde man aufmerksam; Gildemeister und Stephan (Ar. **235**, 591) konstatieren, daß das ätherische Öl von *Schinus molle* verschieden drehende Nitrite liefert. Vgl. W. Biltz (Dissert. Greifswald **1898**). Besonders aber ist es das Verdienst Schreiners (Pharm. Arch. **4**, 90 und C. **1901**, II, 544) betont zu haben, daß sich aus dem Eucalyptusöl durch fraktionierte Kristallisation zwei Nitrite gewinnen lassen, von denen das eine nach rechts dreht, $[\alpha]_D = + 123{,}5^0$ (Chloroforml.) und den Smp. 120—121^0 hat, während das andere nach links dreht, $[\alpha]_D = - 36^0$ und den Smp. 105—106^0 aufweist.

Im Jahre 1900 (A. **313**, 345) kommen WALLACH und H. und E. LAUFFER auf die bimolekulare Natur des Nitrits zurück und stellen besonders Oxydationsversuche mit dem Phellandren-Nitrit an. Die Autoren schließen, daß die Konstitution des Phellandrens eine einfach ungesättigte bicyklische oder eine doppelt ungesättigte monocyklische sein muß (vgl. Konstitution des Phellandrens).

Im Jahre 1902 berichten WALLACH und BOECKER (A. **324**, 269) über die Reduktion des Phellandren-Nitrits mit Zinkstaub und Eisessig, wobei sie aus dem Eucalyptus-Phellandren und aus dem Wasserfenchel-Phellandren verschiedene Diamine erhalten; bereits PESCI hatte das Phellandren-Nitrit des Wasserfenchelöls nach dieser Richtung hin untersucht. W. und B. geben den Schmelzpunkt des Nitrits aus Eucalyptusöl zu 112—113° an, während das Nitrit aus dem Phellandren von *Phellandrium aquaticum* einen Smp. von 89° aufwies; PESCI (a. a. O.) hatte zuerst 87°, alsdann 94° in letzterem Falle beobachtet.

Im Jahre 1903 erfolgen von seiten SEMMLERS (B. **36**, 1749) Mitteilungen über langjährige Versuche, welche die Oxydation des Rohphellandrens aus dem Öl von *Eucalyptus amygdalina* betreffen. S. konnte nachweisen bzw. bestätigen, daß sich in diesem Öl außer hauptsächlich Phellandren Cineol und Cymol befinden; letztere Verbindungen blieben unangegriffen, als mit verd. Kaliumpermanganatlösung oxydiert wurde. Aus den Oxydationsergebnissen konnte S., da eine Umlagerung bei dieser Reaktion ausgeschlossen erschien, folgern, daß das Rohphellandren des Eucalyptusöls aus zwei chemisch verschiedenen Phellandrenen besteht, aus dem n-Phellandren, welches zwei doppelte Bindungen im Kern enthält, und aus dem Pseudo-Phellandren. Die eindeutigen Oxydationsergebnisse lassen keinen Zweifel über die Konstitution des n- und Pseudo-Phellandrens.

Im Jahre 1904 (A. **336**, 9) unterscheidet WALLACH ein α-Phellandren und ein β-Phellandren, auf Grund der später ausführlich anzugebenden Untersuchungen. Das α-Phellandren ist in der d-Modifikation im Bitterfenchelöl, in der l-Modifikation im Eucalyptusöl, das β-Phellandren ist nach WALLACHS Annahme im Wasserfenchelöl enthalten. Für das α-Phellandren nimmt WALLACH die Formel eines $\Delta^{2.6}$-p-Menthadiëns in Anspruch, wonach das α-Phellandren sich vollkommen mit dem n-Phellandren SEMMLERS, welcher dieses Terpen im Eucalyptusöl nachgewiesen hat, deckt. Da dieses n-Phellandren nach SEMMLERS Angaben in der l-Modifikation vorliegt, so muß auch ein d-n-Phellandren existieren, welches WALLACH als d-α-Phellandren im Bitterfenchelöl nachwies. Nach den Angaben WALLACHS scheint das Pseudo-Phellandren SEMMLERS, welches sich chemisch vollkommen mit dem β-Phellandren WALLACHS deckt, im Wasserfenchelöl in größerer Menge vorzukommen als im Eucalyptusöl, indem SEMMLER wörtlich sagt (a. a. O., B. **36**, 1753): „So besteht das Rohphellandren im Eucalyptusöl hauptsächlich aus dem Normal-Phellandren obiger Konstitution.“ — Während SEMMLER seinen Konstitutionsbeweis auf Aboxydationsprodukte, die er mit Kaliumpermanganat erhalten hatte, stützte, um Umlagerungen zu vermeiden, die mit Säuren, wie z. B. bei der Bildung des künstlichen Kampfers aus dem Pinen, momentan unter 0° eintreten kann, gründet WALLACH seinen Beweis auf die Bildung des Carvotanacetons aus dem Nitrit (vgl. Konstitution); beide Methoden führten zu dem gleichen Resultat. In neuester Zeit erschien eine Arbeit WALLACHS (A. **343**, 28), welche sich mit der Aboxydation des β-Phellandrens durch Luftsauerstoff beschäftigt.

Diese Angaben über das Vorkommen des Rohphellandrens bzw. seiner beiden Modifikationen, dem n- und Pseudo-Phellandren, ferner die kurzen Angaben an dieser Stelle über die geschichtliche Entwicklung der Ansichten über die Eigenschaften des Phellandrens wurden gebracht, um den Überblick über das Vorkommen, die Isolierung und die Synthese zu erleichtern. —

Über das Vorkommen des Phellandrens muß vorweg bemerkt werden, daß in den meisten Fällen natürlich keine Angaben darüber vorliegen, ob wir es mit dem normalen (α-) oder Pseudo-(β-)Phellandren zu tun haben; es ist deshalb diese Frage unentschieden, allerdings können wir nach den Schmelzpunkten des Nitrits zu urteilen, annehmen, daß wir in den meisten Fällen das n-Phellandren vor uns haben, welches in geringen Mengen vom Pseudo-Phellandren begleitet zu werden pflegt. In den allerseltensten Fällen scheint das Pseudophellandren vorzuherrschen. Auch beim Pinen sehen wir, daß das n-Pinen bei weitem verbreiteter ist als das Pseudopinen (Nopinen). Das Vorkommen des Phellandrens, die Stammpflanzen nach dem natürlichen Pflanzensystem geordnet, gestaltet sich folgendermaßen.

Pinaceae.

An anderen Stellen konnten wir nachweisen, daß sich die ätherischen Öle gewisser Genera der Pinaceae (besonders *Abies, Picea, Pinus, Larix Tsuga* usw.) einteilen lassen in solche, welche aus ihrem Harz durch Wasserdampfdestillation gewonnen werden (Terpentinöle), ferner in solche, welche sich durch Wasserdampfdestillation der Zapfen, Nadeln und jungen Zweige abscheiden lassen (Nadelöle) und schließlich in solche, welche durch trockne Destillation, namentlich der Wurzeln und des Holzes dieser Bäume, gewonnen werden können (Kienöle). Während sich die Terpentin- und Kienöle vorzüglich durch einen Gehalt an Pinen und Sylvestren auszeichnen, stoßen wir bei den Nadelölen häufig auf l-Limonen und Phellandren, außerdem auf Bornylacetat.

Im Fichten- oder Rottannennadelöl (*Picea excelsa* Lk.) (BERTRAM und WALBAUM, Ar. **231** [1893], 296) wurde l-Pinen, Dipenten, l-Bornylacetat, Cadinen und l-Phellandren nachgewiesen; auf die Anwesenheit des letzteren wurde aus der Bildung eines Nitrits vom Smp. 101° geschlossen. — Dieselben Forscher stellten l-Phellandren (Nitrit Smp. 102°, a. a. O., S. 297) fest im Latschenkiefern- oder Krummholzöl (*Pinus montana* Miller).

Gramineae.

Das Gingergrasöl wurde im unverfälschten Zustande von Gildemeister und Stephan (Ar. **234** [1896], 326) näher untersucht, wobei sie eine Phellandrenreaktion konstatierten. Sch. u. Co. (Sch. **1904**, I, 52; **1904**, II, 41; **1905**, I, 39) konnten nachweisen, daß das Öl d-Phellandren, d-Limonen, Dipenten, einen Aldehyd $C_{10}H_{16}O$, Dihydrocuminalkohol, Geraniol und i-Carvon enthält. „Bezüglich des Phellandrens sei noch nachzutragen, daß es wahrscheinlich identisch ist mit dem d-α-Phellandren von Wallach.“ „Die Pflanze, die das Gingergrasöl liefert, dürfte sich wesentlich von *Andropogon Schoenanthus* L., der Stammpflanze des Palmarosaöls, unterscheiden.“

Andropogon laniger Desf. gibt durch Destillation des frischen Grases (Kamelgras) zu 1⁰/₀ ein ätherisches Öl (Sch. **1892**, I, 43), $d = 0{,}915$, Pol. $= + 34^0 38'$, Sdp. 170—250⁰; es enthält Phellandren.

Zingiberaceae.

Das Curcumaöl (*Curcuma longa* L.) wird zu 5—5,5⁰/₀ durch Wasserdampfdestillation der Wurzeln erhalten, $d = 0{,}942$. In bezug auf die früheren Untersuchungen vgl. Bolley, Suida und Daube (J. pr. **103**, [1868], 474), ferner Flückiger (B. **9** [1876], 470), Jackson und Menke, Ivanow-Gajevsky (B. **5** [1872], 1102). Sch. u. Co. (Sch. **1890**, II, 17) geben an „gelegentlich einer wissenschaftlichen Untersuchung haben wir festgestellt, daß dasselbe Phellandren enthält“.

Das Ingweröl, zu 2—3⁰/₀ gewonnen durch Wasserdampfdestillation des Rhizoms von *Zingiber officinale* Roscoe, wird geschichtlich verhältnismäßig spät erwähnt (Spezerei-Taxe der Stadt Kopenhagen vom Jahre **1672**). Bei der Wasserdampfdestillation des Rhizoms bildet sich Ammoniak. Über die älteren Arbeiten vgl. Papousek (A. **84** [1852], 352) (vgl. weiterhin d-Kampfen). Bertram und Walbaum (J. pr. II, **49** [1894], 18) konnten in dem bei 170⁰ siedenden Destillat Phellandren nachweisen, Smp. des Nitrits bei 102⁰. Über das Zingiberen siehe v. Soden und Rojahn (Pharm. Ztg. **45** [1900], 414). Sch. u. Co. geben für ein Öl aus afrikanischem Ingwer destilliert (Sch. **1905**, II, 34) an: $d_{15} = 0{,}8853$, $\alpha_D = -42^0 16'$, $n_{D_{20}} = 1{,}49262$, V. Z. 6,2, V. Z. nach der Acetylierung 42 = 9,8⁰/₀ freien Alkohols der Formel $C_{10}H_{18}O$; Sdp.$_5$ von 40—125⁰; sie weisen darin fernerhin Cineol, Citral, Borneol und ev. Geraniol nach.

Piperaceae.

Das Pfefferöl (*Piper nigrum* L.) besteht fast nur aus Kohlenwasserstoffen. Sch. u. Co. (Sch. **1890**, II, 39) berichten, „daß Pfefferöl mit Natriumnitrit und Eisessig ein festes Nitrit gibt, welches identisch mit Phellandrennitrit ist“.

Terpinen.

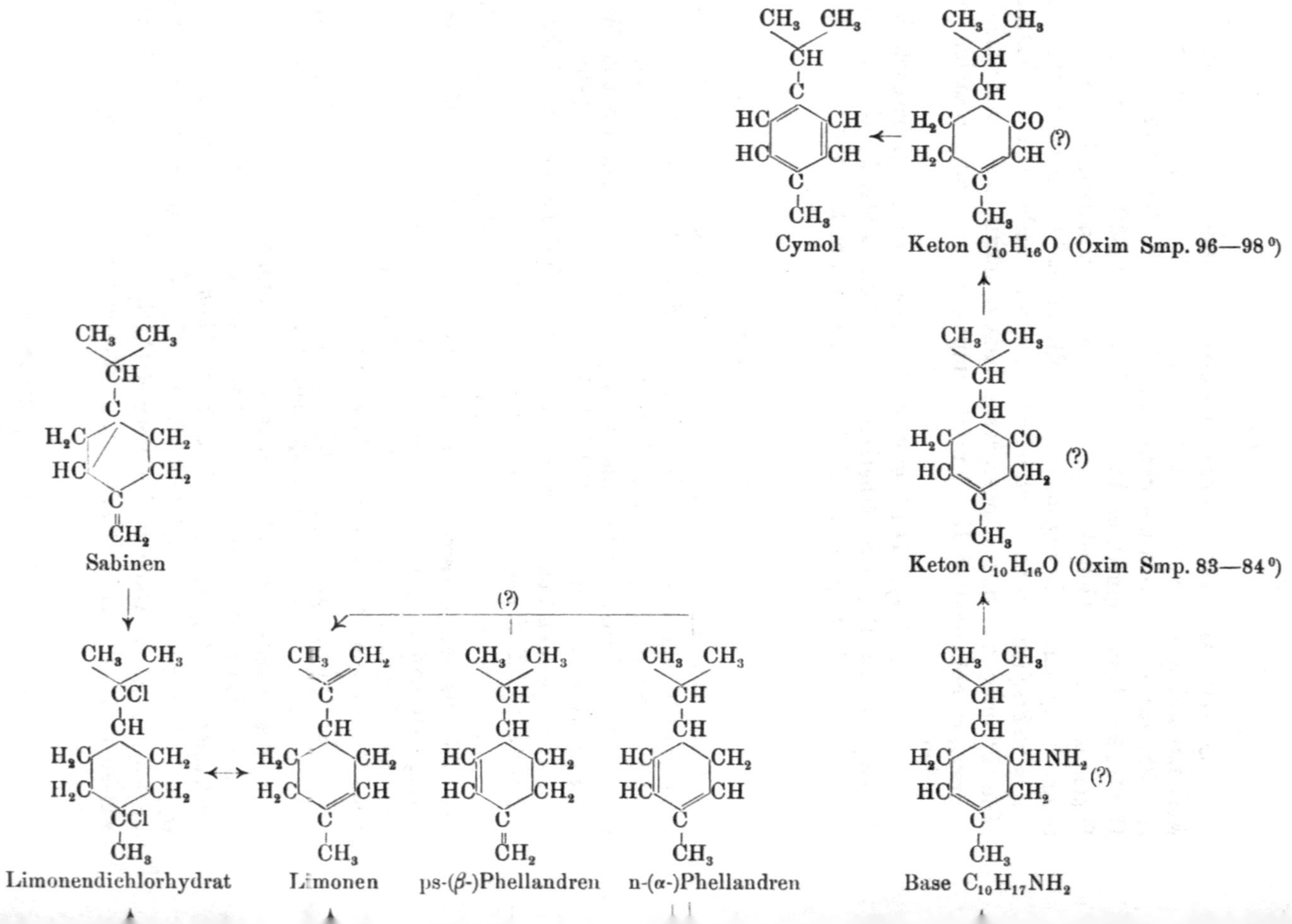
Cymol
Keton $C_{10}H_{16}O$ (Oxim Smp. 96—98°)
(?)
Sabinen
Keton $C_{10}H_{16}O$ (Oxim Smp. 83—84°)
(?)
Limonendichlorhydrat
Limonen
ps-(β-)Phellandren
n-(α-)Phellandren
Base $C_{10}H_{17}NH_2$
(?)

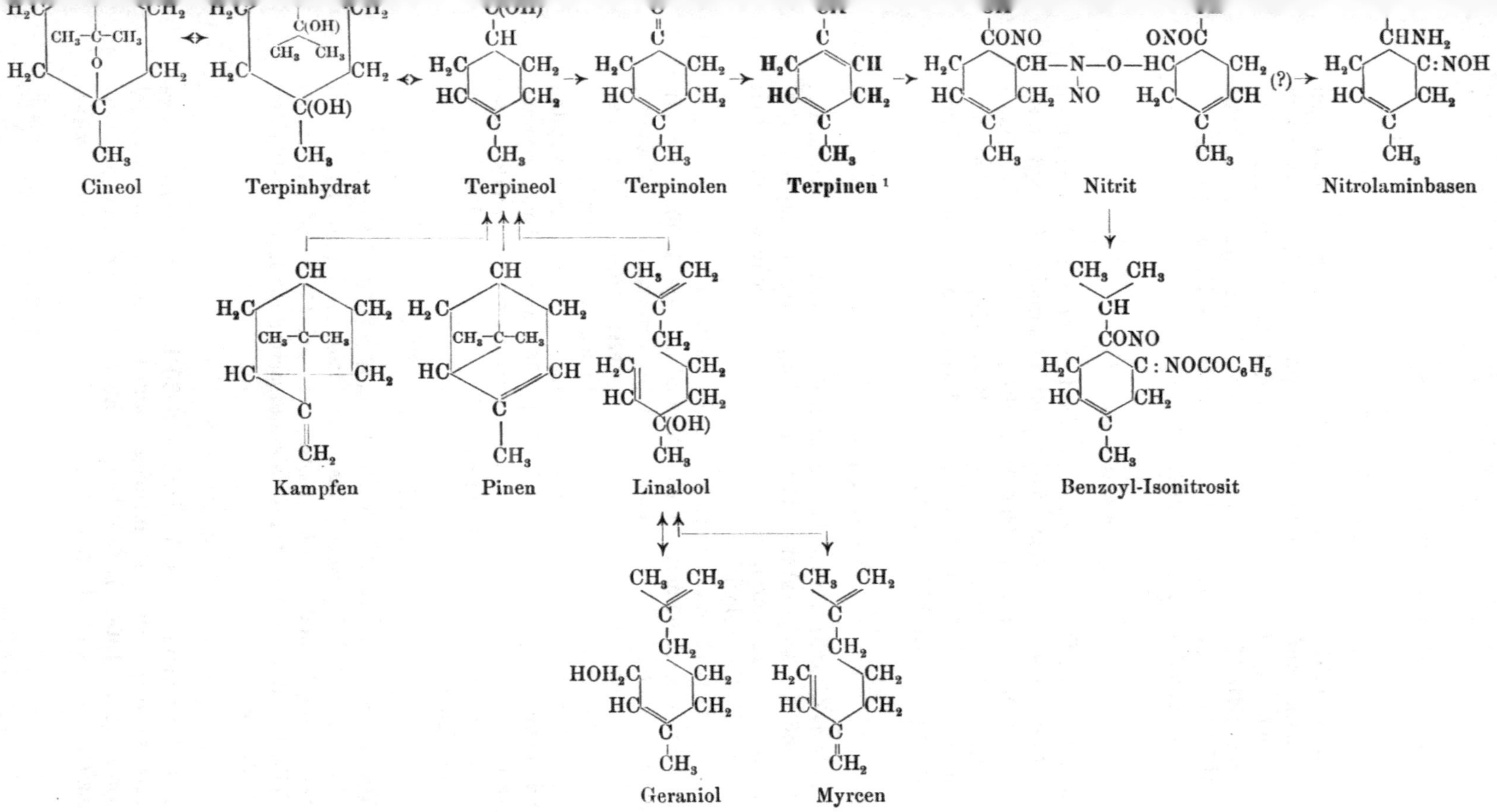

[1] Um die Übergänge und die Reaktionen des Terpinens erkennen zu lassen, ist angegebene Terpinenformel gewählt worden, wobei jedoch bemerkt werden muß, daß der Beweis für die Terpinen-Formel noch aussteht.

Magnoliaceae.

Das Sternanisöl (*Illicium anisatum* L.) weist als Hauptbestandteil (über 90 %) Anethol auf. SCH. u. Co. (SCH. **1893**, I, 56) konstatierten in der Fraktion vom Sdp. 157—175° d-Pinen und l-Phellandren und geben für letzteres an: Sdp. 170—175°, opt. Dreh. —5° 40′ (100 mm-Rohr), Smp. des Nitrits 102°; vgl. auch TARDY (Thèse pour l'obtention du diplôme de Docteur de l'Université de Paris, **1902**, 22).

Myristicaceae.

Monodora Myristica Dunal liefert durch Destillation seiner Samen nach SCH. u. Co. (SCH. **1904**, I, 65) zu 5,37 % ein ätherisches Öl (vgl. auch THOMS, Ber. d. Deutsch. Pharm. Ges. **14** [1904], 24). SCH. u. Co. finden für das Öl: $d_{15} = 0{,}859$, $\alpha_D = -117° 40'$, S. Z. = 1,36, E. Z. = 3,4, E. Z. nach Acetylierung = 27,11; es besteht der Hauptsache nach aus Phellandren (Smp. des Nitrits 114—115°).

Lauraceae.

Im Ceylon-Zimtöl (*Cinnamomum zeylanicum*) konnten SCH. u. Co. (SCH. **1902**, I, 66) in der Fraktion 170—174°, $d_{15} = 0{,}8614$, $\alpha_D = -5° 4'$ Phellandren nachweisen durch das bei 103—104° schmelzende Nitrit ($[\alpha]_D = +11° 39'$ in Chloroforml.).

Das Kampferöl (*Laurus Camphora*) enthält unter den zahlreichen in ihm aufgefundenen Verbindungen auch Phellandren (SCH. **1889**, I, 8). „In den zwischen 169 und 171° siedenden Bestandteilen konnte Phellandren allerdings in nur sehr geringer Menge nachgewiesen werden. Das Phellandren ward erkannt durch sein bei 102° schmelzendes Nitrit."

Das Sassafrasblätteröl (*Sassafras officinalis* Nees) untersuchten POWER und KLEBER (Pharm. Rev. **14** [1896], 103); außer Pinen, Myrcen, einem Paraffin vom Smp. 58°, einem Sesquiterpen, Citral, Linalool und Geraniol (beide frei und verestert), konnte durch das Nitrit auch Phellandren festgestellt werden.

Leguminosae.

Die Blätter von *Caesalpinia Sappan* L. liefern 0,16—0,2 % Öl (SCH. **1898**, I, 57), $d_{28} = 0{,}825$; es ist stark rechtsdrehend (75—100,5° bei 200 mm Säulenlänge), siedet zum größten Teil bei 170° und enthält so reichlich d-Phellandren, daß dieser Kohlenwasserstoff als Hauptbestandteil des Öles anzusehen ist.

Geraniaceae.

Durch Untersuchung eines Vorlaufs von 30 kg Geraniumöl (*Pelargonium odoratissimum*), welcher niedriger als Citronellol und Geraniol siedete, wurde (SCH. **1904**, I, 50) hauptsächlich Menthon nachgewiesen, ferner Linalool, ein Amylalkohol, Pinen und auch Phellandren wahrscheinlich gemacht. „Die wenig höhersiedenden Anteile (60—70° [6 mm]) lieferten eine schwache Phellandrenreaktion. Die Menge des erhaltenen Phellandrennitrits reichte zu einer vorschriftsmäßigen Reinigung durch Umkristallisieren aus Essigäther nicht aus. Es schmolz daher nach dem Umkristallisieren aus einem Essigäther-Alkoholgemisch bereits bei 114—115°. Allem Anschein nach liegt aber das Nitrit vom Smp. 120—121° vor".

Rutaceae.

Über das Vorkommen des Phellandrens im Citronenöl lesen wir bei Sch. (**1897**, II, 23): „allerdings nur in geringer Menge, denn es war nur möglich, den Kohlenwasserstoff durch das bei 102° schmelzende Nitrit zu charakterisieren".

Burseraceae.

Das Elemiöl wird durch Destillation des Elemiharzes gewonnen (*Canarium* spec.); das Manila Elemi liefert bis zu 30% Öl. Über die Eigenschaften dieses Öles vgl. Deville (A. **71** [1849], 353), Flückiger (Pharmacognosie 3. Aufl., S. 86), Wallach (A. **246** [1888], 233; A. **252** [1889], 102). Letzterer Forscher wies darin außer sauerstoffhaltigen Produkten d-Phellandren und Dipenten nach. Sch. u. Co. (Sch. **1896**, II, 95) erhielten bei der Wasserdampfdestillation eines großen Posten Elemiharzes einen in Wasser untersinkenden Anteil, welcher hauptsächlich von 279—280° siedete, optisch inaktiv war und d_{15} = 1,043 zeigte; dieser Anteil gab bei der Oxydation mit $KMnO_4$ eine bei 170° schmelzende Säure, deren Silbersalz 29,58% Ag aufwies.

Das Weihrauchöl, gewonnen aus dem Weihrauchharz (*Boswellia* spec.) besteht größtenteils aus Terpenen (Stenhouse, A. **35** [1840], 306, Kurbatow, A. **173** [1874], 1; Wallach, A. **252** [1889], 100); Pinen und Dipenten waren nachgewiesen worden. Sch. u. Co. stellten als drittes Terpen (G. u. H., S. 641) das Phellandren fest.

Anacardiaceae.

Die Beeren von *Schinus molle* L. lieferten bei der Wasserdampfdestillation (Sch. **1897**, I, 49) zu 5,2% ein ätherisches Öl, $d = 0{,}850$, Pol. = + 46° 4′ (100 mm-Rohr); es gab „das charakteristische Phellandrennitrit in großer Menge". Nach Gildemeister und Stephan (Ar. **235** [1897], 589) siedete die Hauptmenge des Öles von 170—174°, $[\alpha]_D = +$ 60° 21′, $d = 0{,}839$. Das Nitrit wurde fraktioniert kristallisiert. G. und St. schließen, daß viel Rechts- und sehr wenig Links-Phellandren vorhanden sind. Nach Wallach (Nachr. K. Ges. Wiss. Göttingen **1905**, Heft 1, 2) liegt in der Hauptsache d-α-Phellandren vor, ev. auch β-Phellandren.

Myrtaceae.

Im Pimentöl (*Pimenta officinalis* Lindl.) konnten Sch. u. Co. (Sch. **1904**, I, 79) außer dem darin bekannten Eugenol und einem unbekannten

Sesquiterpen unter anderem auch Cineol, Caryophyllen, Eugenolmethyläther und l-Phellandren nachweisen. Die Fraktion vom Sdp.$_5$ = 50—60° zeigte d_{15} = 0,8619, α_D = — 36° 36′ (100 mm-Rohr), Smp. des Nitrits lag bei 119—120°; letzteres zeigte $[\alpha]_D$ = + 95°.

Das Bayöl wird aus *Myrcia*- und *Pimenta*-Species gewonnen, und zwar dürfte die Hauptmenge aus getrockneten Blättern dargestellt werden, doch wird auf den westindischen Inseln, wo diese die Blätter liefernden Bäume einheimisch sind, auch ein Teil des Öles aus frischem Material destilliert. Sch. u. Co. (Sch. **1905**, I, 86) berichten über ein Bayöl, gewonnen aus den Beeren dieser Bäume; die Ausbeute war 3,66 % und das Öl deutlich im Geruch verschieden von dem gewöhnlichen Bayöl, d_{15} = 1,0170, α_D = — 7° 3′, Phenolgehalt 73 % (Eugenol). Myrcen scheint darin nicht vorhanden zu sein. „Die Nichtphenole enthalten reichliche Mengen l-Phellandren (Schmelzpunkt des aus Essigäther umkristallisierten Nitrits 103—104°).“

Die Eucalyptusbäume sind in zahlreichen Spezies in Australien vertreten. Ferd. v. Müller (Eucalyptographia Melbourne 1879, ferner Ferd. v. Müller, Select Extra-Tropical Plants. IX. Edit. Melbourne **1895**, S. 84) hat zuerst bei der Regierung von Viktoria die Destillation der Blätter von Eucalypten angeregt. Auffallend ist, daß, wie wir wiederholt bemerkten, die Öle der einzelnen Spezies zum Teil recht verschieden zusammengesetzt sind; hauptsächlich treffen wir von aliphatischen Verbindungen die Aldehyde Citronellal und Citral, von cyklischen Verbindungen unter den Terpenen besonders das Pinen und Phellandren an, seltener das Limonen, unter den Ketonen das Menthon, unter den Oxyden das Cineol; ganz treten die Benzolabkömmlinge zurück (Cuminaldehyd). Das Vorkommen von Phellandren, und zwar von l-Phellandren, in einem Eucalyptusöl (*E. amygdalina*) wurde zuerst von Wallach und Gildemeister (A. **246** [1888], 278) konstatiert, auch wenig Cineol wurde nachgewiesen (nach Baker und Smith, Chem. and Drugg. **54** [1899], 864, stammen die phellandrenreichen, aber cineolarmen Öle von der Abart *E. amygdalina* var. *latifolia* Maiden und Deane, während die Blätter von *E. amygdalina* Lab. zur rechten Zeit destilliert ca. 45 % Cineol enthalten); auch Cymol kommt in dem Öl vor (vgl. Semmler, B. **36** [1903], 1749). — Aber auch andere Eucalyptusöle enthalten Phellandren. Das Öl aus *E. Risdonia* (Sch. **1894**, I, 29) „besitzt ein spez. Gewicht von 0,915, die optische Drehung ist — 4° 49′ bei 100 mm Röhrenl. Das Öl ist von sehr angenehm mildem Geruch, ziemlich reich an Eucalyptol, enthält aber nebenbei auch Phellandren“. In dem Öl von *Eucalyptus resinifera* Smith konnten Sch. u. Co. (Sch. **1898**, II, 26) neben Cineol Phellandren nachweisen, dagegen nicht in demjenigen von *E. rostrata*. Gleichzeitig stellten Sch. u. Co. im Öl von *E. obliqua* L'Herit. neben Cineol Phellandren fest.

Das Öl von *E. capitellata* Smith (Baker und Smith, Journ. and Proceed. of the Royal Soc. of N. S. Wales **32** [1898], 104) weist neben Cineol wenig Phellandren auf.

Im Öl von *E. Loxophleba* (PARRY, Pharm. Journ. London **61** [1898], 198) ist neben Aldehyden und Ketonen und ca. 15—20 % Cineol auch Phellandren vorhanden.

BAKER und SMITH stellten das Öl aus *E. piperita* Smith dar (Journ. and Proceed. of the Royal Soc. of N. S. Wales **31** [1897], 195), und zwar lieferten die Blätter und Zweige 0,78 %; sie konstatierten in den niedrig siedenden Fraktionen Phellandren und Cineol, in den höher siedenden das Eudesmol vom Smp. 74—75°.

E. Dawsoni, auch „Slaty Gum" genannt, liefert nach BAKER (Proceed. of the Linnean Soc. of N. S. Wales 1899, Part. **2**, 292) 0,172 % Öl, $d_{15} = 0,9414$; es enthält kein Cineol, ziemlich viel Phellandren und als Hauptbestandteil wahrscheinlich ein Sesquiterpen.

Aus den frischen Blättern von *E. oreades* R. T. B. gewann BAKER (On three new spec. of Eucalyptus. Proceed. of the Linnean Soc. of N. S. Wales 1899, Part. **4**, Okt. 25th, **596**) 1,16 % Öl, $d_{15} = 0,8869$, $[\alpha]_D = -25,6°$; es enthält Phellandren, kein Cineol, wenig Eudesmol.

Das Öl von *E. bicolor* A. Cunn. untersuchten SCH. u. Co. (SCH. **1900**, II, 30); $d = 0,8866$, $\alpha_D = -21° 50'$; es enthält viel Phellandren und wenig Cineol.

E. delegatensis liefert nach BAKER (Proceed. Linn. Soc. of N. S. Wales **1900**, II, 303) 1,76 % Öl; dieses besteht hauptsächlich aus l-Phellandren, enthält aber kein Cineol oder Eudesmol, $d_{15} = 0,8602$, $[\alpha]_D = -68,12°$. Derselbe Forscher gewinnt aus den Blättern von *E. vitrea* 1,48 % Öl, welches viel Phellandren enthält, bis zu 26 % Cineol und in den höhersiedenden Anteilen Citral.

Das Öl von *E. macrorrhyncha* wird nach BAKER und SMITH (Proceed. of the Royal Soc. of N. S. Wales **32** [1898], 104) zu 0,287 % aus den Blättern gewonnen; $d_{18} = 0,927$, teils schwach rechts-, teils linksdrehend, enthält ca. 53,2 % Cineol, Spuren von Phellandren, geringe Mengen esterartiger Verbindungen, ferner Eudesmol.

Das Öl von *E. pulverulenta* Sims. (SCH. **1902**, I, 29) zeigt $d_{15} = 0,9217$, $\alpha_D = +1° 4'$, gibt nur äußerst geringe Phellandrenreaktion.

E. angophoroides (BAKER, Proceed. of the Linn. Soc. of N. S. Wales 1900, Part **4**) liefert 0,185 % Öl, $d_{15} = 0,9049$, $[\alpha]_D = -12,7°$; es enthält viel Phellandren, etwas Pinen und ca. 40 % Eucalyptol.

Dieselben Forscher gewinnen aus den Blättern von *E. ovalifolia* 0,27 % Öl, welches viel Phellandren und nur geringe Mengen von Cineol aufweist; es besitzt $d_{15} = 0,9058$ und $[\alpha]_D = -9,93°$.

Nach SMITH (Nature **65**, 192; Apothek.-Ztg. **17** [1902], 192) sind die Öle, welche Pfefferminzgeruch aufweisen (besonders *E. dives, radiata* usw.), gleichzeitig stark phellandrenhaltig.

Nach BAKER und SMITH (SCH. **1904**, II, 27) ist Phellandren noch in den Ölen folgender Eucalyptusarten vorhanden: *E. melliodora* A. Cunn. (neben Pinen und Cineol häufig auch Phellandren), *E. ovalifolia* var. *lanceolata* R. T. B. (neben Phellandren Pinen und Cineol), *E. Risdoni* Hook f. (neben Phellandren Cineol und Piperiton), *E. viminalis* Labill. (neben Phellandren

Cineol), *E. fastigata* D. u. M. (neben Phellandren Pinen und Eudesmol), *E. nigra* R. T. B., *E. acmenoides* Sch., *E. Fletcheri* R. T. B., *E. fraxinoides* H. D. und J. H. M., *E. microtheca* F. v. M., *E. haemastoma* Sm. (neben Phellandren Sesquiterpen), *E. crebra* F. v. M. (neben Phellandren Pinen und Cineol), *E. Luehmanniana* F. v. M., *E. coriacea* A. Cunn., *E. Sieberiana* F. v. M., *E. oreades* R. T. B., *E. stellulata* Sieb.

Umbelliferae.

Im Bitterfenchelöl ist das Phellandren am längsten bekannt (Cahours, A. **41** [1842], 74); es wird aus dem wildwachsenden Bitterfenchel gewonnen, welcher ca. 4 % Öl liefert, $d = 0{,}905—0{,}925$, $\alpha_D = +48^\circ$. Außer Phellandren scheint das Öl etwas Fenchon zu enthalten, dagegen kein oder nur sehr wenig Anethol.

Das aus dem kultivierten Fenchel (*Foeniculum vulgare* Gaertn.) gewonnene ätherische Öl ist je nach der Herkunft des Rohmaterials äußerst verschieden zusammengesetzt. Nach Tardy sollen französisches, algerisches und galizisches Fenchelöl auch Phellandren enthalten (vgl. Bl. III, **17** [1897], 660).

Das Wasserfenchelöl (*Phellandrium aquaticum* L.) ist dasjenige Öl, in welchem das Vorkommen des Phellandrens von Pesci festgestellt wurde (G. **16** [1886], 225; vgl. auch die bereits oben angegebene Literatur). Gleichzeitig hatte sich auch Bauer (Diss. Freiburg **1885**) mit dem Phellandren in diesem Öl beschäftigt. Der Wasserfenchel liefert ca. 1—2,5 % ätherisches Öl, $d = 0{,}85—0{,}89$, $\alpha_D = +12^\circ 42'$ bis $+15^\circ 30'$; bis 172° destillieren ca. 50 - 60 % über; Hänsel (Pharm. Ztg. **43** [1898], 760) beobachtete eine geringe Menge eines in Wasser untersinkenden Öles während der Destillation. Sch. u. Co. (Sch. **1904**, II, 91) untersuchten die höhersiedenden Anteile und entdeckten das Androl $C_{10}H_{20}O$, fanden ferner einen rosenartig riechenden Alkohol und schließlich das Phellandral $C_{10}H_{16}O$, welches ein Dihydrocuminaldehyd ist.

Im Angelicawurzelöl (*Angelica Archangelica* L.) konnten Sch. u. Co. (Sch. **1891**, I, 3) d-Phellandren nachweisen. Auch im Angelicasamenöl konnte ebenfalls Phellandren festgestellt werden (Sch., a. a. O.).

An einem in England destillierten Dillöl konnten Sch. u. Co. (Sch. **1897**, I, 13) Phellandrenreaktion nachweisen, während sie an dem deutschen Rohöl diese Reaktion nicht nachweisen konnten. In einem Dillöl, welches in Spanien aus Kraut destilliert war (Sch, **1903**, I, 24), welches $d_{15} = 0{,}9282$, $\alpha_D = +45^\circ 47'$, $n_{D_{20}} = 1{,}49638$ besaß, konnte eine ausnahmsweise starke Reaktion auf Phellandren beobachtet werden; an Carvon enthielt das Öl 16 %. Beim Fraktionieren im Vakuum destillierten $^4/_5$, welche aus fast reinem Phellandren bestanden beim Siedepunkte der Terpene, dem vielleicht noch geringe Mengen anderer Terpene beigemengt waren; in den höher siedenden Fraktionen wurde Dillapiol nachgewiesen, außerdem eine wachsähnliche Substanz. Nach Sch. u. Co. rührt ev. der Gehalt mancher Dillöle an Phellandren davon her, daß mit den Samen gleichzeitig etwas Kraut destilliert wird.

Ajowankrautöl (*Carum Ajowan* Benth. et Hook.) wurde von SCH. u. Co. (SCH. **1903**, II, 82) zu 0,12 % aus dem frischen Kraut gewonnen; hellbraunes Öl, $d_{15} = 0{,}8601$, $\alpha_D = + 0^\circ 41'$. Es enthält nur ca. 1 % Thymol, außerdem wurden in ihm geringe Mengen Phellandren nachgewiesen.

Labiatae.

Im amerikanischen Pfefferminzöl (*Mentha piperita*) wurde von POWER u. KLEBER (Pharm. Rundschau N. Y. **12** [1894], 157 und Ar. **232** [1894], 639) 17 Bestandteile nachgewiesen, unter denen auch Phellandren durch das Nitrit vom Smp. 102° charakterisiert wurde.

Compositae.

Im Wermutöl (*Artemisia Absinthium*) konnte in geringer Menge von SCH. u. Co. (SCH. **1897**, I, 51) die Gegenwart von Phellandren wahrscheinlich gemacht werden.

Das kanadische Goldrutenöl (*Solidago canadensis*) besteht nach SCH. u. Co. (SCH. **1897**, I, 53) zu 85 % aus Terpenen, „und zwar wesentlich aus Pinen, neben dem etwas Phellandren und Dipenten, vielleicht auch Limonen vorhanden ist".

Das Hundefenchelöl (*Eupatorium Capillifolium* [Lamarck] Small), welches aus nichtblühendem Kraut gewonnen, von SCH. u. Co. untersucht wurde (SCH. **1896**, I, 70), enthielt große Mengen von Phellandren; das Rohöl zeigte $d = 0{,}935$, $\alpha_D = + 17^\circ 50'$. Ein Öl, welches aus blühendem Kraut zu 0,1 % gewonnen war, untersuchten SCH. u. Co. (SCH. **1904**, I, 99); sie fanden $d_{15} = 0{,}926$, $\alpha_D = + 18^\circ 38'$, E. Z. = 7,11 und stellten hohen Phellandrengehalt fest.

In den erwähnten ätherischen Ölen ist das Phellandren in den meisten Fällen nur als Rohphellandren festgestellt worden, und zwar diente als einziges Erkennungsmittel das Nitrit. Wie oben bereits hervorgehoben, dürfte das Rohphellandren in den meisten Fällen n-(α-)Phellandren sein. Durch weitere Versuche, die einmal auf Aboxydation, alsdann aber auch auf Darstellung der verschieden schmelzenden Nitrite beruhen, müssen die einzelnen Phellandrene in den verschiedenen Ölen durch erneute Untersuchung charakterisiert und auseinandergehalten werden.

Zur Isolierung ist zu bemerken, daß wir auf die fraktionierte Destillation angewiesen sind; jedoch muß diese, namentlich, wenn sie wiederholt stattfindet, im Vakuum ausgeführt werden, da das Phellandren bei gewöhnlichem Druck destilliert nicht beständig ist. Man verwendet zum weiteren Nachweis alsdann die von 169—174° siedenden Anteile.

Das n-(α-)Phellandren ist in allerletzter Zeit synthetisch von HARRIES und JOHNSON (B. **38** [1905], 1832) erhalten worden; diese Forscher gehen vom Δ^6-Menthenon-(2) ($\alpha_D = + 49^\circ 5'$) aus und stellen das

Phellandren aus diesem Keton, welches identisch mit dem Carvotanaceton ist, auf zwei Wegen her. Das aktive Carvotanaceton selbst hatten sie durch Reduktion des Hydrobromcarvons mit Zinkstaub gewonnen. 1. Das Menthenon wurde mittels Chlorphosphor in Chlorphellandren umgewandelt, welches seinerseits durch Reduktion Phellandren ergab. Das Chlorphellandren bildet ein farbloses Öl ($\alpha_{D_{20}} = -28^0$) und wurde in methylalkoholischer Lösung in einer Stickstoffatmosphäre mit Zinkstaub reduziert. Das Phellandren, welches nicht ganz chlorfrei war, drehte im Dezimeterrohr bei 21° um 45° nach rechts, $n_{D_{21}} = 1{,}48825$, $d_{21} = 0{,}8473$; mit salpetriger Säure bildete sich das α-Phellandrennitrosit vom Smp. 112 bis 113°. 2. Das Oxim des d-Menthenons ward mit Zinkstaub und Eisessig zum Δ^6-Menthenamin reduziert, Sdp.$_{14}$ = 89°, $d_{20} = 0.8896$, $\alpha_{D_{20}} = +104^0 40'$, Smp. des Chlorhydrats 188°. Die Destillation des Phosphats der Base im Vakuum lieferte einen Kohlenwasserstoff $C_{10}H_{16}$, Sdp.$_{14}$ = 66°, $n_{D_{20}} = 1{,}48345$, $d_{20} = 0{,}8447$. Es ist unentschieden, ob hier reines Phellandren vorliegt. Diese Umsetzungen lassen sich an folgenden Formelbildern erläutern:

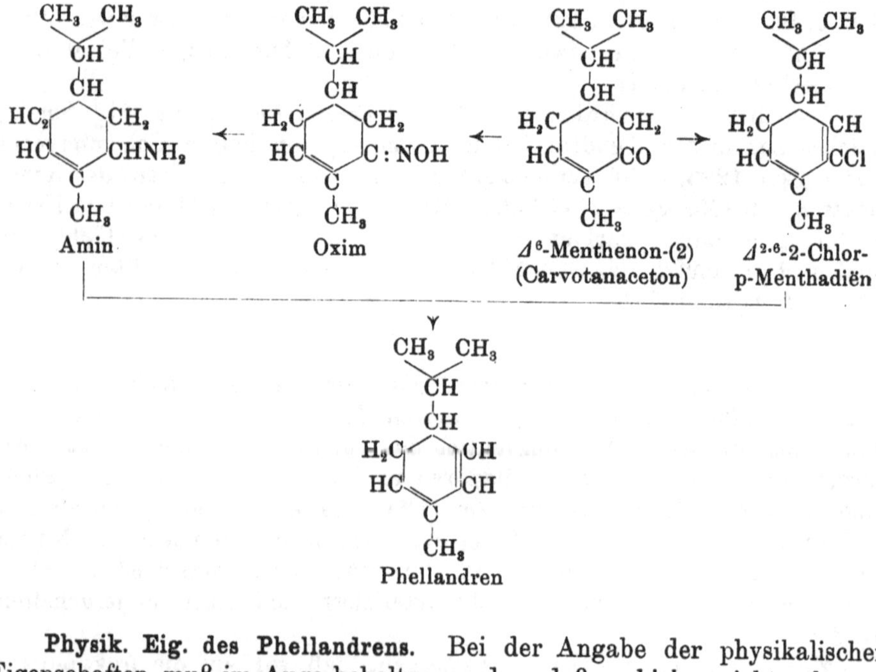

Physik. Eig. des Phellandrens. Bei der Angabe der physikalischen Eigenschaften muß im Auge behalten werden, daß es bisher nicht gelungen ist, weder aus ätherischen Ölen, noch auf synthetischem Wege, reines Phellandren abzuscheiden. Das im letzteren Falle von Harries und Johnson dargestellte Phellandren enthält teils Chlor, teils andere Kohlenwasserstoffe; das durch fraktionierte Destillation aus ätherischen Ölen gewonnene dürfte vor allem mit anderen Kohlenwasserstoffen, namentlich Limonen, verunreinigt sein. Ferner haben wir aber Öle, die sehr reich an Phellandren sind, so das Öl von *Eucalyptus amygdalina* var. *latifolia*, so daß die physikalischen Daten dieses natürlich vorkommenden Phellandrens den Konstanten des reinen Terpens sehr nahe kommen werden.

Pesci (G. **16** [1886], 225) gibt für das Phellandren aus Wasserfenchelöl an: Sdp.$_{766}$ = 171—172°, d_{10} = 0,8558, $[\alpha]_D$ = + 17,64°, n_D = 1,484.

Wallach (A. **239**, 42) berichtet, daß die phellandrenhaltigen Fraktionen sowohl des Bitter-, als auch Wasserfenchelöls stark rechtsdrehend sind, während die Nitrite links drehen. Auch im Elemiöle konstatierte Wallach d-Phellandren (A. **246**, 233). — Wallach u. Gildemeister (A. **246**, 282) berichten alsdann über das linksdrehende Phellandren im Öle von *Eucalyptus amygdalina*, das ein rechtsdrehendes, bei 103—104° schmelzendes Nitrit liefert. — Wallach (A. **287** [1895], 383) gibt für ein Präparat des Phellandrens an: Sdp.$_{12}$ = 65°, d_{19} = 0,8465, $n_{D_{19}}$ = 1,488, M. R. = 45,54, während $C_{10}H_{16}|\overline{^{2}}$ = 45,24 verlangt.

Sch. u. Co. finden für das Phellandren aus Gingergrasöl (Sch. **1904**, I, 52): Sdp.$_4$ = 44—45°, Sdp.$_{754}$ = 175—176°, d_{15} = 0,8565, α_D = + 44° 40′, jedoch muß betont werden, daß es nicht feststeht, wieviel Phellandren in dieser Fraktion vorhanden ist.

Für d-α-Phellandren Wallach (A. **336**, 12): Sdp.$_{11}$ = 61°, n_D = 1,4732, d_{19} = 0,844, M. R. = 45,22.

Wallach für sein β-Phellandren (A. **336**, 42): „Das β-Phellandren scheint einen etwas niedrigeren Siedepunkt und ein etwas höheres spez. Gewicht zu besitzen als α-Phellandren. Wenigstens wurde für eine konstant siedende Fraktion aus dem Wasserfenchelöl gefunden: Sdp. 57° unter 11 mm Druck: d_{20} = 0,8520, $n_{D_{20}}$ = 1,4788, M. R. = 45,25. Man darf daraus schließen, daß auch dies Phellandren zwei Äthylenbindungen enthält. Die untersuchte Fraktion zeigte ein Drehungsvermögen: $[\alpha]_D$ = + 18,54°". Derselbe Forscher (A. **340** [1905], 2) findet für ein „reines β-Phellandren" d_{18} = 0,848, $n_{D_{18}}$ = 1,4759, $[\alpha]_D$ = + 14° 45′.

Die physikalischen Konstanten, wie sie aus anderen Fraktionen von anderen Forschern erhalten wurden, sind bereits oben gelegentlich der Angabe des Vorkommens des Phellandrens mitgeteilt worden.

Für das Rohöl aus *Eucalyptus amygdalina* finden wir bei G. u. H., S. 696: d = 0,850—0,886, α_D = — 25 bis — 70°. „Je höher das spezifische Gewicht und je geringer die Drehung ist, desto mehr Cineol und desto weniger Phellandren enthält das Öl."

Für das Rohöl aus *Monodora Myristica* Dunal fanden, wie oben angegeben, Sch. u. Co. (Sch. **1904**, I, 65): d_{15} = 0,859, α_D = — 117° 40′. „Es bestand der Hauptsache nach aus Phellandren."

Aus den mitgeteilten Daten geht hervor, daß das Rohphellandren ungefähr besitzt: d_{20} = 0,842, n_D = 1,475, Sdp. = 170—173°, das Drehungsvermögen schwankt, je nachdem die einzelnen Modifikationen von n-Phellandren oder Pseudo-Phellandren vorherrscht. Ziehen wir die Erfahrungen in Betracht, die wir bei anderen Normal- und Pseudo-Terpenen gemacht haben, so werden die Siedepunkte dieser beiden Modifikationen nicht weit auseinanderliegen, ebenso die Volumgewichte und die Brechungsexponenten; nach den Angaben WALLACHS siedet das β-Phellandren etwas niedriger. Das Drehungsvermögen der Pseudoform scheint schwächer zu sein als jenes des n-Phellandrens (vgl. Pulegon und Menthenon). Jedoch muß ausdrücklich betont werden, daß das Streben weiterer Untersuchungen dahin gehen muß, die einzelnen Modifikationen des Phellandrens in zweifellos reinem Zustande darzustellen.

Physiol. Eig. des Phellandrens. Das Phellandren besitzt einen eigentümlichen Geruch, der deutlich verschieden ist von jenem anderer Terpene; auch scheinen sich das n- und Pseudo-Phellandren scharf im Geruch voneinander zu unterscheiden. — FROMM und HILDEBRANDT (Z. für physiol. Chem. **33**, 579) geben an, daß das Phellandren im Organismus in eine gepaarte Glukuronsäure übergeführt wird, welche bei der Spaltung mit starker Salzsäure einen Kohlenwasserstoff $C_{10}H_{14}$ (Sdp. 174—176°) und ein Phenol $C_{10}H_{14}O_2$ (Kristalle vom Smp. 142°) liefert; ev. dürften in diesen beiden Verbindungen Cymol und Hydrothymochinon vorliegen.

Chem. Eig. des Phellandrens. Auch für die chemischen Eigenschaften ist vorweg zu bemerken, daß es bisher nicht möglich gewesen ist, die einzelnen Phellandrene auseinanderzuhalten, sondern daß häufig die Reaktionen nur für das Rohphellandren angegeben werden.

Diphellandren $C_{20}H_{32}$ (?). PESCI (G. **16**, 225; B. **19**, Ref. 874) erhielt aus dem Phellandren des Wasserfenchelöls durch 20stündiges Erhitzen im Rohr auf 140—150° eine glasige Masse $(C_{10}H_{16})_x$, die bei 86° schmilzt, bei 10° ein Volumgewicht von 0,9523 zeigt und $[\alpha]_j = + 103{,}1°$ für die Lösung von 1,3 g in 23 ccm $CHCl_3$ aufweist; es zersetzt sich beim Destillieren und ist unl. in Alkohol, l. in Äther, CS_2 und $CHCl_3$. Diese chemische Umwandlung des Phellandrens ist eine Umsetzung, die ohne Einwirkung eines fremden Moleküls eintritt und nur durch physikalische Kräfte hervorgerufen wird. Diese Umsetzung hängt mit seiner Veränderlichkeit eng zusammen; wiederholt finden wir von den Chemikern, die sich mit dem Phellandren beschäftigten, betont, daß man vermeiden muß, das Phellandren bei gewöhnlichem Druck zu destillieren, da es zur Verharzung neigt; es dürfte dies besonders für das ps-Phellandren Geltung haben, da das glasige Produkt besonders aus dem Phellandren des Wasserfenchelöls entsteht, das, wie wir jetzt wissen, besonders ps-Phellandren enthält. — Auch durch längeres Kochen von Phellandren mit Salzsäure erhält PESCI (G. **16** [1886], 225) das Diphellandren.

Durch vollständige Reduktion müßte sowohl n-, als auch ps-Phellandren in p-Menthan $C_{10}H_{20}$ übergehen, wenn der Sechsring erhalten bleibt. Dieser Kohlenwasserstoff ist in reinem Zustande bisher aus dem Phellandren nicht dargestellt worden. — Reduziert man nur eine doppelte Bindung im Phellandren, so liegt die Möglichkeit der Bildung von verschiedenen Menthenen $C_{10}H_{18}$ vor, je nachdem man vom n- oder ps-Phellandren ausgeht, und zwar sind möglich das Δ^2-, das Δ^6- und das $\Delta^{1(7)}$-p-Menthen;

aber auch diese Kohlenwasserstoffe hat man mit Ausnahme des zweiten durch Reduktion des Phellandrens bisher nicht gewonnen.

Δ^1-p-Menthen-Dihydrophellandren

$C_{10}H_{18}$ =

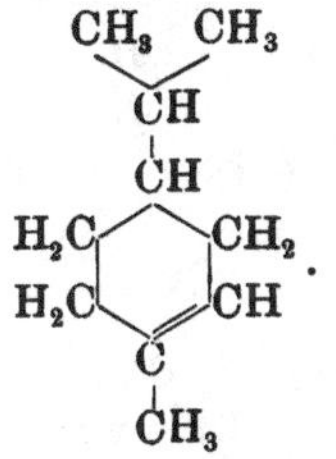

Dieser Kohlenwasserstoff ist natürlich gleich dem soeben erwähnten Δ^6-p-Menthen. SEMMLER (B. **36** [1903], 1035 und 1753) erhielt ihn, als er Phellandren in amylalkoholischer Lösung mit Natrium reduzierte — die Reduktion in äthylalkoholischer Lösung war resultatlos verlaufen —; das Dihydrophellandren sott bei 171—172°, zeigte $d = 0{,}829$, $n_D = 1{,}4601$, M. R. = 45,60, während sich für $C_{10}H_{18}$⌈ 45,63 berechnet; $\alpha_D = +25°$, während das Ausgangsmaterial + 60° zeigte. Durch Aboxydation des Dihydrophellandrens ergab sich zunächst ein Glykol $C_{10}H_{18}O_2$, alsdann eine Ketosäure $C_{10}H_{18}O_3$ und schließlich die β-Isopropylglutarsäure vom Smp. 100°. Das Dihydrophellandren ist außerordentlich schwer von beigemengten Kohlenwasserstoffen, welche zum Teil aus dem Ausgangsmaterial herrühren (Cymol), zu trennen; ein Nitrit konnte aus ihm nicht erhalten werden. Das Dihydrophellandren von angegebener Konstitution muß sich sowohl aus dem n-, als auch ps-Phellandren bilden, da beide Terpene ein konjugiertes System von doppelten Bindungen enthalten, indem sich der Wasserstoff endständig anlagert und eine doppelte Bindung zwischen den ursprünglichen neu geschaffen wird.

Einwirkung der Halogene auf Phellandren. Bei der Einwirkung der Halogene — im wesentlichen handelt es sich um jene des Broms — auf Phellandren hat man Rohphellandren angewandt. Über die Einwirkung des Broms auf Phellandren liegen Untersuchungen von WALLACH (A. **287**, 383) und von SEMMLER (B. **36**, 1753) vor. W. erwähnt: „behandelt man nämlich Phellandrendibromid mit alkoholischem Kali, so entsteht leicht und in großer Menge Cymol.“ SEMMLER bromiert in Eisessig und konstatiert, daß glatt nur zwei Atome Brom aufgenommen werden; gießt man das Einwirkungsprodukt in Wasser und behandelt das ausgeschiedene Öl mit alkoholischer Kalilauge, so erhält man Anteile, welche unter 10 mm Druck bei 70° destillieren und sich als Cymol erweisen, ein geringer Teil geht bedeutend höher über, bei ca. 125—135°; der Analyse nach entspricht dieser Anteil der Zusammensetzung $C_{10}H_{16}BrOC_2H_5$. S. erklärt dies Ergebnis damit, daß sich zwei Bromatome einmal endständig an das n-Phellandren, alsdann ebenso endständig an das ps-Phellandren anlagern. Diese Anlagerungsprodukte müssen sich bei der Behandlung mit alkoholischem Kali verschieden verhalten, indem einmal aus dem gebromten n-Phellandren Cymol, alsdann aus dem gebromten ps-Phellandren ein gebromtes Oxäthyl-Menthen entsteht, wie aus folgenden Formeln zu ersehen ist:

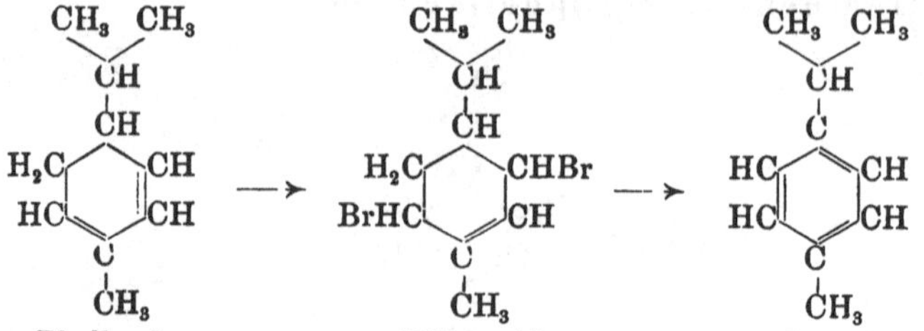

n-Phellandren — Dibromid — Cymol

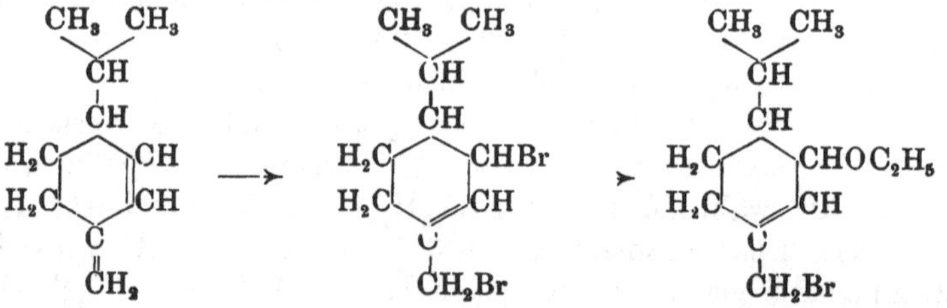

ps-Phellandren — Dibromid — gebromtes Oxäthyl-Menthen

Es ist natürlich nicht ausgeschlossen, daß das Brom und die Oxäthylgruppe die umgekehrten Plätze im Molekül einnehmen.

Einwirkung der Halogenwasserstoffsäuren auf Phellandren. BAUER (Diss. Freiburg **1885**) ließ sowohl freie Halogene, als auch HCl, HBr und HJ auf das Phellandren des Wasserfenchelöls einwirken, erhielt jedoch dabei keine durchsichtigen Resultate. WALLACH (A. **239**, 44) gab sowohl Chlorwasserstoff, als auch Bromwasserstoff zu Lösungen des Phellandrens in Eisessig; das Gemisch erwärmte sich und schied beim Eingießen in Wasser ein schweres Öl aus. Dieses Öl wurde in einer Lösung von Eisessig mit Natriumacetat gekocht und nach etwa $^1/_2$ Stunde mit Wasserdampf überdestilliert. Die ersten Anteile des Destillats enthielten einen Kohlenwasserstoff, der aber keine Spur mehr von Phellandren aufwies, sondern beim Bromieren ein kristallisiertes Produkt vom Smp. 123° lieferte, bei der Behandlung mit HCl ein Hydrochlorid vom Smp. 49°, mit HBr ein Hydrobromid vom Smp. 63° gab: „der Kohlenwasserstoff war also jedenfalls der Hauptmenge nach Dipenten". Zu dieser Umwandlung des Phellandrens in i-Limonen ist zu bemerken, daß sie von Hause aus nicht unmöglich erscheint; jedoch muß man im Auge behalten, ob nicht doch dem angewandten Phellandren ursprünglich Limonen beigemengt war. Nach unseren bisherigen Erfahrungen in der Terpenchemie erscheint es nicht leicht, eine Doppelbindung aus dem Kern in die Seitenkette, namentlich in die Isopropylgruppe zu verlegen, während sich die umgekehrte Verschiebung der doppelten Bindung sehr leicht ausführen läßt. Dieser außerordentlich wichtige Übergang von Phellandren in Limonen muß demnach an zweifellos reinem Phellandren nochmals geprüft werden. — Auch bei PESCI (G. **16** [1885], 225) finden wir, daß sich das Phellandren des Wasserfenchelöls mit Salzsäure zu einem Mono- und Dichlorhydrat verbindet, daß es beim längeren Kochen jedoch größtenteils in Diphellandren $C_{20}H_{32}$ übergeht.

Reaktionen des Phellandrens mit Wasser bzw. wasseranlagernden Reagentien. Das Wasser reagiert mit dem Phellandren nur bei Gegenwart von sog. wasseranlagernden Mitteln, z. B. von Säuren. Es ist jedoch bisher nicht gelungen, wie man bei den bicyklischen Terpenen, z. B. bei Kampfen das Isoborneol, beim Pinen das Terpineol, wie man ferner bei den monocyklischen Terpenen, aus dem Limonen oder ev. aus dem Terpinolen das Terpineol erhält, aus dem Phellandren durch Wasseranlagerung einen Alkohol oder ein Glykol zu gewinnen (vgl. die im Ergebnis negativ verlaufenen Versuche BAUERS, Diss.). Es liegen demnach beim Phellandren ähnliche Verhältnisse vor wie beim Terpinen, wie überhaupt wohl bei allen wahren Dihydrocymolen, indem letztere beständige Alkohole oder Glykole nicht zu liefern scheinen, ebensowenig wie charakteristische kristallisierte Halogen- oder Halogenwasserstoffverbindungen. Dagegen gelingt es durch intermediäre Wasseranlagerung und -abspaltung Invertierung des Phellandrens zu bewirken. Sehen wir ab von dem erwähnten ev. Übergang des Phellandrens in Limonen, so kennen wir bisher nur eine einzige Überführung des Phellandrens in ein anderes Terpen, d. i. das Terpinen, welches ja überhaupt als das Endinvertierungsprodukt aller Terpene (p-Menthadiëne) erscheint. Diesen Übergang erwähnt zuerst WALLACH (A. **239** [1887], 44), indem er „ein an Phellandren sehr reiches Präparat einige Stunden am aufsteigenden Kühler mit alkoholischer Schwefelsäure erwärmt. Nach Beendigung des Versuchs war ein Teil des Materials verharzt. Der mit Wasserdämpfen noch flüchtige Anteil war inaktiv geworden und gab bei der Behandlung mit Natriumnitrit und Essigsäure kein Phellandrennitrit mehr, sondern sehr reichliche Mengen an Terpinennitrit. Das Resultat blieb dasselbe, ob nun Wasserfenchelöl oder Bitterfenchelöl für den Versuch zur Anwendung kam.“ — Ein Übergang des Phellandrens in bicyklische Terpene ist ebensowenig wie bei anderen monocyklischen Terpenen zu konstatieren, aber auch ein weiterer Übergang des Phellandrens in andere monocyklische Terpene, außer in Terpinen, und dem ev. zweifelhaft erscheinenden Übergang in i-Limonen ist bisher nicht festgestellt worden. Sollte sich aber der Übergang von Phellandren durch Säuren in Limonen bewirken lassen, so ist damit selbstverständlich auch der Übergang in Terpinolen gegeben.

Übergang des Phellandrens in die Kampferarten (Alkohole, Ketone usw.). Die Entstehung von aliphatischen hierher gehörigen Verbindungen vom Phellandren aus ist bisher nicht studiert worden; ich habe hierbei besonders die Aufsprengung ev. des Carvotanacetonringes vom Oxim bzw. Isoxim dieses Ketons aus im Auge. Aber auch der Übergang des Phellandrens in cyklische Alkohole, Ketone usw. ist bisher nur in beschränktem Maße verwirklicht worden. Es gilt hier mut. mut.

dasselbe, was soeben über den Übergang des Phellandrens in Terpene mit der doppelten Bindung in der Seitenkette gesagt wurde. Wir sind nämlich wohl imstande mit Hilfe des Nitrits einmal zum aktiven Tetrahydrocarvon usw. zu gelangen, ebenso zu den aktiven Carvotanacetonen, auch zu einem Dihydrocuminaldehyd, wenn wir vom ps-(β-)Phellandren ausgehen, aber nicht ist es bisher möglich gewesen, zu Verbindungen der anderen Dihydrocarvonreihe, welche die doppelte Bindung in der Seitenkette hat, also z. B. zum wahren Dihydrocarvon bzw. zum Carvon selbst zu kommen. Auch bicyklische Systeme hat man bisher nicht vom Phellandren aus aufbauen können.

Der Übergang anderer Terpene in Phellandren gestaltet sich folgendermaßen. Von den bicyklischen Terpenen des Pentoceansystems, in erster Linie vom Kampfen aus, würde man zum Phellandren auf Umwegen gelangen können, da das Kampfen nach Wagner und Brickner in Terpinylacetat, also auch in Limonen, überführbar ist. Das Limonen selbst liefert leicht Carvon, Carvon aber Dihydrocarvon, Dihydrocarvon Carvotanaceton und letzteres selbst ist in Phellandren überführbar. Demnach ist auch der Übergang vom bicyklischen Bornylen aus in Phellandren zu verwirklichen, ebenso von dem Terpen des Tetroceansystems aus, z. B. vom Pinen, sowie vom Sabinen, einem Terpen des Trioceansystems, da nach Kondakow das Sabinen in Limonenbromhydrat überführbar ist. Was die monocyklischen Terpene anlangt, so ist der Übergang von Limonen in Phellandren bereits erwähnt; da Terpinolen durch das Dichlorhydrat hindurch in Limonen überführbar ist, so läßt es sich auch in Phellandren umwandeln. Wir ersehen demnach aus dem Mitgeteilten, daß sämtliche Übergänge der Terpene in das Phellandren durch das Limonen hindurchgehen, indem als Zwischenstufe das Carvotanaceton dargestellt wird. Nur ein einziges Terpen ist bisher nicht in Phellandren überführbar, d. i. das Terpinen; von den Terpenen der m-Cymolreihe ist natürlich abzusehen, da diese sich bisher nicht in Terpene der p-Cymolreihe überführen ließen.

Übergang der Kampferarten (Alkohole, Ketone usw.) in Phellandren. Die umgekehrte Überführung der Kampferarten in das Phellandren läßt sich ungleich häufiger bewirken, da die etwaige doppelte Bindung in der Seitenkette verschiedener Kampferarten durch die Bromhydrate hindurch leicht reduzierbar ist. Für die bicyklischen Kampferarten des Pentoceansystems gilt dasselbe wie für das Kampfen. Von den übrigen bicyklischen Systemen ist besonders wichtig, daß die Glieder der Tanacetonreihe durch das Carvotanaceton hindurch in Phellandren umzuwandeln sind. Die monocyklischen hierher gehörigen Verbindungen, z. B. das Carvon, das Dihydrocarvon, das Terpineol usw., sind sämtlich durch das Carvotanaceton hindurch in Phellandren überführbar, dagegen ist dieser Übergang bisher noch nicht von der Menthonreihe aus geglückt.

Einwirkung von Wasserstoffsuperoxyd auf Phellandren, Oxydationsreaktionen des Phellandrens. Da verschiedene Terpene und andere Bestandteile ätherischer Öle durch Aboxydation bekannte Verbindungen ergeben hatten und dadurch ein Einblick in die Konstitution des Ausgangsmaterials gegeben war, wurde von verschiedenen Seiten versucht, das Phellandrenmolekül abzuoxydieren. BAUER (Diss. Freiburg **1885**) dürfte der erste gewesen sein, welcher in größerem Maßstabe Versuche nach dieser Richtung hin anstellte; jedoch lassen die Resultate, die er hierbei erhalten hat, in keiner Weise einen Einblick in die Konstitution des Moleküls zu. — Je nach der Art und Anwendung des Oxydationsmittels, ob man in neutraler oder in saurer Lösung arbeitet, muß das Oxydationsergebnis ein verschiedenes sein, da man in letzterem Falle vielfach die Oxydationsprodukte der durch Invertierung entstandenen Moleküle erhält. Es waren besonders FITTIG und seine Schüler, die sich große Verdienste um die Oxydation der Terpene und ihrer Derivate mit sauren Oxydationsmitteln, besonders mit verd. Salpetersäure und Chromsäure, erworben haben. Es ist ihr Verdienst, klar gestellt zu haben, daß hierbei einmal aliphatische Säuren, Terpenyl- und Terebinsäure, aber auch zweifellos Säuren der Benzolreihe, Terephtal- und p-Toluylsäure, resultieren, wenn auch schon andere Forscher vorher diese Produkte teilweise erhalten hatten. Es ist aber anderseits ohne weiteres klar, daß der Zusammenhang und die Entstehungsart aller dieser Säuren usw. auch von FITTIG noch nicht erkannt werden konnte. Wir wissen heute, daß wir nur dann Säuren der Benzolreihe zu erwarten haben, wenn das Terpen bei der Behandlung mit sauren Oxydationsmitteln in Cymol übergehen kann, daß hingegen leicht Säuren der aliphatischen Reihe entstehen, wenn vor der Invertierung Ringsprengung eintritt, bzw. der Übergang in Cymol sich nicht verwirklichen läßt. Nach unserer heutigen Anschauung über die Konstitution des Phellandrens muß sich der Übergang des Phellandrens, sowohl des n-, als auch des ps-Terpens, leicht in Benzolderivate bewirken lassen, so daß die Entstehung von Säuren der Benzolreihe bei der Oxydation mit sauren Oxydationsmitteln vorauszusehen ist.

Die Oxydation des Phellandrens mit Kaliumpermanganat muß hingegen anders verlaufen; die Umwandlung in Cymolabkömmlinge ist bei ihr sehr unwahrscheinlich, da zuerst die doppelten Bindungen angegriffen werden, wodurch wir in der Lage sind, aus den Oxydationsprodukten Schlüsse auf die ursprüngliche Anordnung der Atome im Phellandrenmolekül zu ziehen. BAUER (Diss. Freiburg **1885**) oxydierte das Phellandren des Wasserfenchelöls mit Kaliumpermanganat und erhielt dabei n-Buttersäure; WALLACH (A. **340** [1905], 12) oxydierte dasselbe Phellandren und gewann dabei Isobuttersäure. Die weiteren Oxydationsprodukte dieses Phellandrens werden sofort erwähnt werden.

SEMMLER (B. **36** [1903], 1749) berichtet über die Aboxydation des Phellandrens des Eucalyptusöls mit Kaliumpermanganat, welche im großen Maßstabe seit Jahren ausgeführt war, um einen Einblick in die Konstitution des Moleküls zu erhalten. Obwohl die Ausbeute an Säuren eine quantitative war, so stellten sich der Erkenntnis der Konstitution dieser Säuren doch große Schwierigkeiten entgegen, bis es S. gelang, die primär entstehenden α-Oxysäuren durch weitere Oxydation mit Bleisuperoxyd in einfachere bekannte Säuren überzuführen.

α-Oxy-β-Isopropyl-Glutarsäure $C_8H_{14}O_5$ und ihr Lakton $C_8H_{12}O_4$ =

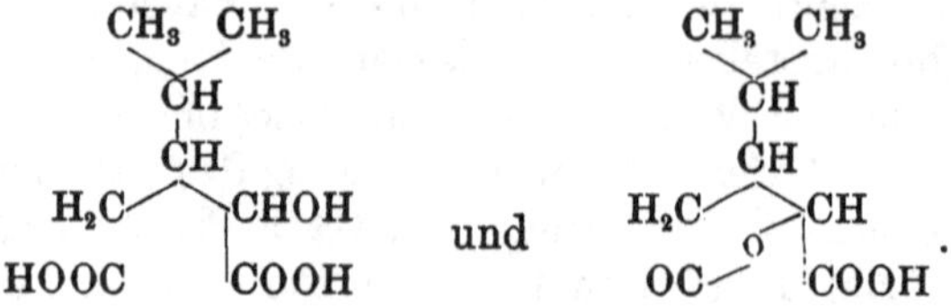

Durch Oxydation des Rohphellandrens aus *Eucalyptus amygdalina* var. *latifolia* mit verd. Kaliumpermanganatlösung erhielt S. ein Säuregemisch, welches im wesentlichen aus zwei α-Oxysäuren bestand, von denen die eine ein schwerlöslicheres Kupfersalz gab als die andere. Kocht man nämlich das neutralisierte Säuregemisch mit Kupferacetat, so erhält man einen Niederschlag, welcher abgesaugt, mit verd. Schwefelsäure angesäuert und alsdann ausgeäthert wird; nach Verjagung des Äthers hinterbleibt die α-Oxy-β-Isopropyl-Glutarsäure als Öl, dem etwas Lakton beigemengt ist.

l-Isopropyl-Bernsteinsäure

$C_7H_{12}O_4$ =

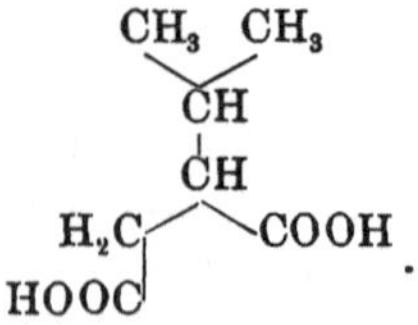

Diese Säure erhielt S., als er soeben erwähnte α-Oxysäure mit Bleisuperoxyd unter Zusatz von etwas Essig- oder Schwefelsäure weiter oxydierte; durch wiederholte Destillation der Säure im Vakuum entsteht das

Anhydrid $C_7H_{10}O_3$, Sdp.$_{19}$ = 138—140°, n_D = 1,4519, d_{20} = 1,105, M.R. = 34,7, ber. für $C_7H_{10}O_3$ = 34,5, α_D = − 3° (100 mm-Rohr). — Smp. der freien Säure 116°, Smp. der Anilidosäure 143°, Smp. des Anils $C_{13}H_{15}O_2N$ = 88°.

α_1-Oxy-β_1-Isopropyl-Adipinsäure

$C_9H_{16}O_5$ =

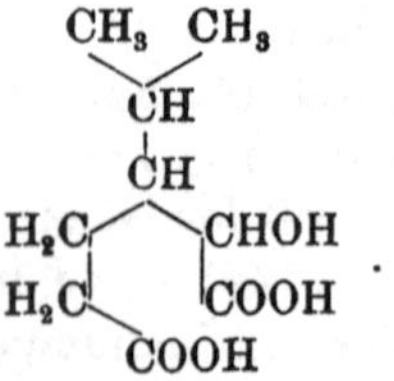

Auch diese Säure erhielt S. bei der Oxydation des Rohphellandrens mit $KMnO_4$; sie gibt ein leichter lösliches Kupfersalz, als oben erwähnte α-Oxysäure; auch sie neigt zur Laktonbildung.

α-Isopropyl-Glutarsäure

$C_8H_{14}O_4$ = 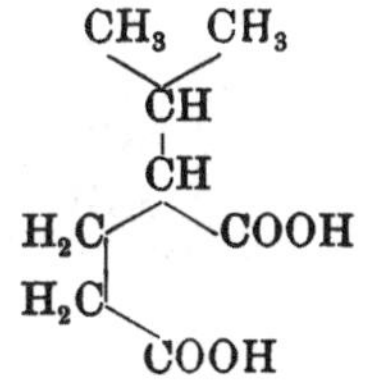 .

Diese Säure wird gewonnen, wenn man nach S. eben erwähnte α-Oxysäure mit PbO_2 weiter oxydiert; Smp. 94—95°. Bei der wiederholten Destillation im Vakuum spaltet sie Wasser ab und bildet

das Anhydrid

$C_8H_{12}O_3$ = 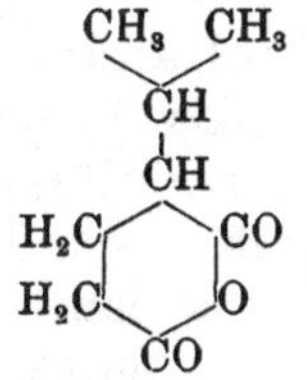 ,

Sdp.$_{19}$ = 155—160°, n_D = 1,4613, d_{20} = 1,088, M.R. = 39,2, ber. für $C_8H_{12}O_3$ = 38,9. Dieses Anhydrid liefert mit Anilin eine Anilidosäure vom Smp. 159°, welche identisch ist mit der Anilidosäure der α-Isopropylglutarsäure.

Zur weiteren Aufklärung der Natur der beiden bei der Oxydation des Rohphellandrens des Eucalyptusöls erhaltenen α-Oxysäuren kann man auch derartig verfahren, daß man das Säuregemisch, ohne daß man es mittels Kupferacetat trennt, direkt mit Bleisuperoxyd oxydiert und das nunmehr erhaltene Säuregemisch durch Kochen mit Chlorcalcium trennt; dabei scheidet sich die aktive Isopropylbernsteinsäure als schwerlösliches Kalksalz ab. — Über das Mengenverhältnis der entstehenden α-Oxysäuren ist zu bemerken, daß sich vorzugsweise die α-Oxy-β-Isopropyl-Glutarsäure bildet. SEMMLER stellte ferner fest, daß nicht etwa diese Säure durch weitere Oxydation der α-Oxy-Isopropyl-Adipinsäure entsteht, woraus eindeutig zu folgern ist, daß in dem Rohphellandren des Eucalyptusöls sicherlich zwei verschiedene Phellandrene vorhanden sein müssen, denen demnach ebenso eindeutig nur folgende beide Konstitutionen zukommen können:

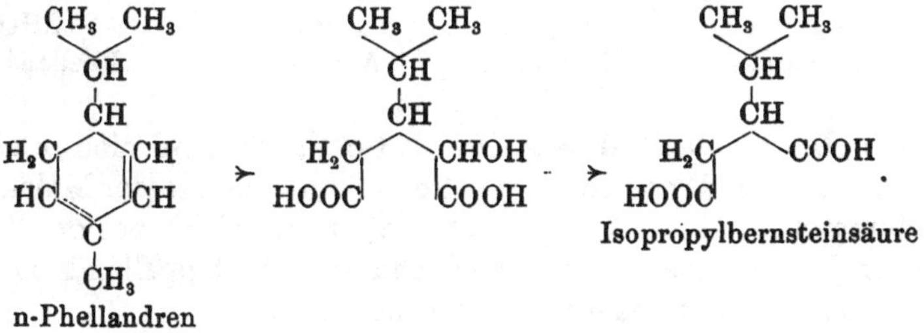

n-Phellandren — Isopropylbernsteinsäure

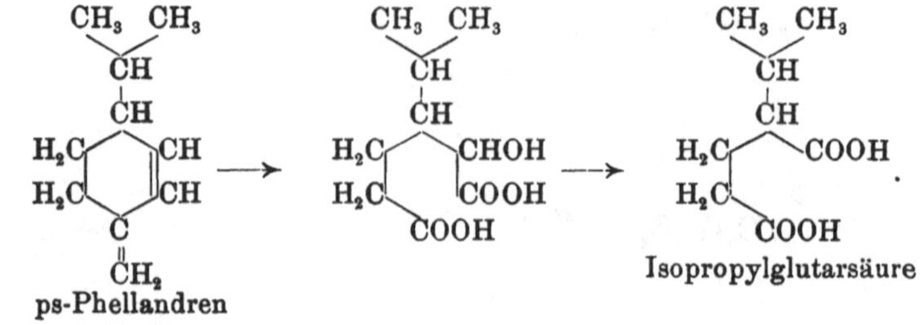

Aus den Mengenverhältnissen dieser durch Oxydation erhaltenen Säuren ist aber ferner zu schließen, daß im Rohphellandren des zur Oxydation gelangten Eucalyptusöls bedeutend mehr n-Phellandren als ps-Phellandren vorhanden war. —

Oxydation des ps-(β-)Phellandrens des Wasserfenchelöls. Wallach (A. **340**, 1) oxydierte das Phellandren des Wasserfenchelöls ebenfalls mit verd. Kaliumpermanganatlösung. Im Gegensatz zu Bauer konstatiert er hierbei das Entstehen von Isobuttersäure und nicht von n-Buttersäure. Außerdem gelangt er zum

Glykol $C_{10}H_{18}O_2$, Sdp.$_{10}$ = 150°; durch Behandlung des letzteren mit verd. Schwefelsäure kommt er zu einem

Tetrahydrocuminaldehyd (Phellandral) $C_{10}H_{16}O$, Sdp. 220—230°, d_{20} = 0,93, $n_{D_{20}}$ = 1,4903; neben wahrscheinlich Dihydrocuminalkohol (A. **343**, 37). Smp. des Semicarbazons $C_{10}H_{16}:N \cdot NH \cdot CO \cdot NH_2$ bei 204—205°, Smp. des Oxims $C_{10}H_{16}:NOH$ bei 87°. Durch Oxydation dieses Aldehyds mit Silberoxyd entsteht eine

Tetrahydrocuminsäure $C_{10}H_{16}O_2$, Smp. 143—144°. — Beim Vergleich der Eigenschaften des synthetisch erhaltenen Tetrahydrocuminaldehyds mit denen des Phellandrals aus dem Wasserfenchelöl (Sch. **1905**, II, 71) kommt Wallach zu der Annahme, daß beide Aldehyde wahrscheinlich identisch sind. W. gibt für diese Umsetzungen und die Entstehung des Aldehyds folgende Formelbilder:

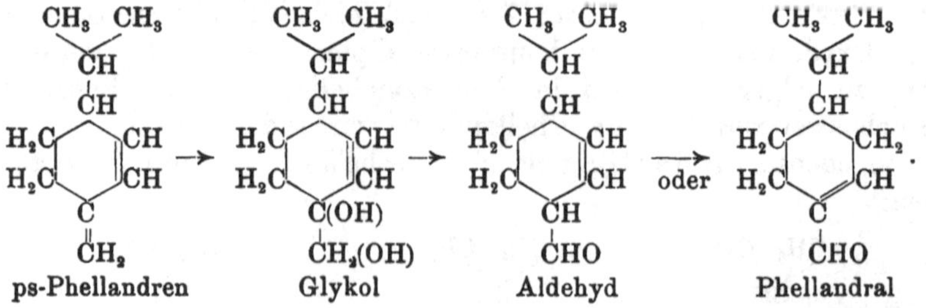

Da nämlich das Phellandral nach Sch. u. Co. durch Oxydation in eine Ketosäure übergeht, so dürfte die doppelte Bindung in diesem Molekül in der α,β-Stellung zur Aldehydgruppe stehen, wenn nicht bei der Oxydation mit Kaliumpermanganat eine Verschiebung der Doppelbindung statthat, eine Annahme, zu der bisher kein Grund vorliegt.

Nach meiner Meinung jedoch können die Verhältnisse auch anders liegen, als sie WALLACH annimmt, da es nicht wahrscheinlich erscheint, daß ein derartiges Glykol, wie es WALLACH aus seinem α-Phellandren entstanden annimmt, durch Kaliumpermanganat nicht sofort oxydiert werden sollte, selbst unter den Bedingungen, wie W. sie (a. a. O.) angibt. Entweder haben wir es im β-Phellandren des Wasserfenchelöls mit einem in der Seitenkette ungesättigten bicyklischen Phellandren zu tun, so daß auch noch das Glykol bicyklisch wäre und erst bei der Behandlung mit Säuren in den monocyklischen Aldehyd überginge, oder aber die Oxydation zum Glykol verläuft anders. Man könnte nämlich auch hier annehmen, daß die Anlagerung der Hydroxylgruppen an die beiden konjugierten doppelten Bindungen des ps-Phellandrens endständig statthat unter gleichzeitiger Schaffung einer neuen dazwischenliegenden doppelten Bindung, und daß alsdann dieses ungesättigte Glykol gegen weitere Oxydation mit $KMnO_4$ verhältnismäßig beständig ist. Da wir es bei der weiteren Umwandlung des Glykols in das Phellandral mit Säuren zu tun haben, so kann eine derartige Entstehung dieses Aldehyds aus dem Glykol zunächst durch Wasseranlagerung an die doppelte Bindung und darauf weiter folgende Wasserabspaltungen sehr leicht erklärt werden, so daß wir nach dieser Auffassung folgende Umsetzungen haben:

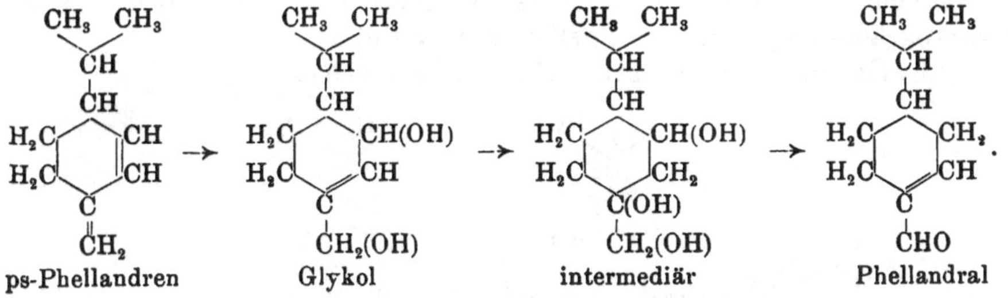

Oder wir können auch annehmen, daß dieses γ-Glykol zunächst intermediär ein Oxyd unter Wasserabspaltung bildet, welches sich in statu nascendi zum Aldehyd umlagert:

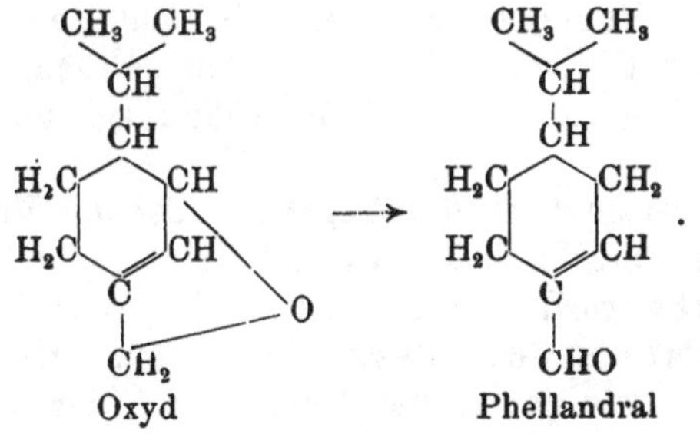

Weitere neue Versuche müssen diese interessanten Fragen zur Entscheidung bringen.

Über die Oxydation des β-Phellandrens mit Luftsauerstoff berichtet WALLACH (A. **343**, 29); W. erhält Keton $C_9H_{14}O$, Sdp.$_{15}$ = 103—106°, unter gew. Druck 220—224°, d_{26} = 0,9387, n_D = 1,4788, Semicarbazon $C_9H_{14}O : N \cdot NH \cdot CONH_2$ schmilzt bei 183—184°; verbindet sich mit Natriumbisulfit, liefert Schwefelwasserstoffverbindung vom Smp. 121 bis 122°. Durch Reduktion entsteht Alkohol $C_9H_{18}O$, der oxydiert das Keton $C_9H_{16}O$ gibt; letzteres bildet ein Semicarbazon $C_9H_{16} : N \cdot NH \cdot CO \cdot NH_2$ vom Smp. 188° und bei der Oxydation β-Isopropyladipinsäure. —

Die Oxydation mit Salpetersäure und Chromsäure dürfte vielfach dieselben Resultate geben wie jene mit $KMnO_4$, solange nicht das Phellandren zu Cymol oxydiert wird. Im letzteren Falle erhalten wir alsdann die Oxydationsprodukte dieses Kohlenwasserstoffs, also besonders Terephtal- und Toluylsäure. Da nun das Phellandren leicht in Terpinen und letzteres leicht in Cymol übergeht, so müssen bei der Oxydation des Phellandrens auch genannte Säuren in größerer Menge auftreten (vgl. auch BAUER, a. a. O.). —

Einwirkung der dreiwertigen Metalloide und ihrer Derivate auf Phellandren. Es kommen hierbei die salpetrige Säure, Salpetersäure, deren Anhydride, ferner die Anhydride zwischen salpetriger Säure und den Halogenwasserstoffsäuren besonders in Betracht. Die Sauerstoffsäuren des Stickstoffs dürften teilweise invertierend, teilweise sehr bald oxydierend einwirken. Besonderes Studium hat die Einwirkung des Salpetrigsäureanhydrids auf Phellandren erfahren.

Phellandren-Bisnitrite (Phellandren-Nitrite).

$(C_{10}H_{16} \cdot (N_2O_3))_2$ =

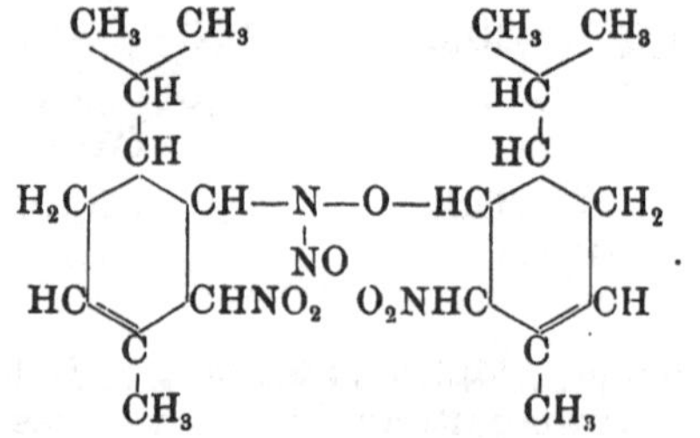

In folgendem wird der Einfachheit halber der kürzere Name Phellandrennitrit beibehalten werden. Über die Konstitution des Phellandrennitrits vgl. ANGELI (B. **24**, 3995; **25**, 1956; G. **26**, I, 12; **29**, I, 275), WIELAND (A. **328**, 154; **329**, 225; B. **36**, 2558); vgl. auch später WALLACH (A. **332**, 305).

Bereits oben gelegentlich der Angaben über das Vorkommen usw. des Phellandrens sind verschiedene geschichtliche Mitteilungen über diese Verbindung gebracht worden; hier sei noch folgendes erwähnt. Das Phellandren-Nitrit gehört zu den ältesten bekannten kristallisierten Terpenabkömmlingen, nur von jenen des Pinens sind der künstliche Kampfer, das Pinolhydrat (Sobrerol) und das Terpinhydrat, vom Limonen das Dichlorhydrat vom Smp. 50° länger bekannt. Das Phellandren-Nitrit wurde 1842 von CAHOURS (A. ch. III, **2**, 305; A. **41**, 75) entdeckt, indem er einen langsamen Strom von Stickoxyd in den flüchtigeren Teil des Bitterfenchelöls einleitete; „bei 100° verändert sie sich, wird gelb, und zersetzt sich in etwas höherer Temperatur vollkommen.“ Auch löst sich die Verbindung nach CAHOURS in konz. Schwefelsäure und kann nach ihm aus der Lösung in Säuren wieder abgeschieden werden. Er stellt die Formel $C_{15}H_{24}(NO)_4$ auf, indem er sie also als ein Additionsprodukt von Stickoxyd an den Kohlenwasserstoff ansieht.

CHIOZZA (GERHARDT, Traité III, 357) kommt 1854 zu ähnlicher Auffassung über die Zusammensetzung der Verbindung wie CAHOURS und stellt einige Versuche mit ihr an, unter anderem lesen wir: „Bouillie avec du sulfhydrate d'ammoniaque, elle se dissout en donnant une liqueur brune, avec dépôt de soufre; en même temps il se dégage une forte odeur d'essence d'amandes amères.“ —

Zu richtigerer Auffassung über die Konstitution dieser Verbindung kommt BUNGE (Z. **1869**, 579), indem er sie als Anlagerungsprodukt von N_2O_3 an Phellandren auffaßt, so daß bei dem Einleiten von NO der Sauerstoff der Luft eine Rolle spielt; BUNGE wendet deshalb eine Lösung von salpetrigsaurem Kali an und setzt allmählich Essigsäure hinzu, ein Verfahren, wie wir es heute noch anwenden. Auch gibt BUNGE an, daß Terpentinöl und das Terpen aus dem Copaivabalsam kein Nitrit geben.

Die Untersuchungen PESCIS (G. **16**, 225 usw.) wurden ebenfalls oben ausführlich erwähnt. PESCI ermittelt vor allen Dingen die richtige Zusammensetzung der Verbindung zu $C_{10}H_{16}N_2O_3$ oder wahrscheinlicher $(C_{10}H_{16}N_2O_3)_2$; er gibt eine etwas verbesserte Methode zu ihrer Darstellung an, findet zunächst (J. **1884**, 547) den Schmelzpunkt zu 87°; bei der Behandlung mit verd. Ammoniak erhält er das Mononitrophellandren $C_{10}H_{15}NO_2$ und eine Säure $C_{10}H_{17}N_3O_4$ vom Smp. 75—76°, deren Kupfer- und Bleisalz er darstellt. Durch Reduktion des Nitrophellandrens mit Zinkstaub und Eisessig erhält P. ferner das Monoamidophellandren $C_{10}H_{15}NH_2$, wovon er das Platinsalz $C_{20}H_{34}N_2 \cdot 2HCl \cdot PtCl_4$, gelbe hexagonale Blättchen, gewinnt. — In einer späteren Mitteilung (J. **1885**, 698) gibt er den Smp. zu 94°, $\alpha_D = -183{,}50°$ an; P. faßt die Doppelverbindung auf als Mononitronitrosophellandren, weil er daraus durch Reduktion mit Zinkstaub und Eisessig das Phellandrendiamin $C_{10}H_{16}(NH_2)_2$ erhält; farblose Flüssigkeit vom Sdp. 209—214°, aber nicht ohne Zersetzung; er stellt das Chloroplatinat $C_{10}H_{16}(NH_2)_2 \cdot 2HCl \cdot PtCl_4$ dar. Außerdem untersucht er die durch Spaltung mit Ammoniak erhaltene Säure $C_{10}H_{17}N_3O_4$ näher, indem er bei der Einwirkung von Essigsäure die ursprüngliche Verbindung $C_{10}H_{16}N_2O_3$ vom Smp. 94° zurückerhält. Mit konzentrierter Salzsäure erhält er aus der Säure $C_{10}H_{17}N_3O_4$ Hydroxylamin, so daß er sie als Isonitrosoderivat von der Konstitution $C_{10}H_{16}{<}^{NO:NOH}_{NO_2}$ auffaßt; auf diese Umsetzungen komme ich späterhin zurück.

WALLACH (A. **239** [1883], 40) berichtet das erste Mal über das Phellandrennitrit. CAHOURS, CHIOZZA und BUNGE hatten das Phellandren aus dem Bitterfenchelöl untersucht, während PESCI seine Untersuchungen an dem Phellandren des Wasserfenchelöls angestellt hatte. WALLACH untersuchte sowohl das Bitterfenchel-, als auch das Wasserfenchelöl; er erklärt das Phellandren aus beiden Ölen für identisch, was, wie wir später sehen werden, nicht der Fall ist; den Smp. des Nitrits findet WALLACH bei 94°, „während ein weniger oft umkristallisiertes Produkt höher (98—99°) schmilzt". W. widerspricht der Angabe von CAHOURS, daß sich das Nitrit unverändert in Kalilauge löst und betont ferner, daß das Nitrit aus beiden rechtsdrehenden Phellandrenen linksdrehend ist; das Phellandrennitrit verhält sich ferner wie eine gesättigte Verbindung. — WALLACH (A. **241** [1887], 322) spricht die Vermutung aus, daß das Phellandrennitrit entweder die Konstitution $C_{10}H_{16}<^{NO}_{NO_2}$ oder $C_{10}H_{15}<^{NOH}_{NO_2}$ hat, daß es aber kein Nitrosit sei. — In der nächsten Abhandlung (A. **246** [1888], 232) berichtet WALLACH, daß im Elemiöl rechtsdrehendes Phellandren, dagegen im australischen Eucalyptusöl l-Phellandren vorkomme, gibt den Schmelzpunkt des erhaltenen Nitrits nunmehr zu 103° an, und daß das aus dem linksdrehenden Phellandren gewonnene Nitrit stark rechtsdrehend sei, daß aus d- und l-Phellandrennitrit i-Phellandrennitrit entsteht, welch letzteres im Schmelzpunkt usw. vollkommen den aktiven Modifikationen gleiche. A. **246**, 282 finden wir den Schmelzpunkt des Nitrits von WALLACH und GILDEMEISTER ebenfalls zu 103—104° angegeben. Von dem l-Phellandren aus Eucalyptusöl und den d-Phellandrenen aus Bitterfenchel-, Wasserfenchel- und Elemiöl sagen sie: „Völlig identisch sind diese Substanzen verschiedener Herkunft aber nicht, sondern physikalisch isomer." — Über Elemiöl vgl. WALLACH (A. **252** [1889], 102).

In der Folgezeit finden wir nun, daß man an dem Schmelzpunkt 103—104° des Phellandrennitrits festhält, und daß man das Terpen, welches das Nitrit von diesem Schmelzpunkt gibt, als Phellandren anspricht, welch letzteres man als chemisch einheitliche Substanz ansieht. WALLACH (A. **287** [1895], 372) kommt zunächst auf die Darstellung des Phellandrennitrits zurück, indem er vorschlägt, den Kohlenwasserstoff mit Ligroin zu verdünnen usw. Alsdann wird die Spaltung des Phellandrennitrits durch Alkali beschrieben, wobei er das Nitrophellandren $C_{10}H_{15}NO_2$ erhielt, das PESCI (a. a. O.) auf analoge Weise mit Ammoniak aus dem Nitrit gewonnen hatte; W. sieht aber diese Verbindung nicht als Nitrokörper an. Alsdann beschreibt WALLACH die Reduktionsprodukte des Phellandrennitrits, die an anderer Stelle abgehandelt werden sollen. A. a. O., S. 384 wird das Phellandrennitrit als bimolekular angesprochen.

Auf letzteren Punkt kommt WALLACH (A. **313** [1900], 345) zurück und weist nach, daß das Phellandrennitrit bimolekular ist. Alsdann bespricht WALLACH das Verhalten des aus dem Phellandren des Eucalyptusöls gewonnenen Nitrits gegen Ammoniak und konstatiert ein etwas abweichendes Verhalten. Bei der Einwirkung von Acetylchlorid auf Phellandrennitrit gewinnt er wiederum die Verbindung $C_{10}H_{15}NO_2$, in der er eine Verkettung

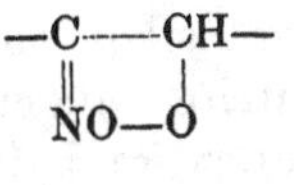 oder 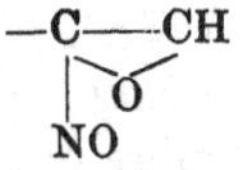

annimmt. Auch die Oxydationsprodukte des Phellandrennitrits mit Salpetersäure werden erwähnt, als welche isoliert wurden 1. neutrale stickstoffhaltige Substanzen, 2. Terephtalsäure, 3. Isopropylbernsteinsäure, 4. eine mit Isopropylbernsteinsäure isomere Verbindung. Bei der Oxydation mit Kaliumpermanganat erhält W. ebenfalls Isopropylbernsteinsäure. Wegen des gesättigten Verhaltens des Phellandrennitrits glaubt WALLACH (a. a. O., S. 358) folgende Formel vorschlagen zu müssen:

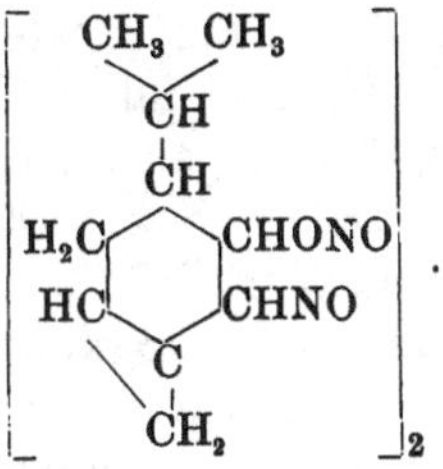

Inzwischen hatten GILDEMEISTER und STEPHAN (Ar. **235**, 591) die Beobachtung gemacht, daß das Phellandren aus *Schinus molle* durch fraktionierte Kristallisation verschieden drehende Phellandrennitrite liefert. — Vgl. auch W. BILTZ (Diss. Greifswald **1898**).

SCHREINER (Pharm. Arch. **4**, 90 und C. **1901**, II, 544) hat das Verdienst, zuerst darauf hingewiesen zu haben, daß das Phellandrennitrit aus Eucalyptusöl kein einheitlicher Körper ist, sondern daß man es, wie oben erwähnt, in zwei verschiedene, entgegengesetzt drehende Nitrite vom Smp. 120—121° (rechts) und vom Smp. 105—106° (links) spalten kann.

Im Jahre 1902 (A. **324**, 269) konstatiert WALLACH ebenfalls zunächst einen höheren Schmelzpunkt des Phellandrennitrits aus dem Eucalyptusöl (112—113°), während er für das Nitrit aus dem Phellandren des Wasserfenchelöls nunmehr 98° beobachtet. Alsdann bespricht er die durch Reduktion nach der Methode PESCIS erhaltenen Diamine und konstatiert, daß sie verschieden sind.

SEMMLER (B. **36** [1903], 1754) erklärt die Unregelmäßigkeiten im Schmelzpunkt der Phellandrennitrite aus der Existenz zweier Nitrite, die dem n- und ps-Phellandren angehören. Über die Konstitution der Nitrite äußert sich SEMMLER, daß die Anlagerung von NO und NO_2 ev. endständig oder auch an die sekundäre doppelte Bindung

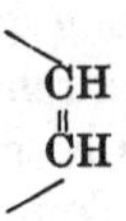

statthaben könne, daß aus diesen beiden verschiedenen Nitriten natürlich zwei verschiedene Diamine resultieren müßten, von denen das ps-Phellandrendiamin die eine NH_2-Gruppe in der Seitenkette hat. Es sei vorausgeschickt, daß diese Verhältnisse insofern zutreffen, daß also dem n- und ps-Phellandren verschieden schmelzende Nitrite zukommen, aus welchen sich verschiedene Diamine ergeben. — SEMMLER fand, daß das Phellandrennitrit in einem Lösungsmittel sich leicht mit $KMnO_4$ oxydieren läßt, also ungesättigt ist.

Die verschiedenen Schmelzpunkte der Nitrite werden durch diese Befunde SEMMLERS nur teilweise erklärt. WALLACH (A. **336** [1904], 9) erhält aus dem Phellandren des Eucalyptusöls ein Rohphellandren, dessen Nitrit er durch fraktionierte Kristallisation in eine α-Modifikation vom Smp. 112—113°, höchstens 113—114°, (SCHREINER fand 120—121°) und in eine β-Modifikation vom Smp. 105° zerlegt; für das α-Nitrit aus l-Phellandren des Eucalyptusöls beobachtete WALLACH in Chloroform: $[\alpha]_D = +142{,}6°$, bzw. $+135{,}9°$, für das α-Nitrit aus d-Phellandren des Bitterfenchelöls: $[\alpha]_D = -138{,}4°$, dagegen für das β-Nitrit aus l-Phellandren des Eucalyptusöls: $[\alpha]_D = -40{,}817°$, bzw. $-40{,}287°$, für das β-Nitrit aus d-Phellandren des Bitterfenchelöls: $[\alpha]_D = +45{,}8°$. Mit diesen Beobachtungen stimmen die Angaben SCHREINERS ziemlich überein ($[\alpha]_D = +123{,}5°$ und $[\alpha]_D = -36°$). WALLACH spricht diese α- und β-Modifikationen des Phellandrennitrits aus Phellandren des Eucalyptusöls als physikalische Isomere an und nennt nunmehr das Phellandren des Eucalyptusöls α-Phellandren, welches also zwei physikalisch isomere Nitrite vom Smp. 113—114° bzw. 105° liefert, deren Isomerie man durch Annahme von cis- und trans-Form erklären kann analog den α- und β-Modifikationen der Limonen-Bisnitrosochloride. Die Frage, ob im Phellandren des Eucalyptusöls noch ein zweites chemisch verschiedenes Phellandren vorhanden ist, läßt WALLACH unerörtert (vgl. jedoch auch A. **343**, 25ff.). Durch die Einwirkungsprodukte von Salzsäure oder Schwefelsäure auf Phellandrennitrit, durch die Überführung von α-Phellandren in aktives Carvotanaceton kommt WALLACH alsdann zu dem Ergebnis, daß seinem α-Phellandren die Konstitution:

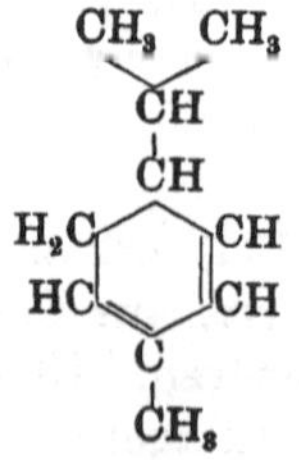

zukommt, eine Formel, welche SEMMLER durch Aboxydation des Phellandrens aus Eucalyptusöl, seines n-Phellandrens, bewiesen hatte, und welchem, wie oben angegeben, ein bestimmtes Nitrit zukommen mußte, welches, wie wir nun nach den Untersuchungen SCHREINERS bzw. besonders WALLACHS wissen, in zwei Modifikationen existiert, und zwar in einer α-Modifikation vom Smp. 120—121° (SCHREINER) bzw. 113—114° (WALLACH) und in einer β-Modifikation vom Smp. 105—106° (SCHREINER) bzw. 105° (WALLACH).

Das Phellandren aus dem Wasserfenchelöl, welches man nach den früheren Angaben WALLACHS als chemisch identisch mit den übrigen Phellandrenen angesehen hatte, bezeichnet WALLACH nunmehr (a. a. O., S. 42) als β-Phellandren. Das Rohnitrit zerlegt WALLACH in ein linksdrehendes α-Nitrit vom Smp. 102° ($[\alpha]_D = -159{,}3°$; PESCI hatte $-183{,}5°$ beobachtet für sein Phellandrennitrit vom Smp. 94°) und in ein wenig aktives β-Nitrit vom Smp. 97—98°; W. spricht zum Schluß die Ansicht aus, daß das β-Phellandren chemisch verschieden vom α-Phellandren sei.

In der nächsten Abhandlung (A. **340** [1905], 1) erwähnt WALLACH, daß das Nitrit des β-Phellandrens in Chloroformlösung $[\alpha]_D = -156{,}8°$ zeigt. Das Nitrit des β-Phellandrens löst sich allmählich in kalter 10%iger Natronlauge. Wegen der Möglichkeit der Überführung des Nitro-β-Phellandrens in einen Dihydrocuminaldehyd $C_{10}H_{14}O$ usw. gibt WALLACH dem Nitrit des β-Phellandrens die Formel:

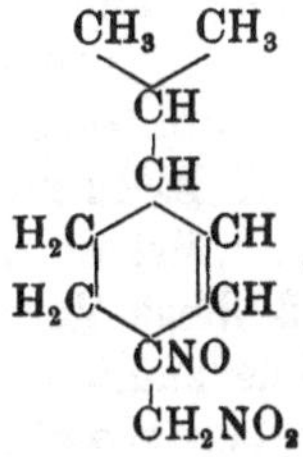

Auf diese Konstitutionsformel werde ich weiter unten eingehen, ebenso auf das Nitro-β-Phellandren. Durch Aboxydation des β-Phellandrens gelangt WALLACH alsdann zu einem Tetrahydrocuminaldehyd, den er als identisch mit dem Phellandral von SCH. u. Co. (SCH. **1904**, II, 91) anspricht; W. erteilt nunmehr seinem β-Phellandren die Konstitution:

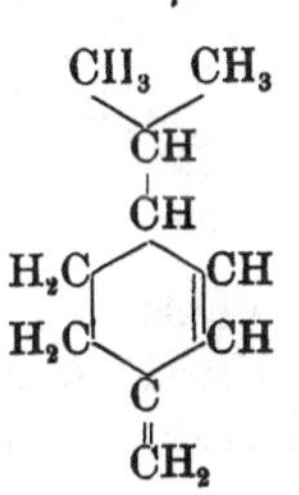

zu, welche SEMMLER für das ps-Phellandren, das sich nur in geringen Mengen in dem von ihm untersuchten Rohphellandren des Eucalyptusöls fand, bewiesen hatte; S. gibt (a. a. O.) an, daß diesem ps-Phellandren ein Nitrit entsprechen muß; dieses Nitrit existiert nach den Untersuchungen WALLACHS in zwei Modifikationen, wovon die α-Modifikation bei 102°, die β-Modifikation bei 97—98° schmilzt.

Aus diesen Mitteilungen ist demnach zu entnehmen, daß die von den einzelnen Forschern beobachteten verschiedenen Schmelzpunkte des Phellandrennitrits einmal, wie schon SEMMLER behauptete, auf chemisch verschiedene Nitrite zurückzuführen sind, alsdann aber auch auf physikalische Isomerie der sich von diesen chemisch verschiedenen Phellandrenen ableitenden Nitrite. Die Konstitution der Nitrite wird näher erörtert werden nach den nunmehr zu besprechenden Umsetzungen der Nitrite, welche, wenn nicht besonders angegeben ist, mit den Rohnitriten vorgenommen wurden.

Reduktion des Phellandrennitrits in alkalischer Lösung. Es ist klar, daß die Reduktion des Phellandren-Nitrits in saurer Lösung anders verlaufen muß als in alkalischer; während Pesci besonders die Umsetzungen ersterer Art studierte, beschäftigte sich Wallach (A. **287** [1895], 376) mit der Reduktion in alkalischer Lösung. W. stellte zunächst fest, daß man durch Reduktion in alkalischer Lösung des durch Spaltung mittels Alkali aus dem Phellandrennitrit zu erhaltenden Nitrophellandrens dieselben Reduktionsprodukte erhält, als wenn man vom Phellandrennitrit direkt ausgeht.

Da das Nitrophellandren aus dem Nitrit durch Behandlung mit Alkalien oder Ammoniak entsteht, so muß es auch bei der Reduktion mit Natrium und Alkohol, wobei sich Natriumalkoholat bildet, erhalten werden, so daß die Entstehung derselben Reduktionsprodukte aus Phellandrennitrit und Nitrophellandren ohne weiteres zu erklären ist.

Es sei vorweg bemerkt, daß diese Versuche am Nitrit und am Nitrophellandren des n-(α-)Phellandrens zunächst studiert wurden.

Bei dieser Reduktion entstehen sowohl neutrale, als auch basische Reduktionsprodukte; aus letzteren können erstere gewonnen werden.

Indifferente Reduktionsprodukte. Tetrahydrocarveol

$C_{10}H_{20}O$ = 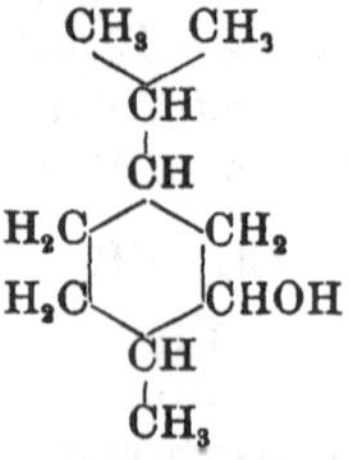

.

Nach vollendeter Reduktion destilliert man mit Wasserdämpfen in eine vorgelegte Oxalsäurelösung ab. Durch Ausätherung usw. erhielt W. ein Gemisch von aktivem Tetrahydrocarveol und Tetrahydrocarvon. Durch Oxydation dieses Gemisches wurde reines aktives Tetrahydrocarvon dargestellt, welches ein Oxim $C_{10}H_{18}:NOH$ vom Smp. 97—99° und ein Semicarbazon $C_{10}H_{18}N_2HCONH_2$ vom Smp. 185—187° lieferte. Bei der Reduktion dieses Ketons resultierte Tetrahydrocarveol $C_{10}H_{20}O$, Sdp.$_{12}$ = 100—104°.

Basische Reduktionsprodukte. Tetrahydrocarvylamin $C_{10}H_{19}NH_2$, Sdp. 210—212°; Chlorhydrat $C_{10}H_{19}NH_2 \cdot HCl$, Smp. 199 bis 204°, Acetylverbindung $C_{10}H_{19}NHCOCH_3$, Smp. 158—159°; Harnstoff $C_{10}H_{19}NHCONH_2$, Smp. 201—203°; Phenylharnstoff $C_{10}H_{19}NHCONHC_6H_5$, Smp. 185—186°. Diese Base läßt sich mittels salpetriger Säure in Tetrahydrocarveol usw. überführen.

WALLACH konstatierte, daß alle diese durch Reduktion erhaltenen Produkte optisch aktiv waren, daß die optischen Antipoden razemische Verbindungen gaben, deren Derivate im Schmelzpunkt usw. vollkommen mit den aktiven zusammenfielen und sich als identisch erwiesen mit jenen bereits früher durch Reduktion des Carvenons gewonnenen inaktiven Tetrahydrocarveolderivaten. — Die Erklärung der Bildung der Reduktionsprodukte des Nitrits siehe unten.

Während bei dieser Reduktion vom Nitrit des n-(α-)Phellandrens ausgegangen wurde, beschreibt WALLACH die Reduktion des Nitrits aus seinem β-Phellandren (aus Wasserfenchelöl) mit Natrium in alkoholischer Lösung. Auch hier resultierten indifferente und basische Produkte. Die indifferenten Produkte lieferten ein Semicarbazon $C_{10}H_{12}NNHCONH_2$ vom Smp. 210—211°, in welchem W. das Semicarbazon des Cuminols sieht; der aus dem Semicarbazon regenerierte Aldehyd lieferte nämlich ein Oxim vom Smp. 55—57°, während das Oxim des Cuminaldehyds bei 58—59° schmilzt. Nach Ansicht WALLACHS ist der zuerst gebildete hydrierte Cuminaldehyd durch das alkoholische Kali zum Cuminaldehyd oxydiert worden, da sich auch gleichzeitig in der alkalischen Lösung Cuminsäure nachweisen ließ. Über die Konstitution dieser Verbindungen vgl. Nitrophellandren; vgl. auch über die Reduktionsprodukte des Nitro-β-Phellandrens WALLACH (A. **343**, 38).

Behandlung der Phellandrennitrite mit Ammoniak oder Alkalien.

Nitrophellandrene $C_{10}H_{15}NO_2$. PESCI (G. **16**, 225 usw.) hat zuerst aus dem Phellandren des Wasserfenchelöls ein Nitrophellandren gewonnen, indem er das Nitrit mit Ammoniak behandelte. WALLACH (A. **287** [1895], 374) zeigt alsdann, daß durch Behandlung des Phellandrennitrits mit Natriumäthylat ebenfalls Nitrophellandren entsteht, er hält jedoch die Auffassung PESCIS dieser Verbindung als Nitrokörper für irrtümlich; späterhin jedoch sieht auch er (A. **336**, 30) dieses Spaltungsprodukt des Nitrits wiederum als Nitroverbindung an. Das Nitrit des n-(α-)Phellandrens liefert wie WALLACH nachgewiesen hat, ein anderes Nitrophellandren als das Nitrit des ps-(β-)Phellandrens.

Nitrophellandren aus n-(α-)Phellandren.

$C_{10}H_{15}NO_2$ =

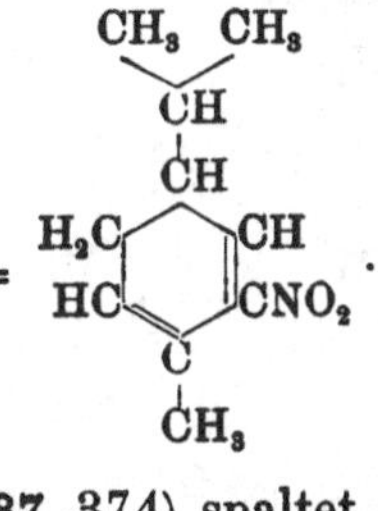

WALLACH (A. **239**, 42 und **287**, 374) spaltet das Nitrit des n-Phellandrens durch Kochen mit Alkali; im Vakuum siedet die Hauptmenge des Reaktionsproduktes bei 134—138°, besitzt chinonartigen Geruch und greift die Schleimhäute der Augen heftig an; W. hält es zunächst für chemisch identisch und für physikalisch isomer mit dem Nitrophellandren Pescis. Durch Reduktion seines Nitrophellandrens in alkalischer Lösung erhält W., wie oben angegeben wurde, Tetrahydrocarvylamin, Tetrahydrocarveol usw.

Wallach (A. **313** [1900], 346) kommt auf die Spaltung des Phellandrennitrits mit Ammoniak zurück, wie sie von Pesci ausgeführt wurde, indem er das bei 105° schmelzende Nitrit als rein, jenes von Pesci, bei 94° schmelzende, als unrein ansieht. W. behandelt das Nitrit des n-(α-)Phellandrens mit Ammoniak, gewinnt dabei ein sehr leicht zersetzliches Zwischenprodukt ($C_{10}H_{18}N_2O_2$?), welches das Nitrophellandren $C_{10}H_{15}NO_2$ $Sdp._9 = 125—129°$, liefert; von dieser Verbindung enthielt auch noch die ammoniakalische Flüssigkeit größere Mengen. Alsdann gewinnt W. auch durch Einwirkung von Acetylchlorid auf das Nitrit des n-(α-)Phellandrens das Nitrophellandren und faßt letzteres im Gegensatz zu Pesci konstituiert auf als

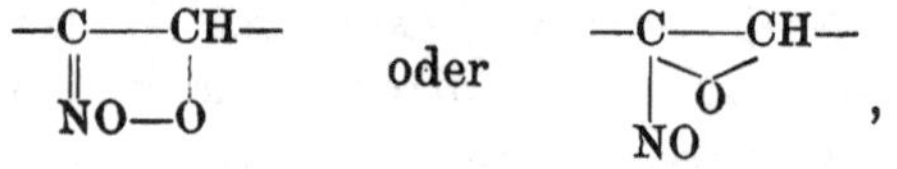

da die Verbindung auch die Liebermannsche Reaktion gibt.

Zu der Auffassung der Verbindung $C_{10}H_{15}NO_2$ als Nitrokörper (A. **336**, 30) kehrt Wallach später zurück und spricht diese Verbindung, die aus dem Nitrit des n-(α-)Phellandrens gewonnen wird, als chemisch verschieden an von jenem Nitrophellandren, welches aus ps-(β-)Phellandren zuerst von Pesci erhalten wurde. A. a. O., S. 31 beschreibt W. die Darstellung des Nitrophellandrens, indem er 10 g des Nitrits des n-(α-)Phellandrens in eine mit Eis gekühlte Auflösung von 10 g Kali in 10 ccm Wasser und 90 ccm absoluten Alkohol in kleinen Portionen einträgt usw.; $Sdp._{11} = 130—134°$, hellgelbes Öl, lenkt das Licht in demselben Sinne ab wie das Ausgangsmaterial, indem die α- und die β-Modifikation des Nitrits Nitrophellandrene lieferten mit nahezu gleichen Werten für $[\alpha]_D$. Die Reduktion war früher in alkalischer Lösung ausgeführt worden und hatte zu Tetrahydrocarvonderivaten geführt. W. reduzierte nunmehr mit Eisessig und Zinkstaub und erhielt

das Carvotanaceton $C_{10}H_{16}O$

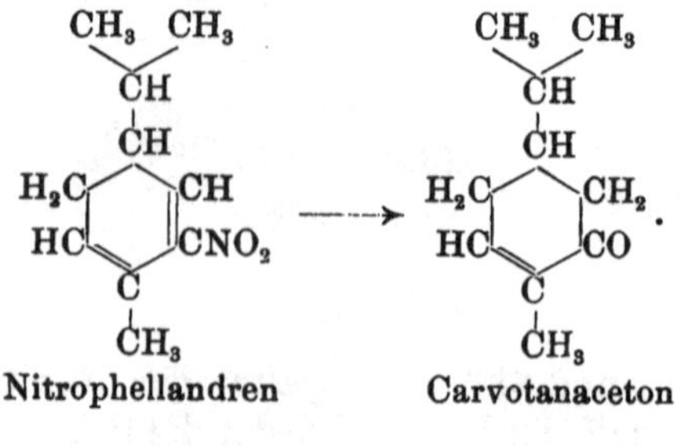

Nitrophellandren Carvotanaceton

Dieses Keton entstand als Hauptprodukt neben wenig Base, die aber nicht das ganz hydrierte Tetracarvylamin ist. Je nachdem man nun vom d- oder l-n-(α-)Phellandren ausgegangen war, resultierte l- oder d-Carvotanaceton, welches l- oder d-Oxime und Semicarbazone von charakteristischen Eigenschaften lieferte; besonders besaßen die aktiven Semicarbazone Dimorphismus; die razemischen Verbindungen zeigten andere Eigenschaften, wie aus folgender Übersichtstabelle hervorgeht (a. a. O., S. 39):

		Siedepunkte	d	n_D	
$C_{10}H_{16}O$ Carvotanaceton [$\Delta^{5,6}$-Menthenon-(2)]	inaktiv	228°	0,9373 (17°)	1,4835	SEMMLER, B. **27**, 895.
		228—229°	0,9320 (21°)	1,4793	WALLACH, B. **28**, 1959; A. **279**, 385.
	aktiv	227—228°	0,9351 (19°)	—	HARRIES, B. **34**, 1928.
		227—229°	0,9345 (19°)	1,4822	aus Phellandren.
		Schmelzpunkte			
Oxim $C_{10}H_{16}$:NOH	inaktiv	92—93°	SEMMLER, B. **27**, 895.		
		92—93°	WALLACH, B. **28**, 1959; A. **279**, 385.		
	aktiv	75—77°	HARRIES, B. **34**, 1928.		
		75—76°	aus Phellandren.		
Semicarbazon	inaktiv	177—178°	WALLACH, B. **28**, 1959; A. **279**, 385.		
	aktiv	173—174°	HARRIES, B. **34**, 1928.		
		173°	aus Phellandren.		
SH_2-Verbindung	inaktiv	95°	SEMMLER, B. **27**, 895.		
		205°	HARRIES, B. **34**, 1928.		
	aktiv	222—225°	HARRIES, B. **34**, 1928.		
		220°	aus Phellandren.		

Als Konstitutionsformeln für die verschiedenen Phellandrennitrite und Nitrophellandrene führt SEMMLER (B. **36**, 1754) einige Formeln an, die, wie besonders angegeben, nur zur Erläuterung der Konstitution des n- und ps-Phellandrens dienen sollten.

Nitrophellandren aus β-Phellandren $C_{10}H_{15}NO_2$. Für das β-Phellandren des Wasserfenchelöls hat WALLACH, wie erwähnt, dieselbe Konstitution angenommen, die SEMMLER für das ps-Phellandren, dessen Anwesenheit er im Eucalyptusöl dartat, ermittelt hatte. Kommt nun wirklich dem Phellandren des Wasserfenchelöls die Konstitution des ps-Phellandrens zu, so sind β- und ps-Phellandren identisch. Diese Frage muß zunächst außer acht gelassen werden.

PESCI gewann zuerst das Nitrophellandren des Wasserfenchelöls (G. **16**, 225 usw.) durch Erwärmen des Nitrits mit Ammoniak; WALLACH (A. **336**, 44) löste 5 g Natrium in 100 g Alkohol und trug in die 30—40° warme Lösung 20 g Nitrit langsam ein usw. Die von ihm erhaltene Verbindung $C_{10}H_{15}NO_2$ „unterscheidet sich vom Nitro-α-Phellandren schon dadurch, daß sie, mit Natronlauge angerührt, leichter eine feste Natriumverbindung ausscheidet". Bei der Reduktion dieses Nitro-β-Phellandrens mit Zinkstaub und Essigsäure treten die basischen Produkte mehr in den

Vordergrund, während die indifferenten Verbindungen nur in geringer Menge entstehen. Unter letzteren wurde nachgewiesen ein

Dihydrocuminaldehyd $C_{10}H_{14}O$ (vgl. auch A. **340**, 4), Sdp.$_{13}$ = 111 bis 112°; Semicarbazon $C_{10}H_{14}NNHCONH_2$, Smp. 200—202°; Oxim $C_{10}H_{14}NOH$, Smp. 42—44°. Durch Oxydation mit Natriumhypobromit geht der Aldehyd in Cuminsäure $C_{10}H_{12}O_2$ vom Smp. 115—116° über; dagegen entsteht bei der Oxydation mit Silberoxyd außer Cuminsäure eine oberhalb 130° schmelzende Säure, ev. $C_{10}H_{14}O_2$.

Unter den basischen Produkten der Reduktion des Nitrophellandrens hatte Pesci (a. a. O.) bereits eine Base $C_{10}H_{15}NH_2$ erhalten, welche er Amidophellandren nannte; ev. liegt in ihr hydriertes Cuminylamin vor. Wallach (A. **340**, 7) stellt fest, daß außer dieser Base auch noch mehr oder weniger Cuminylamin $C_{10}H_{13}NH_2$ entsteht, indem er die Base mit Hilfe der Carbamide trennte; der schwerlösliche Harnstoff des Dihydrocuminylamins $C_{10}H_{17}NHCONH_2$ schmolz bei 160—161°; ev. liegt etwas Tetrahydrocuminylamin beigemengt vor; $[\alpha]_D = + 58{,}566°$ (in Äthylalkohol); der leicht lösliche Harnstoff des Cuminylamins schmolz bei 135—136°. — Wallach (a. a. O., S. 10) erklärt diese Umwandlungsprodukte des β-Phellandrens durch folgende Formeln.

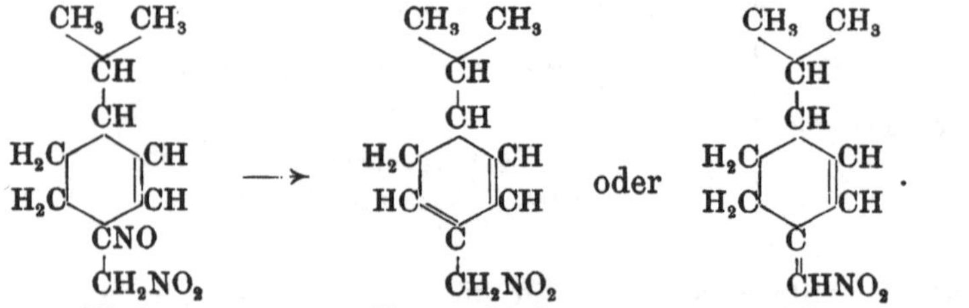

Nitrit — Nitroverbindung (intermediär) — Nitro-β-Phellandren

Über die Reduktion des Nitro-β-Phellandrens vgl. auch W. (A. **343**, 38). Weitere Versuche müssen diese Fragen entscheiden. —

Säure $C_{10}H_{17}O_4N_3$ (Nitrosylsäure?). Pesci (a. a. O.) erhielt bei der Behandlung des Nitrits aus dem Wasserfenchelöl-Phellandren außer dem Nitrophellandren eine Säure $C_{10}H_{17}N_4O_3$, Smp. 75—76°, die linksdrehend ist, beim Kochen mit Salzsäure Hydroxylamin und ein Blei- und Silbersalz gibt. Fassen wir das vorliegende Phellandrennitrit als bimolekular auf, so könnte durch Spaltung mit Säuren eine Verbindung $C_{10}H_{16}(NO_2)NOH$ entstehen,

NO

welche eine Nitrosylsäure darstellt, die jenen aus den Bisnitrosochloriden erhaltenen analog wäre.

Reduktion der Phellandrennitrite in saurer Lösung. Pesci (a. a. O.) hatte das Nitrit des Phellandrens aus Wasserfenchelöl bereits mit Zinkstaub und Essigsäure reduziert und ein Diamin $C_{10}H_{16}(NH_2)_2$ erhalten.

Phellandrendiamin $C_{10}H_{18}(NH_2)_2$ aus n-(α-)Phellandren. W. (A. **324** [1902], 271) reduziert das Nitrit dieses Phellandrens mit Eisessig und Zinkstaub; er erhält als Hauptprodukt eine Base $C_{10}H_{18}(NH_2)_2$, die durch das Monochlorhydrat gereinigt, unter 17,5 mm Druck als wasserhelle Flüssigkeit bei 132—134° siedet, linksdrehend; Monochlorhydrat $C_{10}H_{18}(NH_2)_2 \cdot HCl$, Smp. 209—210°; Platinsalz; Benzoylverbindung, Smp. 194—195°, schwach rechtsdrehend; durch Methylierung des Phellandrendiamins erhielt W. eine Base, deren Jodhydrat bei 192° schmolz. Die Analysen aller dieser Verbindungen (vgl. über weitere Derivate Originalarbeit) ließen es unentschieden, ob $C_{10}H_{16}(NH_2)_2$ oder $C_{10}H_{18}(NH_2)_2$ vorliegt. W. destillierte jedoch das Phellandrendiaminmonochlorhydrat und erhielt dabei Cymol, woraus er schließt, daß $C_{10}H_{16}(NH_2)_2$ in dem Diamin vorliegt. Jedoch erscheint es mir nicht ausgeschlossen, daß bei der hohen Temperatur der Destillation gleichzeitig Wasserstoff abgespalten werden kann, so daß alsdann nach derselben folgendes Diamin vorliegt:

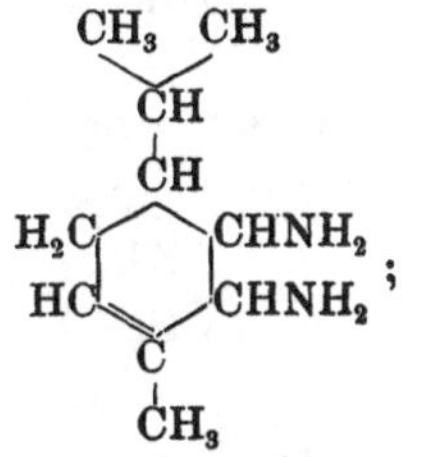

ev. kommt folgende Formel in Betracht:

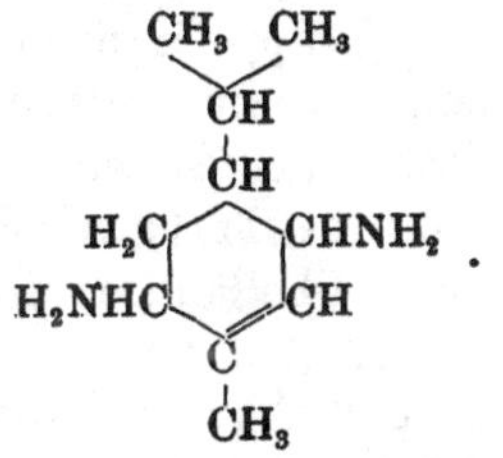

Durch Einwirkung von salpetriger Säure auf das Diamin erhielt Wallach (A. **324**, 277) ein Gemenge verschiedener Verbindungen, unter denen hauptsächlich eine Oxybase, $Sdp._{20} = 155—165°$, zu erwähnen ist; als diese Base nochmals mit salpetriger Säure behandelt wurde, entstand ein carvonartig riechendes Öl.

Phellandrendiamin aus Phellandren des Wasserfenchelöls $C_{10}H_{16}(NH_2)_2$. Pesci (J. **1885**, 698) beschreibt diese Base. Wallach (A. **324**, 278) gibt an: $Sdp._{11} = 133—135°$, bei gewöhnlichem Drucke um 260° unter starker Zersetzung; linksdrehend. Chlorhydrat nicht fest, Benzoylverbindung Smp. 198—199°. Bei der Methylierung entstand ein Produkt, dessen Jodhydrat $C_{10}H_{16}N_2(CH_3)_6J$ bei 91—94° schmilzt. Zum Vergleich der Eigenschaften der beiden Diamine sei folgende Tabelle (A. **324**, 280) angeführt:

	Diamin aus Phellandrennitrit aus	
	Eucalyptusöl	Wasserfenchelöl
Siedepunkt	251—253°	um 260°
Monochlorhydrat	Smp. 209—210°	nicht fest
Platinsalz	sehr löslich	sehr schwer löslich
Methylammoniumjodid . . .	erstarrt leicht Smp. 192°	erstarrt schwer Smp. ca. 91—94°
Benzoylverbindung	gut kristallisiert Smp. 194—195°	undeutl. kristallisiert Smp. 198—199°

Wallach schreibt diesem Diamin folgende Konstitution zu:

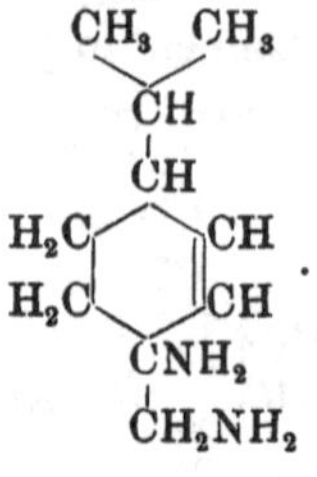

Semmler (B. **36**, 1755) erwähnt bereits 1903 im Gegensatz zur Base aus n-Phellandren: „das zweite Phellandren, das Pseudo-Phellandren, kann natürlich dieses Amin nicht liefern, sondern müßte ein anderes Diamin liefern, in welchem die eine NH_2-Gruppe in der Seitenkette steht.“ Weitere Versuche müssen entscheiden, ob die Anlagerung der N_2O_3-Gruppe an das ps-Phellandren in der Tat in der Seitenkette vor sich geht.

Oxydation der Phellandrennitrite mit Salpetersäure. Wallach (A. **313**, 350) oxydiert je 15 g Phellandrennitrit (Smp. 105°) mit 90 g konz. Salpetersäure (spez. Gew. 1,38) unter gelindem Erwärmen am Rückflußkühler; er erhält 1. neutrale stickstoffhaltige Substanzen, 2. Terephtalsäure, 3. Isopropylbernsteinsäure, 4. eine mit Isopropylbernsteinsäure isomere Verbindung. Die indifferenten stickstoffhaltigen Verbindungen werden näher in einer zweiten Abhandlung (A. **336**, 20) beschrieben, woselbst folgende Darstellungsmethode angegeben wird: „Je 2 g Nitrit werden in 50 ccm Eisessig suspendiert und 5 ccm Salpetersäure (1,38) hinzugegeben, kurze Zeit gekocht usw. Es wurde die

Verbindung $C_{10}H_{15}N_3O_6$, welche als Trinitrotetrahydrocymol angesprochen wird, erhalten; Smp. 136—137°, monomolekular. Aus l-Phellandren-α-Nitrit (Smp. 113°) zeigte diese Trinitroverbindung $[\alpha]_D = + 195{,}92°$, aus l-Phellandren-β-Nitrit (Smp. 105°) $[\alpha]_D = + 191{,}00°$, aus l-Phellandren-(α- + β-Nitrit) $[\alpha]_D = + 192{,}75°$, aus d-Phellandren-α-Nitrit (Smp. 113°) $[\alpha]_D = -188{,}13°$, aus d-Phellandren-(α- + β-Nitrit) $[\alpha]_D = -188{,}30°$; die razemische Trinitroverbindung zeigte den Smp. 131°. Durch Reduktion der Trinitroverbindung mit Zinn und konz. Salzsäure entstand p-Diamidocymol, dessen Acetylverbindung $C_{14}H_{20}O_2N_2$ bei 260° schmolz; beim Erwärmen der wäßrigen Lösung des Chlorhydrats der Base mit $FeCl_3$ entstand Thymochinon vom Smp. 45°. Nach WALLACH ist der Verlauf dieser Reaktionen folgender:

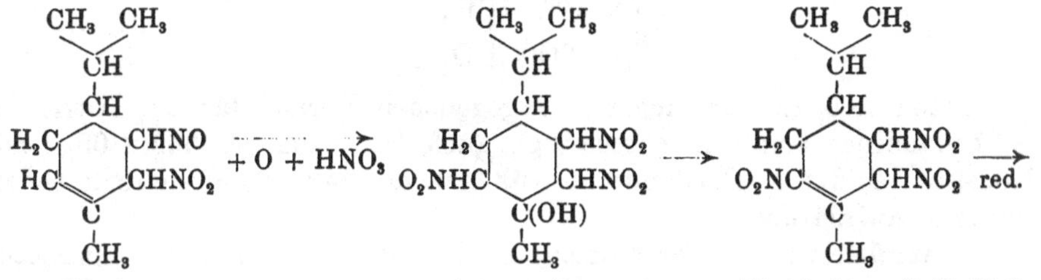

Nitrit — intermediär — Verbindung $C_{10}H_{15}N_3O_6$

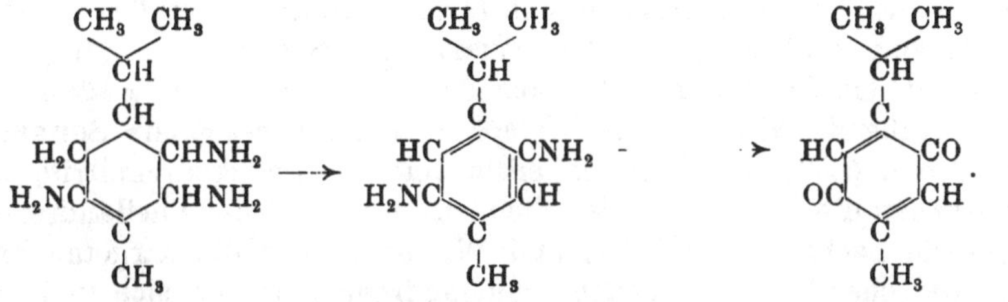

intermediär — p-Diamidocymol — Thymochinon

Oxydation des Phellandrennitrits mit Kaliumpermanganat. WALLACH (A. **313**, 355) erhält bei der Oxydation des Phellandrennitrits mit Kaliumpermanganat Isopropylbernsteinsäure.

Einwirkung von Salzsäure auf Phellandrennitrit. WALLACH (A. **336**, 26) erwärmt 10 g Phellandrennitrit mit 60 g rauchender Salzsäure langsam auf 40° usw.; er erhält bei dieser Reaktion 1. Cymol, 2. in geringer Menge ein etwas oberhalb 200° siedendes Keton, 3. Dichlorthymochinon $C_{10}H_{10}Cl_2O_2$ vom Smp. 99°, lieferte bei der Reduktion Monochlorhydrothymochinon $C_{10}H_{13}ClO_2$ vom Smp. 70°, bzw. Hydrothymochinon vom Smp. 139°, 4. eine kleine Menge von Monochlorthymochinon, welches in Form seines Semicarbazons $C_{11}H_{14}ClO_2N_3$ vom Smp. 230° abgeschieden wurde.

Einwirkung von Schwefelsäure auf Phellandrennitrit. Bei der Einwirkung von mäßig konz. Schwefelsäure auf Phellandrennitrit konnte WALLACH (A. **336**, 28) nachweisen, 1. Cymol (18—25% vom angewandten Nitrit), 2. ein Keton $C_{10}H_{16}O$, $Sdp._{16} = 110—114°$ (neben dem zugehörigen Alkohol); Oxim $C_{10}H_{16}$: NOH vom Smp. 87—88°, 3. Oxythymochinon $C_{10}H_{12}O_3$, $Sdp._{16} = 125—134°$, Smp. 170°, hellrot, Semicarbazon $C_{11}H_{15}O_3N_3$ vom Smp. 214—217°, 4. Thymochinon $C_{10}H_{12}O_2$, das als Semicarbazon abgeschieden wurde.

Zur Konstitution der Phellandrennitrite ist zu bemerken, daß wir scharf auseinanderhalten müssen das Nitrit des n-(α-)Phellandrens von jenem des ps-Phellandrens. Nach den Untersuchungen von ANGELI (G. **29**, I, 275) und WIELAND (A. **328**, 154; **329**, 225; B. **36**, 2558) kann die Konstitution des Nitrits des n-Phellandrens nicht zweifelhaft sein, so daß wir in ihm die Konfiguration

$$\left[\begin{matrix} R\cdot CH - CHR \\ \quad NO \quad NO_2 \end{matrix}\right]_2$$

annehmen und zu der eingangs angegebenen Formel für das Nitrit des α-Phellandrens kommen müssen (vgl. auch WALLACH, A. **332**, 305). Die Konstitution des ps-Phellandrennitrits bzw. des β-Phellandrennitrits bedarf weiterer Aufklärung.

Identifizierung der Phellandrene. Nachdem WALLACH nachgewiesen zu haben glaubte, daß das Phellandren des Bitterfenchel-, Wasserfenchel-, Elemi- und Eucalyptusöls chemisch identisch ist, nahm man keinen Anstand einen Kohlenwasserstoff für Phellandren zu erklären, der ein Nitrit vom Smp. ca. 105° gab. GILDEMEISTER und STEPHAN (Ar. **235** [1897], 591) konnten das Phellandrennitrit aus dem Öle von *Schinus molle* in verschieden drehende Nitrite zerlegen; später betonte besonders SCHREINER (Pharm. Arch. **4**, 90) die Nichteinheitlichkeit des Phellandrennitrits. Als dann SEMMLER die Existenz zweier chemisch verschiedener Phellandrene im Eucalyptusöl nachgewiesen hatte, und WALLACH ebenfalls dargetan hatte, daß es zwei chemisch verschiedene Phellandrene gibt, die sich in je zwei verschiedene physikalisch isomere zerlegen lassen, so daß sowohl vom α-Phellandren, als auch vom β-Phellandren je zwei strukturisomere Nitrite existieren. Der Identifizierung der Phellandrene läßt man am besten eine sorgfältige Fraktionierung im Vakuum, schließlich ev. über Natrium, vorangehen. Alsdann sucht man das Rohnitrit darzustellen und nach den oben unter „Phellandrennitrite“ angegebenen Methoden, die von SCHREINER und WALLACH herrühren, zu zerlegen. Der Schmelzpunkt 113—114° bzw. 105° würde für n-(α-)Phellandren sprechen, dagegen ein Schmelzpunkt von 102° bzw. 97—98° für das β-Phellandren WALLACHS, welches hauptsächlich im Wasserfenchelöl vorhanden zu sein scheint. Die Gegenwart des n-Phellandrens ist ferner zu erkennen an der Aboxydation zur α-Oxy-β-Isopropyl-Glutarsäure bzw. zur Isopropyl-Bernsteinsäure, jene des ps-Phellandrens an der Aboxydation zur α-Oxy-β-Isopropyl-Adipinsäure bzw. α-Isopropyl-Glutarsäure; sowohl die Isopropyl-Bernstein-, als auch α-Isopropyl-Glutarsäure sind leicht durch ihre Anilidosäuren bzw. Anile nachzuweisen.

Hat man das Phellandren durch fraktionierte Destillation abgeschieden, so geben die physikalischen Daten ebenfalls schon einen Fingerzeig, indem eigentlich nur mit dem optisch aktiven Limonen bzw. Sylvestren Verwechslung eintreten könnte, von welchen sich Phellandren jedoch schon durch die Unfähigkeit, krystallisierte Tetrabromide zu liefern, unterscheidet. Vom inaktiven Terpinen ist es durch die optische Aktivität verschieden, dann aber durch das Terpinennitrit, welches bei 155° schmilzt und ganz andere Eigenschaften besitzt als die Phellandrennitrite.

Die Einwirkung von Nitrosylchlorid auf Phellandren bzw. auf das Terpen des Bitterfenchelöls, welche Bunge zuerst studiert haben dürfte (Z. **1869**, 579), muß von neuem untersucht werden, da er hierbei einen festen Körper abscheiden konnte und es nicht feststeht, ob die Reaktion von einem ev. anwesenden zweiten Terpen herrührt.

Konstitution der Phellandrene. Nachdem Cahours im Jahre 1842 nachgewiesen hatte, daß das Terpen des Bitterfenchelöls beim Einleiten von NO an der Luft ein kristallisiertes Derivat gab, nachdem von Gerhardt und Chiozza im Jahre 1854 diese Reaktion bestätigt worden war, und nachdem schließlich Bunge im Jahre 1868 dargetan hatte, daß Terpentinöl, Citronenöl usw. diese Reaktion nicht geben, brach sich bei den Chemikern die Überzeugung Bahn, daß die Konstitution des Phellandrens, mit welchem Namen Pesci den Kohlenwasserstoff des Wasserfenchelöls bezeichnete, eine von derjenigen der anderen Terpene verschiedene sein mußte, zumal da man das Terpen aus dem Bitter- und Wasserfenchelöl für identisch ansah. Zu der Überzeugung war man besonders auch durch die schönen Arbeiten Wallachs, von denen die erste hierüber aus dem Jahre 1887 stammt, geführt worden. Wallach sah als chemisch verschieden an 1. Pinen, 2. Kampfen, 3. Limonen, 4. Dipenten, 5. Terpinen, 6. Sylvestren, 7. Terpinen, 8. Phellandren (A. **239**, 2).

Die Ansicht über die Konstitution der Terpene nahm eine greifbare Gestalt erst in dem Zeitabschnitt 1857—1872 an, als es gelang, die Terpene zum Cymol oder seinen Derivaten in nahe Beziehung zu bringen: man sah sie als hydrierte Cymole an, demnach auch das Phellandren, so daß wir für die Terpene entweder mit Kekulé (B. **6**, 439) die Konfigurationen

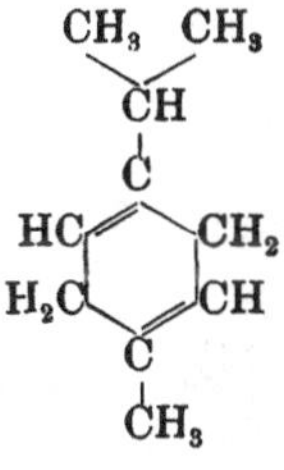

(I) oder
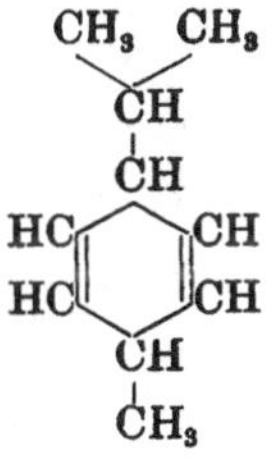

(II)

bzw. nach Oppenheim (B. **6**, 917)

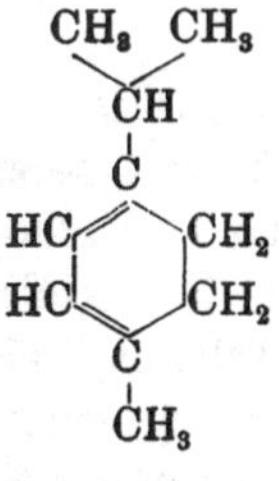

(III) oder
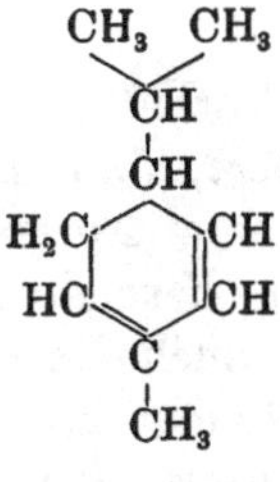

(IV) oder
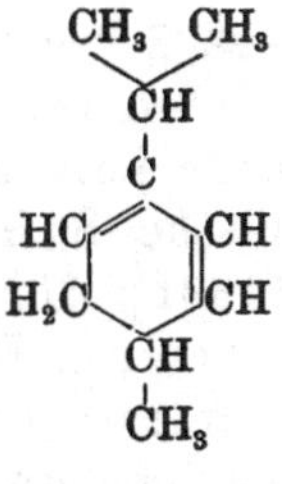

(V)

annehmen können. Da die Frage nach dem Vorhandensein einer Isopropyl- oder n-Propylgruppe im Cymol noch nicht entschieden war, so vermehren sich obige Formeln um weitere fünf; ferner zieht OPPENHEIM bereits Brückenbindungen in Betracht. Auch finden wir von einigen Chemikern die Ansicht ausgesprochen, daß in einzelnen Terpenen in der Seitenkette doppelte Bindungen vorhanden sein können. WALLACH (A. **239**, 54) kommt auf Grund der Bildung der Nitrite aus Terpinen und Phellandren zu analoger Ansicht. „Da Phellandren nun gerade in Begleitung von Anethol gefunden wird, liegt die Annahme ungemein nahe, daß auch das Phellandren eine doppelte Verknüpfung der Kohlenstoffatome in der Seitenkette besitzt. Die Möglichkeit der Existenz von Terpenen etwa der Formel:

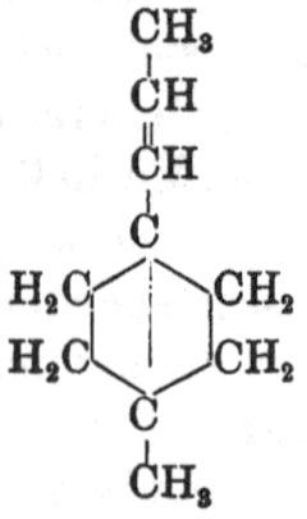

(VI) oder

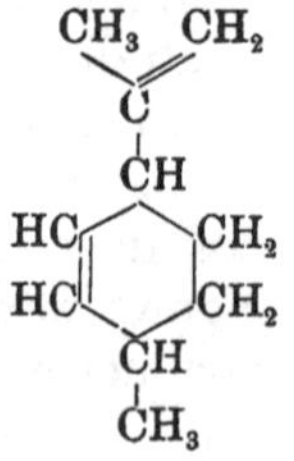

(VII)

usf. darf keinesfalls von der Hand gewiesen werden, und ich behalte mir vor, Versuche darüber mitzuteilen, ob die Annahme einer solchen oder ähnlichen Konstitution für das Phellandren und vielleicht auch für das Terpinen und andere Terpene sich als statthaft erweist."

BRÜHL (B. **21** [1888], 174) schließt sich im allgemeinen dieser Ansicht an in bezug auf eine doppelte Bindung in der Seitenkette, glaubt aber folgender Formel:

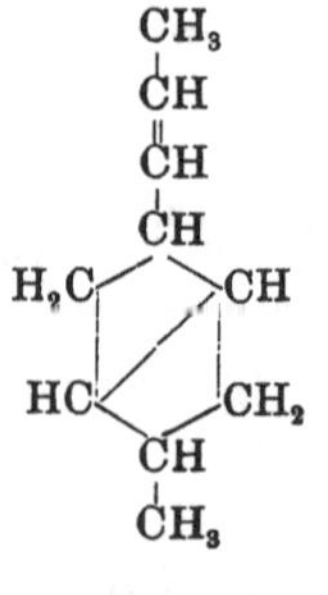

(VIII)

den Vorzug geben zu müssen.

Im Jahre 1891 waren die Verhältnisse über die Konstitution des Phellandrens noch so wenig geklärt, daß man diesem Kohlenwasserstoff ev. olefinische Struktur (irgend eine Formel IX) zuschrieb. WALLACH (B. **24** [1891], 1577) sagt: „Das besonders veränderliche Phellandren, das nach neueren Beobachtungen auch Neigung zu haben scheint, leicht in Cymol überzugehen, besitzt vielleicht gar keine ringförmige Anordnung der Atome, sondern ist möglicherweise den Fettkörpern zuzurechnen."

Aus diesen Mitteilungen ist zu ersehen, daß man noch selbst im Jahre 1891 sehr wenig von der Konstitution des Phellandrens wußte.

WALLACH (A. **287** [1895], 372) führt die Reduktion des Phellandrennitrits in alkalischer Lösung aus und erhält dabei Tetrahydrocarvonderivate; durch diese Reaktion ist, wobei wir allerdings stillschweigend das Zugeständnis machen, daß in dem Nitrit noch dieselbe Anordnung der Kohlenstoffatome vorhanden ist wie im ursprünglichen Kohlenwasserstoff, das Kohlenstoffskelett des Phellandrens gegeben; auch kann man folgern, daß das C-Atom, welches im Tetrahydrocarveol die Hydroxylgruppe trägt, mit doppelter Bindung an ein benachbartes C-Atom gekettet sein muß. Auch schließt WALLACH nunmehr aus der Molekularrefraktion, daß im Phellandren wahrscheinlich ein cyklischer Körper mit zwei doppelten Bindungen vorliegt. Derselbe Forscher (A. **313** [1900], 356) äußerst später die Meinung, daß auf Grund der bisherigen Reaktionen des Phellandrens diesem Formel IV oder eine der Formeln

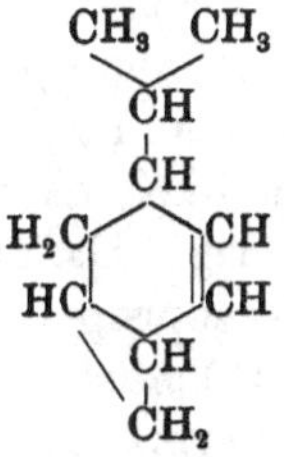 (X) oder 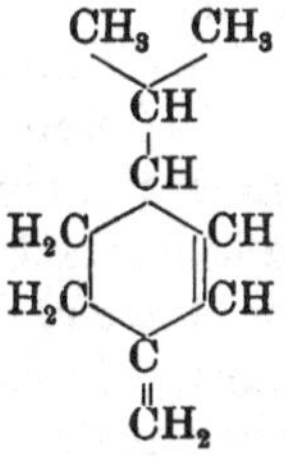 (XI)

zukommen könnte, wobei er Formel X am meisten bevorzugt.

Deutlich zeigen diese Angaben, daß man der Ansicht war, daß überall ein und dasselbe Phellandren vorkommt; selbst die Mitteilungen SCHREINERS (Pharm. Arch. **4**, 90), welcher das Phellandrennitrit des Eucalyptusöls in zwei verschiedene Nitrite zerlegte, läßt die Frage nach chemisch verschiedenen Phellandrenen offen. SEMMLER (B. **36** [1903], 1749) weist alsdann nach, daß die bisher für chemisch identisch angesehenen Kohlenwasserstoffe, die man als „Phellandren“ bezeichnet hatte, mindestens aus zwei chemischen Isomeren bestehen, von denen das eine Formel IV, das andere Formel XI besitzt; er bezeichnet das erstere als n-, das zweite als ps-Phellandren; S. war von dem Rohphellandren des Eucalyptusöls ausgegangen. Die Untersuchungen SEMMLERS lassen es unentschieden, welches von den besprochenen Nitriten diesen beiden Phellandrenen zukommt.

WALLACH (A. **336**, 9 und **340**, 1) füllt diese Lücke aus und zeigt alsdann, daß dem Phellandren von der Konstitution des n-Phellandrens zwei stereoisomere Nitrite vom Smp. 113—114° bzw. 105° zukommen; für ein Phellandren von der Konstitution des Pseudophellandrens glaubt er zwei stereoisomere Phellandrennitrite vom Smp. 102° und 97—98° in Betracht ziehen zu müssen. Das erstere Phellandren kommt in der l-Modifikation im Eucalyptusöl, in der d-Modifikation im Bitterfenchel- und Elemiöl vor, während das zweite sich im Wasserfenchelöl findet. —

Um die Konstitutionsfrage zu entscheiden, müssen wir uns die Frage vorlegen, welchen Anforderungen eine Formel entsprechen muß, die wir z. B. für den Hauptbestandteil des Phellandrens im Eucalyptusöl aufstellen wollen. 1. Aus den Oxydationsergebnissen mit Kaliumpermanganat, die von SEMMLER erhalten wurden, ist zu folgern, daß diese Formel den Übergang in die α-Oxy-β-Isopropyl-Glutarsäure leicht erklären muß. 2. Die Formel muß optische Aktivität zulassen. 3. Aus den Reduktionsversuchen von seiten SEMMLERS, welche zum aktiven Δ^1-p-Menthen führten, ist zu folgern, daß diese Formel ein konjugiertes System doppelter Bindungen enthalten muß. 4. Muß die Formel cyklisch doppelt ungesättigt sein, da die Molekularrefraktion ein derartiges Molekül fordert. 5. Die Formel muß leicht den Übergang des Phellandrendibromids in Cymol erklären lassen, welches in großen Mengen aus ihm entsteht. Betrachten wir obige 11 Formeln mit Rücksicht auf diese fünf Grundforderungen, so sehen wir, daß die Formeln I, II, III und VI ausscheiden, da sie die Möglichkeit optischer Aktivität nicht zulassen, ferner V und VIII, da nach ihnen die Bildung der α-Oxy-β-Isopropyl-Glutarsäure nicht erklärlich ist, ferner VII und X, da sie kein konjugiertes System zweier doppelten Bindungen enthalten, ferner Formel IX, da diese acyklisch ist; es bleiben mithin nur Formel IV und XI übrig. Da nun ein Molekül von der Konstitution der Formel XI α-Oxy-β-Isopropyl-Adipinsäure liefern sollte und diese Säure, wie SEMMLER (a. a. O.) nachgewiesen hat, bei der angewandten Oxydationsmethode mit Kaliumpermanganat nicht die α-Oxy-β-Isopropyl-Glutarsäure gibt, da ferner diese Formel den Übergang des Phellandrendibromids in Cymol durchaus nicht erklären würde, also mit Forderung 5 im Widerspruch steht, so bleibt für den Hauptbestandteil des Phellandrens im Eucalyptusöl nur Formel IV übrig. Diese Formel erklärt in der Tat auch alle übrigen Reaktionen dieses Phellandrens und steht bisher mit keiner im Widerspruch. Nehmen wir an, daß diesem n-Phellandren das Nitrit vom Smp. 113—114° bzw. 105° zukommt, so hat WALLACH bereits betont, daß ein Phellandren, dem die Konstitution des n-Phellandrens zukommt, alle Reaktionen, die er in großer Menge mit diesen Nitriten bzw. deren Derivaten ausgeführt hat, erklärt.

Es fragt sich nun, ob noch ein Terpen mit anderer Konstitution die Reaktionen des Rohphellandrens des Eucalyptusöls ebenso erklärt. Hierzu sei bemerkt, daß es unmöglich ist, eine Formel aufzustellen, welche sämtlichen Reaktionen in gleicher Weise Rechnung trägt. — Nehmen wir nun an, daß diesem Hauptbestandteil die Nitrite vom Smp. 113—114° bzw. 105° entsprechen, so haben wir in der Darstellung dieser Verbindungen ein zweifellos zuverlässiges Reagens auf das n-(α-)Phellandren.

Durch die Untersuchungen SEMMLERS (B. **36** [1903], 1749) wurde festgestellt, daß das Rohphellandren des Eucalyptusöls noch einen zweiten Kohlenwasserstoff enthalten muß, welcher bei der Oxydation α-Oxy-β-Isopropyl-Adipinsäure liefert. Da der Kohlenwasserstoff, welcher diese Säure gibt, wie bewiesen, nicht das n-Phellandren sein kann, so muß diese Säure herrühren von einem Terpen, welchem SEMMLER die Konstitution eines ps-Phellandrens gegeben hat.

Es ist demnach zweifellos, daß wir in verschiedenen Rohphellandrenen keinen einheitlichen Kohlenwasserstoff haben, es ist aber ebenso zweifellos, daß der Hauptbestandteil des Rohphellandrens aus Eucalyptusöl, wie die Aboxydation ergeben hat, ein l-n-Phellandren ist; ferner kommt diesem l-n-Phellandren ein Nitrit zu, welches sich, wie zuerst SCHREINER, alsdann WALLACH nachgewiesen haben, in zwei stereoisomere Formen zerlegen läßt. Weitere Versuche werden zeigen, ob das β-Phellandren WALLACHS mit dem ps-Phellandren SEMMLERS in jeder Beziehung identisch ist.

Geschichte der Phellandrene. Die geschichtliche Entwicklung unserer Kenntnisse über die Phellandrene ist in den gebrachten Mitteilungen bereits ausführlich erörtert worden; zusammenfassend sei hier nur noch folgendes bemerkt. Durch die Versuche CAHOURS's (1842), GERHARDTS und CHIOZZAS (1854), sowie BUNGES (1868) war nachgewiesen worden, daß im Bitterfenchelöl ein besonderes Terpen vorkommt, welches verschieden von allen anderen ist. PESCI (1883 und später) fand ebenfalls einen rechtsdrehenden Kohlenwasserstoff im Wasserfenchelöl, der ein Nitrit gab, für welches er die richtige Formel aufstellte. WALLACH wies 1887 und 1888 die Gegenwart eines ebenfalls ein Nitrit gebenden Kohlenwasserstoffs im rechtsdrehenden Elemi- und im linksdrehenden Eucalyptusöl nach. In der Folgezeit wurde dies vermeintlich chemisch einheitliche Phellandren in einer größeren Anzahl ätherischer Öle (vgl. oben) nachgewiesen. Späterhin erkannte man, wie ausführlich auseinandergesetzt wurde, daß es mindestens zwei verschiedene chemisch isomere Phellandrene gibt, welche mehrfach vergesellschaftet vorkommen. Es wird nunmehr die weitere Aufgabe sein, die bisher zusammengeworfenen Phellandrene wieder voneinander zu trennen. — Die Synthese des Phellandrens gehört der allerletzten Zeit an, indem es HARRIES im Jahre 1904 gelang, vom Carvotanaceton aus zu einem Kohlenwasserstoff zu kommen, der die Reaktionen des n-(α-)Phellandrens gibt; da das Carvotanaceton aus dem Limonen, dieses aber über das Terpineol nach TIEMANN oder PERKIN jun. durch Totalsynthese zu gewinnen ist, so können wir das n-(α-)Phellandren ebenfalls durch Totalsynthese aufbauen. Das ps-Phellandren hat man bisher nicht auf synthetischem Wege gewonnen.

Die physikalischen Konstanten wurden in ausgedehntem Maße eigentlich erst von PESCI bestimmt, alsdann von WALLACH. Die chemischen Eigenschaften beschränken sich auf wenige Reaktionen: die Reduktion wurde von SEMMLER erst in letzter Zeit studiert, ebenso von demselben die Oxydationen, wenn auch bereits BAUER 1885 über derartige Versuche berichtet, wobei jedoch keine durchsichtigen Resultate erzielt wurden. Das wichtige Anlagerungsprodukt, das Nitrit, studierten CAHOURS, GERHARDT, CHIOZZA, BUNGE, besonders aber PESCI. WALLACH zeigte alsdann in klassischer Weise die mannigfachen interessanten Umsetzungen, die man mit den Nitriten durch Reduktion, Oxydation und Behandlung mit Schwefelsäure vornehmen kann.

Die geschichtliche Entwicklung der Identifizierung der Phellandrene sowie der Ansichten über ihre Konstitution sind ausführlich erwähnt.

Vgl. Tabellen n-(α-)Phellandren S. 488 und 489, ps-(β-)Phellandren S. 490.

Zusammenfassende Mitteilungen über die cyklischen Terpene, die sich vom p-Cymol ableiten. Ausführlich wurde auseinandergesetzt, daß auf Grund der physikalischen Eigenschaften (bes. Molekularrefraktion) und der chemischen Reaktionen Kohlenwasserstoffe der Bruttoformel $C_{10}H_{16}$, die zahlreich in den ätherischen Ölen vorkommen, cyklische Struktur besitzen. Ebenso waren es Gründe physikalischer und chemischer Art, welche dazu zwangen, anzunehmen, daß ein Teil dieser Terpene bicyklischer Natur ist, während der tricyklische Typus bisher nur synthetisch erhalten werden konnte. Es wurde ferner darauf hingedeutet, daß diesen Terpenen $C_{10}H_{16}$ vollkommen hydrierte Kohlenwasserstoffe zugrunde liegen, als deren Derivate die Terpene angesehen werden können, daß ferner von diesen hydrierten Muttersubstanzen sich auch Sauerstoffabkömmlinge usw. herleiten lassen, so daß gewissermaßen eine ganze Anzahl von Reihen nebeneinander existiert, deren jede einzelne aus gesättigten und ungesättigten Kohlenwasserstoffen, Alkoholen, Aldehyden, Ketonen, Säuren usw. besteht. — So sahen wir, daß zur Kampfanreihe das Bornylen, das Borneol, ev. das Isoborneol, der Laurineenkampfer, das Pinenmonochlorhydrat usw. gehören; zum Isokampfan sind das Kampfen, das Methylkampfenilol usw. zu rechnen; in der Pinanreihe läßt sich das Pinen, das Pinokampfon usw. vereinigen. Während das Kampfan, Isokampfan, ferner das Fenchan zur Pentoceanreihe gehören, ist das Pinan ein Glied der Tetroceanreihe. Die Carangruppe weist bisher als gut bekanntes Derivat nur das Caron auf. Aus der Tanacetanreihe kennen wir verschiedene Tanacetene und das Sabinen, den Tanacetylalkohol, das Tanaceton und das Tanacetylchlorid.

Genau so wie die bicyklischen Reihen lassen sich auch monocyklische unterscheiden. Zur Menthanreihe müssen wir verschiedene Menthene, ferner Menthadiëne (Terpene — unter diesen eigentliche und uneigentliche p-Dihydrocymole —), Alkohole (Menthol, Terpineol, Dihydrocarveol), Ketone (Menthon, Dihydrocarvon) usw. rechnen; auch können wir einzelne Unterabteilungen hierbei unterscheiden, so die Menthon- von der Carvonreihe usf. Dieser großen Hauptreihe, die sich demnach von einem p-Menthan ableitet, womit wir ein vollständig hydriertes p-Methyl-isopropyl-cymol bezeichnen, stehen natürlich andere Reihen gegenüber, denen wir als Muttersubstanz ebenfalls vollkommen hydrierte Kohlenwasserstoffe zugrunde legen. Unendlich groß ist die Anzahl dieser parallelen Reihen, für die ätherischen Öle aber von Interesse ist zunächst nur jene Reihe, die sich von einem vollständig hydrierten m-Methyl-Isopropyl-Benzol, dem vollständig hydrierten m-Cymol ableitet:

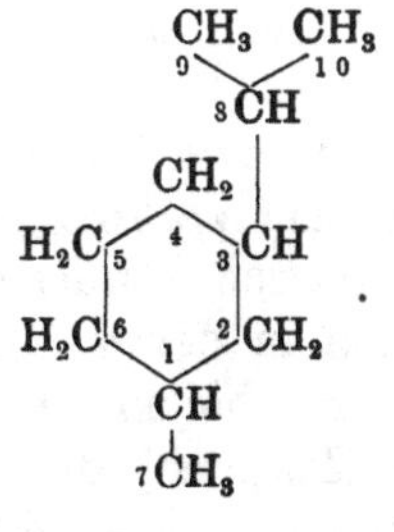

Auf den Zusammenhang der bicyklischen bzw. tricyklischen Terpene mit der großen monocyklischen p-Menthanreihe sind wir wiederholentlich zurückgekommen: wir haben gesehen, daß unter den Pentoceanreihen sich sowohl die Isokampfan-, als auch die Kampfanreihe mehr oder weniger glatt in die p-Menthanreihe überführen lassen, indem z. B. das Bornyljodid Terpineolderivate liefert und, wie wir wissen, das Kampfen sich in Borneol überführen läßt. Vom Tetroceantypus ist der Übergang in die p-Menthanreihe ebenfalls leicht durchführbar, wie z. B. das Pinen selbst in Terpineol, Limonen usw. umgewandelt werden kann. In der Carangruppe können wir vom Caron z. B. selbst leicht zum Dihydrocarvon zurückgelangen. Schließlich in der Tanacetanreihe hat uns Kondakow gelehrt, daß man z. B. vom Tanacetylchlorid usw. aus zum Limonendichlorhydrat kommen kann. Jedoch nicht alle Reihen ließen sich in die p-Menthanreihe überführen; so ist dies z. B. für die Fenchanreihe bisher nicht gelungen. Betrachten wir das Fenchon, so können wir bei der Fünfringsprengung entweder zu einem o- oder m-Methyl-Isopropyl-Derivat gelangen, jedoch nicht auf einfache Weise zu einem p-Cymolderivat, wenn wir nicht intermediär die Bildung eines neuen bicyklischen Systems annehmen wollen; in diesem Falle können wir natürlich auch zu einem p-Cymolderivat kommen, wie folgende Umsetzungen zeigen:

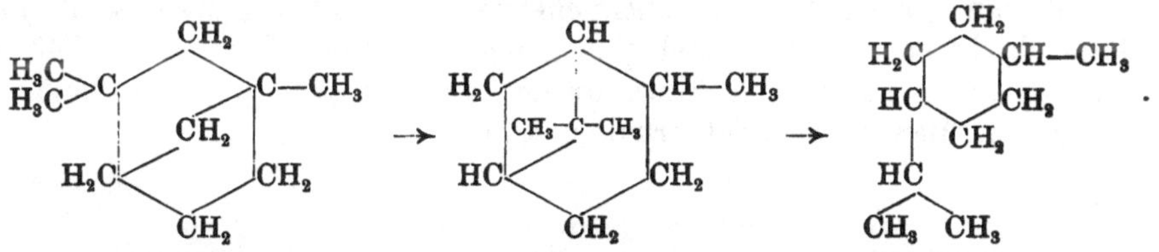

Fenchan — Pinan (intermediär) — p-Menthan

Daß verschiedene französische Forscher den umgekehrten Übergang der Pinanreihe in die Fenchanreihe als ausführbar annehmen, wurde beim Fenchen erörtert. Kurzum, die erwähnten Mitteilungen sollen dafür zeugen, daß wir bei dem Übergang aus der einen Reihe in die andere hauptsächlich eine ganz bestimmte Invertierung beobachten, so daß z. B. die Pinanreihe entweder in die Kampfan- oder in die p-Menthanreihe überführbar ist, also im letzteren Falle in ein hydriertes p-Cymol. Für die Fenchanreihe scheint dagegen der charakteristische Übergang jener in die m-Cymolreihe zu sein, weniger leicht dürften o-Cymol-, noch schwieriger p-Cymolderivate gebildet werden.

Wie verhält es sich nun mit dem Vorkommen von m-Cymolderivaten in ätherischen Ölen, bzw. mit dem Vorkommen derjenigen Reihen, welche leicht in m-Cymolderivate übergehen können? Wie oben bereits erwähnt, hätte das Terpen Fenchen auch in der m-Cymolreihe abgehandelt werden können, dann wären jedoch die bicyklischen Kampfene und Fenchene voneinander getrennt worden, Terpene, die bei vielen Verschiedenheiten doch immerhin eng zusammengehören; außerdem ist zwar der Übergang vom Fenchen in ein p-Cymolderivat bisher nicht ausgeführt worden, aber trotzdem gehört er nicht zu den Unmöglichkeiten. Ebenso hätten wir umgekehrt anderseits das Sylvestren und Carvestren bei den p-Cymolabkömmlingen besprechen können, da sie, wenigstens das Carvestren, aus p-Cymolderivaten gebildet werden können, so daß wir einmal aus dem Caron, also auch indirekt aus dem Dihydrocarvon zum Carvestren, als auch vom Fenchen aus zu diesem Kohlenwasserstoff kommen können. Da aber das Sylvestren und Carvestren zweifellos ihrer Struktur nach als hydrierte m-Cymole erscheinen, so sind sie auch unter den Terpenen dieser Reihe abzuhandeln. —

Als wichtigste Terpene der p-Cymolreihe in bezug auf das Vorkommen in den ätherischen Ölen hat sich im Pentoceansystem das Kampfen, im Tetroceansystem das Pinen, im Trioceansystem das Sabinen erwiesen; von diesen allen hinwiederum ist das am meisten vorkommende das Pinen. Von den Menthadiënen, und zwar von den uneigentlichen hydrierten Cymolen sind das Limonen, von den eigentlichen Dihydrocymolen das n-Phellandren der wichtigste Repräsentant, so daß uns von allen Terpenen der p-Cymolreihe das Pinen, das Limonen und das n-Phellandren in der Natur am häufigsten entgegentreten, seltener das Kampfen, Fenchen, Nopinen, Sabinen und Terpinen.

Auf die physikalischen und chemischen Eigenschaften wird an anderer Stelle zusammenfassend eingegangen werden. Synthetisch haben wir bisher das Fenchen und Pinen durch partielle Synthese, das Nopinen und Sabinen überhaupt nicht erhalten können.

2. Terpene der m-Cymolreihe.

Bicyklische m-Cymol-Terpene.

Diese Bezeichnung hat natürlich nur relative Richtigkeit, wie aus den eben angeführten Auseinandersetzungen hervorgeht: wir können, wie wir sahen, je nach der Art der Sprengung einer Brückenbindung bald zu der einen, bald zu der anderen Reihe kommen. Halten wir aber an der gewöhnlichen und häufigsten Art der Sprengung fest, so können wir wohl sagen, daß das Kampfen, besonders aber das Pinen zu den bicyklischen Cymolen der p-Cymolreihe gehören, daß dagegen das Fenchen, wenn es in ein monocyklisches System übergeht, ein m-Cymolderivat liefert. Es ist selbstverständlich, daß wir von den anderen Arten der Ringsprengung, bei denen Drei-, Vier- oder Fünfringe gebildet werden, absehen und nur die Aufspaltung in den monocyklischen Sechsring in Betracht ziehen.

Nichtsdestoweniger ist der bicyklische Fenchentypus, weil es ähnliche Reaktionen mit diesen zeigt, schon unter den bicyklischen Terpenen der p-Cymolreihe ausführlich beschrieben worden.

Monocyklische m-Cymol-Terpene.

Der Kohlenwasserstoff, welcher den Terpenen der p-Cymolreihe zugrunde liegt und ganz hydriert ist, wurde als p-Menthan bezeichnet; dieses ist demnach ein Hexahydrocymol, dessen Name aber von dem Menthol, dem am meisten hydrierten sauerstoffhaltigen Cymolabkömmling, entlehnt ist, vom bzw. Menthen, dem zum Menthol gehörigen ungesättigten Kohlenwasserstoff. Reduziert man das m-Cymol vollkommen, so kommt man zum Hexahydro-m-Cymol; wir kennen bisher nicht, wenigstens nicht so genau, ein sauerstoffhaltiges Derivat des m-Cymols, wie vom p-Cymol das Menthol. Der Einfachheit halber können wir jedoch das vollkommen hydrierte m-Cymol m-Menthan nennen, so daß wir von m-Menthenen sprechen können, wenn zwei Wasserstoffatome des Menthans durch eine doppelte Bindung ersetzt sind, von m-Menthadiënen, wenn zwei doppelte Bindungen vorhanden sind. so daß die Terpene der m-Cymolreihe als m-Menthadiëne bezeichnet werden können. Die Anzahl der theoretisch möglichen m-Menthadiëne ist natürlich eine sehr große; auch hier könnten wir einteilen in eigentliche Dihydro-m-Cymole, die also zwei doppelte Bindungen im Kern haben, und in uneigentliche. Von der ersten Klasse ist bisher kein Repräsentant erhalten worden, von den letzteren ist nicht bekannt das dem Terpinolen entsprechende m-Menthadiën, auch nicht ein solches mit der doppelten Bindung nach der Methylengruppe hin, sondern nur jenes, welches dem Limonen entspricht.

201. Sylvestren, Carvestren (l-Sylvestren) = $\Delta^{1.8(9)}$-m-Menthadiën

$C_{10}H_{16}$ =

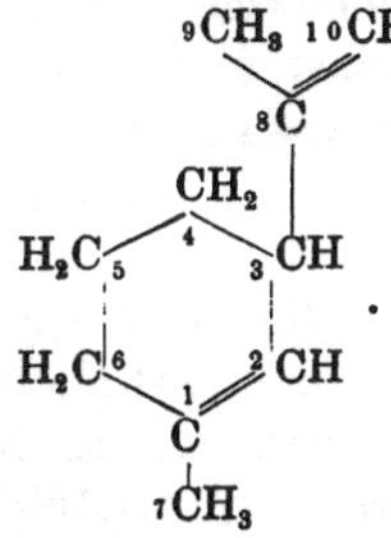

.

Die Nomenklatur in der m-Cymolreihe schließt sich im übrigen vollkommen an jene der p-Cymolreihe an.

Vorkommen, Isolierung und Synthese. Das Sylvestren gehört zu denjenigen Terpenen, die man seit langer Zeit sehr scharf von den anderen unterscheiden konnte. Betrachten wir die Verhältnisse auf dem Terpengebiet, soweit sie im Jahre 1880 geklärt waren, so konnte man scharf nachweisen das Terebenthen (l-Pinen) bzw. das Australen (d-Pinen) durch das bei ca. 131° schmelzende Pinenhydrochlorid, ferner das Kampfen, ev. durch sein über 150° schmelzendes Hydrochlorid, ferner das Citren (Carven) usw., welches um 175° siedet und das von Tilden entdeckte Bisnitrosochlorid liefert — im Jahre 1885 gelang es Goldschmidt, dieses Bisnitrosochlorid in aktives Carvoxim überzuführen —, ferner das Phellandren durch sein Nitrit. Von den bicyklischen Terpenen waren die Fenchene, das Nopinen und das Sabinen noch nicht bekannt. Von den monocyklischen Terpenen der p-Cymolreihe kannte man wohl das Terpinen schon lange im „Tereben“ und „Terpilen“, allerdings mit i-Limonen und Terpinolen verunreinigt; nicht kannte man also feste Derivate von Terpinen und Terpinolen.

Von den Terpenen der m-Cymolreihe hatte Atterberg im Jahre 1877 (B. **10**, 1202) das Sylvestren aufgefunden, und zwar in einem Kienöl, d. h. in einem Öl, welches durch trockne Destillation des Holzes namentlich der Wurzeln von *Pinus*-, *Picea*-, *Abies*- und *Larix*arten in Schweden gewonnen wird und als schwedisches Kienöl in den Handel kommt. Das Öl enthält alle möglichen Produkte, Ketone, Aldehyde, Säuren, Phenole usw., besonders aber Kohlenwasserstoffe, unter denen sich auch Terpene $C_{10}H_{16}$ befinden. Atterberg konnte neben d-Pinen (Australen), welches er scharf nachwies, ein Terpen erhalten, das sich mit keinem bisher bekannten als identisch erwies; er nannte es Sylvestren; es siedet bei 173—175° und gab ein festes Dichlorhydrat vom Smp. 72—73°, woraus sich nach der Oppenheimschen Methode mit Anilin Sylvestren vom Sdp. 175—180° regenerieren ließ. Es mag vorausgeschickt werden, daß nach dieser Methode wegen der anzuwendenden hohen Temperatur Umlagerungen nicht ausgeschlossen sind. Beim Behandeln des Dichlorhydrats mit alkoholischer Kalilauge resultierte ein nach Pelargonium riechendes Öl, welches in weiten Intervallen siedete. — Das Volumgewicht des Sylvestrens fand Atterberg zu 0,861, ferner einen Rotationskoeffizienten von + 19,5°. A. a. O., S. 1208 spricht Atterberg die Vermutung aus, daß auch in den ätherischen Ölen der Fichtennadeln ev. Sylvestren vorkommt; auch weist er schon darauf hin, daß der charakteristische Geruch der Fichtennadeln von einem höhersiedenden Anteil herrührt; in diesem wurde später Bornylacetat aufgefunden. — Vgl. auch Tilden (Soc. **33** [1878], 80).

Alsdann beschäftigt sich Wallach (A. **230** [1885], 240) mit dem Sylvestren; auch er findet den Smp. des Dichlorhydrats zu 72°. Auch W. konstatiert bei dem durch die Behandlung des Dichlorhydrats mit Anilin entstehenden Kohlenwasserstoff einen erhöhten Siedepunkt (185°), obwohl auch aus dem regenerierten Terpen das charakteristische Dichlorhydrat des Sylvestrens erhalten wurde. — Außerdem konnte W. Dipenten im schwedischen Kienöl nachweisen.

In der nächsten Abhandlung (A. **239**, 24) ermittelte W. alsdann die Rechtsdrehung des bei 72° schmelzenden Sylvestrendichlorhydrats; auch regenerierte er das Sylvestren durch Kochen des Dichlorhydrats mit Natriumacetat in Eisessiglösung und fand für den so erhaltenen Kohlenwasserstoff Sdp. 175—178°. Löst man nach W. eine kleine Menge Sylvestren in wasserfreier Essigsäure oder besser in Essigsäureanhydrid und fügt einen Tropfen konz. Schwefelsäure zu der Lösung, so färbt sich die Flüssigkeit prachtvoll und intensiv blau, jedoch wird die Färbung häufig durch andere Terpene, die rote bis gelbrote Färbungen auftreten lassen, verdeckt. Durch Erhitzen auf 250° in zugeschmolzenen Röhren wird das Sylvestren nicht isomerisiert, auch nicht beim Kochen mit alkoholischer Schwefelsäure.

Brühl (B. **21** [1888], 153) bringt alsdann einige physikalische usw. Beobachtungen über das Sylvestren und a. a. O., S. 172 Konstitutionsangaben über dies Terpen.

Wallach (A. **245**, 197) regenerierte später das Sylvestren, indem er 40 g Dichlorhydrat mit 40 g Anilin und 10 ccm Alkohol erhitzte usw.; den Siedepunkt fand Wallach nunmehr zu 176—177°, $d_{20} = 0{,}8470$ usw.; durch diese Beobachtungen werden jene der früheren Forscher, welche ein höheres Volumgewicht gefunden hatten, verbessert und das Sylvestren wird in nähere Beziehung zu den übrigen um 175° siedenden Terpenen gebracht, die sich ebenfalls durch ein derartiges niedriges Volumgewicht auszeichnen.

Auch mit Nitrosylchlorid bringt Wallach (A. **245**, 272 u. A. **252**, 135) das Sylvestren in Reaktion und gewinnt aus dem entstandenen Nitrosochlorid verschiedene Derivate. Bertram u. Walbaum (Ar. **231** [1893], 290) stellen alsdann fest, daß viele sog. „Nadelöle“ Sylvestren enthalten, so daß die Pflanze diesen Kohlenwasserstoff bereits produziert. — Zu demselben Resultat, daß also das Sylvestren kein Umwandlungsprodukt anderer Terpene ist, das sich durch die hohe Temperatur bei der Gewinnung der Kienöle durch Isomerisierung anderer Terpene bilden könnte, kommen auch Aschan und Hjelt. Im Jahre 1894 (Chem. Z. **18**, 1566) berichten sie über finnländisches Terpentinöl, welches analog dem schwedischen gewonnen wird.

Vom Jahre 1894 ab erfolgen alsdann die Mitteilungen v. Baeyers über das Carvestren (B. **27**, 3486). Aus dem Carylamin gewinnt v. B. das Vestrylamin und aus diesem durch Ammoniakabspaltung das Carvestren. A. a. O., S. 3491 vergleicht er das Carvestren mit dem Sylvestren und spricht das Carvestren als die razemische Form des Sylvestrens an.

Im Jahre 1898 (B. **31**, 1402) gelingt es v. B., das Carvestren in m-Cymol überzuführen und ebenso (B. **31**, 2067) das Sylvestren.

Semmler (B. **34** [1901], 708) spricht die Ansicht aus, daß es nicht ausgeschlossen ist, daß auch im Carvestren teilweise die Pseudoform vorliegt.

Kondakow und Schindelmeiser (J. pr. II, **68**, 109) stellen alsdann vom Fenchylchlorid, bzw. -bromid ausgehend einen Kohlenwasserstoff dar, den sie als Carvestren ansehen; auch vergleichen sie ihr Carvestren mit jenem v. Baeyers.

Aus diesen Mitteilungen über die Eigenschaften des Sylvestrens geht klar hervor, daß wir imstande sind, das Sylvestren scharf von den anderen Terpenen zu unterscheiden und es in den ätherischen Ölen gegebenenfalls nachzuweisen. Nichtsdestoweniger ist es bisher nicht sehr häufig gelungen, das Sylvestren in der Natur aufzufinden; es scheint so, als ob dieses Terpen hauptsächlich in solchen Ölen vorkommt, welche aus Pflanzen gewonnen werden, die der Familie der Pinaceae angehören.

Pinaceae.

Je nachdem wir ätherische Öle aus dem Holz usw. besonders von *Pinus-*, *Picea-*, *Abies-*, *Larix-* usw. Spezies durch trockne Destillation gewinnen, sprechen wir von Kienölen, oder wenn wir sie durch Wasserdampfdestillation der Nadeln, Zapfen und jungen Zweige erhalten, von Zapfen oder Nadelölen, oder schließlich von Terpentinölen, wenn wir die aus den genannten Spezies gewonnenen Harze der Wasserdampfdestillation unterwerfen. In den Ölen letzterer Art ist das Sylvestren bisher nicht aufgefunden worden, dagegen sowohl in den Kien-, als auch Nadelölen.

Die Entdeckung des Sylvestrens von seiten Atterbergs im schwedischen Kienöl (B. **10** [1877], 1202) wurde bereits oben erwähnt, ebenso diese Bestätigung von seiten Wallachs. Vgl. auch Tilden (Soc. **33** [1878], 80 und ev. Pharm. Journ. London III, **8** [1878], 539). — Im finnländischen Kienöl (Chem. Z. **18** [1894], 1566, 1699 und 1800) konstatieren Aschan und Hjelt Sylvestren und Dipenten; ob reines finnländisches Terpentinöl ebenfalls Sylvestren enthält, erscheint mir fraglich; die Genannten destillieren auch das Stammholz der Kiefer mit Wasserdampf; in dem so gewonnenen Öle konnte nunmehr Pinen und Sylvestren, aber kein Dipenten nachgewiesen werden, so daß das Sylvestren ein normaler Bestandteil des Holzes von *Pinus silvestris* zu sein scheint, dagegen dürfte das Dipenten des Kienöls ein durch die Wärme hervorgerufenes Isomerisationsprodukt, wahrscheinlich des aktiven Limonens, sein. Der Nachweis des letzteren neben dem Sylvestren gestaltet sich schwierig, weil beide Kohlenwasserstoffe sowohl Dichlorhydrate, als auch Tetrabromide und Nitrosochloride geben, die Trennung aller dieser Verbindungen aber eine äußerst schwierige ist, da die Schmelzpunkte der Derivate sich gegenseitig beeinflussen und stark herabgedrückt werden. Wallach (A. **230**, 245) untersuchte ein „russisches Terpentinöl", in welchem Tilden (Soc. **33** [1878], 80) 1. Australen (d-Pinen), 2. ein etwa zwischen 171—172° siedendes Terpen, 3. Cymol und 4. kleine Quantitäten hochsiedender verharzter Kohlenwasserstoffe festgestellt hatte. W. fand in dem Öl Dipenten und in dem von 172—174° siedenden Anteil Sylvestren. Es muß dahingestellt bleiben, wie bereits erwähnt, ob in der Tat in diesen sog. Terpentinölen immer Wasserdampfdestillate von Terpentinen vorliegen, oder ob nicht Kienöle vielfach unter diesem Namen gehen, bzw. ob nicht vielfach Verfälschungen mit diesen Kienölen vorkommen, wodurch häufig die Gegenwart des Sylvestrens in einem Terpentinöl hinlänglich erklärt wird. Ausgeschlossen ist es natürlich keineswegs, daß es auch in reinen Terpentinölen vorkommt, da es von ASCHAN und HJELT im Wasserdampfdestillat aus Holz von Pinaceen nachgewiesen ist.

Auch in den Nadelölen ist man verschiedentlich auf das Sylvestren gestoßen. Die ausführlichste Arbeit in dieser Hinsicht liegt von BERTRAM und WALBAUM (Ar. **231** [1893], 290, 297, 299 und 300) vor. Im deutschen Kiefernnadelöl (*Pinus silvestris*) konnten B. und W. d-Pinen im Gegensatz zu anderen Nadelölen, in denen besonders l-Pinen vorkommt, auch Sylvestren konstatieren, ev. liegt auch nach ihnen ein Gehalt von Dipenten vor; außerdem fand sich in dem Öl ein Acetat, ev. ein Borneol- oder Terpineolester, in den zuletzt übergehenden Fraktionen Cadinen. Auch das schwedische Kiefernnadelöl enthält nach B. und W. d-Sylvestren, d-Pinen und wenig Ester (ev. 3,5 °/$_0$ Bornylacetat). Über das englische Kiefernnadelöl liegen Notizen von UMNEY (Pharm. Journ. London **55** [1895], 161 und 542) vor; je nach der Destillation der Nadeln der Kiefer im Juni oder Dezember wurde ein etwas verschieden zusammengesetztes Öl erhalten; UMNEY konnte l-Pinen, ev. Dipenten und durch Farbenreaktion auch Sylvestren konstatieren; wahrscheinlich jedoch sind die Bestandteile des englischen Kiefernnadelöls bis auf das Drehungsvermögen des Pinens dieselben wie jene des deutschen Kiefernnadelöls. — Das Latschenkiefernöl (*Pinus montana* Miller) dreht $-4^0 30'$ bis -9^0, der Estergehalt beträgt 5—7 °/$_0$. B. u. W. konnten beim fraktionierten Destillieren keine Anteile vom Sdp. 160—170° erhalten, dagegen destillierten bei 175—180° 70 °/$_0$ über (vgl. UMNEY, Pharm. Journ. London **55** [1895], 162, nach welchem von 155—165° 2 °/$_0$, von 165—168° 95 °/$_0$, von 180—200° 21 °/$_0$, über 200° 18 °/$_0$ destillieren). l-Pinen (ATTERBERG, B. **14** [1881], 2531), l-Phellandren, Sylvestren und Bornylacetat konnten B. und W. konstatieren (vgl. BUCHNER, A. **116** [1860], 323); auf die Möglichkeit des Vorkommens des Sylvestrens hatte, wie oben erwähnt, ATTERBERG (B. **10** [1877], 1208) bereits hingewiesen.

Im Cypressenöl (*Cupressus sempervirens* L.) haben SCH. u. Co. (SCH. **1894**, II, 70; **1895**, I, 12 und **1904**, I, 33) das Vorkommen von ca. 65 °/$_0$ Terpenen als wahrscheinlich hingestellt, von denen der größte Anteil auf Kampfen und Sylvestren entfällt; das letztere wurde nachgewiesen in den Fraktionen Sdp. 172—175° ($d_{15} = 0{,}8592$, $\alpha_D = +22^0 21'$), 175—179° ($d_{15} = 0{,}8558$, $\alpha_D = +20^0 35'$) und Sdp. 179—181° ($d_{15} = 0{,}8567$, $\alpha_D = +20^0 16'$); Smp. des Dichlorhydrats 72°. Der mit essigsaurem Natrium und Eisessig regenerierte Kohlenwasserstoff sott bei 180—184°; wundervolle Blaufärbung; Tetrabromid zeigte den Smp. 134—135°.

Burseraceae.

A. MORE (Soc. **75** [1899], 718) berichtet, in dem ätherischen Öl aus dem Harz der Burseracee *Dacryodes hexandra* Grieseb. l-Sylvestren konstatiert

n-(α-)Phellandren.

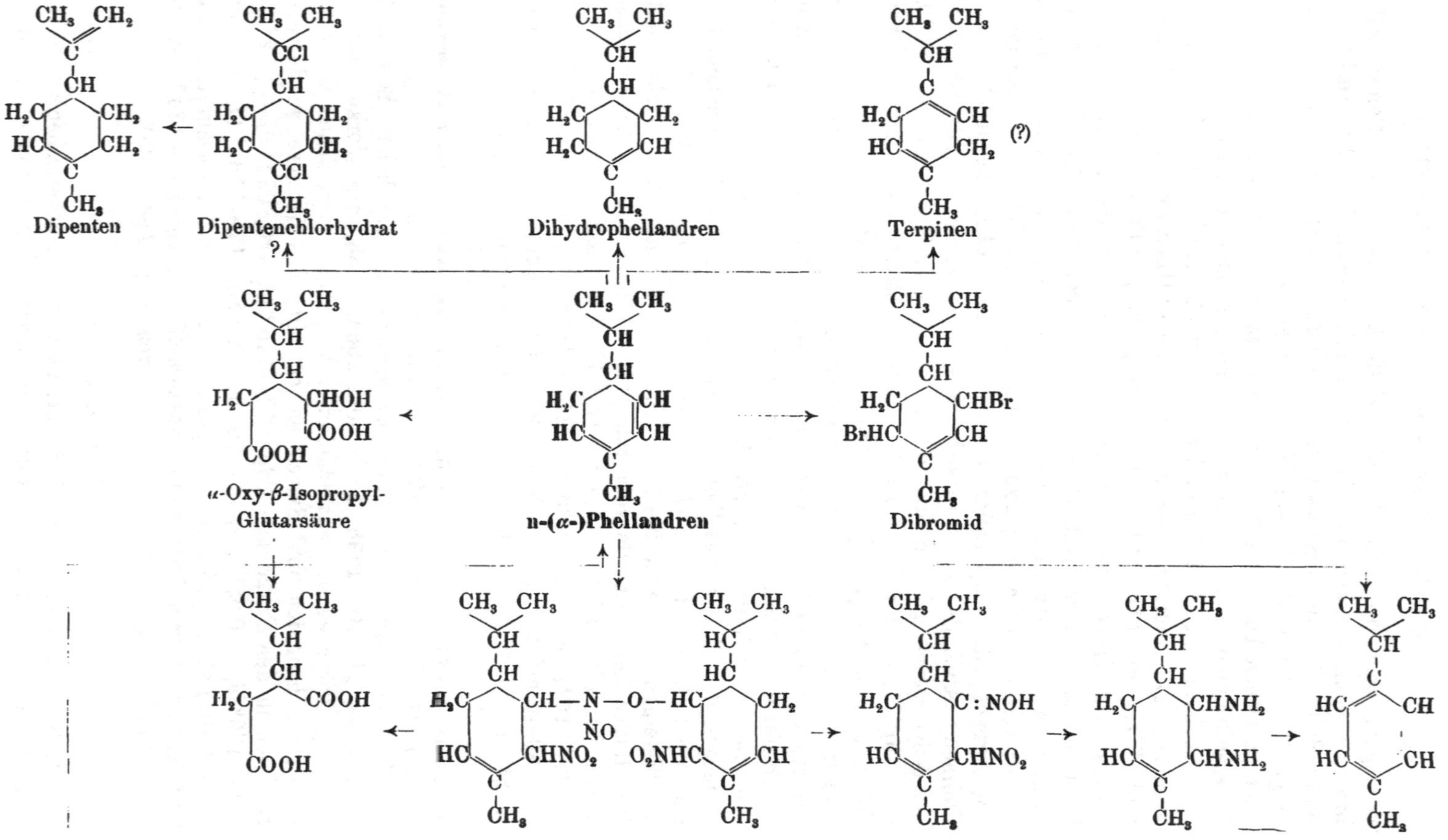

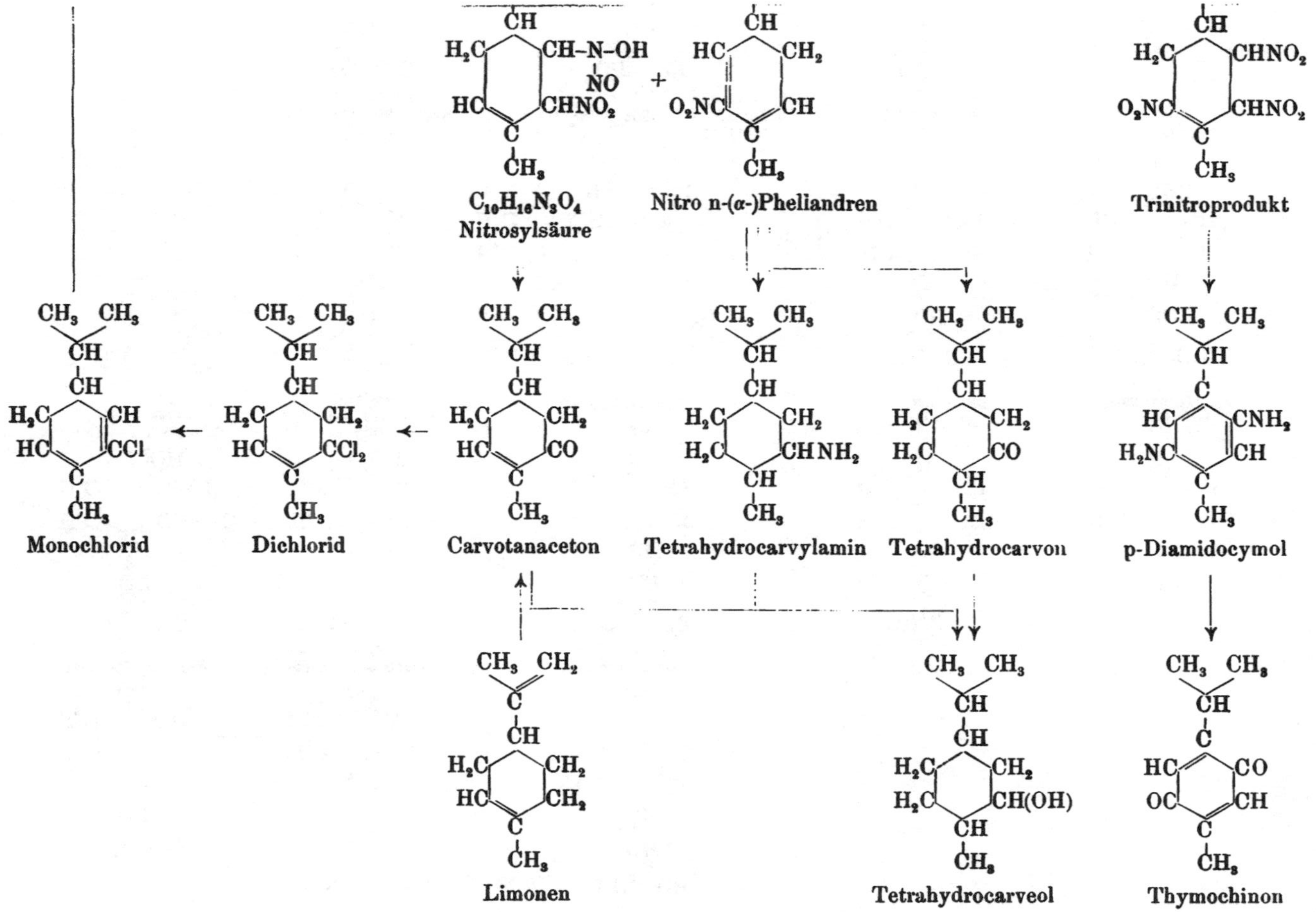

$C_{10}H_{16}N_3O_4$
Nitrosylsäure
Nitro n-(α-)Pheliandren
Trinitroprodukt
Monochlorid
Dichlorid
Carvotanaceton
Tetrahydrocarvylamin
Tetrahydrocarvon
p-Diamidocymol
Limonen
Tetrahydrocarveol
Thymochinon

ps-(β-)Phellandren.

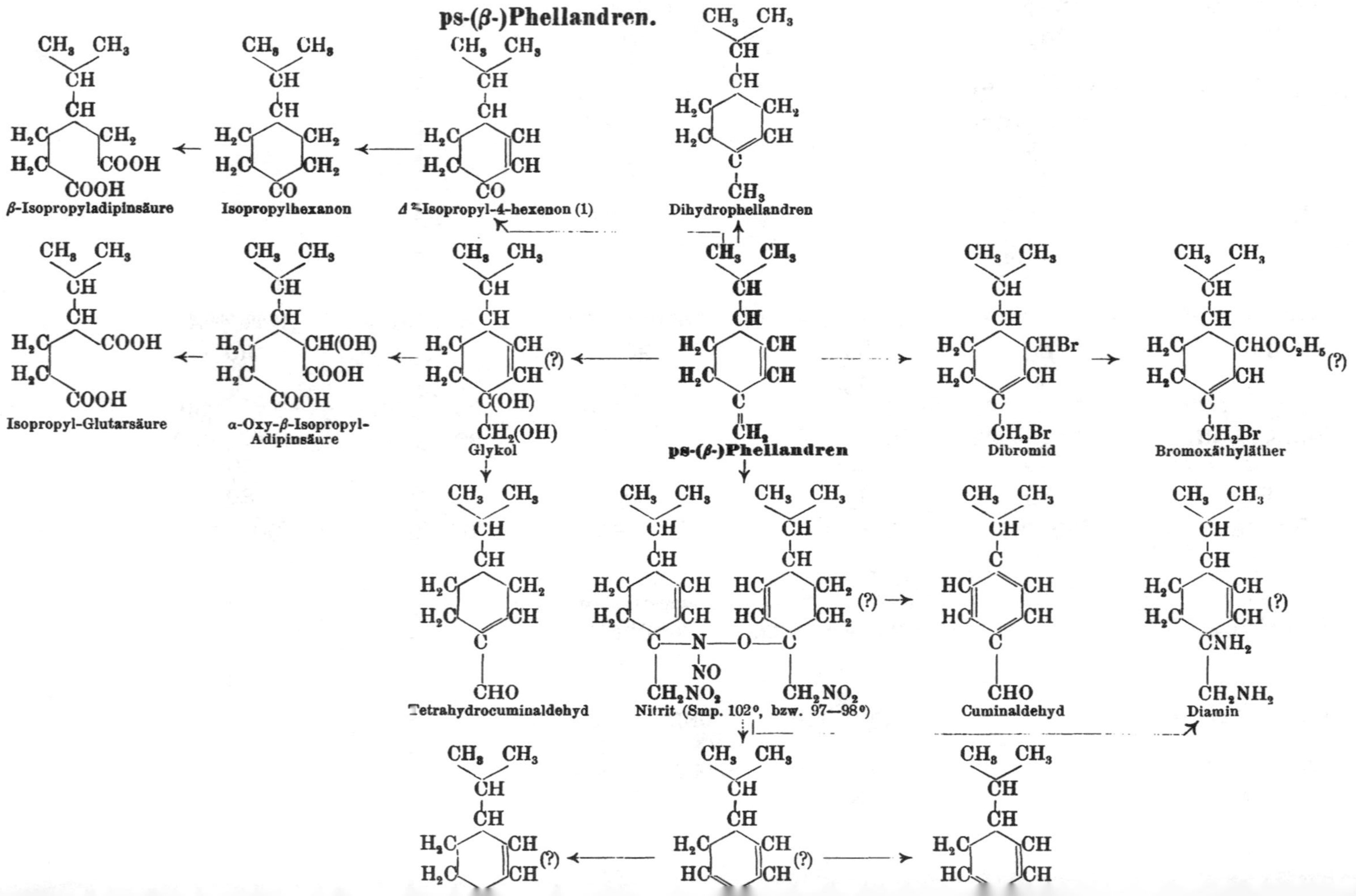

zu haben; das Dichlorhydrat schmolz bei 71°; da die den Kohlenwasserstoff enthaltende Fraktion linksdrehend war, so wäre dies das erste Mal, daß das Vorkommen von l-Sylvestren konstatiert wurde, außerdem, daß ein Harz Sylvestren liefert; diese interessante Angabe müßte an neuem Material nachgeprüft werden, um jeden Zweifel zu beheben. MORE konstatierte in dem genannten Öle 64 % l-Pinen und 17 % Sylvestren. —

Mit absoluter Sicherheit ist hiernach das Sylvestren bisher nur in den Kienölen, die aus Pinaceen gewonnen werden, ebenso in Nadelölen gleicher Herkunft nachgewiesen worden. Physiologisch interessant ist das Vorkommen des Sylvestrens in den Pflanzen; man kann annehmen, daß der Übergang aus gewissen p-Cymolabkömmlingen in die m-Cymolreihe in der Pflanze unter Umständen stattfinden kann, wenn man nicht voraussetzen will, daß sich m-Cymolderivate in der Pflanze direkt bilden können. Jedenfalls gehört das Vorkommen von m-Cymolverbindungen in den ätherischen Ölen, ja überhaupt unter den von der Pflanze hervorgebrachten Verbindungen zu den größten Seltenheiten.

Zur Isolierung des Sylvestrens ist zu bemerken, daß sie am besten zunächst durch fraktionierte Destillation erfolgt, wobei man ev. einen Kohlenwasserstoff erhält, dessen physikalische und chemische Eigenschaften durchaus nicht mit jenen des regenerierten Sylvestrens übereinstimmen, so daß es mir sehr zweifelhaft erscheint, ob überhaupt bei der Regenerierung reines Sylvestren gebildet wird. Wir können aus dem Sylvestrendichlorhydrat die Salzsäure entweder mittels Anilin abspalten oder mittels Natriumacetat in Eisessiglösung; betrachten wir nun die Formel, welche wir heute für das Sylvestren annehmen, so kann die Salzsäureabspaltung in ganz verschiedenem Sinne vor sich gehen, genau so wie wir dies beim Dipentendichlorhydrat kennen gelernt haben, indem im letzteren Falle allerdings hauptsächlich Dipenten zurückgebildet, daneben aber auch Terpinolen, Terpinen, Cymol usw. gebildet wird, namentlich bei der Abspaltung mittels Anilin. Behalten wir nun ferner im Auge, daß wir bei der Abspaltung der Salzsäure mit Natriumacetat in saurer Lösung arbeiten, so ist auch bei dieser Umsetzung eine Invertierung durchaus wahrscheinlich, so daß neben regeneriertem Sylvestren auch Terpene der m-Cymolreihe, die dem Terpinolen, Terpinen usw. mut. mut. entsprechen, gebildet werden können; namentlich der höhere Siedepunkt des regenerierten Sylvestrens spricht sehr für die Beimengung eines Terpens vom Terpinolentypus; anderseits liefert das regenerierte Sylvestren das Sylvestrendichlorhydrat und die Farbenreaktionen, jedoch liegen keine eindeutigen quantitativen Bestimmungen vor.

Synthetisch ist aktives Sylvestren bisher nicht erhalten worden; dagegen sollen an dieser Stelle die beiden Darstellungsweisen des Carvestrens Erwähnung finden, welche einmal vom Caron (v. BAEYER), anderseits vom Fenchon (KONDAKOW) aus ihren Ausgang nehmen.

v. BAEYER (B. **27** [1894], 3485) gewann das Caron aus dem Dihydrocarvon; das Caron lieferte ihm das Caronoxim, aus welchem hinwiederum das Carylamin $C_{10}H_{19}N$ erhalten wurde. Durch Lösen des Carylamins in verd. Alkohol und Sättigen dieser Lösung mit Salzsäure entsteht während des Eindampfens der Lösung auf dem Wasserbade durch Umlagerung das Vestrylamin. Durch Zerlegung des Vestrylaminchlorhydrats in Chlorammonium und einen Kohlenwasserstoff konnte v. B. das Carvestren darstellen, so daß wir folgende Reaktionen haben:

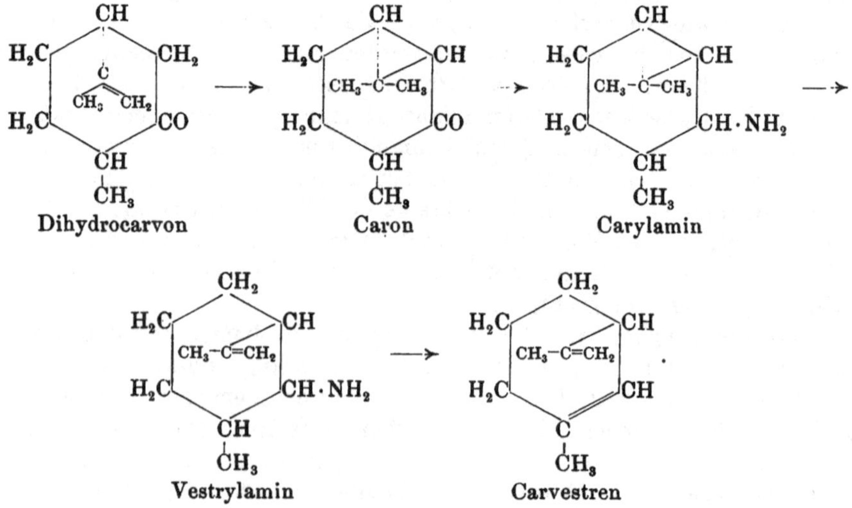

Über die Eigenschaften gibt v. B. an: Sdp. 180—186°, gibt die Sylvestrenreaktion, auch Terpinenreaktion, d. h. es tritt bei der Einwirkung von Chromsäuregemisch Abscheidung brauner Flocken ein; das Carvestrendibromhydrat schmilzt bei 48—50°, welches wiederum ein Terpin $C_{10}H_{18}O_2$ vom Smp. 127° gibt; Carvestrendihydrochlorid zeigt den Smp. 52,5°. Durch Regenerierung des Kohlenwasserstoffes aus dem Hydrobromid und schließliches Destillieren über Natrium erhält man ein Carvestren vom Sdp. 178°; es verharzt schnell an der Luft, wird von Chromsäuregemisch in der Kälte oxydiert, zeigt die Sylvestrenreaktion usw.; v. B. spricht sich dafür aus, daß das Carvestren i-Sylvestren sei. Ferner macht v. B. einige Erörterungen über die Konstitution des Carvestrens.

In der nächsten Abhandlung (B. **31** [1898], 1402) konnte v. B. das Carvestren in m-Cymol überführen, indem er vom Dihydrobromid ausging, letzteres bromierte, das entstandene Bromprodukt mit Zinkstaub und frisch bereiteter alkoholischer Salzsäure reduzierte usw. Nach Entfernung der ungesättigten Kohlenwasserstoffe durch Oxydation mit Permanganatlösung resultierte m-Cymol vom Sdp. 175°, welches Isophtalsäure lieferte. — Alsbald wurde von v. B. (B. **31** [1898], 2067) auch das Sylvestren in m-Cymol vom Sdp. 174—176° übergeführt, indem auch hier die Identifizierung durch Oxydation zur Oxyisopropylbenzoesäure vom Smp. 123—124° erfolgte, sowie durch weitere Oxydation zur Isophtalsäure, die an dem Schmelzpunkt ihres Methylesters (67—68°) erkannt wurde.

Semmler (B. **34** [1901], 717) ist der Ansicht, daß der Ortho-(Normal-)Form des Carvestrens, wie es bei der Destillation des Vestrylaminchlorhydrats gewonnen wird, ev. die Pseudoform beigemengt sein dürfte.

Über die Gewinnung des Carvestrens aus dem Fenchon berichten Kondakow und Schindelmeiser (J. pr. II, **68** [1903], 108) (vgl. auch J. pr. II, **62** [1900], 8 und 19). Durch Reduktion des Fenchons erhält man den Fenchylalkohol, welcher mit konz. Halogenwasserstoffsäuren ein Gemenge von z. B. Chloriden gibt. Diese Chloride liefern bei weiterem Behandeln mit Halogenwasserstoff Dichloride, welche zum Teil bereits bei der ersten Operation entstehen. Das reine Dichlorid schmilzt nach K. und Sch. bei 49—51° und ist optisch inaktiv. Beim Erhitzen mit alkoholischer Kalilauge auf 125° fünf Stunden hindurch resultiert daraus ein Kohlenwasserstoff vom Sdp. 181—184°, $d_{21/4}$ = 0,8524, n_D = 1,47713, M.R. = 45,01, ber. für $C_{10}H_{16}|^{\overline{2}}$ = 45,24; er gibt Carvestren- bzw. Sylvestrenreaktion, aber mehr mit violettem Stich. Mit Bromwasserstoff entsteht aus ihm ein Dibromhydrat vom Smp. 59—60° usw. K. und Sch. stellen Carvestren nach v. Baeyer dar; das erhaltene Carvestren zeigte: d_{20} = 0,847, n_D = 1,4851, Sdp. 177—186°, M.R. = 43,79 (?), während $C_{10}H_{16}|^{\overline{2}}$ = 45,24 verlangt, $[\alpha]_D = -52,73°$, so daß eine starke optische Aktivität gegenüber dem Kohlenwasserstoff von v. Baeyer hervortritt. K. und Sch. sind der Meinung, daß nach dem Verfahren v. Baeyers aus dem Caron ein Gemenge von Kohlenwasserstoffen entsteht, und daß man bisher überhaupt noch kein reines Carvestren in Händen gehabt hat. Diese Umsetzungen können wir uns folgendermaßen vorstellen. Zweifellos dürfte dem primären Fenchylchlorid, wenn wir die Semmlersche Fenchonformel zugrunde legen, Formel I zukommen, welches sich in das Chlorid von der Formel II umlagern kann, das seinerseits sehr leicht das Sylvestren- bzw. Carvestrendihydrochlorid liefert:

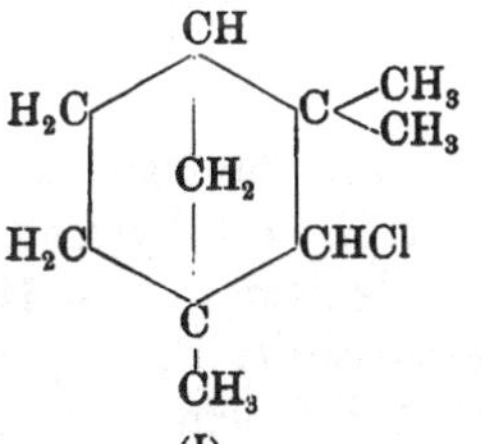
(I)

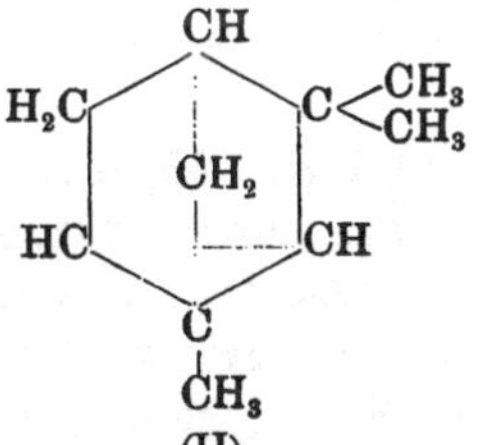
(II)
intermediär

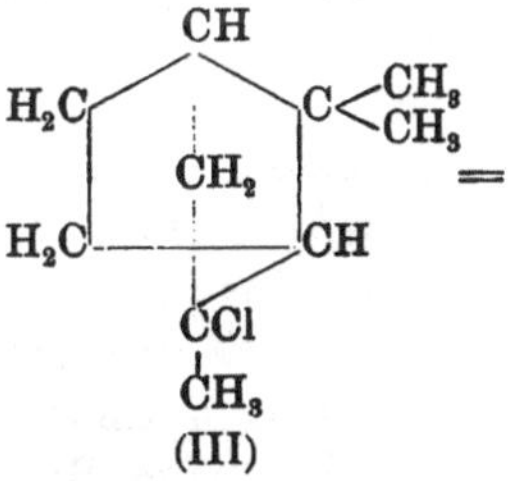
(III)

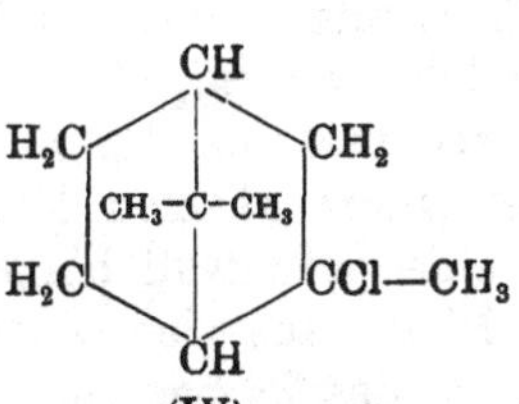
(IV)

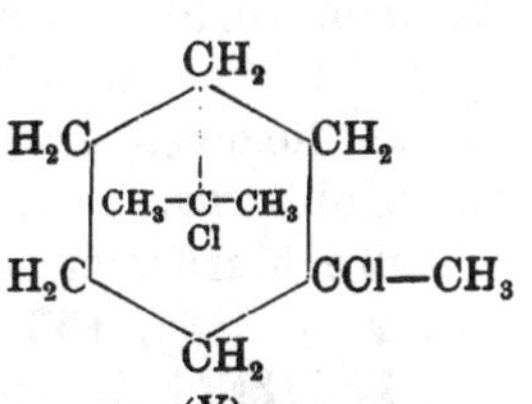
(V)
Sylvestrendihydrochlorid

Das nach der BAEYERschen Methode erhaltene Carvestren reinigten K. und SCH. nicht mit Chromsäuremischung, sondern durch Bearbeitung mit Bromwasserstoffsäure usw. Durch Erhitzen mit alkoholischer Kalilauge auf 150° resultierte ein Kohlenwasserstoff, Sdp. 169—176°, $d_{20} = 0,828$, $n_D = 1,4706$. K. und SCH. sind der Ansicht, daß in ihm hauptsächlich Kohlenwasserstoff mit nur einer doppelten Bindung vorhanden ist (vgl. Originalarbeit).

Betrachten wir diese synthetischen Darstellungsweisen, so ist es zweifellos, daß sowohl aus dem Caron, als auch aus dem Fenchon ein Terpen gewonnen werden kann, welches die Farbenreaktion des Carvestrens liefert. Wir wissen jedoch, daß diese Reaktion durch die Anwesenheit anderer Terpene leicht verdeckt werden kann, so daß nicht immer die rein blaue Farbe aufzutreten braucht, sondern häufig eine violette Färbung entsteht. Ferner gibt das Carvestren v. BAEYERS ein anderes Dichlorhydrat und Dibromhydrat als das Limonen, ebenso das Carvestren KONDAKOWS; auch läßt sich das Carvestren nach v. BAEYER in m-Cymol überführen, genau so wie das Sylvestren. Wir müssen uns aber zweifellos den Ausführungen KONDAKOWS anschließen, welcher betont, daß alle diese Verfahren kein reines Carvestren liefern können, sondern daß wir es mit einem Gemenge sehr verschiedener Terpene zu tun haben, unter denen sich allerdings Sylvestren im aktiven oder inaktiven Zustande befinden dürfte. Wir wissen heute, daß weder die Darstellung eines Terpens aus einem Aminchlorhydrat, noch jene aus einem Dihalogenhydrat zu reinem Terpen führen kann, sondern daß dabei stets Gemenge entstehen. Weitere exakte Versuche über das Carvestren sind demnach durchaus am Platze.

Physik. Eig. des Sylvestrens. Wir hatten Gelegenheit bereits bei Besprechung der Abscheidung und Darstellung des Sylvestrens wiederholt auf die physikalischen Eigenschaften einzugehen. ATTERBERG (B. **10** [1877], 1206) bestimmt den Siedepunkt des Sylvestrens aus dem schwedischen Kienöl zu 173—175°, hauptsächlich 174°, $d_{16} = 0,8612$, Rotationskoeffizient $= +19,5°$.

WALLACH (A. **230**, 243 und A. **239**, 27) regeneriert das Sylvestren, wie es bereits ATTERBERG getan hatte, durch Erhitzen des Sylvestrendihydrochlorids mit Anilin. ATTERBERG hatte hierbei den Sdp. 175—180° erhalten, WALLACH konnte unter 180° nichts überdestillieren, dagegen siedete die Hauptmenge um 185°, welche mit größter Leichtigkeit das Dichlorhydrat vom Smp. 72° lieferte. Alsdann regeneriert WALLACH das Sylvestren aus dem Dichlorhydrat durch Erhitzen mit Natriumacetat in Eisessiglösung und erhält hierbei ein Produkt vom Sdp. 175—178°. Hierbei gibt WALLACH die oben erwähnte Farbenreaktion des Sylvestrens an; wenn man den Kohlenwasserstoff in Essigsäureanhydrid löst und etwas konz. Schwefelsäure hinzusetzt, entsteht eine prachtvoll blaue Farbe.

BRÜHL (B. **21** [1888], 153) findet M. R. aus den Daten, die von GLADSTONE (Soc. **17** [1864], 1) herrühren, für das Terpen aus schwedischem Terpentinöl 44,19, während sich für $C_{10}H_{16}|\overline{^2} = 45,0$ berechnet; es muß dahingestellt bleiben, ob hier Sylvestren vorgelegen hat, da nur von einem schwedischen Terpentinöl die Rede ist.

WALLACH (A. **245**, 197) bringt neue physikalische Daten über das Sylvestren, das er aus dem Dichlorhydrat durch Erhitzen mit Anilin und Alkohol gewonnen hatte (vgl. oben): Sdp. 176—177°, d_{20} = 0,8470, n_D = 1,47799, M.R. = 45,08.

Derselbe Forscher (A. **252**, 149) gibt für regeneriertes Sylvestren an: Sdp. 175—176°, d_{20} = 0,848, n_D = 1,47573, $[\alpha]_D$ = + 66,32°. Nach WALLACH darf dieser Kohlenwasserstoff „wohl als absolut rein angesprochen werden".

v. BAEYER (B. **27**, 3490) regeneriert das Carvestren aus $C_{10}H_{16} \cdot 2HBr$ und findet: Sdp. 178°, inaktiv, gibt Sylvestrenreaktion.

v. BAEYER (B. **31** [1898], 2067) regeneriert das Sylvestren aus dem Dihydrochlorid mit Chinolin und erhält: Sdp. 178—186°.

KONDAKOW und SCHINDELMEISER (J. pr. II, **68**, 109) geben für ihr Carvestren aus Fenchylchlorid an: Sdp. 181—184°, optisch inaktiv, d_{21} = 0,8524, n_D = 1,47713, violette Farbenreaktion; für das Carvestren, nach der Methode BAEYERS dargestellt, konstatieren sie: Sdp. 177—186°, d_{20} = 0,847, n_D = 1,4851 usw. (vgl. oben Darstellung).

Aus diesen physikalischen Daten ergibt sich, daß der Siedepunkt des nicht regenerierten Sylvestrens um 174° zu liegen scheint, daß das regenerierte Sylvestren durchweg etwas höher siedet, da ihm, wie vorhin auseinandergesetzt wurde, wahrscheinlich andere Terpene, welche höher sieden, beigemengt sind; der Brechungsexponent dürfte n_D = ca. 1,475 betragen. Das in der Natur vorkommende Sylvestren ist optisch aktiv, und zwar rechtsdrehend; über ev. l-Sylvestren vgl. MORE (Soc. **75** [1899], 718).

Für das Sylvestren aus Cypressenöl finden SCH. u. Co. im Durchschnitt (SCH. **1904**, I, 33) ebenfalls einen Siedepunkt, der um 175° liegt, d_{15} = ca. 0,859, α_D = ca. + 21°; dagegen siedete das mittels Natriumacetat in Eisessiglösung regenerierte Sylvestren bei 180—184°.

Das Carvestren ist von v. BAEYER inaktiv, von KONDAKOW nach der Methode v. BAEYERS aktiv abgeschieden worden, während es aus Fenchylchlorid ebenfalls inaktiv erhalten wurde; es muß dahingestellt bleiben, ob man auf dem angegebenen Wege zu aktivem Sylvestren gelangt oder ob die Aktivität von anderen Beimengungen herrührt.

Physiol. Eig. des Sylvestrens. Nach Angaben verschiedener Forscher soll dem Sylvestren bzw. Carvestren ein eigentümlicher angenehmer Geruch zukommen (KONDAKOW und SCH., J. pr. II, **68**, 109); nach WALLACH (A. **230**, 244) besitzt das regenerierte Sylvestren „einen sehr angenehmen, citronenähnlichen, am meisten an Bergamottöl erinnernden Geruch".

Chem. Eig. des Sylvestrens. Das Sylvestren hat in seinen Reaktionen mit dem Limonen die größte Ähnlichkeit. Es erleidet jedoch eine Veränderung schwerer als das Limonen. Nach WALLACH (A. **239**, 28) kann man Sylvestren in zugeschmolzenen Röhren auf 250° erhitzen, dabei wird ein Teil polymerisiert, es scheint aber keine Isomerisation einzutreten.

Reduktionsversuche mit Wasserstoff in der Wärme bei Gegenwart von Nickel führten SABATIER und SENDERENS (C. **1901**, II, 202) aus, nach denen aus Limonen, Sylvestren und Terpinen dasselbe Methyl-methoäthyl-cyklohexan, Sdp. 169—170°, entstehen soll, was nach unseren heutigen Anschauungen unmöglich ist. — SEMMLER (B. **34**, 3125) suchte naszierenden Wasserstoff durch Einwirkung von Natrium und Alkohol mit Sylvestren und Carvestren in Reaktion zu bringen, jedoch gelang es ihm nicht, eine doppelte Bindung zu reduzieren, so daß wir annehmen können, daß weder im Sylvestren, noch im Carvestren die beiden doppelten Bindungen einander benachbart stehen.

Versuche über die Einwirkung der freien Halogene auf Sylvestren liegen von WALLACH vor (A. **230** [1885], 241 und A. **239** [1887], 29), der Brom auf regeneriertes Sylvestren in Eisessig einwirken ließ. Er erhielt das

Sylvestrentetrabromid

$C_{10}H_{16}Br_4$ = 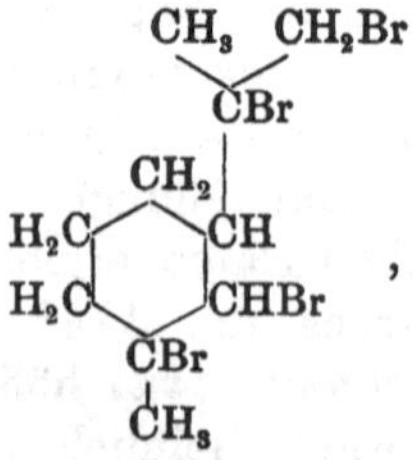 ,

Smp. 135—136°, monosymmetrisch; die genauen Messungen vgl. a. a. O., S. 32. Das Tetrabromid ist optisch aktiv, $[\alpha]_D = + 73{,}74°$ (in Chloroform) (A. **252**, 150); es unterscheidet sich wesentlich von den Tetrabromiden des Limonens (Smp. 105°), bzw. Dipentens (Smp. 125°) und Terpinolens (Smp. 117°).

Auch durch Einwirkung von Halogenwasserstoffsäuren auf Sylvestren bzw. Carvestren sind schön kristallisierte Verbindungen zu erhalten. Während das Monochlorhydrat bisher nicht dargestellt wurde, konnte ATTERBERG (B. **10**, 1202) durch Einleiten von Salzsäure in eine ätherische Auflösung des Sylvestrens

das Sylvestrendichlorhydrat

$C_{10}H_{16} \cdot 2\,HCl$ = 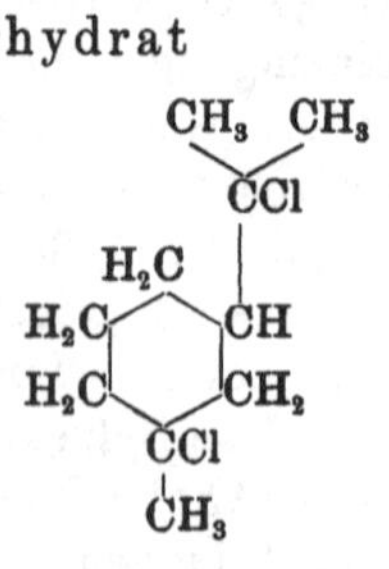

gewinnen; Smp. 72—73°. Durch Einwirkung von alkoholischer Kalilauge auf das Dichlorhydrat erhielt ATTERBERG ein nach Pelargonium riechendes Öl, welches in weitem Intervall, von 160 bis über 200°, destillierte.

Beim Behandeln des Dichlorhydrats mit Anilin resultiert nach ATTERBERG ein Kohlenwasserstoff vom Sdp. 175—180°, der wiederum ein Dichlorhydrat vom Smp. 72—73° ergibt. — TILDEN (B. **12** [1879], 1133) konstatiert, daß das Sylvestrendihydrochlorid vom Smp. 72—73° anders kristallisiert als das Dipentendichlorhydrat, und daß es durch Wasser zersetzt ein Hydrat liefert, das anscheinend kein gewöhnliches Terpineol ist.

Über die Darstellung des Dichlorhydrats finden wir ferner Angaben von WALLACH (A. **230**, 241), nach welchen besonders bei tiefen Temperaturen gearbeitet werden muß. W. erhält tafel- (aus Alkohol) oder nadelförmige (aus Äther) Kristalle, die deutlich verschieden sind von denen des isomeren Dipentendichlorhydrats, die sich stets fettig anfühlen. Auch durch Einleiten von HCl in Sylvestren, welches in Eisessig gelöst ist, läßt sich das Dichlorhydrat gewinnen. Der von W. mittels Anilin regenerierte Kohlenwasserstoff siedet bei 185°. — WALLACH kommt alsdann auf das Sylvestrendihydrochlorid (A. **239**, 26) zurück und konstatiert in ätherischer Lösung eine starke Rechtsdrehung. Durch Verunreinigungen wird der Schmelzpunkt des Dichlorhydrats stark herabgedrückt, namentlich die Gegenwart von Limonen, wobei sich gleichzeitig Dipentendichlorhydrat bildet, bewirkt eine starke Depression, worauf häufig die schwierige Gewinnung des reinen Sylvestrendichlorhydrats zurückzuführen ist. Man beachte bei der Trennung die schwerere Löslichkeit der Sylvestrenverbindung in Äther und Petroläther gegenüber derjenigen des Dipentendichlorhydrats. Die Kristalle des Sylvestrendihydrochlorids sind ebenfalls monosymmetrisch (A. **239**, 31), wie denn überhaupt Sylvestrendihydrochlorid, -dihydrobromid, -tetrabromid usw. die größte Ähnlichkeit untereinander in Kristallform zeigen. Sylvestrendihydrochlorid zeigt (A. **252**, 149) $[\alpha]_D = +18{,}99^0$ (Chloroformlösung).

Für das aus dem Caron gewonnene Carvestrendichlorhydrat konstatiert v. BAEYER (B. **27**, 3490) einen Smp. von 52,5°. — KONDAKOW und SCHINDELMEISER (J. pr. II, **68**, 109) geben den Schmelzpunkt des Carvestrendichlorhydrats aus dem Fenchon zu 49—51° an.

Sylvestrendihydrobromid $C_{10}H_{16} \cdot 2HBr$ (Konstitution analog der des Dichlorhydrats). WALLACH (A. **239**, 28) gibt an, daß diese Verbindung die größte Ähnlichkeit mit dem Dihydrochlorid besitzt und das sein Schmelzpunkt bei 72° liegt. HINTZE (A. **239**, 32) bestimmt die genauen Kristallformen; monosymmetrisch. WALLACH (A. **252**, 150): $[\alpha]_D = +17{,}89^0$ (in Chloroforml.) — v. BAEYER (B. **27**, 3490) findet den Schmelzpunkt des Carvestrendihydrobromids zu 48—50° und gewinnt bei der Behandlung desselben mit Silberacetat in Eisessig usw. das

Terpin $C_{10}H_{20}O_2$ =

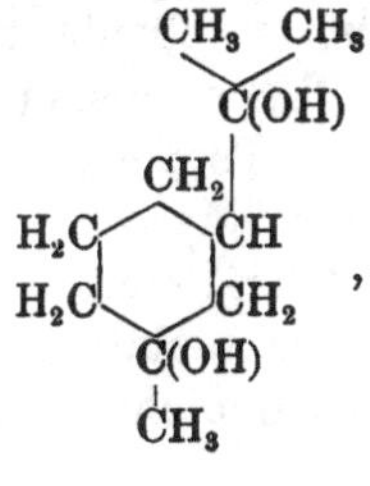

,

Smp. 127°, flache Pyramiden von quadratischem Habitus, inaktiv. — KONDAKOW und SCHINDELMEISER (J. pr. II, **68**, 109) gewinnen aus ihrem Carvestren aus Fenchon ein Dibromhydrat vom Smp. 59—60°, dagegen (a. a. O., S. 111) beim Behandeln des Fenchylbromids mit starker Bromwasserstoffsäure ein Dibromhydrat vom Smp. 49° und ein solches vom Smp. 52,5° (vgl. auch J. pr. II, **62**, 190). — v. BAEYER (B. **31**, 2067) führt durch erschöpfende Bromierung usw. das Sylvestrendihydrobromid in m-Cymol über, ebenso das Carvestrendihydrobromid (B. **31**, 1402).

Sylvestrendihydrojodid $C_{10}H_{16} \cdot 2\,HJ$ (Konstitution analog jener des Dichlorhydrats), Smp. 66—67°.

Verhalten des Sylvestrens gegen wasseranlagernde Reagentien und gegen Oxydationsmittel. Es ist bisher nicht gelungen, durch Wasseranlagerung zu einem Terpineol der m-Cymolreihe zu kommen. Ebensowenig ist die Invertierung in andere Terpene studiert worden; zumal WALLACH (A. **239**, 28) konstatiert, daß das Sylvestren eins der stabilsten Terpene ist und daß beim Kochen mit alkoholischer Schwefelsäure, abgesehen von der sehr reichlich dabei stattfindenden Verharzung und Polymerisation, keine Veränderung eintritt. Wir kennen deshalb bisher keinen Übergang des Sylvestrens in andere Terpene; auch die Entstehung von Terpenalkoholen usw. aus dem Sylvestren ist wenig studiert worden; TILDEN (B. **12**, 1133) findet, daß man vom Sylvestrendichlorhydrat aus wahrscheinlich zu einem von dem gewöhnlichen Terpineol verschiedenen Alkohol gelangt.

Überführung anderer Terpene und Terpenalkohole usw. in Sylvestren bzw. Carvestren. Es ist bisher nicht möglich gewesen, das aktive Sylvestren auf künstlichem Wege zu gewinnen. Nehmen wir an, daß das Carvestren die inaktive Modifikation des Sylvestrens ist, so kennen wir einmal vom Dihydrocarvon aus über das Caron den Übergang in Carvestren, alsdann auch vom Fenchon aus in diesen Kohlenwasserstoff (es muß dahingestellt bleiben, ob der von KONDAKOW nach der Methode v. BAEYERS erhaltene aktive Kohlenwasserstoff ev. aktives Sylvestren enthält). In diesen beiden Übergängen besitzen wir aber die Möglichkeit, fast von sämtlichen Terpenen aus zum Carvestren zu kommen; die Terpene der Pentoceanreihe — Bornylen, Kampfen — liefern Terpineol, Limonen, Carvon und Dihydrocarvon, während Fenchen über das Fenchylchlorid sich zum Carvestren isomerisieren läßt. Pinen, ein Terpen des Tetroceantypus, ebenso Sabinen, dem Trioceantypus angehörig, gehen in Dipentendichlorhydrat usw. über; unter den monocyklischen Terpenen ist das Limonen leicht in Dihydrocarvon, das Terpinolen in Terpinen umzuwandeln, das Phellandren gibt ev. ebenfalls Dipentendichlorhydrat, nur das Terpinen ist in ein anderes Terpen bisher nicht invertierbar. Analoges gilt von den zu diesen sämtlichen Terpenen zugehörigen Terpenalkoholen, Ketonen usw. Das aliphatische Myrcen, die aliphatischen Alkohole Geraniol, Linalool, der Aldehyd, Citral sind in Limonen umzuwandeln, also auch in Carvestren; nur die Citronellalreihe gestattet bisher nicht den Übergang zum Limonen, also auch nicht zum Carvestren.

Oxydationsversuche liegen weder beim Sylvestren, noch beim Carvestren vor.

Einwirkung anorganischer Stickstoffderivate auf Sylvestren. Sylvestren-Bisnitrosochlorid

$(C_{10}H_{16}NOCl)_2 =$

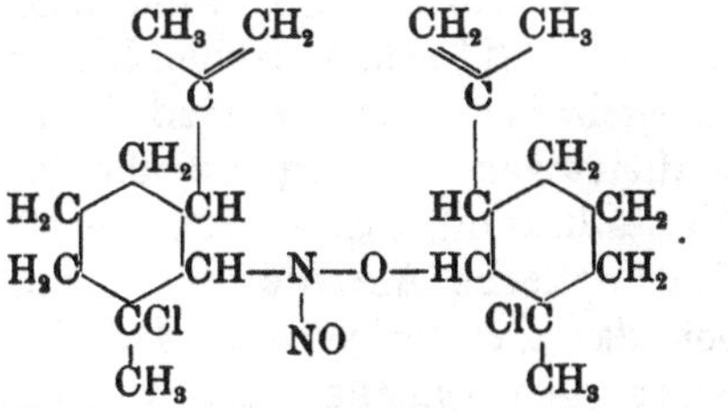

WALLACH (A. **245**, 272) gewinnt das Nitrosochlorid in bekannter Weise; Smp. 106—107°, die Lösungen sind stark rechtsdrehend.

Sylvestrennitrolpiperidin. Beim Erwärmen des Nitrosochlorids mit Piperidin erhält WALLACH ein Nitrolamin, welches nur langsam erstarrt; aus der ätherischen Lösung der Base fällt Salzsäure ein weißes, sehr lösliches Chlorhydrat.

Das Nitrososylvestren dürfte nach WALLACH aus dem Nitrosochlorid mit alkoholischem Kali ebenso wie die isomeren Verbindungen entstehen, es konnte bisher aber nur ölförmig abgeschieden werden.

Auch ein Sylvestrennitrosat scheint sich nach WALLACH zu bilden.

Über das Sylvestrennitrolbenzylamin

$C_{10}H_{16}:NOH \cdot NHCH_2C_6H_5 =$

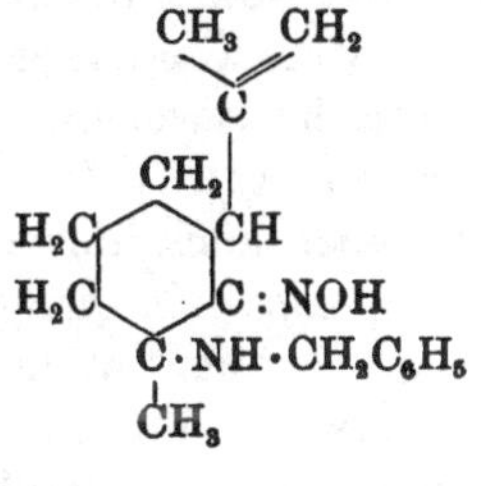

berichtet WALLACH (A. **252**, 135); Smp. 71—72°. Die Auflösungen der Base sind stark rechtsdrehend, das Chlorhydrat der Base ist ebenfalls rechtsdrehend. A. a. O., S. 150 ist für Sylvestrennitrolbenzylamin $[\alpha]_D = + 185{,}6^0$ (in Chloroform) gefunden worden, für das Sylvestrennitrolbenzylaminchlorhydrat $[\alpha]_D = + 79{,}2^0$. —

Aus den besprochenen chemischen Reaktionen geht die oben erwähnte Ähnlichkeit des Sylvestrens mit dem Limonen hervor; aber während wir aktives Limonen z. B. aus dem Limonentetrabromid vom Smp. 105° durch Reduktion zurückerhalten können, sind diese Versuche beim Sylvestren bisher nicht ausgeführt worden, so daß es schwer hält, an reinem Sylvestren alle am Limonen studierte Reaktionen durchzuführen.

Identifizierung des Sylvestrens. Aus dem gleichen Grunde ist es schwierig, das Sylvestren in geringen Mengen nachzuweisen. Am besten verfährt man so, daß man das Rohöl wiederholt fraktioniert destilliert und die um 174° siedenden Anteile schließlich mit metallischem Natrium kocht. Die physikalischen Konstanten, wie Siedepunkt, spez. Gewicht, Brechungsexponent, opt. Aktivität usw. geben uns einen Anhaltspunkt für die ev. Anwesenheit von Sylvestren. Zur Identifizierung eignet sich am besten die Darstellung des bei 72° schmelzenden Dichlorhydrats; die charakteristischen monosymmetrischen Kristalle sind in Äther und Petroläther schwerer löslich als diejenigen des Dipentendichlorhydrats und können durch fraktionierte Kristallisation abgeschieden werden; vor allen Dingen zeigt das Dichlorhydrat optische Aktivität (über die Darstellung des Dichlorhydrats vgl. oben das Dichlorhydrat). Durch diese Verbindung ist demnach das Sylvestren dem Limonen und Phellandren gegenüber, mit welchen Kohlenwasserstoffen es ungefähr gleichen Siedepunkt zeigt, genügend charakterisiert, ebenso dem Terpinolen und Terpinen gegenüber. Ev. ist auch das aktive Sylvestrentetrabromid vom Smp. 135—136° zu gewinnen; jedoch ist hierbei zu bemerken, daß die Reinabscheidung häufig Schwierigkeiten verursacht, da sehr viel ölige Nebenprodukte entstehen.

Konstitution des Sylvestrens. Bald nach der Entdeckung des Sylvestrens durch Atterberg brachte man diesen Kohlenwasserstoff in nahe Beziehung zu den übrigen um 175° siedenden Terpenen, namentlich zum Limonen; besonders war es die Fähigkeit, das kristallisierte Dichlorhydrat zu liefern, welche die Chemiker veranlaßte, das Sylvestren zu denjenigen Terpenen zu stellen, die zwei doppelte Bindungen enthalten. Daß aber ein solches Argument nicht stichhaltig ist, ist beim Limonen betont worden, und so sehen wir, daß viele Chemiker nach Beginn der achtziger Jahre diese Terpene als olefinische ansehen. Das von Wallach entdeckte Tetrabromid gibt schon besseren Anhalt für die Anwesenheit von zwei doppelten Bindungen; man muß aber auch hierbei im Auge behalten, daß in saurer Lösung gearbeitet wird, also ein Aufgehen einer Brückenbindung nicht ausgeschlossen erscheint. Aber auch die Bestimmung der Molekularrefraktion ist beim Sylvestren nur dann entscheidend, wenn Material zur Anwendung gelangt, welches einigermaßen rein ist.

Wallach (A. **239**, 51) folgert aus dem chemischen Verhalten des Sylvestrens, daß es ebenso wie das Dipenten, Limonen und Terpinolen zwei doppelte Bindungen enthält. „Nichts steht im Wege, dieselben als wahre Hydrocymole aufzufassen"; W. schlägt alsdann für diese Kohlenwasserstoffe folgende Formeln vor:

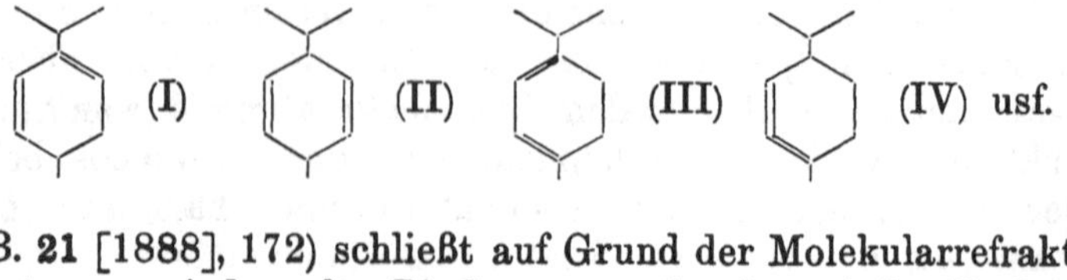

Brühl (B. **21** [1888], 172) schließt auf Grund der Molekularrefraktion, daß im Sylvestren zwei doppelte Bindungen vorhanden sind. Er kommt zu der Ansicht, daß dem Sylvestren Formel IV oder

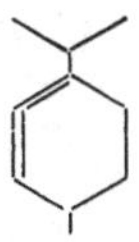
(V)

zukommen könne.

Erst WALLACH (A. **245** [1888], 198) bestimmt von neuem die Molekularrefraktion an reinem, regeneriertem Sylvestren und findet, daß dem Kohlenwasserstoff danach zweifellos zwei doppelte Bindungen zukommen müssen. Mit dieser Beobachtung WALLACHS ist jeder Zweifel an der monocyklischen, doppelt ungesättigten Natur des Sylvestrens beseitigt, da er die M. R. = 45,08 beobachtet, während sich 45,00 für ein Terpen mit zwei doppelten Bindungen berechnet.

Folgen wir der Annahme, daß das Carvestren razemisches Sylvestren ist, so sind zunächst die Mitteilungen v. BAEYERS über die Konstitution des Carvestrens (B. **27** [1894], 3493) zu erwähnen, der aus den verschiedensten Prämissen folgern zu müssen glaubt, daß diesem Molekül Formel III zukommt.

Alle bisherigen Anschauungen über die Konstitution des Sylvestrens waren von der Annahme ausgegangen, daß man es mit einem p-Cymolderivat zu tun hat, indem man stillschweigend die Voraussetzung machte, daß auch das Sylvestren in diesen Kohlenwasserstoff überzuführen sei, wie die anderen Terpene, wie es für das Pinen und Limonen zu Anfang der siebziger Jahre von OPPENHEIM bzw. KEKULÉ gezeigt worden war und wie es später auch für das Terpinolen, Terpinen und Phellandren nachgewiesen wurde. Ebenso war der Übergang dieser Terpene in Cymolderivate, so in die p-Cumin- und Terephtalsäure, bewirkt worden, so daß auch hierdurch der Zusammenhang mit dem p-Cymol erwiesen war. Anders lagen die Verhältnisse beim Sylvestren. Man hatte weder die Umwandlung dieses Terpens in ein anderes Terpen, für das die Natur eines Abkömmlings des p-Cymols erwiesen war, ausführen können, noch hatte man p-Cymol direkt oder eine der erwähnten Säuren gewonnen. Erst v. BAEYER (B. **31**, 1402) tat dar, daß sich das Carvestren in m-Cymol überführen läßt, ebenso (B. **31**, 2067) das Sylvestren. v. B. folgerte hieraus, daß diesen beiden Terpenen die Konstitution eines hydrierten m-Cymols zukomme, so daß er folgende Formel:

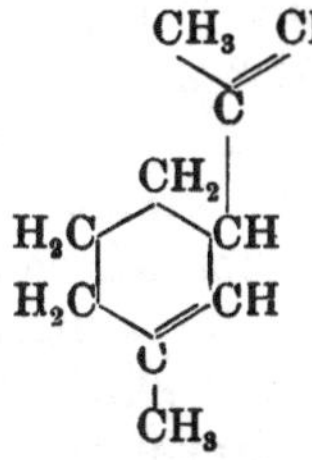

(VI)

für beide Kohlenwasserstoffe in Vorschlag brachte.

Ferner sei erwähnt, daß SEMMLER (B. **34** [1901], 717) die Ansicht ausspricht, daß ev. einem Teil der Terpene in dem Rohcarvestren die Pseudokonstitution:

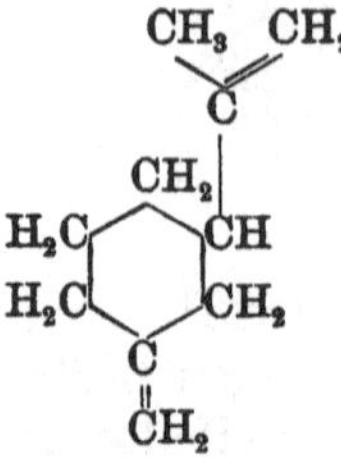 (VII)

zukommt.

Schließlich folgern Kondakow und Schindelmeiser für die Bestandteile ihres Carvestrens ebenfalls Formel VI, ferner

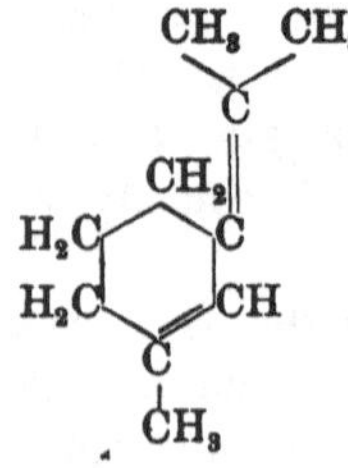 (VIII), 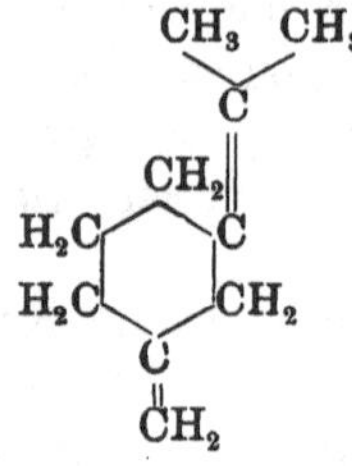 (IX) und 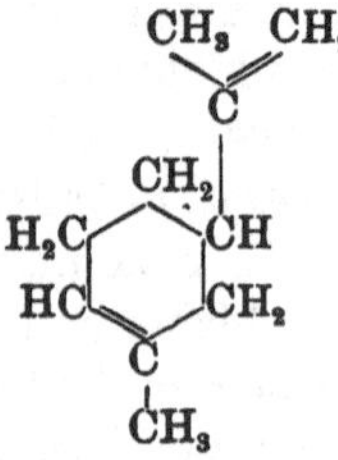 (X)

(im übrigen vgl. die Originalarbeit).

Um die Frage zu entscheiden, welche von diesen Formeln dem Sylvestren zukommt, muß zunächst die Unterfrage beantwortet werden, welche Anforderungen wir aus den Reaktionen des Sylvestrens usw. an die Konstitutionsformel stellen müssen, bzw. es muß die Formel des Sylvestrens leicht und glatt diese Übergänge erklären. Es lassen sich folgende wichtige Forderungen stellen: 1. die Formel des Sylvestrens muß eine monocyklisch doppelt ungesättigte, 2. die eines m-Cymolabkömmlings sein, 3. das hydrierte m-Cymol muß optische Aktivität zulassen, 4. die Formel muß so beschaffen sein, daß sie die Regenerierung des Sylvestrens aus dem Dichlorhydrat leicht erklären läßt. Betrachten wir auf diese Forderungen hin obige 10 Formeln, so genügen die Formeln I bis V Punkt 2 nicht, da sie sämtlich vom p-Cymol derivieren; Formel VIII und IX scheiden für das Sylvestren aus, da sie der optischen Aktivität nicht Rechnung tragen, also Punkt 3 nicht nachkommen. Hiernach bleiben für das Sylvestren die Formeln VI, VII und X übrig. Wenn wir nun unsere Erfahrungen in der p-Cymolreihe zugrunde legen, nach denen die Halogenabspaltung im Ringe im allgemeinen leichter vor sich geht als nach Kohlenstoffatomen hin, die außerhalb des Ringes stehen, so scheidet auch Formel VII aus; schließlich läßt sich annehmen, daß die doppelte Bindung bei der Abspaltung aus dem Sylvestrendichlorhydrat im Ringe nach demjenigen Kohlenstoffatom stattfindet, welches der Isopropylgruppe am nächsten steht, so daß demnach Formel VI für das Sylvestren sehr wahrscheinlich erscheint. Ev. muß man noch in Betracht ziehen, daß für das Sylvestren die Formeln

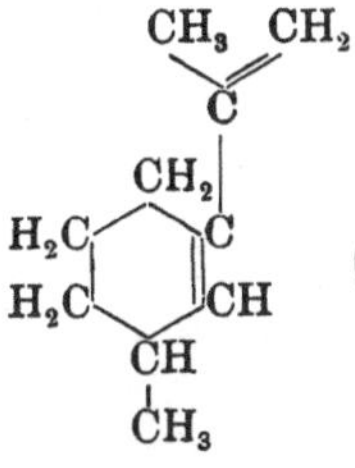 (XI) und 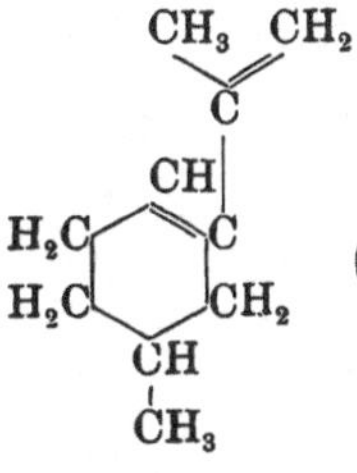 (XII)

a priori nicht von der Hand zu weisen sind; Körper mit derartigen Formeln würden ein konjugiertes System von zwei doppelten Bindungen enthalten, müßten sich also ev. mit Natrium und Amylalkohol reduzieren lassen. Bei der Reduktion des Sylvestrens mit Natrium und Äthylalkohol gewann SEMMLER das Sylvestren unverändert zurück; es ist jedoch nicht unwahrscheinlich, daß bei Anwendung von Amylalkohol genau so wie beim Phellandren Reduktion stattfindet.

Selbstverständlich ist es nicht ausgeschlossen, daß dem Rohsylvestren Anteile, denen Formel X zukommt, ebenfalls beigemengt sind. Weitere Versuche müssen diese Frage zur vollständigen Entscheidung bringen.

Über die **Konstitution des Carvestrens** lassen sich keine definitiven Entscheidungen treffen, da hinzukommt, daß wir es in diesem Kohlenwasserstoff jedenfalls mit keiner reinen Verbindung zu tun haben, ja es nicht einmal feststeht, ob der Hauptbestandteil des Rohcarvestrens i-Sylvestren ist; jedenfalls dürften, wie bereits KONDAKOW und SCHINDELMEISER betont haben, außer dem razemischen Sylvestren eine ganze Anzahl Terpene usw. der verschiedensten Konstitution in den Rohcarvestrenen vorliegen.

Geschichte des Sylvestrens und Carvestrens. Die Rohöle, in denen das Sylvestren nachgewiesen wurde, gehören zu den lange bekannten; besonders reicht die Gewinnung der Kienöle geschichtlich weit zurück. Aber auch die Darstellung vieler Nadelöle kannte man seit langer Zeit. Nichtsdestoweniger wurde der Beweis, daß man es in dem bei 175° siedenden Terpen besonders des schwedischen und russischen Kienöls mit einem besonderen Kohlenwasserstoff zu tun hat, erst im Jahre 1877 erbracht. Diese Erscheinung hat darin ihren Grund, daß das charakteristische Dichlorhydrat des Sylvestrens sich nicht so leicht in reinem Zustande abscheiden läßt, da, wie wir oben sahen, beigemengtes Limonen zur Bildung von Dipentendichlorhydrat führt, welches seinerseits den Schmelzpunkt des Sylvestrendichlorhydrats außerordentlich herabdrückt. Während also die Bildung des künstlichen Kampfers (Pinenchlorhydrat) bereits 1802 beobachtet wurde und man sehr bald einem besonderen Kohlenwasserstoff, den man „Terebenthen" nannte, die Entstehung dieser Verbindung zuschrieb, während ferner aus dem Citren THÉNARD schon 1807 das Dichlorhydrat, Smp. 50°, den Citronenölkampfer, gewinnen konnte, so daß man auch für das Citronenöl alsbald einen eigentümlichen Kohlenwasserstoff, das Citren, annahm, während ferner CAHOURS 1842 im Bitterfenchelöl ein besonderes Terpen, das PESCI späterhin Phellandren nannte, nachwies, welches jedoch keinen künstlichen Kampfer gab, geschah die Abscheidung des Dichlor-

Sylvestren.

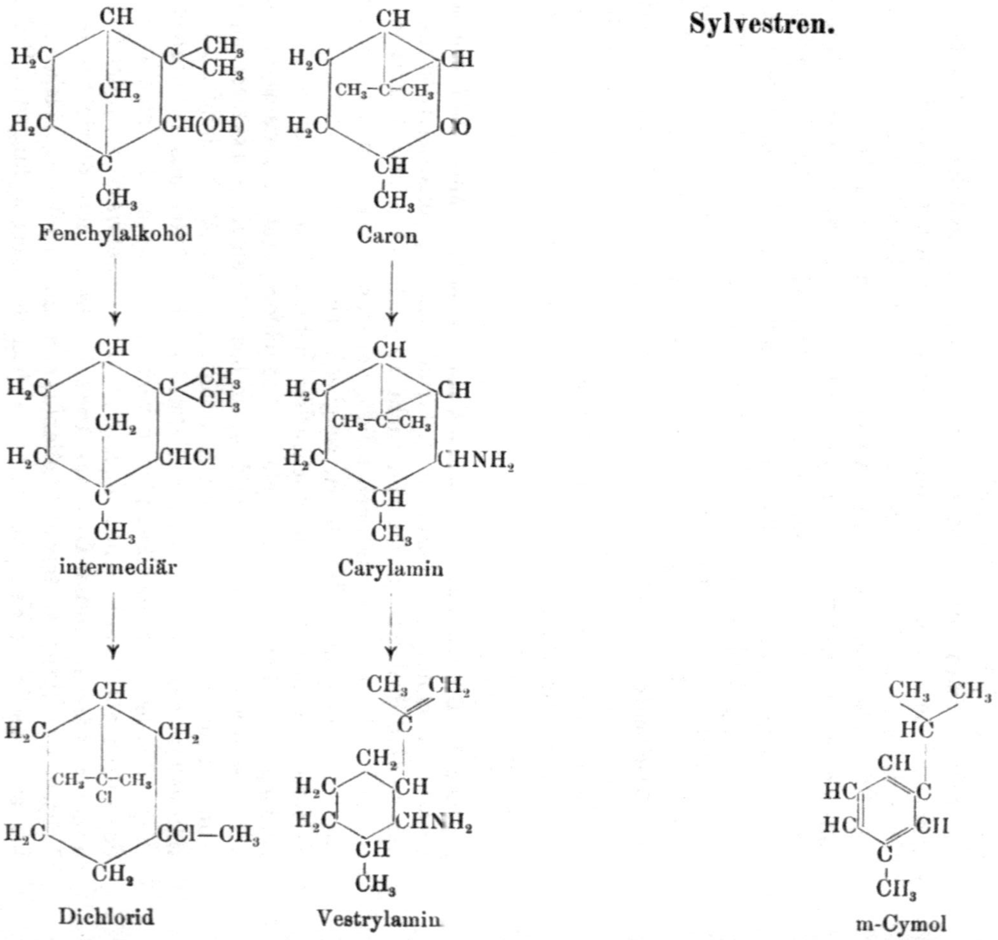
Fenchylalkohol
Caron
intermediär
Carylamin
Dichlorid
Vestrylamin
m-Cymol

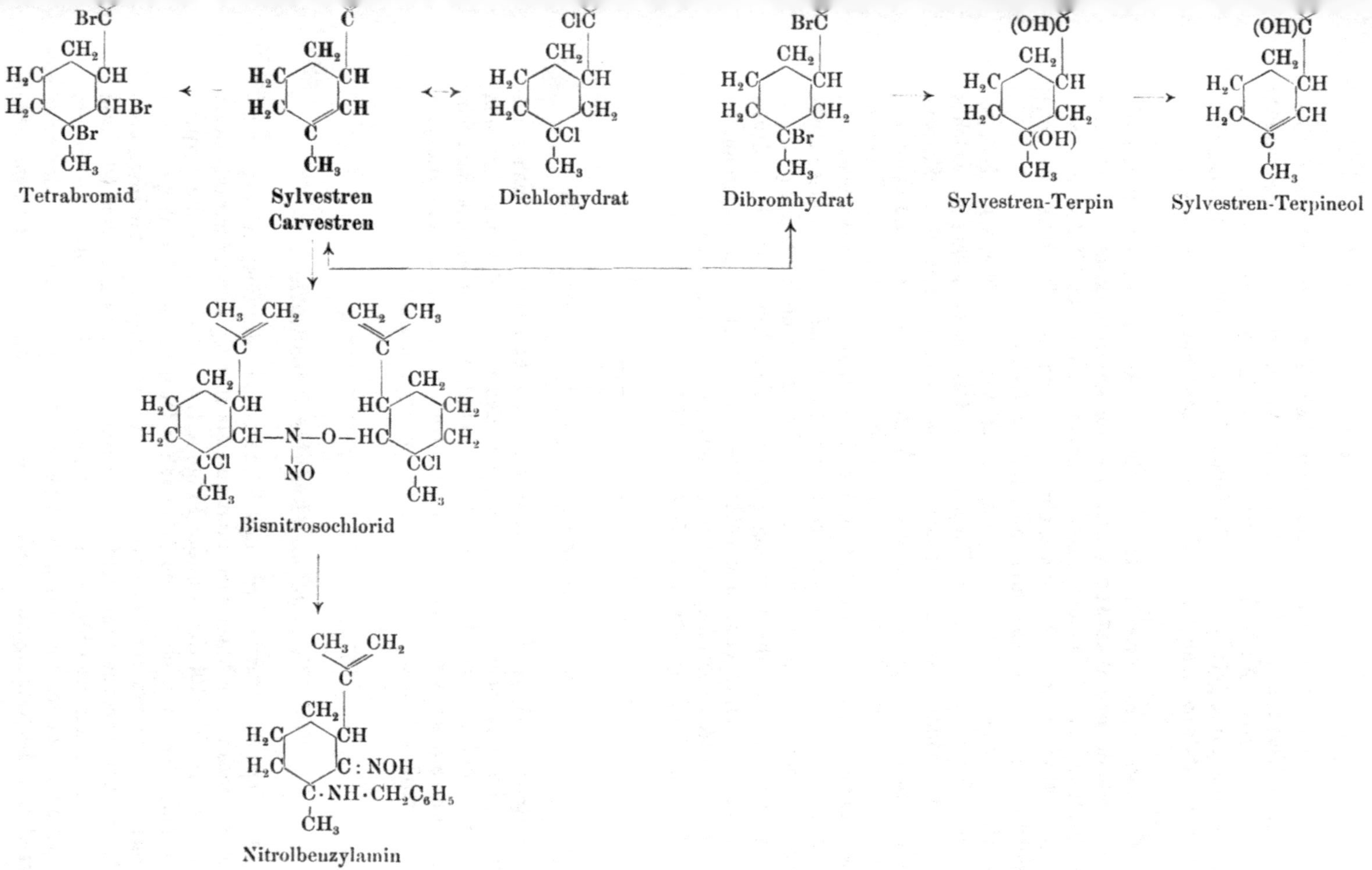
Tetrabromid
Sylvestren
Carvestren
Dichlorhydrat
Dibromhydrat
Sylvestren-Terpin
Sylvestren-Terpineol
Bisnitrosochlorid
Nitrolbenzylamin

hydrats aus dem Sylvestren, womit der Beweis für die Existenz eines besonderen Terpens geliefert wurde, erst im Jahre 1877, wie erwähnt, durch ATTERBERG. Auch die Regenerierung des Kohlenwasserstoffs aus dem Dichlorhydrat gelang diesem Forscher. Auf die optische Aktivität des Dichlorhydrats usw. machten alsdann WALLACH und andere Forscher aufmerksam.

Wichtige Zeitpunkte in der Geschichte des Sylvestrens waren die Jahre 1888, in dem WALLACH durch die Molekularrefraktion die definitive Entscheidung für die monocyklisch doppelt ungesättigte Natur des Sylvestrens fällte, und 1898, ein Jahr, in welchem v. BAEYER die nahe Beziehung des Sylvestrens zum m-Cymol aufdeckte.

Nicht minder wichtig war schon vorher das Jahr 1894, als v. BAEYER von dem Caron aus zu einem Terpen, dem Carvestren gelangte, welches die größte Ähnlichkeit, namentlich in der charakteristischen Farbenreaktion, mit dem Sylvestren aufwies. Alsdann gelang es KONDAKOW und SCHINDELMEISER im Jahre 1903, den wichtigen Übergang der Fenchonreihe zum Carvestren auszuführen, indem sie ebenfalls obige Farbenreaktion erhielten. In bezug auf letztere ist zu erwähnen, daß man auf diese unter Umständen nicht allzuviel geben kann, da die Anwesenheit von nur geringen Mengen i-Sylvestrens die Färbung bewirkt haben kann. In dem blauen Körper selbst könnte man eine Verbindung sehen, die dem Indigo analog konstituiert wäre, worauf späterhin eingegangen werden wird.

Vgl. Tabelle Sylvestren S. 504 und 505.

Isothujen $C_{10}H_{16}$.

Terpene $C_{10}H_{16}$, die nur einen Fünfring besitzen, sind bisher als Bestandteile ätherischer Öle nicht aufgefunden worden, dagegen läßt sich aus dem Tanacetylamin bzw. dem Tanacetylalkohol und ev. aus dem Isothujylamin ein Terpen $C_{10}H_{16}$ gewinnen, das wahrscheinlich der Isothujonreihe angehört, also einen Fünfring besitzt (vgl. Tanaceton).

202. Terpene unbekannter Konstitution.

Mit dem Sylvestren wurde das letzte Terpen der Besprechung unterzogen, welches in der Natur vorkommt und gleichzeitig scharf charakterisiert werden kann. Es läßt sich nun die Frage aufwerfen, ob damit alle Terpene aufgezählt sind bzw. ob in den ätherischen Ölen weiter keine Terpene vorkommen. Zunächst sei bemerkt, daß wir in bezug auf die Identitätserklärung der Terpene sowie anderer Bestandteile der ätherischen Öle zwei Zeitabschnitte unterscheiden können, einmal vom Beginn der chemischen Untersuchung dieser Verbindungen überhaupt an bis in die Mitte der achtziger Jahre des vergangenen Jahrhunderts, alsdann von letzterem Zeitpunkt ab bis zur Gegenwart, wobei, wie gezeigt werden wird, in allerletzter Zeit gewissermaßen eine Umkehr eingetreten ist.

Seit DUMAS, SOUBEIRAN, CAPITAINE, DEVILLE, BERTHELOT usw. war man äußerst vorsichtig mit der Identitätserklärung von Verbindungen, ja zweifellos zu vorsichtig; man scheute sich, Verbindungen für identisch zu erklären, die, trotzdem sie dieselben Derivate ergaben, sich durch physikalische Eigenschaften unterschieden. Diese Verschiedenheit konnte von Beimengungen herrühren oder auf physikalischer Isomerie beruhen, die man jedoch erst in den letzten Jahrzehnten genauer kennen lernte; jedenfalls ist man in dem Auseinanderhalten z. B. der vielen Terpene etwas zu weit gegangen. Man durfte nicht geringfügige unterscheidende Merkmale, z. B. in der Polarisation oder im Geruch usw., für wichtig genug halten, um daraus die Existenz neuer Individuen zu folgern.

So kam es, daß sich allmählich eine enorme Anzahl von Kohlenwasserstoffen ansammelte, ferner ebenso eine große Menge von Kampferarten. SCHOEDLER, BERTHELOT, GLADSTONE geben uns Einteilungen der Kohlenwasserstoffe, letzterer besonders in Terpene $C_{10}H_{16}$, Sesquiterpene $C_{15}H_{24}$, Diterpene $C_{20}H_{32}$ und Polyterpene; aber auch von den gewöhnlichen Terpenen hatte sich allmählich eine große Anzahl ergeben. Auch hier war schon von BERTHELOT, RIBAN, ARMSTRONG und TILDEN Wandel geschaffen; man unterschied scharf Terebenthen, Kampfen, die Citrene, Phellandren usw. Man konnte von diesen Terpenen sehr schön kristallisierende Verbindungen darstellen, anderseits erhielt man aber auch weniger gut definierte Derivate; ich erinnere nur an die Hydrochloride, Nitrite und Nitrosochloride. Aber nichtsdestoweniger war die Anzahl der einzelnen Terebenthene, Kampfene, Citrene usw. groß.

Mit den achtziger Jahren des vergangenen Jahrhunderts beginnt nunmehr die Zeit, wo jeder bestrebt war zu „vereinfachen"; man freute sich, wenn man aus isomeren Terpenen bestimmte kristallisierte Verbindungen erhielt und erklärte die Ausgangsmaterialien sofort für identisch. Das war und ist ein grober Fehler; man darf nicht ohne weiteres sagen, daß, wenn man ein und dasselbe kristallisierte Produkt erhält, dann auch die Ausgangsterpene identisch sind. Man muß vielmehr die Gewißheit haben, daß bei der Gewinnung der kristallisierten Derivate keine Invertirungen stattgehabt haben. In der Tat hat man allmählich eingesehen, daß man in der Sucht nach Vereinfachung zu weit gegangen ist, und man beginnt nunmehr nachzuforschen, ob in den untersuchten Ölen und Fraktionen einmal die wirklich angenommenen Terpene vorhanden sind, und vor allen Dingen ob sich daneben doch noch andere Terpene finden.

Es muß unser Streben sein, alle Abweichungen besonders in den physikalischen Konstanten, die uns immer einen Fingerzeig geben, zu erklären; häufig stoßen wir dabei auf neue Modifikationen, an denen gerade Terpene und ihre Derivate so reich sind; anderseits sollen wir nachforschen, ob wirklich ein neues Terpen vorliegt, oder ob es nur geringe Abweichungen sind, die sich z. B. durch geringe Beimengungen anderer Verbindungen erklären lassen. Dasselbe, was von den Terpenen gesagt ist, hat auch mut. mut. bei den Terpenalkoholen usw. Gültigkeit.

Wir haben in der Natur unter den bicyklischen Terpenen das Kampfen, ev. das Fenchen, n- und ps-Pinen und das Sabinen konstatiert; unter den monocyklischen Terpenen konnten wir das Limonen, Terpinen und Phellandren nachweisen. Alle diese Terpene gehören dem p-Cymoltypus an; im Sylvestren ermittelten wir schließlich ein Terpen der m-Cymolreihe. Es ist jedoch zweifellos, daß wir mit erwähnten Terpenen noch nicht am Ende der Entdeckungen dieser Kohlenwasserstoffe in der Chemie der ätherischen Öle sind. Es gibt sicher unter ihren Bestandteilen noch eine ganze Reihe von Terpenen, die wir bisher übersehen haben, vielleicht infolge unseres Strebens, alle Terpene auf so wenig wie möglich Individuen zurückzuführen.

Um Gelegenheit zu geben, diese Frage an Terpenen zu studieren, die bisher nicht ganz genau in ihrer Natur festgestellt sind, sollen die ätherischen Öle, in denen man auf derartige Terpene gestoßen ist, nach den Stammpflanzen, wie wir sie im natürlichen System gruppieren können, geordnet werden. Es ist nicht ausgeschlossen, daß wir in vielen Terpenen dieser Öle bekannte Kohlenwasserstoffe antreffen, jedoch müssen diese Fragen in streng wissenschaftlichem Sinne entschieden werden.

Es muß das Bestreben sein, Derivate aufzufinden, wie sie uns Wallach in den Tetrabromiden in einer die Terpenchemie so fördernden Weise geschaffen hat.

Pinaceae.

Durch Destillation der Blätter von *Juniperus virginiana* erhielten Sch. u. Co. (Sch. **1898**, I, 14) ein ätherisches Öl, $d = 0{,}887$, $\alpha_D = +59^\circ 25'$, das hauptsächlich bis 180° destilliert; es enthält d-Limonen, ferner niedriger siedende Terpene, welche wohl ein Nitrosochlorid, aber keine kristallinischen Benzylamin- und Piperidinverbindungen gaben. „Vielleicht handelt es sich hier um ähnliche, noch nicht näher charakterisierte Terpene, wie sie im Citronenöl das Limonen begleiten.“

Gramineae.

Das Citronellöl (*Andropogon Nardus* L.) enthält an Terpenen ca. 10 bis 15%, unter denen Bertram und Walbaum (J. pr. II, **49** [1894], 16) Kampfen nachwiesen. Außerdem ist aber ein zweites Terpen von gleichem Siedepunkt vorhanden, dessen Identifizierung bisher nicht gelungen ist.

Iridaceae.

Über ein Terpen des Safranöls (*Crocus sativus* L.) ist ebenfalls nichts bekannt (Kayser, B. **17** [1884], 2228; Weiss, J. pr. **101** [1867], 65; Stoddart, Pharm. Journ. London, III, **7** [1876], 238).

Piperaceae.

Nach den Angaben von Dunstan und Garnett (Chem. N. **71** [1895], 33) enthält das Öl aus den Blättern von *Piper ovatum* (?) neben anderen Bestandteilen ein Terpen.

Magnoliaceae.

Das Terpen im japanischen Sternanisöl (*Illicium religiosum* Sieb.) ist nicht näher untersucht worden; Sdp. = 173—176°, $d = 0{,}855$, $\alpha_D = -22{,}5°$ (EYKMANN, B. **14** [1881], Ref. 1720) (vgl. auch SCH. **1902**, II, 83).

Monimiaceae.

Das ätherische Öl der Boldoblätter (*Peumus Boldus* Mol.) weist Terpene und sauerstoffhaltige Körper auf, deren Untersuchung noch aussteht (HANAUSEK, Jahresb. f. Pharm. **1877**, 79) vgl. TARDY (Journ. de pharm. et de chim. VI, **19**, 132; C. **1904**, I, 949).

Lauraceae.

Das Zimtblätteröl (*Cinnamomum ceylanicum* Breyne) hat Volumg. $d_{19} = 1{,}041$; WEBER (Ar. **230** [1892], 232) stellte in ihm fest: Eugenol, Safrol, Terpene und Benzaldehyd, dagegen fehlte Zimtaldehyd.

Über den Kohlenwasserstoff des Zimtwurzelöls vgl. HOLMES (Pharm. Journ. London III, **20** [1890], 749); auch das Terpen des japanischen Zimtöls (*Cinnamomum Loureirii* Nees), welches von 175—176° siedet, ist nicht näher charakterisiert (SHIMOYAMA, Apoth. Z. **11** [1896], 537); das Rohöl besaß $d_{15} = 0{,}982$, vgl. SCH. **1904**, II, 100. — Aus dem Pichourimbohnenöl (*Nectandra Puchury major* Nees und *N. P. minor* Nees) konnte MÜLLER (J. pr. **58** [1853], 463) einen bei 150° fast konstant übergehenden Kohlenwasserstoff isolieren usw. — Über das Terpen des kalifornischen Lorbeeröls (*Umbellularia californica* Nutt.) vgl. HEANY (Am. Journ. Pharm. **47** [1875], 105) u. STILLMAN (B. **13** [1880], 630). — Im ätherischen Öl von *Cinnamomum pedatinervium* sind nach GOULDING (Diss. London **1903**; Soc. **83**, 1093) Linalylacetat und ev. freies Linalool, 50% Safrol, 10—20% unbekannte Terpene, 1% Eugenol und ca. 3% Eugenolmethyläther (?) vorhanden. Die Terpene siedeten von 167—172°, $d_{15} = 0{,}8659$, $[\alpha]_D = -17{,}72°$, liefern ein flüssiges Dibromid; vgl. auch HOLMES (Pharm. Journ. **1904**, 892). — Auch das Benzoë-Lorbeer-(Spicewood-)Öl enthält sowohl als Rinden-, als auch als Beeren- und als Blätteröl Terpene, die noch wenig studiert sind. Das Tetrantheraöl (*Tetranthera citrata* Nees) weist (SCH. **1888**, II, 44) ein Volumgewicht von 0,890 auf und siedet von 180—240°; „es enthält ein Terpen und Citral". Vgl. auch SCH. **1905**, I, 86.

Burseraceae.

In den Linaloëölen (*Bursera* spec. bzw. *Ocotea* spec. (Lauraceae) finden sich in sehr geringen Mengen Terpene (BARBIER und BOUVEAULT, C. r. **121**, 168). Es muß dahingestellt bleiben, ob ev. nicht olefinische Terpene vorliegen. Über Cayenne Linaloeöl vgl. THEULIER (Revue génér. de chim. pure et appl. **3** [1900], 262).

Leguminosae.

Das ätherische Öl von *Amorpha fruticosa* L. untersuchte PAVESI (Estratto dai „Rendiconti" del R. Ist. Lomb. disc. e lett. II, **37** [1904], 487). Bei der Wasserdampfdestillation der Früchte erhielt er 1,5—3,5%, bei jener der Blätter 0,5—0,8% Öl; für Öl aus reifen Früchten beobachtete er $d_{15} = 0{,}9955$, $n_{D_{17,6}} = 1{,}50036$; das Öl dreht schwach links; P. konstatierte darin ein nicht näher charakterisiertes Terpen, ferner Cadinen, schließlich ein neues Sesquiterpen „Amorphen".

Euphorbiaceae.

Im Cascarillöl (*Croton Eluteria* Bennet) finden sich nach THOMS (Apoth. Ztg. **14** [1899], 562) und FENDLER (Arch. **238** [1900], 671) ca. 2% freier Säuren, 0,3% Eugenol, außerdem Terpene, Cymol, Sesquiterpene, sowie ein von 280—290° siedender Alkohol $C_{15}H_{24}O$. Unter den Terpenen konnte außer l-Limonen ein niedriger siedendes festgestellt werden. Sdp. 155—157°, $d_{20} = 0{,}845$, $\alpha_{D_{21}} = 2{,}11°$; mit Salzsäure und Brom lieferte es ölige Verbindungen. Der Smp. des Nitrosochlorids lag bei 91—92°, der des Nitrolpiperidids bei 112°; aus diesen Gründen wird das Terpen als nicht identisch mit dem Pinen angesehen.

Myrtaceae.

Aus den verschiedenen *Eucalyptus*-Spezies hat man ätherische Öle dargestellt, welche von Terpenen Pinen, Phellandren, äußerst selten Limonen aufweisen; es ist jedoch gewiß, daß sich auch noch andere Terpene in diesen Ölen finden; vgl. auch BOUCHARDAT und TARDY (C. r. **120** [1895], 1417; vgl. SCH. **1904**, I, 47), welche aus dem Öl von *Eucalyptus Globulus* bei der Einwirkung von Ameisensäure Terpineol, Isoborneol und Fenchylalkohol erhalten haben wollen. Auch das Öl von *E. microcorys* F. v. Müll. enthält neben 30% Cineol Terpene (SCH. **1888**, I, 19), während das Öl von *E. Staigeriana* F. v. Müll. neben Citral Terpene aufweist (SCH. **1888**, I, 20); ebenso enthält das Öl von *E. haemastoma* Sm. Terpene, Cineol, ev. Cuminaldehyd und Menthon (SCH. **1888**, I, 20). Vgl. ferner die Angaben von BAKER und SMITH (SCH. **1904**, II, 28ff.), nach denen sich Terpene, die nicht näher untersucht sind, finden in: *E. nova-anglica* D. u. M., *E. Bäuerleni* F. v. M., *E. propinqua* D. u. M., *E. affinis* D. u. M., *E. paludosa* R. T. B., *E. lactea* R. T. B., *E. eugenioides* Sieb., *E. dumosa* A. Cunn., *E. gracilis* F. v. M., *E. viridis* R. T. B., *E. rostrata* Sch., *E. angophoroides* R. T. B., *E. macrorhyncha* F. v. M., *E. capitellata* Sm., *E. pilularis* Sm., *E. acmenoides* Sch., *E. Fletcheri* R. T. B., *E. patentinervis* R. T. B., *E. apiculata* R. T. B. u. H. G. S. Es ist zweifellos, daß sich unter den Terpenen der Eucalyptusarten vielfach Pinen bzw. Phellandren werden nachweisen lassen. — Aus dem Nelkenöl (*Eugenia caryophyllata*) erhielten SCH. u. Co. (SCH. **1903**, I, 51) Terpenfraktionen, 1. Sdp. 165—170°, $d = 0{,}8567$, $\alpha_D = -2°31'$ (50 mm) und 2. Sdp. 170—180°, $d = 0{,}8631$, $\alpha_D = -1°11'$ (100 mm), deren Bestandteile nicht ermittelt wurden.

Umbelliferae.

Nicht näher charakterisierte Terpene wurden nachgewiesen im ätherischen Öl von *Cuminum cyminum*, in jenem aus den Wurzeln von *Cicuta virosa* (A. **31** [1839], 258 und VAN ANKUM, J. pr. **105** [1868], 151), ferner im Öl von *Cicuta maculata* (GLENK, Am. Journ. Pharm. **63** [1891], 330 und STROUP, Am. Journ. Pharm. **68** [1896], 236). Vgl. auch das Terpen im Ajowanöl (*Ptychotis Ajowan* D. C.) (STENHOUSE, A. **93** [1855], 269 und **98** [1856], 309). — Das Liebstocköl (*Levisticum officinale* Koch), zeigte nach BRAUN (Ar. **235** [1897], 2 und 18): Sdp. 176°, $d = 0{,}8534$, $\alpha_D = +5°$. — Über das Terpen des *Asa foetida*-Öles vgl. SEMMLER (Ar. **229** [1891], 1). — Das Terpen des Bergpetersilienöls (*Athamanta Oreoselinum* L.) siedet bei 163° und liefert ein flüssiges Monochlorhydrat (SCHNEDERMANN und WINKLER, A. **51** [1844], 336). — Auch das Dillöl (*Anethum graveolens* L.) enthält neben d-Limonen noch andere Terpene.

Labiatae.

Das Terpen des Bohnenkrautöls (*Satureja hortensis* L.) muß noch näher charakterisiert werden, ebenso wie jenes von *S. montana* (SCH. **1897**, II, 65).

Caprifoliaceae.

Nach GLADSTONE (Soc. **17** [1864], 1) enthält das Öl aus den Blüten des Holunderstrauches (*Sambucus nigra* L.) ein Terpen.

Compositae.

Die Natur des Terpens im Rainfarnöl (*Tanacetum vulgare*) ist noch festzustellen (ev. liegt Pinen vor), ebenso jene des Terpens im Feuerkrautöl (*Erechthites hieracifolia* Raf. (BEILSTEIN und WIEGAND, B. **15**, 2854); das Terpen des letzteren siedet bei 175°, $d_{18/_{4}} = 0{,}8385$, absorbiert 1 Mol. HCl, ohne eine kristallisierte Verbindung zu liefern.

Es lassen sich die ätherischen Öle vermehren, in denen Terpene vorkommen, welche ihrer Natur nach noch nicht charakterisiert sind, vor allen Dingen, wenn man bedenkt, daß sich diese Kohlenwasserstoffe in den meisten ätherischen Ölen finden. Aufgabe der Zukunft ist es, alle diese Lücken auszufüllen, auch darzulegen, in welchem Zusammenhange die einzelnen Terpene unter sich stehen, auch in bezug auf den Übergang ineinander in der Pflanze, bzw. die Ausgangsmoleküle zu ermitteln, aus denen sich die ihrer chemischen Natur nach z. T. recht verschiedenen Terpene bilden.

δ) Kohlenwasserstoffe C_nH_{2n-6}.

Betrachten wir die in den ätherischen Ölen vorkommenden hydrierten Kohlenwasserstoffe, soweit wir sie bisher besprochen haben, so ist zweifellos die Tatsache zu konstatieren, daß sie hauptsächlich nach der allgemeinen Formel C_nH_{2n-4} zusammengesetzt sind, und daß es fast nur Kohlenwasserstoffe mit 10 Kohlenstoffatomen sind, daß sie also die allgemeine Formel $C_{10}H_{16}$ aufweisen. Wir hatten gesehen, daß sich das razemische Limonen aus dem Valerylen C_5H_8 synthetisieren läßt. Es muß dahingestellt bleiben, ob sich der letztere Kohlenwasserstoff auch in ätherischen Ölen findet und etwa nur wegen seines niedrigen Siedepunktes bisher übersehen worden ist.

Die sich außer den Terpenen und den wenigen anderen Kohlenwasserstoffen in den ätherischen Ölen findenden, nur aus Kohlenstoff und Wasserstoff bestehenden Verbindungen haben nicht eine Anzahl von 11, 12, 13 oder 14 Kohlenstoffatomen, sondern wir treffen sofort Verbindungen mit 15 Kohlenstoffatomen an von der Bruttoformel C_nH_{2n-6}. Kohlenwasserstoffe mit 15 Kohlenstoffatomen und höherem Wasserstoffgehalt sind bereits vor den Terpenen abgehandelt worden. Diese Erscheinung, daß wir in den ätherischen Ölen außer den Terpenen $C_{10}H_{16}$ hauptsächlich Kohlenwasserstoffe $C_{15}H_{24}$ finden, ist sicherlich kein bloßer Zufall, sondern diese Verbindungen müssen in genetischem Zusammenhange stehen.

Sesquiterpene $C_{15}H_{24}$.

Wenig klar tritt der Zusammenhang zwischen Isopren C_5H_8, Diisopren (i-Limonen) $C_{10}H_{16}$ und den Kohlenwasserstoffen $C_{15}H_{24}$ hervor, wenn wir die allgemeinen Formeln C_nH_{2n-2}, C_nH_{2n-4} und C_nH_{2n-6}, welche diesen Kohlenwasserstoffen zukommen, ins Auge fassen. Deutlicher erscheinen diese Beziehungen, wenn wir die Formel des Isoprens verdoppeln bzw. verdreifachen, so daß wir zu C_5H_8, $C_{10}H_{16}$, $C_{15}H_{24}$ kommen. Hieraus geht hervor, daß bei der Kondensation von C_5H_8 zu $C_{10}H_{16}$ jedesmal eine doppelte Bindung verschwindet, so daß z. B. das Diisopren, wenn die Verbindung aliphatisch bleibt, nur drei doppelte Bindungen enthält, während zwei Moleküle Isopren vier doppelte Bindungen aufweisen usw.

Vorkommen, Isolierung und Synthese der Sesquiterpene. Die ätherischen Öle, in denen Sesquiterpene vorkommen, gehören zu den am längsten bekannten; es sei nur an das Copaivabalsam-, an das Nelken-, Galbanum-, Sadebaum-Kadeöl usw. erinnert. Da jedoch die zu den Sesquiterpenen gehörigen Kohlenwasserstoffe ausnahmslos bisher nur im flüssigen Zustande in den ätherischen Ölen konstatiert sind, so sind sie der Aufmerksamkeit der Chemiker lange entgangen, weil man naturgemäß die im festen Zustande sich abscheidenden Bestandteile, Kampferarten oder

Stearoptene genannt, zuerst studierte, zumal sie die Garantie größerer Reinheit boten. Erst nachdem es HOUTTON-LABILLIARDIÈRE 1817 gelungen war, im Terpentinöl einen Kohlenwasserstoff von der Bruttoformel $(C_5H_8)_x$ festzustellen, nachdem ferner DUMAS zu Beginn der dreißiger Jahre für diesen Kohlenwasserstoff die Formel $C_{10}H_{16}$ außer jeden Zweifel bewiesen hatte, konnte man auch hoffen, einen Einblick in die anderen flüssigen Bestandteile der ätherischen Öle zu gewinnen, zumal durch die Arbeiten LIEBIGS an dem flüssigen Benzaldehyd ein prägnantes Beispiel in dieser Hinsicht geschaffen war. Schnell mehrten sich in den dreißiger und vierziger Jahren des vergangenen Jahrhunderts die Untersuchungen über die Kohlenwasserstoffe der ätherischen Öle. Namentlich den Untersuchungen von DUMAS (A. **6**, 245; **9**, 56; A. ch. AVRIL **1833**), von BLANCHET und SELL (A. **6**, 259), SOUBEIRAN und CAPITAINE (Journ. de Pharm. Jan. **1840**, 1; Febr. **1840**, 65; A. **34**, 311) und DEVILLE (A. ch. **75**, 37; III, **25**, 80; A. **37**, 176; A. **71**, 348) verdanken wir die Festlegung der Tatsache, daß in einer großen Anzahl ätherischer Öle Kohlenwasserstoffe der Bruttoformel $(C_5H_8)_x$ vorkommen, verdanken wir ferner die Erkenntnis, daß diese Kohlenwasserstoffe teilweise die Formel $C_{10}H_{16}$, teilweise die Formel $C_{15}H_{24}$ haben, verdanken wir es schließlich, daß auf künstlichem Wege auch Kohlenwasserstoffe mit noch höherem Molekulargewicht dargestellt wurden.

Den wichtigsten Anstoß zum Auffinden von Kohlenwasserstoffen der Bruttoformel $C_{15}H_{24}$ gaben unter den genannten Forschern SOUBEIRAN und CAPITAINE (A. **34** [1840], 323), als sie das Cubebenöl (*Piper Cubeba* L.) untersuchten; sie konstatierten die Tatsache, daß der dieses Öl hauptsächlich ausmachende Bestandteil ein Kohlenwasserstoff der Bruttoformel $C_{15}H_{24}$ ist, welcher beim Einleiten von Salzsäure ein festes Dichlorhydrat liefert; ja noch mehr, von diesen Forschern rührt die erste Einteilung der in den ätherischen Ölen vorkommenden Kohlenwasserstoffe her. A. a. O., S. 329 sagen sie: „Nimmt man die Quantität Öl, welche sich mit 1 Aqu. Salzsäure verbindet, als Base an, so teilen sich die von uns untersuchten Öle in drei Ordnungen. Die zur ersteren gehörigen haben die Formel $C_{20}H_{32}$, nämlich das Kampfen, Peucilen, Tereben und Terebilen; die Öle der zweiten Ordnung, das Citren, Citrilen, Hesperiden, Hesperidilen, Copaiven und wahrscheinlich das Bergamilen und Copaivilen haben die Formel $C_{10}H_{16}$." „Die dritte Ordnung, wohin nur das Cubeben gehört, hat die Formel $C_{15}H_{24}$." Wenn auch in bezug auf das Copaiven usw. hier einige Irrtümer unterlaufen sind, so ist es doch bewunderungswert, wie richtig diese Forscher damals die Einteilung vornahmen.

Die Einteilung der Kohlenwasserstoffe von SCHOEDLER (GRÜNLING, Diss. Straßburg **1879**, S. 11) war folgende: I. Kohlenwasserstoffe erster Ordnung; für diese war vorzugsweise die Bezeichnung „Camphene" gewählt worden; sie besitzen das Vermögen der Zirkularpolarisation; II. die Kohlenwasserstoffe zweiter Ordnung bilden sich aus denen der ersten Ordnung durch einfache chemische Reaktionen, sie besitzen kein Rotationsvermögen, ebensowenig ihre Verbindungen, man bezeichnet sie als „Campherene"; III. die Terpene der dritten Ordnung, welche „Camphilene" genannt wurden, entstehen durch kompliziertere Reaktionen aus den vorhergehenden; auch sie besitzen kein Rotationsvermögen. Man erkennt, daß diese SCHOEDLERsche Einteilung keine Rücksicht nimmt auf das Molekulargewicht und auf das Volumgewicht, bzw. auf die Fähigkeit sich mit 1 oder 2 Mol. HCl zu verbinden. Entschieden war demnach die Einteilung von SOUBEIRAN und CAPITAINE die vollkommenere.

GERHARDT (Grundr. der org. Chemie II, S. 242, 413, 502) geht ebenfalls von den Versuchen der erwähnten Forscher, wie DUMAS, SOUBEIRAN und CAPITAINE usw. aus, indem er sich an das System von GMELIN anschließt, welcher die organischen Verbindungen nach ihrer Kohlenstoffanzahl einteilt, und kommt zu folgender Klassifizierung: 1. Camphènes (Familie der 10 Kohlenstoffatome), $C_{10}H_{16}$, Sdp. ca. 160°, 2. Paracamphènes (Familie der 15 Kohlenstoffatome), $C_{15}H_{24}$, Sdp. ca. 260°, 3. Metacamphènes (Familie der 20 Kohlenstoffatome), $C_{20}H_{32}$, Sdp. ca. 310°. Diese Einteilung GERHARDTS läßt demnach eine weitere Klassifizierung der Kohlenwasserstoffe $C_{10}H_{16}$ zunächst unberücksichtigt.

Die Untersuchungen über die Kohlenwasserstoffe der ätherischen Öle schreiten in den vierziger und fünfziger Jahren langsam vorwärts; für vorliegenden Fall sind besonders wichtig die Abhandlungen von WALTER (A. **39** [1841], 247 u. A. **48** [1843], 35) „über das feste und flüssige Cedernöl", in denen er annimmt, daß der flüssige Bestandteil dieses Öles ein Kohlenwasserstoff $C_{16}H_{24}$ ev. $C_{16}H_{26}$ sei; ferner sei die Arbeit BRÜNINGS (A. **104** [1857], 202) erwähnt; letzterem gelingt es, von dem Kohlenwasserstoff des Nelkenöls, dessen Siedepunkt er zu 255° bestimmt, und der, wie wir heute wissen, Caryophyllen ist, festzustellen, daß er die Bruttoformel $(C_5H_8)_x$ hat.

Inzwischen erscheinen in den fünfziger und am Anfang der sechziger Jahre die Arbeiten BERTHELOTS (A. ch. **38**, 42; **39**, 14; **40**, 5; C. r. **34**, 799; **36**, 425; **55**, 496; C. **1863**, 52; A. **83**, 104; **84**, 350; **88**, 342; **110**, 367; **112**, 363; **118**, 376; Spl. **II**, 228; J. pr. **56**, 463; **59**, 137 usw.).

Am Ende der Periode 1830—1857 hatte man dem Jahre 1830 gegenüber große Fortschritte in der Erkenntnis der Kohlenwasserstoffe $C_{15}H_{24}$, überhaupt der Kohlenwasserstoffe der ätherischen Öle, gemacht. Man wußte, daß Kohlenwasserstoffe $C_{15}H_{24}$ in verschiedenen ätherischen Ölen vorkommen und es lagen Einteilungen der Kohlenwasserstoffe vor, besonders jene von SOUBEIRAN, CAPITAINE und GERHARDT. Die Arbeiten der nächsten Periode, 1857—1872, bauten diese Systeme weiter aus; die Konstatierung des Vorkommens und die Darstellung der Sesquiterpene wurde ebenfalls gefördert. Vor allen Dingen war es die Gewinnung des festen Kampfens von seiten BERTHELOTS, ferner die Erklärung der Isomerieerscheinungen namentlich auf dem Gebiet der Kohlenwasserstoffe $C_{10}H_{16}$, welche zu der neuen Einteilung BERTHELOTS führte; besonderes Gewicht legte er auch auf die optischen Eigenschaften der Polarisation; er bezeichnet

I. die natürlichen Öle $C_{10}H_{16}$ als Terebenthene (SCHOEDLERS Kampfene erster Ordnung) und benennt die einzelnen Glieder nach dem botanischen Namen der Mutterpflanzen, z. B. Terpentinöl als Australen von *Pinus Australis*, Citronenöl als Citren usw. Die natürlichen Glieder werden in

II. Isomere umgewandelt

1. durch Erhitzen; hier bilden sich „Pyrolene", z. B. Austrapyrolen, Citropyrolen usw.;
2. durch Einwirkung von Säuren entstehen „Terebene" (SCHOEDLERS Kampfene der zweiten Ordnung, Campherene),
3. durch Zersetzung der Öle mit Chlor-, Brom-, Jodwasserstoff usw. werden Kampfene im engeren Sinne erhalten, die aber auch wieder unter sich Verschiedenheiten zeigen, nämlich
   a) „Camphene" (SCHOEDLERS Kampfene dritter Ordnung, Camphilene); so gibt das Terpentinöl-Chlorhydrat das feste Kampfen (Austrakampfen, Terekampfen), welches kristallisiert und optisch aktiv ist, ferner mit Salzsäure wieder das ursprüngliche Chlorhydrat liefert (?),
   b) „Camphilene"; dem flüssigen Monochlorhydrat liegt ein Kohlenwasserstoff „Camphilen" zugrunde (früher Dadyl, Tereben, Kampfen); er ist flüssig, aber schwierig unverändert abzuscheiden.
   c) „Terpilene"; sie werden durch vorsichtiges Erhitzen der Dichlorhydrate gewonnen und sind optisch inaktiv.
4. „Polymere" Terebenthene, Terebene, Camphene, Camphilene und Terpilene werden durch Vorsetzung von meta, para und iso bezeichnet; es sind Flüssigkeiten von immer zunehmender Zähigkeit ohne Rotationsvermögen, deren Siedepunkte zwischen 360° und der Dunkelrotglühhitze liegen. — Man kann jedoch nach BERTHELOT eine weitere bessere Einteilung vornehmen in
5. einen flüssigen, gegen 250° siedenden, inaktiven Kohlenwasserstoff, welcher wahrscheinlich Sesquitereben $C_{15}H_{24}$ ist,
6. „Ditereben" (DEVILLES Colophen) $C_{20}H_{32}$, eine gegen 300° siedende inaktive Flüssigkeit und
7. die eigentlichen „Polyterebene" $(C_{10}H_{16})_x$.

Schließlich gibt BERTHELOT (C. r. **55**, 496, 544; Spl. **II**, 235) eine weitere, allgemeinere Einteilung der Kohlenwasserstoffe $C_{10}H_{16}$ in zwei Reihen:

1. in eine einatomige, die Campholreihe (Monochlorhydrate oder Chlorwasserstoffsäure-Campholäther $C_{10}H_{17}Cl$, Camphene $C_{10}H_{16}$, Campholalkohole $C_{10}H_{18}O$).

2. eine zweiatomige, die Terpilreihe (Dichlorhydrate $C_{10}H_{18}Cl_2$, Terpilen $C_{10}H_{16}$, Hydrate $C_{10}H_{20}O_2$. — Jede dieser beiden Reihen bildet eine größere Gruppe, welche sich wieder in sekundäre Reihen (Australen, Terebenthen usw.) teilt, deren parallele und isomere Glieder sich je zu zweien entsprechen; jede hat als Typus einen inaktiven Kohlenwasserstoff, nämlich in der ersten Gruppe das Kampfen, und in der zweiten Gruppe das Terpilen.

Klar und deutlich tritt uns hier die Einteilung sowohl der in der Natur vorkommenden, als auch der künstlichen hierher gehörigen Kohlenwasserstoffe entgegen. Die Einteilung der Kohlenwasserstoffe $C_{10}H_{16}$ wurde im vorliegenden Werk schon früher eingehend erörtert; der Ausdruck Sesquiterpen taucht auf, aber gering ist das Material, welches BERTHELOT vorliegt. Von den physikalischen Konstanten benutzt dieser Forscher besonders den Siedepunkt und die Polarisation, weniger Gewicht legt er auf das Volumgewicht. Unter den chemischen Reaktionen sind es vor allem die Reaktionen mit Salzsäure und die Bildung des Terpinhydrats, welche für die Einteilung der Kohlenwasserstoffe Verwertung finden. Als nicht minder wichtiges Moment erscheint uns die Überführung verschiedener Kohlenwasserstoffe in Alkohole, Chloride, Ketone oder, wie man damals teilweise annahm, Aldehyde usw.

Bald nach BERTHELOT veröffentlicht GLADSTONE seine Einteilung der in den ätherischen Ölen vorkommenden Kohlenwasserstoffe, welche die Bruttoformel $(C_5H_8)_x$ haben. Dieser Forscher teilt zuerst im Jahre 1864 (Soc. **17** [1864], 1) diese Verbindungen ein in Kohlenwasserstoffe

I. $C_{10}H_{16}$; sie besitzen alle kleinere Brechungsindizes (etwa 1,46) und eine größere Empfindlichkeit (Verminderung des Brechungsindex beim Erhöhen der Temperatur um 10°)
   a) $d = 0{,}846$, Sdp. ca. 173°;
   b) $d = 0{,}85$ und mehr, Sdp. 160°,

II. $C_{15}H_{24}$; hierzu gehören die Kohlenwasserstoffe aus Nelken-, Rosenholz-, Cubeben-, Kalmus-, Cascarill- und Patschuliöl (vgl. daselbst auch die einzelnen Abhandlungen über mehrere dieser Öle)
   a) $d = 0{,}90$—$0{,}92$, Sdp. 259—260°;

III. Colophene $C_{20}H_{32}$, Sdp. ungefähr 315°.

Zu der Gruppe Ia werden die Kohlenwasserstoffe der verschiedenen Citrusöle, zur Gruppe Ib werden die Terpentinöle usw. gerechnet.

Aus dieser Einteilung der Kohlenwasserstoffe $(C_5H_8)_x$ GLADSTONES erkennen wir, daß sie sich im wesentlichen an jene BERTHELOTS, GERHARDTS, bzw. SOUBEIRANS und CAPITAINES anschließt. Besonderes Gewicht legt GLADSTONE auf das Volumgewicht, die Brechungsindices und die Rotation; mit der Einführung dieser physikalischen Konstanten gewinnen wir ein neues Unterscheidungsmerkmal der Kohlenwasserstoffe.

Deutlich sehen wir, daß man in der Mitte der sechziger Jahre gar keinen Zweifel mehr darüber hegte, daß die Kohlenwasserstoffe der Bruttoformel $(C_5H_8)_x$ in den ätherischen Ölen hauptsächlich zwei großen Gruppen angehören, jenen von der Bruttoformel $C_{10}H_{16}$ und jenen von der Zusammensetzung $C_{15}H_{24}$; ebenso deutlich tritt uns die Erkenntnis entgegen, daß man bei den Kohlenwasserstoffen $C_{10}H_{16}$ zwei Untergruppen unterscheiden muß, von denen die eine bei 160°, die andere bei ca. 174° siedet. Über die Identität oder Isomerie der einzelnen zu diesen Untergruppen gehörigen Kohlenwasserstoffe war man allerdings im Zweifel; auch hatte man nicht immer ein klares Bild darüber, in welchem Verhältnis zu diesen beiden Untergruppen die bisher nur auf künstlichem Wege erhaltenen Kohlenwasserstoffe $C_{10}H_{16}$ stehen. Allerdings rechnete BERTHELOT z. B. die festen Kampfene zur ersten Untergruppe, das Terpilen (Gemenge von i-Limonen und Terpinen usw.) zur zweiten Untergruppe, womit in beiden Fällen das Richtige getroffen war; jedoch die größte Schwierigkeit bereitete, wie kurz angedeutet, die ev. Identität der zahlreichen einzelnen Kohlenwasserstoffe in den Untergruppen: verschiedene Herkunft in bezug auf das Ausgangsmaterial, geringe Schwankungen im Volumgewicht, in der Polarisation usw. waren Grund genug, um die Verschiedenheit auszusprechen, wie bereits beim Kampfen, Pinen usw. ausführlich erörtert wurde. In der Mitte der sechziger Jahre fehlte es an einem Kollektivnamen für die Kohlenwasserstoffe $C_{10}H_{16}$; diesen schuf KEKULÉ (Lehrbuch der org. Chemie **1866**, II, 437): „Das Terpentinöl und die zahlreichen mit ihm isomeren Kohlenwasserstoffe, welche im allgemeinen als Terpene bezeichnet werden mögen.“ Dieser Name ist zweifellos indirekt von Terpentin abgeleitet, dem Harze der Pinaceen usw., und ist den Ausdrücken der französischen Forscher: „térébenthène“ und „térébène“ nachgebildet, indem diese mit ersterem den linksdrehenden Kohlenwasserstoff vieler Terpentinöle, mit letzterem ein künstliches Isomerisationsprodukt bezeichneten. —

Wir verdanken GLADSTONE in oben erwähnten Arbeiten über einzelne ätherische Öle den Nachweis des Vorkommens von Sesquiterpenen in in diesen Ölen. Dieser Forscher setzt seine Untersuchungen fort (Soc. II, **25** [1872], 1; J. **1872**, 813), im wesentlichen hält er seine frühere Einteilung aufrecht und gibt folgende Übersicht:

Formel	$C_{10}H_{16}$	$C_{15}H_{24}$	$C_{20}H_{32}$
Dampfdichte	4,7	7,1	
Flüssigkeitsbeschaffenheit	klar	zäh	sehr zäh
spez. Gew. bei 20°	0,846—0,880	0,904—0,927	0,939
Brechungsindex für *A* bei 20°	1,457—1,467	1,488—1,497	1,5084
Dispersion	ungefähr 0,027	ungefähr 0,029	0,031
Siedepunkt	160—176°	249—260°	315°
Löslichkeit in wäßrigem Alkohol	reichlich löslich	wenig löslich	unlöslich
Verbindung mit HCl	$C_{10}H_{16}\cdot 2\,HCl$ und $C_{10}H_{16}\cdot HCl$	$C_{15}H_{24}\cdot 2\,HCl$ und in geringeren Mengen	in sehr geringer Menge

GLADSTONE fügt hinzu: „It will be evident that the middle or fifteen-carbon group is intermediate in all its properties, and that these groups do not pass by insensible gradations into one another, but are separated by strongly marked divisions. There is no difference in specific refractive energy, and the various members of the ten and fifteen-carbon groups at least have powerful odors, and rotate the plane of polarization strongly, sometimes in one, sometimes in the other direction.“

Die nächste Veröffentlichung GLADSTONES (Soc. **49**, 609; J. **1886**, 295) stützt sich auf die Arbeiten BRÜHLS (vgl. A. des Jahres **1879** ff.). Dieser Forscher hatte gefunden, daß, wenn man für die Molekularrefraktion die Formel $\frac{(n-1)P}{d}$ zugrunde legt, sich für diejenigen Moleküle, welche doppelte Bindungen enthalten, eine Differenz zwischen der beobachteten und der berechneten Molekularrefraktion herausstellte. Die Molekularrefraktionen waren berechnet worden aus Werten für die einzelnen Atome, die man aus Molekülen gewonnen hatte, die zu den „gesättigten" gehörten. Fügte man für jede doppelte Bindung ein Inkrement zu der berechneten Molekularrefraktion hinzu, so erhielt man mehr oder weniger Übereinstimmung mit der beobachteten Molekularrefraktion. BRÜHL fand später, daß man besser den Ausdruck $\frac{n^2-1}{n^2+2} \cdot \frac{P}{d}$ zugrunde legt (vgl. Näheres im allgemeinen Teil). — GLADSTONE zieht nun die Molekularrefraktion genau so wie KANONNIKOW (J. pr. II, **32** [1885], 497) und FLAWITZKY (B. **20** [1887], 1956) als Einteilungsprinzip für die Kohlenwasserstoffe $(C_5H_8)_x$ heran; er sagt: „It is now generally accepted that the isomeric oils of the formula $C_{10}H_{16}$ fall into two groups — the terpenes and the citrenes or isoterpenes. These two groups, together with the cedrenes, $C_{15}H_{24}$, differ in boiling point, specific gravity, and rotatory power, and also in specific refractive and dispersive energy." Gestützt auf die erhaltenen Daten aus der beobachteten und berechneten Molekularrefraktion der beiden Untergruppen — der Terpene (im engeren Sinne) und der Citrene, sagt GLADSTONE (Chem. N. **54**, 323): „That the citrenes differ from the terpenes by containing a second pair of doubly-linked carbon atoms, and that the double-linking of this second pair is also analogous to that of the olefines."

Während wir bei der Einteilung GLADSTONES sehen, daß der von BRÜHL bereits hervorgehobene Unterschied in der Molekularrefraktion zum Einteilungsprinzip in der Terpenreihe $C_{10}H_{16}$ wird, zieht TILDEN im Jahre 1877 (Pharm. Journ. **37**, 191) eine chemische Reaktion zur Einteilung heran. Er teilt die Kohlenwasserstoffe $C_{10}H_{16}$ ein

1. in solche der Terpentingruppe, Sdp. 156—160°, Smp. des Nitrosoderivates 124° und

2. solche der Orangengruppe, Sdp. 174—176°, Smp. des Nitrosoderivates 71°. TILDEN glaubte ferner, daß die erstere Gruppe allein Terpinhydrat liefere, die zweite hingegen nicht; daß dies ein Irrtum ist, wurde bereits beim Pinen hervorgehoben (vgl. FLÜCKIGER, Ar. **222**, 362; ferner KREMERS, Am. **15**, 692). — Im Jahre 1878 (B. **11**, 152) legt TILDEN seine Ansichten über die olefinische Struktur sämtlicher Terpene dar, indem er Siedepunkt, Volumgewicht und chemische Reaktionen, unter diesen besonders die Bildung des Nitrosochlorids, seiner Einteilung zugrunde legt. Vgl. ferner TILDEN (B. **12** [1879], 1131).

WALLACH (A. **227**, 300) erweitert im Jahre 1885 diese Einteilung der Kohlenwasserstoffe $(C_5H_8)_x$:

A) Hemiterpene oder Pentene der Formel C_5H_8.

B) Eigentliche Terpene $C_{10}H_{16}$.

1. Pinengruppe; hierher gehören das Terebenthen, Australen usw.
2. Kampfengruppe.
3. Limonengruppe; als Limonen werden das Hesperiden, Citren, Carven bezeichnet.

4. Dipentengruppe: Diisopren, Cinen, Cajeputen, Kautschin, Isoterebenthen und andere.
5. eine Gruppe, der das späterhin beschriebene Terpinolen angehört.
6. ev. Sylvestren.

C) Polyterpene. „Diese kommen teils fertig gebildet in der Natur vor; teils entstehen sie durch Polymerisation der Hemiterpene und Terpene.“

1. Sesquiterpene oder Triterpene $C_{15}H_{24}$; ihr Siedepunkt liegt bei 250—260°; zu ihnen gehören das Cedren, Cubeben und andere.
2. Diterpene oder Tetraterpene $C_{20}H_{32}$; Sdp. über 300° (Colophen).
3. Polyterpene $(C_{10}H_{16})_x$ (Kautschuk).

Fassen wir das Vorkommen der Sesquiterpene zusammen, soweit es bis zum Jahre 1887 bekannt war, so waren diese Kohlenwasserstoffe im Copaiva-, Cubeben-, Rosenholz-, Patschouli-, Nelken-, Vetiverwurzel-, Sandelholz-, Cascarill-, Calmus-, Cedernholz-, Galbanum-, Sadebaum- und Kadeöl (*Oleum cadinum*) aufgefunden. Es war ohne weiteres klar, daß sich diese Sesquiterpene nicht alle als verschieden voneinander herausstellen würden. Wallach (A. **238** [1887], 78) zeigte, daß sich in der Tat z. B. Sesquiterpene im Patschouli-, Galbanum-, Kade- und Sadebaumöl finden, welche identisch sind, indem sie ein festes, von Capitaine und Soubeiran entdecktes Dichlorhydrat vom Smp. 117° liefern, aus dem das „Cubeben“, wie W. dieses Sesquiterpen damals nannte, regeneriert werden kann.

Brühl (B. **21** [1888], 145) beschäftigt sich mit der Einteilung der Kohlenwasserstoffe $(C_5H_8)_x$; von den Sesquiterpenen sagt er: „Auch in der Reihe der Sesquiterpene, $C_{15}H_{24}$, kommen, wie es scheint, Isomeriefälle vor; betreffs der Polyterpene $C_{20}H_{32}$ und solcher von höherem Molekulargewicht ist noch nichts Näheres bekannt.“ „Daß es auch in der Reihe der Sesquiterpene nicht nur physikalische (optische), sondern auch chemische Isomerie gibt, und zwar vermutlich nicht nur Stellungs-, sondern auch Sättigungsisomerie, dafür spricht sowohl das refraktometrische Verhalten gewisser Sesquiterpene, wie z. B. dasjenige des Sandelholzöles, als auch die ungleichartige chemische Reaktionsfähigkeit.“ „Über die Natur dieser Körper ist bisher nichts weiter bekannt, als daß die Mehrzahl derselben nach der Saturationsformel $C_{15}H_{24}\ulcorner^{3}$, zusammengesetzt ist. Möglicherweise existieren auch Sättigungsisomere, z. B. $C_{15}H_{24}\ulcorner$, doch weiß man darüber noch nichts Bestimmtes. Eine durch Tatsachen begründbare Ansicht über die Strukturverhältnisse der Sesquiterpene läßt sich daher zurzeit nicht vorbringen.“

Diese Brühlsche Ansicht charakterisiert den Stand unserer Kenntnisse am Schluß der vorletzten Periode im Jahre 1887: Man kannte Sesquiterpene in einer ganzen Anzahl ätherischer Öle, es war Wallach auch gelungen, nachzuweisen, daß sich chemisch identische Sesquiterpene in verschiedenen Ölen finden, aber der Nachweis war noch nicht geglückt, daß es mehrere chemisch verschiedene Sesquiterpene gibt, wie Kohlenwasserstoffe in der Terpenreihe. In letzterer konnte man 1887 die bicyklischen Terpene, Kampfen und Pinen, die monocyklischen Terpene,

Limonen und Dipenten, — letzteres hatte man noch nicht als i-Limonen erkannt —, Terpinen und Phellandren scharf voneinander unterscheiden; die olefinischen Terpene waren noch nicht entdeckt. Von den Sesquiterpenen wußte man weniger, allerdings war bis zum Jahre 1887 die Konstitution auch noch nicht eines einzigen Terpens erschlossen worden; aber man wußte doch, daß Pinen einem bicyklischen System angehörte; über das Kampfen war man sich noch nicht einig; auch hatte man festgestellt, daß das Limonen und Dipenten monocyklisch doppelt ungesättigt sind. Bei den Sesquiterpenen war nach dieser Richtung hin nichts bekannt; man wußte nicht, ob ihre einzelnen Repräsentanten olefinisch, monocyklisch, bicyklisch usw. waren, geschweige denn, daß man einen weiteren näheren Einblick in die Konstitutionsverhältnisse gehabt hätte.

Diese Lage änderte sich in der letzten Periode 1887 bis zur Gegenwart; die häufiger vorkommenden Terpene sind fast sämtlich in ihrer Konstitution aufgeklärt worden. Durch die Entdeckung Semmlers (B. **24** [1891], 683), daß die Existenz olefinischer Terpene möglich ist, als das Geraniën $C_{10}H_{16}$ aus Geraniol gewonnen war, und nachdem derselbe Forscher (Chem. Ztg. **13** [1889], 1158) das Carlinen $C_{15}H_{24}$ aufgefunden und aus seinen physikalischen Daten das Vorhandensein olefinischer Sesquiterpene vermutet hatte, war ein weiterer Fingerzeig für die Konstitution der Sesquiterpene gegeben. Es ließ sich nun nicht mehr von der Hand weisen, daß unter den Sesquiterpenen Repräsentanten olefinischer, monocyklischer, bicyklischer und polycyklischer Ringsysteme vorhanden sind.

Als nächste Arbeit ist jene Wallachs und Walkers aus dem Jahre 1893 (A. **271**, 285) zu erwähnen. Es gelingt diesen Forschern eine Verbindung zu entdecken, welche gestattet, ein zweites Sesquiterpen neben dem Cadinen (früher Cubeben genannt; die Nomenklatur des letzteren vgl. a. a. O., S. 297) zu gewinnen; es war dies der aus dem Caryophyllen nach dem Bertramschen Verfahren gewonnene Alkohol $C_{15}H_{26}O$ vom Smp. 96°. Das Cadinen war im Cubebenöl, *Oleum Sabinae*, *Oleum cadinum*, Betel-, Kampfer-, Galbanum-, Patschuli-, Wacholderbeeren-, Asa foetida-, Cotorinden- und Olibanumöl festgestellt worden, während das Caryophyllen sich außer im Nelkenöl auch im Copaivaöl konstatieren ließ. A. a. O., S. 296 kommt Wallach auf die Einteilung der Sesquiterpene zurück und spricht die Ansicht aus, daß sich im wesentlichen zwei Gruppen unterscheiden ließen, von denen die eine, zu der das Cadinen gehört, zwei doppelte Bindungen enthält, während die andere nur eine doppelte Bindung aufweist, und zu der das Cloven zu rechnen ist, ein Kohlenwasserstoff, welchen Wallach aus dem Caryophyllenhydrat darstellte. Wir haben also hier eine Einteilung, wie sie früher Brühl bereits angedeutet hatte.

Wallach (A. **279**, 391) bringt weitere Beiträge zur Charakteristik der Sesquiterpene; es werden Derivate des Caryophyllens angegeben, sodann wird über das Patschulen, den künstlich aus dem Patschulialkohol darstellbaren Kohlenwasserstoff, ebenso über das Guajen berichtet.

In den darauf folgenden Jahren bis zur Gegenwart ist eine große Anzahl von Arbeiten, welche die Sesquiterpene betreffen, veröffentlicht worden;

sowohl das Vorkommen neuer Sesquiterpene wurde festgestellt, als auch jenes der länger bekannten von neuem konstatiert. Größere Sorgfalt wurde auf die Feststellung der physikalischen Daten verwendet, auch die chemischen Reaktionen verschiedener Sesquiterpene wurden neu studiert. Zur Identifizierung zog man Verbindungen heran, die bei den Terpenen gute Dienste geleistet hatten, namentlich Nitrosochloride, Nitrosate mit ihren Derivaten usw. Auch mit der Konstitution der Sesquiterpene beschäftigte man sich näher, ohne daß es jedoch bisher gelungen wäre die Konstitution auch nur eines einzigen Sesquiterpens aufzuklären. Im allgemeinen gibt man an, daß man es bei den bicyklischen Sesquiterpenen mit hydrierten naphtalinartigen Verbindungen zu tun hat (vgl. Wallach, A. **239**, 49). Vorzüglich sind die Arbeiten von Chapman, Kremers und Schreiner zu erwähnen, namentlich die Monographie Schreiners (The Sesquiterpenes, Milwaukee **1904**), in welcher diese Kohlenwasserstoffe zusammenfassend behandelt werden. Vgl. ferner Semmler (B. **36**, 1037), der die Konstitution der Sesquiterpene eingehender erörtert, indem er die Anlagerung von drei Molekülen Isopren aneinander näher ins Auge faßt.

Auf alle diese Arbeiten wird gelegentlich der Besprechung der einzelnen Sesquiterpene ausführlich eingegangen werden. Da wir über die Konstitution der Sesquiterpene im unklaren sind, da es anderseits nicht sehr wahrscheinlich ist, daß die weit über sechzig Sesquiterpene, die man heute, um keine Verwirrung anzurichten, noch auseinanderhalten muß, wirklich chemisch verschieden voneinander sind, so hält es einigermaßen schwer, eine wissenschaftlich begründete Einteilung der Sesquiterpene zu geben. Fest steht über die Konstitution der Sesquiterpene folgendes: Die Sesquiterpene enthalten, soweit sie bisher studiert sind, sämtlich doppelte Bindungen, so daß die tetracyklischen Sesquiterpene vorläufig nur theoretisches Interesse haben; ferner kennen wir Sesquiterpene, die zweifellos nur eine doppelte Bindung besitzen, solche, die zwei, drei und vier doppelte Bindungen aufweisen. Würde man nun die Konstitution der einzelnen Sesquiterpene kennen, so würde es nicht schwer halten, sie zu gruppieren, indem wir dasselbe Einteilungsprinzip wie bei den Terpenen zugrunde legen. Als Einteilungsprinzip nehmen wir die Anzahl der im Molekül vorhandenen Ringe an oder, was auf dasselbe hinauskommt, die Anzahl der vorhandenen doppelten Bindungen; hiernach ergibt sich folgende Gruppierung:

a) Tetracyklische Sesquiterpene mit drei Brückenbindungen und keiner doppelten Bindung.
b) Tricyklische Sesquiterpene mit zwei Brückenbindungen und einer doppelten Bindung.
c) Bicyklische Sesquiterpene mit einer Brückenbindung und zwei doppelten Bindungen.
d) Monocyklische Sesquiterpene mit keiner Brückenbindung und drei doppelten Bindungen.
e) Aliphatische Sesquiterpene mit vier doppelten Bindungen.

Auf diese Weise vereinigen wir zweifellos Sesquiterpene in den einzelnen Gruppen, welche viele Eigenschaften gemeinsam haben, genau so wie es bei den Terpenen der Fall war. Die physikalischen und chemischen Eigenschaften der einzelnen Gruppen weisen große Ähnlichkeiten auf; allerdings kann nicht geleugnet werden, daß unter Umständen Sesquiterpene in einer Gruppe zusammenkommen, die verwandtschaftlich wenig zusammengehören, ebenso wie bei den bicyklischen Terpenen des Pentoceansystems Kampfen und Fenchen zusammenstehen, von denen das erstere in näherer Beziehung zum p-, das zweite zum m-Cymol steht. Eine vollkommenere Einteilung wird sich erst ermöglichen lassen, wenn wir über die chemische Natur der Sesquiterpene größere Klarheit besitzen.

Die aliphatischen Sesquiterpene sind bereits in der Methanreihe abgehandelt worden. Die Zugehörigkeit eines Sesquiterpens zu der einen oder anderen Gruppe können wir aus den physikalischen, anderseits aus den chemischen Eigenschaften folgern. Um jedoch zu sicheren Schlüssen zu gelangen, müssen auch hier möglichst reine Substanzen den Untersuchungen zugrunde gelegt werden; alsdann werden wir nach Berechnung der Molekularrefraktion nicht im Zweifel darüber sein, von welcher der Gruppen ein Vertreter vorliegt. Aus folgender Tabelle (vgl. SCHREINER a. a. O., S. 17) können wir entnehmen, wie sich die physikalischen Konstanten der einzelnen Gruppen in bezug auf Volumgewicht und Molekularrefraktion verhalten:

Gruppe	Sesquiterpen	Spec. Gew.	Molekularrefraktion Gef.	Molekularrefraktion Ber.
Tetracyklisch	—	—	—	62,74
Tricyklisch	Cedren	0,936	64,13	64,45
	Cloven	0,930	64,77	—
	Patschulen	0,939	64,02	—
	Vetiven	0,932	—	—
Bicyklisch	Citronellöl, schweres Sesquiterpen	0,912	—	66,15
	Aralien	0,909	65,82	—
	Cadinen	0,918	65,93	—
	Caparrapen	0,920	65,85	—
	Caryophyllen	0,903	66,27	—
	Galipen	0,912	66,22	—
	Guajen	0,910	65,92	—
	Humulen	0,898	66,93	—
	α-Santalen	0,913	—	—
	β-Santalen	0,914	—	—
Monocyklisch	Bisabolen (nicht rein)	0,891	67,35	67,76
	Zingiberen	0,873	67,87	—
	Limen	0,873	68,2	—
	Carlinen	0,8733	68,1	—
Aliphatisch	Citronellöl, leichtes Sesquiterpen	0,864	71,57	69,5

Gelegentlich der Besprechung der übrigen Sesquiterpene wird auf ihre Zugehörigkeit zu der einen oder anderen Gruppe Rücksicht genommen werden. Die physikalischen Daten, namentlich das Volumgewicht und der Brechungsexponent, zeigen in den einzelnen Gruppen mehr oder weniger Übereinstimmung, genau so wie wir Regelmäßigkeiten unter den Terpenen beobachtet haben. Das Volumgewicht der Glieder der tetracyklischen Gruppe dürfte um 0,95, jenes der tricyklischen um 0,935, der bicyklischen um 0,910, das der monocyklischen um 0,875, das der aliphatischen um 0,85 liegen; je nach dem Volumgewicht schwankt auch der Brechungsexponent. Über den Siedepunkt ist zu bemerken, daß dieser auch bei den Sesquiterpenen mit Anhäufung der Ringe fallen dürfte, daß dagegen mit Zunahme der doppelten Bindungen ein Ansteigen statthat. Jedoch lassen sich hierüber keine Regeln aufstellen, da es ganz auf die Art der Ringsysteme ankommt; wir machen die stillschweigende Voraussetzung, daß alle Sesquiterpene in bezug auf die Ringsysteme nahe verwandt sind und sie alle mehr oder weniger leicht ineinander übergehen können.

Über das Vorkommen der Sesquiterpene in der Natur läßt sich im allgemeinen angeben, daß kryptogame und phanerogame, unter diesen sowohl gymnosperme, als auch angiosperme Pflanzen Öle liefern, die Sesquiterpene enthalten. Bei den Terpenen hatten wir gesehen, daß sie häufig mit Alkoholen, Estern bzw. Ketonen zusammen vorkommen, zu denen sie in nahen verwandtschaftlichen Beziehungen stehen: ich erinnere an Limonen und Carvon, Sabinen und Sabinol usw. Es ist leicht möglich, daß auch die Sesquiterpene mit den sog. Sesquiterpenalkoholen $C_{15}H_{26}O$ usw. verwandt sind und mit ihnen vergesellschaftet auftreten; in einzelnen Fällen ist der Nachweis bereits geführt worden. In den Pinaceen findet sich hauptsächlich Cadinen, namentlich in den Nadeln, aber auch das Cedren kommt vor, so im Holz von *Juniperus virginiana*; im übrigen wird das Cadinen von Pflanzen geliefert, die über das ganze Pflanzenreich verbreitet sind. Dasselbe Verhalten nehmen wir bei den übrigen Sesquiterpenen wahr, insofern als ihr Vorkommen an keine bestimmte Familie gebunden ist, so daß keine Gesetzmäßigkeiten nach dieser Richtung hin haben festgestellt werden können. Im allgemeinen scheint das Cadinen die größte Verbreitung zu besitzen, alsdann das Caryophyllen, so daß diese beiden gewissermaßen dem Limonen der Terpenreihe in bezug auf Verbreitung entsprechen; es sind dies bicyklische Sesquiterpene mit zwei doppelten Bindungen.

Quantitativ treten die Sesquiterpene als Bestandteile einzelner ätherischer Öle sehr hervor, so daß sie zusammen mit Sesquiterpenhydratverbindungen vielfach das ganze Öl ausmachen, so im Cubeben- und Copaivabalsam-, Cedernholz-, Gurjunbalsam-, Ingweröl usw.

Die Abscheidung der Sesquiterpene aus den Rohölen ist analog jener bei den Terpenen, indem zunächst sorgfältig fraktioniert werden muß; alsdann geschieht die weitere Reinigung am besten durch Destillation über metallischem Natrium im Vakuum, eine Operation, durch welche besonders die beigemengten sauerstoffhaltigen Verbindungen zerstört werden. Auch die weitere Reindarstellung auf chemischem Wege läßt sich wie bei den Terpenen durch die Halogenwasserstoffverbindungen hindurch vornehmen, indem letztere mit Anilin oder Natriumacetat und Eisessig usw. gekocht werden. Zu diesem Verfahren ist zu bemerken, daß die Salzsäureabspaltung nicht ganz glatt geht, und daß hierbei z. B. außer dem ursprünglichen Cadinen zweifellos in bedeutender Menge andere Kohlenwasserstoffe entstehen. — Auf diese Weise konnte bisher nur das Cadinen aus dem Dichlorhydrat regeneriert werden, während an anderen Sesquiterpenen eine derartige Reinigungsmethode nicht vorgenommen werden konnte. Man ist deshalb auf die Menge der gebildeten kristallisierten Derivate angewiesen, wenn man einigermaßen einen Schluß auf den prozentischen Anteil des Sesquiterpens an der Zusammensetzung des Rohöls ziehen will.

Ein zweiter Weg, ein Sesquiterpen zu gewinnen, ist die künstliche Darstellung, wobei man Sesquiterpenalkohole usw. als Ausgangsmaterialien benutzt. Genau so wie man das Terpineol vom Smp. 35° in Limonen, Terpinolen und Terpinen überführen kann, wie Isoborneol Kampfen liefert und Isofenchylalkohol Fenchene, so gibt es auch Sesquiterpenalkohole $C_{15}H_{26}O$, die unter Wasserabspaltung Sesquiterpene $C_{15}H_{24}$ liefern. Aber auch in diesem Falle sind zum Teil die Verhältnisse recht komplizierte, insofern als diese Wasserabspaltung einmal sehr verschieden schwer vor sich geht, als ferner in vielen Fällen bei dieser Reaktion ein Systemwechsel statthat, d. h. das gebildete Sesquiterpen besitzt nicht mehr die Anordnung der Kohlenstoffatome wie der Sesquiterpenalkohol, von dem man ausgegangen ist. Sehr leicht spaltet z. B. der Patschulisesquiterpenalkohol Wasser ab, dagegen ungleich schwerer das Guajol und das Caryophyllenhydrat; es wird dies damit zusammenhängen, daß in einem Falle ein tertiärer, im anderen Falle ein sekundärer Alkohol vorliegt. Das tertiäre Terpineol spaltet sehr viel leichter Wasser ab, als das sekundäre Menthol oder Dihydrocarveol: analog werden die Verhältnisse bei den Sesquiterpenalkoholen liegen, indem z. B. der Patschulialkohol tertiärer Natur, das Guajol dagegen ev. sekundärer Natur ist. Ausgeschlossen ist es natürlich nicht, daß in einigen Fällen derartige Konstitutionsverhältnisse vorliegen, daß selbst ein tertiärer Alkohol schwer Wasser abspaltet, weil kein verfügbarer Wasserstoff in der Nähe steht. Dasselbe, was von den Alkoholen gilt, hat natürlich auch mut. mut. bei den Halogensubstitutionsprodukten Gültigkeit. — Mit einem Systemwechsel beim Übergang des Alkohols in den Kohlenwasserstoff dürften wir es bei der Überführung des Caryophyllenhydrats in Cloven zu tun haben, so daß wir vom bicyklischen, doppelt ungesättigten Caryophyllen ausgehend zum Caryophyllenhydrat kommen, von diesem aus zum Cloven, indem hierbei beide Male Änderung im Typus stattgefunden hat, da dem Alkohol sichtlich, wie wir später zeigen werden, weder das Caryophyllen, noch das Cloven zugrunde liegen. Merkwürdig ist hierbei, daß wir, von einem bicyklischen System des Caryophyllens ausgehend, zu einem tricyklischen des Caryophyllenhydrats kommen, welches seinerseits Wasser abspaltet und ev. abermals hierbei das System wechselt. Während also bei den Terpenen, z. B. aus dem bicyklischen Pinen ebenfalls unter Systemwechsel das monocyklische Terpineol gebildet wird, und von diesem aus monocyklische Kohlenwasserstoffe desselben Systems entstehen, wird vom Caryophyllen aus ein System gebildet, welches einen Ring mehr enthält, so daß wir hier wiederum eine gewisse Ähnlichkeit mit dem Übergang des aliphatischen Linalools in das cyklische Terpineol haben; wir können mit großer Bestimmtheit schließen, daß das gebildete tricyklische System des Caryophyllenhydrats keinen Ring niederer Ordnung (Fünf-, Vier-, Dreiring) bildet, sondern daß der gebildete Ring mindestens ein Sechsring ist, oder aber, daß die beiden Ringe des Caryophyllens nochmals verbunden werden.

Derartige künstliche Darstellungen der Sesquiterpene aus den Sesquiterpenalkoholen gehören aber immer noch zu den Seltenheiten; um die Übersicht zu erleichtern, sollen diese gewissermaßen synthetischen Sesquiterpene aber auch hier bereits mit den natürlich vorkommenden abgehandelt werden. Ebenso wie aus den Alkoholen bilden sich die Sesquiterpene auch aus den Chlorsubstitutionsprodukten und den Aminen, im letzteren Falle unter Ammoniakabspaltung. Nicht immer ist das Sesquiterpen, welches man z. B. durch Wasserabspaltung aus dem Sesquiterpenalkohol erhält, mit dem Sesquiterpen identisch, welches sich gleichzeitig im Rohöl befindet; so ist es noch fraglich, ob das künstliche Cedren identisch ist mit dem natürlich vorkommenden, ebenso verhält es sich mit dem α- und β-Santalen den aus dem Santalol gewonnenen Kohlenwasserstoffen gegenüber. Eine weiter ausholende Synthese als jene, die von den Sesquiterpenalkoholen ausgeht, ist bisher nicht gemacht worden, wenn wir von den sog. „synthetischen Sesquiterpenen" absehen; so stellte z. B. Claus (J. pr. II, **46**, 474; C. **1893**, I, 210) das 1-Methyl-4-Isopropyl-2-Isoamylbenzen = $(CH_3)_2 \cdot CH \cdot CH_2 \cdot CH_2 \cdot C_6H_3(CH_3) \cdot CH(CH_3)_2$, ferner Lipinski (B. **31**, 940) das 4-Oktyl-1-Methylbenzen = $C_6H_4(CH_3)C_8H_{17}$, Reboul (C. r. **64**, 419; A. **143**, 373) durch Erhitzen von Valerylen mit konz. Schwefelsäure usw. den Kohlenwasserstoff $C_{15}H_{24}$ her, ebenso Bouchardat (C. r. **87**, 654; Bl. II, **33**, 24), indem er das Valerylen in Bombenröhren auf 250—260° erhitzte. Die Kohlenwasserstoffe sind wegen ihrer physikalischen Daten interessant; auf ihren ev. näheren Zusammenhang mit den Sesquiterpenen wird später eingegangen werden. Auch der synthetischen Versuche Wallachs sei hier gedacht, welcher versuchte, durch Erhitzen von Kohlenwasserstoffen $C_{10}H_{16}$ mit Isopren zu Sesquiterpenkohlenwasserstoffen zu gelangen, bzw. aus den Polymerisationsprodukten des Pinens Cadinendichlorhydrat darzustellen (A. **238**, 88).

Über die physikalischen Eigenschaften sind die allgemeinen gegenseitigen Beziehungen bereits erwähnt worden. Diejenigen Sesquiterpene, die monocyklisch sind, werden sich im Volumgewicht am meisten den Terpenen nähern, so das Zingiberen, Limen, Carlinen usw., wobei man jedoch in Betracht ziehen muß, daß sie wegen der dritten doppelten Bindung im Molekül spezifisch etwas schwerer sind. Nicht ein einziges Sesquiterpen ist bisher im festen Zustande erhalten worden. Die in der Natur vorkommenden Sesquiterpene sind optisch aktiv, bald links-, bald rechtsdrehend; von einigen kennt man beide Modifikationen, so z. B. vom

Cadinen. Der Siedepunkt dürfte im allgemeinen um so niedriger liegen, je mehr Brückenbindungen vorhanden sind, natürlich immer vorausgesetzt, daß wir es mit ähnlich konstituierten Gebilden zu tun haben. Über die Farbe ist zu erwähnen, daß die Sesquiterpene gewöhnlich farblos sind und daß sie einen hohen Brechungsexponenten (ca. 1,5) besitzen; nur ausnahmsweise sind einige Kohlenwasserstoffe dunkelblau gefärbt, so z. B. das Guajen, welches WALLACH darstellte (A. **279**, 396). Es muß dahingestellt bleiben, woher diese blaue Farbe rührt, der wir z. B. bei den hochsiedenden Anteilen des Kamillenöls begegnen, an welchen sie seit Jahrhunderten beobachtet ist (vgl. auch SCH. **1893**, I, 64 über das ätherische Öl von *Achillea coronopifolia*). WALLACH sagt über das Guajen: „Im vorliegenden Falle ist nicht anzunehmen, daß es sich um einen blaugefärbten Kohlenwasserstoff handelt, vielmehr dürfte ein sehr oxydables Sesquiterpen vorliegen und die blaue Farbe auf das Entstehen kleiner Mengen eines sauerstoffhaltigen Körpers zurückzuführen sein. Dafür spricht, daß die blaugefärbten Anteile des Kohlenwasserstoffs die blaue Farbe allmählich verloren, wenn sie in geschlossenen Gefäßen mit metallischem Natrium längere Zeit in Berührung blieben."

In physiologischer Hinsicht sind die Sesquiterpene wenig untersucht worden; ihr Geruch ist in ganz reinem Zustand ein sehr schwacher und dürfte vielfach durch die sehr schwer vollständig zu entfernenden sauerstoffhaltigen Bestandteile modifiziert werden.

Die chemischen Eigenschaften der Sesquiterpene wechseln je nach der Anzahl der vorhandenen Ringe mit doppelten Bindungen. Die Sesquiterpene erleiden für sich erhitzt bei höherer Temperatur ähnliche Veränderungen wie die Terpene. So erhält man aus dem Cedren Benzol, Toluol, Naphtalin, Anthracen und andere Kohlenwasserstoffe. — Reduktionsversuche sind direkt mit den Sesquiterpenen wenig ausgeführt worden. SEMMLER (B. **36**, 1037) ließ Natrium in alkoholischer Lösung auf Caryophyllen einwirken, um ev. benachbarte doppelte Bindungen usw. nachzuweisen; es gelang jedoch auf diese Weise nicht, hydrierte Produkte zu erhalten. Dagegen ist man auf Umwegen zu hydrierten Sesquiterpenen gekommen. So erhielt WALLACH (A. **271**, 295) durch Reduktion des Cadinendichlorhydrats mit Jodwasserstoffsäure einen Kohlenwasserstoff $C_{15}H_{28}$. Es ist jedoch fraglich, ob dieser Kohlenwasserstoff noch dasselbe Kohlenstoffskelett wie das Cadinen selbst enthält, da bei der Einwirkung der Jodwasserstoffsäure Umlagerungen nicht ausgeschlossen sind. Ferner erhielt WALLACH aus dem Jodid des Caryophyllenhydrats $C_{15}H_{25}J$ einen Kohlenwasserstoff $C_{30}H_{50}$ (A. **271**, 293). SEMMLER (B. **36**, 1037) reduzierte Caryophyllenhydrat mit Zinkstaub bzw. das Chlorid mit Natrium und Alkohol und gewann das Dihydroisocaryophyllen $C_{15}H_{26}$.

Die Anlagerung von freien Halogenen ist nicht mit solchem Erfolg bei den Sesquiterpenen ausgeführt worden, wie bei den Terpenen; dagegen erhält man mit Halogenwasserstoffsäuren gut kristallisierte Produkte, so aus dem Cadinen, Limen usw. Die Wasseranlagerung führt in einzelnen Fällen, wie beim Caryophyllen, zu einem gut kristallisierten

Alkohol $C_{15}H_{26}O$. Recht wenig sind die Oxydationsprodukte der Sesquiterpene studiert worden. Dagegen hat man mit den Anhydriden der salpetrigen, der Salpetersäure und den gemischten Anhydriden, z. B. Nitrosylchlorid, ganz analoge Verbindungen, die gut kristallisieren, gewonnen, genau so wie bei den Terpenen; so liefert das Caryophyllen ein Nitrosat und ein Nitrosit, sowie ein Nitrosochlorid. Im großen und ganzen sind aber auch hier die Verhältnisse lange nicht so durchsichtig wie bei den Terpenen. — Die Sesquiterpene reagieren analog den Terpenen mit Paraformaldehyd und erzeugen additionelle Verbindungen von Alkoholcharakter (Genvresse, C. r. **138** [1904], 1228).

Zur Identifizierung zieht man bei den Sesquiterpenen dieselben Verbindungen heran wie bei den Terpenen, nur liefern letztere die gut kristallisierenden Tetrabromide bzw. Dibromide, die man häufig benutzt. Am besten verwendet man für vorliegende Fälle die Additionsprodukte mit den Halogenwasserstoffsäuren; so liefern das Cadinen ebenso wie das Caryophyllen ein Dichlorhydrat, das Limen ein Trichlorhydrat. Von nicht geringerer Wichtigkeit sind die Nitrosate, Nitrosite, Nitrosochloride und die aus diesen darstellbaren Nitrolaminbasen; durch diese Verbindungen konnte z. B. von Kremers und Schreiner sehr gut das Caryophyllen und Humulen auseinandergehalten werden. Auch die Bildung von Sesquiterpenalkoholen aus Sesquiterpenen nach dem Bertramschen Verfahren ist von Wallach mit Erfolg zur Identifizierung des Caryophyllens herangezogen worden. Ganz versagt haben zu Identifizierungszwecken bisher die Oxydationsprodukte.

Über die Konstitution der Sesquiterpene ist bereits oben das Allgemeine mitgeteilt; wir haben nach allen Untersuchungen die Sesquiterpene als hydrierte Naphtaline anzusehen, die sich teils durch erschöpfende Bromierung zum Teil in substituierte Naphtaline, zum Teil in hydrierte Naphtaline überführen lassen (vgl. Semmler, B. **36**, 1037); S. zieht folgende Übergänge und Formeln in Betracht:

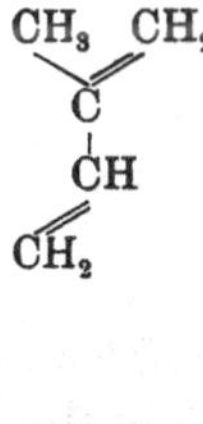

1 Isopren

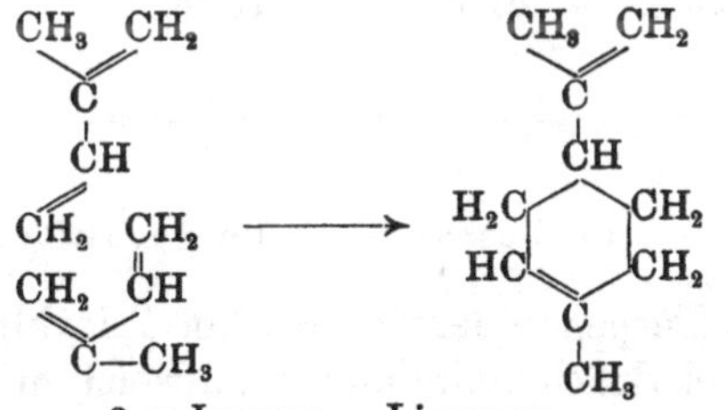

2 × Isopren = Limonen

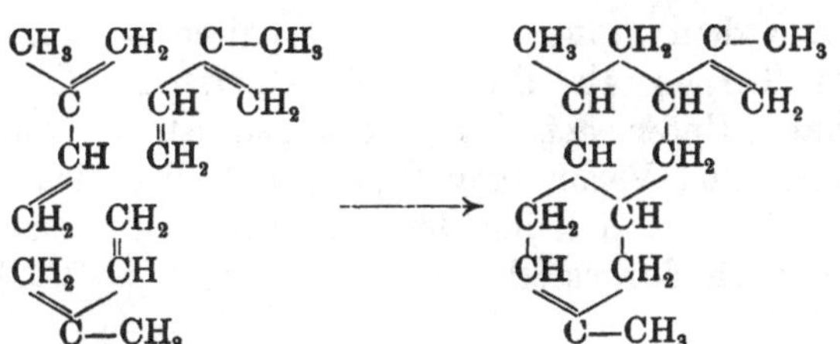

3 × Isopren = Sesquiterpen

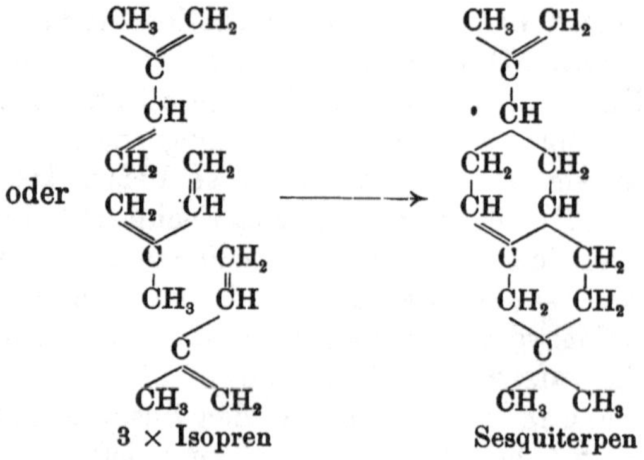

Obwohl die Erforschung der Eigenschaften der Sesquiterpene seit langem in Angriff genommen wurde, sind die meisten Beobachtungen doch erst in den letzten 25 Jahren gemacht worden. Besonders ist in diesem Zeitabschnitt ihr Vorkommen studiert und festgestellt worden, nachdem man die physikalischen Daten mehr für Identifizierungszwecke herangezogen hatte, und nachdem besonders Tilden durch Ausarbeitung der Anlagerung des Nitrosochlorids an Terpene den Weg angedeutet hatte, auf dem man mit Erfolg die Erforschung von Kohlenwasserstoffen der ätherischen Öle in Angriff nehmen kann. Vielfach verdanken wir Wallach auch auf dem Gebiete der Sesquiterpene sehr wichtige Beobachtungen. Besonders hat er gezeigt, daß das Cadinen und Caryophyllen in vielen ätherischen Ölen vorkommen, so daß dadurch das Material wesentlich gesichtet wurde. Besonders wichtig sind ferner die zahlreichen Arbeiten auf diesem Gebiete von Chapman, Kremers und vor allem von Schreiner. Die Verdienste anderer Chemiker auf diesem Gebiete werden klar aus der speziellen Beschreibung der einzelnen Sesquiterpene hervorgehen.

Die Anwendung der Sesquiterpene in der Technik ist, wie die weitere Besprechung zeigen wird, eine ausgedehnte.

a) Tetracyklische Sesquiterpene.

Unter den Terpenen lernten wir im Tricyklen einen Kohlenwasserstoff kennen, der zwei Brückenbindungen aufweist und keine doppelte Bindung besitzt; aber auch dieser Kohlenwasserstoff ist ein künstliches Produkt und z. B. aus dem „Pinendibromid“ erhalten worden, während man ein tricyklisches Terpen als Bestandteil ätherischer Öle bisher nicht aufgefunden hat. Unter den Sesquiterpenen ist ein vollständig gesättigtes Molekül, also eine Verbindung $C_{15}H_{24}$ mit drei Brückenbindungen, enthaltend vier Ringe und keine doppelte Bindung, bisher überhaupt weder aufgefunden, noch dargestellt worden.

b) Tricyklische Sesquiterpene.

Die einzelnen Ringe in den tetracyklischen sowohl, wie in den tricyklischen Sesquiterpenen können natürlich verschiedener Art sein, so daß wir es mit Sechs-, Fünf-, Vier- oder Dreiringen zu tun haben können, ev. können auch Ringe mit mehr als 6 Kohlenstoffatomen vorliegen. Die von Hause aus möglichen Kombinationen der einzelnen Ringe miteinander sind natürlich äußerst zahlreich; treten nun noch Substituenten hinzu, so kann man ermessen, wie mannigfaltig die in der Sesquiterpenchemie möglichen Fälle sind. Es ist jedoch bereits vorhin hervorgehoben worden, daß wir es wahrscheinlich in den meisten Fällen mit Naphtalinsystemen, also mit einem Zehnring, der eine Brückenbindung aufweist, zu tun haben, so daß Dreiringe vorliegen, denen ein Naphtalinsystem zugrunde liegt. Ausgeschlossen ist natürlich nicht, ja es ist sogar sehr wahrscheinlich, daß auch Ringsysteme entstehen, die Ringe niederer Ordnung, also Fünf-, Vier- oder Dreiringe aufweisen. Jedoch ist es bisher noch nicht gelungen, ein derartiges Ringsystem durch Säuren zu sprengen und in ein Ringsystem höherer Ordnung bzw. in ein solches mit einer geringeren Anzahl von Ringen überzuführen, im Gegenteil, wir haben es in der Sesquiterpenreihe im Gegensatz zur Terpenreihe häufiger mit einem Ringschluß zu tun; ich erinnere nur an den Übergang des Caryophyllens in Caryophyllenhydrat und Cloven.

Ohne weiteres wird man daher imstande sein, sich theoretisch alle Möglichkeiten eines tricyklischen Systems mit einer doppelten Bindung selbst abzuleiten. Vertreter der tricyklischen Gruppe kommen in der Natur vor; z. B. gehört das Cedren hierher, wahrscheinlich auch das Vetiven usw.; auch auf künstlichem Wege sind tricyklische Sesquiterpene gewonnen worden, so das eben erwähnte Cloven, das künstliche Cedren und das künstliche Patschulen.

Die physikalischen Eigenschaften der tricyklischen Sesquiterpene trennen diese Kohlenwasserstoffe scharf von den vorhergehenden und den nachfolgenden ab. Das Volumgewicht der tetracyklischen dürfte bedeutend höher liegen als das der tricyklischen, indem letztere ein solches von 0,935 aufweisen, während die bicyklischen 0,910 haben. Die Molekularrefraktion der tricyklischen berechnet sich auf 64,45, während die bicyklischen 66,15 besitzen. Der Siedepunkt der tricyklischen Sesquiterpene dürfte niedriger liegen als jener der bicyklischen, wenn die betreffenden Sesquiterpene in einem ähnlichen Verhältnis zueinander stehen wie z. B. Pinen und Limonen, also ein Ringsystem niederer Ordnung gesprengt wird. Ist dies jedoch nicht der Fall, dann dürften die Siedepunkte vollkommen von der Anordnung der C-Atome im Molekül abhängen und sich Regelmäßigkeiten nicht ohne weiteres ableiten lassen. Die in der Natur vorkommenden tricyklischen Sesquiterpene sind optisch aktiv.

Ihre chemischen Eigenschaften sind nicht so ausführlich studiert wie jene der bicyklischen, so daß äußerst wenig charakteristische Derivate existieren.

Es sollen nun in folgendem in dieser Gruppe sowohl solche Sesquiterpene abgehandelt werden, deren tricyklische Natur außer allem Zweifel steht, aber auch solche, von denen wir es heute nur mit aller Wahrscheinlichkeit annehmen können; auf diese Weise wird ein Vergleich der einzelnen Sesquiterpene erleichtert.

203. Aromadendren $C_{15}H_{24}$.

Vorkommen, Isolierung usw. Verschiedene Eucalyptusöle enthalten Sesquiterpene, so z. B. *E. tessellaris* F. v. M., *E. trachyphloia* F. v. M., *E. Dawsoni* R. T. B., *E. haemastoma* Sm. Über das Sesquiterpen des Öles aus letzterem berichtet Smith (Journ. and Proc. of the Royal Soc. of N. S. W. **35** [1901]); er findet, daß sich in den über 255° siedenden Anteilen ein Sesquiterpen zu 50 % dieser Fraktion findet. Obwohl das Sesquiterpen keine kristallisierten Derivate liefert, so entstehen bei Einwirkung von Säuren oder Brom auf das in Eisessig gelöste Sesquiterpen charakteristische Farbenreaktionen. Bromdampf färbt das Öl zunächst karmoisinrot, dann violett und schließlich indigoblau. Für dieses Sesquiterpen wird der Name Aromadendren vorgeschlagen; es siedet von 260—265° und zeigt $d_{19} = 0{,}9249$.

Die gebrachten Mitteilungen sind nicht ausreichend, als daß zur Identifizierung oder Konstitution weitere Angaben gemacht werden könnten. Seinem Volumgewicht nach steht dieses Sesquiterpen zwischen den tricyklischen und bicyklischen; vielleicht liegt auch hier ein Gemenge vor. Die Farbenreaktionen hat das Aromadendren mit mehreren bicyklischen Sesquiterpenen gemeinsam, so z. B. mit dem Guajen.

204. Sesquiterpen des Calamuswurzelöls $C_{15}H_{24}$.

Vorkommen, Isolierung usw. Das Calmuswurzelöl (*Acorus Calamus* L.) erhält man zu 0,8 % aus frischer Wurzel, dagegen zu 1,5 bis 3,5 % aus getrockneter Ware. Die ersten chemischen Untersuchungen rühren von Martius (A. **4** [1832], 264 und 266), Schnedermann (A. **41** [1842], 374) und Gladstone (Soc. **17** [1864], 1) her. Kurbatow (A. **173** [1874], 4) bringt die ersten Angaben über ein zweifellos reines Öl; von Gladstone stammt der Name „Calamen" für den in diesem Öl enthaltenen Kohlenwasserstoff $C_{15}H_{24}$. Nach Kurbatow enthält das Calmusöl ein Terpen vom Sdp. 158—159°, ferner konnte er einen größeren Anteil zwischen 250—255° übersieden; sowohl diese Fraktion, als auch die höher destillierenden waren tief blau gefärbt. Durch zweitägiges Kochen mit Natrium konnte er die Fraktion 250—255° entfärben; sie siedete nunmehr bei 255—258° und hatte $d_0 = 0{,}942$, $d_{14} = 0{,}9323$. Die Hälfte des rohen

Öles siedete von 240—270°, von dem Terpen wurden ca. 5 % erhalten, von dem ganz reinen Sesquiterpen 2,5 %. — Als neueste Untersuchungen über das Calmusöl vgl. jene von Thoms und Beckstroem (Apotheker Ztg. **16** [1901], 688) und Beckstroem (Dissert. Berlin **1902**). Sie stellen für den in Calmusöl aufgefundenen Calmuskampfer, oder das „Calameon" die Formel $C_{15}H_{26}O_2$ fest; aus ihm erhalten sie durch Abspaltung von zwei Molekülen Wasser einen Kohlenwasserstoff $C_{15}H_{22}$, der ebenfalls „Calamen" genannt wird; jedoch muß diese Bezeichnung fallen gelassen werden, da der Name Calamen bereits für einen Kohlenwasserstoff $C_{15}H_{24}$ in Anspruch genommen ist. Außerdem ist Asaron usw. im Calmusöl konstatiert worden. — Vgl. ferner Flückiger (Pharm. Chemie **1879**, 309 und Flückig. Pharmacognosie **1883**, 325).

Das Sesquiterpen Calamen hat ein verhältnismäßig hohes Volumgewicht und wird dadurch in die Nähe der tricyklischen Sesquiterpene gerückt. Jedoch sind die einzelnen Angaben viel zu ungenügend, als daß ein Schluß in bezug auf die Zugehörigkeit zu der einen oder anderen Gruppe gezogen werden könnte.

Die japanische Calmuswurzel ist ölreicher, indem sie ca. 5 % ätherisches Öl liefert (Sch. **1889**, I, 7): $d_{16} = 0{,}991$; das Öl siedet von 210—290°. „Von dem in zwei Fraktionen aufgefangenen Destillat zeigte die niedrigere den charakteristischen Calmusgeruch, während sich die höher siedenden Anteile durch den eigentümlichen Sesquiterpengeruch auszeichneten."

205. 206. Sesquiterpene des Cascarillöls.

Vorkommen, Isolierung usw. Wird die Rinde der Euphorbiacee *Croton Eluteria* Benn. mit Wasserdampf destilliert, so erhält man 1,5—3 % ätherisches Öl, $d = 0{,}890—0{,}925$, $\alpha_D = +2$ bis $+5°$. Trommsdorff (Trommsd. Neues Journ. d. Pharm. **26**, II [1833], 136), Voelckel (A. **35** [1840], 307), Gladstone (J. **1863**, 547) u. Brühl (B. **21** [1888], 152) beschäftigten sich mit der Untersuchung dieses Öles; im wesentlichen werden zwei Kohlenwasserstoffe in ihm festgestellt, von denen der eine Dipenten, der andere ein Sesquiterpen sein soll. Thoms (Apoth. Ztg. **14**, 562) und Fendler (Ar. **238**, 688) fanden darin außer freien Säuren, wenig Eugenol, Terpenen, Cymol, ev. l-Limonen, zwei Sesquiterpene und schließlich einen von 280—290° siedenden Alkohol $C_{15}H_{24}O$. Die Sesquiterpene konnten durch fraktionierte Destillation getrennt werden. Fendler erhielt 1. ein Sesquiterpen vom $Sdp._{760} = 255—257°$, $d_{20} = 0{,}911$, $[\alpha]_D = +23{,}49°$ und 2. ein Sesquiterpen vom Sdp. 260—265°, $d_{20} = 0{,}924$, $[\alpha]_D = +7{,}36°$. Die Sesquiterpene konnten bisher nicht mit einem der bekannten identifiziert werden. Das erstere dürfte bicyklisch sein, das zweite ev. tricyklisch.

207. Cedrene $C_{15}H_{24}$.

Vorkommen, Isolierung und Synthese. Mit dem Namen „Cedren" sind zwei Kohlenwasserstoffe $C_{15}H_{24}$ bezeichnet worden, von denen der eine in der Natur vorkommt, während der andere auf künstlichem Wege erhalten wurde. WALTER (A. ch. III, **1**, 498; **8**, 354; A. **39** [1841], 249) untersuchte das Cedernholzöl (*Juniperus virginiana*) — nicht zu verwechseln mit den Ölen aus den eigentlichen *Cedrus* spec., zu denen z. B. die Atlasceder gehört — und bezeichnete den festen Bestandteil als „festes Cedernöl", den flüssigen als „flüssiges Cedernöl". Unter dem Namen „Cedren" führte er einen Kohlenwasserstoff ein, den er aus dem „festen Cedernöl" vom Smp. 74° und Sdp. 282° durch Behandeln mit P_2O_5 erhielt: er folgerte für den festen Bestandteil die Bruttoformel $C_{16}H_{26}O$, für das Cedren die Bruttoformel $C_{16}H_{24}$.

In einer zweiten Abhandlung (A. **48**, 35) fordert WALTER für den festen Bestandteil die Formel $C_{16}H_{28}O$, für den flüssigen $C_{16}H_{26}$. Für das Volumgewicht des letzteren fand WALTER zuerst $d_{14,5} = 0{,}984$, Sdp. 248°, alsdann, als er über Kalium destilliert hatte, Sdp. 237°. Für das „flüssige Cedernöl", also das natürlich vorkommende Cedren, gibt WALTER an: $d_{14,5} = 0{,}98$, und der Siedepunkt liege etwas höher als der des „Cedrens". Hierzu ist zu bemerken, daß beide Kohlenwasserstoffe WALTERS zweifellos noch Cedrol, den zweiten Bestandteil des Cedernholzöls, enthalten haben müssen; WALTER hielt sichtlich beide Kohlenwasserstoffe für identisch.

GERHARDT (GRH. **1856**, IV, 353) nimmt diese Formeln nicht an, sondern schlägt dafür die Formeln $C_{15}H_{26}O$ bzw. $C_{15}H_{24}$ vor: „WALTER avait d'abord adopté les rapports $C_{16}H_{26}O$, puis $C_{16}H_{28}O$. Ces formules ne me paraissent pas acceptables."

Erst GLADSTONE (Soc. II, **10**, 5; Pharm. Journ. **31**, 705) beschäftigte sich mit der Bestimmung der physikalischen Konstanten im Jahre 1871; er destillierte Cedernholzöl mit P_2O_5.

CHAPOTEAUT (Bl. II, **37** [1882], 303) spricht die Ansicht aus, daß das natürlich vorkommende Cedren ev. identisch ist mit jenem Kohlenwasserstoff, den man durch Wasserentziehung aus dem Santalol erhält. CHAPMAN und BURGESS (a. a. O.) untersuchen von diesem Gesichtspunkt aus die beiden Kohlenwasserstoffe, kommen aber zu dem Schluß, daß beide wohl sehr ähnlich, aber nicht identisch sind.

CHAPMAN und BURGESS (Proc. No. **168** [1896], 140; Chem. N. **74** [1896], 95) untersuchen den Kohlenwasserstoff, wie er im Cedernöl vorkommt; auch ROUSSET (Bl. III, **17**, 485) studiert das Cedernholzöl, welches nach ihm zu $^4/_5$ aus einem Kohlenwasserstoff $C_{15}H_{24}$, den er „Cedren" nennt, und aus einem festen Bestandteil besteht.

HEINE u. Co. (Ausstellung Paris **1900**) bringen Daten über die physikalischen Konstanten.

SCH. u. Co. (SCH. **1897**, II, 11) neigen zu der Ansicht, daß der durch Wasserabspaltung aus dem Cedrol gewonnene Kohlenwasserstoff $C_{15}H_{24}$

mit dem in dem Öl vorhandenen Cedren identisch ist; sie konstatieren, daß die Wasserabspaltung besonders glatt vor sich geht, wenn man konz. Ameisensäure in der Kälte auf Cedrol einwirken läßt.

Im Cypressenöl (*Cupressus sempervirens* L.) findet sich ein Kampfer $C_{15}H_{26}O$, der ev. optisch inaktiv ist, in seinen sonstigen Eigenschaften aber mit dem Cedrol des Cedernholzöles übereinstimmt; G. u. H., S. 347, sprechen die Ansicht aus, daß beide Kampfer chemisch identisch seien. Sch. u. Co. (Sch. **1904**, II, 19) kommen auf diese Frage zurück; sie entziehen dem Kampfer des Cypressenöls mit Ameisensäure Wasser, wobei sie einen Kohlenwasserstoff $C_{15}H_{24}$ gewinnen, Sdp. 264°, $d_{15} = 0{,}9367$, $\alpha_D = + 94^0\,3'$, $n_{D_{20}} = 1{,}49798$; sie sind der Meinung, daß, da sich der aus dem Cedrol dargestellte Kohlenwasserstoff bis auf die optische Drehung analog verhält, das Cedrol und der Cypressenkampfer chemisch identisch seien.

Zum Vorkommen des Cedrens ist zu bemerken, daß es mit Sicherheit bisher nur im Cedernholzöl festgestellt werden konnte. Wir besitzen kein Derivat, mit Ausnahme der von Rousset erhaltenen Oxydationsprodukte, die aber ebenfalls flüssig sind, durch die wir das in der Natur vorkommende Cedren identifizieren könnten. Das Cedernholzöl besteht hauptsächlich aus dem Kohlenwasserstoff Cedren $C_{15}H_{24}$, daneben findet sich das Cedrol, der Cedernkampfer vom Smp. 84°, jedoch ist dieser Alkohol nicht immer in allen Ölen nachzuweisen. Am besten erhält man dieses natürlich vorkommende Cedren durch fraktionierte Destillation, schließlich im Vakuum über metallischem Natrium.

Es ist jedoch noch zweifelhaft, ob das künstlich erhaltene Cedren, sei es durch Wasserabspaltung aus dem Cedrol oder dem Cypressenölkampfer gewonnen, mit dem natürlich vorkommenden Cedren identisch ist. Nichtsdestoweniger wollen wir beide Kohlenwasserstoffe als Cedrene bezeichnen, das eine als „natürliches", das andere als „künstliches". Zur Darstellung des „künstlichen Cedrens" verfährt man nach Sch. u. Co. am besten so, daß man dem Cedrol durch Ameisensäure in der Kälte Wasser entzieht.

Zur Nomenklatur „Cedren" ist zu bemerken, daß, wie erwähnt, dieser Ausdruck zuerst durch Walter in Anwendung kam; Beckett und Wright (Soc. **29** [1876], 6) bezeichnen mit dem Kollektivnamen Cedren alle Sesquiterpene „that it belongs to the series of sesquipolymerides of terpenes, or cedrenes, as they may be conveniently termed", ebenso Gladstone (Chem. N. **54** [1887], 323). Muir (Proc. No. **168**, 140; Chem. N. **74**, 95) untersucht das Salbeiöl und nennt den sich darin findenden Kohlenwasserstoff Cedren, obwohl dieser von jenem im Cedernholzöl verschieden ist; wahrscheinlich hat Muir hier ebenfalls den Kollektivnamen „Cedren" benutzen wollen.

Physik. Eig. des „natürlichen Cedrens". Walter findet (a. a. O.): den Siedepunkt etwas höher als jenen vom künstlichen; $d_{14,5} = 0{,}98$.

Chapman u. Burgess (Chem. N. **74**, 95; Proc. No. **168** [1896], 140) bestimmen: Sdp. 261—262°, $d_{15} = 0{,}9359$, $[\alpha]_D = - 60^0$, $n_c = 1{,}4991$,

n_D = 1,5015 (hieraus berechnet sich M. R. = 64,3, während $C_{15}H_{24}\digamma$ = 64,4 verlangt).

Rousset (Bl. III, **17** [1897], 485) beobachtet: Sdp.$_{10}$ = 131—132°, α_D = — 47° 54′.

Heine u. Co. (1900): Sdp. 261—262°, d_{15} = 0,939, α_D = — 48°.

v. Soden und Rojahn (B. **37**, 3353) finden: Sdp.$_{750}$ = 262—263°, d_{15} = 0,9385, α_D = —60° 52′; aber die genannten Forscher halten dieses Cedren nicht für ganz rein, ebenso auch jene Präparate nicht, die von Chapman u. Burgess, von Rousset usw. gewonnen wurden.

Physik. Eig. des „künstlichen Cedrens“ 1. aus Cedrol gewonnen. Walter (a. a. O., im Jahre 1841) beobachtet Sdp. 248°, $d_{14,5}$ = 0,984; als er (a. a. O., im Jahre 1843) über Kalium destilliert: Sdp. 237°; diese Beobachtungen Walters sind zweifellos ungenau.

Gladstone (a. a. O., im Jahre 1871) gibt an: Sdp. 252°, n_A = 1,4964, d_{18} = 0,9231.

Sch. u. Co. (Sch. **1897**, II, 12) finden den Sdp. 262—263° und α_D = — 80° (im 100 mm-Rohr); dieselben Forscher finden (Sch. **1904**, II, 20), indem sie wiederum als wasserentziehendes Mittel Ameisensäure anwenden: Sdp. 263,5—264°, d_{15} = 0,9366, α_D = —85° 32′, $n_{D_{20}}$ = 1,49817.

2. **aus Cypressenkampfer**: Sch. u. Co. (Sch. **1904**, II, 20) lassen auf den i-Cypressenölkampfer Ameisensäure in der Kälte einwirken und erhalten einen Kohlenwasserstoff vom Sdp. 264°, d_{15} = 0,9367, α_D = +94° 3′, $n_{D_{20}}$ = 1,49798. — Dieser Kohlenwasserstoff unterscheidet sich demnach von jenem aus Cedrol nur durch die Polarisation; auch ihr chemisches Verhalten ist identisch, indem in beiden Fällen fast nur negative Resultate bei allen angestellten Reaktionen gewonnen wurden.

Chem. Eig. des „natürlichen Cedrens“. Reduktionen des Cedrens sind nicht ausgeführt worden. Die freien Halogene werden lebhaft absorbiert, ohne daß kristallisierte Derivate erhalten werden. Einen gleich negativen Erfolg hatten Chapman und Burgess, als sie Chlorwasserstoffsäure einwirken ließen, ebenso Sch. u. Co. (a. a. O.)

Auch Rousset (a. a. O.) erhielt mit HCl und HBr unbeständige Verbindungen, welche bei der Destillation im Vakuum einen Kohlenwasserstoff regenerieren sollen; demselben Forscher gelang es ebensowenig das Cedren zu hydratisieren.

Bei der Oxydation mit Chrom-Schwefelsäure erhielt Rousset eine dickflüssige Säure $C_{12}H_{18}O_3$, Sdp.$_9$ = 220—230°, und daneben Aceton. Ein etwas klareres Oxydationsergebnis erzielte dieser Forscher, als er mit Chromsäure in Eisessiglösung oxydierte (Bl. III, **17** [1897], 485); durch Oxydation bei 40—50° und folgendes Erhitzen auf dem Wasserbade gewinnt er das

Cedron $C_{15}H_{24}O$, Sdp.$_{7,5}$ = 147—151°; es verbindet sich nicht mit Natriumbisulfit, gibt dagegen mit Natriumhypobromit und Jodkalium Jodoform, woraus Rousset auf die Anwesenheit der Gruppe $CO \cdot CH_3$ schließt; Cedronoxim $C_{15}H_{24}NOH$, Sdp.$_8$ = 175—180°; Cedronoximacetat $C_{17}H_{27}O_2N$, Sdp.$_9$ = 185—190°. Durch Reduktion mit Natrium in ätherischer Lösung entsteht aus dem Cedron das Isocedrol $C_{15}H_{26}O$, $Sdp._{7}$ = 148—151°, welches bei der Behandlung mit Benzoylchlorid den Benzoylester $C_{22}H_{30}O_2 = C_{15}H_{25}O \cdot COC_6H_5$ gibt, $Sdp._{6}$ = 221—223°. — Beim Erhitzen des Cedrons auf hohe Temperatur bilden sich Benzol, Toluol, Naphtalin, Anthracen und andere Kohlenwasserstoffe. — ROUSSET hält das Isocedrol für einen sekundären Alkohol, zumal da es mit Benzoylchlorid einen Ester liefert; das Cedrol gibt bei der Oxydation mit Chromsäure und Eisessig einen Kohlenwasserstoff $C_{15}H_{24}$ vom $Sdp._{6,5}$ = 115—117°. — Hieraus könnte man folgern, daß dieser Kohlenwasserstoff, der eigentlich identisch sein sollte mit dem „künstlichen Cedren", verschieden sein muß von dem „natürlichen Cedren", das bei der Oxydation Cedron liefert.

Auch das Verhalten des natürlichen Cedrens gegen N_2O_3 sowie gegen Nitrosylchlorid wurde von CHAPMAN und BURGESS studiert, aber auch hierbei erhielten die Genannten keine klaren Resultate.

Die **chem. Eig. des „künstlichen Cedrens"** wurden verhältnismäßig noch weniger erforscht als jene des „natürlichen". SCH. u. Co. (SCH. **1904**, II, 20) stellten Versuche mit dem aus dem Cypressenkampfer erhaltenen Sesquiterpen Cedren an; einen negativen Erfolg erzielten sie bei den Versuchen, ein Chlorhydrat, Nitrit oder Nitrosat darzustellen, dagegen glückte es, in geringer Menge ein Nitrosochlorid, Smp. 100—102° zu erhalten, das aber sehr schwer kristallisierte. Ähnliche Resultate lieferte das Cedren aus dem Cedrol.

Zur **Identifizierung der Cedrene** läßt sich wenig Positives angeben. Das natürliche Cedren dürfte sich am besten charakterisieren lassen einmal durch die physikalischen Daten, namentlich das Volumgewicht, alsdann aber auch durch die Oxydation mit CrO_3 in Eisessig, wobei man nach ROUSSET das Cedron $C_{15}H_{24}O$ erhalten muß. Für den Nachweis der „künstlichen Cedrene" läßt sich vielleicht das Nitrosochlorid verwerten.

Was die **Konstitution der Cedrene** angeht, so läßt sich auf Grund der Molekularrefraktion nur folgern, daß sie tricyklischer Natur sind und eine doppelte Bindung aufweisen. Gelegentlich der Besprechung der Santalene wird näher auf die Konstitution eingegangen werden. Erwähnt sei nur, daß die doppelte Bindung der Cedrene sich zum Teil in der Seitenkette befinden könnte. Mit anderen Sesquiterpenen scheint das Cedren in loserem Zusammenhange zu stehen. Es gehört teilweise zu einer großen Gruppe von Sesquiterpenen, welche im Zusammenhang mit den Kampferarten des Cedernholz-, Cypressen-, der Sandelöle usw. stehen. Weitere Versuche müssen über diese Frage entscheiden, vor allen Dingen auch darüber, ob das Cedron wirklich ein Keton und nicht vielmehr ein Aldehyd ist.

Geschichtlich gehören die Cedrene, hauptsächlich das natürlich vorkommende, zu den seit längerer Zeit bekannten Verbindungen, wenn man es auch bisher nur in dem Rohöl, das aus Cedernholz (*Juniperus virginiana*) gewonnen wird, und welches zur Bleistiftfabrikation dient, kennt. Aus dem Volumgewicht dieses Öles (0,945—0,960, α_D = — 30 bis — 40°, $n_{D_{17}}$ = 1,505) ist zu schließen, daß es größtenteils aus Cedren besteht, dem mehr oder weniger alkoholische Bestandteile, namentlich das Cedrol $C_{15}H_{26}O$, beigemengt sein können. Das Rohöl selbst wird aus den bei der Bleistiftfabrikation abfallenden Holzspänen in einer Ausbeute von 2,5—4,5 $^0/_0$ gewonnen; das Öl dient zu Parfümeriezwecken, namentlich in der Seifenfabrikation als Ersatz für Sandelholzöl. Eine sehr wichtige Verwendung des Cedernöls, besonders des eingedickten, ist jene in der Optik. — Verfälscht wird dies Öl kaum, es dient aber selbst vielfach zur Verfälschung anderer Öle. — Etwas anders ist das Cedernblätteröl zusammengesetzt (Sch. **1898**, I, 14), welches d-Limonen, ev. Pinen, Cadinen, etwas Borneol und kleine Mengen Bornylester enthält; ganz anders verhält sich das aus den Blättern von *Thuja occidentalis* („white cedar") gewonnene Öl. Im Handel erscheinen beide Öle vermischt.

Cloven $C_{15}H_{24}$.

Gewinnung und Synthese. Das Cloven ist in der Natur bisher nicht aufgefunden, sondern nur auf künstlichem Wege erhalten worden. Wallach (A. **271** [1892], 294) stellte das Cloven dar, indem er den aus Caryophyllen erhaltenen Alkohol $C_{15}H_{26}O$ mit wasserentziehenden Mitteln, Chlorzink oder P_2O_5, behandelte. 10 g des Alkohols wurden mit überschüssigem Phosphorsäureanhydrid $^1/_4$ Stunde bis nahe zum Siedepunkt des Alkohols erhitzt, mit Wasserdampf abgetrieben und das gewonnene Öl nochmals mit P_2O_5 behandelt. Schreiner und Kremers (Pharm. Arch. **4**, 161; C. **1902**, I, 41) behandeln das Caryophyllendichlorhydrat (Pharm. Arch. **2**, 293; C. **1899**, II, 1119) vom Smp. 69—70° mit Natriumacetat und Eisessig; sie sind der Meinung, daß das hierbei entstehende Produkt wahrscheinlich mit Cloven identisch sei. Die Reindarstellung des Clovens geschieht in beiden Fällen schließlich durch fraktionierte Destillation, am besten im Vakuum.

Physik. Eig. des Clovens. Wallach (a. a. O.) findet: Sdp. 261—263°, $d_{18} = 0{,}930$, $n_{D_{18}} = 1{,}50066$, M. R. = 64,77, während sich für $C_{15}H_{24}\overline{|}$ = 64,45 berechnet. W. gibt diesem Kohlenwasserstoff den Namen Cloven. — Schreiner und Kremers (a. a. O.) geben für den aus dem Caryophyllendichlorhydrat gewonnenen Kohlenwasserstoff an: $d_{20} = 0{,}9191$, $n_D = 1{,}49901$, $\alpha = -35{,}39°$.

Chem. Eig. des Clovens. Vom Cloven sind bisher Derivate nicht erhalten worden, da die meisten angestellten Reaktionen negativ verliefen. Wallach gibt an, daß der Kohlenwasserstoff durch Hydratation nicht wieder in den kristallisierten Alkohol $C_{15}H_{26}O$ zurückverwandelt werden könne. — Bei der Reaktion des Clovens mit Formaldehyd (Genvresse, C. r. **138** [1904], 1228) entsteht ein Alkohol $C_{15}H_{23}CH_2OH$, Sdp.$_{12}$ = 170°, $d_0 = 1{,}001$, $n_D = 1{,}508$, $\alpha_D = -7° 40'$ (in 6,03 $^0/_0$iger Chloroformlösung).

Identifizierung des Clovens. Um die Gegenwart des Clovens festzustellen, haben wir bisher keine chemische Reaktion in der Hand, sondern sind ganz auf die physikalischen Daten angewiesen.

Konstitution des Clovens. Das Cloven wurde aus dem Caryophyllen über das Caryophyllenhydrat erhalten. WALLACH schloß bereits, daß das Cloven chemisch verschieden von dem Caryophyllen sein müsse, einmal wegen der verschiedenen physikalischen Daten, alsdann aber auch wegen seiner Unfähigkeit, das Caryophyllenhydrat zu bilden. Aus der Molekularrefraktion müssen wir folgern, daß dem Caryophyllen zwei doppelte Bindungen zukommen, womit auch die Fähigkeit, ein Dichlorhydrat zu bilden, übereinstimmt, falls keine Invertierung bei dieser Reaktion stattgefunden hat. Das Caryophyllenhydrat $C_{15}H_{26}O$ ist zweifellos ein gesättigter Körper (vgl. SEMMLER, B. **36**, 1037), so daß wir gezwungen sind, anzunehmen, daß bei dem Übergang von Caryophyllen in Caryophyllenhydrat eine Ringschließung stattgefunden hat. Entziehen wir nun dem Caryophyllenhydrat Wasser, so kann nur ein tricyklisches Sesquiterpen resultieren mit einer doppelten Bindung, wenn wir nicht annehmen wollen, daß dabei eine Ringsprengung stattfindet, eine Reaktion, die aber nicht sehr wahrscheinlich ist, weil ja der Ringschluß vom Caryophyllen zum Caryophyllenhydrat in saurer Lösung stattfand. Mit dieser Auffassung des Clovens als tricyklischen Sesquiterpens steht auch die Molekularrefraktion im Einklang. — Eine andere Frage ist jene nach der Natur des Caryophyllendichlorhydrats (SCHREINER und KREMERS), ob nämlich in dieser Verbindung noch das Caryophyllenskelett vorhanden ist, oder ob wir uns in einem anderen System befinden. Vorausgeschickt muß werden, daß bei dem Übergang vom Caryophyllenhydrat in Cloven ev. abermals ein Systemwechsel vor sich zu gehen scheint, da letzterer Kohlenwasserstoff nicht das Caryophyllenhydrat zurückbildet; jedoch muß diese Frage noch näher untersucht werden, da die BERTRAMsche Reaktion bei cyklischen doppelten Bindungen wenig glatt geht und Caryophyllen und Caryophyllenhydrat sicherlich, in ihrem Bau chemisch verschieden sind; die im Caryophyllen bei der Ringschließung reagierende doppelte Bindung ist verschwunden. Nach meiner Meinung muß das Caryophyllendichlorhydrat noch den Caryophyllentypus aufweisen, weil ja aus dem Caryophyllenhydrat nur ein gesättigtes Chlorid, also nur ein Monochlorhydrat $C_{15}H_{24} \cdot HCl$, ebenso aus dem Cloven nur ein Monochlorhydrat ohne Ringsprengung gebildet werden können; letztere ist aber äußerst unwahrscheinlich. Aus dem wahren Caryophyllendichlorhydrat könnte einmal Caryophyllen zurückgebildet, oder unter Ringschließung zunächst das Chlorid des Caryophyllenhydrats und aus diesem ev. unter abermaligem Systemwechsel das Cloven entstehen. Es ist anzunehmen, daß beide Reaktionen zum Teil nebeneinander verlaufen, so daß sowohl Caryophyllen zurückgebildet, als auch Cloven abgespalten wird; wahrscheinlich liegen die Verhältnisse so, daß mehr Cloven entsteht als Caryophyllen, worauf auch die physikalischen Daten hinweisen (vgl. weitere Angaben beim Caryophyllen).

Die **Geschichte** des Clovens gehört den letzten 15 Jahren an, da WALLACH über diesen Kohlenwasserstoff zuerst im Jahre 1892 berichtet; ebenso fallen die Untersuchungen von SCHREINER und KREMERS, sowie diejenigen von GENVRESSE in die allerletzte Zeit.

208. Sesquiterpen des Galgantöls $C_{15}H_{24}$.

Vorkommen, Isolierung usw. Die Zingiberacee *Alpinia officinarum* Hance besitzt ein stark aromatisches Rhizom, welches in China bereits im Altertum Anwendung fand. Durch Wasserdampfdestillation der zerkleinerten Wurzeln werden aus ihm 0,5—1 % ätherisches Öl gewonnen. SCH. u. Co. (SCH. **1890**, I, 21) finden ein Volumgewicht $d_{15} = 0{,}921$, Sdp. 170—275°; das Öl enthält beträchtliche Mengen von Cineol. — HORST (Pharm. Zeitschr. für Rußland **39** [1900], 378) stellt fest, daß das Öl 25 % Eugenol enthält. — SCHINDELMEISER (Chem. Ztg. **26** [1902], 308) findet: $d_{20} = 0{,}910$, Sdp. 170—275°, $\alpha_D = -2° 27'$ (im 100 mm-Rohr), $n_{D_{20}} = 1{,}4663$; er weist Pinen und Cineol nach. Die höhere, von 230—240° siedende Fraktion besitzt: $[\alpha]_{D_{20}} = -27° 12'$, $d_{20} = 0{,}932$, $n_{D_{20}} = 1{,}4922$; sie läßt sich über metallischem Natrium destillieren; in den höchstsiedenden Fraktionen scheint Cadinen vorhanden zu sein. —

Physik. und chem. Eig. des Sesquiterpens (SCHINDELMEISER; vgl. oben). Durch Einleiten von trocknem HCl in die ätherische Lösung des Sesquiterpens bei 0° usw. wurde ein Öl erhalten, welches unter 10 mm Druck zwischen 145 und 150° destillierte und allmählich vollständig zu der Verbindung $C_{15}H_{24} \cdot 2\,HCl$, Smp. 51°, erstarrte.

Um weitere Anhaltspunkte über **Identifizierung** und **Konstitution** dieses Sesquiterpens, welches erst in den letzten Jahren von SCHINDELMEISER konstatiert wurde, zu gewinnen, sind weitere Versuche nötig. Wegen seines hohen Volumgewichts, welches mit dem der tricyklischen Sesquiterpene zusammenfällt, wurde es an dieser Stelle abgehandelt, obwohl damit durchaus nicht gesagt sein soll, daß es mit diesen in eine Reihe gehört.

209. Gurjunen $C_{15}H_{24}$.

Vorkommen, Isolierung usw. Der Gurjunbalsam (Wood Oil) wird aus mehreren Arten der Gattung Dipterocarpus in Ostindien gewonnen; durch Wasserdampfdestillation des Balsams, welcher aus Harz und ätherischem Öl besteht, sind bis zu 70 % ätherisches Öl zu erhalten. Das Gurjunbalsamöl hat ein Volumgewicht von 0,915—0,930, es ist meist linksdrehend ($\alpha_D = -35°$ bis $-130°$), selten rechtsdrehend, und besteht der Hauptsache nach fast nur aus einem Sesquiterpen $C_{15}H_{24}$. WERNER (Z. **5** [1862,] 588; Jahresb. der Pharm. **1863**, 50) erhält aus dem Öl ein Sesquiterpen durch Wasserdampfdestillation. KOHLRAUSCH (FLÜCKIGER, Pharmacognosie, 2. Aufl., S. 88) setzt durch Dampfdichtebestimmungen die Bruttoformel $C_{15}H_{24}$ für das Sesquiterpen außer Zweifel. — SCH. u. Co. (SCH. **1905**, II, 33) erhalten durch Wasserdampfdestillation des Gurjunbalsams ca. 60 % eines gelben, balsamisch riechenden Öles, $d_{15} = 0{,}9236$, $\alpha_D = -79° 6'$, $n_{D_{20}} = 1{,}50326$, E.Z. 0,99, l. in ca. 9 Vol. 95 %igen Alkohols und mehr.

Physik. und chem. Eig. des Gurjunens. WERNER findet für den Kohlenwasserstoff: Sdp. 255°, $d_{15} = 0{,}9044$, $\alpha_D = -10°$.

Nach FLÜCKIGER absorbiert das Gurjunen HCl, gibt aber damit keine kristallinische Verbindung; es färbt sich bei dieser Reaktion violettrot. Löst man nach FLÜCKIGER das Öl im zwanzigfachen Gewichte Schwefelkohlenstoff und setzt einen Tropfen eines erkalteten Gemisches gleicher Teile konz. Salpetersäure und Schwefelsäure hinzu, so erhält man eine hellrote, allmählich in violett übergehende Färbung.

HEINE u. Co. (Ausstellungsliste Paris **1900**) führen für das Sesquiterpen den Namen „Gurjunen" ein; sie finden: $d_{15} = 0{,}920$, $\alpha_D = -136°$.

SCH. u. Co. (a. a. O.) fanden oben angeführte Daten.

Zweifellos besteht das Gurjunbalsamöl fast nur aus Sesquiterpen-Kohlenwasserstoff; es ist jedoch die Frage offen, ob eine einheitliche Verbindung vorliegt. Dem Volumgewicht, Brechungsexponenten und Siedepunkt nach steht das Gurjunen den tricyklischen und bicyklischen Sesquiterpenen nahe.

Leden $C_{15}H_{24}$.

Vorkommen, Isolierung usw. Das Porschöl (*Ledum palustre*) wurde bereits im Jahre 1796 von RAUCHFUSS (TROMMSD. Journ. d. Pharm. III **1796**, 189) hergestellt und ist vielfach Gegenstand der Untersuchung gewesen. Jedoch erst RIZZA (Ж. **19** [1887], 319; B. **20**, Ref. 562) stellte für den Ledumkampfer die Formel $C_{15}H_{26}O$ auf, welcher einen Hauptbestandteil des Öles, das zu 0,3—2 °/₀ erhalten wird, ausmacht. RIZZA entzog diesem Sesquiterpenalkohol durch Kochen mit Essigsäureanhydrid Wasser und erhielt einen Kohlenwasserstoff $C_{15}H_{24}$. HJELT (B. **28** [1895], 3087) spaltet Wasser mit verd. Schwefelsäure (1 : 1) durch schwaches Erwärmen auf dem Wasserbade ab. In der Natur ist das Leden bisher nicht aufgefunden worden.

Physik. und chem. Eig. des Ledens. RIZZA gibt an: Sdp.$_{752}$ = 264°, $d_0 = 0{,}9349$, $d_{19} = 9237$; in ätherischer Lösung des Sesquiterpens entsteht durch Bromzufuhr eine braunviolette Farbe. HJELT gibt den Sdp. zu 255° an.

Es muß dahingestellt bleiben, ob das Leden zu den tricyklischen Sesquiterpenen gehört, mit denen es in bezug auf das spez. Gewicht näher zusammengehört, oder ob es zu einer anderen Gruppe zu rechnen ist, bzw. ein Gemenge darstellt.

210. 211. Sesquiterpene im Lorbeerbeeren- und -blätteröl.

Vorkommen, Isolierung usw. Die Beeren von *Laurus nobilis* L. liefern zu ca. 1 °/₀ ein ätherisches Öl, welches weniger angenehm riecht als das

Lorbeerblätteröl. Das Beerenöl erstarrt bisweilen über 0° infolge seines Gehalts an Laurinsäure, $d = 0{,}915$—$0{,}935$. Das Beerenöl enthält Pinen, Cineol und ein Sesquiterpen. Vgl. die Arbeiten von BONASTRE (GMELINS Handbuch d. Chemie, 4. Aufl. **VII**, 343) und BRANDES (daselbst **VII**, 344); GLADSTONE (J. **1863**, 545) berichtet, daß das Beerenöl hauptsächlich aus einem niedriger siedenden Terpen besteht, daß ferner Eugenol darin vorkomme; jedoch hat sich diese letztere Angabe nicht bestätigt. BLAS (A. **134** [1865], 1) fand $d_{15} = 0{,}932$; der höher siedende Anteil des Rohöls wurde mit verd. Kalilauge digeriert und das abgeschiedene Öl im Wasserstoffstrom über Natrium destilliert. BLAS sieht diese hochsiedende Fraktion als Sesquiterpen an; Sdp. 250°, $d_{15} = 0{,}925$, $\alpha_D = -7{,}227°$. Auch STAUB konstatierte im Lorbeeröl ein Terpen, ein Sesquiterpen (Sdp. 250—255°, $d = 0{,}926$), sowie vier sauerstoffhaltige Körper.

Über die Zusammensetzung des Lorbeerblätteröls vgl. MOLLE (Diss. Basel **1903**, Ar. **242**, 161), welcher neben Sesquiterpenen auch einen Sesquiterpenalkohol vermutet.

Der Siedepunkt sowie die Polarisation des Sesquiterpens aus dem Lorbeerbeerenöl stimmen einigermaßen mit jenen des Caryophyllens überein, jedoch nicht das Volumgewicht. Es muß deshalb auch hier dahingestellt bleiben, ob das Sesquiterpen des Lorbeerbeerenöls zu den tricyklischen oder bicyklischen Sesquiterpenen gehört, und ob das vorliegende Sesquiterpen überhaupt einheitlich ist.

212. Sesquiterpen $C_{15}H_{24}$ des Minjak Lagam-Balsamöls.

Vorkommen, Isolierung usw. Der Minjak Lagam-Balsam soll von DE VRIJ aus Padang in Sumatra eingeführt sein und es scheint so, als ob er mit dem Gurjunbalsam sehr nahe verwandt ist. HAUSSNER (Ar. Pharm. III, **21** [1883], 241) untersuchte das durch Wasserdampfdestillation daraus gewonnene ätherische Öl; er fand, daß das Öl hauptsächlich von 249—251° siedete und ein Volumgewicht von $d_{15} = 0{,}923$ besaß, ferner $\alpha_D = -9{,}9°$. HAUSSNER erhielt durch Einleiten von Salzsäure ein Chlorid vom Smp. 114°, welchem er die Zusammensetzung $C_{20}H_{32} \cdot 4\,HCl$ gibt; ev. könnte $C_{15}H_{24} \cdot 3\,HCl$ vorliegen. Alsdann müßte das Sesquiterpen drei doppelte Bindungen enthalten, womit aber das hohe Volumgewicht im Widerspruch steht. Der Schmelzpunkt des Chlorids usw. macht es wahrscheinlich, daß ev. Cadinen vorliegt, was eine erneute Analyse des Hydrochlorids entscheiden müßte. Es ist auch nicht ausgeschlossen, daß das Sesquiterpen des Minjaks Lagam-Balsamöls mit dem Gurjunen übereinstimmt, wenn anders überhaupt in diesen Sesquiterpenen nicht mehrere Verbindungen vorliegen.

213. 214. Patschulene $C_{15}H_{24}$.

Vorkommen, Isolierung usw. Bei den Patschulenen liegen die Verhältnisse analog wie beim Cedren, insofern als es ein Sesquiterpen gibt, das in dem Patschuliöl vorkommt und als Patschulen bezeichnet wird, sowie ein solches, welches aus dem Patschulialkohol $C_{15}H_{26}O$ durch Wasserentziehung gewonnen wird.

Über das natürlich vorkommende Patschulen wird folgendes erwähnt: Die Labiate *Pogostemon Patchouli* Pellet. liefert durch Wasserdampfdestillation der Blätter bis zu 4% ätherisches Öl; häufig scheiden sich aus letzterem Kristalle ab. Das Volumgewicht des aus getrockneten Blättern destillierten Öles beträgt 0,970—0,995, $\alpha_D = -50$ bis -68^0; das Öl gibt mit gleichen Teilen 90%igen Alkohols klare Lösung. In ihm sind hauptsächlich Sesquiterpene und der Patschulialkohol $C_{15}H_{26}O$ vorhanden. Beide Verbindungen sind für den Geruch indifferent. SCH. u. Co. (SCH. **1904**, I, 71; **1905**, I, 62) fanden für ein eigenes Destillat: $d_{15} = 0{,}9769$, $\alpha_D = -55^0\,45'$, S. Z. = 2,2, V. Z. = 4,2, nach der Acetylierung 15,4, $Sdp._{17} = 118^0$ bis $Sdp._{7-8}$ bei 151^0; 97% des Öles bestehen aus Körpern, die für seinen Geruch fast wertlos sind, wovon 40—45% auf die zwischen 260° und 280° destillierenden Anteile entfallen, die in der Hauptsache von einem oder mehreren Sesquiterpenen gebildet werden; der Rest wäre auf Patschulialkohol, der den Hauptbestandteil des ganzen Öles bildet, in Anrechnung zu bringen. Es wurden in dem Öle ferner aufgefunden: Benzaldehyd, Eugenol, Zimtaldehyd, ein Alkohol, ein Keton und zwei Basen; über die Sesquiterpene wird berichtet: „Wiederholt, aber immer vergeblich, haben wir uns bemüht in den zwischen 264—278° siedenden Fraktionen das von WALLACH im Patschuliöl aufgefundene Cadinen durch dessen Chlorhydrat nachzuweisen. Selbst die bei anhaltender Winterkälte angestellten Versuche blieben erfolglos. Ein kristallinisches Nitrit, Nitrosochlorid oder Nitrosat konnte ebenfalls nicht isoliert werden. Das spezifische Gewicht der über Natrium destillierten Sesquiterpene bewegte sich zwischen den Werten 0,9217 und 0,9379, die optische Drehung zwischen $-27^0\,37'$ und $-40^0\,37'$."

GLADSTONE (Soc. II, **2**, 1; J. **1863**, 545) fand früher, daß das Patschuliöl einen bei 257° siedenden Kohlenwasserstoff liefert, der jenem im Cubebenöl ähnlich ist, außerdem den blauen Körper des Wermutöls.

WALLACH (A. **238** [1887], 81) berichtet, daß das Patschuliöl in den von 270—280° siedenden Anteilen reichlich Cadinen enthalte. Es muß dahingestellt bleiben, ob das untersuchte Öl ev. mit Cubebenöl usw. verfälscht war, da spätere Forscher das Vorkommen von Cadinen nicht bestätigen konnten.

v. SODEN und ROJAHN (B. **37** [1904], 3353) beschäftigen sich ebenfalls mit der Zusammensetzung des Patschuliöls: „Das aus einem größeren Posten getrockneter Patschuliblätter destillierte Öl war in vier annähernd gleich großen Fraktionen von ca. 7—8 kg aufgefangen worden. Die spezifischen Gewichte derselben waren 0,946, 0,964, 0,984, 1,002 bei 15°, die entsprechenden optischen Drehungen — 44°, — 52°, — 64°, — 70°. Die Fraktionen 3 und 4 bestanden in der Hauptsache aus dem bereits bekannten Patschulialkohol, der sich in der kälteren Jahreszeit bei ruhigem Stehen in denselben in großen, schönen Kristallen ausschied. Außerdem scheint in dem Patschuliöl noch ein zweiter, flüssiger Sesquiterpenalkohol vorzukommen." „Nach mehr als hundertfünfzig Fraktionierungen gelang es schließlich ein Sesquiterpen herauszuarbeiten, welches, auch bei nochmaliger Zerlegung in kleinere, dasselbe spezifische Gewicht zeigende Fraktionen, eine konstant bleibende optische Drehung besaß, während sowohl die davor wie dahinter liegenden Fraktionen eine niedrigere Linksdrehung zeigten." $Sdp._{750}$ = 264—265°, $Sdp._{3-4}$ = 95—96°, d_{15} = 0,9335, $\alpha_{D_{20}}$ = — 58° 45'; es addiert Brom und Bromwasserstoff, mit Salzsäure entsteht ein öliges Chlorhydrat. In einer zweiten Fraktion wurde ein zweites Sesquiterpen nachgewiesen, Sdp. konstant 273—274°, α_D = + 0° 45'; es gibt gleichfalls ein nichtkristallisierendes Chlorhydrat; auch Cadinen konnte nicht nachgewiesen werden.

Über unsere gegenwärtigen Kenntnisse vom Patschuliöl vgl. Rodié (Rev. gén. de Chimie pure et appl. **8** [1905], 57).

Das künstliche Patschulen gewinnt Gal (A. **150** [1869], 374; C. r. **68**, 406), indem er Patschulikampfer, welchen er nach der Formel $C_{15}H_{28}O$ zusammengesetzt annimmt, mit Chlorzink destilliert: Sdp. 248 bis 252°, $C_{15}H_{26}$. — Montgolfier (C. r. **84**, 88; Bl. II, **28** [1877], 414; J. **1877**, 639 u. 959) stellt die Formel des Patschulikampfers zu $C_{15}H_{26}O$ fest und bezeichnet den daraus mit Essigsäure oder Essigsäureanhydrid gebildeten Kohlenwasserstoff als „patchouline". Er findet für letzteren $Sdp._{743}$ = 252—255°, d_0 = 0,946, $d_{13,5}$ = 0,937, $[\alpha]_D$ = —42° 10'; Salpetersäure, Schwefelsäure und wäßrige Salzsäure färben ihn charakteristisch rot.

Wallach u. Tuttle (A. **279** [1894], 394) spalten aus dem Patschulialkohol durch $1^1/_2$ stündiges Erhitzen mit Kaliumbisulfat im Paraffinbade auf 180° Wasser ab; sie finden für Patschulen Sdp. 254—256°, d_{23} = 0,939, n_D = 1,50094, M. R. = 64,06, ber. für $C_{15}H_{24}|\overline{}$ = 64,45; es riecht cedernartig. Die Forscher sind der Ansicht, daß sich im Patschulialkohol das Hydroxyl in tertiärer Bindung befindet.

Gadamer und Amenomiya (Ar. **241** [1903], 22) bestimmen den Siedepunkt des Patschulialkohols bei 266—271° unter Zersetzung (Übergang in Patschulen); es wird für Patschulen $C_{15}H_{24}$ ermittelt: $d_{20/4}$ = 0,9296, $[\alpha]_{D_{20}}$ = — 38,08°, $n_{D_{20}}$ = 1,49835.

Sch. u. Co. (Sch. **1904**, I, 75) stellen zum Vergleich mit dem natürlich vorkommenden Patschulen auch jenes aus dem Patschulialkohol durch Einwirkung von starker Ameisensäure in der Kälte auf denselben her. Dieses Patschulen riecht cedernartig, siedet von 255—256°, d = 0,9334, α_D = — 36° 52'; es gelang nicht einen Alkohol, ein Nitrosit, Nitrosochlorid oder Nitrosat darzustellen. Durch Oxydation mit 1 $^0/_0$ iger Permanganatlösung entstand ein öliges Produkt; es wird die Frage nach der Identität des natürlich vorkommenden mit dem künstlich dargestellten offen gelassen.

Physik. Eig. des „natürlichen Patschulens“. GLADSTONE (J. **1863**, 545) gibt den Sdp. zu 257° an.

WALLACH berichtet über die Sesquiterpene des Patschuliöls (A. **238**, 81) und findet den Sdp. zu 270—280°; da er aber Cadinen gefunden hat, so ist die Frage, ob letzteres nicht durch Verfälschung hineingekommen ist.

SCH. u. Co. (SCH. **1904**, I, 71) fanden, wie angegeben, das Volumgewicht von 0,9217—0,9379, α_D von $-27^0 37'$ bis $-40^0 37'$.

v. SODEN und ROJAHN zerlegen die natürlich vorkommenden Sesquiterpene durch fraktionierte Destillation (B. **37**, 3353) und erhalten für das eine Patschulen: Sdp.$_{750}$ = 264—265°, Sdp.$_{3-4}$ = 95—96°, $d_{15} = 0{,}9335$, $\alpha_D = -58^0 45'$, während das zweite Sesquiterpen höher siedet, und zwar von 273—274° und $\alpha_D = +0^0 45'$ besitzt.

Physik. Eig. des „künstlichen Patschulens“. GAL (C. r. **68** [1869], 306) beobachtet: Sdp. 248—252°; MONTGOLFIER (C. r. **84** [1877], 88): Sdp.$_{743}$ = 252—255°, $d_0 = 0{,}946$, $d_{13,5} = 0{,}937$, $[\alpha]_D = -42^0 10'$.

WALLACH (A. **279** [1894], 394) konstatiert: Sdp. 254—256°, d_{23} = 0,939, $n_D = 1{,}50094$.

GADAMER und AMENOMIYA (Ar. **241**, 22): $d_{20/4} = 0{,}9296$, $[\alpha]_{D_{20}}$ = $-38{,}08^0$, $n_{D_{20}} = 1{,}49835$.

SCH. u. Co. (SCH. **1904**, I, 75) erhalten folgende Daten: Sdp. 255—256°, $d = 0{,}9334$, $\alpha_D = -36^0 52'$.

In neuester Zeit (Rec. des trav. chim. Pays-Bas **24**, 309; C. **1905**, II, 1180) ist über Patschuliöl von DE JONG eine Arbeit erschienen, welche die Öle betrifft von 1. Patchouli fleurissant (*Pogostemon Heyneanus* Bth.?). 2. P. de Singopoure (*P. Tomentosus* Hank.?). 3. P. de Java (var. von *P. Tomentosus* Hank.?). Die Öle zeigten 1. $d_{25} = 0{,}922$, 2. $= 0{,}949$, 3. $= 0{,}929$. $[\alpha]_{D_{25}}$ bei 1. $= -16^0 10'$, 2. $= -51^0 24'$, 3. $= -42^0 48'$. Durch Einwirkung von konz. H_2SO_4 erhitzen sich die Patschuliöle und färben sich stark, wobei nicht angegriffen werden bei 1. 17 %, bei 2. 22 %, bei 3. 20 %, woraus durch Destillation ein Sesquiterpen Sdp.$_{740}$ = 260—263° gewonnen wurde, $[\alpha]_D$ bei 2. $= -1^0$, 3. $= -1{,}5^0$, d_{25} bei 2. $= 0{,}915$, 3. $= 0{,}897$, das „Dilemen“ genannt wird und möglicherweise mit dem von v. SODEN und ROJAHN im Patschuliöl aufgefundenen Sesquiterpen Sdp. 273—274° identisch sein soll. Hierzu ist zu bemerken, daß in dem Dilemen ein Gemisch der im Patschuliöl vorkommenden Sesquiterpene sowie der Kohlenwasserstoffe vorliegen dürfte, die durch Einwirkung der konz. H_2SO_4 entstehen.

Vergleichen wir die physikalischen Daten der natürlichen Patschulene mit denen der auf künstlichem Wege gewonnenen, so ist zunächst zu konstatieren, daß die natürlich vorkommenden höher sieden als die künstlich erhaltenen; außerdem steht fest, daß es mindestens zwei Patschulene im Patschuliöl gibt. Die Brechungsexponenten und die Volumgewichte sind bei sämtlichen Patschulenen ziemlich gleich; die Polarisationen müssen natürlich verschieden ausfallen, je nachdem man den Sespuiterpenalkohol mit wasserabspaltenden Mitteln längere oder kürzere Zeit auf höhere oder niedere Temperatur erhitzt hat. Die beiden natürlich vorkommenden Patschulene unterscheiden sich voneinander einmal durch den Siedepunkt, sodann durch die optische Aktivität, indem das niedrig siedende stärker optisch aktiv ist, als das höher siedende. Aus den physikalischen Daten wäre zu folgern, daß die künstlich dargestellten Patschulene mit einem der natürlich vorkommenden keinesfalls identisch sind.

Chem. Eig. der Patschulene. Es ist bisher nicht gelungen, zu einem auch nur einigermaßen charakteristischen Derivat der Patschulene zu gelangen; sie verhalten sich gegen Halogene und Halogenwasserstoffe ungesättigt, lagern kein Wasser an, so daß kein Alkohol gewonnen werden kann; auch mit N_2O_3, NOCl usw. liefern sie keine kristallisierten Derivate.

Identifizierung der Patschulene. Ebensowenig wie für das Cloven lassen sich für die Patschulene außer den physikalischen Konstanten Erkennungszeichen angeben.

Zur **Konstitution** ist zu bemerken, daß sowohl die natürlich vorkommenden Patschulene, als auch die künstlich dargestellten wahrscheinlich tricyklisch einfach ungesättigt sind, wie aus der Molekularrefraktion zu schließen ist. Die Patschulene zeigen in den physikalischen Konstanten große Ähnlichkeit mit den Cedrenen und dem Cloven, ohne daß es bisher gelungen ist, sie mit einem dieser Kohlenwasserstoffe zu identifizieren.

Geschichtlich ist zu konstatieren, daß das ätherische Öl, in denen die natürlichen Patschulene vorkommen, seit langer Zeit bekannt ist. Zum Teil wird das Öl an Ort und Stelle in Indien gewonnen und dürfte dort schon früh im Gebrauch gewesen sein. Chemisch untersucht wurde das Patschuliöl verhältnismäßig spät, zuerst von Gladstone im Jahre 1863. Die richtige Formel für das natürlich vorkommende Patschulen zieht Gladstone bereits in Betracht, während Gal für den Patschulialkohol zuerst die Zusammensetzung $C_{15}H_{28}O$ angibt und für das daraus dargestellte Patschulen $C_{15}H_{26}$. Montgolfier berichtigt alsdann 1877 diese Formeln. Die weiteren Untersuchungen erfolgen, wie aus obigen Mitteilungen hervorgeht, in den letzten 20 Jahren. — Eine Anwendung dürfte weder für die natürlich vorkommenden, noch für die künstlich dargestellten Patschulene außer zu wissenschaftlichen Zwecken stattfinden.

215. Sesquiterpen aus Sandarakharzöl.

Vorkommen, Isolierung usw. Die Pinacee *Callitris quadrivalvis* Vent. liefert afrikanisches Sandarakharz; Tschirch und Balzer (Ar. **234** [1896], 311), stellten fest, daß das Harz bei der Wasserdampfdestillation ca. 1% ätherisches Öl liefert. Henry (Soc. **79** [1901], 1149) gewinnt ebenfalls das Öl und stellt fest, daß es hauptsächlich aus Kohlenwasserstoffen besteht, und zwar wird d-Pinen ($\alpha_D = +18^0\ 27'$) nachgewiesen; aus den höher siedenden Fraktionen wird ein Kohlenwasserstoff gewonnen, der, über Natrium destilliert, bei 260—280° siedet ($d_{15/15} = 0,9386$, $n_D = 1,5215$).

Von **chemischen Reaktionen** wird angegeben, daß er sich weder mit HCl, NOCl oder N_2O_3 verbindet, daß er wahrscheinlich zur Klasse der Diterpene (?) gehöre. — Ev. liegt hier ein Sesquiterpen oder ein Gemenge mehrerer vor. Wegen seines hohen Volumgewichtes wurde der Kohlenwasserstoff an dieser Stelle abgehandelt. Im Sandarakharz sind an Säuren die i-Pimarsäure $C_{20}H_{30}O_2$ und als zweite Säure die Callitrolsäure $C_{30}H_{48}O_5$ vorhanden; letztere wird beim Erhitzen im Vakuum völlig gespalten unter Bildung von CO_2 und einem Kohlenwasserstoff, welcher mit dem aus dem flüchtigen Teil des Sandarakharzes isolierten Diterpen (?) sich identisch erwies. — Durch Destillation der Sägespäne der wohlriechenden Knorren von *Callitris quadrivalvis* erhielt GRIMAL (C. r. **139** [1904], 927) 2 % eines Öles, welches von 230—306° siedete.

216. Vetiven $C_{15}H_{24}$.

Vorkommen, Isolierung und Synthese. Das Vetiveröl wird durch Wasserdampfdestillation der Wurzeln von *Andropogon muricatus* Retz. (Kuskus- oder Iwarankusawurzeln) zu 0,4—0,9 % gewonnen; die Pflanze wächst besonders in Indien, aber auch auf Réunion, auf den Antillen, Jamaika, in Brasilien usw. Das Vetiveröl ist das zähflüssigste von allen Ölen, d_{15} = 1,015—1,030, d_{44} = 0,994. SCH. u. Co. (SCH. **1897**, II, 62) bestimmten die Eigenschaften eines eigenen Destillates und fanden:

Fraktionen bei 23 mm Druck	Prozent	Drehungswinkel	Löslichkeit in 80 % igem Alkohol
1. 144—164°	8	— 4° 10′	1 : 45
2. 164—170°	10	— 3° 20′	1 : 30
3. 170—180°	24	+ 2° 5′	—
4. 180—185°	30	+ 31° 40′	—
5. 185—200°	20	+ 47° 5′	—
Rückstand	8	—	—

GLADSTONE (Journ. Pharm. **31**, 687, 705) destillierte das Öl über Natrium und erhielt einen Kohlenwasserstoff, welcher ziemlich zähflüssig ist und folgende Eigenschaften hat: Sdp. 255°, d = 0,9332, n_A = 1,5061.

GENVRESSE und LANGLOIS (C. r. **135** [1902], 1059; Chem. Z. **26**, 501) konstatierten in dem Vetiveröl durch fraktionierte Destillation einen Kohlenwasserstoff $C_{15}H_{24}$, den sie Vetiven nannten, ferner einen Sesquiterpenalkohol $C_{15}H_{26}O$, das Vetivenol, schließlich einen Ester des letzteren, ev. mit einer Säure $C_{15}H_{24}O_4$ (?). — Das Vetiven ist demnach ein in der Natur vorkommendes Sesquiterpen, welches durch fraktionierte Destillation aus dem Vetiveröl abgeschieden und durch Destillation über Natrium gereinigt werden kann.

Physik. Eig. des Vetivens. GLADSTONE (a. a. O.) findet: Sdp. 255°, $d = 0{,}9332$, $n_A = 1{,}5061$. — GENVRESSE und LANGLOIS (a. a. O.) beobachten: $Sdp._{740} = 262—263°$, $Sdp._{15} = 135°$, $d_{20} = 0{,}932$, $[\alpha]_{D_{15}} = + 18{,}19°$.

Chem. Eig. des Vetivens. Nach G. und L. ist das Vetiven ungesättigt und absorbiert vier Atome Brom unter Blaufärbung, ohne daß sich Bromwasserstoff entwickelt.

Auch für die **Identifizierung** des Vetivens lassen sich nur die physikalischen Daten anführen, sowie die leichte Oxydierbarkeit mit Brom zu einer blauen Verbindung, eine Eigenschaft, die es mit dem Guajen gemeinschaftlich hat.

Über die **Konstitution** des Vetivens läßt sich nur angeben, daß es bei der Bruttoformel $C_{15}H_{24}$ nach den physikalischen Konstanten tricyklisch, einfach ungesättigt ist, falls reines Beobachtungsmaterial vorgelegen hat, daß es sich dagegen nach dem chemischen Verhalten Brom gegenüber wie ein bicyklisches, doppelt ungesättigtes Sesquiterpen verhält, wenn anders keine konjugierten doppelten Bindungen vorliegen. — Es muß jedoch dahingestellt bleiben, ob das Vetiven ein einheitlicher Kohlenwasserstoff ist oder nicht; es wurde unter den tricyklischen Sesquiterpenen abgehandelt weil es dem Volumgewicht nach mit diesen die meiste Ähnlichkeit hat.

Obwohl das Vetiveröl seit längerer Zeit bekannt ist, liegen die ersten Beobachtungen doch erst von GLADSTONE vor; die eigentliche chemische Untersuchung beginnt erst mit GENVRESSE und LANGLOIS im Jahre 1902. — Vgl. auch die Mitteilungen von FRANZ FRITSCHE u. Co. „Verfahren zur Gewinnung eines ketonartigen Produkts aus Vetiveröl“ (D.R.P. 142415) und „Verfahren zur Gewinnung der im Vetiveröl enthaltenen Alkohole“ (D.R.P. 142416), (FRDL. 7, 759).

c) Bicyklische Sesquiterpene $C_{15}H_{24}$.

Die bisher besprochenen Sesquiterpene zeichneten sich mehr oder weniger durch ein höheres Volumgewicht aus, das in den meisten Fällen 0,93—0,94 betrug. Jedoch wurden auch bereits Sesquiterpene abgehandelt, die ein geringeres Volumgewicht zeigten, bei denen man aber annehmen kann, daß es ev. durch Beimengungen heruntergedrückt ist. Weitere Versuche müssen entscheiden, ob alle erwähnten Sesquiterpene zu den tricyklischen zu rechnen sind. Der Brechungsexponent beträgt ca. 1,50; die Polarisation schwankte natürlich je nach Vorkommen und Darstellung. Der Siedepunkt der meisten tricyklischen Sesquiterpene liegt zwischen 252 und 265°. Chemisch zeichnen sich die tricyklischen Sesquiterpene durch ihre Indifferenz aus, insofern als es bisher äußerst selten gelungen ist, ein auch nur einigermaßen charakteristisches Derivat zu gewinnen. Mit den Halogenen und Halogenwasserstoffsäuren geben sie wohl Anlagerungsprodukte, aber keine kristallisierten Derivate; auch die erhaltenen Farbenreaktionen dürften in vielen Fällen auf beigemengte Sesquiterpene mit geringerer Anzahl von Ringen zurückzuführen sein. Ferner ist es nicht gelungen, weder durch Wasseranlagerung zu einem Sesquiterpenhydrat zu kommen, noch durch Behandlung mit N_2O_3, NOCl usw. kristallisierte Verbindungen zu erhalten. Nichtsdestoweniger gehören die tricyklischen Sesquiterpene zweifellos zu den häufiger vorkommenden Sesquiterpenen.

Anders liegen die Verhältnisse bei den bicyklischen Sesquiterpenen, sie sind spezifisch leichter (ca. 0,90) als die tetracyklischen und tricyklischen; ihr Siedepunkt scheint wenig verschieden zu sein von dem der tricyklischen Kohlenwasserstoffe, wahrscheinlich liegt er in den meisten Fällen etwas höher, jedoch müssen wir hierbei im Auge behalten, daß die einzelnen Ringsysteme nicht immer miteinander zu vergleichen sind. Auch der Brechungsexponent ist fast gleich jenem der tricyklischen Sesquiterpene, weil das Volumgewicht bedeutend leichter ist. Wesentlich günstiger gestalten sich die Identifizierungsreaktionen der bicyklischen Sesquiterpene. Während wir bei den tricyklischen Kohlenwasserstoffen $C_{15}H_{24}$ fast vollständig auf die physikalischen Konstanten angewiesen sind, besitzen wir von den bicyklischen zum Teil sehr schöne Derivate, indem die chemischen Umsetzungen, sei es mit Halogenwasserstoffsäuren oder mit wasseranlagernden Reagentien oder mit N_2O_3, N_2O_4 oder NOCl usw. vielfach gut kristallisierende Verbindungen liefern. Jedoch müssen wir hierbei darauf achten, ob wir noch bei den erhaltenen Derivaten das Kohlenstoffskelett des ursprünglichen Sesquiterpens vor uns haben oder nicht, da in sehr vielen Fällen aus dem bicyklischen Sesquiterpen ein tricyklisches Molekül gebildet wird.

Das **Vorkommen** der bicyklischen Sesquiterpene ist noch häufiger als jenes der tricyklischen: so gehören das Cadinen und Caryophyllen zu den am häufigsten vorkommenden Sesquiterpenen, dagegen beobachten wir die künstliche Darstellung eines bicyklischen Sesquiterpens selten, während wir tricyklische sehr häufig, namentlich aus Sesquiterpenalkoholen, gewinnen konnten; hieraus geht hervor, daß die sterischen Verhältnisse für die Bildung eines dritten Ringes sehr günstig liegen müssen, wobei es nicht ausgeschlossen ist, daß wir unter Umständen zu Phenanthrenderivaten kommen. — Auch in der praktischen Anwendung nehmen die bicyklischen Sesquiterpene eine hervorragende Stellung ein, indem besonders das Cadinen mannigfaltige Verwendung findet (vgl. die einzelnen Sesquiterpene).

217. Sesquiterpen $C_{15}H_{24}$ des Ageratumöls.

Vorkommen, Isolierung usw. Das frische Kraut von *Ageratum conyzoïdes* liefert nach van Romburgh (Sch. **1898**, I, 57) ein ätherisches Öl; die Pflanze selbst gehört zu den Compositen und ist auf Java einheimisch. Das Öl besitzt das Volumgewicht $d_{27,5} = 1,015$ und $\alpha_D = -2,75^0$, es siedet bei ca. 260^0, „dürfte also wahrscheinlich der Sesquiterpenreihe angehörende

Verbindungen enthalten". Das hohe Volumgewicht spricht dafür, daß neben ev. vorhandenen Sesquiterpenen sehr viel Sesquiterpenalkohole zugegen sein müssen. Über die Natur des Sesquiterpens selbst, zu welcher Gruppe es gehört usw., läßt sich natürlich nichts angeben; es ist hier an dieser Stelle erwähnt worden, weil außer den als bestimmt bicyklisch erkannten Sesquiterpenen in dieser Klasse gleichzeitig auch alle jene unbekannter Konstitution abgehandelt werden sollen.

218. Amorphen $C_{15}H_{24}$.

Vorkommen, Isolierung usw. In dem ätherischen Öl, das aus den Blättern von *Amorpha fruticosa* L. gewonnen wurde, wies VITTORIO-PAVESI (Estratto dall' Annuario della Soc. Chimica di Milano **11** [1904], 3. Estratto dai „Rendiconti" del R. Ist. Lomb. di sc. e. lett. II **37** [1904], 487) unter anderem Sesquiterpene nach. In der Fraktion vom Sdp. 250 bis 260°, $d_{15} = 0{,}91661$, $n_{D_{15}} = 1{,}50559$ wurde Cadinen nachgewiesen, aber hauptsächlich besteht diese Fraktion aus einem Sesquiterpen, das PAVESI Amorphen nennt; es besitzt $d_{15} = 0{,}916$, $n_{D_{15}} = 1{,}50652$; und soll in seinen Eigenschaften dem Cloven oder dem von WALLACH aufgefundenen Begleiter des Cadinens nahe stehen. Cloven besitzt jedoch ein höheres Volumgewicht, so daß erst neue Versuche angestellt werden müssen, um über die ev. Identität oder Nichtidentität des Amorphens mit dem einen oder andern Sesquiterpen eine Entscheidung zu treffen.

219. Sesquiterpen des Angelicawurzelöls $C_{15}H_{24}$.

Vorkommen, Isolierung usw. Das Angelicawurzelöl (*Angelica Archangelica* L.) wird bereits in der Taxe der Stadt Frankfurt vom Jahre 1582 erwähnt. Die erste chemische Untersuchung dürfte von BEILSTEIN und WIEGAND herrühren (B. **15** [1882], 1741), welche feststellten, daß die Hauptmenge des Öles bei 160—175° überdestilliert; vgl. auch NAUDIN (Bl. II, **39** [1883], 407). SCH. u. Co. (SCH. **1891**, I, 3) konstatierten in dem Öl d-Phellandren. Die hochsiedenden Anteile des Öles wurden von CIAMICIAN und SILBER (B. **29** [1896], 1811) näher untersucht; unter anderem fanden sie eine Fraktion, welche von 240—270° siedete und den charakteristischen Geruch der Sesquiterpene aufwies.

220. Aralien $C_{15}H_{24}$.

Vorkommen, Isolierung usw. Das Rhizom von *Aralia nudicaulis*, das in Nordamerika als „Wild Sarsaparilla" bezeichnet wird, liefert bei der

Wasserdampfdestillation 0,40—0,12 % ätherisches Öl (ALPERS, Am. Journ. Pharm. **71** [1899], 370); die Pflanze selbst gehört zu den Araliaceen, einer den Umbelliferen nahe verwandten Familie. Der Siedepunkt des Öles liegt hauptsächlich bei 260—270°, es besteht fast vollständig aus einem Sesquiterpen $C_{15}H_{24}$, das das Volumgewicht $d_{20} = 0,9086$, $n_D = 1,49936$ und $[\alpha]_D = -7°$ bis $-8°$ (in benzolischer Lösung) besitzt. Ein festes Derivat konnte weder durch Einwirkung von Brom oder HCl, noch N_2O_3 erhalten werden. — Ferner enthält das Öl wahrscheinlich einen Sesquiterpenalkohol und über 300° siedende blaugefärbte Anteile.

Das Aralien, wie ALPERS dieses Sesquiterpen nennt, konnte nicht mit einem der bekannten Sesquiterpene identifiziert werden; Volumgewicht und Brechungsexponent stimmen mit jenen des Caryophyllens überein, so daß wir das Aralien, wenn es in reinem Zustande vorliegen sollte, zu den bicyklischen rechnen müßten; von dem Caryophyllen unterscheidet es sich jedoch durch den höher liegenden Siedepunkt. Weitere Versuche müssen beweisen, ob wirklich ein reines Sesquiterpen vorliegt.

Atraktylen $C_{15}H_{24}$.

Darstellung, Isolierung usw. Den Hauptbestandteil des ätherischen Öles aus der Wurzel von *Atractylis ovata* Thunbg., einer Composite Japans, bildet ein Sesquiterpenalkohol $C_{15}H_{26}O$. GADAMER und AMENOMIYA (Ar. **241** [1903], 22) entziehen diesem Alkohol durch Erhitzen mit der halben Gewichtsmenge $KHSO_4$ auf 180° Wasser. Die Hauptmenge des Sesquiterpens siedet alsdann von 260—263°, $Sdp._{10} = 125—126°$, $d_{15} = 0,9147$ bis 0,9184, $n_{D_{20}} = 1,50938—1,51020$. Das Atractylen, aus dem Atractylendichlorhydrat $C_{15}H_{26}Cl_2$ gewonnen, zeigte folgende Eigenschaften: $Sdp._{14,5} = 133—141°$, $d_{20/4} = 0,9267$, $n_{D_{20}} = 1,50565$. Das frisch destillierte Atractylen ist ziemlich dünnflüssig und besitzt cedernartigen Geruch. Es wurden keine kristallisierten Reaktionsprodukte erhalten.

Den chemischen Reaktionen nach scheint das Atractylol ein bicyklischer, tertiärer, ungesättigter Alkohol zu sein, so daß bei der Wasserabspaltung ein bicyklisches, doppelt ungesättigtes Sesquiterpen entstehen müßte; jedoch ist auch hier nicht ausgeschlossen, daß bei dieser Reaktion gleichzeitig Ringschluß eintritt und sich ein tricyklisches, einfach ungesättigtes Sesquiterpen bildet. Den physikalischen Daten nach scheint hauptsächlich ein bicyklisches, doppelt ungesättigtes Sesquiterpen vorzuliegen, dem ev. etwas tricyklisches Sesquiterpen mit einer doppelten Bindung beigemengt ist.

In der Natur ist das Atractylen bisher nicht aufgefunden worden.

221. Sesquiterpen $C_{15}H_{24}$ des Baldrianwurzelöls.

Vorkommen, Isolierung usw. Das Baldrianöl, aus der Wurzel von *Valeriana officinalis* L. durch Wasserdampfdestillation gewonnen, wurde besonders von BRUYLANTS (B. **11** [1878], 452) und von OLIVIERO (C. r. **117** [1893], 1096; Bl. III, **11** [1894], 150 und **13** [1895], 917) näher studiert. Letzterer erhielt nach wiederholter Destillation einen Anteil, der unter 50 mm Druck bei 160—165° siedete und $\alpha_D = -9{,}2^0$ zeigte. Außerdem dürfte im Baldrianwurzelöl ein Sesquiterpenalkohol $C_{15}H_{26}O$ vom $Sdp._{50} = 190—195^0$ und $\alpha_D = +2{,}5^0$ vorhanden sein.

222. Sesquiterpen $C_{15}H_{24}$ des Basilicumöls.

Vorkommen, Isolierung usw. VAN ROMBURGH (Over de aetherische olie uit *Ocimum Basilicum* L. Koninklijke Akademie van Wetenschappen te Amsterdam **1900**, 446) untersuchte das Öl von *Ocimum Basilicum* und zwar von Pflanzenmaterial, welches auf Java kultiviert war. In den höher siedenden Anteilen fand er ein Sesquiterpen, über dessen Eigenschaften jedoch weiter nichts angegeben wird. Vielleicht gehört auch dieses Sesquiterpen zu den olefinischen, da sich in dem Öl auch das olefinische Terpen Ocimen findet.

223. Sesquiterpen $C_{15}H_{24}$ des Boldoblätteröls.

Vorkommen, Isolierung usw. Die Boldoblätter (*Peumus Boldus* Mol.) (Familie der Monimiaceae) liefern bei der Wasserdampfdestillation 2 % Öl, welches von TARDY (Journ. Pharm. Chim. VI, **19** [1904], 132) in letzter Zeit näher untersucht wurde; er konstatierte: $d = 0{,}876$, $\alpha_D = -6^0 30'$. Das Öl enthält wenig Eugenol, Cuminaldehyd und geringe Mengen Acetate, Pinen, Dipenten, Terpineol und schließlich Sesquiterpen. Letzteres siedete im wesentlichen von 265—275° und bildete einen nicht geringen Anteil des Rohöls.

224. Cadinen $C_{15}H_{24}$.

Vorkommen, Isolierung usw. Das Cadinen gehört zu denjenigen Bestandteilen ätherischer Öle, die seit langer Zeit bekannt sind. Wenn es auch nicht in ganz reinem Zustande in den frühesten Zeiten erhalten wurde, so sind doch einige ätherische Öle vorhanden, welche als Hauptbestandteil das Cadinen aufweisen. So enthält z. B. das frische Cubebenöl

(*Piper Cubeba* L.) fast ausschließlich Kohlenwasserstoffe, welche ihrerseits hauptsächlich aus Sesquiterpenen und geringen Mengen eines Terpens zusammengesetzt sind. Unter den Sesquiterpenen nimmt wiederum das Cadinen die erste Stelle ein.

Es sei vorausgeschickt, daß das Sesquiterpen Cadinen seinen Namen häufig gewechselt hat, wie sogleich gezeigt werden wird; man bezeichnete dies Sesquiterpen einfach als „ätherisches Cubebenöl“, „Sesquitereben“, „Sesquiterebenthen“, „Sesquiterpen“, „Paracamphen“, „Cedren“; auch die Ausdrücke „Galipen“ und „Amyren“ sind teilweise mit dem Cadinen identische Begriffe. Da das Cadinen in der Natur am verbreitetsten ist, und da man dieses Sesquiterpen zuerst gewann und näher studierte, so wurde es vielfach schlechthin mit den erwähnten generellen Namen belegt.

Zuerst stellten Soubeiran und Capitaine (A. **34**, 323) im Cubebenöl, das hauptsächlich von 250—260° siedete, die Anwesenheit einer Verbindung fest, für welche sie aus dem Chlorhydrat vom Smp. 131° die Formel $C_{15}H_{24}$ herleiteten. Die salzsaure Verbindung gewannen sie durch direktes Einleiten von HCl in Cubebenöl. S. und C. sagen über das Sesquiterpen $C_{15}H_{24}$: „Es lenkt das polarisierte Licht wie das Terpentinöl links ab, aber schwächer; dasselbe ist der Fall, nur stärker, in der kristallisierten Verbindung mit Salzsäure.“ Sie bezeichnen den Kohlenwasserstoff als „Cubeben“; sie finden (mit Biot) für getrocknetes Cubebenöl; $d = 0{,}929$, $\alpha_D = -40{,}156^0$; Cubebenöl ohne Hydrat $d = 0{,}914$, $\alpha_D = -39{,}40^0$; Cubebenkampfer $d = 0{,}914$, $\alpha_D = -57{,}892^0$; Cubeben $d = 0{,}914$, $\alpha_D = -78{,}211^0$.

Gerhardt (Grh. **1854**, III, 634) ist der Ansicht, daß der Kohlenwasserstoff $C_{15}H_{24}$ sich mit Schwefelsäure verändert. „Lorsqu'on la distille sur cet acide, elle se modifie moléculairement comme l'essence de térébenthine, et donne une huile isomère (cubébène) qui exerce sur la lumière polarisée une action bien plus faible que l'essence non modifiée.“ — Lallemand (A. **114**, 193) gewinnt aus dem ätherischen Öl von *Dryobalanops Camphora* eine Fraktion vom Sdp. 255—270°, welche ein Dichlorhydrat $C_{15}H_{24} \cdot 2\,HCl$ vom Smp. 125° liefert. L. regeneriert den Kohlenwasserstoff mit Bleioxyd oder Quecksilberoxyd bei 100°, besonders glatt durch alkoholische Kalilösung; der regenerierte Kohlenwasserstoff zeigt $d_{25} = 0{,}90$, dreht stark links, siedet bei 260° und verbindet sich wiederum mit Chlorwasserstoff zu der kristallinischen Verbindung.

Berthelot (Bl. II, **11**, 30; J. **1869**, 329) zieht gelegentlich seiner Reduktionsversuche mit Jodwasserstoffsäure auch das Cubeben heran: durch Erhitzen mit 56 Teilen Jodwasserstoff auf 280° bildet sich daraus Amylwasserstoff C_5H_{12}, Decylenwasserstoff $C_{10}H_{22}$, Pentadecylenwasserstoff $C_{15}H_{32}$ und ein bei 360° flüchtiges Öl.

Schmidt (Ar. **191**, 32) beschäftigt sich ebenfalls mit dem Cubebenöl; er unterscheidet einen leichter siedenden und einen schwerer siedenden Anteil, welche beide der Bruttoformel $C_{15}H_{24}$ entsprechen; ev. hatte er aber auch etwas $C_{10}H_{16}$ in den niedriger siedenden Anteilen. Den Smp. der

Verbindung $C_{15}H_{24} \cdot 2\,HCl$ gibt SCHMIDT zu 120—125°, später zu 118° an; vgl. auch SCHMIDT (B. **10**, 188).

OGLIALORO (G. **5**, 467) untersuchte das Cubebenöl und fand darin 1. eine geringe Menge eines Terebens $C_{10}H_{16}$, ferner ein Sesquitereben $C_{15}H_{24}$, das bei 264—265° siedete, $\alpha_D = 44{,}3°$ (bei 100 mm Säulenlänge), $d_0 = 0{,}9289$ besaß; $C_{15}H_{24} \cdot 2\,HCl$ schmolz bei 118° und regenerierte durch Erhitzen mit Wasser auf 170—180° den ursprünglichen Kohlenwasserstoff; 2. einen bei 262—263° siedenden Kohlenwasserstoff von weit geringerem Drehungsvermögen, wahrscheinlich ebenfalls $C_{15}H_{24}$, der sich nicht mit HCl zu einer kristallinischen Verbindung vereinigt.

GLADSTONE und DALE (Phil. Transact. **1863**, 317 und Soc. **17** [1864], 1) finden: Sdp. 260°, $d_{20} = 0{,}9062$, $n_c = 1{,}4983$; vgl. auch GLADSTONE (Soc. **25** [1872], 6).

WALLACH (A. **238** [1887], 78) bringt ebenfalls Mitteilungen über das Cubebenöl und findet, daß es hauptsächlich von 250—270° siedet. Für $C_{15}H_{24} \cdot 2\,HCl$ wird der Smp. 117—118° konstatiert. Durch Abspaltung von HCl mittels Anilin resultiert daraus ein Kohlenwasserstoff vom Sdp. 274 bis 275°. WALLACH fand alsdann, daß dasselbe Sesquiterpen $C_{15}H_{24}$ sich im Patschuli- (später nicht bestätigt worden), Galbanum-, Kade- (*Oleum cadinum*) und Sadebaumöl findet. Das Volumgewicht des Sesquiterpens gibt WALLACH zu $d_{16} = 0{,}921$ an; der Kohlenwasserstoff verharzt leicht. Als Farbreaktion führt WALLACH an, daß sich, wenn man den reinen Kohlenwasserstoff in überschüssigem Eisessig löst, alsdann zu der Lösung einige Tropfen konz. Schwefelsäure hinzusetzt, die Lösung zuerst grün, dann blau und beim Erwärmen rot färbt. Besonders tritt die Farbenreaktion hervor, wenn der Kohlenwasserstoff längere Zeit aufbewahrt wird, also etwas Verharzung eingetreten ist.

BRÜHL (B. **21** [1888], 163) macht Angaben über die Konstitutionsverhältnisse des Sesquiterpens im Cubebenöl, indem er sich auf die von GLADSTONE und DALE angegebenen physikalischen Konstanten stützt; er findet M. R. = 66,02, während sich für $C_{15}H_{24}|^{\overline{2}} = 65{,}72$ berechnet, so daß er in dem Sesquiterpen des Cubebenöls zwei doppelte Bindungen annimmt.

Nachdem im Jahre 1840 SOUBEIRAN und CAPITAINE die Verbindung $C_{15}H_{24}$ im Cubebenöl und LALLEMAND im Jahre 1860 im flüssigen Borneokampferöl dieses Sesquiterpen durch das Dichlorhydrat charakterisiert hatten und WALLACH diese Verbindung im Jahre 1887 mit Sicherheit im Galbanum-, Kade- und Sadebaumöl konstatiert hatte, wiesen BERTRAM und GILDEMEISTER das Sesquiterpen im Betelöl (J. pr. II, **39** [1889], 349) nach, ferner SCH. u. Co. (SCH. **1889**, I, 9) im Kampferöl, SEMMLER (Ar. **229**, 17) im Asa foetida-Öl (ev. nicht als fertig gebildet), schließlich WALLACH (A. **271** [1892], 300) im Paracotorindenöl und (A. **271**, 297) im Origanumöl, so daß es im Jahre 1892 bereits in ca. 10 Ölen mit Sicherheit nachgewiesen war. — WALLACH (A. **271**, 297) führt nunmehr den Namen „Cadinen" für das Sesquiterpen ein, welches das Dichlorhydrat vom Smp. 118° liefert und das man bis dahin als „Cubeben" bezeichnet hatte. — In der Folgezeit wurde alsdann die Anwesenheit des Cadinens weiterhin häufig konstatiert, namentlich auch in den Nadelölen vieler Pinaceen usw.

Alsdann muß hervorgehoben werden, daß verschiedene rechtsdrehende Sesquiterpene in Fraktionen von Rohölen aufgefunden wurden, welche ebenfalls Dichlorhydrat vom Smp. 117—118° lieferten, die aber linksdrehten; vgl. BECKURTS und TROEGER (Ar. **235** [1897], 518; **235**, 634; **236**, 397). Sie weisen in einer Fraktion vom Sdp. 260—270° des Angosturarindenöls einen Körper $C_{15}H_{26}O$ nach, welcher inaktiv ist und leicht Wasser abspaltet; sie nennen diesen Alkohol „Galipol". Mit Essigsäureanhydrid gewinnen sie aus dem inaktiven Galipol das aktive „Galipen" (+ 18°). Während das ursprüngliche Öl links drehte, der Alkohol inaktiv war, drehte das Galipen rechts. B. und T. kommen schließlich zu der Ansicht, daß im Galipen im wesentlichen Cadinen vorliegt, welches aber durch die Behandlung mit Säuren invertiert wird.

v. SODEN (Pharm. Ztg. **45** [1900], 229, 878) erhält ein rechtsdrehendes Sesquiterpen aus dem Amyrol des westindischen Sandelholzöls, welches er „Amyren" nennt. — DEUSSEN (Ar. **238** [1900], 149 und **240**, 288) beobachtet, daß das westindische Sandelholzöl in der Tat ein rechtsdrehendes Sesquiterpen (α_D = + 27° 18′) enthält, aus dem er durch Einleiten von Salzsäure linksdrehendes Cadinenchlorhydrat gewinnt ($[\alpha]_D$ = — 36,65° in Chloroform). D. ist der Meinung, daß d-Cadinen durch Invertierung in l-Cadinen übergeführt sei. Durch wiederholte Fraktionierung über Natrium gewann er ein Sesquiterpen: Sdp. 260—261°, d_{15} = 0,9247, α_D = + 50°, n_D = 1,5108, ferner wurde ein schwächer nach rechts drehender Kohlenwasserstoff $C_{15}H_{24}$ erhalten, der jedoch kein festes Chlorhydrat lieferte und in seinen Eigenschaften mit dem „Galipen" übereinstimmte. Das aus dem l-Cadinenhydrochlorid regenerierte l-Cadinen siedete von 264—266° (unkorr.) und hatte α_D = — 89° bis — 108°.

REYCHLER (Bl. III, **11**, 576, 1045) fand, daß sich die Drehung des Sesquiterpens im Ylang-Ylangöl usw. durch Destillation unter gewöhnlichem Druck änderte.

SCH. u. Co. (SCH. **1892**, I, 41) geben für ein Cedrelaholz von Cuba eine optische Drehung von + 18° 6′ bei 100 mm an, welches große Mengen des linksdrehenden, bei 118° schmelzenden Sesquiterpendihydrochlorids lieferte; für Cedrelaholz von Nikaragua fanden sie (SCH. **1902**, I, 89): d_{15} = 0,9212, α_D = — 46° 50′; es gab ebenfalls linksdrehendes Cadinendihydrochlorid, und zwar α_D (in 5%iger Ätherlösung) — 1° 36′, während jenes aus Cuba-Cedrelaholz — 1° 34′, aus Pfefferminzöl — 1° 50′, aus Kampferöl — 1° 30′ drehte. Das aus dem Chlorhydrat regenerierte Cadinen zeigte $Sdp._4$ = 128—130°, d_{15} = 0,9244, α_D = — 99° 6′. — Aus allen diesen Angaben konnte man schließen, daß ev. in der Natur rechts- und linksdrehendes Cadinen vorkommt, welche aber dasselbe linksdrehende Dihydrochlorid liefern, indem durch Einwirkung der Säuren Invertierung stattfindet. GRIMAL (C. r. **135** [1902], 582 und 1057) fand nun, daß das ätherische Öl der Atlasceder (*Cedrus atlantica*, einer Varietät von *Cedrus Libani*) ein ätherisches Öl liefert, das in den höher siedenden Anteilen zweifellos als Hauptbestandteil d-Cadinen enthält; die Fraktion des Rohöls vom Sdp. 273—275° zeigte: $d = 0{,}9224$, $n_D = 1{,}5107$, $[\alpha]_{D_{20}} = +48° 7'$, das Chlorhydrat schmolz bei 117—118° und zeigte $[\alpha]_{D_{20}} = +8° 54'$, $+8° 51'$, $+8° 59'$; das Dibromhydrat schmolz bei 124—125° ($[\alpha]_D = +25° 40'$ in Essigätherlösung); das regenerierte Cadinen besaß folgende Konstanten: Sdp. 274—275°, $d = 0{,}9212$, $n_D = 1{,}5094$, $[\alpha]_{D_{20}} = +47° 55'$.

Über Kanonnikows Ansichten über die Konstitution von Cadinen mit Caryophyllen vgl. C. **1899**, II, 860. Aus der Feststellung der Tatsache, daß auch ein Cadinen existiert, welches ein rechtsdrehendes Dichlorhydrat liefert, aus welchem d-Cadinen regeneriert werden kann, müssen wir folgern, daß die Rechtsdrehung derjenigen Sesquiterpene, welche l-Cadinenchlorhydrat liefern, doch durch Beimengung eines anderen rechtsdrehenden Sesquiterpens bedingt ist. Schließlich können wir aber auch annehmen, daß die Verhältnisse komplizierter liegen, daß das Molekül des Cadinens mehrere asymmetrische Kohlenstoffatome enthält, weshalb auch mehrere verschieden drehende Cadinene existieren können, die durch Anlagerung von HCl die optische Aktivität ev. teilweise einbüßen können und dasselbe Chlorhydrat liefern usw.

Während wir als festes Derivat des Cadinens bis in die neueste Zeit hinein nur das Dichlorhydrat kannten, gelang es Schreiner und Kremers (Pharm. Arch. **2** [1899], 273 und 293; C. **1899**, II, 1119) aus dem Cadinen ein Nitrosat vom Smp. 105—110° und ein Nitrosochlorid vom Smp. 93—94° zu erhalten.

Bei der Darstellung des Cadinens sahen wir, daß wir es sowohl mit einem in der Natur vorkommenden, als auch bis zu einem gewissen Grade auf künstlichem Wege darstellbaren Sesquiterpen zu tun haben. Sei es, daß wir natürliches Cadinen oder künstlich gewonnenes abscheiden müssen, stets empfiehlt es sich, fraktionierte Destillation anzuwenden und schließlich über metallischem Natrium zu destillieren. Es muß jedoch schon an dieser Stelle auf einen Unterschied hingewiesen werden, der zwischen beiden Präparaten besteht, d. i. der Siedepunkt; es könnte den Anschein haben, als ob der natürlich vorkommende niedriger siedet als der künstlich dargestellte. Dieser Unterschied kann aber auch davon herrühren, daß dem in ätherischen Ölen vorkommenden Cadinen häufig noch andere Sesquiterpene beigemengt sind, die niedriger sieden, wodurch der Siedepunkt des Cadinens heruntergedrückt wird, während aus dem Dichlorhydrat regeneriertes von Fremdkörpern frei ist. Ausgeschlossen ist aber auch nicht, daß ursprünglich ein Sesquiterpen vorhanden ist, welches sehr leicht durch Salzsäure invertiert wird; weitere Untersuchungen, die besonders auf die physikalischen Daten, wie optisches Drehungsvermögen usw., Rücksicht nehmen müssen, werden diese Frage entscheiden.

Über die Salzsäureabspaltung aus dem Dichlorhydrat ist zu erwähnen, daß sie sowohl mit Anilin, als auch mit Eisessig und Natriumacetat usw. vorgenommen werden kann. Es ist jedoch nicht anzunehmen, daß auf diese Weise ein absolut reines Produkt entsteht, sondern daß ähnliche

Beimengungen auftreten, wie z. B. bei der Gewinnung des Dipentens aus dem Dipentendichlorhydrat, wobei sich Terpinolen, Terpinen, Cymol usw. bilden.

Das Vorkommen des Cadinens nach den Stammpflanzen, letztere nach dem natürlichen Pflanzensystem geordnet, gestaltet sich folgendermaßen.

Pinaceae.

In den Terpentinölen, d. h. in den durch Wasserdampfdestillation der Terpentine von *Pinus-*, *Picea-*, *Abies-*, *Larix-* usw. Spezies gewonnenen ätherischen Ölen ist das Cadinen bisher nicht nachgewiesen worden; ebensowenig konnte Cadinen in den Kienölen, d. h. in den durch trockne Destillation von Holzteilen genannter Bäume dargestellten Ölen aufgefunden werden. Dagegen lieferten verschiedene Nadelöle, welche durch Wasserdampfdestillation der Nadeln dieser Pinaceen erhalten werden, Cadinen. In den Kiefernnadelölen (*Pinus silvestris*) konnten Bertram und Walbaum (Ar. **231** [1893], 300) Cadinen durch das Dichlorhydrat vom Smp. 118° in den höchstsiedenden Fraktionen konstatieren. — Dieselben Forscher stellten Cadinen auch in Nadelölen von *Pinus montana* (Latschenkiefernöl) auf ebendieselbe Weise fest (a. a. O., S. 297). Auch das Nadelöl von *Picea excelsa* zeichnet sich durch einen Gehalt an Cadinen aus; die über 260° siedende Fraktion zeigte (a. a. O., S. 296) eine Drehung von $\alpha_D = -6° 40'$ und gab das Dichlorhydrat vom Smp. 118°. — Über das Edeltannennadelöl (*Abies pectinata* D. C.) berichten B. u. W. (a. a. O., S. 291), daß es wahrscheinlich ebenfalls Cadinen enthält. Das Hemlock- oder Sprucetannennadelöl (*Tsuga canadensis* Michaux) weist ebenfalls aller Wahrscheinlichkeit nach Cadinen auf (B. und W. a. a. O., S. 295; Sch. **1893**, II, Nachtrag S. 21).

Verschiedene *Juniperus*-Arten zeichnen sich durch einen Gehalt an Cadinen aus. Sch. u. Co. (Sch. **1890**, I, 43) beobachteten im Wacholderbeeröl (*Juniperus communis*) ein Sesquiterpen, welches Chlorhydrat vom Smp. 118° lieferte. — Im Sadebaumöl (*Juniperus Sabina* L.) stellte Wallach (A. **238**, 82) Cadinen fest. — Das Kadeöl, durch trockne Destillation der Zweige und des Holzes von *Juniperus Oxycedrus* L. gewonnen, enthält große Mengen von Cadinen, wie Wallach (A. **238**, 82) konstatieren konnte. Es scheint jedoch so, als wenn dieses Öl, welches Kadeöl genannt wird, nicht immer gleiche Mengen Cadinen enthält; so konnten Troeger und Feldmann (Ar. **236**, 692) nur geringe Mengen Dichlorhydrat gewinnen (vgl. auch Schreiner, „The Sesquiterpenes", S. 41). Cathelineau und Hausser (Bl. III, **25**, 931) untersuchten ebenfalls das Kadeöl, indem sie die in Natronlauge unlöslichen Anteile unter Zusatz von 45 $^0/_0$iger Natronlauge im Dampfstrom destillierten; das gewonnene Öl wird mit 3 Teilen 90 $^0/_0$igen Alkohols geschüttelt und unter Kühlung HCl bis zur Sättigung eingeleitet usw.; genannte Forscher wollen auf diese Weise eine bessere Ausbeute an Dichlorhydrat gewonnen haben. Es muß dahingestellt bleiben, ob das Kadeöl einen wechselnden Gehalt an Cadinen aufweist, oder ob darin ursprünglich ein anderes Terpen vorhanden ist, welches durch die verschiedenen Manipulationen erst in

Cadinen übergeht. — Auch die Blätter von *Juniperus virginiana* (virginisches Cedernblätteröl) liefern bei der Wasserdampfdestillation ein Öl, welches sich nach SCH. u. Co. (SCH. **1898**, I, 13) durch einen Gehalt an Cadinen auszeichnet; es wurde das Dichlorhydrat dargestellt. — Im Atlas-Cedernöl (*Cedrus atlantica*) wurde von GRIMAL (C. r. **135**, 582, 1057) d-Cadinen, wie oben erwähnt, festgestellt. — Im Cypressenöl (*Cupressus sempervirens* L.) wurde von SCH. u. Co. (SCH. **1894**, II, 71; **1904**, II, 19) l-Cadinen nachgewiesen. — In allen diesen Fällen scheinen vielfach andere Sesquiterpene noch Begleiter des Cadinens zu sein. Interessant ist es, daß sich im virginischen Cedernholzöl (*Juniperus virginiana*) hauptsächlich Cedren findet, während das Blätteröl als Sesquiterpen Cadinen aufweist; es ist nicht ausgeschlossen, daß sich das Cadinen in der Pflanze in Cedren umlagert, eine Umlagerung, die vielleicht schon bei der Abscheidung des letzteren statthat, wenn man nicht annehmen will, daß beide Sesquiterpene ihre Entstehung verschiedenen Ausgangsmolekülen verdanken.

In einem aus der japanischen Ceder (*Crytomeria japonica*) gewonnenen ätherischen Öle fand KEIMATZU (Journ. of the pharm. Soc. of Japan **1905**, 189) ein Sesquiterpen „Crypten“, das dem Cadinen sehr ähnlich sein soll, vielleicht sogar damit identisch ist; es nimmt 2 Mol. Halogenwasserstoff auf und enthalte zwei Äthylenbindungen.

Zingiberaceae.

Das Galgantöl (*Alpinia officinarum* Hance) enthält nach SCHINDELMEISER (Chem. Ztg. **26** [1902], 308) neben d-Pinen zwei Sesquiterpene, und zwar ein niedrig siedendes, bisher unbekanntes, während in den höher siedenden Anteilen (Sdp. 274—276°) Cadinen vermutet wird.

Piperaceae.

SCH. u. Co. (SCH. **1893**, II, Nachtrag S. 33) geben als Bestandteil des Pfefferöls (*Piper nigrum* L.) Phellandren und Cadinen an; SCHREINER und KREMERS (Pharm. Arch. **4** [1901], 61; Proc. Am. Pharm. Assoc. **49**, 349) berichten, daß das Pfefferöl Caryophyllen enthält. Weitere Untersuchungen müssen zeigen, ob das Cadinen im Pfefferöl ein ständiger Bestandteil ist, da keine weiteren Derivate angegeben wurden, die für seine Anwesenheit sprechen. — Das Vorkommen des Cadinens im Cubebenöl (*Piper Cubeba* L.) ist eingangs ausführlich besprochen worden (vgl. oben). — Das Betelöl (*Piper Betle* L.) dürfte je nach seiner Herkunft etwas verschiedene Zusammensetzung aufweisen. EYKMAN (B. **22**, 2736) stellte im Java-Betelöl einen Kohlenwasserstoff fest, der um 260° siedete, $d_{13} = 0{,}917$, $n_D = 1{,}5040$ besitzt, woraus sich eine Molekularrefraktion ergibt, die auf zwei doppelte Bindungen hinweist. Mit Brom in Eisessig ward eine tief indigblaue Farbe hervorgerufen. SCH. u. Co. (SCH. **1889**, I, 6; **1889**, II, 6; **1890**, I, 6 und **1891**, II, 5) konnten einen Kohlenwasserstoff aus dem Siam-Betelöl abscheiden, der von 250—275° siedete und durch sein Dihydrochlorid vom Smp. 117—118° hauptsächlich als Cadinen nachgewiesen wurde. Die physikalischen Daten, welche EYKMAN angibt, besonders der Siedepunkt, differieren von denen des Cadinens, jedoch ist der Siedepunkt für natürlich vorkommendes Cadinen häufig etwas niedrig angegeben worden, eine Tatsache, auf welche bereits oben hingewiesen wurde.

Anonaceae.

Die Untersuchungen REYCHLERS über das Ylang-Ylangöl (*Cananga odorata*) (Bl. III, **11**, 407, 576) führten zu dem Resultat, daß eine Fraktion vom $Sdp._{20} = 138—143^0$ isoliert werden konnte, $d_{15} = 0{,}910$, $n_{D_{20}} = 1{,}50001$, $\alpha_D = +46{,}4^0$ bzw. $-133{,}6^0$ (vgl. Originalarbeit), also $[\alpha]_D$ ev. $= -73{,}4^0$. Als REYCHLER bei gewöhnlichem Druck destillierte, gewann er eine Fraktion vom Sdp. $250—255^0$, $d_{18} = 0{,}9125$, $n_D = 1{,}50380$, $[\alpha]_D = +6{,}8^0$ (9,1 %ige alkoholische Lösung); nach REYCHLERS Ansicht dürfte ev. eine Invertierung durch die Destillation unter gewöhnlichem Druck hervorgerufen sein. Später (Bl. III, **11**, 1045) untersuchte R. das Canangaöl (als Canangaöl bezeichnet man entweder die hochsiedenden Anteile des bei der Destillation der Canangablüten gewonnenen Öles oder das Gesamtdestillat). Die hochsiedenden Anteile bestehen hauptsächlich aus Kohlenwasserstoffen. R. erhielt eine Fraktion vom $Sdp._{14} = 139{,}5—145^0$, $d = 0{,}9024$, $n_D = 1{,}50103$, $[\alpha]_D = -1{,}25^0$; es liegt auch hier wahrscheinlich Cadinen vor, jedoch dürften zweifellos noch andere Sesquiterpene im Ylang-Ylang- bzw. Canangaöl vorkommen.

Monimiaceae.

Das Paracotorindenöl wird aus der Paracotorinde, die wahrscheinlich von einer Monimiacee Bolivias geliefert wird, gewonnen. JOBST und HESSE (A. **199** [1879], 75) und WALLACH und RHEINDORFF (A. **271** [1892], 300) beschäftigen sich mit der Untersuchung des Öles; nach letzteren Forschern besteht es aus linksdrehendem Cadinen (Dichlorhydrat Smp. 118^0 und Dibromhydrat Smp. 121^0), außerdem enthält das Öl Methyleugenol, wahrscheinlich Sesquiterpenhydrat usw. Das aus dem Dichlorhydrat regenerierte Cadinen zeigte eine Drehung von $-33{,}5^0$.

Lauraceae.

Im Kampferöl (*Laurus Camphora*) konnten SCH. u. Co. (SCH. **1889**, I, 9) in ziemlich beträchtlicher Menge einen Kohlenwasserstoff $C_{15}H_{24}$ feststellen, der von $260—270^0$ siedete (Dichlorhydrat Smp. 117^0). — Vom Sassafrasblätteröl (*Sassafras officinale*) zeigten POWER und KLEBER (Pharm. Rev. **14**, 102), daß es eine kleine Fraktion vom Sdp. $260—270^0$ enthält, von der sie sagen: „In this the presence of cadinene was presumed, as it gave in glacial acetic acid solution with a trace of sulphuric acid the violet coloration which is characteristic for this sesquiterpene.“

Leguminosae.

Durch Untersuchung der ätherischen Öle, welche durch Wasserdampfdestillation der Blätter und Früchte von *Amorpha fruticosa* L. gewonnen wurden, konnte VITTORIO PAVESI (Estratto dall' Annuario della Soc. Chimica di Milano **11** [1904], 3. Estratto dai „Rendiconti“ del R. Ist. Lomb. di sc. e lett. II, **37** [1904], 487) Cadinen feststellen, das in den höher siedenden Fraktionen, Sdp. $250—265^0$, $d_{15} = 0{,}91661$, $n_{D_{15}} = 1{,}50559$

durch sein bei 117° schmelzendes Chlorhydrat nachgewiesen wurde; außerdem findet sich noch ein Sesquiterpen, welches PAVESI „Amorphen" nennt (vgl. oben), in dem Öl. — Über das Vorkommen des Cadinens im Surinam-Copaivabalsamöl vgl. VAN ITALLIE und NIEUWLAND (Ar. **242** [1904], 539).

Rutaceae.

Im Angosturarindenöl, gewonnen durch Wasserdampfdestillation der Angosturarinde (*Cusparia trifoliata*), die aus den oberen Orinocogebieten stammt, ist als wesentlicher Bestandteil, durch welchen die Linksdrehung hervorgerufen wird, Cadinen festgestellt worden, indem BECKURTS und TROEGER (Ar. **235**, 518, 634; **236**, 392 und 397) daraus das Dichlorhydrat gewannen. Durch Wasserabspaltung aus einem gleichzeitig sich findenden Sesquiterpenalkohol $C_{15}H_{26}O$, dem Galipol, welches inaktiv ist, gewannen sie ein Sesquiterpen, das sie zunächst Galipen nannten; dieses Galipen enthält aber auch wesentliche Anteile von Cadinen; die noch vorhandenen weiteren Anteile bzw. besonders die Invertierungsreaktionen, die hierbei statthaben, müssen durch fernere Versuche aufgeklärt werden. — Das Petitgrainöl (*Citrus Bigaradia* Risso) enthält nach SEMMLER und TIEMANN (B. **25**, 1186) ein hochsiedendes Sesquiterpen. CHARABOT und PILLET (Bl. III, **21**, 74) erhalten mit den hochsiedenden flüssigen Anteilen mittels Eisessig und Schwefelsäure die charakteristischen Farbreaktionen des Cadinens. — Das westindische Sandelholzöl (*Amyris*-spec.) ist besonders von DULIÈRE (Bl. de l'académie royale de médec. de Belg. IV, **11** [1897], 769), von v. SODEN (Pharm. Ztg. **45** [1900], 229), DEUSSEN (Ar. **238** [1900], 149), v. SODEN und ROJAHN (Pharm. Ztg. **45** [1900], 878) und von DEUSSEN (Ar. **240** [1902], 288) näher untersucht worden. HEINE u. Co. (Ausstellungskatalog Paris **1900**) nannten das darin vorhandene Sesquiterpen Amyren. Obwohl das in dem westindischen Sandelholzöl aufgefundene Sesquiterpen rechts dreht, so konnte DEUSSEN doch linksdrehende Halogenderivate gewinnen und nachweisen, daß im wesentlichen Cadinen vorliegt, und zwar zunächst rechtsdrehendes, welches durch die Salzsäure invertiert würde. GRIMAL fand aber im Atlascedernöl ein d-Cadinen, welches auch rechtsdrehendes Chlorhydrat lieferte, aus dem seinerseits d-Cadinen regeneriert werden konnte. Hiernach hat es den Anschein, als ob mehrere d-Cadinene vorkämen, von denen das eine l-Cadinenhydrochlorid, das andere d-Cadinenhydrochlorid lieferte, eine Erscheinung, die sich, wie oben bereits erwähnt, durch verschiedene asymmetrische Kohlenstoffatome erklären ließe. Vgl. oben das Galipen von BECKURTS und TROEGER.

Burseraceae.

WALLACH und WALKER (A. **271**, 297) fanden im Weihrauchöl (*Boswellia*-spec.) Cadinen.

Meliaceae.

Das Cedrelaholzöl, welches durch Destillation des Holzes verschiedener Arten des in Amerika einheimischen Genus *Cedrela* gewonnen wird, zeigt je nach der Herkunft des Holzes eine etwas verschiedene Zusammensetzung; das Holz findet Anwendung zur Herstellung von Zigarren- und Zuckerkisten und wird irrtümlich häufig als Cedernholz bezeichnet. SCH. u. Co. (SCH. **1892**, I, 41; **1896**, I, 61) beschäftigen sich mehrfach mit der Untersuchung des Öles und stellen als Hauptbestandteil l-Cadinen fest; SCH. u. Co. fanden bald rechts-, bald linksdrehendes Cedrelaöl.

Dipterocarpaceae.

Das Borneokampferöl (*Dryobalanops Camphora*) liefert eine Fraktion vom Sdp. 255—270°, hauptsächlich um 260° siedend (LALLEMAND, A. ch. III, **57**, 404; A. **114**, 193); mit Salzsäure erhielt L. ein Dihydrochlorid vom Smp. 125°, linksdrehend, ob er von rechts- oder linksdrehendem Öl ausging. Das regenerierte Sesquiterpen siedete bei 260° und war linksdrehend; danach dürfte L. als erster das Cadinen aus dem Hydrochlorid regeneriert haben.

Umbelliferae.

SEMMLER (Ar. **229**, 15; B. **23**, 3532; B. **24**, 80) erhielt aus dem Asa foetida-Öl (*Ferula*-spec.) einen Sesquiterpenalkohol, der durch Wasserabspaltung ein Sesquiterpen lieferte; letzteres siedete unter 9 mm bei 123°, d_{15} = 0,9241 (Chlorhydrat Smp. 116°). — Das Galbanumöl (*Ferula*-spec.) enthält nach WALLACH (A. **238** [1887], 81) ebenfalls Cadinen (Dichlorhydrat Smp. 117—118°).

Labiatae.

Das amerikanische Pfefferminzöl (*Mentha piperita*) enthält nach SCH. u. Co. (SCH. **1894**, I, 32) Cadinen; vgl. auch POWER und KLEBER (Ar. **232** [1894], 639). Im englischen Pfefferminzöl konnte bisher kein Cadinen gefunden werden (Pharm. Journ. III, **11**, 220; Ar. **218**, 222). — Das Patschuliöl soll nach WALLACH (A. **238**, 81) Cadinen enthalten; in zweifellos reinem Patschuliöl konnte jedoch dieser Gehalt an Cadinen nicht nachgewiesen werden (vgl. SCH. **1904**, I, 74 und v. SODEN und ROJAHN, B. **37** [1904], 3354).

Compositae.

Das Wermutöl zeichnet sich nach SCH. u. Co. (SCH. **1897**, I, 52) ebenfalls durch einen Gehalt an Cadinen aus; es wird berichtet: „In einer weiteren zwischen 260 und 280° übergehenden, ziemlich reichlichen Fraktion wurde die Anwesenheit von Cadinen durch die Bildung seines bei 117—118° schmelzenden Chlorhydrats konstatiert“. — Dieselben Forscher konnten aus dem canadischen Goldrutenöl (*Solidago Canadensis*) Cadinen isolieren (SCH. **1897**, I, 53).

POWER (Pharm. Rundschau **5**, 202) erhielt mit dem Erechtitesöl die Cadinen-Farbstoffreaktion.

Aus dem erwähnten Vorkommen des Cadinens ist einmal zu schließen, daß dieses Sesquiterpen sehr verbreitet ist, und zwar in Ölen, deren Stammpflanzen verwandtschaftlich z. T. sehr weit auseinanderstehen.

Physik. Eig. des Cadinens. Die physikalischen Daten wurden bereits mehrfach erwähnt, besonders betont sei folgendes. Soubeiran und Capitaine (a. a. O.) fanden für ihr Cubeben: $d = 0{,}914$, $\alpha_D = -78{,}211^0$.

Schmidt (Ar. II, **191**, 1) gibt für das Cadinen aus Cubebenöl an: Sdp. 264—265^0, $\alpha_D = 44{,}3^0$, $d_0 = 0{,}9289$.

Gladstone und Dale (a. a. O.) finden: Sdp. 260^0 (ebenfalls aus Cubebenöl), $d_{20} = 0{,}9062$, $n_c = 1{,}4983$.

Wallach (A. **238** [1887], 78) beobachtet für das Rohcadinen: Sdp. 250—270^0, für den mittels Anilin regenerierten Kohlenwasserstoff: Sdp. 274 bis 275^0, $d_{16} = 0{,}921$.

Brühl (B. **21** [1888], 163) findet: M.R. = 66,02 und berechnet für $C_{15}H_{24}|\overline{2}$ = 65,72.

Wallach (A. **252** [1889], 150; **271** [1892], 297) gibt für die optische Drehung des regenerierten Cadinens an: $[\alpha]_D = -98{,}56^0$; für regeneriertes Cadinen aus Paracotorindenöl findet Wallach (A. **271**, 303): Sdp. 272^0.

Über das „Galipen“ und „Amyren“ vgl. oben die Angaben von Beckurts und Troeger, sowie jene von v. Soden.

Sch. u. Co. (Sch. a. a. O.) beobachten für regeneriertes Cadinen aus Cedrelaholzöl: $\text{Sdp.}_4 = 128—130^0$, $d_{15} = 0{,}9244$, $\alpha_D = -99^0\,6'$.

Grimal (C. r. **135** [1902], 582 und 1057) kommt für das d-Cadinen zu folgenden Zahlen: Fraktion des Öles von *Cedrus atlantica*, siedet von 273—275^0 und besitzt: $d = 0{,}9224$, $n_D = 1{,}5107$, $[\alpha]_D = +48^0\,7'$, während regeneriertes Cadinen besaß: Sdp. 274—275^0, $d = 0{,}9212$, $n_D = 1{,}5094$, $[\alpha]_D = +47^0\,55'$.

Oglialoro (a. a. O.) beobachtet: $d_0 = 0{,}9289$.

Deussen (Ar. **238**, 149 und **240**, 292) gibt an für fraktioniertes d-Cadinen aus westindischem Sandelholzöl: Sdp. 260—261^0, $\text{Sdp.}_{26} = 153$ bis 154^0, $d_{15} = 0{,}9247$, $\alpha_D = +50^0$, $n_D = 1{,}5108$; während regeneriertes Cadinen aus dieser Quelle zeigte: Sdp. 264—266^0 (unkorr.), $\alpha_D = -89$ bis 108^0

Nach Sch. u. Co. (Sch. **1904**, II, 19) zeigt fraktioniertes l-Cadinen aus Cypressenöl (*Cupressus sempervirens* L.): Sdp. 270—272^0, $d_{15} = 0{,}9203$, $\alpha_D = -4^0\,35'$, $n_{D_{20}} = 1{,}50621$.

Chem. Eig. des Cadinens. Die chemischen Eigenschaften des Cadinens sind bedingt einmal durch die beiden doppelten Bindungen, die wir aus der Molekularrefraktion herleiten können, sowie durch die beiden Ringe, die noch im Molekül vorhanden sein müssen. Es ist nicht gelungen, durch Reduktion die eine der beiden doppelten Bindungen aufzuheben bzw. eine neue zu schaffen.

Dagegen ist es möglich gewesen, Halogene, besonders aber Halogenwasserstoffsäuren an Cadinen anzulagern. Freies Halogen wird zwar von Cadinen lebhaft absorbiert, jedoch ist es bisher nicht gelungen ein kristallisiertes Derivat zu erhalten.

Cadinendihydrochlorid $C_{15}H_{24} \cdot 2HCl$. Der Erfolg, welchen KINDT durch Anlagerung von HCl an Terpentinöl, sowie THÉNARD 1807 an Citronenöl gehabt hatten, indem sie den künstlichen Kampfer $C_{10}H_{16} \cdot HCl$ bzw. den Citronenölkampfer $C_{10}H_{16} \cdot 2HCl$ gewonnen hatten, ermutigte zu dem Versuch, HCl auch auf andere Öle einwirken zu lassen. In der Tat gelang es 1841 CAPITAINE und SOUBEIRAN (A. **34**, 323) ein Dihydrochlorid aus Cubebenöl zu erhalten, für das sie den Smp. 131° angeben; das Dihydrochlorid polarisierte links. Alsdann finden wir bei LALLEMAND (A. ch. III, **57**, 404; A. **114**, 193) den Schmelzpunkt des Dihydrochlorids des Sesquiterpens aus Borneokampferöl zu 125° angegeben. OGLIALORO (G. **5**, 467; B. **8**, 1357) und SCHMIDT (Ar. **191**, 21; B. **10**, 190) berichtigen alsdann den Smp. zu 118°. WALLACH (A. **238**, 78) gewinnt das Dihydrochlorid aus Cadinen verschiedenen Ursprungs; er löst die betreffende Fraktion in der zweifachen Menge ihres Gewichts Äther, sättigt mit HCl und überläßt das Ganze einige Tage sich selbst usw. — HINTZE (A. **238**, 83) untersucht kristallographisch; es ist rhombisch-hemiedrisch und zeigt größte Ähnlichkeit mit Limonentetrabromid. — Auch kann man das Dihydrochlorid gewinnen, indem man den Kohlenwasserstoff in Eisessig löst, alsdann konz. Salzsäure hinzusetzt oder HCl einleitet. Das Dihydrochlorid ist sehr schwer löslich in Alkohol, leichter in Äther, sehr leicht löslich in heißem Essigäther, bedeutend weniger in kaltem; $[\alpha]_D = -36{,}82^0$ (Chloroforml.) (WALLACH, A. **252**, 150) und für das Dichlorhydrat aus Paracotorindenöl (A. **271**, 303): $[\alpha]_D = -33{,}5^0$. Das Dihydrochlorid läßt sich bei $^1/_2$ stündigem Kochen mit 1 Teil wasserfreiem Natriumacetat und 4 Teilen Eisessig in HCl und Cadinen spalten; auch läßt sich Anilin zur Abspaltung verwenden. — DEUSSEN (Ar. **238** [1900], 149) findet für das Dihydrochlorid aus westindischem Sandelholzöl: $[\alpha]_D = -36{,}65^0$; SCH. u. Co. (SCH. **1902**, I, 89) beobachten für jenes aus Cuba-Cedrelaholzöl: α_D in 5 $^0/_0$ iger Ätherlösung $= -1^0 34'$, aus Nicaragua-Cedrelaholzöl $= -1^0 36'$, aus Pfefferminzöl $= -1^0 50'$, aus Kampferöl $= -1^0 30'$; dieselben Forscher geben für Cadinendihydrochlorid aus dem Cypressenöl an: „seine spezifische Drehung, in 10,0 $^0/_0$ iger Chloroformlösung bestimmt, betrug $-25^0 10'$". BECKURTS und TROEGER (Ar. **236**, 398) beobachten: $[\alpha]_D = -37{,}3^0$ (Chloroform) für Cadinendihydrochlorid aus Angosturarindenöl. GRIMAL (C. r. **135**, 582, 1057) findet für d-Cadinendihydrochlorid aus *Cedrus atlantica*: Smp. 117—118°, $[\alpha]_D = +8^0 55'$ (Chloroform). — Erhitzt man nach WALLACH und WALKER (A. **271**, 295) Cadinendihydrochlorid mit Jodwasserstoffsäure (1,96) 15 Stunden lang auf 180—200°, so erhält man ein Reduktionsprodukt $C_{15}H_{28}$, Sdp. 257—260°; es verhält sich wie eine gesättigte Verbindung, $d_{18} = 0{,}872$, $n_D = 1{,}47439$, M. R. $= 67{,}09$, während sich für $C_{15}H_{28} = 67{,}10$ berechnet. — CAPITAINE und SOUBEIRAN (A. **34**, 324) destillieren das Dihydrochlorid über erhitzten Kalk und erhalten naphtalinartige Körper.

Cadinendihydrobromid $C_{15}H_{24} \cdot 2HBr$. Schüttelt man Cadinen in Eisessig mit etwas rauchender Bromwasserstoffsäure (WALLACH, A. **238**, 25), so erhält man das Anlagerungsprodukt $C_{15}H_{24} \cdot 2HBr$, Smp. 124—125°, sehr schwerlöslich in Alkohol, ll. in Essigäther, $[\alpha]_D = -36{,}13^0$ (WALLACH, A. **252**, 151). Für das Dihydrobromid aus Paracotorindenöl (WALLACH, A. **271**, 302) wird ein Smp. 121° beobachtet. — BECKURTS und TROEGER (Ar. **236**, 398) geben an: $[\alpha]_D = -36{,}17^0$ (aus Angosturarindenöl) (Chloroformlösung). — DEUSSEN (Ar. **238** [1900], 149) für das Cadinendihydrobromid (aus westindisch. Sandelholzöl): Smp. 124—125°, $[\alpha]_D = -36{,}26^0$. — GRIMAL (C. r. **135** [1902], 582, 1057) erhält für d-Cadinendihydrobromid: $[\alpha]_{D_{20}} = +25^0\,40'$ (Essigätherlösung).

Cadinendihydrojodid $C_{15}H_{24} \cdot 2HJ$. Man schüttelt nach WALLACH die Eisessiglösung von Cadinen anhaltend mit etwas rauchender Jodwasserstoffsäure (A. **238**, 25 und **252**, 151); Smp. 105—106°, $[\alpha]_D = -48{,}0^0$ (Cadinen aus Kadeöl). DEUSSEN beobachtet (a. a. O.) für Cadinendihydrojodid (aus westind. Sandelholzöl) den Smp. 105—106°.

Wasseranlagerungsprodukte und Oxydationsprodukte des Cadinens. Obwohl das Cadinen zweifellos zwei doppelte Bindungen enthält wie das Caryophyllen, so ist es bisher doch nicht gelungen, ein Wasseranlagerungsprodukt wie aus letzterem darzustellen. Demnach muß die Konstitution des Cadinens, namentlich die Lage seiner doppelten Bindung, nicht eine derartige sein, daß leicht ein Ringschluß stattfinden kann. — Oxydationsversuche sind mit dem Cadinen bisher nicht vorgenommen worden.

Cadinennitrosat $C_{15}H_{24}N_2O_4$. Nach SCHREINER und KREMERS (Pharm. Arch. **2**, 299; Proc. Am. Pharm. Assoc. **47**, 180) mischt man 1 Teil regeneriertes Cadinen mit 3 Teilen Eisessig in der Kälte, fügt 1 Teil Äthylnitrit hinzu und trägt dann langsam ein Gemisch gleicher Teile konz. Salpetersäure und Eisessig ein. Verdünnt man nach einigen Minuten die trübe Lösung mit dem gleichen Volumen Alkohol, so erhält man das Nitrosat in einer Ausbeute von 23 %; auf Zusatz von Wasser erhielten S. und K. weitere 18,8 %, während ein zweiter Versuch weniger ergab. Das Nitrosat bildet ein leichtes, weißes Kristallpulver, wenig löslich in kaltem, leichter in heißem Alkohol, sowie in Benzol; es schmilzt unter Zersetzung bei 105—110°.

Cadinennitrosochlorid $C_{15}H_{24}NOCl$, nach SCHREINER und KREMERS (Pharm. Arch. **2**, 300; Proc. Am. Pharm. Assoc. **47**, 181) dargestellt, indem man eine Lösung von 1 Teil Cadinen, 3 Teilen Eisessig und 1 Teil Äthylnitrit unter guter Kühlung mit 1 Teil mit Salzsäure gesättigtem Eisessig versetzt; nach dem Hinzufügen von etwas Alkohol entsteht ein weißer Niederschlag des Nitrosochlorids (ca. 3,5 %), Smp. 93—94°. — Nach den ausgeführten Molekulargewichtsbestimmungen scheint in dem Nitrosat eine bimolekulare Verbindung vorzuliegen; ob dies auch für das verhältnismäßig niedrig schmelzende Nitrosochlorid der Fall ist, muß erst durch weitere Untersuchungen entschieden werden.

Auch mit organischen Verbindungen ist das Cadinen in Reaktion gebracht worden. GENVRESSE (C. r. **138**, 1228) erhitzt Cadinen mit Paraformaldehyd auf 180° und erhält den Alkohol $C_{15}H_{23}CH_2OH = C_{16}H_{26}O$:

Sdp.$_{15}$ = 180°, d_0 = 0,993, n_D = 1,521, α_D = − 17° 54′ (in 7,6%iger Chloroformlösung); M.R. ergibt zwei doppelte Bindungen.

Identifizierung des Cadinens. Das Cadinen kommt zweifellos in verschiedenen optisch Isomeren vor, besonders aber als linksdrehender Kohlenwasserstoff. Zur Identifizierung dieser chemisch identischen Verbindungen dürfte sich am besten das bei 117—118° schmelzende Dihydrochlorid eignen, aber auch das Nitrosat und Nitrosochlorid könnte man heranziehen. Am besten verfährt man zunächst so, daß man das Rohöl fraktioniert destilliert, und zwar im Vakuum, da sich bei der Destillation unter gewöhnlichem Druck die Polarisation zu ändern scheint. Man fängt bei einem Druck von 10 mm am besten die zwischen 125—140° übergehenden Anteile auf und stellt aus diesen das Dihydrochlorid dar. Aus dem letzteren regeneriert man das Cadinen durch Erhitzen mit Eisessig und Natriumacetat und bestimmt seine oben angegebenen charakteristischen physikalischen Konstanten. — Auch die erwähnte Farbreaktion ist charakteristisch, die eintritt, wenn man die Lösung des Sesquiterpens in viel Eisessig nach und nach mit wenig Vitriolöl versetzt; bei Anwesenheit von Cadinen färbt sie sich grün, schließlich indigoblau.

Konstitution des Cadinens. Über die Konstitution des Cadinens läßt sich mit Bestimmtheit nur soviel sagen, daß es bicyklisch ist und zwei doppelte Bindungen enthält, wie sowohl aus den physikalischen Konstanten, als auch aus dem Verhalten gegen Halogenwasserstoff hervorgeht. Das hohe Volumgewicht des Cadinens spricht alsdann dafür, daß ein bicyklisches System vorliegt, welches nicht dem Pento-, Tetro- oder Triocean-typus analog ist, sondern daß wir es mit einem System höherer Ordnung zu tun haben, und zwar jedenfalls mit einem substituierten und gleichzeitig reduzierten Naphtalinring. Die Bildung des Dihydrochlorids, sowie das Verhalten dieser Verbindung sprechen dafür, daß die doppelten Bindungen ev. analoge sind wie beim Limonen bzw. Sylvestren, d. h. daß wir ev. eine tertiär-sekundäre doppelte Bindung in einem Kern und eine doppelte Bindung in einer Isopropenylgruppe haben. Folgendes Beispiel möge eine derartige Möglichkeit andeuten:

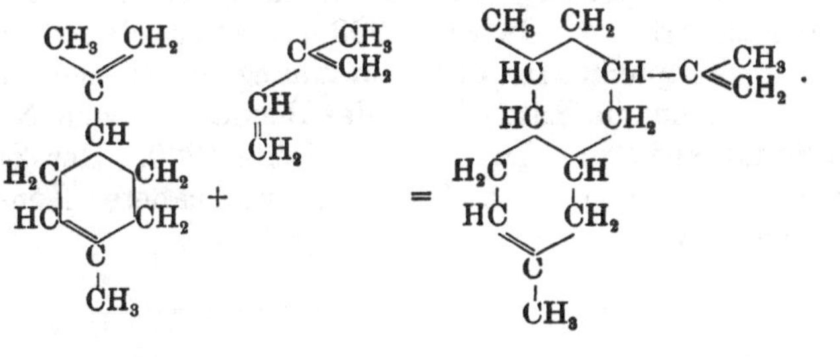

Es braucht wohl nicht besonders hervorgehoben zu werden, daß auch analoge andere Konfigurationen Platz greifen können. Wallach (A. **239**, 49) zieht für ein doppelt-ungesättigtes bicyklisches Sesquiterpen folgende Konfiguration in Betracht:

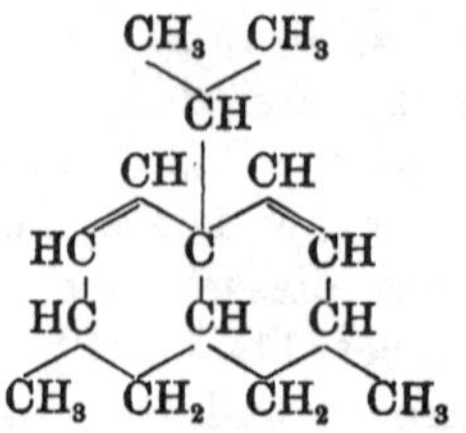

Weitere Versuche müssen erst Klarheit darüber schaffen, ob eine von den angegebenen möglichen Formeln dem Molekül des Cadinens zukommt. Daß eine sekundär-tertiäre doppelte Bindung in einem Kern des Cadinens vorhanden ist, geht auch aus der Bildung des Bisnitrosats bzw. -nitrosochlorids hervor. Ferner könnte man daraus, daß das Cadinen keinen dritten Ring bildet, schließen, daß keine lange, ungesättigte Seitenkette vorhanden ist, welche zur Ringschließung mit den doppelten Bindungen besonders befähigt ist.

Zur **Geschichte des Cadinens** ist zusammenfassend noch zu bemerken, daß es zu den am längsten bekannten Sesquiterpenen gehört, da Soubeiran und Capitaine es schon im Jahre 1840 aus dem Cubebenöl ziemlich rein abschieden. Jedenfalls gehört es zu denjenigen Sesquiterpenen, die man frühzeitig durch partielle Synthese darzustellen lernte, indem es Lallemand 1860 aus dem Dichlorhydrat abschied; allerdings erkannte er nicht die Identität des Sesquiterpens aus dem Cubebenöl mit jenem aus dem Borneokampferöl. Schmidt beschäftigte sich alsdann 1870 und Oglialoro 1875 nach längerer Zeit erst wieder mit dem Cadinen, nachdem Gladstone und Dale in den sechziger Jahren ihre Versuche in dieser Hinsicht mitgeteilt hatten. Wallach gab alsdann von 1887 ab diesem Sesquiterpen den Namen Cadinen und stellte fest, daß es sich in verschiedenen Ölen findet; auch gelang es ihm, ein Dibromhydrat und Dijodhydrat darzustellen. Brühl folgerte 1888 aus dem Molekularbrechungsvermögen die bicyklische, doppelt-ungesättigte Natur des Cadinens, womit das ganze chemische Verhalten im Einklang stand. In rascher Aufeinanderfolge wurde alsdann bis zur Gegenwart das Cadinen in vielen ätherischen Ölen festgestellt, sein Vorkommen als d-Modifikation aber erst mit aller Schärfe von Grimal 1903 im Atlascedernöl nachgewiesen. Ein wichtiger Zeitpunkt in der Gewinnung chemischer Derivate des Cadinens war sodann die Entdeckung des Bisnitrosats und Nitrosochlorids von seiten Schreiners und Kremers im Jahre 1900. Der Zukunft bleibt es vorbehalten, durch weitere Versuche die nähere Konstitution des Cadinens aufzuklären.

Caparrapen $C_{15}H_{24}$.

Darstellung, Isolierung usw. Die Lauracee *Nectandra Caparrapi*, in Columbien einheimisch, liefert durch Einschnitte in den Stamm den Caparrapibalsam, dem durch Wasserdampfdestillation das ätherische Öl entzogen werden kann. Das Öl besteht größtenteils aus einem Sesquiterpenalkohol $C_{15}H_{26}O$, dem Caparrapiol (TAPIA, Bl. III, **19** [1898], 638; C. **1898**, II, 482). Aus diesem Alkohol läßt sich leicht Wasser abspalten, wobei ein Sesquiterpen vom Sdp. 240—260° entsteht; $d_{16} = 0{,}9019$, $[\alpha]_D = -2{,}21°$, $n = 1{,}4953$. Von chemischen Eigenschaften ist anzugeben, daß TAPIA eine Verbindung $C_{15}H_{24} \cdot 2HCl$ erhielt, hexagonale Platten, optisch aktiv, Smp. 83°. — Es ist nicht ausgeschlossen, daß, wenn ev. das Caparrapiol ein olefinischer Sesquiterpenalkohol ist, auch dem Caparrapen vielleicht noch olefinische Kohlenwasserstoffe beigemengt sind.

225. Caryophyllen $C_{15}H_{24}$ (Copaiven).

Vorkommen, Isolierung usw. Hauptsächlich beschäftigte man sich mit Caryophyllen zunächst aus zwei verschiedenen Ölen, und zwar mit jenem aus dem Nelkenöl (*Eugenia caryophyllata*) und jenem aus dem Copaivabalsamöl (*Copaifera*-Spec.). ETTLING (A. **9**, 68) gewann im Jahre 1834 durch Behandlung des Nelkenöls mit Alkali und nachfolgende Wasserdampfdestillation ein Öl, $d_8 = 0{,}918$, Sdp. 142—143° (Druckfehler? anstatt 242—243°), Analyse ergab $(C_5H_8)_x$. Das Öl absorbierte HCl, lieferte jedoch kein festes Dihydrochlorid. — BÖCKMAN (A. **27**, 155) berichtet 1838 ebenfalls über die Trennung des indifferenten Kohlenwasserstoffs von dem Eugenol. — BRÜNING (A. **104**, 202) beschäftigt sich fernerhin mit dem Nelkenöl im Jahre 1857; er beobachtet den Siedepunkt für den von den sauren Bestandteilen befreiten Anteil des Nelkenöls bei 255° (Analyse $C_{10}H_{16}$). — WILLIAMS (A. **107**, 242) gibt im Jahre 1858 an, daß der Siedepunkt für den Kohlenwasserstoff bei 251° liegt und daß $d_{14} = 0{,}9016$ betrage. In gewissen Beziehungen zeige dieser große Ähnlichkeit mit Copaiva- und Cubebenöl (Analyse $C_{10}H_{16}$), so daß W. ihn in Beziehung zu den Sesquiterpenen bringt. — CHURCH (Soc. II, **28**, 113) findet im Jahre 1875 für den im Wasserstoffstrom über Na destillierten Kohlenwasserstoff: Sdp. 253,5° (kor.), $d_{15} = 0{,}905$, und gibt ihm die Formel $C_{15}H_{24}$. — GLADSTONE u. DALE (Soc. **17** [1864], 1 und Phil. Transact. **1863**, 332) finden vorher den Siedepunkt des Sesquiterpens des Nelkenöls zu 249°, $d_{20} = 0{,}9041$, $n_{D_{20}} = 1{,}4939$. — BRÜHL (B. **21** [1888], 163) berechnet die Molekularrefraktion aus diesen Daten zu 65,68, während für $C_{15}H_{24}|\overline{2}$ = 65,72 erfordert wird, und folgert daraus, daß das Sesquiterpen des Nelkenöls zwei doppelte Bindungen enthält. Alsdann beschäftigen sich WALLACH und WALKER (A. **271** [1892], 298) mit dem Sesquiterpen des Nelkenöls, dem sie nunmehr den Namen Caryophyllen geben; sie sind imstande dieses Sesquiterpen gut zu charakterisieren. — Über die späteren Arbeiten vgl. unten.

Parallel mit diesen Untersuchungen des Sesquiterpens im Nelkenöl gehen jene mit dem Copaivabalsamöl. BLANCHET gewinnt das Copaivabalsamöl durch Wasserdampfdestillation des Copaivabalsams und gibt

1833 (A. **7**, 156) an: d_{22} = 0,8784, Sdp. 245°, Analyse C_5H_8; durch direkte Destillation erhält er ein Öl vom Sdp. 255°. Mit Salzsäure gewinnt er daraus ein Chlorhydrat, welches bei 54° schmelzen und bei 185° sieden soll; er gibt die Zusammensetzung $C_{10}H_{16} \cdot 2HCl$ an. — SOUBEIRAN und CAPITAINE (A. **34**, 321) berichten: Sdp. des Copaivabalsamöls 260°, spez. Gew. = 0,885, hat dieselbe Zusammensetzung wie Terpentinöl, „lenkt die Strahlen des polarisierten Lichtes links ab, aber schwächer als das Terpentinöl". Auch C. und S. erhalten ein Chlorhydrat, Smp. 77°, welches sich noch vor dem Siedepunkt zersetzt, $C_{10}H_{16} \cdot 2HCl$. „Wir haben vergeblich versucht das Copaiven zu isolieren." — POSSELT (A. **69**, 67) gibt den Siedepunkt des Copaivakohlenwasserstoffs (aus brasilianischem Copaivabalsam) im Jahre 1849 zu 252° an, d = 0,91; mit Salzsäure erhält er keine kristallisierten Verbindungen. Er schlägt für den Kohlenwasserstoff C_5H_8 den Namen „Paracopaivaöl" vor; P. erwähnt alsdann noch einige Oxydationsversuche mit Salpetersäure, ferner das Verhalten gegen Jod, Chlor, Vitriolöl usw. — STRAUSS (A. **148** [1868], 148) untersuchte den Maracaibo-Copaivabalsam; für das ätherische Öl fand er: d_{10} = 0,921, Sdp. 250—260°; ferner erwähnt er Oxydationsversuche mit Salpetersäure; aus der Dampfdichtebestimmung glaubte ST. die Formel $O_{20}H_{32}$ folgern zu müssen; er bringt den Kohlenwasserstoff in Beziehung zu jenem des Gurjunbalsams. — BRIX (M. **2**, 507; Jahresb. der Pharm. **1881—1882**, 214) gibt für den über Na destillierten Kohlenwasserstoff des Copaivaöls an: Sdp. 250—260°, d_{17} = 0,892, n_D = 1,503, Zusammens. $C_{20}H_{32}$; außerdem enthält nach ihm das Copaivabalsamöl einen blauen Anteil von der Zusammensetzung $3C_{20}H_{32} + H_2O$, welcher mit P_2O_5 in einen farblosen Kohlenwasserstoff übergeht. Auch BRIX erhält mit Salzsäure kein festes Chlorhydrat, dagegen bei der Oxydation Essig- und Terephtalsäure.

GRÜNLING (Diss. Straßburg **1879**, 28) oxydiert Copaivabalsamöl vom Sdp. 252° mit Chromsäuregemisch und erhält eine kristallinische Säure vom Smp. 207°, einen indifferenten Körper vom Smp. 218° und geringe Mengen einer Säure vom Smp. 170°. Für Paracopaivabalsamöl gibt er den Sdp. 258° an, auch erhält er daraus andere Oxydationsprodukte (Säure vom Smp. 136°).

LEVY und ENGLÄNDER (A. **242**, 189 u. B. **18** [1885], 3206 u. 3209) bestimmen den Sdp. des Copaivaöl-Kohlenwasserstoffs zu 252—256°; auch sie folgern die Zusammensetzung $C_{20}H_{32}$ und geben an, d_{24} = 0,8978, α_D = — 7°; durch Oxydation mit Chromsäuregemisch gewinnen sie Essigsäure, eine amorphe Säure $C_{12}H_{18}O_6$ und symmetrische Dimethylbernsteinsäure vom Smp. 140°, allerdings nur in geringer Ausbeute.

WALLACH (A. **271** [1892], 294) erklärt das Sesquiterpen des Copaivabalsamöls für identisch mit dem Caryophyllen.

Vgl. UMNEY (Pharm. Journ. **53**, 215), welcher das afrikanische Copaivabalsamöl etwas anders zusammengesetzt fand, als die anderen Copaivalbalsamöle. —

Aus den Mitteilungen über das Caryophyllen ergibt sich, daß es bisher nicht geglückt ist, das Caryophyllen auf andere Weise aus den Rohölen abzuscheiden als durch fraktionierte Destillation, so daß seine künstliche Darstellung bisher überhaupt noch nicht gelungen ist. Man ist deshalb zur Gewinnung des Caryophyllens auf die fraktionierte Destillation angewiesen, wobei man schließlich über Natrium, am besten im Vakuum, destilliert. Wie wir später sehen werden, gibt das Caryophyllen analog dem Cadinen ein Dichlorhydrat; bei der Salzsäureabspaltung, die zuerst SCHREINER und KREMERS gelang (Pharm. Arch. **2**, 296), erhält man zwar ebenfalls ein Sesquiterpen, aber dieses zeigt nicht mehr die Eigenschaften des Caryophyllens (vgl. weiter unten).

Über das Vorkommen des Caryophyllens in den einzelnen ätherischen Ölen ist folgendes anzugeben.

Piperaceae.

Das Pfefferöl (*Piper nigrum*) besteht fast vollständig aus Kohlenwasserstoffen, eine Tatsache, welche bereits DUMAS (A. **15**, 159) und SOUBEIRAN und CAPITAINE (A. **34**, 326) feststellten. Nach DUMAS ist die Zusammensetzung $(C_5H_8)_x$. — EBERHARDT (Ar. **225** [1887], 515) erhielt zwei Fraktionen, 1. 190—250° und 2. 250—310°; beide Fraktionen stimmten in ihrer Zusammensetzung auf die Formel $C_{15}H_{24}$. Erstere zeigte $d = 0{,}9042$, $\alpha_D = -7°$. — Man sah das Sesquiterpen des Pfefferöls zuerst für Cadinen an (SCH. **1893**, II, Spl. 33). Es gelang SCHREINER und KREMERS (Pharm. Arch. **4**, 61; Proceed. Am. Pharm. Assoc. **49**, 350) nachzuweisen, daß das Sesquiterpen Caryophyllen ist, indem sie eine Fraktion $Sdp._{16} = 125—130°$, $d = 0{,}9058$, $\alpha_D = -7{,}54°$, $n_D = 1{,}49787$ gewannen; SCHR. und K. stellten das blaue Caryophyllennitrosit vom Smp. 113° aus dieser Fraktion dar.

Lauraceae.

Das Ceylon-Zimtöl (*Cinnamomum Ceylanicum* Breyne) enthält als Hauptbestandteil Zimtaldehyd. In einer sehr ausführlichen Untersuchung wurde von SCH. u. Co. (SCH. **1902**, I, 64) festgestellt, daß außer diesem und Eugenol noch zwölf andere Körper in dem Öl enthalten sind, und zwar Phellandren, Methyl-n-Amylketon, Pinen, Cymol, Furfurol, Benzaldehyd, Nonylaldehyd, Cuminaldehyd, Linalool, Caryophyllen, ferner wahrscheinlich Hydrozimtaldehyd und Linalylisobutyrat. Das Caryophyllen konnte in einer der letzten (bei 104° unter 5 mm Druck siedenden) Fraktionen nachgewiesen werden; Sdp. 260—261°, $d = 0{,}9047$, $\alpha_D = -7° 20'$; es wurde der Caryophyllenalkohol vom Smp. 95° dargestellt.

Leguminosae.

Das Copaivabalsamöl wird aus dem Balsam verschiedener *Copaifera*-Spezies gewonnen, die besonders in Südamerika einheimisch sind. Je nach den Ausfuhrhäfen unterscheidet man verschiedene Sorten von Copaivabalsam, von denen die bekanntesten der Para- und Maracaibobalsam sind. Jedoch auch aus anderen Gegenden wird Copaivabalsam in den Handel gebracht. Sch. u. Co. (Sch. **1905**, I, 15) untersuchten zweifellos reinen Para-, Bahia- und Angostura-Copaivabalsam. Durch Destillation mit Wasserdampf gewannen sie aus dem Para-Balsam 62,5 % ätherisches Öl, $d_{15} = 0{,}9180$, $\alpha_D = -78^0\,48'$, $n_{D_{20}} = 1{,}50096$, S. Z. = 3,14, E. Z. = 0. Der Bahia-Copaivabalsam lieferte 61,93 % Öl mit $d_{15} = 0{,}8982$, $\alpha_D = -9^0\,37'$, $n_{D_{20}} = 1{,}49460$, S. Z. = 7,87, V. Z. = 9,82. Der Angostura-Balsam gab 52,3 % Ausbeute an Öl; $d_{15} = 0{,}9161$, $\alpha_D = -2^0\,20'$, $n_{D_{20}} = 1{,}50169$, S. Z. = 10,89, E. Z. = 0. Surinam-Copaivabalsam ward von van Italie und Nieuwland (Ar. **242** [1904], 539) untersucht; der Gehalt an Öl betrug 41—71,6 %, $d_{15} = 0{,}9030$—$0{,}9052$, $\alpha_{D_{15}} = -7^0\,37'$ bis $-10^0\,13'$, S. Z. = 0, V. Z. = 6,7, Acetylzahl 28,4; 75 % gingen zwischen 254° und 270° über, ferner ist ein Sesquiterpenalkohol vom Smp. 113—115° vorhanden, sowie geringe Mengen Cadinen und ein Gemisch von wahrscheinlich zwei Sesquiterpenen. Über afrikanisches Copaivabalsamöl berichtet Kline (Am. Journ. Pharm. **77** [1905], 185); er erhielt 43,5—45,5 % ätherisches Öl, $d_{15} = 0{,}928$, $\alpha_D = +5^0\,45'$.

Über die früheren Arbeiten, die das Copaivabalsamöl betreffen, ist ausführlich oben bereits Mitteilung gemacht worden.

Canellaceae.

Das Weißzimtöl (*Canella alba* Murray) enthält Eugenol (Meyer und v. Reiche, A. **47** [1843], 234 und Brunn, Proc. Wisc. Pharm. Assoc. **1893**, 36), ferner l-Pinen (Williams, Pharm. Rundsch. N. Y. **12** [1894], 183), Cineol (Sch. **1890**, II, 53), schließlich Caryophyllen (Williams a. a. O.); letzteres wurde durch das Caryophyllenhydrat nachgewiesen.

Myrtaceae.

Das Vorkommen im Nelkenöl (*Eugenia caryophyllata*) ist bereits oben ausführlich besprochen worden. Von späteren Arbeiten ist zu erwähnen, daß außer den 70—85 % Eugenol und außer dem Caryophyllen auch 2—3 % Aceteugenol, Acetsalicylsäureester, Furfurol, Methylamylketon usw. nachgewiesen wurden. — Über das Sesquiterpen im Nelkenöl vgl. auch Beckett und Wright (Soc. **29** [1876], 1; J. **1876**, 398), welche den Sdp. zu 253,9° angeben. Irrtümlicherweise ist dieses Öl (Clove oil) von dem Referenten für den Jahresbericht für Knoblauchöl gehalten worden (vgl. Semmler, Ar. **230** [1892], 434 und Schreiner, „The Sesquiterpenes" S. 112: Sesquiterpene of Garlic Oil). Auch im Nelkenstielöl, welches in seiner Zusammensetzung dem Nelkenöl sehr ähnlich ist, wurde Caryophyllen außer besonders Eugenol neben wenig Methylalkohol und Furfurol, wahrscheinlich auch Methylamylketon gefunden. Über Caryophyllen aus Nelkenstielöl vgl. E. Erdmann (J. pr. II, **56** [1897], 144). — Im Pimentöl (*Pimenta officinalis* Lindl.) waren bis vor kurzem nur Eugenol und ein nicht näher bestimmtes Sesquiterpen nachgewiesen worden; Sch. u. Co. (Sch. **1904**, I, 79) untersuchten das Öl ausführlich und konstatierten darin im Durchschnitt ca. 75 % Eugenol, ferner Cineol, Phellandren, Caryophyllen, Methyleugenol und Palmitinsäure, wahrscheinlich auch einen Terpenalkohol; das Caryophyllen wurde in der unter 6 mm Druck von 120—125° siedenden Fraktion nachgewiesen (durch den Caryophyllenalkohol, das Nitrosat und Nitrolpiperidid).

Aus diesen Angaben über das Vorkommen des Caryophyllens ergibt sich einmal, daß es bisher als nicht sehr verbreitet im Pflanzenreiche aufgefunden wurde, alsdann daß es den Hauptbestandteil des Copaivabalsamöls auszumachen scheint, während es sonst zurücktritt und in größeren Mengen nur noch im Nelkenöl bzw. Nelkenstielöl vorkommt.

Physik. Eig. des Caryophyllens. Bei der Angabe der physik. Eig. müssen wir im Auge behalten, daß wir nur mit Fraktionen von Rohölen zu tun haben; allerdings hat es den Anschein, als ob wir imstande sind, aus dem Nelkenöl bzw. Nelkenstielöl nach Entfernung der Phenole und nach der Verseifung usw. und schließlichen Destillation über Natrium im Vakuum ein sehr reines Produkt zu gewinnen. Für Caryophyllen aus Nelkenöl wurde gefunden: Brüning (A. **104** [1857], 202): Sdp. 255°.

Williams (A. **107** [1858], 242): Sdp. 251°, d_{14} = 0,9016.

Church (Soc. II, **13** [1875], 113): Sdp. 253,5° (kor.), d_{15} = 0,905.

Gladstone und Dale (Soc. **17** [1874], 1; Phil. Transact. **1863**, 332): Sdp. 249°, d_{20} = 0,9041, n_D = 1,4939.

Brühl (B. **21** [1888], 163): M.R. = 65,68, ber. für $C_{15}H_{24}|\overline{2}$ = 65,72.

Wallach und Walker (A. **271** [1892], 298): Sdp. 258—260°, d_{15} = 0,9085, n_D = 1,50094.

Erdmann (J. pr. II, **56** [1897], 146): $Sdp._9$ = 119—120°, $Sdp._{13}$ = 123—124°, $Sdp._{752}$ = 258—259°, d_{24} = 0,9038.

Schreiner und James (Pharmac. Arch. **1**, 209; C. **1899**, I, 108): d_{20} = 0,90320, $[\alpha]_D$ = — 8,74°, n_D = 1,50019.

Schreiner und Kremers (C. **1899**, II, 943; Pharmac. Arch. **2**, 280, 293): $Sdp._{20}$ = 136—137°, d_{20} = 0,9030, n_D = 1,49976, $[\alpha]_D$ = — 8,96°, H_α = 1,49694, H_β = 1,50830, H_γ = 1,51528; M.R. stimmt für zwei doppelte Bindungen.

Gadamer u. Amenomija (Ar. **241** [1903], 22): $d_{20/4}$ = 0,9032, $[\alpha]_{D_{20}}$ = — 8,95°, $n_{D_{20}}$ = 1,50076.

Für das Caryophyllen aus dem Copaivabalsamöl sind oben ebenfalls verschiedene physikalische Daten angegeben worden.

Brix (M. **2** [1882], 507) gibt für eine Fraktion vom Sdp. 250—260° des Maracaibo-Copaivabalsams an: Sdp. 250—260°, d_{17} = 0,892, n_D = 1,503.

Grünling (a. a. O.): Sdp. 252°.

Levy und Engländer (A. **242**, 189): Sdp. 252—256°, d_{24} = 0,8978, α_D = — 7°.

Sch. u. Co. (Sch. **1905**, I, 15) geben die oben angeführten physikalischen Konstanten für verschiedene Copaivabalsam-Rohöle an, die aber ebenfalls im Durchschnitt d = 0,90, n_D = 1,50 zeigen, in der Polarisation aber wechseln.

Für das Caryophyllen des Ceylon-Zimtöls beobachteten Walbaum und HÜTHIG (J. pr. II, **66**, 54) und SCH. u. Co. (SCH. **1902**, I, 69): Sdp. 260—261°, $d = 0{,}9047$, $\alpha_D = -7°20'$.

Für das Caryophyllen des Pfefferöls (*Piper nigrum*) erhielten SCHREINER und KREMERS (Pharm. Arch. **4**, 61): $Sdp._{16} = 125—130°$, $d = 0{,}9058$, $n_D = 1{,}49787$, $\alpha_D = -7{,}54°$. — Über die Ansichten KANONNIKOWS, daß Caryophyllen nur eine doppelte Bindung enthalte, vgl. Ж. **31**, 625; C. **1899**, II, 860.

Aus den angeführten Daten ergibt sich, daß der Sdp. bei 258—260° liegt, daß das Volumgewicht d_{20} ungefähr 0,90 beträgt und $n_{D_{20}} = 1{,}450$ ist, α_D scheint in den meisten Fällen zwischen $-7°$ und $-8°$ zu liegen, jedoch ist natürlich nicht ausgeschlossen, daß sich d-Caryophyllen vielleicht in einigen Copaivabalsamölen findet.

Chem. Eig. des Caryophyllens. Das Caryophyllen besitzt, wie das Cadinen, zwei doppelte Bindungen und ein Ringsystem von zwei Ringen. Aber schon in den physikalischen Eigenschaften sahen wir wesentliche Unterschiede zwischen beiden Sesquiterpenen, indem das Cadinen ca. 10—15° höher siedet als das Caryophyllen; auch ist das Volumgewicht des Cadinens wesentlich höher (Cadinen $d_{20} = 0{,}915$, Caryophyllen $d_{20} = 0{,}90$), natürlich ist demnach der Brechungsexponent des Cadinens etwas höher wie jener des Caryophyllens. Unterschiede treten auch in den chemischen Eigenschaften beider Moleküle hervor. Während das Cadinen mit Leichtigkeit Anlagerungsprodukte mit Halogenwasserstoffen bildet und sich aus diesen regenerieren läßt, bildet zwar das Caryophyllen ebenfalls, wenn auch schwer, derartige Produkte, es läßt sich aber daraus nicht regenerieren. Durch Hydratation konnte das Cadinen nicht in einen Sesquiterpenalkohol übergeführt werden, auch läßt es sich durch Invertierung bisher nicht in ein anderes Sesquiterpen umwandeln; dagegen bildet das zweifach ungesättigte, bicyklische Caryophyllen nach dem BERTRAMschen Verfahren einen tricyklischen, vollkommen gesättigten Sesquiterpenalkohol $C_{15}H_{26}O$, so daß bei dieser Reaktion ein Systemwechsel stattgefunden haben muß; aus diesem Alkohol wird durch Wasserabspaltung ein neues Sesquiterpen, das Cloven, gebildet, welches seinerseits vielleicht abermals einem neuen Ringsystem angehört. Mit N_2O_3, N_2O_4, NOCl usw. tritt das Caryophyllen in Reaktion, wenn auch die hierbei entstehenden Produkte zum Teil anderer Natur sind als jene des Cadinens.

Reduktionsversuche des Caryophyllens mittels Natrium und Alkohol liegen von SEMMLER vor (B. **36** [1903], 1037); dieselben verliefen jedoch negativ. — BERTHELOT (Bl. II, **11**, 30; J. **1869**, 334) reduziert Copaivaöl mit HJ usw. und erhält dabei nach seiner Angabe im wesentlichen dieselben Produkte wie aus dem Cubeben (Cadinen, vgl. dasselbe); es ist ohne weiteres klar, daß die Jodwasserstoffsäure zum Teil invertiert hat, und daß demnach die Reduktionsprodukte teilweise gar nicht mehr dem Caryophyllentypus angehören.

Freies Halogen wird von Caryophyllen aufgenommen, aber es werden hierbei keine kristallisierten Derivate erhalten; so z. B. nimmt es 4 Atome Brom auf (SCHREINER, „The Sesquiterpenes", S. 69).

Caryophyllendihydrochlorid $C_{15}H_{24} \cdot 2HCl$. Es ist auffallend, daß aus dem Caryophyllen, welches aus dem Nelkenöl abgeschieden worden ist und das ein ziemlich einheitliches Produkt zu sein scheint, ein kristallisiertes Dichlorhydrat schwieriger erhalten werden kann, als aus dem Caryophyllen des Copaivabalsamöls. BLANCHET (A. **7** [1833], 156) gibt die Bildung eines Dichlorhydrats des Copaivabalsamöls an und findet den Smp. zu 54°, die Zusammensetzung zu $C_{10}H_{16} \cdot 2HCl$. SOUBEIRAN und CAPITAINE (A. **34** [1840], 321) stellen auf demselben Wege ein Dihydrochlorid dar, geben aber den Smp. 77° an. WALLACH (A. **271**, 298) kann ein kristallisiertes Hydrochlorid aus dem Caryophyllen des Nelkenöls nicht gewinnen. SCHREINER u. KREMERS stellten aus diesem Caryophyllen ein Dihydrochlorid dar, indem sie den Kohlenwasserstoff im gleichen Volumen Äther lösten und mit HCl bei 0° sättigten; nach mehrtägigem Stehen in strenger Winterkälte (— 30°) war der Äther verdunstet; das zurückbleibende zähflüssige Öl ward mit Alkohol vermischt und es schied sich alsdann beim Stehen in der Kälte reichlich Dihydrochlorid vom Smp. 67—70° aus, das beim Umkristallisieren in feinen Nadeln vom Smp. 69 bis 70° erhalten wurde. Wird dieses Dihydrochlorid mit Eisessig und Natriumacetat behandelt, so resultiert ein Sesquiterpen, welches weder Caryophyllen, noch Cloven zu sein scheint (SCHREINER u. KREMERS, C. **1902**, I, 41); dieses Sesquiterpen zeigt: $d_{20} = 0{,}9191$, $n_D = 1{,}49901$, $\alpha_D = -35{,}39°$. — Zur Konstitution des Dihydrochlorids ist zu bemerken, daß es wahrscheinlich noch den Caryophyllentypus hat, auf keinen Fall kann es den Caryophyllenhydrattypus besitzen. Bei der Abspaltung der Salzsäure könnte einmal Caryophyllen zurückgebildet werden, alsdann kann aber die Salzsäureabspaltung auch so vor sich gehen, daß zwar ebenfalls ein bicyklisches, zweifach ungesättigtes Sesquiterpen gebildet wird, das aber nicht Caryophyllen zu sein braucht; schließlich könnte drittens 1 Mol. HCl unter Ringschließung abgespalten werden, so daß wir ev. zum Caryophyllenhydratsystem kommen, während alsdann bei Abspaltung des zweiten Moleküls HCl zum Teil Cloven gebildet wird. Es ist anzunehmen, daß bei dieser Salzsäureabspaltung aus dem Caryophyllendihydrochlorid ein Gemenge von allen diesen Sesquiterpenen entsteht, deren Derivate sich natürlich am Kristallisieren gegenseitig hindern.

Wasseranlagerung an Caryophyllen und Oxydationsergebnisse. Eine Anzahl Terpene $C_{10}H_{16}$ lassen sich nach dem Verfahren von BERTRAM bzw. KONDAKOW mit Eisessig und etwas anorganischer Säure bzw. Zinkchlorid in Acetate überführen, welche beim Verseifen Alkohole $C_{10}H_{18}O$ liefern; so kann man aus dem Pinen bzw. Limonen Terpineol, aus dem Kampfen Isoborneol, aus dem Fenchen Isofenchylalkohol usw. gewinnen. WALLACH und WALKER (A. **271**, 288) erhielten, indem sie auf diese Weise Caryophyllen behandelten, das

Isocaryophyllenhydrat $C_{15}H_{26}O$, Smp. 96° (vgl. GADAMER und AMENOMIJA, Ar. **241**, 39: Smp. 91°), Sdp. 287—289°; es sublimiert beim langsamen Erhitzen in glänzenden Nadeln, ist optisch inaktiv und verhält sich wie eine gesättigte Verbindung. Derivate des Caryophyllenhydrats:

Chlorid $C_{15}H_{25}Cl$; WALLACH u. WALKER gewinnen diese Verbindung, indem sie den Alkohol mit PCl_5 behandeln; Smp. 63°, Sdp. 293—294°. Bromid $C_{15}H_{25}Br$, aus dem Alkohol mit etwas überschüssigem Phosphortribromid entstehend, Smp. 61—62°. Das Jodid $C_{15}H_{25}J$ wird gewonnen, wenn man zu 1 g in Schwefelkohlenstoff gelösten Phosphors die auf die Bildung von PJ_3 berechnete Menge Jod fügt und dann 15 g der Verbindung $C_{15}H_{26}O$ einträgt usw.; Smp. 61°. Der Salpetersäureester $C_{15}H_{25}O \cdot NO_2$ entsteht, wenn der Alkohol in einer sehr kleinen Menge Äthylalkohol gelöst wird und man zu dieser Lösung unter guter Abkühlung tropfenweise rauchende Salpetersäure hinzufügt; Smp. 96°; auch aus dem Chlorid $C_{15}H_{25}Cl$ scheint sich dieser Ester zu bilden. Alle diese Verbindungen sind optisch inaktiv. Das Acetat $C_{15}H_{25}OCOCH_3$ stellten WALLACH und TUTTLE (A. **279**, 393) dar, indem sie das Jodid $C_{15}H_{25}J$ mit Natrium und Eisessig behandelten; es kann aus Methylalkohol umkristallisiert werden. Das Urethan $C_{15}H_{25}OCONHC_6H_5$ ward von W. und T. gewonnen, indem sie 1 Mol. des Isocaryophyllenhydrats mit 1 Mol. Carbanil einige Stunden im Wasserbade erwärmten, Smp. 136—137°. Ein Kohlenwasserstoff $C_{30}H_{50}$ (A. **271**, 293 und A. **279**, 393) wird aus dem Jodid erhalten, wenn man dieses in trocknem Äther löst und Natrium einträgt usw.; große Prismen, Smp. 144° bis 145°, vollständig gesättigt und gegen Oxydationsmittel ähnlich beständig wie die Paraffine. — Dihydroisocaryophyllen $C_{15}H_{26}$; diesen Kohlenwasserstoff erhielt SEMMLER (B. **36** [1903], 1038), als er Isocaryophyllenhydrat mit Zinkstaub in der Bombe behandelte: $Sdp._{19} = 137—138°$, $d_{20} = 0{,}919$, $n_D = 1{,}4925$, M. R. = 65,03, ber. für $C_{15}H_{26} = 64{,}84$. Den gleichen Kohlenwasserstoff erhielt S. auch, als er das Chlorid $C_{15}H_{24}Cl$ vom Smp. 64° mit Na und Alkohol unter Eiskühlung reduzierte: $Sdp._{19} = 138°$, $d_{20} = 0{,}918$, $n_D = 1{,}4925$. — Durch Wasserabspaltung gewann WALLACH (A. **271**, 294) aus dem Isocaryophyllenhydrat das Cloven (vgl. oben Cloven); dieses ließ sich nach dem BERTRAMschen Verfahren nicht in Isocaryophyllenhydrat zurückverwandeln.

Es ist zweifellos, daß dem Isocaryophyllenhydrat nicht mehr dasselbe Kohlenstoffskelett zukommen kann, wie dem Caryophyllen; aus diesem Grunde bezeichnete SEMMLER das diesem Alkohol zugrunde liegende Sesquiterpen als Isocaryophyllen (die doppelte Bindung kann in diesem Typus natürlich verschieden liegen, so daß von diesem Standpunkt aus mehrere Isocaryophyllene möglich sind). Es kann kein Zweifel bestehen, daß das Isocaryophyllenhydrat ganz gesättigt ist, wie auch aus der Molekularrefraktion des Dihydroisocaryophyllens zur Genüge hervorgeht. Es muß deshalb das bicyklische ungesättigte Caryophyllen in das vollkommen gesättigte Isocaryophyllenhydrat übergegangen sein. Aus letzterem wird Cloven gebildet. Man könnte nun annehmen, daß das Cloven noch den Isocaryophyllentypus zeigt, da es zweifellos tricyklisch, einfach ungesättigt ist. Cloven läßt sich aber nach dem BERTRAMschen Verfahren nicht in Isocaryophyllenhydrat zurückverwandeln, so daß man aus diesem Verhalten schließen könnte, daß ein abermaliger Systemwechsel stattgefunden hätte. Jedoch scheint mir dieser Grund nicht stichhaltig genug zu sein, da die BERTRAMsche Reaktion nicht immer glatte Resultate bei der Bildung von Alkoholen aus ungesättigten Kohlenwasserstoffen liefern kann, namentlich dann nicht, wenn die doppelte Bindung im Ringe sitzt. Weitere Versuche müssen entscheiden, ob Caryophyllen, Isocaryophyllenhydrat und Cloven drei verschiedenen Systemen angehören.

Die Oxydationsversuche haben beim Caryophyllen bisher zu keinem klaren Resultat geführt. GRÜNLING (Diss. Straßburg **1879**, 28) erhielt bei der Oxydation des Copaivabalsamöls mit Chromsäuregemisch eine Säure vom Smp. 207°, einen indifferenten Körper vom Smp. 218° und eine geringe Menge einer Säure vom Smp. 170°, während er durch Oxydation eines Paracopaivabalsamöls eine Säure vom Smp. 136° gewann. LEVY und ENGLÄNDER (A. **242**, 189) haben zu ca. 1,5 % symmetrische Dimethylbernsteinsäure erhalten. — BECKETT und WRIGHT (Soc. III, **29**, 6) erhielten bei der Oxydation des Caryophyllens aus Nelkenöl mit Salpetersäure weder Toluyl-, noch Terephtalsäure. —

Mit dem Anhydrid der salpetrigen Säure (N_2O_3), den gemischten Anhydriden N_2O_4 bzw. NOCl reagiert das Caryophyllen ebenfalls; letztere Verbindung soll zuerst besprochen werden.

Caryophyllenbisnitrosochlorid $(C_{15}H_{24}NOCl)_2$. WALLACH und WALKER (A. **271** [1892], 295) gewinnen zuerst diese Verbindung vom Smp. 161—163°; mit Piperidin setzten sie das Nitrosochlorid zu einem Nitrolpiperidid um. KREMERS, SCHREINER und JAMES (Pharmac. Arch. **1**, 209; C. **1899**, I, 108) verbessern die Darstellung dieses Nitrosochlorids, indem sie an Stelle der HCl-Lösung gasförmige HCl anwenden; sie finden den Smp. 158—160°. SCHREINER und KREMERS (Pharm. Arch. **2**, 273 und 293; C. **1899**, II, 943 und 1119) stellen das Nitrosochlorid dar, indem sie ein Gemisch von 5 ccm Caryophyllen, 5 ccm Alkohol, 5 ccm Äthylacetat und 5 ccm Äthylnitrit in einer Kältemischung abkühlen und allmählich 5 ccm einer gesättigten alkoholischen Lösung von HCl eintragen usw.; Smp. 158°.

Mit Benzylamin liefert das Nitrosochlorid zwei Verbindungen, das

α-Caryophyllennitrolbenzylamin $C_{22}H_{32}ON_2 = C_{15}H_{23} : NOH \cdot NHCH_2C_6H_5$, Smp. 167°, das auch aus dem blauen Nitrosit entsteht, und das

β-Caryophyllennitrolbenzylamin $C_{22}H_{32}ON_2$, Smp. 128°, das auch aus dem Nitrosat zu erhalten ist.

Mit Anilin gibt das Nitrosochlorid keine Verbindung, sondern das letztere scheint sich analog dem Pinennitrosochlorid zu verhalten.

Caryophyllennitrolpiperidid $C_{15}H_{24}NOHC_5H_{10}N$; vgl. WALLACH und TUTTLE (A. **279**, 391), Smp. 141—145°, SCH. u. Co. (SCH. **1904**, I, 80) finden Smp. 146—147°; KREMERS, SCHREINER, JAMES (Pharm. Arch. **1**, 209; C. **1899**, I, 108), Smp. 141—142°. —

Mit N_2O_3 reagiert das Caryophyllen (KREMERS, SCHREINER u. JAMES, Pharm. Arch. **1**, 209; C. **1899**, I, 108; SCHREINER und KREMERS, Pharm. Arch. **2**, 263; C. **1899**, II, 943), wenn man eine Mischung gleicher Volumina von Caryophyllen mit trocknem Äther und Petroläther mit einer konzentrierten Lösung von Natriumnitrit und Eisessig versetzt; es entsteht das

Caryophyllennitrosit $C_{15}H_{24}N_2O_3$, blaue Nadeln, Smp. 107°, nach dem Umkristallisieren aus heißem Alkohol Smp. 113°, $\alpha_D = +102{,}95°$, deren Färbung durch mehrfaches Umkristallisieren zum Verschwinden gebracht wird. Durch Erhitzen der alkoholischen Lösung des Nitrosits entsteht das

Caryophyllen-Bisnitrosit $(C_{15}H_{24}N_2O_3)_2$, Smp. 53—56° (s. unten).

α-Caryophyllennitrosit $C_{15}H_{24}N_2O_3$ entsteht (SCHREINER, KREMERS, Pharm. Arch. **2**, 273; C. **1899**, II, 944), wenn man eine Lösung von Caryophyllennitrosit in Alkohol belichtet; Smp. 113—114°, schwach rechtsdrehend oder inaktiv.

β-Caryophyllennitrosit $C_{15}H_{24}N_2O_3$ wurde von SCHREINER und KREMERS erhalten, als sie eine Lösung von Caryophyllennitrosit in Benzol belichteten; Smp. 146—148°. Diese Zersetzung wird besonders durch die gelben und orangen Lichtstrahlen hervorgerufen.

Caryophyllennitrosat $C_{15}H_{24}O_4N_2$; WALLACH und TUTTLE (A. **279**, 391) tragen ein Gemisch von Eisessig und konz. HNO_3 in ein auf $-15°$ abgekühltes Gemisch von 10 ccm Nelkenöl, 9 ccm Isoamylnitrit und 16 ccm Eisessig ein usw.; Smp. 148—149°, es liefert mit Piperidin das Piperido-Caryophyllennitrolamin vom Smp. 141—145°. KREMERS, SCHREINER und JAMES (Pharm. Arch. **1**, 209; C. **1899**, I, 108) geben ebenfalls den Smp. des Nitrosats zu 148—149° an. SCHREINER und KREMERS (Pharm. Arch. **2**, 293; C. **1899**, II, 1119) setzen das Nitrosat mit Benzylamin zu β-Caryophyllennitrolbenzylamin vom Smp. 128° um. — GADAMER und AMENOMIJA (Ar. **241**, 38) finden den Smp. des Caryophyllennitrosats zu 152°. SCH. u. Co. (SCH. **1904**, I, 80) geben den Smp. des aus Benzol umkristallisierten Nitrosats zu 159° an.

Das Caryophyllenoxim $C_{15}H_{22}$:NOH gewinnen KREMERS, SCHREINER, JAMES (Pharm. Arch. **1**, 209; C. **1899**, I, 108) durch Kochen von Caryophyllennitrosat mit alkoholischem Kali; Nadeln vom Smp. 220—223°, die wahrscheinlich das Caryophyllenoxim sind.

Zur Konstitution des Caryophyllennitrosochlorids, des Nitrosits, sowie des Nitrosats ist zu bemerken, daß im Caryophyllen die eine der beiden doppelten Bindungen analog jener im Limonen, Terpineol usw., also tertiär-sekundär, sein könnte; eigentümlich ist nur, daß eine blaue Nitrosoverbindung erhalten wird, welche für eine tertiär-tertiäre Bindung, ähnlich jener im Terpinolen, sprechen würde. Das Nitrosochlorid dürfte bimolekular sein, ebenso das Nitrosat. Das Verhältnis zwischen den einzelnen Nitrositen, dem blauen, dem α- und β-Nitrosit, muß erst durch weitere Versuche geklärt werden; jedenfalls dürfte in dem Nitrosit vom Smp. 53—56° ein Bisnitrosit vorliegen. Es ist nicht ausgeschlossen, daß durch die Einwirkung des Lichts die wahre blaue Nitrosoverbindung in eine Oximidoverbindung umgelagert wird; nach SCHREINER liegt in der blauen Verbindung ein monomolekularer Körper vor, der nur in trockner Form beständig ist, während er sich in Lösungsmitteln umlagert.

Ein Reaktionsprodukt des Caryophyllens mit Formaldehyd, den Alkohol $C_{15}H_{23}CH_2OH$ erhielt GENVRESSE (C. r. **138** [1904], 1228), als er Caryophyllen mit Paraformaldehyd bei 180° behandelte: $Sdp._{15} = 177—178°$, $d_0 = 0{,}997$, $n_D = 1{,}508$, $\alpha_D = -7° 40'$ (in 4,93 % Chloroforml.); das Acetat $C_{15}H_{23}CH_2OOCCH_3$ siedet unter 15 mm Druck bei 185°, $d_0 = 0{,}9969$, $n_D = 1{,}490$, $\alpha_D = +20° 33'$ (in 11,7 %iger Chloroforml.). Das Volumgewicht erscheint mir zu niedrig gegenüber jenem des Alkohols, wahrscheinlich dürfte teilweise Wasserabspaltung stattgefunden haben.

Identifizierung des Caryophyllens. Zunächst dürfte eine Fraktionierung vorzunehmen sein, um das Caryophyllen soviel als möglich zu isolieren; man fraktioniert im Vakuum über Natrium und fängt die von ca. 120—130° übergehenden Anteile auf. Die Bestimmung der physikalischen Daten gibt uns bereits einen Fingerzeig, ob ev. Caryophyllen vorliegen kann. Von den chemischen Reaktionen ist die Darstellung des Dichlorhydrats nicht gut zu verwenden, sondern man versucht das Isocaryophyllenhydrat $C_{15}H_{26}O$ vom Smp. 96° zu gewinnen, dessen Phenylurethan bei 136—137° schmilzt. Ferner ist sehr charakteristisch das blaue Nitrosit vom Smp. 113°, aus welchem man das α-Nitrolbenzylamin vom Smp. 167° gewinnt, oder man stellt das Nitrosat vom Smp. 159° her und aus diesem das Nitrolpiperidid vom Smp. 146—147° bzw. das β-Nitrolbenzylamin vom Smp. 128°. — Verwechselt werden könnte das Caryophyllen besonders mit Humulen, worauf späterhin eingegangen werden soll.

Konstitution des Caryophyllens. Das Caryophyllen läßt sich in ziemlich reinem Zustande aus dem Nelkenöl bzw. dem Copaivabalsamöl abscheiden, so daß die Bestimmung der Molekularrefraktion uns darüber nicht im Zweifel läßt, daß ein bicyklisches, doppelt ungesättigtes Sesquiterpen vorliegt. Mit dieser Auffassung steht das ganze chemische Verhalten im Einklang, namentlich auch die Bildung des Dihydrochlorids. Das Volumgewicht des Caryophyllens, welches bedeutend höher als jenes des bicyklischen Kampfens bzw. Pinens ist, deutet darauf hin, daß die Ringsysteme anderer Natur sein müssen; allerdings dürfen wir nicht vergessen, daß im Caryophyllen zwei doppelte Bindungen vorhanden sind, im Pinen usw. jedoch nur eine. Aber nichtsdestoweniger darf wohl angenommen werden, daß auch im Caryophyllen ein bicyklisches System höherer Ordnung vorliegt, um so mehr als bei Anwendung der BERTRAMschen Reaktion nicht ein Ring aufgespalten, sondern vielmehr ein neuer Ring geschaffen wird. Wahrscheinlich müssen wir auch das Caryophyllen als einen hydrierten Naphtalinabkömmling ansehen. Über die Lage der doppelten Bindungen könnte man aus den Reaktionen mit Nitrosylchlorid usw. folgern, daß die eine doppelte Bindung im Kern liegt und tertiär-sekundär ist ähnlich jener des Limonens; die zweite doppelte Bindung dürfte außerhalb des Ringes liegen und dazu beitragen, daß ein dritter Ring geschaffen wird, indem sich das Isocaryophyllenhydrat bildet. Jedoch bedürfen sowohl diese Angaben ihrer Bestätigung, als auch sind zur weiteren Erforschung der Lagerung der Atome im Caryophyllen noch weitere Versuche nötig. Zweifellos ist das Caryophyllen chemisch verschieden vom Cadinen.

Geschichte des Caryophyllens. Obwohl ETTLING bereits im Jahre 1836 die Existenz eines Kohlenwasserstoffs im Nelkenöl dargetan und WILLIAMS im Jahre 1858 bestimmt ausgesprochen hatte, daß diesem Kohlenwasserstoff die Formel $C_{15}H_{24}$ zukomme und er somit zu den Sesquiterebenen BERTHELOTS zu rechnen ist, und obwohl ein ähnliches Sesquiterpen im Copaivaöl schon vorher im Jahre 1833 von BLANCHET, 1840 von SOUBEIRAN und CAPITAINE usw. festgestellt war, so wurde doch erst die Identität der in beiden vorkommenden Sesquiterpene von WALLACH im Jahre 1892 bewiesen. Wohl hatte bereits BLANCHET aus dem Copaivabalsam-Caryophyllen ein Dihydrochlorid dargestellt, aber dennoch konnten erst SCHREINER und KREMERS im Jahre 1899 dieses Dihydrochlorid auch aus dem Caryophyllen des Nelkenöls gewinnen. Nichtsdestoweniger eignet sich, wie wir sahen, dieses Dihydrochlorid nicht zur Identifizierung; sondern das von WALLACH beschriebene Isocaryophyllenhydrat, sowie das von demselben Forscher erhaltene Bisnitrosat, außerdem das von SCHREINER und KREMERS 1899ff. isolierte blaue Nitrosit waren so charakteristische Verbindungen, daß sie es ermöglichten, das Caryophyllen in den letzten 15 Jahren auch noch in einigen anderen Ölen nachzuweisen. Über die Konstitution des Caryophyllens wußte man bis zum Ende der Periode 1872—1887 nur, daß es die Formel $C_{15}H_{24}$ besitzt. BRÜHL sah bereits 1888 auf Grund der von GLADSTONE und DALE erhaltenen physikalischen Daten in dem Caryophyllen ein bicyklisches, doppelt ungesättigtes Molekül. Vermöge der gut kristallisierenden Derivate des Caryophyllens sind wir imstande, dieses Molekül von anderen Sesquiterpenen zu unterscheiden. Wir erkennen auch am Caryophyllen, daß es, wie auch andere Sesquiterpene, seit langer Zeit bekannt ist, daß es uns auch seit Beginn der letzten Periode, seit 1887, gelungen ist, im allgemeinen Klarheit über die Konstitution dieses Moleküls zu gewinnen, daß wir aber nicht imstande sind, die näheren Bindungsverhältnisse der einzelnen Atome im Molekül anzugeben.

226. Schweres Sesquiterpen $C_{15}H_{24}$ aus Citronellöl.

Vorkommen, Isolierung usw. Bei der Besprechung der aliphatischen Sesquiterpene lernten wir ein leichtes Sesquiterpen des Citronellöls kennen. SCH. u. Co. (SCH. **1899**, II, 19) konnten außer diesem aliphatischen Sesquiterpen durch eine systematische wiederholte Fraktionierung und schließliches Auswaschen der höchstsiedenden Fraktion mit 70 $^0/_0$igem Alkohol usw. ein Sesquiterpen isolieren von folgenden Eigenschaften: $d_{15} = 0{,}912$, $\alpha_D = +5^0 50'$. Sdp.$_{16}$ = 170—172, Sdp.$_{760}$ = 272—275^0; es war jedoch dieses Sesquiterpen noch nicht frei von dem leichten, und es muß dahingestellt bleiben, ob es ev. mit einem der anderen Sesquiterpene identisch ist.

227. Conimen $C_{15}H_{24}$.

Vorkommen, Isolierung usw. STENHOUSE und GROVES destillierten das Conimaharz oder den Hyawagummi (*Icica heptaphylla* Aubl.) mit Wasserdampf und gewannen ein ätherisches Öl, das hauptsächlich bei 260—275° überging (A. **180**, 253; Soc. **29** [1876], I, 175). Durch wiederholte Fraktionierung über Na erhielten sie ein Sesquiterpen vom Sdp. 264°, das sie Conimen nannten. Weitere Versuche müssen entscheiden, ob in ihm ein neues Sesquiterpen vorliegt oder ob es identisch mit einem der schon bekannten ist.

228. 229. Sesquiterpen im Cubebenöl und das aus dem Cubebenkampfer erhaltene (Cubeben).

Vorkommen, Isolierung usw. Nach WALLACH (A. **238** [1887], 78; vgl. auch Z. **1870**, 190; ferner OGLIALORO, B. **8**, 1357) besteht die Hauptmenge des Cubebenöls aus zwei Sesquiterpenen, die von 250—280° übergehen und beide links drehen. Das von 262—263° siedende hat ein geringeres Rotationsvermögen; es liefert mit Salzsäure kein festes Hydrochlorid und konnte bisher auch nicht identifiziert werden. — Mit dem Namen Cubeben bezeichnet man dasjenige Sesquiterpen, welches aus dem Cubebenkampfer durch Wasserentziehung entsteht (SCHMIDT, B. **10**, 189) Sdp. des Sesquiterpens 250—260°. Es ist unentschieden, ob dieses Sesquiterpen mit einem der erwähnten identisch ist.

230. Sesquiterpen im Edeltannennadelöl und im Hemlocktannennadelöl.

Vorkommen, Isolierung usw. BERTRAM und WALBAUM (Ar. **231** [1893], 291 und 294) zeigten, daß im Edeltannennadelöl und im Hemlocktannennadelöl Sesquiterpene vorhanden sind, die nicht näher charakterisiert wurden. SCH. u. Co. (SCH. **1893**, II, Nachtr. 21) geben an, daß unter anderem Cadinen vorhanden sei.

231. Sesquiterpen $C_{15}H_{24}$ im Öl von Erechtites hieracifolia Raf. (Feuerkrautöl).

Vorkommen, Isolierung usw. Das Feuerkrautöl kommt vielfach verfälscht im Handel vor, häufig wird es durch das Öl von *Erigeron canadensis* ersetzt. KEBLER und PANCOAST (Am. Journ. Pharm. **75** [1903], 216) geben für zwei echte „fire weed-Öle" an: 1. $d = 0{,}8412$, $\alpha_D = +1^{\circ}31'$, 2. $d = 0{,}8244$, $\alpha_D = +2^{\circ}12'$. — BEILSTEIN und WIEGAND (B. **15**, 2852) erhielten aus dem Öl eine Fraktion vom Sdp. 240—310°, welche über Na destilliert wurde; alsdann entsprach ihre Zusammensetzung der eines Sesquiterpens. POWER (Pharm. Rundsch. **5**, 202) erhielt die Cadinen-Farbenreaktion.

Sesquiterpene $C_{15}H_{24}$ aus Sesquiterpenhydrat in *Eucalyptus Globulus*.

Darstellung, Isolierung usw. SCH. u. Co. (Sch. **1904**, I, 45) fanden ein Sesquiterpenhydrat $C_{15}H_{26}O$ vom Smp. 88,5° im Eucalyptnsöl. Durch Wasserabspaltung mit Ameisensäure gewannen sie zwei Sesquiterpene:

1. l-Sesquiterpen, $Sdp._6 = 102—103°$, $Sdp._{748} = 247—248°$, $\alpha_D = -55° 48'$, $n_D = 1,49287$, $d_{15} = 0,8956$.

2. d-Sesquiterpen, Sdp. 265,5—266°, $\alpha_D = +58° 40'$, $n_{D_{20}} = 1,50602$, $d_{15} = 0,9235$. — Es muß dahingestellt bleiben, in welcher Klasse die Sesquiterpene, die bisher nur auf künstlichem Wege erhalten wurden, zu rechnen sind.

232. Sesquiterpen $C_{15}H_{24}$ im algerischen Fenchelöl.

Vorkommen, Isolierung usw. TARDY (Bl. III, **27** [1902], 994) gibt als Bestandteile des algerischen Fenchelöls an: Pinen, Phellandren, Fenchon, Methylchavikol, Anethol, wahrscheinlich wenig Thymohydrochinon und ein Sesquiterpen; nähere Angaben über das letztere macht er nicht.

233. Galipen $C_{15}H_{24}$.

Vorkommen, Isolierung usw. Bereits bei der Besprechung der Gewinnung des Cadinens sahen wir, daß BECKURTS und TROEGER (Ar. **235**, 518, 634; Ar. **236**, 392) im Angosturarindenöl einen Alkohol $C_{15}H_{26}O$ und außerdem Sesquiterpene feststellten. Der Alkohol $C_{15}H_{26}O$ liefert bei der Wasserentziehung ein Gemenge von Sesquiterpenen, unter denen l-Cadinen nachgewiesen wurde, außerdem nehmen B. und T. ein Sesquiterpen Galipen an: $d = 0,912$, $n_D = 1,50513$, inaktiv. Es muß jedoch dahingestellt bleiben, ob nicht doch das Galipen noch Cadinen bzw. andere bereits bekannte Sesquiterpene enthält, worüber natürlich erst ausführliche Untersuchungen entscheiden können; vgl. auch DEUSSEN (Ar. **240**, [1902], 288), welcher im westindischen Sandelholzöl ein Sesquiterpen fand, dessen Eigenschaften mit denen des Galipens übereinstimmten.

Guajen $C_{15}H_{24}$.

Darstellung, Isolierung usw. WALLACH und TUTTLE (A. **279**, 385) entzogen dem Guajol $C_{15}H_{26}O$ (vgl. dasselbe) Wasser. Diese Wasserentziehung wird jedoch nicht so leicht bewirkt wie bei anderen Sesquiterpenalkoholen, erst beim Erwärmen mit überschüssigem Phosphorpentoxyd oder Chlorzink ist man imstande, Wasser zu entziehen. Nach wiederholter Fraktionierung im Vakuum, schließlich über Natrium, erhält man ein Sesquiterpen von folgenden Eigenschaften: Sdp.$_{13}$ = 124—128°, d_{20} = 0,910, n_D = 1,50114. Das Sesquiterpen ist blau gefärbt analog den Fraktionen mancher ätherischen Öle; die Farbe verschwindet nach längerer Zeit, namentlich in Berührung mit metallischem Natrium. Dem Volumgewicht und Brechungsexponenten nach dürfte das Guajen, wenn das Sesquiterpen in einigermaßen reinem Zustande vorgelegen hat, zu den doppelt ungesättigten bicyklischen Sesquiterpenen gehören. Aus der verhältnismäßig schwerer folgenden Wasserabspaltung aus dem Guajol könnte man schließen, daß in ihm ein sekundärer Alkohol vorliegt. Eigentümlich ist dem Guajen, daß es nicht dazu neigt, wie das Caryophyllen, in ein tricyklisches System überzugehen, sondern daß es bei der Behandlung mit Säuren ähnlich dem Cadinen bicyklisch bleibt.

234. Sesquiterpen $C_{15}H_{24}$ des Hanföls.

Vorkommen, Isolierung usw. Nach den Untersuchungen von PERSONNE (Journ. de Pharm. et de Chim. III, **31** [1857], 48) enthält das Öl von *Cannabis indica* zwei Kohlenwasserstoffe, und zwar $C_{12}H_{24}$ und $C_{18}H_{20}$. — VALENTE (G. **10** [1880], 540 und **11** [1881], 196; B. **13** [1880], 2431 und **14** [1881], 1717) stellte fest, daß das Hanföl aus italienischem Hanf hauptsächlich aus einem Sesquiterpen besteht vom Sdp. 256—258°, d_0 = 0,9209, α_D = − 10,81°; mit Salzsäure entsteht daraus ein festes Chlorhydrat. Dasselbe Sesquiterpen soll in dem ätherischen Öl der männlichen Pflanze von *Cannabis gigantea* enthalten sein. — VIGNOLO (G. **25**, I [1895], 110) erhielt durch Wasserdampfdestillation der blühenden weiblichen Hanfpflanze ein Öl, welches ein Sesquiterpen enthielt, Sdp. 256°, $d_{15,3}$ = 0,897; es gab kein festes Chlorhydrat, jedoch entstand mit Brom ein festes Produkt. — WOOD, SPIVEY und EASTERFIELD (Soc. **69** [1896], 539) untersuchten das Harz des indischen Hanfes und konnten in dem daraus gewonnenen Öl ein Sesquiterpen mit folgenden Eigenschaften isolieren: Sdp. 258—259°, d_{18} = 0,898, $[\alpha]_D$ = − 8,6°; es absorbiert Salzsäure und Brom, ohne damit feste Produkte zu bilden. — Es ist nicht ausgeschlossen, daß diese Sesquiterpene ev. identisch mit Caryophyllen oder einem anderen Sesquiterpen sind.

Heveen $C_{15}H_{24}$.

Darstellung, Isolierung usw. Wird Kautschuk destilliert, so erhält man Isopren, Dipenten und Heveen (A. Bouchardat, Journ. de Pharm. **1837**, 454; A. **27**, 35 und G. Bouchardat, Bl. I, **24**, 108); der Name Heveen ist hergenommen von *Hevea guianensis*, einer Pflanze, welche Kautschuk liefert. Das Heveen soll bei 255—265° sieden und Salzsäuregas absorbieren; eine der Formel $C_{15}H_{24} \cdot HCl$ entsprechende kristallisierte Verbindung ist bisher jedoch nicht daran erhalten worden.

---

235. Humulen $C_{15}H_{24}$.

Vorkommen, Isolierung usw. Das Humulen ist ein Sesquiterpen, welches in vielen Eigenschaften dem Caryophyllen außerordentlich ähnlich ist; wir haben es den sehr scharfen Beobachtungen von Chapman, besonders aber von Kremers und Schreiner zu danken, daß wir beide Sesquiterpene zweifellos als zwei verschiedene Individuen auseinanderhalten müssen. Es sind zwei ätherische Öle, welche Humulen enthalten, und deren Untersuchung unabhängig voneinander geführt wurde; aber erst in den letzten Jahren konnte festgestellt werden, daß in diesen beiden Ölen, im Hopfen- und im Pappelknospenöl, dasselbe Sesquiterpen Humulen vorkommt.

Salicaceae.

Durch Destillation der Knospen der Schwarzpappel (*Populus nigra* L.) wird zu $^1/_2$ % ein ätherisches Öl erhalten, welches von Piccard (B. **6** [1873], 890 und **7** [1874], 1486) untersucht wurde; er findet als Hauptbestandteil einen von 260—261° siedenden Kohlenwasserstoff, den er als Diterpen $C_{20}H_{32}$ ansieht. Sch. u. Co. (Sch. **1887**, I, 36) finden für das Rohöl: $d = 0{,}900$—$0{,}905$, $\alpha_D = +1°54'$ bis $+5°54'$, die Verseifungszahl 13; den Siedepunkt konstatieren sie zu 255—265° (fast konstant). — Fichter und Katz (B. **32** [1899], 3183) stellen alsdann fest, daß das Pappelknospenöl außer $^1/_2$ % Paraffinen vom Smp. 53—68° (wahrscheinlich $C_{24}H_{50}$) zwei Sesquiterpene enthält, von denen das eine mit dem Humulen identisch ist, das andere aber bisher nicht identifiziert werden konnte. Die den angenehmen Geruch des Öles bedingenden Körper gingen bei der fraktionierten Destillation mit den niedrig siedenden Anteilen über. Das Humulen wurde identifiziert durch das bei 164—170° schmelzende Nitrosochlorid, durch das Nitrolpiperidin vom Smp. 151—152°, durch das Nitrolbenzylamin vom Smp. 132°, durch das Nitrosat vom Smp. 162—163°, durch das Nitrosit (blaue Modifikation) vom Smp. 127° und durch das Nitrosit (farblose Modifikation) vom Smp. 172°.

Moraceae.

Das Hopfenöl (*Humulus Lupulus* L.) wird durch Wasserdampfdestillation gewonnen, sowohl der weiblichen Blütenkätzchen, als auch des sog. Lupulins (*Glandulae lupuli*) allein. Unter den chemischen Bestandteilen des Öles, die hier interessieren, ist das Sesquiterpen, welches fast $^2/_3$ des Hopfenöls ausmacht, zu erwähnen; es wurde zuerst von CHAPMAN (Chem. N. **68**, 97; C. **1893**, II, 650; vgl. auch Soc. **67**, 54 und 780; ferner Proc. **1893**, 177) eingehender beschrieben. Das Sesquiterpen siedet von 261—265°, $d_{15/15} = 0{,}8987$, $[\alpha]_D = +1° 2'$, $n_{H\alpha} = 1{,}4978$. Alsdann folgt eine neue Mitteilung von CHAPMAN im Jahre 1895 (Chem. N. **70**, 302; C. **1895**, I, 223); er gibt den Siedepunkt des Sesquiterpens zu 263—266° an, $d_{15/15} = 0{,}9001$, M. R. = 66,2, ber. für $C_{15}H_{24}$ ⌈ = 65,7, optisch inaktiv, nicht identisch mit Cubeben (Cadinen), Caryophyllen, Cloven oder Cedren; er nennt das Sesquiterpen Humulen (vgl. auch CHAPMAN, Chem. N. **72**, 47; C. **1895**, II, 494). Ferner hatte CHAPMAN (Proc. **19**, 72; C. **1903**, I, 1029) bei der Oxydation des Kohlenwasserstoffs as-Dimethylbernsteinsäure erhalten; das Hopfenöl bestehe aus 80—90% Myrcen und Humulen. Im Jahre 1898 bringt alsdann CHAPMAN (C. **1898**, II, 360; Journ. of the Fed. Inst. of Brewing **1898**, Nr. 3, 224; Z. ges. Brauwesen **21**, 339) nochmals die schon oben angegebenen physikalischen Daten des Humulens. Schließlich ist zu erwähnen, daß es CHAPMAN nicht gelang, aus den Humulen Isocaryophyllenhydrat zu erhalten. — Daß aber das Humulen und Caryophyllen zweifellos chemisch verschieden sind, wiesen alsdann KREMERS, SCHREINER und JAMES (Pharm. Arch. **1**, 209; C. **1899**, I, 108) nach, indem sie neue Derivate vom Caryophyllen und Humulen darstellten und beide miteinander verglichen. Sie erhielten:

		Caryophyllen	Humulen
d_{20}	=	0,9032	0,8977
n_D	=	1,50019	1,50094
$[\alpha]_D$	=	− 8° 74′	− 0,5°
Nitrosochlorid	=	Smp. 158—160°	164—165°
Nitrosat	=	„ 147—150°	162—163°
blaues Nitrosit	=	„ 107°	120—121°
Bisnitrosit	=	„ 53—56°	165—168°
Nitrolbenzylamin	=	„ 125—128°	136°
Nitrolpiperidin	=	„ 141—142°	153°

Über die Isolierung des Humulens aus den beiden Rohölen ist zu bemerken, daß man auf die fraktionierte Destillation, die schließlich über Natrium ausgeführt wird, angewiesen ist. Es ist bisher nicht gelungen das Humulen ebensowenig wie das Caryophyllen aus einer Verbindung abzuspalten, wie z. B. das Cadinen aus dem Dihydrochlorid.

Physik. Eig. des Humulens. Da wir bei der Darstellung des Humulens auf fraktionierte Destillation des Hopfen- bzw. Pappelknospenöls angewiesen sind, so muß man im Auge behalten, daß diesem Sesquiterpen ev. andere Kohlenwasserstoffe beigemengt sein können. Es wurde ermittelt für Humulen aus Pappelknospenöl:

PICCARD (1873): Sdp. 260—261, $d = 0,9002$, $\alpha_D = + 1,9^0$.

FICHTER und KATZ (1899): $Sdp._{13} = 132—137^0$, $Sdp._{760} = 263—269^0$, $d_{15/4} = 0,8926$, $\alpha_{D_{22}} = + 10^0 48'$ (2 dcm-Rohr).

Für Humulen aus Hopfenöl:

CHAPMAN (1893): Sdp. $261—265^0$, $d_{15/15} = 0,8987$, $[\alpha]_D = + 1,2^0$, $n_{H\alpha} = 1,4978$; die anderen physikalischen Daten, die CHAPMAN fand, vgl. oben, ebenso die Zusammenstellung von KREMERS, SCHREINER und JAMES.

Chem. Eig. des Humulens. Reduktionsversuche sind mit dem Humulen nicht angestellt worden. Halogene und Halogenwasserstoffsäuren werden vom Humulen lebhaft absorbiert, ebenso wie Sauerstoff.

Humulentetrabromid konnte als Öl von CHAPMAN (Chem. N. **70**, 302; C. **1895**, I, 223) erhalten werden. Ebenso konnte von demselben Forscher das

Humulendihydrochlorid jedoch nur flüssig gewonnen werden (Soc. **67**, 61); die Analyse stimmte auf die Formel $C_{15}H_{24} \cdot 2HCl$, $d = 1,063$.

Die Wasseranlagerung an Humulen, so daß ein Hydrat entsteht, ist bisher nicht geglückt, weshalb schon aus diesem Grunde das Humulen vom Caryophyllen verschieden ist. — Die Oxydation hat bisher ebenfalls keine Resultate gegeben, aus denen die Konstitution des Humulens hätte erschlossen werden können. CHAPMAN (Soc. **67**, 61; Proc. **19**, 72; C. **1903**, I, 1029) erhielt bei der Oxydation as-Dimethylbernsteinsäure.

Verbindungen des Humulens mit NOCl, N_2O_3, N_2O_4 usw. Humulen zeigt große Ähnlichkeit mit dem Caryophyllen, aber das Ausbleiben der Bildung des Isocaryophyllenhydrats aus dem Humulen macht wie erwähnt, eine Verschiedenheit beider Sesquiterpene schon sehr wahrscheinlich, jedoch erst ein Vergleich verschiedener kristallisierter Derivate konnte eine definitive Entscheidung bringen.

Humulennitrosochlorid $C_{15}H_{24}NOCl$. CHAPMAN (Soc. **67**, 780) stellt zuerst das Humulennitrosochlorid dar und gibt dafür den Smp. $164—165^0$ an; FICHTER und KATZ (B. **32**, 3184) finden für das Nitrosochlorid, aus dem Humulen des Pappelknospenöls dargestellt, den Smp. $164—170^0$. Vgl. auch CHAPMAN (C. **1895**, I, 223) und KREMERS, SCHREINER und JAMES (Pharm. Arch. **1**, 209; C. **1899**, I, 108). — Aus dem Humulennitrosochlorid, welches eine Bisnitrosoverbindung sein dürfte, wird das

Humulennitrolbenzylamin $C_{15}H_{23} \cdot NO \cdot NH \cdot CH_2 \cdot C_6H_5$ gewonnen (CHAPMAN, Soc. **67**, 781), Smp. 136^0; FICHTER und KATZ (a. a. O.) finden den Smp. $132—133^0$. Das salzsaure Salz $C_{22}H_{32}NO \cdot HCl$ schmilzt bei $187—189^0$.

Das Humulennitrolpiperidid $C_{15}H_{23} \cdot NOH \cdot NC_5H_{10}$ erhält CHAPMAN (Soc. **67**, 62), Smp. 153^0; FICHTER und KATZ geben $151—152^0$, KREMERS, SCHREINER und JAMES: Smp. 153^0 an. Das salzsaure Salz

$C_{15}H_{23}NOHNC_5H_{10} \cdot HCl$ kristallisiert ebenfalls, das Platindoppelsalz $(C_{15}H_{23}NOHNC_5H_{10})_2 \cdot H_2PtCl_6$ schmilzt bei 187—189°.

Das Humulennitrosat $C_{15}H_{24} \cdot N_2O_4$, wahrscheinlich jedoch eine bimolekulare Verbindung, gewinnt zuerst CHAPMAN (Soc. **67**, 781); er gibt den Smp. 162—163° an, ebenso KREMERS, SCHREINER und JAMES.

Humulennitrosit $C_{15}H_{24} \cdot N_2O_3$. CHAPMAN (Soc. **67**, 782) läßt salpetrige Säure auf Humulen einwirken und erhält blaue Nadeln vom Smp. 120°; KREMERS, SCHREINER und JAMES finden den Smp. 120—121°, während FICHTER und KATZ für das Nitrosit aus dem Pappelknospenöl Smp. 127° beobachten. Bei wiederholtem Umkristallisieren verschwindet die blaue Farbe.

Humulenisonitrosit $C_{15}H_{24} \cdot N_2O_3$ (wahrscheinlich Bisnitrosit). CHAPMAN erhielt in den Mutterlaugen, bzw. wenn er das blaue Nitrosit mit Alkohol kochte, eine isomere weiße Verbindung, Smp. 166—168°; KREMERS, SCHREINER und JAMES fanden den Smp. 165—168°, FICHTER und KATZ beobachteten den Smp. 172°. Das blaue Nitrosit, welches eine wahre Nitrosoverbindung und monomolekular ist, dürfte durch Einwirkung des Lichts bereits in die bimolekulare Nitrosoverbindung übergehen, die den Bisnitrosochloriden und Bisnitrosaten entspricht. Wir können demnach in diesen verschiedenen Nitrositen annehmen, daß wir bei tertiär-sekundärer Doppelbindung im Humulen ev. folgende Formeln haben:

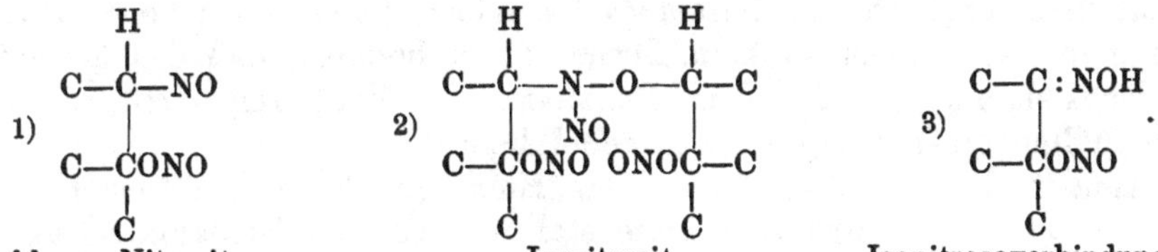

blaues Nitrosit (wahre Nitrosoverbindung) — Isonitrosit (Bisnitrosit) — Isonitrosoverbindung

Das Nitroso- oder Isonitroso-Humulen $C_{15}H_{22}:NOH$ beschreiben FICHTER und KATZ (B. **32**, 3184) als ein Öl vom $Sdp._{13} = 185—195°$, welches sie aus dem Nitrosochlorid mittels Natriumäthylat erhalten haben; bei der Reduktion desselben gewinnen sie eine Base.

Man könnte nach allen diesen Reaktionen, sowohl des Caryophyllens, als auch des Humulens, mit N_2O_3, N_2O_4 und NOCl zweifelhaft sein, ob diese Moleküle eine doppelte Bindung enthalten, die tertiär-tertiär oder tertiär-sekundär ist. Für die erste Annahme spricht die Existenz eines blauen Nitrosits, das wir als wahre Nitrosoverbindung auffassen müssen; jedoch scheint es so, als ob auch wahre Nitrosoverbindungen eine Zeit lang existenzfähig sind, wenn auch an dasselbe Kohlenstoffatom noch ein Wasserstoffatom gebunden ist, so daß die Umwandlung der Nitroso- in die Isonitrosogruppe erst allmählich vor sich geht. Eine Hauptrolle scheinen bei dieser Umlagerung Licht und Wärme zu spielen. Jedoch müssen diese Verhältnisse durch weitere Studien geklärt werden. — Die Annahme einer tertiär-tertiären Doppelbindung würde die Existenz eines Oxims, das sich aus dem Nitrosat usw. bildet, ohne Umlagerung schwer erklären lassen.

Identifizierung des Humulens. Ebenso wie beim Caryophyllen dürfte der Identifizierung des Humulens soweit wie möglich eine Isolierung durch Destillation im Vakuum, schließlich über Natrium, vorherzugehen haben. Alsdann dürfte die Darstellung des blauen Nitrosits vom Smp. 120—121° zu empfehlen sein; letzteres lagert sich in das Nitrosit (Bisnitrosit) vom Smp. 166—168° um. Das Nitrolbenzylamin schmilzt bei 136°, das Piperidin bei 153°.

Es möge eine Zusammenstellung der Verbindungen des Pappelöl-sesquiterpens und des Humulens folgen:

	Pappelöl-Sesquiterpen	Humulen von CHAPMAN
Nitrosochlorid	Smp. 164—170°	164—165°
Nitrolpiperidin . . .	„ 151—152°	153°
Nitrolbenzylamin . .	„ 132°	136°
Nitrosat	„ 162—163°	162—163°
Nitrosit, blaue Mod. .	„ 127°	120°
Nitrosit, farblose Mod.	„ 172°	166—168°

Es könnte eine Verwechslung des Humulens mit dem Caryophyllen stattfinden; man vergleiche zu diesem Zweck jedoch die oben gegebenen Unterschiede in den Schmelzpunkten, ferner ist zu betonen, daß das Humulen bei der Behandlung nach dem BERTRAMschen Verfahren nicht wie das Caryophyllen einen Sesquiterpenalkohol liefert.

Konstitution des Humulens. Das Humulen dürfte in seiner Konstitution dem Caryophyllen sehr nahe stehen. Aus der Molekularrefraktion ist zunächst zu folgern, daß ein bicyklisches, doppelt ungesättigtes Molekül vorliegt. Die eine doppelte Bindung, welche mit NOCl, N_2O_3, N_2O_4 reagiert, muß jener des Caryophyllens sehr ähnlich sein, so daß der Unterschied zwischen dem Caryophyllen und Humulen ev. in der Lage der zweiten doppelten Bindung zu suchen ist. Weitere Angaben lassen sich über die Konstitution des Humulens zunächst nicht machen. Die optische Aktivität des Humulens scheint nur gering zu sein; sollte das Molekül eine solche wirklich aufweisen, so müßten in ihm ein oder mehrere asymmetrische Kohlenstoffatome angenommen werden.

Geschichte des Humulens. Obwohl das Hopfen- und Pappelknospenöl seit langer Zeit bekannt sind, und obwohl bereits PAYEN und CHEVALLIER (Journ. de Pharm. **8** [1822], 214 und 533), WAGNER (J. pr. I, **58** [1853], 351), ferner PERSONNE (C. r. **38** [1854], 309), KÜHNEMANN (B. **10** [1877], 2231) und OSSIPOW (J. pr. II, **28** [1883], 447 und **34** [1886], 238) sich mit der Untersuchung des Hopfenöls beschäftigt hatten, so konnte doch erst CHAPMAN im Jahre 1895 (Soc. **67**, 54 und 780) nachweisen, daß im Humulen wahrscheinlich ein besonderes Sesquiterpen vorliegt. Ähnlich liegen die Verhältnisse mit dem Humulen des Pappelknospenöls. Die Untersuchungen von PICCARD (B. **6** [1873], 890 und **7** [1874], 1486), der ein Diterpen in diesem Öl vermutete, führten nicht dazu, den hochsiedenden Kohlenwasserstoff zu charakterisieren. Erst in allerletzter Zeit konnte dies durch FICHTER u. KATZ (B. **32** [1899], 3183) geschehen. Die chemischen Reaktionen des Humulens sind demnach im wesentlichen in den letzten 10 Jahren studiert worden, indem CHAPMAN die zum Teil schön kristallisierenden Anlagerungsprodukte mit NOCl, N_2O_3, N_2O_4 darstellte, ebenso später FICHTER und KATZ; alsdann stellten KREMERS, SCHREINER und JAMES 1898 die analogen Verbindungen aus dem Caryophyllen dar, die den Unterschied dieses Sesquiterpens vom Humulen scharf hervortreten ließen, den CHAPMAN bereits betont hatte.

236. Sesquiterpen $C_{15}H_{24}$ des Kessowurzelöls.

Vorkommen, Isolierung usw. Das Kessowurzelöl (*Valeriana officinalis* L. var. *angustifolia* Miqu.) liefert nach BERTRAM und GILDEMEISTER (Ar. **228** [1890], 483) eine Fraktion, die von 260—280° siedet, farblos ist und Sesquiterpengeruch besitzt; ein Hydrochlorid wurde aus ihr nicht erhalten. Es muß dahingestellt bleiben, ob dieses Sesquiterpen zu dem blauen Bestandteil, welcher sich ebenfalls in dem Öl befindet, in naher chemischer Beziehung steht.

237. Sesquiterpen $C_{15}H_{24}$ des Lavendelöls.

Vorkommen, Isolierung usw. In dem Lavendelöl (*Lavandula vera*) finden sich außer den sauerstoffhaltigen Bestandteilen auch Sesquiterpene. SEMMLER und TIEMANN (B. **25**, 1187) gewannen aus englischem Lavendelöl eine kleine Fraktion vom Siedepunkt der Sesquiterpene: $Sdp._{15} = 130^{\circ}$. Es ist möglich, daß die Opaleszenz, die bei der Verdünnung des Lavendelöls mit verdünntem Alkohol auftritt, von dem Sesquiterpen herrührt.

238. Sesquiterpen $C_{15}H_{24}$ im Linaloëöl.

Vorkommen, Isolierung usw. Aus dem mexikanischen Linaloëöl konnten BARBIER und BOUVEAULT (C. r. **121**, 168) eine Fraktion isolieren vom $Sdp._{10} = 130—140^{\circ}$, welche nach wiederholter Behandlung mit metallischem Natrium schließlich den $Sdp._{10} = 135—136^{\circ}$ zeigte. Analyse und Molekulargewichtsbestimmung deuteten auf ein Sesquiterpen hin; da der Kohlenwasserstoff vier Atome Brom absorbierte, so dürfte er ev. zwei doppelte Bindungen enthalten. Die Menge des Sesquiterpens beträgt zuweilen 3 %, vielfach ist aber noch weniger vorhanden.

Sesquiterpen aus Maticokampfer.

Darstellung, Isolierung usw. THOMS (Pharm. Ztg. **49** [1904], 811) untersuchte den seltenen Maticokampfer $C_{15}H_{26}O$ und führte ihn durch 1—2 stündiges Kochen mit 50%iger Schwefelsäure in ein blaugefärbtes Sesquiterpen $C_{15}H_{24}$ über; die Hydratation desselben konnte nicht ausgeführt werden.

239. Sesquiterpen $C_{15}H_{24}$ des Pfefferminzöls.

Vorkommen, Isolierung usw. Aus Mitcham-Pfefferminzöl konnten FLÜCKIGER und POWER (Pharm. Journ. III, **11**, 220; Ar. **218**, 222) eine Fraktion gewinnen, nachdem das Menthol entfernt war, die schließlich über metallischem Natrium destilliert wurde; es wurde konstatiert: Sdp. 255—260°, d_{21} = 0,912, $\alpha_D = + 9° 2'$. — SCH. u. Co. (SCH. **1894**, I, 42) stellten fest, daß sich im amerikanischen Pfefferminzöl Cadinen nachweisen läßt; weitere Versuche müssen entscheiden, ob das Sesquiterpen aus Mitchamöl ebenfalls Cadinen ist, worauf allerdings das Volumgewicht hindeutet. — Die Untersuchungen von BECKETT und WRIGHT (Soc. **1876**, I, 3) über das japanische Pfefferminzöl lassen es als wahrscheinlich erscheinen, daß der hochmolekulare Körper $C_{30}H_{50}O$, den sie annehmen, nicht vorhanden ist, sondern daß wahrscheinlich die Fraktion 245—255° aus unreinen, mit sauerstoffhaltigen Körpern vermischten Sesquiterpenen besteht.

240. Sesquiterpen $C_{15}H_{24}$ des Rosenholzöls.

Vorkommen, Isolierung usw. Das Rosenholzöl wird durch Destillation des Holzes der Wurzeln der auf den Canarischen Inseln einheimischen Sträucher *Convolvulus scoparius* L. und *C. floridus* L. gewonnen. Jedoch dürfte das in den Handel kommende Rosenholzöl vielfach Sandelholz- oder Cedernholzöl sein, dem etwas Rosenöl zugesetzt ist. — SCH. u. Co. (SCH. **1887**, I, 28 und **1899**, I, 41) destillierten Rosenholz und erhielten daraus verschiedene Öle. — GLADSTONE (Soc. **17** [1864], 1; J. **1863**, 546) untersuchte ein Rosenholzöl, dessen Abstammung jedoch nicht angegeben wird, und gewann daraus ein Sesquiterpen: Sdp. 249°, d_{20} = 0,9042, $\alpha_D = - 11°$, n_c = 1,4911; es verband sich mit Salzsäure, gab aber keine kristallisierte Verbindung.

241. Sesquiterpen $C_{15}H_{24}$ des Salbeiöls.

Vorkommen, Isolierung usw. Das Salbeiöl (*Salvia officinalis* L.) enthält außer Pinen, Cineol, Tanaceton und Borneol auch ein Sesquiterpen. MUIR und SIGIURA (Soc. **33**, 297; Pharm. Journ. **37**, 294; J. **1877**, 957; J. **1878**, 980) untersuchten das englische Salbeiöl und geben an, daß es hauptsächlich aus einem Sesquiterpen besteht, dessen Eigenschaften folgende sind: Sdp. 264—270°, $d_0 = 0{,}9198$, $d_{24} = 0{,}9072$, $\alpha_D = +\,3^0\,14'$. MUIR (Soc. **37**, 678; J. **1880**, 1080) bezeichnet dieses Sesquiterpen als Cedren und gibt seinen Sdp. zu 260° an. Das Wort „Cedren" ist hier zweifellos Kollektivname und gleich Sesquiterpen zu setzen. Den angegebenen physikalischen Daten nach dürfte das Sesquiterpen, wenn ein einheitlicher Körper vorliegt, zu den bicyklischen, doppelt ungesättigten gehören.

242. 243. Santalene $C_{15}H_{24}$.

Vorkommen, Isolierung usw. Im ostindischen Sandelholzöl findet sich eine Anzahl chemischer Verbindungen, die teils Kohlenwasserstoffe, teils Alkohole, Aldehyde, Säuren, Laktone, Phenole, Ketone, ev. Ester usw. sind. Die Kohlenwasserstoffe sind besonders Sesquiterpene. Wir unterscheiden bei ihnen ein α- und β-Santalen. Nicht zu verwechseln mit diesen Sesquiterpenen sind die Sesquiterpene des westindischen Sandelholzöls. Das ostindische Sandelholzöl wird durch Destillation des Holzes von *Santalum album* L. (Santalacee) gewonnen, dagegen das westindische von einer *Amyris*-Spec. (Rutacee bzw. Burseracee). Das ostindische Sandelholzöl enthält nur wenig Sesquiterpene (höchstens 5%), während das westindische Sandelholzöl ca. 30—40% Sesquiterpene aufweist. Das letztere wurde von v. SODEN und ROJAHN untersucht; es enthält mindestens zwei Sesquiterpene, von denen das eine wahrscheinlich ein d-Cadinen ist. Außerdem dürfen mit den erwähnten Sesquiterpenen α- und β-Santalen, welche sich als solche in dem ostindischen Öl finden, nicht das α- und β-Isosantalen verwechselt werden; dies sind künstlich dargestellte Kohlenwasserstoffe, aus den Verbindungen $C_{15}H_{26}O$ bzw. $C_{15}H_{24}O$ usw. dargestellt, also zum Teil keine eigentlichen Sesquiterpene, sondern es ist mindestens ein Repräsentant $C_{15}H_{22}$ darunter. Es sollen zuerst die natürlich vorkommenden Santalene besprochen werden.

α- und β-Santalen $C_{15}H_{24}$. Über die Geschichte der Bestandteile des ostindischen Sandelholzöls vgl. v. SODEN (Ar. **238**, 354), sowie die Santalole, das Santalal usw. im vorliegenden Werk.

Über die Sesquiterpene des Sandelholzöls bringen die ersten genaueren Angaben v. SODEN und MÜLLER (Pharm. Ztg. **44** [1899], 258), indem sie die „nichtalkoholischen" Bestandteile des ostindischen Sandelholzöls isolierten (C. **1899**, I, 1082). Durch sorgfältige Fraktionierung gelingt es ihnen ein Sesquiterpen $C_{15}H_{24}$ zu isolieren, welches sie Santalen nennen; es ist ein schwach nach Cedern riechendes Öl, Sdp. 261—262°, $\alpha_D = -21°$, $d_{15} = 0{,}898$; es werden 2 Mol. HCl, HBr oder Br unter Bildung von flüssigen Additionsprodukten addiert. Beim Hydratisieren nach der BERTRAMschen Methode bildet sich wahrscheinlich ein inaktiver Sesquiterpenalkohol $C_{15}H_{26}O$ von kräftigem Cederngeruch, $Sdp._6 =$ 160—165°, $d_{15} = 0{,}978$. Diese Angaben über das Santalen lassen schließen, daß hauptsächlich β-Santalen vorgelegen hat.

GUERBET (C. r. **130** [1900], 417; C. **1900**, I, 604) beschäftigt sich ebenfalls mit der Zusammensetzung des Sandelholzöls. Durch wiederholte Fraktionierung der Sesquiterpene erhält er: α-Santalen, Sdp. 252 bis 252,5°, und β-Santalen, Sdp. 261—262°. — In der nächsten Abhandlung (Bl. III, **23**, 217; C. **1900**, I, 859) gibt GUERBET für das α-Santalen an: $d_0 = 0{,}9134$, $[\alpha]_D = -13{,}98°$, für das β-Santalen: $d_0 = 0{,}9139$, $[\alpha]_D = -28{,}55°$.

GUERBET berichtet (C. r. **130**, 1324; C. **1900**, II, 98) alsdann weiter über die Santalene: α-Santalen: Sdp. 253—254° (kor.), $d_0 = 0{,}9134$, $\alpha_D = -13{,}98°$, β-Santalen: Sdp. 263—264° (kor.), $d_0 = 0{,}9139$, $\alpha_D = -28{,}55°$. Werden die Santalene mit Essigsäure im Rohr auf 180—190° erhitzt, so entstehen Acetate:

α-Santalenacetat $C_{15}H_{24} \cdot C_2H_4O_2$, $Sdp._{14} = 164—165°$.

β-Santalenacetat $C_{15}H_{24} \cdot C_2H_4O_2$, $Sdp._{14} = 164—168°$.

Von beiden Santalenen lassen sich flüssige Dihydrochloride $C_{15}H_{24} \cdot 2\,HCl$ gewinnen; α-Santalenhydrochlorid zeigt $\alpha_D = +6{,}1°$, β-Santalenhydrochlorid, $\alpha_D = +8°$.

α-Santalennitrosochlorid $C_{15}H_{24} \cdot NOCl$. Die Nitrosochloride der Santalene erhält GUERBET, indem er auf eine Lösung der Santalene in Petroläther eine Lösung von Nitrosylchlorid in Petroläther unter Kühlung einwirken läßt; Ausbeute ca. 50%. Smp. des α-Santalennitrosochlorids = 122°. Mit Piperidin setzt sich das Nitrosochlorid um zu α-Santalennitrolpiperidid $C_{15}H_{23}NOH \cdot N(C_5H_{10})$, Smp. 108—109°. — Das β-Santalen liefert zwei Nitrosochloride, welche sich durch Umkristallisieren aus 95%igem Alkohol trennen lassen. Das schwerer lösliche β-Santalennitrosochlorid zeigt den Smp. 152° und liefert mit Piperidin ein β-Santalennitrolpiperidid vom Smp. 101°. Das in Alkohol leichter lösliche β-Santalennitrosochlorid hat den Smp. 106° und gibt ein β-Santalennitrolpiperidid vom Smp. 104—105°.

v. SODEN (Ar. **238**, 353) berichtet alsdann, daß das früher von ihm und MÜLLER aufgefundene Sesquiterpen β-Santalen sei und sich decke mit dem β-Santalen GUERBETS; nach nochmaligem Verseifen der bei der Santalolfabrikation abfallenden Vorläufe wird das β-Santalen durch fraktionierte Destillation im Vakuum dargestellt; die optische Drehung des β-Santalens dürfte über −30° liegen.

Aus diesen Mitteilungen über die Sesquiterpene im Sandelholzöl, die nur in geringerer Menge in letzteren vorkommen, ist zu folgern, daß sie aus einem niedriger (α-) und aus einem höher siedenden (β-)Santalen bestehen; dem Volumgewichte nach sind sie einander fast gleich, ihre Polarisation ist etwas verschieden, indem das α-Santalen schwächer nach links dreht als das β-Santalen. Auch sind die Derivate beider verschieden.

Die **Identifizierung** der Santalene dürfte am besten durch die Nitrosochloride bzw. Nitrolpiperidide erfolgen.

Über die **Konstitution** der Santalene läßt sich aus ihrem physikalischen und chemischen Verhalten nur soviel angeben, daß sie wahrscheinlich zu den bicyklischen, doppelt ungesättigten Sesquiterpenen gehören.

Isosantalene. Chapoteaut (Bl. II, **37** [1882], 303) gibt an, daß das ostindische Sandelöl den Aldehyd Santalal und den Alkohol Santalol enthalte; er läßt auf beide Verbindungen P_2O_5 einwirken und erhält seiner Meinung nach die Kohlenwasserstoffe $C_{15}H_{22}$ (Sdp. 245°) und $C_{15}H_{24}$ (Sdp. 260°).

Chapman und Burgess (Chem. N. **74** [1896], 95) wollen die Frage entscheiden, ob das Cedren mit dem durch Einwirkung von P_2O_5 auf Santalal erhaltenen Kohlenwasserstoff identisch ist; sie geben für das Santalal (welches sie für den Hauptbestandteil des Sandelholzöls halten) an: Sdp. 301—306°, $d_{15/15} = 0{,}9793$, $[\alpha]_D = -14^\circ 42'$, $n_D = 1{,}5085$, die Zusammensetzung $C_{15}H_{24}O$, und halten das Santalal für einen Aldehyd. Durch Behandlung des Santalals mit P_2O_5 wird eine Verbindung $C_{15}H_{22}$ erhalten. Die Hauptfraktion derselben zeigt: $\text{Sdp.}_{25} = 140—145^\circ$, $d_{15/15} = 0{,}9359$, $\alpha_D = +5^\circ 45'$ (10 mm), der Kohlenwasserstoff ist ungesättigt. Ch. und B. halten das Cedren für sehr ähnlich, aber nicht für identisch mit diesem Kohlenwasserstoff.

Guerbet (C. r. **130** [1900], 1324) gibt an, daß das Rohsantalol aus α- und β-Santalol besteht, von denen das erstere höher siedet als das letztere, daß beiden die Formel $C_{15}H_{26}O$ zukomme, daß also aus ihnen durch Wasserentziehung zwei Sesquiterpene $C_{15}H_{24}$ entstehen müssen, die er Isosantalene nennt.

α-Isosantalen $C_{15}H_{24}$, Sdp. 255—256°, $\alpha_D = +0{,}2^\circ$.

β-Isosantalen $C_{15}H_{24}$, Sdp. 259—260°, $\alpha_D = +6{,}1^\circ$.

Zu diesen Untersuchungen über die Isosantalene ist zu bemerken, 1. daß wir in ihnen nach meiner Meinung keine Sesquiterpene $C_{15}H_{24}$ zu sehen haben, 2. daß beide Isosantalene, da sie aus unreinem Ausgangsmaterial dargestellt sind, keine einheitlichen Verbindungen sein können. Solange die Natur der Santalole nicht aufgeklärt ist, läßt sich über die Zusammensetzung der Isosantalene nichts Näheres angeben; sie dürften nach den bisherigen Mitteilungen kaum identisch mit den Santalenen sein.

Sesquiterpen aus dem Santonin bzw. aus der Santoninsäure.

Darstellung, Isolierung usw. Cannizzaro und Amato (B. **7** [1874], 1104) gewinnen aus der Santoninsäure $C_{15}H_{20}O_4$ durch Erhitzen mit Jodwasserstoffsäure einen Kohlenwasserstoff $C_{15}H_{24}$. Andreocci (B. **26**, Ref.

599) erhält einen Kohlenwasserstoff $C_{15}H_{24}$ bzw. $C_{14}H_{22}$, indem er Santoninsäure oder Santonin mit Zinnchlorür und Salzsäure reduziert. — Es muß entschieden werden, ob in diesen Verbindungen Kohlenwasserstoffe vorliegen, die zu den Sesquiterpenen in näherer Beziehung stehen.

244. Sesquiterpen $C_{15}H_{24}$ des Schafgarbenöls.

Vorkommen, Isolierung usw. Das Schafgarbenöl (*Achillea Millefolium*) ist in neuerer Zeit von Aubert (Am. Soc. **24** [1902], 778; C. **1902**, II, 798) untersucht worden; es wurden Kohlenwasserstoffe in ihm festgestellt; Siedepunkt nach wiederholtem Fraktionieren 254°, $\alpha_D = -14{,}2°$, $n_D = 1{,}492$. Weitere Untersuchungen müssen zeigen, ob wirklich Sesquiterpene vorliegen.

245. Sesquiterpen $C_{15}H_{24}$ des Sellerieöls.

Vorkommen, Isolierung usw. Nach den Untersuchungen von Ciamician und Silber (B. **30** [1897], 492, 501, 1419, 1424, 1427) enthält das Selleriesamenöl (*Apium graveolens* L.) hochsiedende Kohlenwasserstoffe, die von 262—269° übergehen und deren Analyse auf die Zusammensetzung $C_{15}H_{24}$ hinweist; ein festes Hydrochlorid konnte nicht erhalten werden.

246. Sesquiterpen $C_{15}H_{24}$ des Spiköls.

Vorkommen, Isolierung usw. Nach Bouchardat (C. r. **117**, 55) sollen die hochsiedenden Anteile des Spiköls (*Lavandula Spica* D. C.) ein Sesquiterpen enthalten.

247. Sesquiterpen im Spiraeaöl (?).

Vorkommen, Isolierung usw. Nach den Untersuchungen von Ettling (A. **35**, 243) dürfte im Spiraeaöl (*Spiraea ulmaria* L.) ein Sesquiterpen vorkommen.

248. Sesquiterpen $C_{15}H_{24}$ des Sternanisöls.

Vorkommen, Isolierung usw. Tardy (Thèse pour l'obtention du diplôme de Docteur de l'Université de Paris **1902**, 22) stellte in einer ausführlichen Untersuchung im Sternanisöl (*Illicium reliogiosum*) auch die Anwesenheit eines Sesquiterpens fest; $\alpha_D = -5^0$.

249. Sesquiterpen aus Thymus Serpyllum L.

Vorkommen, Isolierung usw. Der Quendel oder Feldthymian liefert bei der Destillation des trocknen Krautes 0,15—0,6% ätherisches Öl. GLADSTONE (J. **1863**, 545) gibt an, daß das Öl fast vollkommen aus einem Terpen bestehe. BOURI (Ar. **212** [1878], 485; Chem. Industrie **1** [1878], 270) konstatiert darin 3% eines Phenols, ferner geringe Mengen eines zweiten Phenols, schließlich wenig Essigsäure und sehr wenig einer höheren Säure. FEBVE (C. r. **92** [1881], 1290) stellte fest, daß die niedriger siedenden Anteile des Öles hauptsächlich aus Cymol, dem wenig eines rechtsdrehenden Terpens beigemengt ist, bestehen. Vgl. ferner JAHNS (Ar. **216** [1880], 277; B. **15** [1882], 819). In den höher siedenden Anteilen dürften wahrscheinlich Sesquiterpene zugegen sein.

250. Sesquiterpen im Verbenaöl.

Vorkommen, Isolierung usw. Aus den Untersuchungen THEULIERS betreffend das Grasser Verbenaöl (*Verbena triphylla*) (Bl. III, **27** [1902], 1113) geht hervor, daß in diesen außer 20,8% Citral l-Limonen, Geraniol und wahrscheinlich ein linksdrehendes Sesquiterpen vorhanden sind; außerdem in geringer Menge ein paraffinartiger Kohlenwasserstoff.

251. Winteren.

Vorkommen, Isolierung usw. Die Wintersrinde (*Drimys Vinteri* Forst.) liefert nach ARATA und CANZONERI (Jahresb. f. Phar. **1889**, 70) 0,64% eines rechtsdrehenden Öles. Es wurden davon vier Fraktionen erhalten: 1. bis 250°, 2. 250—260°, 3. 260—270°, 4. 270—280°. Die dritte Fraktion, 260—270°, zeigte $d_{13} = 0{,}9344$. Nach diesen wenigen Angaben könnte man vielleicht annehmen, daß ev. Sesquiterpene vorliegen, die ihrem Volumgewicht nach zwischen den bicyklischen und tricyklischen Sesquiterpenen stehen müßten.

Gonystylen $C_{15}H_{24}$.

Als Nachtrag ist das Sesquiterpen Gonystylen $C_{15}H_{24}$ zu erwähnen, das aus einem Bestandteil des ätherischen Öles von *Gonystylus Miquelianus*

T. und B. gewonnen wurde (EYKEN, R. **25**, 44; C. **1906**, I, 842). Mit Wasserdampf destilliert liefert das Holz des erwähnten Baumes ein ätherisches Öl, das zu einer kristallinischen Masse vom Smp. 66—68° und Sdp. 280—290° erstarrt, $[\alpha]_D = + 35°$. Durch fraktionierte Destillation und durch Umkristallisieren wurde ein Sesquiterpenalkohol „Gonystylol" $C_{15}H_{26}O$ Smp. 82°, $Sdp._{17} = 164—166°$, $[\alpha]_D = +30°$, also im umgekehrten Sinne drehend wie das Guajol, erhalten. Mit Ameisensäure liefert dieser Alkohol das Gonystylen $C_{15}H_{24}$, $Sdp._{17} = 137—139°$, $d_{17} = 0{,}9183$, $[\alpha]_D = + 40°$, M.R. = 66,7 (ber. $C_{15}H_{24}|\overline{3}$ = 66,15), also ebenfalls entgegengesetzt dem Guajen ($[\alpha]_D = -40°$), keine festen Derivate.

---

d) Monocyklische Sesquiterpene $C_{15}H_{24}$.

Während die bisher abgehandelten Sesquiterpenen, und zwar die tricyklischen ein Volumgewicht von ca. 0,93—0,94, die bicyklischen ein solches von 0,90 haben, sind die monocyklischen Sesquiterpene mit drei doppelten Bindungen spezifisch noch leichter; ihr Volumgewicht dürfte bei ca. 0,87 liegen. Der Siedepunkt der monocyklischen Sesquiterpene weist den übrigen Sesquiterpensystemen gegenüber keinen großen Unterschied auf; er ist von der ganzen Struktur der einzelnen Moleküle abhängig, und zwar besonders von der Lage der doppelten Bindungen, ob im Kern oder außerhalb desselben. Der Brechungsexponent richtet sich natürlich nach dem Volumgewicht, dürfte aber im allgemeinen bei einem Volumgewicht von 0,870 ca. 1,490 betragen, also niedriger sein als der Brechungsexponent bicyklischer oder tricyklischer Sesquiterpene, die in der Regel einen solchen von ca. 1,50 und darüber besitzen.

Theoretisch können alle drei doppelten Bindungen 1. außerhalb des Ringes liegen oder 2. eine doppelte Bindung liegt im Ring und zwei außerhalb oder 3. zwei doppelte Bindungen befinden sich im Ringe und eine außerhalb. Da wir es bei den Sesquiterpenen auch in diesem Falle mit einem Sechsring zu tun haben werden, so ist die Lage aller drei doppelten Bindungen im Ringe nicht anzunehmen, da wir alsdann ein wahres Benzolderivat vor uns hätten; die Veränderlichkeit aller hierher gehörenden Sesquiterpene spricht aber vorläufig gegen eine derartige Annahme.

Chemisch unterscheiden sich die monocyklischen Sesquiterpene von den übrigen nur sehr wenig. Ein Trichlorhydrat ist bisher von dem Bisabolen, welches wahrscheinlich ein Gemisch verschiedener Sesquiterpene darstellt, erhalten worden (vgl. unten), als auch ganz besonders vom Limen, welches ein sehr gut kristallisiertes Trichlorhydrat liefert. Mit NOCl, N_2O_3 und N_2O_4 reagieren die monocyklischen Sesquiterpene ebenfalls zum Teil, je nachdem die Lage der doppelten Bindungen ist.

Die monocyklischen Sesquiterpene müssen sich in ihren Eigenschaften den Terpenen $C_{10}H_{16}$ nähern, da sie wie die monocyklischen Glieder dieser Gruppe, ebenfalls einen Sechsring aufweisen und sich von ihnen besonders nur durch eine doppelte Bindung mehr unterscheiden. Diese Ähnlichkeit tritt uns schon in den Volumgewichten entgegen, indem sich die monocyklischen Sesquiterpene von den monocyklischen Terpenen, z. B. Limen vom Limonen im Volumgewicht nur soviel unterscheiden, als die doppelte Bindung bewirkt (0,87 gegen 0,843); natürlich ist auch der Brechungsexponent entsprechend höher (1,489 gegen 1,475).

Das **Vorkommen** der monocyklischen Sesquiterpene dürfte nicht ein so verbreitetes sein als jenes der bicyklischen, da die vorhandenen drei doppelten Bindungen in ersteren sehr leicht zu weiteren Ringschlüssen Veranlassung geben, auch vielfach Polymerisationen und Verharzungen statthaben dürften. Bezüglich der Abscheidung der monocyklischen Sesquiterpene gilt dasselbe wie von den bisher abgehandelten; nur dürfte die Veränderlichkeit das Fraktionieren im Vakuum unerläßlich machen. — Auf künstlichem Wege scheint bisher ein monocyklisches Sesquiterpen nicht erhalten worden zu sein.

Zur **Identifizierung** dürften sich in diesem Falle wiederum die Dichlor- bzw. Trichlorhydrate, ev. auch Nitrosite, Nitrosochloride usw. eignen.

Über die **Konstitution** der monocyklischen Sesquiterpene wissen wir weiter nichts, als daß sie wahrscheinlich einen Sechsring und drei doppelte Bindungen enthalten. Diejenigen hierher gehörigen Sesquiterpene, welche ein Nitrosochlorid liefern, dürften mindestens eine doppelte Bindung im Kern haben.

Geschichtlich ist zu erwähnen, daß ein monocyklisches Sesquiterpen zuerst von SEMMLER (Chem. Ztg. **13**, 1158; C. **1889**, II, 599) aus dem Carlinaöl isoliert worden sein dürfte, so daß sich demnach die wichtigsten Ereignisse auf dem Gebiete der monocyklischen Sesquiterpene in den letzten zwanzig Jahren abspielen. Die ätherischen Öle, in denen derartige Sesquiterpene vorkommen, sind natürlich seit längerer Zeit bekannt; ich erinnere nur an die verschiedenen Citrusöle.

252. Bisabolen $C_{15}H_{24}$.

Vorkommen, Isolierung usw. Das Bisabolmyrrhenöl wird aus der Bisabolmyrrhe, die aus den Somaliländern eingeführt wird und ev. vielfach mit dem heutigen Opopanax identisch ist, gewonnen. TUCHOLKA (Ar. **235** [1897], 292) beschäftigte sich mit der Zusammensetzung des ätherischen Öles der Bisabolmyrrhe; er fand folgende Eigenschaften des Öles: Sdp. 220—270°, $d_{24} = 0{,}8836$, $\alpha_D = -14^\circ 20'$; die Ausbeute belief sich auf 7,8%. T. erhielt durch Einleiten von Salzsäure in die ätherische Lösung des Öles zu 6,5% ein bei 79,3° schmelzendes, optisch aktives Chlorhydrat. Aus diesem Chlorhydrat regeneriert T. durch Behandlung mit Natriumacetat in Eisessiglösung einen Kohlenwasserstoff, der ein Sesquiterpen und nicht ein Diterpen, wie angegeben wird, sein dürfte (vgl. auch CHARABOT, DUPONT und PILLET: „Les huiles essentielles", S. 894).

Physik. Eig. des regenerierten Bisabolens: Sdp. 259—260,3°, d_{17} = 0,8914, n_D = 1,4608. (?)

Chem. Eig. werden für das regenerierte Sesquiterpen nicht angegeben.

Den physikalischen Daten nach könnte man das Bisabolen zu den bicyklischen Verbindungen rechnen; jedoch dürfte bei der Salzsäureabspaltung aus dem Chlorhydrat nicht das ursprüngliche Sesquiterpen regeneriert werden, sondern wahrscheinlich entsteht hierbei ein Gemenge. Der Schmelzpunkt des Trichlorhydrats fällt merkwürdigerweise zusammen mit jenem des Limentrichlorhydrats, aber das Limen läßt sich aus diesem Chlorhydrat regenerieren. Weitere Untersuchungen müssen entscheiden, ob im Bisabolen ein einheitliches Sesquiterpen vorliegt, bzw. ob das regenerierte Bisabolen noch identisch ist mit dem natürlich vorkommenden.

Das Trichlorhydrat des ursprünglichen Bisabolens schmilzt bei 79,3°, $[\alpha]_D$ = 35° 17′ (Chloroformlös.) und 37° 16′ (Ätherlös.).

Zur **Identifizierung** des Bisabolens dürfte sich das Trichlorhydrat eignen, ferner eine rosarote Farbreaktion, die eintritt, wenn man zur Lösung des Bisabolens in Petroläther etwas konz. H_2SO_4 in Eisessig hinzufügt, wobei eine rosarote Zone entsteht.

Es muß nochmals betont werden, daß man das natürlich vorkommende Bisabolen streng unterscheiden muß von dem künstlich dargestellten, bis weitere Versuche angestellt sind. — Wegen der Bildung des Trichlorhydrats wurde das Bisabolen an dieser Stelle besprochen; jedoch müssen über die Zugehörigkeit der einzelnen Bisabolene zu der einen oder anderen Gruppe ebenfalls erst weitere Versuche entscheiden.

253. Carlinen $C_{15}H_{24}$.

Vorkommen, Isolierung usw. Gelegentlich der Untersuchung des Carlinaöls (*Carlina acaulis*) stellte Semmler fest (Chem. Ztg. **13**, 1158; C. **1889**, II, 595), daß außer sauerstoffhaltigen Bestandteilen in diesem Öl ein Sesquiterpen vorhanden ist; durch wiederholte fraktionierte Destillation, schließlich über metallischem Natrium, wurde ein Sesquiterpen von folgenden Eigenschaften erhalten: Sdp.$_{20}$ = 139—141°, Sdp.$_{760}$ = 250 bis 253°, $d_{22,8}$ = 0,8733, n_D = 1,492. Dieser Kohlenwasserstoff ist zu ca. 12% im Rohöl enthalten.

Aus den physikalischen Daten ist zu schließen, daß ein Sesquiterpen mit einem Ringe und drei doppelten Bindungen vorliegt. Es war dies das erste derartige Sesquiterpen, auf welches man in den ätherischen Ölen gestoßen ist.

254. Limen $C_{15}H_{24}$.

Vorkommen, Isolierung usw. In verschiedenen ätherischen Ölen der Citrusarten findet sich ein Sesquiterpen mit außerordentlich niedrigem Volumgewicht. Die ersten genaueren Angaben darüber verdanken wir Burgess und Page (Soc. **85**, 414; C. **1904**, I, 1443), welchen es gelang, aus dem Limettöl ein solches Sesquiterpen zu isolieren. Jedoch hatten schon Sch. u. Co. (Sch. **1903**, II, 26; vgl. auch Oliveri, G. **21**, I [1891], 318 und B. **24**, Ref. 624) darauf hingewiesen, daß im Citronenöl ein spezifisch leichtes Sesquiterpen vorkommt. „Bei dieser Gelegenheit ermittelten wir, daß das Sesquiterpen des Citronenöls zur Klasse der leichten Sesquiterpene gehört. Seine physikalischen Konstanten sind folgende: Sdp. 125—127° (8 mm Druck); d_{15} = 0,8843; $\alpha_D = -42°$; $n_{D_{20}} = 1{,}49034$. Es ist uns bisher nicht gelungen, charakteristische Derivate zu erhalten, wodurch dieser Kohlenwasserstoff hätte identifiziert werden können.“

Burgess und Page (a. a. O.) untersuchten ein destilliertes Limettöl, wahrscheinlich ein westindisches; durch fraktionierte Destillation im Vakuum erhielten sie von denen zwei Hauptfraktionen, daraus die eine unter 17 mm Druck zwischen 100 und 105° überging und hauptsächlich aus l-Terpineol vom Smp. 35° bestand; daneben soll ein isomeres flüssiges Terpineol von niedrigerem Siedepunkt vorhanden sein, welches den eigentümlichen Geruch des Öles bedingt. Die zweite Hauptfraktion siedet unter 17 mm Druck bei 130—140° und besteht fast ausschließlich aus Kohlenwasserstoffen, von denen ein Sesquiterpen $C_{15}H_{24}$ isoliert werden konnte, welches Burgess und Page als Limen bezeichnen. Beim Einleiten von Salzsäure gab die Fraktion ein Trichlorhydrat, aus welchem ein Sesquiterpen von folgenden Eigenschaften regeneriert wurde: $Sdp._{756} = 262—263°$, $d_{15} = 0{,}873$, $\alpha_D = \pm 0$, $n_{D_{19,5}} = 1{,}4910$, $n_{D_{15}} = 1{,}4935$, M. R. = 68,2, ber. für $C_{15}H_{24}|\overline{^3}$ = 67,76.

Von **chemischen Eigenschaften des Limens** ist als wichtigste die Bildung des bereits erwähnten Trichlorhydrats $C_{15}H_{24} \cdot 3\,HCl$ vom Smp. 79—80° zu bezeichnen; ll. in Äther, Essigäther und Aceton, schwerer in Alkohol, Eisessig und Chloroform. — Außerdem ist das Limen fähig, 6 Atome Brom zu addieren.

Burgess und Page wiesen nach, daß das Limen außerdem in dem durch Pressung gewonnenen Limettöl, sowie im Citronenöl vorhanden sei. Auf das Vorkommen eines leichten Sesquiterpens im Citronenöl hatten bereits Sch. u. Co. (Sch. **1903**, II, 26), wie oben erwähnt, hingewiesen; nur die optische Aktivität des im Citronenöl vorkommenden Kohlenwasserstoffes $C_{15}H_{24}$ unterscheidet ihn vom Limen, jedoch ist im Auge zu behalten, daß das Limen aus dem Trichlorhydrat regeneriert worden war.

Ferner muß an dieser Stelle betont werden, daß das gelegentlich der Besprechung des Bisabolens erwähnte Opopanaxöl ebenfalls leichtes Sesquiterpen enthält. Das Opopanaxharz, wie es gegenwärtig im Handel angetroffen wird, und aus welchem das für die Parfümerie wichtige Opopanaxöl dargestellt wird, ist nicht identisch mit dem echten Opopanax (vgl. HOLMES, Pharm. Journ. III, **21** [1891], 838), sondern wird von einer Burseracee, wahrscheinlich *Balsamodendron Kafal* Kunth gewonnen (vgl. BAUR, Ar. **233** [1895], 235).

Über die chemische Untersuchung dieses Öles liegen wenig Angaben vor. SCH. u. Co. (SCH. **1890**, I, 34 und **1904**, II, 69) finden für das Rohöl: $d_{15} = 0,895$, $\alpha_D = -12^{0}35'$, V. Z. = 14,5; durch Acetylieren des Öles ließ sich feststellen, daß alkoholische Bestandteile zugegen sind. Das Öl destillierte im Vakuum größtenteils unter 3 mm Druck bei 45—130°. Aus dem zähflüssigen Destillationsrückstand wurde in geringer Menge ein Alkohol gewonnen, der unter 2 mm Druck bei 135—137° siedete. — Unter gewöhnlichem Luftdruck siedete die erwähnte Hauptfraktion des Opopanaxöls um 260—270°; sie erwies sich als sesquiterpenhaltig. Durch Einleiten von Salzsäure in die ätherische Lösung resultierte ein Trichlorhydrat $C_{15}H_{24} \cdot 3\,HCl$ vom Smp. 80°, inaktiv. Der durch Kochen mit Natriumacetat in Eisessiglösung regenerierte Kohlenwasserstoff zeigte folgende Konstanten: $d_{15} = 0,8708$, $\alpha_D = \pm 0$, $n_{D_{28}} = 1,48873$; der Siedepunkt unter gewöhnlichem Druck lag unter Zersetzung zwischen 260—285°. Der regenerierte Kohlenwasserstoff lieferte mit Salzsäure wiederum das ursprüngliche Chlorhydrat vom Smp. 80°.

Vergleichen wir diese Daten und Eigenschaften des leichten Sesquiterpens des Opopanaxöls mit jenen des Bisabolens, welches aus dem Bisabolmyrrhenöl (vgl. oben) gewonnen war, so ergibt sich große Ähnlichkeit in bezug auf den Schmelzpunkt des Trichlorhydrats, die bis auf die optische Aktivität vorhanden ist. Schon HOLMES hatte darauf hingewiesen, daß die Bisabolmyrrhe ev. identisch sei mit dem jetzt im Handel befindlichen Opopanax. Es ist demnach nicht unwahrscheinlich, daß das aus dem Bisabolmyrrhenöl isolierte Sesquiterpen in naher Beziehung zu dem aus dem Opopanaxöl gewonnenen steht.

Ferner tritt die große Ähnlichkeit dieser leichten Sesquiterpene mit dem Limen hervor, für das ebenfalls ein Trichlorhydrat vom Smp. 79—80° charakteristisch ist. Weitere Versuche müssen entscheiden, inwieweit diese drei Sesquiterpene — das Limen, das Bisabolen und das leichte Sesquiterpen des Opopanaxöls — zusammengehören.

255. Zingiberen $C_{15}H_{24}$.

Vorkommen, Isolierung und Synthese. Das Ingweröl, gewonnen durch Destillation des Rhizoms von *Zingiber officinale* Roscoe., ist verschiedentlich Gegenstand der Untersuchung gewesen. Die Arbeiten PAPOUSEKS (A. **84** [1853], 352) ergaben keine wichtigen Resultate. BERTRAM und WALBAUM (J. pr. II, **49** [1894], 18) wiesen im Ingweröl Kampfen und

Phellandren nach. Der Hauptbestandteil des Ingweröls wird jedoch von Sesquiterpenen (THRESH, Pharm. Journ. London III, **12** [1881], 243) ausgemacht. In ganz neuerer Zeit wiesen SCH. u. Co. (SCH. **1905**, II, 34) im Ingweröl Cineol, Citral, Borneol und vielleicht auch Geraniol nach.

Die erste ausführliche Untersuchung über das Sesquiterpen des Ingweröls stammt von v. SODEN und ROJAHN (Pharm. Ztg. **45** [1900], 414). Sie nannten das Sesquiterpen, das sie durch fraktionierte Destillation gewonnen hatten, „Zingiberen“: $\alpha_D = -69^0$, $d_{15} = 0{,}872$; es siedet unter gewöhnlichem Luftdruck nicht ganz unzersetzt bei 269—270°, unter 14 mm Druck bei 134°, ist dünnflüssig und neigt, wie alle leichten Sesquiterpene, sehr zur Verharzung.

Alsdann beschäftigten sich SCHREINER und KREMERS (Pharm. Arch. **4** [1901], 63; C. **1901**, II, 1226) mit dem Zingiberen. Sie isolierten das Sesquiterpen durch fraktionierte Destillation unter vermindertem Druck und fanden: $Sdp._{32} = 160—161^0$, $d_{20} = 0{,}8731$, $[\alpha]_D = -73{,}38^0$, $n_D = 1{,}49399$. Ferner gewannen sie das Dihydrochlorid (Smp. 168°), das Nitrosit (Smp. 97°), das Nitrosat (Smp. 86—88°) und das Nitrosochlorid (Smp. 97°). — In einer zweiten Abhandlung (Pharm. Arch. **4** [1901], 141 und 161), bestätigen SCHREINER und KREMERS im wesentlichen die von ihnen erhaltenen Resultate.

Aus diesen Mitteilungen geht hervor, daß man, um Verharzungen zu vermeiden, die Isolierung des Zingiberens im Vakuum vornehmen muß; zur Darstellung des Zingiberens ist man auf diesen einzigen Weg angewiesen, da es bisher nicht gelungen ist, dieses Sesquiterpen aus einem kristallisierten Derivat zu regenerieren.

Physik. Eig. des Zingiberens. THRESH (Pharm. Journ. III, **12** [1881], 243): Sdp. 256—260°, $d = 0{,}899$, $\alpha_D = -16{,}10^0$.

v. SODEN und ROJAHN (a. a. O.): $Sdp._{14} = 134^0$, $Sdp._{760} = 269—270^0$ (unter geringer Zersetzung), $\alpha_D = -69^0$, $d_{15} = 0{,}872$.

SCHREINER und KREMERS (a. a. O.): $Sdp._{32} = 160—161^0$, $d_{20} = 0{,}8731$, $[\alpha]_D = -73{,}38^0$, $n_D = 1{,}49399$, M. R. = 68,0, ber. für $C_{15}H_{24}|\overline{^3} = 67{,}82$; sie sprechen das ev. als monocyklisch an, $n_{H\alpha} = 1{,}49041$, $n_{H\beta} = 1{,}50319$, $n_{H\gamma} = 1{,}51112$. Es ist eine farblose, leicht bewegliche Flüssigkeit, neigt zur Verharzung und wird alsdann zähflüssig.

Chem. Eig. des Zingiberens. Reduktionen sind mit dem Zingiberen bisher nicht ausgeführt worden.

Brom wird absorbiert, aber alsbald entwickelt sich Bromwasserstoff, noch bevor 6 Atome Brom absorbiert sind; v. SODEN und ROJAHN konnten 4 Atome Brom anlagern, so daß die Existenz eines Tetrabromids $C_{15}H_{24}Br_4$ wahrscheinlich ist.

Zingiberendichlorhydrat $C_{15}H_{24} \cdot 2HCl$. Seiner Molekularrefraktion nach müßte das Zingiberen drei doppelte Bindungen enthalten, also drei Moleküle HCl absorbieren. THRESH (a. a. O.) ließ zuerst HCl auf Zingiberen einwirken, konnte jedoch kein kristallisiertes Derivat erhalten.

Seine Analyse für das flüssige Produkt stimmte auf $(C_{15}H_{24})_3 \cdot HCl$. — Auch v. SODEN und ROJAHN erhielten nur ein braunes zähflüssiges Öl. KREMERS und SCHREINER (Pharm. Arch. **4**, 161) lösten Zingiberen in einem gleichen Volumen Eisessig und sättigten die Lösung mit HCl bei 0°. Nach längerem Stehen schied sich ein Dihydrochlorid in Nadeln aus, Smp. 168—169°. —

Die Tatsache, daß Zingiberen glatt nur 4 Atome Brom und 2 Moleküle HCl absorbiert, steht scheinbar mit der dreifach ungesättigten Natur dieses Moleküls im Widerspruch. Jedoch läßt sich das Verhalten des Zingiberens erklären, wenn man annimmt, daß zwei der doppelten Bindungen ein konjugiertes System bilden, oder wenn man bedenkt, daß n-Phellandren, welches zweifellos zwei doppelte Bindungen enthält, ebenfalls glatt nur 2 Atome Brom addiert usw.

Zingiberennitrosochlorid $C_{15}H_{24} \cdot NOCl$. SCHREINER und KREMERS (C. **1902**, I, 41) lösen etwas Zingiberen in gleichen Volumen Eisessig und Äthylnitrit und fügen allmählich eine Lösung von HCl in Eisessig hinzu usw.; Smp. 96—97°. Es muß dahingestellt bleiben, ob ev. ein Bisnitrosochlorid vorliegt. Es ist auffallend, daß dieses Nitrosochlorid einen ähnlichen Schmelzpunkt hat wie die Nitrosochloride des Limonens, Terpineols usw., während die Nitrosochloride einiger bicyklischer Sesquiterpene, z. B. des Caryophyllens und Humulens, bedeutend höher schmelzen; dagegen schmilzt Cadinennitrosochlorid wiederum niedriger, bei 93—94°. Die Untersuchungen müssen entscheiden, ob wirklich in allen Fällen bimolekulare Verbindungen vorliegen usw.

Zingiberennitrosit $C_{15}H_{24} \cdot N_2O_3$. Diese Verbindung gewannen SCHREINER und KREMERS (C. **1902**, I, 41) durch gegenseitige Einwirkung von Zingiberen, Natriumnitrit und Eisessig in Petroläther (Smp. 97—98°). Das rohe Nitrosit des Ingweröls läßt sich nach SCHREINER (C. **1901**, II, 544) durch fraktionierte Kristallisation aus heißem Äthylalkohol oder heißem Äthylacetat in Zingiberennitrosit (Smp. 97—98°) und zwei Nitrosite vom Smp. 120—121° und vom Smp. 105° zerlegen.

Zingiberennitrosat $C_{15}H_{24} \cdot N_2O_4$. SCHREINER und KREMERS (C. **1902**, I, 41) stellen dies Nitrosat dar aus Zingiberen, Äthylnitrit und HNO_3 in Eisessiglösung; gelbliches Pulver (durch wiederholtes Lösen in Äthylacetat und Fällen mit Alkohol gewonnen); Smp. 86—88° unter Zersetzung.

Zu den chemischen Umsetzungen des Zingiberens ist zu bemerken, daß die kristallisierten Derivate sämtlich in saurer Lösung erhalten wurden, so daß man nicht ohne weiteres schließen darf, daß diesen kristallisierten Derivaten noch das Kohlenstoffskelett des Zingiberens zukommt, zumal es bisher nicht gelungen ist, aus einem der Derivate, wie z. B. aus dem Dichlorhydrat, das Zingiberen zu regenerieren.

Zur **Identifizierung** des Zingiberens lassen sich jedoch diese Reaktionen sehr gut verwerten, so die Bildung des Dichlorhydrats vom Smp. 168 bis 169°; (für ein Dichlorhydrat in dieser Reihe ist der Schmelzpunkt ein außerordentlich hoher); auch das Nitrosat, Nitrosit und Nitrosochlorid sind charakteristisch. In erster Linie sind aber auch die physikalischen Daten nach der Fraktionierung im Vakuum heranzuziehen. Eine Verwechselung könnte mit dem Limen und Carlinen stattfinden. Das Limen liefert jedoch ein Trichlorhydrat vom Smp. 79—80°, vom Carlinen kennen wir keine kristallisierten Derivate, wir wissen auch nicht, ob es ev. mit dem Zingiberen oder Limen identisch ist.

Über die **Konstitution** des Zingiberens läßt sich nur angeben, daß es seinen physikalischen Daten nach ein monocyklisch dreifach ungesättigtes Sesquiterpen ist. Die chemischen Reaktionen sprechen nicht direkt gegen diese Auffassung; wenn das Zingiberen auch nur ein Dichlorhydrat liefert, so können doch drei doppelte Bindungen vorhanden sein, wie oben auseinandergesetzt wurde. Da das Zingiberen ein Nitrosochlorid usw. liefert, so kann man annehmen, daß eine doppelte Bindung analog gelagert ist wie im Limonen, d. h. im Kern liegt und sekundär-tertiärer Natur ist.

Obwohl das Ingweröl als solches lange Zeit bekannt ist, auch Papousek bereits im Jahre 1853 die Gegenwart eines hochsiedenden Kohlenwasserstoffs festgestellt und Thresh im Jahre 1881 einige physikalische Daten über diesen Kohlenwasserstoff mitgeteilt hatte, so sind es doch erst die im Jahre 1900 veröffentlichten Arbeiten von v. Soden und Rojahn, sowie besonders die Publikationen von Schreiner und Kremers in den darauf folgenden Jahren gewesen, welche die Annahme, daß im Zingiberen ein monocyklisches, dreifach ungesättigtes Sesquiterpen vorliegt, als wahrscheinlich erscheinen ließen. Demnach gehört die Chemie des Zingiberens den letzten fünf Jahren an.

---

e) Acyklische Sesquiterpene mit vier doppelten Bindungen $C_{15}H_{24}$.

Ganz analog, wie es gelungen war, die Existenz aliphatischer Terpene in den ätherischen Ölen nachzuweisen, konnte man auch mit der Möglichkeit rechnen, aliphatischen Sesquiterpenen zu begegnen. Aber schon bei den aliphatischen Terpenen machten wir die Wahrnehmung, daß sie stark zu Kondensationen, zu Verharzungen usw. neigen; ein gleiches ist nun bei den aliphatischen Sesquiterpenen der Fall, so daß die Fähigkeit vieler ätherischer Öle, zu verharzen, namentlich bei der Destillation unter gewöhnlichem Luftdruck einen verharzten Rückstand zu bilden, zuweilen wohl auf die Anwesenheit aliphatischer Sesquiterpene zurückzuführen ist, womit auch die Schwerlöslichkeit einzelner, namentlich alter ätherischer Öle, in Alkohol im Zusammenhang steht.

Immerhin sind aliphatische Sesquiterpene bisher selten in ätherischen Ölen angetroffen worden; der einzige Repräsentant dieser Gruppe ist in der aliphatischen Reihe (Bd. I, S. 369) bereits beschrieben worden.

Die **physik. Eig.** dieser acyklischen Sesquiterpene unterscheiden sich wesentlich von denen der cyklischen, besonders das Volumgewicht ist verschieden, da sie spezifisch bedeutend leichter (ca. 0,85) sind, je nach Lage der doppelten Bindungen und gemäß ihrer sonstigen Konstitution. Wegen ihrer leichten Veränderlichkeit beim Erwärmen muß die Abscheidung und Fraktionierung über Natrium im Vakuum vorgenommen werden.

Zusammenfassende Angaben über die Sesquiterpene.

Daß Kohlenwasserstoffe von der Bruttoformel $C_{15}H_{24}$ in den ätherischen Ölen vorkommen, wurde von Soubeiran und Capitaine im Jahre 1840 (A. **34**, 323) bereits erkannt. In der Folgezeit gelang es verschiedentlich, derartige Sesquiterpene (der Name dürfte von Berthelot (A. Spl. **II**, 228) herrühren), in den ätherischen Ölen aufzufinden. Es sei jedoch an dieser Stelle darauf hingewiesen, daß die Entscheidung, ob wirklich ein Kohlenwasserstoff $C_{15}H_{24}$ vorliegt, in vielen Fällen nicht mit der nötigen Sorgfalt erfolgt ist, so daß einzelnen, bisher als Sesquiterpene angesehenen Kohlenwasserstoffen zweifellos eine andere Formel zukommen wird (vgl. z. B. die Isosantalene).

Trotzdem man also verhältnismäßig frühzeitig die Sesquiterpene von den Terpenen abgetrennt hatte, ist es bisher doch nicht in dem Maße wie bei letzteren gelungen, ihre physikalischen und chemischen Eigenschaften aufzuklären. Schon für die Abscheidung der Sesquiterpene stehen uns bedeutend weniger Reaktionen zu Gebote als für jene der Terpene; fast stets sind wir auf die fraktionierte Destillation angewiesen, nur selten können wir das Sesquiterpen, wie z. B. das Cadinen, aus einer kristallisierten Verbindung regenerieren. Was die Verbreitung der Sesquiterpene in den ätherischen Ölen anlangt, so steht sie jenen der Terpene nicht sehr nach; über das ganze Pflanzenreich verbreitet finden sich Pflanzen, in deren ätherischen Ölen Sesquiterpene angetroffen werden. Vielfach sind es Balsame und Harze, die ebenso wie Terpene auch Sesquiterpene liefern.

Die **physik. Eig. der Sesquiterpene** sind z. T. recht genau studiert worden, so daß wir aus der Bestimmung der physikalischen Konstanten die Gegenwart des einen oder anderen Sesquiterpens vermuten können. Je mehr sich die Sesquiterpene in ihrem Aufbau den Terpenen nähern, um so mehr stimmt auch das Volumgewicht dieser beiden Klassen von Verbindungen überein; selbstverständlich muß auch in diesem Falle der Siedepunkt der Sesquiterpene höher liegen als jener der Terpene.

Beim Studium der **chem. Eig. der Sesquiterpene** hatte man anfangs recht wenig Resultate zu verzeichnen. Das erste kristallisierte Produkt, das man erhielt, war auch bei den Sesquiterpenen ein Hydrochlorid, und zwar das Cadinendihydrochlorid. Kristallisierte Bromide der Sesquiterpene zu erhalten, ist bis heute noch nicht gelungen. Während ein Wasseranlagerungsprodukt der Terpene, das Terpinhydrat, in gut kristallisiertem Zustande seit über 100 Jahren bekannt ist, konnte aus dem Sesquiterpen Caryophyllen ein solches erst von Wallach im Jahre 1892, und zwar das Isocaryophyllenhydrat $C_{15}H_{26}O$, gewonnen werden. Die Oxydationsergebnisse, die bei der Aufklärung der Terpene eine so große Rolle gespielt haben, haben bei den Sesquiterpenen bisher ganz im Stich gelassen. N_2O_3 ließ Cahours bereits in den vierziger Jahren des vergangenen Jahrhunderts auf Phellandren einwirken und erhielt dabei ein gut kristallisiertes Produkt; die Reaktionen von NOCl mit Pinen und Limonen studierte Tilden besonders in den siebziger Jahren; in gleicher Weise erhielt auch Wallach mit N_2O_4 gut kristallisierte Derivate der Terpene. Aber erst in den letzten 15 Jahren hat man Reaktionsprodukte der Sesquiterpene mit diesen Säureanhydriden in gut kristallisiertem Zustande abscheiden können.

Zur **Identifizierung** der Sesquiterpene sind im übrigen dieselben Verbindungen geeignet wie zu jener der Terpene, so die Chlorhydrate, Nitrosochloride, Nitrosite und Nitrosate. Jedoch immer müssen wir im Auge behalten, daß wir bei der Darstellung dieser Derivate in saurer Lösung arbeiten, und daß unter Umständen Invertierung eintreten kann, so daß also aus z. B. zwei ursprünglich verschiedenen Terpenen die Bildung ein und desselben Derivats möglich ist. Analoge Umlagerungen müssen wir ev. auch bei der Hydratbildung vermuten. Wir wissen, daß das Terpinhydrat sowohl aus dem Pinen, als auch aus dem Limonen entstehen kann; es ist demnach nicht ausgeschlossen, daß das Isocaryophyllenhydrat aus zwei verschiedenen Sesquiterpenen gebildet werden kann, so daß die Gewinnung dieses Alkohols nicht mit voller Schärfe immer für die Anwesenheit von Caryophyllen zu sprechen braucht.

Auch die **Konstitution** der Sesquiterpene ist bei weitem nicht so eingehend aufgeklärt, wie jene der Terpene. Allerdings können wir mit Sicherheit angeben, daß in den ätherischen Ölen acyklische, mono-, bi- und tricyklische Sesquiterpene angetroffen werden; ob auch tetracyklische, muß vorläufig dahingestellt bleiben. Diese Einteilung der Sesquiterpene haben wir nicht zum wenigsten aus den physikalischen Eigenschaften der Sesquiterpene folgern können, natürlich immer vorausgesetzt, daß wir es mit einigermaßen reinem Material zu tun haben. Diesen einzelnen Unterabteilungen der Sesquiterpene kommen nun namentlich bestimmte Volumgewichte zu, an denen wir die Angehörigen der einzelnen Gruppen unterscheiden können. Eine derartige Einteilung wird sich aber auch unter allen Umständen in der Zukunft empfehlen, da dadurch Sesquiterpene zusammengestellt werden, die in ihren sonstigen physikalischen und chemischen Eigenschaften verwandtschaftliche Beziehungen zeigen werden. Eine weitere Einteilung in Unterabteilungen wird sich alsdann vielleicht, wie bei den Terpenen, von der Anwesenheit der doppelten Bindung im Ring oder außerhalb desselben vornehmen lassen. — Im übrigen wissen wir über die Konstitution der Sesquiterpene sehr wenig. Wiederum aus den physikalischen Daten müssen wir folgern, daß wir es bei den monocyklischen Sesquiterpenen, in den meisten Fällen mit hydrierten p-Methyl-Alkyl-Benzolderivaten, mit hydrierten Naphtalinen bei den bicyklischen Sesquiterpenen zu tun haben dürften; die tricyklischen Sesquiterpene werden entweder hydrierte Anthracene, vielleicht auch Phenanthrene oder hydrierte Naphtaline sein, die sich in folgender Weise zu einem tricyklischen hydrierten Molekül invertiert haben:

Bei diesem Schema ist auf die Substitution usw. keine Rücksicht genommen. Jedenfalls sind wir heute nicht imstande, auch nur von einem einzigen Sesquiterpen mit Bestimmtheit die Konstitution anzugeben.

Die **geschichtlichen** Daten über die Entwickelung unserer Kenntnisse auf dem Gebiete der Sesquiterpenchemie sind ausführlich in vorherstehenden Erörterungen dargelegt worden. Alle wichtigen Folgerungen, die namentlich auf die Konstitution Bezug haben, sowie die meisten chemischen Reaktionen sind hauptsächlich in den letzten 20 Jahren ausgeführt worden. Zukünftige Forschungen auf diesem Gebiete müssen vor allem festzulegen suchen, welche Kohlenstoffskelette in den einzelnen Sesquiterpengruppen vorliegen und wie sich die Lagerung der doppelten Bindungen gestaltet, ferner müssen Identifizierungsreaktionen weiter ausgebildet und auf absolut zuverlässige Basis gestellt werden.

Über die **Entstehung der Sesquiterpene** in der Pflanze wissen wir sehr wenig. Auch sie erscheinen wie die Terpene als stark reduzierte Moleküle, indem sie zwei Wasserstoffatome weniger enthalten als jene. Es läßt sich annehmen, daß es kein bloßer Zufall ist, daß die meisten Kohlenwasserstoffe in den ätherischen Ölen die Bruttoformel $(C_5H_8)_2$ bzw. $(C_5H_8)_3$ haben, sondern daß ein genetischer Zusammenhang zwischen beiden Gruppen existiert, sei es, daß die Sesquiterpene aus den Terpenen entstehen, oder sei es, daß beide Gruppen sich aus demselben oder ähnlich konstituiertem Material bilden. Ob letzteres Kohlehydrate oder Derivate derselben sind, ist vorläufig nicht zu entscheiden, ebensowenig, ob sich alle diese Moleküle primär aus Kohlensäure und Wasser unter Reduktion und Wasserabspaltung bilden können. Man kann wohl annehmen, daß auch die Bildung der Sesquiterpene teilweise durch das Eiweißmolekül hindurchgeht und sich auch aus glukosidartigen Verbindungen abscheiden kann.

Tabelle der Sesquiterpene.

(Die Zugehörigkeit des einen oder anderen Sesquiterpens zu den einzelnen Gruppen steht nicht in allen Fällen fest, so daß die Tabelle nur zur Übersicht dient.)

a) Tetracyklische.

Vertreter dieses Systems sind bisher nicht aufgefunden worden.

---

b) Tricyklische.

	Sdp.	Spez. Gew.	n_D	Chlorhydrat	Nitrosochlorid	Nitrosat	Nitrosit
Aromadendren	260—265°	0,9249 (19°)	—	—	—	—	—
S. aus Acorus Calamus	255—258°	0,9323 (14°)	—	—	—	—	—
S. aus Cascarillöl	260—265°	0,924 (20°)	—	—	—	—	—
Cedren (natürliches)	261—262°	0,9359 (15°)	1,5015	—	—	—	—
Cloven	261—263°	0,930 (18°)	1,50066 (18°)	—	—	—	—
S. aus Galgantöl	230—240°	0,932 (20°)	1,4922 (20°)	Smp. 51°	—	—	—
Gurjunen	255°	0,920 (15°)	—	—	—	—	—
Leden	264° (752 mm)	0,9237 (19°)	—	—	—	—	—
S. aus Lorbeerblätteröl	250°	0,925 (15°)	—	—	—	—	—
S. aus Minjak-Lagam-Balsamöl	249—251°	0,923 (15°)	—	ev. vom Smp. 114°	—	—	—
Patschulen	260—280°	0,9217 bis 0,9379	—	—	—	—	—
S. aus Sandarakharzöl	260—280°	0,9386 ($^{15}/_{15}$°)	1,5215	—	—	—	—
Vetiven	255°	0,9332	$n_A = 1,5061$	—	—	—	—

c) Bicyklische.

	Sdp.	Spez. Gew.	n_D	Chlorhydrat	Nitrosochlorid	Nitrosat	Nitrosit
S. aus Ageratumöl	—	—	—	—	—	—	—
Amorphen	250—260°	0,916 (15°)	1,50652 (15°)	—	—	—	—
S. aus Angelicawurzelöl	ca. 240—270°	—	—	—	—	—	—
Aralien	ca. 260—270°	0,9086 (20°)	1,49936	—	—	—	—
Atraktylen	260—263°	0,9147 (15°)	1,50938 bis 1,51020 (20°)	—	—	—	—
S. aus Baldrianwurzelöl	160—165° (50 mm)	—	—	—	—	—	—
S. aus Basilicumöl	—	—	—	—	—	—	—
S. aus Boldoblätteröl	265—275°	—	—	—	—	—	—
Cadinen	273—275°	0,9224	1,5107	Smp. 117 bis 118°	Smp. 93 bis 94°	Smp. 105 bis 110°	—
Caparrapen	240—260°	0,9019 (16°)	1,4953	83°	—	—	—
Caryophyllen	258—260°	0,9085 (15°)	1,50094	69—70°	Smp. 158 bis 160°	Smp. 148 bis 149°	α) Smp. 113° β) Smp. 146–
S. aus Citronellöl	272—275° (760 mm)	0,912 (15°)	—	—	—	—	—
Conimen	264°	—	—	—	—	—	—
Cubeben	250—260°	—	—	—	—	—	—
S. aus Edeltannenöl	—	—	—	—	—	—	—
S. aus *Erechthites hieracifolia*	aus Frakt. 240—310°	—	—	—	—	—	—
l-S. aus *Eucalyptus Globulus*	247—248°	0,8956	1,49287	—	—	—	—
d-S aus *Eucalyptus Globulus*	265—266°	0,9236	1,50602	—	—	—	—
S. aus Fenchelöl	—	—	—	—	—	—	—
Galipen	—	0,912	1,50513	—	—	—	—
Guajen	124—128° (13 mm)	0,910 (20°)	1,50114	—	—	—	—
Gonystylen	137—139° (17 mm)	0,9183 (17°)	—	—	—	—	—

	Sdp.	Spez. Gew.	n_D	Chlorhydrat	Nitrosochlorid	Nitrosat	Nitrosit
S. aus Hanföl	256—258°	0,9209 (0°)	—	—	—	—	—
Heveen	255—265°	—	—	—	—	—	—
Humulen	263—266°	0,8977 ($^{20}/_{20}$°)	1,50094	—	Smp. 164 bis 165°	Smp. 162 bis 163°	Bis-nitrosit Smp. 165—168°
S. aus Kessowurzelöl	aus Frakt. 260—280°	—	—	—	—	—	—
S. aus Lavendelöl	130° (15 mm)	—	—	—	—	—	—
S. aus Linaloëöl	135—136° (10 mm)	—	—	—	—	—	—
S. aus Maticokampfer	—	—	—	—	—	—	—
S. aus Pfefferminzöl	255—260°	0,912 (21°)	—	—	—	—	—
S. aus Rosenholzöl	249°	0,9042 (20°)	$n_c = 1,4911$	—	—	—	—
S. aus Salbeiöl	264—270°	0,9198 (0°)	—	—	—	—	—
Santalene	α) 252—252,5°	0,9134 (0°)	—	—	Smp. 122°	—	—
Santalene	β) 261—262°	0,9139 (0°)	—	—	Smp. 152 und 106°	—	—
S. aus dem Santonin	—	—	—	—	—	—	—
S. aus Schafgarbenöl	aus Frakt. 254°	—	—	—	—	—	—
aus Sellerieöl	262—269°	—	—	—	—	—	—
S. aus Spiköl	—	—	—	—	—	—	—
aus Spiraeaöl	—	—	—	—	—	—	—
S. aus Sternanisöl	—	—	—	—	—	—	—
S. aus *Thymus Serpyllum*	—	—	—	—	—	—	—
aus Verbenaöl	—	—	—	—	—	—	—
Winteren	aus Frakt. 260—270°	aus Frakt. 0,9344 (13°)	—	—	—	—	—

d) Monocyklische.

	Sdp.	Spez. Gew.	n_D	Chlorhydrat	Nitrosochlorid	Nitrosat	Nitrosit
Bisabolen	259—260,3°	0,8914 (17°)	1,4608 (?)	Smp. 79,3°	—	—	—
Carlinen	250—253° (760 mm)	0,8733 (22,8°)	1,492	—	—	—	—
Limen	125—127° (8 mm)	0,8843 (15°)	1,49034 (20°)	Smp. 79 bis 80°	—	—	—
Zingiberen	256—260°	0,8731 (20°)	1,49399	Smp. 168 bis 169°	Smp. 96 bis 97°	Smp. 86 bis 88°	Smp. 97—98

e) Acyklische.

Über die acyklischen Sesquiterpene vgl. Bd. I, S. 369.

ε) Diterpene und Polyterpene.

Bei den Sesquiterpenen konnten wir schon die Wahrnehmung machen, daß sie verhältnismäßig hoch (ca. 250—275°) sieden, daß sie demnach verhältnismäßig schwer mit Wasserdämpfen flüchtig sind. Denken wir uns die Sesquiterpene ev. durch Verkuppelung von 3 Mol. Isopren C_5H_8 entstanden, so könnten durch Aneinanderlagerung von 4 Mol. C_5H_8 Verbindungen von der Bruttoformel $C_{20}H_{32}$ entstehen. Diese Moleküle müssen natürlich noch höher sieden als die Sesquiterpene, über 300°, so daß ihre Flüchtigkeit mit Wasserdämpfen noch weiter abnimmt. Schon aus diesem Grunde werden wir den Diterpenen selten in ätherischen Ölen begegnen. Noch seltener werden wir natürlich auf die sog. Polyterpene, welche wir uns aus fünf oder noch mehr Molekülen Isopren entstanden denken, in den ätherischen Ölen stoßen.

Auch bei diesen hochmolekularen Kohlenwasserstoffen müssen wir zwischen natürlichem Vorkommen und künstlicher Herstellung unterscheiden. Vorausgeschickt muß werden, daß man früher vielfach Verbindungen als „Diterpene“ bezeichnet hat, von denen wir heute wissen, daß sie Sesquiterpene sind. So sah man z. B. das Copaiven (Caryophyllen) früher als ein Diterpen an, auch das Bisabolen wurde eine Zeitlang als solches betrachtet, ebenso das Sesquiterpen aus dem Sandarakharz. Aus diesem Grunde schmilzt die Zahl der eigentlichen Diterpene sehr zusammen.

In den meisten Fällen dürfte es sich bei den Diterpenen um Vereinigung von zwei Molekülen Terpen handeln, die unter dem Einfluß von Säuren bzw. durch rein physikalische Kräfte, wie namentlich durch Erhitzung, auch bei längerem Aufbewahren bereits bei gewöhnlicher Temperatur, stattgefunden hat. Aus diesem Grunde werden wir den Diterpenen vielfach in Harzen begegnen. Jedoch ist es bisher noch nicht gelungen, sie durch Wasserdampfdestillation abzuscheiden. In folgendem sollen einzelne Produkte beschrieben werden, die man auf künstlichem Wege erhalten hat.

a) Diterpene.

Colophen $C_{20}H_{32}$.

Darstellung, Isolierung usw. Als Colophen ist von DEVILLE (A. **37**, 192) ein Produkt bezeichnet worden, welches man neben anderen Verbindungen bei der Behandlung von Terpentinöl mit Vitriolöl gewinnt; nach demselben Forscher entsteht diese Verbindung auch, wenn man an Stelle des Vitriolöls P_2O_5 nimmt (A. **71**, 350). Ferner berichtet DEVILLE (A. **37**, 193), daß man diesen Körper auch bei der Destillation von Colophonium beobachte. GERHARDT (GRH. III, 624) sagt über die Eigenschaften des Colophens: „Le colophène est incolore, lorsqu'on le regarde en laissant venir à l'oeil la lumière qui le traverse; mais, vu dans une autre direction, il est d'un bleu indigo foncé. Sa densité est de 0,940 à 9°; son point d'ébullition est à peu près à 310 ou 315°. Sa composition se représente par $C_{40}H_{32}$, c'est-à-dire par une formule double de celle du térébène.“ Nach weiteren Angaben GERHARDTS absorbiert es HCl, erhitzt sich und gibt ein Produkt von der Farbe des Indigos. Auch durch Erhitzen von Terpentinöl mit Benzoësäure gewinnt man das Colophen (C. r. **113**, 551; B. **24** [1891], Ref. 904). Ferner beschäftigt sich RIBAN mit dem Colophen (A. ch. V, **6**, 40): Sdp. = 318—320° (kor.), Dampfdichte bei 288° unter 20 mm = 8,3 (ber. = 9,4); es absorbiert nach ihm Salzsäure, gibt aber an kohlensauren Kalk alle Salzsäure wieder ab. Auch ARMSTRONG und TILDEN (B. **12** [1879], 1755) untersuchen die Gewinnung des Colophens näher; sie geben an, daß das Rohcolophen bei der Destillation ebenfalls Kampfen, Terpilen (Gemenge), Cymol und den Kohlenwasserstoff $C_{10}H_{20}$ liefere. Terpilen, Kampfen und Cymol entstehen auch außerdem bei der Einwirkung von Vitriolöl auf Terpentinöl, bei der Colophen gebildet wird.

Zur **Konstitution** dieses wohl kaum einheitlichen Diterpens ist zu bemerken, daß es hauptsächlich aus einem Kohlenwasserstoff $C_{20}H_{32}$ bestehen dürfte, der sich aus dem Pinen durch Sprengung des Vierrings unter Aneinanderlagerung von zwei Molekülen bildet, wobei die voneinander getrennten Kohlenstoffatome sich ev. vereinigen dürften. Wir werden analoge Verhältnisse bei anderen Diterpenen kennen lernen.

Dicinen, Paracajeputen $C_{20}H_{32}$.

Darstellung, Isolierung usw. Wird Wurmsamenöl (Cineol $C_{10}H_{18}O$) nach HELL und STÜRCKE (B. **17**, 1971; HIRZEL, J. **1854**, 592; KRAUT, WAHLFORSS, A. **128**, 294) mit P_2O_5 behandelt, so entsteht besonders Cinen (i-Limonen); daneben aber Dicinen $C_{20}H_{32}$, Sdp. 328—333°, Dampfdichte = 9,15, ber. 9,4. — Als Paracajeputen bezeichnet SCHMIDTL (J. **1860**, 481) ein Produkt, welches er beim Behandeln von Cajeputöl mit P_2O_5 neben Pinen und Limonen erhalten hat; Sdp. 310—316°, es fluoresziert blau und ist unl. in Alkohol. Da das Cajeputöl ebenfalls hauptsächlich Cineol enthält, so dürften das Dicinen und das Paracajeputen im wesentlichen identisch sein.

Diterpilen $C_{20}H_{32}$.

Darstellung, Isolierung usw. LAFONT (A. ch. VI, **15**, 174) läßt zwei Teile „Citren“ aus Citronenöl und einen Teil Ameisensäure längere Zeit stehen, oder aber er erhitzt dieses Gemisch 18 Stunden lang auf 100°. Das Reaktionsprodukt ist zähflüssig, optisch inaktiv, $Sdp._{40}$ = 212—215°, d_0 = 0,9404; es absorbiert HCl in ätherischer Lösung. Es muß dahingestellt bleiben, wie die Vereinigung der beiden Limonenmoleküle bei der Einwirkung der Ameisensäure stattfindet.

Diterpen aus Menthon.

Darstellung, Isolierung usw. Bei der Einwirkung der berechneten Menge Phosphorsäureanhydrid auf Menthon erhielt BERCKENHEIM (B. **25**, 692) ein Reaktionsprodukt, das aus zwei Schichten, einer oberen leichtbeweglichen und einer unteren dickflüssigen Schicht, bestand. Die Hauptmenge der oberen Schicht siedete bei 170—173°; aus den Analysenzahlen war zu ersehen, daß ein Gemisch von Kohlenwasserstoffen der Zusammensetzung $C_{10}H_{18}$, hauptsächlich aber $C_{10}H_{16}$ vorlag. — Die Untersuchung der dickflüssigen unteren Schicht des Reaktionsproduktes ergab: Sdp. 320—325°; Analyse stimmt auf $C_{10}H_{16}$, $d_{0/0}$ = 0,9535, $d_{20/20}$ = 0,9414; es addiert Br und HCl, ohne kristallinische Produkte zu geben; bei Einwirkung von rauchender Salpetersäure gibt der Kohlenwasserstoff ein amorphes, schwach gelbes Nitroprodukt. Offenbar liegt ein Diterpen vor, was auch die Molekulargewichtsbestimmung ergab, die auf $C_{20}H_{32}$ stimmende Werte lieferte.

Metaterebenthen.

Darstellung, Isolierung usw. Als Metaterebenthen wird von BERTHELOT (A. ch. III, **39**, 19) ein Produkt bezeichnet, welches neben Isoterebenthen (i-Limonen) entsteht, wenn Terpentinöl auf 300° erhitzt wird; Sdp. oberhalb 360°, $d_{20} = 0{,}913$, es ist linksdrehend und absorbiert Salzsäuregas. Als Meta-Australen bezeichnet BERTHELOT den analogen Kohlenwasserstoff, den man gewinnt, wenn man rechtsdrehendes Terpentinöl (Australen) erhitzt. Da BERTHELOT den Siedepunkt als über 360° liegend angibt, so dürfte kein Diterpen, sondern ein höher molekulares vorliegen.

b) Triterpene $C_{30}H_{48}$.

Zu den Triterpenen kann man ev. Kohlenwasserstoffe rechnen, die aus dem Amyrin $C_{30}H_{50}O$ gewonnen worden sind. Das Amyrin seinerseits wird aus dem Elemiharz dargestellt. VESTERBERG (B. **20**, 1242; **23**, 3186; **24**, 3834 und 3836) berichtet, daß das Rohamyrin ein Gemenge von zwei isomeren Alkoholen $C_{30}H_{49}OH$ sei.

Das d-α-Amyrilen wurde gewonnen aus α-Amyrin $C_{30}H_{50}O + PCl_5$, trimetrische Prismen, Smp. 134—135°, $[\alpha]_D = 109{,}48°$. Beim Stehen mit P_2O_5 und Benzol bildet sich das

l-α-Amyrilen, trimetrische Prismen, Smp. 193—194°, $[\alpha]_D = -104{,}9°$ (vgl. MAUZELIUS, B. **24**, 3835).

β-Amyrilen, aus β-Amyrin und PCl_5, lange, schmale, trimetrische Prismen, Smp. 175—178°, $[\alpha]_D = +112{,}19°$. — Vgl. hierzu die Arbeiten TSCHIRCHS über die Amyrine (Ar. **240**, 305, 313, 315, 319, 322; **241**, 153; **242**, 119, 350, 359).

c) Tetraterpene $C_{40}H_{64}$.

Der Vollständigkeit halber sei angeführt, daß RIBAN (A. ch. V, **6**, 42) beim Schütteln von l-Pinen mit $SbCl_3$ neben Colophen eine durchsichtige amorphe Masse vom Volumgewicht 0,977 erhalten hat, die oberhalb 100°, schmilzt, noch nicht bei 350° siedet und linksdrehend ist. Bei der Destillation bildet sich Colophen (Sdp. 318—320°) und β-Isoterebenthen (Sdp. 176°) (i-Limonen). RIBAN erhielt daraus beim Behandeln mit HCl ein Hydrochlorid $C_{40}H_{64} \cdot HCl$, ein Dihydrochlorid $C_{40}H_{64} \cdot 2\,HCl$ und ein Dihydrobromid $C_{40}H_{64} \cdot 2\,HBr$.

Es ist nicht ausgeschlossen, daß sich einzelne von diesen, wie oben bereits erwähnt, bisher ausschließlich auf künstlichem Wege erhaltenen Di- und Polyterpenen auch in ätherischen Ölen werden nachweisen lassen, da die Polymerisierung der Terpene bzw. Sesquiterpene, wie hervorgehoben, z. T. in der Pflanze usw. vor sich gegangen sein kann.

Anhangsweise sei erwähnt:

Sesquiterpen $C_{15}H_{24}$ aus Urson.

Aus dem in den Blüten der Bärentraube (*Arbutus uva ursi*) neben Arbutin enthaltenen Ursin $C_{30}H_{48}O_3$ konnte GINTL (M. **14**, 255; C. **1893**, II, 214) durch Reduktion mit HJ und bei der Destillation mit Zinkstaub ein bei 156—167° siedendes Sesquiterpen $C_{15}H_{24}$ erhalten werden; der Kohlenwasserstoff ist schwach rechtsdrehend. Analyse und kryoskopische Untersuchung bestätigten die Zusammensetzung $C_{15}H_{24}$. Der Körper bildet ein Bromadditionsprodukt und ein Nitrat. — Dem niedrigen Siedepunkt nach dürfte ev. ein Terpen vorliegen.

256. Sesquiterpene aus Kryptogamen.

MÜLLER (Z. Physiol. Ch. **45** [1905], 299) untersuchte nachstehende kryptogame Pflanzen und fand, daß aus diesen vielfach in Gegensatz zu unseren bisherigen Ansichten (vgl. dagegen G. u. H., Leipzig; COHN, „Die Riechstoffe"; DETTO, Naturw. Wochenschr., N. F., Bd. III, S. 322) ätherisches Öl gewonnen werden kann; und zwar besteht dasselbe hauptsächlich aus Verbindungen, die der Sesquiterpenreihe angehören. Die erhaltenen Resultate sind nach M. in folgender Tabelle zusammengefaßt:

	Mastigobryum trilobatum	*Leioscyphus Taylori*	*Madotheca levigata*	*Alicularia scalaris*
spez. Gew. d. Öles	0,947—0,975	0,986	0,856	0,965
$[\alpha]_D$	+13,46	−3,44	+73,46	−33,49
Verseifungszahl	5,4	11,4	5,56	—
Zusammensetzung des Öles	82,77 % C 11,9 % H 6,04 % O	84,18 % C 11,73 % H 4,21 % O	80,43 % C 12,49 % H 7,08 % O	81,10 % C 11,71 % H 7,13 % O
I. Fraktion	Sdp. 260—265° $d = 0,946$ $[\alpha]_D = +25,95°$ $C_{10}H_{16}$	Sdp. 260—265° $d = 0,937$ $C_{15}H_{26}O$	$Sdp._{25}$ 100 $[\alpha]_D = +10,54°$	—
II. Fraktion	Sdp. 270—285° $d = 0,964$ $[\alpha]_D = +42,21°$ Kohlenwasserstoff?	Sdp. 265—278° unrein, wahrscheinlich ein Kohlenwasserstoff	$Sdp._{17} = 150-160°$ $d = 0,968$ $[\alpha]_D = +132,23°$ 22% davon ein Alkohol $C_{10}H_{18}O$	—
III. Fraktion	—	Sdp. 280—290° $[\alpha]_D = +26,88°$ $C_{15}H_{26}O$	—	—

Hierzu ist zu bemerken, daß der in Fraktion I aus *Mastigobryum trilobatum* erhaltene Kohlenwasserstoff von Sdp. 260—265° nicht die Konstitution $C_{10}H_{16}$ wegen seines hohen Siedepunktes besitzen kann; wahrscheinlich wird auch ihm ev. die Zusammensetzung $C_{15}H_{24}$ zukommen. — Über die hiervon zum Teil verschiedenen Ansichten von der chemischen Natur der sich in den Kryptogamen findenden Ölkörper vgl. LOHMANN (Beihefte Bot. Zentralbl. **XV**, 215—256), HOLLE („Über die Zellenbläschen der Lebermoose", Heidelberg **1857**), LINDBERG („Flora" **1862**, S. 545) und PFEFFER („Die Ölkörper der Lebermoose", „Flora" **1874**, Nr. 1—3).

Zusammenfassende Betrachtungen über das Vorkommen von Kohlenwasserstoffen der hydriert-cyklischen Reihe in den ätherischen Ölen.

Stellt man diese Kohlenwasserstoffe ihrer Bruttoformel nach zusammen, so treten jene, welche nicht Terpene oder Sesquiterpene sind, außerordentlich stark zurück. Hieraus dürfte sich ergeben, daß die Ringschließung, welche zu den hydriert-cyklischen Kohlenwasserstoffen führt, von aliphatischen Terpenen bzw. Sesquiterpenen aus in der Pflanze besonders leicht vor sich geht. Mögen wir die Entstehung dieser Kohlenwasserstoffe auffassen, wie wir wollen, so müssen zweifellos zuerst aliphatische Alkohole bzw. Oxydationsprodukte derselben, Ketone oder Aldehyde, und aus allen diesen Körpern entweder aliphatische Kohlenwasserstoffe oder unter Ringschließung direkt cyklische Terpene oder Sesquiterpene entstehen. Möglich ist ja immerhin die Theorie, daß diese Kohlenwasserstoffe auch primär direkt aus Kohlensäure und Wasser unter gleichzeitiger starker Reduktion entstehen könnten, ein Vorgang, der jedoch außerordentlich unwahrscheinlich ist. Die Hauptmenge der hydriert-cyklischen Kohlenwasserstoffe in den ätherischen Ölen wird, wie erwähnt, von Terpenen und Sesquiterpenen gebildet; in einigen Ölen überwiegen diese, in anderen jene, selten kommen Terpene und Sesquiterpene zusammen in größeren Mengen in ein und demselben ätherischen Öle vor, gewöhnlich tritt bei beiderseitigem Vorkommen das eine gegen das andere stark zurück, so daß die Annahme an Wahrscheinlichkeit gewinnt, daß nicht die Sesquiterpene aus den Terpenen oder umgekehrt entstehen, sondern daß sich beide Arten von Kohlenwasserstoffen unter verschiedenen Bedingungen bilden, vielleicht aus gleichem Ausgangsmaterial.

Unter den Terpenen sind vielfach bicyklische Systeme mit Brückenbindungen anzutreffen, die unter den Sesquiterpenen wenig vorzukommen scheinen, letztere dürften vielmehr hauptsächlich hydrierte Naphtalinabkömmlinge sein oder eine Anordnung von Ringen besitzen, die an Anthracenring erinnert.

Über die Gewinnung dieser Kohlenwasserstoffe aus den ätherischen Ölen selbst oder über die künstliche Darstellung ist bei den einzelnen Gruppen ausführliche Mitteilung gemacht worden. Die Gewinnung aus den Ölen beruht fast ausschließlich auf der fraktionierten Destillation. Die künstliche Darstellung geht bei den Terpenen entweder von den Halogenanlagerungsprodukten aus, indem man HCl mit Hilfe von Anilin, Chinolin oder in Eisessiglösung mit Natriumacetat abspaltet; auch kann man unter Umständen vom Bisnitrosochlorid ausgehen, wie z. B. bei der Regenerierung des Pinens, ferner von den Di- und Tetrabromiden, und diese mit Zinkstaub und Alkohol reduzieren usw. (Terpinolen, Limonen). Bei den Sesquiterpenen jedoch kann man nur in vereinzelten Fällen eine Regenerierung bewirken und dann ist sie bisher nur durch die Dihydrochloride hindurch ausführbar.

Die Unterschiede in den physikalischen Konstanten und den chemischen Reaktionen zwischen den Terpenen und Sesquiterpenen sind bei den einzelnen Gruppen betont worden, ebenfalls die Reaktionen, welche für Identifizierungszwecke brauchbar sind.

Geschichtlich geht die Entwickelung der Erkenntnis der Eigenschaften der Terpene und Sesquiterpene parallel nebeneinander, mit dem Unterschiede, daß die Sesquiterpene in den sechziger und siebziger Jahren bedeutend weniger bearbeitet wurden als die Terpene und besonders erst in den letzten zwanzig Jahren kräftige Förderung, namentlich auch durch Darstellung von Derivaten, erfuhren.

Die Terpene sowohl wie die Sesquiterpene, aber auch die übrigen Kohlenwasserstoffe, die sich seltener finden, wie das Menthen und Tetrahydrosesquithujen, stehen im engen Zusammenhange mit sauerstoffhaltigen Verbindungen, mit denen sie häufig vergesellschaftet in den ätherischen Ölen vorkommen. Vielfach ist man imstande, von den Kohlenwasserstoffen aus zu den sauerstoffhaltigen Verbindungen oder aber auch umgekehrt von diesen zu jenen zu gelangen. Zweifellos spielen derartige Übergänge auch im Leben der Pflanze eine Rolle, wie im folgenden Bande gezeigt werden wird.

FSC
www.fsc.org
MIX
Papier | Fördert
gute Waldnutzung
FSC® C083411

Kolibri 360 GmbH
Ferdinand-Jühlke-Straße 7
99095 Erfurt, Deutschland
produktsicherheit@kolibri360.de